Große Dampfkraftwerke
Planung, Ausführung und Bau

Kraftwerksbeschreibungen und Ausführungsbeispiele
Lehre vom Kraftwerksbau · Kombinations- und Spezialtechnik
Bauelemente

Herausgegeben von

Dr.-Ing. E. h. Karl Schröder

Ehem. Direktor der Kraftwerksabteilung
der Siemens-Schuckertwerke AG, Erlangen

Dritter Band

Die Kraftwerksausrüstung

Teil A

Springer-Verlag
Berlin / Heidelberg / New York
1966

Die Kraftwerksausrüstung

Teil A

Brennstoff, Wasser, Dampferzeugung
Rohrleitungen, Elektrotechnik

Von

Karl Schröder

mit Beiträgen von

A. Borst · A. von Brackel · W. Bredtschneider · J. Dutt
H.-O. Fieguth · L. Haenisch · H.-G. Heitmann · H. Heyde
L. Kuchelbacher · P. Lager · G. Lösel · R. Michel
B. Schmid · K. R. Schmidt · B. Westphal · G. Weydanz

Mit 711 Abbildungen

Springer-Verlag
Berlin / Heidelberg / New York
1966

ISBN 978-3-642-52100-3 ISBN 978-3-642-52099-0 (eBook)
DOI 10.1007/978-3-642-52099-0

Softcover reprint of the hardcover 1st edition 1966
Library of Congress Catalog Card Number: 60 - 19095

Titel Nr. 1330

Dieser Band sei den alten Freunden gewidmet

die in jahrzehntelanger schöpferischer und harmonischer
Zusammenarbeit erfolgreich zur Entwicklung
der heutigen Kraftwerkstechnik beigetragen haben

Vorwort

Bei Planung, Ausführung und Bau eines neuen Kraftwerkes ist das gemeinschaftliche Denken und Handeln einer großen Anzahl von Ingenieuren auf das eine Ziel ausgerichtet, dieses Kraftwerk kostengünstig, termingerecht und störungsarm in Betrieb zu setzen. Schon im Vorwort des Ersten Bandes wurde dieses Zusammenspiel der Beteiligten kurz erwähnt und im Zweiten Band ausführlich erläutert.

Im Zweiten Band „Die Lehre vom Kraftwerksbau" wurde die „Kombinations-", „Integrations-" bzw. die „Verfahrenstechnik" behandelt. Es wurde gezeigt, wie die „Ganzheitsprobleme" von den Projekteuren — den Generalisten — gelöst werden, wie die Kraftwerkselemente zu einer optimalen Einheit zusammenwachsen.

Im Dritten Band „Die Kraftwerksausrüstung" sollen nun die Kraftwerkselemente selbst behandelt werden. Hier kommen also die Teilbearbeiter, die Spezialisten, zu Wort, d.h. also z.B. die Kessel- und Turbineningenieure, die Fachleute für Rohrleitungen und Wärmetauscher, die Chemiker und Elektrotechniker. Die Arbeit der Bauingenieure und Architekten wurde schon im Zweiten Band geschildert.

Bei dem großen Umfang dieses Gebietes hat es sich als zweckmäßig erwiesen, den Dritten Band in zwei Teilbänden A und B herauszugeben, wodurch u. a. bei der Darstellung eine größere Übersicht und bessere Anschaulichkeit ermöglicht wurden.

Der Umfang des Gesamtwerkes mit mehr als 3000 Seiten und fast 3000 Abbildungen ist recht groß. Wenn man jedoch bedenkt, daß die Herstellungskosten neuer großer Dampfkraftwerke mehrere 100 Millionen DM und dementsprechend die Beratungs- bzw. Bearbeitungskosten mehrere Millionen DM betragen können, dürfte ein solcher Umfang gerechtfertigt sein.

Die Kraftwerkselemente werden nicht aus der Sicht des Herstellers, Akquisiteurs und Lieferers, sondern aus dem Blickwinkel des beratenden Ingenieurs, des Käufers und Betreibers behandelt. Es kommen also die Erfahrungen der neutralen und objektiven Experten zur Darstellung. Diese Fachleute kennen alle auf ihrem Spezialgebiet tätigen Lieferfirmen. Sie verhandeln ständig mit deren Repräsentanten, den Sachverständigen, Wissenschaftlern und Konstrukteuren. Sie vergleichen, begutachten, prüfen in jedem Einzelfall mehrere Konkurrenzangebote, geben technische und konstruktive Anregungen und machen Verbesserungsvorschläge. Alle Verfasser sind viele Jahre, z.T. Jahrzehnte, auf ihren Fachgebieten tätig und haben somit bei Projektierung, Ausführung und Betrieb vieler Kraftwerke im In- und Ausland große Spezialerfahrungen gesammelt. Dieses aktuelle Wissens- und Erfahrungsgut, das nicht am grünen Tisch, sondern an der Front, in der Praxis erworben wurde, wird mit diesem Band an alle interessierten Kreise weitergegeben.

Für diese Fachkräfte ist es zu einer selbstverständlichen Verpflichtung geworden, mit den Projektbearbeitern so zusammenzuarbeiten, daß in jedem Einzelfall die miteinander verbundenen Kraftwerkselemente bestens aufeinander abgestimmt werden. Sie sind gewohnt, Wünsche für die Auslegung ihres Kraftwerksteils zurückzustellen, wenn die Auslegung der Gesamtanlage hierdurch verbessert wird.

Jeder der Beteiligten ist Individualist — trotzdem leidet erfahrungsgemäß die Teamarbeit nicht hierunter. Es war darum naheliegend, jedem Verfasser seine eigene Art der Darstellung und Beschreibung zu belassen.

Die Kraftwerkstechnik hat heute einen weit fortgeschrittenen Stand der Reife und Vollendung erreicht. Sie kann heute nicht mehr in dem Sinne veralten, wie es noch vor 10 oder 20 Jahren der Fall war. Darum ist der in dem Zweiten und Dritten Band geschilderte Entwicklungsstand sicher noch viele Jahre im Allgemeinen und im Grundsätzlichen gültig. In Betrieb sind Kessel und Turbinen mit Drücken bis zu 350 atü, Dampftemperaturen bis zu 650 °C und Speisewassertemperaturen bis zu 335 °C. Der spezifische

Wärmeverbrauch liegt im Grenzfall bei 2000 kcal/kWh. Werkstofftechnisch scheint ein Überschreiten bzw. Unterschreiten dieser Werte möglich — ob dieses jedoch in den kommenden 10 Jahren wirtschaftlich sein wird, muß bezweifelt werden. Im Gegenteil hat sich der Dampfzustand aus Rentabilitätsgründen in fast allen Fällen auf 180 bis 250 atü und 535 bis 565 °C eingependelt.

Auch die Leistungen aller Kraftwerksteile haben Grenzzonen erreicht. Sie wesentlich zu überschreiten, dürfte — unabhängig von einer kaum noch vorhandenen Kostendegression — konstruktiv und werkstofftechnisch zwar schwierig, in weiterer Zukunft jedoch sowohl bei Kesseln wie auch bei Turbinen und Generatoren durchaus möglich sein. Einwellen-Turbosätze mit 800/835 MW bei 3600 U/min sind in Fertigung — solche von 1000 MW bei 3000 U/min ausführungsreif entwickelt. Zweiwellen-Turbosätze mit einem einzigen Dampferzeuger können somit ungefähr die doppelte Blockleistung erreichen. In Betrieb sind 1000 MW-Turbosätze — in Bestellung solche von 1200 MW. Wenn auch grundsätzlich der in den ersten beiden Bänden geschilderte Stand der Technik auch in naher Zukunft erhalten bleibt, so wächst doch ständig die Zahl neuer hochwertiger und leistungsstarker Kraftwerke im heutigen technisch-wirtschaftlichen Grenzbereich. Die von Ende 1962 bis 1966 erschienenen Aufsätze des Herausgebers[1] bringen ergänzende und abrundende Angaben. Ausführungsbeispiele können dem Ersten Band entnommen werden.

In den drei Bänden spiegelt sich die Gesamtarbeit der Kraftwerksabteilung eines großen Industrieunternehmens wider, die gleichzeitig etwa 25 bis 30 Kraftwerke im Jahr in den verschiedensten Ausführungsstadien bearbeitet. Einem einzelnen Menschen dürfte es wohl nicht möglich sein, neben seiner täglichen Arbeit bei der Abwicklung von Kraftwerksbauvorhaben ein derart umfangreiches Werk zu schreiben. Auch die Details der Kraftwerkselemente wird er nicht so beherrschen können wie der Spezialist.

Allen genannten und ungenannten Herren der Abteilung für Energieversorgung der Siemens-Schuckertwerke AG fühle ich mich innerlich zu größtem Dank verpflichtet. Herr Dr. VON MANGOLDT hatte seinerzeit diese Arbeit angeregt und gefördert. Eine gleichartige Unterstützung habe ich von seinen Nachfolgern, Herrn BOUSSET und Herrn ROTERMUND, erhalten.

Weiterhin danke ich besonders:
allen Lieferfirmen für die Überlassung von Unterlagen und Zeichnungen;
den Herren Dr. WEINGÄRTNER, SCOTTI und HAMANN, die mich in der gleichen Weise wie bei den ersten beiden Bänden unterstützt haben, sowie Herrn SCHUBERT, der den größten Teil der Zeichnungen druckreif bearbeitet hat;
dem Springer-Verlag für die gute Zusammenarbeit und die beispielhafte Aufmachung.

Erlangen, im Juli 1966

Karl Schröder

[1] Die Auswirkungen des Brennstoffs auf den Kraftwerksbau. Brennstoff Wärme Kraft Bd. 14 (1962), S. 530/36.
Das neue Dampfkraftwerk. Brennstoff Wärme Kraft Bd. 15 (1963), S. 133/42.
Wege zum verlustärmsten Wärmekraftwerk. Brennstoff Wärme Kraft Bd. 16 (1964), S. 430/37.
Das Dampfkraftwerk in der Endphase seiner Entwicklung. Elektrizitätswirtsch. Bd. 63 (1964), S. 721/39.
Der überkritische Betrieb von Dampfkraftwerken. Mitt. Ver. Großkesselbes. 1964, Heft 93, S. 442/45.
Gegenwartsprobleme im Kraftwerksbau. VDE-Fachber. Bd. 23 (1964), S. 87/97.
Die Zukunft der amerikanischen Elektrizitätswirtschaft. Elektrizitätswirtsch. Bd. 64 (1965), S. 81/86.
Möglichkeiten zur Verbilligung der Stromerzeugung (Dampferzeugung als Problem). Mitt. Ver. Großkesselbes. 1965, Heft 99, S. 379/97.
Wärmekraftwerk für das kommende Elektrizitätszeitalter. Siemens-Z. Bd. 40 (1966), S. 379/90.

Inhaltsverzeichnis

Erster Teil

Die Dampferzeugungsgruppe

Von RUPPRECHT MICHEL

Zweiter Teil

Die Wasserbehandlungsgruppe

Dritter Teil

Rohrleitungen und Armaturen

Von LUDWIG HAENISCH

Inhalt der weiteren Bände

Erster Band:	**Kraftwerksatlas** mit Kennwerten von 200 Kraftwerken, 98 Kraftwerksbeschreibungen und 6 Ausführungsbeispielen. XVI, 1073 Seiten mit 978 Abbildungen.
Zweiter Band:	**Die Lehre vom Kraftwerksbau.** XVI, 740 Seiten mit 528 Abbildungen.
Dritter Band, Teil B:	**Die Kraftwerksausrüstung.** Stromerzeugung (Dampfturbosätze), Leittechnik (Überwachung, Regelung, Automatik), Nebenanlagen (Brennstofflagerungs-, Entaschungs-, Kühlwasser-, Klima- und Feuerlöschanlagen, Werkstätten), Unterhaltung der Anlagen.

Teil A

Brennstoff, Wasser, Dampferzeugung Rohrleitungen, Elektrotechnik

Erster Teil

Die Dampferzeugungsgruppe

Von Rupprecht Michel

A. Die Brennstoffe, ihre Aufbereitung und Verbrennung

Von Walter Bredtschneider und Rupprecht Michel

I. Die Brennstoffe, Arten und Eigenschaften[1]

a) Feste Brennstoffe und ihre Bestandteile

1. Brennstoffeinteilung

Die Brennstoffe bestehen aus der eigentlichen brennbaren Substanz (Reinkohle), der Asche (Mineralstoffe) und Wasser. Die Reinkohle zerlegt sich bei Erhitzung in flüchtige Bestandteile und einen festen Rückstand, den sogenannten fixen Kohlenstoff. Die Einteilung der Kohle erfolgt nach der Höhe der flüchtigen Bestandteile in der Reinkohle und nach der Beschaffenheit des entstehenden Kokses gemäß Tabelle 1:

Tabelle 1. *Brennstoffeinteilung*

Flüchtige Bestandteile der Reinkohle [%]	Kohlenbezeichnung	Koks und Gas
6—10	Anthrazitkohle	Koks, pulvrig; kurze, nicht leuchtende Flamme
10—14	Magerkohle	Koks, pulvrig; kurze, nicht leuchtende Flamme
14—19	Eßkohle	Koks, gesintert, z. T. locker; kurze, wenig leuchtende Flamme
19—28	Fettkohle	Koks, stark gebacken, fest; kurze, leuchtende Flamme
28—35	Gaskohle	Koks, gebacken, zerklüftet; lange, leuchtende Flamme
35—40	Gasflammkohle	Koks, gesintert, z. T. locker; lange, leuchtende Flamme
45—55	Ältere Braunkohle, dunkelbraun, dicht	
55—60	Jüngere, lignitische Braunkohle, hellbraun	Koks, körnig, zerfallend; matte, lange Flamme

2. Feuchtigkeit

Das Wasser kann am Brennstoff äußerlich anhaften und wird dann als „grobe Feuchtigkeit" bezeichnet. Als hygroskopische Feuchtigkeit bezeichnet man den Wasseranteil, der auf der Oberfläche der Kohle adsorbiert und auch bei längerem Lagern nicht an die Luft abgegeben wird. Die Bestimmung des Wassergehaltes erfolgt meist durch ein- bis

[1] Gumz, W.: Kurzes Handbuch der Brennstoff- und Feuerungstechnik, 3. Aufl., Berlin/Göttingen/Heidelberg: Springer 1962.

zweistündiges Trocknen der ausgebreiteten 25 g-Probe im Trockenschrank bei 106 °C. Bei Braunkohle wendet man besser Vakuumtrocknung an. Der Wassergehalt des Brennstoffes beeinflußt nachteilig seine Lagerfähigkeit und ist verantwortlich für die Selbstentzündung. Bis zu einem gewissen Grad ist der Wasserdampf jedoch auch als Katalysator für den Verbrennungsvorgang vorteilhaft und vergrößert auch die Gasstrahlung im Feuerraum. Größere Feuchtigkeitsmengen sind jedoch nachteilig sowohl für den Transport als auch für den Abgasverlust und die Taupunktsgefahr.

3. Mineralstoffgehalt

Die häufigsten in Steinkohle vorkommenden Minerale sind die Tonminerale, die Eisensulfite und die Spate. Da die direkte Mineralstoffbestimmung umständlich ist, begnügt man sich meist mit der Aschebestimmung, indem man den Verbrennungsrückstand bei 775 °C nach DIN 51719 feststellt. Eine Näherungsformel für die Errechnung des wirklichen Mineralstoffgehaltes aus dem Aschegehalt ist

$$M = 1{,}11 \cdot A + 0{,}35 \cdot S;$$

dabei ist

M = Mineralstoffgehalt in %,
A = Aschegehalt in %,
S = Schwefelgehalt in %.

Bei den Ruhrkohlen ist beispielsweise der Mineralstoffgehalt im Durchschnitt 19% höher als der Aschegehalt.

4. Schwefelgehalt

Der Schwefelgehalt der Kohle liegt zwischen 0,5 und 6%. Der mittlere Schwefelgehalt der Ruhrkohle beträgt nur 1,1%. Der Schwefel besteht aus organischem Schwefel, der aus den Pflanzen stammt, aus Pyritschwefel und anderen Sulfiden sowie aus Sulfaten, insbesondere bei den Braunkohlen. Bei der Verbrennung von organischem Schwefel zu SO_2 in Gegenwart von Karbonaten und basischen Silikaten wird SO_2 größtenteils gebunden und geht in die Schlacke. Bei der Analyse von Braunkohlenasche kann dies zu größeren Fehlern bei der Ermittlung des Schwefelgehaltes führen.

5. Heizwert und Brennstoffanalyse

Bei der Brennstoffuntersuchung ist die richtige Probenahme die wichtigste Voraussetzung zur Ermittlung einer guten Durchschnittsanalyse. Die Zahl und Größe der zu entnehmenden Einzelproben hängt von der Korngröße, dem Aschegehalt und dem zulässigen Fehler ab. Die Einzelproben werden zu einer Sammelprobe vereinigt und durch Mischen und Teilen zu einer Teilprobe und schließlich zu einer Laboratoriumsprobe aufgearbeitet. Das Probegefäß muß luftdicht verschlossen und gut gekennzeichnet werden. Die Laboratoriumsmethoden sind größtenteils nach DIN 51718 bis 51730 genormt.

Die Ermittlung der Anteile an Wasser, Asche, flüchtigen Bestandteilen und fixem Kohlenstoff bezeichnet man als Kurz- oder Immediatanalyse. Diese Analyse gibt wichtige Aufschlüsse über das Verhalten der Kohle bei der Zündung und Verbrennung. Der Heizwert, die Festigkeitseigenschaften und die Mahlbarkeit lassen sich als Funktion der flüchtigen Bestandteile darstellen.

Der obere Heizwert oder die Verbrennungswärme H_o ist diejenige Wärmemenge, die 1 kg (oder 1 Nm^3) Brennstoff entwickelt, wenn die Verbrennungsprodukte auf die Bezugstemperatur (0 °C oder Zimmertemperatur) abgekühlt werden, so daß der Wasserdampf vollständig kondensiert. Der untere Heizwert H_u beinhaltet die nicht ausnutzbare Verdampfungswärme des Wassers nicht; es ist also bei 0 °C:

$$H_u = H_o - 5{,}85 \cdot \mathrm{W} = H_o - 5{,}85 \cdot (9\mathrm{H} + \mathrm{H_2O})\ [\mathrm{kcal/kg}]$$

und bei 20° C:

$$H_u = H_o - 5{,}97 \cdot \mathrm{W} = H_o - 5{,}97 \cdot (9\mathrm{H} + \mathrm{H_2O})\ [\mathrm{kcal/kg}].$$

Die Heizwertermittlung erfolgt in der kalorischen Bombe nach DIN 51708. Der Heizwert kann bei Vorhandensein der Elementaranalyse näherungsweise errechnet werden:

$$H_o = 81{,}3 \cdot C + 297 \cdot H + 15 \cdot N + 45{,}6 \cdot S - 23{,}5 \cdot O,$$

$$H_u = 81{,}3 \cdot C + 243 \cdot H + 15 \cdot N + 45{,}6 \cdot S - 23{,}5 \cdot O - 6 \cdot W,$$

wobei

C = Kohlenstoff,
H = Wasserstoff,
N = Stickstoff,
S = Schwefel,
O = Sauerstoff,
W = Wassergehalt

bedeuten und in Prozent eingesetzt sind.

6. Ascheschmelzverhalten

Die Vorgänge des Sinterns und Schmelzens der Asche sind für den praktischen Feuerungsbetrieb, insbesondere für Schmelzkammerfeuerungen, von großer Bedeutung. Die heute gebräuchlichste Methode zur Bestimmung des Ascheschmelzverhaltens wird mit dem Leitzschen Erhitzungsmikroskop mit photographischer Registrierung der Größe des Probekörpers (DIN 51730) durchgeführt. Eine Reihe von Photographien der Konturen des 7 mm hohen Probekörpers mit 7 mm Durchmesser liefern dabei die charakteristischen Temperaturen für den Erweichungspunkt (erste Formveränderung des Probekörpers), den Schmelzpunkt (Halbkugelpunkt) und den Fließpunkt (flaches Auslaufen). Liegen der Schmelzpunkt und der Fließpunkt dicht zusammen, so spricht man von einer kurzen Schlacke, liegen sie weit auseinander, von langer Schlacke.

7. Zündtemperatur

Jede Verbrennung wird durch die Zündung eingeleitet. Die Oxydation des Brennstoffes beginnt bereits bei niedrigen Temperaturen, jedoch ist die dabei entwickelte Wärme so gering, daß infolge der Wärmeabgabe an die Umgebung nur eine geringfügige Temperaturerhöhung eintritt. Oberhalb eines gewissen Temperaturbereiches steigt jedoch die Reaktionsgeschwindigkeit so sehr, daß die entwickelte Wärme die abgegebene Wärme übersteigt und die Zündung und anschließende intensive Verbrennung eintritt. Diese Zündung hängt ab von der Reaktionsfähigkeit des Brennstoffes, seiner Körnung, dem Wassergehalt, der Umgebungstemperatur, der Luftgeschwindigkeit usw. Die flüchtigen Bestandteile und ihr Anteil an Brennbarem haben in erster Linie Einfluß auf die Höhe der Zündtemperatur. Bei 35 bis 40% flüchtigen Bestandteilen liegt die Zündtemperatur zwischen 200 und 220 °C, bei 15% flüchtigen Bestandteilen bei 250 °C und bei 5% bei 650 °C. Bei Lagerung der Brennstoffe ist zur Vermeidung von Selbstentzündung die Luftzirkulation im Kohlehaufen durch Planieren und Festwalzen möglichst zu unterbinden. Die Lagerung soll nach Korngrößen getrennt erfolgen, wobei die Stapel nicht mehr als 6 m Höhe haben sollten. Die Temperaturen in der Kohlenschicht sind laufend zu überwachen.

Die Tabelle 2 (S. 4) gibt eine Übersicht über wesentliche deutsche und ausländische Brennstoffe mit Angabe ihrer Zusammensetzung und Heizwerte.

b) Flüssige Brennstoffe und ihre Bestandteile

1. Arten und Heizwerte

Die für die Kraftwerke in Frage kommenden flüssigen Brennstoffe werden hauptsächlich aus Erdöl durch Destillation und Kracken gewonnen. In geringem Umfang werden auch Stein- und Braunkohlenteeröle verbrannt. Alle diese Öle haben infolge ihres hohen Kohlenstoffgehaltes einen sehr hohen Heizwert. Der Schwefelgehalt (2 bis 5%) ist häufig die Ursache von Kesselverschmutzungen und Korrosionen. Außerdem sind die Kesselabgase durch den SO_2- und SO_3-Gehalt sehr gesundheitsschädlich und ver-

Tabelle 2. *Zusammensetzung und Heizwerte fester Brennstoffe*

	Bezogen auf wasser- und aschefreie Substanz								Wasser-gehalt in Rohk.	Wasser-ballast	Asche-gehalt in Rohk.	Asche-ballast	Heizwert (in Rohk.) [kcal/kg]	
	Fl.Best. [%]	C [%]	H [%]	O [%]	N [%]	S [%]	Heizwert [kcal/kg] H_o	H_u	[% i. M.]	[kg/kg i. M.]	[% i. M.]	[kg/kg i. M.]	H_o	H_u
Braunkohle														
Halle-Bitterfeld	57,5	71,9	5,6	18,3	0,8	3,4	7125	6830	15,1	0,2057	11,5	0,1567	5230	4925
Schwandorf	55,25	63,63	5,10	26,08	1,27	3,92	6049	5780	53,1	1,5436	12,5	0,3634	2081	1678
Rheinland	55	68,3	5,0	27,5	0,5	0,5	6300	6037	60,0	1,6086	2,7	0,0724	2350	1900
Yallourn	51,4	67,58	4,76	26,86	0,54	0,26	6152	5900	66,5	2,0336	0,8	0,0245	2012	1540
Fohnsdorf	47,2	72,5	5,4	17,5		4,6	7270	6986	9,0	0,1268	20,0	0,2817	5162	4623
Moskau	46	67,5	5,2	19,5	1,3	6,5	6750	6476	33,0	0,7143	20,8	0,4502	3119	2799
Pechkohle														
Bayern	52	73,9	5,5	15,0	1,4	4,2	7365	7075	10,0	0,1299	13,0	0,1688	5671	5389
Gasflammkohle														
Illinois, Madison	46,7	77,0	5,4	10,6	1,3	5,7	7850	7566	12,5	0,1673	12,8	0,1714	5864	5579
Scotland	41,5	81,4	5,4	10,3	2,1	0,8	8111	7827	13,8	0,1691	4,6	0,0564	6619	6306
W.-Midlands	39,6	80,5	5,5	11,9	1,4	0,7	7883	7593	8,6	0,0994	4,9	0,0566	6819	6518
Ruhr-Nußkohle	36,8	82,84	5,15	9,34	1,78	0,89	8203	7932	4,5	0,0503	6,0	0,0670	7342	7073
Saar-Feinkohle	36,6	85,00	5,42	7,24	1,22	1,21	8412	8127	9,0	0,1084	8,0	0,0964	6982	6693
Gaskohle														
Yorkshire	34,4	82,3	5,2	8,0	1,7	0,8	8600	8326	2,0	0,0219	6,8	0,0746	7843	7581
Ruhr-Feinkohle	33,7	85,91	5,51	6,20	1,63	0,75	8417	8127	9,0	0,1084	8,0	0,0964	6986	6694
Pennsylvania, Fayette	33,4	85,55	5,23	6,24	1,52	1,46	8579	8304	3,9	0,0450	9,5	0,1097	7429	7168
Virginia, Dickenson	31,2	87,38	5,30	4,58	1,70	0,44	8608	8329	3,2	0,0351	5,6	0,0614	7850	7577
Durham	29,4	87,8	5,3	4,6	1,4	0,9	8700	8421	2,6	0,0287	6,9	0,0762	7874	7606
Fettkohle														
Ruhr-Nußkohle	27	86,88	4,80	5,82	1,58	0,92	8548	8295	4,5	0,0503	6,0	0,0670	7650	7398
Ruhr-Feinkohle	24,4	88,70	4,90	4,14	1,60	0,66	8636	8378	9,0	0,1084	8,0	0,0964	7168	6901
Eßkohle														
Ruhr-Nußkohle	15,4	90,20	4,33	3,22	1,58	0,67	8645	8417	4,8	0,0539	6,2	0,0697	7694	7463
Magerkohle														
Ruhr-Nußkohle	12,4	90,70	3,98	2,52	1,50	1,30	8644	8434	4,5	0,0503	6,0	0,0670	7736	7522
Ruhr-Feinkohle	10,5	90,85	3,84	2,73	1,74	0,84	8614	8412	9,0	0,1084	8,0	0,0964	7150	6929
Anthrazit														
Ruhr-Nußkohle	7,7	91,80	3,56	2,55	1,38	0,71	8576	8389	4,5	0,0503	6,0	0,0670	7676	7482
Pennsylvania (Schuylkill)	2,45	93,67	2,34	2,30	0,80	0,89	8314	8191	2,8	0,0324	10,8	0,1250	7183	7061

langen hohe Schornsteine oder Entschwefelungsanlagen. Die Vorteile der flüssigen Brennstoffe liegen in ihrem gleichbleibenden Heizwert, der Pumpbarkeit und dem geringen Feststoffauswurf mit den Abgasen. Die Tabelle 3 zeigt eine Übersicht über die in Frage kommenden Arten.

Tabelle 3. *Zusammensetzung und Heizwerte flüssiger Brennstoffe*

Bezeichnung		Dichte [g/ml]	Zusammensetzung [%]					Heizwerte [kcal/kg]	
			C	H	O	N	S	H_o	H_u
Heizöle									
Extra leicht	(EL)	0,840	85,9	13,0	0,4		0,7	10880	10200
Leicht	(L)	0,880	85,5	12,5	0,8		1,2	10700	10050
Mittel	(M)	0,920	85,3	11,6	0,6		2,5	10350	9725
Schwer	(S)	0,970	84,0	11,0	1,11	0,39	3,5	10200	9600
Extra schwer	(ES)	—	—	—	—	—	—	—	9200
Steinkohlenteeröl		1,02—1,10	89,8	6,5	1,7	1,2	0,8	9300	9000

2. Aschebestandteile

Die Aschezusammensetzung ist trotz des geringen Aschegehaltes der Heizöle sehr unterschiedlich. Der unangenehmste Bestandteil ist das Vanadiumpentoxyd. Der Schmelzpunkt dieses Bestandteiles, der bereits sehr niedrig liegt, wird durch die Alkalien in der Asche noch herabgesetzt, so daß an Heizflächen mit einer Temperatur von 620 °C schon mit flüssigen Ablagerungen zu rechnen ist, die auf die Eisenoberfläche stark korrosiv einwirken. Dazu kommt noch eine katalysierende Wirkung, die die SO_3-Bildung im Niedertemperaturbereich ermöglicht und so den Taupunkt der Abgase heraufsetzt. Durch Additive können diese Auswirkungen in beschränktem Maße unterdrückt werden. Der V-Gehalt der nordamerikanischen Öle beträgt nur wenige Prozent. Bei Nahost-Ölen liegt er zwischen 14 und 40% und kann bei Venezuela-Öl 40 bis 60% betragen.

3. Dichte und Zähigkeit

Die Dichte des Öls wird bei 15 °C bestimmt durch Vergleich mit der Dichte reinen Wassers. Die Dichte stellt also den Zusammenhang zwischen Masse (kg) und Volumen (m^3) her. Eine weitere Kenngröße ist die Zähigkeit (Viskosität). Die Einheit im absoluten Maßsystem ist cm^2/s = 1 Stokes (st) = 100 Centistokes (cst). Die gebräuchlichsten Maße sind:

in Deutschland: Engler-Grade °E,
in England: Redwood-Sekunden R″,
in USA: Saybolt-Sekunden S″.

Die Zähigkeit der verschiedenen Ölsorten ist sehr unterschiedlich und auch abhängig von der Temperatur. Abb. 1 zeigt diese Zusammenhänge mit den oben beschriebenen Maßsystemen. Daraus ist ersichtlich, daß jede Zähigkeit mit jedem Öl erreichbar ist, jedoch ist bei Schweröl für eine bestimmte Zähigkeit eine höhere Temperatur erforderlich als für denselben Wert bei Leichtöl. Im praktischen Betrieb sind der Ölvorwärmung Grenzen gesetzt, weil bei zu hohen Temperaturen mit einer Verkokung und damit mit einem Verlegen enger Kanal- und Austrittsquerschnitte zu rechnen ist. Bei Ölfeuerungen muß die Zähigkeit möglichst konstant gehalten werden, um einen gleichbleibenden Brennerdüsendurchsatz zu erhalten. Für die Verbrennung in Ölbrennern wird durch entsprechende Vorwärmung im allgemeinen eine Zähigkeit von 2 °E verlangt. Die Förderung des Öles kann hingegen noch bei Zähigkeit von 30 bis 100 °E erfolgen.

4. Flammpunkt und Zündung

Der Flammpunkt ist diejenige Temperatur, bei der bei Heranführung einer Zündflamme erstmals ein kurzes Aufflammen beobachtet wird. Der Flammpunkt ist nur für die Lagerung und den Transport der Heizöle wesentlich. Diese werden in drei Gefahrenklassen eingeteilt:

Gefahrenklasse 1 mit einem Flammpunkt unter 21 °C,
Gefahrenklasse 2 mit einem Flammpunkt von 21—55 °C,
Gefahrenklasse 3 mit einem Flammpunkt von 55—100 °C.

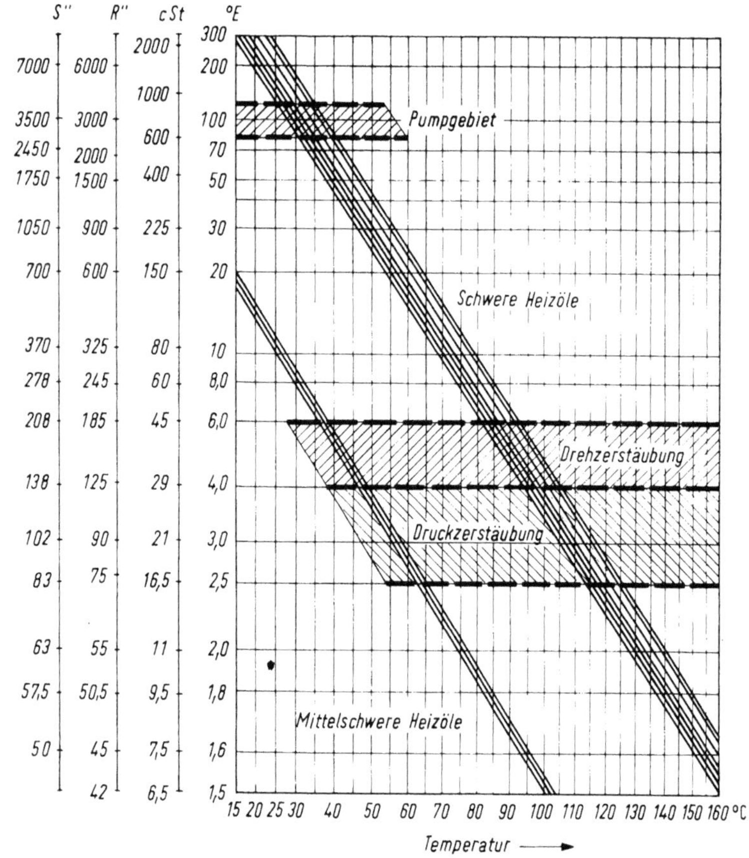

Abb. 1. Zähigkeit verschiedener Heizöle

Heizöle mit Flammpunkt über 100 °C unterliegen bei der Lagerung keinen polizeilichen Vorschriften. Der Zündpunkt ist die niedrigste Temperatur, bei der ein Gemisch aus Öldampf und Luft ohne besondere Zündflamme sich von selbst entzündet. Die Zündtemperaturen sind:

bei Heizöl: 212 °C,
bei Braunkohlenteeröl: 260 °C,
bei Steinkohlenteeröl: 350 °C.

c) Gasförmige Brennstoffe

1. Arten und Heizwert

Man unterscheidet das vorwiegend methanhaltige Naturgas und künstliche, aus festen oder flüssigen Brennstoffen gewonnene Gase. Während das Naturgas in USA schon über 30% des Energiebedarfes deckt, beginnt dieses Gas durch die Funde an der Nordsee, in Südfrankreich und der Sahara auch für europäische Kraftwerke steigende Bedeutung zu gewinnen. Infolge seines hohen Heizwertes von 9000 bis 10000 kcal/Nm³ kann die Lieferung über Fernleitungen bis zu 3000 km wirtschaftlich gestaltet werden. Abgesehen von den Naturgasvorkommen in Südfrankreich sind diese Gase frei von Schwefelwasserstoff (H_2S) und sind somit ein idealer Brennstoff für Kraftwerke, da die Kesselabgase bis auf 100 °C entsprechend einem Kesselwirkungsgrad von 94% ohne Taupunktsgefahr abgekühlt werden können und auch keine Geruchbelästigung entsteht. Die künstlich aus festen und flüssigen Brennstoffen gewonnenen Gase haben für die Erzeugung elektrischer Energie nur geringe Bedeutung.

Die Tabelle 4 zeigt eine Zusammenstellung verschiedener Brenngase:

Tabelle 4. *Zusammensetzung und Eigenschaften gasförmiger Brennstoffe*

Bezeichnung	Dichte [kg/Nm³]	Zusammensetzung [Vol.%]									Heizwerte [kcal/Nm³]$_{tr}$	
		CO	H_2	CH_4	C_2H_6	C_3H_8	C_2H_4	H_2S	CO_2	N_2	H_o	H_u
Naturgas												
USA (Kalifornien) ...	0,850	—	—	86,8	7,2	4,3	—	—	0,5	—	10900	9860
USA (Texas, stripped)	0,775	—	—	89,8	2,3	—	—	—	0,2	7,7	8930	8030
Deutschland(Bentheim)	0,754	—	—	93,2	0,6	—	—	—	—	6,2	8960	8060
Österreich	0,751	—	0,7	94,7	1,8	0,2	—	—	1,4	1,2	9380	8440
Italien (Cortemaggiore)	0,766	—	—	91,8	5,1	—	—	—	—	3,1	9590	8630
Frankr. (Lacq.Rohgas)	1,034	—	—	69,52	3,20	1,42	—	15,30	9,60	—	8740	7900
Frankr. (Lacq. gerein.)	0,746	—	—	95,9	3,2	0,5	—	—	—	0,4	9780	8800
Sahara (Hassi R'Mel) .	0,928	—	—	81,3	6,8	2,3	—	—	0,5	4,8	11040	9990
UdSSR (Saratow) ...	0,772	—	—	93,1	2,5	1,5	—	—	0,6	2,3	9640	8680
Stadtgas (Mischgas) ..	0,591	21,5	51,5	17,0	—	—	2,0	—	4,0	4,0	4140	3710
Wassergas	0,705	40,0	50,0	0,3	—	—	—	—	5,0	4,7	2760	2520
Gichtgas	1,287	31,0	2,3	0,3	—	—	—	—	9,0	57,4	1035	1020

Der Heizwert kann aus der Elementaranalyse ermittelt werden, wobei sich folgende Beziehung ergibt:

$$H_o = 30{,}2 \cdot CO + 30{,}44 \cdot H_2 + 95{,}10 \cdot CH_4 + 200 \cdot C_mH_n \ [\mathrm{kcal/Nm^3}],$$
$$H_u = 30{,}2 \cdot CO + 25{,}64 \cdot H_2 + 85{,}50 \cdot CH_4 + 142{,}2 \cdot C_mH_n \ [\mathrm{kcal/Nm^3}].$$

Die Gasbestandteile sind in Volumenprozent einzusetzen. Unter C_mH_n sind die höherwertigen Kohlenwasserstoffe zusammengefaßt.

2. Zündgeschwindigkeit und Zündgrenzen

Die Zündgeschwindigkeit ist abhängig von der Wärmeleitung aus der Flammenfront entgegen der Strömungsrichtung des Frischgases und bei sehr heißen Flammen auch von der Diffusion atomaren Wasserstoffes. Die sehr unterschiedliche Zündgeschwindigkeit der einzelnen Gase ist in Abb. 2 in Abhängigkeit vom prozentualen Gasanteil im Gas-Luft-Gemisch dargestellt.

Die Einflüsse verschiedener inertisierender Bestandteile (N_2 und CO_2) sind nach F. SCHUSTER aus folgender Beziehung ersichtlich:

$$W = W_o\left(1 - \frac{N_2[\%] + 1{,}67\ CO_2[\%]}{100}\right)[\mathrm{m/s}].$$

Die Zündgrenze von Gasgemischen, also der Prozentsatz Gas im Gas-Luft-Gemisch, bei dem gerade noch eine Zündung möglich ist, läßt sich annähernd nach der LE CHATELIERschen Formel berechnen:

$$Z = \frac{100}{\frac{G_1}{Z_1} + \frac{G_2}{Z_2} + \frac{G_3}{Z_3} + \cdots}\ [\%].$$

G sind die Gasbestandteile in Volumsprozenten,
Z sind die Zündgrenzen der einzelnen Gase (Tabelle 5, S. 8).

Die Druckabhängigkeit der Zündgrenzen bei Naturgas zeigt die Tabelle 6. In der letzten Spalte dieser Tabelle ist diejenige Stickstoffmenge angegeben, deren inertisierende Wirkung zur Unterbindung der Zündung ausreicht.

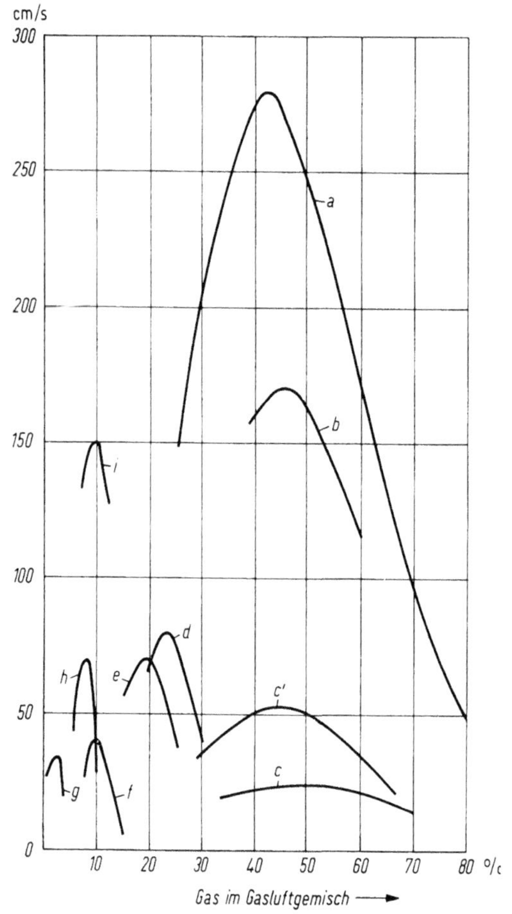

Abb. 2. Zündgeschwindigkeiten verschiedener Gase

a Wasserstoff
b Wassergas
c Kohlenoxyd
c' CO (mit 2,3% H_2O)
d Stadtgas
e Steinkohlengas
f Methan
g Hexan
h Äthylen
i Azetylen

Tabelle 5. *Zündgrenzen von Gasen und Dämpfen in Luft und Sauerstoff bei Atmosphärendruck*

Stoff		Zündgrenze in Luft (20 °C) untere	obere	in Sauerstoff (20 °C) untere	obere
Wasserstoff	H_2	4,1	74,0	4,5	95
Kohlenoxyd	CO	12,5	74,0	13	96
Methan	CH_4	5,3	14	5	60
Äthan	C_2H_6	3,2	12,5	3,9	50,5
Propan	C_3H_8	2,4	9,5	—	—
Butan	C_4H_{10}	1,85	8,4	—	—
Pentan	C_5H_{12}	1,4	7,8	—	—
Äthylen	C_2H_4	3,0	29	3,0	80
Azetylen	C_2H_2	2,5	80	2,8	93
Naturgas	—	4,5—4,8	14,2—13,5	—	—
Wassergas	—	6—9	55—70	—	—
Hochofengas	—	35	74	—	—
Benzol	C_6H_6	1,4	6,7	—	—
Benzin	—	1,4	6,5	—	—

Tabelle 6. *Einfluß des Druckes auf die Zündgrenzen von Naturgas*

Druck [atü]	Zündgrenze untere	obere	N_2 [%]
0	4,5	14,20	38
35,15	4,45	44,20	49
70,31	4,00	52,90	52,5
140,61	3,60	59,00	56
210,92	3,15	(60,00)	—

II. Brennstoffaufbereitung

Der bei weitem größte Teil aller Dampfkessel wird mit Steinkohle oder Braunkohle betrieben, in zweiter Linie kommt Öl und an dritter Stelle Gas zur Anwendung. Die Entwicklung der Kohlenstaubfeuerung und der dazu notwendigen Mühlen und Fördereinrichtungen war eine wesentliche Voraussetzung zum Bau großer Dampfkessel. Die gebräuchlichsten Steinkohlenmühlen wurden bis zu einer Mahlleistung von 50 t/h entwickelt. Die größten Braunkohleschläger- und -schlagradmühlen leisten 100 t/h.

a) Kohletransportmittel zur Mühle

Die Zuteiler haben die Aufgabe, die Kohle aus dem Bunker abzuziehen und zur Mühle zu transportieren. Diese Förderung muß — insbesondere bei direkter Einblasung in den Kessel — möglichst gleichmäßig und stufenlos regelbar sein, damit eine konstante Wärmezufuhr zum Kessel gewährleistet ist.

1. Trogkettenförderer

Der Trogkettenförderer (Abb. 3) ist eine für die meisten Kohlensorten geeignete Fördereinrichtung. Die Kohle ruht auf dem Aufgabetisch, der unter dem Bunkerauslauf zwischen

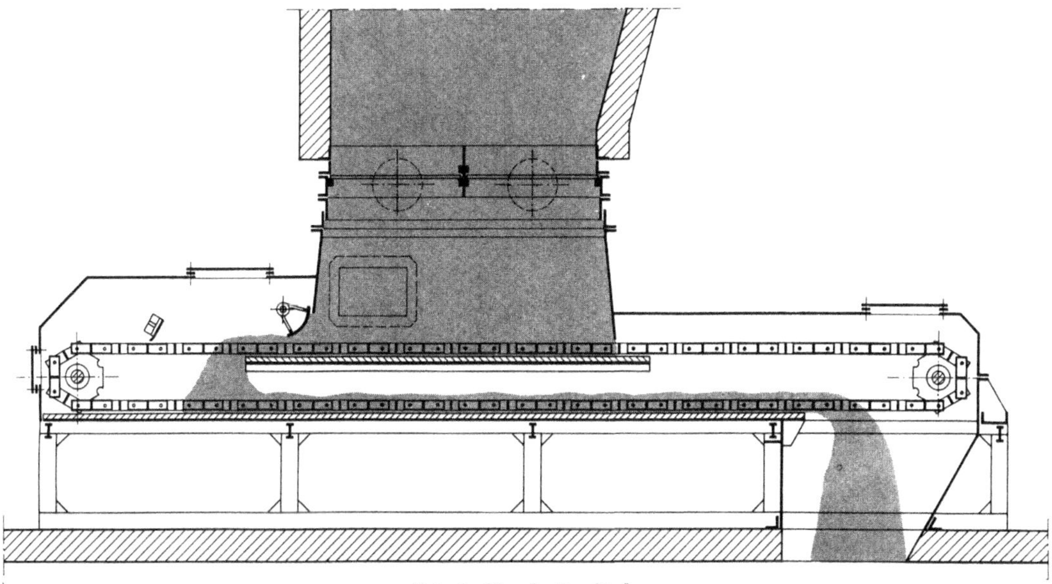

Abb. 3. Trogkettenförderer

Ober- und Untertrum der umlaufenden Steg-Gliederkette angebracht ist. Durch den Obertrum wird die Kohle nach hinten zu mitgenommen, und zwar in einer Höhe, die durch den Schichtregler eingestellt wird. Am Ende des Aufgabetisches wird die Kohle in den Trogkasten abgeworfen, hier von dem Untertrum erfaßt und nach vorn zum Mühlenfallschacht geführt.

2. Plattenzuteiler

Plattenzuteiler werden hauptsächlich bei im Bunker schwer rutschender, nasser und lehmhaltiger Kohle angewandt (Abb. 4). Dabei werden Bunkerauslauföffnungen mit langem Schlitz gewählt und die Bunkerwände möglichst steil ausgeführt. Die einzelnen Platten des Zuteilers bestehen aus Klappen, die in zwei seitlich geführten Gliederketten drehbar gelagert sind. Im Obertrum liegen die Platten aneinander und überdecken sich ein wenig, so daß eine vollständige große Platte entsteht, die sich unter dem Bunkerauslauf hinwegbewegt und die daraufliegende Kohle in einer einstellbaren Schichthöhe mitnimmt. Die Plattenzuteiler laufen mit kleiner Vorschubgeschwindigkeit. Zur Förderung der verlangten Kohlemenge sind daher größere Schichthöhen erforderlich. An der Vorderseite des Zuteilers wird die vorschiebende Kohleschicht von einem schnellaufenden Paddelrad erfaßt, aufgelockert und in gleichmäßiger Förderung in den Mühlenfallschacht, der

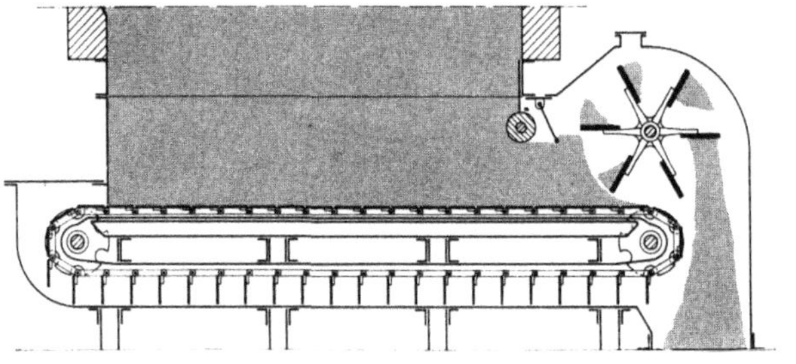

Abb. 4. Plattenbandzuteiler

unter dem Paddelrad sitzt, abgeworfen. Grobe Fremdkörper in der Kohle führen zu einer Blockierung des Paddelrades und einer Stillsetzung des Zuteilers. Zerstörungen an der Mühle werden auf diese Weise vermieden.

3. Bandzuteiler

Die Bandzuteiler können verwendet werden, wenn im Bunker leicht nachrutschende Brennstoffe sind. Sie werden sowohl aus rostfreiem, dünnem Stahlblech als auch aus Kunststoff oder Kautschuk hergestellt. Bei den Kunststoffbändern erfolgt der Antrieb

Abb. 5. Bandförderer mit rostfreiem Stahlband, Bauart Kukla

Abb. 6. Rotor einer Schlägermühle

und die Umlenkung des Bandes durch Trommeln entsprechender Breite. An der Abwurfseite ist ein Abstreifer erforderlich, der dafür sorgt, daß keine Kohlereste am rücklaufenden Trum klebenbleiben. Auch die Innenseite des Bandes muß von Staub durch Abstreifer freigehalten werden, damit dieser sich auf Antriebs- und Umkehrtrommel nicht festwalzt und Betriebsstörungen verursacht. Bei den Bändern aus rostfreiem Stahl wird an der Unterseite eine Stahlspirale angenietet, die an Antriebs- und Umkehrseite über schmale Rollen größeren Durchmessers, ähnlich wie Seilrollen, läuft. Damit wird ein zuverlässiger Antrieb und eine einwandfreie Führung des Bandes erreicht (Abb. 5).

Die Regulierung der Kohlemenge wird auch bei den Bandzuteilern durch Änderung der Bandgeschwindigkeit erreicht. Da jedoch an der Aufgabestelle ein Schlupf zwischen Band und Kohle eintritt, ist die Fördermenge nicht immer proportional der Bandgeschwindigkeit. Darum werden bei den Bandzuteilern meist Waagen eingebaut.

b) Mühlenbauarten

Zur Aufbereitung der Rohkohle in einen für die Verbrennung erforderlichen Zustand stehen Mahleinrichtungen verschiedenster Art zur Verfügung, wobei die Trocknung und Pulverisierung der Kohle in grundsätzlich verschiedener Art vor sich geht. Die gebräuchlichsten Mühlen kann man in drei Gruppen unterteilen:

1. Schläger- und Schlagradmühlen,
2. Kugel- und Walzenmühlen,
3. Trommelmühlen.

1. Schläger- und Schlagradmühlen

Bei Schläger- und Schlagradmühlen wird die aufgegebene Rohkohle durch die mit hoher Geschwindigkeit bewegten Schlagköpfe oder Schlagschaufeln im Fluge zerschlagen und durch das heiße Transportgas getrocknet.

Schlägermühlen. Diese Mühlen werden als Überdruck- und als Unterdruckmühlen gebaut und sind für die Vermahlung von Braunkohlen, Torf und Steinkohlen verwendbar. Auf dem Rotor (Abb. 6) sind nebeneinander eine größere Zahl von Schlagarmkränzen angebracht, wobei der einzelne Kranz aus drei bis sechs Schlagarmen besteht und die Schlagarme der nebeneinanderliegenden Kränze gegeneinander versetzt sind. An den Schlagköpfen findet die eigentliche Zerkleinerungsarbeit statt; sie sind also dem stärksten Verschleiß ausgesetzt. Die Umfangsgeschwindigkeit der Schlagköpfe wird mit 60 bis 80 m/s gewählt. Die Mahlleistung hängt von der Gesamtzahl der Schlagköpfe ab. Mühlen für größere Leistung haben eine größere Zahl von Mahlkränzen und Schlagarmen je Kranz. Am Umfang gemessen wird die Entfernung von Kopf zu Kopf mit etwa 1 m gewählt, so daß die größere Zahl von Schlagarmen je Kranz zu größerem Durchmesser des Rotors und zu entsprechend kleinerer Drehzahl führt.

Schlägermühlen werden von zahlreichen Herstellerfirmen gebaut. Die gezeigten Abbildungen können hier nur als Beispiele angesehen werden. Die Rotorbauarten der einzelnen Firmen sind ähnlich; sie unterscheiden sich im wesentlichen durch die Art der Befestigung von Schlagarmen und Schlagköpfen am Rotor. Sehr unterschiedlich sind die Sichter der verschiedenen Mühlenfabrikate, doch soll darauf nicht näher eingegangen werden. Abb. 7a zeigt eine Mühle für Überdruck. Kohle und Transportluft werden über die ganze Rotorbreite tangential aufgegeben. Der Vordruck der Transportluft zusammen mit der Druckerhöhung in der Mühle läßt die Anwendung eines wirkungsvollen Sichters und einen längeren Transportweg für das Staub-Luft-Gemisch zwischen Mühle und Brenner zu. Die Mühle ist für Steinkohle geringer Feuchtigkeit geeignet, bei der die Trocknung durch die heiße Transportluft ohne Ansaugen von Rauchgasen aus dem Kessel möglich ist. Bei der Mühle Abb. 7b wird nur die Kohle tangential auf das Schlägerrad aufgegeben, während die Luft axial zugeführt wird. Dadurch wird eine etwas verstärkte Ventilatorwirkung der Mühle erreicht. Mit dem dargestellten Sichter wird die Mühle als Überdruckmühle für Steinkohle verwendet.

Den Einsatz einer Schlägermühle als Unterdruckmühle für nasse Braunkohle erläutert Abb. 8. Die Trocknungsgase werden beiderseitig axial angesaugt. Die Ventilationsleistung wird hier erhöht durch auf dem äußeren Schlägerarm angebrachte Ventilatorflügel und den vergrößerten Mühlendurchmesser, der eine Umfangsgeschwindigkeit von 80 m/s zur Folge hat. Der erzeugte Überdruck genügt, um den Widerstand eines einfachen Sichters zu überwinden und das Staub-Gas-Gemisch über ein kurzes Rohr großen Durchmessers mit geringer Geschwindigkeit in die Brennkammer einzublasen.

Schlagradmühlen. Diese Mühlenart (Abb. 9) ist eine typische Unterdruckmühle, die sich zur Ansaugung heißer Rauchgase und Vermahlung sehr feuchter Brennstoffe eignet. Sie ähnelt in ihrem Aufbau einem Ventilator mit fliegend auf der Welle sitzendem Schaufel-

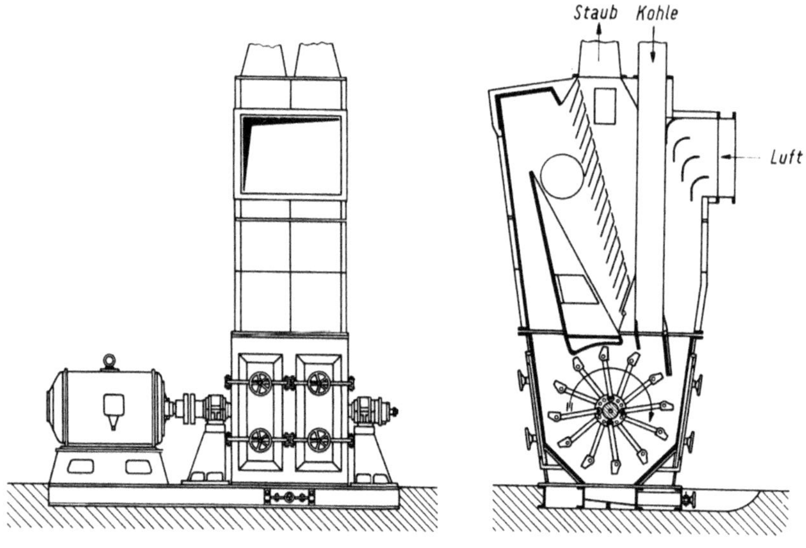

Abb. 7a. Schlägermühle, Bauart Steinmüller

rad und Spiralgehäuse. Die Hauptelemente sind die Schaufeln, welche aus starken Stahlplatten bestehen. Brennstoff und Trocknungsgas werden dem Rad axial gemeinsam zugeführt. Die Zerkleinerung erfolgt durch den Aufprall der Kohleteile auf die Schaufeln.

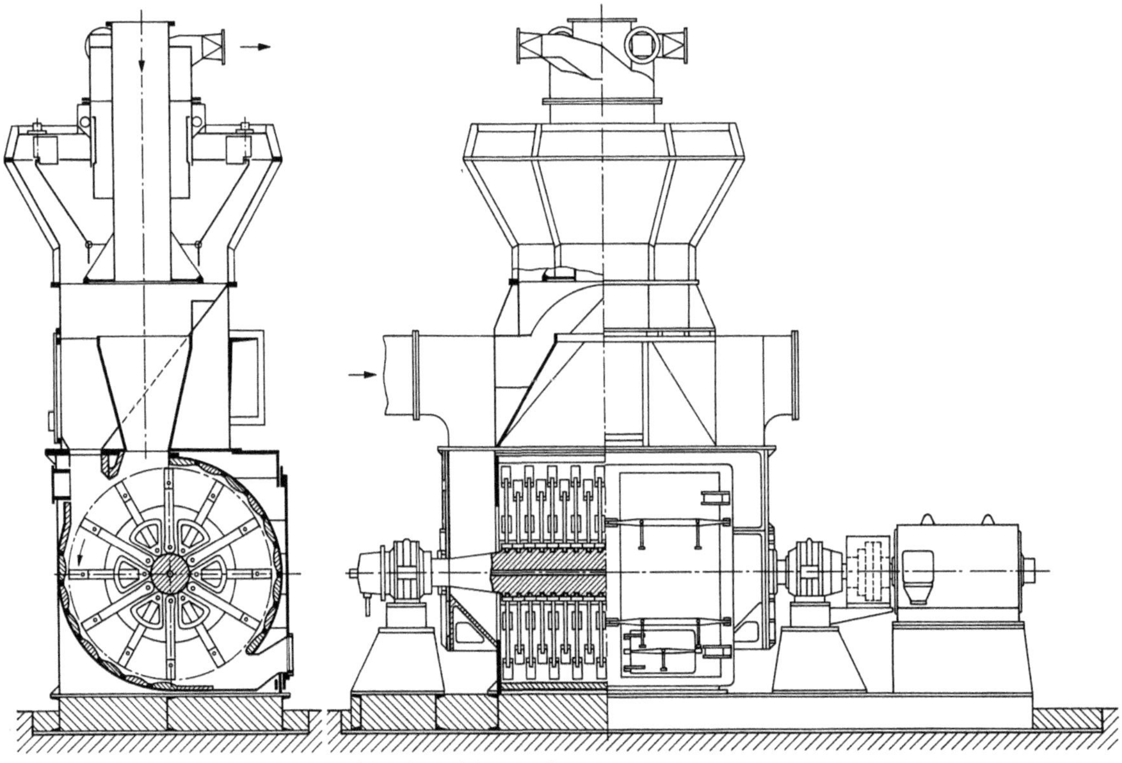

Abb. 7b. Schlägermühle, Bauart Babcock

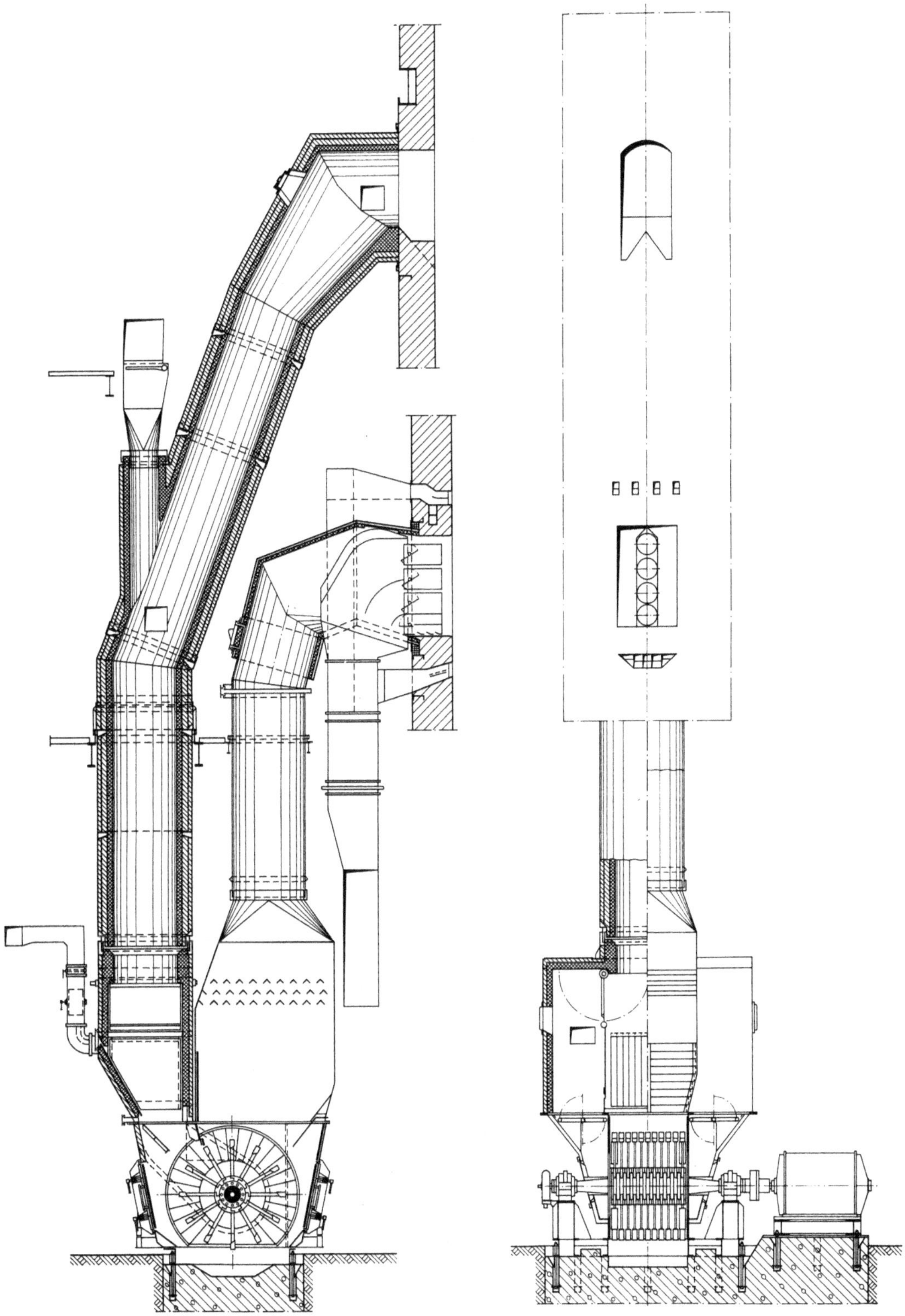

Abb. 8. Schlägermühle für Braunkohle, Bauart Keller

Das rotierende Schaufelrad bewirkt gleichzeitig eine Druckerhöhung des Staub-Gas-Gemisches, so daß dieses über den Sichter zu den Brennern geblasen wird. Während man bei einem normalen Ventilator darum bemüht ist, durch entsprechende Formgebung der Schaufeln den Stoßverlust zwischen Gas und Schaufeln so klein wie möglich zu halten,

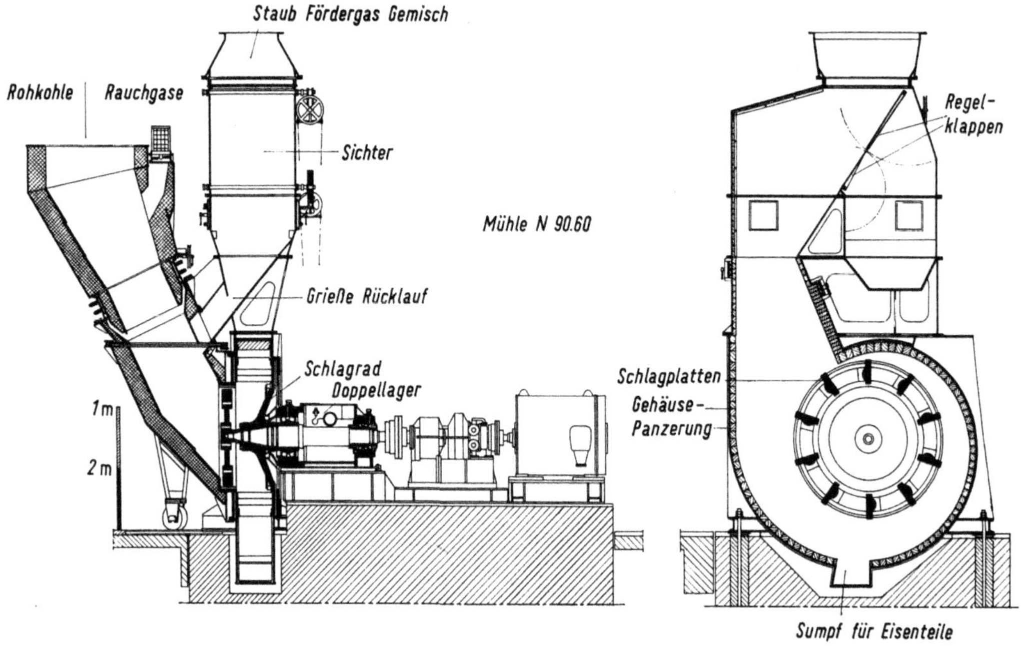

Abb. 9. Schlagradmühle, Bauart Kohlenscheidungsgesellschaft

ist beim Schlagrad ein scharfer Aufprall der Kohle auf den Schaufeln erwünscht. Schlagradmühlen eignen sich besonders zur Vermahlung von Braunkohle bis zu 60% Wassergehalt, zumal hier eine besondere Feinheit der Ausmahlung nicht erforderlich ist. Auch für gut mahlbare Steinkohlen werden Schlagradmühlen mit Erfolg eingesetzt.

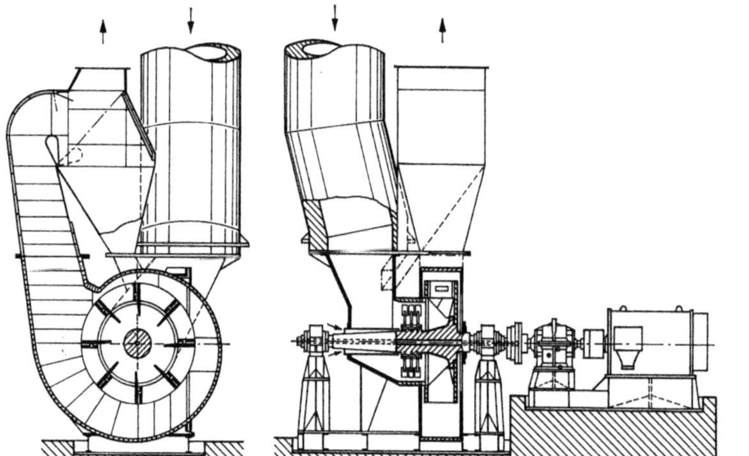

Abb. 10. Kombinierte Schlagrad-Schlägermühle, Bauart Babcock

Kombinierte Schläger- und Schlagradmühlen. Diese Mühlen kommen zur Anwendung, wenn eine weitgehende Mahlfeinheit bei gleichzeitig guter Ventilatorwirkung zum Ansaugen heißer Rauchgase verlangt wird. In solch einem Fall werden dem Schlagrad einige Schlägerreihen vorgeschaltet. Bei diesen Mühlen (Abb. 10) erfolgt die Aufgabe von Kohle und Trockengas wie bei den Schlägermühlen. Das Gemisch von Grobstaub und Gas wird von einem Schlagrad angesaugt, das für weitere Zerkleinerung und für Druckerhöhung sorgt. Die vorgeschalteten Schlägerreihen bewirken eine gleichmäßige Kohlenaufgabe auf das Schlagrad und eine Verringerung des Verschleißes der Schlagradschaufeln.

2. Kugel- und Walzenmühlen

Kugelmühlen. Die Kugelmühle (Abb. 11) wird besonders für schwer mahlbare Brennstoffe eingesetzt, zumal wenn auch noch eine feine Ausmahlung erforderlich

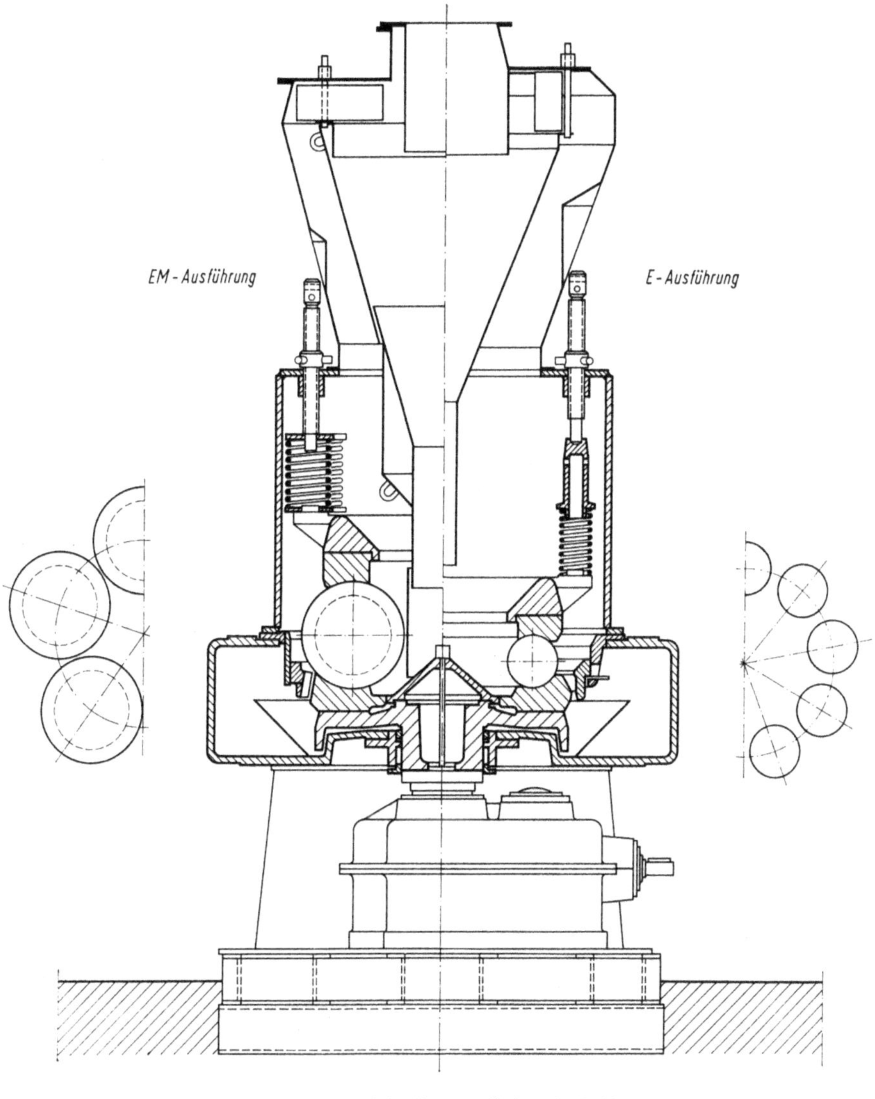

Abb. 11. Kugelmühle, Bauart Babcock-Fuller

ist. Der Verschleiß und der Arbeitsaufwand je Tonne gemahlener Kohle sind bei dieser langsam laufenden Mühle nämlich wesentlich geringer. Die Mühle besteht aus dem Mahlraum, dem Sichter und dem Getriebe. In dem Mahlraum rotiert der untere Mahlring, angetrieben durch die senkrechte Getriebewelle, während der obere Mahlring feststeht und nur auf und ab beweglich ist. Durch Federn, die von außen während des Betriebes einstellbar sind, wird der obere Mahlring gegen dicht nebeneinanderliegende Kugeln gepreßt, die zwischen den beiden Ringen wie in einem Kugellager rollen. Der Mahlraum enthält keine Schmierstellen und Lager.

Die Kohle wird in den Mahlraum innerhalb des Kugelringes zentral oder von der Seite her eingeführt und gelangt durch Zentrifugalwirkung zwischen die Kugeln. Das gemahlene Gut tritt am Umfang des Mahlringes aus und wird hier von einem nach oben gerichteten Luftstrom erfaßt. Grobe Kohlestücke, die zwischen den Kugeln nach außen durchgetreten sind, werden von dem Luft-Ring-Strahl wieder unmittelbar in die Mahlbahn zurückgeblasen; teilzerkleinerte Kohlestücke fallen im oberen Mühlenraum aus dem Luftstrom aus auf den rotierenden Mahlteller, während die Feinsichtung im Sichter erfolgt. Das hier ausgeschiedene Grobkorn fällt in den Mahlraum zurück, wo es zusammen mit der Rohkohle erneut in den Mahlprozeß kommt. Den fertigen Staub in der am Sichter eingestellten Feinheit nimmt die Transportluft nach oben mit.

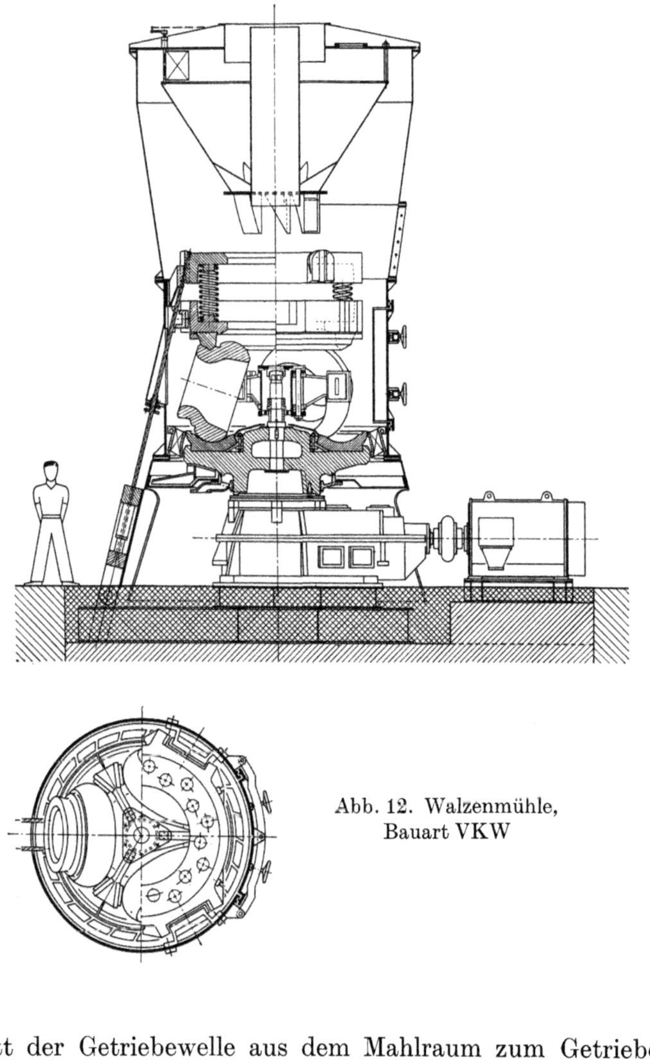

Abb. 12. Walzenmühle, Bauart VKW

Der Durchtritt der Getriebewelle aus dem Mahlraum zum Getriebe ist durch eine Stopfbuchse abgedichtet, die durch einen Sperrluftverschluß völlig staubdicht gemacht ist. Als Getriebe wird ein stabiles Kegelstirnradgetriebe verwendet.

Die Mahlringe und Kugeln sind aus verschleißfestem Spezialstahl hergestellt. Die Kugeln nützen sich gleichmäßig ab und bleiben völlig rund. Dem Verschleiß entsprechend werden zusätzlich Füllkugeln kleineren Durchmessers in die Mahlbahn eingesetzt, so daß ein Satz Mahlelemente, bestehend aus Mahlringen und Kugeln, lange Zeit in Betrieb bleiben kann, ohne daß die Leistungsfähigkeit der Mühle nachläßt.

Ein Maß für die Leistungsfähigkeit der Mühle ist die Größe der Mahlbahn — bestimmt durch Mahlbahndurchmesser und Kugeldurchmesser — und die Umfangsgeschwindigkeit der Mahlbahn. Da mit der Größe der Umfangsgeschwindigkeit und der Größe der Kugeln auch die Zentrifugalkräfte steigen, sind hier Grenzen gesetzt. Mühlen für große Leistungen werden daher bevorzugt für kleinere Drehzahl mit bedeutend größeren Kugeln ausgeführt, die dann als Stahlgußhohlkugeln hergestellt sind. Dadurch werden eine Reihe von Vorteilen erreicht. Es werden die mechanischen Beanspruchungen infolge der Zentrifugalkräfte der Kugeln verringert. Die geringeren Zentrifugalwirkungen des Mahlgutes ermöglichen eine längere Verweilzeit der Kohle im Mahlbereich. Durch die Hohlkugeln ergibt sich eine Verringerung des Bruttoverschleißgewichtes.

Die Trocknungs- und Transportluft wird dem Mahlraum von unten über einen Ringkanal mit schrägen Leitschaufeln zugeführt. Soweit der Vordruck der Luft nicht ausreicht, wird der Mühle ein Gebläse vorgeschaltet, das unmittelbar vom Mühlenmotor oder auch von einem gesonderten Motor angetrieben wird. Kugelmühlen werden stets als Überdruckmühlen eingesetzt; sie sind völlig staubdicht ausgeführt. Sie eignen sich für alle Steinkohlen bis zu Feuchtigkeiten von 20%.

Walzenmühlen. Die Berz-Mühle ist eine Walzenmühle und arbeitet ähnlich wie die Kugelmühle (Abb. 12). Auf dem unten rotierenden Mahlring wälzen sich drei Mahlwalzen ab, die von dem oberen feststehenden Druckring geführt werden, der durch verstellbare Federn angepreßt wird. Das Gegeneinanderlaufen der Mahlwalzen wird bei den neueren Ausführungen durch einen Führungsstern mit einem festen und zwei Pendelarmen verhindert, wie aus dem Horizontalschnitt zu ersehen ist. Die Walzen werden dadurch gießtechnisch günstiger und merklich billiger. Die Mahlplatte wird bei der Neuausführung in mehrere Segmente aufgeteilt, so daß ein spannungsfreier Guß möglich und die Montage leichter ausführbar ist. Die Kohle wird zentral in den Mahlraum eingeführt, gelangt auf den rotierenden Mahlteller und wird durch Zentrifugalwirkung in die Mahlbahn gebracht. Der Austrag des Staubes und die Sichtung geschieht in gleicher Weise wie bei der Kugelmühle. Die eigentlichen Verschleißteile, Mahlringe und Walzen, werden nach entsprechender Abnutzung durch Auftragsschweißung wieder auf die Solldimensionen gebracht. Walzenmühlen eignen sich für alle Steinkohlen, auch für härtere, ballastreiche Sorten, und werden stets als Überdruckmühlen betrieben.

Schüsselmühlen. Schüsselmühlen sind in verschiedenen Fabrikaten auf dem Markt, arbeiten jedoch grundsätzlich wie Walzenmühlen und unterscheiden sich nicht wesentlich voneinander. Auf der rotierenden Mahlschüssel, deren Mahlbahn horizontal oder etwas kegelig ausgebildet ist, ruhen zwei oder drei Mahlrollen mit an sich feststehenden, aber pendelnd angeordneten Achsen. Die Mahlrollen drehen sich in Kugel- oder Walzenlagern; sie werden durch kräftige Federn über Pendelgelenke auf die Mahlschüssel gepreßt. Bei der Lösche-Mühle (Abb. 13) sind die Rollenachsen aus dem Mahlraum nach außen geführt und durch Membrane abgedichtet, die die Pendelbewegung zulassen. Pendellager und Federn liegen dann außerhalb des Mahlraumes. Bei der KSG-Schüsselmühle (Abb. 14) ist eine Durchdringung der Rollenachse durch das Mahlgehäuse vermieden. Pendellager und Federn liegen im Mahlraum.

Bei den Schüsselmühlen besteht ein besonderes Problem in der Notwendigkeit, jegliches Eindringen von Staub in die empfindlichen Rollen- und Pendellager zu vermeiden. Erleichtert wird dies, wenn der Betrieb so geführt wird, daß im Mahlraum stets Unterdruck herrscht. Bei Einsatz der Mühlen in Zwischenbunkerungsanlagen gelingt dies ohne allzu großen Verschleiß in dem notwendigen Gebläse, weil dies hinter einem Zyklonabscheider eingebaut werden kann. Bei Feuerungen mit direkter Einblasung muß das Gebläse zwischen Mühle und Brenner eingeschaltet werden und ist daher einem starken Verschleiß ausgesetzt.

Schüsselmühlen eignen sich für die Vermahlung von verhältnismäßig weichen Steinkohlen mit mäßigem Wassergehalt. Harte Steinkohlen oder Koks würden zu starken Verschleiß des Ventilators zur Folge haben.

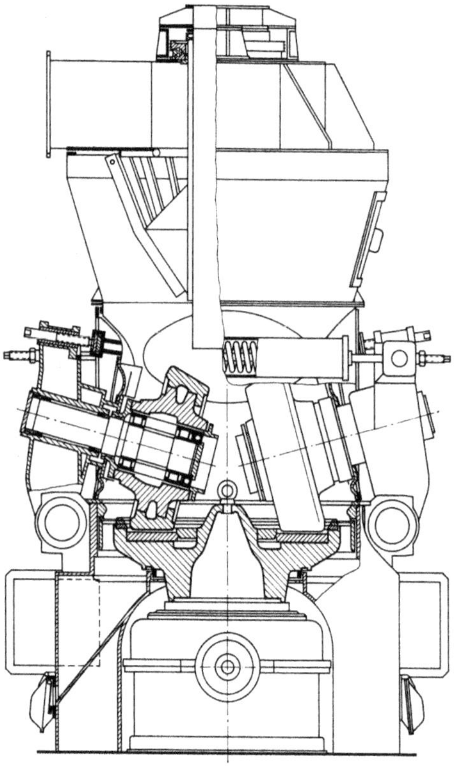

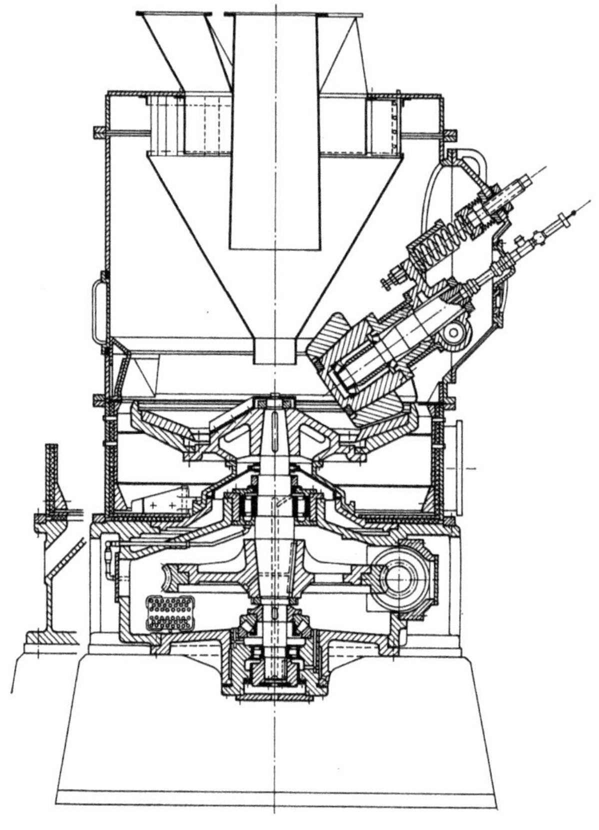

Abb. 13. Schüsselmühle, Bauart Lösche

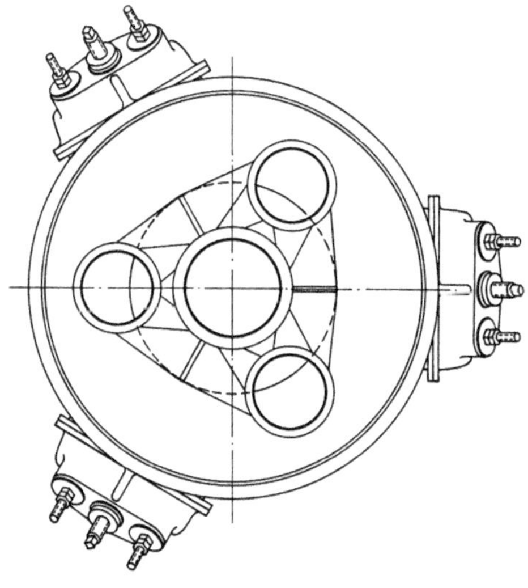

Abb. 14. Schüsselmühle, Bauart Kohlenscheidungsgesellschaft

3. Trommelmühlen

Trommelmühlen bestehen aus einer um eine horizontale Achse mit geringer Drehzahl rotierende zylindrische Trommel, die mit Stahlkugeln von Faustgröße zu etwa einem Viertel gefüllt ist. Die Kohle wird axial in die Trommel aufgegeben und bei der Rotation zwischen den Kugeln zerrieben und zerschlagen. Der horizontal durch die Mühle geführte heiße Transportgasstrom nimmt den erzeugten Staub mit und trocknet ihn nach. Wegen der geringen Strömungsgeschwindigkeit des Gases in der Trommel ist die Wärmeübertragung an die Mahlkugeln und den Brennstoff gering, so daß hier nur Brennstoff bis maximal 15% Feuchtigkeit verarbeitet werden kann.

Das Mahlgehäuse der Trommelmühle, vielfach auch Rohrmühle genannt (Abb. 15), hat im allgemeinen ein Verhältnis von Durchmesser zu Länge von rd. 1 : 1,5. Die Trommel, innen mit Panzerplatten ausgekleidet, wird von zwei hohlen Lagerzapfen verhältnismäßig großen Durchmessers getragen, durch die Kohle und Transportgas zu- und abgeführt werden. Der Antrieb erfolgt über ein neben der Mühle angeordnetes Getriebe und ein am Trommelumfang befestigtes großes Zahnrad. Durch den einen Zapfen wird der Mühle Kohle und Transportgas zugeführt, durch den anderen Zapfen strömt das Gas wieder ab und nimmt dabei den erzeugten Kohlenstaub mit. Das Staub-Gas-Gemisch wird über

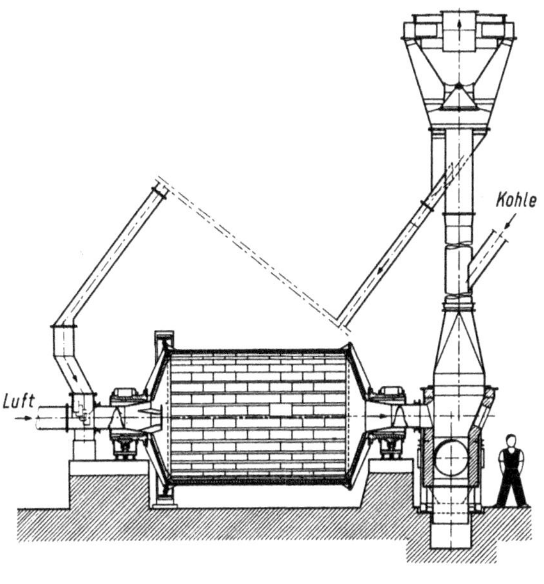

Abb. 15. Trommelmühle, Bauart Babcock

einen Sichter geleitet, in dem die gröberen Staubteile ausgeschieden werden, die als Gries wieder zur Kohlenaufgabe der Mühle rutschen und zur Weitervermahlung in die Mühle gelangen. Die Trocknungswirkung innerhalb der Mühle ist nur gering. Wenn Kohle mit höherer Feuchtigkeit als etwa 10% verarbeitet werden soll, muß sie vorgetrocknet werden, bevor sie in die Mühle gelangt. Dies geschieht durch Einleiten der vorzerkleinerten Kohle in die Staub-Gas-Austrittsleitung zwischen Mühle und Sichter. Der Staub-Gas-Strom, dessen Temperatur durch Zufuhr von heißen Gasen erhöht wird, nimmt die Rohkohle nach oben zum Sichter mit und trocknet sie dabei vor. Die im Sichter ausgeschiedene vorgetrocknete Kohle gelangt dann zur Aufgabeseite in die Mühle.

Trommelmühlen eignen sich besonders für die Verarbeitung sehr harter Steinkohlen, Koks usw.; sie haben jedoch nur eine geringe Regelfähigkeit und eine sehr große Trägheit, so daß sie vorzugsweise nur für Feuerungen mit Zwischenbunkerung eingesetzt werden können. Trommelmühlen sind sehr robust und haben eine hohe Betriebssicherheit; die umgewälzten Stahlkugeln verursachen jedoch ein starkes Geräusch, das nur durch sorgfältigste Schallisolierung in tragbaren Grenzen gehalten werden kann.

c) Mühlenbetrieb

1. Mahlfeinheit und Kraftbedarf

Bei fast allen Mühlen hat das durch den Luftstrom ausgetragene Gut teilweise eine wesentlich gröbere Körnung, als für eine vollständige Verbrennung in einer Kohlenstaubflamme zulässig ist. Deshalb muß eine Sichtung des Staub-Luft-Gemisches vorgenommen werden, so daß nur die feinsten Kohlepartikel zum Brenner gelangen. Die erforderliche Feinheit ist abhängig von den Zünd- und Brenneigenschaften der Kohle, von den Brennkammerabmessungen und der Temperatur der Verbrennungsluft. Bei Braunkohlefeuerungen kann der Brennstaub verhältnismäßig grob sein. Es genügt im allgemeinen, wenn auf dem Sieb 0,09 DIN 4188 ein Rückstand von 30 bis 40% verbleibt. Gegebenenfalls kann dabei auf einen Sichter über der Mühle ganz verzichtet werden, es empfiehlt sich dann aber, unter der Brennkammer einen kleinen Nachbrennrost anzuordnen, auf den die groben Kohleteile fallen und dort Zeit zum Ausbrennen finden. Bei gutwilligen, leicht brennbaren Steinkohlen mit höherem Gehalt an flüchtigen Bestandteilen wird man mit

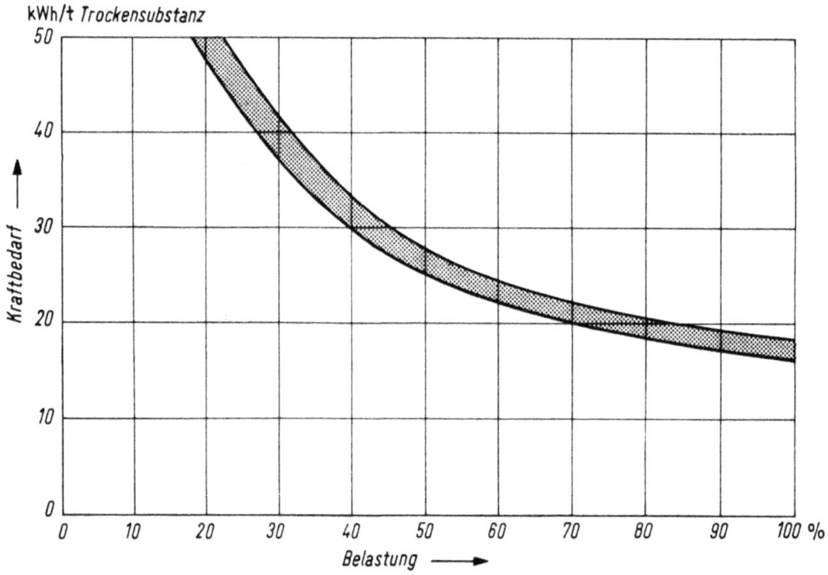

Abb. 16. Kraftbedarf schnellaufender Mühlen in Abhängigkeit von der Belastung bei Braunkohle

einer Mahlfeinheit von 15 bis 25% Rückstand auskommen können, man muß dann aber damit rechnen, daß eine lange Flamme entsteht. Steinkohlen mit einem Gehalt an flüchtigen Bestandteilen von 10 bis 20% erfordern eine Mahlfeinheit von 10 bis 15% Rückstand. Für Anthrazitkohlen, insbesondere wenn sie höheren Aschegehalt haben, deren flüchtige Bestandteile unter 10% liegen, sollten Mühlen verwendet werden, die eine noch feinere Ausmahlung ermöglichen.

Der Kraftbedarf einer Mühle hängt neben den Eigenschaften der zu vermahlenden Kohle und dem Mühlentyp wesentlich von der Mahlfeinheit ab. Bei einer Gegenüberstellung des für die Zerkleinerung der Kohle erforderlichen Energieaufwandes muß man den Gesamtaufwand, also den Kraftbedarf der Mühlen selbst und den der erforderlichen Ventilatoren, in Vergleich stellen.

Die schnellaufenden Schläger- und Schlagradmühlen erfordern an sich eine große Antriebsleistung. Wenn die dem einzelnen Kohlekorn zugeführte Schlagenergie nicht ausreicht, um das Korngefüge zu sprengen, ist sie ohne Nutzen aufgewandt. Die so verlorengehende Energie ist naturgemäß um so größer, je kleiner die angeschlagenen Körner sind. Daraus ergibt sich, daß bei diesen Mühlentypen eine hohe Mahlfeinheit eine sehr stark ansteigende Energiezufuhr erfordert. Eine Mahlfeinheit mit weniger als 10% Rückstand auf dem Sieb 0,09 DIN 4188 ist kaum erreichbar. Diese Mühlentypen haben aber eine beträchtliche Eigenventilation, so daß die Aufstellung besonderer Mühlenventilatoren vielfach nicht erforderlich ist.

Bei der Vermahlung von Braunkohle spielt die Mahlfeinheit, wie schon erwähnt, keine entscheidende Rolle. Auch der Wassergehalt wirkt sich auf den Kraftbedarf kaum aus, wenn man diesen auf die Trockensubstanz der Kohle bezieht. Als Richtwert kann man annehmen, daß schnellaufende Mühlen für große Leistungen eine Antriebsleistung von rd. 16 bis 18 kWh/t Braunkohlentrockensubstanz erfordern. Dabei ist eine Mahlfeinheit von 30 bis 40% Rückstand auf Sieb 0,09 DIN 4188 zugrunde gelegt. In Abhängigkeit

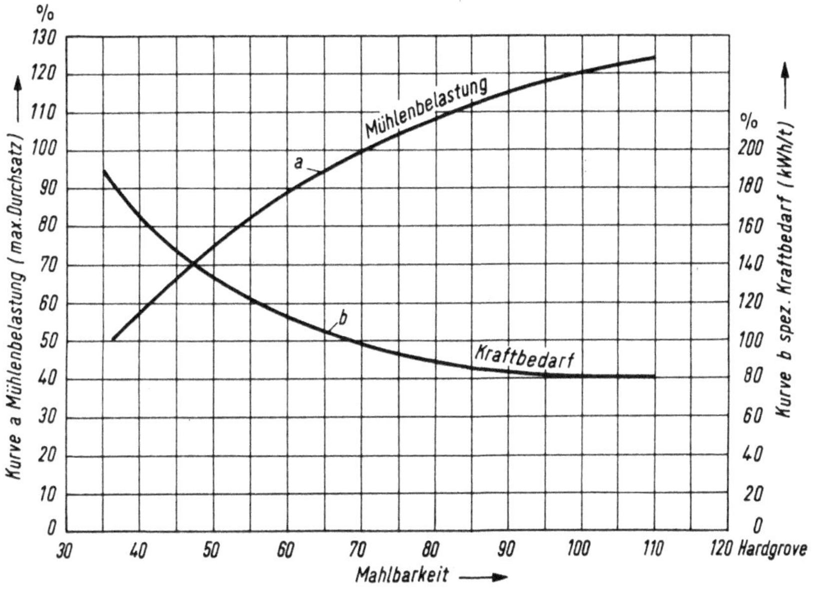

Abb. 17. Mühlenbelastung und maximaler Kraftbedarf in Abhängigkeit von der Mahlbarkeit bei schnellaufenden Mühlen für Steinkohle

von der Belastung ändert sich die Antriebsleistung der Mühle nur wenig, so daß der spezifische Kraftbedarf mit abnehmender Belastung stark ansteigt, etwa wie in Abb. 16 gezeigt.

Auch bei Einsatz der schnellaufenden Mühlen für Steinkohle hat die Feuchtigkeit auf den Kraftbedarf kaum einen Einfluß, wenn man ihn auf Trockensubstanz bezieht, dagegen ergeben sich beträchtliche Änderungen in Abhängigkeit von der Mahlbarkeit (Hardgrove)[1] und der Mahlfeinheit (Rückstand auf Sieb 0,09 DIN 4188).

Geht man von einer bestimmten Mühlengröße aus und legt eine bestimmte Mahlfeinheit zugrunde, so ändert sich die Leistungsfähigkeit der Mühle, d. h. der maximale Durchsatz in Abhängigkeit von der Mahlbarkeit der Kohle etwa nach der Kurve *a* in Abb. 17. Die Antriebsenergie der Mühle bleibt dabei etwa konstant für die unterschiedlichen maximalen Durchsatzmengen, der spezifische Kraftbedarf ändert sich dabei nach Kurve *b*. Für eine bestimmte Mühle ist der maximale Durchsatz stark abhängig von der Mahlfeinheit, wie Kurve *c* in Abb. 18 zeigt. Der spezifische Kraftbedarf in Abhängigkeit von der Mahlfeinheit verläuft etwa nach Kurve *d*. Die Mahlbarkeit hat keinen wesentlichen Einfluß auf den Verlauf der Kurve *d*.

Der tatsächliche, spezifische Kraftbedarf von schnellaufenden Mühlen für Steinkohle mit einer Mahlbarkeit von 70 Hardgrove und bei einer Mahlfeinheit von 20% Rückstand

[1] Mitt. Ver. Großkesselbes. 1954, Heft 28, S. 93.

auf Sieb 0,09 DIN 4188 liegt bezogen auf Trockensubstanz in der Größenordnung von 13 kWh/t. Je nach Mühlentyp, Mühlengröße und Kohlefeuchtigkeit kann er um ± 10% schwanken. Wie bei der Braunkohle, so hat auch bei Steinkohlen-Vermahlung die Mühlen-

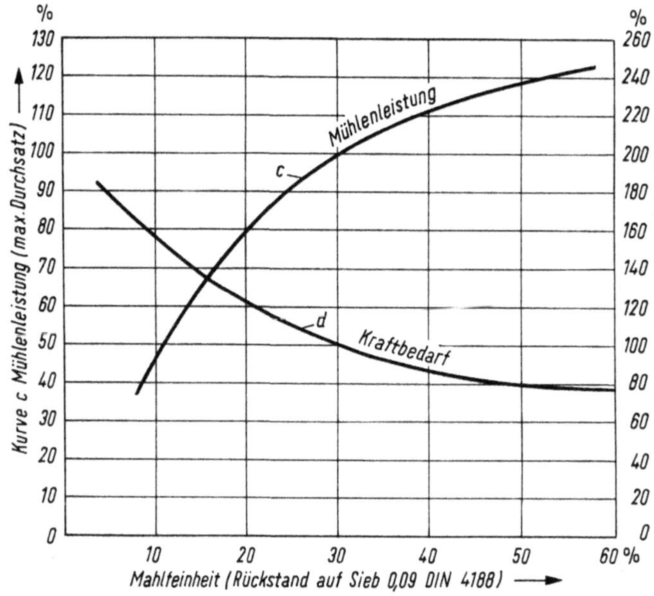

Abb. 18. Mühlenleistung und spezifischer Kraftbedarf in Abhängigkeit von der Mahlfeinheit bei schnellaufenden Mühlen für Steinkohle

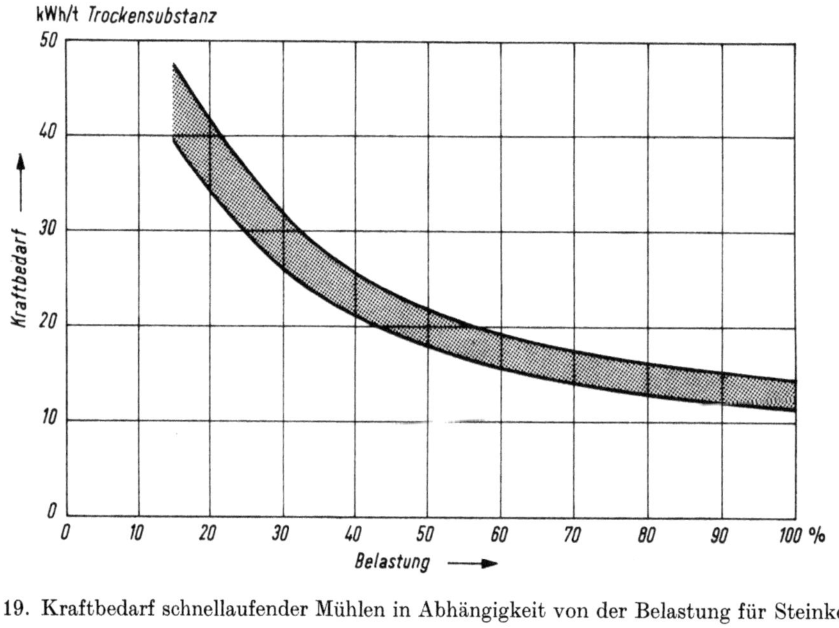

Abb. 19. Kraftbedarf schnellaufender Mühlen in Abhängigkeit von der Belastung für Steinkohle

belastung keinen sehr großen Einfluß auf die Antriebsleistung. Die Abb. 19 zeigt Richtwerte des spezifischen Kraftbedarfes bezogen auf Trockensubstanz für eine Steinkohle mit einer Mahlbarkeit von 70% und bei einer Mahlfeinheit von 20% in Abhängigkeit von der Belastung. Mit dem Nomogramm Abb. 20 kann man sich schnell einen Überblick darüber verschaffen, in welcher Größenordnung sich der Kraftbedarf einer schnelllaufenden Mühle bei der Vermahlung von Steinkohle bewegen wird.

Bei langsamlaufenden Mühlen, bei denen die Zerkleinerung der Kohle durch Zerquetschen und Zerreiben erfolgt, ist die Mühlenantriebsleistung wesentlich geringer als

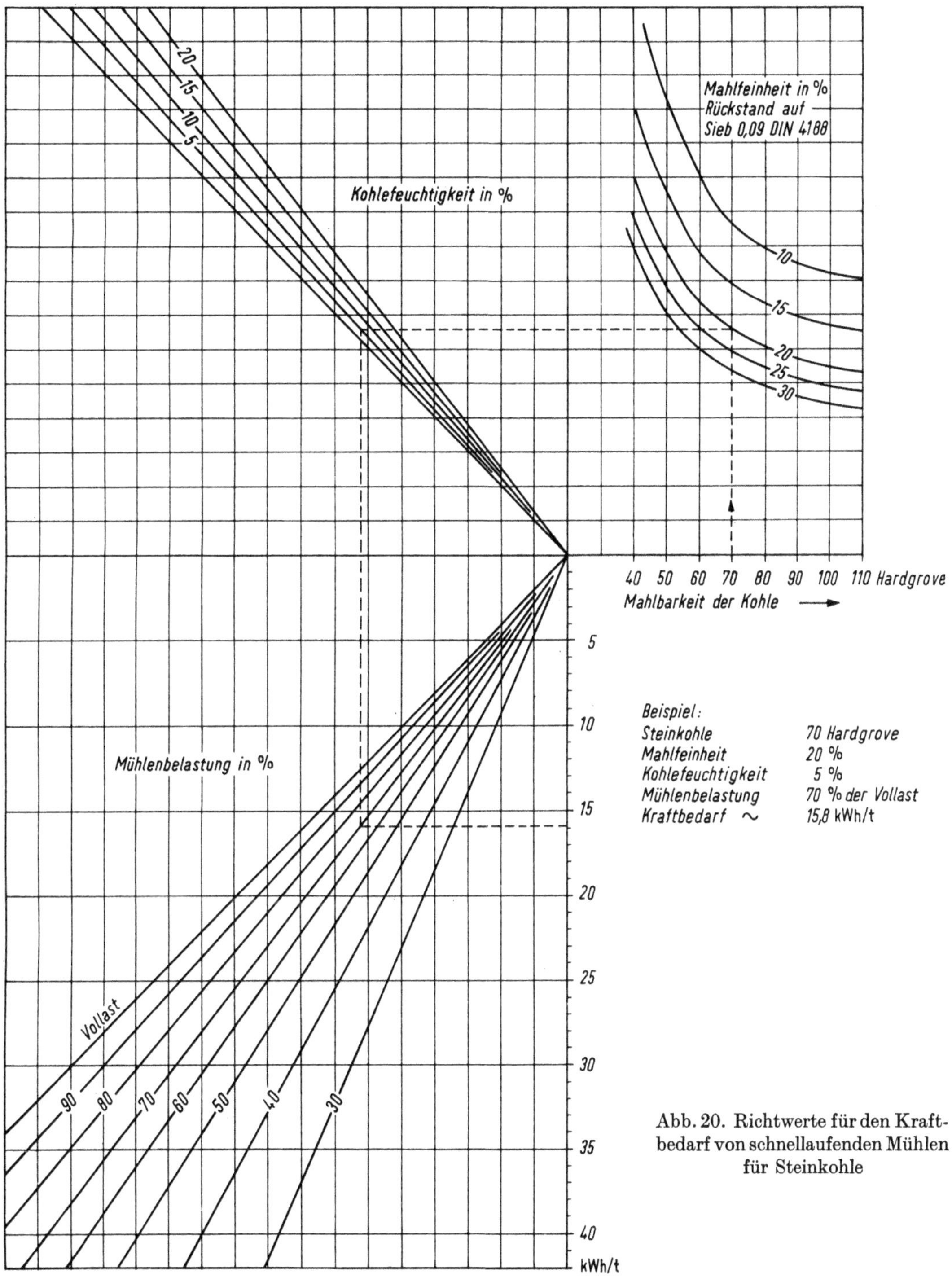

Abb. 20. Richtwerte für den Kraftbedarf von schnellaufenden Mühlen für Steinkohle

bei schnellaufenden Mühlen; sie erfordern jedoch stets zusätzliche Ventilatoren. Der im allgemeinen vorhandene Vordruck der Luft reicht nicht aus, um den Widerstand der Mühlen selbst, den in den Sichtern und den Reibungswiderstand in den Staubleitungen zu überwinden. Jedoch ist der gesamte Kraftbedarf immer noch beträchtlich kleiner als bei Schnelläufern. Und zwar ist der Unterschied um so größer, je feiner die Ausmahlung verlangt wird. Größere Mahlfeinheit bedingt auch bei den Langsamläufern eine vergrößerte Antriebsleistung, jedoch ist diese nicht so bedeutend; deshalb kann man diese Mühlen auch für sehr feine Ausmahlung verwenden.

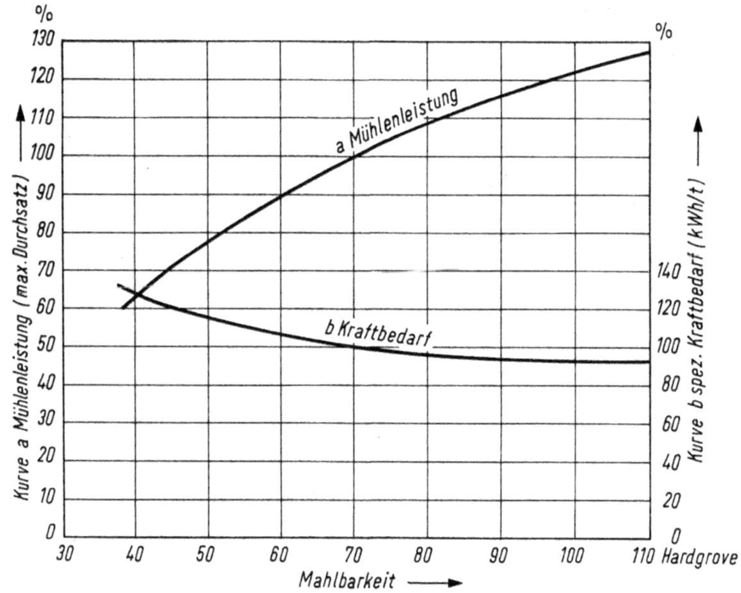

Abb. 21. Mühlenleistung und spezifischer Kraftbedarf in Abhängigkeit von der Mahlbarkeit bei langsamlaufenden Mühlen für Steinkohle

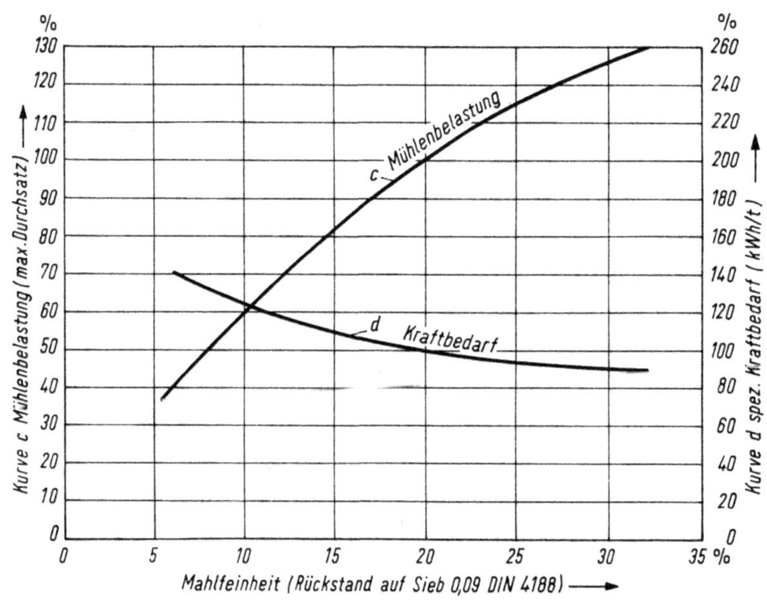

Abb. 22. Mühlenbelastung und spezifischer Kraftbedarf in Abhängigkeit von der Mahlfeinheit bei langsamlaufenden Mühlen für Steinkohle

Mühlenleistung und spezifischer Kraftbedarf sind abhängig von der Mahlbarkeit der Kohle (Abb. 21) und von der Mahlfeinheit (Abb. 22). Die Abb. 23 zeigt die Abhängigkeit des Kraftbedarfes von der Mühlenbelastung. Die Werte gelten für große Mühleneinheiten.

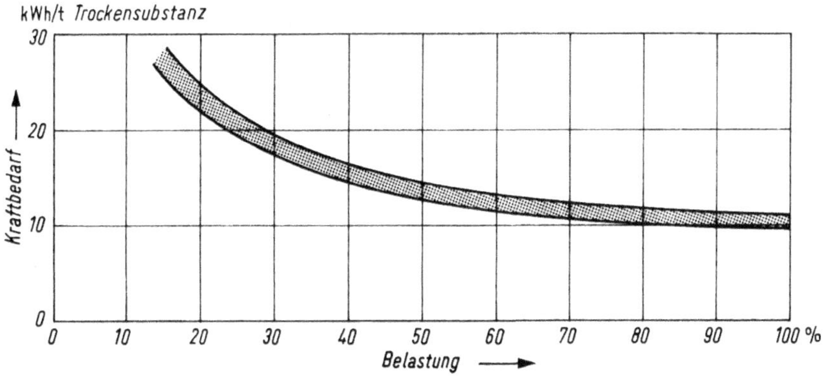

Abb. 23. Kraftbedarf von langsamlaufenden Mühlen mit Ventilator in Abhängigkeit von der Belastung für Steinkohle

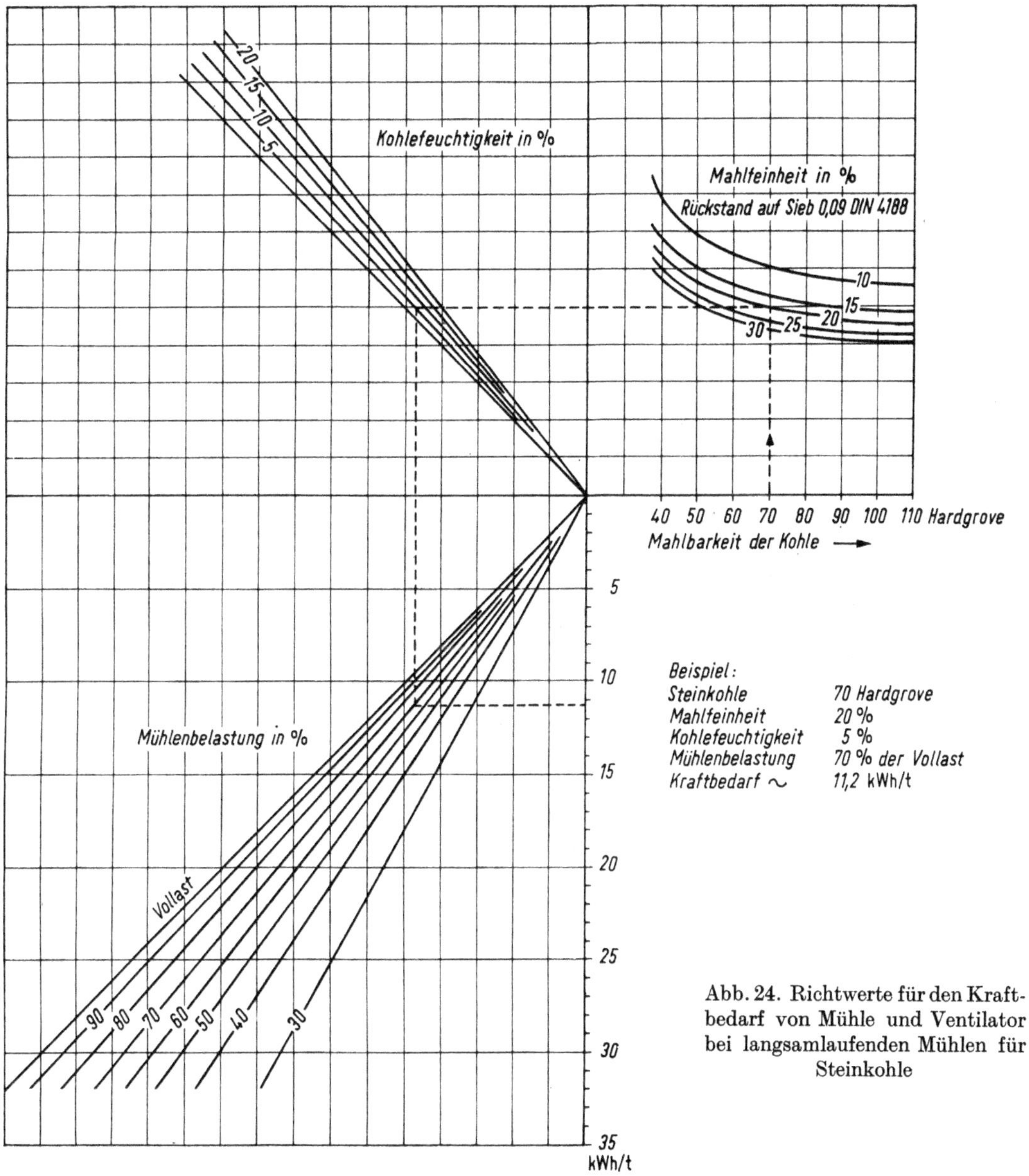

Abb. 24. Richtwerte für den Kraftbedarf von Mühle und Ventilator bei langsamlaufenden Mühlen für Steinkohle

Sie schwanken etwas je nach Mühlentyp und Kohlefeuchtigkeit. Je größer die Feuchtigkeit ist, um so mehr tritt der Kraftbedarf des Ventilators in Erscheinung.

Das Nomogramm Abb. 24 kann zu einer allgemeinen Orientierung darüber verwandt werden, mit welchem Kraftbedarf bei der Vermahlung von Steinkohle in langsamlaufenden Mühlen gerechnet werden kann. Bei einem Vergleich der aus Abb. 20 für schnelllaufende Mühlen festgestellten Werte mit denen der Abb. 24 für langsamlaufende Mühlen erkennt man die Unterschiede im Kraftbedarf bei den verschiedenen Mühlentypen. Aus den Nomogrammen kann man auch die Grundlagen für die Auslegung der Mühlen gewinnen, wenn damit gerechnet werden muß, daß in einem Kraftwerk Kohlen verschiedener Mahlbarkeit zur Verfeuerung kommen und die Verbrennung möglicherweise eine unterschiedliche Mahlfeinheit verlangt.

Trommelmühlen haben einen besonders hohen Kraftbedarf. Bei der Drehung der Trommel müssen viele Tonnen Stahlkugeln gehoben werden, und nur wenige Kugeln fallen jeweils so auf Kohleteile, daß diese zertrümmert werden. Jedoch kann mit Trommelmühlen eine gute Mahlfeinheit erreicht werden.

2. Verschleiß und Laufzeit

Die schnellaufenden Mühlen (Schläger- und Schlagradmühlen) haben einen verhältnismäßig großen Verschleiß und eine geringe Laufzeit. Darum muß dafür gesorgt werden, daß die Verschleißteile schnell ausgewechselt werden können. Die Schlagköpfe der Schlägermühle werden durch eine Öffnung im Mühlengehäuse ersetzt. Bei den Schlagradmühlen wird das Schlagrad im ganzen abgezogen und ein Reserverad, bei dem die Schlagplatten erneuert sind, eingebaut. Der Ersatz der Gehäusepanzerung ist bei beiden Mühlentypen zeitraubender, ist aber nur in größeren Zeitabständen erforderlich. Die Erneuerung der Verschleißteile muß rechtzeitig erfolgen, bevor sich Stahlteile lösen und ernstliche Havarien der Mühle verursachen.

Die langsamlaufenden Mühlen haben an sich einen geringen Verschleiß. Die spezifischen Kosten der Verschleißteile sind aber höher, so daß sich die Gesamtverschleißkosten bei den Langsamläufern und bei den Schnelläufern etwa in der gleichen Größenordnung bewegen. Wenn wie bei den Walzenmühlen nur der Effektivverschleiß durch Auftragsschweißung ersetzt wird und nicht die ganzen Verschleißteile erneuert werden wie bei den anderen Mühlentypen, so ist bei einem Preisvergleich zu berücksichtigen, daß der Einheitspreis für aufgetragenes Schweißmaterial wesentlich höher ist als der für bearbeiteten Schmiedestahl. Das Gewicht der einzelnen dem Verschleiß ausgesetzten Teile ist bei allen Langsamläufern verhältnismäßig groß. Zum Ein- und Ausbau dieser Teile werden deshalb von den Mühlenfirmen besondere Vorrichtungen mitgeliefert.

Bei den Rohrmühlen sind im wesentlichen nur die Füllkugeln einem Verschleiß ausgesetzt. Durch gelegentliches Nachfüllen einiger Kugeln wird der Ausgleich geschaffen, wobei die Kosten nur gering sind. Die Gehäusepanzerung hat eine sehr lange Lebensdauer; die Auswechslung erfordert dann aber einen erheblichen Aufwand.

3. Direkte Einblasung

Die direkte Einblasung des aus der Mühle kommenden Kohlenstaubes in die Brennkammer ist die baulich und betrieblich einfachste und auch billigste Art der Kohlenstaubfeuerung, insbesondere dann, wenn ein mäßiger Feuchtigkeitsgehalt es zuläßt, zur Trocknung nur Heißluft aus dem Lufterhitzer des Kessels zu verwenden. Der Kohlenstaub hat bei reinem Luftbetrieb die besten Zündbedingungen. Der Trocknungsvorgang in der Mühle ist sehr wirksam, so daß es gelingt, den Kohlenstaub auf eine geringe Restfeuchtigkeit abzutrocknen. Die Transportgasmenge wird meist unabhängig von der Belastung der Mühle konstant gehalten. Die Gaseintrittstemperatur wird durch Zugabe von kalter Luft oder Kaltgas so geregelt, daß sich eine Austrittstemperatur von 100 bis 150 °C einstellt. Bei der Vermahlung von sehr gasreichen Kohlen, insbesondere bei Zwischenbunkerungsanlagen, wird zur Vermeidung von Mühlenexplosionen eine Zumischung von Rauchgasen zur Trocknungsluft erforderlich, um einen bestimmten CO_2-Gehalt in der Mühle zu erreichen und den Mahlkreislauf zu inertisieren. Diese Maßnahme bedeutet nicht nur eine bauliche Komplikation und betriebliche Erschwernis, sondern hat auch zur Folge, daß der ruhige Ablauf der Verbrennung infolge der Zumischung inerter Gase gestört wird. Zur Aufrechterhaltung eines guten Feuerungswirkungsgrades ist es bei dieser Betriebsweise mit inerten Gasen notwendig, die Verbrennungsluft möglichst schnell durch Wirbelung oder Diffusion an den Brennstoff heranzubringen.

Für Feuerungsanlagen mit direkter Einblasung und Trocknung mit Heißluft (Abb. 25) werden meist Überdruckmühlen verwendet, d. h. Mühlen, denen die Kohle und die Trocknungs- und Transportluft unter dem Überdruck des Frischluftventilators zugeführt wird. Wenn der so vorhandene Überdruck in der Mühle ausreicht, um den gemahlenen Staub aus der Mühle auszutragen, ihn zuverlässig bis zu den Brennern zu transportieren und

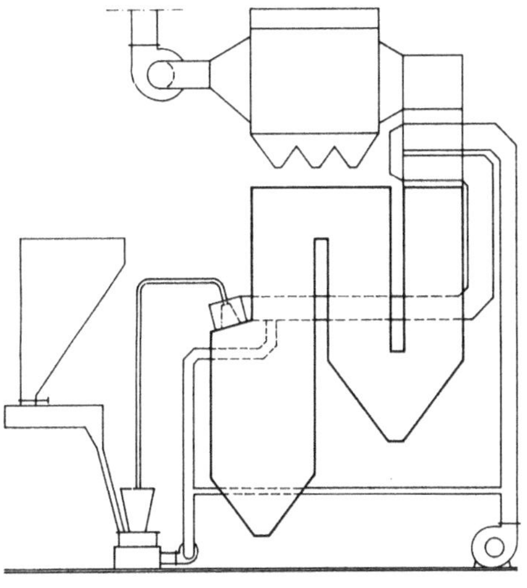

Abb. 25. Schema einer Feuerungsanlage für direkte Einblasung bei Steinkohle

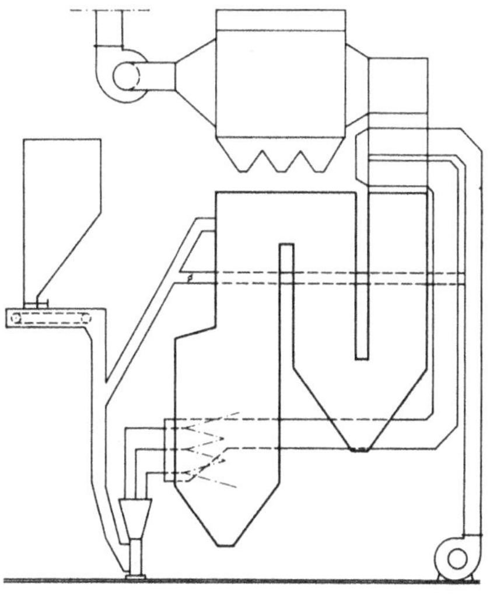

Abb. 26. Schema einer Feuerungsanlage für direkte Einblasung bei Braunkohle

die erforderliche Einblasegeschwindigkeit zu erzeugen, werden keine besonderen Ventilatoren gebraucht. Bei Walzen- und Schüsselmühlen sind Druckerhöhungsgebläse notwendig. Dabei hängt es von den gewählten Mühlentypen ab, ob sie auf der Luftseite der Mühlen angeordnet werden können oder ob sie das Staub-Luft-Gemisch fördern müssen. In letzterem Fall ist eine Sonderkonstruktion der Ventilatoren erforderlich, um den Verschleiß in tragbaren Grenzen zu halten. Bei Feuerungsanlagen mit Überdruckmühlen ist man hinsichtlich der Anordnung der Mühlen weitgehend unabhängig, da das Staub-Luft-Gemisch auch auf weitere Entfernung einwandfrei transportiert werden kann. Sie können vor, neben oder hinter dem Kessel stehen. Im allgemeinen wird man sie unmittelbar unter den Bunkern aufstellen, so daß kurze Kohlezuteiler und Staubleitungen verwendet werden können.

Bei Feuerungsanlagen für Braunkohle, Torf oder besonders nasse Steinkohle werden selbstansaugende Unterdruckmühlen eingesetzt. Dabei werden heiße Rauchgase meist am Ende der Brennkammer aus dem Kessel abgesaugt und durch Zumischung von Heißluft temperiert. In die dann immer noch verhältnismäßig heißen Gase wird die Rohkohle eingebracht, so daß das Kohle-Gas-Gemisch gleichzeitig der Mühle zugeführt wird. Verwendet werden ausschließlich schnellaufende Schläger- oder Schlagradmühlen, die neben der Zerkleinerung eine Druckerhöhung des Trocknungs- und Transportgases bewirken. Diese Druckerhöhung ist jedoch begrenzt, so daß man einerseits den Widerstand im Mühlensichter klein halten muß und andererseits nur einen geringen Widerstand in der Staub-Gas-Leitung zwischen Mühle und Brenner überwinden kann. Eine schematische Darstellung einer Mahlanlage mit Rauchgastrocknung zeigt Abb. 26.

Die Naßkohlemühlen müssen in unmittelbarer Nähe der zugehörigen Brenner aufgestellt werden. Eine gleichzeitige Beschickung mehrerer, örtlich weit voneinander entfernter Brenner ist nicht möglich. Bei Eckenfeuerungen stehen die Mühlen an den entsprechenden Ecken (Abb. 27), und jede Mühle bedient eine Ecke der Brennkammer. Bei Frontfeuerung wird die Vorderseite der Brennkammer mit abgeschrägten Ecken ausgeführt, und die Mühlen werden im Halbkreis vor der Brennkammer angeordnet (Abb. 28). Bei Deckenfeuerung kommt je Mühle ein Wirbelbrenner zur Anwendung mit einem maximalen Durchsatz von 45 t/h Braunkohle. Der Druckverlust dieser Brenner ist verhältnismäßig gering, so daß die Lüfterleistung der Mühlen ausreicht, den Kohlenstaub 50 m

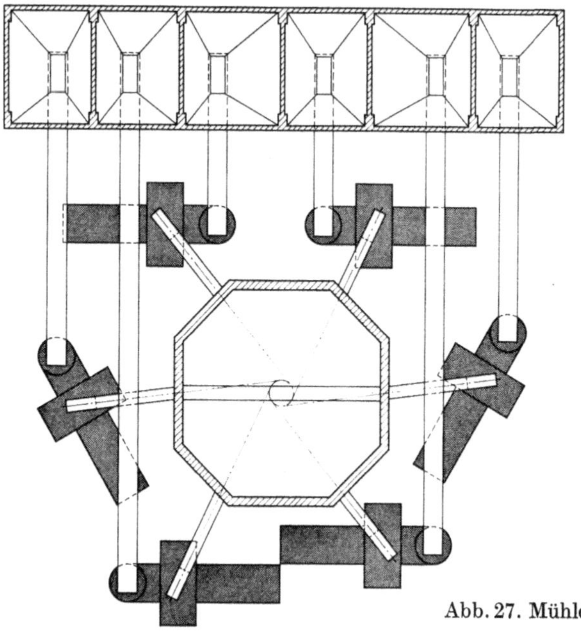

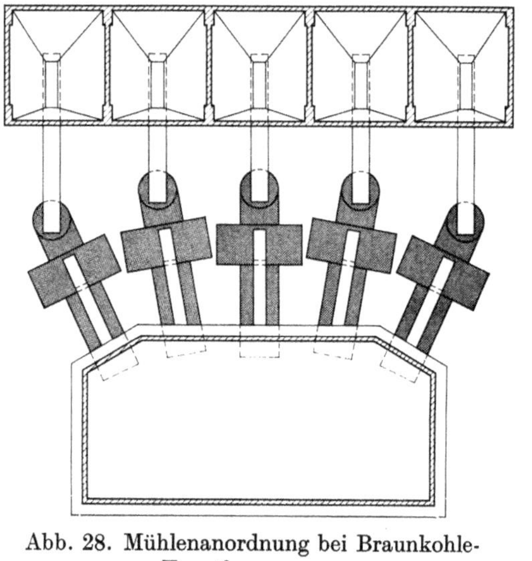

Abb. 28. Mühlenanordnung bei Braunkohle-Frontfeuerung

Abb. 27. Mühlenanordnung bei Braunkohle-Eckenfeuerung

hoch zu den Brennern zu fördern. Man verzichtet dabei auf den Einbau von Sichtern und nimmt in Kauf, daß verhältnismäßig grobe Kohleteilchen in die Brennkammer gelangen, wo sie in der Schwebe nicht voll ausbrennen können. Man versieht dann den Aschetrichter der Brennkammer mit einem Nachbrennrost, der meist als Kipprost ausgeführt wird.

d) Kohlenstaubbunkerung und Transport

1. Kohlenstaub-Zwischenbunkerung

Eine Zwischenbunkerung des gemahlenen Kohlenstaubes wird immer erforderlich, wenn eine Schmelzkammerfeuerung mit einem Brennstoff betrieben werden soll, dessen Wassergehalt höher als 15% ist. Wenn die gesamte Kohlefeuchtigkeit mit durch die Brennkammer gehen müßte, so könnte die erforderliche Schmelztemperatur nicht, oder doch nur bei Vollast, erreicht werden. Die Mahlbrüden werden bei einer solchen Anlage über Zyklone und Tuchfilter oder Elektrofilter in den Kamin geleitet.

Bei derartigen Brennstoffen mit mäßigem Aschegehalt und einer Feuchtigkeit über 15% sollte stets sorgfältig untersucht werden, ob eine Schmelzkammerfeuerung empfehlenswert ist. Es könnte nämlich die Trocknung in der Mühle mit Heißluft erhöhter Temperatur durchgeführt werden und direkte Einblasung Verwendung finden, wenn man bei einer Feuerung mit trockenem Ascheabzug verbleibt.

Trockene Anthrazitkohlen mit sehr geringen flüchtigen Bestandteilen haben vielfach eine schlechte Zündwilligkeit. Man muß sie darum einerseits sehr fein ausmahlen und andererseits mit heißer Luft in die Brennkammer einblasen, um eine zuverlässige Zündung und Verbrennung zu erreichen. Bei direkter Einblasung könnte das primäre Staub-Luft-Gemisch nur eine mäßige Temperatur haben, da hohe Temperaturen für die Mühle unzuträglich sind. Daher wird für derartige Brennstoffe vielfach Zwischenbunkerung vorgesehen. Es scheinen aber Zweifel berechtigt, ob bei derartigen schwierigen Brennstoffen eine bessere Verbrennung erzielt wird bei direkter Einblasung und einer Temperatur der Transportluft von 160 bis 180 °C oder bei Zwischenbunkerung, wenn die Transportluft 400 °C Temperatur haben kann. Bei direkter Einblasung befindet sich der Staub in feinster Verteilung in der Transportluft, bei Zwischenbunkerung muß der aus dem Bunker abgezogene Staub durch den Transportluftstrahl erst wieder fein aufgelöst werden, was oftmals nicht voll gelingt.

Die Anthrazitkohlen besitzen vielfach nur geringe Feuchtigkeit, die bei dem Mahlvorgang mit Zwischenbunkerung fast völlig ausgetrieben wird. Das Verbrennungsgemisch enthält dann fast kein H_2 bzw. H_2O, der Brennstoff ist praktisch reiner Kohlenstoff. Es ist nun aber bekannt, daß C ohne Anwesenheit bestimmter Mengen von H_2 bzw. H_2O schlecht verbrannt werden kann. Es kann daher erwartet werden, daß Anthrazitstaub bei direkter Einblasung und gegebenenfalls Schmelzkammerfeuerung besser brennt als bei Zwischenbunkerung, da der H_2O-Gehalt im Brennstoff-Luft-Gemisch die Verbrennung besser fördert als eine etwas höhere Temperatur des Brennstoff-Luft-Gemisches bei Fehlen von H_2O.

Zwischenbunkerung wird manchmal auch in Erwägung gezogen, weil damit die Möglichkeit gegeben wird, die Mühlen nur zeitweilig in Betrieb zu halten und den Staub zu speichern. Die Mühlen können dann immer mit Vollast betrieben werden, benötigen keine Regelung und können zu den Zeiten eingesetzt werden, in denen das Kraftwerk gering belastet ist. Eine solche Anordnung wurde vielfach bei Rohrmühlen gewählt, die sich als direkt einblasende Mühlen wegen zu großer Trägheit weniger eignen.

Die Kohlenstaubspeicherung ist eine sehr problematische Angelegenheit, da sich die physikalischen Eigenschaften mit der Lagerungszeit stark ändern. Frisch geförderter warmer Staub fließt wie Wasser durch feinste Spalten und Löcher. Schon nach kurzer Lagerungszeit neigt er jedoch zu Brückenbildungen im Bunker, so daß ein gleichmäßiger Zulauf zu den Austragseinrichtungen nicht mehr gewährleistet ist. Staub aus Kohle mit höherem Gehalt an flüchtigen Bestandteilen führt im Bunker zu Eigenerwärmung, zu Zusammensinterungen und dem Entstehen von Brandnestern. Aus diesem Grund muß der Staubbunker zum Nachbarkessel entleerbar sein.

Bei Zwischenbunkerungsanlagen ist eine Feinregulierung des Mühlendurchsatzes nicht erforderlich. Da aber im Bunker Staub mit einem größeren Gehalt an flüchtigen Bestandteilen nur kurze Zeit gelagert werden darf und die Trocknung in den Mühlen eng mit dem Kessel zusammenhängt, ist es notwendig, die Belastung der Mühlen etwa der Belastung des Kessels anzupassen. Man erreicht dies in ausreichendem Maße, wenn die Mühlen so beaufschlagt werden, daß in dem Zwischenbunker ein annähernd gleichbleibender Füllungsstand aufrechterhalten wird. Der Zwischenbunker sollte nicht als Brennstofflager aufgefaßt werden, da der ausgeschiedene Staub wegen Brandgefahr keine längere Lagerzeit verträgt. Am besten eignet sich ein runder, schlanker Behälter. Zur Vermeidung von Taupunktserscheinungen im Bunker sollte dieser gut isoliert bzw. mit einer Heizung versehen werden.

Den Aufbau einer Zwischenbunkerungsanlage zeigt schematisch die Abb. 29. Aus dem Rohkohlebunker *a* wird die Kohle durch Zuteiler *b* abgezogen und der Mühle *c* zugeführt. Die zur Trocknung erforderlichen Rauchgase werden an geeigneter Stelle *d* dem Kessel *e* entnommen und durch Zumischung von Kaltluft *f* so weit abgekühlt, daß sich am Austritt des Sichters *g* die gewollte Temperatur (80 bis 100 °C) einstellt. Im Zyklon *h* wird der Kohlenstaub weitmöglichst von den Brüdengasen getrennt und über eine Sperreinrichtung *i* in den Staubbunker *k* gebracht. Mit den Zuteilern *l* wird der Staub für die Verbrennung genau zudosiert und mit Heißluft über die Brenner *m* in die Brennkammer eingeblasen. Die Heißluft wird von einem Primärventilator *n* aus dem Heißluftkanal entnommen.

In dem Zyklon *h* gelingt die Abscheidung des Kohlenstaubes nicht vollständig. Es muß damit gerechnet werden, daß 3 bis 8% in den Brüdengasen verbleiben, die durch eine Feinreinigung gesondert ausgeschieden werden müssen. Dazu werden Spezialfilter, kleine E-Filter *p* oder dgl. verwendet. Diese Filter bedürfen einer sorgfältigen Überwachung, um zu vermeiden, daß in ihnen Staubreste längere Zeit verbleiben, die zu Selbstentzündung und zu Filterbränden führen. Die gereinigten Brüdengase werden dann vom Brüdenventilator *q* in den Schornstein geblasen. Der Brüdenventilator wird so

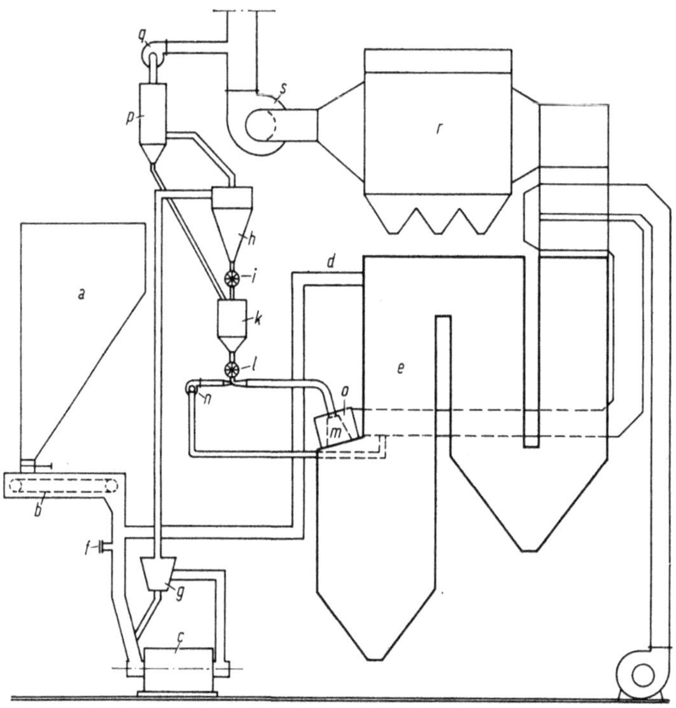

Abb. 29. Schema einer Feuerungsanlage für Zwischenbunkerung

a	Rohkohlebunker	*g*	Sichter	*n*	Druckerhöhungsgebläse
b	Zuteiler	*h*	Zyklonabscheider	*o*	Heißluftleitung
c	Mühle	*i*	Zellenrad	*p*	Brüdenfilter
d	Rauchgasrücksaugung	*k*	Staubbunker	*q*	Brüdenventilator
e	Kessel	*l*	Staubzuteiler	*r*	Elektrofilter
f	Kaltluftzufuhr	*m*	Kohlenstaubbrenner	*s*	Saugzuggebläse

geregelt, daß im Mahlkreislauf der erforderliche Unterdruck herrscht und die Trocknungsgase einwandfrei aus dem Kessel angesaugt werden. Die Abgase des Kessels *e* gelangen über das Haupt-E-Filter *r* und den Saugzugventilator *s* in den Schornstein.

Bei Schmelzkammerfeuerungen mit Zwischenbunkerungsanlagen, bei denen die im E-Filter *r* abgeschiedene Flugasche in die Brennkammer zum Einschmelzen zurückgeführt wird, ist man vielfach bestrebt, die leicht zu Betriebsstörungen führenden gesonderten Brüden-Feinfilter *p* dadurch zu vermeiden, daß die aus dem Zyklon *h* kommenden kohlenstaubhaltigen Brüden in das Haupt-E-Filter *r* eingeleitet werden. Dies bringt jedoch verschiedene Probleme mit sich. Es ist sehr schwierig, die Brüden über den Querschnitt des E-Filters gleichmäßig zu verteilen, so daß diese Maßnahme meist zu einer Beeinträchtigung der Funktion des Filters führt. Die mit den Brüden eingebrachte Kohle verteilt sich nicht gleichmäßig auf die ausgeschiedene Asche. Dies hat zur Folge, daß beim Rückführen der Flugasche in die Brennkammer an den verschiedenen Einführungsstellen unterschiedliche Kohlemengen unkontrolliert in die Brennkammer kommen und hier nicht die erforderliche Verbrennungsluft vorfinden. Es entstehen dann in der Brennkammer Zonen mit reduzierender Atmosphäre, die zu örtlichen Korrosionen der Brennkammerberohrung führen. Zuweilen werden die Mahlbrüden auch hinter dem Aschefangrost der Schmelzkammer zugeführt. Die Schmelzkammer selbst fährt dann mit einem etwas höheren Luftüberschuß, so daß die Außenkorrosionen vermindert werden. Der mit den Mahlbrüden zugeführte Kohlenstaub erhält dann auch noch den notwendigen Sauerstoff zur Verbrennung.

Bei Großkesseln werden im allgemeinen mehrere Mühlen je Einheit aufgestellt werden müssen. Zu jeder Mühle muß ein Zyklon *h* vorgesehen werden und am besten auch ein Staubbunker *k*. Bei Anordnung mehrerer Zyklone über einem gemeinsamen Staubbunker ist ein gleichmäßiger Füllungsstand und ein gleichmäßiger Kohlefluß durch den Bunker nicht immer gewährleistet. Wenn aber jede Mühle ihren eigenen Staubbunker erhält, müssen auch die Feinabscheider *p* in entsprechender Zahl vorgesehen werden.

Für den Abzug aus dem Staubbunker wäre es am besten, wenn für jeden Brenner ein gesonderter Zuteiler installiert würde. Aus räumlichen Gründen ist dies jedoch meist nicht möglich. Es sollte aber vermieden werden, mehr als zwei Brenner auf einen Zuteiler zu schalten.

2. Kohlenstaubzuteiler

Die Förderung des Kohlenstaubes aus den Bunkern muß gleichmäßig erfolgen, damit eine gleichbleibende Wärmezufuhr zum Kessel gewährleistet ist. Die Fördereinrichtungen sind also gleichzeitig Mengenmeßeinrichtungen und müssen stufenlos regelbar sein. Als Antriebe kommen Drehstrom-Kollektormotoren oder Kurzschlußläufer mit Frequenzregelung in Frage (vgl. auch Vierter Teil, B III b, S. 625). Als Zuteiler für den Kohlenstaub kommen Walzenzuteiler, Zellenräder und Schnecken zur Anwendung.

Die Haupttragluftleitung ist oberhalb der Zuteiler anzuordnen mit absperrbaren Stichleitungen zu den einzelnen Zuteilern. Zur Vermeidung von Staubablagerungen ist in den Kohlenstaubleitungen zu den Brennern eine Geschwindigkeit von 20 m/s einzuhalten. Zur Förderung dient Heißluft, die aus den Heißluftleitungen hinter den Lufterhitzern entnommen und durch ein Gebläse auf entsprechenden Druck gebracht wird.

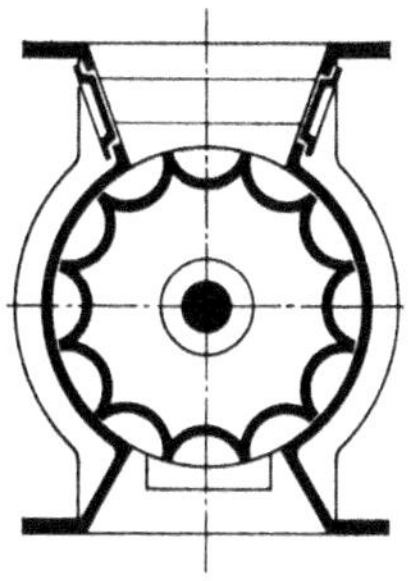

Abb. 30. Walzenzuteiler, Bauart Claudius Peters

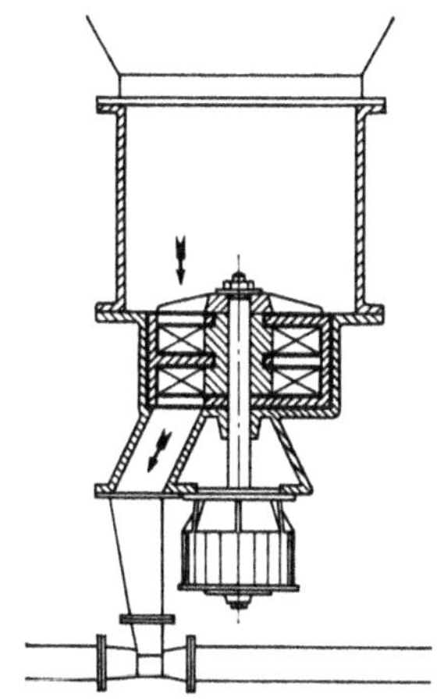

Abb. 31. Zellenradzuteiler, Bauart Claudius Peters

Walzenzuteiler. Dieser Zuteiler sitzt mit horizontaler Welle unter dem Staubbunker. Die Walze hat, wie aus Abb. 30 ersichtlich ist, am Umfang gleichmäßig verteilte, halbkugelförmige Mulden, die die Förderung des Kohlenstaubes übernehmen. Ein ungeregeltes Durchfließen von Staub ist nur nach längerer Betriebszeit und durch Verschleiß möglich.

Zellenradzuteiler. Es gibt Zellenradzuteiler mit waagrechter und senkrechter Achse. Die letzteren verdienen besondere Beachtung und werden deshalb näher beschrieben. Dieser Zuteiler (Abb. 31) besteht im wesentlichen aus zwei übereinander angeordneten Zellenrädern, die mit einem darüber befindlichen Rührer auf einer gemeinsamen senkrechten Welle sitzen. Zwischen Rührer und oberem Zellenrad befindet sich eine feststehende Abdeckplatte mit einem Sektorausschnitt, durch den die Zellen des rotierenden oberen Zellenrades gefüllt werden. Zwischen oberem und unterem Zellenrad befindet sich wieder eine feststehende Platte mit einem Sektorausschnitt, der gegenüber dem oberen Ausschnitt um 180° versetzt ist. Die Kohle fällt, vom Bunkerdruck entlastet, in das untere Zellrad, wird von diesem wieder um 180° mitgenommen und fällt durch einen entsprechenden Sektorausschnitt am Boden des Zuteilers frei in den Auslaufschacht. Das untere Zellrad hat ein etwas kleineres Füllungsvolumen als das obere, so daß eine sehr gleichmäßige Förderung erreicht wird. Wenn die gleichzeitige Zuteilung in zwei Auslaufschächten verlangt wird, erhalten die Abdeckplatten jeweils zwei Sektorausschnitte, von Platte zu Platte um 90° versetzt. Um ein Durchschießen von Staub mit Sicherheit zu vermeiden, werden dann drei oder vier Zellenräder untereinander angeordnet.

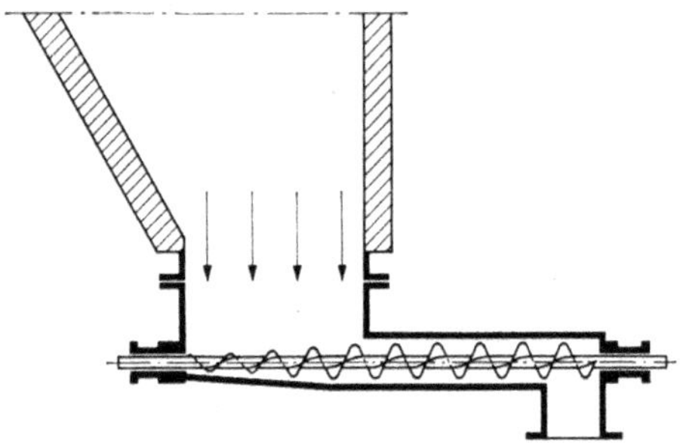
Abb. 32. Staubzuteiler mit konischer Schnecke

Schneckenzuteiler. Bei der Ausbildung der Schneckenzuteiler muß beachtet werden, daß der Staub weder unter dem Gewicht des Bunkerinhaltes durchschießt noch in der Schnecke zu sehr komprimiert wird. Bei zu starker Komprimierung des Staubes in der Schnecke geht unter Umständen die Förderdrehzahl zurück bzw. die brikettierten Staubklumpen werden von dem dahinter liegenden Förderluftstrahl nicht mehr vollständig aufgelöst. Bei Schnecken mit gleichbleibendem Durchmesser erfolgt der Abzug über die Bunkeraustrittsöffnung im wesentlichen am Anfang der Schnecke. Es kann dies zur Folge haben, daß ein Staubfluß im Bunker nur an einer Seite vor sich geht und der Staub an der anderen Seite ruhig liegen bleibt. Dies kann vermieden werden, wenn die Schnecke im Bereich der Bunkeröffnung konisch mit gleichbleibender Steigung ausgeführt wird (Abb. 32).

e) Ölaufbereitung

Als Primärenergiequelle für Dampfkraftwerke gewinnt das Heizöl von Jahr zu Jahr größere Bedeutung, und zwar kommen dafür in erster Linie schwere Mineralöle von hoher Viskosität (Bunker-C-Öl, Masut) in Frage, die für den Transport durch Rohrleitungen und für die Verbrennung erwärmt werden müssen. Leichtere Kohlenwasserstoffe und andere Öle werden für die Beheizung von Dampfkesseln nur selten verwandt, es sei denn für Zündfeuerungen von Kohlenstaubflammen und solche für Schweröle. Eine Ölfeuerungsanlage besteht also im wesentlichen aus folgenden Teilen:

1. Öltagesbehälter

Der Tagesöl- oder Betriebstank hat ein Fassungsvolumen für 12 bis 24 Stunden Volllastbetrieb. Dieser Tank wird mit einer Bodenschlange versehen, durch die das Öl mittels Dampf aufgeheizt werden kann. Er erhält meist eine zusätzliche Dampfbeheizung am Entnahmestutzen, damit das Öl eine gute Pumpfähigkeit erhält. Außerdem ist er noch mit entsprechenden Standanzeigern, Füllstutzen, Entlüftungseinrichtungen und sonstigen Sicherungsorganen versehen. Vielfach wird dieser Tank etwas erhöht aufgestellt, damit ein guter Zulauf zu den Pumpen erreicht wird.

2. Filter, Pump- und Vorwärmstation

Die Saugfilter werden meist doppelt und umschaltbar vorgesehen, damit sie im Betrieb gereinigt werden können. Durch Beheizung wird vermieden, daß das Öl im stillstehenden Filter erhärtet. Die Ölpumpen werden je nach dem erforderlichen Öldruck als ein- oder mehrstufige Kreiselpumpen, als Schraubenpumpen, als Drehkolbenpumpen oder dgl. ausgeführt. Auch für die Pumpen muß eine entsprechende Beheizung vorgesehen werden.

Hinter den Pumpen liegen die Ölvorwärmer, in denen das Öl unter Druck auf eine Temperatur von etwa 150 °C gebracht wird, so daß es einerseits im Brenner sehr fein zerstäubt werden kann, andererseits aber die leichtflüchtigen Bestandteile des Öles nicht ausgasen.

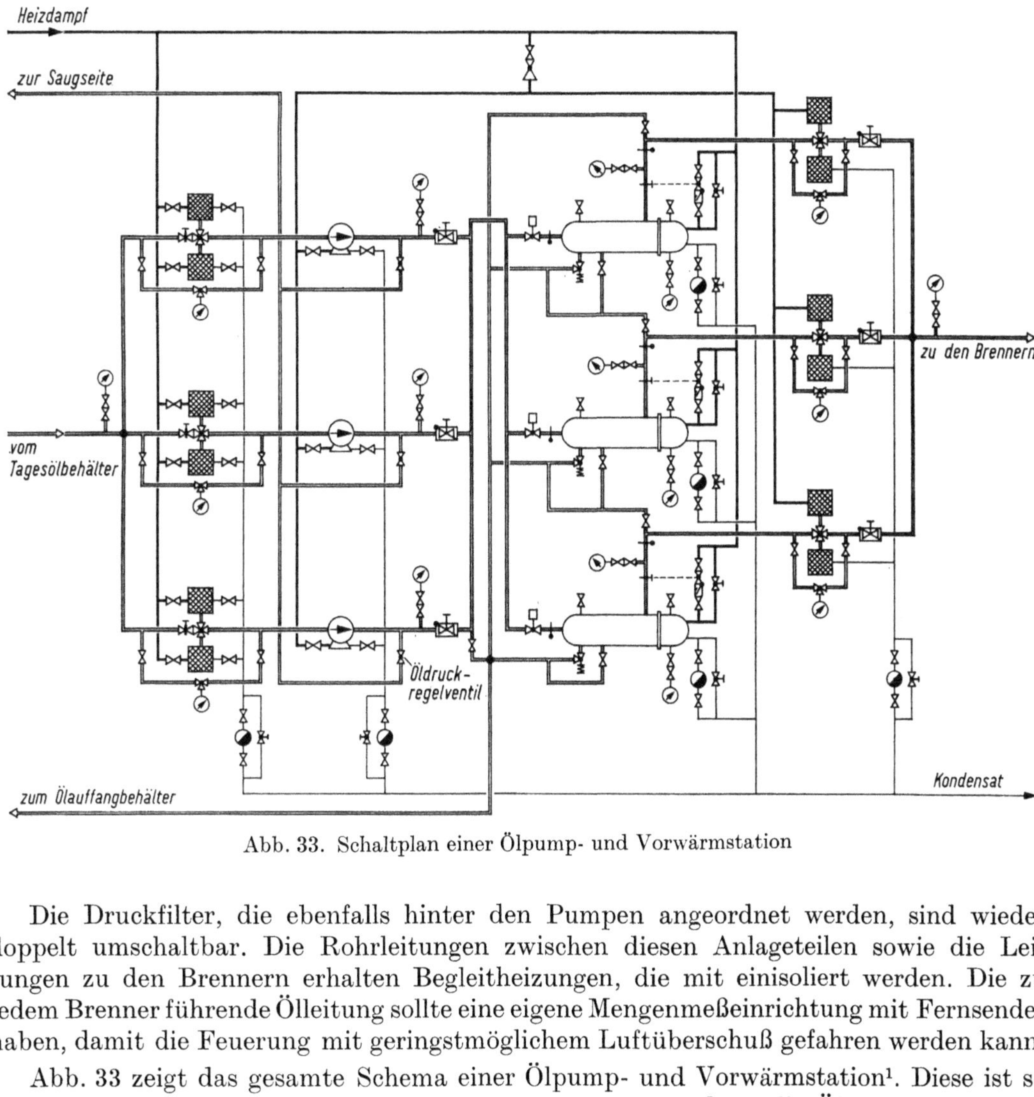

Abb. 33. Schaltplan einer Ölpump- und Vorwärmstation

Die Druckfilter, die ebenfalls hinter den Pumpen angeordnet werden, sind wieder doppelt umschaltbar. Die Rohrleitungen zwischen diesen Anlageteilen sowie die Leitungen zu den Brennern erhalten Begleitheizungen, die mit einisoliert werden. Die zu jedem Brenner führende Ölleitung sollte eine eigene Mengenmeßeinrichtung mit Fernsender haben, damit die Feuerung mit geringstmöglichem Luftüberschuß gefahren werden kann.

Abb. 33 zeigt das gesamte Schema einer Ölpump- und Vorwärmstation[1]. Diese ist so ausgelegt, daß mit zwei Pumpen und zwei Vorwärmern die volle Ölleistung erbracht werden kann. Die dritte Pumpe und der dritte Vorwärmer mit den zugehörigen Saug- und Druckfiltern stehen in Reserve. Jedem Vorwärmer ist ein pneumatisch betätigter Hahn vorgeschaltet, der von der Warte aus betätigt werden kann. Die Öltemperaturregelung arbeitet mit Hilfe eines Viskositätsmessers und sorgt für eine konstante Viskosität des zu den Brennern gehenden Öles. Der für die Zerstäubung des Öles erforderliche Zerstäuberdampf wird dem Mitteldrucknetz oder einem Hilfskessel entnommen und durch eine Reduzier- und Kühlstation auf den gewünschten Dampfzustand gebracht.

[1] Nach NIEPENBERG, H.: Jahrbuch Öl und Gas 1963/64.

f) Gasreduzier- und Vorwärmstation

Als gasförmiger Brennstoff für Großkesselanlagen kommt im wesentlichen nur das Erdgas in Frage. Gichtgas steht nur in Hüttenkraftwerken zur Verfügung in Mengen, die manchmal auch für größere Kessel ausreichen. Da jedoch der Gichtgasanfall stets beträchtlichen Schwankungen unterworfen ist, werden kaum Kessel für Gichtgas als alleinigen Brennstoff gebaut. Im allgemeinen wird Gichtgas nur bei Kesseln mit kombinierter Feuerung zusammen mit Kohle oder Öl eingesetzt. Das gleiche gilt auch für Koksgas, Raffineriegas, Grubengas und dgl. Dagegen wird das Erdgas als Brennstoff für Großkraftwerke schnell zunehmende Bedeutung gewinnen. Es wird dem Kraftwerk unter hohem Druck oder in verflüssigter Form zugeführt und hier in entsprechenden Reduzierstationen auf einen für die Verbrennungsanlagen brauchbaren Druck gebracht.

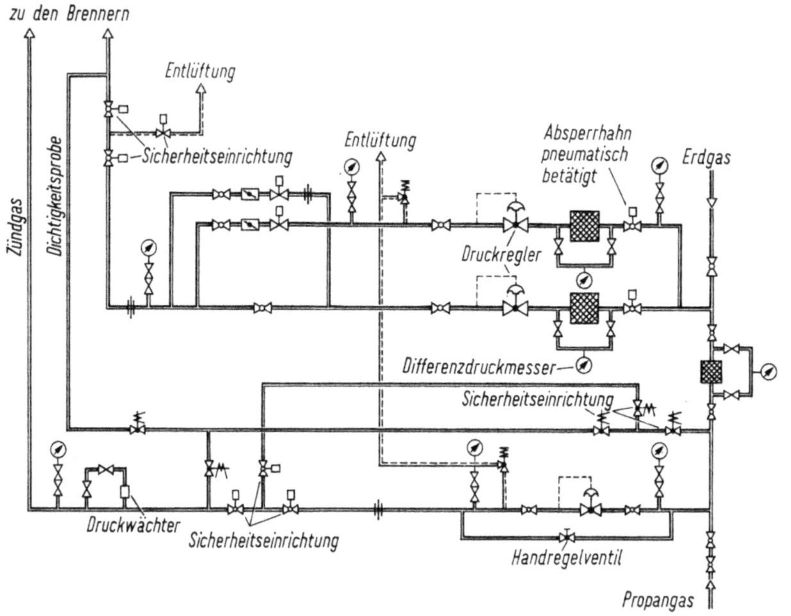

Abb. 34. Schaltplan einer Erdgas-Reduzier-, Regel- und Sicherheitsstation

Eine vollständige Gasfeuerung ist Abb. 34 dargestellt[1]. Das Erdgas wird mit dem zur Verfügung stehenden Druck übernommen und über ein Filter zum Gasdruckregler geführt, in dem das Gas auf 2 atü reduziert wird. Der zweite Filter und Druckregler sind als Reserve parallel geschaltet. Über eine Gasmengenmeßeinrichtung wird das Erdgas dem Mengenregler zugeführt. Diese Einrichtung setzt sich aus zwei parallel geschalteten und in der Nennweite unterschiedlichen Strängen zusammen, die je nach Durchsatzmenge einzeln in Betrieb sind. Die nachgeschaltete Gassicherungseinrichtung besteht aus zwei pneumatisch betätigten Absperrhähnen mit einem dazwischenliegenden Entlüftungshahn. Hinter der Sicherheitseinrichtung zweigen die Leitungen zu den einzelnen Gasbrennern ab.

Eine Vorwärmung des Gases ist dann erforderlich, wenn dieses mit hohem Druck und tiefen Temperaturen ankommt, so daß bei Reduzierung mit der Kondensation von niedrig siedenden Kohlenwasserstoffen zu rechnen ist. Diese im Gas vorhandenen höherwertigen Kohlenwasserstoffe können bei Anfall und Ansammlung im Leitungssystem infolge ihres tiefen Flammpunktes gefährliche Störungen verursachen. Vor dem Vorwärmer ist der Einbau eines Siebes empfehlenswert. Nach der Reduzierstation ist wieder eine Absperrung vorzusehen, damit jede Straße für sich abgesperrt werden kann. Ferner muß ein Sicherheitsventil vorgesehen werden, damit durch die Aufheizung im Falle einer Absperrung kein unzulässiger Überdruck zustande kommt.

[1] Nach NIEPENBERG, H.: Jahrbuch Öl und Gas 1963/64.

III. Theorie und Praxis der Verbrennung[1]

a) Chemische Grundlagen

1. Verbrennungsgleichungen

Verschiedene Elementarbestandteile des Brennstoffes reagieren unter bestimmten Voraussetzungen mit dem Sauerstoff. Bei technischen Feuerungen handelt es sich im wesentlichen um den Kohlenstoff, Wasserstoff, Schwefel, Kohlenoxyd, Methan und höherwertige Kohlenwasserstoffverbindungen, wobei der Vorgang nach folgenden Reaktionsgleichungen erfolgt:

Reaktionsgleichung (Molekül Brennstoff)	Gewichtsbeziehung Mol [kg]	Brennstoff-Volumen: [Nm³/Mol]	Rauchgas-Volumen: [Nm³/Mol]
$C + O_2 = CO_2$	12,011 + 32,000 = 44,011	0	22,26
$H_2 + \frac{1}{2} O_2 = H_2O$	2,016 + 16,000 = 18,016	0	22,40
$S + O_2 = SO_2$	32,066 + 32,000 = 64,066	0	21,89
$CO + \frac{1}{2} O_2 = CO_2$	28,011 + 16,000 = 44,011	22,40	22,26
$CH_4 + 2\,O_2 = CO_2 + 2\,H_2O$	16,043 + 64,000 = 80,043	22,36	22,26 + 44,80 = 67,06
Allgemein: $C_xH_y + \left(x + \frac{y}{4}\right) O_2 = x\,CO_2 + \frac{y}{2}\,H_2O$			$x \cdot 22{,}26 + \frac{y}{2} \cdot 22{,}40$

Verwendet man den zweckmäßigen und allgemein gebräuchlichen Begriff „Mol", dann kann man leicht aus den Molekulargewichten der einzelnen Bestandteile das Gewicht der Verbindung berechnen.

2. Luftbedarf

Teilt man die aus der Reaktionsgleichung ersichtlichen Sauerstoff-Molvolumina (22,39 Nm³/Mol O_2, 22,414 Nm³/Mol für ideale Gase) durch das Molgewicht des in Frage kommenden Elementarbestandteils, dann erhält man die zur Verbrennung von 1 kg erforderliche Sauerstoffmenge (Nm³/kg). Bei den gasförmigen Brennstoffen ermittelt man zweckmäßigerweise die Sauerstoffmenge je Nm³ des entsprechenden Elementarbestandteiles (Nm³/Nm³).

Der gesamte Sauerstoffbedarf des Brennstoffes ergibt sich aus der Addition der einzelnen Komponenten, wobei der Sauerstoffanteil des Brennstoffes abzuziehen ist:

$$O_{min} = 1{,}8641 \cdot C + 5{,}5531 \cdot H_2 + 0{,}6982 \cdot S - 0{,}6997 \cdot O_2\ [\mathrm{Nm^3/kg}],$$

für gasförmige Brennstoffe gilt:

$$O_{min} = 0{,}5 \cdot CO + 0{,}5 \cdot H_2 + \left(x + \frac{y}{4}\right) \cdot C_xH_y - O_2\ [\mathrm{Nm^3/Nm^3}].$$

Zur Verbrennungsrechnung benötigt man jedoch die Luftmenge, wobei sich die Mindestluftmenge für trockene Luft aus der Luftzusammensetzung ergibt.

Sauerstoff	21,0	Vol.%
Stickstoff	78,05	Vol.%
Argon	0,92	Vol.%
Kohlensäure	0,03	Vol.%

$$L_{min} = \frac{O_{min}}{0{,}21} = 4{,}7619\ O_{min}.$$

[1] Gumz, W.: Kurzes Handbuch der Brennstoff- und Feuerungstechnik, 3. Aufl., Berlin/Göttingen/Heidelberg: Springer 1962.

Setzt man in obige Gleichung den ermittelten O_2-Anteil ein, dann ergibt sich für feste und flüssige Brennstoffe:

$$L_{\min} = 8{,}8766 \cdot C + 26{,}4433 \cdot H_2 + 3{,}3248 \cdot S - 3{,}3319 \cdot O_2 \; [\mathrm{Nm^3/kg}]$$

und für gasförmige Brennstoffe:

$$L_{\min} = 2{,}3816 \cdot CO + 2{,}3810 \cdot H_2 + \left(x + \frac{y}{4}\right) \cdot 4{,}7619 - 4{,}7619 \cdot O_2 \; [\mathrm{Nm^3/Nm^3}].$$

Da die Luft stets noch einen gewissen Dampfgehalt hat, muß die theoretisch ermittelte Mindestluftmenge entsprechend vergrößert werden. Es ergibt sich die feuchte Mindestluftmenge, indem man den Feuchtigkeitsanteil auf den trockenen Anteil bezieht und dazu addiert, wobei φ die relative Feuchte und P_s der Sättigungsdruck sind.

$$L_{f\,\min} = L_{\min} \cdot f,$$

$$f = 1 + \varphi \frac{P_s}{P - P_s}.$$

Im praktischen Bereich kann eine vollkommene Verbrennung nur dann erreicht werden, wenn ein bestimmter Luftüberschuß vorhanden ist, so daß sich folgende Luftmenge ergibt:

$$L_f = n \cdot L_{f\,\min} = n \cdot f \cdot L_{\min}.$$

3. Rauchgasmenge und -zusammensetzung

Die Rauchgasmenge wird analog der Luftmenge durch Division der Elementarrauchgasvolumina durch das Molgewicht des entsprechenden Elementarteilchens und Addition aller Bestandteile ermittelt.

Für feste und flüssige Brennstoffe ergibt sich:

CO_2	$[\mathrm{Nm^3/kg}]$	$1{,}8533 \cdot C$	$+ 0{,}0003 \cdot L_{\min}$
SO_2	$[\mathrm{Nm^3/kg}]$	$0{,}6827 \cdot S$	
N_2	$[\mathrm{Nm^3/kg}]$	$0{,}7995 \cdot N_2$	$+ 0{,}7805 \cdot L_{\min}$
Ar	$[\mathrm{Nm^3/kg}]$		$0{,}0092 \cdot L_{\min}$
H_2O	$[\mathrm{Nm^3/kg}]$	$11{,}1111\, H_2 + 1{,}243$	$+ (f - 1) \cdot L_{\min}$

und für gasförmige Brennstoffe:

CO_2	$[\mathrm{Nm^3/Nm^3}]$	$1 \cdot CO + x \cdot C_xH_y + 1 \cdot CO_2$	$+ 0{,}0003 \cdot L_{\min}$
N_2	$[\mathrm{Nm^3/Nm^3}]$	$1 \cdot N_2$	$+ 0{,}7805 \cdot L_{\min}$
Ar	$[\mathrm{Nm^3/Nm^3}]$		$0{,}0092 \cdot L_{\min}$
H_2O	$[\mathrm{Nm^3/Nm^3}]$	$1 \cdot H_2 + \frac{y}{2} \cdot C_xH_y + 1 \cdot H_2O$	$+ (f - 1) \cdot L_{\min}.$

Durch entsprechende Addition erhält man die trockene und feuchte Mindestrauchgasmenge ($V_{tr\,\min}$ $V_{f\,\min}$). Die Berücksichtigung des Luftüberschusses führt zur tatsächlichen Rauchgasmenge.

$$V_f = V_{f\,\min} + f\,(n - 1) \cdot L_{\min}.$$

Will man auch hier die Zusammensetzung haben, dann sind die Luftbestandteile zu den entsprechenden Rauchgasbestandteilen zu addieren.

Luftbestandteile (für Kohle und Öl in $\mathrm{Nm^3/kg}$, für Gas in $\mathrm{Nm^3/Nm^3}$):

$$O_2 = (n - 1) \cdot 0{,}21 \cdot L_{\min}$$
$$CO_2 = (n - 1) \cdot 0{,}0003 \cdot L_{\min}$$
$$N_2 = (n - 1) \cdot 0{,}7805 \cdot L_{\min}$$
$$Ar = (n - 1) \cdot 0{,}0092 \cdot L_{\min}$$
$$H_2O = (n - 1) \cdot (f - 1) \cdot L_{\min}.$$

4. Näherungsformeln

Bei Planungsbeginn ist die Brennstoffzusammensetzung oft nicht genau bekannt. In diesen Fällen kann man die Luft- und Rauchgasmenge mit Hilfe von statistischen Näherungsformeln ermitteln:

für feste Brennstoffe:

$$L_{f\,\min} = 0{,}5 + 1{,}012\,\frac{H_u}{1000}\ [\mathrm{Nm^3/kg}],$$

$$V_{f\,\min} = 1{,}375 + 0{,}95\,\frac{H_u}{1000}\,[\mathrm{Nm^3/kg}],$$

für flüssige Brennstoffe:

$$V_{f\,\min} = 1{,}11\,\frac{H_u}{1000}\ [\mathrm{Nm^3/kg}],$$

$$L_{f\,\min} = 1{,}7 + 0{,}88\,\frac{H_u}{1000}\,[\mathrm{Nm^3/kg}],$$

für gasförmige Brennstoffe:

$$L_{f\,\min} = 1{,}09\,\frac{H_u}{1000} - 0{,}280\ [\mathrm{Nm^3/Nm^3}],$$

$$V_{f\,\min} = 0{,}446 + 1{,}09\,\frac{H_u}{1000}\ [\mathrm{Nm^3/Nm^3}].$$

5. Dissoziation

Bei Temperaturen von 1500 °C und darüber ergibt sich infolge der Wasserdampf- und Kohlensäurespaltung eine Änderung in der Rauchgaszusammensetzung sowie der Enthalpie. Die Reaktion verläuft in den nachstehenden Formeln mit steigenden Temperaturen von links nach rechts.

$$CO_2 \leftrightarrows CO + {}^1/_2O_2,$$

$$(H_2O \leftrightarrows H_2 + {}^1/_2O_2)\ (\text{'Reaktion}),$$

$$(H_2O \leftrightarrows {}^1/_2H_2 + OH)\ (\text{''Reaktion}),$$

$$O_2 \leftrightarrows 2O,$$

$$H_2 \leftrightarrows 2H.$$

Die beiden letzten Dissoziationsvorgänge treten indessen in einem so hohen Temperaturbereich auf, daß sie für technische Feuerungen belanglos sind.

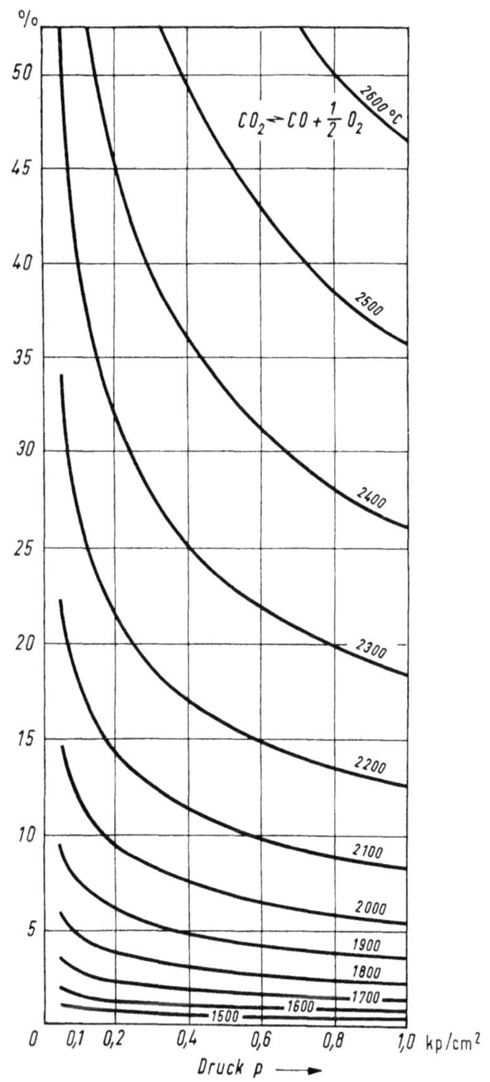

Abb. 35. Dissoziierter Anteil αCO_2 von CO_2

Nennt man den dissoziierten Anteil eines Gases α, dann ist der restliche Bestandteil $(1 - \alpha)$. Die α-Werte kann man aus Abb. 35 und 36 für die CO_2-, H_2O'- und H_2O''-Reaktionen entnehmen, wobei auf der Abszissenachse die Summe der Partialdrücke der nach der Dissoziation vorhandenen Bestandteile des betreffenden Gases in ata aufgetragen ist. Dieser Gesamtdruck ist stets etwas größer als der Teildruck des nichtdissoziierten Gases und wird zunächst geschätzt.

Setzt man ferner voraus, daß bei den beiden parallellaufenden Wasserdampfreaktionen ungleiche Partialdrücke bei gleichen Stoffen nicht nebeneinander bestehen können, dann kann der Anteil der 'Reaktion und ''Reaktion wie folgt berechnet werden:

$$a \cdot \alpha'_{H_2O} \cdot H_2O = (1 - a)\frac{\alpha''_{H_2O}}{2} \cdot H_2O.$$

a ist dabei der Anteil des Wasserstoffes, der nach der 'Reaktion, und $(1 - a)$ der Anteil, der nach der "Reaktion verläuft.

Daraus ergibt sich:

$$a = \frac{1}{\frac{2\alpha'_{H_2O}}{\alpha''_{H_2O}} + 1}.$$

Damit können unter Annahme der Partialdrücke die Bestandteile des dissoziierten Gases berechnet werden. Diese Berechnung ist zu wiederholen, wenn die zunächst angenommenen Partialdrücke vom Ergebnis zu sehr abweichen. Die Dissoziationsprodukte sind (V_{CO}), (V_{CO_2}) usw.

Die Rauchgaszusammensetzung nach der Dissoziation ist dann:

$$(V\,CO) = CO_2 \cdot \alpha_{CO_2},$$
$$(V\,CO_2) = CO_2\,(1 - \alpha_{CO_2}),$$
$$(V\,O_2) = CO_2 \cdot \frac{\alpha\,CO_2}{2} + \frac{H_2O \cdot \alpha'_{H_2O} \cdot a}{2} + O_2,$$

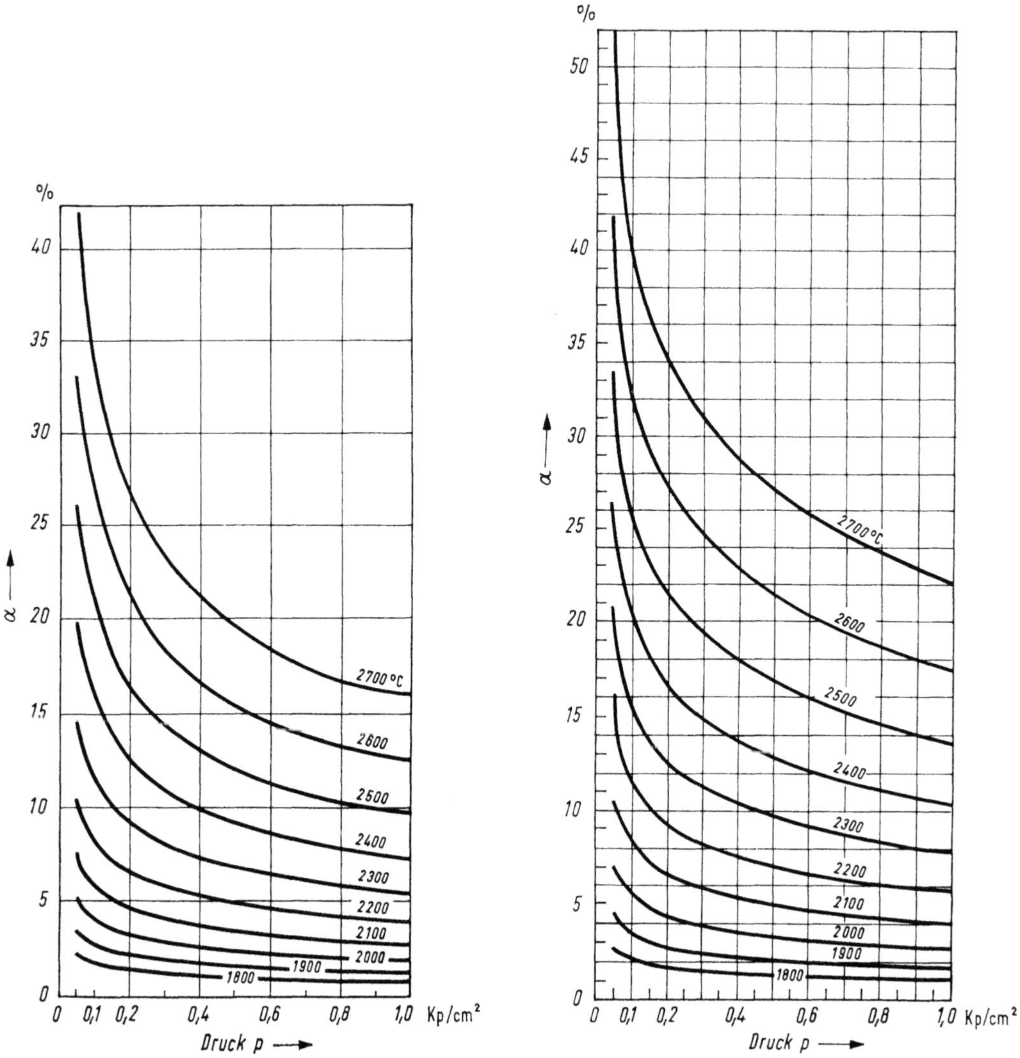

Abb. 36. Dissoziierter Anteil von H_2O

Linkes Bild α' H_2O (Schema $H_2O \rightleftarrows H_2 + {}^1/_2\,O_2$) Rechtes Bild α'' H_2O (Schema $H_2O \rightleftarrows {}^1/_2\,H_2 + OH$)

$$(V\,H_2) \;= H_2O \cdot \alpha' \, a + \frac{H_2O \cdot \alpha'' \, (1-a)}{2},$$

$$(V\,H_2O) = H_2O\,(1-\alpha')\,a + H_2O\,(1-\alpha'')\,(1-a),$$

$$\left.\begin{array}{l}(V\,SO_2) =\\ (V\,N_2) \;\;=\\ (V\,Ar) \;\;=\end{array}\right\}\text{ entsprechend Rauchgaszusammensetzung.}$$

6. Unvollkommene Verbrennung

Die unvollkommene Verbrennung ist vor allem durch Auftreten von CO gekennzeichnet:

$$C + {}^1/_2O_2 = CO.$$

Ferner könnten unverbrannte H_2- und S-Anteile übrigbleiben. Näherungsweise kann die Bildungswärme als ein Maß für die Zeitdauer der Reaktion mit dem Sauerstoff angenommen werden. Die in Frage kommenden Reaktionen haben folgende Bildungswärmen:

$S \rightarrow SO_2$ 70,9 kcal/Mol,
$H_2 \rightarrow H_2O$ 68,3 kcal/Mol,
$C \rightarrow CO$ 29,7 kcal/Mol,
$CO \rightarrow CO_2$ 67,6 kcal/Mol.

Die Zeitdauer der Reaktionen ist etwa umgekehrt proportional den Bildungswärmen. Die CO-Bildung beansprucht die längste Zeit. Andererseits erfolgt die CO_2-Bildung nur über die CO-Bildung. Die reaktionsfreudigeren Elemente S und H_2 verbinden sich also

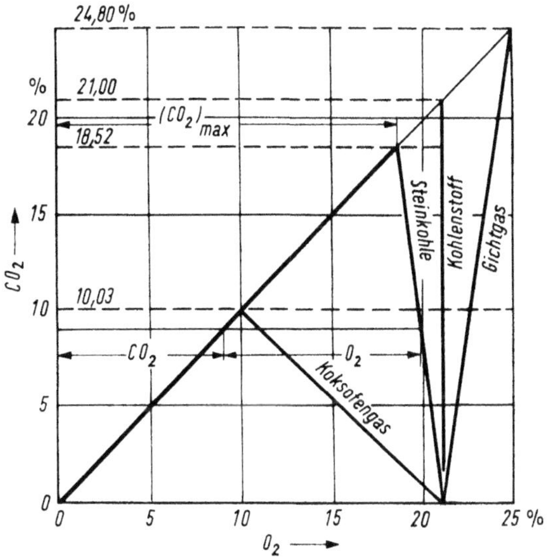

Abb. 37. Bunte-Dreieck

rasch mit dem Sauerstoff, und für die CO- bzw. CO_2-Reaktion verbleibt nur die restliche O_2-Menge. Überträgt man diese Verhältnisse auf die Brennkammer, dann ergibt sich, daß bei technischen Feuerungen, die mit geringem Luftüberschuß oder auch schlechter Brennereinstellung betrieben werden, der unvollständig verbrannte Anteil überwiegend aus CO besteht.

Es genügt also zur Beurteilung der Verbrennung, die Betrachtungen auf den CO_2- und CO- bzw. O_2-Bestandteil zu beschränken. Die Zusammenhänge lassen sich leicht im „Bunte-Dreieck" (Abb. 37) darstellen. Trägt man als Abszisse $CO_2 + O_2$ und als Ordinate CO_2 im gleichen Maßstab auf, dann liegt der CO_2-Gehalt auf einer unter 45° geneigten, durch Null gehenden Geraden. Der geometrische Ort von $CO_2 + O_2$ liegt auf einer Verbindungslinie zwischen dem Punkt $CO_{2\max}$ und $O_{2\max} = 21\%$. Bei einem gemessenen CO_2-Anteil kann der entsprechende O_2-Anteil abgelesen werden.

Eine überschlägige Kontrolle auf Vollständigkeit der Verbrennung ist ebenfalls leicht möglich, weil bei bekanntem O_2-Gehalt sofort der zugehörige CO_2-Gehalt ermittelt werden kann. Liegt der gemessene CO_2-Gehalt links der 45°-Geraden, so ist die Verbrennung unvollständig.

7. *It*-Diagramm

Für die vollständige Durchrechnung eines Kessels ist das *It*-Diagramm für Rauchgase ein ausgezeichnetes Hilfsmittel. Es empfiehlt sich dabei, ein spezielles *It*-Diagramm für den in Frage kommenden Brennstoff zu benutzen. Die Genauigkeit wird wenig beeinflußt,

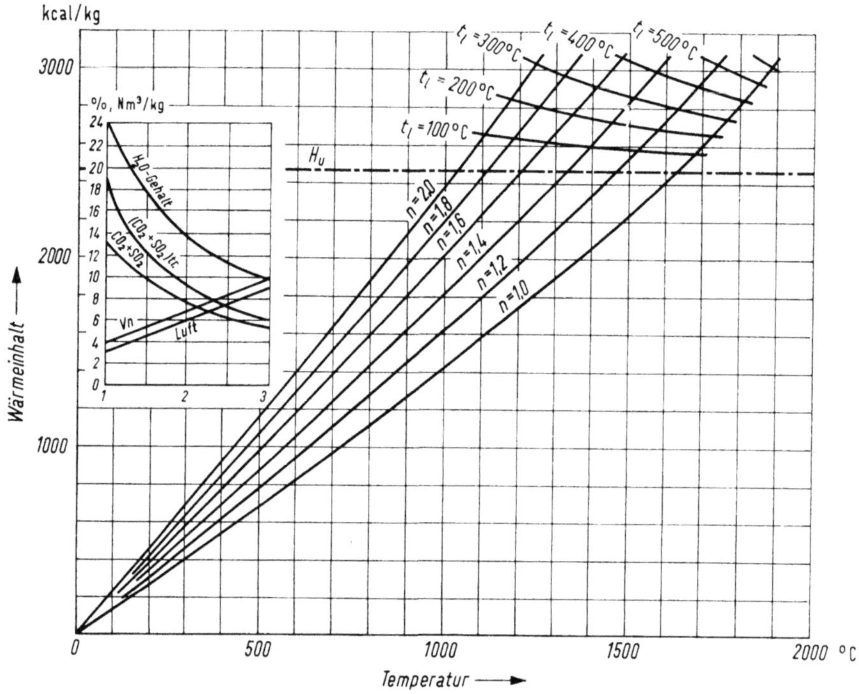

Abb. 38. *It*-Diagramm für Braunkohle ($H_u = 2480$ kcal/kg)

wenn der Heizwert des Brennstoffes um nicht mehr als 10% von demjenigen eines zur Verfügung stehenden speziellen *It*-Diagrammes abweicht. Man sollte jedoch darauf achten, daß der Wassergehalt des tatsächlichen Brennstoffes mit den Grundlagen des speziellen *It*-Diagrammes einigermaßen übereinstimmt. Nach Vorliegen der Rauchgaszusammensetzung kann aus der bekannten spezifischen Wärme der einzelnen Bestandteile die Enthalpie (kcal/kg bzw. kcal/Nm³ Brennstoff) bei verschiedenen Rauchgastemperaturen ermittelt und graphisch aufgetragen werden. Man berechnet dabei eine Kurve für Luftüberschuß $n = 1$ sowie $n = 2$. Durch proportionale Unterteilung der senkrechten Abstände dieser beiden Kurven ermittelt man die Werte für die dazwischenliegenden Luftüberschußlinien. Oberhalb 1500 °C ist die Dissoziation zu berücksichtigen, indem man die Heizwerte der dissoziierten Bestandteile addiert, da diese Wärme bei der Abkühlung der Rauchgase im Kessel wieder frei wird. Der Schnittpunkt dieser *It*-Kurven mit einer zur *t*-Achse parallelen Geraden im Abstand von H_u ergibt die theoretische Verbrennungstemperatur bei den entsprechenden Luftüberschüssen. Es empfiehlt sich, auch noch Kurven gleicher Luftvorwärmung einzutragen, so daß die theoretische Verbrennungstemperatur auch bei jeder Luftvorwärmung abgelesen werden kann (Abb. 38).

Die wirkliche Verbrennungstemperatur im Feuerraum ergibt sich dann einfach aus der Anfangsenthalpie bei der gewählten Luftvorwärmung abzüglich der im Feuerraum abgestrahlten Wärmemenge. Die Temperaturen hinter den einzelnen Heizflächen werden ebenfalls ermittelt durch Abzug der entsprechenden übertragenen Wärmemenge. Falls in den Kesselzügen oder im Lufterhitzer mit entsprechender Falschluftmenge gerechnet werden muß, ist dies durch Eintragung einer entsprechend verlaufenden Luftüberschußlinie im *It*-Diagramm einfach zu berücksichtigen.

b) Brenner

1. Kohlenstaubbrenner

Für die Güte der Verbrennung und somit für die Funktion des ganzen Kessels sind die Brenner von entscheidender Wichtigkeit. Mit ihnen muß das aus den Mühlen bzw. aus den Staubbunkern kommende Staub-Luft-Gemisch und die restliche Verbrennungsluftmenge so in die Brennkammer eingeleitet werden, daß eine einwandfreie Zündung und vollständige Verbrennung des Brennstoffes erreicht wird. Es muß die Verbrennung nicht nur in der Brennkammer abgeschlossen sein, sondern es soll auch die Wärmeabstrahlung auf die die Brennkammer auskleidenden Heizflächen möglichst gleichmäßig sein, die Verbrennung soll mit möglichst geringem Luftüberschuß erfolgen, die Brennermundstücke sollen eine lange Lebensdauer haben und anderes mehr. Bei Kesseln mit flüssigem Schlackenabzug soll in der Brennkammer ein Temperaturniveau herrschen, das einen einwandfreien Schlackenfluß auch bei Teillasten gewährleistet, und dabei darf an keiner Stelle der Brennkammer eine reduzierende Atmosphäre entstehen, die zu Korrosionen führt. Bei Kesseln mit trockenem Schlackenabzug muß dafür gesorgt werden, daß die ausfallende Asche nicht sintert oder schmilzt. Die Funktion der Brenner muß also abgestimmt sein auf die Größe und die Form der Brennkammer und auf die Schlackeneigenschaften.

Bei allen Brennern besteht die Aufgabe, die Einblasegeschwindigkeit so zu wählen, daß die Verbrennung in der Nähe der Brenner einsetzt. Ist die Einblasegeschwindigkeit des Staubes zu groß, so wird die Flamme vom Brenner weggetragen. Sie flackert, kann abreißen und zu Verpuffungen führen. Ist die Geschwindigkeit zu klein, so brennt die Flamme unmittelbar am Brenner, kann sogar in den Brenner zurückschlagen und führt in kurzer Zeit zur Zerstörung der Mundstücke.

Bei Teillasten des Kessels müssen meist einige Brenner abgestellt werden. Es ist dann notwendig, diese stillgesetzten Brenner gegen die Einstrahlung aus der Brennkammer zu schützen, damit die Mundstücke nicht verzundern. Im allgemeinen läßt man eine kleine Luftmenge durch die Brenner strömen, so daß eine genügende Kühlung erreicht wird. Eine geringe Erhöhung des Luftüberschusses und damit eine Einbuße an Kesselwirkungsgrad muß in Kauf genommen werden. Bei großen Rundbrennern und bei besonders hohen Brennkammertemperaturen, z. B. bei Schmelzkammerkesseln, ist eine Wasserkühlung der Brennermundstücke notwendig. Bei Durchlaufkesseln kann diese Kühlung an das Kesselsystem angeschlossen werden, so daß keine zusätzlichen Wärmeverluste entstehen. Bei Stillstand einzelner Brenner ist dann eine Luftkühlung nicht erforderlich.

Über die Zweckmäßigkeit der verschiedenen Brennerbauarten gehen die Meinungen der Fachleute noch weit auseinander. Es wurden viele Brennerformen entwickelt und erprobt, doch eine einheitliche Entwicklungslinie ist bisher kaum zu erkennen. Die auf dem Markt befindlichen Kohlenstaubbrenner können im wesentlichen in vier Gruppen unterteilt werden:

Wirbelbrenner,
Strahlbrenner,
Registerbrenner,
Prallbrenner.

Wirbelbrenner. Abb. 39 zeigt einen solchen Brenner für Steinkohle. Das Primärgemisch, bestehend aus Staub und Luft, wird im Brenner zentral geführt, wobei es durch einen eingebauten Verdrängungskörper in einen Ringstrahl aufgelöst wird. Durch am Austritt angebrachte Drallschaufeln wird das Gemisch in eine Drehbewegung gebracht.

Die Verbrennungsluft wird um das Primärgemisch herum in zwei Ringkanälen zugeführt, wobei die Luftmengen in beiden Kanälen getrennt einstellbar sind. Die axiale

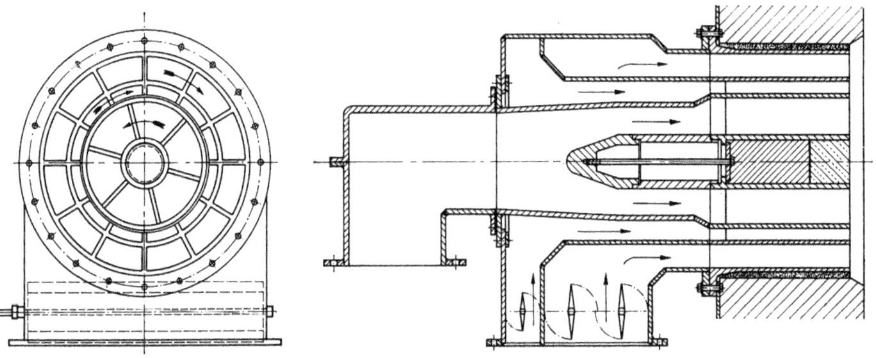

Abb. 39. Wirbelbrenner für Steinkohle, Bauart Borsig

Austrittsgeschwindigkeit kann also den optimalen Verbrennungsverhältnissen angepaßt werden. Durch in den Luftkanälen angebrachte Schaufeln wird die Verbrennungsluft in entgegengesetzte Drehrichtung versetzt wie das Primärgemisch, so daß eine gute Durchwirbelung erreicht wird.

Ein Deckenwirbelbrenner für große Leistung zur Verbrennung von Braunkohle ist in Abb. 40 dargestellt. Das zentrale Zuführungsrohr für das Staub-Gas-Gemisch ist hier

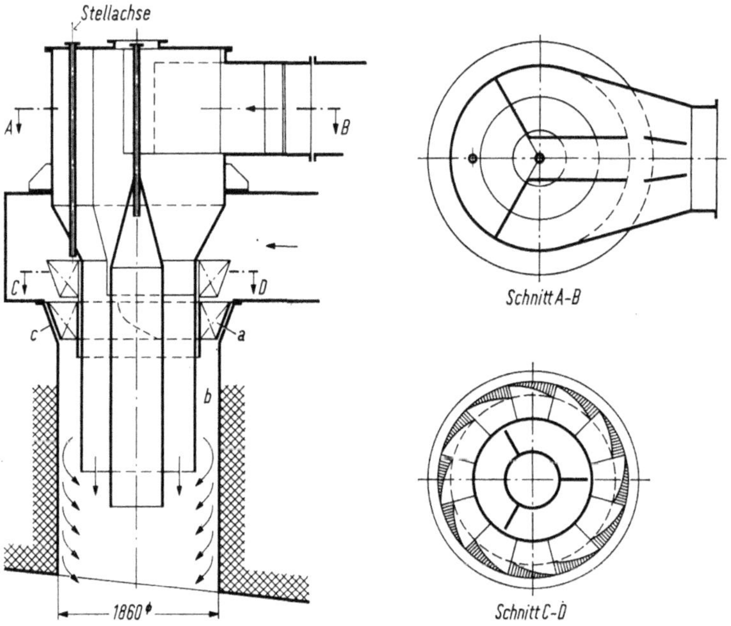

Abb. 40. Wirbel-Deckenbrenner für Braunkohle, Bauart Steinmüller

in drei Sektionen unterteilt, um eine möglichst gleichmäßige Verteilung des Staubes auf den Umfang des Zuführungsrohres zu erreichen. Die Sekundärluft wird wieder am Umfang des Staubrohres über einen in Achsrichtung verschiebbaren Drallkörper zugeführt. Je weiter der Drallkörper nach oben herausgezogen wird, um so geringer wird die Rotation

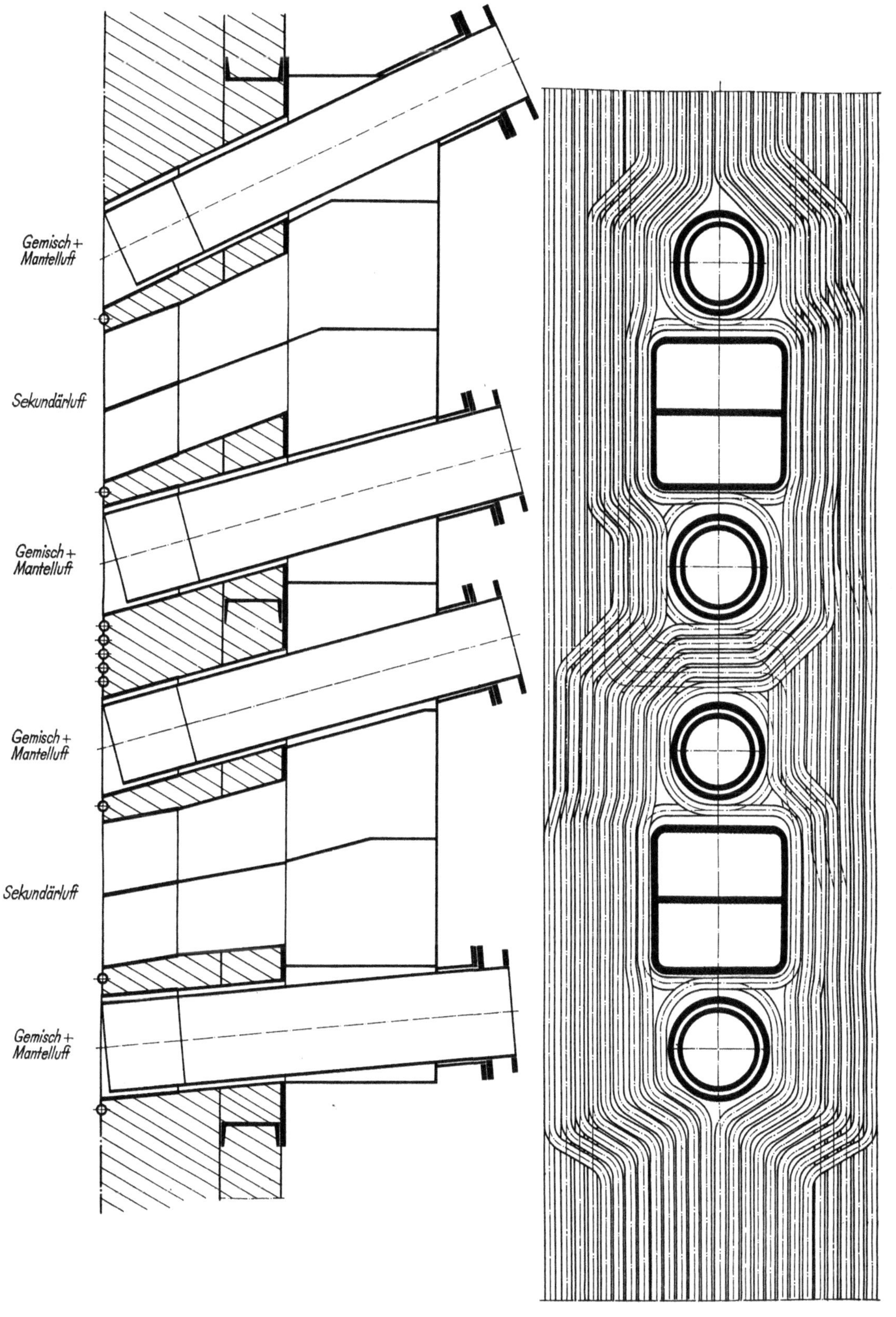

Abb. 41. Strahlbrenner für Steinkohle, Bauart VKW

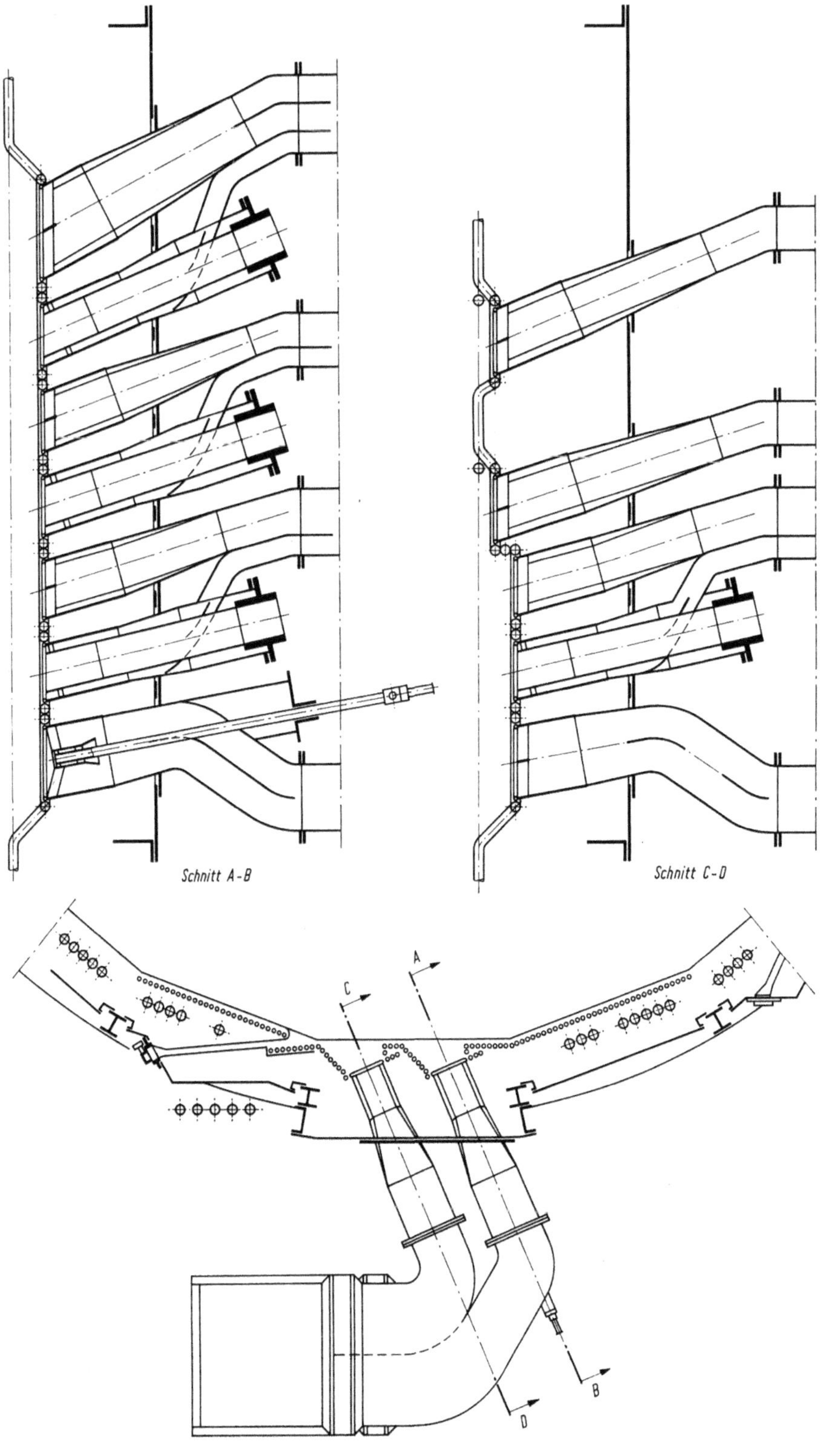

Abb. 42. Strahlbrenner für Rundbrennkammer für Steinkohle, Bauart Dürr

der Luft, um so länger und schlanker wird also die Flamme. Bei Verheizung von nasser Braunkohle wird das Gas, welches den Staub in den Brenner transportiert, überwiegend aus Rauchgasen und Brüden bestehen. Um am Eintritt in die Brennkammer bereits ein brennfertiges Gemisch zu haben, erfolgt die Mischung mit der Sekundärluft schon innerhalb des Brenners. Wegen der großen Abmessungen dieses Brenners befindet sich im Zentrum des Staubzuführungsrohres noch ein hohler Verdrängungskörper, damit für die Luft die Eindringtiefe in den Staubstrahl verringert wird.

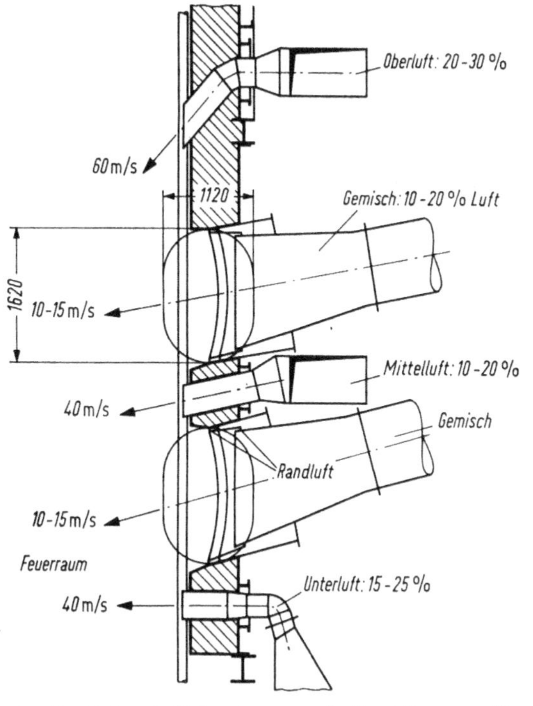

Abb. 43. Babcock-Eckenbrenner als Strahlbrenner für eine Babcock-Braunkohlenstaubfeuerung

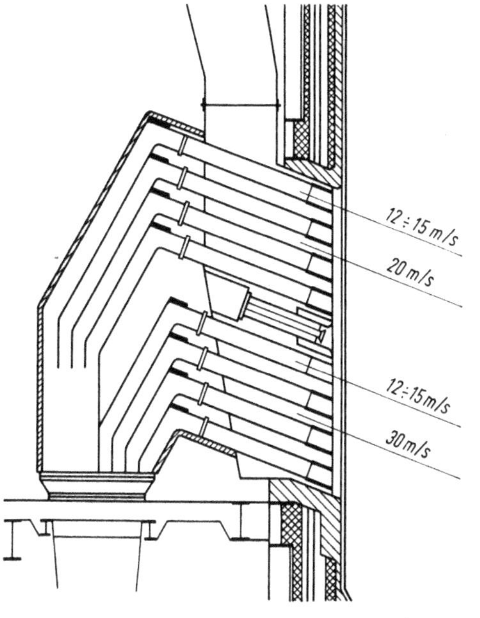

Abb. 44. Registerbrenner für Braunkohle, Bauart Steinmüller

Strahlbrenner. Bei den Strahlbrennern wird das Staub-Luft- bzw. Staub-Gas-Gemisch einerseits und die Verbrennungsluft andererseits durch besondere Düsen in die Brennkammer eingeblasen. Die Vermischung erfolgt erst innerhalb der Brennkammer durch unterschiedliche Einblasegeschwindigkeiten von Staub und Luft. Dabei wird die Luft vielfach unterteilt als Unterluft, Oberluft, Mantelluft usw. Die verschiedenen Luftanteile sind durch Klappen veränderbar. Bei den Strahlbrennern für Steinkohle nach Abb. 41 wird eine zusätzliche Mischung von Staub und Luft noch dadurch erreicht, daß die Brenner in den gegenüberliegenden Ecken des Kessels angeordnet sind, so daß sie gegeneinander blasen. Abb. 42 zeigt Strahlbrenner für Steinkohle an einer großen Rundbrennkammer. Die Brennersätze sind am Umfang der Brennkammer gleichmäßig verteilt an sechs Stellen angeordnet. Auch hier ist die Luft vielfach unterteilt, wobei die Teilluftmengen durch Klappenregelung einzeln verstellt und damit die Lufteinblasegeschwindigkeiten variiert werden können. Eine zusätzliche Verwirbelung in der Brennkammer erfolgt durch die tangentiale Einblasung. Die Brenner der Abb. 43 sind für die Verbrennung von Braunkohle bestimmt bei einer Eckenfeuerung. Die zugehörigen Unterdruckmühlen bringen das Staub-Gas-Gemisch nur auf geringen Überdruck, so daß nur kleine Transport- und Einblasegeschwindigkeiten möglich sind. Die Brennermündungen erhalten darum beträchtliche Abmessungen. Da es sich hier um sehr feuchte Braunkohle handelt, ist nur ein kleiner Luftanteil im Gemisch vorhanden. Damit die Verbrennungsluft möglichst schnell an den Brennstoff herankommt, wird die Verbrennungsluft mit hoher Geschwindigkeit eingeblasen und in einem Winkel gegen den Staubstrahl gerichtet. Auf diese Weise wird ein ausreichend schneller Ablauf der Verbrennung erreicht.

Registerbrenner. Diese werden meist bei besonders großen Eckenbrennkammern und allgemein bei Frontalfeuerung für nasse Braunkohle und Torf verwendet (Abb. 44). Dabei wird das Staub-Gas-Gemisch in zahlreiche flache Einzelstrahlen aufgeteilt, zwischen denen sich jeweils die Luftdüsen befinden. Auch hier ist die Einblasegeschwindigkeit der Luft wesentlich größer als die des Gemisches. Bei einem solchen Brenner ist die gleichmäßige Verteilung des Kohlenstaubes vom Mühlensichter auf die zahlreichen übereinander-

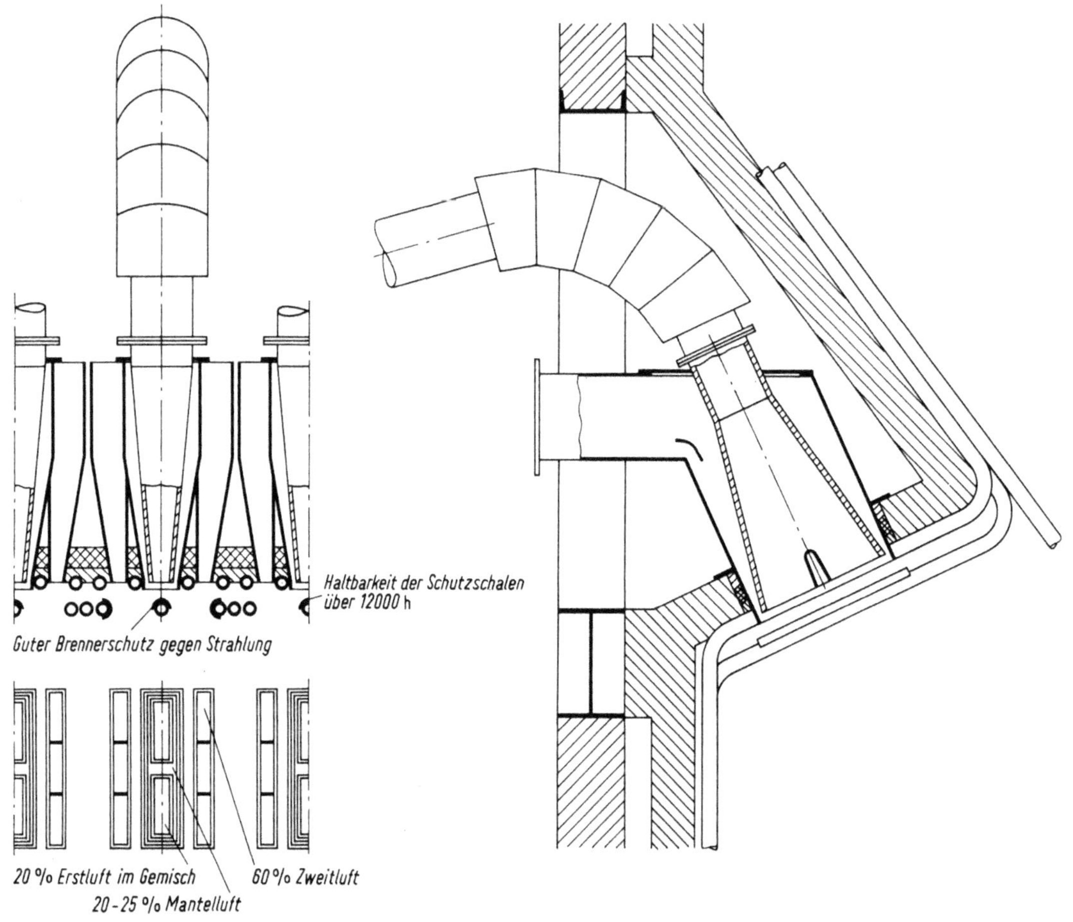

Abb. 45. Prallbrenner für Steinkohle, Bauart Walther

liegenden Kohlenstaubleitungen entscheidend für die Güte der Verbrennung. Im vorliegenden Fall wird dies erreicht durch rechtzeitige Aufteilung des Kohlenstaub-Gas-Gemisches im senkrechten Steigschacht. Beachtenswert ist auch die scharfe Umlenkung der Kohlenstaubleitungen, mit der man einen wesentlich geringeren Verschleiß erzielt.

Prallbrenner. Bei diesen Brennern, die nur für Steinkohle Verwendung finden, werden Staubgemisch und Verbrennungsluft in langen Schlitzen von der Decke aus in die Brennkammer eingeblasen (Abb. 45). Dabei wird das Staubgemisch gegen eine gewölbte Prallleiste geblasen, die meist auf einem Siederohr befestigt ist und durch dieses gekühlt wird. Der Staub spritzt dadurch nach beiden Seiten und gelangt wirkungsvoll in die neben den Staubdüsen liegenden Luftstrahlen, so daß eine gute Vermischung erreicht wird. Bei diesen Brennern muß besonders darauf geachtet werden, daß eine gleichmäßige Staub- und Luftverteilung über die großen Schlitzbreiten erreicht wird, um in der Brennkammer Strähnen mit unvollkommener Verbrennung zu vermeiden.

Mit einem ähnlichen Brenner gemäß Abb. 46 erreicht man die Vermischung schon vor Eintritt in die Brennkammer. Durch eine Einstellvorrichtung kann die Luftgeschwindigkeit erhöht und die Mischung verbessert werden. Außerdem kann man damit die Verteilung der Luft auf die verschiedenen Brenner vergleichmäßigen.

2. Ölbrenner

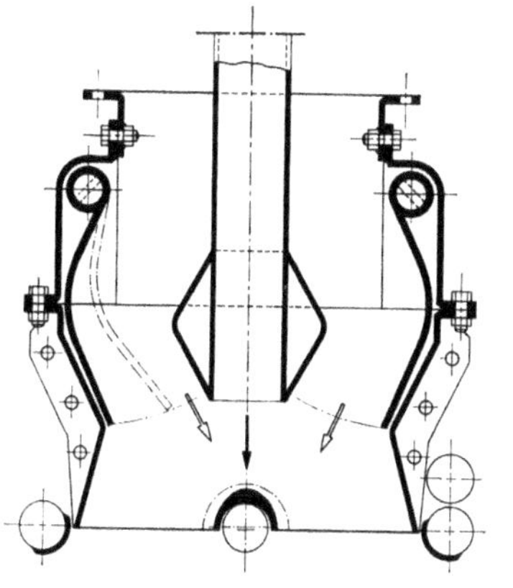
Abb. 46. Prallbrenner-Mischbrenner, Bauart MAN

Mit allen nachstehend beschriebenen Brennerbauarten wird eine gute Zerstäubung des Öles erreicht. Für die Güte der Verbrennung aber ist außerdem die Art der Luftzufuhr und Vermischung von entscheidender Wichtigkeit. Zunächst muß der Ölnebel mit einem Teil der Verbrennungsluft gut vermischt werden. Dabei soll er weitgehend vergasen und nur partiell verbrennen. Die durch die Vergasung und Temperaturerhöhung entstehende Volumenvergrößerung treibt das Reichgas in den umhüllenden Sekundärluftstrom. Dieser wird seinerseits mit erhöhter Geschwindigkeit in die Brennkammer eingeblasen, so daß er auf das Primärgas saugend wirkt. Zusätzlich werden das Brennbare und der Luftsauerstoff durch Diffusionswirkung zusammengeführt, so daß eine vollständige, rußfreie Verbrennung mit geringstem Luftüberschuß erreicht wird. Außerdem wird die Sekundärluft mittels Drallschaufeln in Rotation versetzt und die Möglichkeit geschaffen, die Flammenform zu verändern, d. h. je nach Bedarf eine kurze buschige Flamme oder eine langgestreckte Flamme zu erzielen (Abb. 47).

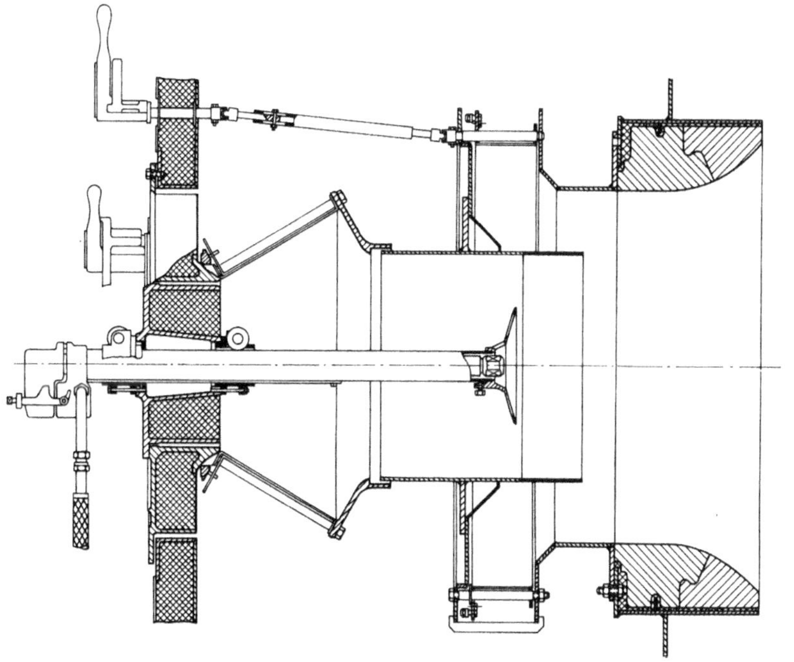
Abb. 47. Ölbrenner, Bauart Peabody

Zur Ingangsetzung einer Schwerölfeuerung ist häufig eine besondere Zündanlage mit Gas oder Leichtöl mit besonderen Brennern vorhanden. Vielfach werden aber auch beim Anfahren in einigen Hauptbrennern Leichtöldüsen eingesetzt, und es wird hiermit so lange gefahren, bis genügend Dampf zur Verfügung steht, um das Schweröl anzuwärmen. Das Abfahren erfolgt dann auch mit Leichtöl, um die Leitungen vom Schweröl zu säubern. Eine Leichtölstation, bestehend aus Ölbehälter, Filter und Pumpe, wird meist gemeinsam für mehrere Kessel installiert. Zur Entzündung der Leichtöl- bzw. Zündgasbrenner sind elektrische Zündeinrichtungen empfehlenswert.

Erwähnt soll noch werden, daß Ölfeuerungsanlagen in vielen Staaten einer besonderen behördlichen Überwachung unterliegen und Sicherungseinrichtungen zur Verhütung von Explosionen und Bränden haben müssen.

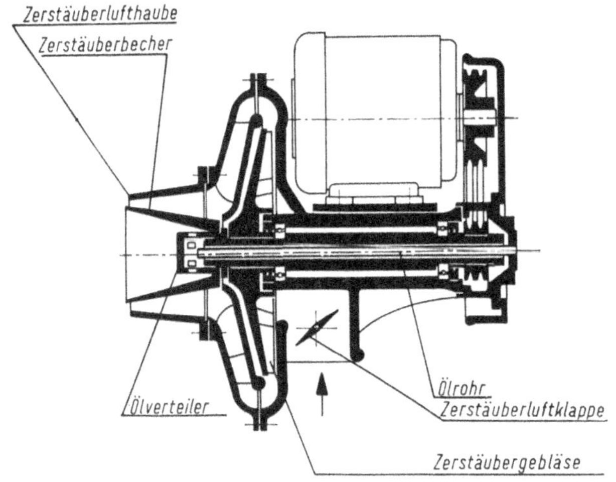

Abb. 48. Rotationsölzerstäuber

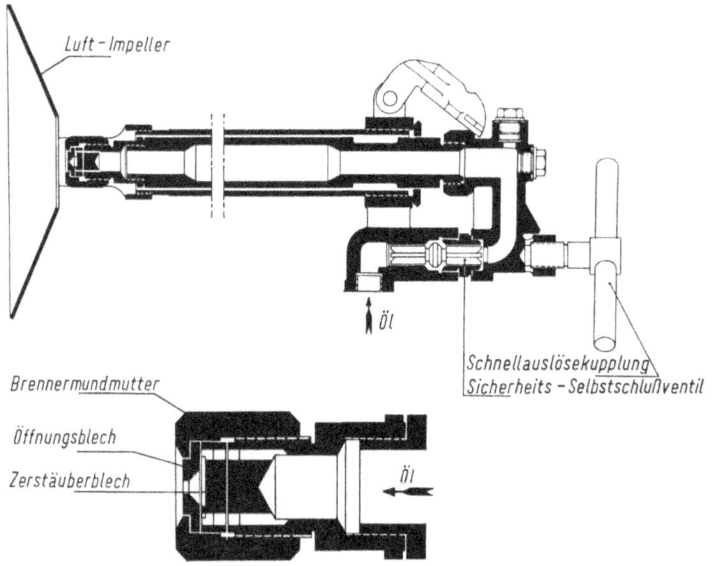

Abb. 49. Druckölzerstäuber, Bauart Babcock

Die zahlreichen auf dem Markt befindlichen Brenner kann man nach der Art der Zerstäuberköpfe in folgende Gruppen unterteilen:

Rotationsbrenner,
Druckbrenner,
Rücklaufbrenner,
Dampfzerstäubungsbrenner.

Rotationsbrenner. Der Brennerkopf besteht aus einem Hohlkegel, der mit seiner Spitze auf einer Welle sitzt, die durch Motorantrieb auf hohe Drehzahl gebracht wird. Das Öl wird auf die Innenseite des Kegels getropft, durch die Rotation zur Basis des Kegels gefördert und über die scharfe Kante des Kegels durch Zentrifugalwirkung fein verteilt abgespritzt. Von dem um den Kegel herumgeführten Verbrennungsluftstrom wird es dann erfaßt und gelangt als brennfertiges Gemisch in die Brennkammer (Abb. 48).

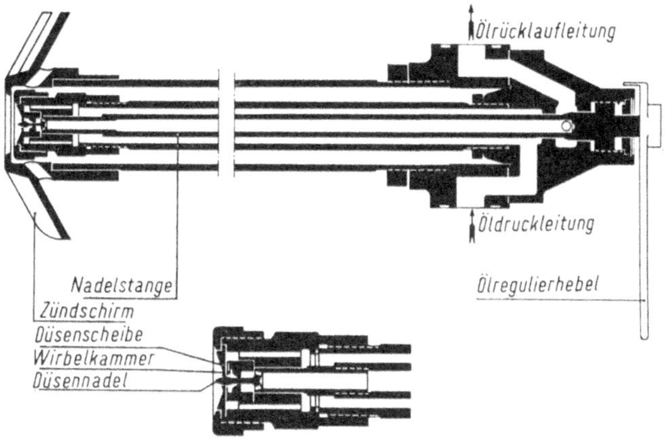

Abb. 50. Rücklaufdruck-Ölzerstäuber, Bauart Börger

Druckbrenner. Das Öl wird durch eine scharfkantige Düsenöffnung mit hohem Druck in die Brennkammer eingespritzt. Vor der Düse sitzen Dralleinbauten, die bewirken, daß das Öl als feiner Nebel in Form eines Hohlkegels austritt und dann mit der Verbrennungsluft gemischt wird. Die Mengenregelung erfolgt durch Änderung des Öldruckes (Abb. 49).

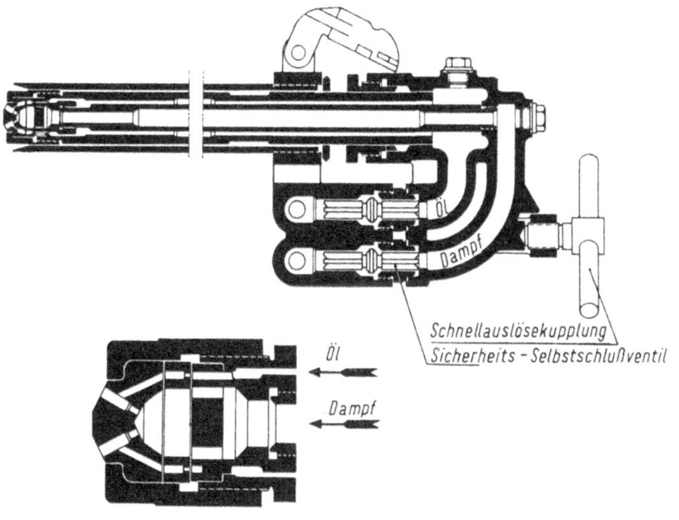

Abb. 51. Dampfdruck-Ölzerstäuber, Bauart Babcock

Eine Weiterentwicklung des Druckbrenners stellt der Sonvico-Brenner dar. Hier wird um die Öldüse herum durch eine Ringdüse hochüberhitzter Heißdampf eingeblasen, der den austretenden Ölkegel umhüllt und wirksam die Vergasung des Öles unterstützt.

Rücklaufbrenner. Es wird eine gleichbleibende Ölmenge in eine Drallkammer geführt, an deren Vorderseite sich die Austrittsdüse zur Brennkammer befindet. An der Rückseite der Drallkammer wird die Überschußölmenge abgenommen und zur Pumpe zurückgeführt. Die Regelung erfolgt somit durch Änderung der Rücklaufmengen. Auf diese Weise wird erreicht, daß bei allen Belastungen in der Drallkammer eine gleichbleibende Rotation des Öles erhalten bleibt, die auch bei Teillasten eine wirkungsvolle Zerstäubung gewährleistet. Die Rücklaufmenge kann gegebenenfalls für mehrere Brenner mit einem gemeinsamen Ventil geregelt werden. Andere Rücklaufbrenner haben zentral eine von außen zu betätigende feine Nadel, durch deren Hin- und Herbewegung im gegenläufigen Sinn der Querschnitt der Austrittsdüse und der Rücklauföffnung verändert wird (Abb. 50).

Dampfzerstäubungsbrenner. Innerhalb des Brennerkopfes wird Dampf und Öl gemischt und das Gemisch unter entsprechendem Druck durch Düsen in die Brennkammer eingeblasen. Dadurch wird das Öl teilweise verdampft und als feiner Nebel mit der um den Brennerkopf herumströmenden Verbrennungsluft bestens vermischt. Es gibt Dampfzerstäuber, bei denen Dampf und Öl sich in einer gemeinsamen Kammer mischen, aus der mehrere Düsen in den Verbrennungsraum führen. Bei einer anderen Bauart werden Dampf und Öl einzeln durch kleine Kanäle in Form eines Y zusammengeführt, wobei der Stiel des Y die Einblasedüse in die Brennkammer bildet. Je nach Brennergröße sitzen im Brennerkopf mehrere derartige Y-Zusammenführungen (Abb. 51).

3. Gasbrenner

Aufbau und Konstruktion der Gasbrenner hängen wesentlich ab von dem Druck, mit dem das Gas am Brenner zur Verfügung steht. Schwachgas mit niedrigem Heizwert, z. B. Hochofengas, hat im allgemeinen nur geringen Druck und erfordert deshalb große

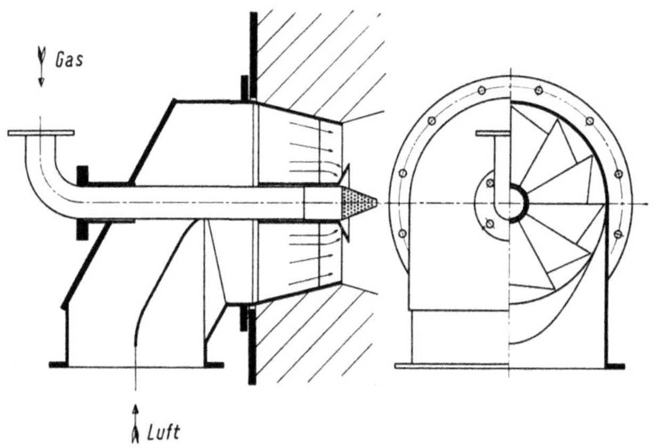

Abb. 52. Gasrundbrenner

Gasquerschnitte im Brenner. Derartiges Gas steht aber meist nur in unmittelbarem Zusammenhang mit Industrieanlagen zur Verfügung und kommt deshalb als Brennstoff in großen Dampfkraftwerken der öffentlichen Versorgung nur selten in Frage. Deshalb soll hier auf die dabei erforderlichen Niederdruck-Gasbrenner nicht näher eingegangen werden.

Erdgas und Raffineriegas mit höherem Heizwert wird in Ferngasleitungen unter einem Druck von mehreren Atmosphären zum Kraftwerk transportiert und dort in Reduzierstationen auf einen für die Hochdruckbrenner geeigneten Druck gebracht.

Reine Gasbrenner. Diese Brenner ähneln in ihrem Aufbau einfachen Ölbrennern. Das Gas wird zentral zugeführt und tritt durch eine große Zahl kleiner Bohrungen nach Art einer Brause in den Brennraum ein. Die ringförmig um die Gasdüse geführte Verbrennungsluft wird über Drallschaufeln in Rotation versetzt, und dadurch wird eine gute Vermischung von Gas und Luft erreicht (Abb. 52).

Kombinierte Gas-Öl-Brenner. Oft besteht die Aufgabe, einen Kessel mit Gas oder Öl zu betreiben. Dabei entstehen im allgemeinen keine wesentlichen Probleme, weil beide

Brennstoffe fast die gleichen Rauchgasmengen erbringen und auch die Strahlungsverhältnisse in der Brennkammer ähnlich sind. Wie bei einem reinen Ölbrenner wird die Öllanze, die vorn einen Luftschirm (Impeller) erhält, zentral angeordnet. Die in Rotation versetzte Verbrennungsluft mischt sich mit dem Ölnebel, so daß eine gute Verbrennung erreicht wird. Das Gas wird aus einem außerhalb des Brennerkastens liegenden Ringrohr mit einer größeren Zahl von Gaslanzen zugeführt, die strahlenförmig in dem Brennermaul münden (Abb. 53). Die einzelnen Lanzen haben auch hier vorn kleine Bohrungen, durch die das Gas in den rotierenden Luftstrom eintritt.

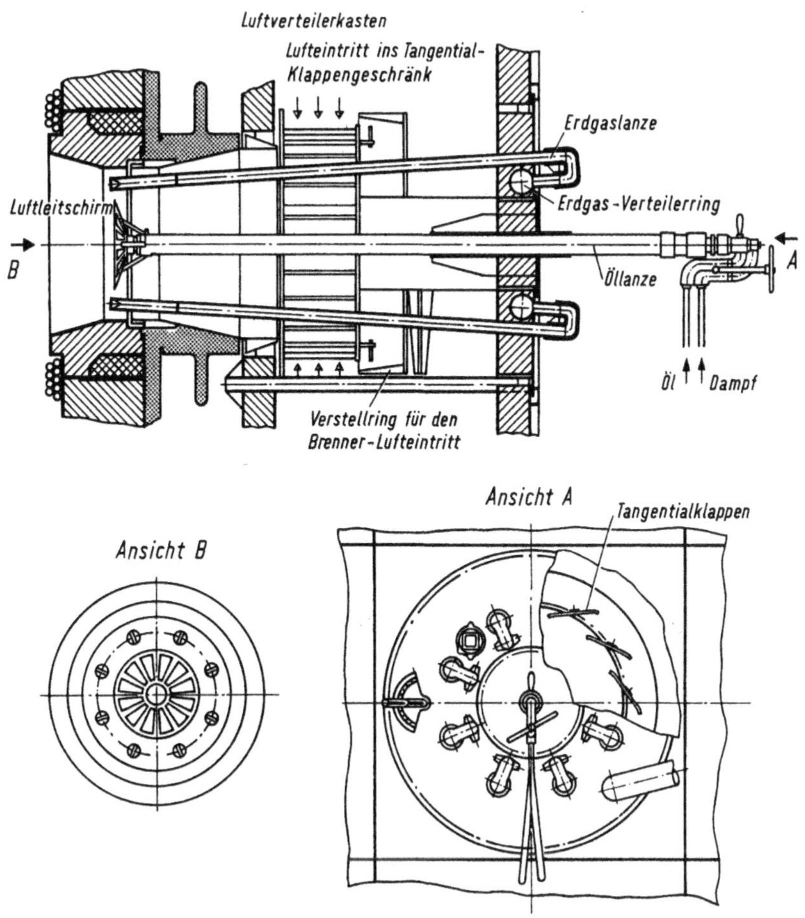

Abb. 53. Multispud-Gas-Ölbrenner, Bauart Babcock

Bei gleichzeitiger Verbrennung von Gas und Öl bestehen jedoch insbesondere für das Öl keine optimalen Verbrennungsbedingungen. Bei reinem Ölbetrieb kann mit sehr niedrigem Luftüberschuß gefahren werden; bei kombiniertem Öl-Gas-Betrieb ist ein höherer Luftüberschuß erforderlich.

c) Feuerraumgestaltung

1. Steinkohlenstaubfeuerung mit trockenem Ascheabzug

Bei Steinkohlen mit geringem Aschegehalt wird man stets bestrebt sein, eine Feuerung zu bauen, bei der die Asche trocken abgezogen wird, da der Kesselbetrieb bei einer solchen Feuerung wesentlich einfacher ist und die Rohre im Feuerraum nicht oder nur sehr wenig unter äußeren Korrosionen leiden. Diese Feuerungsart setzt allerdings voraus, daß die in den Kesselzügen und im Elektrofilter anfallende Flugasche nutzbringend verwendet oder ohne große Transportkosten abgelagert werden kann.

Bei der Festlegung der erforderlichen Brennkammergröße muß der Brennweg von den obersten Brennern bis zu den ersten Berührungsheizflächen so lang gewählt werden, daß ein einwandfreier Ausbrand erfolgt und die Rauchgase Gelegenheit haben, ihre Wärme an die Strahlungsheizfläche des Kessels so weit abzugeben, daß ihre Temperatur unter den Ascheerweichungspunkt abgekühlt ist, bevor dicht angeordnete Berührungsheizflächen erreicht werden.

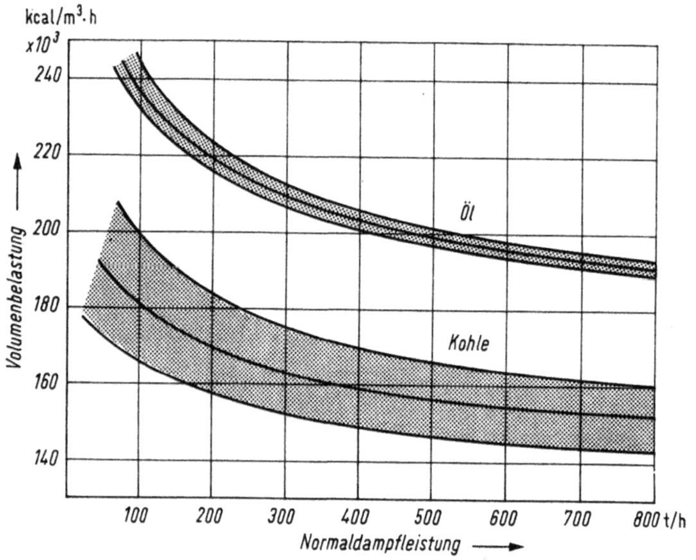

Abb. 54a. Volumenbelastung kohlenstaubgefeuerter Brennkammern mit trockener Entaschung

Eine wichtige Kenngröße eines mit Staub gefeuerten Kessels ist die Brennkammerbelastung, worunter man die Wärmemenge des eingebrachten Brennstoffes einschließlich der Verbrennungsluftwärme versteht, die stündlich je m³ Brennkammervolumen entbunden wird. Die Querschnittsbelastung einer Brennkammer gibt an, wieviel kcal stündlich je m² Feuerraumquerschnitt entbunden wird.

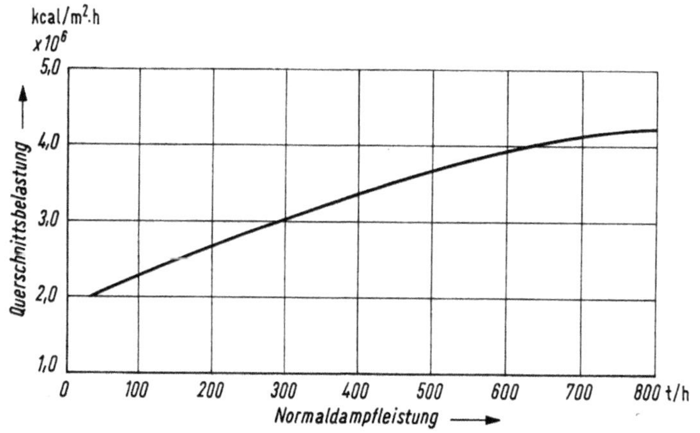

Abb. 54b. Querschnittsbelastung kohlenstaubgefeuerter Brennkammern mit trockener Entaschung

In Abhängigkeit von der Kesselgröße zeigen Abb. 54a die Feuerraumbelastung und Abb. 54b die Querschnittsbelastung. Die zulässigen Feuerraumbelastungen müssen mit größer werdender Kesselleistung verkleinert werden, weil anderenfalls zu hohe Feuerraumaustrittstemperaturen entständen. Die Querschnittsbelastung der Kessel muß bei größer werdender Dampfleistung zwangsläufig erhöht werden, weil es einfach unmöglich ist, den Kessel im Querschnitt so groß zu bauen, daß diese Wärmebelastung auch bei sehr großen Kesseln unterhalb von etwa $3 \cdot 10^6$ kcal/m²h bleibt. Eine zu hohe Querschnittsbelastung hat Veraschung der Brennkammerwände und auch Außenkorrosionen zur Folge. Bei genügend hohen Brennkammern empfiehlt es sich, die Brennerlagen in weiten Abständen übereinander anzuordnen, um so die Wärmebelastung und Veraschung im Brennerbereich zu vermindern. Die gleiche Wirkung erzielt man mit Rezirkulationsgebläsen, die einen Teil der im Kessel abgekühlten Rauchgase hinter dem Economiser entnehmen und im Feuerraumtrichter wieder einblasen. Die Abb. 55 zeigt die fünf wesentlichsten Brennkammerformen für trockenen Ascheabzug.

Eckenfeuerung (Abb. 55, Ziffer *1*). Bei der Eckenfeuerung sind die Brenner so angeordnet, daß die Verlängerung der Brennerachsen tangential an einen in der Mitte des Feuerraumes gedachten Kreis gerichtet ist. Es entsteht also in der Brennkammer eine rotierende Gasbewegung, die infolge Turbulenz eine Beschleunigung des Verbrennungsvorganges zustande bringen soll. Bei den meisten derartigen Feuerungen sind die Brenner in drei oder vier Lagen übereinander angeordnet und sämtlich mit gleicher Neigung von

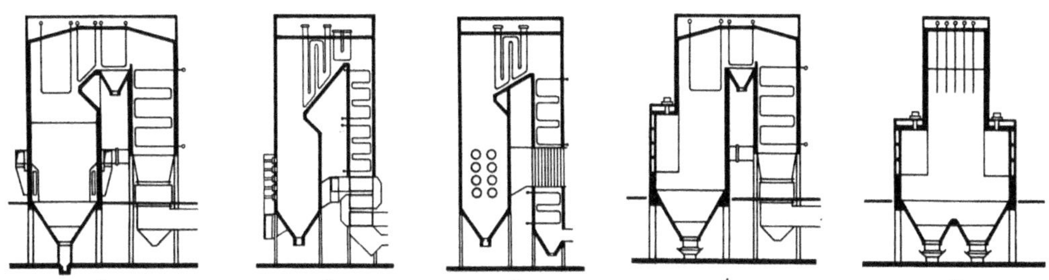

Abb. 55. Brennkammerformen für trockene Entaschung

etwa 15° nach unten an den gleichen Kreisdurchmesser tangierend gerichtet. Teilweise hat man auch eine sog. Tulpenfeuerung ausgeführt. Die untersten Brenner sind dabei tangential auf einen kleinen und die nächsthöheren Brennerlagen an einen entsprechend größeren Kreis gerichtet. Bei größer werdender Kesselleistung wird die rotierende Bewegung der Feuerungsgase und die dadurch hervorgerufene Verbesserung der Verbrennung geringer, weil die Eindringtiefe des Feuerstrahles bei gleichbleibender Sekundärluftpressung im Verhältnis zum Brennkammerdurchmesser zurückgeht. Die Brennkammer sollte hierbei stets einen möglichst quadratischen Querschnitt haben. Zulässig ist indessen auch noch ein Seitenverhältnis von 8 : 10.

Bei Eckenfeuerung entsteht in der Mitte der Feuerung eine heißere Temperaturzone, so daß in den zuerst durchströmten Überhitzerheizflächen die mittleren Partien stärker wärmebelastet werden. Die Anordnung der Kohlenstaubleitungen ist schwieriger, da es notwendig ist, von jeder der aufgestellten Mühlen eine Leitung zu jeder Brennerecke zu führen. Dies bedeutet nicht nur eine Erhöhung der Anlagekosten, sondern auch einen größeren Verschleiß in den Kohlenstaubleitungen.

Frontalfeuerung (Abb. 55, Ziffer *2*). Hierbei sind sämtliche Brenner auf der Vorderseite angeordnet, entweder horizontal einmündend oder auch mit einer Schrägneigung nach unten. Die von einer Mühle kommenden Kohlenstaubleitungen werden — soweit möglich — in einer Brennerebene auf die ganze Breite gleichmäßig verteilt untergebracht, damit bei Ausfall einer Mühle eine gleichmäßige Beheizung über die Feuerraumbreite erhalten bleibt. Es ergeben sich hier kürzere und annähernd gleich lange Kohlenstaubleitungen, wodurch auch der Verschleiß geringer wird. Bei dieser Feuerungsart wird man stets einen weitgehend rechteckigen Brennkammerquerschnitt wählen. Bei gleicher Feuerraum- und Querschnittsbelastung erzielt man wegen dieses rechteckigen Feuerraumquerschnittes einen stärkeren Wärmeabbau, und vor allem entsteht eine gleichmäßigere Feuerraum-Endtemperatur, gemessen über die Breite. Voraussetzung für das gute Funktionieren einer Frontalfeuerung ist allerdings eine einwandfreie Vermischung des Brennstoffes mit der Luft entweder im Brenner oder gleich dahinter, da die Turbulenz hier im Feuerraum geringer ist. Durch Einbau einer Nase im oberen Teil des Feuerraumes kann eine Turbulenz zwecks Nachverbrennung erzeugt werden. Außerdem erreicht man dadurch günstige Einströmverhältnisse für die Heizflächen im Horizontalzug.

Seitenwandfeuerung (Abb. 55, Ziffer *3*). Die Brenner sind hierbei beiderseits der Brennkammer angeordnet, wobei von jeder Mühle aus die Kohlenstaubleitungen zur Hälfte auf die eine und zur Hälfte auf die andere Seite geleitet werden. Bei Ausschalten einer Mühle wird auch hier jeweils eine Brennerlage abgeschaltet. Eine solche Seitenwandfeuerung kommt im allgemeinen nur zur Anwendung, wenn auf der Frontseite nicht genügend Platz vorhanden ist. Bei seitlicher Anordnung der Brenner muß man damit rechnen, daß die Feuerraum-Endtemperatur in der Mitte höher ist als an den Außenseiten. Durch entsprechende Schaltung des Überhitzers ist diesem Umstand entgegenzuwirken.

U-Feuerung (Abb. 55, Ziffer *4*). Besonders für magere Brennstoffe mit wenigen flüchtigen Bestandteilen wurde die U-Feuerung entwickelt, bei der die Brenner in halber Höhe des Feuerraumes angeordnet sind und zunächst nach unten blasen. Das aus dem Brenner kommende Luft-Kohlenstaub-Gemisch wird hierbei durch die auf der Gegenseite aufsteigenden heißen Verbrennungsgase beheizt. Die Verbrennung wird weiterhin durch Abkleidung der Kühlrohre mit Stampfmasse im Bereich der Brenner verbessert.

Doppel-U-Feuerung (Abb. 55, Ziffer *5*). Diese Feuerung ist ebenso wie die einfache U-Feuerung für magere Brennstoffe bestimmt und arbeitet nach den gleichen Grundsätzen. Sie kommt für große Kesselleistungen über 250 t/h in Frage und hat den Nachteil der schwieriger zu verlegenden Kohlenstaubleitungen.

2. Schmelzkammerfeuerung für Steinkohle

Bei aschereichen Brennstoffen ist die Beseitigung des anfallenden Flugstaubes oft unmöglich und zwingt zu einer Feuerung, bei der die Asche flüssig anfällt. In diesem Zustand hat die Asche nur etwa ein Drittel des staubförmigen Volumens und kann zu Bauzwecken oder auch zum Versatz im Bergwerk benutzt werden[1]. Da der Anfall minderwertiger Kohle im letzten Jahrzehnt sehr zunahm, wurde ein großer Prozentsatz aller Großkessel mit Schmelzkammerfeuerungen ausgerüstet. Man ist sich klar darüber, daß die Schmelzkammerfeuerung nur ein Notbehelf ist zur Beseitigung der Asche, denn man muß mit einer größeren Außenkorrosion[2] des Rohrsystems in der Schmelzkammer rechnen. Der Kesselwirkungsgrad wird bei Aschegehalten bis zu 20% zwar etwas günstiger, weil diese Feuerungsart mit einem geringeren Luftüberschuß zu arbeiten gestattet. Bei höheren Aschegehalten jedoch überwiegt der Verlust der Ascheschmelzwärme, die ja im Wasserbad verlorengeht. Abb. 56 zeigt den Wärmeverlust abhängig vom prozentualen Aschegehalt der Kohle. Die Aschekühlwassertemperatur kann meistens nicht über 60 °C gesteigert werden, weil anderenfalls eine einwandfreie feinkörnige Granulierung nicht mehr erreicht wird. Nur bei wenigen Kohlesorten kann man mit der Kühlwassertemperatur bis auf 90 °C gehen. Bei diesen verhältnismäßig niedrigen Temperaturen ist die anfallende Wärme schlecht zur Energieerzeugung zu verwenden. Bei einigen Anlagen benutzt man diese Wärme, um über Wärmetauscher Gebäude oder Gewächshäuser zu beheizen.

Die Anwendbarkeit der Schmelzkammerfeuerung ist durch den Fließpunkt der Asche begrenzt. Ein Aschefließpunkt[3] über 1550° C dürfte als Höchstwert für eine normale

[1] SCHÄFF, K.: Einfluß der Ascheverwertung auf die Feuerraum- und Kesselgestaltung, technische und wirtschaftliche Lösung der Ascheverwertung. Mitt. Ver. Großkesselbes. 1951, Heft 17/18, S. 41.

[2] HÜBEL, E.: Feuerseitige Rohrabzehrungen an Schmelzkesseln. Mitt. Ver. Großkesselbes. 1957, Heft 51, S. 421.

[3] GUMZ, W., H. KIRSCH u. M.-TH. MACKOWSKY: Schlackenkunde, Berlin/Göttingen/Heidelberg: Springer 1958.

Schmelzkammer gelten. Bei Teillastbetrieb bildet sich in der Schmelzkammer ein entsprechend dickerer, fester Ascheansatz, der den Wärmetransport hindert und die Temperatur trotz Teilbelastung so hoch hält, daß die Asche noch flüssig abgeleitet werden kann. Aschegehalte bis zu 40% können in der Schmelzkammerfeuerung verarbeitet werden. Andererseits darf der Aschegehalt des Brennstoffes nicht unter 5% absinken, weil dann kein genügender Aschefilm in der Schmelzkammer verbleibt und das Rohrsystem durch unzulässige Wärmebelastung oder Außenkorrosion angegriffen wird.

Der Wassergehalt des Brennstoffes darf bei direkt einblasenden Mühlen 15 bis 18% nicht überschreiten. Bei höheren Werten ist eine Vortrocknung und Zwischenbunkerung des Kohlenstaubes erforderlich, da anderenfalls die Aschefließtemperatur bei der Ver-

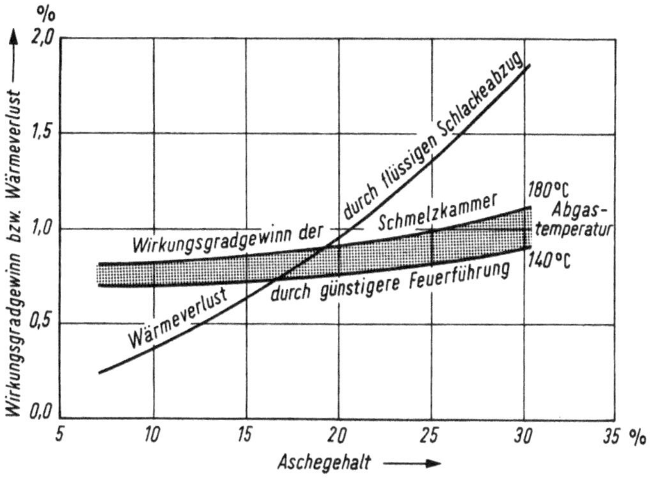

Abb. 56. Wirkungsgradgewinn bzw. -verlust einer Schmelzkammerfeuerung gegenüber trockenem Ascheabzug

brennung nicht erreicht wird. Bei den üblichen Schmelzkammerbauarten[1] ist eine Wärmebelastung von 600000 bis 750000 kcal/m^{3}h zulässig, während bei den Horizontalzyklonen Werte von $3 \cdot 10^6$ kcal/m^{3}h möglich sind[2]. Bei den verhältnismäßig hohen Wärmebelastungen der Schmelzkammer entsteht eine entsprechend kürzere Brennzeit von 1 bis $^1/_{10}$Sekunde, so daß der vollständige Ausbrand des Brennstoffes meist in der Sekundär- bzw. Tertiärkammer erfolgt. Damit die Asche möglichst vollständig eingeschmolzen wird, führt man den im Elektrofilter anfallenden Anteil in die Schmelzkammer zurück. Die üblichen Schmelzkammerbauarten haben einen Primäreinbindegrad von etwa 45 bis 50%, während bei den Zyklonfeuerungen mit senkrechter Achse Primäreinbindungen von 70 bis 80% und bei den Horizontalzyklonen solche von 80 bis 90% erreicht werden[3]. Die genannten Ascheprozentsätze fallen also im ersten Durchgang in der Schmelzkammer aus und fließen hier ab. Durch Anwendung einer möglichst hohen Luftvorwärmung kann das Schmelzverhalten von Asche mit hohem Aschefließpunkt verbessert werden. Lufttemperaturen bis 450 °C wurden zu diesem Zweck ausgeführt. Damit auch bei Teilbelastung der Aschefluß zufriedenstellend arbeitet, baut man Rauchgas-Bypaßleitungen um einen Teil der Hochdruckheizflächen herum und öffnet diese bei Teillast zur Erhöhung der Lufttemperatur. Bei Vorhandensein eines Regelzuges zur Konstanthaltung der Zwischendampftemperatur erreicht man automatisch auch eine höhere Luftvorwärmung bei Teilbelastung, da ja hierbei ebenfalls Hochdruckheizflächen bei Teilbelastung ausgeschaltet werden.

[1] GRASME, P.: Stand der Entwicklung von Feuerungen mit flüssigem Schlackenabzug in der Bundesrepublik Deutschland. Brennstoff Wärme Kraft Bd. 8 (1956), S. 278.

[2] ZINZEN, A.: Zur Berechnung von Schmelzfeuerungen. Brennstoff Wärme Kraft Bd. 11 (1959), S. 117.

[3] ROSAHL, O.: Einflüsse von Einbindungsgrad, Staubrückführung und Entstaubung auf den Staubaustrag. Mitt. Ver. Großkesselbes. 1953, Heft 23, S. 350.

Durch Flugaschenrückführung kann der Anteil der eingebundenen Asche entsprechend vergrößert werden[1]. Er hängt unter der Annahme, daß rückgeführte und frische Asche den gleichen Einbindungsgrad besitzen, vom Wirkungsgrad des Flugstaubabscheiders sowie von der Einbindung bei einmaligem Durchgang ab.

Bezeichnet

Λ den gesamten Einbindegrad [kg/kg],
σ denjenigen bei einmaligem Durchgang [kg/kg],
η den Entstauberwirkungsgrad [kg/kg],

so wird

$$\Lambda = \frac{\sigma}{1 - \eta\,(1 - \sigma)}\ [\mathrm{kg/kg}].$$

Der Vorteil einer hohen Primäreinbindung liegt einerseits darin, daß auch bei hohen Wirkungsgraden der Elektrofilter der Anteil der aus dem Schornstein ausgeworfenen Asche kleiner wird und andererseits die im Kessel umgewälzte Aschenmenge erheblich zurückgeht.

Nennt man die vom Schornstein ausgeworfene Asche im Verhältnis zu der mit dem Brennstoff eingebrachten ϱ, so ist, wenn der von Fall zu Fall wechselnde Anteil des Flugkokses nicht berücksichtigt wird:

$$\varrho = 1 - \Lambda = (1 - \eta) \cdot U\ [\mathrm{kg/kg}],$$

worin weiterhin U das Verhältnis der umlaufenden Asche (ohne Flugkoks) zu der mit dem Brennstoff eingebrachten ist:

$$U = \frac{1 - \sigma}{1 - \eta\,(1 - \sigma)}\ [\mathrm{kg/kg}].$$

Zur Erlangung der wirklichen Werte, d. h. einschließlich Flugkoks, sind die errechneten Größen ϱ und U durch $(1 - b)$ zu dividieren, wobei b in kg/kg den Anteil des Verbrennlichen in der Flugasche bedeutet. Sofern die Frischasche in der Hitze den Anteil g [kg/kg] als Gas abspaltet, verringern sich die genannten Werte entsprechend dem Faktor $(1 - g)$.

Die je Nm^3 Rauchgas vom Schornstein ausgeworfene Flugasche ergibt sich nunmehr zu

$$F = \frac{1000\,\varrho \cdot a \cdot (1 - g)}{(1 - b)\,V_R}\ [\mathrm{g/Nm^3}].$$

Hierin bedeutet a die mit dem Brennstoff eingebrachte Asche in kg/kg und V_R in $\mathrm{Nm^3/kg}$ das spezifische Rauchgasvolumen bei dem für den Schornstein gültigen Luftverhältnis n.

Zur Vorausbestimmung des Ascheverhaltens in der Schmelzkammer und den Nachschaltheizflächen wird ein Probekörper bei reduzierender und oxydierender Atmosphäre untersucht. In Deutschland ist dieses Verfahren genormt (DIN 51730). Die Formveränderungen eines 7 mm hohen Aschekörpers mit 7 mm Durchmesser werden während der Erhitzung beobachtet und bei bestimmten Temperaturen photographiert, wobei drei Temperaturpunkte als besonders kennzeichnend angesehen werden. Diese legen den sog. „Erweichungspunkt“ (erste Formveränderung), den „Schmelzpunkt“ (Halbkugelpunkt) und den „Fließpunkt“ (flaches Auslaufen) fest (Abb. 57). Liegen die Temperaturen des Erweichungspunktes und des Fließpunktes dicht beisammen, so spricht man von „kurzer Schlacke“, liegen sie weit auseinander, von „langer Schlacke“ (Abb. 58). Das Temperaturgebiet im Bereich des Erweichungspunktes ist maßgebend für die Verschmutzung der ersten Berührungsheizflächen; d. h. die Rauchgase müssen im Feuerraum und in darüberhängenden Schottenheizflächen unter diesen Wert abgekühlt werden, wenn man stärkere Verschmutzungen vermeiden will. „Kurze Schlacken“ machen betrieblich weniger Schwierigkeiten hinsichtlich Veraschung von Heizflächen. Für das Ausfließen der Schlacke

[1] Lobscheid, H.: Dampf, Handbuch der Babcockwerke, Oberhausen, 3. Aufl. 1957. S. 69.

aus der Schmelzkammer ist die Zähigkeit derselben in Abhängigkeit von der Temperatur maßgebend[1].

Je höher die Verbrennungstemperatur in der Schmelzkammer ist, um so höher ist der Prozentsatz der Asche, die in dampfförmige Siliziumverbindungen übergeht. Diese

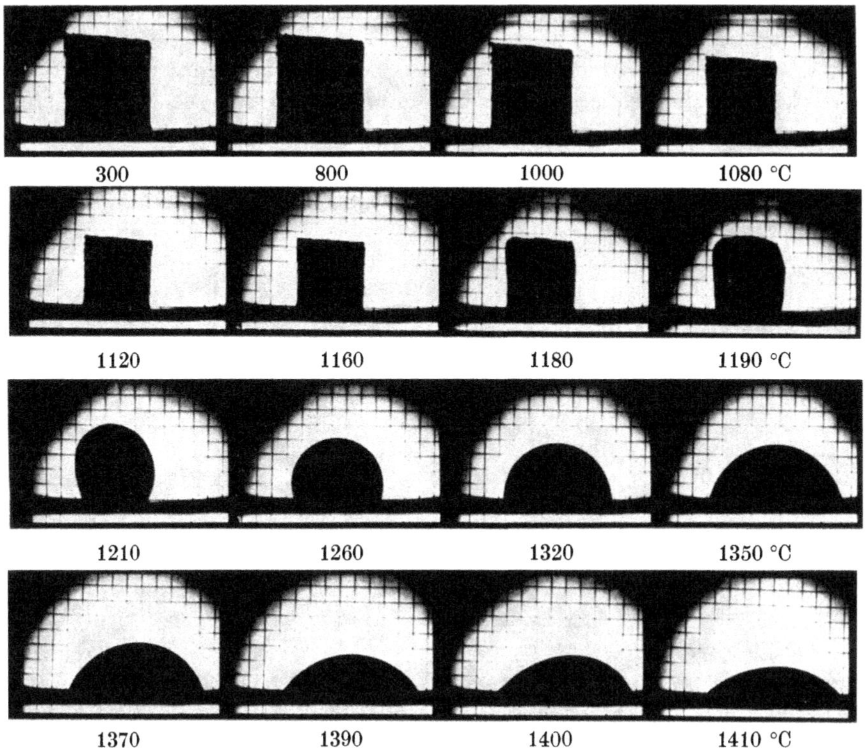

Abb. 57. Ascheschmelzverhalten im Erhitzungsmikroskop nach LEITZ für Kohle aus der Zeche Victor Ickern Erweichungspunkt 1160 °C, Ascheschmelzpunkt 1320 °C, Fließpunkt 1410 °C

Abb. 58. Asche-Schmelzkurven von Steinkohlen

		1	2
H_2O	%	1,7	2,0
Asche	%	9,6	16,09
H_u	kcal/kg	7234	6626
Erweichungspunkt	°C	1100	1160
Schmelzpunkt	°C	1440	1530
Fließpunkt	°C	1490	1550

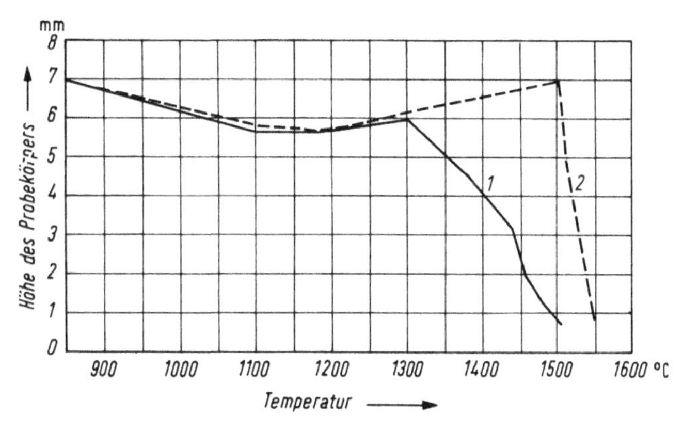

schlagen sich auf den Rohrwänden nieder. Gröbere Ascheteilchen, insbesondere Koksteilchen, können reinigend auf die Heizflächen wirken. Die Rückführung der Flugasche vom Rauchgasfilter in die Schmelzkammer bedeutet eine Belastung des Filters in um so stärkerem Maße, je geringer der Primäreinbindungsgrad ist. Bei höheren Primäreinbindungsgraden sind die anfallenden Ascheteilchen hingegen wesentlich kleiner und lassen sich schwerer abscheiden. Der Aufwand für den Elektrofilter wird trotzdem bei höherem

[1] GUMZ, W.: Kurzes Handbuch der Brennstoff- und Feuerungstechnik, 3. Aufl., Berlin/Göttingen/Heidelberg: Springer 1962, S. 173.

Primäreinbindungsgrad geringer. Dies ist ein Vorzug für die Zyklonfeuerungen stehender und liegender Bauart, insbesondere wenn der Aschegehalt sehr hoch ist.

Die früher üblichen, fast ganz horizontalen Schmelzkammerböden sind von fast allen Firmen verlassen worden, weil sich bei eisenhaltigen Aschen erhebliche Eisenmengen durch die teilweise reduzierende Atmosphäre ausscheiden und zu Durchbrüchen durch den Schmelzkammerboden geführt haben. Im allgemeinen wählt man Neigungen von 10 bis 15°, damit alles anfallende und somit auch ausgeschiedene Eisen sofort abfließt. Bei den Horizontalzyklonen, die früher einen sehr schmalen Schlitz zum Auslaufen der Asche hatten, hat man diesen verbreitert, damit er sich auf keinen Fall zusetzen kann und zu gefährlichen Eisenansammlungen im Zyklon Veranlassung gibt.

Von den verschiedenen Kesselfirmen wurden gemäß Abb. 59 acht Schmelzkammerbauformen entwickelt.

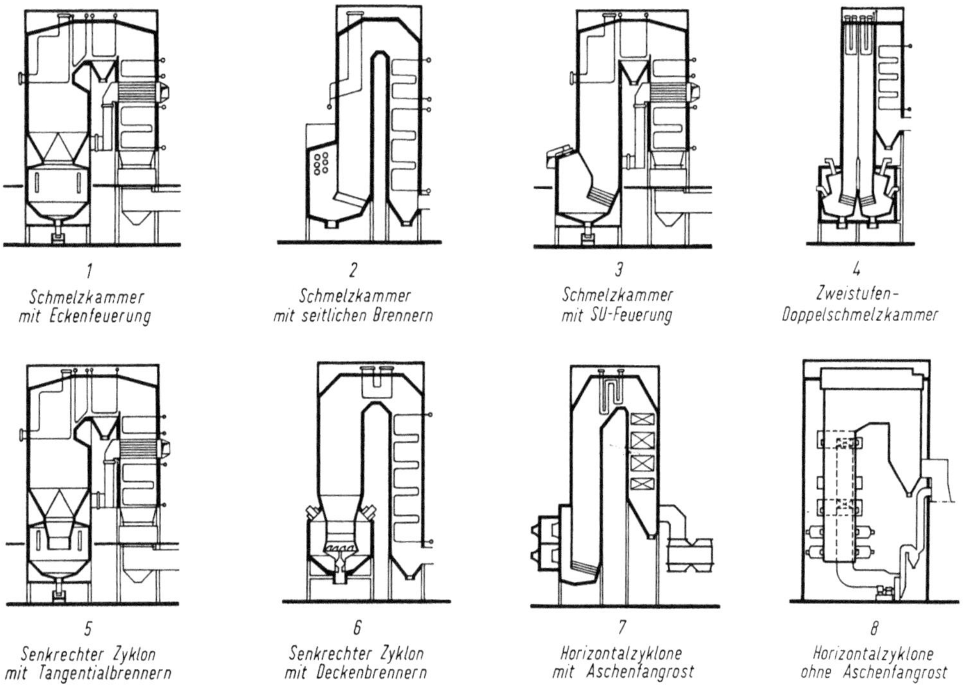

Abb. 59. Schmelzkammerbauformen

Schmelzkammer mit Eckenfeuerung (Abb. 59, Ziffer *1*). Oberhalb der Brenner ist die Kammer eingezogen zur Verminderung der Wärmeausstrahlung. Die Schmelzkammer hat einen zentralen Ascheauslauf und leicht geneigten Boden. Oberhalb der Brennkammereinziehung erweitert sich der Feuerraum diffusorartig. Hier sollen die Rauchgase gegebenenfalls unter Zuhilfenahme von oben eingehängten schottenförmigen Überhitzerheizflächen unter den Ascheerweichungspunkt abgekühlt werden.

Schmelzkammer mit seitlichen Brennern (Abb. 59, Ziffer *2*). Diese Schmelzkammer hat beiderseits Wirbelbrenner. Die heißen Gase werden erst nach unten und über den Ascheauslauf geleitet, ehe sie durch den Aschefangrost in den ersten Zug abströmen. Bei gleicher Höhe des Kessels ergibt sich hier ein längerer erster Zug zur Abkühlung der Rauchgase unter den Erweichungspunkt der Asche. Für größere Dampfleistungen wurde zur Verbesserung des Teillastverhaltens auch eine Doppelschmelzkammer mit diesem System gebaut.

Schmelzkammer mit SU-Feuerung (Abb. 59, Ziffer *3*). Hier sind die Brenner auf der Decke der Schmelzkammer angeordnet und blasen parallel ein. Diese Feuerung erlaubt eine einfachere Führung der Kohlenstaubleitungen. Man muß sich jedoch bemühen, Brennstoff und Luft jedem Brenner gleichmäßig zuzuteilen und im Brenner oder kurz dahinter zu verwirbeln, damit ein einwandfreier Ausbrand erzielt wird. Auch hier ist ein Aschefangrost vorhanden, der die flüssigen Teile zurückhalten und die Ausstrahlung vermindern soll. Sonst gilt das gleiche wie für Schmelzkammern mit seitlichen Brennern.

Zweistufen-Doppelschmelzkammer (Abb. 59, Ziffer *4*). Bei dieser Bauform ist zur Verbesserung des Teillastverhaltens eine Doppelschmelzkammer vorgesehen, bei der noch eine untere Brennerstufe zur schärferen Beheizung des Ascheausflusses eingebaut ist. Die Trennwand zwischen der linken und rechten Schmelzkammer ist bis zur vollen Höhe des ersten Zuges nach oben geführt, so daß bei Betrieb der unter dem zweiten Zug liegenden Schmelzkammer keinerlei Asche in die stillstehende Kammer hinüberfliegen kann.

Senkrechter Zyklon mit Tangentialbrennern (Abb. 59, Ziffer *5*). Diese Feuerungsart ist eine Weiterentwicklung der Schmelzkammer mit Eckenfeuerung durch Einbau eines Zyklonkragens. Die Rauchgase werden also gezwungen, zunächst nach unten zu strömen und auf große Rotationsgeschwindigkeit zu kommen, ehe sie durch den Kragen entweichen können. Es entsteht dadurch ein höherer Primäreinbindungsgrad von 70 bis 80%. Die Ausbildung eines solchen Zyklonkragens ist besonders einfach, wenn der Kessel als Durchlaufkessel gebaut wird. Beim Naturumlaufkessel ist es notwendig, die Rohre für den Zyklonkragen aus dem Schmelzkammerboden heraus zu entwickeln. Die Brenner sind hier horizontal und tangential einblasend angeordnet.

Senkrechter Zyklon mit Deckenbrennern (Abb. 59, Ziffer *6*). Diese Feuerung wirkt im Prinzip ähnlich wie die Feuerung mit Tangentialbrennern, jedoch sind hier die Brenner auf der Schmelzkammerdecke angebracht und so geneigt, daß eine rotierende Flamme entsteht. Hierdurch hofft man Ascheansätze an den Brennern und tote Ecken mit reduzierender Atmosphäre zu vermeiden. Die Rohre zur Ausbildung des Kragens sind aus dem Schmelzkammerboden herausgezogen und bilden im unteren Teil des Kragens einen Strömungsgleichrichter.

Horizontalzyklone mit Aschefangrost (Abb. 59, Ziffer *7*). Bei diesen Horizontalzyklonen wird die Luft mit einer sehr hohen Pressung von 1200 mm WS tangential eingeblasen. Der nur grob gemahlene Brennstoff wird in mehreren Paralleldüsen tangential auf diese Luft aufgeblasen. Infolge des eingezogenen Kragens am Zyklon entsteht in diesem ein Überdruck von 300 mm WS. Die im Zyklon anfallende flüssige Asche fließt durch einen Schlitz des Zyklonkragens in die sog. Sekundärkammer ab. Die aus dem Zyklonkragen austretenden Gase treffen auf eine dicht dahinter angeordnete Prallwand, an der die restlichen noch darin enthaltenen flüssigen Ascheteilchen hängenbleiben. Die gesamte Asche fließt durch ein unten befindliches Loch ab. Die Rauchgase strömen durch einen bestifteten und isolierten Fangrost und anschließend durch eine aufgelockerte Schottenheizfläche zwecks weiterer Abkühlung. Bei großen Kesselanlagen sind auf der Vorderseite bis zu vier Zyklone parallel angeordnet. Maximal kann je Zyklon eine Dampfleistung von 200 t/h erzeugt werden.

Horizontalzyklone ohne Aschefangrost (Abb. 59, Ziffer *8*). Eine solche Zyklonanordnung wurde bei sehr großen Dampfleistungen von 1500 bis 2400 t/h ausgeführt. Auf Sekundärkammern und Aschefangroste verzichtete man zugunsten einer einfacheren Brennkammerform. Die Zyklone sind auf der Vorder- und Rückseite angeordnet, derart, daß die Ausblaseöffnungen horizontal gegeneinander versetzt sind. Für eine Dampfleistung von 2400 t/h wurden auf der Vorderseite acht und auf der Rückseite sieben derartige Zyklone angebracht. Die Granulierung der Asche erfolgt bei dieser Lösung durch kräftige Rezirkulation kalter Rauchgase — entnommen vor dem Lufterhitzer. Die Einführung dieser Gase erfolgt wahlweise 3 m oberhalb der Zyklone oder kurz vor den Berührungsheizflächen, so daß man hier auch die Möglichkeit hat, die Zwischendampftemperatur zu regeln. Bei dieser amerikanischen Bauweise wird die Kohle nur auf eine Korngröße von etwa 5 mm gebrochen und an der Zyklonspitze mit tangentialer Luftzufuhr eingebracht.

d) Hochtemperaturkorrosionen

Der Rohrwerkstoff der Feuerraumwände reagiert bei hoher Wärmebelastung mit den Schlackenbestandteilen, wobei sich eine flächenhafte und narbenartige Korrosion ergibt. Diese Reaktion ist um so stärker, wenn örtlich Luftmangel und CO-Bildung an diesen Wänden vorliegen. Das Ausmaß dieser Korrosion ist stark von den Aschebestandteilen abhängig. Alkalieisensulfate und Alkalialuminiumsulfate sind ebenso wie ein hoher Schwefelanteil besonders gefährlich. Bei hoher örtlicher Wärmebelastung ist diese Korrosion bereits häufig bei trocken entaschten Brennkammern zu beobachten, wenn sich an den Rohren flüssige Aschepartikel absetzen.

Bei Schmelzkammerfeuerung treten solche Hochtemperaturkorrosionen verstärkt auf wegen der hier vorliegenden höheren Temperatur von etwa 1600 °C. Durch dichte Bestiftung und geeignete Stampfmassen können diese Schäden indessen in Grenzen gehalten werden. Im allgemeinen sind Aschen mit niedrigen Fließpunkten in Schmelzkammerfeuerungen aggressiver als solche mit hohen Fließpunkten, weil sich im letzteren Fall auf den Stiften der Feuerraumwände eine dickere Ascheschicht aufbaut, die in ihrem unteren Teil kälter und somit fest ist, so daß die Stifte und die Rohre wesentlich geringeren Beanspruchungen ausgesetzt sind.

Bei Ölfeuerungen werden die Hochtemperaturkorrosionen durch Schlackenansätze verursacht, in denen Natriumvanadate und Natriumvanadylvanat vorkommen, deren Schmelzpunkt in der Größenordnung von 620 bis 630 °C liegt. Solche Ansätze mit so hoher Temperatur bilden sich vorwiegend an den Überhitzerheizflächen und an ungekühlten Aufhängungen der verschiedenen Rohrsysteme im Hochtemperaturbereich. Dies hat zur Folge, daß man bei Ölfeuerung die Frischdampftemperatur höchstens auf 560 °C treiben kann. Bei höheren Frischdampftemperaturen muß man auch bei Anwendung von austenitischem Material innerhalb von einigen Jahren mit der Notwendigkeit der Auswechslung der letzten Überhitzerschlangen rechnen. Die Hochtemperaturkorrosionen bei Ölfeuerung können vermindert werden durch die Anwendung von Additiven wie Dolomit, Magnesit und Magnesiumhydroxyd in feinster Verteilung. Der Schmelzpunkt der Ölasche wird dabei heraufgesetzt und somit die Korrosionsgefahr vermindert.

B. Der Wasser-Dampf-Weg der Dampferzeuger

Von Rupprecht Michel

Der Dampferzeuger hat die Aufgabe, die in der Feuerung freigemachte Wärme in Dampf des jeweils erforderlichen Druckes mit der gewünschten Temperatur umzuwandeln. Es handelt sich also um einen Wärmetauscher, der im Anfang seiner Entstehungsgeschichte ein beheizter Behälter war und deshalb noch heute den Namen „Dampfkessel“ führt. Im folgenden Abschnitt werden nur große Kessel mit Dampfleistungen über 200 t/h und Frischdampfaustrittszuständen über 110 atü, 530 °C behandelt, da kleinere Kessel für große Dampfkraftwerke nicht mehr in Frage kommen. Die größte Einheitsleistung der Dampfkessel ist zur Zeit in Deutschland und der UdSSR 1000 t/h, in England, Italien und Frankreich 1800 t/h und in den USA 3600 t/h.

Diese Anlagen haben keine Ähnlichkeit mehr mit einem „Kessel“. Ihre Heizflächen bestehen nur noch aus Rohrsystemen, die zum großen Teil oder ausschließlich in einmaligem Durchlauf durchströmt werden. Das Rohr ist für Dampferzeuger ein ideales Bauelement, da es einerseits die notwendige Vergrößerung der wärmetauschenden Heizfläche ermöglicht und andererseits den Druck- und Temperaturbeanspruchungen mit verhältnismäßig geringer Wandstärke gewachsen ist.

Kessel mit Dampfleistungen über 200 t/h werden mit Kohlenstaub, Öl oder Gas beheizt. Eine Rostfeuerung kommt für diese Leistung nicht mehr in Frage. Die Kessel bestehen aus einem großen Feuerraum, dessen Wände mit dicht nebeneinanderliegenden Verdampfer- oder auch Vorüberhitzerrohren ausgekleidet sind. Die Wärmeübertragung erfolgt hier durch Flammen- und Gasstrahlung. Im nachfolgenden Berührungsteil werden die Heizflächen des Überhitzers, Zwischenüberhitzers und Speisewasservorwärmers in fluchtender oder versetzter Anordnung untergebracht. Hinter dem Feuerraum, den man als ersten Zug bezeichnet, folgen je nach Aufbau des Kessels noch ein bis drei vertikale Züge, in denen die Berührungsheizflächen angeordnet werden. Bei sehr großen Dampfleistungen kommt nur noch die Ein- oder Zweizugbauweise in Frage. In einem nachgeschalteten Lufterhitzer wird die Verbrennungsluft vorgewärmt und die Abgastemperatur so weit wie möglich abgesenkt.

Die Kessel arbeiten nach dem Umlauf- (Natur- bzw. Zwangumlauf-) oder Durchlaufprinzip. Die Verdampfungswärme wird, wie die Tabelle 7 an Hand eines Beispieles für einen 220 t/h-Kessel erkennen läßt, bei steigenden Betriebsdrücken schnell geringer.

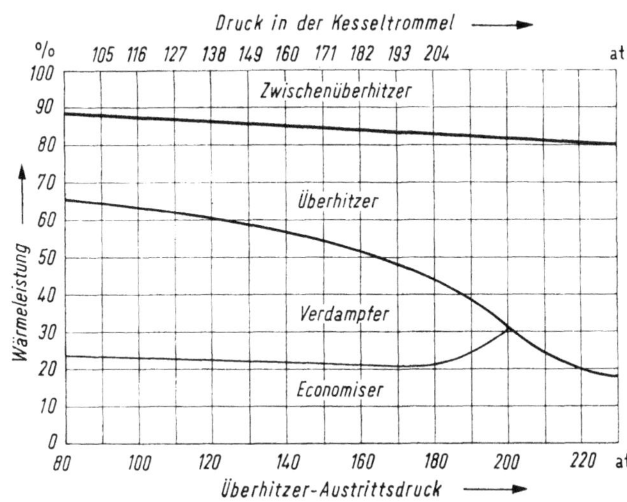

Abb. 60. Aufteilung der Wärmeleistung auf Eco, Verdampfer, Überhitzer und Zwischenüberhitzer bei steigendem Betriebsdruck und gleichbleibender Frischdampf- und Zwischendampftemperatur von 530 °C ohne Einspritzung gerechnet

Tabelle 7. *Aufteilung der Wärmeleistung eines Trommelkessels*

Überhitzeraustrittsdruck .	90	128	165	200	ata
Druck in der Trommel . . .	100	140	185	225	ata
Speisewassertemperatur .	150	210	270	300	°C
Frischdampftemperatur . .	530	530	530	530	°C
Zwischendampfzustand . .	15/530	25/530	35/530	45/530	ata/°C
Vorwärmer	33,4	28,9	24,4	33,7	10^6 kcal/h
Verdampfer	58,3	47,6	33,6	0	10^6 kcal/h
Überhitzer	43,2	44,1	47,2	62,5	10^6 kcal/h
Zwischenüberhitzer	18,9	19,5	20,0	20,7	10^6 kcal/h

In Abb. 60 sind die Zahlenwerte dieser Tabelle über dem Betriebsdruck aufgetragen. Bei einem Druck von 160 atü hinter dem Überhitzer beträgt die Verdampfungswärme nur noch 29%. Da die von der Flamme abgestrahlte Wärme wesentlich größer ist, kann nur ein Teil der Brennkammer mit Verdampferheizfläche ausgekleidet werden. Die übrigen Wände der Brennkammer müssen notwendigerweise mit Strahlungsüberhitzern belegt werden. Dies wiederum erfordert langsames Anfahren des Kessels mit Rücksicht auf den zunächst nicht gekühlten Überhitzer. Solche Kessel werden besser durch Fremddampfeinführung in die unteren Sammler auf etwa 20 atü gebracht, bevor das Feuer angezündet wird.

Bei höheren Betriebsdrücken wird auch wegen des geringen spezifischen Gewichtsunterschiedes zwischen Dampf und Wasser der Naturumlauf schlechter. Bei einer plötzlichen Laststeigerung der Maschine und Druckabsenkung im Kessel kann die Strömung infolge Dampfbildung in den Fallrohren zum Stehen kommen. Aus diesen Gründen sollte man Naturumlaufkessel für einen Überhitzeraustrittsdruck über 160 atü nicht bauen.

Die Meinung über die Frage, bei welcher Druckstufe man aufhören soll, Naturumlaufkessel bzw. Zwangumlaufkessel zu bauen und zum Durchlaufkessel überzugehen, ist in den einzelnen Ländern unterschiedlich. In Deutschland, wo man mit dem Bau der Durchlaufkessel sehr früh begann und über entsprechende Erfahrungen verfügt, werden Naturumlaufkessel nur noch selten für Drücke über 120 atü ausgeführt. Nur ein einziger Zwangumlaufkessel wurde hier vor kurzem aus besonderen Gründen von einem Elektrizitätswerk bestellt. In England und in Amerika hat man den Naturumlaufkessel und in großem Maße auch den Zwangumlaufkessel für höhere Drücke und größte Leistungen zur Anwendung gebracht. So wurde eine große Zahl von Kesselanlagen bis zu Überhitzeraustrittsdrücken von 168 atü, d. h. einem Arbeitsdruck in der Trommel von 193 atü und Dampfleistungen bis zu 1700 t/h, ausgeführt. Bei einem Teil der Anlagen hat man durch Aufstellung großer Rezirkulationsgebläse die Wärmeaufnahme der Verdampfungsheizfläche in der Brennkammer herabgesetzt. Man entnimmt vor dem Lufterhitzer abgekühlte Rauchgase bis zu 40% des Gesamtrauchgasvolumens und führt sie am unteren Teil der Brennkammer wieder ein. Auf diese Weise wird die Wärmeaufnahme der Brennkammer vermindert und die Wärme mehr in die Berührungsheizflächen, also in den Hochdrucküberhitzer und Zwischenüberhitzer verschoben. Hiermit ergibt sich gleichzeitig eine Regelmöglichkeit für die Hochdruck- und Zwischenüberhitzertemperatur. Der Energieaufwand für diese großen Rezirkulationsgebläse liegt jedoch in der Größenordnung von 1% der gesamten erzeugten elektrischen Leistung, so daß ein Teil der durch den Hochdruck erzielten Verbesserung des Wärmeprozesses wieder verlorengeht.

I. Naturumlaufkessel

a) Naturumlaufprinzip

Der Verdampfungsteil eines solchen Kessels besteht aus einer Obertrommel, einem möglichst senkrecht geführten beheizten Steigrohrsystem und unbeheizt verlegten Fallrohren. Wie der Name dieses Kessels besagt, erfolgt die Kühlung der beheizten Rohre des Verdampfungsteiles durch den natürlichen Auftrieb des Dampf-Wasser-Gemisches gegenüber den nur wasserführenden Fallrohren. Die Stärke des Wasserumlaufs hängt von dem Steigrohr-Fallrohr-Querschnittsverhältnis, der Höhendifferenz zwischen Obertrommel und unterem Umkehrsammler, dem Reibungswiderstand der Rohre und den Einzelwiderständen sowie dem Betriebsdruck ab. Bei den älteren Naturumlaufkesseln und solchen kleinerer Leistung wurden die Fallrohre mit annähernd gleichem Durchmesser wie die Steigrohre ausgeführt und innerhalb der Isolation des Kessels zu den unteren Sammlern geleitet. Bei den modernen Großkesseln kommen nur wenige Fallrohre großen Querschnitts zur Anwendung, die von der Obertrommel außerhalb der Kesselisolation senkrecht nach unten geführt werden. Diese Lösung wurde notwendig bei allen Kesseln, deren Feuerraumwände vollständig zusammengeschweißt sind, oder auch bei solchen, die mit einer Blechhautkonstruktion ausgeführt wurden. Diese Konstruktionsweise wird im Abschn. B V, S. 129, besonders behandelt. Zunächst wird die ältere Bauart der Naturumlaufkessel mit einer Vielzahl von Fallrohren beschrieben.

Abb. 61 zeigt schematisch den Aufbau eines Naturumlaufkessels. Die Einführung der Steigrohre in die Obertrommel kann unter- oder oberhalb des Wasserspiegels erfolgen. Bei Einführung der Steigrohre oberhalb des Wasserspiegels wird der Umlauf zwar etwas erschwert durch die notwendige Überwindung des Überhubs. Dies ist aber nur bei sehr kleinen Lasten in speziellen Fällen zu beachten. Die Dampfmenge, die sich im Steigrohr bilden muß, um den Überhub zu überwinden, ist nämlich nicht sehr groß. Vorteilhaft bei einem Überhub ist dagegen, daß der Wasserumlauf eindeutig ist und daß die Steigrohre oder Steigrohrsysteme sich nicht gegenseitig beeinflussen. Da die Möglichkeit der

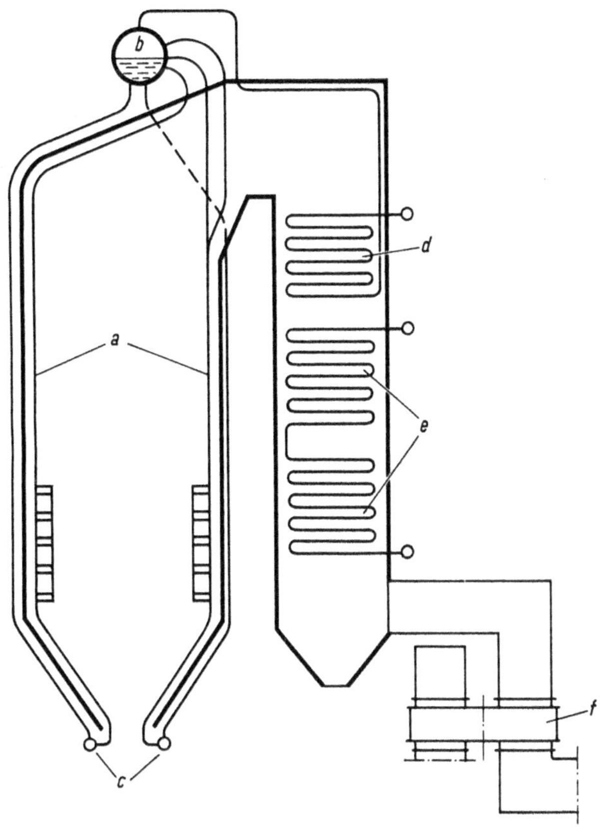

Abb. 61. Naturumlaufkessel

a Feuerraum mit Strahlungsverdampfer
b Obertrommel
c Umkehrsammler
d Überhitzer
e Speisewasser-Vorwärmer
f Lufterhitzer

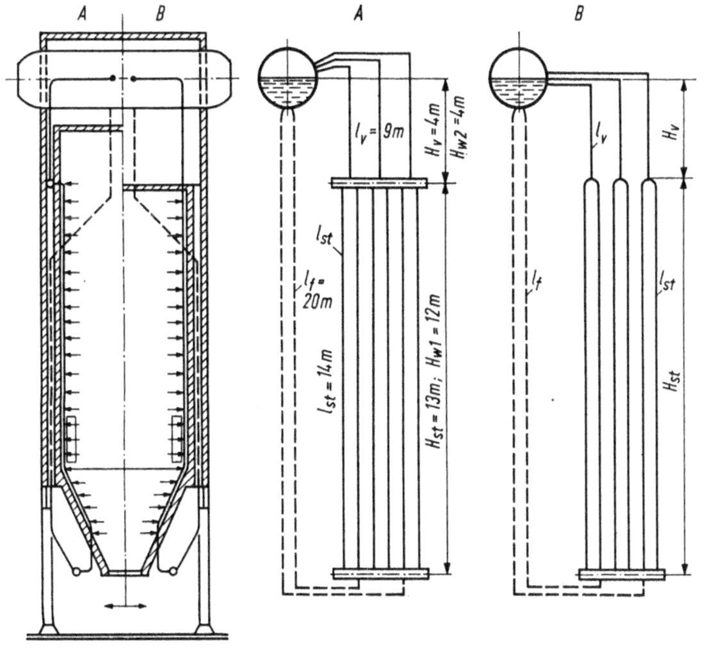

Abb. 62. Kohlenstaubgefeuerte Strahlungskammer mit Steig- und Fallrohren. Ausführung *A* mit einem Zwischensammler und Verbindungsrohren, Ausführung *B* mit Gabelrohren

Rohreinführung in die Obertrommel begrenzt ist, werden die Seitenwandkühlschirme mit Zwischensammlern beendet, die unterhalb der Trommel liegen, wobei es zweckmäßig ist, die Sammler durch Scheiben in Abschnitte aufzuteilen, um eine Querströmung zu verhindern. Das Querschnittsverhältnis der Verbindungsrohre zwischen dem oberen Steigrohrsammler und der Obertrommel gegenüber den Steigrohren sollte nicht unter 1 : 2 gewählt werden (Abb. 62). Eine prinzipiell ähnliche Lösung besteht darin, daß man jeweils zwei Steigrohre in einem Gabelstück zusammenführt und dann nur mit jeweils einem Verbindungsrohr in die Obertrommel geht. Zuweilen wurden für die seitlichen Kühlschirmsysteme auch sog. Kurzschlußrohre benutzt, um die Obertrommel von Wasser zu entlasten. Für das gute Funktionieren ist hier aber eine einigermaßen günstige Trennung von Wasser und Dampf im Zwischensammler notwendig.

Bei plötzlichen Druckabsenkungen entsteht auch in den Fallrohren Dampf, der zu Umlaufstörungen Anlaß geben kann. Aus diesem Grund darf die Druckabsenkungsgeschwindigkeit einen Wert von 1 bis 3 at/min nicht überschreiten. Dem störenden Einfluß der Dampfbildung in den Fallrohren bei Druckabsenkung kann man entgegenwirken durch Wahl weniger Fallrohre großen Durchmessers, die — wie vorher erwähnt — außerhalb des Kessels senkrecht angeordnet werden und am unteren Ende entsprechende Verteilerköpfe haben. Bei Fallrohren größeren Durchmessers stellt sich eine größere Wassergeschwindigkeit ein, so daß die entstehenden Dampfblasen mit nach unten genommen werden.

Ein ausreichender Wasserumlauf ist bei einem Naturumlaufkessel die Voraussetzung für eine betriebssichere Arbeitsweise. Wenn es sich auch in der Praxis eingeführt hat, für die Beurteilung das Steigrohr-Fallrohr-Querschnittsverhältnis, die Wasserumlaufzahl und die Eintrittsgeschwindigkeit in das Steigrohr zu verwenden, so sind diese Zahlen vom physikalischen Zusammenhang her gesehen nicht allein maßgebend. Mit einem „ausreichenden" Wasserumlauf will man letzten Endes ja erreichen, daß die Steigrohre an allen Stellen ausreichend gekühlt sind. Das allein ausschlaggebende Maß hierfür ist aber der Dampfanteil im Rohrquerschnitt in Verbindung mit der an dieser Stelle vorhandenen Heizflächenbelastung. Als etwas vereinfachtes Kriterium kann man den Dampfanteil am Ende des beheizten Steigrohrteiles ansehen, da die Bestimmung der örtlichen Heizflächenbelastung sowie des Dampfanteiles sehr zeitraubend und nur mit begrenzter Genauigkeit durchzuführen ist. Der Dampfanteil in Volumenprozenten am Ende des Steigrohres sollte 70 bis 80% nicht übersteigen.

Um das genannte Ziel zu erreichen, muß der gesamte Strömungswiderstand eines Umlaufsystems (Fallrohr, Steigrohr, Einzelwiderstände) in geeigneten Grenzen gehalten werden. Wesentlich geht in diese Rechnung das Querschnittsverhältnis von Steigrohren zu Fallrohren ein und etwaige Querschnittsänderungen in den Zuführungsleitungen zur Trommel. Da es auf den Gesamtwiderstand ankommt, kann man ungünstige Bedingungen an der einen Stelle durch günstige an der anderen Stelle kompensieren. Was im einzelnen zulässig ist, kann nur eine Umlaufrechnung zeigen, da hierbei alle Faktoren erfaßt werden, wobei es nicht unbedingt notwendig ist, daß diese Rechnung auf wenige Prozente genau ist.

Ein weiterer wesentlicher Punkt in der Praxis ist die Trennung der einzelnen Umlaufsysteme, so daß diese sich gegenseitig nicht beeinflussen können. In dem Feuerraum eines Dampfkessels ist es nicht zu vermeiden, daß die Steigrohre zum Teil sehr unterschiedlich beheizt werden. Würden zwei solche Steigrohre, die von einem Sammler ausgehen, z. B. unter dem Wasserstand in die Trommel münden, so könnte es sein, daß das sehr viel schwächer beheizte Rohr zum Fallrohr wird. Unter Trennung in diesem Sinne ist zu verstehen, daß die einzelnen Kühlelemente an der Seitenwand, der Vorderwand usw. aus getrennten Fallrohren von der Trommel gespeist werden und daß im Idealfall jedes Steigrohr möglichst getrennt mit Überhub in die Trommel führt. Wo dies nicht möglich ist, sollte man nur Rohre mit Gabeln zusammenfassen, die etwa gleich beheizt werden bzw. die Kühlschirmsammler hinreichend durch Scheiben unterteilen. Die

Beachtung dieser Punkte ist um so wichtiger, je höher der Dampfdruck und je höher die Heizflächenbelastung ist.

Bezüglich der Berechnung des Wasserumlaufs in Naturumlaufkesseln wird auf die Literatur verwiesen[1].

Bei dem Bau eines Naturumlaufkessels ist aber nicht nur für sichere Umlaufverhältnisse zu sorgen, sondern auch für die einwandfreie Trennung des Wassers von Dampf in der Obertrommel, da anderenfalls ein salzfreier Dampf nicht zu erzielen ist. Man hat die zulässige Dampfraumbelastung abhängig vom Betriebsdruck festgelegt, um ein Mit-

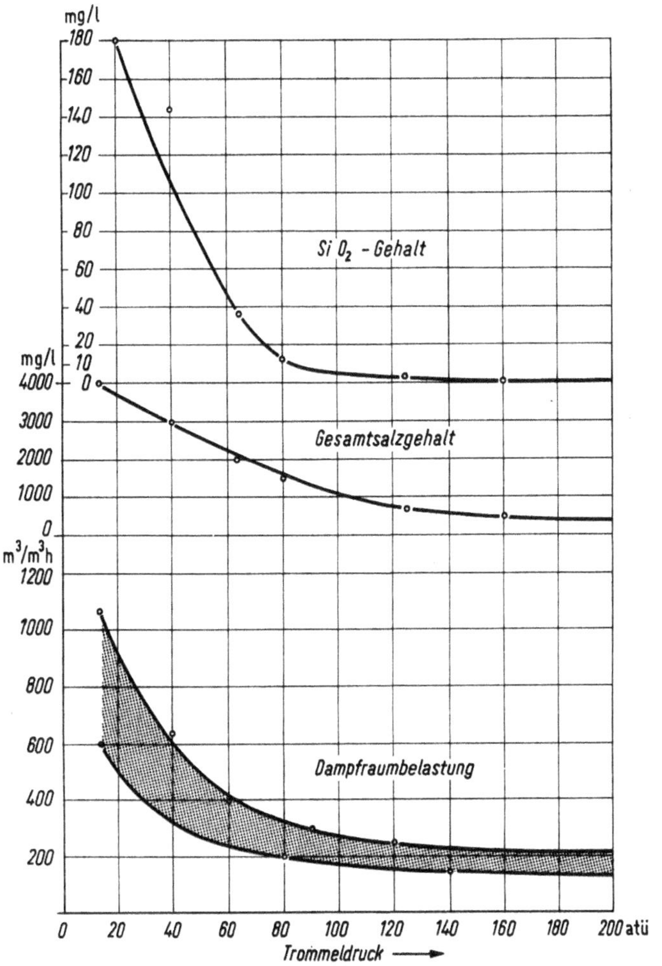

Abb. 63. Zulässige Dampfraumbelastung, Gesamtsalz- und SiO_2-Gehalt

reißen von Wasser und somit auch Salz durch den Überhitzer in die Turbine zu vermeiden. Die Dampfraumbelastung hat die Dimension m^3/m^3h, d. h. man bezieht das stündlich im Kessel erzeugte Sattdampfvolumen auf den Dampfrauminhalt der Trommel. Die zulässigen Salz- und SiO_2-Gehalte im Kesselwasser nehmen bei höheren Drücken stark ab. Diese Verhältnisse sind in Abb. 63, abhängig vom Trommeldruck, dargestellt.

[1] MÜNZINGER, F.: Dampfkraft, 3. Aufl., Berlin/Göttingen/Heidelberg: Springer 1949.

SEIDEL, H.: Die Berechnung des Wasserumlaufs in Kesselrohrbündeln und ihre Bedeutung für die Konstruktion von Wasserrohrkesseln. Diss. TH München 1931. Gekürzte Fassung in: Z. d. bayr. Rev.-Ver. Bd. 35 (1931), S. 211/16, 225/31, 240/42.

GEISSLER, TH.: Die Strömungsverhältnisse in Dampfkesselanlagen mit Naturumlauf. Energie Bd. 2 (1950), Heft 8 u. 10, S. 123/27 u. 175/79; Bd. 3 (1951), Heft 2, S. 19/25.

JAROSCHEK, K., u. F. BRANDT: Entwicklung eines Diagramms zur Berechnung des natürlichen Wasserumlaufs in Wasserrohrkesseln und Siedewasser-Reaktoren. Brennstoff Wärme Kraft Bd. 12 (1960), S. 189/96.

Das breite Band bei der Dampfraumbelastung ist durch die verschiedenen Trommelkonstruktionen bedingt. Die angegebenen Salz- und SiO_2-Gehalte sind Höchstwerte.

Die höchstzulässige Dampfraumbelastung hängt natürlich auch sehr von der Einführung der Steigrohre in die Obertrommel ab. Es wurden zahlreiche Versuche gemacht, die reine Schwerkraftabscheidung durch Einbau von Lenk- und Prallblechen zu verbessern. Abb. 64A zeigt ein solches Beispiel, bei dem fast alle Steigrohre oberhalb des Wasserspiegels einmünden. Der Naßdampf wird hier gezwungen, durch eine Doppelwand — bestehend aus versetzt angeordneten U-Eisen — und eine dreifache Lochblechwand mit versetzt angeordneten Löchern zu strömen, ehe er in die zum Überhitzer gehenden Rohre gelangt. Das Speisewasser wird hier mit Einzelrohren über die ganze Länge der Trommel verteilt durch zahlreiche Düsen eingeführt, die vor den Steigrohrmündungen angeordnet sind. Auf diese Weise soll erreicht werden, daß das Speisewasser sofort auf Siedetemperatur kommt und nicht etwa stark unterkühlt in einzelne Fallrohre fließt. Außerdem befindet sich vor den abgehenden Überhitzerrohren noch ein Umlenkblech mit einem Sieb.

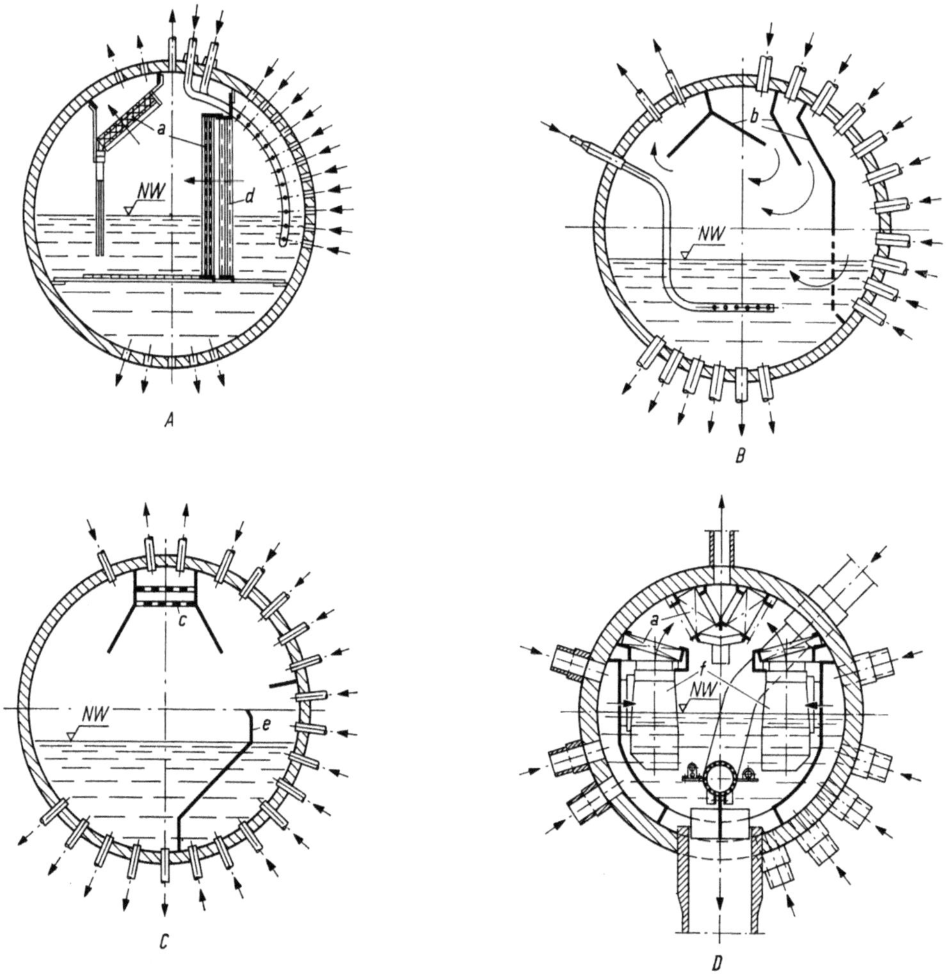

Abb. 64 A bis D. Trommelbauarten

a Siebbleche
b Lenkbleche
c Dampfsieb
d Prallplatten
e Führungskasten
f Dampfzyklone

Ein anderes Beispiel der Steigrohreinführung in die Obertrommel ist in Abb. 64B dargestellt. Hier sind die Lenkbleche so gebaut, daß der größere Teil des in den Steigrohren hochströmenden Dampfes unter den Wasserspiegel gedrückt wird, bevor er im oberen Teil der Trommel zum Überhitzer abströmt. Vor den abgehenden Überhitzerrohren befinden sich noch Umlenkbleche zum Ausschleudern der letzten Wassertröpfchen.

Abb. 64 C zeigt eine Trommel, bei der fast die Hälfte der Steigrohre unter Wasser einmünden. Das Aufwallen des Wasserstandes soll hier verhindert werden durch ein unter Wasser eingebautes Lenkblech. Vor den zum Überhitzer abgehenden Rohren sind noch Umlenkbleche und Siebe eingebaut.

Abb. 64 D läßt eine Lösung erkennen, die auch bei den größten bisher gebauten Naturumlaufkesseln zur Anwendung kam. Hier münden sämtliche Steigrohre innerhalb eines abgeschlossenen Kastens, von dem das Dampf-Wasser-Gemisch durch Zentrifugalabscheider in die Obertrommel tritt. Von hier aus strömt der Naßdampf durch feine Siebe in den Überhitzer. Solche und ähnliche Konstruktionen sind zuerst in Amerika und England ausgeführt worden. Die zulässige Dampfraumbelastung verliert bei dieser Konstruktion ihre Bedeutung. Der Trommeldurchmesser wird hier bestimmt durch den Platzbedarf der Zyklonabscheider. Diese Bauart gestattet die Verwendung wesentlich kleinerer Trommeldurchmesser. Man erzielt Leistungen von 50 t/h je m Trommellänge. Bei Trommelinspektionen müssen diese Einbauten meist entfernt werden.

b) Nachschaltheizflächen

Die Nachschaltheizflächen bestehen aus dem Überhitzer, dem Zwischenüberhitzer und dem Economiser. Im Überhitzer soll der Frischdampf auf das gewünschte Maß erhitzt werden, während die am Schluß des Kessels sitzenden Economiser-Heizflächen die Aufgabe haben, die Abgastemperatur entsprechend abzusenken. Zwischen dem Überhitzer und dem Economiser ist bei Hochdruckanlagen auch noch der Zwischenüberhitzer anzuordnen. Die Gesichtspunkte zur Auslegung des Zwischenüberhitzers gelten für alle Kesselbauarten in gleicher Weise und werden deshalb im Abschn. B IV, S. 123, behandelt.

1. Überhitzer

Bis zu Betriebsdrücken von etwa 125 atü ist es wegen der hier vorliegenden größeren Verdampfungswärme möglich, den Feuerraum ausschließlich mit Verdampferheizflächen auszukleiden. Der Überhitzer wird in diesen Fällen teilweise in dem horizontalen Übergangsstück zwischen dem ersten und zweiten Zug und teilweise im zweiten Zug untergebracht. Zwischen diese beiden Überhitzerheizflächen schaltet man einen Einspritzkühler ein, um im oberen Belastungsbereich eine konstante Heißdampftemperatur zu erzielen. Die Überhitzerheizfläche wird gewöhnlich so berechnet, daß die volle Dampftemperatur ohne Einspritzung bei 70% Kesselbelastung erreicht wird. Bei Teilbelastung nimmt man ein Absinken der Frischdampftemperatur in Kauf.

Insbesondere bei Schmelzkammerkesseln, aber auch bei anderen Feuerungen, bei denen ein Brennstoff mit niedrigem Aschesinterungspunkt verbrannt wird, werden im oberen Teil der Brennkammer Schottenüberhitzer eingebaut. Die Überhitzerheizflächen werden tafelförmig in Abständen von 500 bis 1000 mm aufgehängt und übertragen die Wärme vorwiegend durch Strahlung. Die Rauchgase werden durch diese Schotten unter den Ascheerweichungspunkt abgekühlt, bevor sie auf die dichteren, nachgeschalteten Heizflächen auftreffen.

Bei höheren Betriebsdrücken ist es unvermeidlich, einen Teil des Hochdrucküberhitzers als Strahlungsheizfläche im oberen Teil des Feuerraumes anzuordnen. Ein Strahlungsüberhitzer hat den Vorteil, daß die Heißdampftemperatur über einen größeren Belastungsbereich mit nur geringen Wassereinspritzungen konstant gehalten werden kann.

Bei Betriebsdrücken über 100 atü erfolgt die Verdampfung des eingespritzten Wassers im Kühler so intensiv, daß auf den Einbau besonders wirksamer Düsen verzichtet werden kann. Es ist auch überflüssig, in einen solchen Kühler mehrere Düsen mit getrennten Ventilen und einer Folgeschaltung einzubauen. Die Einspritzrohre sollten eine Mindestlänge von 3 m haben und mit einem inneren Schutzmantel versehen sein, damit das eingespritzte Wasser keinen Temperaturschock an den Wänden des Einspritzrohres verursacht (Abb. 65). Am Ende des Einspritzrohres ist ein Thermoelement zum Abgriff des Regelimpulses einzubauen. Zur Verbesserung der Heißdampftemperaturregelung kann der Überhitzer in drei Abschnitte unterteilt und ein Einspritzkühler zwischen der ersten und zweiten sowie der zweiten und dritten Überhitzerheizfläche eingebaut werden. Dies ist besonders empfehlenswert, wenn die Heißdampftemperatur über 535 °C liegt und der Endüberhitzer aus austenitischem Material besteht. Die Aufwärmspanne des Dampfes in dem letzten Überhitzerabschnitt sollte möglichst nicht größer als 60 °C sein, damit einerseits die Totzeit gering wird und andererseits am Austritt der einzelnen Überhitzerschlangen die Dampftemperatur bei verschiedener Beheizung über die Kesselbreite nicht zu sehr auseinanderläuft.

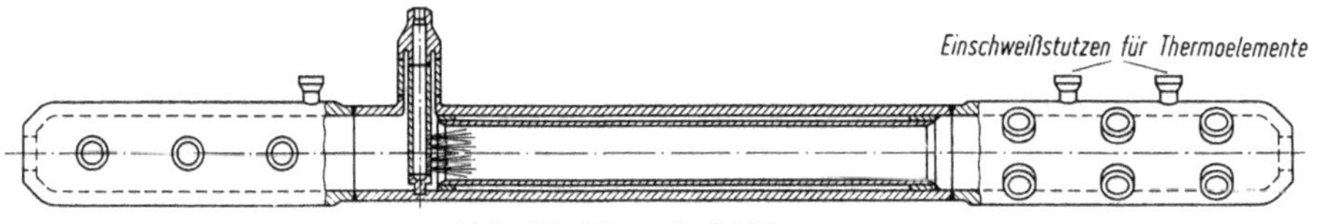

Abb. 65. Einspritzkühler

Entsprechend den im Überhitzer ansteigenden Temperaturen verwendet man Stähle unterschiedlicher Qualität und Hitzebeständigkeit. Der erste Überhitzerabschnitt besteht gewöhnlich aus Material 15 Mo3, der mittlere Abschnitt aus 13 CrMo44 und der Endteil des Überhitzers aus Material 10 CrMo910, sofern die Dampftemperatur 535 °C am Überhitzeraustritt nicht überschreitet. Bei höheren Dampfaustrittstemperaturen sind austenitische Materialien erforderlich. Bis zu einer Dampftemperatur von 560 °C kann der Austrittssammler des Überhitzers und die Rohrleitung bis zur Maschine ferritisch ausgebildet werden, da diese Teile keine Rohrwandübertemperatur aufweisen. Für noch höhere Dampftemperaturen sind auch die Austrittssammler und gegebenenfalls auch die Einspritzkühler aus austenitischem Material herzustellen. Da dieses austenitische Material eine Wärmeleitzahl von nur rd. 15 gegenüber 30 bis 45 kcal/mh °C bei ferritischem Material hat, ist es bei Temperaturänderungen wesentlich größeren Wärmespannungen ausgesetzt. Beim Anfahren des Kessels ist dies durch langsame Temperatursteigerung zu beachten.

Trotz Wahl hochlegierter, wärmebeständiger Materialien für den Überhitzer ist es bei hohen Betriebsdrücken notwendig, die Rohrdurchmesser dieser Heizflächen mit steigender Temperatur immer mehr zu verringern und zur Vermeidung eines unerwünschten Druckverlustes auf eine entsprechend größere Zahl von Parallelsträngen überzugehen. Häufig findet man im Endüberhitzer Rohre mit nur 12 mm lichtem Durchmesser, so daß eine sehr große Zahl von Parallelsträngen notwendig ist. Wenn eine gleichmäßige Beheizung dieser Rohre nicht möglich ist, müssen die schärfer beheizten Rohre entsprechend gekürzt werden. Bei den äußeren Rohren der Schottenheizflächen ist dies meist notwendig.

Beim Anfahren von Kesselanlagen mit Schotten- und Strahlungsüberhitzer aus kaltem Zustand ist in besonderem Maße auf die Kühlung der Überhitzerheizflächen zu achten, damit sie nicht verbrennen. Am besten ist es, wenn der Kessel vor dem Zünden durch Einführung von Sattdampf in die unteren Sammler des Naturumlaufsystems angewärmt werden kann. Falls ein Nachbarkessel für diesen Zweck nicht zur Verfügung steht, empfiehlt sich die Aufstellung eines Hilfskessels mit einem Konzessionsdruck von mindestens 30 atü. Der anzufahrende Kessel kann dann auf einen Druck von 20 atü gebracht werden, so daß die Möglichkeit besteht, bei Zünden der Feuerung Dampf über Dach abzublasen und somit den Überhitzer zu kühlen. Bei Vorhandensein eines Zwischenüberhitzers strömt dieser Dampf über ein Anfahrventil und einen Kühler in das Zwischendampfnetz. Nach Durchströmen des Zwischenüberhitzers wird der Dampf über eine zweite Reduzierstation entweder ins Freie oder in den Turbinenkondensator geleitet.

Bei Ölfeuerung empfiehlt es sich, zur Vermeidung von Hochtemperaturkorrosion alle Sicromal-Aufhängungen zu vermeiden und beispielsweise hängende Überhitzerrohrschlangen teilweise durch die Kesseldecke durchzuziehen. Bei den Überhitzerheizflächen im zweiten Zug ist die Dampf- und Rauchgastemperatur niedriger, so daß hier die Möglichkeit besteht, die Rohrschlangen auf Halteflossen aufzulagern, die an wasser- oder dampfgekühlten Rohren angeschweißt sind.

Bei einigen Anlagen wurde zur Erleichterung des Anfahrbetriebes auch eine Umwälzpumpe eingesetzt, mit deren Hilfe es möglich ist, bei Beginn der Beheizung von der Obertrommel aus Wasser in umgekehrter Richtung durch den Überhitzer in die Trommel zurückzudrücken. Nach Erreichen eines Betriebsdruckes von etwa 40 bis 50 atü werden dann das Feuer und die Umwälzpumpe abgestellt und der Überhitzer durch Ausblasen über Dach von Wasser entleert. Erst dann geht der Feuerungsbetrieb wieder weiter.

2. Speisewasservorwärmer

Bei Höchstdruckkesseln kommen ausschließlich Schlangenrohrvorwärmer zur Anwendung. Sofern diese Heizflächen in Rauchgastemperaturen über 450 °C liegen, sollten sie an wasser- oder dampfgekühlten Rohren aufgehängt werden. Da es beim Naturumlaufkessel zeitweise vorkommen kann, daß der Speiseregler bei einer plötzlichen Druckabsenkung und dadurch verursachtem Aufwallen des Trommelwasserstandes die Speisewassermenge stark drosselt oder ganz abstellt, besteht die Möglichkeit der Dampfbildung in den Vorwärmerheizflächen. Aus diesem Grund sollte die Strömung zumindest in dem letztdurchströmten Schlangenrohrvorwärmer von unten nach oben erfolgen. Bei wassergekühlten senkrechten Aufhängerohren sollte man Abwärtsströmung und obere Umlenkschleifen vermeiden, weil bei einer solchen Anordnung einzelne, vielleicht schärfer beheizte Rohre bei Teilbelastung nicht mehr durchströmt werden. Der statische Druckunterschied infolge des geringeren spezifischen Gewichtes in den schärfer beheizten Rohren kann dann größer werden als der Reibungswiderstand, so daß die Strömung bei Teilbelastung oder kurzzeitigem Aussetzen der Speisung zum Stehen kommt. Bei aufwärts durchströmten Tragrohren und solchen mit U-Form erhalten schärfer beheizte Rohre infolge Eigenauftrieb des heißeren Wassers entsprechend stärkeren Zufluß. Man kann meistens sämtliche Aufhängeebenen parallel aufwärtsschalten, da hier nur eine geringe Wassergeschwindigkeit von etwa 0,5 m/s bei Vollast erforderlich ist.

c) Beispiele ausgeführter Naturumlaufkessel

Abb. 66 zeigt einen Schnitt durch den im Kraftwerk Santa Barbara, Valdarno, Italien, aufgestellten Kessel. Die Brennkammer hat einen zwölfeckigen Querschnitt, wobei die Kohlenstaubbrenner an sechs gegenüberliegenden Seiten so angeordnet sind, daß die einzelnen Brenner tangential an einen in der Mitte der Brennkammer liegenden Kreis gerichtet sind. Die Ölbrenner sind weiter oben angeordnet, damit bei der stärkeren Abstrahlung der Ölflamme nicht zu viel Wärme an das Verdampfungssystem der Brennkammer abgegeben wird. Die gesamte Brennkammer ist mit dicht an dicht liegenden Verdampferrohren ausgekleidet und oben aufgehängt. Das sich nach unten frei ausdehnende Verdampferrohrsystem wird durch horizontale Gürtelträger zusammengehalten. Die Anschlüsse der Kohlenstaubleitungen machen diese senkrechten Längenänderungen des Kessels über Membrangelenke mit, während die Rauchgas-Rücksaugschächte über eine Schiebeverbindung angeschlossen sind. In der verhältnismäßig kleinen Obertrommel sind Dampfzyklonabscheider zur Trennung von Wasser und Dampf eingebaut. Der Dampf strömt von der Trommel über die Rohre der Feuerraumdecke und dann in jedem zweiten Rohr der Seitenwände, der Vorder- und Rückwand des zweiten Zuges abwärts und in den dazwischenliegenden Rohren aufwärts; sodann fließt der Dampf durch die Seitenwände des Horizontalzuges und anschließend durch die Trennwände des zweiten Zuges, die die Aufgabe haben, den auf den beiden Außenseiten liegenden Zwischenüberhitzer abzuschotten. Als nächste Heizfläche wird der Berührungsüberhitzer im zweiten Zug aufwärts durchströmt, der ohne Zwischensammler in den im Querzug hängenden Überhitzer übergeht. Von hier aus wird der Dampf über einen Kühler in den Schottenüberhitzer im oberen Teil der Brennkammer geleitet und dann über einen zweiten Kühler in den

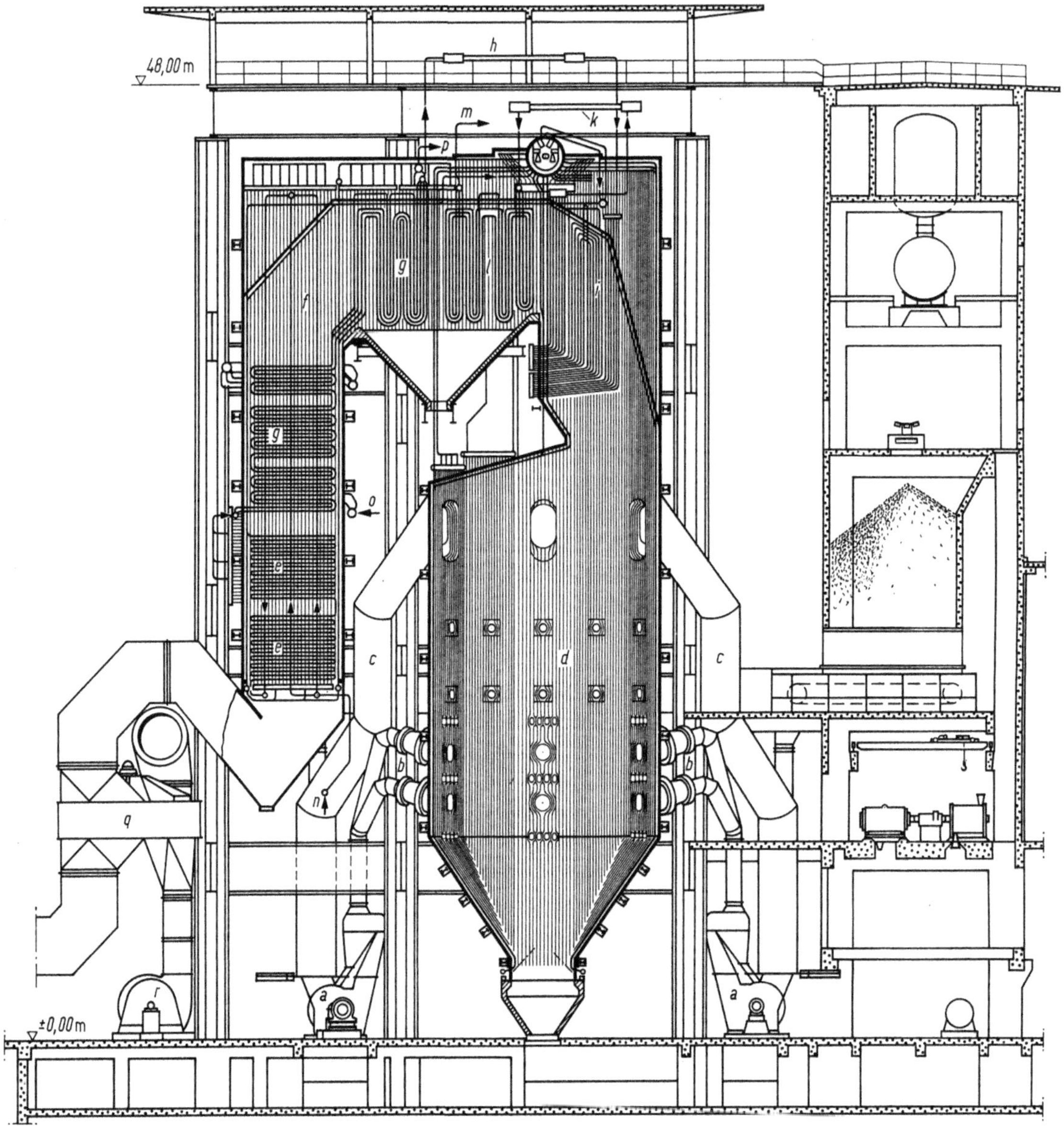

Abb. 66. Naturumlaufkessel im Kraftwerk St. Barbara, Italien
Dampfleistung 375 t/h, Dampfzustand hinter Überhitzer 110 atü, 545 °C, mit Zwischenüberhitzer für 545 °C, Speisewassertemperatur 223 °C, Brennstoff: Braunkohle und Öl, Hersteller: Babcock & Wilcox, Oberhausen

a Kohlemühlen
b Brenner
c Rauchgasrücksaugkanal
d Brennkammer
e Economiser
f Überhitzer I
g Berührungs- und Schottenüberhitzer II
h Einspritzkühler I
i Schottenüberhitzer III
k Einspritzkühler II
l Endüberhitzer
m Heißdampfaustritt
n Speisewasseraustritt
o Zwischenüberhitzereintritt
p Zwischenüberhitzeraustritt
q Luftvorwärmer
r Frischluftgebläse

im Horizontalzug vorn angeordneten Endüberhitzer, der im Gleichstrom zu den Rauchgasen geschaltet ist. Der Zwischenüberhitzer ist parallel zum Vorüberhitzer im zweiten Zug in den beiden Außenabschnitten angeordnet. Bei Teilbelastung kann die rauchgasseitige Beaufschlagung durch Schließen von Klappen unter dem mittleren Zugabschnitt erhöht werden. Der Mitteldruckdampf strömt anschließend durch den im Querzug hängenden Endteil des Zwischenüberhitzers.

In Abb. 67 ist ein Naturumlaufkessel mit stehender Zyklon-Schmelzkammerfeuerung des Kraftwerkes Gelderland, Holland, dargestellt. Die Schmelzkammer und der ganze erste Zug des Kessels sind mit Rohren des Naturumlaufsystems verkleidet. Da bei dem hohen

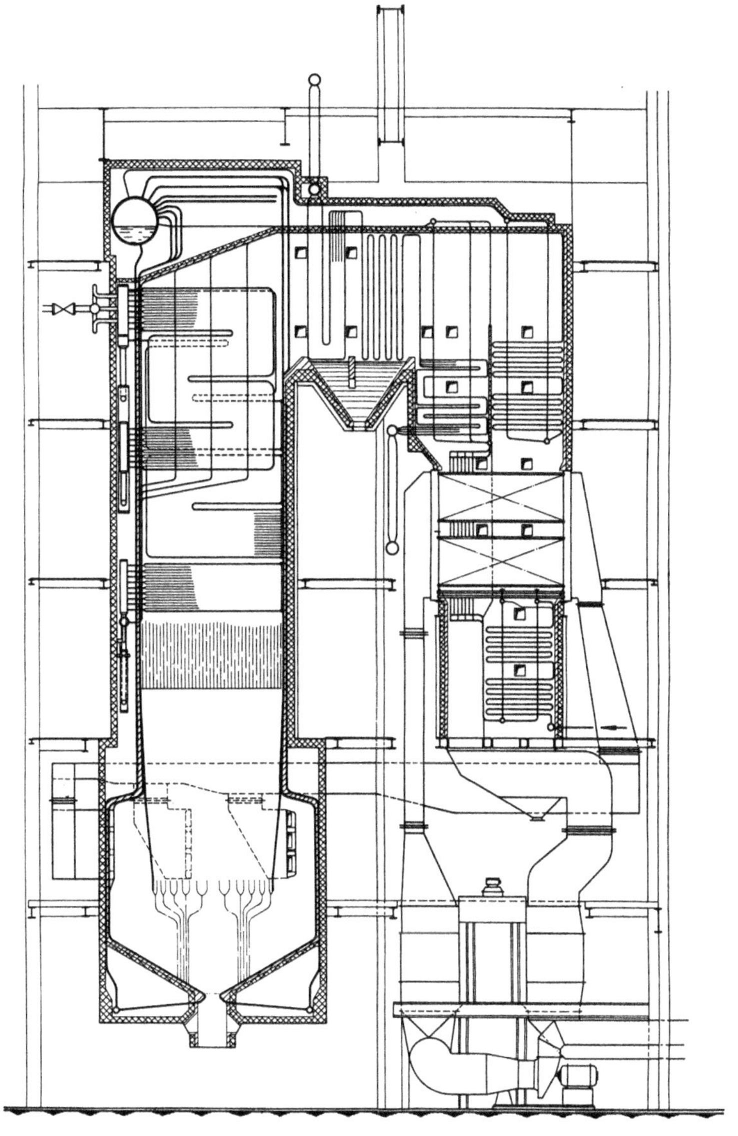

Abb. 67. Naturumlaufkessel im Kraftwerk Gelderland, Holland
Dampfleistung 270 t/h, Dampfzustand hinter Überhitzer 145 atü, 535 °C, mit Zwischenüberhitzer für 540 °C, Brennstoff: Steinkohle, Hersteller: Kohlenscheidungsgesellschaft Stuttgart

Betriebsdruck des Kessels die Verdampfungswärme nur gering ist, wurde in der oberen Hälfte des ersten Zuges vor den Verdampferrohren der Seitenwand und der Rückwand ein Mäanderbandüberhitzer angeordnet. Der von der Trommel kommende Dampf fließt zunächst durch das Tragrohrsystem des zweiten Zuges abwärts und anschließend aufwärts durch den Vorüberhitzer und die Deckenkühlrohre. Aus diesen werden im ersten Zug abwärts strömend die Aufhängerohre für den Schotten-Endüberhitzer gebildet. Anschließend fließt der Dampf durch den vorher erwähnten Mäanderbandüberhitzer aufwärts und über einen Einspritzkühler durch den Schotten-Endüberhitzer. Das Speisewasser fließt zunächst durch den im zweiten Zug unten angeordneten Economiser, dann durch sein Tragrohrsystem abwärts, anschließend aufwärts durch das Tragrohrsystem des Zwischenüberhitzers und von hier aus in die Kesseltrommel.

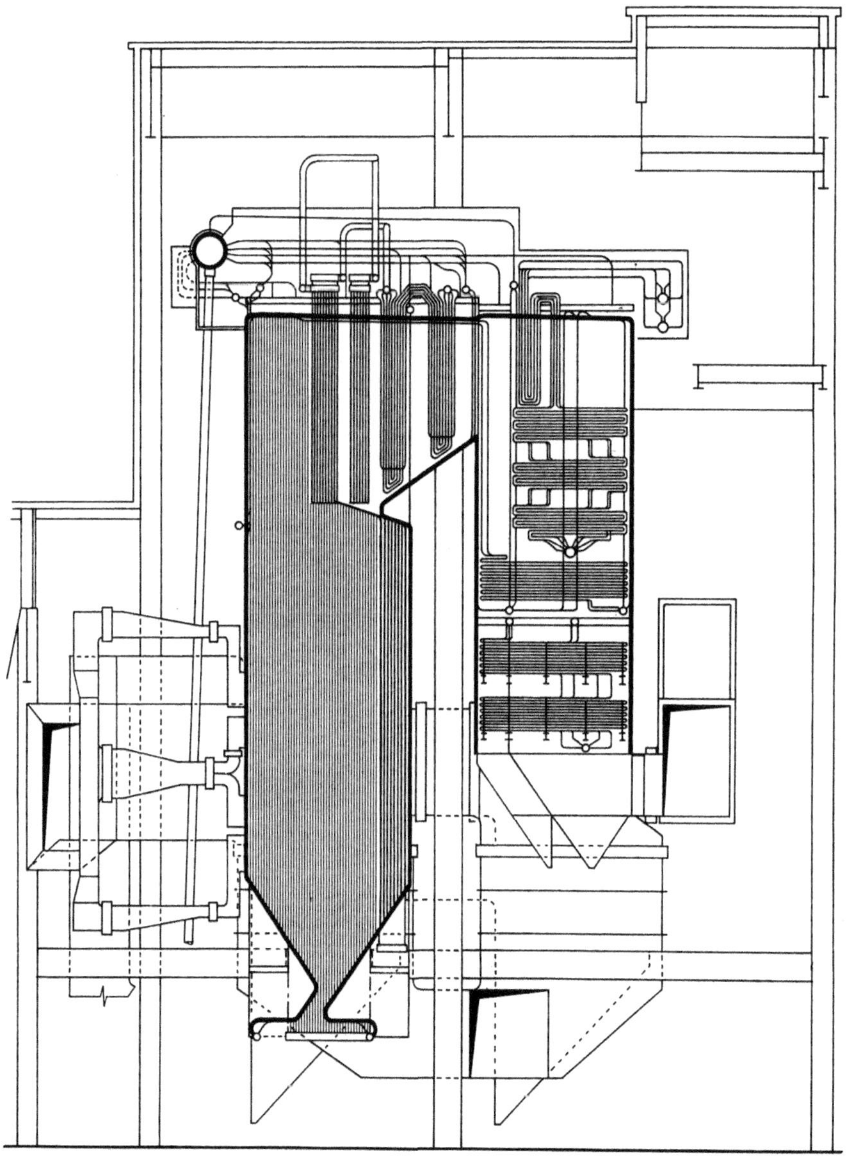

Abb. 68. Naturumlaufkessel im Kraftwerk Thorpe Marsh, England
Dampfleistung 1700 t/h, Dampfzustand hinter Überhitzer 168 atü, 568 °C, mit Zwischenüberhitzer für 568 °C, Speisewassertemperatur 257 °C, Hersteller: Babcock & Wilcox, London

Der zuerst durchflossene Teil des Zwischenüberhitzers ist in einem Parallelzug zum HD-Vorüberhitzer untergebracht. Der Dampf strömt von hier ohne Zwischensammler durch einen im Horizontalzug untergebrachten hängenden Berührungs- und Schotten-Zwischenüberhitzer. Die Klappen zur Regelung der Zwischendampftemperatur befinden sich unterhalb des Economisers und sind im Bild nicht dargestellt.

Die Kohlenstaubbrenner sind tangential oberhalb des Zyklonkragens eingebaut. Durch die zyklonartige Ausführung der Schmelzkammer erzielt man einen hohen Primäreinbindungsgrad von etwa 80%.

Die Verbrennungsluft wird in einem unter dem zweiten Zug angeordneten Ljungström-Lufterhitzer auf etwa 280 °C vorgewärmt und in einem nachgeschalteten Rippen-Luftvorwärmer auf 450 °C weiter erhitzt.

Abb. 68 zeigt den Kessel im Kraftwerk Thorpe Marsh II, England. Er besitzt eine frontale Kohlenstaubfeuerung mit 54 Brennern. Es sind neun Kugelring-Mühlen vorgesehen, von denen je nach Qualität der verfügbaren Kohle sechs, sieben oder acht der vollen Leistung entsprechen. Jede Mühle versorgt sechs Wirbelbrenner. Im Gegensatz zu dem Zwangumlaufkessel im Kraftwerk Thorpe Marsh I (s. Abb. 76), der aus zwei Einheiten mit je zwei Feuerräumen besteht, handelt es sich hier um einen einzigen Kessel mit einer einzigen Feuerung für eine Dampfleistung von 1700 t/h.

Der Kessel ist oben aufgehängt und dehnt sich mit seinem Rohrsystem und der unmittelbar dahinterliegenden gasdichten Blechhaut frei nach unten aus. Diese mauerwerksfreie Konstruktion wird im Abschn. B V, S. 129, näher behandelt. Der Feuerraum ist 9,2 m tief und 36,5 m breit.

Die Trommel hat einen lichten Durchmesser von 1680 mm bei einer Wandstärke von 132 mm und einer zylindrischen Länge von 39,5 m mit 250 t Gewicht. Da diese Trommel in der vollen Länge nicht transportfähig war, wurde sie in drei Stücken hergestellt und die letzten beiden Rundnähte auf der Baustelle geschweißt, bevor die Trommel gezogen wurde. Von der Trommel führen zwölf außenliegende Fallrohre mit einem lichten Durchmesser von 470 mm nach unten. Das Wasser wird von hier aus durch zahlreiche Verbindungsrohre kleineren Durchmessers zu den unteren Eintrittssammlern des Naturumlaufsystems geführt.

Um die Berührungsheizflächen im Horizontalzug trotz der außerordentlich großen Breite auch im mittleren Teil noch einwandfrei mit Rußbläsern bestreichen zu können, wurde im Horizontalzug in der Mitte ein etwa 6 m breiter Leerraum eingebaut, von dem aus Rußbläser in die linke und rechte Seite des Horizontalzuges hineinwirken. Auf der Rückseite des Feuerraumes sind über die ganze Höhe zwei schottenartige Verdampferflächen angeordnet, die einerseits den Wärmeabbau in der Brennkammer erhöhen und andererseits als Wandverkleidung des oben beschriebenen mittleren Leerraumes dienen.

Von der Trommel aus fließt der Dampf durch die Tragrohrsysteme der Berührungsheizflächen sowie die Vorder- und Rückwand des zweiten Zuges. Anschließend durchströmt er den Vorüberhitzer im mittleren Teil des zweiten Zuges und den Strahlungsüberhitzer an Decke und Vorderwand des ersten Zuges. Sodann strömt der Dampf durch hängende Schotten des Horizontalzuges, die Einspritzkühler und eine zweite Schottenheizfläche. Der Endüberhitzer ist am Ende des Horizontalzuges angeordnet.

Der Zwischenüberhitzer liegt insgesamt im zweiten Zug. Seine Temperatur wird mit einem Bypaß geregelt, in dessen unterem Bereich sich ein Teil der Vorüberhitzer- und Economiser-Heizflächen befindet, so daß die Gase ungefähr auf die gleiche Temperatur wie die aus dem Hauptzug kommenden abgekühlt werden.

Die Luft wird in vier Ljungström-Lufterhitzern vorgewärmt.

II. Zwangumlaufkessel

Zwangumlaufkessel wurden zunächst in Europa entwickelt und hauptsächlich als Abhitze- und Schiffskessel eingesetzt. Diese Kessel wurden unter dem Namen La Mont, dem amerikanischen Erfinder dieses Kesselsystems, bekannt. Ein solcher Kessel unterscheidet sich von einem Naturumlaufkessel dadurch, daß der Umlauf mit einer besonderen Umwälzpumpe zwangmäßig erfolgt und infolgedessen Rohre kleineren Durchmessers für die Verdampferheizflächen zur Anwendung kommen können.

a) Zwangumlaufsystem

Gemäß Abb. 69 läuft das Wasser von einer Trommel der Umwälzpumpe zu und wird von dieser in die einzelnen Verteiler des Verdampfungssystems gefördert. Das in den Verdampferrohren erzeugte Dampf-Wasser-Gemisch wird entweder direkt oder über Zwischensammler in die Trommel des Kessels eingeleitet. Hier scheiden sich Dampf und Wasser. Das abgeschiedene Wasser nimmt von neuem am Umlauf teil, während der Dampf zum Überhitzer strömt. Wesentlich für den gesicherten Betrieb eines Zwangumlaufkessels ist die Verteilung des Wassers auf die abgehenden Verdampferrohre. Während beim Naturumlaufkessel die stärker beheizten Rohre auch einen stärkeren Umlauf haben, würde sich im Zwangumlaufkessel mit seinen kleinen Rohrdurchmessern das

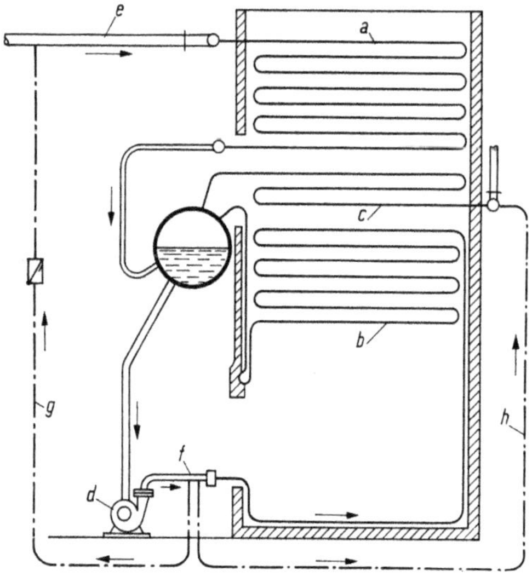

Abb. 69. Schaltschema des La Mont-Kessels

a Speisewasservorwärmer
b Verdampfer
c Überhitzer
d Umwälzpumpe
e Speiseleitung
f Druckleitung
g Umwälzleitung zur Kühlung von *a* beim Anfahren und beim Teillastbetrieb
h Umwälzleitung zur Kühlung von *c* beim Anfahren

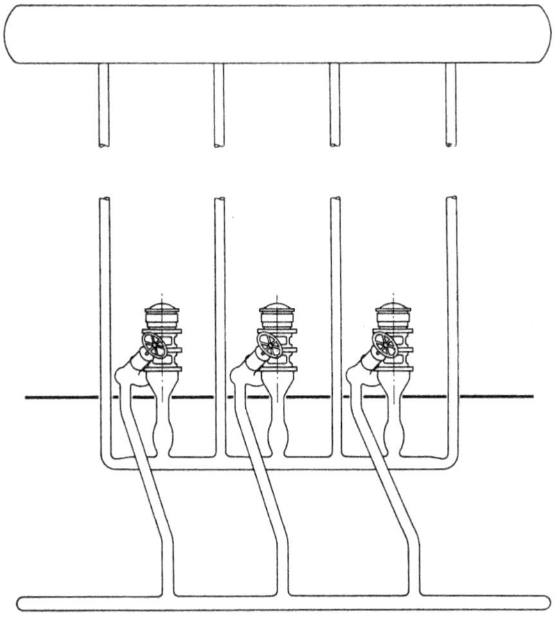

Abb. 70. Anordnung der Umwälzpumpen

Gegenteil einstellen, weil diese Rohre bei stärkerer Dampfbildung einen größeren Widerstand haben. Zur Erzielung einer gleichmäßigen Wasserverteilung wurden deshalb Verteilungsdrosseln zur Anwendung gebracht, die am Anfang jedes Verdampferrohres eingebaut werden und einen Druckabfall erzeugen, der in einem gewissen Verhältnis zum Reibungswiderstand des Rohres steht. Auf diese Weise wird eine Stabilisierung der Strömungsverteilung erreicht.

Als Kessel für große Dampfkraftwerke kam der La Mont-Kessel nach dem Krieg hauptsächlich in Amerika und England zum Einsatz. Diese Kessel sind den Naturumlaufkesseln mit wenigen großen, außen liegenden Fallrohren sehr ähnlich, da die Verdampferrohre auf allen Wänden der Brennkammer senkrecht angeordnet und parallelgeschaltet sind. Der Unterschied liegt in den in den Fallrohren eingebauten Umwälzpumpen und der Verwendbarkeit kleinerer Rohrdurchmesser. In den USA und England wurden 140 derartige Zwangumlaufkessel mit einer durchschnittlichen Leistung von 750 t/h ausgeführt bzw. bestellt. Die Dampfdrücke dieser Kessel liegen zwischen 130 und 180 atü in der Trommel mit Frischtemperatur und Zwischendampftemperatur bis zu 575 °C.

Die Umwälzziffer, d. h. das Verhältnis von umgepumpter Wassermenge zur Dampfleistung, beträgt bei diesen Großkesseln etwa 4. Es sind meistens drei Pumpen vorgesehen (Abb. 70), von denen zwei normalerweise arbeiten, während die dritte Pumpe als Reserve dient. Man verwendet heute vielfach Umwälzpumpen, die in die außen liegenden Fallrohre eingebaut werden. Der Antriebsmotor befindet sich dabei im Wasser unter dem vollen Kesseldruck, wobei das den Motor umgebende Wasser mittels einer auf dem anderen Wellenende des Motors sitzenden kleinen Pumpe auf etwa 50 °C gehalten wird. Eine Wärmesperre verhindert den Durchtritt von heißem Kesselwasser in den Motor. Abb. 71 zeigt eine solche Pumpe englischer Bauart. Pumpen dieser Art werden inzwischen von mehreren Pumpenfirmen hergestellt, da sie nicht nur für Zwangumlaufkessel üblicher Feuerung, sondern auch für den Atomkraftwerksbau von Interesse sind.

Große Zwangumlaufkessel haben stets Zentrifugalabscheider in der Trommel zur Trennung von Dampf und Wasser. Ein solcher Abscheidezyklon ist um so wirksamer, je mehr Druckabfall man in ihm verarbeiten kann. Beim Zwangumlauf hat man die Möglichkeit,

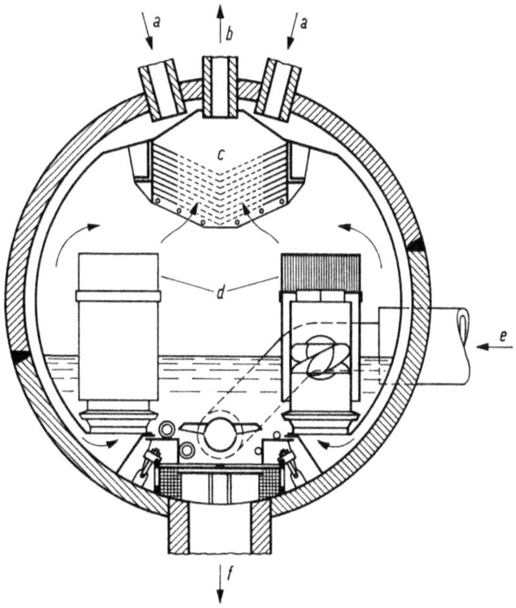

Abb. 72. Schnitt durch Trommel mit eingebauten Zentrifugalabscheidern

a Dampf/Wasser-Gemisch
b Dampfaustritt
c Dampfsieb
d Zentrifugalabscheider
e Speisewasser
f Fallrohre

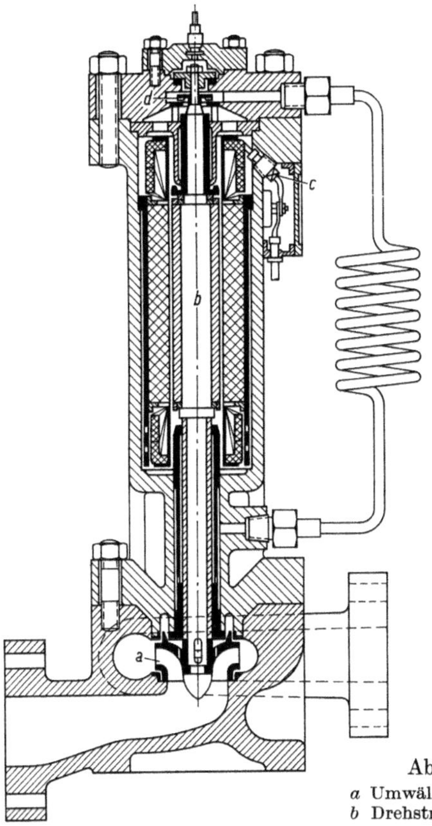

Abb. 71. Umwälzpumpe ohne Stopfbüchse

a Umwälzpumpe
b Drehstrommotor
c Druckdichte Stromzuführung
d Hilfsumwälzpumpe für Kühlkreislauf

genügend Druckverlust für den Abscheidezyklon zur Verfügung zu stellen. Die schon erwähnten amerikanischen Großkessel arbeiten in dieser Weise und haben verhältnismäßig kleine Trommelabmessungen. In Abb. 72 ist der Schnitt durch eine Trommel mit den eingebauten Zentrifugalabscheidern dargestellt.

Überhitzer, Zwischenüberhitzer und Economiser eines Zwangumlaufkessels werden nach den gleichen Grundsätzen gebaut, wie sie weiter oben für den Naturumlaufkessel beschrieben wurden.

b) Beispiele ausgeführter Zwangumlaufkessel

Abb. 73 zeigt den Aufbau eines Zwangumlaufkessels amerikanischer Bauart. Die Rohrwände des Kessels sind aus dicht an dicht liegenden Rohren mit einem Durchmesser von 38 bzw. 41,5 mm mit einer Wandstärke von 5 mm gebildet. Sämtliche Rohre laufen von unteren Verteilern zu oberen Sammlern. Von hier aus wird das Dampf-Wasser-Gemisch in die Trommel geleitet. Das Rohrsystem hat also die gleiche Anordnung wie bei einem Naturumlaufkessel. Da die Rohre alle gleiche Temperaturen haben, besteht die Möglichkeit, sie zu Rohrplatten zusammenzuschweißen, die in der Werkstatt fertiggestellt werden können und als dichter Abschluß des Feuerraumes dienen.

In Abb. 74 ist einer der Zwangumlaufkessel des Kraftwerkes High Marnham, England, dargestellt. Dieser Kessel hat einen durch eine Zwischenwand geteilten Feuerraum, wobei jeder der Feuerräume mit Eckenbrennern versehen ist. Die beiden Feuerräume sind wasser- und dampfseitig parallelgeschaltet und haben eine gemeinsame Trommel mit Fallrohren. In diese sind die stopfbuchslosen Umwälzpumpen eingebaut. Hinter der

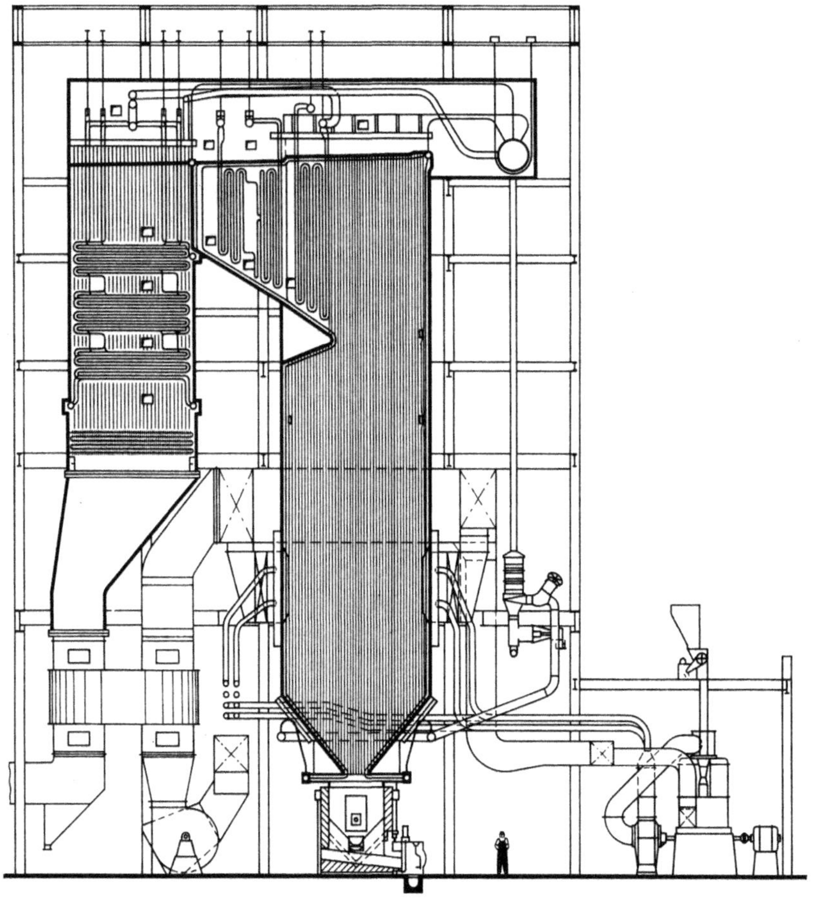

Abb. 73. Zwangumlaufkessel für größere Dampfleistungen

einen Feuerung ist der gesamte Endteil des Hochdrucküberhitzers und hinter der anderen Feuerung der gesamte Endteil des Zwischenüberhitzers untergebracht. Die Zwischendampftemperatur ist hier also weitgehend verlustlos durch die getrennte Feuerung in Verbindung mit Schwenkbrennern regelbar.

Abb. 75 zeigt das vereinfachte Schaltbild des Speisewasser-Dampf-Kreislaufes sowie die schematische Darstellung der Kohlenstaubfeuerung. Vom Zwischenüberhitzerkessel ist rechts nur der obere Teil dargestellt, da der untere gleichartig ausgebildet ist wie der danebenstehende Teil, der nur mit Hochdrucküberhitzer versehen ist.

In Abb. 76 ist der bisher größte ausgeführte Zwangumlaufkessel im Kraftwerk Thorpe Marsh für eine elektrische Leistung von 550 MW dargestellt. Dieser Kessel besteht aus zwei getrennten Anlagen mit je zwei Feuerräumen. Er bildet trotzdem eine Einheit, da beide Trommeln an das gleiche Umlaufsystem angeschlossen sind und nur eine einzige Wasserstandsregelung eingebaut ist. In acht Fallrohren großen Durchmessers wird das Wasser von den Trommeln zu den sechs Umwälzpumpen geleitet, von denen fünf normalerweise genügen und die sechste in Reserve steht. In diese acht Fallrohre wurden unterhalb der Trommel große senkrechte Wasserspeicher eingeschaltet, deren Fassungsvermögen ausreicht, auch bei ausbleibender Nachspeisung etwa 60 Sekunden lang die Vollastdampferzeugung aufrechtzuerhalten. Die sechs Umwälzpumpen fördern das Wasser in ein Hauptverteilerrohr, von dem es zu den Verteilern der einzelnen Rohrsysteme weitergeleitet wird. Große, unterhalb des Normalwasserstandes zwischen den senkrechten Speichern an-

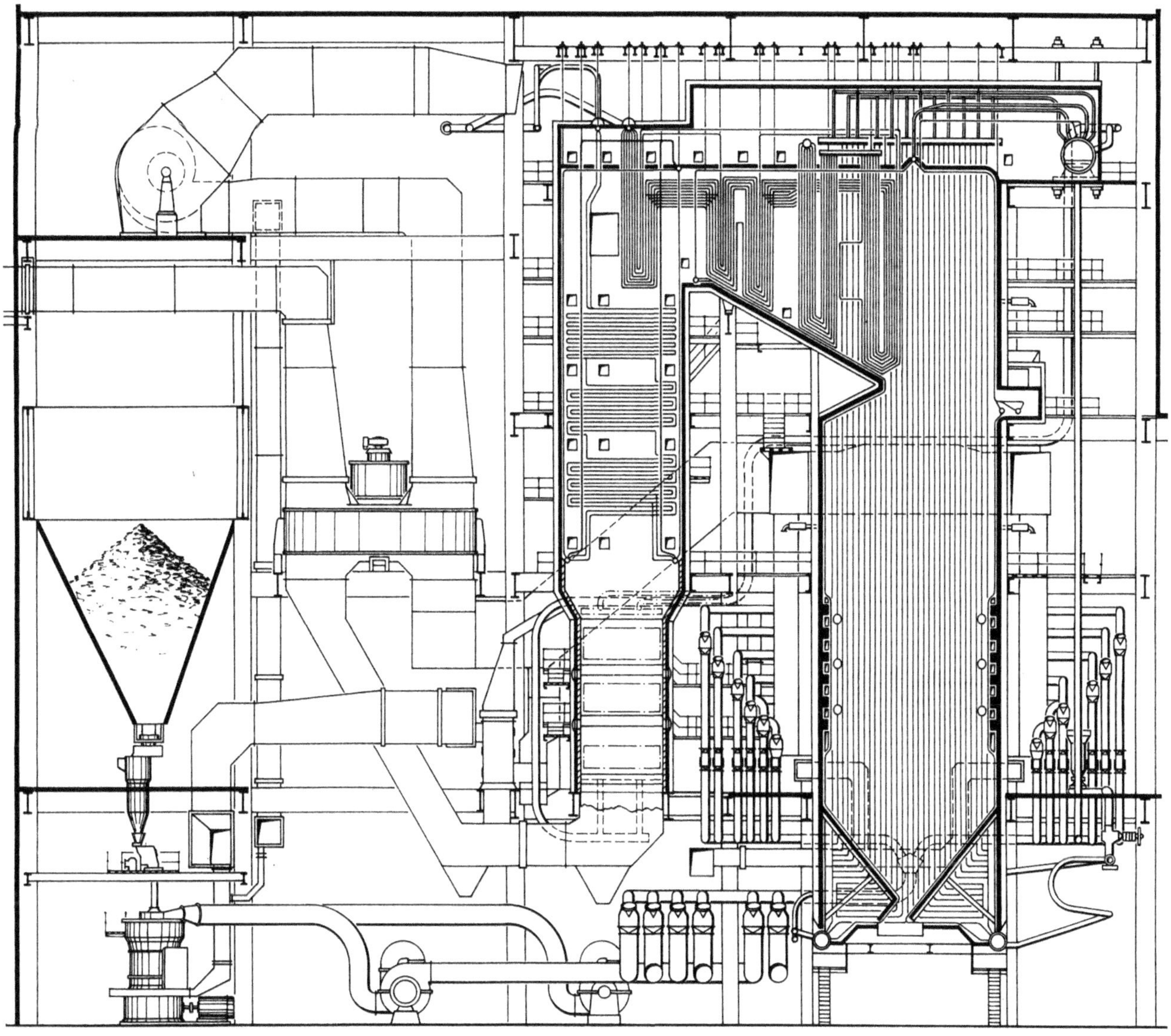

Abb. 74. Zwangumlaufkessel im Kraftwerk High Marnham, England
Dampfleistung 635 t/h, Überhitzeraustrittszustand 172 atü, 575 °C, Zwischenüberhitzer für 568 t/h von 350 auf 540 °C, Speisewassertemperatur 248 °C, 6 Lopulco-Mühlen, Eckenfeuerung mit Schwenkbrennern, Hersteller: Combustion International

gebrachte Verbindungsleitungen sorgen für einen Ausgleich des Wasserstandes in den beiden Trommeln. Die gleichmäßige Dampfentnahme von den Trommeln wird dadurch gesichert, daß die Hälfte der abgehenden Rohre zu dem im zweiten Zug liegenden Vorüberhitzer des einen Kessels und die andere Hälfte zum Vorüberhitzer des anderen Kessels führt. Um die Verwendung austenitischer Stähle auf ein Mindestmaß zu beschränken, wurden die Endüberhitzer und Endzwischenüberhitzer in einem noch verhältnismäßig heißen Rauchgastemperaturgebiet im Horizontalzug an zweiter Stelle eingebaut. In der Höchsttemperaturzone direkt hinter der Brennkammer sind Schottenvorüberhitzer mit weiten Zwischenräumen eingehängt. Die Rohre des Überhitzers sind mehrmals gekreuzt, um Ungleichmäßigkeiten in der Wärmeaufnahme auszugleichen. Um die übergroße Wärmeaufnahme des Verdampfungssystems im Feuerraum zu vermindern, wurde im oberen Teil derselben die Vorderwand als Strahlungsüberhitzer geschaltet. Hierdurch erreicht man auch eine ausgeglichene Kennlinie für die Überhitzertemperaturregelung.

Auch bei dieser Anlage sind die Zwischenüberhitzer-Heizflächen hinter der einen Hälfte des jeweiligen Kessels untergebracht, während in der anderen Hälfte des getrennt gefeuerten Kessels die Hochdrucküberhitzer-Heizflächen angeordnet sind. Jeder der vier

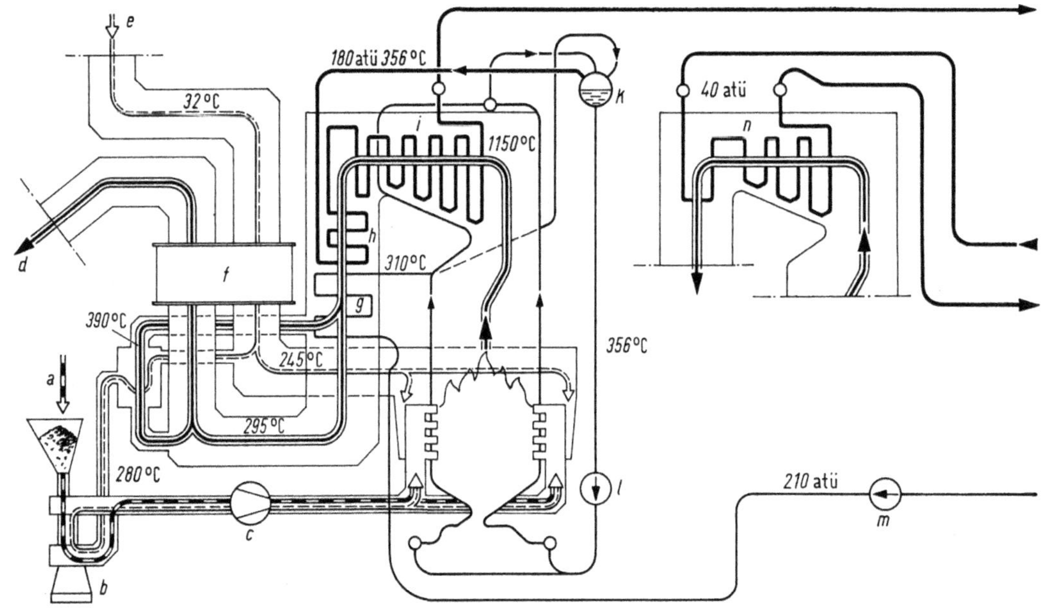

Abb. 75. Schema des Zwangumlauf-Kessels im Kraftwerk High Marnham

a Kohle
b Kohlemühle
c Staub-Luft-Gebläse
d Rauchgasaustritt
e Lufteintritt
f Ljungström-Luftvorwärmer
g Speisewasser-Vorwärmer
h Vorüberhitzer
i Endüberhitzer
k Trommel
l Umwälzpumpe
m Speisepumpe
n Zwischenüberhitzer

Feuerräume hat eine Eckenfeuerung mit Schwenkbrennern, die es ermöglichen, sowohl Frischdampftemperatur als auch Zwischendampftemperatur durch Schwenken innerhalb eines Winkelbereiches von $+ 30°$ bis $- 30°$ zur Horizontalen im Belastungsbereich von 70 bis 100% konstant zu halten.

III. Durchlaufkessel

Zur weiteren Senkung des Wärmeverbrauchs je erzeugte Kilowattstunde mußte man höhere Drücke und Temperaturen anwenden. Am Anfang dieses Abschnitts (S. 62) wurde bereits erklärt, warum der Naturumlaufkessel und der Zwangumlaufkessel für höhere Betriebsdrücke ausscheiden. Man ging also zum Durchlaufkessel über, bei dem ein Wasserteilchen bei einmaligem Durchgang vorgewärmt, verdampft und überhitzt wird. Die Entwicklung des Durchlaufkessels begann in Deutschland bereits 1923 mit dem Bau des ersten Bensonkessels und wenig später in der Schweiz mit dem Sulzerkessel. Da der Bensonkessel ohne Trommel und mit kleineren Rohrdurchmessern, also geringerem Eisenaufwand, gebaut werden kann, kam er in besonders starkem Maße von 1934 bis 1945 auch für verhältnismäßig niedrige Drücke von 100 bis 135 atü zum Einsatz. Eine lohnende

Anwendung des Durchlaufkessels ergab sich aber erst, als man zu größeren Blockeinheiten überging. In großen Turbosätzen kann der Dampf mit 180 atü und mehr mit gutem Wirkungsgrad verarbeitet werden. Der störungsfreie Betrieb des Durchlaufkessels und seine weite Anwendung wurde erreicht durch die Entwicklung der Vollentsalzungsanlagen, mit denen ein Zusatzwasser von 0,05 mg/l Salz und 0,01 mg/l SiO_2 erzeugt werden kann.

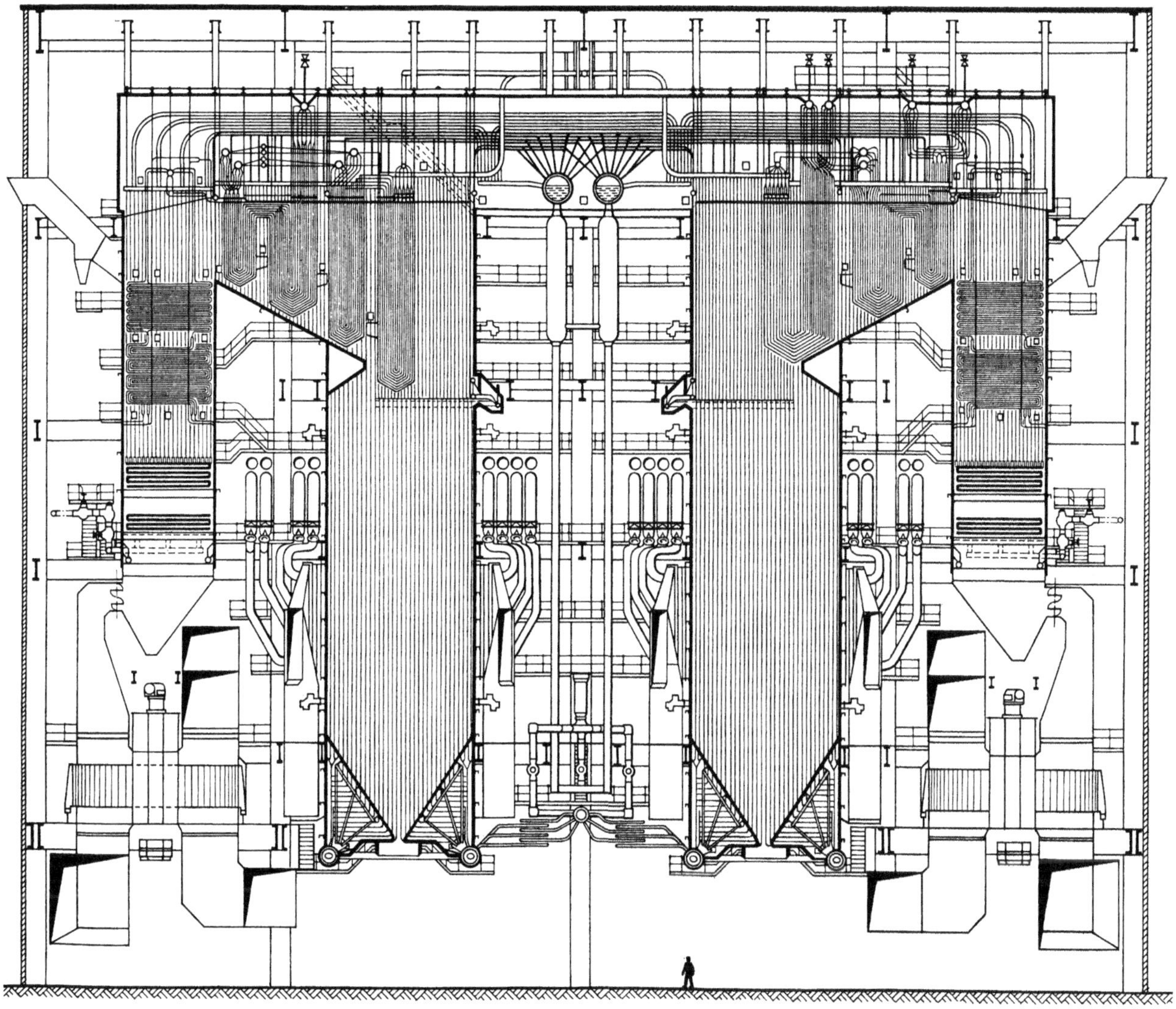

Abb. 76. Zwangumlaufkessel im Kraftwerk Thorpe Marsh, England
Dampfleistung 1700 t/h, Dampfzustand hinter Überhitzer 168 atü, 568 °C, mit Zwischenüberhitzer für 568 °C, Speisewassertemperatur 257 °C, 8 Mühlen mit einer Leistung von je 50 t/h Kohle, Hersteller: Combustion International

Bei dem Bensonkessel kann eine konstante Heißdampftemperatur über den ganzen Belastungsbereich durch entsprechende Einstellung des Brennstoff-Wasser-Verhältnisses gehalten werden. Die Einspritzwassermenge zum Ausgleich von Heizwertschwankungen bzw. Brennstoffzuteiler-Ungenauigkeiten wird im Verhältnis zur Speisewassermenge auf einen Mittelwert von 5% eingestellt.

Beim Sulzerkessel wird der Restverdampfungspunkt in einer Flasche mit Wasserstand — ausgebildet als Zentrifugalabscheider — festgehalten. Zum Ausgleich der deswegen belastungsabhängigen Überhitzerkennlinie sind mehr Einspritzkühler notwendig, in denen bei Vollast entsprechend mehr eingespritzt wird, damit auch bei Teilbelastung noch die volle Frischdampftemperatur erreicht wird.

Der Durchlaufverdampfer des Bensonkessels und der des Sulzerkessels arbeiten unter gleichartigen physikalischen Bedingungen. Aus diesem Grunde werden vor Behandlung dieser beiden Durchlaufkessel die Strömungsprobleme des Durchlaufverdampfers untersucht.

a) Durchlaufverdampfer

Man unterscheidet vier verschiedene Konstruktionen:

1. Rohrbandverdampfer,
2. Steigrohr-Fallrohr-System,
3. Kombination aus Rohrband und Steigrohr-Fallrohr-System,
4. Parallele Steigrohr-Fallrohr-Systeme.

1. Rohrbandverdampfer

Die Verdampferrohre werden in entsprechender Zahl als Mäanderband senkrecht auf- und abwärts oder horizontal steigend an den Wänden der Brennkammer verlegt (Abb. 77). Neuerdings wird beim Bensonkessel das Rohrband des Verdampfers mit gleichbleibender

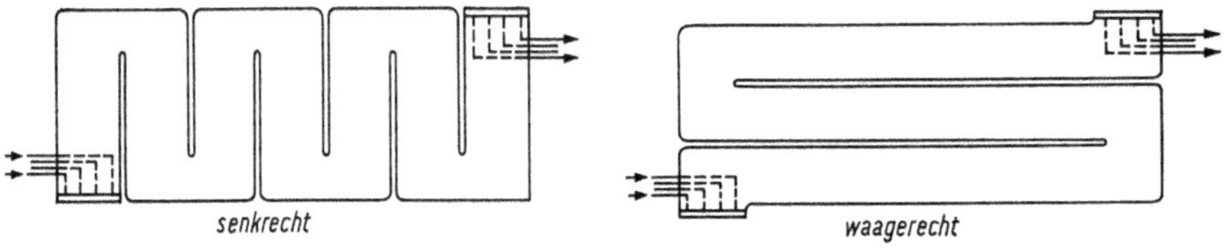

Abb. 77. Mäanderband in senkrechter und waagerechter Anordnung

oder stufenweiser Steigung um die ganze Brennkammer herumgeführt. Man erhält dabei eine überall dichte Rohrverkleidung für die Brennkammerwände, die sich für eine mauerwerksfreie Konstruktion besser eignet. In diesem durchgehenden Rohrband, in dem die Rohrdurchmesser mit fortschreitender Verdampfung auch vergrößert werden können, wird das Wasser zu 80 oder auch 100% verdampft.

Je nach Wahl des Rohrdurchmessers und der Strömungsgeschwindigkeit können in einem Rohrbandverdampfer 3 bis 15 t/h je Rohr durchgesetzt werden. Die verschiedenen Betriebszustände, unter denen ein solches Verdampfersystem arbeitet, seien an Hand der folgenden sechs Schaubilder näher erläutert. Abb. 78 zeigt den Druckverlust in einem 300 m langen horizontalen Rohr mit 34,5 mm Durchmesser, abhängig von der Durchflußmenge bei konstanter Beheizung von 300 kcal/s und gleichbleibender Eintrittsenthalpie von 150 kcal/kg. Beheizung und Eintrittsenthalpie entsprechen etwa den Verhältnissen, wie sie beim Anfahren eines Kessels mit 40% der Vollastwassermenge auftreten. Im niedrigen Druckbereich nimmt das spezifische Volumen bei der Dampfbildung im Rohr so stark zu, daß der Druckverlust trotz verringerter Durchflußmenge wieder ansteigt und die Widerstandskennlinien ein ausgeprägtes Maximum und Minimum besitzen. In diesem Bereich können demnach parallelgeschaltete, an demselben Ein- und Austrittssammler angeschlossene Rohre trotz gleichen Druckverlustes, gleicher Länge und Beheizung sehr unterschiedliche Durchflußmengen führen. Die schwächer beaufschlagten Rohre sind im niederen Druckbereich noch nicht gefährdet, da sie am Austritt noch von Naßdampf durchflossen werden. Mit höher werdenden Betriebsdrücken tritt an die Stelle der Maxima und Minima ein annähernd horizontal verlaufendes Kurvenstück, das jedoch nunmehr bis in das Überhitzungsgebiet hineinreicht. Weiter unten wird an Hand von Abb. 83 gezeigt, mit welchen Mitteln man trotzdem einen gleichmäßigen Durchfluß durch die parallelen Rohre erzielt.

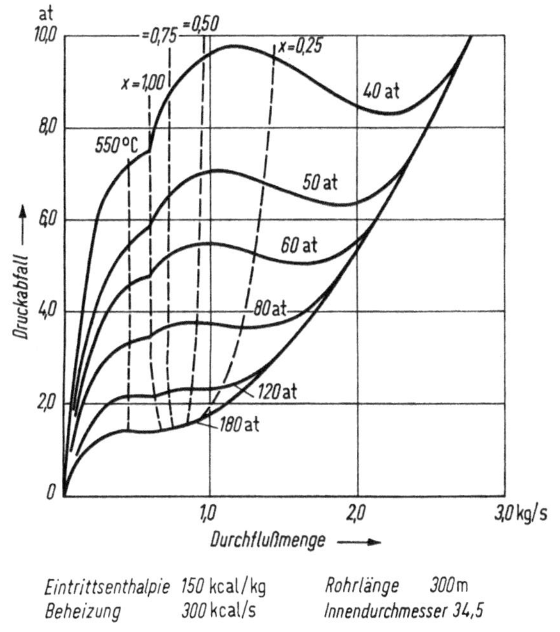

Abb. 78. Druckabfall in einem horizontalen Rohr, abhängig von der Durchflußmenge für verschiedene Drücke

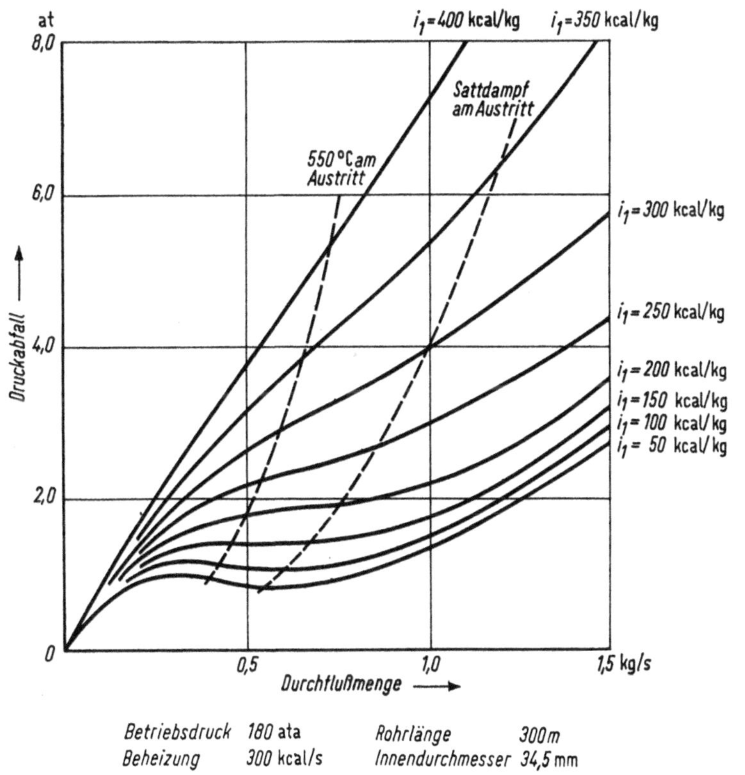

Abb. 79. Druckabfall in einem horizontalen Rohr, abhängig von der Durchflußmenge für verschiedene Eintrittsenthalpien

Die für die Kennlinienform entscheidenden Größen sind der Betriebsdruck und die Enthalpie am Eintritt des Rohres. Abb. 79 läßt die Kennlinien des gleichen Rohres unter den gleichen Bedingungen wie vorher erkennen, jedoch für konstanten Druck von 180 ata bei verschiedenen Eintrittsenthalpien. Die Kennlinien verlaufen um so steiler, je mehr die Eintrittsenthalpie sich der Siedeenthalpie nähert. Man kann also die Stabilität der Strömungsverteilung erhöhen, indem man das Wasser in vorgeschalteten Heizflächen (Economiser, Tragrohrsysteme usw.) so hoch vorwärmt, daß es nur noch mit geringer Unterkühlung in den Eintrittssammler des Rohrbandverdampfers gelangt. Bei einer Beaufschlagung des Rohrbandes mit Naßdampf kann durch Entmischungserscheinungen im Eintrittssammler die Zusammensetzung des Dampf-Wasser-Gemisches für die einzelnen Rohre recht verschieden sein. Um die dadurch verursachten Schwierigkeiten mit Sicher-

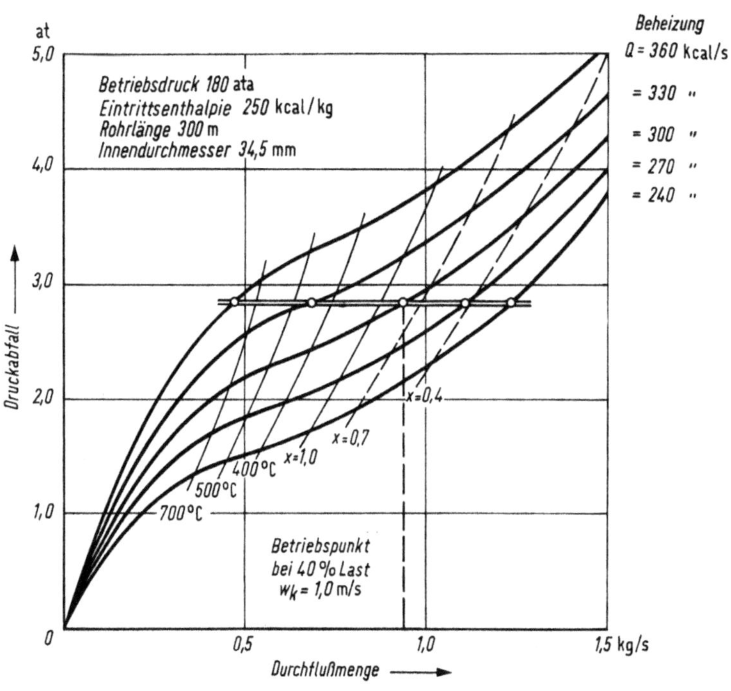

Abb. 80. Auswirkung der unterschiedlichen Beheizung parallel geschalteter Verdampferrohre

heit zu vermeiden, sollte die Temperatur des Wassers an der Verteilungsstelle jedoch wenigstens 30 °C unter der Siedetemperatur liegen. Da die Eintrittsenthalpie in das System — bedingt durch die Lastabhängigkeit der Regenerativ-Vorwärmung und die Konvektionscharakteristik der vorgeschalteten Heizflächen — bei Schwachlast am niedrigsten liegt, ist die Stabilität für diese Last am geringsten.

Abb. 80 zeigt bei einem gleichartigen Rohr den Einfluß verschieden starker Beheizung der Parallelrohre bei einem Betriebsdruck von 180 ata und einer Eintrittsenthalpie von 250 kcal/kg. Die mittlere Kurve gilt für eine Beheizung von 300 kcal/s, entsprechend einer Teillast von 40% und einer Durchflußmenge je Rohr von 0,94 kg/s. Die übrigen Kurven gelten für Rohre, die aus irgendwelchen Gründen 10 bzw. 20% stärker oder schwächer beheizt werden. Wie man sieht, genügt die Mehrbeheizung eines Rohres um 15%, um an seinem Austritt eine Dampftemperatur von über 500 °C zu erzeugen, während die übrigen noch von Naßdampf mit einem Wasseranteil von 15% durchströmt werden.

Bei den bisher gezeigten Beispielen war angenommen worden, daß die Rohre über ihre ganze Länge gleichmäßig beheizt sind. In der Praxis wird dieser Fall selten zutreffen. In Abb. 81 ist dargestellt, wie sich die Kennlinie verändert, wenn sich die Beheizung zum Rohranfang oder zum Rohrende hin konzentriert. Der Druckverlust der Rohre ist um so geringer, je weiter sich die Dampfbildung zum Rohrende hin verschiebt. Auf gleichen Druckverlust bezogen, ist die Stabilität bei dem erst in seinem letzten Teil beheizten Rohr am größten. Strömungstechnisch gesehen ist es daher ungünstig, wenn man an den Anfang des Rohrbandes die am stärksten belasteten Heizflächen (z. B. Aschefangrost) legt.

Abb. 82 zeigt den Einfluß der statischen Druckdifferenzen bei senkrecht auf und ab und horizontal steigend verlegten Rohrbändern. Bei Teilbelastung unter 40% hat die statische Druckdifferenz die gleiche Größenordnung wie der Reibungswiderstand und wird bei vertikal verlegten Mäanderbändern vergrößert durch die Relativgeschwindigkeit der Dampfblasen. Die Addition der statischen Druckdifferenz zu dem Reibungswiderstand hat bei vertikal verlegten Mäanderbändern ein ausgeprägtes Maximum, so daß die Rohre verschieden beaufschlagt werden.

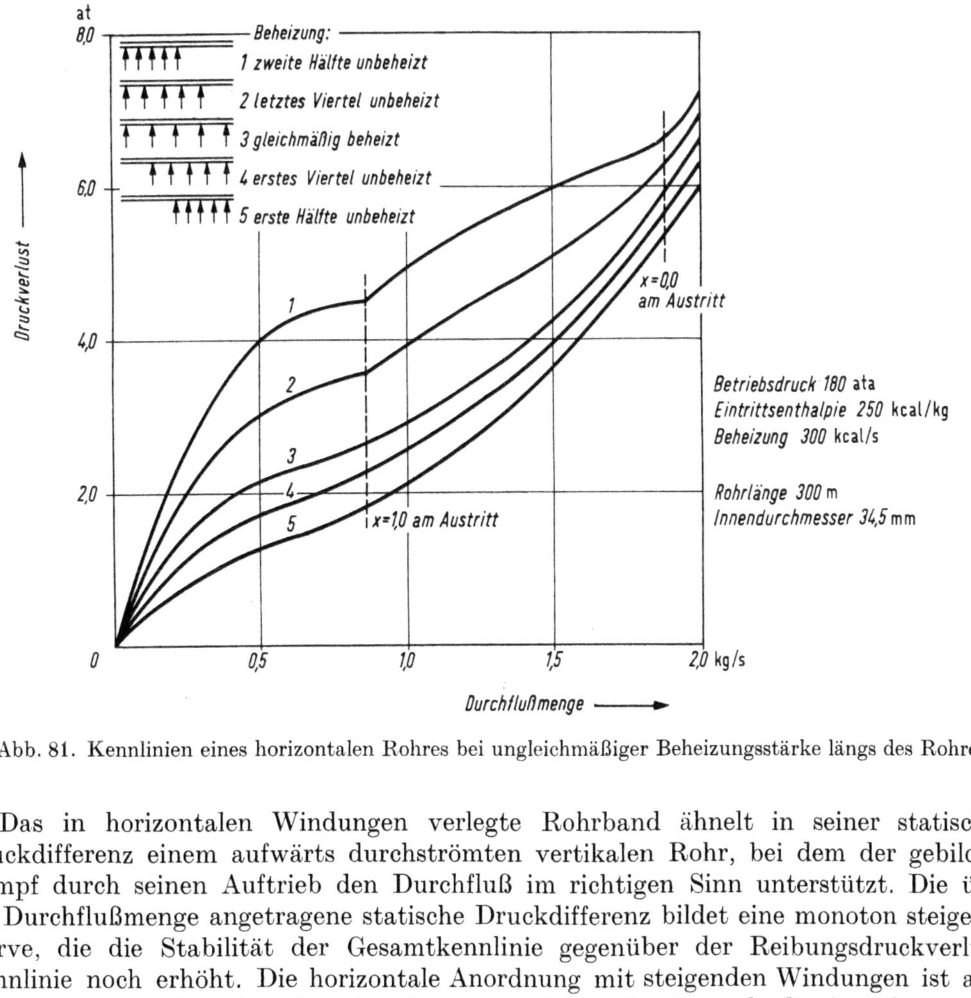

Abb. 81. Kennlinien eines horizontalen Rohres bei ungleichmäßiger Beheizungsstärke längs des Rohres

Das in horizontalen Windungen verlegte Rohrband ähnelt in seiner statischen Druckdifferenz einem aufwärts durchströmten vertikalen Rohr, bei dem der gebildete Dampf durch seinen Auftrieb den Durchfluß im richtigen Sinn unterstützt. Die über die Durchflußmenge angetragene statische Druckdifferenz bildet eine monoton steigende Kurve, die die Stabilität der Gesamtkennlinie gegenüber der Reibungsdruckverlust-Kennlinie noch erhöht. Die horizontale Anordnung mit steigenden Windungen ist also, vom strömungstechnischen Standpunkt aus gesehen, günstiger als die Ausführung mit vertikal verlegten Windungen. Ein steigend verlegtes Rohrband kann mit geringerer Teillast und auch mit abgesenktem Druck betrieben werden, falls die Eintrittsenthalpie in das System hoch genug liegt. Bei vertikalen Mäanderbändern ist es mit Rücksicht auf die statischen Druckdifferenzen in der Regel günstiger, den vollen Betriebsdruck auch bei Teillast beizubehalten. Wegen der Relativgeschwindigkeit zwischen Wasser und Dampf und der Gefahr, daß in den Abwärtsgängen Dampfblasen hängenbleiben, muß hier mit einer höheren Kaltwassergeschwindigkeit gearbeitet werden.

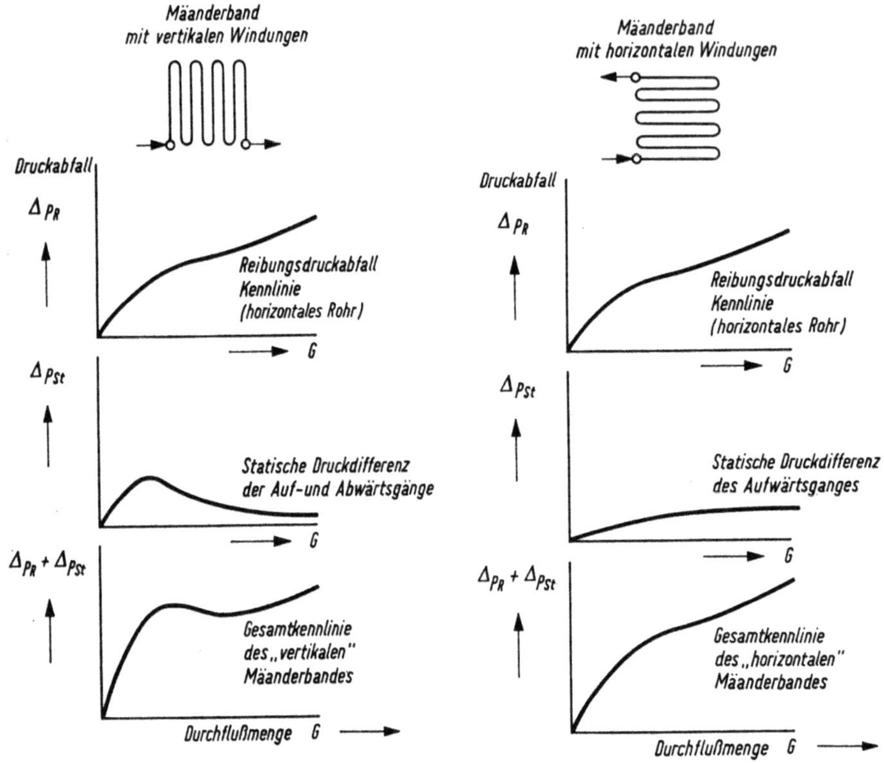

Abb. 82. Kennlinien eines Rohrbands mit vertikalen bzw. horizontalen Windungen

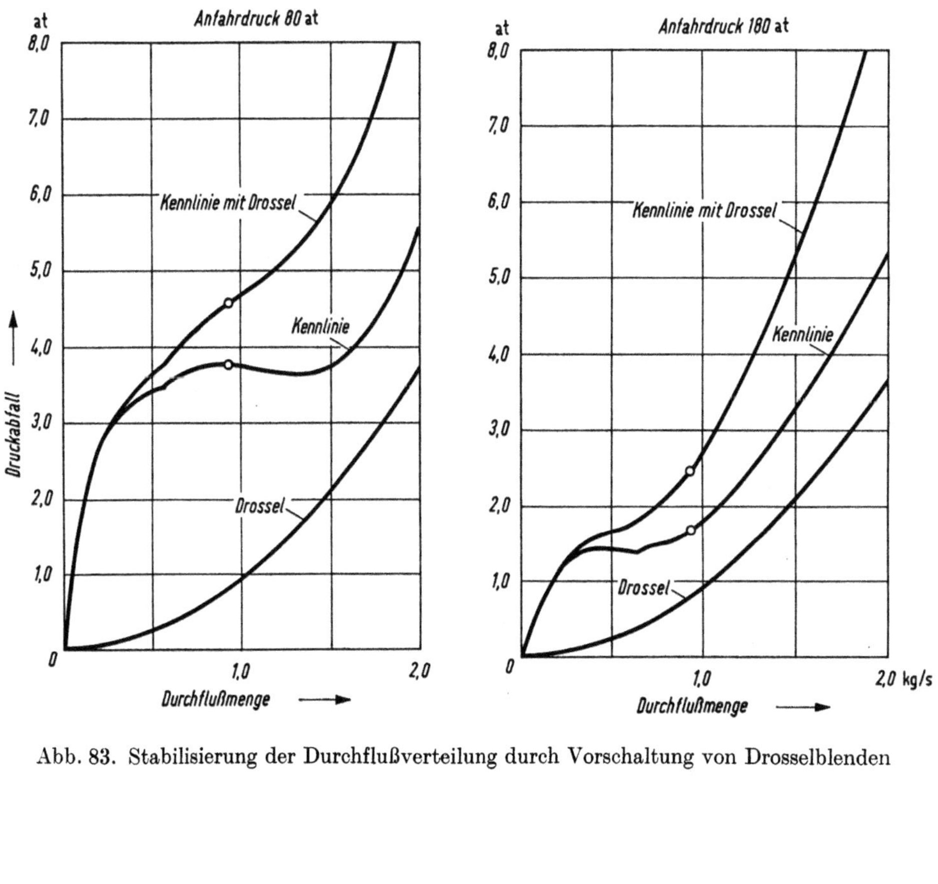

Abb. 83. Stabilisierung der Durchflußverteilung durch Vorschaltung von Drosselblenden

Abb. 83 läßt erkennen, wie durch die Vorschaltung einer Drosselblende mit 5 at Druckverlust bei Vollast die vorher geschilderte Instabilität der Kennlinie bei zwei verschiedenen Druckstufen beseitigt werden kann. Im allgemeinen ist eine Stabilisierung der Strömungsverteilung mit Hilfe von Drosselorganen nur bei Verdampfern mit senkrechten Mäanderbändern erforderlich. Es wurden Vorrichtungen entwickelt, die beim Anfahren und bei Teillast eine kräftige Vordrosselung der Parallelrohre gestatten, bei hoher Kessellast jedoch durch gesteuerte Vergrößerung des Strömungsquerschnittes einen unnötigen Druckverlust vermeiden. Beim Sulzerkessel haben die Strangdrosselventile die zusätzliche Aufgabe, den Wasserzufluß zum sog. Leitstrang einzustellen.

Der größte Teil der in letzter Zeit gebauten Bensonkessel wurde mit horizontal steigend verlegten Mäanderbändern ausgeführt. Da diese Mäanderbänder sich jedoch für eine Blechkasten- (skin-casing-)Konstruktion weniger eignen, ging man dazu über, die Rohre

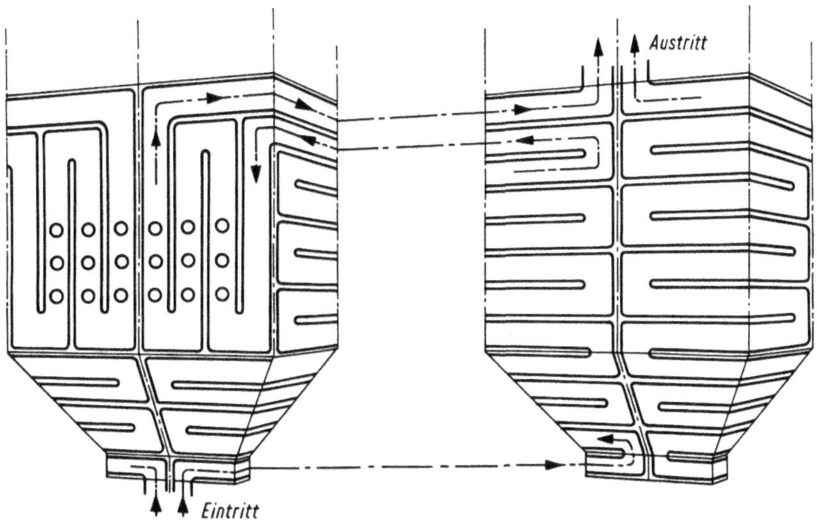

Abb. 84. Mäanderband-Verdampfer für Frontalfeuerung

des Verdampfersystems um den ganzen Feuerraum herumzuwickeln. Bei einem Teil dieser Konstruktionen erfolgt diese Wicklung mit laufender gleichmäßiger Steigung, bei einem anderen liegt die Steigung des Rohrsystems nur auf zwei gegenüberliegenden Seiten des Feuerraumes, während die beiden anderen horizontal sind; schließlich gibt es noch eine Ausführung, bei der die beheizten Rohre auf allen vier Brennkammerwänden horizontal angeordnet und die Übergänge in die nächsthöhere Ebene außen unbeheizt verlegt sind. Die ursprüngliche Befürchtung, daß solche horizontal oder schräg an den Feuerraumwänden verlegten Rohre zu stärkeren Veraschungen neigen, haben sich als gegenstandslos erwiesen.

Bei manchen Feuerungen ist es aus konstruktiven Gründen unvermeidlich, zumindest einen Teil der Rohre in der Brennkammer senkrecht anzuordnen. Diesen vertikalen Teil des Mäanderbandes wird man an das Ende des Systems legen, wo die Strömungsgeschwindigkeiten auch bei Teillast groß sind und die statischen Druckdifferenzen auf Grund des geringen spezifischen Gewichts keinen nennenswerten Einfluß besitzen. Abb. 84 veranschaulicht am Beispiel eines frontal gefeuerten Kessels die mögliche Führung eines solchen Mäanderbandverdampfers. Die Rohre verkleiden zunächst in horizontaler Anordnung den Aschetrichter, die Seitenwände und die Rückwand der Brennkammer. Erst zuletzt gehen sie auf der Vorderwand auf- und abwärts, um die Durchführung der Brenner und Luftdüsen zu erleichtern.

In jedem Fall sollte man sich bemühen, die Zahl der Auf- und Abwärtsgänge und die zu überwindenden Höhendifferenzen möglichst klein zu halten. Abb. 85 zeigt die Rohrwicklung für eine stehende Zyklonfeuerung. Die Rohre sind zunächst um den äußeren Mantel des Zyklons geführt, besitzen dann einen relativ kurzen Abwärtsgang und bilden anschließend mit laufender Steigung den Zyklonkragen und die Verkleidung des Diffusors. Die Brenner sind bei dieser Feuerung mit gegen die Vertikale geneigter Einblaserichtung in der Decke des Zyklons angeordnet.

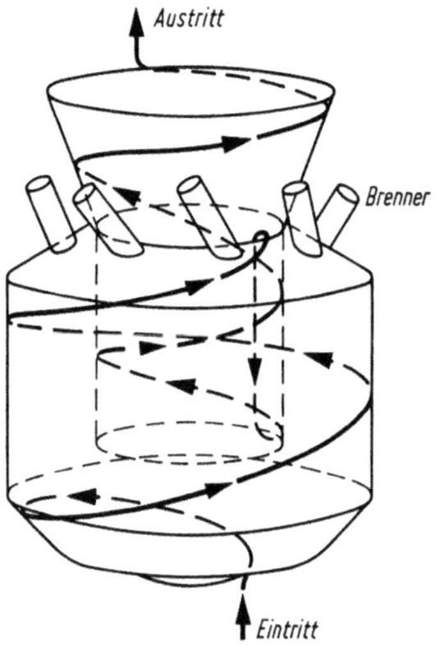

Abb. 85. Durchlaufverdampfer für stehenden Zyklon

Die Halterung und die Montage senkrechter Bänder sind einfacher als diejenigen horizontaler und steigender Rohrbänder. Jedoch hat sich beim Bau verschiedener Anlagen erwiesen, daß auch die Halterung horizontaler und steigender Bänder in betrieblich einwandfreier Weise vorgenommen werden kann, ohne wesentliche Mehrkosten zu verursachen.

2. Steigrohr-Fallrohr-System

Hierbei wird die Verdampfung nur in aufwärts durchflossenen Heizflächen durchgeführt und das Dampf-Wasser-Gemisch in unbeheizten Fallrohren zum nächsten Verdampferregister hinuntergeleitet (Abb. 86). Mit einem solchen Verdampfersystem wurden ein großer Teil der bisher in Betrieb befindlichen Bensonkessel ausgeführt, um die hier größere Strömungsstabilität bei unterkritischen Drükken auszunutzen.

Da die Dampfblasen bei diesem Verdampfungssystem die Strömung im richtigen Sinne unterstützen, genügt eine verhältnismäßig geringe Kaltwassergeschwindigkeit von 1 bis 1,5 m/s bei Vollast. Die Wärmezufuhr der hintereinander geschalteten Verdampferregister beträgt bei Dampfleistungen bis 500 t/h je nach

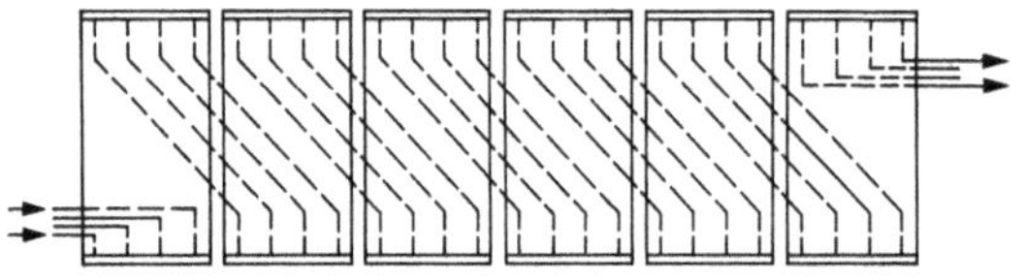

Abb. 86. Steigrohr-Fallrohr-System (6 Register mit je 4 Fallrohren)

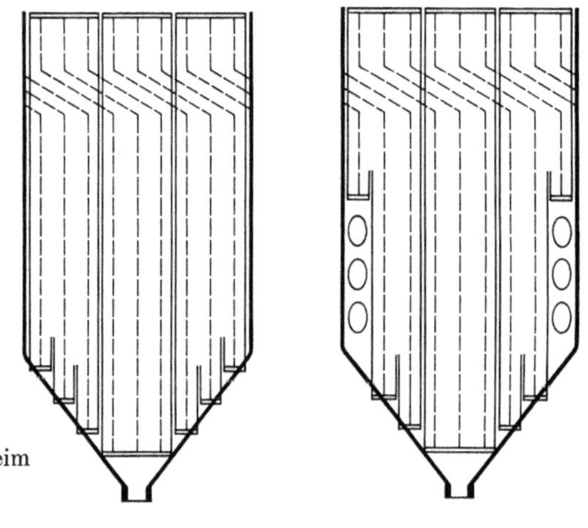

Abb. 87. Unterteilung des unteren Sammlers beim Steigrohr-Fallrohr-System

den gewählten Rohrdurchmessern nur 20 bis 50 kcal/kg durchfließenden Mediums, so daß Unterschiede in der Durchflußmenge und Beheizung der Rohre über die Registerbreite keinen störenden Einfluß haben.

Bei dem Steigrohr-Fallrohr-System ist es zulässig, den unteren Sammler in mehrere Abschnitte zu unterteilen, wobei diese Teilsammler auch in unterschiedlicher Höhe angeordnet werden können. In Abb. 87 links ist die Unterteilung des unteren Sammlers bei der Auskleidung einer Feuerraumtrichterschräge dargestellt. Man vermeidet dadurch längere unbeheizte Steigrohrabschnitte und somit das Stehenbleiben von Wassersäulen im Teillastgebiet. Das Steigrohr-Fallrohr-Verhältnis in den drei Abschnitten ist gleich gehalten. Im rechten Teil der Abbildung ist der Längenunterschied der parallel durchflossenen Steigrohrabschnitte gar zu groß und wurde hier durch Drosseln der Fallrohrquerschnitte ausgeglichen. Der obere Sammler muß unbedingt ein durchgehender Sammler sein, wenn man geringe Teillasten fahren will.

Dieses Steigrohr-Fallrohr-System hat den Vorzug, daß die einzelnen Verdampferregister bei nicht gar zu großer Länge einschließlich der Fallrohre in der Werkstatt fertig hergestellt werden können, so daß sich eine schnellere Montage bei weniger Montageschweißen ergibt. Der größere Materialaufwand für die Sammler und Fallrohre wird weitgehend ausgeglichen durch kleinere Rohrdurchmesser für die eigentlichen Heizflächen und den geringeren Montageaufwand sowie die einfachere Halterung.

Bei größer werdenden Kesselleistungen nimmt die Zahl der hintereinander geschalteten Steigrohr-Fallrohr-Systeme ab, weil der Umfang des Feuerraumes mit steigender Kesselleistung nur etwa mit der Wurzel seines Querschnittes wächst. Die Register der Steigrohr-Fallrohr-Systeme werden dann bei steigender Wärmezufuhr an das durchfließende Medium entsprechend breiter. Eine gleichmäßige Verteilung des Dampf-Wasser-Gemisches in sehr langen Sammlern macht jedoch Schwierigkeiten, zumal gleichzeitig die Wärmezufuhr proportional ansteigt. Zur Verringerung der Registerbreite wurde daher eine Reihe von Kesselanlagen mit einem Doppelsystem ausgerüstet. Bei weiter steigenden Leistungen könnte man aus dem zweisystemigen einen vier- oder sechssystemigen Kessel machen, jedoch wird der Regelaufwand zur Verteilung des Speisewassers dann kostspielig. Bei Dampfleistungen oberhalb 800 t/h kommt man bereits mit zwei Durchgängen auf dem ganzen Feuerraumumfang aus, wenn man Rohre genügend kleinen Durchmessers wählt. Da die Verteilung eines Dampf-Wasser-Gemisches auf einen um den halben Feuerraum herumliegenden Sammler unmöglich sein dürfte, wurden solche Kessel mit zweifachem Durchgang bisher nur für überkritische Drücke in den USA ausgeführt. Erst bei Dampfleistungen oberhalb 1000 t/h und Ölfeuerung ist es möglich, sämtliche Feuerraumwände in einem einzigen Durchgang parallel zu schalten. Bei Wahl von lichten Rohrdurchmessern von 10 bis 12 mm und Zwischenschweißen von Flossen mit 14 bis 16 mm Breite zur Verminderung der Parallelstrangzahl beginnt diese Möglichkeit bei Kohlenstaubfeuerung erst oberhalb 1500 t/h, weil die zulässige Feuerraumquerschnittsbelastung bei dieser Feuerungsart geringer ist und somit der Umfang des Feuerraumes wesentlich größer wird. Die Enthalpiezunahme bei diesem einzigen Durchgang beträgt dann natürlich 300 bis 400 kcal/kg. Zur Erzielung einer gleichmäßigen Wärmeaufnahme aller Rohre auf dem Brennkammerumfang ist es bei solchen Großkesseln notwendig, die Rohre durch getrennte Ein- und Austrittssammler in Gruppen zu unterteilen, so daß die Möglichkeit besteht, die Wasserzufuhr zu den verschiedenen Eintrittssammlern durch Drosseln eines eingebauten Ventiles in der Zuführungsleitung der Wärmeaufnahme anzupassen. Die Vordrosselung dieser Ventile erfolgt übrigens nur einmalig bei der ersten Inbetriebnahme des Kessels.

3. Kombination aus Rohrband und Steigrohr-Fallrohr-System

Hierbei wird der verkleinerte Rohrbandverdampfer vor das Steigrohr-Fallrohr-System geschaltet und dient zur Auskleidung der Brennkammerteile, bei denen die Anordnung der Steigrohr-Fallrohr-Systeme konstruktiv auf Schwierigkeiten stößt (Abb. 88).

Diese Anordnung ist im besonderen Maße bei Schmelzkammerfeuerungen verschiedener Bauart vorteilhaft. Da in dem zuerst durchflossenen Rohrbandverdampfer nur wenig Dampf erzeugt wird, kann man hier eine erhöhte Kaltwassergeschwindigkeit von 3 bis 4 m/s wählen, wenn es sich beispielsweise darum handelt, besonders scharf beheizte Teile einer Zyklonfeuerung mit Rohren zu verkleiden. Auch bei einer Schmelzkammerfeuerung mit SU-Flamme ist es eine große Erleichterung, wenn man einige Wände der Schmelzkammer mit einem solchen durchgehenden Rohrbandverdampfer ausrüstet.

4. Parallele Steigrohr-Fallrohr-Systeme

Wenn man bei Anwendung des Steigrohr-Fallrohr-Systems zu größeren Leistungen übergeht, werden die Verdampferregister recht breit. Da sich solche langen Sammler bei rotationssymmetrischen Schmelzkammern schlecht anwenden lassen, ging man bei einigen Bensonkesseln dazu über, jedem Fallrohr nur einen kleinen Sammler mit sechs

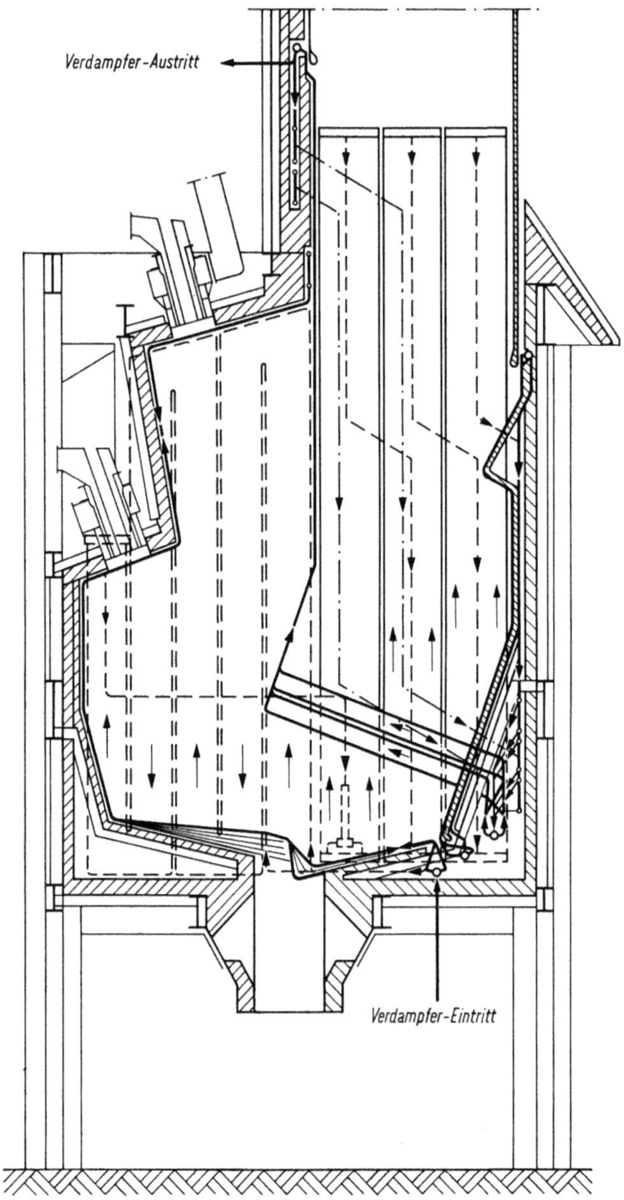

Abb. 88. Mäanderbandverdampfer und Steigrohr-Fallrohr-System

bis zwölf Steigrohren zuzuordnen. Der Kessel besteht dann im Verdampferteil aus einer Vielzahl getrennter, parallel durchlaufener Systeme mit Steig- und Fallrohren ohne Mischstellen (Abb. 89). Bei der Wasserverteilung auf diese Einzelsysteme ist hinsichtlich der Stabilität das gleiche zu beachten wie bei den senkrecht auf- und abgeführten Rohrbandverdampfern. Man hat jedoch den Vorteil, daß die Zahl der Abwärtsgänge gering ist und in den beheizten Rohren die Strömung nur aufwärts geht, so daß Dampfblasen bei Teilbelastung nicht dazu neigen, in abwärts durchströmten Strängen an der Wand hängenzubleiben und Korrosionen zu verursachen.

Zur Überwindung der statischen Druckunterschiede bei Teilbelastung sollten, wie beim auf- und abwärts geführten Rohrbandverdampfer, Drosselstellen am Anfang eingebaut

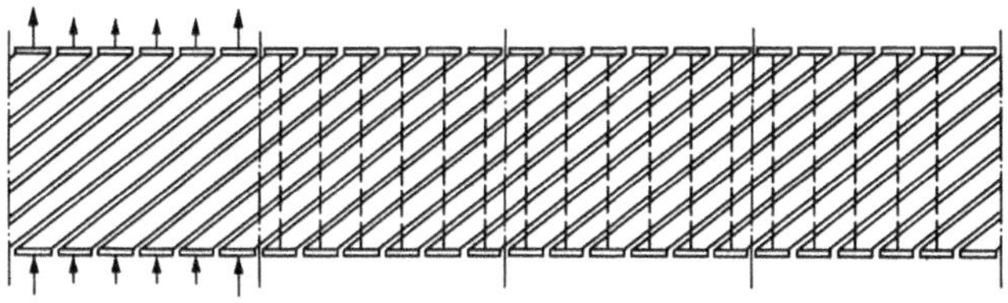

Abb. 89. Parallele Steigrohr-Fallrohr-Systeme

werden. Unter der Voraussetzung, daß die Stränge alle gleich lang sind und gleich stark beheizt werden, kann man an den Anfang der Systeme Ventile setzen, die bei Unterschreitung von 50% Belastung über ein gemeinsames Gestänge durch eine Drehung von 90° geschlossen werden. Die Wasserversorgung erfolgt dann durch Bypaßleitungen kleineren Durchmessers und 2 m Länge als Drosselstelle.

b) Sulzerkessel

Der Sulzer-Einrohrkessel arbeitet unter den physikalischen Verhältnissen, die im Abschnitt „Rohrbandverdampfer" unter B III a 1 (S. 80) beschrieben wurden. Die Heizfläche besteht aus Rohren von 30 bis 50 mm lichtem Durchmesser. Bei größeren Dampfleistungen wird eine Mehrzahl von solchen Einrohrsystemen parallelgeschaltet und damit ein „Rohrbandverdampfer" gebildet. Am Anfang dieses hinter dem Economiser beginnenden Rohrsystems werden Strangdrosselventile in jedes Rohr eingebaut. Diese Ventile dienen einerseits zur Erhöhung der Stabilität, andererseits aber auch, um wahlweise einen der Parallelstränge etwas mehr drosseln und als Leitstrang mit einer Überhitzungstemperatur von 20 °C fahren zu können. Die Temperaturänderung des Leitstranges dient als Regelimpuls für die Speisung. Jedes Verdampferrohr hat an seinem Ende einen Thermostaten zur Temperaturüberwachung, so daß wahlweise jedes der Rohre als Leitstrang gewählt werden kann. Um die Zahl dieser Strangdrosselventile und Thermostaten in erträglichen Grenzen zu halten, verwandte man zunächst Rohre möglichst großen Durchmessers. Da dies nur bis zu einer gewissen Dampfleistung ausführbar ist und auch durch den Betriebsdruck begrenzt wird, ging man in den USA bei den dortigen größeren Sulzerkesseln dazu über, jeweils vier bis fünf Rohre mit kleinerem Durchmesser gruppenweise zusammenzufassen und mit einem gemeinsamen Strangdrosselventil und Thermostaten zu überwachen.

Die Verdampferheizfläche wird im Feuerraumtrichter meistens in horizontalen Mäanderbändern, in der eigentlichen Brennkammer jedoch in vertikalen Mäanderbändern angeordnet. Am Verdampferende tritt bei Kesseln mit unterkritischem Druck der Dampf mit einer Restfeuchte von 2 bis 4% in den als Sulzerflasche bezeichneten Wasserabscheider ein. Mit der abgeschiedenen Restfeuchtigkeit wird auch ein Teil der Restsalze und der SiO_2 abgeschieden und über ein Ablaugeventil in den am Mitteldrucknetz hängenden Entspanner geführt und dort nochmals konzentriert, bevor die Lauge endgültig über Wärmetauscher abgeleitet wird. Durch die Speiseregelung wird der Verdampfungsendpunkt bei allen Lasten im Abscheider festgehalten. Dies gibt zwar günstige Ausgangsverhältnisse für die Temperaturregelung des Überhitzers, erfordert aber größere Einspritzmengen bei Vollast, wenn man die Heißdampftemperatur über einen großen Belastungsbereich konstant halten will. Der Wasserabscheider verhindert beim Anfahren aus warmem Zustand und beim Abstellen sowie beim plötzlichen Ausfall einer Feuerungseinheit das Überfluten des nachgeschalteten Überhitzers. Dies ermöglicht eine verhältnismäßig einfache Temperaturregelung und schützt die empfindlichen hochlegierten Überhitzerwerkstoffe gegen Temperaturschock.

Bei Rohwassereinbruch durch undichten Kondensator kann bei Nichtvorhandensein eines Mischbettfilters im Kondensatkreislauf der Betrieb notfalls noch einige Zeit aufrechterhalten werden, da die Möglichkeit besteht, am Wasserabscheider zumindest einen Teil der Salze abzulaugen. Dieser Wasserabscheider ist ein kennzeichnendes Merkmal des Sulzerkessels und wurde bei allen unterkritischen Anlagen eingebaut.

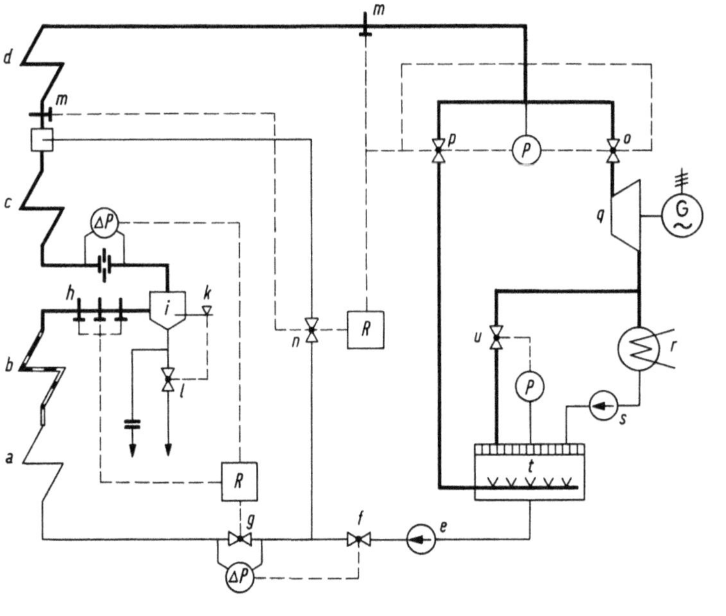

R Isotherm-Regler   ΔP Druckdifferenzempfänger   P Druckempfänger

Abb. 90. Schaltplan eines Einrohrkessels ohne Zwischenüberhitzer

a Vorwärmer
b Verdampfer
c Überhitzer 1
d Überhitzer 2
e Kesselspeisepumpe
f Druckdifferenzventil
g Speiseventil
h Multithermostat
i Wasserabscheider
k Wasserstandsempfänger
l Ablaßventil
m Thermostaten
n Einspritzventil
o Dampfabgabeventil
p Bypaßventil
q Dampfturbine
r Kondensator
s Kondensatpumpe
t Speisebehälter
u Druckhalteventil

Der Schaltplan für einen Einrohrkessel ohne Zwischenüberhitzung ist aus Abb. 90 ersichtlich. Vor dem Anfahren wird Kondensat aus dem Speisebehälter *t* über die HD-Speisepumpe *e* und die Speisestationen *f* und *g* durch das Rohrsystem *a*, *b*, *c* und *d* umgewälzt, so daß beim Zünden eine wirksame Kühlung aller Heizflächen gewährleistet ist. Am Kesselende bleibt von den Druckregelstationen *o*, *p* zunächst das Dampfabgabeventil *o* zur Turbine geschlossen, und das Wasser bzw. Dampf-Wasser-Gemisch wird über das Bypaßventil *p* in den Speisebehälter *t* zurückgeführt. Mit fortschreitender Wärmezufuhr tritt hierin Dampfbildung auf, wobei der überschüssige Dampf durch das Druckhalteventil *u* in den Kondensator *r* abgeblasen wird. Sobald an der Druckregelstation Druck und Temperatur des Dampfes die Sollwerte erreicht haben, öffnet das Dampfabgabeventil *o* zur Turbine *q*. Mit zunehmender Dampfabgabe an die Turbine schließt das Bypaßventil entsprechend. Beim Schnellanfahren des heißen Kessels wird der Überhitzer nicht vom Wasser durchflossen, sondern dieses wird am Wasserabscheider durch ein besonderes Ablaßventil *l* abgezogen und dem Speisebehälter oder dem Kondensator wieder zugeführt.

Bei einer Anlage mit Zwischenüberhitzung nach Abb. 91 ist die Schaltung insofern geändert, als die Bypaßleitung in den Anfahrkühler *b* führt, von wo das anfallende Wasser über einen Entspanner zum Kondensator fließt. Der im Anfahrkühler abgeschie-

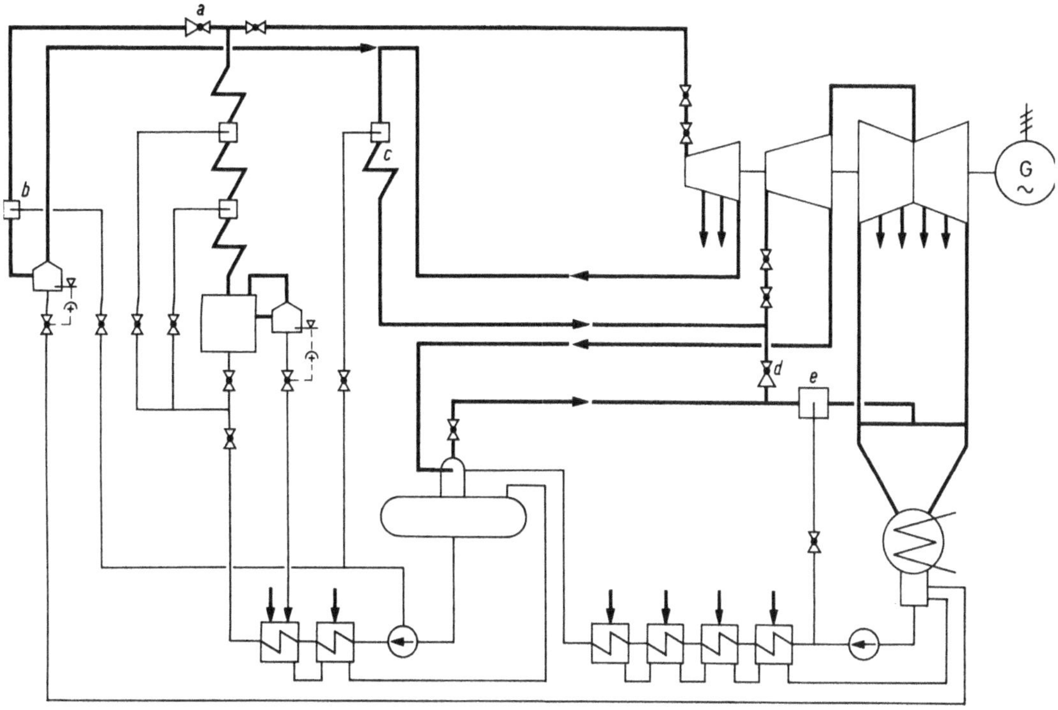

Abb. 91. Schaltplan eines Einrohrkessels mit Zwischenüberhitzer

a Bypaß-Ventil
b Anfahrkühler
c Zwischenüberhitzer
d ND-Bypaß-Ventil
e Einspritzkühler

dene Dampf kühlt den Zwischenüberhitzer *c* und strömt anschließend über ein ND-Bypaßventil *d* durch einen Einspritzkühler *e* ebenfalls zum Kondensator.

Sulzerkessel mit größerer Dampfleistung werden zwei- oder auch viersystemig ausgeführt, um durch Verringerung der Rohrbandbreite eine gleichmäßigere Beheizung bzw. einfachere Montage zu erreichen. In der gemeinsamen Feuerung hängen dann also zwei bzw. vier getrennte Durchlaufsysteme mit eigener Speiseregelung.

Der Durchlaufverdampfer ermöglicht gegenüber dem Naturumlauf eine wirtschaftlichere Aufteilung der Heizflächen, die sich mit zunehmendem Kesseldruck mehr und mehr von der Verdampfer- auf die Überhitzerseite verschieben. Ebenso kann die Kesselform den Gelände- und Gebäudeverhältnissen angepaßt werden. Auch die verschie-

Abb. 92. Brennkammer für Braunkohlenstaubfeuerung

dene Ausbildung der Brennkammer und Anordnung der Heizflächen, die durch die mannigfachen Brennstoffarten und unterschiedlichen Qualitäten bedingt sind, lassen sich mit dem Sulzerkessel gut durchführen.

Abb. 92 zeigt die Brennkammer eines Sulzerkessels mit Braunkohlen-Eckenfeuerung während der Montage. Die charakteristische „Mäanderwicklung" der Verdampferheizfläche ist ersichtlich. Die Zwischenräume zwischen den Rauchgas-Rücksaugeschächten und den Brenneröffnungen lassen sich bei der Bandanordnung gut berohren, so daß keine ungekühlten Flächen übrigbleiben und Ansatzmöglichkeiten für Schlackenester vermieden werden.

Die Heizflächen werden in der Werkstatt zur Erleichterung der Montage weitgehend zusammengepaßt und verschweißt. Entsprechend den Transportverhältnissen werden sie in möglichst großen Elementen versandt, die auf der Baustelle in die vorbereitete Tragkonstruktion eingehängt und dann zusammengeschweißt werden.

1. Teillastverhalten

Die Erfordernisse des Netzbetriebes verlangen häufig einen nächtlichen Schwachlastbetrieb. Zur Vermeidung von Anfahrverlusten und Wärmespannungen in den Rohrleitungen und der Turbine ist man bestrebt, die Blockanlagen nachts mit Teilbelastung

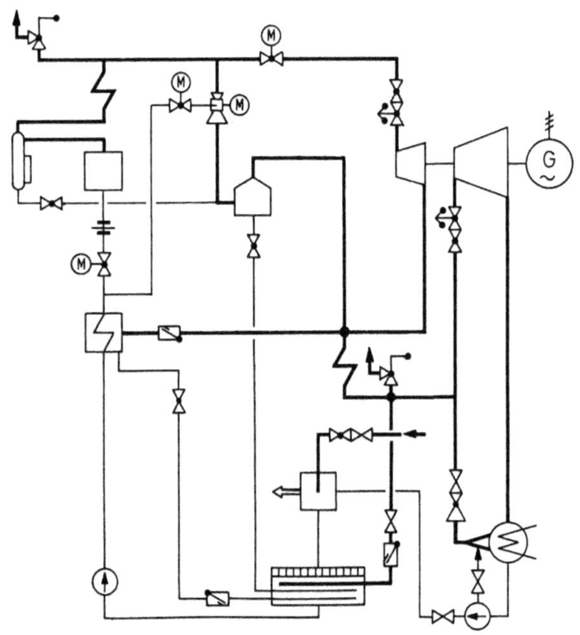

Abb. 93. Anfahr- und Teillastbetrieb des Sulzerkessels, Schaltplan

durchzufahren. Beim Sulzerkessel bleibt die Speisewassermenge bei Schwachlauf auf 35% konstant. Das überschüssige Wasser wird in der Flasche abgeschieden und — nach Abb. 93 — dem Wasserdampftrenngefäß des Mitteldrucknetzes zugeführt. Der bei der Entspannung sich bildende Dampf strömt in den Zwischenüberhitzer, während das Wasser wieder in den Speisewasserkreislauf zurückkehrt. Dieses Teillastverfahren bedingt eine Verschlechterung des thermischen Wirkungsgrades der Anlage, da ein Teil der im Kessel zugeführten Wärme nur zur Erzeugung des bei der Entspannung gebildeten Niederdruckdampfes dient und die Regenerativvorwärmung durch die Rückführung des heißen Wassers geschwächt wird. In Abb. 94 ist der dadurch bedingte Mindestverlust an Wirkungsgrad für zwei Anlagen mit 110 und 180 atü Betriebsdruck dargestellt (untere Kurven der Abbildung). Bei Berücksichtigung der zusätzlichen Speisepumpenarbeit ergeben sich die oberen Kurven der Abbildung. Bei 20% Teillast, wenn also die Rücklaufmenge 75% der Dampfleistung beträgt, entsteht ein Verlust von 3,4%, bezogen auf die Maschinenleistung — entsprechend 74 kcal/kWh — bei einem Betriebsdruck von 180 ata und bei Berücksichtigung der notwendigen Speisepumpenleistung. Diesem Verlust stehen die Wärmeersparnisse beim An- und Abstellen gegenüber.

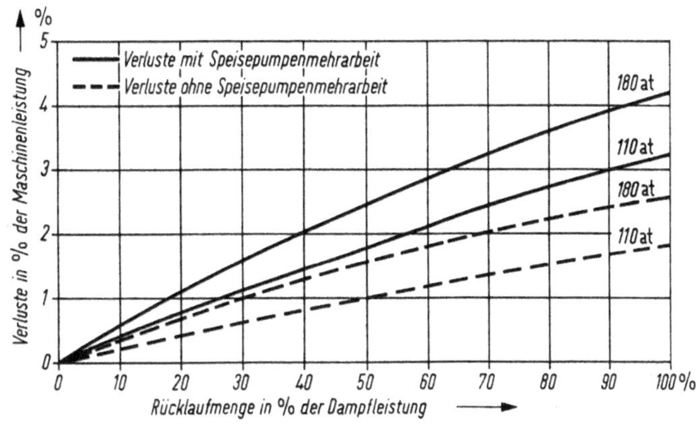

Abb. 94. Theoretischer Mindestverlust durch Wasserrücklauf nach dem Verdampfer

2. Zwischendampf-Temperaturregelung mit Trifluxwärmetauscher

Bei dieser Regelungsart der Zwischendampftemperatur wird bei Teilbelastung Wärme vom Hochdrucküberhitzer an den Zwischenüberhitzer abgegeben. Es handelt sich hier um ein ineinandergestecktes Rohrsystem für die erste Heizfläche des Zwischenüberhitzers, bei dem im inneren Rohr Höchstdruckdampf von etwa 430 °C, im Ringmantel darum Mitteldruckdampf mit etwa 370 °C und außen Rauchgase strömen. Da bei kleiner werdender Belastung wegen der sinkenden Zwischendampfeintrittstemperatur die Temperaturdifferenz größer wird, erfolgt von selbst eine steigende Wärmeübertragung. Dieser Wärmetransport vom Hochdrucksystem in den Zwischenüberhitzer wird noch gesteigert durch Wassereinspritzen vor oder hinter dem Triflux hochdruckseitig. Ein solcher Wärmetauscher arbeitet also mit verhältnismäßig geringen Verlusten, die nur bedingt sind durch den etwas größeren Druckverlust hochdruck- und mitteldruckseitig. Diese Anordnung ist indessen teuer, weil sie auch zu einer Vergrößerung der Hochdrucküberhitzer-Heizfläche mit wertvollem Material führt.

3. Beispiele ausgeführter Sulzerkessel

Der in Abb. 95 gezeigte Sulzerkessel hat im Feuerraumtrichter ein horizontal steigend verlegtes Mäanderband. Im Bereich der Brenner ist dieses fortlaufende Mäanderband senkrecht auf- und abgeführt und wurde in den Brennerecken zur Verbesserung der Zündung mit Stampfmasse abgekleidet, da der Brennstoff nur 15% flüchtige Bestandteile enthält, einen höchsten Aschegehalt von 45% aufweist und bei einem unteren Heizwert von 3600 kcal/kg auch noch sehr feucht ist.

Im oberen Teil des Feuerraumes sind die Wände mit horizontal steigend verlegten Mäanderbandüberhitzern verkleidet, und es sind Schottenüberhitzer-Heizflächen eingehängt. Der Hochdrucküberhitzer ist mit austenitischem Material AN 31 ausgeführt, während der Endteil des Zwischenüberhitzers mit ferritischem Material der Firma Sandvik HT 7 mit 8% Chrom und 1% Mo erstellt wurde.

Der Brennstoff wird in Trommelmühlen gemahlen, denen lange Trockenschächte vorgeschaltet sind. Die Trocknung erfolgt mit rückgesaugten Rauchgasen aus dem oberen Teil der Brennkammer und zugemischter Heißluft. Der Kohlenstaub wird zwischengebunkert, und die Mahlbrüden werden über Elektrofilter direkt ins Freie geblasen. Bei Verfeuerung von Steinkohlenschlamm beträgt der Wirkungsgrad 92,4%.

In Abb. 96 ist der leistungsmäßig größte europäische Sulzerkessel dargestellt, der für Magerkohle gebaut wurde und mit einer doppelten U-Feuerung ausgerüstet ist. Der Kessel hat trockenen Ascheabzug und ist auch für ausschließliche Verfeuerung von Öl ausgelegt. Die im zweiten Zug des Kessels liegende, zunächst durchströmte Zwischen-

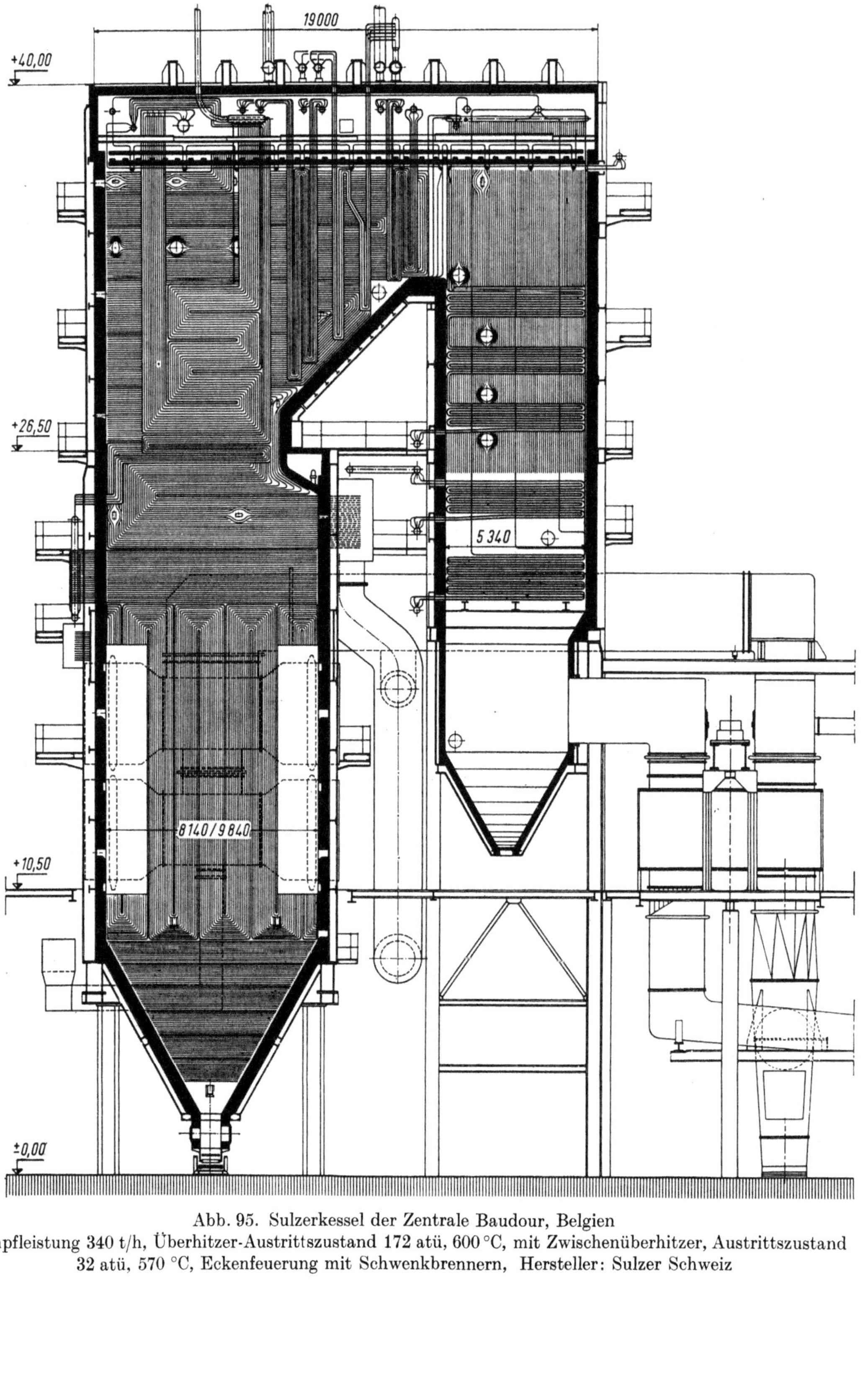

Abb. 95. Sulzerkessel der Zentrale Baudour, Belgien
Dampfleistung 340 t/h, Überhitzer-Austrittszustand 172 atü, 600 °C, mit Zwischenüberhitzer, Austrittszustand 32 atü, 570 °C, Eckenfeuerung mit Schwenkbrennern, Hersteller: Sulzer Schweiz

überhitzer-Heizfläche besteht aus dem bereits beschriebenen Triflux. Der zweite Teil des Zwischenüberhitzers ist als normaler Schlangenüberhitzer im oberen Horizontalzug des Kessels angeordnet. Die Regelung der Zwischenüberhitzertemperatur erfolgt durch Wassereinspritzung in den Hochdrucküberhitzer, so daß eine verhältnismäßig verlustlose Regelung möglich ist.

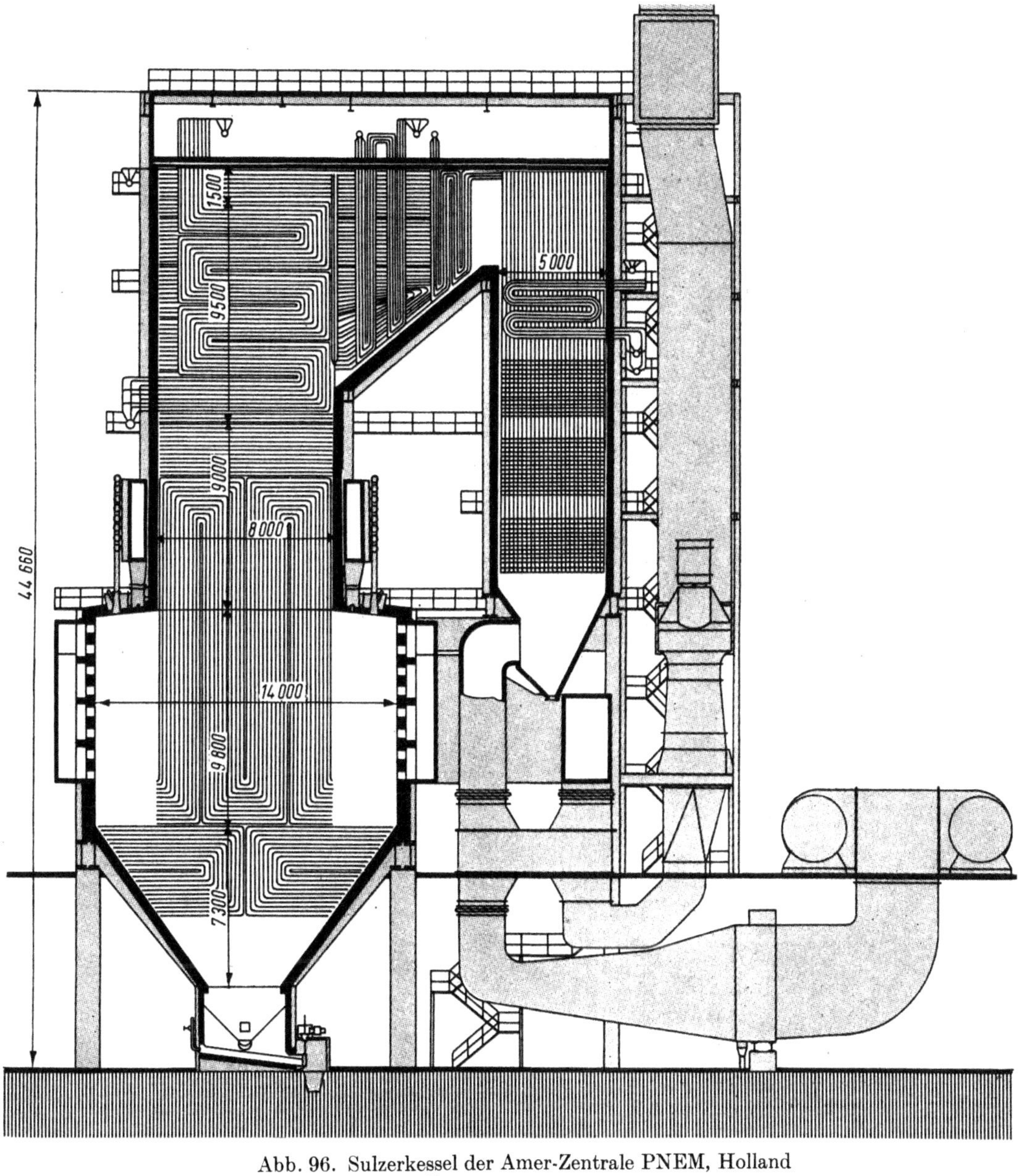

Abb. 96. Sulzerkessel der Amer-Zentrale PNEM, Holland
Dampfleistung 510 t/h, Dampfzustand hinter Überhitzer 180 atü, 570 °C, Zwischenüberhitzer für 36 atü, 545 °C, Hersteller: Sulzer Schweiz

Abb. 97 zeigt einen der beiden Sulzerkessel des Rheinstahl-Blockkraftwerkes Marl. Die beiden Kessel arbeiten zusammen auf eine 150 MW-Turbine. Jeder Kessel hat seinen eigenen absperrbaren Zwischenüberhitzer und ist für sich allein betriebsfähig. Der Teillastbetrieb wird also mit nur einem Kessel gefahren, so daß der Ascheschmelzfluß keine Schwierigkeiten macht und ein höherer Teillastwirkungsgrad des Blockes entsteht. Außerdem kann ein größerer Betriebsbereitschaftsgrad der Gesamtanlage erwartet werden.

Der Kessel hat eine Schmelzkammerfeuerung mit stehendem Zyklon, wobei die Brenner an sechs Punkten des Umfangs tangential einblasend angeordnet sind. Von jeder der drei Mühlen des Kessels gehen Kohlenstaubleitungen zu den eben bezeichneten sechs Brennergruppen. Die Brenner sind alle in gleicher Höhenlage nebeneinander angeordnet, so daß bei Abschalten einer Mühle die Brennwege gleich lang bleiben.

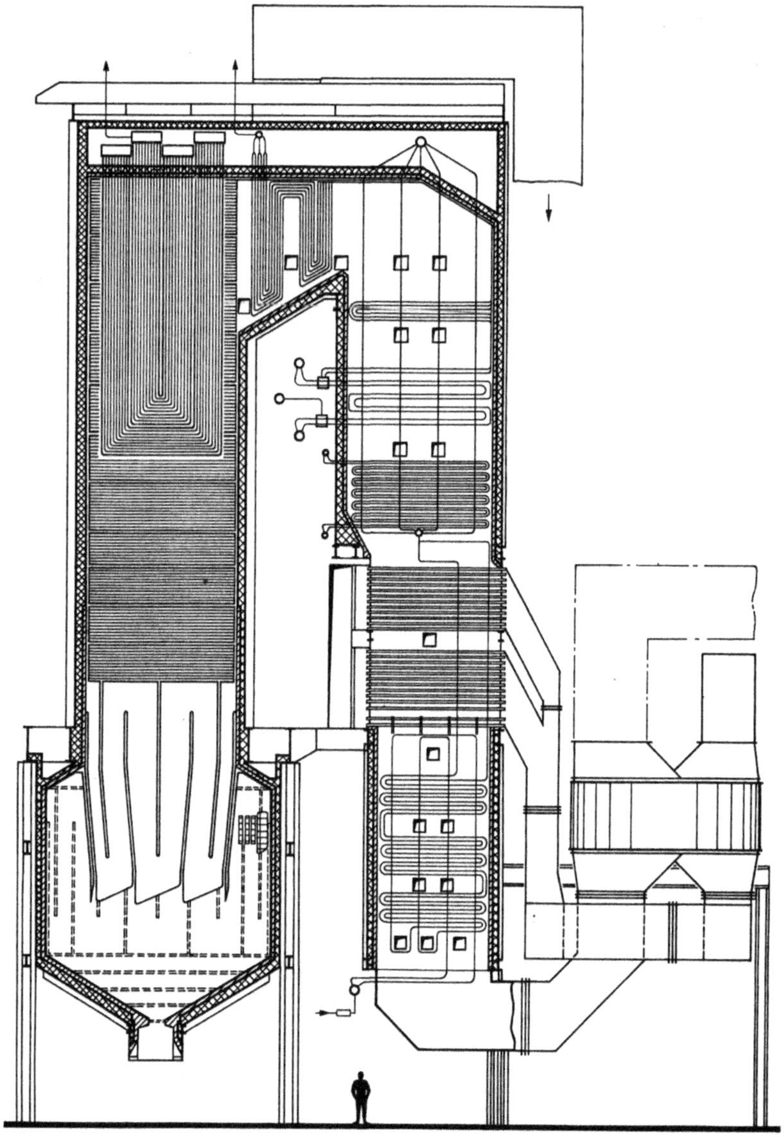

Abb. 97. Zwei Sulzerkessel im 150 MW-Rheinstahl-Blockkraftwerk Marl, Rheinstahl Bergbau AG Dampfleistung je 235 t/h, Dampfzustand hinter Überhitzer 190 atü, 530 °C, mit Zwischenüberhitzer für 530 °C, drei direkteinblasende KSG-Schlagradmühlen je Kessel, Hersteller: Kohlenscheidungsgesellschaft, Stuttgart

Der Speisewasserfluß geht durch das Tragrohrsystem des Economisers, dann durch diesen selbst und anschließend durch das Tragrohrsystem des Zwischenüberhitzers und Vorüberhitzers. Von der Kesseldecke aus fließt das Wasser über die oben angebrachten Strangdrosselventile und über senkrechte, gleichmäßig über den Umfang des ersten Zuges verteilte Rohre abwärts zum Schmelzkammerboden. Die eben erwähnten senkrechten Rohre dienen als Tragsystem für die horizontalen Mäanderbänder im ersten Zug. Die Verdampfung erfolgt in einem teils horizontalen, größtenteils aber senkrechten Mäanderband. Dieses System endet in der in Abb. 97 nicht gezeigten Sulzerflasche. Anschließend strömt der Dampf über den Mäanderbandüberhitzer im oberen Teil des ersten Zuges, sodann über den Triflux, von hier aus über die Rückwand des zweiten Zuges und die Schotten im Horizontalzug zum Endüberhitzer, welcher als äußeres Band der Schotten im ersten Zug ausgeführt ist. Der zweite Teil des Zwischenüberhitzers ist als inneres Band der Schotten ausgebildet.

Der größte bisher in den USA in Betrieb befindliche Sulzerkessel hat eine Dampfleistung von 985 t/h, wobei der erste Zug aus einer Doppelbrennkammer besteht. Sieben Sulzerkessel arbeiten mit HD-Dampftemperaturen von 600 bis 650 °C, und drei werden mit überkritischem Druck bis maximal 370 at und zweifacher Zwischenüberhitzung betrieben. Die in den USA erstellten Sulzerkessel sind sämtlich ohne Mauerwerk ausgeführt, wodurch das Gerüstgewicht erheblich vermindert wird und Steinreparaturen entfallen.

Bis zum 1. 11. 1965 wurden 198 Sulzerkessel mit einer stündlichen Gesamtdampfleistung von 63000 t/h erstellt oder in Auftrag gegeben.

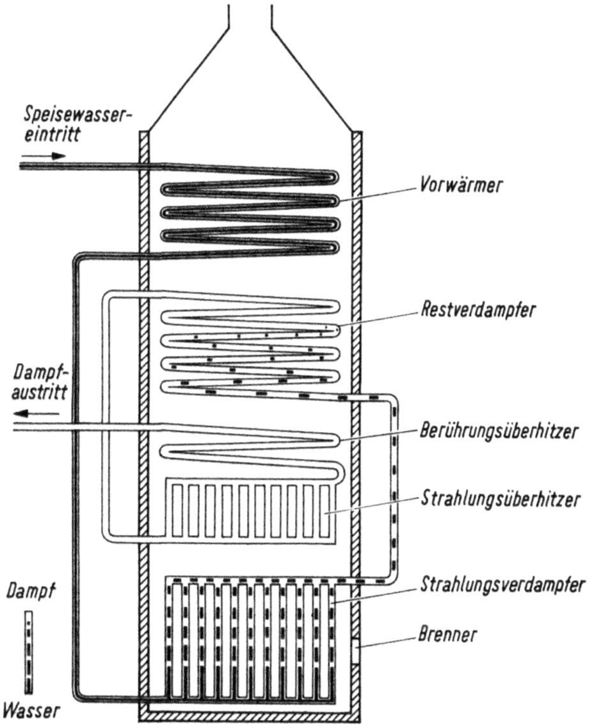

Abb. 98. Schematische Darstellung des Bensonkessels

c) Bensonkessel

Der Bensonkessel wurde von vornherein als echter Durchlaufkessel ohne Festhalten des Restverdampfungspunktes mittels einer Flasche entwickelt. Ein charakteristisches Merkmal dieses Kessels war lange Zeit hindurch die Restverdampfer-Heizfläche, die zwecks gefahrloser Ablagerung der Restsalze in einem mäßigen Temperaturbereich angeordnet wurde (Abb. 98). Die abgelagerten Salze wurden dann gelegentlich eines Abstell- und Abfahrvorganges herausgespült. Auf besonderen Wunsch verschiedener Kunden wurde jedoch auch in einigen Bensonkesseln eine Flasche mit Wasserstand, teils zur Erleichterung der Regelung, teils zur Salz- und SiO_2-Ablaugung, eingebaut. Bei den meisten dieser Anlagen wurden die Flaschen später wieder entfernt, weil die Entwicklung einwandfreier Regelgeräte bzw. die Anwendung von Vollentsalzungsanlagen zur Zusatzwasseraufbereitung und Kondensatentsalzung sie überflüssig machten. Dies gilt um so mehr, je höher die Betriebsdrücke sind. Es läßt sich beispielsweise bei einem Druck in der Abscheideflasche von 200 atü — entsprechend 180 atü vor der Turbine — bei 2,5% Ablaugung nur noch eine Verminderung des SiO_2-Gehaltes im Dampf von 10% erreichen. Der Salzgehalt im Speisewasser einer gut geführten Blockanlage liegt heute unter 0,2 mg/l. Diese geringe Menge ist bereits bei Drücken oberhalb 160 atü im Dampf echt gelöst, so daß die vorher erwähnte Restverdampfer-Heizfläche bei neueren Anlagen als überflüssig weggelassen wurde. Die Konstruktion des Bensonkessels wurde dadurch vereinfacht und verbilligt (siehe auch „Chemische Wasseraufbereitung", Zweiter Teil, Abschn. C II d, S. 391). Bei einem Betriebsdruck von 200 atü am Kesselaustritt erfolgt der Übergang von Wasser in Dampf bei Vollast wegen des Druckverlustes im Überhitzer überkritisch, so daß eine Flasche für diesen Betriebszustand nicht mehr brauchbar ist. Eine Kondensatentsalzungsanlage, bestehend aus Kationen- und Mischbettfilter, gestattet eine Verminderung des SiO_2-Gehaltes im Kondensat auf 10 μg/l. Diese Einrichtung ist nicht nur wesentlich wirksamer als eine HD-Flasche, sondern erfaßt die SiO_2 auch da, wo normalerweise die größte Einbruchsgefahr ist, nämlich im Kondensator.

Bei den verschiedenen Bensonkesseln kamen alle vier Durchlaufverdampfer-Konstruktionen zur Anwendung, die in der Einleitung zum Abschnitt „Durchlaufkessel" unter a 1 bis 4 (S. 80) behandelt wurden. Je nach Brennstoff, Feuerungsart und Teillastwünschen wurde die eine oder andere Verdampferkonstruktion gewählt, die sich in allen Fällen bewährt hat. Bei den wesentlich größeren, in den USA in Betrieb und Bau befindlichen Bensonkesseln (universal pressure boiler) mit Dampfleistungen zwischen 700 und 3600 t/h war man bemüht, eine Konstruktion zu finden, die im Kesselgerüst aufgehängt ist und eine Wärmedämmung ohne Mauerwerk, nur mit Isolationsplatten und Blechverkleidung, besitzt. Im Prinzip sind die Rohre auf allen Wänden der Brennkammer parallelgeschaltet und werden nur einmal von unten nach oben durchströmt. Zur Verminderung der Parallelstrangzahl, also Erhöhung der Wasser- bzw. Dampfgeschwindigkeit, hat man Rohre kleinen Durchmessers gewählt und sie durch Zwischenschweißen von Flossen zu einer dichten Wand verbunden. Diese Konstruktion ist geeignet, den Feuerraum auch mit Überdruck in der Brennkammer zwecks Einsparung des Saugzugventilators zu betreiben.

1. Speisewasservorwärmer

Diese Heizfläche wird als Schlangenrohrvorwärmer ausgebildet und nach den gleichen Grundsätzen gebaut wie bei einem Naturumlaufkessel. Bei aufwärts gerichteter Strömung genügt eine Vollast-Kaltwassergeschwindigkeit von 0,5 m/s, bei abwärts gerichteter Strömung sollte die Kaltwassergeschwindigkeit auf etwa 1,5 m/s gesteigert werden, sofern nicht die Möglichkeit besteht, die Economiserrohre ohne unteren Umkehrsammler als Tragrohre wieder nach oben zu führen. Bei verschiedenartiger Beheizung der einzelnen Parallelstränge und aufwärts gerichteter Strömung werden die schärfer beheizten Rohre durch Naturauftrieb verstärkt durchflossen, während bei abwärts gerichteter Strömung das Gegenteil der Fall ist.

2. Berührungsüberhitzer

Hinsichtlich der Wahl der Dampfgeschwindigkeit unterscheidet sich der Überhitzer des Durchlaufkessels nicht von dem des Naturumlaufkessels, jedoch muß beim Durchlaufkessel beachtet werden, daß beim Anfahren aus kaltem Zustand das überschüssige Wasser größtenteils durch den Überhitzer hindurchgedrückt werden muß. Aus diesem Grund war man lange Zeit der Meinung, daß es auch bei Überhitzern zweckmäßig und notwendig sei, diese nur aufwärts zu durchströmen; man hat also hängende Überhitzer bis vor etwa zehn Jahren beim Bensonkessel vermieden.

Alle neueren Bensonkessel wurden mit hängendem Überhitzer gebaut, ohne daß beim Anfahren irgendwelche Schwierigkeiten entstanden. Besonders vorteilhaft läßt sich ein solcher Durchlaufkessel mit hängendem Überhitzer bei niedrigem Druck anfahren, weil dann das Wasser schneller aus den hängenden Schlangen des Überhitzers hinausgeblasen wird.

3. Strahlungsüberhitzer

Strahlungsüberhitzer hatte man beim Bensonkessel aus dem gleichen Grund früher nur mit aufwärts gerichteter Strömung verlegt; man verwendete dabei entweder Steigrohr-Fallrohr-Systeme auch für Strahlungsüberhitzer oder bildete diese Heizfläche als horizontal steigendes Mäanderband aus. Da ein aus senkrechten Rohren bestehender Strahlungsüberhitzer aber konstruktiv günstiger ist und man die Fallrohre und Zwischensammler sparen wollte, baute man U-förmige, von der Kesseldecke herunterhängende Strahlungsüberhitzer. Die Rohre werden dabei in Bändern zu 10 bis 20 Rohren bis zu 25 m abwärts geführt und gehen daneben wieder nach oben. Eine besondere Ausführung eines solchen Strahlungsüberhitzers zeigt Abb. 99.

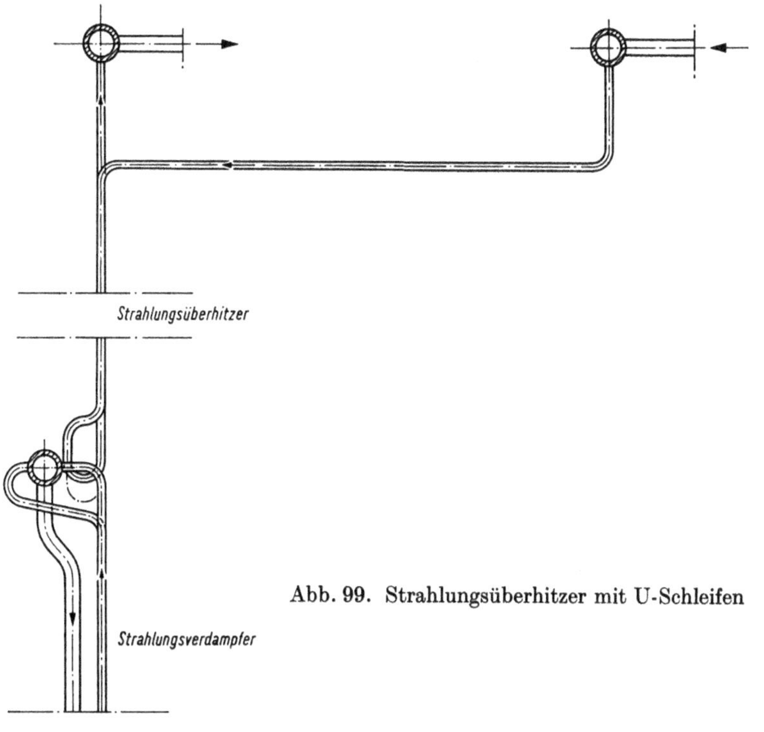

Abb. 99. Strahlungsüberhitzer mit U-Schleifen

Bei Wahl gleicher Rohrteilung im Strahlungsüberhitzer und dem darunter liegenden Steigrohr-Fallrohr-System des Strahlungsverdampfers können die Rohre des Strahlungsüberhitzers, wie die Abbildung zeigt, in die Rohre des Verdampfersystems hineinspielen und ergeben somit eine durchgehende Kühlung der Feuerraumwand.

Eine ähnliche Strahlungsüberhitzer-Anordnung ist zur Ausbildung der Trennwand zwischen dem ersten und zweiten Zug eines Feuerraumes möglich. Abb. 100 zeigt links eine solche Anordnung bei einem Kessel mit Deckenfeuerung für 450 t/h Leistung. Im schwächer beheizten zweiten Zug geht die Dampfströmung abwärts und im ersten Zug aufwärts. Zwischen den beiden Rohrebenen sind Schamottesteine mit Nut und Feder eingelegt. Die verschiedene Längendehnung der auf- und abwärts geführten Rohre wird im Bild links durch die große Umkehrnase, im Bild rechts durch Hochziehen der aufwärts durchströmten heißeren Rohrwand berücksichtigt.

Störungen an so ausgebildeten, mit überhitztem Dampf gekühlten Trennwänden sind nicht aufgetreten. Das Anfahren wurde sowohl mit niedrigem als auch mit hohem Druck durchgeführt. Durch die Nichtentwässerbarkeit und teilweise auch Nichtentlüftbarkeit des Überhitzers sind keine Nachteile entstanden.

Da bei einigen Schmelzkammerfeuerungen die Wärmeaufnahme des eigentlichen Schmelzkammerteiles wesentlich geringer war als erwartet, arbeiten bei diesen Kesseln die erwähnten Strahlungsüberhitzer mit U-förmiger Anordnung im Dauerbetrieb als Ver-

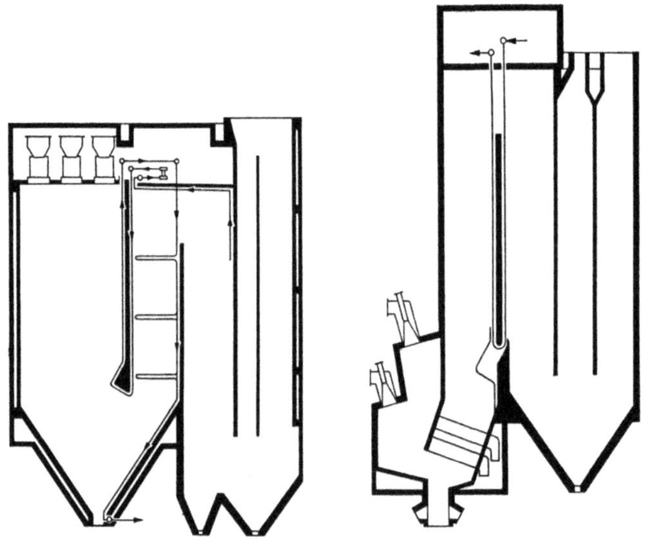

Abb. 100. Trennwände zwischen den Kesselzügen, ausgebildet als U-förmige Strahlungsüberhitzer

dampfer mit 10 bis 20% Wasseranteil. Störungen wurden auch an diesen Heizflächen nach etwa 15000 h noch nicht beobachtet.

Bei der Montage muß man natürlich besonders darauf achten, daß keine Fremdkörper in diese Überhitzer hineingeraten.

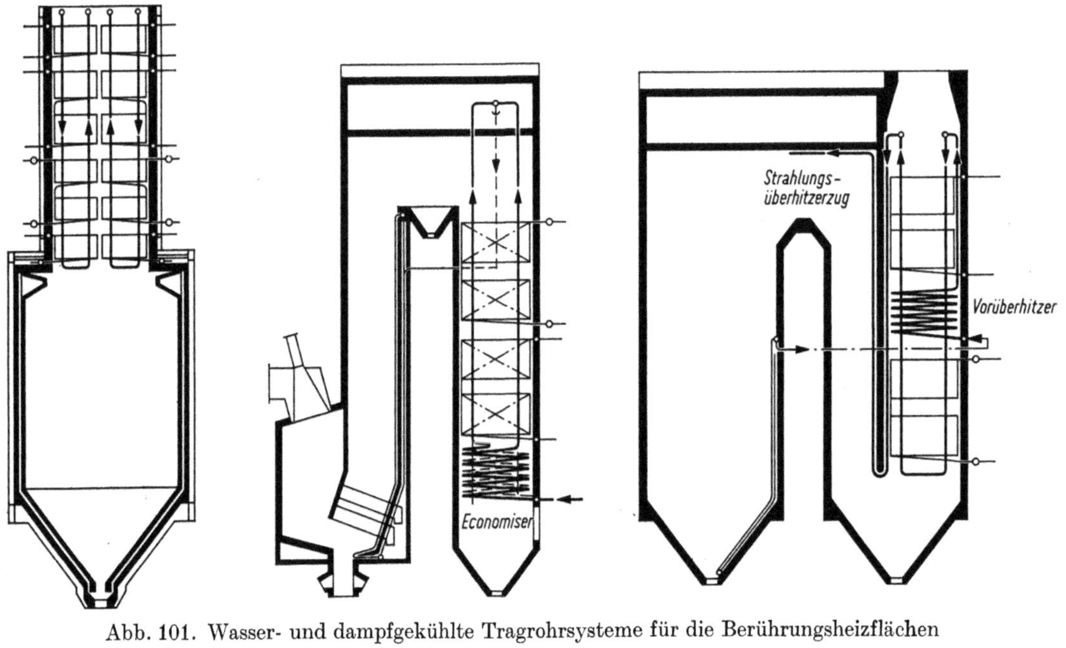

Abb. 101. Wasser- und dampfgekühlte Tragrohrsysteme für die Berührungsheizflächen

4. Tragrohrsysteme für die Berührungsheizflächen

Abb. 101 zeigt die mögliche Anordnung von wasser- oder dampfgekühlten Tragrohren beim Einzug-, Zweizug- und Dreizugkessel. Die Frage, ob man diese Tragrohre mit Wasser oder Dampf kühlt, hängt zunächst davon ab, in welchem Rauchgastemperaturgebiet die

Aufhängung der Heizflächen erfolgen soll; sodann ist entscheidend, wie viele Rauchgaszüge der Kessel hat.

Auf der linken Seite der Abbildung ist ein Einzugkessel dargestellt, dessen Berührungsheizflächen an dampfgekühlten Rohren aufgehängt sind. Diese führen von einem oberen Sammler abwärts durch die Berührungsheizflächen, kehren unten um und dienen beim Aufwärtsgang wieder als Tragrohre. Eine solche Schaltung ist unbedenklich und kann unmittelbar hinter dem Verdampferteil des Kessels vorgesehen werden, weil sich Wassersäulen weder beim Anfahren noch im Dauerbetrieb bei der scharfen Beheizung am unteren Umkehrende halten können.

In der Mitte der Abb. 101 ist ein Schmelzkammerkessel in Zweizugbauform dargestellt, bei dem die Berührungsheizflächen im zweiten Zug durch ein wassergekühltes, aufwärts durchströmtes Tragrohrsystem gekühlt werden. Eine Kühlung der Tragrohre mit überhitztem Dampf und gleicher Rohrschaltung wie in der Abbildung links wäre hier nicht empfehlenswert, weil die untere Umkehrschleife dann in einem mäßig heißen Rauchgasgebiet liegt, so daß beim Anfahren, wenn die Schmelzkammer infolge ihrer isolierenden Stampfmasse noch wenig Wärme überträgt, in den Umkehrschleifen dieser Rohre Wassersäulen stehenbleiben und die Strömung sperren. Diese Rohre würden dann im oberen scharf beheizten Teil des zweiten Zuges zu Bruch gehen.

Rechts in dieser Abbildung ist ein Dreizugkessel dargestellt, bei dem im zweiten Zug nur Strahlungsheizflächen untergebracht sind. Die Berührungsheizflächen des dritten Zuges, der unten noch scharf beheizt wird, können hier auch an einem dampfgekühlten Tragrohrsystem aufgehängt werden.

5. Teillastbetrieb

Mit der steigenden Inbetriebnahme hochwertiger Wärmekraftwerke und der Stilllegung alter Anlagen ist man gezwungen, diese Höchstdruckanlagen nachts entweder mit Schwachlast durchzufahren oder jede Nacht abzustellen. In den Ländern mit zentralen staatlichen Unternehmen zur Energieerzeugung wird man bestrebt sein, bei Belastungen unterhalb 70% einzelne Blocks jede Nacht abzustellen; bei kleineren, selbständigen EVU hingegen wird man mehr daran interessiert sein, nachts mit Schwachlast durchzufahren. In England erwartet man, daß in einigen Jahren die gesamte Nachtlast durch Atomenergie gedeckt werden kann, so daß sämtliche konventionellen Kraftwerke jede Nacht abgestellt und morgens möglichst wärmesparend wieder angefahren werden müssen.

Die meisten bisher gebauten Durchlaufkessel gestatten nur eine Teilbelastung von 30 bis 35% der Vollast. Man hat zunächst nach Wegen gesucht, das Teillastverhalten durch Sonderschaltungen zu verbessern, ohne den Vollastwiderstand des Kessels anzuheben. Eine brauchbare Lösung ergab sich für das beim Bensonkessel häufig angewandte Steigrohr-Fallrohr-System für den Verdampfer durch Einbau interner Fallrohre (Abb. 102).

Die zum Nachbarregister gehenden unbeheizten Fallrohre wurden im oberen Sammler mit Aufsteckhülsen versehen. Die zusätzlich eingebauten internen, unbeheizten Fallrohre liegen parallel zu den beheizten Steigrohren und haben im oberen Sammler keine Aufsteckhülsen, so daß die hier bei Vollast aufwärts gerichtete Strömung des Dampf-Wasser-Gemisches bei Teilbelastung in eine reine Wasserfallströmung umschlägt. Durch diesen Wasserrücklauf wird bei Teilbelastung der Massenfluß in den beheizten Steigrohren stark erhöht. Durch versuchsweise Zugabe einer Isotopenlösung konnten das Einsetzen der Fallströmung und die zugehörige Wassergeschwindigkeit lastabhängig ermittelt werden.

Abb. 103 veranschaulicht den Einfluß dieser Rücklaufrohre an verschiedenen Stellen des Verdampfersystems mit einem Dampfgehalt von 0,25 und 50% am Eintritt des jeweiligen Steigrohrregisters; der Massenfluß in den Registern mit höherem Dampfgehalt nimmt infolge des Wasserrücklaufs beträchtlich zu, so daß eine genügende Kühlung auch bei kleinster Last gewährleistet ist. Diese Rohranordnung vermindert auch den Vollastwiderstand des Verdampfers.

Die Anwendbarkeit derartiger Steigrohr-Fallrohr-Systeme macht bei Kesselleistungen über 500 t/h indessen Schwierigkeiten wegen der zu breit werdenden Verdampferregister. Für größere Kesselanlagen und andere Verdampferkonstruktionen mußte also eine Lösung

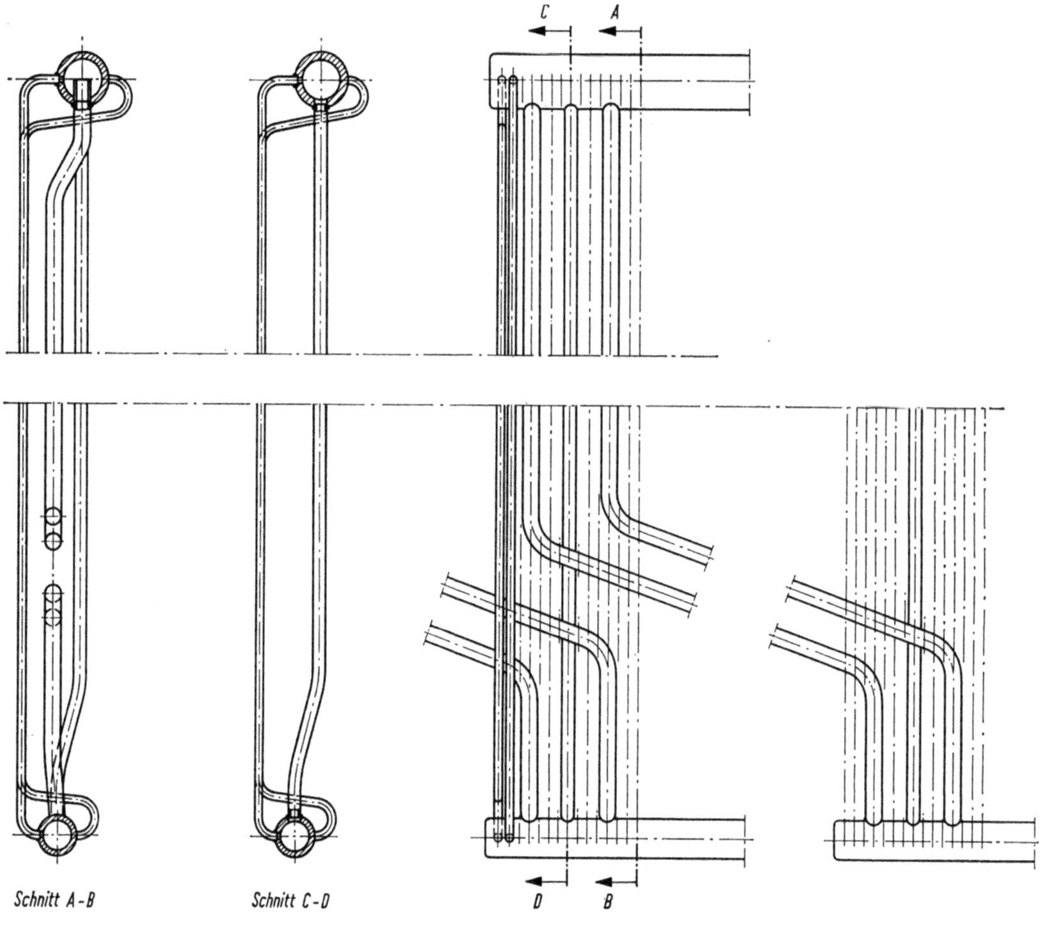

Abb. 102. Interne Fallrohre zur Verbesserung der Kessel-Teillast

gefunden werden, die bei kleinster Teilbelastung eine sichere Kühlung der Verdampferheizfläche gewährleistet und auch ein Wiederanfahren mit geringsten Wärmeverlusten ermöglicht.

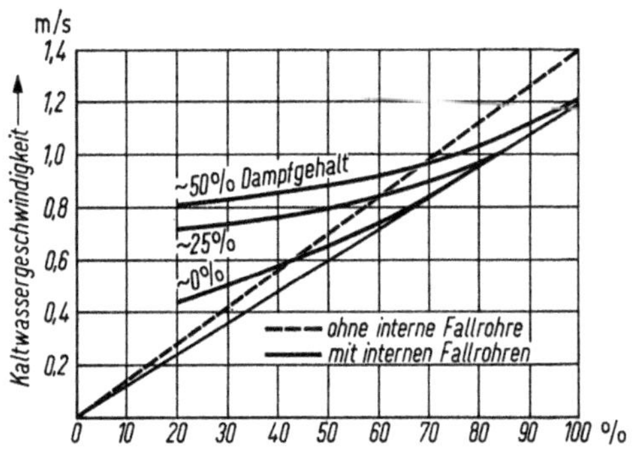

Abb. 103. Durchfluß in den Steigrohren von Bensonkesseln bei Verwendung interner Fallrohre

Um diese Forderung zu erfüllen, bleibt bei einem Durchlaufkessel größerer Leistung nichts anderes übrig, als bei Teillast den Massenfluß entweder durch eine Umwälzpumpe oder durch die Hauptspeisepumpe aufrecht zu erhalten. Dabei ist der Einbau eines Abscheidegefäßes erforderlich, von dem aus die Umwälzpumpe das Wasser ansaugt bzw. das überschüssige Wasser abgelassen werden kann. Bei Einbau einer Umwälzpumpe sind in deren Druckleitung ein Regelventil und eine Rückschlagklappe einzubauen. Abb. 104 zeigt drei verschiedene Schaltungsmöglichkeiten (a, b, c) des Durchlaufkessels in Verbindung mit der Umwälzpumpe und einem Wasser-Dampf-Trenngefäß bei unter- und überkritischen Drücken.

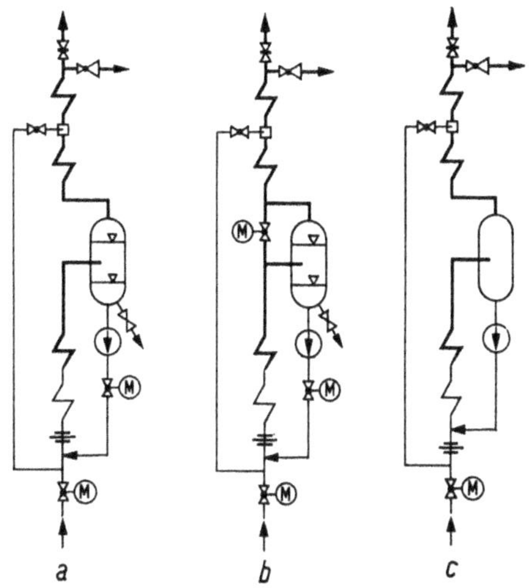

Abb. 104. Umwälzschaltungen für Bensonkessel

Die Schaltung a ist die einfachste Lösung. Das Trenngefäß wird an einer Stelle eingebaut, die bei Vollast eine Dampftemperatur von 400 bis 420 °C aufweist. Dies erscheint notwendig, damit alle einer scharfen Beheizung ausgesetzten Heizflächen des Feuerraumes von der Umwälzkühlung erfaßt werden. Bei Teillast und Einschaltung der Umwälzpumpe muß man ein Absinken der Heißdampftemperatur in Kauf nehmen. Damit diese Temperaturänderung langsam vor sich geht, sollte man sie vor Einschalten der Umwälzpumpe durch Verändern des Brennstoff-Wasser-Verhältnisses einleiten. Durch gleichzeitiges Absenken des Frischdampfdruckes kann man diese Temperaturabsenkung jedoch weitgehend verhindern.

Die Schaltung b unterscheidet sich von der Schaltung a nur dadurch, daß man bei höheren Belastungen, also ohne Umwälzpumpe, das Wasser-Dampf-Trenngefäß nach Öffnen eines Schiebers umgehen kann. Die Einrichtung dient nur dazu, den Widerstand der Wasser-Dampf-Trenneinrichtung bei Vollast zu vermindern und im Wasser-Dampf-Trenngefäß Geschwindigkeiten zu erzielen, die zu einer optimalen Abscheidung von Wasser führen.

Bei der Schaltung c verzichtet man bei Einsetzen des Umwälzbetriebes auf die Einhaltung eines Wasserstandes. Dies ist indessen nur möglich, wenn man das Gefäß, aus dem die Umwälzpumpe ansaugt, so weit vorn im Verdampfersystem anordnet, daß es auch bei kleinster Belastung überspeist wird. Diese Schaltung eignet sich hauptsächlich für gichtgasgefeuerte Bensonkessel, deren Wärmeaufnahme in der Brennkammer gering ist. Bei anderen Feuerungen ist diese Schaltung nur anwendbar, wenn man die unmittelbar hinter dem Abscheider befindlichen Heizflächen mit etwa doppelter Normalgeschwindigkeit beaufschlagt, um diese bei Umwälzbetrieb noch genügend sicher zu kühlen. Die Schaltung c gestattet unter diesen Umständen zwar eine geringe Teilbelastung, ist aber weniger geeignet zum wärmesparenden Anfahren.

Überkritische Kessel können bei Teillast unterkritisch mit den Schaltungen a bis c betrieben werden.

Der obenerwähnte Teillastbetrieb mit Aufrechterhaltung des Massenflusses durch die Hauptspeisepumpe ist vom Sulzerkessel her bereits bekannt. Diese Lösung kann wirtschaft-

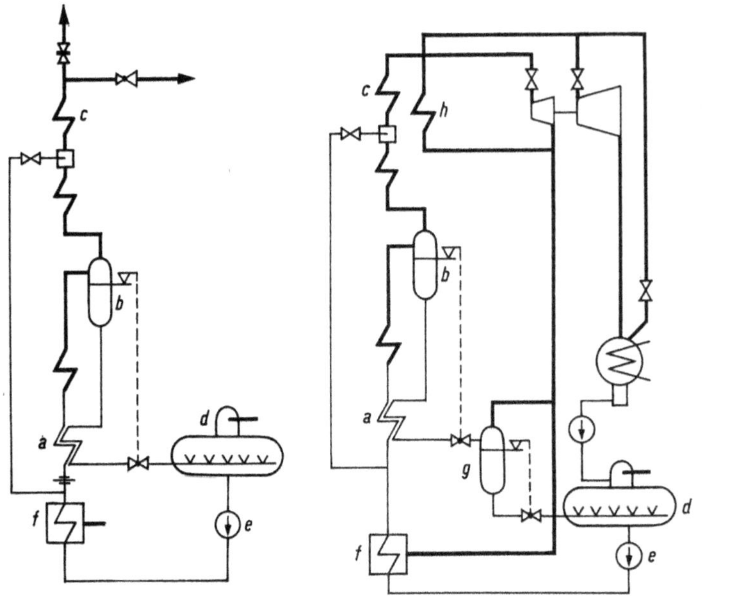

Abb. 105. Schwachlasteinrichtung mit Dreistromwärmetauscher

a Dreistromwärmetauscher
b Hochdruck-Wasserabscheider
c Überhitzer
d Speisewasserbehälter
e Hochdruck-Speisepumpe
f Hochdruck-Vorwärmer
g Niederdruck-Wasserabscheider
h Zwischenüberhitzer

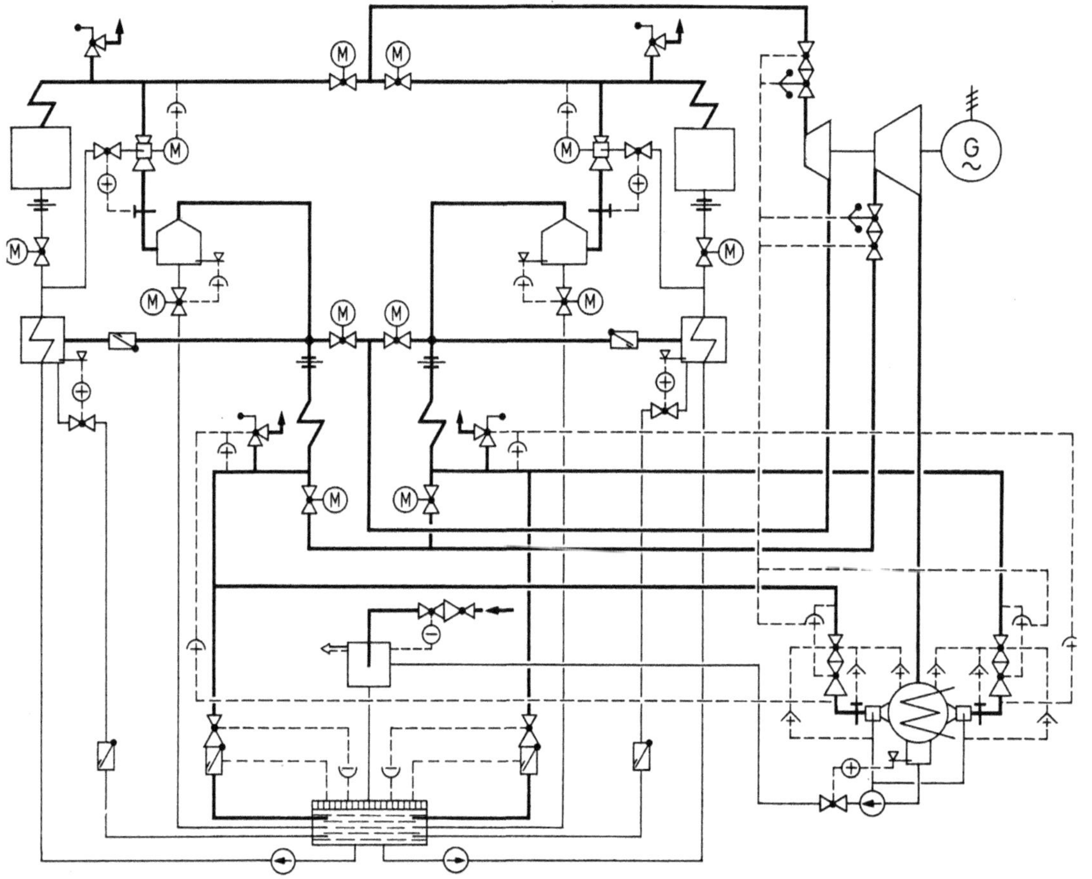

Abb. 106. Schaltplan für zwei Bensonkessel mit einfacher Zwischenüberhitzung und einer Maschine

licher gestaltet werden durch Einbau eines Dreistromwärmetauschers in den Economiser des Kessels und einer nachgeschalteten Wasserreduzierstation (Abb. 105). Der größte Teil der Wärme des zurücklaufenden Wassers kann von diesem Wärmetauscher an das Speisewasser abgegeben werden. Der Wärmetauscher ist am billigsten ausführbar dadurch, daß man die untersten Rohrebenen des Economisers mit etwas größerem Rohrdurchmesser versieht und das rücklaufende Wasser durch hier koaxial eingebaute Rohre im Gegenstrom hindurchführt. Die Verschlechterung des Wärmeverbrauchs bei 20% Teillast und 100% Rücklaufmenge beträgt nur 1,7% bezogen auf die Maschinenleistung entsprechend 38 kcal/kWh bei einem Betriebsdruck von 55 ata und Berücksichtigung der notwendigen Speisepumpenmehrleistung.

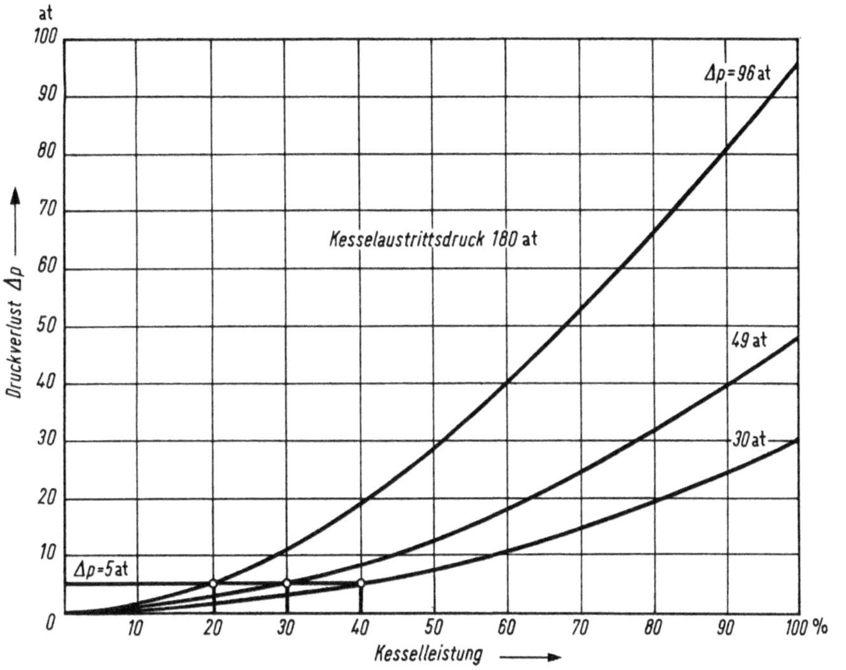

Abb. 107. Verbesserung des Teillastverhaltens durch Erhöhung des Druckverlustes

Bei einigen Kraftwerken wurden zwei Kessel je Turbine aufgestellt, um das Teillastverhalten und den Betriebsbereitschaftsgrad bei Abschaltung eines Kessels zu verbessern. Abb. 106 vermittelt die dann notwendige Schaltung der Frischdampf- und Zwischendampfleitungen sowie der Anfahrgefäße. Damit bei in Betrieb befindlicher Maschine mit einem Kessel der andere zugeschaltet werden kann, sind in der Frischdampfleitung und Zwischendampfleitung am Ein- und Austritt Schieber erforderlich. Falls der Maschinenkondensator eine nierenförmige Doppelanordnung hat, wird man die hinter dem Zwischenüberhitzer abzweigende Leitung des einen Kessels auf die eine Kondensatorseite und diejenige des anderen Kessels auf die andere Kondensatorseite führen. Bei der Inbetriebnahme eines zusätzlichen Kessels entsteht nämlich immer eine SiO_2-Spitze im Anfahrdampf. Das SiO_2-haltige Kondensat kann dann getrennt über ein Mischbettfilter zurück in den Kreislauf geführt werden.

6. Druckverlust und Pumpenkraftbedarf

Der Druckverlust eines Durchlaufkessels hängt von der gewählten Kaltwassergeschwindigkeit in den einzelnen Heizflächenabschnitten, den benutzten Rohrdurchmessern sowie der Frischdampftemperatur ab. Eine Steigerung des Druckverlustes erfolgt noch durch die bei einem Teil der Verdampferkonstruktionen notwendigen Drosselblenden, die Verbindungsleitungen, Mischstellen und Einspritzkühler. Wird von dem Kessel verlangt, daß er mit einer möglichst geringen Teilbelastung fahren soll, so wird häufig in allen Heizflächen eine entsprechend höhere Kaltwassergeschwindigkeit gewählt, damit auch noch bei Teilbelastung eine sichere Wasser- und Dampfverteilung gewährleistet ist.

Abb. 107 zeigt, wie der Gesamtdruckverlust des Kessels steigt, wenn man einen Mindestdruckverlust von 5 at bei der gewünschten Kleinstlast verlangt. Der Vollastwiderstand muß von 30 auf 49 at gesteigert werden, wenn die Teilbelastung von 40 auf 30% verbessert werden soll. Um auf diese Weise eine Teilbelastung von 20% zu erzielen, müßte man einen Vollastwiderstand von 96 at in Kauf nehmen. Wenn man also das Teillastverhalten eines Kessels durch Wahl einer höheren Kaltwassergeschwindigkeit ver-

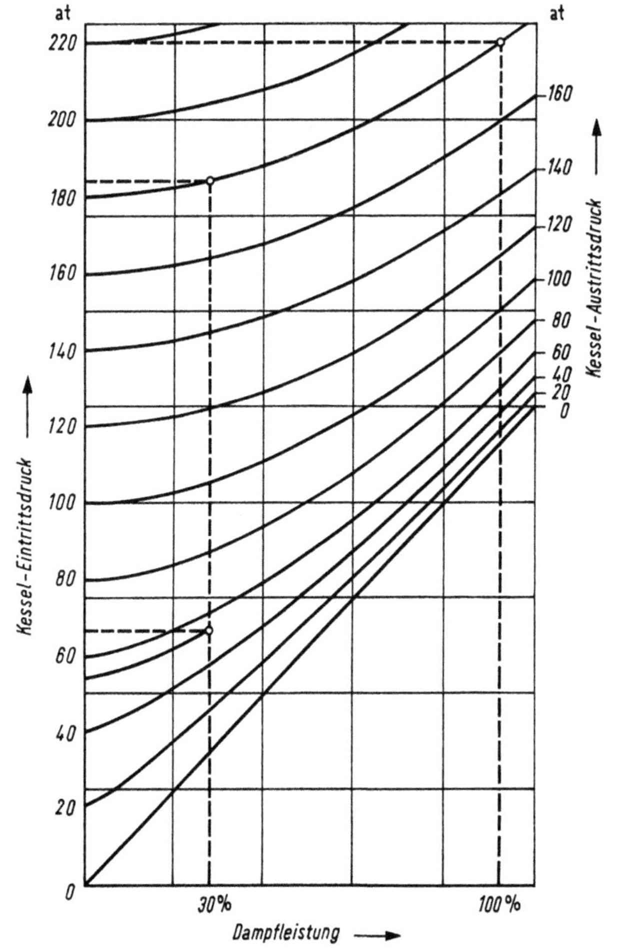

Abb. 108. Druckverlust des Bensonkessels, abhängig von der Belastung bei verschiedenen Kesseldrücken

bessern will, so muß man diese nur in den Heizflächenabschnitten erhöhen, in denen dies wirklich notwendig ist, d. h. im Strahlungsverdampfer oder auch nur in einem Teil dieser Heizfläche. Ein Durchlaufkessel für einen Austrittszustand von 185 atü, 530 °C, mit trockenem Ascheabzug kann so für einen Gesamtdruckverlust von 35 bis 40 at gebaut werden, wenn eine Teilbelastung von 30% mit vollem Frischdampfdruck verlangt wird.

Eine höhere Frischdampftemperatur erfordert natürlich einen größeren Gesamtdruckverlust. Bei Schmelzkammerfeuerungen muß mit Rücksicht auf die höhere Wärmebelastung eine höhere Kaltwassergeschwindigkeit in der gesamten Schmelzkammer und hinter dem Aschefangrost zur Anwendung kommen. Wenn von dem Kessel Teillasten von nur 50% verlangt werden, genügt eine Kaltwassergeschwindigkeit von 1,5 m/s bei

Vollast. Bei Teillasten von 30% sind jedoch wegen der Gefahr der Filmverdampfung bei entsprechendem Druck Kaltwassergeschwindigkeiten von 2,5 m/s erforderlich. Infolgedessen ist der Druckverlust des Durchlaufkessels mit Schmelzkammer höher und liegt bei 40 bis 50 at.

Der Pumpenkraftbedarf kann bei Teilbelastung abgesenkt werden durch Gleitdruckbetrieb. Abb. 108 läßt erkennen, wie weit der Druckverlust des Bensonkessels bei Teilbelastung mit Festdruck- und Gleitdruckbetrieb absinkt. Das Diagramm ist allgemein für Durchlaufkessel anwendbar. Man muß nur den Maßstab auf der Abszisse entsprechend

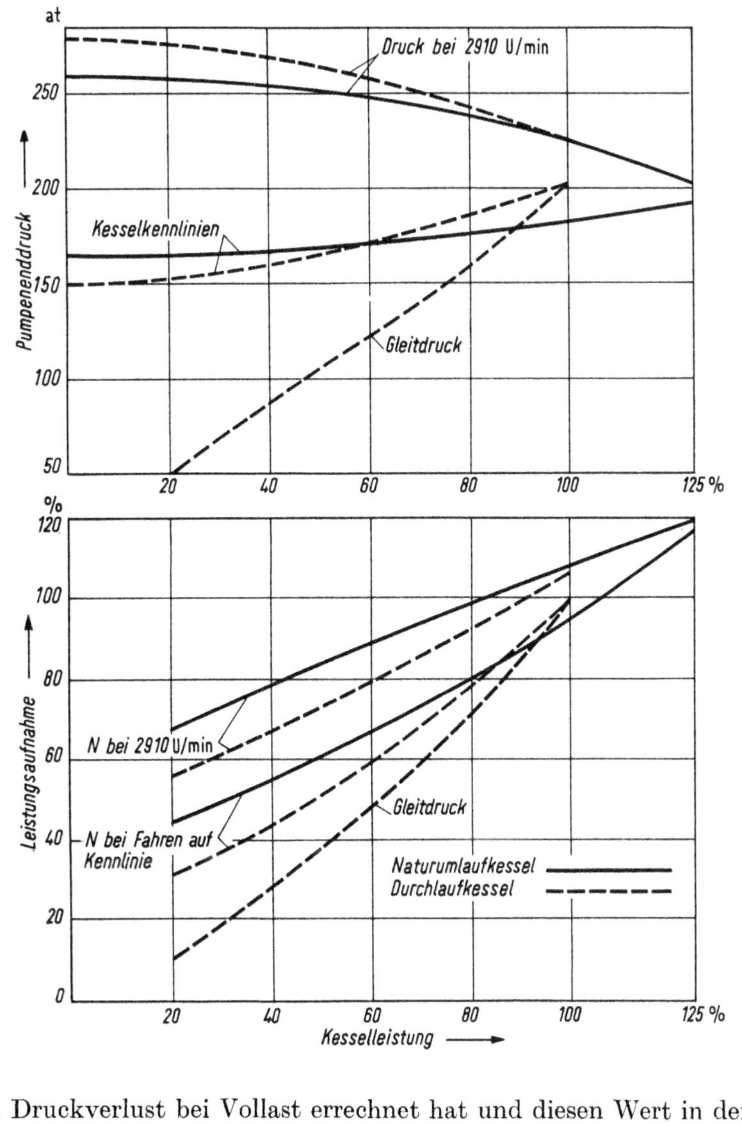

Abb. 109. Speisepumpenleistung für Naturumlauf- und Durchlaufkessel

wählen. Wenn man den Druckverlust bei Vollast errechnet hat und diesen Wert in dem Diagramm auf der Linie des entsprechenden Kesselaustrittsdruckes einträgt, kann man die zu erwartenden Druckverluste bei sämtlichen anderen Belastungen und Austrittsdrücken sofort abgreifen. Bei reinem Gleitdruckbetrieb sinkt — wie man sieht — der Kesseleintrittsdruck von 220 auf 67 at ab, wenn die Teilbelastung auf 30% zurückgeht. Statt des Gleitdruckbetriebes kann man auch einen stufenweise abgesenkten Druck während der nächtlichen Schwachlast fahren, um Speisepumpenarbeit einzusparen und die Drosselbeanspruchung der Turbinenventile zu vermindern.

Der höhere Druckverlust des Durchlaufkessels gegenüber dem Naturumlaufkessel wird hinsichtlich des größeren Eigenbedarfsaufwandes meist überschätzt. Eine Druckverlusterhöhung des Kessels um 10 at bei Vollast bedeutet eine Verschlechterung des spezifischen Nettowärmeverbrauches um nur 1,5 bis 2 kcal/kWh.

In Wirklichkeit ist der Speisepumpenkraftbedarf des Durchlaufkessels nur im obersten Lastbereich geringfügig höher als beim Naturumlaufkessel. Da der Druckverlust des Durchlaufkessels quadratisch mit der Belastung abnimmt und sich bei Gleitdruck bzw. Stufendruck noch weiter vermindert, ergibt sich bei Teilbelastung ein kleinerer Pumpenkraftbedarf gegenüber dem Naturumlaufkessel. Bei Betrachtung dieses Fragenbereiches muß man auch bedenken, daß die Speisepumpen des Naturumlaufkessels für 125% der Vollastleistung ausgelegt werden müssen, so daß die Pumpen und zugehörigen Voith-Kupplungen bei deren Normalbelastung in einem ungünstigen Wirkungsgradbereich arbeiten. Abb. 109 läßt diese Verhältnisse erkennen. Für den Durchlaufkessel wurde ein Druckverlust von 40 at bei Vollast und für den Naturumlaufkessel ein Druckverlust von 20 at eingesetzt.

7. An- und Abfahren bei Blockschaltung

In Deutschland wählt man bei Blockanlagen im allgemeinen einen geschlossenen Anfahrkreislauf, bei dem der bzw. die Zwischenüberhitzer von dem Anfahrdampf durchströmt und somit gekühlt werden. Bei einfacher Zwischenüberhitzung wird zwischen Hochdruck-Reduzierstation und Zwischenüberhitzer ein Wasser-Dampf-Trenngefäß eingeschaltet, um das zunächst aus dem Kessel kommende Wasser abzuleiten und dem Zwischenüberhitzer nur Dampf zuzuführen. Bei Anlagen mit doppelter Zwischenüberhitzung kann dieses Wasser-Dampf-Trenngefäß hinter dem ersten Zwischenüberhitzer angeordnet werden, da dessen Heizflächen, Sammler und Rohrleitungen einen vorübergehenden Betrieb mit Dampf-Wasser-Gemisch vertragen. Das Anfahrgefäß braucht also nur für den Betriebsdruck der zweiten Zwischenüberhitzerstufe ausgelegt zu werden. In jedem Fall wird über eine zweite Reduzierstation der vom Zwischenüberhitzer kommende Dampf nach einer Kühlung in den Kondensator geleitet.

Bei den englischen und amerikanischen Kraftwerken ist es üblich, den Anfahrdampf über eine Reduzierstation in ein Wasser-Dampf-Trenngefäß zu leiten. Von hier strömt der Dampf in den Entgaser und über eine zweite Reduzierstation in den Kondensator. Der Zwischenüberhitzer wird also nicht gekühlt. Wenn man auch durch rauchgasseitige Bypaß-Schaltung die Zwischenüberhitzer beim Anfahren vor überhoher Temperatur schützen kann, so nimmt der erste von der Maschine kommende und nun durch den Zwischenüberhitzer strömende Dampf die Temperatur an, die die Heizflächen des Zwischenüberhitzers durch die inzwischen mehr oder weniger starke Beheizung erhalten haben. Eine Beeinflussung dieser Temperatur ist nur durch mehr oder weniger starke Rauchgasrezirkulation oder Änderung des Luftüberschusses möglich. Durch Einspritzkühler ist die Zwischenüberhitzertemperatur nur sehr beschränkt regelfähig, da die zum Anlauf der Maschine notwendigen Dampfmengen gering und dann erfahrungsgemäß mit Einspritzkühlern nur schwer regelbar sind.

Der Betriebsdruck, mit dem das Anfahren am besten stattfindet, hängt von der Art der Verdampferkonstruktion ab. Ein mit Steigrohr-Fallrohr-System gebauter Bensonkessel wird normalerweise am besten mit voll geöffneter Reduzierstation, also drucklos, angefahren. Der Ablauf eines solchen Anfahrvorganges ist in Abb. 110 a für einen Bensonkessel mit einer maximalen Leistung von 450 t/h und trockenem Ascheabzug dargestellt. Die Speisewassermenge wird auf 140 t/h eingestellt; mit dem Zünden des Feuers wird so lange gewartet, bis im Wasser-Dampf-Trenngefäß hinter der Hochdruck-Reduzierstation Wasser anfällt. Dann wird die Reduzierstation kurzzeitig gedrosselt, so daß ein Druck von etwa 50 atü entsteht, um die ausschließlich wasserführenden Heizflächen und die ersten Verdampferheizflächen zu entlüften. Sodann wird die Reduzierstation wieder voll geöffnet und das Feuer mit etwa 45% Leistung in Betrieb genommen. Aus Abb. 110a ist ersichtlich, daß kurz nach dem Zünden des Feuers zur Zeit Null der Wasserausstoß aus dem Überhitzer einsetzt und nach 5 Minuten einen Maximalwert von etwa 500 t/h erreicht. Nach der 17. Minute ist der Wasserausstoß beendet, und der Betriebsdruck steigt allmählich infolge des engen Querschnittes der beiden Reduzierstationen von nur je 75 mm lichter Weite auf einen Druck von etwa 50 atü. Die Kühlung des Zwischenüberhitzers setzt etwa nach der 7. Minute ein und erreicht nach der 15. Minute den vollen Wert. Erfahrungsgemäß ist eine frühere Kühlung des Zwischenüberhitzers nicht erforderlich, da seine Eisenmassen noch kalt sind und der dann hier kondensierende Dampf im Zwischenüberhitzer nur Strömungsstörungen verursachen würde. Sobald die Überhitzung des Dampfes beginnt, wird die Brennstoffmenge auf einen entsprechenden Erfahrungswert

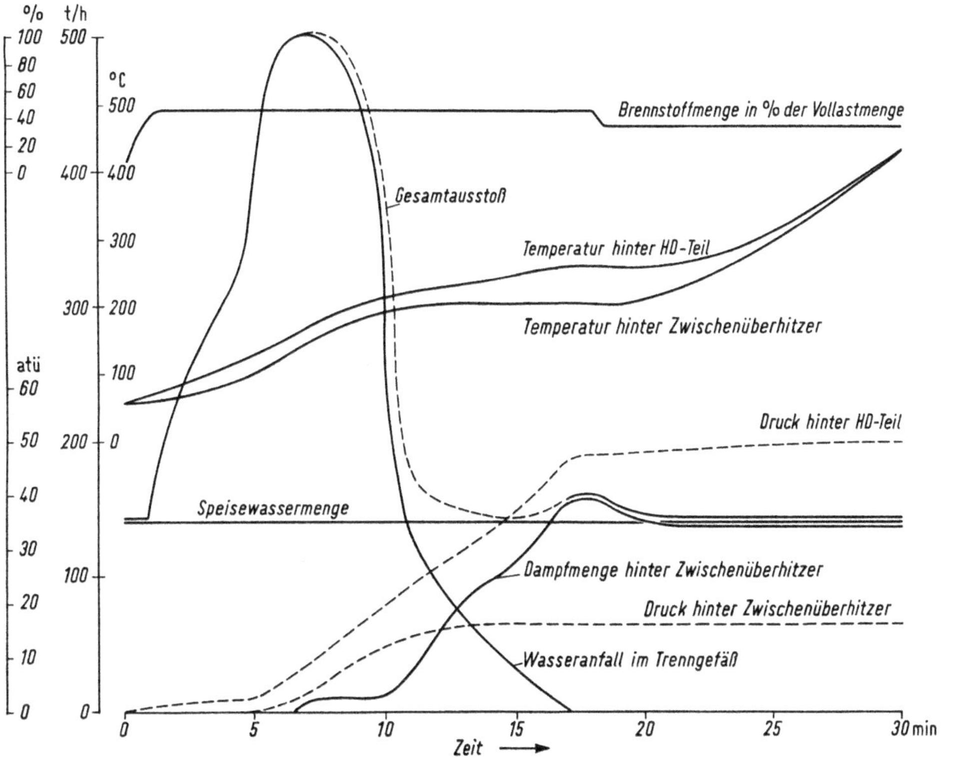

Abb. 110 a. Anfahrdiagramm eines Bensonkessels für 450 t/h (Kaltanfahren)

heruntergenommen. Bei Kesseln mit Schmelzkammerfeuerung erfolgt der Wasserausstoß bei gleichem Kohlevorhalt langsamer, weil die Schmelzkammer zunächst nur wenig Wärme überträgt.

Das Anfahren mit hohem Druck ist nur empfehlenswert bei Rohrbandverdampfern, wenn sie senkrecht auf- und abgeführt werden, sowie bei dem erwähnten, vielfach unterteilten Steigrohr-Fallrohr-System ohne Mischstellen zur Erzielung einer größeren Stabilität.

Bei Kesselanlagen, die häufig an- und abgestellt werden, und bei solchen mit austenitischem Endüberhitzer ist es empfehlenswert, im Vorüberhitzer etwa an der ersten oder auch zweiten Einspritzstelle eine sogenannte Abfahrleitung anzubringen, die einschließlich Reduzierstation so groß auszulegen ist, daß 50% der Vollast-Dampfleistung unter vollem Betriebsdruck durchgesetzt werden können. Beim Abstellen dieser Kessel wird dieses Überhitzer-Bypaßventil einige Minuten nach Erlöschen des Feuers geöffnet und die hinter dem Endüberhitzer liegende Reduzierstation geschlossen. Der schnell kälter werdende Dampf fließt dann über diese Leitung in das Wasser-Dampf-Trenngefäß des Mitteldrucknetzes. Man vermeidet hierdurch einen Temperaturschock im Endüberhitzer. Auch bei

Schmelzkammerfeuerung mit ferritischem Endüberhitzer ist eine solche Abfahrleitung zweckmäßig, da die Schmelzkammer nach Abstellen des Feuers normalerweise noch etwa 20 Minuten durchspeist werden sollte, ohne den Überhitzer zu kühlen. Bei plötzlichem Ausfall der Speisung und gleichzeitiger Störung an der Reservepumpe kann der Durchlaufkessel nach Abstellen des Feuers gefahrlos abgefahren werden durch Druckabsenkung in etwa 20 Minuten.

Die Überhitzer-Bypaßventile werden auch beim Wiederanfahren der Anlage aus warmem Zustand benutzt. Abb. 110 b veranschaulicht das Warmanfahren eines Benson-

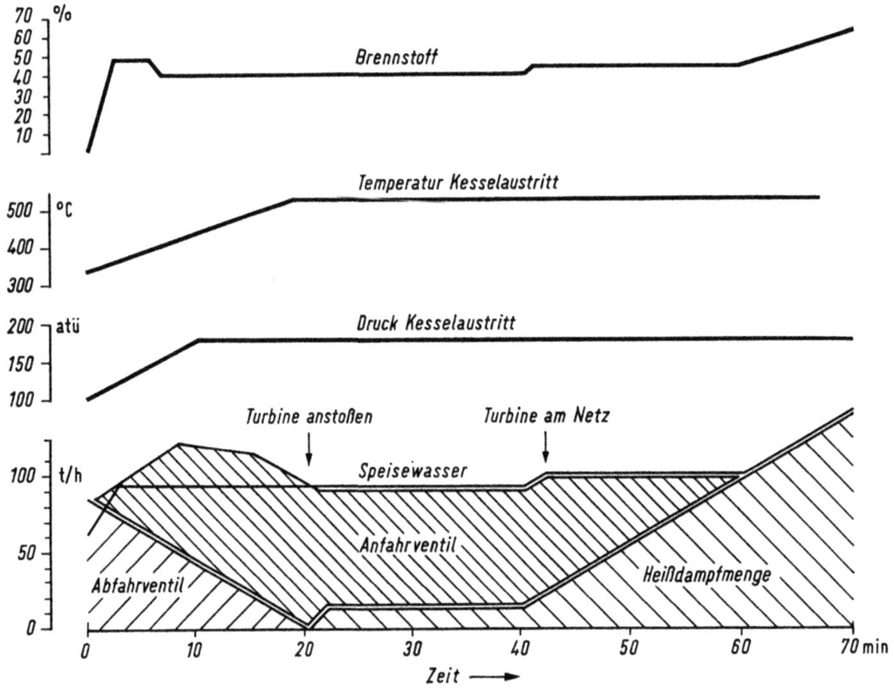

Abb. 110 b. Anfahrdiagramm eines 275 t/h-Bensonkessels mit trockenem Überhitzer (Warmanfahren)

kessels mit trockenem Ascheabzug nach nächtlichem Stillstand unter Verwendung solcher Ventile, die im Überhitzer bei etwa 400 °C abzweigen. Der Betriebsdruck ist infolge des gleichzeitigen abendlichen Abstellens von Brennstoff und Speisewasser sowie baldigen Schließens der Turbinen-HD-Bypaßventile am nächsten Morgen noch etwa 100 atü. Die Speisung und Zündung der Feuerung erfolgt beim Anfahren gleichzeitig. Der Heißdampfschieber und die Turbinen-HD-Bypaßventile hinter dem Überhitzer sind geschlossen. Die Überhitzer-Bypaßventile werden so gesteuert, daß der Druck langsam ansteigt oder konstant bleibt. Nach wenigen Minuten werden auch die Turbinen-HD-Bypaßventile langsam geöffnet, um bei geringem Durchfluß die Überhitzertemperatur beobachten zu können. Bei steigender Überhitzung werden diese Ventile entsprechend geöffnet. In gleichem Maße schließen die selbsttätig gesteuerten Überhitzer-Bypaßventile, um den Druck konstant zu halten. Nach Beendigung des Anfahrvorganges sind die Überhitzer-Bypaßventile schließlich geschlossen und die Turbinen-HD-Bypaßventile geöffnet. Wenn der Dampf die Temperatur erreicht, die die Maschine über Nacht durch Abkühlung angenommen hat, wird der Heißdampfschieber geöffnet und die Turbine in Betrieb genommen.

Abb. 111 zeigt die empfehlenswerte Ausführung eines Anfahrgefäßes für einen Bensonkessel mit einer Dampfleistung von 850 bis 1000 t/h. Die als Eckventile ausgebildeten Turbinen-HD-Bypaßventile sind dabei auf Rohren angebracht, die von oben senkrecht in das Gefäß eingeführt sind. Diese Rohre sind im Innern des Gefäßes unten zugeschweißt und haben horizontale Austrittsöffnungen. Das Dampf-Wasser-Gemisch spritzt gegen einen eingebauten Blechmantel, während der Dampf durch die eingebauten Bleche um 180° umgelenkt wird, ehe er über die Mitteldruckleitungen zum Zwischenüberhitzer abströmt. Die Einströmsegmente des eingebauten Blechkreuzes sind oben verschlossen, damit der Dampf gezwungen ist, den unteren Weg zu nehmen. Die Überhitzer-Bypaßventile sind oberhalb des Gefäßes in einem Formstück zusammengefaßt und führen mit einer Sammel-

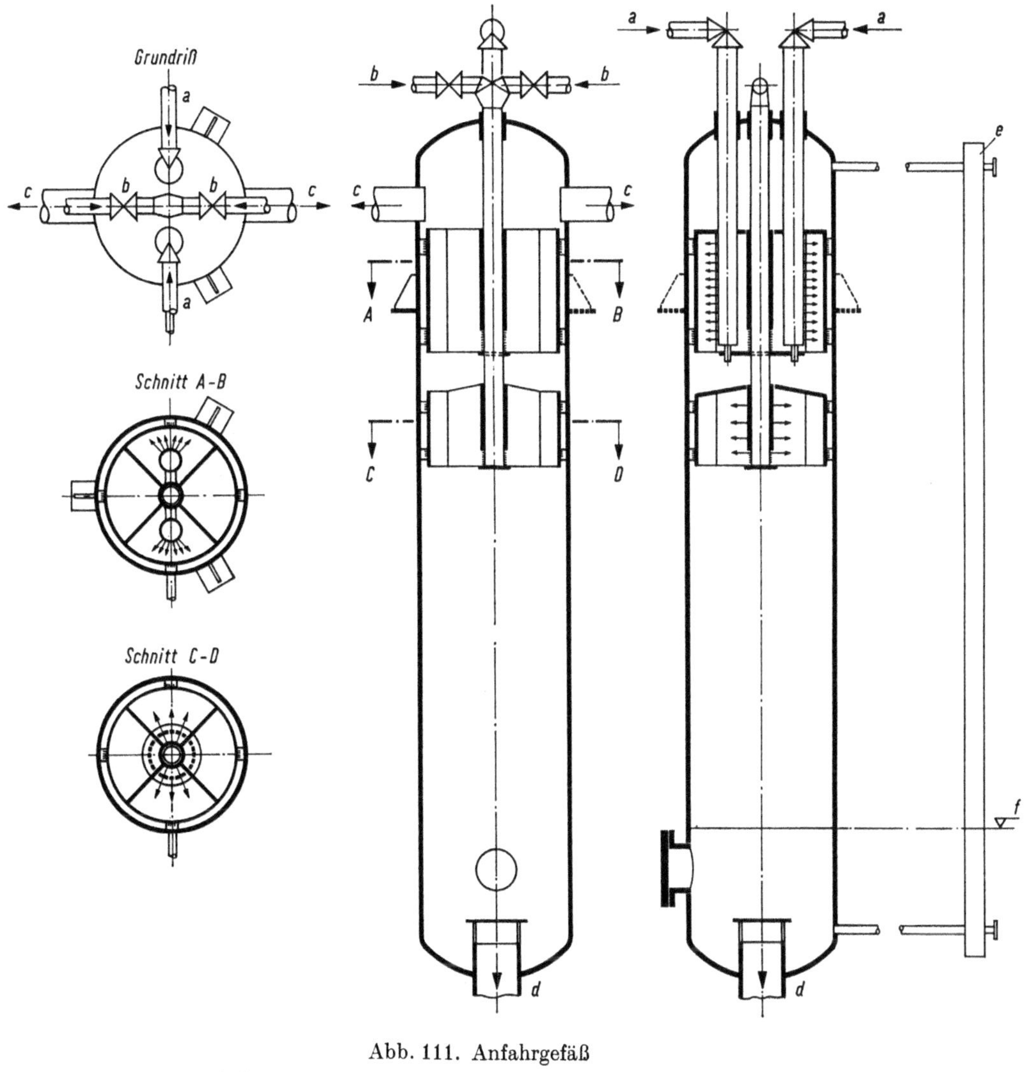

Abb. 111. Anfahrgefäß

a Turbinen-HD-Bypaßleitungen
b Überhitzerbypaßleitungen
c Verbindung zur kalten ZwÜ-Schiene
d Ablaufleitung zum Speisewasserbehälter und ins Freie
e Wasserstandsrohr fest am Kessel montiert
f Regelwasserstand für Ablauf Speisewasserbehälter

leitung axial in das Gefäß. Am Ende des Rohres befindet sich eine gleiche Abscheideeinrichtung, so daß das beim Wiederanfahren aus warmem Zustand hier abgeschiedene Wasser nicht die Möglichkeit hat, den von den Turbinen-HD-Bypaßventilen kommenden überhitzten Dampf abzukühlen. Diese Trennung der Abscheidung verhindert beim Wiederanfahren aus warmem Zustand den Zusammenbruch der Zwischendampftemperatur.

Abb. 112 läßt Anfahrschaltbilder einer amerikanischen Anlage mit unterkritischem Druck (a) und überkritischem Druck (b) erkennen. Bei der unterkritischen Anlage, deren Kessel im vorliegenden Fall eine Dampfleistung von 2250 t/h hat, sind zehn im Vorüberhitzer abzweigende Überhitzer-Bypaßventile parallelgeschaltet. Die Turbinen-HD-Bypaßventile sind vierfach unterteilt und leiten den Dampf in ein horizontal liegendes Anfahrgefäß mit eingebauten Dampfabscheidern. Der abgeschiedene Dampf strömt zum Ent-

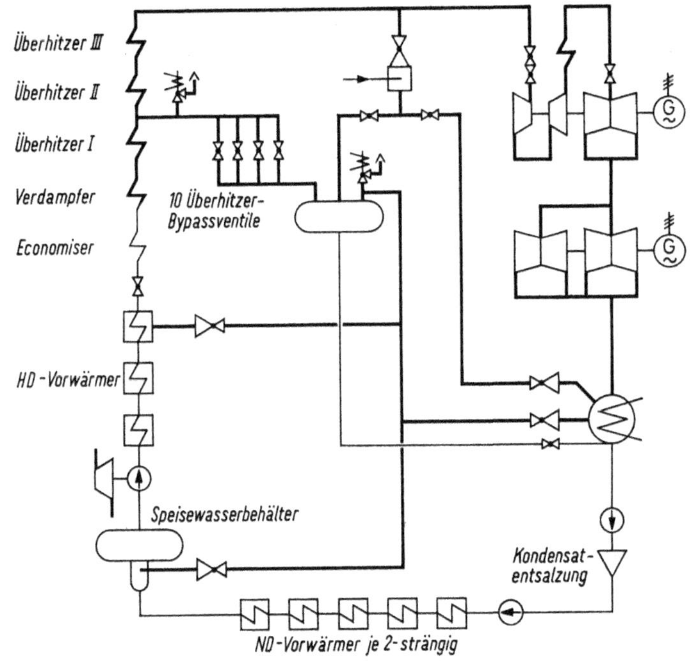

Abb. 112a. Anfahrschaltplan amerikanischer Durchlaufkessel, unterkritische Anlage

gaser und einer Hochdruck-Regenerativstufe. Der Überschußdampf geht in den Kondensator. Das abgeschiedene Wasser läuft in den Hotwell. Bei dem Anfahrschaltbild

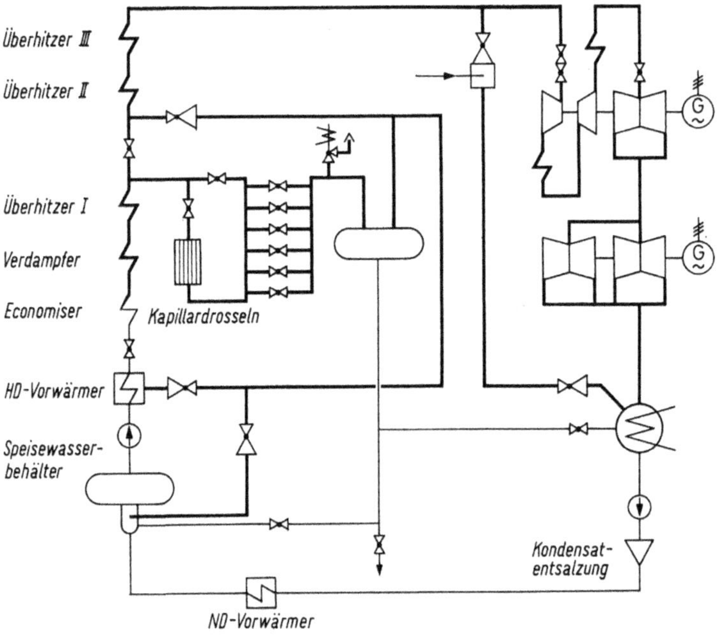

Abb. 112b. Anfahrschaltplan amerikanischer Durchlaufkessel, überkritische Anlage

eines überkritischen Bensonkessels sind zwischen Vorüberhitzer und Endüberhitzer Absperrventile eingebaut, so daß man mit Hilfe der Überhitzer-Bypaßventile und davorgeschalteter Kapillarleitungen in der Lage ist, den ersten Teil des Kessels bereits beim Anfahren auf überkritischem Druck zu halten, während der Endüberhitzer nur durch Niederdruckdampf, kommend von dem Anfahrgefäß, gekühlt wird. Bei dieser Schaltung sind für die Anfahrgefäße Sicherheitsventile für die maximale Leistung der verschiedenen Reduzierstationen erforderlich. Im allgemeinen werden die Überhitzer-Bypaßventile für 30 % der Maximalleistung und die Turbinen-HD-Bypaßventile für 40 % ausgelegt.

8. Speicherfähigkeit

Jedes druckführende System, in dem sich ein kompressibles Medium befindet, stellt einen Energiespeicher dar. Beim Dampferzeuger ist also der Überhitzer und der mit Sattdampf gefüllte Teil des Verdampfers ein Druckspeicher. Da bei einer Druckabsenkung auch die Siedetemperatur sinkt, ist auch die Enthalpie des Wassers und die Speicher-

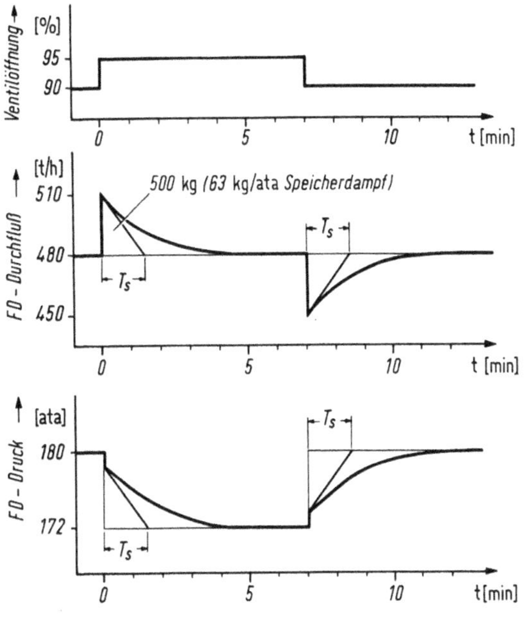

Abb. 113. Messung der Speicherzeitkonstante T_s eines Bensonkessels

wärme der Heizflächen des Verdampfers (einschließlich der unbeheizten Sammler und Verbindungsrohre) an der zusätzlichen Dampfabgabe beteiligt. Dieser Effekt ist auch beim überkritischen Dampferzeuger grundsätzlich noch vorhanden, weil im Bereich der größten Steilheit der Kurven im *It*-Diagramm die Temperatur praktisch nur vom Druck abhängt, so daß bei Druckabsenkung eine gewisse Enthalpiedifferenz frei wird.

Bezieht man den Speicherdampf je at Druckabsenkung auf die Nennleistung des Kessels und multipliziert mit dem Nenndruck, so erhält man die Speicherzeitkonstante T_s. Nur dies ist ein vergleichbarer Wert. Diese Zeitkonstante liegt bei großen Bensonkesseln zwischen 1 und 2 min. Sie ist vor allem abhängig von der mittleren Wärmebelastung der Heizflächen.

Abb. 113 läßt erkennen, wie die Speicherzeitkonstante gemessen werden kann. Verstellt man das Turbinenventil um einen bestimmten Betrag, so erhält man einen Vorgang mit Ausgleich, d. h. der Druck sinkt um einen bestimmten Betrag und fängt sich auf dem neuen (niedrigeren) Wert. Die Zeitkonstante dieses Ausgleichsvorganges (*e*-Funktion) ist identisch mit T_s, wobei sich noch die Druckverluständerung im Überhitzer überlagert. Der Dampfdurchfluß vergrößert sich nämlich vorübergehend entsprechend der Speicherdampf-Abgabe. Die Fläche unter der Dampfdurchfluß-Kurve (druckkorrigiert!) wird halbiert durch eine Tangente, deren Schnittpunkt mit der Abszisse die Zeitkonstante T_s ergibt.

Wichtig ist eine große Speicherzeitkonstante vor allem bei Kesseln mit einer trägen Feuerung, also bei Einblasemühlen mit großer Totzeit. Die große Zeitkonstante bewirkt dann eine geringe Druckabsenkung bei gleichgroßer Störung (Laständerung oder Beheizungsstörung). Bei vergleichenden Betrachtungen verschiedener Kessel darf nicht nur die Größe von T_s zugrunde gelegt werden, sondern es muß auch die zulässige Druckabsenkung beachtet werden (im Zusammenhang mit dem Schluckvermögen der Turbine). Nicht immer ist eine große Zeitkonstante T_s erwünscht. So ist z. B. beim Anfahren von in Bereitschaft stehenden Spitzenkraftwerken ein kleines T_s günstiger.

Abb. 114. Bensonkessel im Kraftwerk Frimmersdorf, Rheinisch-Westfälische Elektrizitätswerke AG Dampfleistung 455 t/h, Dampfzustand hinter Überhitzer 190 atü, 530 °C, mit Zwischenüberhitzer für 530 °C, 6 Mühlen mit einer Leistung von je 45 t/h Braunkohle. Hersteller: Vereinigte Kesselwerke, Düsseldorf

9. Beispiele ausgeführter Bensonkessel

Abb. 114 zeigt einen Blick in die Brennkammer eines großen, braunkohlegefeuerten Zweizug-Bensonkessels von unten nach oben. Auf allen vier Wänden der Brennkammer sind Steigrohr-Fallrohr-Systeme für den Verdampfer angeordnet. Die Steigrohre sind in Abständen von 2 bis 3 m gruppenweise zusammengeschweißt und an den Fallrohren verankert. Zwischen den Steig- und Fallrohren befindet sich eine 70 mm starke Schamotteschicht. Dahinter liegt die übliche Ausmauerung und Blechverkleidung. In der Einziehung oberhalb des Feuerraumes erkennt man Überhitzer-Schottenheizflächen.

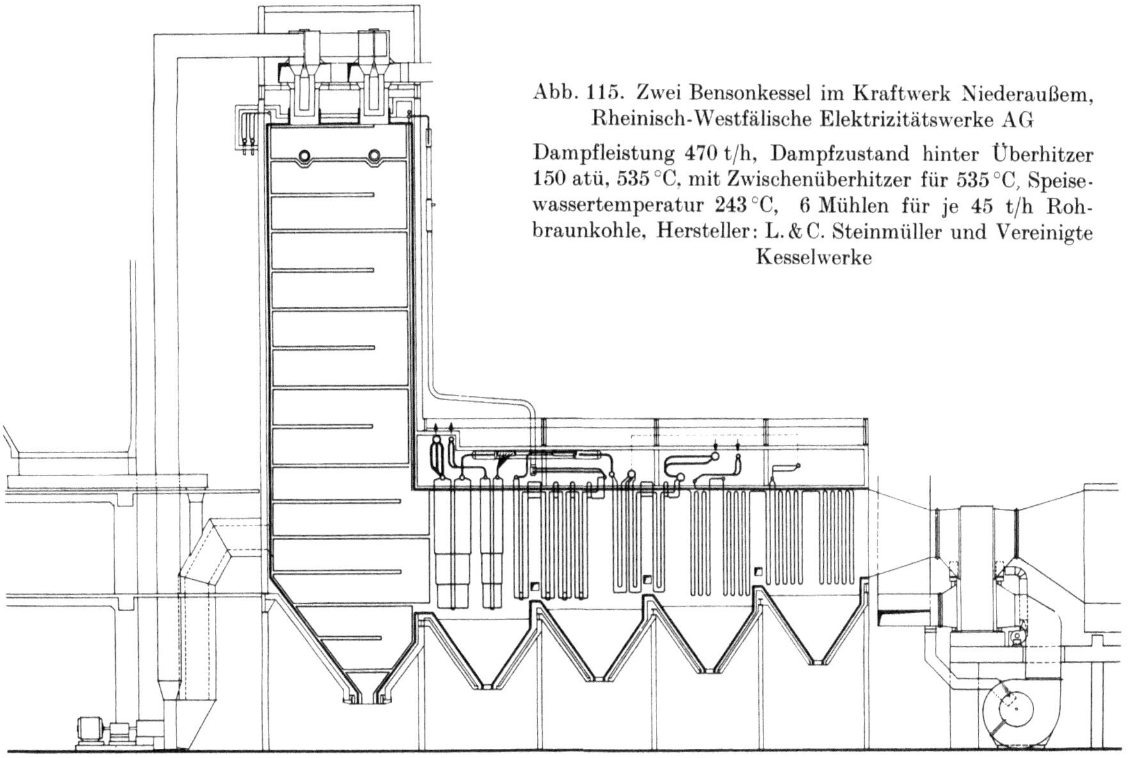

Abb. 115. Zwei Bensonkessel im Kraftwerk Niederaußem, Rheinisch-Westfälische Elektrizitätswerke AG

Dampfleistung 470 t/h, Dampfzustand hinter Überhitzer 150 atü, 535 °C, mit Zwischenüberhitzer für 535 °C, Speisewassertemperatur 243 °C, 6 Mühlen für je 45 t/h Rohbraunkohle, Hersteller: L. & C. Steinmüller und Vereinigte Kesselwerke

In Abb. 115 ist ein Bensonkessel mit Braunkohlen-Deckenfeuerung dargestellt, bei dem die gesamten Berührungsheizflächen in einem horizontalen Zug untergebracht sind. Diese Bauart wurde gewählt, um den äußeren Verschleiß der Rohrsysteme bei der stark sandhaltigen Braunkohle durch die sonst üblichen vielfachen Umlenkungen des Rauchgasstromes und die dadurch hervorgerufene Sandkonzentration in der Außenphase zu vermeiden. Bei der jetzt vorhandenen, nur einfachen Umlenkung der Rauchgase um 90° fällt der Sand teilweise im Feuerraum aus und wird später in den zahlreichen Trichtern des Horizontalzuges noch weiter vermindert. Zur besseren Sandabscheidung sind hier die gegen die Rauchgasströmung gerichteten Trichterflächen senkrecht angeordnet. Im Horizontalzug sind sämtliche Heizflächen aufgehängt, so daß beim Betätigen der Rußbläser die Asche leicht abfällt und keine Verstopfungen der Nachschaltheizflächen eintreten. Die Feuerung besteht aus sechs Mühlen für je 45 t/h Mahlleistung mit je einem zugehörigen Rundbrenner.

Das Wasser strömt zunächst durch den im hinteren Teil des Horizontalzuges angeordneten Economiser I und II, sodann nach Verminderung der Parallelstrangzahl durch den Economiser III. Von hier gehen die Rohre ohne Einschaltung eines Sammlers über die Decke des Horizontalzuges in den Mäanderbandverdampfer über. Der zweisystemige Verdampfer besteht aus horizontal angeordneten Rohrbändern auf den Seitenwänden und der Vorderwand des Feuerraumes. Seine Rückseite ist mit einem senkrecht hängenden

Strahlungsüberhitzer ausgekleidet, der aus U-förmig gebogenen Rohren von 22 m Länge besteht. Der Endüberhitzer ist als zweite Heizfläche im Horizontalzug hängend angeordnet. Der Zwischenüberhitzer liegt mit seinem ersten Teil zwischen Economiser und Endüberhitzer, während der letzte Teil schottenförmig als erste Heizfläche im Horizontalzug aufgehängt ist. Dieser Kessel zeichnet sich durch ein Minimum von unproduktiven Verbindungsleitungen zwischen den einzelnen Kesselheizflächen aus.

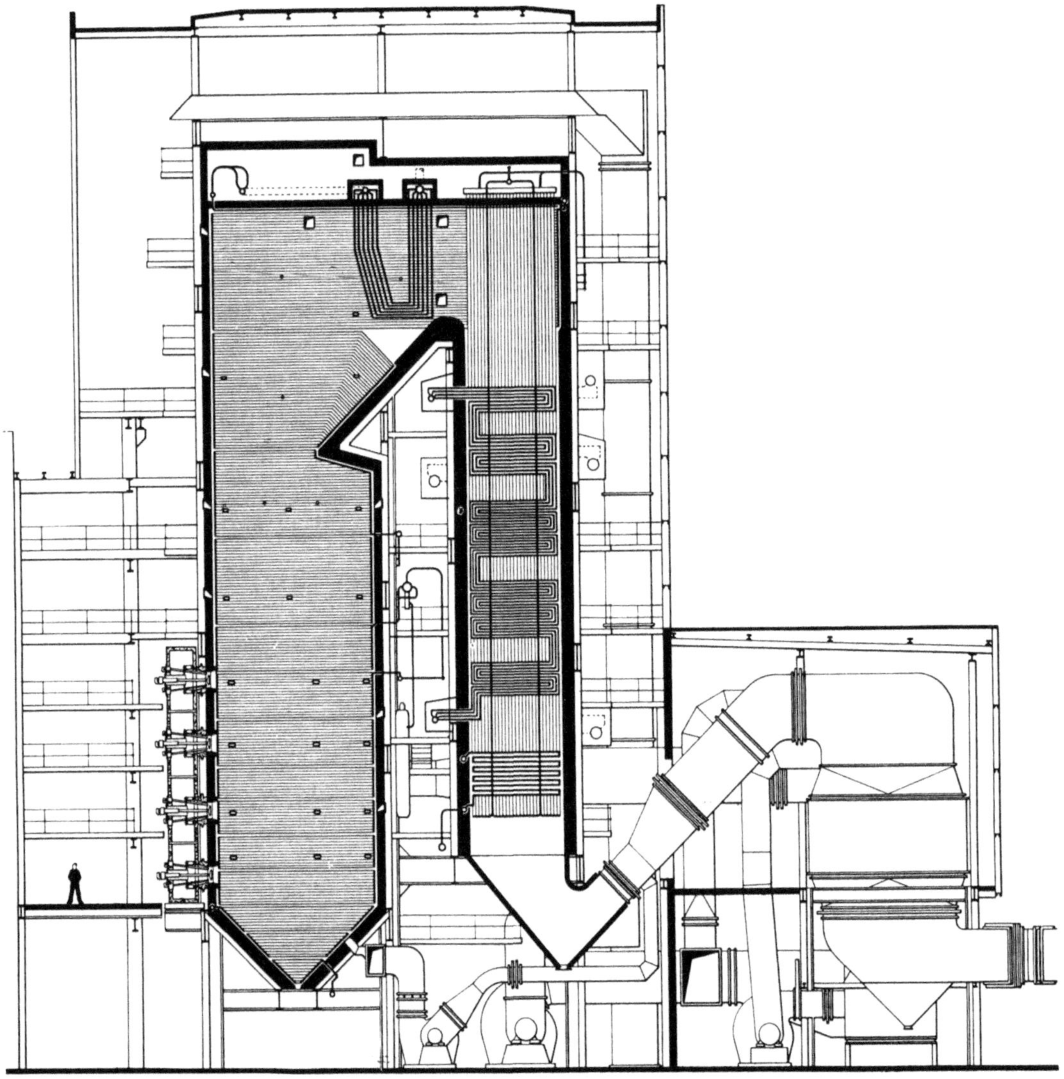

Abb. 116. Bensonkessel im Kraftwerk Robert Frank, Preag Hannover
Dampfleistung 500 t/h, Dampfzustand hinter Überhitzer 190 atü, 540 °C, mit Zwischenüberhitzer für 540 °C, Ölfeuerung, Hersteller: Babcock-Werke, Oberhausen

Abb. 116 zeigt einen Bensonkessel mit 16 frontal angeordneten, kombinierten Brennern für Erdgas und Öl. Der Kessel ist zweisystemig ausgeführt und hat eine normale Ausmauerung mit äußerer Blechverkleidung. Der Wasser-Dampf-Fluß geht nacheinander durch den Economiser, die Trennwände im zweiten Zug und anschließend mit einem Umkehrbogen durch die Tragrohre dieses Zuges. Über ein Außenrohr gelangt das Wasser zum Verdampfereintritt am Brennkammerboden und geht dann durch die horizontal steigend angeordneten Mäanderbänder bis zur halben Feuerraumhöhe. Der Dampf strömt hier über Wasserabscheider in den im mittleren Teil des zweiten Zuges liegenden Vorüberhitzer. Dann folgen nach einer Überkreuzung der beiden Kesselsystemseiten der erste Strahlungsüberhitzer, der erste Einspritzkühler, der zweite Strahlungsüberhitzer, der zweite Einspritzkühler und schließlich der Endüberhitzer. Die beiden erwähnten Strahlungsüberhitzer sind in der oberen Hälfte des Feuerraumes untergebracht. Der gesamte Zwischenüberhitzer ist in den beiden Außenseiten des zweiten Zuges angeordnet und besitzt zwischen dem ersten und zweiten Teil eine Mischstelle. Die Zwischendampftemperatur kann durch Rauchgasklappen unter dem Economiser und Rezirkulationsgebläse geregelt werden. Zur Erzielung einer geringen Teilbelastung und zum wärmesparenden Warmstart hat der Kessel in jeder Systemseite eine Umwälzpumpe, die das hinter dem Verdampfer anfallende Wasser zum Economiser zurückbefördert und einen Mindestfluß von 40% im Verdampfer aufrechterhält. Die Lufterhitzung erfolgt in zwei parallelen Ljungström-Luftvorwärmern (siehe auch Abschn. C I d mit Abb. 162, S. 171).

In Abb. 117 ist ein Bensonkessel in Blechkastenbauweise mit 16 frontal angeordneten Ölbrennern abgebildet. Das gesamte Rohrsystem der Feuerraumwände und des zweiten Zuges ist bei dieser Konstruktion an einem Gitterwerk von senkrechten und horizontalen, zusammengeschweißten U-Profileisen aufgehängt und dehnt sich bei Erwärmung frei nach unten. Die Rohre des Verdampfersystems beginnen an einem unter dem Feuerraumtrichter liegenden Ringsammler und gehen mit gleichbleibender Steigung mehrfach um den ganzen Feuerraum herum. In etwa Zweidrittelhöhe der Brennkammer endet die beheizte Zone dieses Verdampfersystems und geht von hier aus gruppenweise zu je vier Rohren senkrecht nach oben und schützt dabei die dahinter liegende Tragkonstruktion vor unzulässiger Beheizung durch den davor liegenden Strahlungsüberhitzer. Dieser besteht aus vielen nebeneinanderliegenden, senkrechten U-Bändern, die auf der Vorderwand und den beiden Seitenwänden alle parallelgeschaltet sind.

Der Verdampfer endet in zahlreichen kleinen Sammlern unter der Kesseldecke. Von hier wird der Dampf über einen Druckausgleichsammler in je vier unbeheizten Rohren parallel zu der Tragkonstruktion des zweiten Zuges abwärts geleitet. Die Verdampferaustrittsrohre auf der Rückseite des Feuerraumes gehen als tragendes Element dieser Wand mit etwas größerer Wandstärke der Rohre durch den Horizontalzug hindurch. Die Verbindungsrohre sind bei dieser Konstruktion fast alle in der Kesseldecke untergebracht, so daß die störenden Durchbrechungen in den Feuerraumwänden unterbleiben können. Die Kesseldecke selbst ist mit einer luftdichten Haube verschlossen, die ihrerseits vom Frischluftventilator unter Überdruck gesetzt wird, um das Durchtreten von Rauchgasen über die Decke in den zweiten Zug bzw. nach außen zu vermeiden. Die durch die Decke hindurchgesteckten Überhitzer sind durch Stopfbüchsen und Isolationsmasse abgedichtet. Unter dem zweiten Zug befinden sich zwei Ljungström-Lufterhitzer zur Vorwärmung der Verbrennungsluft. Bezüglich der Einzelheiten dieser Konstruktion wird auf den Abschn. V b, S. 129, verwiesen.

Der Bensonkessel gemäß Abb. 118 ist mit zwölf parallelen Steigrohr-Fallrohr-Verdampfersystemen ausgerüstet. Diese zwölf getrennten, aus jeweils fünf Parallelsträngen bestehenden Rohrsysteme sind um den äußeren Mantel der runden Schmelzkammer mit laufender Steigung herumgeführt und gehen dann jeweils in einem Fallrohr abwärts. Anschließend wird der Dampf in diesen zwölf Systemen mit je sechs Parallelsträngen durch den Pilz, eine im Kragen eingebaute Strömungsgleichrichterfläche und schließlich um den Kragenmantel und Diffusor herum bis zur halben Höhe des Kessels geführt. Die Brenner sind bei dieser Kesselkonstruktion in der Decke der Schmelzkammer so eingebaut, daß sie eine rotierende Flamme erzeugen. Der Zwischenraum zwischen den Brennern dieser Decke ist mit wassergekühlten Rohren ausgekleidet, die vor dem Verdampfer durchflossen werden. Im oberen Teil des ersten Zuges ist der Strahlungsüberhitzer ebenfalls mit laufender Steigung der Rohre um den hier quadratischen Querschnitt des Strahlungszuges herumgeführt. Im zweiten Zug sind sämtliche Wände mit Überhitzer-Heizflächen verkleidet. Außerdem befindet sich hier der Endüberhitzer in schottenförmiger Anordnung.

Im unteren Teil des dritten Zuges ist der Zwischenüberhitzer angeordnet, dessen Temperatur durch eingeschaltete Wärmetauscher im Belastungsbereich von 70 bis 100% konstant

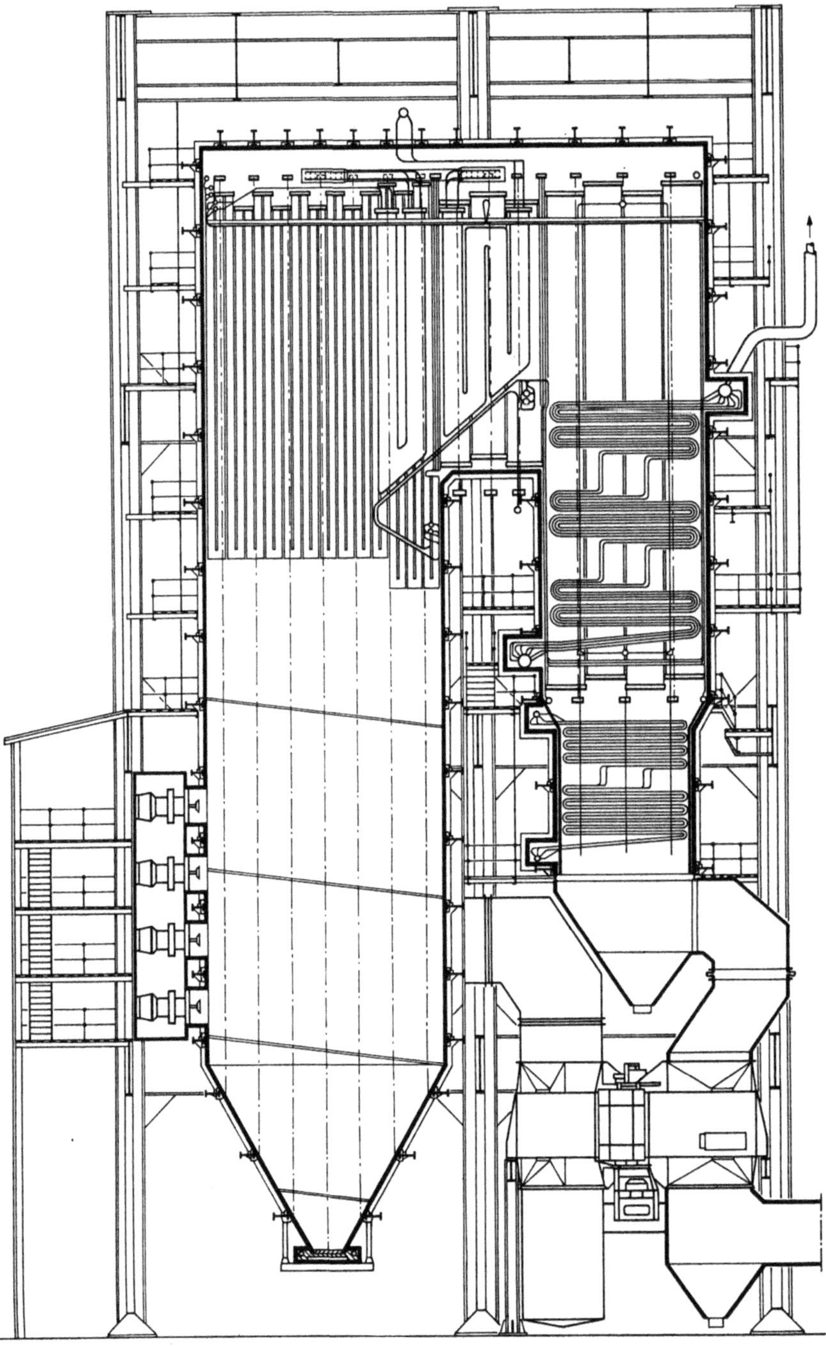

Abb. 117. Bensonkessel im Kraftwerk Chivasso, Italien
Dampfleistung 830 t/h, Dampfzustand hinter Überhitzer 210 atü, 540 °C, mit Zwischenüberhitzer für 540 °C, Ölfeuerung, Hersteller: Ansaldo, Genua

gehalten wird. Es erfolgt hier ein Wärmeaustausch vom Hochdrucküberhitzer zum Zwischenüberhitzer, der durch Einspritzen von Wasser in den Hochdrucküberhitzer geregelt werden kann.

Der Bensonkessel gemäß Abb. 119 hat eine vierfache Zyklonfeuerung in Boxeranordnung und ist in skin-casing-Bauweise ausgeführt. Die gesamte Konstruktion ist oben aufgehängt und wird getragen durch 30 gleichmäßig auf den Umfang des ersten und zweiten Zuges verteilte Rohre mit einem äußeren Durchmesser von 105 mm. Dabei werden die Rohre des zweiten und dritten Zuges aufwärts und die des ersten Zuges abwärts durchströmt. Dieser Kessel hat bei Vollast keine Verdampferzone mehr, da er dann überkritisch arbeitet. Nach dem Economiser wird das Rohrsystem der Zyklone, der Sekundär- und Tertiärkammer bis zur Höhe der Zyklonoberkante durchströmt. Am Austritt dieser Heizfläche sind für unterkritisches Wiederanfahren und Teillastbetrieb Wasser-Dampf-Trenn-

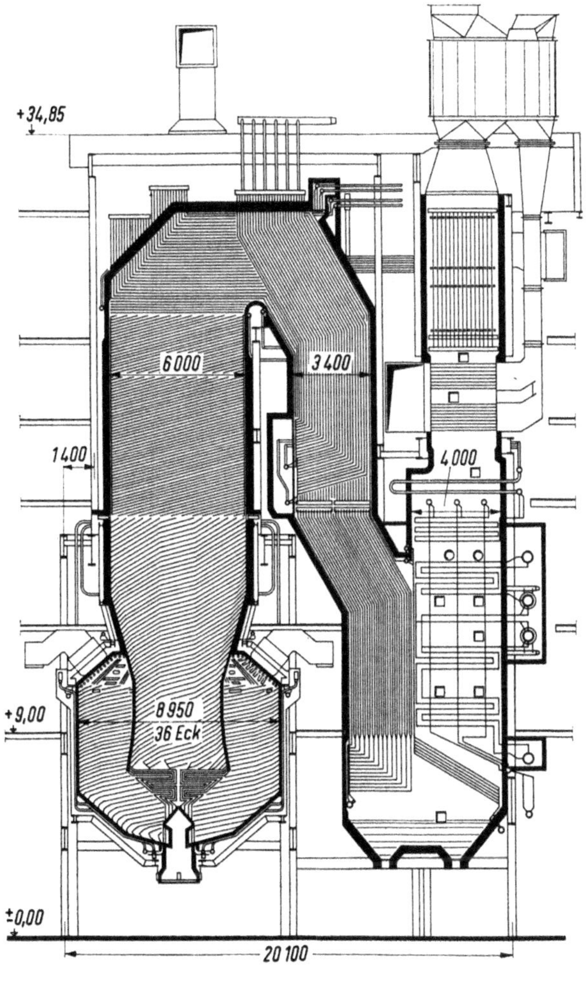

Abb. 118. Bensonkessel im Gersteinwerk, Vereinigte Elektrizitätswerke Westfalen AG
Dampfleistung 375 t/h, Dampfzustand hinter Überhitzer 190 atü, 530 °C, mit Zwischenüberhitzer für 535 °C, Speisewassertemperatur 305 °C, 4 Fuller-Kugelmühlen EL 56 für je 11 t/h Steinkohle, Hersteller: Dürrwerke AG, Ratingen

gefäße und Umwälzpumpen eingeschaltet, mit deren Hilfe der erste schärfstbeheizte Teil des Kessels auf einen Mindestdurchfluß entsprechend 40% gehalten werden kann. Anschließend werden die Strahlungsüberhitzer im aufsteigenden Zug durchströmt. Zwischen dem ersten und zweiten Strahlungsüberhitzer ist ein außenliegender Wärmetauscher zur Regelung der Zwischendampftemperatur eingeschaltet. Hier wird also Wärme von der Hochdruckseite an den Zwischendampfeintritt abgegeben, indem man die am Zwischendampfeintritt sitzenden Zweiwegeventile entsprechend verstellt. Der Endüberhitzer dieses Kessels befindet sich im dritten Zug unten. Hochdruckseitig sind drei Einspritzkühler vorgesehen, mit deren Hilfe auch die Leistungsfähigkeit der oben beschriebenen Wärmetauscher geregelt werden kann. Der erste Zwischenüberhitzer dieses Kessels sitzt mit seinem ersten Teil im dritten Zug unter dem Economiser, der zweite Teil desselben ist

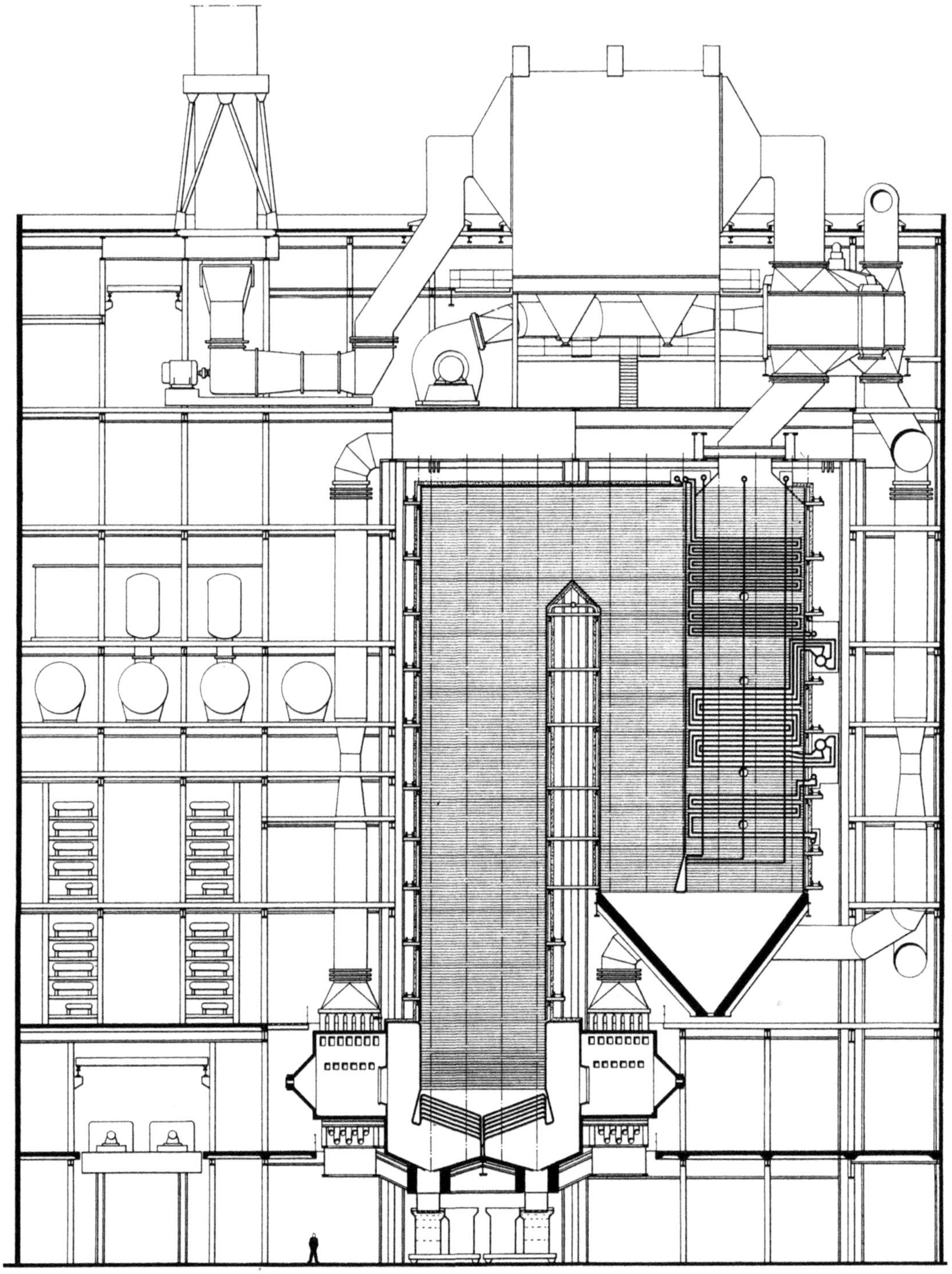

Abb. 119. Bensonkessel im Großkraftwerk Mannheim
Dampfleistung 650 t/h, Dampfzustand hinter Überhitzer 255 atü, 530 °C, mit doppelter Zwischenüberhitzung auf 540/530 °C, Zyklonfeuerung, Hersteller: Babcock-Werke, Oberhausen

als Strahlungsheizfläche im oberen Teil des ersten und zweiten Zuges angeordnet, geht auf der Rückseite des zweiten Zuges senkrecht nach unten und hat am unteren Teil des dritten Zuges seine Austrittssammler. Dazwischen befindet sich eine Einspritzstelle zur Temperaturregelung. Der zweite Zwischenüberhitzer liegt teils im dritten Zug und teils als Strahlungsheizfläche auf den Wänden des zweiten und dritten Zuges.

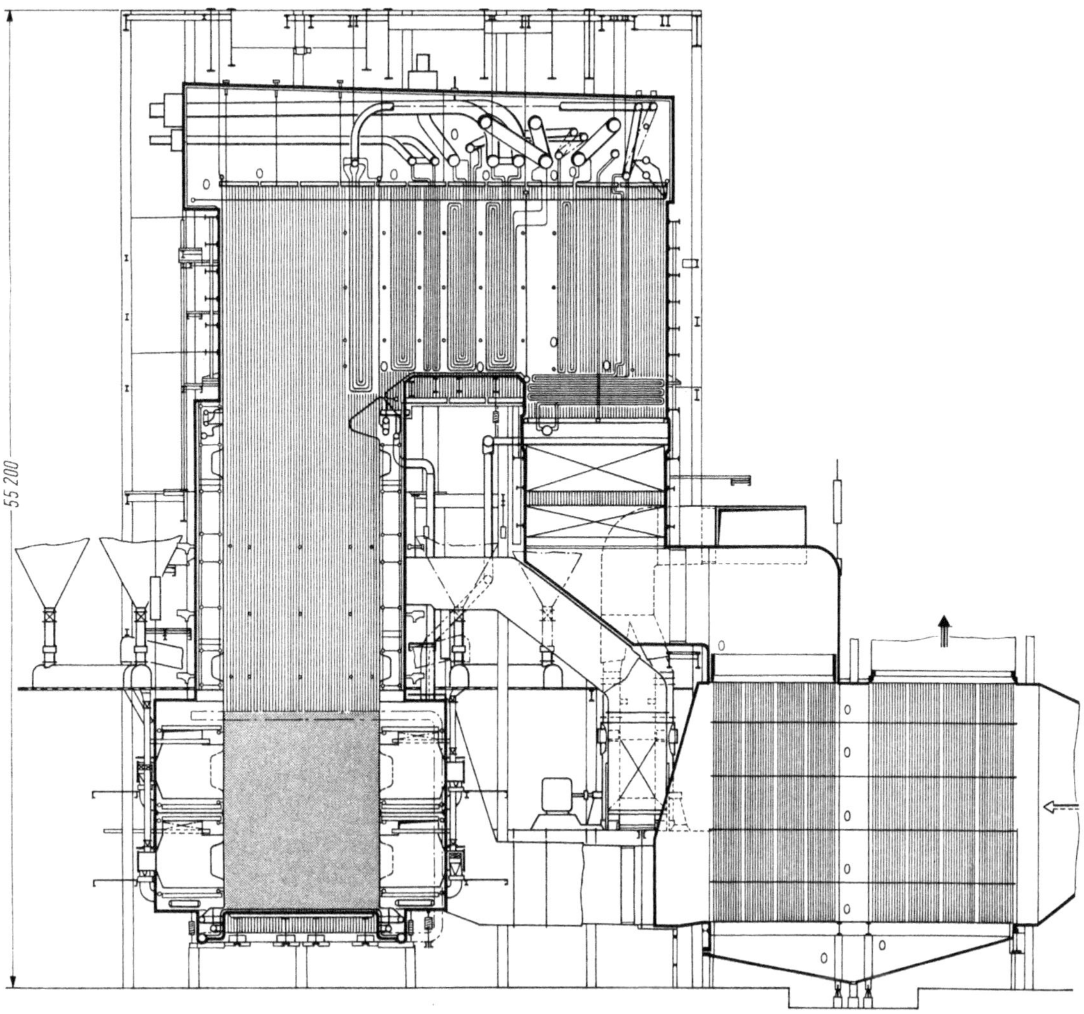

Abb. 120. Bensonkessel im Kraftwerk Tanners Creek, Indiana/USA
Dampfleistung 1745 t/h, Dampfzustand hinter Überhitzer 246 atü, 538 °C, mit doppelter Zwischenüberhitzung auf 552/566 °C, Zyklonfeuerung, Hersteller: Babcock & Wilcox, USA

Abb. 120 zeigt den größten bisher in Betrieb befindlichen überkritischen Bensonkessel mit Zyklonfeuerung und doppelter Zwischenüberhitzung. Dieser Kessel wurde in der sog. Membranbauweise errichtet. Dies bedeutet, daß die Feuerraumwände und auch diejenigen des zweiten Zuges aus gasdicht zusammengeschweißten Rohren mit zwischengeschweißten Stegen bestehen. In Abb. 121 ist die Ausführung einer solchen zusammengeschweißten Feuerraumwand dargestellt. Im zweiten Zug ist die Rohrteilung durch Zwischenschweißen wesentlich breiterer Stege entsprechend der dort geringeren Wärmebelastung bedeutend größer. Die Anlage wurde in Freiluftbauweise errichtet und besitzt Überdruckfeuerung, sie arbeitet also ohne Saugzugventilator. Der untere Teil des Feuerraumes hat bis zu Zweidrittelhöhe zwei nacheinander durchflossene Aufwärtsgänge, wobei die Rohre der beiden nacheinander geschalteten Systeme auf den ganzen Umfang verteilt und ineinander geschachtelt sind. Der erste Aufwärtsgang endet in einem um den ganzen Feuerraum herumgeführten Ringsammler, von dem aus in einer Feuerraumecke ein einziges dickes Fallrohr nach unten zu einem zweiten Ringsammler als Eintrittssammler für den zweiten Aufgang führt. Bei einer solchen Ausführung kann man nur ein homogenes Medium auf die Rohre des zweiten Aufganges in befriedigender Weise verteilen. Um diese Verteilung auch beim Anfahren sicherzustellen, erfolgt die Inbetriebnahme des Kessels bereits mit überkritischem Druck entsprechend dem in Abb. 112b dargestellten Anfahrschaltbild der überkritischen Anlage. Im oberen Drittel des Feuerraumes kommen die gleichen Rohrdurchmesser mit der gleichen Teilung wie im unteren Teil des Feuerraumes zur Verwendung. Sie sind hier jedoch alle in einem Aufgang parallelgeschaltet. Die Übergangsstelle auf die doppelte Parallelstrangzahl mit eingeschaltetem Mischsammler, getrennt auf jeder Feuerraumseite, wird in Abb. 122 gezeigt. Die Rohre der Kesseldecke sind nicht verschweißt. Die Abdichtung erfolgt hier durch darüberliegende Bleche. Die Berührungsheizflächen des Horizontalzuges sind im Bereich der Decke mit Blechkästen umgeben und durch Isolation abgedichtet. Da eine solche Bauweise nicht absolut dicht ist, hat man über der Kesseldecke einen großen, begehbaren, luftdichten Blechkasten angeordnet, der vom Frischluftventilator her auf kleinem Überdruck gehalten wird. Der Kessel besitzt eine Zyklonfeuerung in Boxeranordnung, wobei fünf Zyklone auf der Vorderseite und sechs auf der Rückseite des ersten Zuges angeordnet sind. Die Kohle wird in einer zentralen Brecheranlage auf eine Korngröße von 3 bis 4 mm gebracht und von hier aus in die beiderseits des Kessels angeordneten Bunker geführt. Über Kohlezuteiler erfolgt die Weiterleitung des Brennstoffes zu den einzelnen Zyklonen. Im Gegensatz zu den in Deutschland üblichen Zyklonfeuerungen, bei denen der wesentlich feiner gemahlene Kohlenstaub tangential aufgegeben wird, erfolgt hier die Kohlenzugabe in der Zyklonspitze unter Zugabe tangential eingeführter Primärluft. Der größte Teil der Verbrennungs-

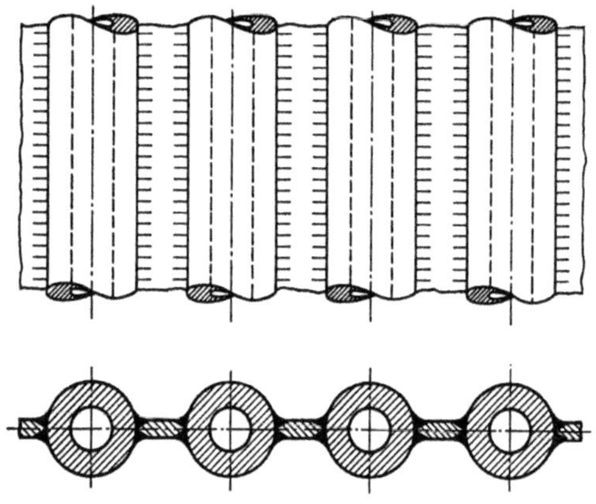

Abb. 121. Membranwand

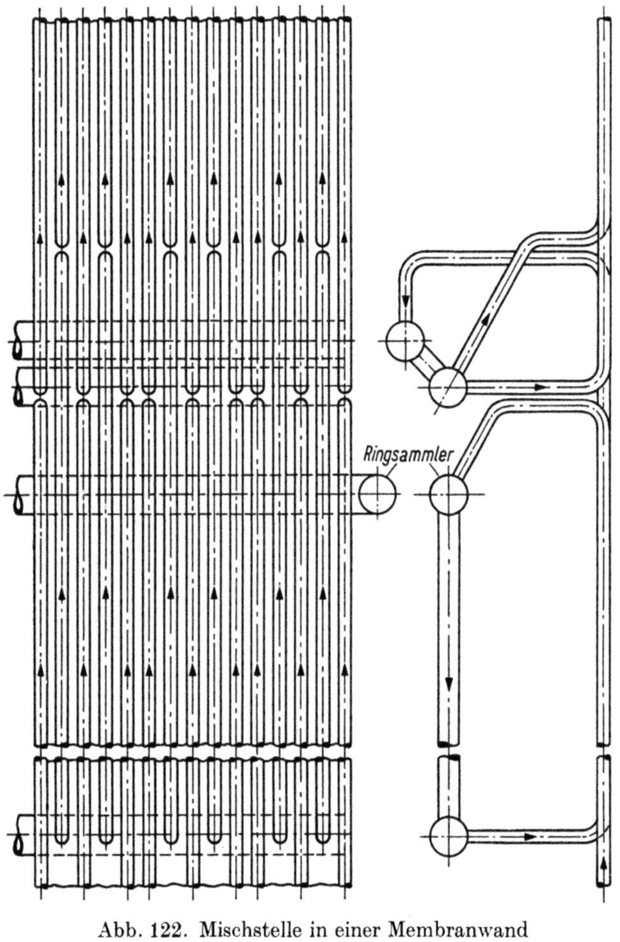

Abb. 122. Mischstelle in einer Membranwand

luft wird auch bei dieser Zyklonfeuerung tangential über die ganze Breite des Zyklons eingeführt. Die Feuerraumwände dieses Kessels sind bis etwa 2 m oberhalb der obersten Zyklone bestiftet und bestampft. Darüber befinden sich auf der Vorder- und Rückseite Öffnungen zur Einführung kalter Rauchgase mittels eines Rezirkulationsgebläses. Die klebrigen Ascheteilchen sollen hierdurch granuliert und die Verschmutzung der darüber liegenden Feuerraum- und Berührungsheizflächen verhindert werden. Die Rezirkulationsgebläse haben außerdem die Aufgabe, die Zwischendampftemperaturen zu regeln. Zu diesem Zweck besteht die Möglichkeit, die Rauchgase wahlweise oberhalb der Zyklone oder auch unterhalb der Feuerraumnase auf der Vorder- und Rückseite einzuführen. Die Vorwärmung der Verbrennungsluft erfolgt in einem Röhrenlufterhitzer. Bei den früher in Verbindung mit derartigen Zyklonfeuerungen gebauten Ljungström-Lufterhitzern wurden größere Mengen körniger, granulierter Asche von der Rauchgasseite in die Luftseite geschleust und verursachten in den Zyklonen erhebliche Erosionen. Auf Grund dieser Erfahrungen ging man zu den Röhren-Lufterhitzern über, die bei gleichen luft- und rauchgasseitigen Widerständen natürlich einen wesentlich größeren Platzbedarf haben. Nach Angabe der Herstellerfirma sind sie indessen nicht teurer als Ljungström-Lufterhitzer.

IV. Der Zwischenüberhitzer und seine Regelung

Der Zwischenüberhitzer hat die Aufgabe, den von dem Hochdruckteil der Maschine kommenden Dampf auf eine möglichst bei allen Lasten gleich hohe Temperatur zu erhitzen. Bei konstantem Frischdampfdruck sinkt bei kleiner werdender Belastung die Eintrittstemperatur in den Zwischenüberhitzer, so daß bei kleiner werdender Last dem Dampf im Zwischenüberhitzer mehr Wärme je Kilogramm durchfließenden Mediums zugewiesen werden muß, als dies bei Vollast der Fall ist. Bei Gleitdruckbetrieb, bei dem also die Hochdruckventile voll geöffnet sind, ist die Zwischendampf-Eintrittstemperatur fast belastungsunabhängig und steigt bei kleiner werdender Belastung sogar etwas an. Bei Gleitdruckfahrweise ist also die Aufgabe, die Zwischendampftemperatur bei allen Belastungen konstant zu halten, einfacher.

Bei überkritischen Anlagen wird meistens eine doppelte Zwischenüberhitzung vorgesehen, um den Wärmeverbrauch der Anlage weiter zu senken. Bei einer solchen Anlage müssen größere Teile des Zwischenüberhitzers als Feuerraumwandverkleidung gebaut werden, weil der Anteil der Hochdruckheizflächen hier schon beträchtlich zurückgeht. Bei den großen Blockanlagen in England und Amerika muß man jedoch die Unterbringung der Zwischenüberhitzer als Strahlungsheizfläche vermeiden, weil man dort die Zwischenüberhitzer beim Anfahren stets ungekühlt läßt. Dies ist dadurch bedingt, daß die dort gebauten Turbinen keine Mitteldruckventile haben. Bei den europäischen Maschinen hingegen ist es ohne weiteres möglich, die Zwischenüberhitzer über Bypaß-Reduzierstationen mit dem Anfahrdampf zu beaufschlagen, weil hier alle Turbinen über Mitteldruckregelventile verfügen, die beim Anfahren des Kessels geschlossen sind.

Zur Erzielung einer konstanten Zwischendampftemperatur wurden verschiedene Regelmöglichkeiten entwickelt:

a) durch Wassereinspritzung,
b) durch Schwenkbrenner,
c) durch Rezirkulationsgebläse,
d) durch Regelzug,
e) durch Wärmetauscher,
f) durch Doppelbrennkammern.

a) Wassereinspritzung

Eine solche Temperaturregelung ist am einfachsten ausführbar. Sie hat jedoch einen wärmewirtschaftlichen Verlust zur Folge, weil mit einem Teil der im Brennstoff zugeführten Wärme nur Niederdruckdampf erzeugt wird und somit ein entsprechender Anteil Hochdruckgefälle verlorengeht. Eine Einspritzkühlung für den Zwischenüberhitzer ist nur vertretbar, wenn ein Teil dieser Heizfläche im oberen Feuerraumabschnitt untergebracht ist, so daß eine einigermaßen ausgeglichene Kennlinie entsteht und nur bei Vollast eine geringe Einspritzmenge erforderlich wird.

b) Schwenkbrenner

Eine solche Lösung ist nur ausführbar bei einer Feuerung mit trockenem Ascheabzug. Bei Betätigung der Schwenkbrenner wird nicht nur die Zwischendampftemperatur, sondern bei Naturumlaufkesseln auch die Frischdampftemperatur beeinflußt. Die Hochdrucküberhitzer- und Zwischenüberhitzer-Heizflächen müssen in einem solchen Fall für eine etwa gleichartige belastungsabhängige Kennlinie gebaut werden, damit übertriebene Wassereinspritzungen in den Hochdrucküberhitzer vermieden werden. Durch das Hochschwenken der Brenner wird die Beheizungsstärke für den Zwischenüberhitzer bei Teillast erhöht. Dadurch entsteht ein Ansteigen der Abgastemperatur und somit eine Senkung des Kesselwirkungsgrades.

c) Rezirkulationsgebläse

Besonders in Amerika und England ist es üblich, die Zwischendampftemperatur durch Einbau eines Rezirkulationsgebläses zu regeln. Kaltes Rauchgas wird hinter dem Economiser angesaugt und in den Feuerraum unten eingeblasen, so daß die Wärmeaufnahme vom Feuerraum mehr in die Berührungsheizflächen des Zwischenüberhitzers verschoben wird. Man kann bei entsprechend großer Auslegung dieses Gebläses auch bei hohen Betriebsdrücken und Naturumlauf trotz der kleinen Verdampfungswärme noch alle Wände der Brennkammer mit Siederohren auskleiden. Man vermeidet auf diese Weise die Anbringung von Strahlungsüberhitzer-Heizflächen vor dem Verdampfersystem und somit eine Doppelberohrung. Bei noch höheren Betriebsdrücken kann man sich auf jeden Fall mit einem kleinen Strahlungsüberhitzer begnügen. Bei zyklongefeuerten Kesseln werden die Rezirkulationsgebläse auch eingesetzt, um die Rauchgase der Zyklonfeuerung momentan so weit abzukühlen, daß die flüssigen Schlacketeilchen fest werden. Die nachgeschalteten Heizflächen der Brennkammer bleiben dann frei von Ascheansätzen.

Wenn ein Rezirkulationsgebläse den geschilderten mehrfachen Zweck erfüllt, ist es zur Regelung der Zwischendampftemperatur wirtschaftlich vertretbar. Der Leistungsaufwand für ein derartiges Gebläse, das meistens für 50% der Rauchgase ausgelegt wird, ist jedoch erheblich und liegt in der Größenordnung von 0,5% der erzeugten elektrischen Leistung.

d) Regelzug

Vielfach wird die Zwischendampftemperatur durch eine rauchgasseitige Bypaß-Schaltung geregelt. In dem Bypaß-Gaskanal können dabei auch Hochdrucküberhitzer- oder Economiser-Heizflächen eingebaut sein. Im letzteren Fall wird also bei Teilbelastung diese Heizfläche ausgeschaltet, so daß dann eine entsprechende Verringerung des Kesselwirkungsgrades auftritt (Abb. 123a). Bei Regelzügen, die im Bypaßzug keine Heizfläche besitzen, erfolgt die Regelung der Zwischendampftemperatur durch Umleiten eines Teilgasstromes bei Vollast, so daß hier bei Vollast der Kesselwirkungsgrad vermindert wird (Abb. 123b).

e) Wärmetauscher

Die für diesen Zweck entwickelten Wärmetauscher können auf verschiedene Weise geschaltet werden. In Abb. 123c wird Wärme vom Hochdrucküberhitzer an den Dampf des Zwischenüberhitzers abgegeben. Solche Wärmetauscher eignen sich besonders gut für Durchlaufkessel. Dieser Wärmetausch kann in einem außen liegenden Apparat erfolgen, ist aber auch durch Ineinanderstecken von Hochdrucküberhitzer- und Zwischenüberhitzer-Rohrschlangen möglich. Die letztere Ausführung ist beim Sulzerkessel als „Triflux" bekannt geworden (siehe unter „Sulzerkessel" III b 2, S. 93). Die Regelung der Zwischendampftemperatur erfolgt dabei teilweise selbsttätig durch das bei kleiner Belastung größer werdende Temperaturgefälle zwischen Hochdruckdampf und Zwischendampf. Durch Wassereinspritzung in den HD-Überhitzer kann dieses Temperaturgefälle und somit die Zwischendampftemperatur geregelt werden. Außerdem ist meistens eine Bypaßleitung vorgesehen, mit der der Hochdruckdampf durch Ventilsteuerung an den Wärmetauschern vorbeigeleitet werden kann. Der Regelbereich läßt sich dadurch noch vergrößern.

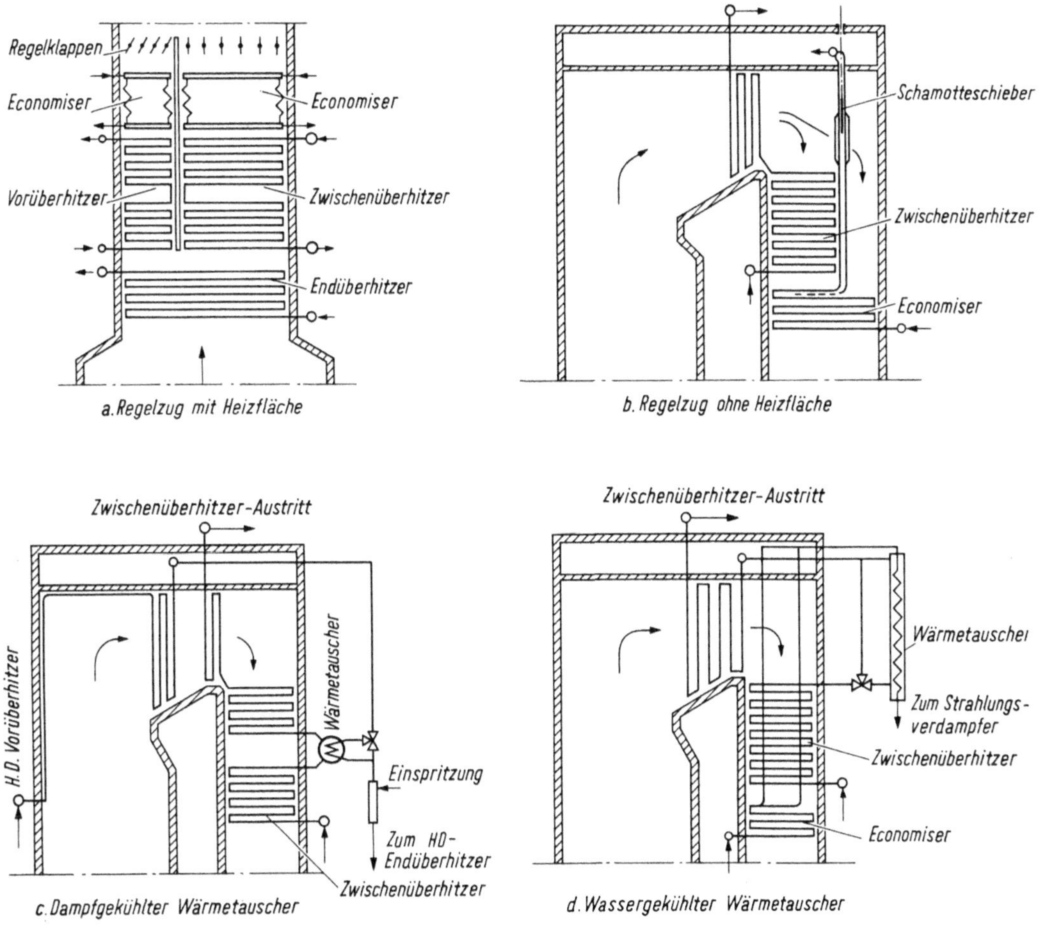

Abb. 123 a—d. Regelungsmöglichkeiten der Zwischendampftemperatur

Bei einem anderen Regelsystem gemäß Abb. 123 d erfolgt ein Wärmetausch vom Zwischendampf zum Speisewasser. Dieser Apparat ist zwischen Economiser und Verdampfer geschaltet und wird vom gesamten Speisewasser durchflossen. Die Regelung erfolgt hier durch eine zwischendampfseitige Bypaßleitung mit entsprechenden Zweiwegeventilen. Durch mehrfache Unterteilung des Wärmetauschers und der nachgeschalteten Zwischenüberhitzer-Heizfläche ist man in der Lage, die Zwischenüberhitzer-Austrittstemperatur auch bei großer Kesselbreite in allen Parallelsträngen auf gleicher Höhe zu halten. Natürlich muß dann für jeden der parallelen Überhitzerabschnitte ein Zweiwegeventil mit zugehöriger Regelung und Temperaturfühler eingesetzt werden. Bei dem Wärmetauscher nach Abb. 123c wird bei Teillast in steigendem Maße Wärme übertragen, während bei Vollast der Wärmetausch infolge kleiner werdender Temperaturdifferenz aufhört bzw. durch Betätigung des Zweiwegeventiles vermindert wird. Bei dem Wärmetauscher nach Abb. 123d ist es umgekehrt, so daß bei dieser letztgenannten Anordnung die Zwischenüberhitzer-Heizfläche so groß sein muß, daß sie bei der kleinsten gewünschten

Belastung noch die volle Aufwärmspanne erbringt. Es werden auch noch Wärmetauscher gebaut, bei denen die durchfließende Wassermenge geregelt wird und immer der volle Zwischendampfdurchsatz vorhanden ist. Diese Anordnung hat den Vorzug, daß bei einem Leckwerden des Wärmetauschers auf der Wasserseite dieser wie ein Einspritzkühler wirkt und somit keine Gefährdung für die Turbine entsteht. Auch bei diesen Regelungsarten der Zwischendampftemperatur mit Wärmetauschern entstehen Wirkungsgradverluste wegen der hochdruck- und mitteldruckseitigen Druckverluste dieser Apparate.

f) Doppelbrennkammer

Bei dieser Ausführung erfolgt die gesamte Dampferzeugung in zwei getrennt befeuerten Kesseln, wobei der gesamte Hochdrucküberhitzer in dem einen Kessel und der oder die gesamten Zwischenüberhitzer in dem anderen Kessel als Berührungsheizflächen unter-

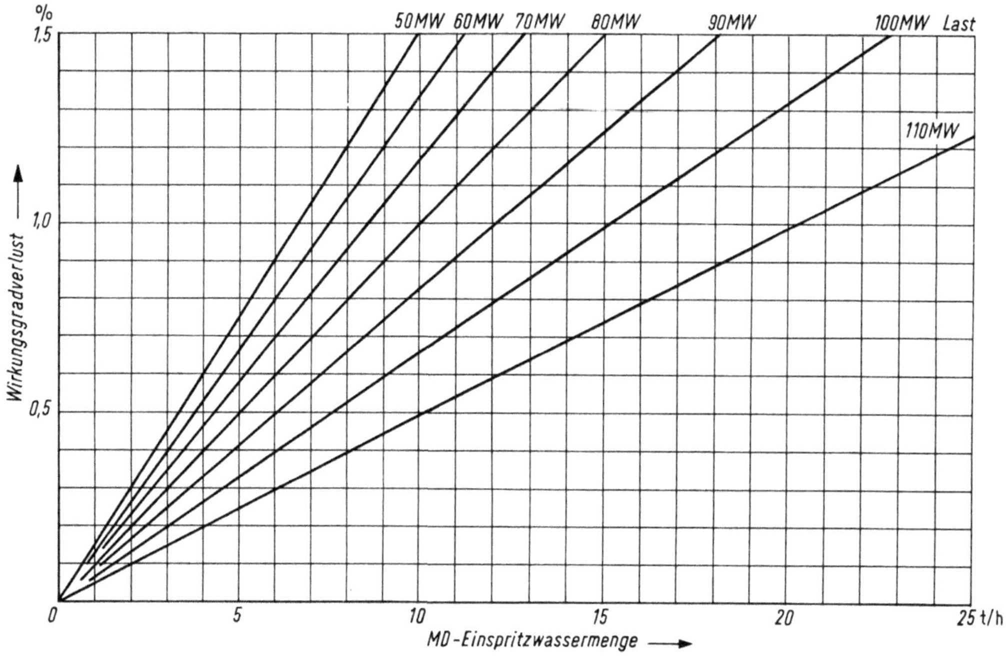

Abb. 124. Wirkungsgradverlust durch Mitteldruckeinspritzung in Abhängigkeit von der Last

gebracht sind. Hierbei ist eine praktisch verlustlose Regelung der Zwischendampftemperatur möglich, indem man die Feuerung des Zwischenüberhitzerkessels so fährt, daß bei allen Belastungen die Austrittstemperatur des Zwischenüberhitzerdampfes konstant bleibt. Dies bedeutet, daß die in diesem Kessel untergebrachten Hochdruckheizflächen der Feuerraumwände bei Teilbelastung mit einer größeren Wärmemenge beaufschlagt werden als die entsprechenden Hochdruckheizflächen in dem anderen Kessel, der den Hochdrucküberhitzer enthält. Dieser wird dann so befeuert, daß die Hochdrucktemperatur bei allen Belastungen konstant bleibt. Eine solche Fahrweise ist natürlich nur möglich bei einem echten Durchlaufkessel ohne Flasche und Festhalten des Restverdampfungspunktes. Diese Lösung ist indessen sehr teuer und erlaubt auf Grund ihrer Schaltung auch keinen Halblastbetrieb mit einem Kessel, während der andere in Reparatur ist. So geschaltete Dampferzeuger sind in den USA und der UdSSR in Betrieb.

g) Beurteilung der Regelungsmöglichkeiten

Die unter a) beschriebene einfache Regelung der Zwischendampftemperatur mit Einspritzung kann bei geschickter Anordnung der Heizflächen so ausgeführt werden, daß der entstehende Wärmeverlust nicht größer ist als bei den unter b) und c) beschriebenen Anordnungen. Diese Frage ist natürlich abhängig von der Zahl der zu erwartenden Vollast- und Teillastbenutzungsstunden sowie dem Brennstoffpreis. Da die Einspritzregelung entschieden die einfachste und billigste Lösung darstellt, sollte man diese vorziehen.

Abb. 124 zeigt, in welcher Weise der Wirkungsgrad einer Anlage mit 110 MW bei verschiedenen Belastungszuständen mit steigender Einspritzwassermenge sinkt. Wenn die Turbine hauptsächlich mit Vollast betrieben werden soll, wird man den Zwischenüberhitzer so bemessen, daß bei etwa 80% Maschinenlast ohne Einspritzung gearbeitet werden kann. Fährt die Turbine häufiger Teilbelastung, so ist es besser, die Zwischenüberhitzer-Heizflächen so auszulegen, daß bei 65 bis 70% Belastung keine Einspritzung stattfindet. Bei kleineren Belastungen sinkt die Zwischendampftemperatur entsprechend der Charakteristik ab. Den dadurch entstehenden Wirkungsgradverlust ersieht man aus Abb. 125.

Die mit Wärmetauschern arbeitenden Zwischendampf-Temperaturregelungen haben einen mehr oder weniger großen Druckverlust mitteldruckseitig zur Folge. Hierdurch

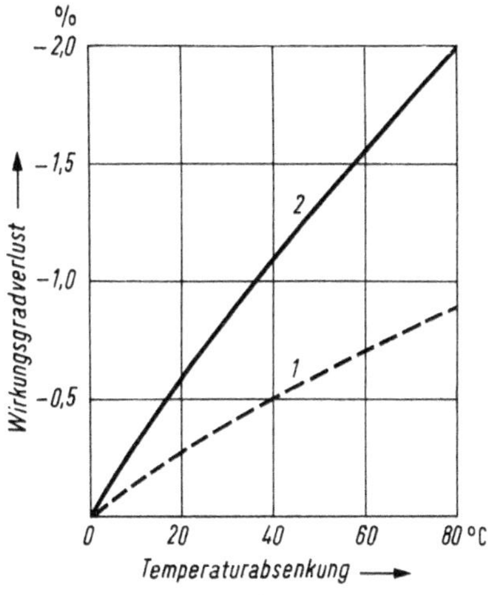

Abb. 125. Wirkungsgradverlust durch abgesenkte Austrittstemperatur am Zwischenüberhitzer

1 Adiabatischer Verlust
2 Verlust unter Berücksichtigung der Änderung des Turbinenwirkungsgrades durch vergrößerte Endnässe

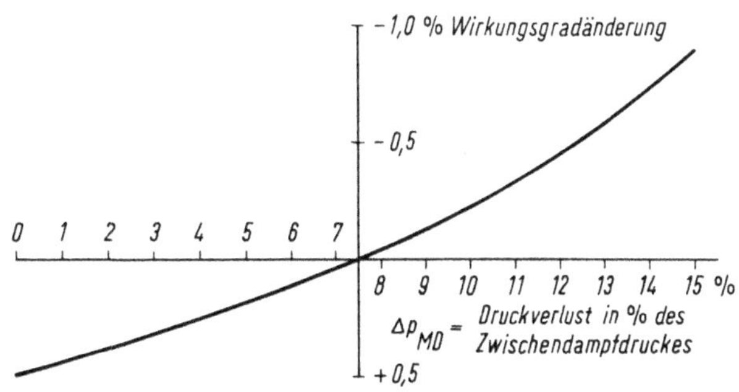

Abb. 126. Wirkungsgradänderung bei verschiedenem Druckverlust im Mitteldrucknetz

Auslegung: Druckverlust = 7,5% des Zwischendampfdruckes

Beispiel: Bei p_{MD} = 40 at; Δp_{MD} = 7,5% = 3 at beträgt statt dessen Δp_{MD} = 4,0 at = 10%, so ergibt sich laut Kurve eine Wirkungsgradverschlechterung von 0,22%.

entsteht ein Wirkungsgradverlust, der aus Abb. 126 zu ersehen ist. Die mit Regelzug oder Schwenkbrennern arbeitenden Zwischendampf-Temperaturregelungen haben bei kleiner werdender Belastung eine höhere Abgastemperatur zur Folge, wobei eine Erhöhung um 16 bis 18 °C etwa 1% Wirkungsgradverlust entspricht. Die Regelung mit Regelzug hat darüber hinaus den Nachteil, daß die Zwischenüberhitzer-Heizfläche großenteils in ein kälteres Rauchgasgebiet verschoben wird, so daß zusätzlich auch größere mitteldruckseitige Widerstände wegen der größeren Rohrlänge zu überwinden sind.

V. Konstruktion und Berechnung

Von Georg Lösel und Rupprecht Michel

Die Konstruktionen der von den verschiedenen Herstellerfirmen gebauten Dampferzeuger sind, wie aus den Ausführungsbeispielen hervorgeht, sehr unterschiedlich. Es ist nicht die Aufgabe dieser Abhandlung, die verschiedenen Konstruktionseinzelheiten zu zeigen. In diesem Abschnitt soll nur die neueste Entwicklungsrichtung vom ausgemauerten Kessel über die Blechkastenkonstruktion (skin-casing) zur geschweißten Feuerraumwand behandelt werden.

a) Kessel mit ausgemauerten Wänden

Bei dieser Bauweise erfolgt die Isolierung des Kessels durch ein unmittelbar hinter den Strahlungsheizflächen liegendes mehrschichtiges Mauerwerk, bestehend aus Schamotte- und Isoliersteinen in Verbindung mit einer äußeren, meist gasdicht verschweißten Blechkonstruktion. Verwendet man eine solche Konstruktion für einen Durchlaufkessel, so sollte der Zwischenraum zwischen den Rohren und dem Mauerwerk möglichst klein sein, damit die Halterungen nicht durch eine im Zwischenraum entstehende Gasströmung zerstört werden. Abb. 127 veranschaulicht einen Schnitt durch die Mauerwerksausführung

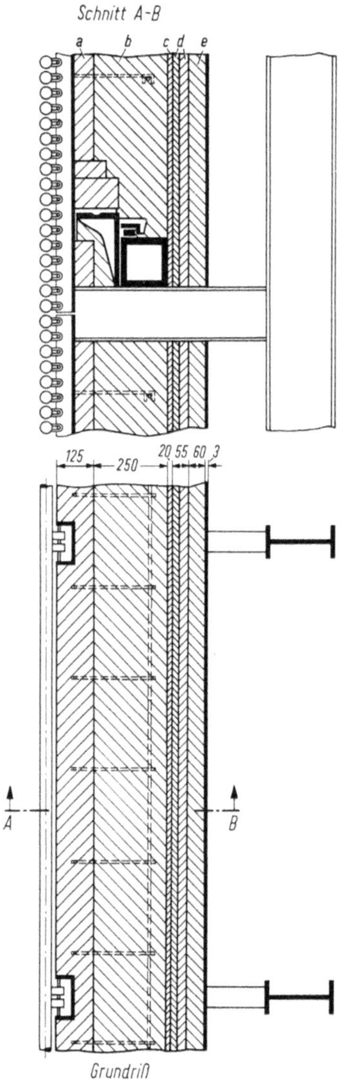

Abb. 128. Halterung horizontaler Rohre mittels Konsolen

Abb. 127. Schnitt durch Ausmauerung mit Rohrhalterung
a Schamotte
b Diatomit
c Vermiculite-Putz
d Isolierplatten mit Alufolie
e Isoliermasse

eines Durchlaufkessels mit Einzelhalterung der horizontalen Verdampferrohre, die in Mauerwerksnischen untergebracht sind. Die Rohrhalterung erfolgt hier in senkrechten U-Eisen, die wegen der Wärmedehnung mehrfach unterteilt und über Konsolen mit dem Kesselgerüst verbunden sind. Während die meisten Firmen es für notwendig halten, die Verdampfer und Strahlungsüberhitzerrohre wegen vielleicht verschiedener Wärmedehnung einzeln verschiebbar zu lagern, sind andere dazu übergegangen, 16 Rohre gruppenweise zusammenzuschweißen und punktförmig über ein Konsol zu haltern. Abb. 128 zeigt eine solche Ausführung, bei der der vordere Teil der Konsole durch einen kleinen Gußkasten gebildet wird, in den oben und unten ein Haken horizontal verschiebbar eingreift. Das Mauerwerk wird hierbei direkt hinter den Rohren verlegt. In mehrjährigem Betrieb hat sich dieses gruppenweise Zusammenschweißen der Rohre in Abständen von 2 m auch beim Strahlungsüberhitzer bewährt.

Bei entsprechend sorgfältiger Planung von waagerechten und senkrechten Dehnfugen im Mauerwerk und einer dichtgeschweißten äußeren Blechverkleidung sind bei Stein- und Braunkohlefeuerung bei dieser Bauweise keine Anstände zu erwarten. Nur bei Ölfeuerung sind zuweilen Korrosionsschäden infolge Taupunktsunterschreitung an der äußeren Blechverkleidung aufgetreten.

b) Blechkasten-(skin-casing-)Konstruktion

Bei dieser Bauweise liegt eine gasdichte Blechhaut unmittelbar hinter den Strahlungsheizflächen, so daß Taupunktsunterschreitungen auch bei Ölfeuerung nicht mehr auftreten können. Der tiefere Grund für die Übernahme dieser Konstruktion ist indessen die Lohn- und Materialpreisentwicklung für Mauerwerksarbeiten in den USA und auch in Eng-

Abb. 129. Rohrhalterung bei skin-casing-Konstruktion

Abb. 130. Rohrführung im Brennerbereich

land. Man begann dort bereits vor zehn Jahren mit dem Bau mauerwerksfreier Kessel, deren heiße Blechhaut nur noch durch eine doppelte Schicht von Schlacken- oder Steinwollematten abgedeckt wird. Außen ist dabei noch ein dünnes Schutzblech, meist als Wellblech, aufgebracht. Bei Naturumlaufkesseln mit ihren senkrechten Rohren gleicher Temperatur auf allen Feuerraumwänden war eine solche Konstruktion besonders leicht ausführbar. Der gesamte Kesselkörper wird dabei in ein Stahlgerüst eingehängt und kann sich frei nach unten dehnen. Beim Durchlaufkessel sind senkrechte Rohre gleicher Temperatur auf allen vier Feuerraumwänden nur bei sehr großer Leistung über 500 MW möglich; auch dann muß man mit Rücksicht auf die erforderliche Kaltwassergeschwindigkeit von etwa 2,5 bis 3 m/s bei Vollast noch Rohre mit 10 bis 12 mm lichtem Durchmesser anwenden. Bei mittleren Kesselleistungen kann man beim Durchlaufkessel die Rohre der Feuerraumwände entweder mäanderbandförmig senkrecht auf- und abwärts oder horizontal steigend führen. Besser ist es, die Rohre um den Feuerraum herumzuwinden. Dabei ist man mit der Wahl der Parallelstrangzahl frei und kann Rohre mit etwas größerem Durchmesser anwenden, die weniger leicht zum Verstopfen neigen und sich auch leichter verschweißen lassen.

Abb. 129 zeigt die Aufhängung der zu Vierergruppen zusammengeschweißten, mit laufender Steigung um dem Feuerraum herumgewundenen Verdampferrohre eines Kessels entsprechend Abb. 117. An jeder Vierergruppe ist ein kräftiger Stift angeschweißt, der in einem waagerechten Langloch eines senkrechten U-Eisens gehalten ist. Die waagerechten, kalten Gürtelträger, die die Aufgabe haben, die Feuerraumwände auch bei Überdruck eben zu halten, sind über Klauen waagerecht verschiebbar an den heißen Horizontaleisen

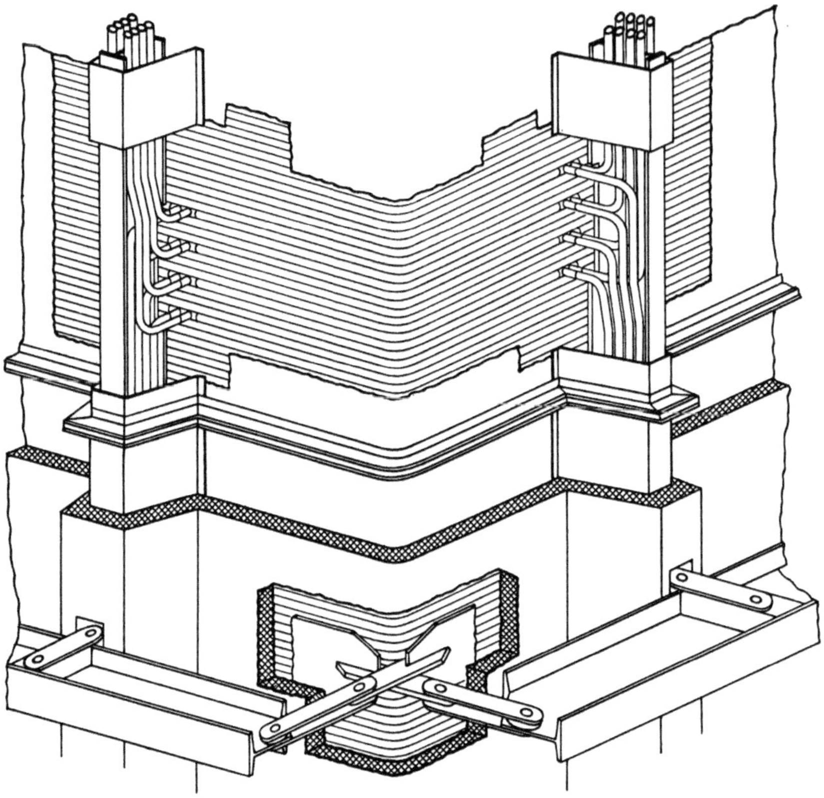

Abb. 131. Horizontale Rohre bei skin-casing-Konstruktion

angehängt. Das Kippmoment der schweren, waagerechten Doppel-T-Eisen wird über senkrechte Doppel-T-Eisen aufgenommen. In Abb. 129 ist eine derartige senkrechte Stütze zu

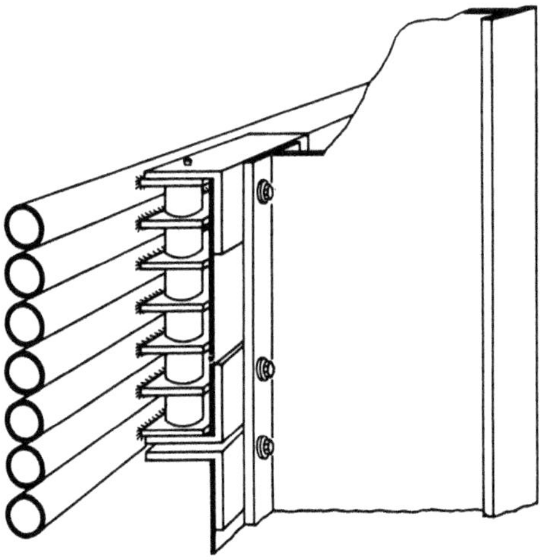

Abb. 132. Einzelaufhängung horizontaler Rohre

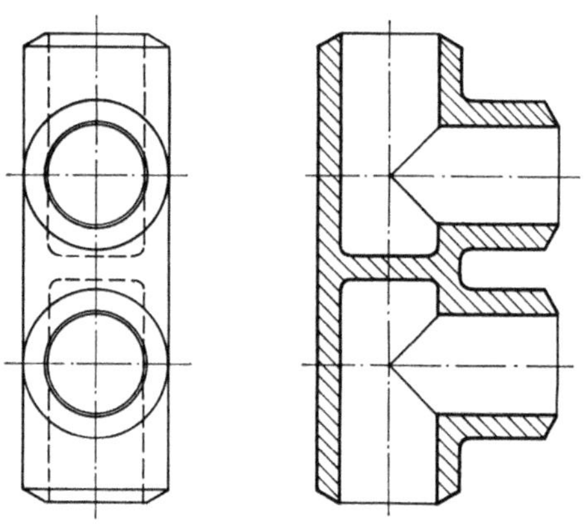

Abb. 133. Rohrverbindungsstück

sehen, die unten in einem Schuh geführt und oben am nächsten Horizontalträger angeschweißt ist.

Das gleiche Verdampfersystem im Bereich der Brenner veranschaulicht Abb. 130. Die senkrechten Doppel-T-Eisen zur Aufnahme des Kippmomentes sind hier noch nicht eingebaut. Die rechteckigen Felder zwischen der senkrechten und waagerechten Tragkonstruktion werden mit allseitig abgewinkelten Blechen abgedeckt und verschweißt. Die Langlöcher in der senkrechten Tragkonstruktion werden entweder einzeln mit Kappen oder insgesamt durch Überschweißen eines Bleches abgedichtet.

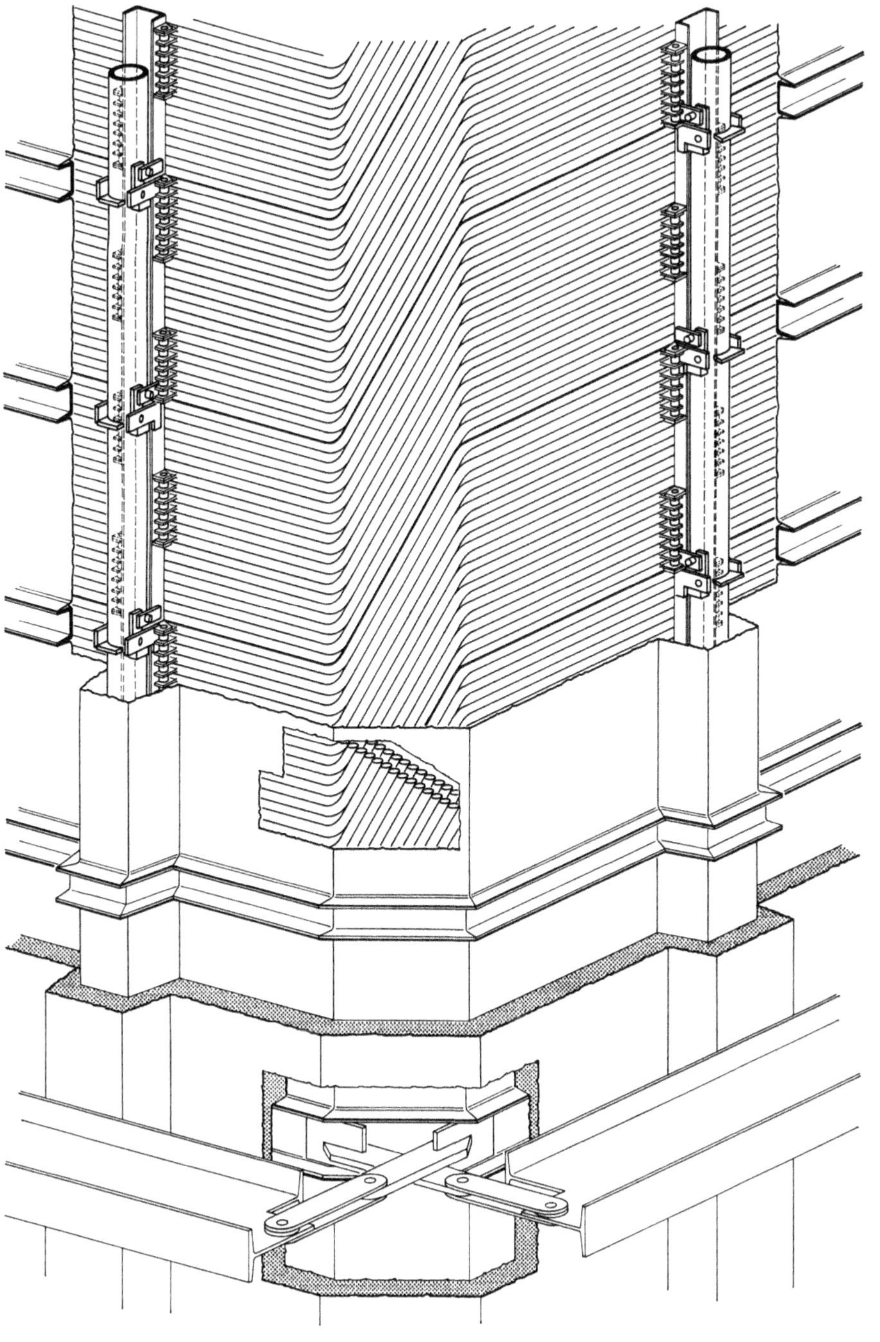

Abb. 134. Rohraufhängung an wassergekühlten Rohren

Abb. 131 zeigt eine Blechkastenkonstruktion[1], bei der die Rohre im gesamten Feuerraumbereich horizontal angeordnet sind und der Übergang in die nächsthöhere Ebene außerhalb der Brennkammer erfolgt. Die Feuerraumwände werden durch senkrechte Doppel-T-Eisen getragen, die in einem Abstand von 2 m um den Feuerraum angeordnet sind. Diese Träger sind an der Kesseldecke aufgehängt und werden durch die Rohre, die von einer Ebene in die nächsthöhere gehen, beheizt. Die gasdichte Blechverkleidung liegt unmittelbar hinter den Rohren und schließt die senkrechten Träger ein. Die Rohre sind, wie aus Abb. 132 hervorgeht, einzeln verschiebbar an den Vertikalträgern befestigt und durch Distanzstücke auf Abstand gehalten. Die Herein- und Herausführung der Rohre aus der Feuerraumwand erfolgt über aus dem Vollen gearbeitete Formstücke entsprechend Abb. 133. Die Verschiebbarkeit der horizontalen Gürtelträger wird hier durch Gelenkhebel auch im Bereich der Brennkammerecken gewährleistet.

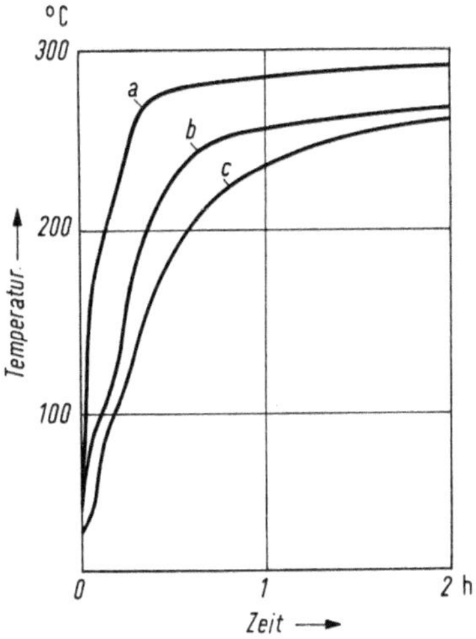

Abb. 135. Temperaturverlauf in der skin-casing-Konstruktion beim Anfahren

a Rohr *b* Blechverschalung *c* Trageisen

Eine Weiterentwicklung dieser Konstruktionen ist in Abb. 134 zu sehen. Die beheizten Vertikalträger wurden dabei durch senkrechte, wasserdurchströmte Rohre ersetzt, die zwischen Economiser- und Verdampfereintritt eingeschaltet sind. Die Halterung der Brennkammerrohre erfolgt ähnlich wie in Abb. 132. Der Übergang der Verdampferrohre von einer tieferen in die nächsthöhere Ebene erfolgt hier in den abgeschrägten Ecken der Brennkammer. Die Rohre sind in diesem Bereich in zwei Ebenen verlegt.

Bei den geschilderten Konstruktionen entsprechend Abb. 129 bis 132 muß man beachten, daß beim Anfahren des Kessels die Aufwärmung der Tragkonstruktion und Blechverkleidung langsamer vor sich geht als die des Rohrsystems. Es müssen entsprechende Dehnungsmöglichkeiten, insbesondere der Rohrsysteme, gegenüber den heißen Horizontalbandagen vorhanden sein, damit beim Anfahren keine unzulässigen Spannungen zwischen Rohrsystem und Tragkonstruktion entstehen. Abb. 135 zeigt diese Verhältnisse beim Anfahren.

Bei einigen Blechkastenkonstruktionen hat man die hinter den Rohren liegende Blechhaut mit so großer Wandstärke versehen, daß sie selbst in der Lage ist, das gesamte Gewicht nicht nur des Rohrsystems, sondern auch der äußeren Versteifungskonstruktion aufzunehmen. Die Blechhaut hat in diesem Fall eine Stärke von etwa 10 mm. Die Konstruktion wird in dieser Hinsicht zwar einfacher, aber doch wohl aufwendiger.

c) Geschweißte Konstruktionen

Der Gedanke lag nahe, die Schwierigkeiten der Dehnungsverhältnisse einer Blechkastenkonstruktion dadurch zu vermeiden, daß man die Rohre der Feuerraumwände selbst zu einer gasdichten Einheit zusammenschweißt. Besonders einfach ist dies natürlich bei Naturumlaufkesseln und Zwangumlaufkesseln, die auf allen Wänden senkrechte Rohre gleicher Temperatur haben. Das Zusammenschweißen dieser Rohre erfolgt entweder durch Zwischenschweißen eines schmalen Steges oder durch Einschweißen eines dickeren Rundstabes zwischen den Rohren. Andere Firmen versuchen es mit der Verwendung von sog. Flossenrohren. Hierbei werden die Rohre mit entsprechendem Flossenprofil gepreßt, so daß die Schweißnaht nicht direkt an der Rohrwand, sondern zwischen zwei Flossenstücken liegt. Man kann dabei mit einer einzigen Schweißnaht, einseitig ausgeführt, durchaus auskommen. Jedoch ist das Rohrmaterial nicht unbeträchtlich teuerer. In den USA

[1] BAGLEY, R.: Neue Konstruktionen für mauerwerksfreie Bensonkessel. Brennstoff Wärme Kraft Bd. 16 (1964), S. 525/27.

wurde eine große Zahl von Durchlaufkesseln mit zusammengeschweißten, senkrechten Rohren für die Feuerraumwände ausgeführt. In Abb. 120 ist ein solcher Kessel dargestellt. Die Einzelheiten dieser Konstruktion zeigt Abb. 136. Hinter den senkrecht angeordneten Rohren sind hier horizontale Zuganker angebracht, die bei Verpuffungen den Zusammenhalt der Rohre, insbesondere in der Brennkammerecke, gewährleisten sollen. Wie bei der Beschreibung der Abb. 120 schon gesagt, besteht der untere Teil des Kessels aus zwei ineinandergesteckten Aufgängen. Es werden hier also bewußt Rohre verschiedener Temperatur zusammengeschweißt. Die Erfahrung hat gezeigt, daß dies zulässig ist, sofern

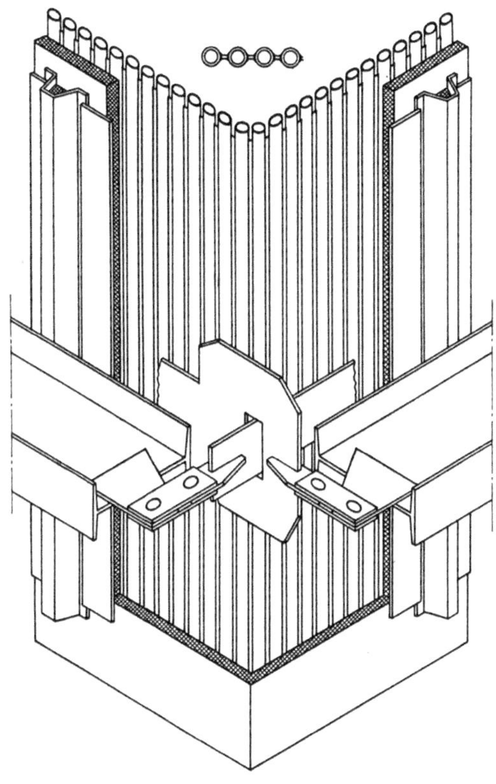

Abb. 136. Halterung der Membranwandkonstruktion

benachbarte Rohre nicht mehr als 60 °C Temperaturunterschied haben. Die senkrechten Rohre haben den großen Vorteil, daß sie selbst als tragendes Element Verwendung finden können und nicht nur ihr Eigengewicht, sondern auch das der um sie herum angeordneten Versteifungskonstruktion und Isolation aufnehmen.

Die in Abb. 122 gezeigte Mischstelle könnte bei einer solchen geschweißten Konstruktion verbessert werden durch Einbau von aus dem Vollen gearbeiteten Stücken entsprechend Abb. 133. Bei dieser Lösung wäre es möglich, die Abdichtung der Feuerraumwände von oben bis unten — auch im Bereich der Mischstelle — durch 14 mm breite, eingeschweißte Stege durchzuführen.

Senkrechte Rohre sind beim Durchlaufkessel nur bei sehr großen Dampfleistungen über 1500 t/h anwendbar. Bei mittleren Dampfleistungen ging man deshalb dazu über, die Rohre um den Feuerraum herumzuwinden und zusammenzuschweißen. Bei dieser Bauweise ist das Rohrsystem nicht in der Lage, mehr als sein Eigengewicht und die Isolation zu tragen, wenn es oben aufgehängt wird. Nach Abb. 137 ist es dann notwendig, die äußere Versteifungskonstruktion getrennt vom Kesselsystem aufzuhängen, wobei sowohl vertikale als auch horizontale Verschiebungsmöglichkeiten gegeben sind. Bei einer solchen Rohrführung ist es auch zulässig, die Steigung der Rohre nur auf zwei gegenüberliegende Wände zu verlegen und die beiden anderen gegenüberliegenden Wände mit Horizontalrohren zu versehen. Die geringe Differenz, die dabei in den Abständen von horizontal zu schräg verlegten Rohren entsteht, kann durch Zwischenschweißen etwas breiterer Stege bei den horizontalen Rohren ausgeglichen werden. Diese Konstruktion ist für alle Dampfleistungen ausführbar und erlaubt eine freie Wahl der Rohrdurchmesser und der Parallelstrangzahl.

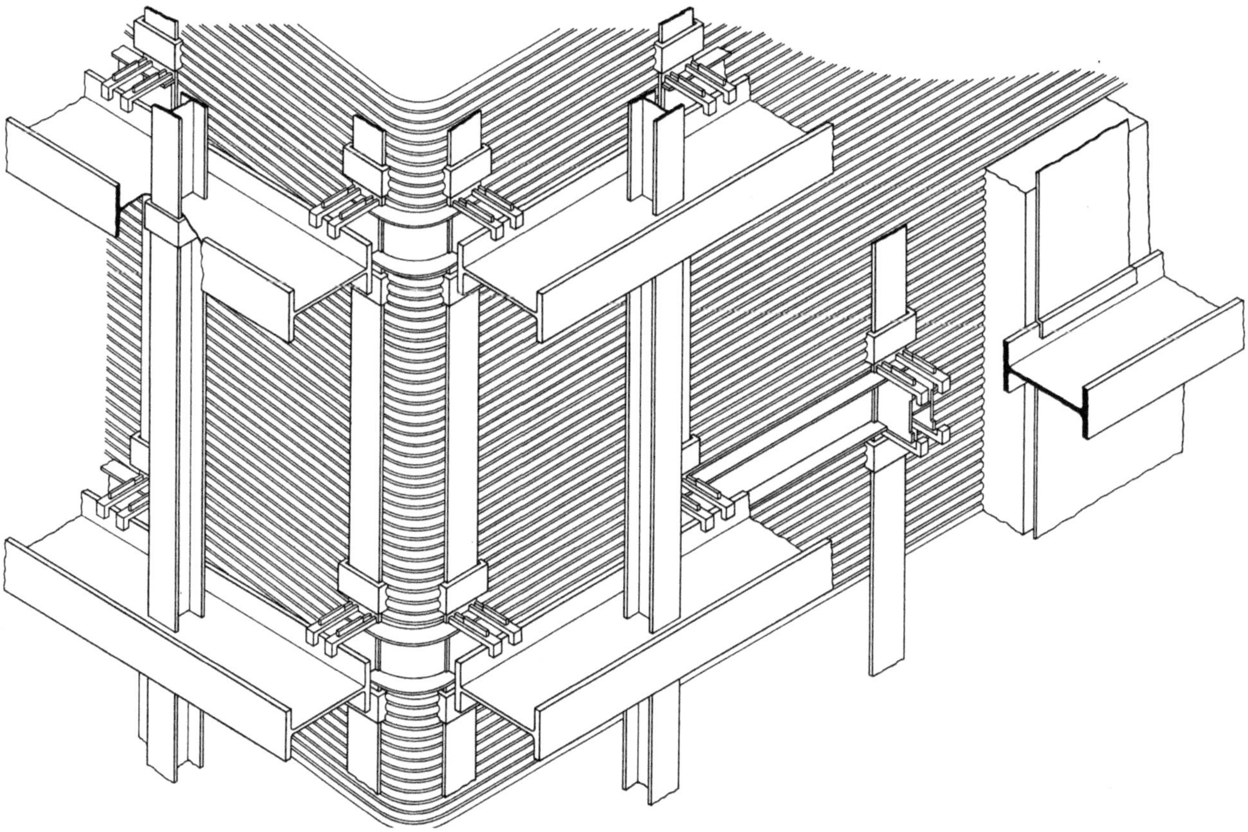

Abb. 137. Halterung eines zusammengeschweißten, um den Feuerraum herumgeführten Rohrsystems

d) Kesselauslegung und Kesselwirkungsgrad

Bevor man die eigentliche Berechnung eines Kessels durchführt, ist festzulegen, ob dieser Kessel in Ein- oder Mehrzugbauweise zu errichten ist und wie die Feuerung entsprechend Abschn. A III c, S. 51, gestaltet werden kann. Der Feuerraumquerschnitt und das Feuerraumvolumen hängen vom Brennstoff und dem Erweichungspunkt der Asche ab. Man sollte den Feuerraum immer so groß machen, daß die Gastemperatur am Eintritt in die ersten Berührungsheizflächen bei Vollast unter dem Ascheerweichungspunkt liegt. Sodann sind vorläufige Annahmen über die Verteilung der Verdampfer- und Strahlungsheizflächen an den Feuerraumwänden zu treffen und die Teilungen für die Schotten und Berührungsheizflächen festzulegen. Bei diesen Vorüberlegungen muß man sich auch schon Gedanken über die Rohrdurchmesser und Parallelstrangzahlen für die verschiedenen Heizflächen machen. Schließlich ist auch die Höhe der Luftvorwärmung und Abgastemperatur festzulegen; Näheres über die Luftvorwärmer findet sich im nachfolgenden Abschn. C I (S. 167).

Nach Festlegung des Kesselwärmebedarfes beginnt die Berechnung stets mit dem Wirkungsgrad und der Brennstoffmenge. Da diese Größen auch für den Abnahmeingenieur wesentlich sind, werden einige Betrachtungen über den Kesselwirkungsgrad vorausgeschickt, bevor die vollständige wärmetechnische und strömungstechnische Durchrechnung eines Kessels folgt.

Der Wirkungsgrad eines Dampfkessels ist:

$$\eta = 100 - \text{Verluste}\ [\%].$$

Man unterscheidet folgende Einzelverluste:

1. Fühlbare Wärme der Abgase gegenüber der Außenluft
2. unverbrannte Gase im Abgas,
3. fühlbare Wärme der festen und flüssigen Asche,
4. Brennbares in der Schlacke und Flugasche,
5. Abstrahlungs- und Leitungsverlust.

1. Fühlbare Wärme der Abgase gegenüber der Außenluft

Der Abgasverlust ist der größte Verlust des Dampfkessels. Durch Einbau entsprechend großer Heizflächen kann er durch Senkung der Abgastemperatur bis in die Nähe der Taupunktsgrenze vermindert werden. Ein weiteres Absenken ist wegen Korrosions- und Verschmutzungsgefahr nicht empfehlenswert. Die Größe dieses Verlustes kann entweder aus einem It-Diagramm abgegriffen oder nach einer vereinfachten Formel berechnet werden:

$$V_A = \left[c_{pm} \frac{\mathrm{C}}{0{,}536\,(\mathrm{CO_2} + \mathrm{CO})} + 0{,}46 \frac{(9\,\mathrm{H} + \mathrm{W})}{100}\right] \frac{t_R - t_L}{H_u} \cdot 100\,[\%].$$

Hierbei bedeuten

C, H und W Kohlenstoff, Wasserstoff und Wassergehalt in Gewichts-%,
t_R die Rauchgastemperatur,
t_L die Lufttemperatur,
$CO_2 + CO$ die Anteile im Rauchgas in %,
c_{pm} die mittlere spezifische Wärme.

Bei der meist vollkommenen Verbrennung kann man nach der „Verbandsformel" rechnen:

$$V_A = \left[0{,}32 \frac{\mathrm{C}}{0{,}536\,\mathrm{CO_2}} + 0{,}46 \frac{(9\,\mathrm{H} + \mathrm{W})}{100}\right] \frac{t_R - t_L}{H_u} \cdot 100\,[\%]\,.$$

2. Unverbrannte Gase im Abgas

Der Verlust durch unverbrannte Gase entsteht im allgemeinen durch CO, weil die anderen brennbaren Bestandteile eine größere Affinität zum Sauerstoff haben.

Ist der CO- und CO_2-Gehalt der Abgase beispielsweise durch Orsatanalyse in Prozent festgestellt worden, so ist dieser Verlust

$$\frac{3020 \cdot \mathrm{CO}}{H_u} \cdot \frac{\mathrm{C}}{0{,}536\,(\mathrm{CO_2} + \mathrm{CO})}\,[\%].$$

C = Kohlenstoffgehalt des Brennstoffes im Verwendungszustand in Gewichts-%.

Wenn CO nicht bestimmt werden kann, kann man von der Ermittlung von $CO_2 + O_2$ ausgehen. Mit dem berechneten oder bekannten $CO_{2\,max}$ wird im Bunte-Dreieck (Abb. 37) die Brennstofflinie gezogen und dann die Summe $(CO_2 + O_2)$ theoretisch festgestellt.

Aus dem Unterschied

$$(\mathrm{CO_2} + \mathrm{O_2})_{\mathrm{theor.}} - (\mathrm{CO_2} + \mathrm{O_2})_{\mathrm{gemessen}} = \Delta\,[\%]$$

wird der CO-Gehalt errechnet.

$$\mathrm{CO} = \frac{\Delta}{\dfrac{21}{\mathrm{CO_{2\,max}}} - 0{,}3655}\,[\%]\,.$$

3. Fühlbare Wärme der festen und flüssigen Asche

Der Verlust durch fühlbare Wärme der Asche ist beachtenswert bei Schmelzkammerfeuerungen, insbesondere bei aschereichen Brennstoffen. Da bei Großkesselanlagen die anfallende Schlacke selten gewogen werden kann, empfiehlt sich die Berechnung des Gewichtes aus der Elementaranalyse unter Berücksichtigung des Rauchgasfilterwirkungsgrades.

Der Wärmeverlust durch Asche ist:

$$\frac{c_s \cdot S \cdot t_s}{B \cdot H_u} \cdot 100\ [\%]\ ,$$

wobei

c_s = 0,3 kcal/kg grd = spezifische Wärme der Schlacke,
S = Schlacke in kg/h,
t_s = Schlackentemperatur am Auslauf,
B = Brennstoffmenge in kg/h.

4. Brennbares in Schlacke und Asche

Dieser Verlust wird berechnet aus den in der Asche bzw. Schlacke festgestellten brennbaren Bestandteilen, wobei für das Unverbrannte H_u = 7900 kcal/kg eingesetzt wird. Dabei sollte das Unverbrannte getrennt unter dem Feuerraumtrichter, dem zweiten Zug und dem Rauchgasfilter ermittelt werden. Der Ascheanfall unter dem Feuerraumtrichter und dem zweiten Zug beträgt jeweils etwa 10% der Gesamtasche.

5. Abstrahlungs- und Leitungsverlust

Der Abstrahlungs- und Leitungsverlust ist abhängig von der Kesselgröße und der Qualität der Ausmauerung bzw. Isolation. Bei Freiluftkesseln ist dieser Verlust noch stark von

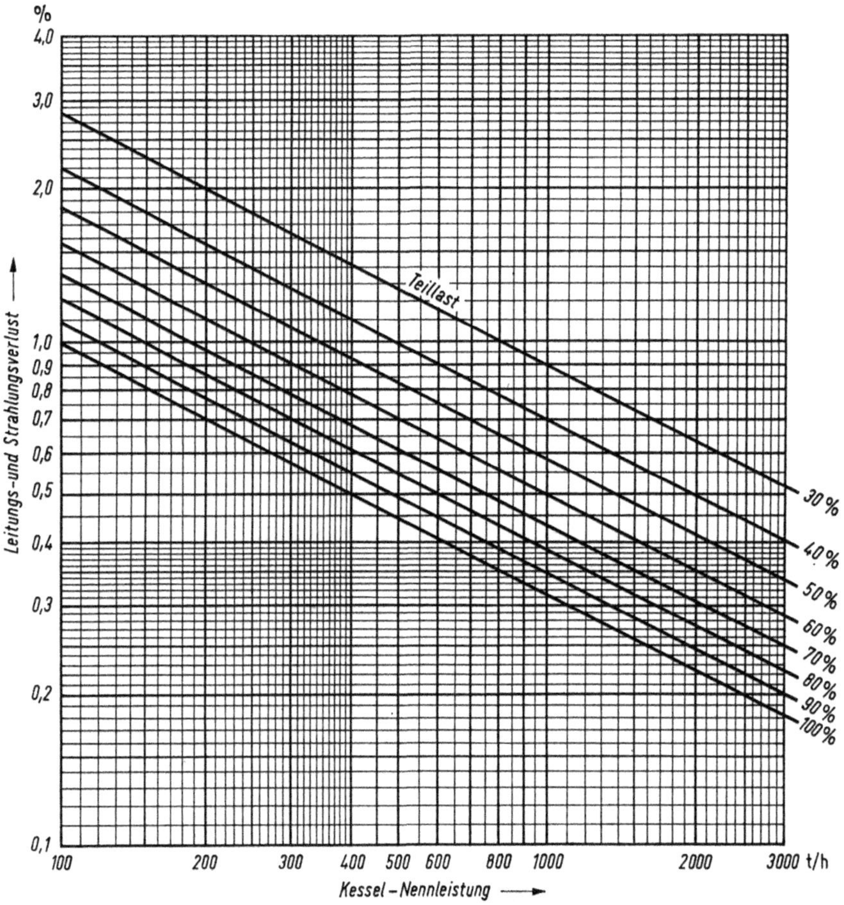

Abb. 138. Leitungs- und Strahlungsverlust in Abhängigkeit von der Kesselleistung

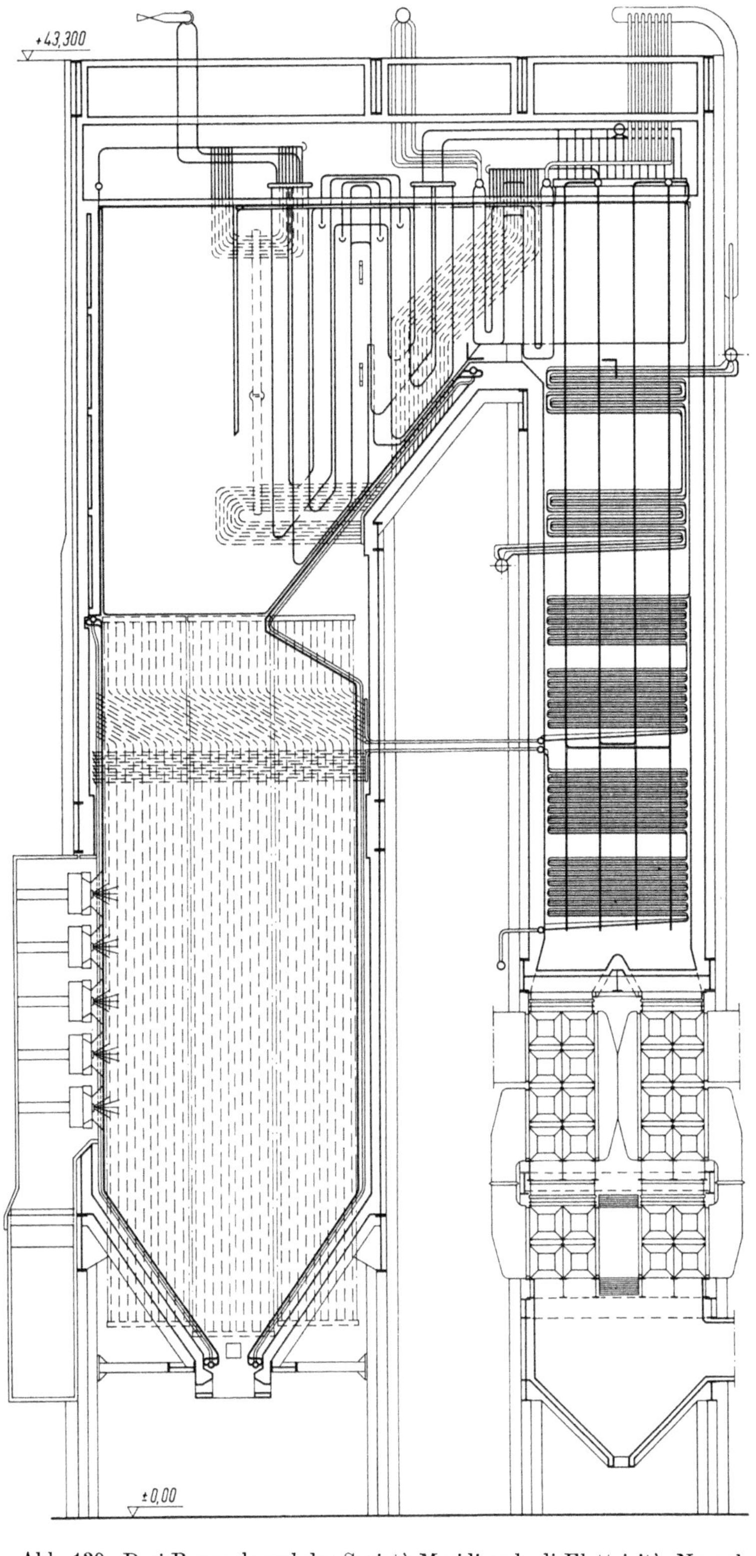

Abb. 139. Drei Bensonkessel der Società Meridionale di Elettricità, Neapel
Dampfleistung 500 t/h, Dampfzustand hinter Überhitzer 180 atü, 540 °C, mit Zwischenüberhitzer für 540 °C, Öl- und Kohlen-Feuerung

der Außenlufttemperatur und der Windgeschwindigkeit abhängig. Ungefähre Anhaltswerte können aus dem Diagramm Abb. 138 entnommen werden. Dieser Wärmeverlust kann indessen auch mit dem SCHMIDTschen Wärmeflußmeßgerät durch Auflegen an zahlreichen Stellen der Kessel-Außenwände ermittelt werden.

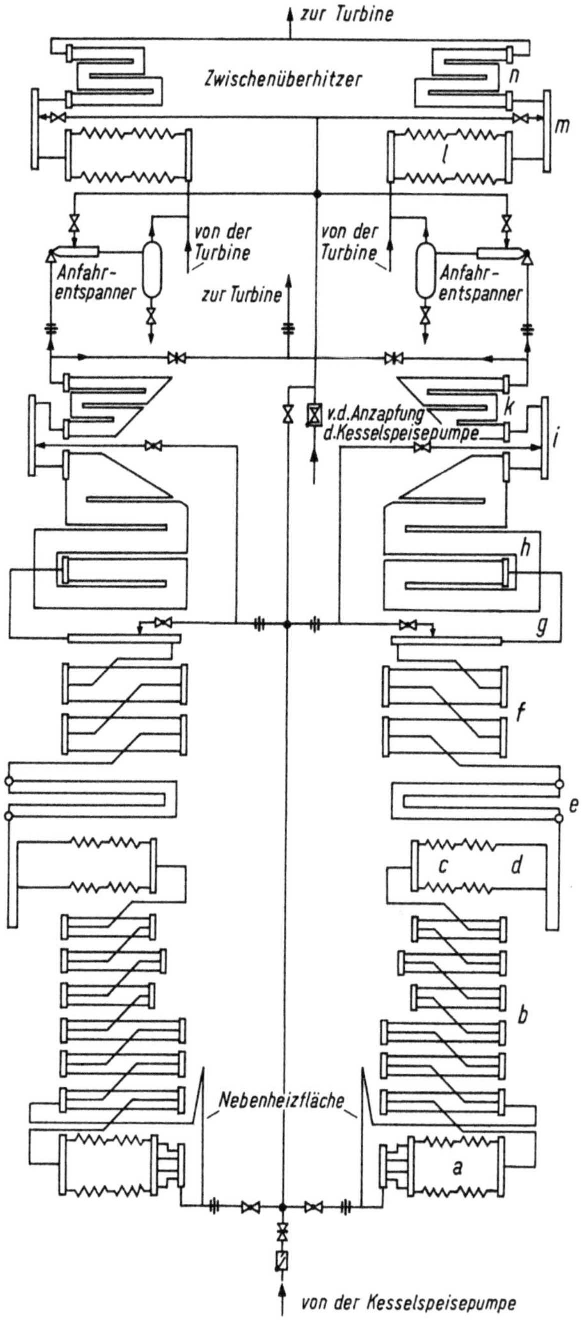

Abb. 140. Kesselschaltbild zu Abb. 139

a Economiser
b Strahlungsverdampfer
c Restverdampfer
d Überhitzer 1 (Rückwand, 2. Zug, Decke)
e Tragrohre
f Überhitzer 2 (Brennkammerrückwand)
g 1. Einspritzung
h Überhitzer 3 (Mäanderband)
i 2. Einspritzung
k Überhitzerschotten
l Zwischenüberhitzer-Berührungsteil
m Zwischenüberhitzer-Einspritzung
n Zwischenüberhitzerschotten

e) Berechnungsbeispiel eines Bensonkessels

1. Auslegungsdaten

Hochdruckteil	
Dampfleistung	500 t/h
Dampfzustand hinter Überhitzer	180 ata, 540 °C
Speisewassereintrittstemperatur	280,5 °C
Zwischenüberhitzer	
Dampfdurchsatz	400 t/h
Dampfzustand am Eintritt	43 ata, 350 °C
Dampfzustand am Austritt	41 ata, 540 °C

Der Kessel soll wahlweise mit Sulcis-Kohle ($H_u = 5720$ kcal/kg), amerikanischer Steinkohle ($H_u = 6500$ bis 7200 kcal/kg) und Öl ($H_u = 9500$ kcal/kg) bei jeder Last betrieben werden können.

Der Betrieb des Bensonkessels mit so unterschiedlichen Brennstoffen macht keine Schwierigkeiten. Die unterschiedliche Abstrahlung in der Brennkammer bei den genannten Brennstoffen führt zu einer Verschiebung des Restverdampfungspunktes im Kessel, die in keiner Weise stört. Die volle Heißdampftemperatur kann bei jedem Brennstoff durch entsprechende Einstellung des Verhältnisses Brennstoff zu Wasser gefahren werden. Die Berechnung im nachfolgenden Beispiel wird nur für Sulcis-Kohle durchgeführt, weil die Bemessung der Brennkammer nach diesem Brennstoff mit den ungünstigsten Ascheeigenschaften erfolgen muß. Mit Rücksicht auf den hohen Schwefelgehalt dieser Kohle von 7,7% wird eine Abgastemperatur von 180 °C vorgesehen. Für den Betrieb mit den anderen beiden Brennstoffen ergeben sich natürlich andere Abgastemperaturen und Kesselwirkungsgrade, zumal bei Ölfeuerung mit einem wesentlich geringeren Luftüberschuß gefahren wird. Für den Betrieb mit den anderen Brennstoffen sind die Wärmeaufnahmen der einzelnen Heizflächen zu ermitteln. Bei den Berührungsheizflächen ist die Austrittstemperatur zunächst zu schätzen und im Probierverfahren die Richtigkeit der Annahme zu kontrollieren. Man erhält so schließlich die Abgastemperatur des Kessels auch bei den beiden anderen Brennstoffen.

Im vorliegenden Fall sollen Wirbelbrenner in frontaler Anordnung zur Anwendung kommen, die als kombinierte Kohlenstaub-Ölbrenner gedacht sind. Abb. 139 zeigt den Kessel und Abb. 140 sein Schaltbild.

2. Wärmebedarf des Kessels

Unter Wärmebedarf versteht man die im Kessel dem Dampf zugeführte Wärme. Sie wird ermittelt aus den Mengen und Zuständen des Hoch- und Mitteldruckdampfes am Ein- und Austritt des Kessels. Die Zahlenwerte für die Enthalpien werden den VDI-Wasserdampftafeln entnommen[1].

Frischdampfmenge 500 t/h; Zwischenüberhitzer-Dampfmenge 400 t/h

Frischdampf:	180 ata;	540 °C;	811,3 kcal/kg
Speisewasser:	220 ata;	280,5 °C;	294,5 kcal/kg
Spezifischer Wärmebedarf des Hochdruckteiles:			516,8 kcal/kg
Zwischenüberhitzer			
Austritt:	41 ata;	540 °C;	844,3 kcal/kg
Eintritt:	43 ata;	350 °C;	737,5 kcal/kg
Spezifischer Wärmebedarf des Zwischenüberhitzers:			106,8 kcal/kg
Absoluter Wärmebedarf des Hochdruckteiles:			258 400 000 kcal/h
Absoluter Wärmebedarf des Zwischenüberhitzers:			42 720 000 kcal/h
Gesamtwärmebedarf:			301 120 000 kcal/h

[1] SCHMIDT, E.: VDI-Wasserdampftafeln, 6. Aufl., Berlin/Göttingen/Heidelberg: Springer — München: R. Oldenbourg 1963.

3. Luftvorwärmung

Zur Luftvorwärmung wurde ein gußeiserner Rippenlufterhitzer vorgesehen. Er soll mit 95% Verbrennungsluft beaufschlagt werden. Man muß aber berücksichtigen, daß diese Luftmenge infolge Undichtheiten an der Kessel-, Feuerungs- und Mühlenanlage auch auf 80% absinken kann. Dies hat dann ein Ansteigen der Abgastemperatur zur Folge. Die Luftvorwärmung sollte stets so hoch wie möglich gewählt werden, jedoch ist bei Kesseln mit trockenem Ascheabzug auf den Ascheerweichungspunkt Rücksicht zu nehmen, weil anderenfalls die Feuerraumheizflächen und die Berührungsheizflächen stark verschmutzen. Da der Ascheerweichungspunkt der Sulcis-Kohle verhältnismäßig hoch liegt, wird hier eine Luftvorwärmung auf 340 °C vorgesehen. Für die Brennkammer mit Frontalfeuerung und trockener Entaschung wird mit einem Luftüberschuß von 25% gerechnet.

Zur genauen Berechnung des Rauchgastemperaturverlaufes wurde das in Abb. 141 gezeigte It-Diagramm für Sulcis-Kohle entworfen[1].

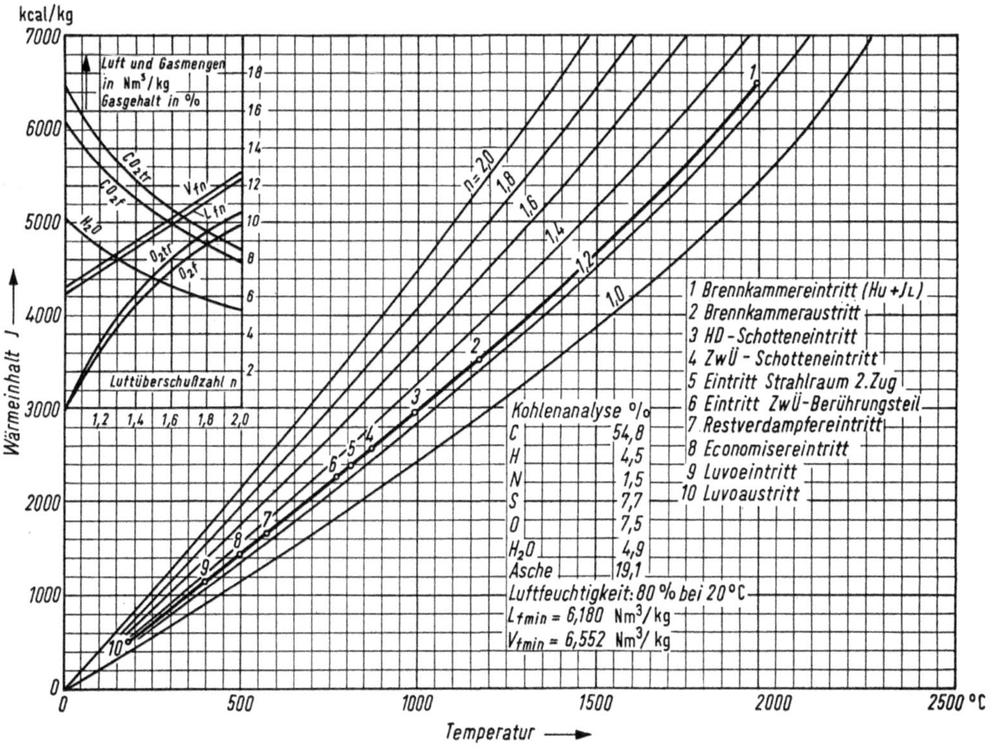

Abb. 141. It-Diagramm für sardinische Steinkohle

Bei einem Luftüberschuß $n = 1{,}25$ entnimmt man aus diesem It-Diagramm links oben einen Luftbedarf von 7,72 Nm³ je kg Kohle[2]. Bei einem Luftdurchsatz von 95% sind demnach 7,33 Nm³ Luft je kg Kohle zu erwärmen.

Die Aufwärmung der Verbrennungsluft von 20 °C Außentemperatur auf 60 °C soll mit einem dampfbeheizten Lufterhitzer durchgeführt werden, um Taupunktsunterschreitungen bei der Ölfeuerung zu vermeiden.

Die erforderliche Wärmezufuhr beträgt bei einer spezifischen Wärme der Luft von 0,313 kcal/Nm³ grd

$$i_L = 40 \cdot 0{,}313 \cdot 7{,}33 = 91 \text{ kcal/kg Brennstoff.}$$

[1] Gumz, W.: Kurzes Handbuch der Brennstoff- und Feuerungstechnik, 3. Aufl., Berlin/Göttingen/Heidelberg: Springer 1962.

[2] Siehe „Zusammenstellung der verwendeten Formelzeichen" am Schluß des Berechnungsbeispieles, S. 163.

4. Brennstoffbedarf des Kessels

Die Ermittlung des Brennstoffbedarfs des Kessels setzt die Kenntnis seiner Einzelverluste voraus.

Der Hauptverlust des Kessels entsteht durch die in den Abgasen enthaltene Wärme. Hinzu kommen Abstrahlungs- und Leitungsverluste sowie der Verlust an Brennbarem in der Asche und in den Abgasen. Der Wärmeinhalt der Abgase wird aus dem It-Diagramm für Kohle (Abb. 141) links unten abgegriffen. Da der Kesselwirkungsgrad jedoch auf die Außentemperatur von 20 °C bezogen wird, ist die Rauchgaswärme bei 20 °C abzuziehen.

Unter Berücksichtigung des Abgasverlustes ergibt sich der theoretische Wirkungsgrad des Kessels und die zugehörige theoretische Brennstoffmenge, mit der die Kesselberechnung zur Vereinfachung durchgeführt wird.

Die Abstrahlungsverluste werden dabei proportional der an die Heizfläche abgegebenen Wärme aufgeteilt. Der kleine Fehler dieser Rechenmethode, der dadurch entsteht, daß auch im Abgasverlust noch ein proportionaler Strahlungsverlust hinzugefügt wird, bleibt unberücksichtigt.

Das Unverbrannte in der Asche und in den Abgasen hängt von der Güte der Feuerung ab und hat keinen Einfluß auf die Kesselberechnung.

Der Luftüberschuß hinter dem Lufterhitzer ist infolge der verschiedenen Undichtheiten des Kessels etwas größer als in der Brennkammer. Da hier ein gußeiserner Rippenlufterhitzer zur Anwendung kommen soll, sind die Luftverluste jedoch gering, so daß im Abgas mit einem Luftüberschuß von $n = 1{,}3$ gerechnet werden kann.

$$\left.\begin{aligned} i_{R\,20^\circ\mathrm{C}} &= 54\ \mathrm{kcal/kg} \\ i_{R\,180^\circ\mathrm{C}} &= 500\ \mathrm{kcal/kg} \end{aligned}\right\}\ \text{bei } n = 1{,}3,$$

$$\text{Abgasverlust:} \frac{500 - 54}{5720 + 91} = \frac{446}{5811} = 7{,}7\,\%,$$

$$\eta = 100 - 7{,}7 = 92{,}3\,\%.$$

Die Erwärmung der Verbrennungsluft ($\Delta i = 91$ kcal/kg) im Dampfluftvorwärmer durch Fremddampf wirkt sich rechnerisch wie eine Heizwerterhöhung der Kohle aus.

Zur Errechnung des Abgasverlustes und der theoretischen Brennstoffmenge B_{th} hat man also

$$H_u = 5720 + 91 = 5811\ \mathrm{kcal/kg}\ \text{statt}\ 5720\ \mathrm{kcal/kg}$$

zu setzen.

$$B_{th} = \frac{301\,120\,000}{0{,}923 \cdot 5811} = 56\,200\ \mathrm{kg/h}\,.$$

Unter Berücksichtigung eines Strahlungsverlustes von 0,7% erhält man als gasbildende Brennstoffmenge:

$$B_g = 56\,600\ \mathrm{kg/h}\,.$$

Für Unverbranntes in der Asche und den Abgasen sowie einen Sicherheitszuschlag wird 2% angenommen.

Die wirkliche Brennstoffmenge B_w beträgt folglich 57 700 kg/h.

5. Brennkammerberechnung

Die Größe und Form der Brennkammer wird im wesentlichen bestimmt durch die zur Anwendung kommenden Brennstoffe und die Anordnung und Wahl der Brenner. Im vorliegenden Fall sollen 20 Brenner in fünf Reihen übereinander auf der Frontseite untergebracht werden. Im Feuerraum und im darüberliegenden Strahlungsraum sollen die Rauchgase so weit abgekühlt werden, daß am Eintritt in die ersten Berührungsheizflächen keine unerträglichen Veraschungen entstehen. Der Querschnitt des Feuerraumes muß bei trockenem Ascheabzug so groß gewählt werden, daß in Höhe der Brenner die Strahlungsheizflächen frei von klebriger Asche bleiben. Es muß zumindest möglich sein, die Heizflächen unter Anwendung von Stoßrußbläsern im Feuerraum sauber zu halten. Bei der Festlegung des Feuerraum-Querschnittes muß auch überlegt werden, in welcher Weise die Verdampfer- und Strahlungsüberhitzer-Heizflächen an den Wänden der Brennkammer unterzubringen sind. Bei dem hier vorliegenden hohen Betriebsdruck unter gleichzeitiger Berücksichtigung des Druckverlustes im Kesselsystem bei Vollast erfolgt die Verdampfung unter einem Druck von etwa 205 atü. Die Verdampfungswärme ist dabei schon verhältnismäßig gering, so daß es erforderlich ist, einen großen Teil der Brennkammer mit Strahlungsüberhitzer auszukleiden.

Auf Grund von Erfahrungswerten wird hier mit einer Querschnittsbelastung von etwa $3 \cdot 10^6$ kcal/m²h und einer Volumenbelastung von etwa 160 000 kcal/m³h gerechnet (s. Abschn. A III c 1, Abb. 54 a u. b). Bei diesen Wärmebelastungen ist die mit der Heißluft zugeführte Wärme zu berücksichtigen.

Die Aufwärmung der Luft im rauchgasbeheizten Lufterhitzer ist 280 °C, die Wärmezufuhr also:

$$280 \cdot 7{,}33 \cdot 0{,}313 = 645 \text{ kcal/kg Brennstoff.}$$

Die Enthalpie der Luft am Brennkammereintritt ist demnach:

$$i_L = 645 + 7{,}33 \cdot 0{,}311 \cdot 40 + 7{,}72 \cdot 0{,}311 \cdot 20 = 784 \text{ kcal/kg.}$$

Dabei entfallen:

645 kcal/kg auf den rauchgasbeheizten Luftvorwärmer,
91 kcal/kg auf den dampfbeheizten Luftvorwärmer,
48 kcal/kg auf die Enthalpie bei Außentemperatur (20 °C).

$H_u + i_L$ ergibt sich somit zu:

$$5720 + 645 + 91 + 48 = 6504 \text{ kcal/kg.}$$

Unter Berücksichtigung der oben angegebenen Werte für die Querschnitts- und Volumenbelastung und die 20 Frontalbrenner ergeben sich folgende Brennkammerabmessungen:

eine Brennkammerbreite von 15,6 m,
eine Brennkammertiefe von 7,8 m,
eine Brennkammerhöhe von 18,7 m.

Die Wärmeabgabe in der Brennkammer wird nach WOHLENBERG[1] mit Hilfe eines Diagrammes ermittelt (Abb. 142). Ausgehend von der Volumenbelastung, bei der die gesamte der Brennkammer zugeführte Wärme berücksichtigt ist, führt der eingetragene Linienzug zu einer Abstrahlung von 45,5%, bezogen auf die zugeführte Wärmemenge.

Dieser Wert muß noch korrigiert werden. In Abb. 142 kann rechts oben der Faktor 1,039 abgegriffen werden, der den Einfluß des rechteckigen Feuerraumquerschnittes berücksichtigt. In der so ermittelten Abstrahlung ist auch die Wärme enthalten, die von der Flamme in den Strahlraum oberhalb der eigentlichen Brennkammer abgestrahlt wird. Es muß jedoch beachtet werden, daß der Strahlraum seinerseits etwa 50% dieser Wärme wieder in die Brennkammer zurückstrahlt. Der Querschnitt zwischen Brennkammer und Strahlraum ist 78 m². Dies entspricht 6,9% der gesamten Brennkammeroberfläche. Da die Temperatur in diesem Bereich bereits etwas abgebaut ist, wird mit 6% Einstrahlung von der Brennkammer nach oben gerechnet. Es ergibt sich so ein zweiter Korrekturfaktor zu $0{,}06 \cdot 0{,}5 = 0{,}03$. Die wirkliche Abstrahlung in der Brennkammer beträgt demnach:

$$1{,}039 \cdot 0{,}97 \cdot 45{,}5 = 45{,}8\% \text{ von } (H_u + i_L) = 2980 \text{ kcal/kg Kohle.}$$

Trägt man die so ermittelten Wärmemengen im It-Diagramm für Sulcis-Kohle (Abb. 141) von $(H_u + i_L)$ nach unten ab, so erhält man die Feuerraumaustrittstemperatur von 1170 °C.

Mit Rücksicht auf die geringe Verdampfungswärme bei dem hohen Betriebsdruck werden nur die Vorderwand und die Seitenwände mit Verdampferheizfläche ausgekleidet.

[1] STRÖHLEN, R., berichtete im Arch. Wärmew. Bd. 17 (1936), S. 179/84 über das Verfahren von WOHLENBERG.
ECKERT, E.: Die Wertigkeit von Strahlungsheizflächen. Arch. Wärmew. Bd. 13 (1932), S. 241/42.

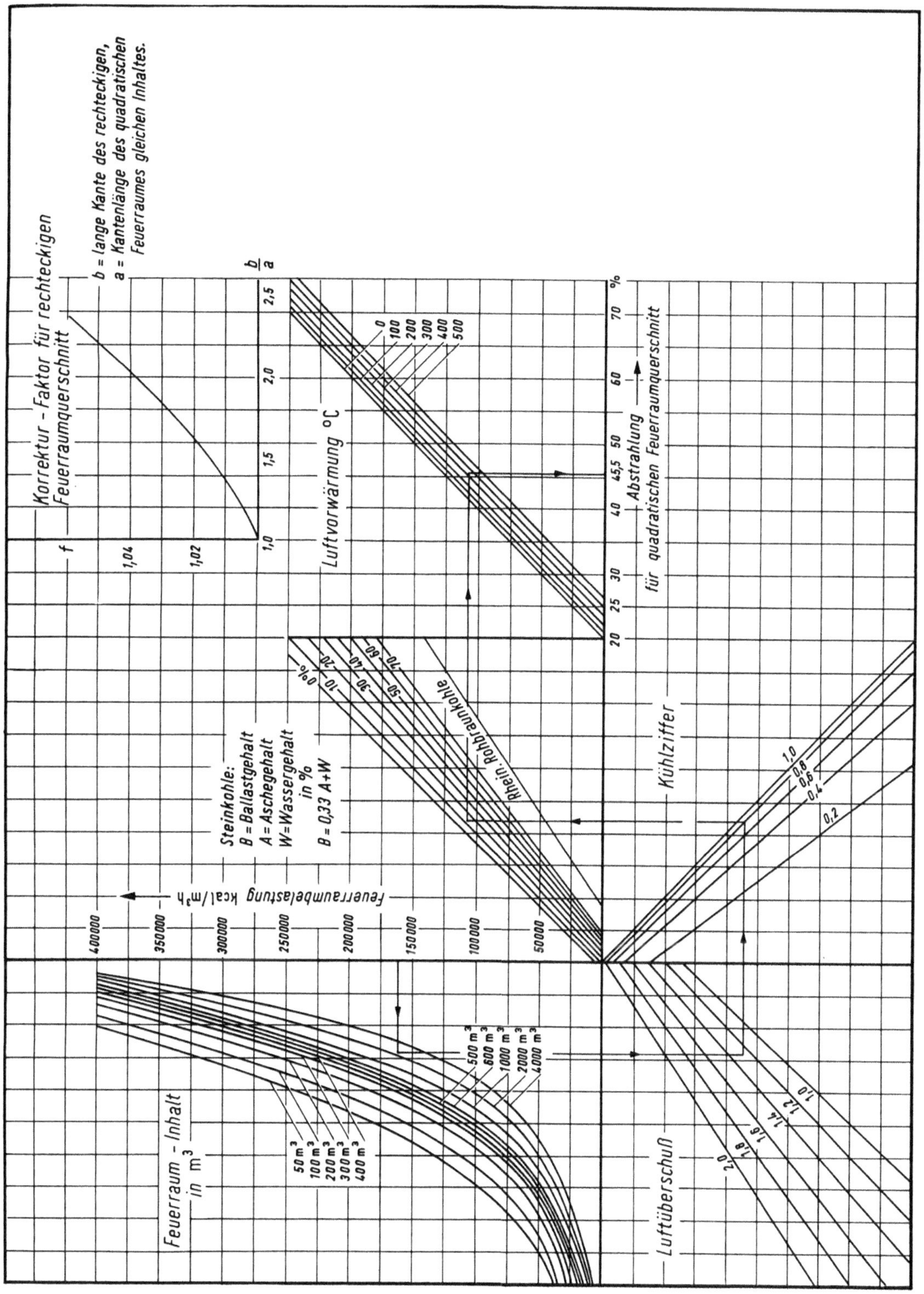

Abb. 142. Diagramm zur Ermittlung der Abstrahlung im Feuerraum (Nach WOHLENBERG: Arch. Wärmewirtsch. Bd. 17, Heft 7)

Die Rückwand des Feuerraumes wird vollständig mit Strahlungsüberhitzer belegt. Die oben erhaltene Abstrahlung in der Brennkammer wird auf die einzelnen Heizflächen nach deren Größe und Schwärzegrad verteilt[1].

Die an die Heizflächenteile abgegebene Gesamtwärme erhält man durch Multiplikation der je kg Brennstoff übertragenen Wärme mit der theoretischen Brennstoffmenge. Der Dampfdurchsatz der Heizflächen ist bekannt[2] und somit auch die Enthalpie des Dampfes.

Es ergibt sich nachstehende Wärmeverteilung auf die Heizflächen:

	Δi_R	Δi_{H_2O}
Strahlungsverdampfer Vorderwand	951 kcal/kg	113,7 kcal/kg
Strahlungsverdampfer Seitenwände	851 kcal/kg	101,8 kcal/kg
Überhitzer 2 (Rückwand)	995 kcal/kg	119,1 kcal/kg
Brennkammeraustritt	183 kcal/kg	
Summe	2980 kcal/kg	334,6 kcal/kg
Aufwärmung im Verdampferteil		215,5 kcal/kg

6. Einspritzungen zur Temperaturregelung

Zum Ausregeln der Temperaturschwankungen, die durch Störungen in der Kohlezufuhr oder durch Heizwertänderungen verursacht werden, sind zwei Einspritzungen vorgesehen. Die erste Einspritzstelle liegt zwischen Überhitzer 2 (Brennkammerrückwand) und Überhitzer 3 (Mäanderband im Strahlraum). An dieser ersten Einspritzstelle werden $4\% = 20$ t/h Wasser im Mittel zur Grobregelung der Temperatur eingespritzt. Die zweite Einspritzstelle liegt zwischen Überhitzer 3 und dem Endüberhitzer. Hier werden zur Feinregelung der Überhitzeraustrittstemperatur $2\% = 10$ t/h eingespritzt. Der erste Teil des Kesselsystems bis zur ersten Einspritzstelle ist demnach nur mit 470 t/h durchflossen, während der Überhitzer 3 von 490 t/h und nur der Endüberhitzer von 500 t/h durchströmt wird.

7. Strahlungsraum über der Brennkammer

Der Strahlungsraum ist mit Rücksicht auf den niedrigeren Ascheerweichungspunkt der Sulcis-Kohle so groß ausgeführt, daß die mittlere Rauchgastemperatur am Schotteneintritt nicht über 1000 °C liegt. Die Abstrahlung in diesem Raum ist abhängig von der Temperatur, dem Kohlendioxyd- und Wasserdampfgehalt der Rauchgase sowie den Raumabmessungen[3].

Der Verschmutzungsfaktor von 0,85 ist ein Erfahrungswert, der berücksichtigt, daß die Wärmeaufnahme der Heizflächen im Verlaufe der Reisezeit durch Verschmutzung zurückgeht.

Abmessungen des Strahlungsraumes:

Breite	15,6 m,
Höhe	12,2 m,
Tiefe	5,5 m.

Die Schichtstärke s ergibt sich aus diesen Raumabmessungen und dem Diagramm Abb. 143 zu $s = 5{,}2$ m. Für den Schwärzegrad erhält man mit

$$t_g = 1100\ °\mathrm{C};\quad t_W = 470\ °\mathrm{C};\quad CO_2 = 12{,}5\%;\quad H_2O = 8{,}4\%;$$

$$p_{CO_2} \cdot s = 0{,}125 \cdot 5{,}2 = 0{,}65\ \mathrm{mat};\quad p_{H_2O} \cdot s = 0{,}084 \cdot 5{,}2 = 0{,}44\ \mathrm{mat};$$

aus Abb. 144 $S = 0{,}89$.

---

[1] LEDINEGG, M.: Dampferzeugung, Wien: Springer 1952, S. 210.

[2] Vgl. 15. Wasser-Dampf-Bilanz, S. 160.

[3] HOTTEL, H. C., u. R. B. EGBERT: The radiation of furnace gases. Trans. ASME Bd. 63 (1941), S. 297/307. SCHACK, A.: Der Wärmeübergang in Rohren und an Rohrbündeln. Arch. Eisenhüttenw. Bd. 13 (1939/40), S. 155/169. MÜNZINGER, FR.: Dampfkraft, 3. Aufl., Berlin/Göttingen/Heidelberg: Springer 1949.

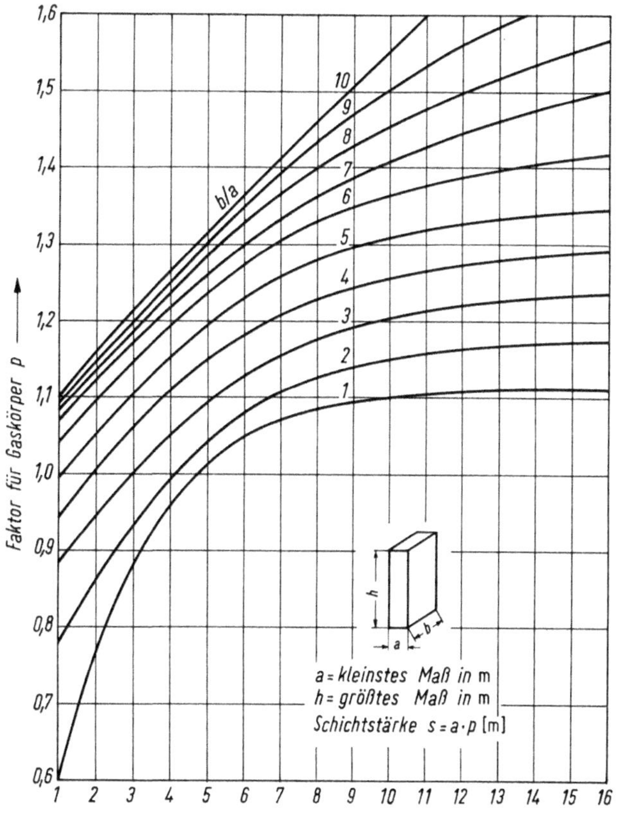

Abb. 143.
Schichtstärke für Strahlungskanäle
(Nach HOTTEL und EGBERT: The radiation of furnace gases. Trans. ASME Bd. 63 (1941), S. 297/307)

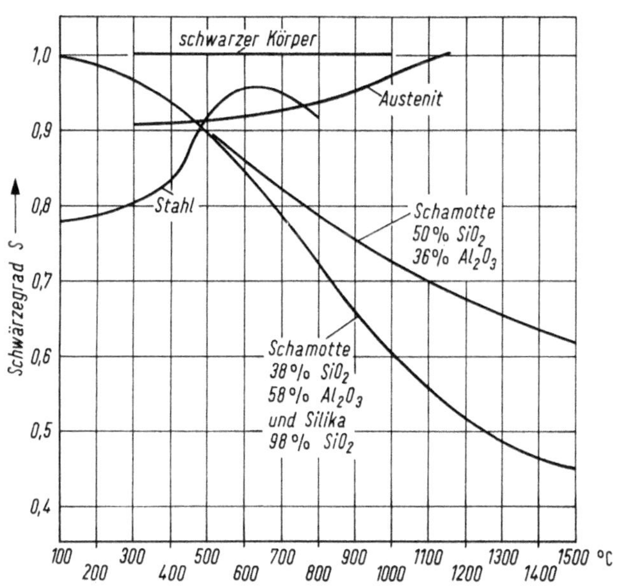

$$S = \frac{\text{Strahlungszahl der Wand}}{\text{Strahlungszahl des schwarzen Körpers}} = \frac{C_{Wand}}{4{,}96}$$

Abb. 144. Schwärzegrad der Wände

Die Strahlung der Kohlensäure kann aus Abb. 145 abhängig von Schichtdicke und Partialdruck abgelesen werden:

$$q_{S_{CO_2}} = 0{,}89 \cdot (30\,000 - 1{,}5 \cdot 3000) = 22\,700 \text{ kcal/m}^2\text{h}.$$

Die Strahlung des Wasserdampfes ist aus Abb. 146 abzugreifen:

$$q_{S_{H_2O}} = 0{,}89 \cdot (51\,000 - 6400) = 39\,600 \text{ kcal/m}^2\text{h}.$$

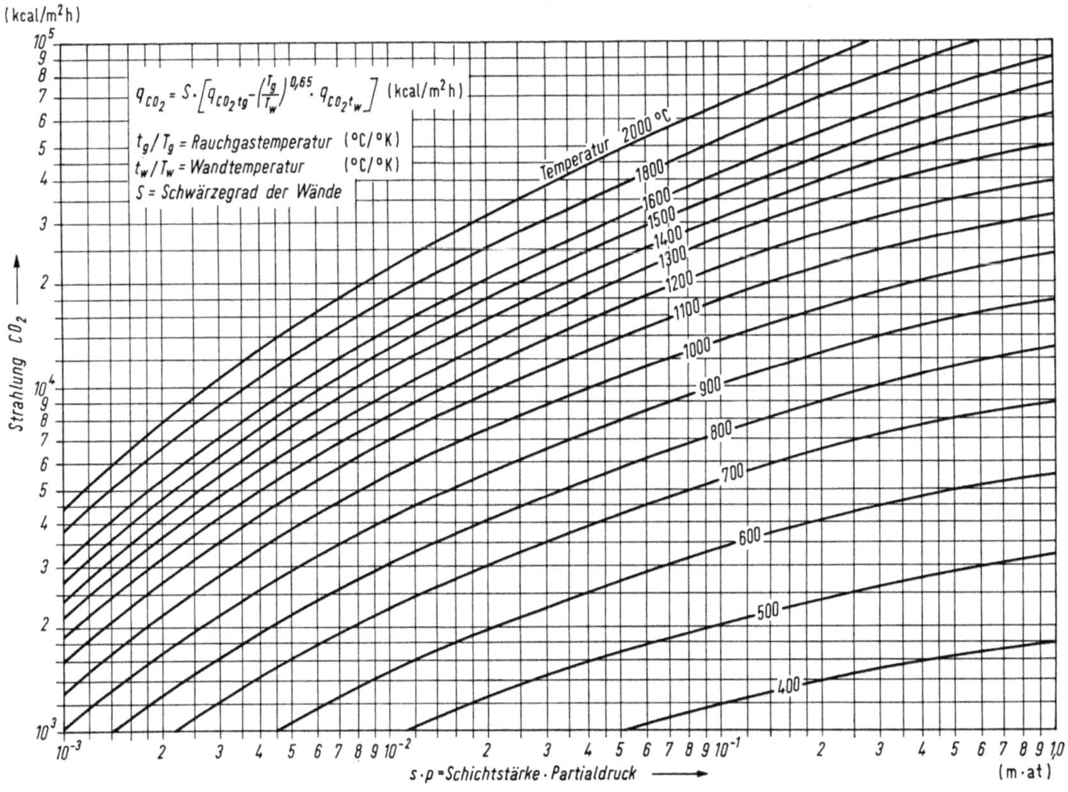

Abb. 145. Strahlung der Kohlensäure
(Nach Schack: Der industrielle Wärmeübergang, 5. Aufl. 1957)

Die Wärmeübergangszahl durch Berührung des Gases an den Kanalwänden wird in Abhängigkeit von der Kaltgasgeschwindigkeit w_{g_0} und dem hydraulischen Durchmesser festgestellt (Abb. 147).

$$w_{g_0} = 1{,}17 \text{ m/s}; \quad d_{\text{Hydr}} = 8{,}1 \text{ m},$$
$$\alpha_B = 3{,}7 \text{ kcal/m}^2\text{h °C},$$
$$q_B = 3{,}7 \cdot (1100 - 470) = 2300 \text{ kcal/m}^2\text{h},$$
$$q_{\text{ges}} = q_{S_{CO_2}} + q_{S_{H_2O}} + q_B = 64\,600 \text{ kcal/m}^2\text{h}.$$

Unter Berücksichtigung der Verschmutzung ergibt sich eine effektive Wärmebelastung durch Strahlung und Berührung von:

$$q_{\text{eff}} = 0{,}85 \cdot 64\,600 = 54\,800 \text{ kcal/m}^2\text{h}.$$

Zu diesem Wert q_{eff} muß noch die Wärmemenge addiert werden, die vom Feuerraum eingestrahlt wird. Sie wird gleichmäßig auf die Oberfläche des Strahlraumes verteilt und beträgt:

$$183 \text{ kcal/kg} \cdot 56\,200 \text{ kg/h} = 10{,}30 \cdot 10^6 \text{ kcal/h}.$$

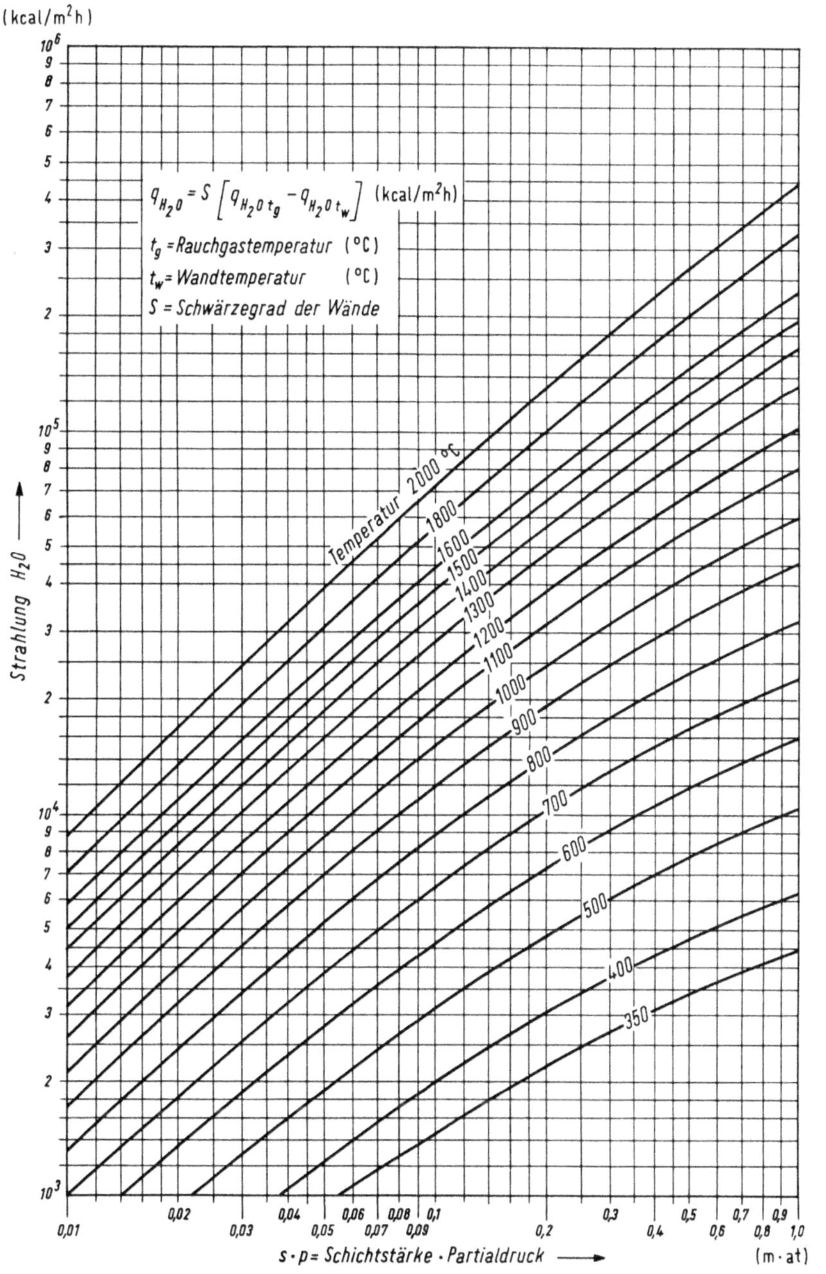

Abb. 146. Strahlung des Wasserdampfes
(Nach SCHACK: Der industrielle Wärmeübergang, 5. Aufl. 1957)

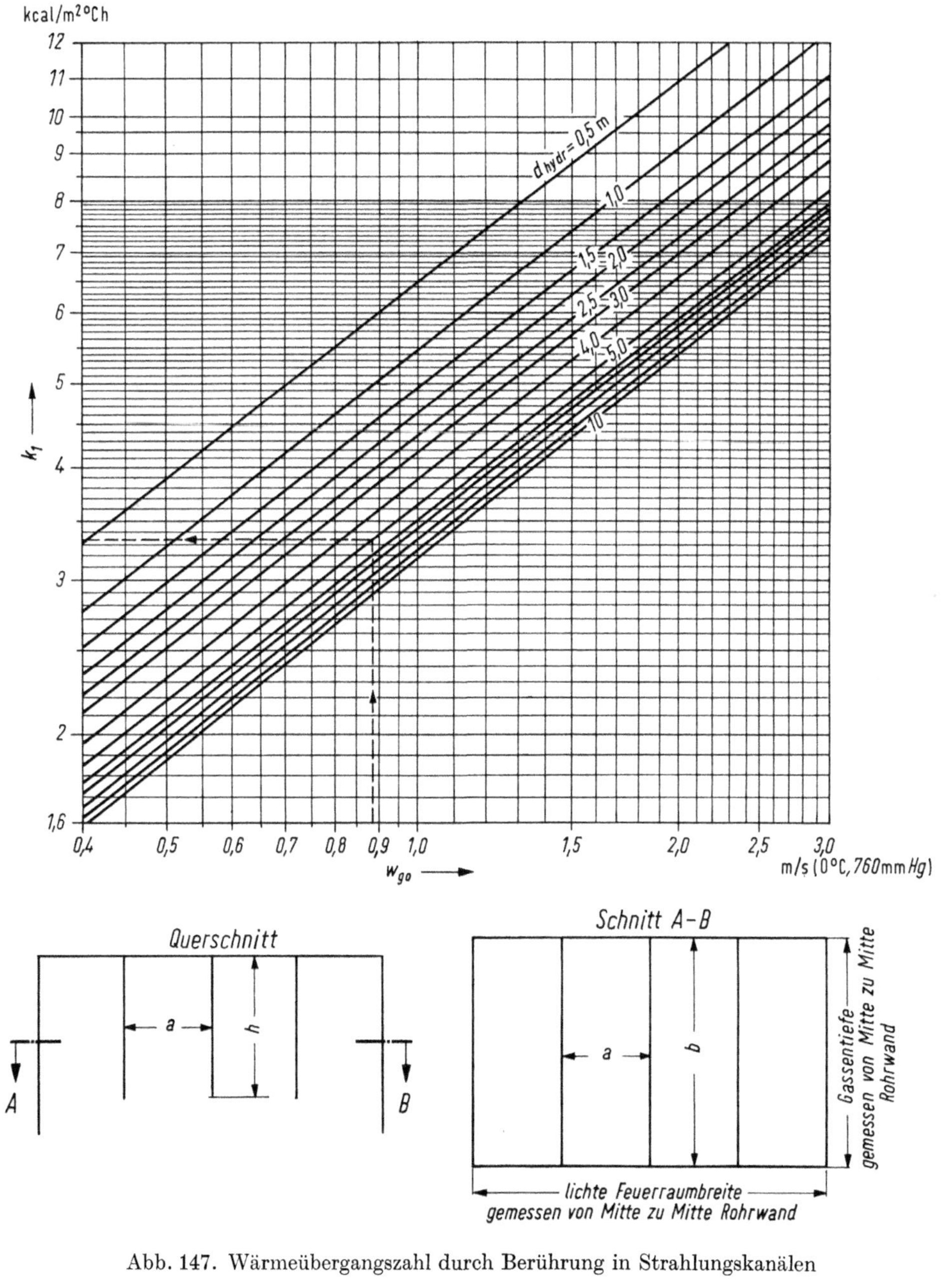

Abb. 147. Wärmeübergangszahl durch Berührung in Strahlungskanälen
(Nach SCHACK: Arch. Eisenhüttenw. Bd. 13 (1939/40), Heft 4, S. 155—169)

$$f_g = ab \text{ [m}^2\text{]} \qquad U = 2(a+b) \text{ [m]}$$

$$d_{\text{Hydr}} = \frac{4 f_g}{U} = \frac{2ab}{a+b} \text{ [m]}$$

Ist der Querschnitt ab mit längsbeaufschlagten Rohren (Schottenheizfläche u. a.) ausgefüllt, so ist:

$$d_{\text{Hydr}} = \frac{4(ab) - n\dfrac{d^2\pi}{4}}{2(a+b) + nd\pi} \text{ [m]}$$

Hierbei ist d = Rohrdurchmesser in m
n = Rohranzahl

Wärmeverteilung auf die Wände

Benennung	Fläche F [m²]	%	$q_{eff} \cdot F$ [kcal/h]	Anteil von der Brennkammer-abstrahlung [kcal/h]	Q [kcal/h]
Vorderwand ..	187,2	32,2	$10{,}03 \cdot 10^6$	$3{,}32 \cdot 10^6$	$13{,}35 \cdot 10^6$
Seitenwände...	134,4	23,2	$7{,}36 \cdot 10^6$	$2{,}39 \cdot 10^6$	$9{,}75 \cdot 10^6$
Decke	87,3	15,1	$4{,}78 \cdot 10^6$	$1{,}56 \cdot 10^6$	$6{,}34 \cdot 10^6$
Rückwand	23,4	4,0	$1{,}28 \cdot 10^6$	$0{,}41 \cdot 10^6$	$1{,}69 \cdot 10^6$
Schottenraum .	148,0	25,5	$8{,}12 \cdot 10^6$	$2{,}62 \cdot 10^6$	$10{,}74 \cdot 10^6$
	580,3	100,0	$31{,}57 \cdot 10^6$	$10{,}30 \cdot 10^6$	$41{,}87 \cdot 10^6$

Wärmeverteilung auf die Heizflächen

Überhitzer 3	Vorderwand:	$13{,}35 \cdot 10^6$ kcal/h
	Seitenwände:	$9{,}75 \cdot 10^6$ kcal/h
	Deckenanteil:	$4{,}66 \cdot 10^6$ kcal/h
		$27{,}76 \cdot 10^6$ kcal/h
Deckenanteil des Überhitzers 1:		$1{,}68 \cdot 10^6$ kcal/h
Rückwandanteil für Überhitzer 2:		$1{,}69 \cdot 10^6$ kcal/h
Einstrahlung in den Schottenraum:		$10{,}74 \cdot 10^6$ kcal/h
		$41{,}87 \cdot 10^6$ kcal/h

Aufwärmspanne des Dampfes

Überhitzer 3 $27{,}76 \cdot 10^6 : 490\,000 = 56{,}7$ kcal/kg,
Überhitzer 2 $1{,}69 \cdot 10^6 : 470\,000 = 3{,}6$ kcal/kg,
Überhitzer 1 $1{,}68 \cdot 10^6 : 470\,000 = 3{,}6$ kcal/kg.

Rauchgasbilanz

Wärmeabgabe der Rauchgase: $31{,}57 \cdot 10^6$ kcal/h;
Enthalpieabnahme der Rauchgase: 561 kcal/kg Kohle;
Rauchgas am Brennkammeraustritt: $i_R = 3524$ kcal/kg; $t_R = 1170$ °C; $n = 1{,}25$;
Rauchgas vor Schottenraum: $i_R = 2963$ kcal/kg; $t_R = 995$ °C; $n = 1{,}26$.

8. Schottenendüberhitzer

Zur Vermeidung von Veraschungen wird der Endüberhitzer schottenartig mit einer Teilung von 880 mm angeordnet und die Schräge zum Strahlraum hin sehr steil ausgebildet. Der Wärmeübergang in diesen Schotten erfolgt größtenteils durch Strahlung. Der Wärmeübergang durch Berührung wird wegen der großen Teilung wie bei Kanälen gerechnet.

Die Aufwärmspanne im Endüberhitzer soll mit Rücksicht auf eine günstige Temperaturregelung 70 kcal/kg möglichst nicht überschreiten.

560 Parallelrohre sind in 16 Schotten mit je 35 Rohren angeordnet.

$d_a = 30$ bzw. 32 mm; Rohrteilung 35 mm;

Abmessungen der Gaskanäle zwischen den Schotten:

	Breite	0,88 m,
	Höhe	8,60 m,
	Tiefe	5,70 m,
Schichtstärke s aus Abb. 143:	$s =$	1,22 m.

Bei der Festlegung der Parallelstrangzahlen und Rohrdurchmesser müssen die in der Druckverlustberechnung unter 16. angegebenen Kaltwassergeschwindigkeiten ungefähr eingehalten werden, damit einerseits der Gesamtwiderstand des Kessels 40 at bei Vollast nicht überschreitet und andererseits eine stabile Wasserverteilung im Verdampfer sowie eine erträgliche Rohrwandtemperatur im Überhitzer gewährleistet ist.

$t_g = 935$ °C; $t_w = 525$ °C; $CO_2 = 12{,}4$ %; $H_2O = 8{,}3$%.

$p_{CO_2} \cdot s = 0{,}124 \cdot 1{,}22 = 0{,}15$ m at; $p_{H_2O} \cdot s = 0{,}083 \cdot 1{,}22 = 0{,}10$ m at;

Schwärzegrad $S = 0{,}93$ aus Abb. 144.

$q_{S_{CO_2}} = 0{,}93\ (12\,700 - 1{,}315 \cdot 2\,800) = 8\,400$ kcal/m² h (Abb. 145),

$q_{S_{H_2O}} = 0{,}93 \cdot 8000 = 7400$ kcal/m² h (Abb. 146),

$w_{g_0} = 1{,}0$ m/s;

$d_{Hydr} = 1{,}54$ m,

$\alpha_B = 4{,}8$ kcal/m² h grd (Abb. 147),

$q_B = 4{,}8 \cdot 410 = 2000$ kcal/m² h,

$q_{ges} = 17\,800$ kcal/m²h,

$q_{eff} = 0{,}85 \cdot 17\,800 = 15\,100$ kcal/m²h,

Projizierte Schottenfläche: 1 276 m²,
Heizflächenwertigkeit ψ: 0,96,
Rechnerische Schottenheizfläche: $1\,276 \cdot 0{,}96 = 1\,224$ m².

Wärmeverteilung auf die Heizflächen innerhalb des Schottenbereiches

Heizfläche	Fläche [m²]	$q_{eff} \cdot F$ [kcal/h]	Anteil von Strahlraum [kcal/h]	Q [kcal/h]
Schotten . . .	1224	$18{,}5 \cdot 10^6$	$9{,}01 \cdot 10^6$	$27{,}5 \cdot 10^6$
Seitenwände	90	$1{,}36 \cdot 10^6$	$0{,}66 \cdot 10^6$	$2{,}02 \cdot 10^6$
Schräge . . .	80	$1{,}21 \cdot 10^6$	$0{,}59 \cdot 10^6$	$1{,}80 \cdot 10^6$
Decke	65	$0{,}98 \cdot 10^6$	$0{,}48 \cdot 10^6$	$1{,}46 \cdot 10^6$
		$22{,}05 \cdot 10^6$	$10{,}74 \cdot 10^6$	$32{,}78 \cdot 10^6$

Aufwärmspanne des Dampfes

Endüberhitzerschotten: 55,0 kcal/kg
Überhitzer 3: 4,1 kcal/kg
Überhitzer 2: 3,8 kcal/kg
Überhitzer 1: 3,1 kcal/kg.

Die Eintrittsenthalpie am Eintritt Endüberhitzer ist also

$$811{,}3 - 55{,}0 = 756{,}3 \text{ kcal/kg Dampf.}$$

Die Kühlung des Dampfes in der davor liegenden Mischstelle wird gemäß 6. mit der Mischungsgleichung errechnet:

$500\,000 \cdot 756{,}3 = 490\,000 \cdot x + 10\,000 \cdot 294{,}5$

x = Wärmeinhalt vor Einspritzung der 10 t/h

$x = 765{,}7$ kcal/kg.

Rauchgasbilanz

Wärmeabgabe der Rauchgase: $22{,}05 \cdot 10^6$ kcal/h;
Enthalpieabnahme der Rauchgase: 392 kcal/kg;
Rauchgas vor Endüberhitzerschotten: $i_R = 2963$ kcal/kg; $t_R = 995$ °C; $n = 1{,}26$;
Rauchgas nach Endüberhitzerschotten: $i_R = 2571$ kcal/kg; $t_R = 870$ °C; $n = 1{,}26$.

9. Schottenteil des Zwischenüberhitzers

Der Zwischenüberhitzer besteht aus zwei parallelen Hälften, die ihrerseits in Konvektions- und Schottenheizflächen unterteilt sind, wobei die beiden Verbindungsleitungen als Mischstrecken und Einspritzstellen dienen.

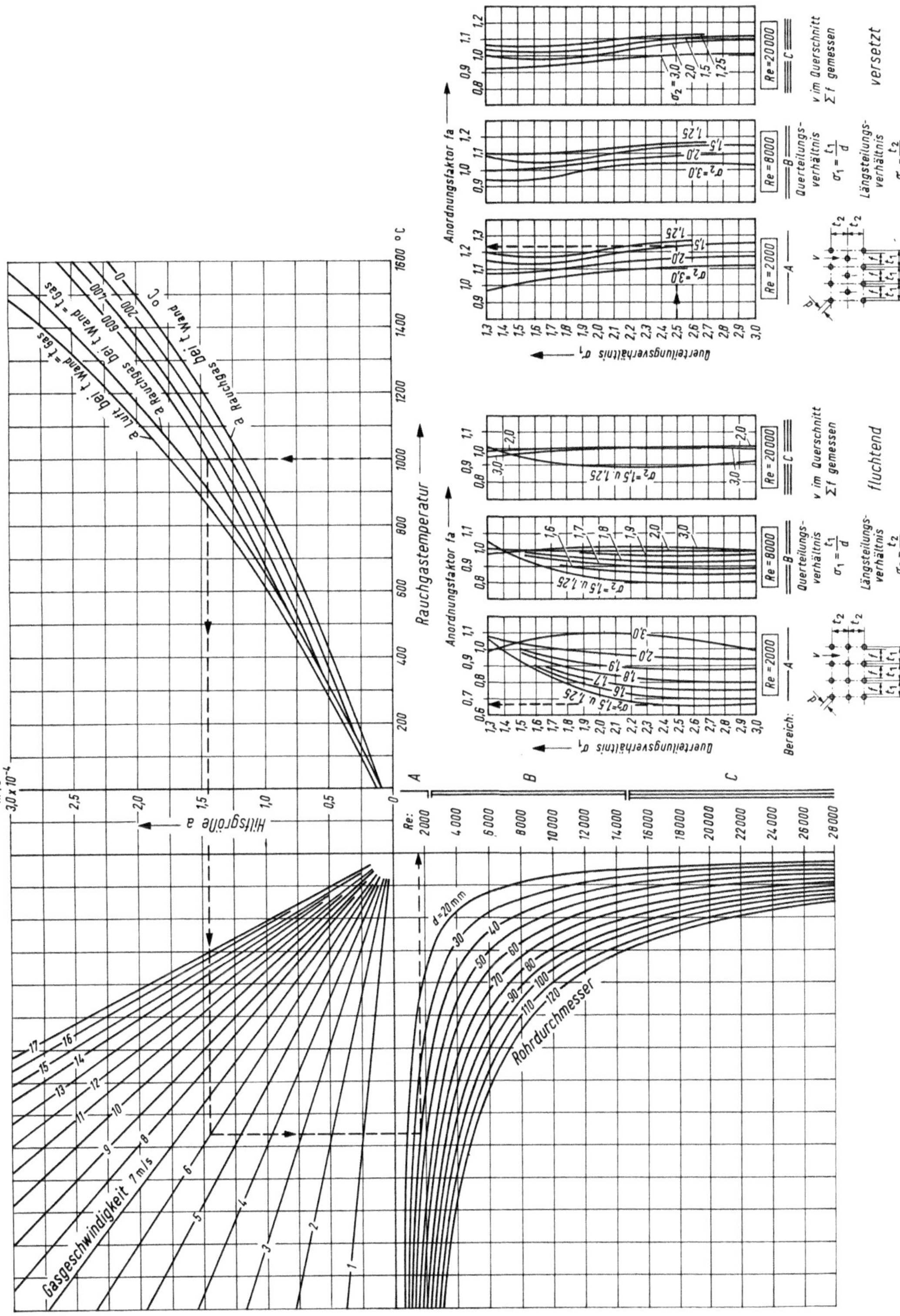

Abb. 148. Diagramm zur Bestimmung des Anordnungsfaktors *fa* in Abhängigkeit vom Quer- und Längsteilungsverhältnis für verschiedene Reynoldssche Zahlen (Nach MÜNZINGER: Dampfkraft, 2. Aufl. 1933)

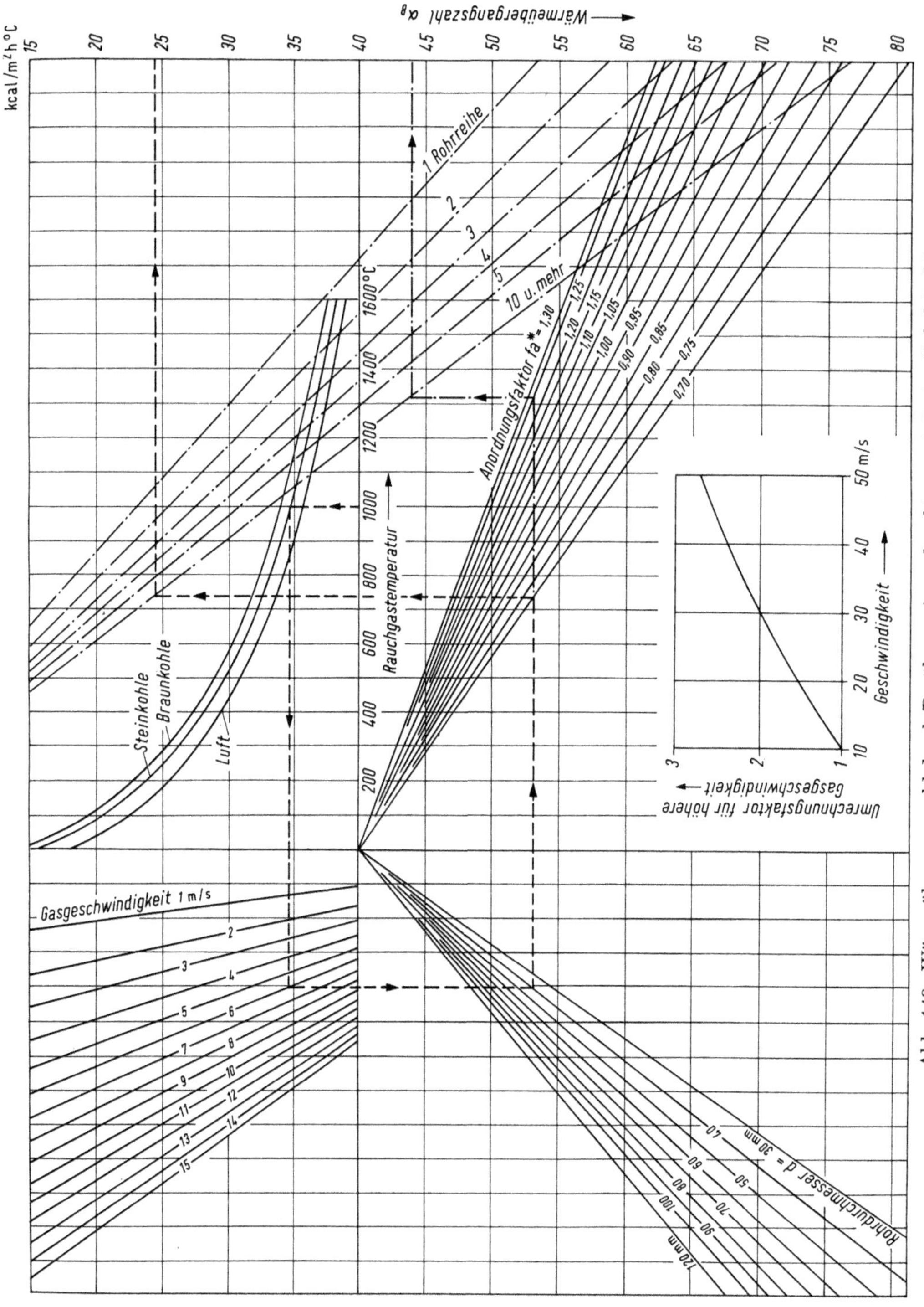

Abb. 149. Wärmeübergangszahl durch Berührung in senkrecht angeströmten Rohrbündeln (Nach MÜNZINGER: Dampfkraft, 2. Aufl. 1933)

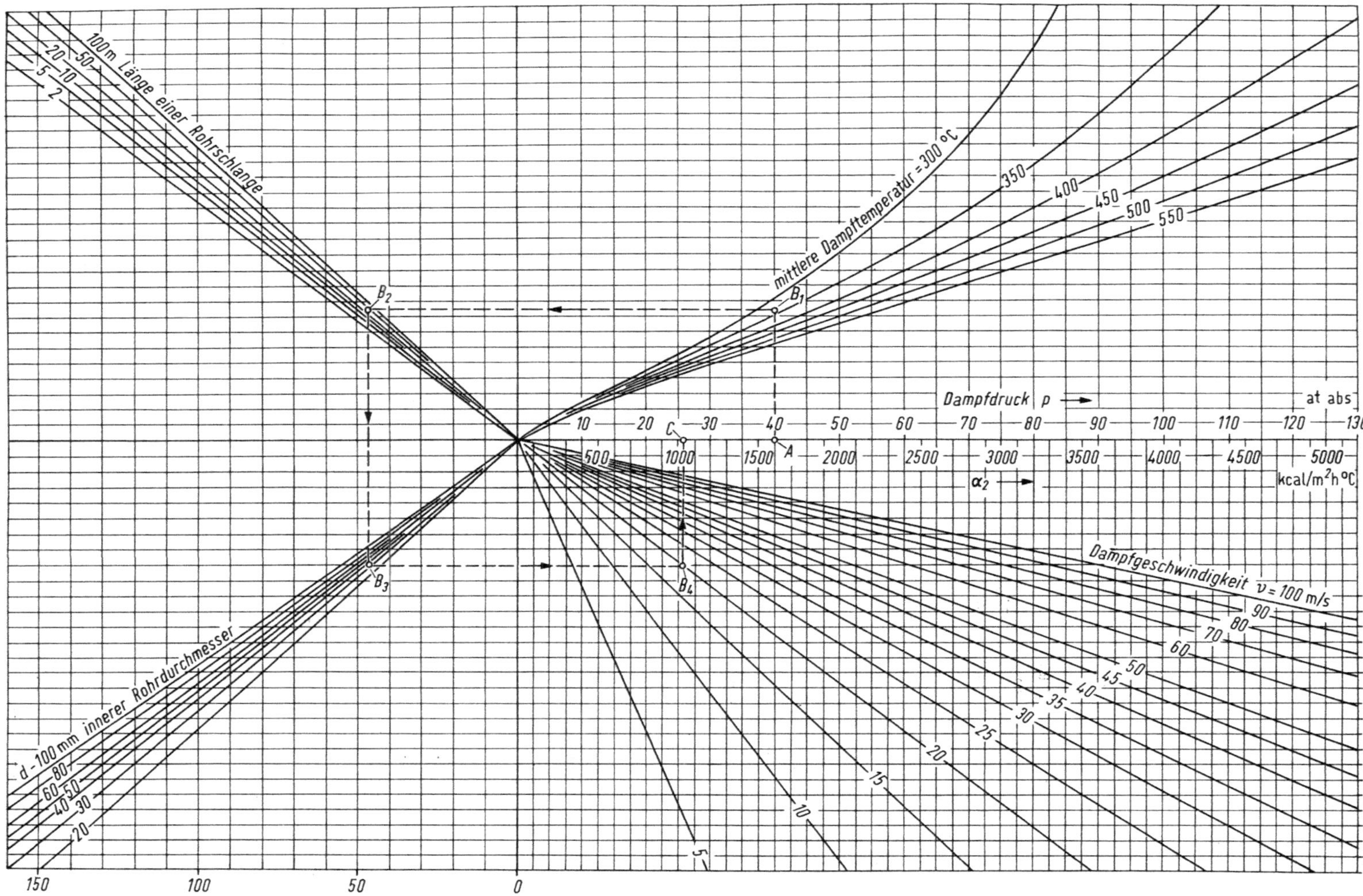

Abb. 150. Innere Wärmeübergangszahl von Rohrwand an überhitzten Dampf, abhängig von verschiedenen Parametern (Nach MÜNZINGER: Dampfkraft, 3. Aufl. 1949)

Bei den Zwischenüberhitzerschotten wird noch ein großer Teil der Wärme durch Strahlung übertragen. Als Wärmeübergangszahl durch Berührung wurde das algebraische Mittel aus den Wärmeübergangszahlen in Kanälen und fluchtenden Rohrbündeln genommen.

384 Parallelrohre sind in 48 Schotten mit je 8 Rohren angeordnet.

$d_a = 44{,}5$ mm; Rohrteilung 50 mm; Schottenabstand 320 mm.

Kanalabmessungen:

Breite	0,32 m,
Höhe	4,50 m,
Tiefe	3,30 m,
somit $s =$	0,56 m.

$$t_g = 838\ °C;\ t_w = 515\ °C;\ CO_2 = 12{,}35\%;\ H_2O = 8{,}2\%.$$

$$t_g - t_w = 323\ °C.$$

$$p_{CO_2} \cdot s = 0{,}069 \text{ m at};\ p_{H_2O} \cdot s = 0{,}046 \text{ m at};\ S = 0{,}925,$$

$$q_{s_{CO_2}} = 0{,}925\,(7600 - 1{,}25 \cdot 1950) = 4800 \text{ kcal/m}^2\text{h},$$

$$q_{s_{H_2O}} = 0{,}925 \cdot 5300 = 4900 \text{ kcal/m}^2\text{h}.$$

α_B wird, da es sich um einen schmalen Kanal handelt, als Mittelwert aus den Diagrammen Abb. 147 bis Abb. 149 ermittelt.

$$w_{g0} = 2{,}13 \text{ m/s};\ d_{\text{Hydr}} = 0{,}6 \text{ m},$$

$$w_g = \frac{2{,}13 \cdot (838 + 273)}{273} = 8{,}65 \text{ m/s},$$

$$\alpha_B = \frac{11 + 34{,}2}{2} = 22{,}6 \text{ kcal/m}^2\text{h grd},$$

$$q_B = 22{,}6 \cdot 323 = 7300 \text{ kcal/m}^2\text{h},$$

$$q_{\text{ges}} = 17\,000 \text{ kcal/m}^2\text{h};\ \alpha_{\text{ges}} = \frac{17\,000}{323} = 52{,}6 \text{ kcal/m}^2\text{h grd}.$$

Bei einer Dampfgeschwindigkeit von 24 m/s, 42 ata, 480 °C ist $\alpha_i = 1200$ kcal/m²h grd (s. Diagramm Abb. 150).

Der Wärmedurchgang im Schottenzwischenüberhitzer ist

$$K = 0{,}85 \frac{1}{\frac{1}{52{,}6} + \frac{1}{1200}} = 42{,}7 \text{ kcal/m}^2\text{h grd},$$

$q_{\text{eff}} = 42{,}7 \cdot 323 = 13\,800$ kcal/m²h für den Zwischenüberhitzer,

$q_{\text{eff}} = 0{,}85 \cdot 17\,000 = 14\,500$ kcal/m²h für Seitenwände und Decke,

Projizierte Schottenfläche:	810 m²,
Heizflächenwertigkeit ψ:	0,96,
Rechnerische Schottenheizfläche:	$810 \cdot 0{,}96 = 780$ m².

Wärmeverteilung auf die Heizflächen

Heizfläche	Fläche F [m²]	$q_{\text{eff}} \cdot F = Q$ [kcal/h]
Zwischenüberhitzerschotten .	780	$10{,}80 \cdot 10^6$
Seitenwände...............	23	$0{,}33 \cdot 10^6$
Decke.....................	40	$0{,}58 \cdot 10^6$
		$11{,}71 \cdot 10^6$

Aufwärmspanne des Dampfes

Zwischenüberhitzerschotten:	27,0 kcal/kg,
Überhitzer 3:	0,7 kcal/kg,
Überhitzer 1:	1,2 kcal/kg.

Rauchgasbilanz

Wärmeabgabe der Rauchgase:	$11{,}71 \cdot 10^6$ kcal/h
Enthalpieabnahme der Rauchgase:	209 kcal/kg
Rauchgas vor ZwÜ-Schotten:	$i_R = 2571$ kcal/kg; $t_R = 870$ °C; $n = 1{,}27$,
Rauchgas nach ZwÜ-Schotten:	$i_R = 2362$ kcal/kg; $t_R = 805$ °C; $n = 1{,}27$.

10. Strahlungsraum über dem zweiten Zug

Raumabmessungen:

Breite	1,10 m,
Höhe	5,30 m,
Tiefe	15,60 m,
somit $s =$	1,50 m.

$t_g = 787$ °C; $t_w = 390$ °C; $CO_2 = 12{,}35\%$; $H_2O = 8{,}2\%$; $w_g = 6{,}2$ m/s.

$p_{CO_2} \cdot s = 0{,}185$ m at; $p_{H_2O} \cdot s = 0{,}123$ m at; $S = 0{,}825$,

$q_{s_{CO_2}} = 0{,}825 \cdot 7400 = 6100$ kcal/m²h,

$q_{s_{H_2O}} = 0{,}825 \cdot 7400 = 6100$ kcal/m²h,

$q_{ges} = 12\,200$ kcal/m²h,

$q_{eff} = 0{,}85 \cdot 12\,200 = 10\,300$ kcal/m²h.

Wärmeverteilung auf die Heizfläche

Heizfläche	F_R [m²]	$q_{eff} \cdot F_R = Q$ [kcal/h]
Tragrohre	218	$2{,}24 \cdot 10^6$
Decke	60	$0{,}62 \cdot 10^6$
Rückwand 2. Zug	67	$0{,}69 \cdot 10^6$
Seitenwände	33	$0{,}34 \cdot 10^6$
ZwÜ-Berührungsteil	70	$0{,}72 \cdot 10^6$

Zum Wärmeübergang durch Strahlung kommt für die Tragrohre noch die Wärmebeaufschlagung durch Konvektion hinzu:

$$\alpha_B = 22{,}0 \text{ kcal/m}^2\text{h grd.}$$

Durch Korrekturfaktoren für schräge Anblasung (0,6) und Verschmutzung (0,85) folgt die Wärmedurchgangszahl k zu:

$$k = 0{,}6 \cdot 0{,}85 \cdot 22{,}0 = 11{,}3 \text{ kcal/m}^2\text{h grd.}$$

Wärmemenge an Tragrohre durch Berührung:

$$11{,}3 \cdot 218 \cdot 405 = 1{,}00 \cdot 10^6 \text{ kcal/h.}$$

Die gesamte Wärmeaufnahme der Tragrohre ist demnach:

$$Q = (2{,}24 + 1{,}00) \cdot 10^6 = 3{,}24 \cdot 10^6 \text{ kcal/h.}$$

Aufwärmspanne des Dampfes

Tragrohre:	6,9 kcal/kg,
Überhitzer 3:	0,7 kcal/kg,
Überhitzer 1:	2,8 kcal/kg.

An den Überhitzer 3 wurden an den verschiedenen Stellen insgesamt übertragen: $56{,}7 + 4{,}1 + 0{,}7 + 0{,}7 = 62{,}2$ kcal/kg Dampf. Die Enthalpie am Austritt dieser Heizflächen ist 765,7 kcal/kg (siehe unter 8.). Somit ist die Eintrittsenthalpie $765{,}7 - 62{,}2 = 703{,}5$ kcal/kg. Die Einspritzstelle 1 liegt vor diesem Überhitzer 3 und setzt im Mittel 20 t/h Einspritzwasser durch. Die Enthalpie vor dieser Einspritzung ist x.

$$470\,000 \cdot x + 20\,000 \cdot 294{,}5 = 490\,000 \cdot 703{,}5,$$
$$x = 720{,}9 \text{ kcal/kg.}$$

(siehe Wasser-Dampf-Bilanz am Schluß der Berechnung).

Rauchgasbilanz

Wärmeabgabe der Rauchgase:	$5{,}61 \cdot 10^6$ kcal/h;
Enthalpieabnahme der Rauchgase:	100 kcal/kg;
Rauchgas nach ZwÜ-Schotten:	$i_R = 2362$ kcal/kg; $t_R = 805$ °C; $n = 1{,}27$;
Rauchgas vor Berührungsteil:	$i_R = 2262$ kcal/kg; $t_R = 768$ °C; $n = 1{,}28$.

11. Konvektionsteil des Zwischenüberhitzers

Der Konvektionsteil des Zwischenüberhitzers ist so groß auszulegen, daß auch bei 80% Kessellast die geforderte Dampftemperatur von 540 °C noch erreicht wird. Bei höheren Kesselbelastungen wird die Temperatur durch Einspritzung konstant gehalten.

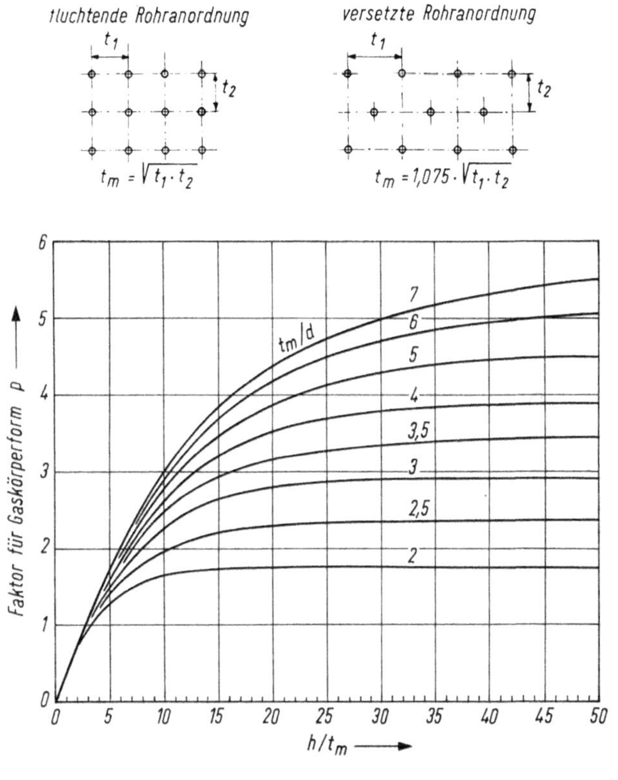

Abb. 151. Ermittlung der wirksamen Schichtdicke s bei Rohrbündeln

(Nach HOTTEL und EGBERT: The radiation of furnace gases. Trans. ASME Bd. 63 (1941), S. 297/307)

t = Rohrleitung in m
d = Rohrdurchmesser in m
h = größte Länge des Gaskörpers in m (in Rohrachse gemessen)
p = Faktor für Gaskörperform
Schichtdicke $s = p t_m$ [m]

Bei der Ermittlung des Wärmeüberganges ist die Gasstrahlung noch berücksichtigt. Unterhalb 650 °C Rauchgastemperatur, also im Restverdampfer und Economiser, kann die Gasstrahlung vernachlässigt werden.

384 Rohre sind in vier Lagen mit je 96 Rohren parallel geschaltet.

Die benötigte Wärmemenge im Konvektionsteil des Zwischenüberhitzers beträgt $(42{,}72 - 10{,}80 - 0{,}72) \cdot 10^6 = 31{,}20 \cdot 10^6$ kcal/h.

Temperaturdifferenz

Rauchgastemperaturen:	768 °C	568 °C
Dampftemperaturen:	491 °C	350 °C
	277 °C	218 °C

$$\Delta t_m = 247\ °\mathrm{C}.$$

$t_g = 668$ °C; $CO_2 = 12{,}25\%$; $H_2O = 8{,}15\%$; $w_g = 9{,}0$ m/s.

Ermittlung der Schichtdicke in Rohrbündeln nach Abb. 151.

$d_a = 44{,}5$ mm; $t_1 = 160$ mm; $t_2 = 90$ mm; $t_m = 1{,}075 \cdot \sqrt{t_1 \cdot t_2} = 129$ mm.

$\frac{t_m}{d} = 2{,}9$; $\frac{h}{t_m} = 35$; $p = 2{,}84$; $s = 0{,}39$ m.

$p_{CO_2} \cdot s = 0{,}048$ m at; $p_{H_2O} \cdot s = 0{,}032$ m at; $S = 0{,}85$,

$q_{s_{CO_2}} = 0{,}85\,(3800 - 1{,}22 \cdot 1400) = 1800$ kcal/m²h,

$q_{s_{H_2O}} = 0{,}85 \cdot 1750 = 1500$ kcal/m²h.

Wärmeübergang durch Berührung bei versetzter Rohranordnung:

$\sigma_1 = \frac{160}{44{,}5} = 3{,}6$; $\sigma_2 = \frac{90}{44{,}5} = 2$; $f_a = 1{,}1$;

$\alpha_B = 54$ kcal/m²h grd;

$q_B = 54 \cdot 247 = 13\,400$ kcal/m²h;

$q_{ges} = 16\,700$ kcal/m²h; $\alpha_{ges} = 67{,}5$ kcal/m²h grd.

Bei einer Dampfgeschwindigkeit von 21 m/s, 420 °C, 43 ata ist $\alpha_i = 1100$ kcal/m²h grd. Der Wärmedurchgang im Zwischenüberhitzer

$$k = 0{,}85 \cdot \frac{1}{\frac{1}{67{,}5} + \frac{1}{1100}} = 54 \text{ kcal/m}^2\text{h grd.}$$

Erforderliche Heizfläche $= \frac{31{,}2 \cdot 10^6}{54 \cdot 247} = 2340$ m².

Heizfläche einer Lage: $F_L = 96 \cdot 4{,}5 \cdot 0{,}1397 = 60{,}4$ m².

Benötigte Lagenzahl: $\frac{2340}{60{,}4} = 39$.

Damit die volle Zwischendampftemperatur auch bei 80% Last noch erreicht wird, werden insgesamt 44 Lagen eingebaut.

Wärmeaufnahme der Tragrohre

Eingebaute Heizfläche: $F = 230$ m².

Temperaturdifferenz $\Delta t = 300$ °C.

Erfahrungsgemäß ist die Wärmedurchgangszahl der Tragrohre etwa halb so groß wie diejenige der zugehörigen Heizfläche, also

$$k = 0{,}85 \cdot 0{,}5 \cdot 67{,}5 = 28{,}6 \text{ kcal/m}^2\text{ h grd.}$$

Übertragene Wärmemenge: $Q = 230 \cdot 300 \cdot 28{,}6 = 1{,}97 \cdot 10^6$ kcal/h.

Wärmeaufnahme der Rückwandverkleidung (Überhitzer 1)

Wirksame Heizfläche: $F = 132$ m².

Übertragene Wärmemenge: $Q = k \cdot F \cdot \Delta t = 1{,}09 \cdot 10^6$ kcal/h.

Aufwärmspanne des Dampfes

Zwischenüberhitzer-Berührungsteil:	79,8 kcal/kg,
Überhitzer 1:	2,3 kcal/kg,
Tragrohre:	4,2 kcal/kg.

Rauchgasbilanz

Wärmeabgabe der Rauchgase:	$(31{,}20 + 1{,}97 + 1{,}09) \cdot 10^6 = 34{,}26 \cdot 10^6$ kcal/h;
Enthalpieabnahme der Gase:	612 kcal/kg;
Rauchgas vor Eintritt:	$i_R = 2262$ kcal/kg; $t_R = 768$ °C; $n = 1{,}28$;
Rauchgas vor Restverdampfer:	$i_R = 1650$ kcal/kg; $t_R = 568$ °C; $n = 1{,}28$.

12. Restverdampfer

Der Restverdampfer hat durch die neuzeitliche Speisewasseraufbereitung seine Bedeutung als Zone gefahrloser Salzablagerung weitgehend verloren. Mit Rücksicht auf die günstige wärmetechnische Schaltungsmöglichkeit wird hier jedoch auf diesen Kesselteil nicht verzichtet.

Im Restverdampfer soll der aus der Brennkammer mit rd. 20% Wassergehalt zuströmende Dampf leicht überhitzt werden. Auch bei anderen Brennstoffen und Teillast bleibt der Restverdampfungspunkt bei dieser Auslegung in dieser Heizfläche.

In zwei Lagen sind je 96 Rohre parallel geschaltet.

$d_a = 38$ mm; $t_1 = 160$ mm; $t_2 = 75$ mm; $\sigma_1 = 4{,}2$; $\sigma_2 = 2{,}0$; $f_a = 1{,}10$;

$t_g = 533$ °C; $w_g = 7{,}3$ m/s;

$\alpha_B = 52$ kcal/m²h grd bei versetzter Rohranordnung.

Verschmutzungsfaktor:	0,85	
Wärmedurchgangszahl:	$k = 0{,}85 \cdot 52 = 44{,}2$ kcal/m²h grd	
Temperaturdifferenz		
Rauchgastemperaturen:	568 °C	498 °C
Dampftemperaturen:	368 °C	368 °C
	200 °C	130 °C

$$\Delta t_m = 162 \text{ °C}.$$

Die Enthalpie am Austritt Strahlungsverdampfer soll 546 kcal/kg entsprechend 80% Dampfgehalt nicht überschreiten. Durch die gegebene Wärmeübertragung in der Brennkammer ist auch die Aufwärmspanne des Economisers festgelegt. Nach der Berechnung aller Heizflächen verbleibt somit die im Restverdampfer und den zugehörigen Tragrohren zu übertragende Wärmemenge:

$$Q = 11{,}58 \cdot 10^6 \text{ kcal/h}.$$

Die hierzu benötigte Heizfläche:

$$F = \frac{11{,}58 \cdot 10^6}{44{,}2 \cdot 162} = 1620 \text{ m}^2.$$

Die Oberfläche der Tragrohre wird wegen der kleineren Wärmedurchgangszahl nur zur Hälfte in die Rechnung eingesetzt:

$$\frac{F}{2} = 122 \text{ m}^2.$$

Entsprechend dem Flächenanteil entfällt auf die Tragrohre die Wärmemenge:

$$Q = \frac{122}{1620} \cdot 11{,}58 \cdot 10^6 = 0{,}86 \cdot 10^6 \text{ kcal/h}.$$

Für den Restverdampfer verbleibt somit die Heizfläche von 1620—122 = 1498 m².
Die Oberfläche je Rohrlage beträgt 51,5 m².

Das ergibt eine Lagenzahl von: $\frac{1498}{51{,}5} = 30$.

Als Reserve werden weitere 12 Lagen eingebaut.

Aufwärmspanne des Dampfes

Restverdampfer: 22,8 kcal/kg,

Tragrohre: 1,8 kcal/kg.

Rauchgasbilanz

Enthalpieabnahme der Rauchgase: 206 kcal/kg;

Rauchgas vor Restverdampfer: $i_R = 1650$ kcal/kg; $t_R = 568$ °C; $n = 1{,}28$;

Rauchgas vor Economiser: $i_R = 1444$ kcal/kg; $t_R = 498$ °C; $n = 1{,}29$.

13. Economiser

Der Economiser hat die geringste Wärmebeanspruchung und kann deshalb aus unlegiertem Material gefertigt werden. Bei diesem Kessel ist die Economiser-Heizfläche durch die Wärmeabgabe der Brennkammer und durch die Festlegung des Dampfzustandes am Verdampferaustritt festgelegt.

Die mit schwach überhitztem Dampf durchflossenen Tragrohre sind nur bis unterhalb des Restverdampfers geführt. Der Economiser hängt an hitzebeständigen Flacheisen, eine Ansführung, die in diesem Temperaturbereich ohne Gefahr möglich ist.

In zwei Lagen sind je 96 Rohre parallel geschaltet.

$d_a = 38$ mm; $t_1 = 160$ mm; $t_2 = 75$ mm; $\sigma_1 = 4{,}2$; $\sigma_2 = 2{,}0$; $f_a = 1{,}10$;

$t_g = 437$ °C; $w_g = 6{,}4$ m/s;

$\alpha_B = 49{,}3$ kcal/m²h grd bei versetzter Rohranordnung.

Verschmutzungsfaktor: 0,85

Wärmedurchgangszahl: $k = 0{,}85 \cdot 49{,}3 = 41{,}9$ kcal/m²h grd,

Temperaturdifferenz

Rauchgastemperaturen:	498 °C	400 °C
Wassertemperaturen:	309,5 °C	280,5 °C
	188,5 °C	119,5 °C

$\Delta t_m = 150$ °C.

Zu übertragende Wärmemenge: $Q = 16{,}78$ kcal/h.

Die hierzu benötigte Heizfläche: $F = \frac{16{,}78 \cdot 10^6}{41{,}9 \cdot 150} = 2680$ m².

Das ergibt 42 Rohrlagen.

Aufwärmspanne des Wassers

35,7 kcal/kg.

Rauchgasbilanz

Enthalpieabnahme des Rauchgases: 299 kcal/kg;

Rauchgas vor Economiser: $i_R = 1444$ kcal/kg; $t_R = 498$ °C; $n = 1{,}29$;

Rauchgas vor Luftvorwärmer: $i_R = 1145$ kcal/kg; $t_R = 400$ °C; $n = 1{,}30$.

14. Rauchgasbilanz aller Heizflächen

Tabelle 8. *Rauchgasbilanz aller Heizflächen eines Bensonkessels*

Kesselteil	Enthalpie-differenz [kcal/kg]	Enthalpien [kcal/kg] Eintr./Austr.	Temperaturen [°C] Eintr./Austr.
Brennkammer	2980	6504/3524	—/1170
Strahlungsraum über 1. Zug	561	3524/2963	1170/995
Querzug:			
Endüberhitzerschotten	392	2963/2571	995/870
Zwischenüberhitzerschotten	209	2571/2362	870/805
Strahlungsraum über 2. Zug	100	2362/2262	805/768
Zweiter Zug:			
Zwischenüberhitzer	612	2262/1650	768/568
Restverdampfer	206	1650/1444	568/498
Economiser	299	1444/1145	498/400
Luftvorwärmer	645	1145/500	400/180

Die in Tabelle 8 zusammengefaßten Werte sind in Abb. 141 eingetragen.

15. Wasser-Dampf-Bilanz

Tabelle 9. *Wasser-Dampf-Bilanz eines Bensonkessels*

Heizfläche	Durchfluß [t/h]	Enthalpien [kcal/kg] Diff.	Enthalpien [kcal/kg] Eintr./Austr.	Temperatur [°C] Eintr./Austr.
Economiser	470	35,7	294,5/330,2	281/309
Brennkammer-Vorderwand				
1. Durchgang	470	40,3	330,2/370,5	309/334
2. Durchgang	470	37,7	370,5/408,2	334/354
3. Durchgang	470	35,7	408,2/443,9	354/369
Brennkammer-Seitenwände				
1. Durchgang	470	33,5	443,9/477,4	369/369
2. Durchgang	470	34,8	477,4/512,2	369/369
3. Durchgang	470	33,5	512,2/545,7	369/368
Restverdampfer	470	22,8	545,7/568,5	368/367
Überhitzer 1	470	13,0	568,5/581,5	367/368
Tragrohre	470	12,9	581,5/594,4	368/368
1. Durchgang Überhitzer 2	470	60,0	594,4/654,4	368/388
2. Durchgang Überhitzer 2	470	66,5	654,4/720,9	388/436
1. Einspritzung + 20 t/h	490	− 17,4	720,9/703,5	436/418
Überhitzer 3	490	62,2	703,5/765,7	418/481
2. Einspritzung + 10 t/h	500	− 9,4	765,7/756,3	481/468
Schotten-Endüberhitzer	500	55,0	756,3/811,3	468/540
Zwischenüberhitzer				
Konvektionsteil	400	79,8	737,5/817,3	350/491
Schottenteil	400	27,0	817,3/844,3	491/540

Die in Tabelle 9 zusammengefaßten Werte sind in Abb. 152 eingetragen.

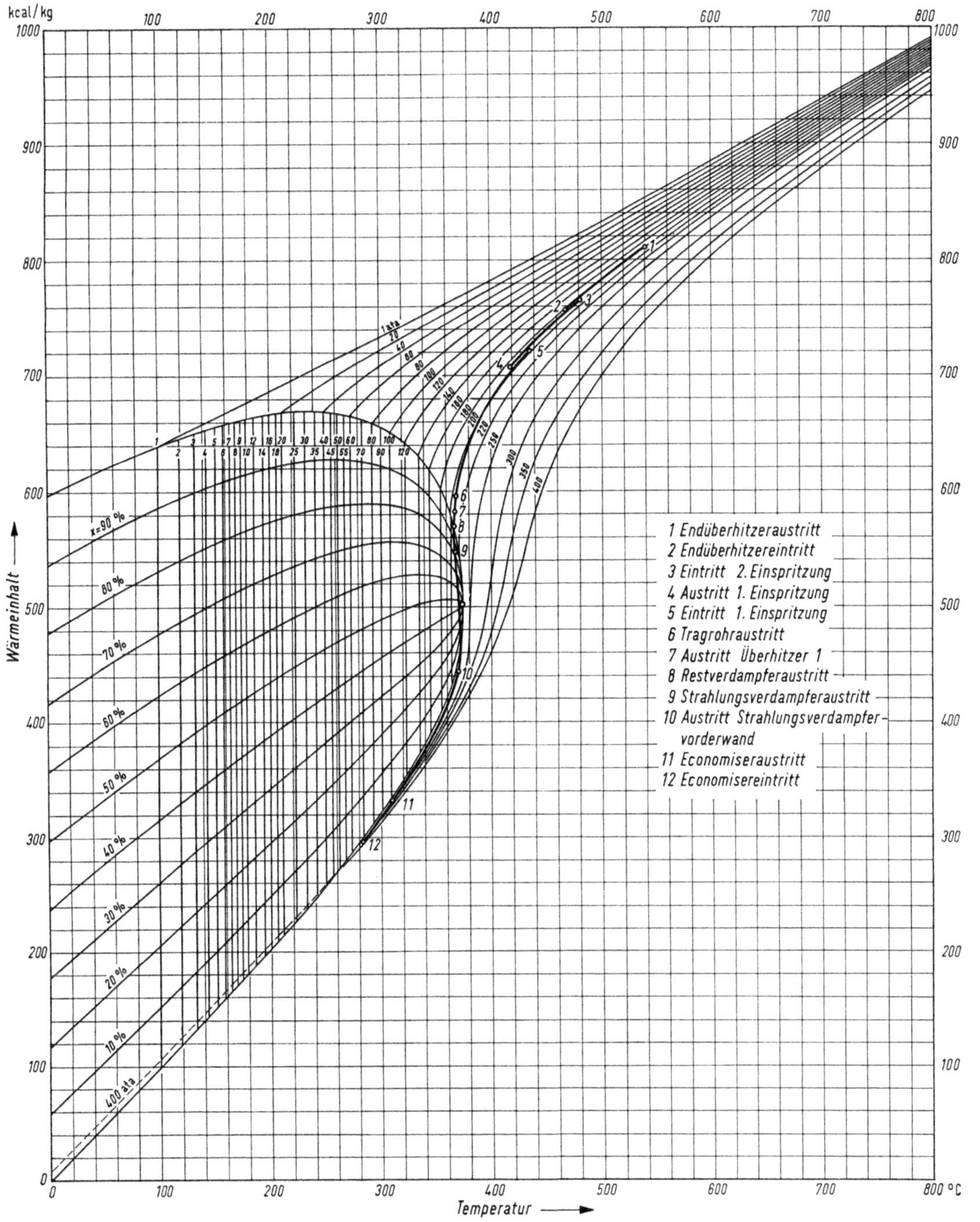

Abb. 152. *It*-Diagramm für Wasserdampf

Tabelle 10. *Druckverlustberechnung eines Bensonkessels*

Position	Kesselteil	Material	Durchmesser d_i/d_a in mm	Parallelstrangzahl Z	Länge L in m	Krümmer 90°	Krümmer 180°	V_m in m³/kg	W_K in m/s	W_m in m/s	$1,5 + n \cdot \xi$	$\frac{\lambda}{d_i} \cdot L$	Δp in at
	Hochdruckheizfläche												
1	Verbindungsrohre	10CrMo910	67/95	32	11,0	3	1	0,0186	1,23	22,9	2,09	2,74	0,70
2	Endüberhitzer III. Teil	10CrMo910	17/30	560	14,1	3	—	0,0179	1,09	19,6	0,36	19,32	2,00
3	Endüberhitzer II. Teil	10CrMo910	19/30	560	8,6	2	—	0,0169	0,88	14,8	0,24	10,19	0,69
4	Endüberhitzer I. Teil	13CrMo 44	19/32	560	10,8	3	—	0,0160	0,88	14,0	1,86	12,82	0,92
5	Verbindungsrohre	13CrMo 44	67/83	32	10,7	4	1	0,0154	1,23	19,0	2,20	2,71	0,59
6	2. Einspritzung	13CrMo 44	177/241	2	5,0	—	—	0,0155	2,83	43,8	1,50	0,44	1,22
7	Verbindungsrohre	13CrMo 44	63/83	32	4,0	3	—	0,0157	1,36	21,4	1,86	1,08	0,44
8	Mäanderband III	10CrMo910	26/38	192	33,9	7	—	0,0151	1,34	20,2	1,05	28,00	3,98
9	Mäanderband II	13CrMo 44	26/38	192	6,0	3	—	0,0138	1,34	18,4	0,45	5,00	0,69
10	Mäanderband I	13CrMo 44	27/35	192	26,6	6	—	0,0128	1,24	15,8	2,40	21,10	2,35
11	Verbindungsrohre	13CrMo 44	62/76	28	11,4	6	—	0,0120	1,61	19,3	2,40	3,23	0,89
12	1. Einspritzung	13CrMo 44	171/241	2	8,0	—	—	0,0124	2,96	36,7	1,50	0,68	1,21
13	Verbindungsrohre	13CrMo 44	62/76	30	19,1	5	—	0,0127	1,44	18,3	2,55	5,38	1,03
14	Rückwand 2. Durchgang	13CrMo 44	28/38	180	34,9	6	—	0,0110	1,18	13,0	2,34	26,25	2,22
15	Fallrohre	15 Mo 3	62/76	30	38,6	5	—	0,0094	1,44	13,6	2,12	11,02	1,31
16	Rückwand 1. Durchgang	15 Mo 3	28/38	180	34,9	6	—	0,0080	1,18	9,4	2,40	26,80	1,66
17	Verbindungsrohre	St.45.8	58/76	30	51,0	10	—	0,0066	1,65	10,9	2,90	15,83	1,71
18	Tragrohre	15 Mo 3	28/38	192	46,2	4	—	0,0063	1,10	6,9	2,10	35,30	1,46
19	Deckenverkleidung	15 Mo 3	28/38	192	28,9	2	1	0,0058	1,10	6,4	0,51	19,85	0,73
20	Rückwand 2. Zug	St. 45.8	28/38	192	11,2	3	—	0,0055	1,10	6,1	1,95	7,69	0,33
21	Restverdampfer	St. 45.8	28/38	192	95,0	1	20	0,0052	1,10	5,7	8,10	65,60	2,38
22	Verbindungsrohre	St. 45.8	58/76	24	19,5	6	—	0,0048	2,06	9,9	2,25	5,68	0,82
23	6. Register	St. 45.8	27/38	120	21,7	2	—	0,0044	1,90	8,4	2,08	17,35	1,57
24	Fallrohre	St. 45.8	58/76	24	22,5	2	—	0,0039	2,06	8,0	1,67	6,94	0,73
25	5. Register	St. 45.8	27/38	120	22,0	3	—	0,0035	1,90	6,6	2,08	17,60	1,27
26	Fallrohre	St. 45.8	58/76	24	22,8	2	—	0,0029	2,06	6,0	1,67	6,84	0,53
27	4. Register	St. 45.8	27/38	120	21,7	3	—	0,0024	1,90	4,6	2,08	17,00	0,84
28	Fallrohre	St. 45.8	58/76	24	23,0	3	—	0,00215	2,06	4,4	1,76	6,84	0,40
29	3. Register	St. 45.8	27/38	120	24,0	4	—	0,00194	1,90	3,7	2,27	18,56	0,74
30	Fallrohre	St. 45.8	58/76	24	24,8	2	—	0,00180	2,06	3,7	1,67	7,45	0,35
31	2. Register	St. 45.8	27/38	120	24,0	4	—	0,00166	1,90	3,2	2,27	18,65	0,64
32	Fallrohre	St. 45.8	58/76	24	24,8	2	—	0,00156	2,06	3,2	1,67	7,37	0,30
33	1. Register	St. 45.8	27/38	120	24,0	4	—	0,00148	1,90	2,8	2,27	18,65	0,57
34	Verbindungsrohre	St. 45.8	58/76	24	52,2	9	—	0,00142	2,06	2,9	2,85	15,52	0,56
35	Economiser	St. 45.8	29/38	192	120,0	3	24	0,00137	1,03	1,4	9,63	83,60	0,69
36	Verbindungsrohre	St. 45.8	60/76	24	4,0	2	—	0,00132	1,93	2,5	1,80	1,18	0,07
												Gesamtdruckverlust:	38,59

Tabelle 10 (Fortsetzung)

Position	Kesselteil	Material	Durchmesser d_i/d_a in mm	Parallelstrangzahl Z	Länge L in m	Krümmer 90°	Krümmer 180°	V_m in m³/kg	W_K in m/s	W_m in m/s	$1{,}5 + n \cdot \xi$	$\frac{\lambda}{d_i} \cdot L$	Δp in at
	Zwischenüberhitzer												
1	Berührungsteil 1. Paket	St. 45.8	37,5/44,5	384	33	8	3	0,06900	0,26	18,1	2,45	16,88	0,47
2	Berührungsteil 2. Paket	15 Mo 3	37,5/44,5	384	22	6	2	0,07983	0,26	21,0	3,28	11,20	0,40
3	Verbindungsrohre	15 Mo 3	145/159	16	5	1	—	0,08465	0,42	35,5	1,69	0,49	0,17
4	Einspritzrohr	15 Mo 3	383/419	2	15	1	—	0,08465	0,48	40,8	1,62	0,46	0,21
5	Verbindungsrohre	15 Mo 3	86/95	42	8,7	3	—	0,08465	0,46	38,6	1,86	1,34	0,29
6	Schotten 1. Teil	13 CrMo 44	36,5/44,5	384	9,6	4	—	0,08703	0,28	24,1	0,48	4,90	0,18
7	Schotten 2. Teil	10 CrMo 910	36,5/44,5	384	10,4	4	—	0,08842	0,28	24,5	1,98	5,48	0,26
8	Verbindungsrohre	10 CrMo 910	90/102	42	8,0	2	—	0,09084	0,42	37,8	1,74	1,36	0,25
												Gesamtdruckverlust:	2,23

16. Druckverlustberechnung

Aus dem bereits erwähnten Schaltbild des Kessels Abb. 140 ist ersichtlich, daß in der gemeinsamen Feuerung zwei völlig getrennt geregelte Durchlaufsysteme angeordnet sind. Dies ergibt konstruktiv einige Vorzüge. Die Strahlungsregister sind nur halb so breit und somit leichter anzuordnen. Auch die Ausdehnungsverhältnisse werden günstiger.

Die Druckverlustberechnung beginnt am Überhitzerende und wird allmählich zum Kesselanfang hin entwickelt, damit der in den einzelnen Heizflächen entstehende Druckverlust für die Festlegung des spezifischen Volumens der davor liegenden Heizflächen Berücksichtigung findet. Die für die einzelnen Heizflächen gewählten Rohrdurchmesser und die erforderlichen Rohrlängen sind hier zusammengestellt, ebenso das mittlere spezifische Volumen V_m und die Kaltwassergeschwindigkeit w_k. Die Berechnung des Druckverlustes erfolgt mit nachstehender Formel:

$$\Delta p = \frac{\lambda}{d_i} \cdot \frac{\gamma \cdot w^2}{2g} \cdot 10^{-4}/\text{m Rohrlänge.}$$

Die λ-Werte für die verschiedenen Rohrdurchmesser sind dabei nach ZIMMERMANN ermittelt[1] (s. Diagramm Abb. 153). Der Faktor 1,5 berücksichtigt die Ein- und Austrittsverluste, der Faktor ξ die Verluste durch Rohrkrümmer (Abb. 154).

Die Berechnung ist in Tabelle 10 durchgeführt.

17. Zusammenstellung der verwendeten Formelzeichen

α_B	[kcal/m² h grd]	Wärmeübergangszahl durch Berührung
B	[t/h]	Brennstoffmenge
γ	[kp/m³]	Spezifisches Gewicht
CO_2	[%]	Kohlendioxydgehalt der Rauchgase
d_a	[mm]	Äußerer Rohrdurchmesser
d_i	[mm]	Innerer Rohrdurchmesser
d_{Hydr}	[m]	Hydraulischer Durchmesser des Gaskörpers
f_a		Anordnungsfaktor der Rohre
F	[m²]	Heizfläche
h	[mm]	Größte Länge des Gaskörpers
H_u	[kcal/kg]	Unterer Heizwert des Brennstoffes
H_2O	[%]	Wasserdampfgehalt der Rauchgase
Δi	[kcal/kg]	Enthalpiedifferenz
i_L	[kcal/kg]	Enthalpie der Luft je kg Brennstoff
i_R	[kcal/kg]	Enthalpie der Rauchgase je kg Brennstoff

[1] ZIMMERMANN, E.: Druckverlust in geraden Stahlrohren. Arch. Wärmew. Bd. 21 (1940), S. 133/35.

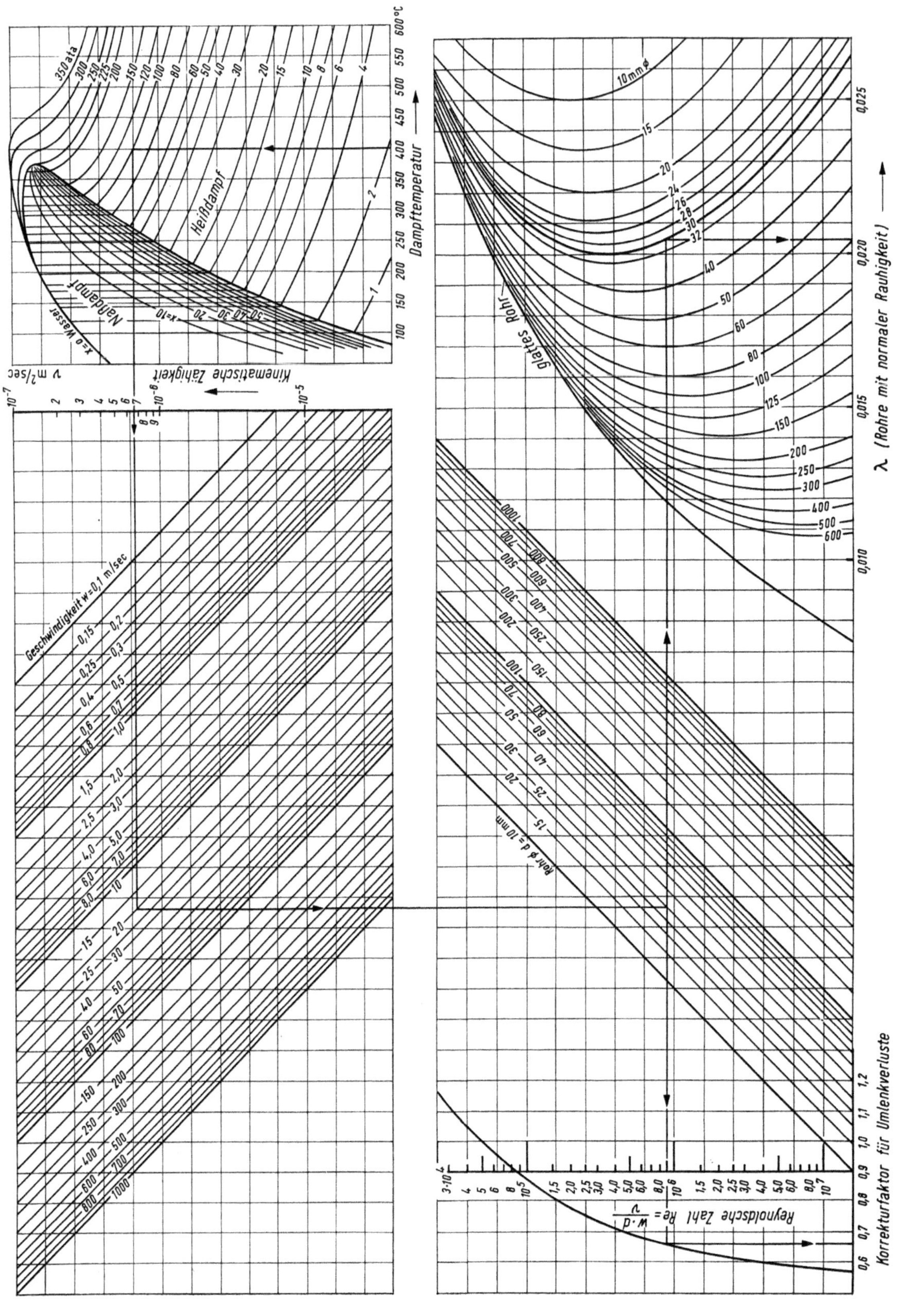

Abb. 153. Ermittlung der λ-Zahl für Rohre mit verschieden normaler Rauhigkeit in Abhängigkeit von verschiedenen Parametern (Nach ZIMMERMANN: Arch. Wärmewirtsch. Bd. 21, Heft 5)

k	[kcal/m² h grd]	Wärmedurchgangszahl
n		Luftüberschußzahl
λ		Rohrreibungskoeffizient
p		Faktor zur Bestimmung der Schichtstärke
p_{CO_2}	[at]	Partialdruck des Kohlendioxydes im Rauchgas
p_{H_2O}	[at]	Partialdruck des Wasserdampfes im Rauchgas
Q	[kcal/h]	Wärmemenge
q_B	[kcal/m² h]	Wärmeübertragung durch Berührung
q_S	[kcal/m² h]	Wärmeübertragung durch Strahlung
S		Schwärzegrad der Rohre
s	[m]	Schichtstärke des Gaskörpers
σ_1		Rohrteilung quer zum Rauchgasstrom im Verhältnis zum Rohrdurchmesser
σ_2		Verhältnis des Abstandes der Rohrebenen in Strömungsrichtung der Rauchgase zum Rohrdurchmesser
t_1	[mm]	Abstand der Rohre quer zur Rauchgasströmung
t_2	[mm]	Abstand der Rohrebenen in Strömungsrichtung der Rauchgase
t_g	[°C]	Mittlere Rauchgastemperatur
t_W	[°C]	Mittlere Wandtemperatur
t_L	[°C]	Lufttemperatur
t_R	[°C]	Rauchgastemperatur
Δt_m	[°C]	Mittlere logarithmische Temperaturdifferenz
w_g	[m/s]	Rauchgasgeschwindigkeit
w_{g0}	[m/s]	Rauchgasgeschwindigkeit bezogen auf Normalzustand
ξ		Widerstandsbeiwert für Rohrkrümmer

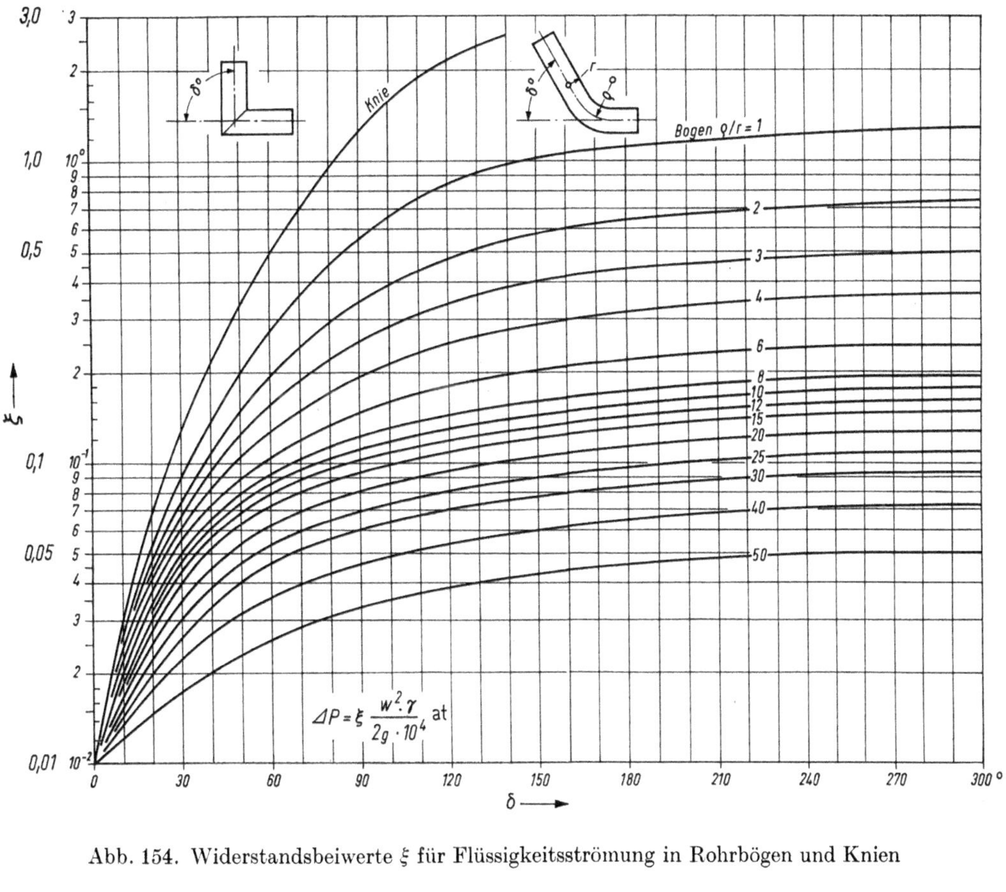

Abb. 154. Widerstandsbeiwerte ξ für Flüssigkeitsströmung in Rohrbögen und Knien

VI. Kesselarmaturen[1]

Von Ludwig Kuchelbacher

a) Sicherheitsventile

Diese Ventile sind behördlich vorgeschrieben und müssen in der Lage sein, die Vollastdampfmenge abzublasen, wobei der Kesseldruck höchstens 10% über den Konzessionsdruck ansteigen darf. Bei geringer Druckabsenkung unter den Ansprechdruck soll das Ventil wieder dicht schließen. Für große Dampfkessel kommen nur federbelastete — oder besser hilfsgesteuerte — Sicherheitsventile zur Anwendung.

b) Absperrschieber

Die Vorschrift, daß jeder Kessel einen Speiseschieber haben muß, stammt noch aus der Zeit, als zahlreiche Kessel von einer Sammelschiene aus gespeist wurden. Bei Blockanlagen ist der Speiseschieber vor dem Kessel eigentlich überflüssig, da sowohl die Betriebspumpe als auch die Reservepumpe einen Schieber zum Anfahren der Pumpe bereits besitzen.

In der Heißdampfleitung zwischen Kessel und Turbine ist der Schieber bei Blockanlagen auch nicht unbedingt erforderlich. Bei Durchlaufkesseln baut man jedoch meist einen Heißdampfschieber hinter dem Kessel ein, um das beim Anfahren dieses Kessels zunächst entstehende Dampf-Wasser-Gemisch von der Heißdampfleitung fernzuhalten.

Bei Zuordnung von zwei Kesseln zu einer Turbine sind Heißdampfschieber in der Frischdampfleitung und in der Zwischenüberhitzer-Ein- und -Austrittsleitung erforderlich, um einen Kessel anzufahren, während der andere in Betrieb ist.

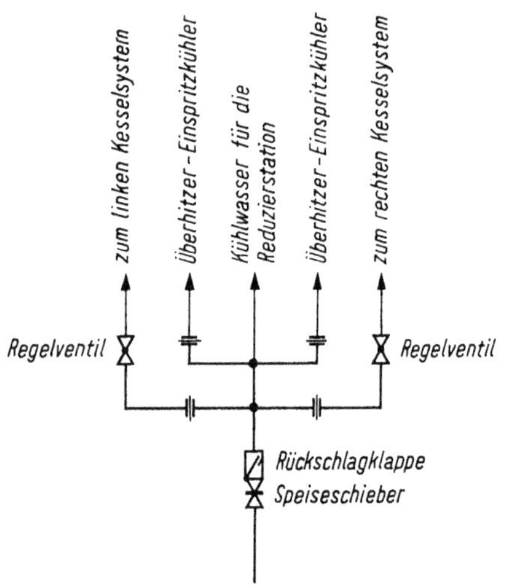

Abb. 155. Anordnung der Speisearmaturen und Einspritzleitungen bei drehzahlgeregelter Speisepumpe

c) Rückschlagklappen

Jeder Kessel benötigt gemäß behördlicher Vorschrift am Eintritt eine Rückschlagklappe, um zu verhindern, daß bei einem Rohrbruch in der Speiseleitung oder den Hochdruckvorwärmern der Kesselinhalt nach rückwärts ausströmen kann. Die zweckmäßige Anordnung von Rückschlagklappe und Speiseschieber bei einem doppelsystemigen Durchlaufkessel zeigt Abb. 155. Der Speiseschieber mit Rückschlagklappe sitzt in der Hauptspeiseleitung vor der Verzweigung auf die beiden Kesselsysteme, dahinter folgen die Mengenmeßblenden und die Speiseregelventile. Der Abzweig für die Anfahrreduzierstationen erfolgt an dem Verzweigungspunkt auf die beiden Systeme, so daß bei Eigenbedarfsausfall und somit Ausbleiben der Speisung das Kühlwasser für die Reduzierstation rückwärts fließend aus dem Economiser entnommen werden kann. An der gleichen Stelle wird übrigens auch das Einspritzwasser für die Heißdampftemperaturregelung der beiden Systeme des Kessels entnommen und mit Einspritzventilen geregelt. Die Speisewasserregelung erfolgt durch Drehzahlregelung der Pumpe, so daß die Speiseregelventile nur zur Schräglageregelung dienen.

d) Entwässerungs- und Entlüftungsventile

Jeder Kessel benötigt eine Anzahl von Entwässerungs- und Entlüftungsventilen, die dazu dienen, das Kesselsystem für Reparaturen wasserfrei zu machen bzw. im rein wasser-

[1] Alle Einzelheiten über Armaturen (konstruktive Gesichtspunkte, Temperatur- und Materialfragen) werden im Dritten Teil unter B, S. 515 behandelt.

führenden Teil vor Inbetriebnahme zu entlüften und somit Strömungsstörungen zu vermeiden. Alle diese Stellen müssen gemäß dem Dampfkesselgesetz eine doppelte Absperrmöglichkeit haben.

e) Wasserstände

Naturumlaufkessel und Zwangumlaufkessel benötigen mindestens zwei unabhängige Wasserstandsanzeiger. Einer muß den Wasserstand örtlich direkt anzeigen. Die Mindestlichtweite für Gläser und Bohrung ist 8 mm. Zur guten Erkennung des Wasserstandes werden die Wasserkammern mit Glimmerplatten abgedeckt und von rückwärts durchleuchtet. Neben diesen örtlichen Wasserstandsanzeigen sind mechanische, heruntergezogene und Druckdifferenzmeßgeräte mit elektrischer Fernübertragung gebräuchlich.

Bei den Durchlaufkesseln, die ohne Wasserstand arbeiten, ist gemäß behördlicher Vorschrift als Ersatz ein Temperatur-Alarmgerät im Vorüberhitzer notwendig. Es ist empfehlenswert, über ein Zeitrelais die Feuerung abzuschalten, wenn der eingestellte Grenzwert der Temperatur im Vorüberhitzer länger als 2 Minuten ansteht.

C. Der Luft-Gas-Weg der Dampferzeuger

I. Luftvorwärmer

Von Johannes Dutt

Die Einführung der Luftvorwärmung ermöglicht erst die Anwendung hoher Speisewassertemperaturen bei niedriger Abgastemperatur und bringt somit eine wesentliche Verbesserung des thermodynamischen Wirkungsgrades der Dampfkraftwerke. Die Wirkung des Lufterhitzers zur Verbesserung des Kesselwirkungsgrades ist um so stärker, je größer der Prozentsatz der vorzuwärmenden Luft ist. Man sollte sich also bemühen, alle Falschlufteintritte an den Mühlen und an der Brennkammer auf ein Minimum zu verringern, damit die Verbrennungsluft möglichst vollständig durch den Lufterhitzer geleitet werden kann. Die gesamte Verbrennungsluft kann bei einer Überdruckfeuerung vorgewärmt werden. Durch die wärmere Verbrennungsluft entsteht eine höhere Feuerraumtemperatur und damit eine größere Reaktionsgeschwindigkeit des Verbrennungsvorganges. Dies ist besonders bei minderwertigen Brennstoffen mit großer Feuchtigkeit und geringem Gasgehalt wichtig. Man wählt bei Steinkohlenstaubfeuerungen mit trockenem Ascheabzug eine Luftvorwärmung von 300 bis 350 °C je nach Ascheerweichungspunkt.

Bei Schmelzkammerfeuerungen ermöglicht eine hohe Luftvorwärmung von 400 bis 450 °C den flüssigen Ascheabzug auch bei Aschen mit hohem Schmelzpunkt. Durch besondere Bypaß-Schaltung sorgt man dafür, daß auch bei Teilbelastung eine hohe Lufttemperatur zustande kommt, damit der Aschefluß erhalten bleibt.

Bei Rohbraunkohlefeuerungen wird man die Luftvorwärmung nur gerade so hoch wählen, wie dies zur Erzielung einer Abgastemperatur von 140 bis 160 °C notwendig ist. Diese Kohle ist meistens derart zündwillig, daß sie auch mit kalter Luft einwandfrei verbrennen würde. Eine höhere Luftvorwärmung als 280 °C führt bei den meisten Braunkohlesorten zur Veraschung der Brennkammer und der ersten Berührungsheizflächen. Nur wenige Braunkohlesorten, z. B. die von Wölfersheim in Hessen, benötigen eine hohe Luftvorwärmung zur Aufrechterhaltung der Zündung. Veraschungsschwierigkeiten treten dabei nicht auf, weil diese Kohle einen etwas höheren Ascheerweichungspunkt hat.

Die Senkung der Abgastemperatur durch Einbau eines Lufterhitzers ist begrenzt durch den Taupunkt der Rauchgase. Die Blechtemperatur auf der Lufteintrittsseite darf diesen Wert nicht unterschreiten, da anderenfalls Korrosionen und starke Verschmutzungen auftreten. Abb. 156 zeigt den Taupunkt der Rauchgase bei verschiedenen Brennstoffen. Bei Ölfeuerung wird der Taupunkt durch den Schwefelgehalt des Öles erheblich heraufgesetzt. Dies wird verursacht durch eine relativ kleine Teilgasmenge, die von Schwefeldioxid in Schwefeltrioxid übergeht. Dieser SO_3-Anteil bildet mit dem bei der Verbrennung entstehenden Wasserdampf ein Gemisch, dessen Kondensationstemperatur, auch Säure-Taupunkt genannt, eine Funktion der Teildrücke ist. Der Kondensationsablauf unterhalb des Säure-Taupunktes ist in Abb. 157 wiedergegeben. Als besonderer Gefahrenpunkt ist dabei nicht der Säure-Taupunkt, sondern das Korrosionsmaximum anzusehen, das im Mittel etwa 30° unterhalb des Säure-Taupunktes liegt[1]. Längere Zeit hat man aus diesen Gründen die ölgefeuerten Dampferzeuger mit verhältnismäßig hohen Abgastemperaturen gefahren, um Taupunktserscheinungen und somit Korrosionen im Lufterhitzer zu vermeiden. Die SO_3-Bildung hängt im wesentlichen von der Verbrennungstemperatur, dem Luftüberschuß und dem Schwefelgehalt des Heizöles ab. Die Erfahrung hat gezeigt, daß

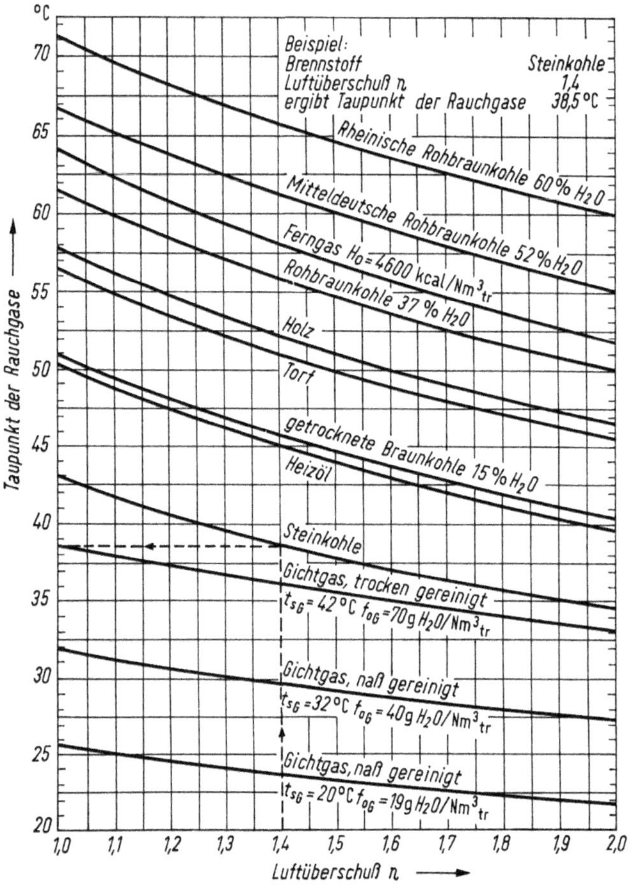

Abb. 156. Taupunkt der Rauchgase abhängig vom Luftüberschuß

Hoher Schwefelgehalt (≧ 2%) kann den Rauchgastaupunkt wesentlich heraufsetzen, abhängig von der SO_3-Bildung beim Verbrennungsvorgang. Die SO_3-Bildung ihrerseits hängt ab vom Schwefelgehalt des Brennstoffs, vom Luftüberschuß (Sauerstoffgehalt), vom Wasserdampfgehalt und von der Temperatur. Die SO_3-Bildung kann durch Anwesenheit von Katalysatoren (z. B. V_2O_5, Fe_2O_3) erhöht werden.

man durch Betrieb mit niedrigem Luftüberschuß den Säure-Taupunkt erheblich absenken und somit eine niedrige Abgastemperatur fahren kann. Abb. 158 zeigt diese Verhältnisse bei Ölen mit verschieden hohem Schwefelgehalt.

Bei der Festlegung der Abgastemperatur für die Kesselanlagen muß man daran denken, daß bei Teillast die Abgastemperatur niedriger ist. Nur bei Kesselanlagen mit einem sogenannten Regelzug zur Konstanthaltung der Zwischendampftemperatur sowie

[1] Niepenberg, H.: Neue Untersuchungen und Betriebserfahrungen an ölgefeuerten Dampferzeugern. Mitt. Ver. Großkesselbes. 1963, Heft 85, S. 251.

bei Rauchgaszirkulation bleibt die Abgastemperatur über den ganzen Belastungsbereich annähernd konstant. Bei Stein- und Braunkohle ist der Einfluß des Schwefelgehaltes auf den Taupunkt gering, weil der Schwefel größtenteils von der Asche adsorbiert wird. Schließlich hängt es auch von der gewählten Lufterhitzer-Bauart ab, wie weit man sich der Taupunktsgrenze nähern kann. Bei einem Platten- oder Röhrenlufterhitzer haben die Elemente auf der Lufteintrittsseite eine niedrigere Temperatur, so daß hier eine erhöhte Taupunktsgefahr gegeben ist. In diesen Fällen ist es immer empfehlenswert, einen Dampflufterhitzer vorzuschalten, den man bei Betrieb mit stark schwefelhaltigem Öl

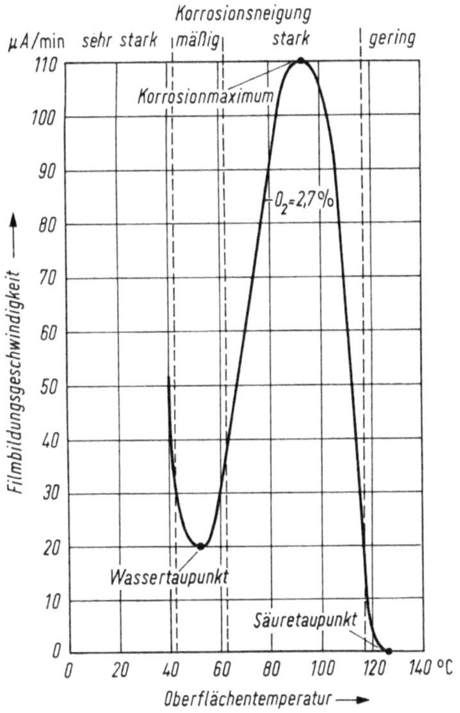

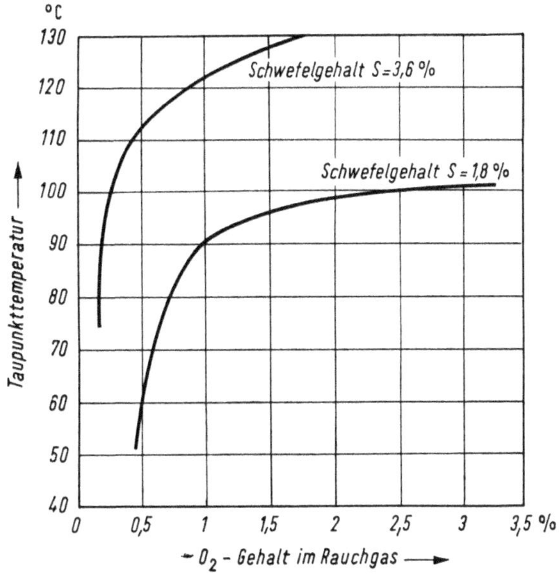

Abb. 158. Abhängigkeit des Säuretaupunktes vom O_2-Gehalt

Abb. 157. Filmbildungsgeschwindigkeit in Abhängigkeit von der Oberflächentemperatur

oder Teilbelastung zur Vermeidung von Taupunktserscheinungen einschaltet, um die Blechtemperatur an der kältesten Stelle anzuheben. Die gleiche Wirkung wird mit einer Heißluftrückführung zum Ansaugestutzen des Frischluftventilators erreicht, jedoch bedingt dies eine größere Frischlüfterleistung.

Zur Vorwärmung der Verbrennungsluft wurden rekuperative und regenerative Luftvorwärmer entwickelt. Bei den rekuperativen Luftvorwärmern sind keine beweglichen Teile vorhanden, so daß eine vollkommene Dichtheit gewährleistet ist, solange keine Korrosionsschäden auftreten.

a) Plattenluftvorwärmer

Beim Plattenluftvorwärmer strömt die Luft durch zahlreiche nebeneinander angeordnete Blechtaschen von mehreren Quadratmetern Größe mit 15 bis 30 mm Abstand. Die Rauchgase werden im Kreuzstrom durch die 20 bis 40 mm weiten Zwischenräume dieser Taschen geleitet. Der Plattenabstand kann durch eingelegte Ringe und gewellte Blechstreifen gehalten werden. Die Blechstreifen dienen gleichzeitig als Leitbleche für den Gas- und Luftstrom. Die zu Taschen zusammengeschweißten Bleche werden durch Bolzen zu einem kastenförmigen Element verbunden. Die Elemente können je nach dem verfügbaren Platz und dem Rauchgas- bzw. Luftdurchsatz parallel oder hintereinander geschaltet werden.

Taschenluftvorwärmer haben eine gute Wärmeübertragung, da die Luft bzw. das Gas in sehr dünnen Schichtstärken aufgelöst mit einer Geschwindigkeit von 10 bis 15 m/s hindurchströmt (Abb. 159). Durch Zwischenschalten von Economiser-Heizflächen kann eine höhere Lufttemperatur oder auch eine tiefere Abgastemperatur erreicht werden.

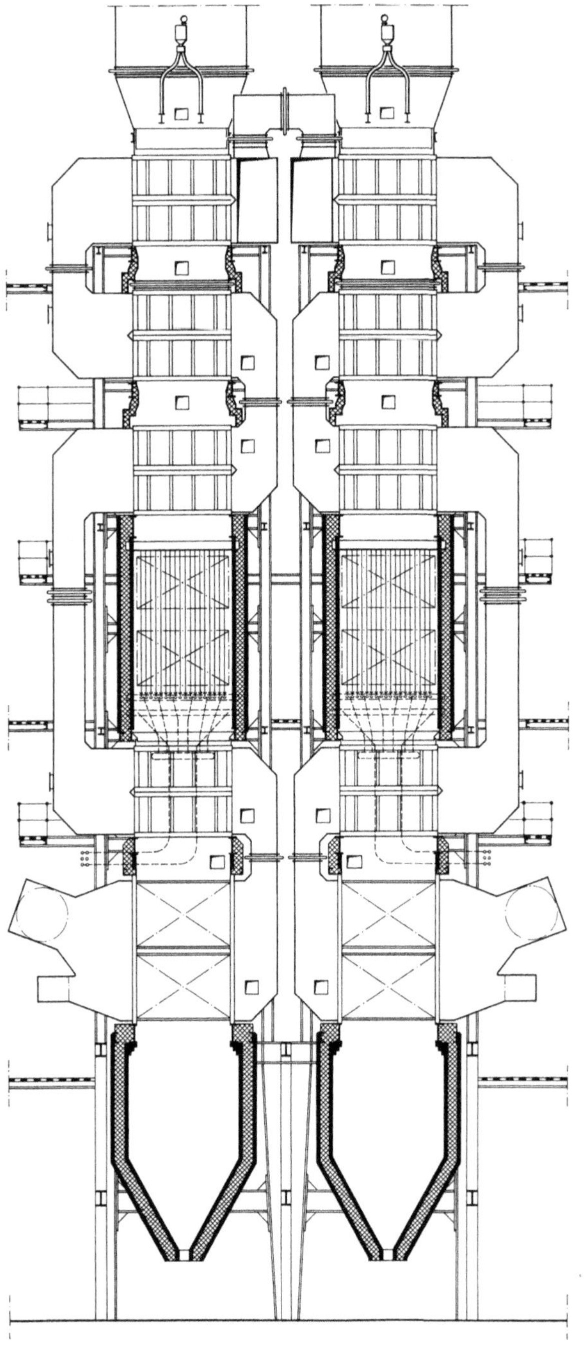

Abb. 159. Plattenluftvorwärmer mit zwischengeschaltetem Economiser

b) Röhrenluftvorwärmer

Der Röhrenluftvorwärmer besteht aus geraden, gezogenen Rohren mit einem Durchmesser von 50 bis 70 mm und einer Länge von 2 bis 10 m. Die Rauchgase strömen dabei meist durch die Rohre, während die Luft durch eingebaute Zwischenbleche im Kreuzstrom zu diesen Rohren geleitet wird. Diese Rohre werden oben und unten in einen kräftigen Blechboden eingewalzt. Für Reparaturzwecke müssen die Rohre ausziehbar sein, es muß also entweder darüber oder darunter ein entsprechender Platz freigelassen werden. Die von der Luft zuerst durchströmten Rohre werden dabei zu einem besonderen Paket mit kürzeren Rohren zusammengebaut, damit diese bei Taupunktskorrosionen ausgewechselt werden können.

c) Rippenluftvorwärmer

Beim Rippenluftvorwärmer werden Rohre benutzt, die sowohl auf der Innen- als auch auf der Außenseite mit Rippen besetzt sind. Durch Zusammenbau zahlreicher Einzelelemente erhält man so einen Apparat, der im Kreuzstrom von Luft- und Rauchgasen durchströmt wird (Abb. 160). Der luftseitige Widerstand dieser Apparate ist jedoch groß. Gußeisenrohre haben eine hohe Hitzebeständigkeit und Zunderbeständigkeit und sind außerdem widerstandsfähig gegen Korrosionen.

Ein Mittelding zwischen Rippenluftvorwärmer und Plattenluftvorwärmer ist der Rippenplattenluftvorwärmer, der aus hochwertigem Gußeisen hergestellt wird. Besonders

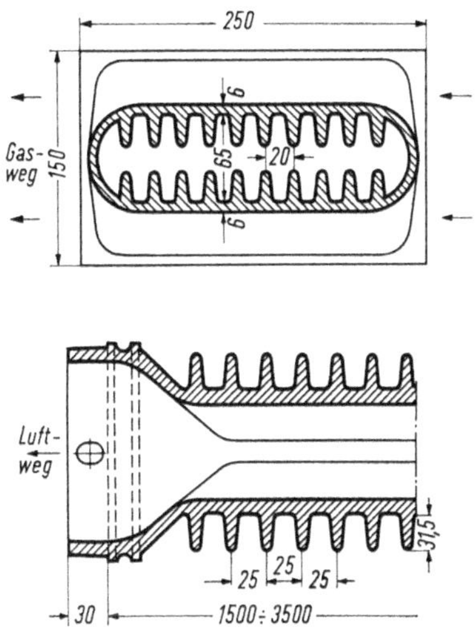

Abb. 160. Rippenrohrluftvorwärmer

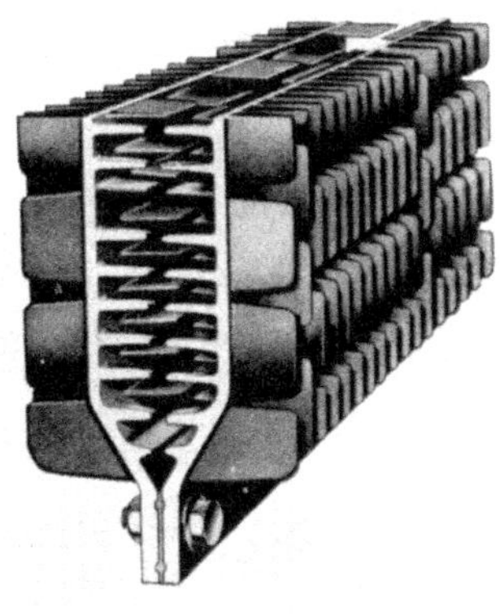

Abb. 161. Rippenplattenlufterhitzer. Einzelelement Bauart Kablitz

dann, wenn Korrosionserscheinungen durch Taupunktsunterschreitungen befürchtet werden, besitzt der gußeiserne Luftvorwärmer wesentlich längere Haltbarkeit als ein Luvo in Stahlkonstruktion. Abb. 161 zeigt einen Rippenplattenluftvorwärmer mit leicht geschwungenen und versetzt angeordneten Rippen, die einen guten Wärmeübergang bei verhältnismäßig geringem Widerstand auf der Luft- und Rauchgasseite ermöglichen. Die einzelnen Elemente bilden dann den Lufterhitzer, der ausgezeichnet wird durch guten Wärmeübergang, absolute Dichtheit, kompakte Anordnung der Wärmetauscherflächen und geringe Korrosionsneigung. Ist eine rauchgasseitige Reinigung erforderlich, so können wie üblich Dampf- oder Preßluftbläser zur Anwendung gelangen. Bei niedrigen Rauchgastemperaturen wird die Preßluftreinigung bevorzugt. Eine Reinigung mit Kugelregen ist ebenfalls möglich.

d) Ljungström-Luftvorwärmer

Der Ljungström-Luftvorwärmer ist ein sog. Regenerativ-Luftvorwärmer, genauso wie der unter e) beschriebene Apparat der Firma Rothemühle. Hier wird die als Speicher dienende Heizfläche abwechselnd von den heißen Rauchgasen aufgewärmt und danach von der durchströmenden Luft gekühlt. Diese wechselweise Beaufschlagung erfolgt entweder durch Drehen eines Rotors zwischen feststehenden Rauchgas- und Luftkanälen oder Drehen des Luftkanals beiderseits des feststehenden Rotors. Die wärmespeichernde Masse besteht in jedem Fall aus gewellten Blechen von 0,5 bis 1 mm Stärke.

Beim Ljungström-Luftvorwärmer wird der Rotor mit den Heizblechen zwischen feststehenden Rauchgas- und Luftkanälen gedreht. Der in einem Gehäuse drehbare Rotor als eigentlicher Träger der Heizelemente ist ein radförmiger Körper in Schweißkonstruktion (Abb. 162). Der Rotor ist vom Gehäusemantel umgeben, der von zwei Stirnplatten abgeschlossen wird. Diese haben große Ausschnitte für den Durchgang von Gas und Luft mit Übergangsstutzen für den Anschluß der Kanäle. In die sektorförmigen Rotorkammern werden die als Speichermasse dienenden Heizelemente eingebaut. Durch wechselnde Lagen von ondulierten und onduliert-korrugierten Blechen werden flache Durchströmkanäle gebildet (Abb. 163). Am Gehäuseumfang des Rotors befindet sich ein Bolzenkranz, in den das Antriebsritzel eines Hydraulikmotors eingreift. Die Antriebsflüssigkeit wird durch eine Zahnradpumpe gefördert, die von einem Elektromotor angetrieben wird. Für den Fall, daß der elektrische Antriebsmotor ausfällt, sei es infolge eines mechanischen

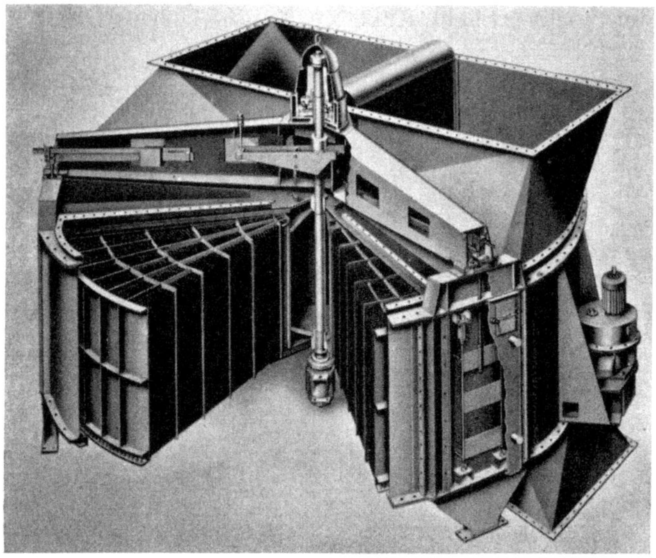

Abb. 162.
Ljungström-Luftvorwärmer

Schadens oder sei es durch eine Netzstörung, muß der Rotor durch eine Reserveantriebsvorrichtung gedreht werden können. Als Reserveantrieb kann wahlweise eine Dampf- bzw. Preßluftturbine oder ein zweiter Elektromotor, der an ein unabhängiges Stromnetz angeschlossen wird, vorgesehen werden. An Stelle des Hydraulikantriebes kann auch ein mechanisches Untersetzungsgetriebe mit Motor oder Turbine zum Antrieb des Rotors verwendet werden. Der Kraftbedarf für den Rotorantrieb im laufenden Betrieb beträgt je nach Luvogröße 5 bis 10 kW. Zur Kontrolle der Rotordrehung dient ein Drehüberwachungsgerät.

Der Luftvorwärmer kann mit senkrechter oder waagerechter Achse ausgeführt werden entsprechend der günstigsten Anordnung am Kessel. Bei Aufstellung mit senkrechter Achse wird das Rotorgewicht über das obere Lager auf einen dreiarmigen Sternträger übertragen, der außen auf senkrechten Stützen ruht. Bei senkrechter Achse ist die Beanspruchung in Ruhe und Bewegung die gleiche. Bei der waagerechten Achsstellung dagegen muß das Rotorgewicht unter ständig wechselnden Biegebeanspruchungen auf die beiden äußeren Lager übertragen werden.

Durch sorgfältig ausgebildete Abdichtungen der Trennsektoren an den Stirnseiten des Rotors sowie der Mantelabdichtungen wird der Übertritt von Luft in den Rauchgasstrom in wirtschaftlichen Grenzen gehalten. Die auch während des Betriebes nachstellbaren Abdichtungen bestehen aus einzelnen, gelenkig miteinander verbundenen Platten, die den Rotor als Radial- und Mantelabdichtungen gürtelförmig umschließen.

Durch die Drehbewegung des Rotors gelangt jeweils die in den Rotorkammern eingeschlossene Luft von der Luftseite auf die Rauchgasseite. Diese sog. Schleusluft wird vor Eintritt in den Gasstrom mittels eines Schleusluftgebläses abgesaugt und in die den Gasstrom verlassenden Rotorkammern, also auf die Luftseite, zurückgeschleust (Abb. 164). Durch das erforderliche Bewegungsspiel zwischen Rotor und Abdichtung ge-

Abb. 163. Bleche des Ljungström-Luftvorwärmers

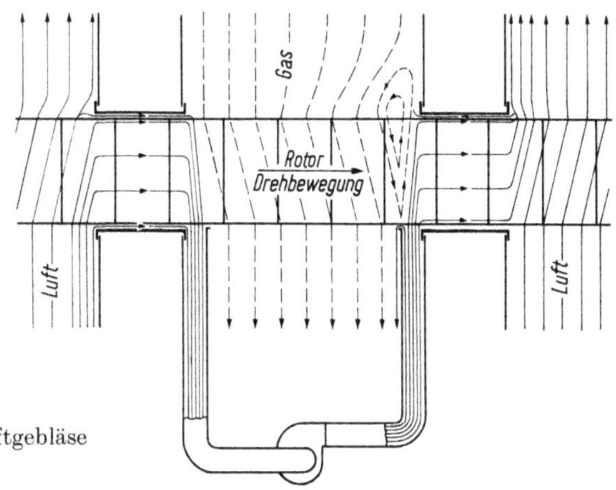

Abb. 164. Schleusluftgebläse

langt Leckluft von der Luftseite in den Rauchgasstrom. Dieser Leckluft-Übertritt verursacht eine zusätzliche Belastung der Gebläse und ist deshalb möglichst klein zu halten. Insgesamt ergibt sich durch diesen internen Luftübertritt ein Abfall des CO_2-Gehaltes um rd. 1%, d. h. der Kesselwirkungsgrad verschlechtert sich um rd. 0,1 bis 0,2%.

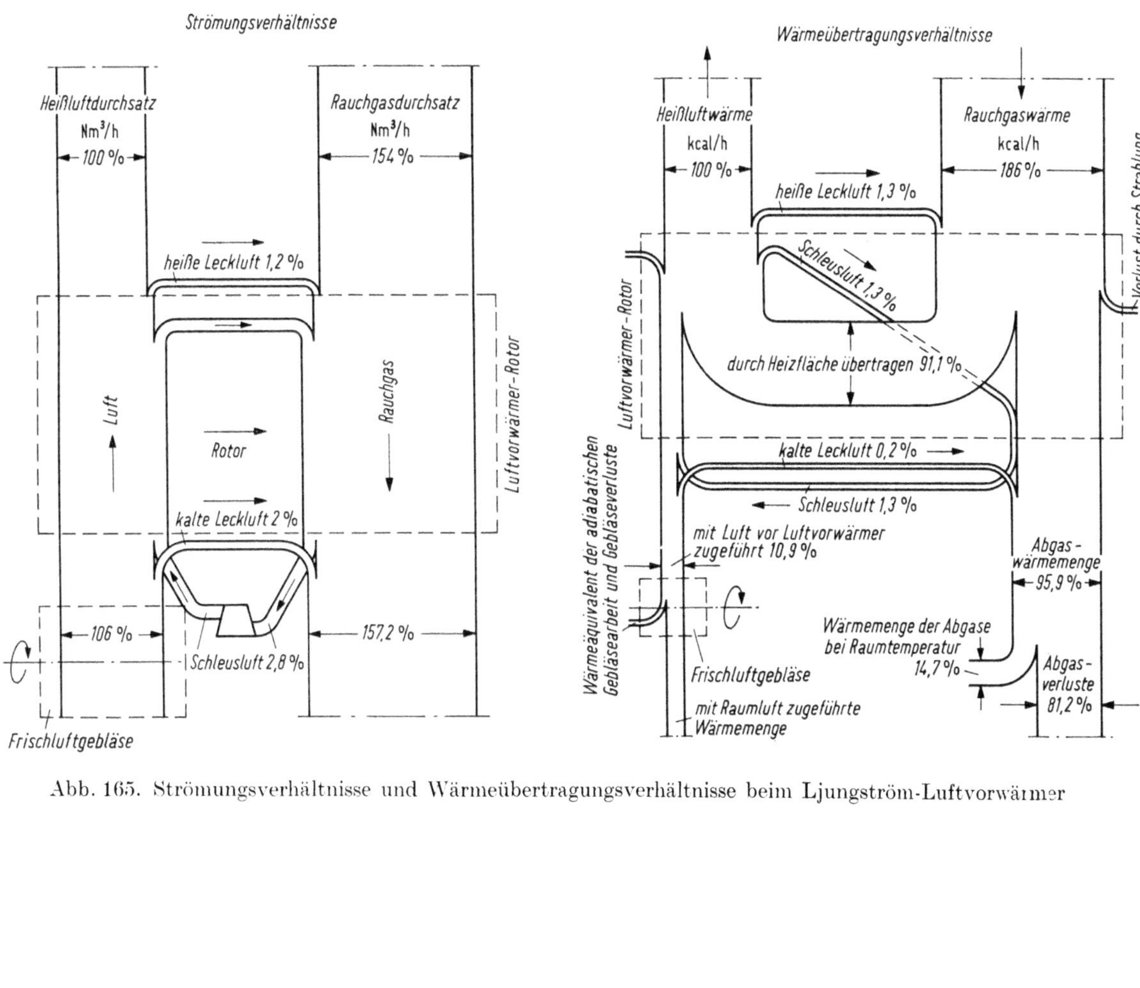

Abb. 165. Strömungsverhältnisse und Wärmeübertragungsverhältnisse beim Ljungström-Luftvorwärmer

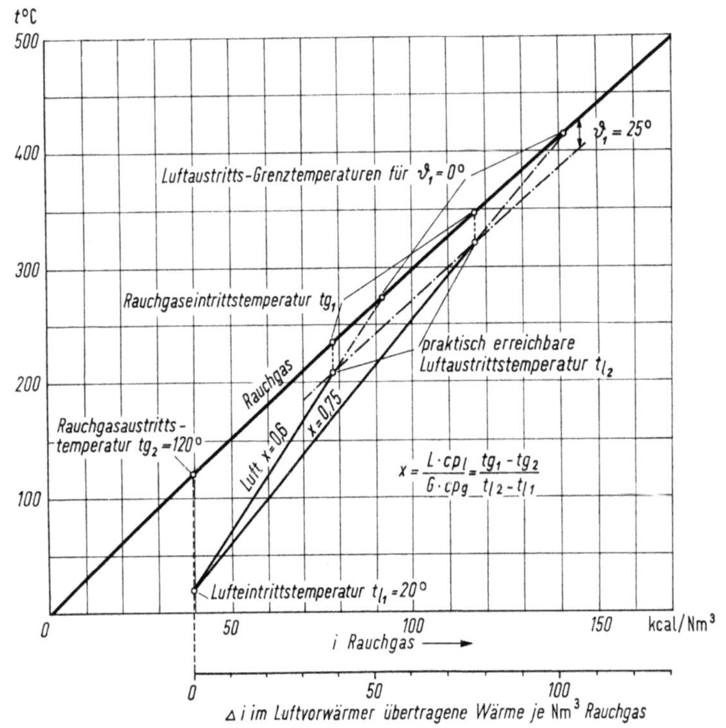

Abb. 166. Rauchgastemperaturverlauf im It-Diagramm

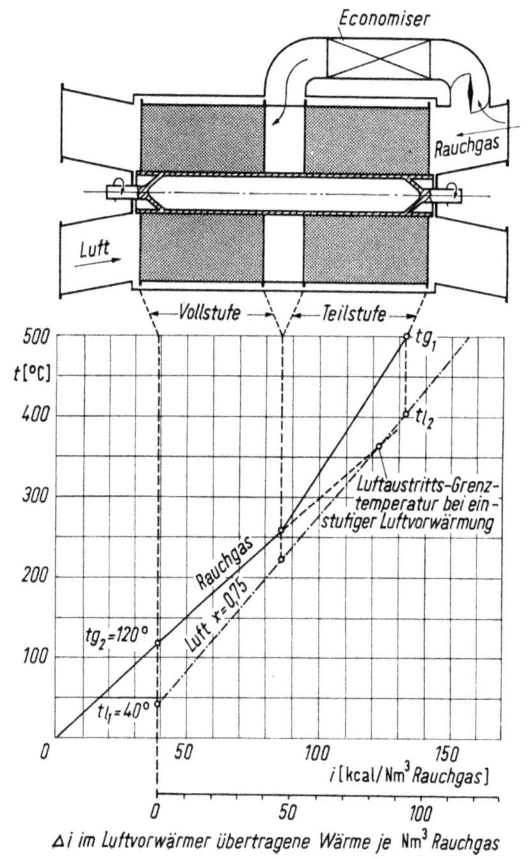

Abb. 167. Zweistufiger Ljungström-Luftvorwärmer

Bei Verfeuerung minderwertiger und schwefelhaltiger Brennstoffe werden Maßnahmen gegen die Korrosions- und Verschmutzungsgefahr erforderlich. Der Ljungström-Luftvorwärmer ist dabei wenig empfindlich, da bei Korrosionen die Betriebssicherheit nicht gemindert und die Wirtschaftlichkeit kaum beeinflußt werden.

Die Strömungsverhältnisse und Wärmeübertragungsverhältnisse sind aus dem Sankey-Diagramm (Abb. 165) zu ersehen. Innerhalb des Luftvorwärmers strömen Luft und Rauchgas im reinen Gegenstrom. Infolge des Wärmetransportes unterliegen die Heizelemente einer periodischen, geringen Temperaturschwankung, abhängig von der Speichermasse und der Rotordrehzahl.

Die Bauweise des Ljungström-Luftvorwärmers ermöglicht es, die Luft noch wirtschaftlich auf etwa 20 bis 30 °C unter Rauchgaseintrittstemperatur aufzuwärmen. Mit steigendem Verhältnis der Luftmenge zur Rauchgasmenge wird das für den Wärmeaustausch maßgebende logarithmische Temperaturgefälle im Luvo verbessert; die in einer Stufe erreichbare obere Grenztemperatur verschiebt sich hierbei nach oben. Diese Zusammenhänge sind in dem *It*-Diagramm (Abb. 166) dargestellt.

Wenn auch die Luft im Ljungström-Luftvorwärmer bis auf rd. 20 °C unter die Rauchgastemperatur vorgewärmt werden kann, so sind — wie aus diesem Diagramm ersichtlich — dem einstufigen Luvo doch Grenzen gesetzt. Zwecks weiterer Vorwärmung in einer zweiten Stufe mußte früher Eco-Heizfläche dazwischengeschaltet werden, um wieder genügend Temperaturgefälle zwischen Luft und Rauchgas zu erhalten. Es ist nun möglich, die gewünschte Luftendtemperatur in einem zweistufigen Ljungström-Luftvorwärmer zu erreichen; allerdings wird nur ein Teilstrom auf die hohe Temperatur vorgewärmt.

In Verbindung mit einem zur heißen Luvostufe parallel geschalteten Ecoteil werden die Rauchgase in zwei Teilströme zerlegt und durch Rauchgasklappen geregelt. Damit steigt die Rauchgastemperaturlinie für diese Luvostufe stärker an als die Lufttemperaturlinie, so daß sich das Temperaturgefälle nach oben vergrößert (Abb. 167). Die Konstruktion des zweistufigen Luftvorwärmers ist lediglich eine Erweiterung der einstufigen Bauart mit den gleichen Bauelementen.

e) Luftvorwärmer der Firma Rothemühle

Bei diesem Regenerativ-Luftvorwärmer handelt es sich um einen Drehluftvorwärmer, der gekennzeichnet ist durch einen feststehenden Heizflächenträger (Stator), feststehende Rauchgasstutzen, aber rotierende Luftstutzen (Abb. 168). Er kann mit jeder beliebigen Winkellage der Drehachse aufgestellt werden.

Die Luftein- und -austrittsstutzen sind als doppelflügelige, symmetrische Lufthauben ausgebildet, die sich innerhalb der feststehenden Rauchgasstutzen zu beiden Seiten des Stators synchron auf einer gemeinsamen Welle drehen. Der Antrieb erfolgt von außen, entweder als Zentralantrieb über die Welle oder als Umfangsantrieb über ein Ritzel und einen an einer der beiden Lufthauben befestigten Bolzenkranz. Die Doppelhauben gewährleisten eine symmetrische Temperaturverteilung an beiden Stirnflächen des Stators und verhindern dessen Verziehen. Ein Ausfall des Antriebes bedeutet also für diesen Lufterhitzer keine Gefahr. Eine zusätzliche Antriebsmöglichkeit braucht nicht vorgesehen zu werden.

Die Abdichtung der Lufthaube gegen den Stator besteht beiderseits aus einem Dichtrahmen, der über eine biegsame Membrane elastisch und gasdicht mit der Lufthaube verbunden ist. Der Andruck des um die ganze Lufthaube verlaufenden Dichtrahmens gegen die Statorstirnfläche wird durch verstellbare Federn kontrolliert (Abb. 169). Der Dichtrahmen ist in sich elastisch gebaut, so daß er sich den Verformungen des Stators selbsttätig anpaßt. Als Verschleißplatten trägt er bearbeitete Gußleisten, die sich nach kurzer Betriebszeit eng auf die ebenfalls bearbeitete Statorstirnfläche einschleifen. Zur Begrenzung des Verschleißes werden die Federbolzen des Dichtrahmens während des Warmbetriebes so eingestellt, daß zwischen der Statorstirnfläche und den Verschleißplatten des Dichtrahmens ein minimaler Dichtspalt von etwa 0,5 mm verbleibt.

Die Abdichtung der sich drehenden Lufthauben gegen die feststehenden Luftkanäle besteht aus federbelasteten Gußleisten, die sich als Ringsegmente um den rotierenden Haubenhals schmiegen. Auch hier ist somit die Anpassung an ein möglicherweise auftretendes Verziehen sichergestellt.

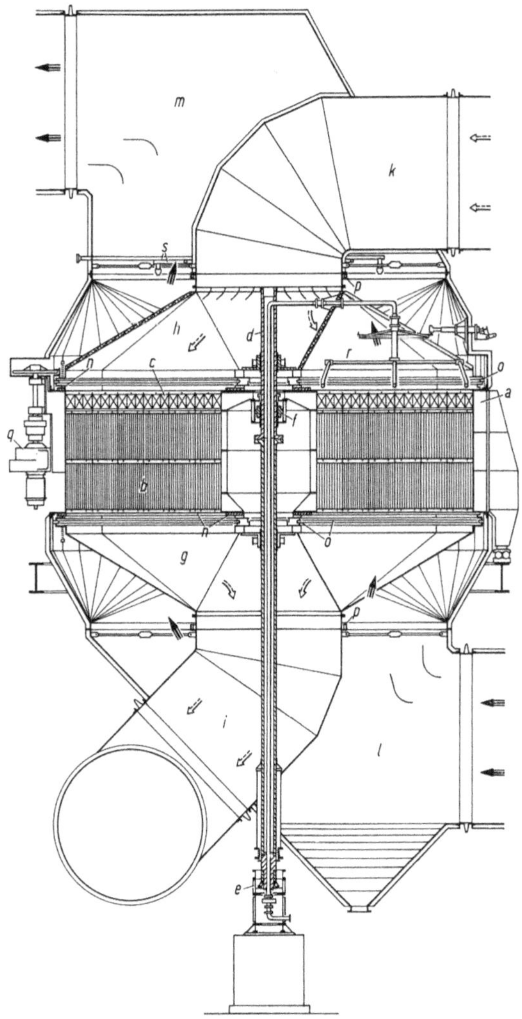

Abb. 168. Längsschnitt durch einen Rothemühle-Regenerativ-Luftvorwärmer

a Heizflächenträger
b Heizblechpakete
c Keramische Heizkörper
d Welle
e Traglager
f Führungslager
g Heißlufthaube
h Kaltlufthaube
i Heißluftkanal
k Kaltluftkanal
l Rauchgaseintrittskanal
m Rauchgasaustrittskanal
n Dichtleistenrahmen
o Dehnungsmanschette
p Halsdichtung
q Antrieb
r Rußbläser
s Wasch- und Feuerlöschanlage

Abb. 169. Blick auf untere Lufthaube mit Dichtrahmen eines Rothemühle-Regenerativ-Luftvorwärmers

Abb. 170. Keramische Heizflächen

Bei Ausfall der Lufthaubendrehvorrichtung entsteht auch bei längerem Stillstand und weitergehender Beheizung wegen der symmetrischen Temperaturverteilung und der elastischen Dichtungen kein Schaden, und das Wiederanfahren kann ohne besondere Maßnahmen erfolgen.

Die Heizflächen dieses Lufterhitzers bestehen aus gewellten, dünnen Blechen mit Vorsprüngen zur Erhöhung der Turbulenz der durchströmenden Medien. Sie sind zwecks leichter und schneller Auswechselbarkeit zu Paketen geringen Gewichtes gebündelt und in die aus zahlreichen Radial- und einigen Ringwänden gebildeten Kammern des Stators eingelegt. Bei Gefahr von Taupunktsunterschreitung gelangt für das kalte Luvo-Ende eine korrosionsbeständige, keramische Heizfläche zur Anwendung, die in Form von gepreßten Blöcken mit geraden Durchtrittskanälen in den Stator eingesetzt wird (Abb. 170). Diese keramischen Hohlsteine ergeben nahezu die gleiche Wärmeleistung wie die im heißen Ende eingebauten Heizblechpakete und entsprechen hinsichtlich ihrer mechanischen Festigkeit und Temperaturwechselbeständigkeit den Betriebserfordernissen. Ihre Oberfläche ist glasiert, somit glatt und wasserabweisend. Die Verstopfungsgefahr, auch bei Taupunktsunterschreitung, ist geringer und die Sauberhaltung durch Rußblasen und Waschen wesentlich leichter als bei ankorrodierten Heizflächen mit stark zerklüfteter Oberfläche. Die verwendete Keramik ist gegen alle im Rauchgas vorkommenden Säuren vollkommen beständig. Ihre Lebensdauer ist praktisch unbegrenzt. Die bei ölgefeuerten Kesseln hin und wieder auftretende Brandgefahr des Lufterhitzers infolge der Ablagerung von Feuerungsrückständen während des An- und Abfahrens ist bei Verwendung von Keramik-Heizflächen wegen der Feuerbeständigkeit nahezu ausgeschaltet.

An den stationären Heizflächen lassen sich zudem Thermoelemente und Taupunkt-Anzeigegeräte ohne bewegliche Kontakte direkt und zuverlässig anbringen, so daß in der Kesselwarte Übertemperaturen durch Selbstentzündung der Ansätze oder Taupunktunterschreitung frühzeitig erkannt werden können.

II. Gebläse

Von Gerd Weydanz

Für den Dampferzeuger werden Gebläse zur Förderung der Verbrennungsluft, zur Absaugung der Rauchgase, zur Belüftung der Kohlemühlen und zur Rezirkulation von Rauchgasen benötigt. Es handelt sich um Maschinen mit Kreisel- oder Propellerrädern zur Druckerhöhung der zu fördernden Gase. Diese Maschinen sind bestimmten allgemeinen Gesetzen unterworfen, von denen eines der wichtigsten das Ähnlichkeitsgesetz ist. Es besagt, daß Laufräder von geometrisch ähnlicher Form grundsätzlich die gleichen Eigenschaften haben. Gleiche Drehzahl vorausgesetzt, ist also bei solchen Laufrädern aller Größen das Verhältnis des Förderstromes zur Druckerhöhung stets das gleiche. Man kann daher die Eigenschaften einer bestimmten Laufradform unabhängig von der Größe des Laufrades betrachten und sie charakterisieren.

Da die gleiche Gebläseleistung mit verschiedenen Drehzahlen und Laufradformen erreicht werden kann, ist eine eindeutige Festlegung der für einen bestimmten Fall günstigsten Laufradform erst bei Berücksichtigung der Betriebsdrehzahl möglich. Zu diesem Zweck ist der Begriff der „spezifischen Drehzahl" eingeführt worden. Die spezifische Drehzahl n_s stellt diejenige Drehzahl dar, die ein Gebläse haben müßte, um im Punkte des besten Wirkungsgrades bei einer Druckerhöhung von 1 m Gassäule eine Nutzleistung von 1 PS, d. h. eine Fördermenge von 75 kg/s, zu ergeben. Der Ausdruck für die spezifische Drehzahl lautet:

$$n_s = n \frac{\sqrt{N}}{h^{5/4}} .$$

In der Praxis zieht man es jedoch vor, das Verhältnis von Förderstrom zu Druckerhöhung zum Ausdruck zu bringen, so daß sich bei der Dichte 1, d. h. 1 kg/m³ des zu fördernden Gases, mittels der Gleichung für die Nutzleistung

$$N = \frac{Q_s \cdot h \cdot 1000}{75}$$

die spezifische Drehzahl ergibt zu:

$$n_s = 3{,}65 \cdot n \frac{\sqrt{Q_s}}{h^{3/4}} .$$

Dieser Ausdruck stellt die Beziehung zu den Betriebsdaten des auszuführenden Gebläses dar. In den vorstehenden Gleichungen bedeuten:

n_s = spezifische Drehzahl in U/min,
n = Betriebsdrehzahl in U/min,
N = Nutzleistung in PS,
Q_s = Förderstrom in m³/s,
h = Druckerhöhung in m Gassäule.

Diese Beziehung gilt für das einflutige, einstufige Gebläse. In Abb. 171 sind die wichtigsten Laufradformen in Abhängigkeit von der spezifischen Drehzahl dargestellt. Sie ist bei den Hochdruck-Radialgebläsen mit kleinem Verhältnis $Q:h$ am niedrigsten; es

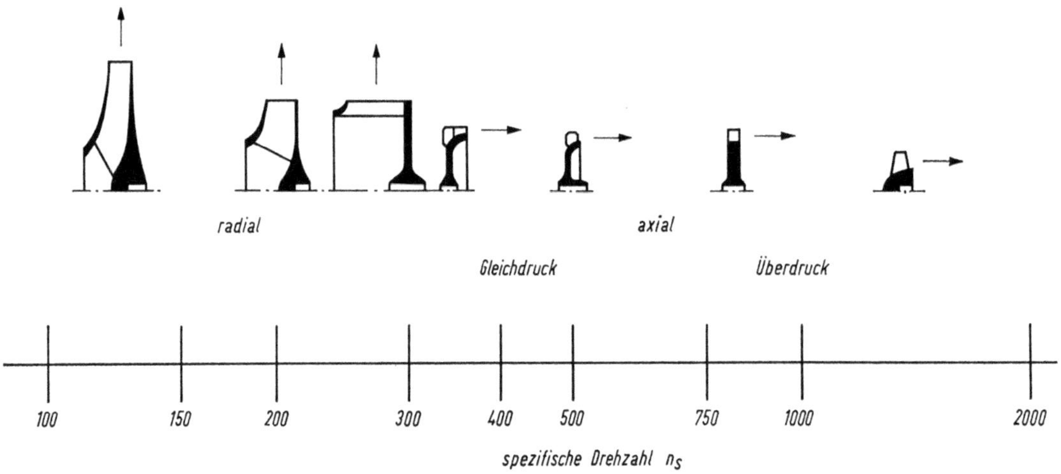

Abb. 171. Typische Laufradformen von Gebläsen

folgen die Radialgebläse mit breiten Schaufeln. Wie schon der Name besagt, tritt der Förderstrom bei diesen Bauarten in radialer Richtung aus dem Laufrad aus. Die axialen Gleichdruckgebläse werden für mittlere spezifische Drehzahlen gebaut. Dieser Bereich ist das hauptsächliche Arbeitsgebiet der Frischluft- und Rauchgasgebläse für Dampferzeuger. Die höchsten spezifischen Drehzahlen haben die axialen Überdruckgebläse, bei denen der Förderstrom groß im Verhältnis zur Druckerhöhung ist.

Im Laufrad wird der Druck des Gases und seine Geschwindigkeit erhöht. Das Verhältnis von Druck- und Geschwindigkeitserhöhung ist je nach Bauart des Gebläses verschieden und bei Axialgebläsen, insbesondere Gleichdruckgebläsen, am kleinsten. Die im Laufrad erzeugte Druckerhöhung wird als statische Druckerhöhung bezeichnet. Die Geschwindigkeitsenergie stellt die dynamische Druckerhöhung dar. Sie läßt sich nach der Beziehung

$$p_{\text{dyn}} = \frac{w^2}{2g} \cdot \varrho$$

in Druck umrechnen. Um sie — wenigstens teilweise — als zusätzliche Druckhöhe nutzbar machen zu können, muß man dem Gebläse einen Diffusor nachschalten, in dem die Umwandlung der Geschwindigkeits- in Druckenergie vor sich geht. Die gesamte Druckerhöhung des Gebläses wird dann

$$p_{\text{ges}} = p_{\text{stat}} + p_{\text{dyn}\,2}\,(p_{\text{dyn}\,1} - p_{\text{dyn}\,2}) \cdot \eta_D \,.$$

Hierin bedeuten:

p_{ges} = gesamte Druckerhöhung in mm WS,
p_{stat} = statische Druckerhöhung in mm WS,
p_{dyn} = dynamische Druckerhöhung in mm WS,
$_{1,\,2}$ = Zustand am Eintritt bzw. Austritt des Diffusors,
η_D = Diffusorwirkungsgrad, je nach Ausführung 0,5 bis 0,7,
w = Gasgeschwindigkeit in m/s,
ϱ = Dichte des Gases in kg/m³.

Bei Axialgebläsen bildet aus den vorhergenannten Gründen der angebaute Diffusor einen wesentlichen Bestandteil des Gebläses.

Zur Ermittlung der Leistungsaufnahme des Gebläses muß statt der tatsächlichen Druckerhöhung p in mm WS die Druckerhöhung h in m Gassäule eingesetzt werden, wobei

$$h = \frac{p}{\varrho}$$

ist. Die Dichte ϱ ist im Ansaugezustand zu bestimmen. Tabelle 11 gibt die Dichten von Luft bei den für Frischluftgebläse üblichen Temperaturen und Anhaltswerte für Rauchgase mit nicht zu hohem Wassergehalt an.

Tabelle 11. *Dichten von Rauchgasen mittlerer Zusammensetzung und von Luft mittlerer Feuchtigkeit*

Rauchgas bei			Luft bei		
Temperatur [°C]	760 mm Hg = 760 Torr = 1 bar = 10,33 m WS [kg/m³]	735,5 mm Hg = 1 at = 10 m WS [kg/m³]	Temperatur [°C]	760 mm Hg = 760 Torr = 1 bar = 10,33 m WS [kg/m³]	735,5 mm Hg = 1 at = 10 m WS [kg/m³]
130	0,900	0,869	0	1,295	1,251
140	0,878	0,848	10	1,249	1,207
150	0,857	0,828	20	1,207	1,166
160	0,838	0,809	30	1,167	1,127
170	0,819	0,795	40	1,130	1,091
180	0,801	0,773	50	1,095	1,057
190	0,783	0,756	60	1,062	1,026
200	0,767	0,740	70	1,031	0,996

Die Leistungsaufnahme N des Gebläses ist dann in kW:

$$N = \frac{Q_s \cdot h}{102 \cdot \eta}.$$

Hierbei ist η der Gebläsewirkungsgrad, als Dezimalbruch eingesetzt.

Bei einer Änderung der Drehzahl in mäßigen Grenzen ändert sich der Förderstrom des Gebläses linear, die Druckerhöhung quadratisch und die Leistungsaufnahme mit der dritten Potenz des Verhältnisses der beiden Drehzahlen. Weichen diese jedoch stärker voneinander ab, so ist die Änderung des Wirkungsgrades zu berücksichtigen.

Die über dem Förderstrom als Abszisse aufgetragene Förderhöhe ergibt die Charakteristik des Gebläses. Sie hat im Gebiet kleinerer Förderströme einen instabilen Bereich, bei dem einer bestimmten Förderhöhe nicht nur ein einziger Förderstrom zugeordnet ist. Ein Betrieb in diesem Bereich muß vermieden werden, da hier ein Umspringen von dem einen auf den anderen Förderstrom bei gleicher Förderhöhe, das sog. „Pumpen“, auftritt. Diese schlagartigen Änderungen des Förderstromes können Schäden nicht nur am Gebläse und der Antriebsmaschine, sondern auch an den Gaskanälen und der Feuerung zur Folge haben. Beim Parallelbetrieb zweier Gebläse, der bei großen Dampferzeugern üblich ist, kann das Pumpen bei Teillasten verhindert werden, wenn man vor dem Erreichen des instabilen Bereiches das eine Gebläse stillsetzt und dadurch das andere mit höherer Leistung weiter betreibt. Jedes Gebläse muß dann durch dicht schließende Klappen absperrbar sein.

Der Kraftwerksplaner erhält die für die Auslegung der Frischluft- und Rauchgasgebläse erforderlichen Werte — Förderstrom und Druckerhöhung — im allgemeinen von der Kesselbaufirma. Es ist jedoch vorteilhaft, wenn er sich selbst ein Bild über die zu erwartenden Angaben machen kann. Daher erfolgt ein Überblick über die Gesichtspunkte, die für die Ermittlung der Auslegungswerte maßgebend sind.

Der Förderstrom des Frischluft- und des Rauchgasgebläses ist abhängig von der Art und Menge des Brennstoffs, den der Kessel verarbeitet, von seinem Heizwert, von der Höhe des Luftüberschusses und von der Ansaugtemperatur. Abb. 172 gibt die Luft- und Rauchgasmenge für feste und flüssige Brennstoffe in Abhängigkeit vom unteren Heizwert des Brennstoffes an. Die gestrichelte Linie zeigt die theoretische Luftmenge L_0, während die ausgezogenen Linien die Rauchgasvolumina für die Luftüberschußzahlen $n = 1$ (theoretisches Rauchgasvolumen) bis $n = 2{,}0$ darstellen. Die tatsächlichen Luftvolumina können aus der theoretischen Luftmenge und der Luftüberschußzahl leicht errechnet werden. Alle Volumina sind in Nm³ angegeben, also auf 0 °C, 760 mm Hg bezogen. Sie müssen daher nach der Gleichung

$$V^{[\mathrm{m^3}]} = V_0^{[\mathrm{Nm^3}]} \cdot \frac{T^{[^\circ\mathrm{K}]}}{273} \cdot \frac{760}{P^{[\mathrm{mmHg}]}}$$

auf die wirklichen Volumina umgerechnet werden.

Die Druckerhöhung des Frischluftgebläses wird bestimmt durch den geodätischen Höhenunterschied zwischen Ansaugöffnung und höchstem Punkt der Feuerzüge, ver-

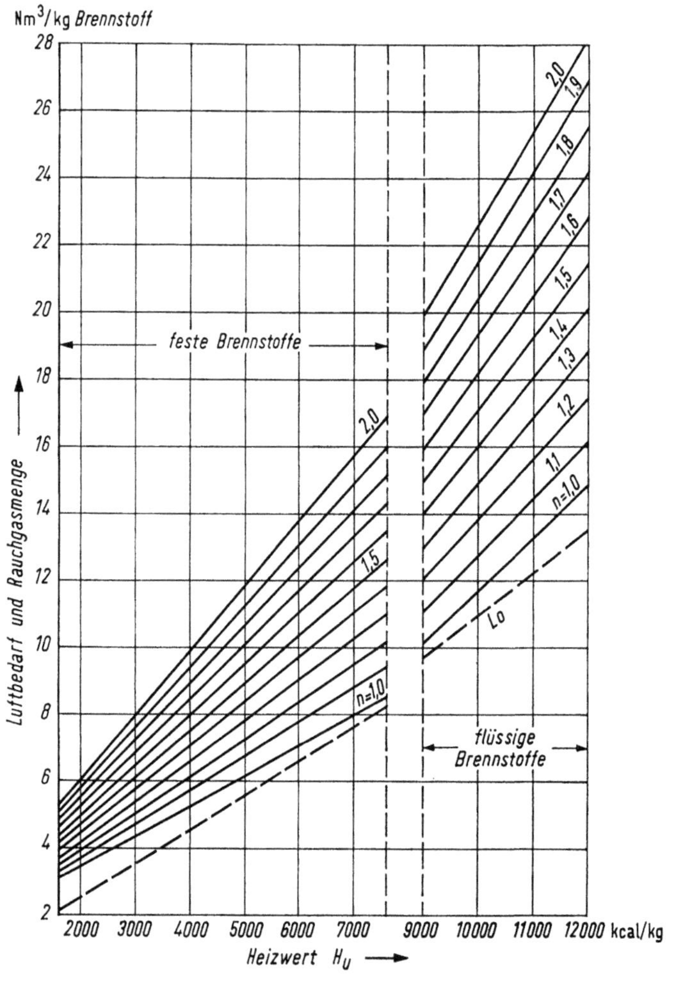

Abb. 172. Luftbedarf und Rauchgasmenge fester und flüssiger Brennstoffe

mindert um den natürlichen Auftrieb der heißen Feuergase, durch die Widerstände im Ansaugkanal (falls ein solcher vorhanden ist), im Luftvorwärmer, in den Druckkanälen für Kalt- und Heißluft einschließlich Drossel-, Absperr- und Regelklappen, in den Brennern und schließlich durch den beabsichtigten Druck im Feuerraum. Maßgebend wird die erforderliche Druckerhöhung von der Art der Feuerung bestimmt. Sie liegt bei Staubfeuerungen zwischen etwa 300 und 600 mm WS und kann bei Zyklonfeuerungen bis auf 1200 mm WS ansteigen. Überdruckfeuerungen verwenden noch höhere Pressungen und sparen dafür das Rauchgasgebläse ein.

Beim Rauchgasgebläse ist die Druckerhöhung außer vom geodätischen Höhenunterschied zwischen Ansaugöffnung und Schornsteinaustritt abhängig vom Druck im Feuerraum, den Widerständen in den Berührungsheizflächen, im Luftvorwärmer, im Flugstaubabscheider und in den Saug- und Druckkanälen einschließlich Klappen, schließlich von der Schornsteinhöhe, der Rauchgastemperatur und der Temperatur der Außenluft. Aus den drei letzteren Komponenten setzt sich der natürliche Auftrieb der Rauchgase im

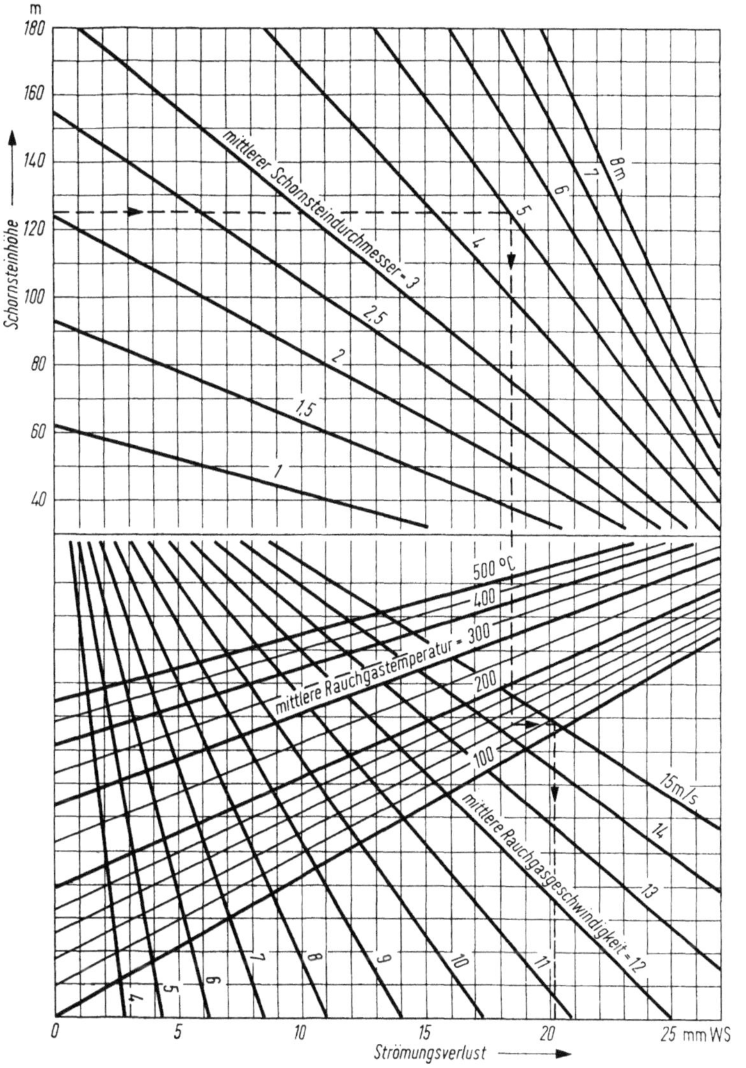

Abb. 173. Reibungs- und Austrittsverlust bei Schornsteinen

Schornstein zusammen, der von der ermittelten erforderlichen Druckerhöhung abgezogen werden kann. Der statische Schornsteineinzug beträgt in mm WS:

$$Z = H \cdot (\varrho_{\text{Luft}} - \varrho_{\text{Rauchgas}}),$$

wobei H die Schornsteinhöhe in m bedeutet. Der wirkliche Schornsteinzug ist um den Reibungs- und Austrittsverlust des Schornsteines kleiner als der statische Zug. Die Dichte der Rauchgase ermittelt man für die mittlere Temperatur im Schornstein. Diese ergibt sich aus der Temperatur im Schornsteinfuß, vermindert um 0,1 bis 0,5 °C je m Schornsteinhöhe bis zur Schornsteinmitte. Übliche Druckerhöhungen für Rauchgasgebläse liegen zwischen 200 und 500 mm WS. Der Reibungs- und Austrittsverlust des Schornsteines ist abhängig von der Höhe, dem Durchmesser, der mittleren Gastemperatur und der Rauchgasgeschwindigkeit. Er läßt sich aus dem Diagramm der Abb. 173 abgreifen.

Aus den vorhergegangenen Ausführungen ergibt sich, daß die der Luft und den Rauchgasen in den Gebläsen erteilte Druckerhöhung in der Hauptsache zur Überwindung von Reibungswiderständen benötigt wird. Diese ändern sich mit dem Quadrat der Durchflußgeschwindigkeit. Die Widerstandskurve für die Kesselgebläse, in Abhängigkeit von der Kesselleistung oder der Gebläseleistung aufgetragen, nähert sich daher mehr oder weniger einer Parabel. Um die Charakteristik des Gebläses und seiner Regelung dieser Widerstandslinie möglichst weitgehend anpassen zu können, sollte man die Auslegungswerte stets für mehrere Belastungspunkte ermitteln. Hiernach kann man dann diejenige Bauform und Regelungsart auswählen, die bei dem beabsichtigten Betriebsprogramm des Kessels die geringsten Betriebskosten verursacht.

Auf die für die maximale Dauerleistung des Kessels ermittelten Werte des Förderstromes und der Druckerhöhung ist nach DIN 2901 ein Zuschlag zu machen, um bei Schwankungen der Brennstoffqualität und bei verschmutzten Heizflächen eine ausreichende Luftmenge zur einwandfreien Verbrennung einer vergrößerten Brennstoffmenge fördern zu können und eine sichere Absaugung der Rauchgase bei vergrößertem Strömungswiderstand zu gewährleisten. Dieser Zuschlag beträgt 10% auf die Luft- bzw. Gasmenge und dementsprechend 21% auf die zugehörige Druckerhöhung. Wenn keine zwingenden Gründe vorliegen, empfiehlt es sich, diesen Zuschlag nicht noch stillschweigend zu vergrößern, da es sich schon oft gezeigt hat, daß die Gebläse dann um 50 bis 100% zu groß sind und im Bestpunkt des Kessels mit sehr schlechtem Wirkungsgrad und dementsprechend hohem Energieaufwand arbeiten.

Durch die Einführung neuer Gebläse-Bauarten und die Verbesserung der bis dahin bekannten Konstruktionen wurden Gebläse für die in Frage kommenden mittleren spezifischen Drehzahlen geschaffen, die einen hohen Wirkungsgrad nicht nur im Auslegungspunkt, sondern mittels verlustarmer Regelung auch über einen weiten Lastbereich aufweisen.

In den nachfolgenden Beschreibungen der heute üblichen Gebläse ist jeder Schnittzeichnung ein für die betreffende Bauart charakteristisches Kennfeld hinzugefügt. Diese Kennfelder sind normiert, d. h. dimensionslos. Sie enthalten einige der sich bei der angewandten Regelungsart ergebenden Kennlinien und die muschelförmigen Linien gleichen Wirkungsgrades. Die Kennfelder werden daher auch als Muscheldiagramme bezeichnet. Der grundsätzliche Verlauf des Gebläsewirkungsgrades über den Betriebsbereich des Kessels ist an Hand einer in jedes Kennfeld eingetragenen, für den Kesselbetrieb typischen Widerstandslinie erkennbar. Auf dieser Linie sind die Betriebspunkte für Kessel-Bestlast und maximale Dauerleistung sowie der Auslegungspunkt des Gebläses (maximale Dauerleistung des Kessels + 10% Sicherheitszuschlag) gekennzeichnet. Aus diesem Grund erscheint der Auslegungspunkt des Gebläses bei $Q = 110\%$ und $p = 121\%$.

Gemeinsam ist den meisten Konstruktionen das aus Blechen bestehende Gehäuse, das nur den Unterschied von Außen- und Innendruck aufzunehmen hat, da die Lagerung der Welle in der Regel in separaten Stehlagern erfolgt. Die Saugzuggebläse unterscheiden sich von den Frischluftgebläsen in der Hauptsache nur durch die Vorkehrungen, die zum Schutz der Welle vor den heißen Rauchgasen getroffen werden müssen, sowie von Fall zu Fall durch Maßnahmen, die gegen vorzeitigen Verschleiß durch die Flugasche und damit oft verbundenen Wirkungsgradverlust ergriffen werden.

Für den Kesselbetrieb stehen drei Gebläsebauarten zur Verfügung:

a) Radialgebläse,
b) axiale Gleichdruckgebläse,
c) axiale Überdruckgebläse.

a) Radialgebläse

Die Radialgebläse mit unprofilierten Blechschaufeln haben eine geringe Verschleißanfälligkeit. Die optimalen Wirkungsgrade dieser Gebläse konnten durch Verbesserung der Strömungsverhältnisse von etwa 65% auf über 80% gesteigert werden. Hierzu wurden

z. B. die meist rückwärts gekrümmten Laufschaufeln mit nach vorn abgebogenen und abgerundeten Eintrittskanten versehen, und der Einlauf am Laufrad wurde düsenförmig ausgebildet (Abb. 174). Die Anwendung der Vordrallregelung hat bei Betrieb mit konstanter Drehzahl eine Verbesserung des Teillastverhaltens gegenüber der Drosselregelung zur Folge.

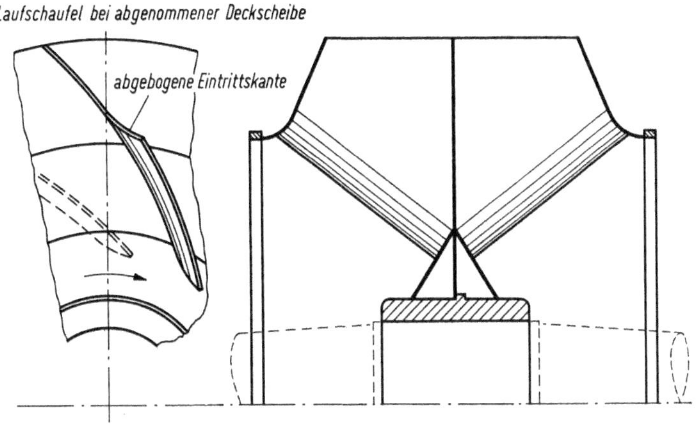

Abb. 174. Doppelflutiges Laufrad eines verbesserten Radialgebläses mit Blechschaufeln (Apparatebau Rothemühle)

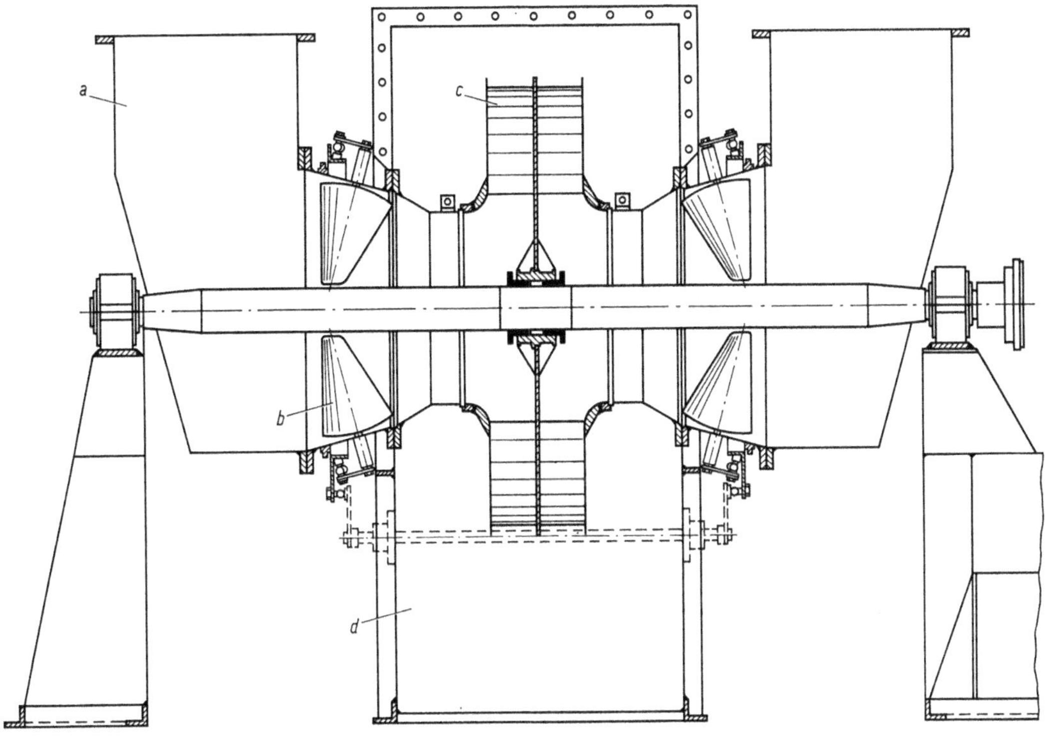

Abb. 175. Doppelflutiges Radialgebläse mit Profilschaufeln (Babcock-Stork)
a Ansaugstutzen *b* Leitapparat *c* Laufrad *d* Ausblasestutzen

Eine weitere wesentliche Verbesserung des Teillastverhaltens, verbunden mit einer weiteren Heraufsetzung der optimalen Wirkungsgrade bis zu etwa 87%, wurde durch die Anwendung von tragflügelartig profilierten Laufschaufeln erreicht. Die Profilschaufel reagiert bei unterkritischen Reynolds-Zahlen, also bei laminarer Strömung, auf Beeinträchtigung der Oberflächengüte, z. B. durch Verschleiß, sofort mit empfindlichen

Leistungs- und Wirkungsgradeinbußen; bei Gebläsen für Dampferzeuger sind jedoch die Reynolds-Zahlen im allgemeinen überkritisch, so daß die Oberflächengüte ihren ausschlaggebenden Einfluß verliert. Hinzu kommt, daß die Strömungsgeschwindigkeit beim Radialgebläse im allgemeinen niedriger als beim Axialgebläse liegt und sich daher der Verschleiß durch mitgeführte Flugasche nicht so stark auswirken kann. Radiale Laufräder sind daher auch mit Profilschaufeln in Saugzuggebläsen oft wesentlich länger verwendbar als axiale Laufräder.

Für größere Dampferzeuger ist die doppelflutige Bauart dieses Gebläsetyps mit Vordrallregelung üblich (Abb. 175). Die Welle wird in zwei außenliegenden Stehlagern ge-

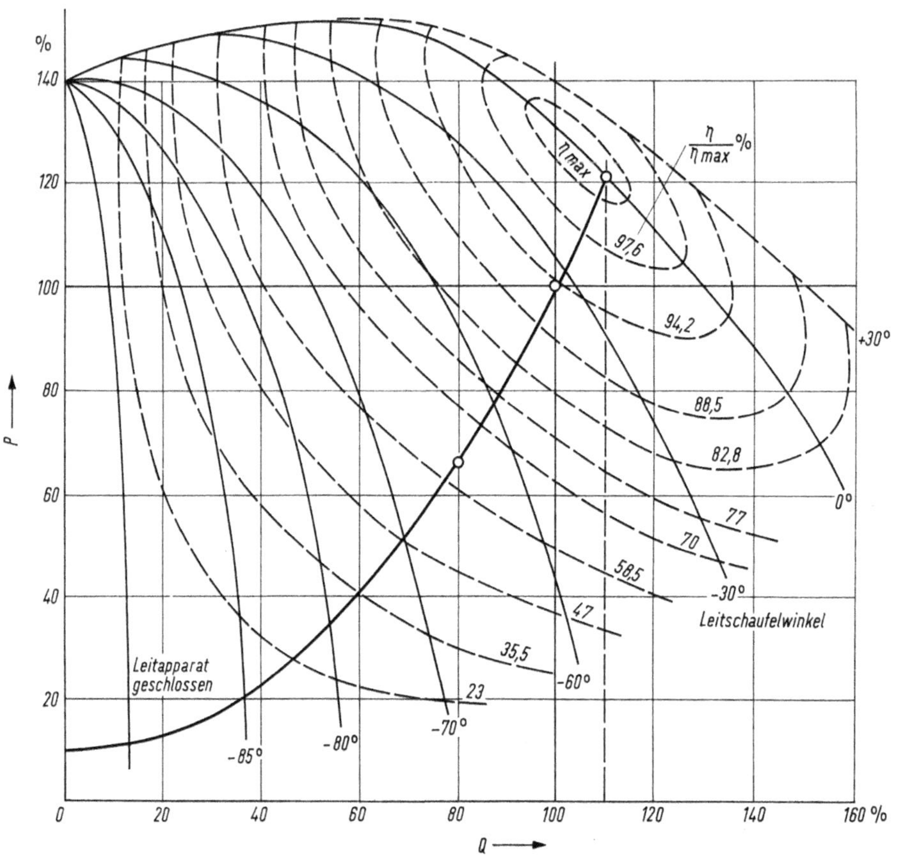

Abb. 176. Kennfeld für Radialgebläse mit Profilschaufeln und Drallregelung

führt. Auch bei dieser Bauart ist der düsenförmig ausgebildete Einlauf zum Laufrad erkennbar. Die Vorleitschaufeln aus Blech sind leicht profiliert und werden über einen außenliegenden drehbaren Ring verstellt.

Für das Betriebsverhalten des Radialgebläses mit Vordrallregelung ist das Diagramm Abb. 176 charakteristisch. Da der Gasstrom beim Radialgebläse nicht oder nur sehr beschränkt beschleunigt werden kann, entfällt die Möglichkeit der Überlastbarkeit. Die Muschelkurven liegen außerdem nicht sehr günstig in bezug auf die Betriebslinie, was aber teilweise durch den flachen Verlauf der Wirkungsgradkurve ausgeglichen wird. Eine wesentliche Einsparung an Antriebsleistung bei Teillasten läßt sich durch Parallelschaltung von zwei Gebläsen erreichen, wobei jedes für etwa 65% der maximalen Dauerleistung des Dampferzeugers ausgelegt wird (Abb. 177).

Bei der Inbetriebnahme eines Dampferzeugers stellt sich oft heraus, daß die Gebläse zu groß bemessen wurden und nun in einem ungünstigen Teillastbereich arbeiten müssen. Andererseits kann bei einem Wechsel des Brennstoffes und damit einer Änderung der

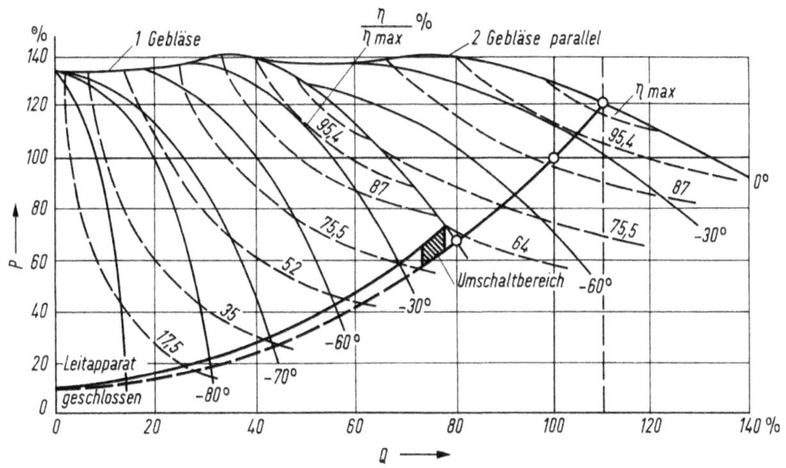

Abb. 177. Kennfeld bei zwei parallel geschalteten Radialgebläsen

Luft- und Rauchgasmenge eine Anpassung der Gebläseleistung an die neuen Verhältnisse wünschenswert erscheinen. Wird das Gebläse über ein Untersetzungsgetriebe angetrieben, so kann diesem Wunsche meist durch Auswechslung des Radsatzes und Änderung des Übersetzungsverhältnisses entsprochen werden.

b) Axiale Gleichdruckgebläse

Abb. 178 zeigt ein solches Gebläse, Bauart Schicht, in seiner Grundform, die je nach den örtlichen Verhältnissen variiert werden kann. Die Welle wird durch ein äußeres Stehlager und ein inneres Flanschlager, beide als Wälzlager ausgebildet, geführt. Das

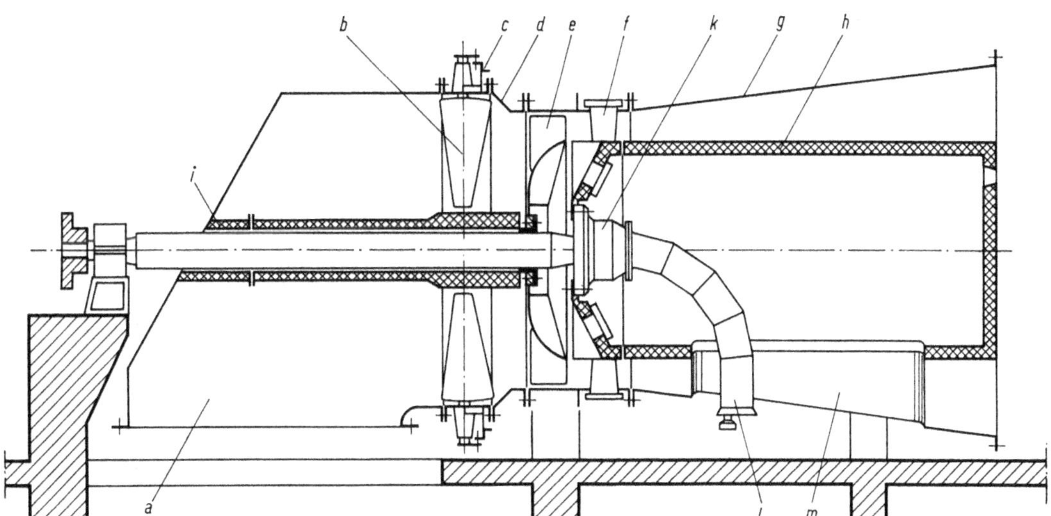

Abb. 178. Axiales Gleichdruckgebläse Bauart Schicht (Kühnle, Kopp & Kausch)

a Ansaugstutzen
b Verstellbare Vorleitschaufeln
c Verstellung
d Ansaugdüse
e Laufrad
f Feststehende Nachleitschaufeln
g Diffusormantel
h Diffusorkern
i Wellenschutzrohr
k Innenlager
l Kühlluft und Schmierung für Innenlager
m Einstieg und Belüftung, Diffusorkern

Innenlager wird bei Saugzuggebläsen mittels von außen zugeführter und durch das Laufrad abgesaugter Frischluft gekühlt. Seine Schmierung ist ebenfalls von außen einstellbar. Die Richtung der Antrömung des Laufrades wird durch Vorleitschaufeln festgelegt, die im allgemeinen verstellbar sind (Drallregler). Sie bestehen aus tragflügelartig profilierten Stahlblechen, bei Förderung kalter Luft auch aus biegsamem Material. Die letztere Ausführung ergibt eine gewisse Verbesserung des Wirkungsgrades. Die Betätigung der Vorleitschaufeln erfolgt mittels eines drehbaren Ringes, an den die Schaufelzapfen angelenkt sind. Die Lagerungen der Schaufeln und der Verstellvorrichtungen liegen außerhalb des Gehäuses und sind daher jederzeit frei zugängig. Zwischen Vorleitschaufeln und Laufrad ist eine düsenartige Verengung des Gasquerschnittes vorgesehen. Hierdurch wird das Erreichen überkritischer Reynolds-Zahlen für die Strömungsgeschwindigkeit unter-

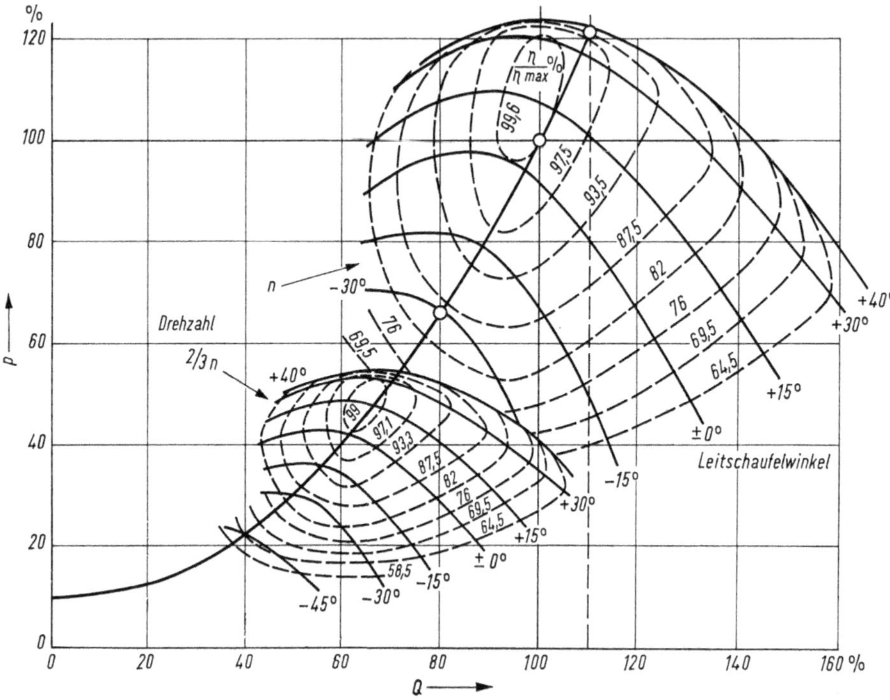

Abb. 179. Kennfeld des axialen Gleichdruckgebläses (KKK)

stützt. An der Laufschaufel tritt damit keine laminare, sondern eine turbulente Strömung auf, so daß eine Profilierung der Schaufel entfallen kann. Das Laufrad des Schicht-Gebläses hat daher gekrümmte Blechschaufeln, die auf einen gekümpelten Boden aufgeschweißt sind. Das komplette Laufrad ist leicht und schnell auswechselbar. Nachdem der Gasstrom im Laufrad beschleunigt worden ist, wird er durch feststehende Nachleitschaufeln gerichtet. Diese gußeisernen Leitschaufeln sind als Steckschaufeln ausgebildet und einzeln während des Betriebes auswechselbar. Die Druckerhöhung des Fördermediums erfolgt ausschließlich im nachgeschalteten Diffusor, der zur Erzielung einer homogenen Strömung einen zylindrischen Kern erhält. Dieser Kern ist im allgemeinen durch einen keilförmigen Ausschnitt im Diffusor zugängig, so daß das Innenlager bei Bedarf leicht kontrolliert werden kann. Bei Förderung heißer Gase muß der Diffusorkern auf der Innenseite eine Wärmeisolierung als Berührungsschutz erhalten.

Durch zweireihige Ausführung des Laufrades kann man die spezifische Drehzahl des Schicht-Gebläses erniedrigen und das Gebläse auch bei Feuerungen, die hohe Pressungen verlangen, zur Förderung der Verbrennungsluft einsetzen[1]. Bei Anwendung der Vordrall-

[1] SCHMIEDERER, B.; Einsatz von Axial- oder Radialgebläsen im Überschneidungsbereich beider Bauarten, Brennstoff Wärme Kraft Bd. 14 (1962), S. 46/51.

regelung kann man, wie bei allen Axialgebläsen, die Beschleunigung des Gasstromes im Laufrad nicht nur verzögern, sondern auch erhöhen. Das letztere bedeutet eine Steigerung der Leistung sowie eine Verlagerung der Höchstleistung und damit des Auslegungs-

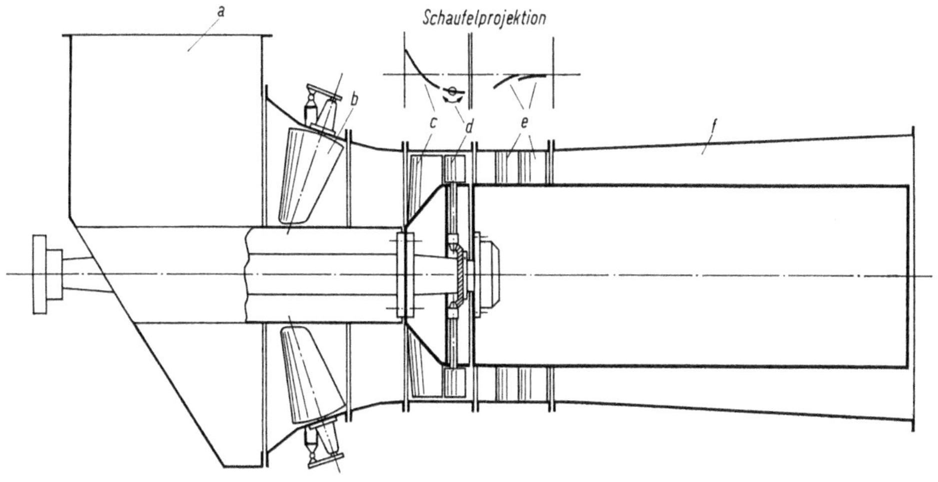

Abb. 180. Axialgebläse mit überwiegender Gleichdruckcharakteristik, mit Spaltflügeln (Babcock-Stork)

a Ansaugstutzen
b Verstellbare Vorleitschaufeln
c Feste Laufschaufeln
d Verstellbare Spaltflügel
e Nachleitschaufeln
f Diffusor

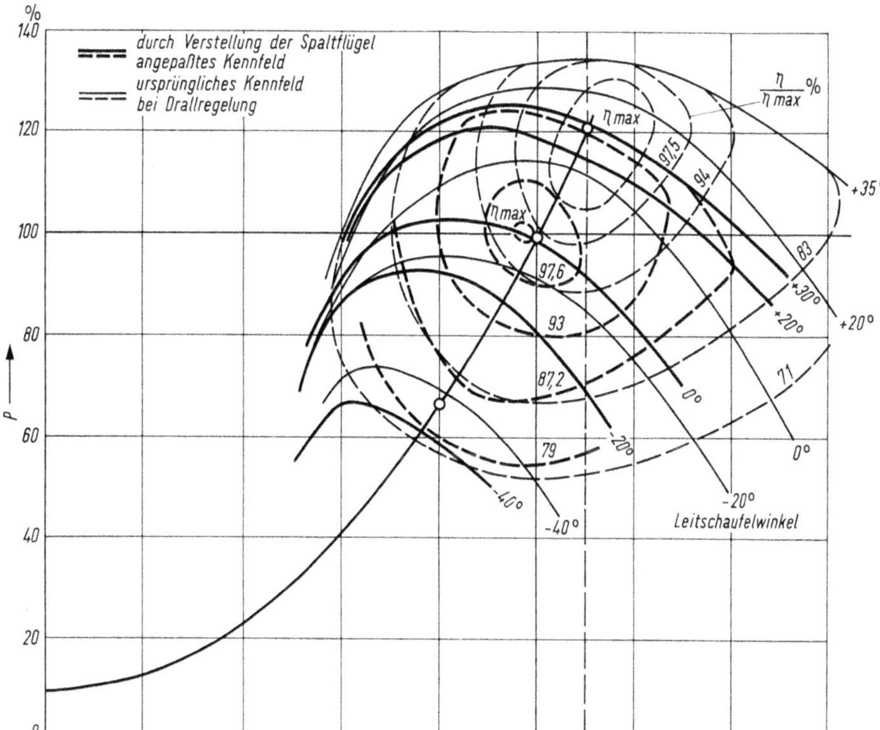

Abb. 181. Kennfeld eines Axialgebläses mit Spaltflügeln (Babcock-Stork)

punktes in das Gebiet jenseits des Wirkungsgradmaximums, so daß der Haupt-Betriebsbereich des Gebläses näher an das Wirkungsgradmaximum heranrückt. Mit dem Schicht-Gebläse werden Wirkungsgrade bis zu etwa 87% erreicht. Die Lage der Muschelkurven gleichen Wirkungsgrades in bezug auf die Betriebslinie ist, wie aus dem Diagramm Abb. 179 hervorgeht, günstig. Der Wirkungsgradabfall bei abnehmender Leistung kann im Gebiet kleinerer Leistungen durch eine zweite, niedrigere Betriebsdrehzahl aufgefangen werden.

Es gibt auch axiale Gebläse, die so konstruiert sind, daß ihr Betriebsverhalten in gewissen Grenzen geändert werden kann. Dies geschieht durch im Stillstand verstellbare Laufschaufeln oder Laufschaufelteile. Eine dieser Konstruktionen ist in Abb. 180 dargestellt. Es handelt sich um ein Axialgebläse mit überwiegender Gleichdruckcharakteristik, dessen grundsätzlicher Aufbau dem bereits beschriebenen Schicht-Gebläse ähnelt. Abweichend von diesem ist jedoch hier ein Teil der Laufschaufel als drehbarer Spaltflügel ausgeführt. Diese Spaltklappe kann im Stillstand verstellt werden und bewirkt dabei eine Verschiebung des Kennfeldes. Wie aus Abb. 181 ersichtlich ist, kann die Leistung eines ursprünglich größer bemessenen Gebläses den neuen Betriebsverhältnissen in günstiger Weise angepaßt werden.

Das axiale Gleichdruckgebläse hat höhere Umfangsgeschwindigkeiten als das Radialgebläse und ist daher etwas empfindlicher gegen Verschleiß durch Flugasche. Bei unprofilierten Schaufeln werden jedoch Leistung und Wirkungsgrad durch den Verschleiß zunächst kaum beeinflußt, so daß bei mittleren Betriebsverhältnissen und vorgeschalteter Entstaubungsanlage für das Laufrad eines Saugzuggebläses Betriebszeiten von 40000 Stunden und mehr erreicht werden können.

c) Axiale Überdruckgebläse

Diese Gebläse weisen infolge ihrer hohen spezifischen Drehzahl eine flach verlaufende Wirkungsgradkurve auf, die durch Anwendung der Laufschaufelverstellung noch günstiger gestaltet werden kann. Es lag daher nahe, diesen Gebläsetyp durch Senkung der spezifischen Drehzahlen auf die im Kesselbetrieb erforderlichen Werte und Senkung der Umfangsgeschwindigkeiten etwa auf die der axialen Gleichdruckgebläse auch in die Kraftwerkstechnik einzuführen. In Abb. 182 ist ein solches Gebläse dänischer Konstruktion dargestellt. Da die Druckerhöhung zum überwiegenden Teil im Laufrad und in den nachgeschalteten Leitschaufeln erfolgt, kann der Diffusor und damit die Baulänge kurz gehalten werden. Die Welle wird in zwei Lagern geführt, die im Ansaugstutzen liegen, aber vom Gasstrom abgetrennt und von außen zugängig sind. Das fliegend aufgesetzte Laufrad ist ein Hohlkörper, der in seinem Inneren den Verstellmechanismus für die Laufschaufeln aufnimmt. Die Betätigung der Laufschaufelverstellung erfolgt von außen mittels einer querliegenden Welle, die über eine Knagge die aus der Reglerhaube des Laufrads herausragende Verstellstange in axialer Richtung hin- und herbewegt. Die Verstellvorrichtung kann an die selbsttätige Kesselregelung angeschlossen werden. Die Laufschaufeln selbst sind profiliert und an dem Drehzapfen so befestigt, daß ihre Auswechslung durch eine Montageöffnung im Gehäuse schnell erfolgen kann.

Zum Erreichen einer möglichst langen Lebensdauer werden die Laufschaufeln bei Saugzuggebläsen in verstärkter Ausführung hergestellt. Durch eine Innenbearbeitung des Gehäuses werden geringe Spaltverluste am Laufrad und dadurch optimale Wirkungsgrade bis zu etwa 91% erreicht.

Das Teillastverhalten dieser Gebläsebauart im Kesselbetrieb ist, wie aus dem Diagramm Abb. 183 hervorgeht, denkbar günstig. Die Lage der Muschelkurven gleichen Wirkungsgrades in bezug auf die Betriebslinie ermöglicht einen hohen Wirkungsgrad über einen sehr weiten Belastungsbereich. Da die Laufschaufelverstellung ebenso wie die Vordrallregelung einen Überlastbereich zuläßt, kann auch hier der günstigste Wirkungsgrad in den Hauptarbeitsbereich des Dampferzeugers gelegt werden. Das Diagramm zeigt auch die für Propellergebläse charakteristische „Abreißgrenze". Sinkt der Förderstrom so weit ab, daß diese Linie unterschritten wird, so geht die Druckerhöhung plötzlich auf einen Bruchteil des vorangegangenen Wertes zurück (der Druck „reißt ab"), um dann bei einem Förderstrom nahe Null plötzlich wieder anzusteigen.

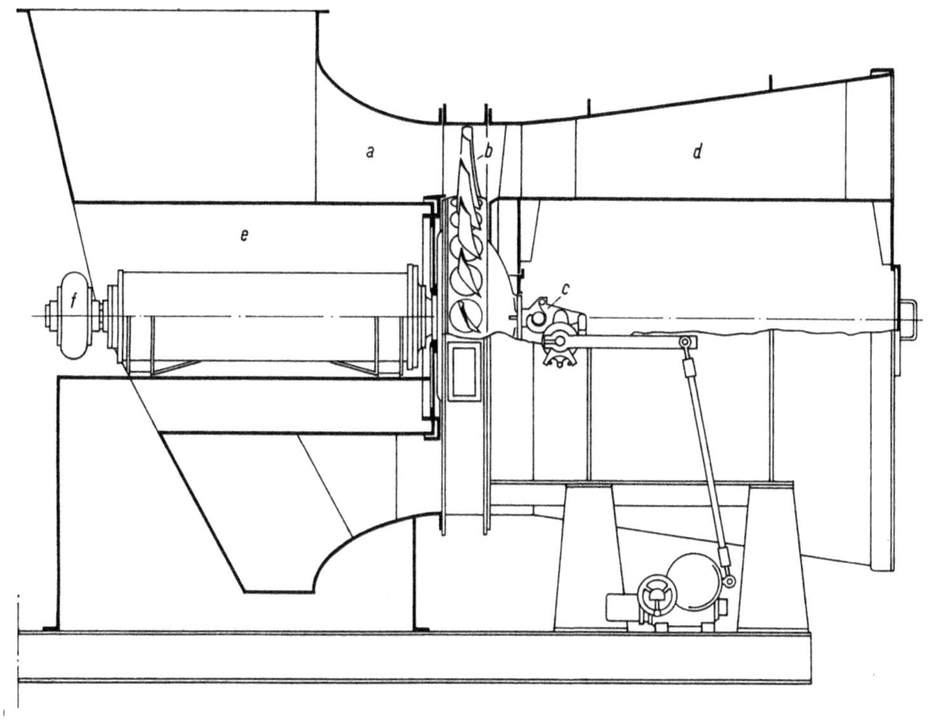

Abb. 182. Axiales Überdruckgebläse mit verstellbaren Laufschaufeln (Nordisk Ventilator)

a Ansaugdüse *b* Laufrad *c* Laufschaufelverstellung *d* Diffusor *e* Lager *f* Kupplung

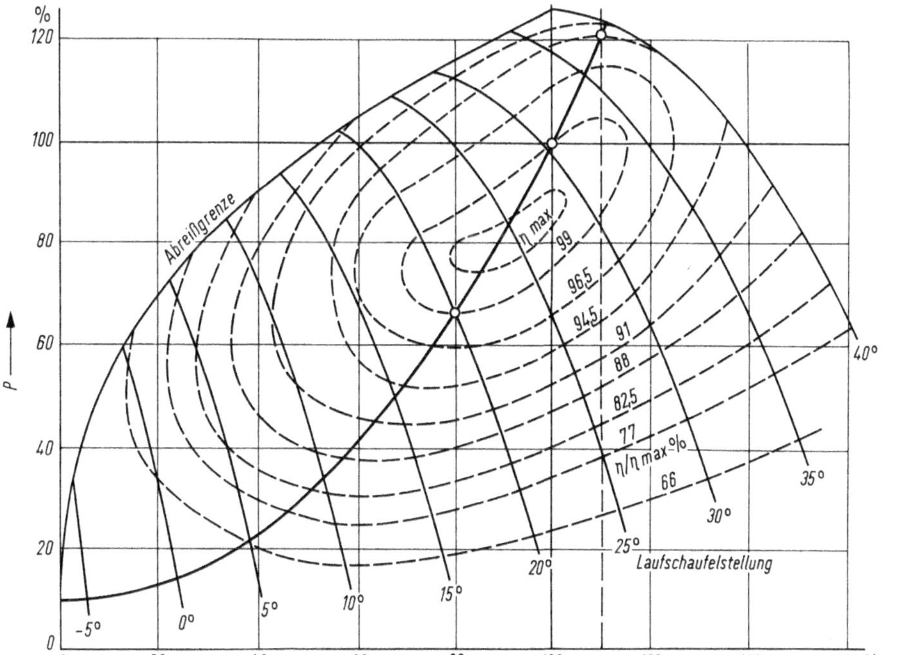

Abb. 183. Kennfeld eines axialen Überdruckgebläses (Nordisk Ventilator)

Der Nachteil, die Laufschaufeln bei Saugzuggebläsen häufiger als bei anderen Bauarten auswechseln zu müssen, dürfte durch den Vorteil guter Wirkungsgrade und damit geringer Leistungsaufnahme mehr als ausgeglichen werden.

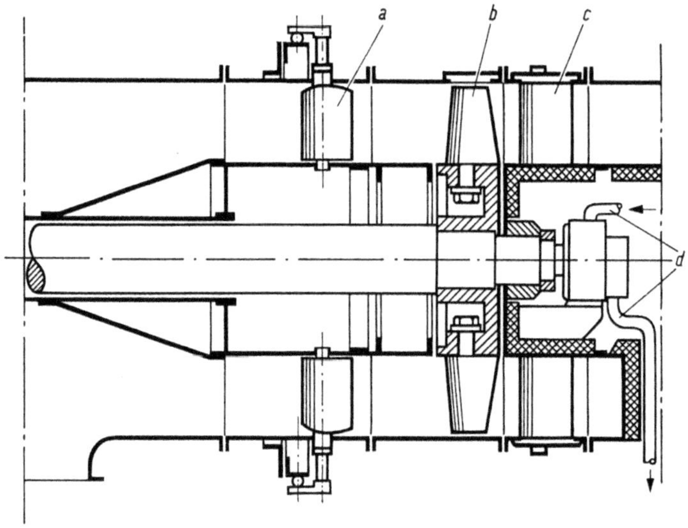

Abb. 184. Axiales Überdruckgebläse mit Profilschaufeln (Apparatebau Rothemühle)

a Verstellbare Vorleitschaufeln
b Laufschaufeln (Profilschaufeln im Stillstand um ± 5° verstellbar)
c Nachleitschaufeln
d Ölversorgung des Innenlagers

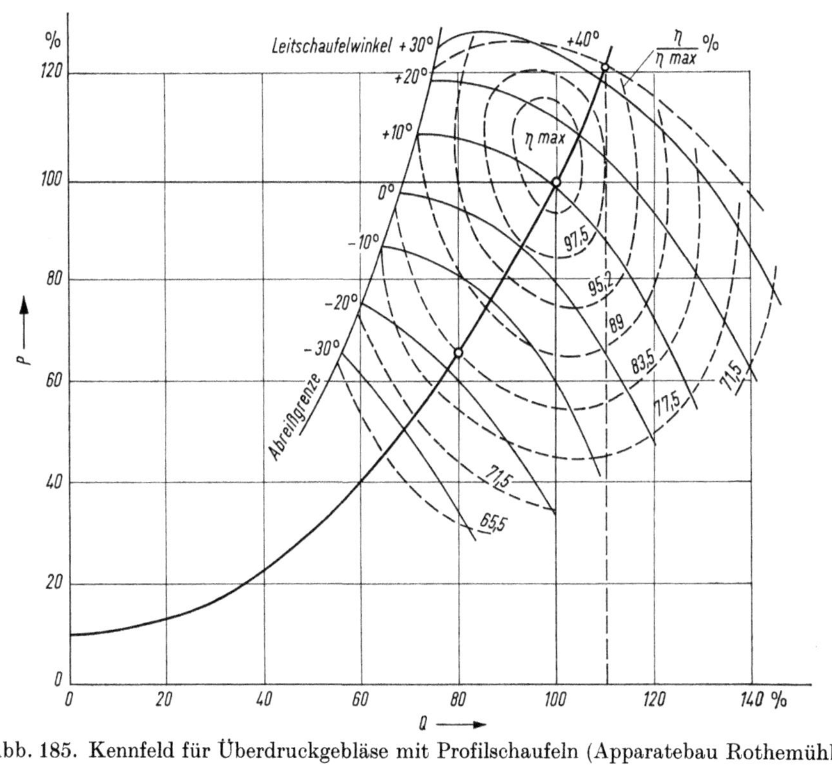

Abb. 185. Kennfeld für Überdruckgebläse mit Profilschaufeln (Apparatebau Rothemühle)

Selbstverständlich können axiale Überdruckgebläse auch eine Vordrallregelung erhalten. Abb. 184 zeigt den aktiven Teil eines solchen Gebläses, dessen profilierte und verwundene Laufschaufeln im Stillstand verstellbar sind. Hierdurch wird eine nachträgliche Anpassung des Kennfeldes an die Betriebsverhältnisse möglich. Die Verstellung der Vorleitschaufeln erfolgt in der üblichen Weise über einen Verstellring. Die Nabe des Laufrades ist zylindrisch, da in ihm die Strömung verzögert und der statische Druck

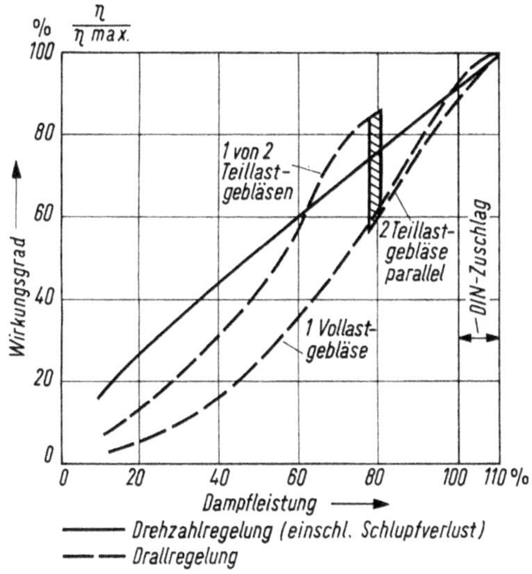

Abb. 186. Wirkungsgradverlauf bei Radialgebläsen mit Profilschaufeln

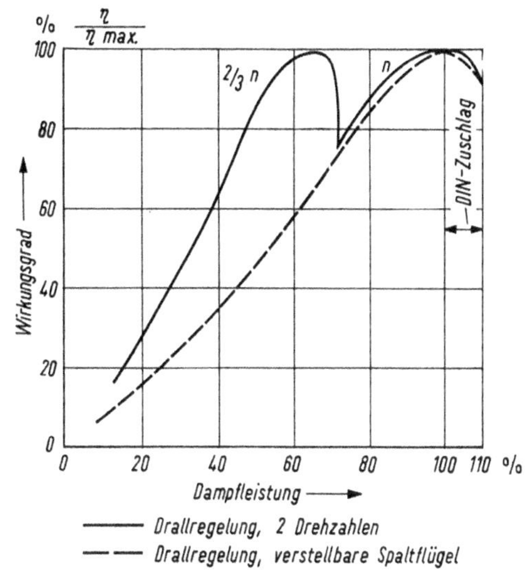

Abb. 187. Wirkungsgradverlauf bei Gleichdruckgebläsen

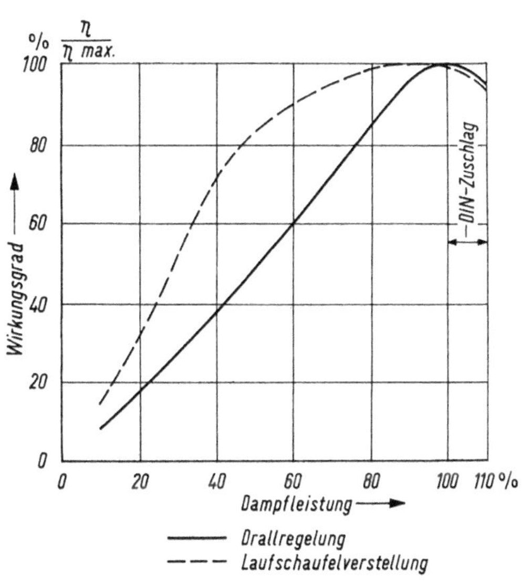

Abb. 188. Wirkungsgradverlauf bei Überdruckgebläsen (Profilschaufeln)

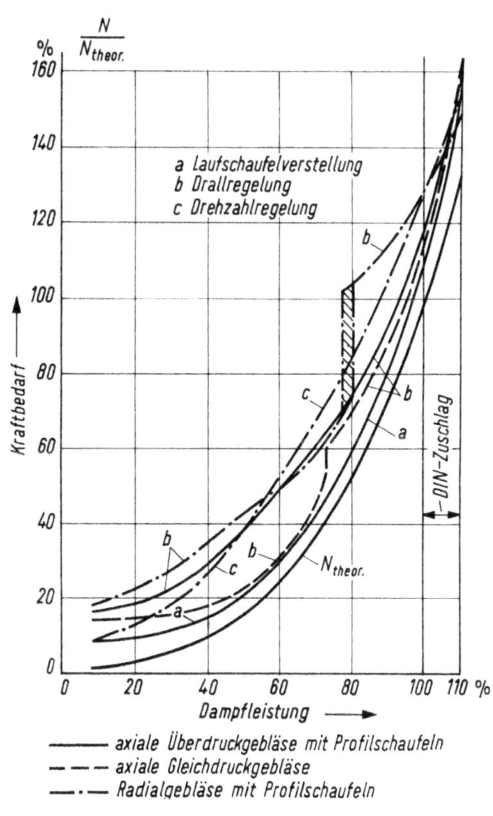

Abb. 189. Vergleich des Kraftbedarfes an der Gebläsekupplung bei gleicher Gebläseleistung

erzeugt wird. Die Laufschaufeln der Frischluftgebläse werden aus Stahlguß oder einer Aluminiumlegierung, die der Saugzuggebläse aus legiertem Stahlguß hergestellt, der gegen Verschleiß durch Flugasche eine erhöhte Widerstandsfähigkeit besitzt. Die als Steckschaufeln ausgebildeten, profilierten Nachleitschaufeln sind einzeln auswechselbar.

Das Kennfeld (Abb. 185) zeigt einen verhältnismäßig geringen Wirkungsgradabfall bei abnehmender Leistung; allerdings ist der Wirkungsgradverlauf nicht so ausgeprägt flach wie bei dem Gebläse mit Laufschaufelverstellung, und der optimale Wirkungsgrad ist etwas niedriger. Auch hier ist die Abreißgrenze eingetragen.

In den Abb. 186 bis 188 sind über der Dampfleistung des Kessels die Wirkungsgrade der beschriebenen Gebläsetypen und Regelungsarten aufgetragen. Im Hauptarbeitsbereich des Dampferzeugers — 80 bis 100% Dampfleistung — erreichen die Wirkungsgrade von Radialgebläsen bei Drehzahlregelung, auf die Motorkupplung bezogen, d. h. einschließlich

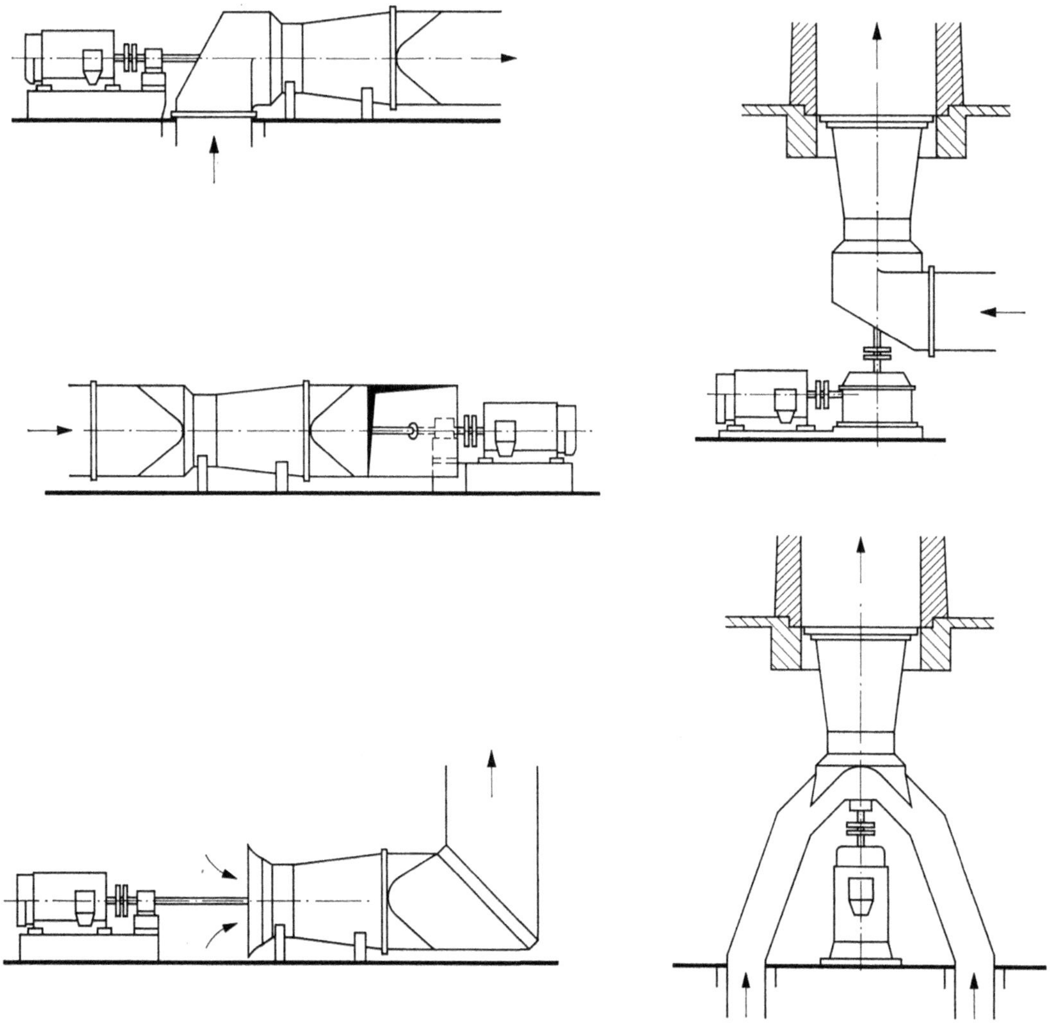

Abb. 190. Anordnungsmöglichkeiten für axiale Frischluft- und Saugzuggebläse

Schlupfverlust der Regelung, etwa 75 bis 90% des maximalen Wirkungsgrades, bei Vordrallregelung etwa 60 bis 90%. Axialgebläse mit Vordrallregelung erreichen etwa 85 bis 100% des maximalen Wirkungsgrades, während das axiale Überdruckgebläse mit Laufschaufelverstellung im gesamten Bereich von 80 bis 100% der Dampfleistung sehr nahe am maximalen Wirkungsgrad arbeitet. In Abb. 189 sind die Leistungsaufnahmen der einzelnen Bau- und Regelungsarten bei gleicher Gebläseleistung miteinander verglichen. Bezugswert ist die theoretische Leistung, die sich aus dem jeweils erforderlichen Förderstrom und der Druckerhöhung gemäß der Widerstandslinie ohne Berücksichtigung von Verlusten ergeben würde.

Das Radialgebläse kann nur mit horizontaler Welle eingebaut werden, während beim Axialgebläse auch eine Aufstellung mit senkrechter Welle und Förderrichtung nach oben oder nach unten möglich ist. Einige der sich hieraus und aus der Variation des Saugstutzens sowie der Lage des Antriebes ergebenden Anpassungsmöglichkeiten sind in der Abb. 190 dargestellt. Wegen möglicher Unwuchten infolge ungleichmäßigen Verschleißes ist eine Schwingungsisolierung des Grundrahmens für das Gebläseaggregat gegenüber der Tragkonstruktion sehr wichtig. Diese Isolierung kann durch schwingungsdämpfende Unterlagen (z. B. Schwingmetall) oder Federkonstruktionen mit hoher Dämpfungskraft erfolgen.

III. Luft- und Rauchgaskanäle sowie anderes Zubehör

Von Ludwig Kuchelbacher

a) Kanäle

Die Verbrennungsluft und die Rauchgase werden in Blechkanälen von meist rechteckigem oder quadratischem Querschnitt geführt. Die Anwendung dieser Querschnitte erlaubt angesichts der oft komplizierten Form der Kanäle und Anschlußstücke eine einfachere Herstellung, als dies bei Kanälen mit runden Querschnitten, die an sich bei gleichem Querschnitt den kleinsten Umfang aufweisen, möglich wäre. Damit werden die höheren Kosten für den Materialaufwand bei Anwendung eines viereckigen Querschnittes durch die geringeren Fertigungskosten ausgeglichen. Die Steifigkeit der ebenen Flächen wird durch aufgesetzte Verstärkungsrippen aus Profilstahl erhöht. Diese Verstärkung ist besonders wichtig, wenn im Kanal Unterdruck herrscht. Die Wandstärke der Bleche beträgt gewöhnlich zwischen 3 und 5 mm. Nur bei Zyklonfeuerungen mit hoher Luftpressung sind Luftkanäle mit runden Querschnitten erforderlich. Bei Kanälen für Flugasche führende Rauchgase sollte die Wandstärke, um vorzeitigen Verschleiß zu vermeiden, um 1 bis 2 mm gegenüber dem festigkeitsbedingten Wert erhöht werden.

Bei scharfen Umlenkungen des Gasstromes werden Lenkbleche in die Kanäle eingesetzt, die den Gasstrom in Teilströme zerlegen und jeden Teilstrom für sich umlenken. Hierdurch bleibt auch an der Umlenkstelle eine über den gesamten Querschnitt gleichmäßig verteilte Strömung erhalten.

Bei Anwendung von Regenerativ-Luftvorwärmern gerät stets etwas Asche in die Luftkanäle und lagert sich an Umlenkstellen ab. Die Flugasche muß von solchen Stellen zuweilen abgezogen werden, damit unzulässige Querschnittsverengungen vermieden werden.

Zur Aufnahme von Wärmedehnungen ist der Einbau von Kompensationsstücken erforderlich, die, auf der Saug- und Druckseite der Gebläse angebracht, auch die Übertragung von Schwingungen auf die Kanäle zu verhindern haben. Man unterscheidet Stopfbüchsenkompensatoren (Abb. 191), die rein axiale Bewegungen aufnehmen können, und Linsenkompensatoren (Abb. 192), bei denen zusätzlich die Kanalachse abgeknickt werden kann, um z. B. die Wärmedehnung eines rechtwinklig anschließenden Kanalstückes aufzunehmen. Bei den Kompensatoren empfehlen sich Führungsbleche an der Innenseite, um die Ablagerung von Flugasche in den Dehnungslinsen bzw. ihren Verschleiß infolge wirbelnder Flugasche zu vermeiden. Ein „Aufblasen“ der Linsen muß durch außen angeordnete Ankerlaschen verhindert werden.

Rauchgas- und Heißluftkanäle erhalten eine Wärmeisolierung; die ersteren als Berührungsschutz und zur Vermeidung von Taupunktskorrosionen, die letzteren auch zur Vermeidung von Wärmeverlusten. Ansaugkanäle von Frischluftgebläsen mit hoher Umfangsgeschwindigkeit werden zweckmäßig mit einer Schalldämmung ausgerüstet, um das Ansauggeräusch zu vermindern. Diese Schalldämmung läßt sich recht einfach erreichen, z. B. durch Einbau eines gelochten Bleches parallel zur Kanalwand und Ausfüllen des Zwischenraumes mit Isoliermaterial.

Beim Entwurf der Aufhängungen und Unterstützungen sind die gleichen Gesichtspunkte wie bei der Verlegung von Rohrleitungen zu berücksichtigen, d. h. die Wärmebeweglichkeit muß durch federnde Befestigung oder Rollenlagerung gewährleistet sein, und Schwingungen der Kanäle müssen vermieden werden. Bei der Ermittlung der Be-

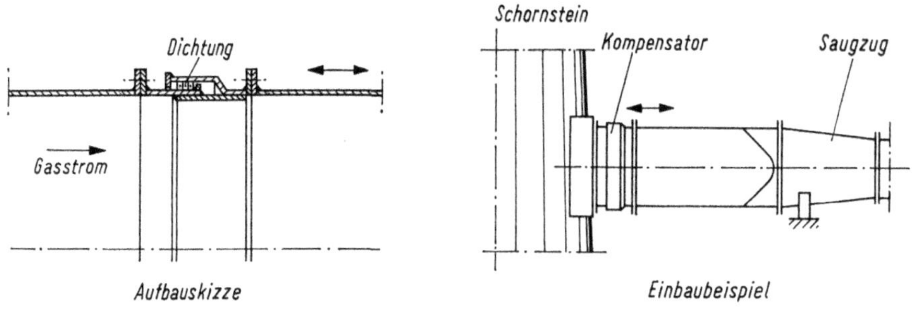

Abb. 191. Stopfbüchsen-Kompensator für Gaskanäle

lastungen muß das Gewicht der sich in Rauchgaskanälen ablagernden Flugasche mit berücksichtigt werden.

In die Kanäle werden Klappen eingebaut, die als Regelklappen oder Abschlußorgane wirken können. Regelklappen dienen zur Einstellung der Teilluftmengen für die ver-

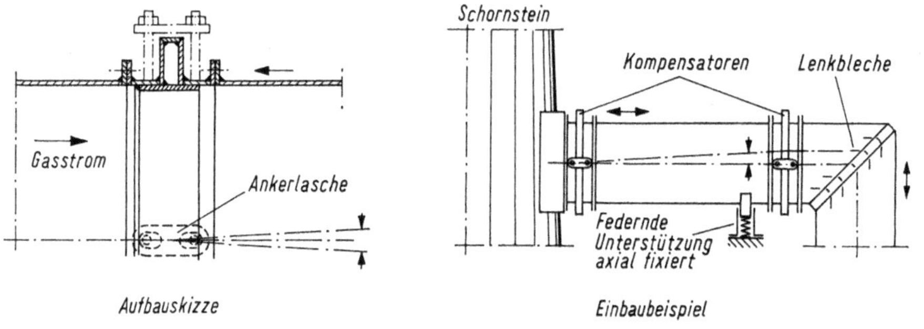

Abb. 192. Linsen-Kompensatoren für Gaskanäle

schiedenen Verwendungszwecke (Mühlenluft, Tragluft, Zweitluft usw.) sowie zur Einstellung von Luft- oder Gasmengen bei Umführungen oder Rückführungen. Schließlich benützt man sie auch für die ausschließliche oder zusätzliche Drosselregelung von Gebläsen. Dicht schließende Absperrklappen dienen dazu, den stillgesetzten Kessel luft- und rauchgasseitig möglichst dicht abzuschließen.

b) Klappen zur Steuerung der Rauchgas- und Luftmengen sowie Zugsperren

Im allgemeinen erfolgt die Steuerung der Rauchgas- und Luftmenge durch Leitschaufel- oder Laufschaufelverstellung am Ventilator. Bei einer Reihe von Anlagen ist es jedoch notwendig, zusätzlich noch mit einer Klappensteuerung zu arbeiten. Solche Klappen sind außerdem innerhalb des Kessels gebräuchlich zur Verteilung der Rauchgasmenge auf den Zwischenüberhitzer bzw. den Bypaßzug. Die Klappen werden bei hoher Rauchgastemperatur am besten mit senkrechter Achse ausgeführt. Allerdings muß der Kesselzug zu diesem Zweck abgekröpft werden. Diese Klappen sollen eine möglichst lineare Charakteristik haben, wobei einer bestimmten Winkeländerung immer die gleiche Durchflußmengenänderung entspricht. In der Abb. 193a—e sind verschiedene Rauchgasklappenanordnungen dargestellt. Abb. 194 zeigt die zugehörigen Durchflußcharakteristiken dieser Klappen. Man erkennt, daß die unter e) dargestellte Klappe die günstigste Charakteristik aufweist. Die unter e) aufgeführte Klappe eignet sich also zur Rauchgas- bzw.

Abb. 193. Verschiedene Rauchgasklappenanordnungen

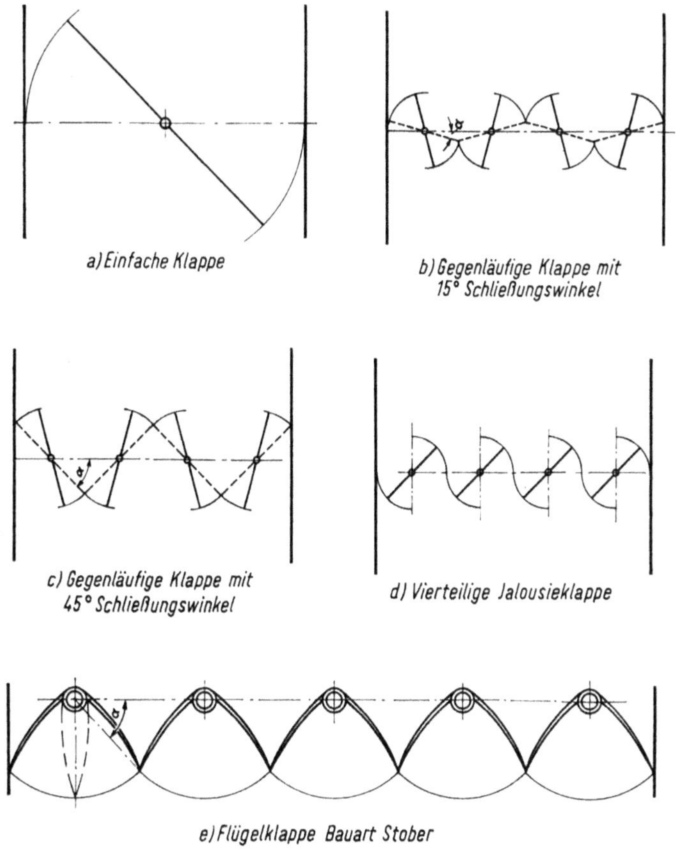

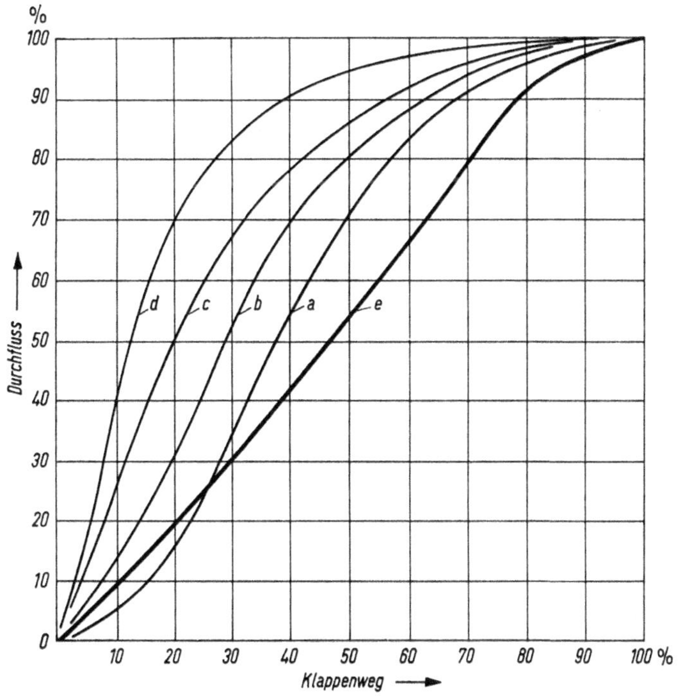

Abb. 194. Durchflußcharakteristik der Rauchgasklappen $a-e$ in Abb. 193

Luftmengenregelung am besten. Diese Klappe kann auch absolut dicht schließend ausgeführt werden und so als Zugsperre Verwendung finden. Ein dichter Abschluß des Kessels ist bei Reparaturarbeiten erwünscht, um den natürlichen Zug des Schornsteins zu unterbinden. Ein dichter Abschluß ist auch vorteilhaft, wenn sich z. B. in den Aschetrichtern des Elektrofilters brennbare Ablagerungen angesammelt haben, die sich durch Sauerstoffzufuhr selbst entzünden könnten.

c) Rußbläser

Die Verschmutzung der Heizflächen kann eine wesentliche Verschlechterung des Kesselwirkungsgrades zur Folge haben und schließlich so weit gehen, daß der Kessel wegen vollkommener Zusetzung der Heizflächen bzw. Lufterhitzer abgestellt werden muß. Durch Betätigung von Rußbläsern bzw. Kugelregen bemüht man sich, die Heizflächen sauber zu halten und den Kesselstillstand zu vermeiden. Ein sauberer Kessel hat auch einen entsprechend kleineren rauchgasseitigen Widerstand, so daß also mit kleinerem Eigenbedarf gearbeitet werden kann.

Rußbläser sind die gebräuchlichsten und verbreitetsten Reinigungsmittel, die bei Kesselanlagen, deren Heizfläche einer Verschmutzung ausgesetzt ist, eingebaut werden. Als Blasmittel kann Dampf mit 30 bis 40 atü oder Luft benutzt werden. Das Blasen mit Luft ist bei schwefelhaltigen Brennstoffen zur Vermeidung der Tieftemperaturkorrosion empfehlenswert. Eine solche Anlage ist wegen der notwendigen Kompressoren und Behälter in der Anschaffung und im Betrieb aufwendiger. Das Blasen mit Luft ist übrigens auch schonend für die Heizflächen. Bei Dampfrußbläsern besteht bei gleichem Blasdruck eine zwar intensive Wirkung, aber ebenso die Gefahr, daß die Rohre nach einiger Zeit durchgeschlissen werden.

Um allen Reinigungsaufgaben gerecht zu werden, hat man verschiedene Bläsertypen entwickelt:

1. Rückstrahlbläser,
2. Weitstrahl- und Langschubbläser,
3. Mehrdüsenbläser.

1. Rückstrahlbläser

Der Rückstrahlbläser dient zur Sauberhaltung der Brennkammerkühlflächen. In seiner Ruhestellung wird er ins Mauerwerk zurückgezogen. Beim Betrieb fährt er in drehender Bewegung in den Feuerraum hinein und reinigt die Heizflächen auf einen Durchmesser von etwa 4 bis 5 m (Abb. 195).

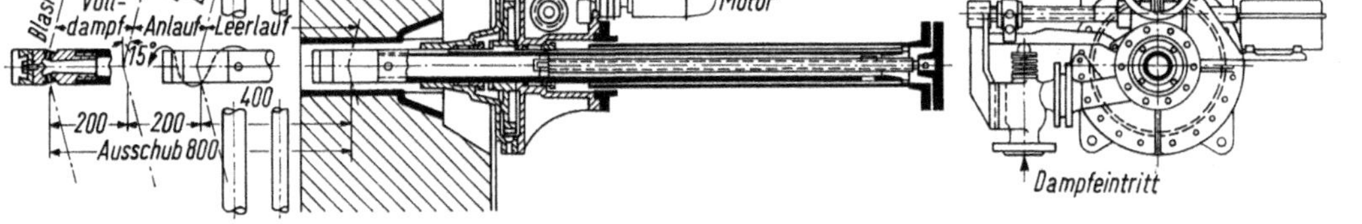

Abb. 195. Rückstrahl-Rußbläser

2. Weitstrahl- und Langschubbläser

Diese Bläser finden ebenfalls Verwendung bei hohen Rauchgastemperaturen zur Sauberhaltung von Wand- und Schottenheizflächen. Der Blaskopf befindet sich in Ruhestellung im Mauerwerk, so daß er der Temperatureinwirkung entzogen ist. Zum Blasen wird der Kopf ausgefahren, und die Dampfzufuhr, die automatisch gesteuert ist, setzt erst dann ein, wenn der Blaskopf das schützende Mauerwerk verlassen hat. Abb. 196 zeigt einen Weitstrahlbläser. Bei Hemmungen des Bläsers wird der Antrieb über eine Sicherheitskupplung ausgeschaltet und der Bläser in die Ausgangsstellung zurückgebracht, so daß der Bläserkopf keinen Schaden erleiden kann.

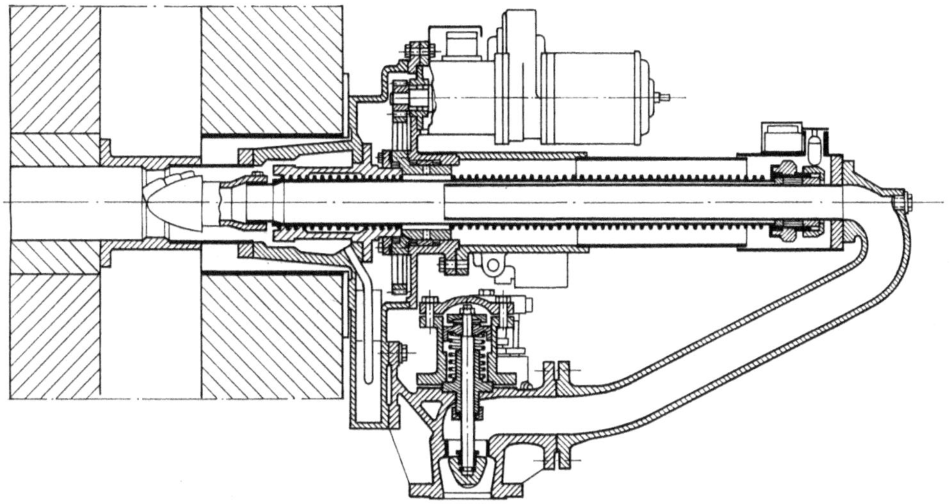

Abb. 196. Weitstrahl-Rußbläser, Bauart Steinmüller

Zur Reinigung von Heizflächen, bei denen mit dem Weitstrahlbläser nicht mehr die erforderliche Wirkung erzielt werden kann, hat man den Langschubbläser entwickelt

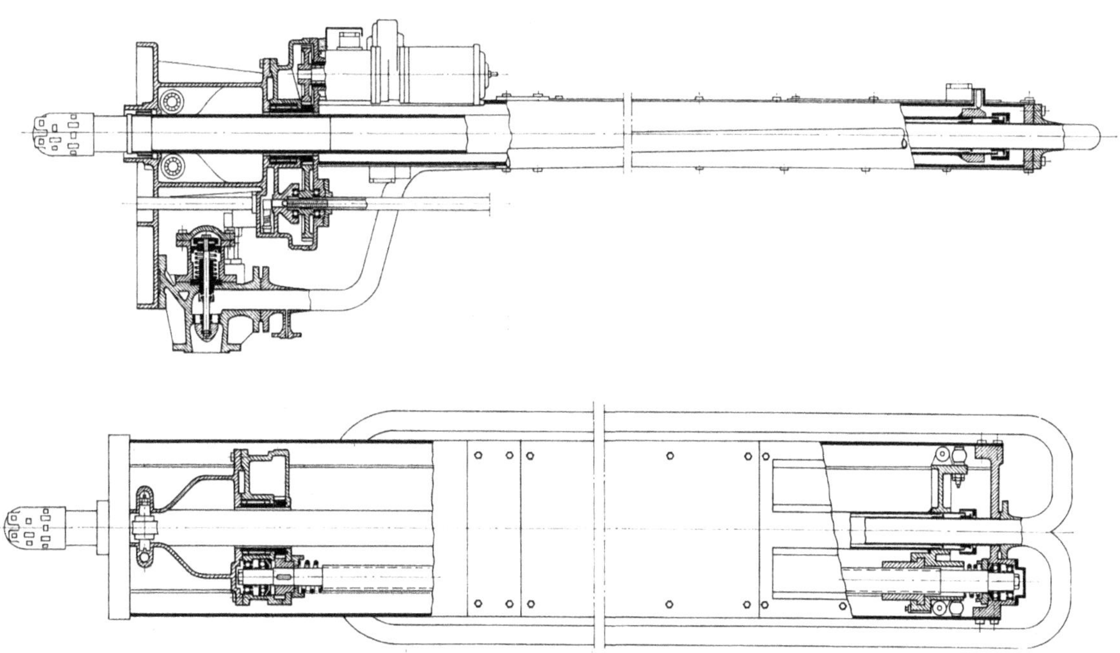

Abb. 197. Langschub-Rußbläser, Bauart Steinmüller

(Abb. 197). Der Bläserkopf wird meist mit drehender Bewegung an die zu reinigenden Heizflächen herangeführt. Solche Bläser können bis zu 12 m Tiefe in die Rauchgaszüge eingefahren werden. Der Blasvorgang ist automatisiert, so daß der Rußbläser nach Beendigung des Arbeitsganges wieder in Bereitschaftsstellung in das Mauerwerk zurückkehrt.

Unter den Weitstrahlbläsern sind noch die Handlanzen erwähnenswert, die hauptsächlich zur Sauberhaltung von Brennkammerwänden verwendet werden.

3. Mehrdüsenbläser

Der Mehrdüsenbläser findet Anwendung im Bereich der Berührungsheizflächen bei Temperaturen unter 600 °C. Das Düsenrohr des Langrohrbläsers verbleibt im Ruhezustand im Rauchgasstrom. Im Rohr sind entsprechend der Heizflächenteilung Düsen eingeschweißt, durch die der Dampf in die Rohrgassen strömt. Während des Blasvorganges wird der Bläser um 360° gedreht, wobei die Dampf- bzw. Luftzufuhr innerhalb eines beliebig einstellbaren Blaswinkels automatisch gesteuert wird.

d) Kugelregenreinigung

Die Reinigung der Heizflächen erfolgt bei diesem Verfahren durch unregelmäßig, annähernd kugelförmig geformte, im Granulierverfahren hergestellte Hartgußkörper mit einem Durchmesser von rd. 4 bis 6 mm oder auch durch Kies. Die Kugeln bzw. der Kies werden über die zu reinigenden Heizflächen gleichmäßig verteilt. Durch Schlag- und

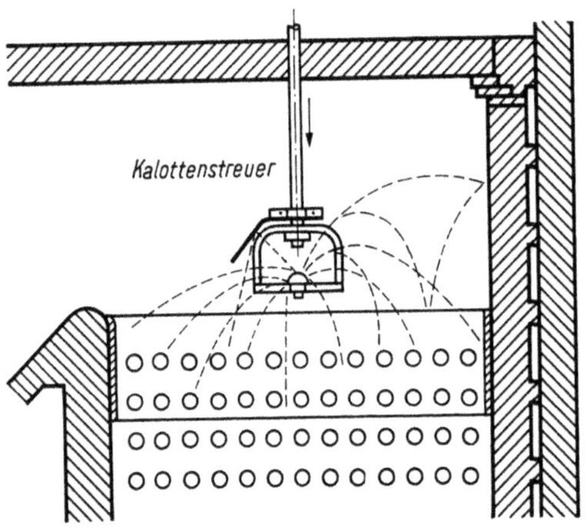

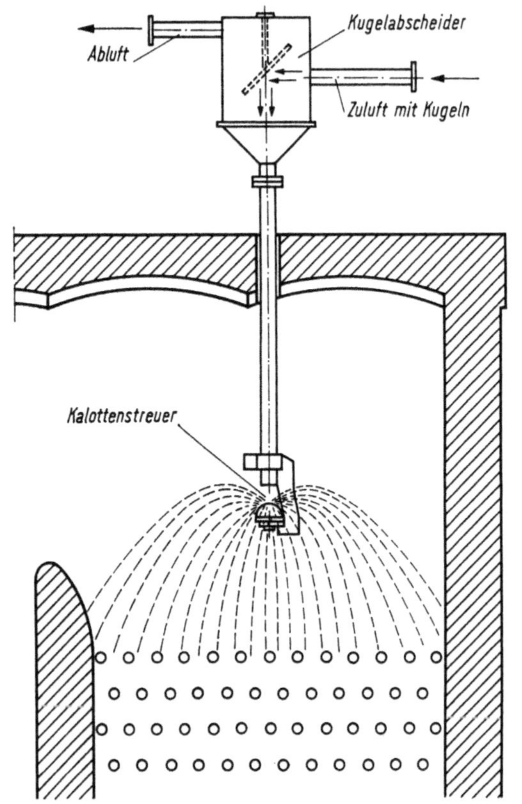

Abb. 199. Kalottenstreuer einer Kugelregenreinigung

Reibungswirkung werden die Ansätze an den Heizflächen beseitigt. Diese Reinigung ist nur anwendbar für die Berührungsheizflächen, die nicht direkt über dem Feuerraum liegen. Es muß die Möglichkeit bestehen, die Kugeln in einem Trichter wieder aufzufangen.

Auf 1 m² Grundfläche fallen je Sekunde rd. 200 Kugeln. Ein nennenswerter Verschleiß der Heizfläche tritt nicht ein, da die freie Fallhöhe so bemessen werden kann, daß eine unzulässige Beanspruchung vermieden wird (Abb. 198). Soweit es sich bei dem Mauerwerk nicht um senkrechte Flächen handelt, ist es empfehlenswert, dieses durch eine Blechauskleidung zu schützen. Der Kugelregen kann auch bei aufwärts durchströmten Rauchgaszügen verwendet werden, wenn die Rauchgasgeschwindigkeit nicht über 13 m/s liegt.

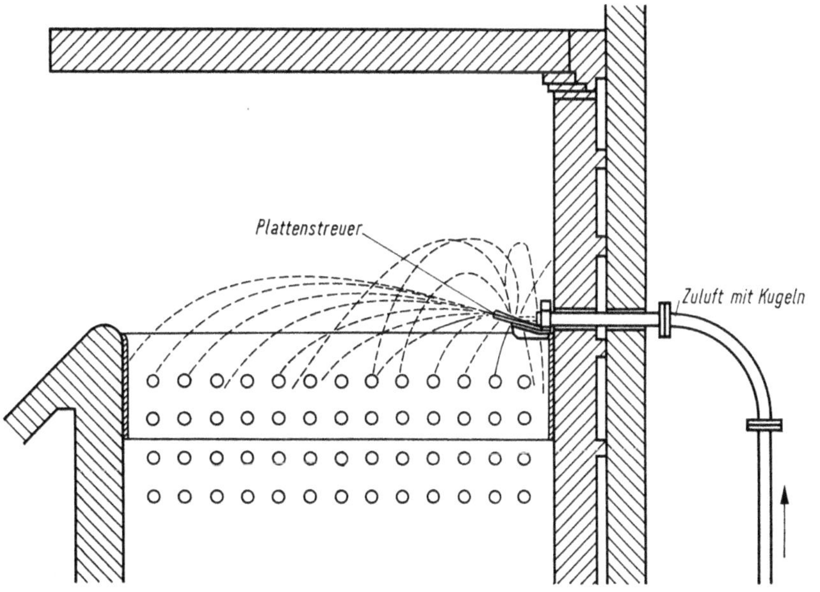

Abb. 200. Plattenstreuer einer Kugelregenreinigung

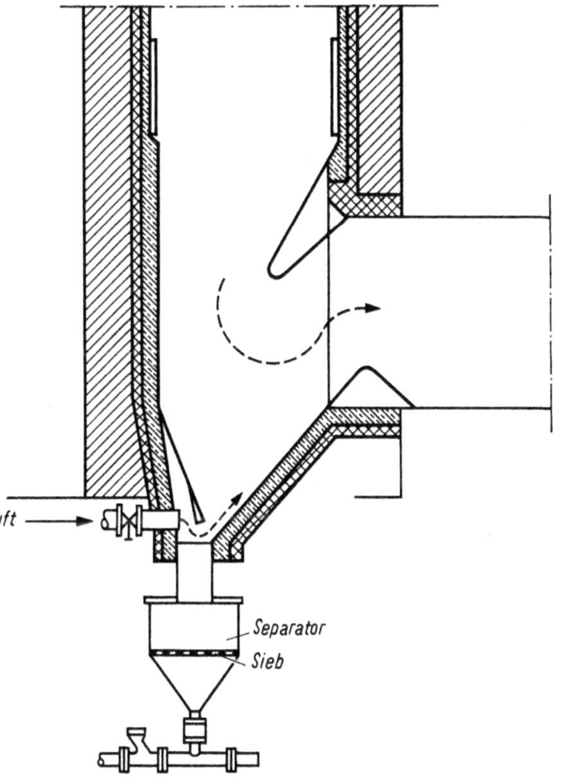

Abb. 201. Kugel-Separator einer Kugelregenreinigung

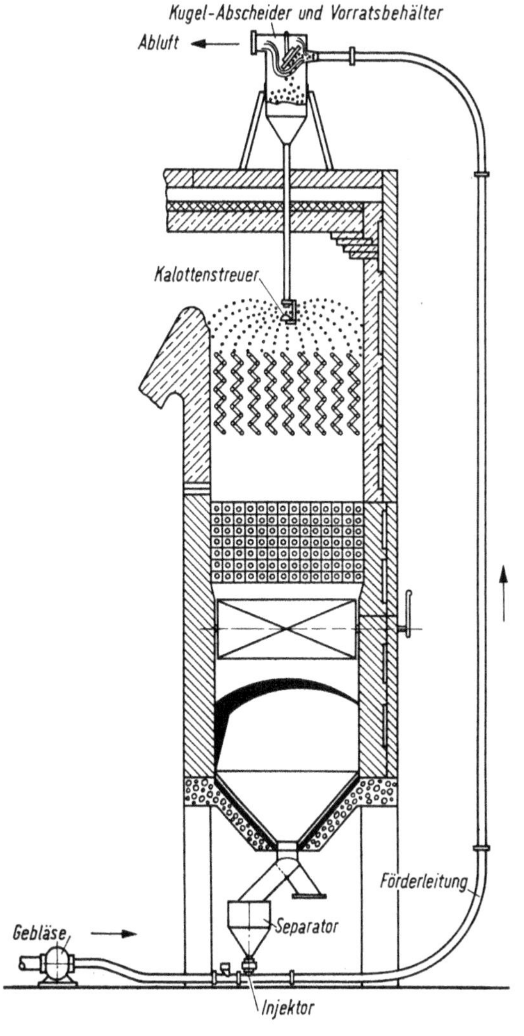

Abb. 202. Gesamtbild einer Kugelregenanlage

Von den anfänglich verwandten rotierenden Kugelstreuern ist man abgegangen und baut heute nur noch Kalotten- und Plattenstreuer (Abb. 199). Beim Kalottenstreuer werden die Kugeln über einen Vorratsbehälter von oben zugeführt. Sofern dieser Vorratsbehälter mit einer genügenden Menge von Kugeln gefüllt ist, dient er gleichzeitig als Luftsperre, so daß Frischlufteinbrüche vermieden werden.

Beim Plattenstreuer Abb. 200 wird die Transportleitung seitlich in den Kessel eingeführt. Man benötigt hier eine niedrigere Förderhöhe und somit eine kleinere Gebläseleistung als beim Kugelstreuer. Die Transportluftmenge wird den Rauchgasen beigemengt, was jedoch infolge der geringen Menge keine Nachteile hat.

Die Kugeln werden in einem Aschetrichter gesammelt und von der Asche getrennt. Die leichteren Ascheteilchen werden mit den Rauchgasen nach oben mitgenommen (Abb. 201). Größere Teilchen sammeln sich im Trichterauslauf, werden durch die nachfolgenden Kugeln verrieben und durch Druckluft, die von unten eingeführt wird, in den Kesselzug zurückgeblasen. Die noch verbleibenden Restteilchen gelangen mit den Kugeln in die Transportleitung und werden dort zermahlen. Vor dem Streuer wird zweckmäßigerweise eine Abscheidung des Staubes vorgenommen.

Der Kugeltransport erfolgt mittels Druck- oder Saugluftgebläse (Abb. 202). Die erforderliche Pressung der Förderluft beträgt 1200 bis 1600 mm WS. Für eine Grundfläche von 6 m², die von einem Kalottenstreuer bestrichen werden kann, und eine Förderhöhe von 22 m werden rd. 1000 m³/h Förderluft benötigt, was einem Leistungsbedarf von 6 bis 8 kW entspricht.

Die Betriebskosten einer Kugelregenanlage sind niedrig und betragen nur etwa ein Viertel der Kosten einer Rußbläseranlage.

e) Entschlackung

Die Entschlackungsapparate haben die Aufgabe, die unter dem Feuerraumtrichter anfallende Schlacke abzuführen. Die gebräuchlichste Bauform ist der sogenannte Kratzer-Naßentschlacker, der sowohl für Kessel mit trockenem Ascheabzug als auch für solche mit flüssigem Ascheabzug zur Anwendung kommt (Abb. 203). Die Auslegung dieser Appa-

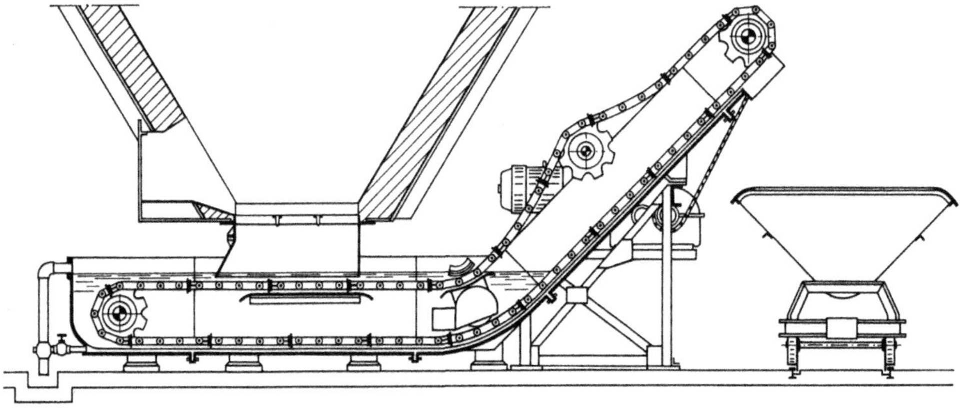

Abb. 203. Kratzer-Naß-Entschlacker, Bauart Babcock

rate sollte mit einer großen Reserve erfolgen mit Rücksicht auf den steigenden Aschegehalt der Brennstoffe. Die Schlacke wird mittels einer umlaufenden Kratzerkette auf ein Förderband oder mittels Druckwasser in ein Klärbecken gebracht. Die Abdichtung gegenüber der Brennkammer wird durch ein Wasserbad vorgenommen, in das der Feuerraumtrichter eintaucht. Bei Schmelzkammern dient das Wasserbad gleichzeitig zum Granulieren der Schlacke. Es muß in diesem Fall zum Abtransport der anfallenden Wärmemenge mit einem größeren Wasserbedarf gerechnet werden. Der Wasserbedarf bei trockenem Ascheabzug beträgt etwa 50 bis 70% des auszutragenden Aschegewichtes.

Der Wasserbedarf zum Granulieren der flüssigen Schlacke beträgt rd. 10 m³/t Schlacke bei einer Aufwärmung des Kühlwassers von 20 °C auf rd. 65 °C. Für die erhöhte Austragsleistung beim Hochfahren des Kessels — der Anfall steigt dann auf die drei- bis vierfache Menge — wird die Geschwindigkeit des Entaschers durch ein PIV-Getriebe oder durch

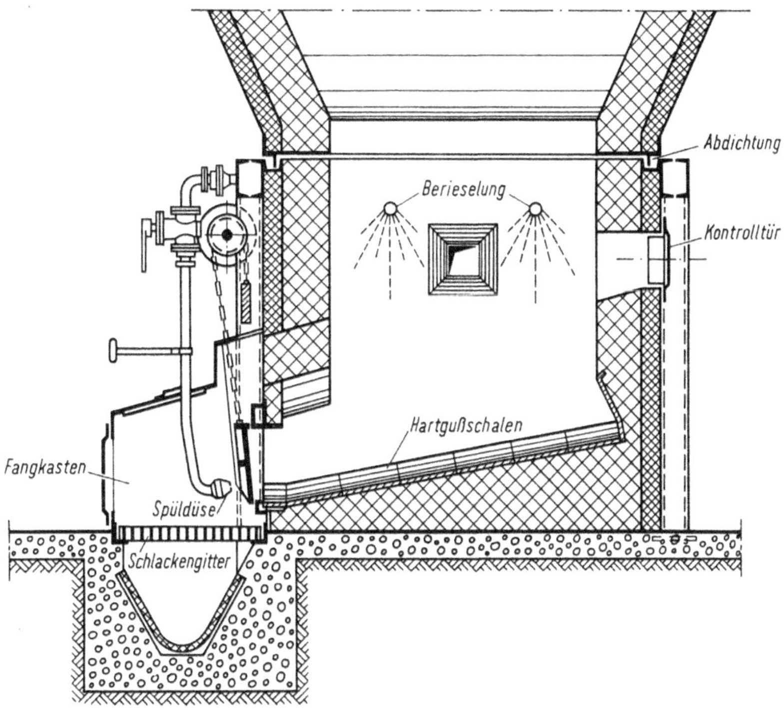

Abb. 204. Rothstein-Entaschung

einen polumschaltbaren Motor entsprechend erhöht. Die normale Geschwindigkeit der Austragskette beträgt rd. 1,0 bis 1,5 m/min. Das Granulierwasser wird mit einem Druck von rd. 2 atü zugegeben, damit eine intensive Durchwirbelung erzielt wird. Statt der Kratzerkette kann zur Verminderung des Verschleißes auch ein Plattenband verwendet werden.

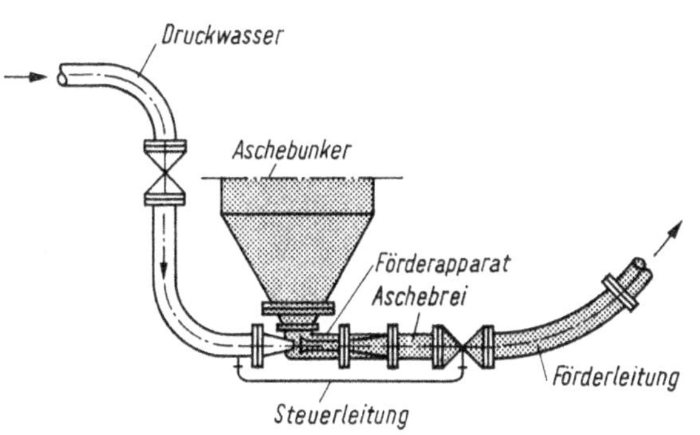

Abb. 205. Seifert-Druck-Entaschung

Bei Feuerungen mit trockenem Ascheabzug fällt die Asche bzw. Schlacke zuweilen auch in eine Schleusenkammer und wird von hier durch eine Spülentaschung über Rinnen abtransportiert. Die Ausspülung der Asche aus der Sammelkammer erfolgt intermittierend entsprechend dem Speichervermögen der Kammer, um den unvermeidbaren Falschlufteinbruch möglichst klein zu halten. Aus demselben Grund ist auf die Abdichtung zwischen Aschetrichter und Schleusenkammer großer Wert zu legen. Zum Ausspülen der Asche wird bei der abgebildeten Anlage gemäß Abb. 204 die zehnfache Wassermenge des Aschegewichtes benötigt. Der Wasserdruck im Spülrüssel beträgt 2 bis 3 atü. Sofern es die örtlichen Verhältnisse zulassen und die nachfolgende Rinne mit einem Gefälle von 1% oder mehr zum Klärbecken verlegt werden kann, ist keine Bagger- oder Schlammpumpe erforderlich. Anderenfalls wird die Asche durch Pumpen weitergefördert, wobei der Kraftbedarf für rd. 500 m Förderstrecke rd. 2 kW/t Asche beträgt. Außerdem müssen dann im Gegensatz zur Rinnenspülentaschung größere Schlackenstücke durch einen Brecher auf etwa 20 bis 25 mm Korngröße zerkleinert werden.

Ein anderes hydraulisches Verfahren ist die Druckwasserentaschung. Ihr Vorteil besteht darin, daß von der Anfallstelle der Asche bis zum Bestimmungsort ohne Zwischenbunkerung gefördert werden kann, wobei Höhen bis zu 30 m und Entfernungen bis zu 2 km überwunden werden können (Abb. 205). Das Druckwasser wird über eine Düse zugeführt und saugt dadurch die in dem Schlackenbunker abgelagerten Asche- bzw. Schlackenteilchen, die unter Umständen vorgebrochen werden, ejektorartig ab.

IV. Entstaubung, Entaschung und Schornstein

Von Karl Rudolf Schmidt

a) Allgemeine Gesichtspunkte

1. Sinn und Zweck der Abgasreinigung

Die Entstaubung[1] und Entschwefelung[2] der Rauchgase stellt ein notwendiges Erfordernis dar, das mit der eigentlichen Aufgabe des Kraftwerks lediglich indirekt bzw. überhaupt nichts zu tun hat und — so könnte man sagen — nur den Stromerzeugungspreis belastet. Der bei der Verbrennung fester Brennstoffe zwangsläufig in größerer Menge entstehende Flugstaub stellt in den meisten Fällen eine mehr oder weniger große Belästigung dar. Die gleichzeitig emittierten[3] Verbrennungsgase können bei entsprechendem Schwefelgehalt eine Gefährdung für Mensch, Tier und Pflanze hervorrufen, sofern eine entsprechend hohe Lokalimmission[3] vorliegt. Fast alle festen sowie die flüssigen Brennstoffe sind schwefelhaltig, während die gasförmigen Brennstoffe, z. B. Kokerei- oder Erdgas, in den meisten Fällen vor ihrer Fortleitung bzw. Verbrennung von ihrem Schwefelgehalt befreit worden sind.

Auf Grund dessen hat man seitens des Kraftwerksbaues und der Energieerzeuger von jeher der Entstaubung eine beachtliche Aufmerksamkeit geschenkt und beträchtliche Mittel dafür aufgebracht. Das ergibt sich z. B. aus einer Gegenüberstellung von A. Bachmair[4], nach der im Jahre 1960 bereits 78% aller in der Energieerzeugung eingesetzten Kesselanlagen mit Entstaubern ausgerüstet waren. Die mit der Zeit zunehmende Beachtung der Luftreinhaltung geht daraus hervor, daß in den Baujahren

vor 1924 nur 15,8%,
von 1925 bis 1944 bereits 64,6%,
nach 1945 jedoch 92%

aller o. a. Kesselanlagen Entstaubungseinrichtungen erhielten. Die restlichen 8% dürften überwiegend Anlagen mit Ölfeuerungen darstellen, für die z. Zt. keine Entstaubungseinrichtungen erforderlich sind, da in ihnen praktisch kaum Staub anfällt. Zusammenfassend kann man also sagen, daß ab 1945 praktisch alle neu in Dampfkraftwerken eingesetzten Kesselanlagen, bei denen Flugstaub in größeren Mengen anfällt, mit Entstaubungseinrichtungen ausgerüstet wurden.

---

[1] Schäff, K.: Der Staub und seine Probleme bei Kesselanlagen. Brennstoff Wärme Kraft Bd. 14 (1962), S. 89/104.

Schmidt, K. R.: Stand und apparative Grenzen der technischen Feinstaubabscheidung, Staub Bd. 23 (1963), S. 181/95. Mitt. Ver. Großkesselbes. 1955, Heft 34/35, S. 459/566. Siehe auch die Fachzeitschrift Staub.

[2] Kretschmann, W.: Verfeuerung von Heizölen, 3 Teile, Rheinisch-Westfälisches Elektrizitätswerk, Essen 1960.

Johswich, F.: Abgasentschwefelung. Brennstoff Wärme Kraft Bd. 14 (1962), S. 105/15.

[3] Richtlinie VDI 2104: Begriffsbestimmungen Reinhaltung der Luft, Beuth-Vertrieb GmbH, Berlin 15 und Köln. Brennstoff Wärme Kraft Bd. 12 (1960), S. 537/40.

[4] Fachtagung „Reinhaltung der Luft" vom 21. bis 23. September 1960 in Wiesbaden. Hinweis auf Bachmair, A.: Mitt. Ver. Großkesselbes. 1955, Heft 39, S. 826/35.

Die Bedeutung der Entstaubungsfrage bzw. des Problems der Reinhaltung der Luft[1] sei an Hand der nachfolgenden Zahlenangaben erläutert: Reine atmosphärische Luft enthält etwa 0,02 mg Staub pro Normalkubikmeter; auf einer Stadtstraße befinden sich etwa 1 bis 3 und in einem Warenhaus rd. 8 mg/Nm³. In einer Maschinenwerkstatt werden zwischen 15 und 25 mg/Nm³ gemessen[2]. Die Rauchgase einer Steinkohlen-Staubfeuerung enthalten vor dem Entstauber — je nach Aschegehalt der Kohle und je nach Feuerungssystem — 5000 bis 50000 mg/Nm³. Zum Betrieb eines Steinkohlenkraftwerkes von z. B. 100 MW Leistung werden stündlich 52 t Kohle benötigt, wenn der Aschegehalt 30% beträgt. Bei Vollastbetrieb über 24 Stunden müssen also 380 t Asche verarbeitet werden. Falls keine Entstaubung vorhanden wäre, würden bei Annahme einer Zyklon-Schmelzkammerfeuerung etwa 75 t, bei Annahme einer normalen Schmelzkammerfeuerung 150 t und bei einer Feuerung mit trockenem Ascheabzug etwa 300 t bei durchgehendem Nennlastbetrieb innerhalb eines Tages in die Atmosphäre emittiert. Ähnliche oder gar noch größere Staubgehalte weisen die meisten Industrieabgase auf. An der Spitze dürften wohl Hochofengichtgase mit bis zu 200000 mg/Nm³ sowie die Abgase von Tonerdetrocknern und Kalzinieranlagen mit bis zu 100000 mg/Nm³ liegen. Alle diese Staubkonzentrationen sind so hoch, daß nur mit sehr hochwertigen Staubabscheidern eine befriedigende Reinigung, d. h. Staubgehalte unter etwa 500 oder gar 150 mg/Nm³, erreicht werden können.

Die innerhalb des Bundesgebietes in die Luft emittierten Flugaschemengen sind entsprechend groß; eine Abschätzung ist recht schwierig. Die gesamte SO_2-Emission im Gebiete der Bundesrepublik liegt z. Zt. (1965) bei rd. 3,6 Millionen Tonnen pro Jahr; die durch Windströmungen von den westlichen Nachbarländern her auf das Gebiet der Bundesrepublik transportierten Mengen sind von der gleichen Größenordnung. In Berlin werden z. Zt., wie man aus dem Kohlenverbrauch nachrechnen kann, pro Jahr etwa 100000 t Asche und Ruß, 100000 t schweflige Säure und rd. 20000 t Teer in die Atmosphäre geleitet. Hiervon entfallen rd. 20% auf die Eisenbahn, 25% auf das Kleingewerbe, rd. 30% auf den Hausbrand und nur rd. 25% auf die Großindustrie.

Diese großen luftfremden Staub- und Gasmengen unterliegen den Strömungen der Atmosphäre, in der sie sogar die natürlichen Vorgänge zu beeinflussen vermögen[3].

An der Erdoberfläche ergeben sich im Immissionszentrum eines Emittenten Staubkonzentrationen von 30000 Teilchen je Liter Luft und mehr. Der Staubniederschlag kann bis zu 100 g pro Quadratmeter und Tag und mehr betragen[4]. Entsprechend hohe Werte ergeben sich auch für die SO_2- und die SO_3-Konzentrationen.

Die Zahl der Staub- bzw. Rauchschäden[5] ist recht mannigfaltig. Die Verwitterung von Gebäuden kommt durch einzelne Schadstoffe und durch das Zusammenwirken mehrerer Luftverunreinigungen zustande, vornehmlich auch durch die Anlagerung von Gasen an Staubteilchen. Die gasbeladenen Staubteilchen setzen sich auf den Gebäuden ab, an denen dann die Gase ihre Wirkung ausüben. Bekannt ist auch der sogenannte „Zementbazillus", eine Verbindung von Aluminiumoxid, Kalk und Schwefel.

---

[1] Die Abwehr der Luftverunreinigung. Brennstoff Wärme Kraft Bd. 12 (1960), S. 537/40.

[2] Weitere Angaben siehe: Beth-Handbuch Staubtechnik, Lübeck: Selbstverlag Maschinenfabrik Beth AG 1959, S. 28/29.

[3] MELDAU, R.: Handbuch der Staubtechnik, 1. Bd., 2. Aufl., Düsseldorf 1956.
Mitt. Ver. Großkesselbes. 1955, Heft 34/35, S. 491/522.
Staub Bd. 21 (1961), S. 71/77; Bd. 22 (1962), S. 51/54.

[4] Z. B. SCHWARZ, K., u. a.: Untersuchungen über die Luftverunreinigung im Stadtgebiet Essen, Techn. Überwachung Bd. 1 (1960), S. 369/78; Chem. Ing. Techn. Bd. 32 (1960), S. 207/10.
WIEGAND: Rechenschaftsbericht des Ordnungsamtes Frankfurt (Main), 1961/62.
Int. J. Air Poll. Bd. 2 (1959), S. 77/83.
Staub Bd. 21 (1961), S. 345/54; Bd. 22 (1962), S. 193/99.
Energietechnik Bd. 10 (1960), S. 488/93.

[5] Mitt. Ver. Großkesselbes. 1955, Heft 34/35, S. 523/38.
HETTCHE, H. O.: Mitt. Ver. Großkesselbes. 1957, Heft 46, S. 6/10.
Staub Bd. 21 (1961), S. 48/50, 535/38; Bd. 22 (1962), S. 191.

Vegetationsschäden werden in erster Linie durch die toxischen Anteile der Industrieabgase, insbesondere die schweflige Säure, verursacht. In Industriegebieten und im Umkreis vieler großer Städte sind die Vegetationsschäden größer, als der Laie anzunehmen geneigt ist. Die Vegetation täuscht vielfach darüber hinweg, daß der den Forstmann interessierende Holzzuwachs mehr oder weniger eingeschränkt ist. Ebenso werden die Lebensbedingungen von Mensch und Tier beeinträchtigt. Es erscheint daher verständlich, daß sich der Staat und zahlreiche Gemeinschaften des Problems der Luftreinhaltung annehmen, weil sich vorläufig wohl eine Beherrschung der staubförmigen Emissionen erkennen läßt, noch nicht aber eine Beherrschung der gasförmigen Emissionen, so daß bei der rasch zunehmenden Industrialisierung und dem Wachstum der Städte unter allen Umständen etwas geschehen muß, ehe die Zustände bedrohlicher werden.

Verständlich ist auch der Standpunkt zahlreicher Behörden und Organisationen, die in dem Problem der Luftreinhaltung möglichst nur ein technisches und nicht mehr ein technisch-wirtschaftliches Problem sehen wollen. Dieser letzteren Ansicht verschließt sich heute auch die Industrie nicht mehr, nachdem im Jahre 1955 der Verbandsdirektor des Ruhrkohlenbezirks, Herr STURMKEGEL, zunächst den Vorschlag gemacht hatte, die Probleme der Reinhaltung der Luft im Ruhrgebiet auf genossenschaftlicher Basis, etwa nach dem Vorbild der Emschergenossenschaft, zu lösen.

Der Verein Deutscher Ingenieure machte damals mit Recht geltend, daß hier eine reine Ingenieuraufgabe vorliege und man sich doch der 30 Jahre langen Erfahrungen des Vereins Deutscher Ingenieure auf dem Gebiete der Staubtechnik — durch die Arbeiten seiner Fachgruppe „Staubtechnik" — bedienen solle. Hieraus ging im Jahre 1956 die neben der Fachgruppe „Staubtechnik" selbständig arbeitende VDI-Kommission „Reinhaltung der Luft" hervor, die ihre Aufgabe darin sieht, technisch und wirtschaftlich vertretbare Lösungen und Vorschläge für alle Emissionsfragen auszuarbeiten, die dem Gesetzgeber Unterlagen für seine Durchführungsbestimmungen geben sollten.

2. Gesetzliche Bestimmungen und Richtlinien

Heute gültig[1] ist § 16 Abs. 3 Satz 1 der Gewerbeordnung in der Fassung des Gesetzes zur Änderung „der Gewerbeordnung[2] und Ergänzung des Bürgerlichen Gesetzbuches" vom 22. 12. 1959, das häufig als „Luftreinhaltegesetz" bezeichnet wird und das am 1. 6. 1960 in Kraft[3] trat. Es soll nach dem Willen des Gesetzgebers in erster Linie den Menschen vor Nachteilen, Gefahren und Belästigungen schützen, die sich aus der Errichtung und dem Betrieb technischer Anlagen ergeben können. Dieses Gesetz schafft die rechtlichen Möglichkeiten, den Unternehmer bzw. Betriebsinhaber zu zwingen, seine Vorkehrungen zur Reinhaltung der Luft und zur Abwehr anderer nachteiliger Emissionen jeweils dem neuesten Stand der Technik anzupassen und auch nachträgliche Anforderungen an bereits genehmigte Anlagen zu stellen. Erfaßt werden nicht nur gewerbliche Anlagen, sondern auch Anlagen nichtgewerblicher Art, wenn sie im Rahmen wirtschaftlicher Unternehmungen Verwendung finden; die unter die Genehmigungspflicht fallenden Anlagen[4] werden von der Bundesregierung durch Rechtsverordnungen festgelegt. Die Bundesregierung hat nach § 16 Abs. 3 der Gewerbeordnung zu ihrer ständigen Beratung einen gemischten Ausschuß zu berufen[2], der sich aus Vertretern des Bundes, der Länder, der Städte, der Industrie und der Wissenschaft zusammensetzt und der besonders bei der Beratung der für das Gesetz zur Änderung der Gewerbeordnung und des § 906 des BGB erforderlichen Durchführungsverordnung gehört wird.

---

[1] Brennstoff Wärme Kraft Bd. 12 (1960), S. 539/41.

[2] Früherer Stand der Rechtslage in Mitt. Ver. Großkesselbes. 1955, Heft 34/35, S. 542/44. Neuerer Stand in Mitt. Ver. Großkesselbes. 1965, Heft 98, S. 347/48.

[3] BGBl. 1959, Bd. I, S. 781 ff.; Energiewirtschaftl. Tagesfragen Bd. 9 (1959/60), S. 207.

[4] „Verordnung über genehmigungsbedürftige Anlagen nach § 16 der Gewerbeordnung" vom 4. 8. 1960 im BGBl. 1960, Bd. I, S. 690 ff., in Kraft getreten am 18. 8. 1960. Dampfkraftwerke fallen als „Feuerungsanlagen für feste oder flüssige Brennstoffe mit einer Leistung von 800000 Kalorien und mehr pro Stunde" hierunter.

Ausführungsbestimmung zu § 16 der Gewerbeordnung ist die „Technische Anleitung zur Reinhaltung der Luft" (TAL) vom 8. 9. 1964, ein vom Bundesminister für das Gesundheitswesen ausgehender Ministerialerlaß[1]. In der TAL sind die Forderungen des Gesetzgebers hinsichtlich der Emissions- und Immissionsgrenzwerte präzisiert, die von den Aufsichtsbehörden für die Genehmigung und den Betrieb von Luftverunreinigungen emittierenden Anlagen gesetzt werden.

Ein entsprechender Gesetzentwurf über die Entschwefelung flüssiger und gasförmiger Brennstoffe wurde am 26. 9. 1960 im Bundestag eingebracht[2], er mußte jedoch mangels einer technischen Realisierungsmöglichkeit zurückgezogen werden.

Das „Gesetz über Vorsorgemaßnahmen zur Luftreinhaltung" vom 17. 5. 1965 bestimmt[3] die Ausführung von Messungen über die Art und den Umfang der staub- und gasförmigen Luftverunreinigungen in der Atmosphäre sowie Messungen oder Feststellungen über die hierbei vorliegenden meteorologischen Verhältnisse. Derartige Messungen sollen in solchen Gebieten erfolgen, in denen erhebliche Luftverunreinigungen auftreten oder zu erwarten sind. Der Zweck dieser Messungen usw. besteht darin, die Entwicklung der Luftverunreinigung in der Bundesrepublik zu erkennen und eine Grundlage für Abhilfe- und Vorsorgemaßnahmen zu ihrer Verminderung durch die Vorbereitung und Durchführung bundesrechtlicher Vorschriften zu schaffen.

Daß es ähnliche Bestrebungen zur Reinhaltung der Luft in vielen anderen Ländern der Erde gibt, die gleichfalls ihren Niederschlag in Gesetzen und Verordnungen gefunden haben bzw. finden, versteht sich von selbst. Ein näheres Eingehen auf diese Bestimmungen ist jedoch wegen der Vielgestaltigkeit in diesem Rahmen nicht möglich[4].

Auf Grund der neuen gesetzlichen Bestimmungen dürften in Zukunft zum Teil recht harte und bis an die Grenzen des technisch Möglichen gehende Anforderungen gestellt werden, zu deren Erfüllung alle die Art und den Umfang des Staubauswurfes beeinflussenden Größen und alle dadurch gegebenen Möglichkeiten berücksichtigt werden müssen. Als solche kommen für den Kraftwerksbetrieb u. a. in Frage:

Art und Aschegehalt des Brennstoffes,
Art und Betriebsweise der Feuerung,
Art und Betriebsweise der Entstaubungseinrichtungen,
Höhe der Schornsteine bei den örtlichen Gegebenheiten.

Berücksichtigt man auch den übergeordneten, im Gesetz festgelegten Grundsatz, daß die in VDI-Richtlinien[5] festgelegte zulässige Grenze der Immission[6] (Maximale Immissions-Konzentration, MIK) unter Berücksichtigung der örtlichen Gegebenheiten gegenüber der zulässigen Emission vorrangig ist, so ergeben sich für den Kraftwerksbauer und den Kraftwerksbetreiber recht komplexe Aufgaben. Es ist damit klar, daß die der Technischen Anleitung zur Luftreinhaltung (TAL) zugrunde liegenden[7] VDI-Richtlinien für den Staubauswurf aus Dampfkesselanlagen[5] nicht nur Angaben über zulässige Auswurfmengen enthalten, sondern auch auf die bei den verschiedenen Feuerungsarten und den wichtigsten Brennstoffen resultierenden Emissionen und ihre Verminderungsmöglichkeiten eingehen.

---

[1] Allgemeine Verwaltungsvorschriften über genehmigungsbedürftige Anlagen nach § 16 der Gewerbeordnung. Gemeinsames Ministerialblatt (hrsg. vom Bundesministerium des Inneren) vom 14. 9. 1964, 15. Jg., Nr. 26, S. 433/48.

[2] Bundestagsdrucksache (1960), Nr. 1980; Energiewirtschaftl. Tagesfragen Bd. 10 (1960/61), S. 158.

[3] BGBl. 1965, Bd. I, S. 413/15.

[4] Mitt. Ver. Großkesselbes. 1955, Heft 34/35, S. 540/42.

[5] Bezug durch Beuth-Vertrieb GmbH, Berlin 15 und Köln. Brennstoff Wärme Kraft Bd. 12 (1960), S. 538/39.

[6] VDI-Richtlinie 2108 für Schwefeldioxid.

[7] Bachmair, A.: Anwendung der VDI-Richtlinien im Rahmen der gesetzlichen Bestimmungen für die Reinhaltung der Luft (§ 16 GewO). Mitt. Ver. Großkesselbes. 1965, Heft 98, S. 347/48.

Bei neu errichteten Anlagen wird augenblicklich der zulässige Staubauswurf (Emission) nach den VDI-Richtlinien 2091—93 und 2096—98 berechnet[1]. Diese Richtlinien begrenzen die zulässige Emission auf einen bestimmten Prozentsatz der in die Feuerung eingebrachten Aschenmenge. Auf Grund dessen ist die an anderer Stelle behandelte Frage der Feuerungsart und ihres Einbindegrades (bei Schmelzfeuerungen) von entscheidender Wichtigkeit, da hierdurch der Staubanfall vor den Entstaubern maßgeblich bestimmt wird. Je höher der Einbindegrad ist, um so weniger Staub muß durch die Entstaubungsanlagen bewältigt werden und um so geringer kann ihr Abscheidegrad — d. h. der Entstaubungsaufwand — sein. Die Wechselbeziehungen zwischen Feuerungsart, Einbindegrad und Staubanfall im Rohgas vor dem Entstauber wurden bereits im Abschnitt „Schmelzkammerfeuerung" (Erster Teil, A III c 2, S. 54) behandelt.

b) Kraftwerksstaub

Der Auswurf aus den Feuerungen der Dampfkraftwerke besteht aus

Flugasche	(unverbrennliche oder hochschmelzende Mineralteilchen, z. B. Kieselsäure und Silikate, Eisen, Kalk, Magnesia, Alkalien),
Flugschlacke	(geschmolzene oder angeschmolzene, d. h. gesinterte Silikate, z. B. Gläser als Luftgranulate),
Flugkoks	(z. B. Karbosphären),
Ruß	(amorpher, elementarer Kohlenstoff mit teerischen und graphitischen Bestandteilen sowie meist auch adsorbiertes Schwefeldioxid).

Die Kenntnisse[2] über die Natur und die Zusammensetzung sowie die Entstehung usw. der verschiedenen Auswürfe sind noch relativ dürftig, und es bedarf noch erheblicher Anstrengungen, um hier endgültig Klarheit zu schaffen. Vereinfacht kann man sagen, daß sich z. B. die Asche deutscher Braunkohlen überwiegend basisch verhält, während Steinkohlenflugasche meist sauer reagiert; in allen Kohlenaschen und Abgasen sind Spuren fast sämtlicher Elemente vertreten. Je kleiner die Staubteilchen sind, um so mehr treten ihre chemisch-stofflichen Eigenschaften gegenüber den rein physikalischen Struktureigenschaften, also Form, Größe und Oberfläche, zurück, und beiderseits gewisser nicht vorhersehbarer Teilchengrößen verhalten sich daher die Staubpartikel manchmal physikalisch direkt gegensätzlich.

Die für die weiteren Betrachtungen wichtigsten Teilcheneigenschaften sind durch ihre Form (Gestalt) und Größe gegeben. Die Zahl der Teilchenformen ist außerordentlich mannigfaltig; mit ihnen beschäftigt sich eine eigene Wissenschaftssparte, eine spezielle Mikromorphologie. Auf Grund dieser Mannigfaltigkeit ist es klar, daß auch die Definition des Begriffs „Teilchengröße" erhebliche Schwierigkeiten verursacht; eine exakte „Teilchen"- oder „Korngrößen"-Bestimmung ist in Anbetracht der Vielgestaltigkeit der Objekte unmöglich. Eine echte Messung der Teilchengröße kann höchstens durch optische Methoden (z. B. mit einem Mikroskop durch Auszählung der in einen bestimmten Größenbereich fallenden Teilchen) oder allenfalls durch eine Siebung erfolgen, deren Fraglichkeit aber sofort klar wird, wenn man z. B. an kugelförmige, nadelartige und plättchenförmige Staubkörner denkt. Bei anderen Verfahren wird die Fallgeschwindigkeit verschieden großer Teilchen in ruhender oder in bewegter Luft bzw. entsprechend in einer Flüssigkeit gemessen; auch bei Zentrifugalfeldern, bei denen die Erdbeschleunigung durch eine um ein Mehrfaches größere Zentrifugalbeschleunigung ersetzt wird, spricht man von einer „Fallgeschwindigkeit". Aus der Fallgeschwindigkeit kann man nach dem STOKESschen Gesetz auf einen einer Kugel entsprechenden „Äquivalentdurchmesser" umrechnen und dadurch eine „Äquivalent-Teilchengröße" definieren. Dieser Weg ist der z. Zt. am häufigsten beschrittene; nähere Einzelheiten werden zweckmäßigerweise den VDI-Richtlinien „Fein-

[1] Richtlinien für Zentralheizungskessel Nr. 2115—17, für Kessel mit Rostfeuerungen in Nr. 2082—93 und 2097—98.

[2] GUMZ, W., H. KIRSCH u. M.-TH. MACKOWSKY: Schlackenkunde, Berlin/Göttingen/Heidelberg: Springer 1960.

heitsbestimmungen an technischen Stäuben" entnommen[1]. Die meisten „Korngrößen"-Bestimmungen dieser Art werden heute mit Hilfe des Gonell-Windsichters[2] und des Sedimentationsapparates nach ANDREASEN[3] durchgeführt. Zu bewähren scheint sich auch die sogenannte Bahco-Methode[4], zumal wenn der Sichtvorgang so oft wiederholt wird, bis eine mikroskopische oder eine Gewichtskontrolle anzeigt, daß die Sichtung vollständig ist. Wegen näherer Einzelheiten muß wieder auf die Speziallitcratur verwiesen werden.

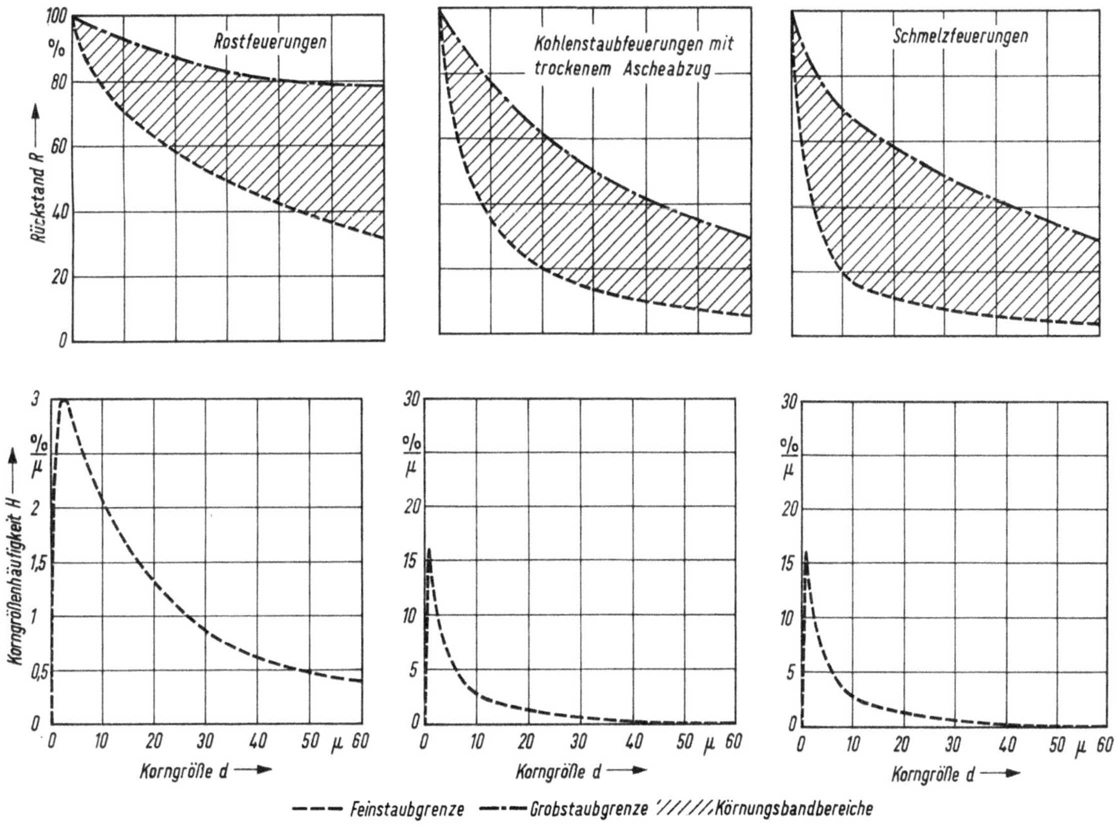

Abb. 206. Rückstandskurven und Kornhäufigkeiten von Feuerungsstäuben

Über die Körnungsbereiche des Flugstaubes verschiedener Steinkohlenfeuerungen gibt eine Veröffentlichung des TÜV Essen genauere Auskunft[5], aus der die drei oberen Figuren der Abb. 206 übernommen wurden[6]; die die Körnung des Auswurfes aus Rostfeuerungen kennzeichnende Figur oben links ist nur als Vergleich gedacht, um die mögliche Verschiedenartigkeit von Feuerungsstäuben deutlicher zu machen. Es handelt sich in allen drei Fällen um sogenannte Rückstandskurven (für den Rohgasstaub), bei denen auf der Abszisse die Fallgeschwindigkeit bzw. die daraus wie oben angegeben errechnete Korn-

[1] VDI-Richtlinie Nr. 2031 (1962).
NAGEL, R.: Staub Bd. 20 (1960), S. 109/12.
SPURNY, K.: Staub Bd. 20 (1960), S. 398/400.
FRITZ, W.: Chemiker-Ztg. Bd. 83 (1959), S. 319/23.
BATEL, W.: Korngrößenmeßtechnik, Berlin/Göttingen/Heidelberg: Springer 1960.
[2] GONELL, H. W.: Z. VDI Bd. 72 (1928), S. 945/50.
[3] ANDREASEN, A., u. J. LUNDBERG: Ber. dtsch. Keram. Ges. Bd. 11 (1930), S. 249/62.
[4] BATEL, W.: Korngrößenmeßtechnik, Berlin/Göttingen/Heidelberg: Springer 1960.
[5] TÜV Essen: Mitt. Ver. Großkesselbes. 1955, Heft 34/35, S. 455/566.
[6] GUTHMANN, K.: Radex Rdsch. Bd. 19 (1958), Nr. 1, S. 23.

größe d in Mikron aufgetragen ist. Auf der Ordinate ist jeweils der sogenannte Rückstand R in Gewichtsprozenten aufgezeichnet; das ist diejenige Menge Staubes, die noch nach dem Austrag der feineren Körner (bis zu einer bestimmten, durch eine definierte Fallgeschwindigkeit gegebenen Größe) als Rückstand auf dem Sieb bzw. im Sichter verbleibt. Man sieht deutlich, daß der Auswurf von Rostfeuerungen grober ist als derjenige von Staubfeuerungen mit trockenem Ascheabzug und daß Feuerungen mit flüssigem Ascheabzug (Schmelzkammerfeuerungen) die feinsten Stäube erzeugen. Es sei noch vermerkt, daß im allgemeinen die Feinheit des Staubes mit höherer Feuerraumbelastung größer wird; die äußere Gestalt der Staubkörner wird mit zunehmender Entstehungstemperatur gleichmäßiger.

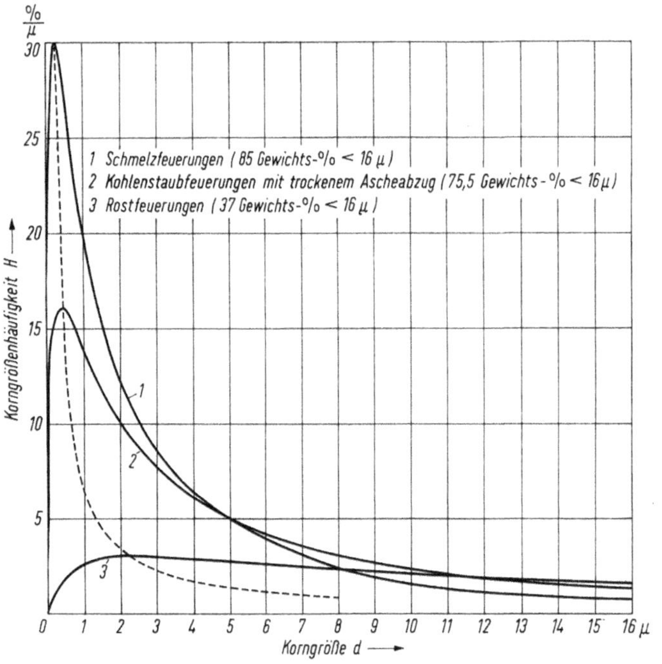

Abb. 207. Vergleich der Häufigkeitsverteilungen von drei feinkörnigen Feuerungsstäuben verschiedener Entstehung

Bildet man aus den unteren Rückstandskurven der Darstellungen in der oberen Reihe der Abb. 206 (Körnungsbereichsgrenzen nach der Feinstaubseite) die zu den verschiedenen Korngrößen d gehörenden Durchgangsdifferenzen $D = 100 - R$ und trägt deren Differentialquotient $\mathrm{d}D/\mathrm{d}d$ über d auf, so ergeben sich die Häufigkeiten, mit denen die einzelnen Teilchengrößen vertreten sind. Für die unteren (feinstaubseitigen) Grenzkurven der drei oberen Figuren der Abb. 206 sind diese Kurven in der gleichen Abbildung jeweils darunter aufgetragen. Diese Kurven sind so normiert, daß die zwischen ihnen und der Abszisse liegende Fläche jeweils gleich Eins ist, also 100% der gesamten Staubmenge entspricht. Trägt man diese drei Häufigkeitskurven zusammen auf, so ergibt sich die Abb. 207, die deutlich zeigt, daß das Häufigkeitsmaximum für die feinsten Stäube aus Rostfeuerungen bei etwa 2,2 μ und entsprechend für die feinsten Schmelzfeuerungsstäube bei etwa 0,22 μ liegt; außerdem zeigt die Abb. 207, daß die Häufigkeitsmaxima von den feinsten Stäuben zu den gröberen hin immer flacher werden. Abb. 208 enthält einen Vergleich mit Stäuben aus anderen Quellen[1]; die drei Häufigkeitsmaxima aus Abb. 207 sind unten kenntlich gemacht und wiederum mit den Ziffern *1*, *2* und *3* bezeichnet.

Aus den Rückstandskurven für das in ein Filter eintretende Rohgas und das daraus austretende Reingas läßt sich mit Hilfe des Gesamtentstaubungsgrades und der Staub-

[1] Schmidt, K. R.: Staub Bd. 23 (1963), S. 181/95.
Guthmann, K.: Radex Rdsch. Bd. 19 (1958), Nr. 1, S. 23.

dichte der Abscheidegrad für eine bestimmte Korngröße, der Fraktionsentstaubungsgrad für diese Korngröße, ermitteln. Der sog. Teilentstaubungsgrad gibt an, welche Staubmenge oberhalb einer bestimmten Korngröße abgeschieden wird. Sind die Fraktionsentstaubungsgrade eines Entstaubers bekannt, so läßt sich der Gesamtentstaubungsgrad für einen anderen Staub ähnlicher bekannter Körnung und Entstehung meist annähernd errechnen. Eine solche Berechnung ist jedoch für einen weit feineren oder weit groberen Staub selbst gleicher Art nicht möglich, da die Fraktionsentstaubungsgrade insbesondere im Bereich von 0 bis 5 μ von der Kornhäufigkeit in diesem Bereich abhängen. Das wird

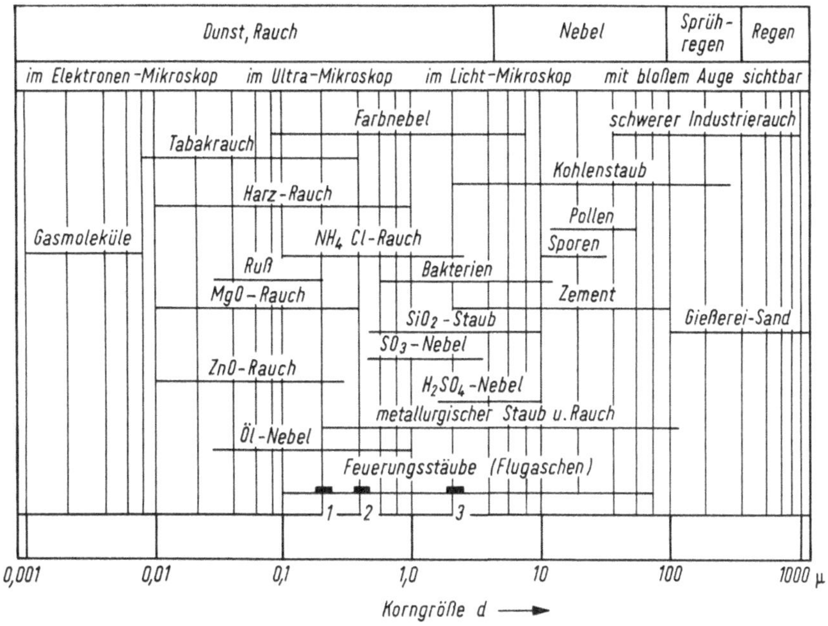

Abb. 208. Korngrößen von Staub, Aerosolen usw., schematischer Überblick
(Ziffernbezeichnung *1*, *2* und *3* der Feuerungsstäube wie in Abb. 207)

einleuchtend, wenn man z. B. von einem Staub ausgeht, der keine Teilchen unter 4 μ enthält und für den infolgedessen für den Bereich 0 bis 5 μ ein relativ hoher Fraktionsentstaubungsgrad gemessen bzw. angegeben wird, der sich bei einem Staub, dessen häufigste Korngröße zwischen 1 und 2 μ liegt, bestimmt nicht ergibt. Aus diesem Grunde ist es außerordentlich schwierig, die Abscheideeigenschaften zweier mit sehr verschiedenen Stäuben beaufschlagter Filteranlagen miteinander zu vergleichen, und es ist damit auch verständlich, daß die Angabe von Fraktions- und Gesamtentstaubungsgraden gar nichts besagt, wenn nicht gleichzeitig auch nähere Angaben über die Korngrößenverteilung und die Art des Rohgasstaubes (einschließlich Dichte) gemacht werden[1].

c) Entstauberarten

Die verschiedenen für den Kraftwerksbetrieb in Frage kommenden Entstauberarten sind in den Figuren 1 bis 6 der Abb. 209 mit Angaben über die erreichbaren Fraktionsentstaubungsgrade (teilweise über mehrere Korngrößenbereiche aufgetragen), die Lastcharakteristik, die wichtigsten Betriebsdaten[2] und eine Güteziffer zusammengestellt. Der Rohgasstaub und die Auslegedaten, die diesen Werten zugrunde liegen, sind gleichfalls aufgeführt. In Figur 7a und 7b sind typische Schlauchfilter mit ihren Abscheideeigen-

[1] Siehe auch Trenkler, H.: Notwendigkeit der betrieblichen Wartung von Entstaubungsanlagen. Staub Bd. 22 (1962), S. 168/172.

Septier, J., u. L. P. Lervy: L'épuration des fumées d'acierie. Publ. Institut de Recherches Sidérurgie, Ser. A, Nr. 194 (1958).

[2] Nach The British Steel Castings Research Association: Data Sheets on Dust Collectors, 1960.

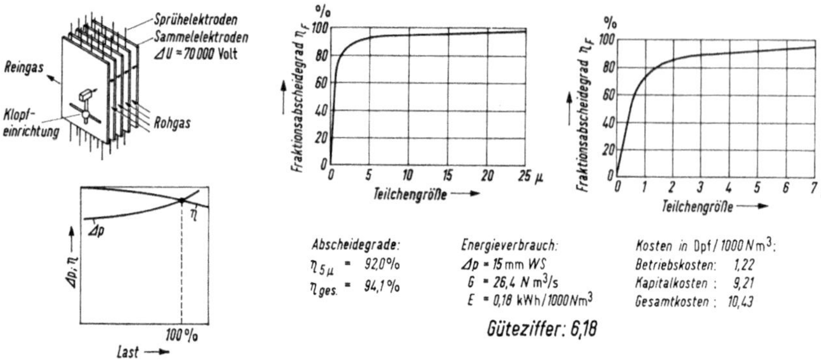

Fig. 1a. Mittel gutes Trockenelektrofilter

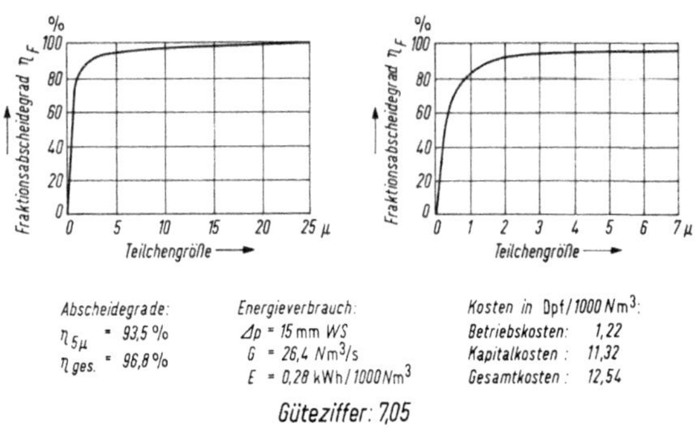

Fig. 1b. Gutes Trockenelektrofilter (angeglichene Schätzwerte)

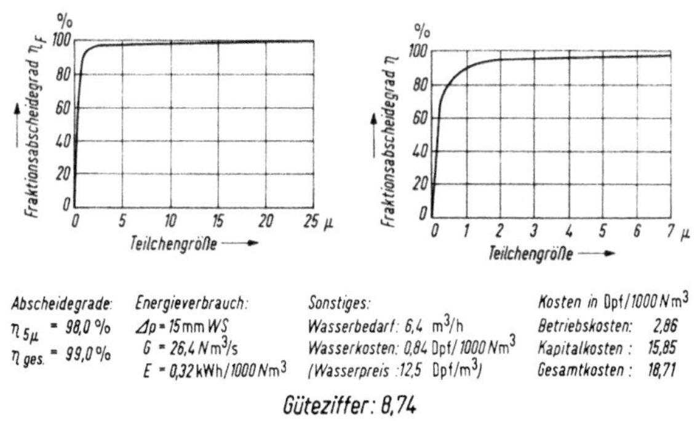

Fig. 1c. Naßelektrofilter (im Kraftwerksbau nicht verwendet)

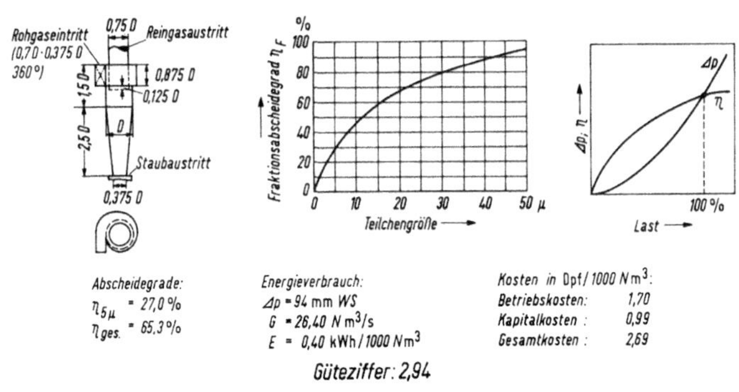

Fig. 2. Normalzyklon (hoher Durchsatz, mittlerer Abscheidegrad)

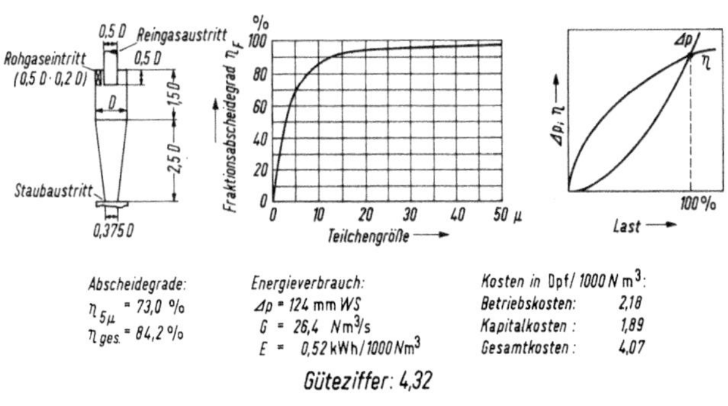

Fig. 3. Hochleistungs-Zyklon (hoher Abscheidegrad)

Abb. 209. Entstauberarten, Übersicht (Fig. 1—3)

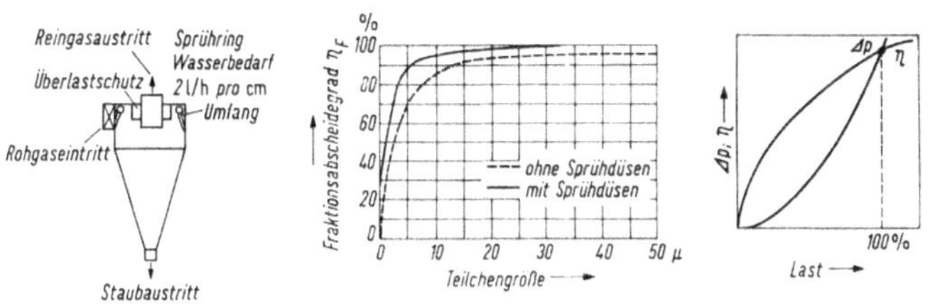

Abscheidegrade: $\eta_{5\mu}$ = 87,0 %, $\eta_{ges.}$ = 91,0 %

Energieverbrauch: Δp = 59 mm WS, G = 26,4 N m³/s, E = 0,48 kWh/1000 N m³

Sonstiges: Wasserbedarf: 61 m³/h, Wasserkosten: 1,0 Dpf/1000 Nm³ (Wasserpreis: 12,5 Dpf/m³)

Kosten in Dpf/1000 N m³: Betriebskosten: 3,47; Kapitalkosten: 2,34; Gesamtkosten: 5,81

Güteziffer: 8,73

Fig. 4. Zyklon-Naßentstauber großen Durchmessers

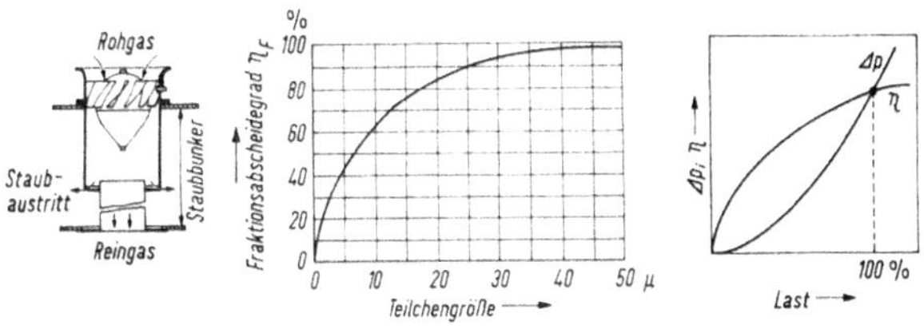

Abscheidegrade: $\eta_{5\mu}$ = 42,0 %, $\eta_{ges.}$ = 74,2 %

Energieverbrauch: Δp = 36 mm WS, G = 26,4 Nm³/s, E = 0,18 kWh/1000 Nm³

Kosten in Dpf/1000 N m³: Betriebskosten: 0,83; Kapitalkosten: 1,68; Gesamtkosten: 2,51

Güteziffer: 5,16

Fig. 5. Zellenentstauber geringen Zugverlustes (Axialzyklone)

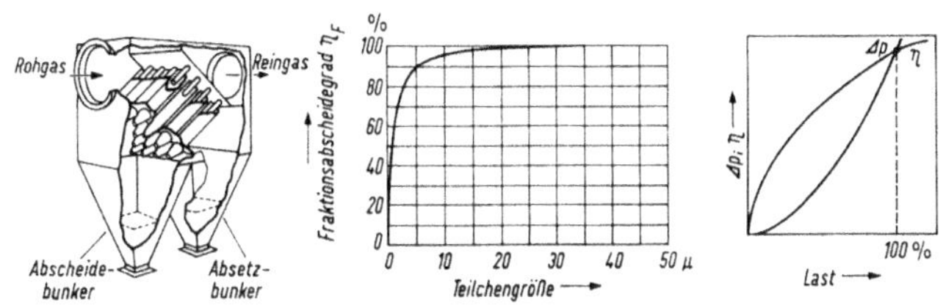

Abscheidegrade: $\eta_{5\mu}$ = 89,0 %, $\eta_{ges.}$ = 93,8 %

Energieverbrauch: Δp = 109 mm WS, G = 26,4 N m³/s, E = 0,46 kWh/1000 Nm³

Kosten in Dpf/1000 N m³: Betriebskosten: 1,95; Kapitalkosten: 2,07; Gesamtkosten: 4,02

Güteziffer: 13,8

Fig. 6. Zellenentstauber (Normalzyklone)

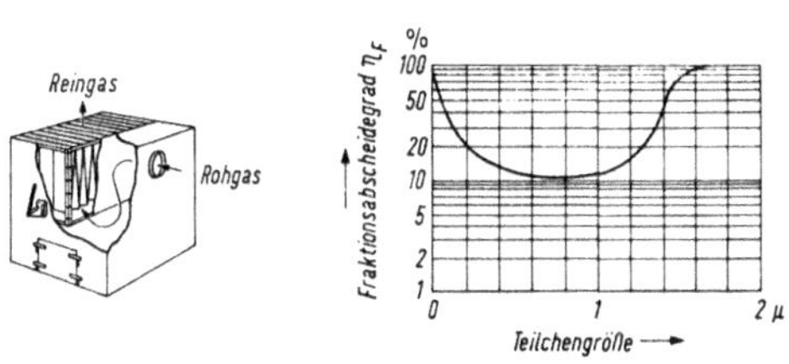

Abscheidegrade: $\eta_{5\mu}$ = 99,9 %, $\eta_{ges.}$ = 99,9 %

Energieverbrauch: Δp = 111 mm WS, G = 26,4 Nm³/s, E = 0,44 kWh/1000 Nm³

Kosten in Dpf/1000 Nm³: Betriebskosten: 7,80; Kapitalkosten: 5,28; Gesamtkosten: 13,08

Güteziffer: 9,02

Fig. 7a. Rahmen-Schlauchfilter

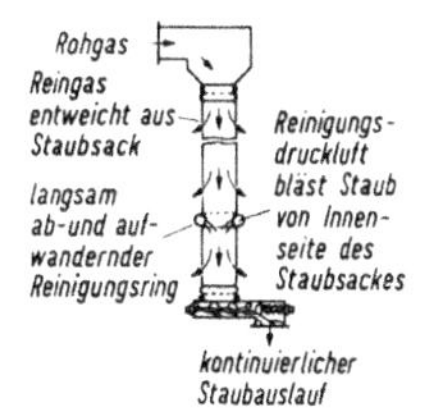

Abscheidegrade: $\eta_{5\mu}$ = 99,9 %, $\eta_{ges.}$ = 99,9 %

Energieverbrauch: Δp = 137 mm WS, G = 26,4 Nm³/s, E = 0,97 kWh/1000 Nm³

Kosten in Dpf/1000 Nm³: Betriebskosten: 9,03; Kapitalkosten: 5,10; Gesamtkosten: 14,13

Güteziffer: 8,35

Fig. 7b. Umkehr-Röhren-Schlauchfilter

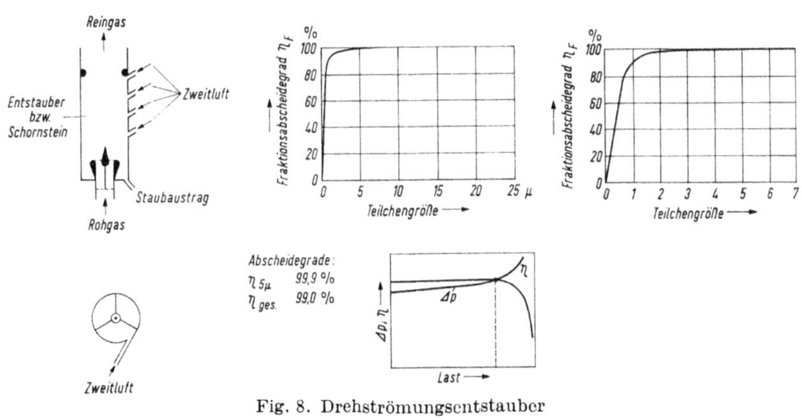

Fig. 8. Drehströmungsentstauber

Abb. 209. Entstauberarten, Übersicht (Fig. 4—8)

schaften dargestellt. Derartige Filter werden in Kraftwerken z. B. zur Brüdenentstaubung hinter Kohlenstaubmahlanlagen bei Staubzwischenbunkerung verwendet. Die Figur 8 betrifft eine in die Praxis noch nicht eingeführte Neuentwicklung, auf die später noch eingegangen wird.

Bei einer näheren Betrachtung der in den Figuren 1 bis 6 der Abb. 209 niedergelegten Abscheideeigenschaften der verschiedenen Filterarten ergibt sich, daß bei diesem Stand der Technik für große Dampfkraftwerke in erster Linie Elektrofilter in Frage kommen, da die mechanischen Abscheider, auf die daher nur am Rande eingegangen wird, den Anforderungen der neuen gesetzlichen Bestimmungen nicht mehr gerecht werden können.

Die Güteziffer ist der Quotient

$$\frac{100}{(100-\eta)\,K}\,.$$

η ist der Gesamtabscheidegrad der in den Figuren der Abb. 209 dargestellten Filteranlagen, jeweils auf den gleichen Schmelzfeuerungsstaub umgerechnet. Mithin bedeutet $100-\eta$ den Durchgang bei diesen Filteranlagen, den nicht abscheidbaren Anteil. K bezeichnet die Gesamt-Entstaubungskosten je 1000 Nm³ unter Annahme einer Betriebszeit von 15 Jahren, von 6500 Betriebsstunden pro Jahr, 4 Dpf/kWh Strompreis und anderen kraftwerksüblichen Bedingungen.

1. Das Elektrofilter

Physikalisch gesehen stellt das Elektrofilter[1] eine Anordnung zur Erzeugung eines starken elektrischen Feldes (einen Zylinder- oder Plattenkondensator) dar, deren Aufbau an Hand der Abb. 210 erläutert sei. An den Feldelektroden liegt eine möglichst dicht unter der Durchschlagsgrenze liegende Gleichspannung von 30 bis 70 kV und mehr, die aus dem Wechsel- bzw. Drehstromnetz durch Hochspannungstransformatoren und Gleichrichter erzeugt wird. Die negative Seite des Gleichrichterausgangs liegt an der Sprühelektrode, die einen sehr kleinen Krümmungsradius besitzt. Meist verwendet man hierfür einen relativ dünnen Draht von vier- oder dreieckigem Querschnitt, den man in vielen Fällen noch mit Stacheln bestückt, die (vor allem an den Spitzen) besonders kleine Krümmungsradien besitzen. Der positive Pol der Gleichspannungsquelle liegt an der Sammel- oder Niederschlagselektrode und ist geerdet. (Bei einer umgekehrten Polung ist — jeweils gleiche Bedingungen vorausgesetzt — die Überschlagsspannung niedriger.) Der Rauchgasstrom wird zwischen den Elektroden hindurchgeleitet; die mitgeführten Staubteilchen laden sich dabei zum weitaus überwiegenden Teil negativ auf und werden infolgedessen durch die positive Sammelelektrode angezogen. Sie wandern zu dieser hin, geben ihre Ladung ab und werden dabei in folgender Art und Weise abgeschieden:

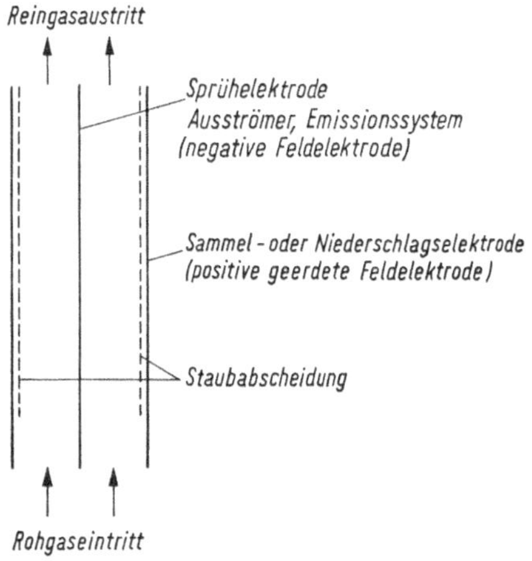

Abb. 210.
Prinzipieller Aufbau einer Elektrofilterzelle

[1] Siehe z. B. Pflaum, F.: Energie und Technik Bd. 11 (1959), Nr. 3, S. 67/69.
Strigel, H.: Naturwiss. Bd. 19 (1931), S. 626/34.
Heinrich, R.F.: Z. VDI Bd. 74 (1930), S. 193/99.
Scheidel, C., u. H. G. Eishold: ETZ A Bd. 79 (1958), S. 953/55.
Heinrich, D. O.: Brennstoff Wärme Kraft Bd. 7 (1955), S. 346/50, 389/94.
Brandt, H.: Mitt. Ver. Großkesselbes. 1960, Heft 60, S. 229/35.
Brandt, H.: Der Entwicklungsstand des elektrostatischen Staubabscheiders unter besonderer Berücksichtigung der Abreinigungsprobleme. Staub Bd. 21 (1961), S. 392/97.

Die Aufladung der Staubteilchen erfolgt zu einem hohen Prozentsatz durch Stoßionisation: Die von Natur aus in geringer Anzahl in unmittelbarer Nähe der Sprühelektrode befindlichen Elektronen werden durch das dort besonders starke elektrische Feld (80000 bis 500000 V/cm) hoch beschleunigt. Diese Primärelektronen erzeugen beim Zusammenstoß mit neutralen Molekülen meist mehrere Sekundärelektronen und -ionen, die — ihrerseits wiederum durch das Feld beschleunigt — Tertiärelektronen und -ionen frei machen usw., so daß insgesamt eine Elektronen- und Ionenlawine entsteht. Die positiven Ionen wandern in der Richtung zur negativen Sprühelektrode, während die Elektronen in der Richtung zur positiven Niederschlagselektrode hin fliegen. Auf diesen Wegen lagert sich ein Teil der Elektronen an Staubteilchen an, die dabei negativ aufgeladen und so veran-

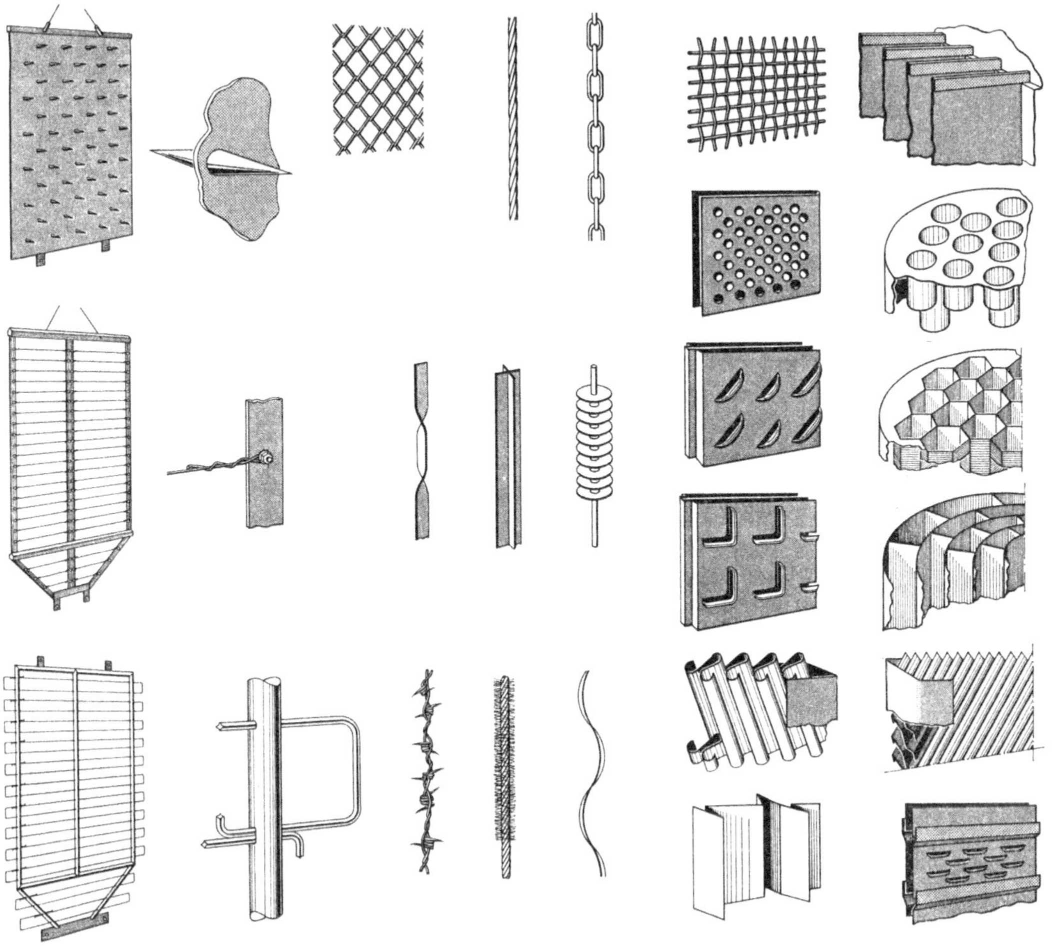

Abb. 211. Elektrofilter, Elektrodenformen
(Genehmigter Nachdruck aus dem Beth-Handbuch Staubtechnik, Lübeck: Selbstverlag der Maschinenfabrik Beth AG 1959)

laßt werden, den gleichen Weg zur positiven Sammelelektrode zu nehmen. Durch einen ähnlichen Vorgang wird gleichzeitig ein allerdings wesentlich geringerer Teil der Staubteilchen positiv aufgeladen; diese Staubteilchen wandern zur Sprühelektrode und werden zum Teil an dieser abgeschieden.

In Wirklichkeit sind die im Raum zwischen den Elektroden ablaufenden Vorgänge weit verwickelter: Die Elektronen besitzen stets eine größere Wanderungsgeschwindigkeit als die viel schwereren Ionen. Infolgedessen entsteht in unmittelbarer Nähe der Sprühelektrode bzw. unmittelbar in der Nähe der Spitzen ein Überschuß positiver Ladungsträger, also eine positive Raumladung. Die aus diesem Gebiet herausgestoßenen Elektronen reißen durch (innere) Reibung Gasmoleküle mit; sie lösen also einen Strömungsvorgang aus, den man als elektrischen Wind bezeichnet. Wegen weiterer Einzelheiten muß auf die Spezialliteratur verwiesen werden.

Es sei noch angeführt, daß die beschriebenen Vorgänge im Elektrofilter einer sog. selbständigen Entladung entsprechen, der zufolge also ein Strom von den Ausströmern zu den Sammelelektroden fließt. An der Sprühelektrode bildet sich eine leuchtende Glimmhaut, die Korona; die an der Oberfläche der Sprühelektrode beobachtbaren hellen Pünktchen bilden die Ansätze von sog. Büschelentladungen.

Durch Parallel- und Hintereinanderschalten mehrerer Filterzellen (Gassen) nach Abb. 210 kann man Anlagen für beliebige Gasdurchsätze erstellen. Bei Anlagen schon relativ kleiner Größe verwendet man als Niederschlagselektroden meist geerdete Platten in Parallelanordnung gemäß Abb. 209, Fig. 1a, zwischen denen die Sprühelektroden in regelmäßigen Abständen angebracht sind.

Die Ausbildung der sich durchweg in einem Abstand zwischen rd. 10 und 20 cm gegenüberstehenden Elektroden ist verständlicherweise von großem Einfluß auf die Wirkung des Filters, und im Laufe der Zeit hat sich eine Reihe von Elektrodenformen herausgebildet, von denen die Abb. 211 eine Auswahl zeigt. Dort sind links Ausströmerelektroden dargestellt, die in ihrer Nähe ein möglichst starkes elektrisches Feld erzeugen sollen, aus diesem Grunde möglichst geringe Krümmungsradien besitzen müssen und daher zum Teil hervorstehende Stacheln, Dorne o. ä. tragen.

Bei der Ausbildung der Niederschlagselektroden ist es wichtig, daß die an ihnen ihre Ladung abgebenden Staubteilchen auch wirklich in strömungstoten Zonen abgeschieden werden und nicht wieder in den zu reinigenden Gasstrom gelangen. Die Formen müssen so gewählt werden, daß einerseits keine vorspringenden Kanten vorhanden sind, die die Überschlagsspannung herabsetzen, und andererseits darf die elektrische Feldstärke an keiner Stelle zu klein sein. Hinzu kommt, daß ein großer Teil der an die Sammelelektrode gelangenden Staubteilchen auf dieser haften bleibt und nicht nach der Ladungsabgabe sofort in den Bunker herunterfällt. Daher sind die einzelnen Platten aus Streifen zusammengesetzt, die am oberen Ende aufgehängt sind. Alle Plattenstreifen werden paarweise durch einen von einem Elektromotor angetriebenen Mechanismus periodisch um einen bestimmten Winkel ausgelenkt und fallen dann auf Grund der Schwerkraft — meist unterstützt durch eine Feder — wieder in die senkrechte Normallage zurück, wobei der haftengebliebene Staub abgelöst wird. Um eine möglichst gute Abreinigung der Platten zu erreichen, müssen diese beim Klopfen auf ihrer ganzen Fläche möglichst stark und mit hoher Frequenz, also mit großen lokalen Beschleunigungen, schwingen. Diese an eine Niederschlagselektrode zu stellenden Forderungen widersprechen sich bei den in Abb. 211, rechts, gezeigten Niederschlags-Elektrodenformen zum Teil. Aus diesem Grunde hat man in den letzten Jahren die in Abb. 212 gezeigte Elektrodenkombination entwickelt, die allen diesen Anforderungen weitgehend gerecht wird und bei der ein hoher Prozentsatz des abzuscheidenden Staubes durch die Ausströmer unmittelbar in einen strömungstoten Raum hineingesprüht wird. Die Spitzen der Ausströmer besitzen wechselweise nach links bzw. rechts zeigende Dorne. Durch diese einseitige Lage der Stellen höherer Feldstärke werden besonders stabile elektrische Verhältnisse und eine besonders gute Abscheidung bewirkt.

Der in einem Elektrofilter erreichbare Abscheidegrad beträgt nach Mierdel

$$\eta = 1 - e^{-(l/v \cdot D)}, \tag{1}$$

wenn l die Elektrodenlänge (Filterlänge) in cm, v die Gasgeschwindigkeit in cm/s und D den Abstand zwischen Sprüh- und Niederschlagselektroden in cm bedeuten.

$$w = \frac{\mathfrak{E} z e}{3 \pi \nu d} \,[\mathrm{cm/s}] \tag{2}$$

ist die von der elektrischen Feldstärke $\mathfrak{E}$, der Elementarladung e, der mittleren Anzahl z der Ladungsträger (Elementarladungen) pro Staubteilchen — einer Funktion der Teilchengröße d —, der dynamischen Gaszähigkeit ν und dem (mittleren) Teilchendurchmesser d abhängige Wanderungsgeschwindigkeit der Staubteilchen in Richtung des Feldes, also senkrecht zur Gasströmung. Sie liegt in der Praxis zwischen etwa 4 und 20 cm/s. Bei den meist verwendeten Plattenelektroden beträgt die spezifische Verweilzeit

$$\frac{l}{v \cdot D} = \frac{F}{G}\,[\mathrm{s/cm}], \tag{3}$$

wenn F die Niederschlagsfläche und G den auf die Zeiteinheit bezogenen Gasdurchsatz durch das Filter bezeichnen. Die daraus folgende Beziehung

$$\eta = [1 - e^{-(w \cdot F/G)}] \cdot 100\ [\%] \tag{4}$$

ist in Abb. 213 aufgetragen, die anzeigt, daß zumindest theoretisch jeder beliebige Abscheidegrad erreicht werden kann. Das entscheidende Verhältnis F/G, Größe der Niederschlagsfläche zu sekundlicher Gasmenge, ist auf der Abszisse aufgetragen; die Wanderungsgeschwindigkeit w dient als Parameter.

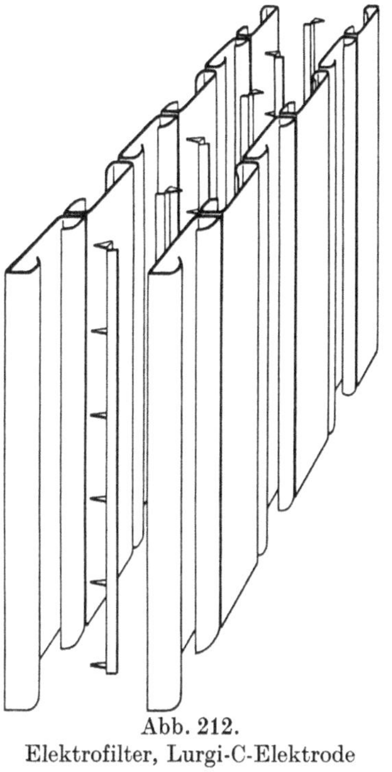

Abb. 212.
Elektrofilter, Lurgi-C-Elektrode

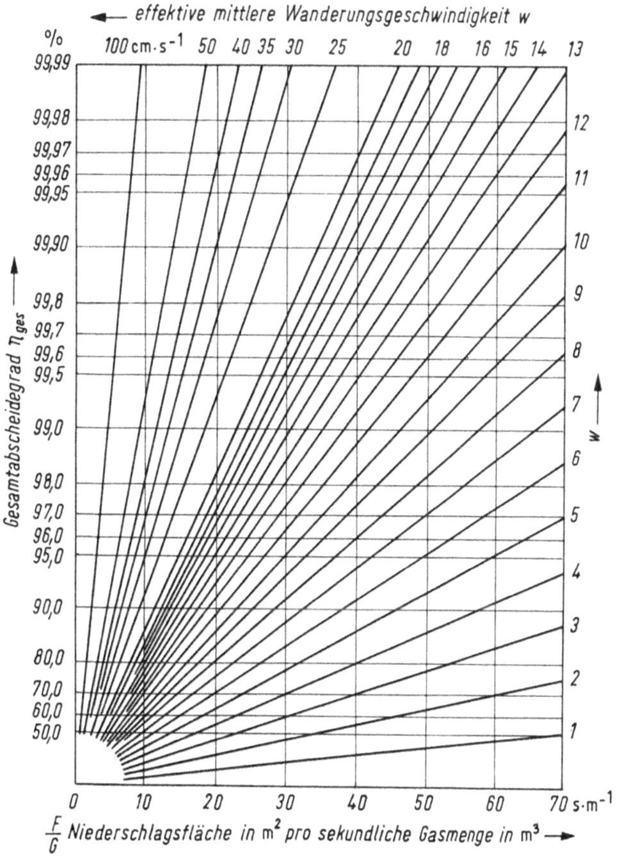

Abb. 213. Theoretischer Abscheidegrad eines Elektrofilters

Der praktischen Erreichbarkeit höchster Abscheidegrade stehen jedoch erhebliche Schwierigkeiten der verschiedensten Art entgegen. Einerseits wird die Feldstärke und damit die Wanderungsgeschwindigkeit durch die Durchschlagsspannung zwischen den Elektroden begrenzt. Feldstärke und Durchschlagsspannung sind in komplexer Weise — außer von der Geometrie — auch von der Beschaffenheit der Elektrodenoberflächen, an denen sich während des Betriebes meist Staubteilchen anlagern und diese dadurch verändern, von der Raumladung, von der Rauchgaszusammensetzung und dem Rauchgaszustand, von der Rauchgasfeuchte, vom Staubgehalt des Rohgases, von Art, Größe und Form der Staubteilchen und verschiedenen weiteren Einflußgrößen nur schwer erfaßbarer Art abhängig.

Die dynamische Zähigkeit ν, eine Funktion von Rauchgaszusammensetzung und Temperatur, ist praktisch nicht zu beeinflussen, sondern durch den Brennstoff, den Luftüberschuß und die Rauchgastemperatur festgelegt.

Wegen der aus den angeführten Gleichungen und auch aus Abb. 213 hervorgehenden starken Abhängigkeit des Abscheidegrades von der Rauchgasgeschwindigkeit ergibt sich das nur konstruktiv zu lösende Problem einer in sämtlichen Gassen gleichen und gleichmäßigen Strömung[1]. Bei einer ungleichmäßigen Strömungsverteilung treten stellenweise besonders hohe Rauchgasgeschwindigkeiten auf, die den Abscheidegrad stark erniedrigen können. Aus diesem Grunde sind die Filterhersteller sehr bemüht, durch Strömungsgleichrichter, Leitbleche, Lochbleche und ähnliche Mittel sowie durch die konstruktive Ausbildung der Rohgaszuführung und des Reingasaustritts möglichst günstige Verhältnisse zu schaffen, die jedoch immer mit Druckverlusten verbunden sind.

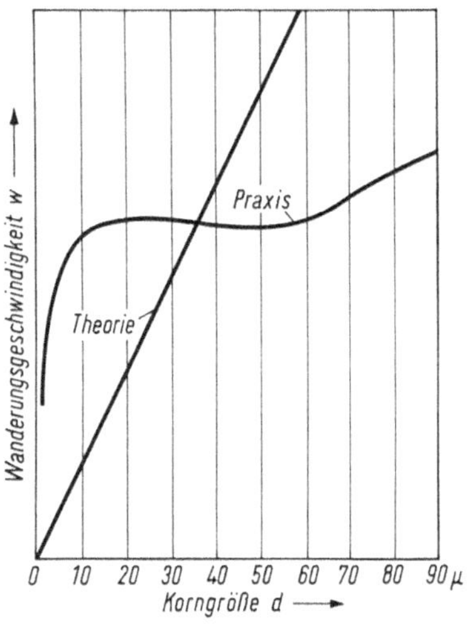

Abb. 214. Elektrofilter, theoretische und praktische Werte für die Wanderungsgeschwindigkeit w

(Genehmigter Nachdruck aus dem Beth-Handbuch Staubtechnik, Lübeck: Selbstverlag der Maschinenfabrik Beth AG 1959)

Die am meisten komplexen Probleme geben jedoch die Teilcheneigenschaften d und z auf. So sollte z. B. die Abhängigkeit zwischen w und d gemäß Gl. (2) eine lineare sein; in der Praxis treten jedoch Abhängigkeiten der in Abb. 214 gezeigten Art auf. Es muß betont werden, daß gerade die Teilchengröße d und die in Gl. (2) noch nicht einmal erfaßte Teilchenform neben der Feldstärke die entscheidenden Einflußgrößen darstellen. Von übergeordneter Wichtigkeit ist außerdem auch die elektrische Leitfähigkeit der Staubteilchen: Ist diese zu groß (z. B. über 10^{-4} S/cm), so geben die Teilchen ihre Ladung bei der Berührung mit der Niederschlagselektrode sehr schnell ab, laden sich dabei um, werden also positiv, und fliegen in den Gasstrom zurück; d. h. sie werden nicht abgeschieden. Bei Staubleitfähigkeiten unter rd. 0,5 bis $0{,}3 \cdot 10^{-5}$ S/cm lagern sich die Teilchen auf der Sammelelektrode und auf den bereits dort haftenden Teilchen ab und bilden somit Isolationsschichten, die eine Ladungsabgabe verhindern. In der Isolationsschicht sammeln sich hohe, von den Staubteilchen mitgebrachte negative Ladungen, die einen Teil der neu ankommenden Staubteilchen wieder abstoßen. Wird die Anzahl der Ladungsträger in der Isolationsschicht sehr hoch, so kommt es schließlich zu Durchschlägen zwischen der Oberfläche der abgelagerten Schicht und der Sammelelektrode (Rücksprühen, Rückionisation). An den Durchschlagstellen entstehen Kanäle erhöhter Leitfähigkeit, durch die die Elektrodendurchschlagsspannung herabgesetzt wird, so daß die elektrische Feldstärke verringert werden muß. Dadurch wird aber wiederum der Abscheidegrad geringer.

Eine Erhöhung der Staubleitfähigkeit ist durch Benetzen des Staubes vor dem Filtereintritt möglich. Dadurch werden — bei gleichzeitiger Erhöhung der Agglomerationsfähigkeit der Teilchen — beim sog. Naßelektrofilter, wie Abb. 209, Fig. 1c zeigt, sehr hohe Entstaubungsgrade erreicht. Naßelektrofilter werden weitgehend zur Reinigung von Hochofenabgasen verwendet. In Kraftwerken sind sie nicht anwendbar, da die Abgastemperaturen von 150 bis 200 °C zu niedrig liegen, um ein Ausfallen von freiem Wasser in den Filtergassen usw. zu verhindern.

Um die Menge des durch eine zu geringe Leitfähigkeit oder auch durch Klebeeigenschaften an den Sammelelektroden haftenden Staubes möglichst gering zu halten, werden,

[1] Remmers, K., u. R. Bingel: Staub Bd. 19 (1959), S. 422/26.

wie bereits ausgeführt, insbesondere die Niederschlags-, aber auch die Sprühelektroden regelmäßig geklopft, so daß der anhaftende Staub in den Bunker abfällt; größere Staubmengen werden dabei auch wieder in den Rauchgasstrom getragen, so daß dadurch und gegebenenfalls durch ein Ausschalten der Spannung an den jeweils einem Klopfvorgang unterliegenden Elektroden der Abscheidegrad kurzzeitig geringer wird.

Der Rohgasstaubgehalt spielt insofern eine Rolle, als bei einer zu hohen Staubbeladung des Rohgases (> 30 g/m³), insbesondere durch feine Teilchen, am Filtereintritt dadurch Störungen auftreten können, daß die elektrisch aufgeladenen Partikel, die ja nur mit der endlichen Geschwindigkeit w (parallel zum Feld, senkrecht zur Strömungsrichtung des Gasstromes) zu den Sammelelektroden wandern, wie eine Raumladungswolke wirken und sozusagen die Sprühelektrode abschirmen, d. h. die Anzahl der pro Zeiteinheit entstehenden neuen Ladungsträger verringern und so den Strom absenken. Bei Rohgasstaubgehalten unter etwa 5 g/m³ muß gleichfalls mit geringeren Wanderungsgeschwindigkeiten gerechnet werden, weil die Wahrscheinlichkeit der Aufladung der Staubteilchen und damit der Abscheidung bei zu kleinen Beladungen geringer wird. Der Optimalbereich für die Staubbeladung liegt also im allgemeinen zwischen rd. 5 und 30 g/m³ Abgas.

Bei der Reinigung von Rauchgasen aus einer Kesselfeuerung tritt noch als besonders erschwerend die Heterogenität der Teilchen hinzu. Rauchgase enthalten fast immer unverbrannte Kohlenstoffteilchen, deren Leitfähigkeit über 10^{-4} S/cm liegt und die somit leicht das Filter durchwandern. Die eigentliche Flugasche besteht aus einer Vielzahl verschiedenartiger Teilchen mit zum Teil recht niedriger Leitfähigkeit. Da Korngröße und Art sowie damit die Leitfähigkeit der Teilchen zum Teil in einer Korrelation zueinander stehen, ergibt sich ein über die Teilchengröße stark schwankender Fraktions-Abscheidegrad. Anders ausgedrückt: Besitzen die Teilchen zwischen 2 und 6 μ im Mittel eine andere chemische Zusammensetzung und damit eine andere Leitfähigkeit als z. B. die Teilchen zwischen 10 und 15 μ, so besitzt der Fraktionsentstaubungsgrad nicht den in den Fig. 1a und 1b der Abb. 209 dargestellten glatten Verlauf, sondern verläuft „wellig"; d. h. das Filter ist für bestimmte Korngrößen mehr oder weniger selektiv. Eine natürliche, also nicht von der Staubzusammensetzung abhängige Selektivität aller Filter entsteht u. a. dadurch, daß die feinsten Staubteilchen naturgemäß weniger Elementarladungen aufnehmen als die groberen und infolgedessen geringere Wanderungsgeschwindigkeiten erhalten. Durch diese Art der Selektivität ist der in den Fig. 1a und 1b der Abb. 209 erkennbare Abfall des Fraktionsentstaubungsgrades bei sehr kleinen Teilchen bedingt. Außerdem fällt der Fraktionsentstaubungsgrad mit steigender Teilchengröße — ab etwa 30 bis 40 μ aufwärts — wieder ab, hauptsächlich daher, weil die groben Staubteilchen leichter als der Feinstaub durch die Gasströmung immer wieder von der Sammelelektrode mitgerissen werden und erneut abgeschieden werden müssen.

Die Abscheidung von Flugascheteilchen wird durch einen Wasser- und Schwefel- (SO_3 bzw. H_2SO_4) sowie durch einen Ammoniakgehalt der Rauchgase günstig beeinflußt. Infolgedessen ist auch der Taupunkt der Rauchgase von Bedeutung. Jedes Elektrofilter arbeitet um so besser, je kleiner die Differenz zwischen Betriebsgastemperatur und Taupunkt ist. Eine relativ hohe Gasfeuchte verbessert die Abscheideverhältnisse. Bei Kesseln, bei denen die Mahlbrüden nicht in den Feuerraum, sondern nach einer getrennten Entstaubung direkt ins Freie geleitet werden, liegen die Verhältnisse besonders ungünstig, und man kann in solchen Fällen mit um 30 bis 40% größeren Filterabmessungen rechnen.

Nach diesen Ausführungen ist es klar, daß eine einfache Berechnung der Wanderungsgeschwindigkeit nach Gl. (2) den praktischen Bedürfnissen nicht genügt und daß die Auslegung eines Elektrofilters sehr viel Erfahrung erfordert. Besonders schwierig ist die Entstaubung von Schmelzkammer- und Zyklonfeuerungsabgasen, da die in diesen mitgeführten Staubteilchen — wie auch die Abb. 206 und 207 zeigen — sehr feinkörnig sind. Der Gewichtsanteil der Teilchen unter 5 μ liegt bei den Abgasen aus derartigen Feuerungen meist zwischen rd. 30 und 40%. Dadurch und durch die Korrelation zwischen Teilchenart und Teilchengröße ergeben sich besonders schwierige Selektivitätsverhältnisse. Die abgeschiedenen feinen Teilchen hängen sehr fest an den Sammelelektroden und sind auch durch Klopfen nur schwierig zu entfernen, zumal sie infolge der hohen Feuerraumtemperaturen zu einem erheblichen Prozentsatz aus verdampften und wieder sublimierten Teilchen sehr geringer elektrischer Leitfähigkeit bestehen. Außerdem bewirkt der relativ hohe Anteil sehr kleiner Teilchen einen verstärkten Raumladungseffekt zwischen den Elektroden. Sowohl die geringe elektrische Leitfähigkeit als auch der Raumladungseffekt bedingen relativ kleine Wanderungsgeschwindigkeiten, letzten Endes also relativ große Niederschlagsflächen. Dabei spielt zusätzlich auch der Gehalt an Unverbranntem eine Rolle; der Abscheidegrad besitzt ein Maximum, wenn dieser zwischen 5 und 15%, bezogen auf die gesamte Flugaschemenge, liegt. Staubfeuerungen mit trockener Entaschung bereiten im allgemeinen keine besonderen Schwierigkeiten; bezüglich des Gehalts an Unverbranntem gilt das gleiche wie bei den Schmelzkammerfeuerungen.

Die Lastcharakteristik, also die Abhängigkeit des Abscheidegrades von der Durchsatzmenge, läßt sich in der Nähe des Auslegepunktes nach Gl. (1) bzw. (4) errechnen, wobei man die Wandergeschwindigkeit meist als konstant annimmt. Eine entsprechende Darstellung ist in Abb. 209, Fig. 1a unter dem Prinzipbild aufgetragen. Man sieht daraus, daß der Abscheidegrad mit Verringerung der Last besser wird und daß die Auslegung für die Spitzenlast erfolgen muß.

Wie die vorstehenden Ausführungen zeigen, gibt die Auslegung eines Elektrofilters recht komplexe Probleme auf, und es ist zu verstehen, daß gegebene Abscheidegrad-Garantien häufig nicht eingehalten oder auch überschritten werden können; es ist auch zu begreifen, daß abgegebene Garantien an bestimmte und auch unbedingt einzuhaltende Voraussetzungen geknüpft sein müssen. Das einzige sichere Mittel, das der Ersteller von Elektrofiltern in der Hand hat, ist die spezifische Verweilzeit, d. h. die Größe der Niederschlagsflächen, mit deren Vergrößerung sich der Abscheidegrad asymptotisch dem Wert 100% nähert und die damit kleiner werdende Gasgeschwindigkeit, die in Kraftwerksfiltern heute meist zwischen 0,8 und 3,5 m/s liegt. Aus der Höhe der nach den neuen gesetzlichen Bestimmungen geforderten Abscheidegrade und aus dem Wunsch, auch minderwertige Kohle in einer Schmelzkammer zu verfeuern, ergeben sich zum Teil enorme Abmessungen und Kosten der Filter.

Diese Baugrößen und Baukosten zeigen im Verein mit den gemäß den Fig. 1a und 1b der Abb. 209 normalerweise gut erreichbaren Abscheidegraden, daß das Elektrofilter in seiner heutigen Konstruktionsform trotz seiner hohen Überlegenheit allen anderen Entstaubern gegenüber seine technisch-wirtschaftliche Leistungsgrenze erreicht haben dürfte. Nur neue Konstruktionsformen und -wege vermögen diese Leistungsgrenzen noch bedeutsam zu verschieben[1].

Als besondere Vorteile des Elektrofilters seien aufgeführt:

1. theoretisch beliebig wählbarer Abscheidegrad,
2. vernachlässigbar kleiner Zugverlust (bei erträglichem Gesamt-Energieverbrauch),
3. praktische Verschleißfreiheit.

Die Abb. 215 und 216 zeigen einen Längs- und einen Querschnitt durch ein Horizontal-Elektrofilter. Der Rohgaseintritt befindet sich auf der rechten Seite des Längsschnitts und enthält in diesem Falle eine Reihe von Umlenkblechen zur Erzwingung einer gleichmäßigen Strömungsverteilung. Zwischen den geerdeten und reihenweise parallel zum Gasstrom angeordneten Niederschlagselektroden sind die an Hochspannung anliegenden Sprühdrähte angeordnet. Sie sind in Rohrrahmen befestigt und gegenüber den auf der Stirnseite liegenden Haltekonstruktionen elektrisch isoliert. Die Stützisolatoren sind außerhalb des eigentlichen Filters in besonders abgeschirmten Räumen untergebracht. Der Schutz der Isolatoren vor Verschmutzungen erfordert große Sorgfalt, weil sonst Funkenüberschläge in den Isolatoren auftreten, die diese meist zerstören. Um das zu ver-

[1] Derartige neue Wege werden gegenwärtig (1966) z. B. von Hesselbrock und von der APRA-Precipitator Comp. u. a. m. beschritten bzw. erkundet.

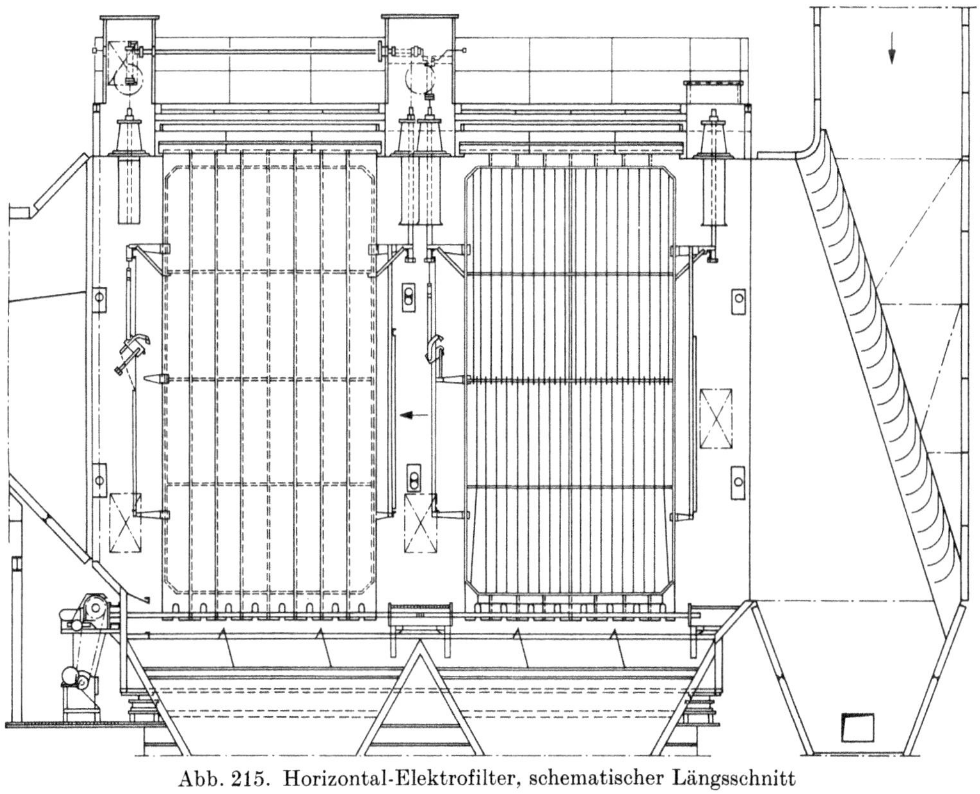

Abb. 215. Horizontal-Elektrofilter, schematischer Längsschnitt

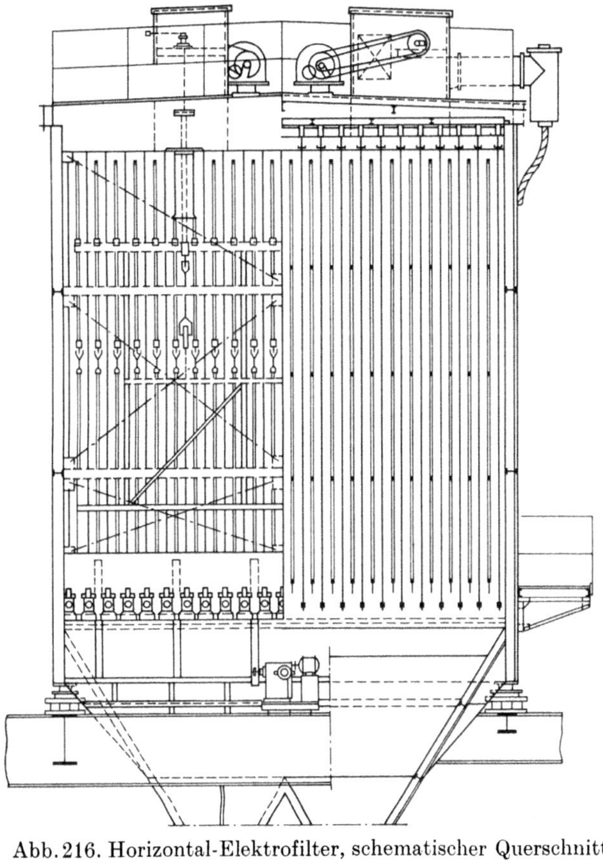

Abb. 216. Horizontal-Elektrofilter, schematischer Querschnitt

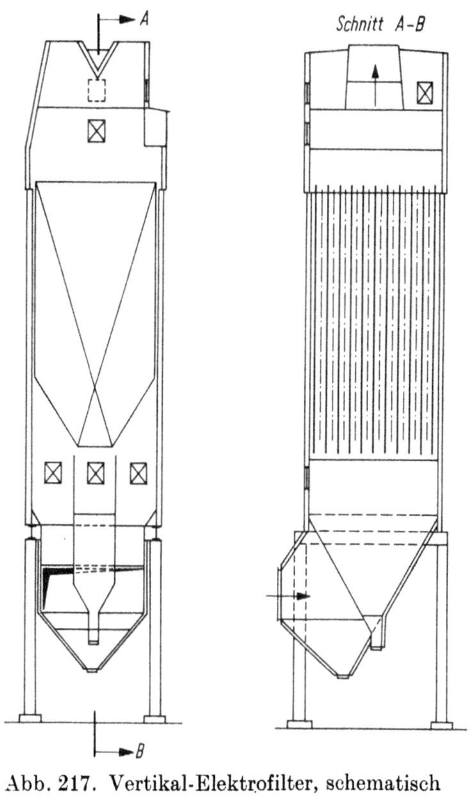

Abb. 217. Vertikal-Elektrofilter, schematisch

meiden, kann man z. B. die Isolatoren mit einer Kappe verschließen, die einstellbare Öffnungen besitzt und durch die infolge des im Filter herrschenden Unterdrucks eine gegebenenfalls nicht unerhebliche Menge Falschluft eingesaugt wird. Dadurch werden die Stützisolatoren innen von Staubansätzen freigehalten. Außerdem sind im Filterinnern unter den Quarzstützen Schutzrohre angebracht, die mit der in der Mitte durchgeführten und an Hochspannung liegenden Befestigungsstange ein kleines Elektrofiltersystem darstellen und dadurch eine Staubsperre vor die Öffnung der Quarzstützer legen. Den schematischen Aufbau eines Vertikal-Elektrofilters zeigt Abb. 217. Der Rohgaseintritt ist unten, der Reingasaustritt oben. Eine umgekehrte Gasströmung durch das Filter, also von oben nach unten, ist unzweckmäßig, da bei einer solchen Anordnung beim Klopfen zuviel Staub ins Reingas mitgerissen würde. Die Einbauten im Vertikalfilter bestehen gleichfalls aus parallel angeordneten geerdeten Platten; die Ausströmer sind hier auch in einem Rahmen zusammengefaßt.

Die Frage, ob in einem bestimmten Fall ein Horizontal- oder ein Vertikal-Elektrofilter zweckmäßiger ist, wird im allgemeinen durch die baulichen Verhältnisse bestimmt. In den meisten Fällen werden heute Horizontalfilter gebaut, da sie leichter die Möglichkeit bieten, zwei voneinander unabhängige, hintereinander liegende Felder zu installieren. Außerdem sind Horizontalfilter billiger.

Die Hochspannungserzeugung[1] erfolgte früher fast ausschließlich durch mechanische Einphasen- bzw. Drehstrom-Gleichrichter mit Anschlußwerten bis zu 40 kVA. Heute verwendet man vorwiegend Selengleichrichter, die z. Zt. für Anschlußwerte bis zu 150 kVA gebaut und zusammen mit dem Hochspannungstransformator in einem gemeinsamen Ölkessel untergebracht werden. Weil ein Elektrofilter um so besser abscheidet, je geringer die Differenz zwischen Betriebs- und Durchschlagsspannung ist, und da die Durchschlagsgrenze von zahlreichen Betriebsparametern (wie Gasgeschwindigkeit, Gaszusammensetzung, Temperatur, Feuchte, Staubbeladung, Staubart usw.) abhängt, besitzen die modernen Elektrofilter meist eine automatische Spannungsregelung[2]. Da das einzig sichere Kriterium für die Durchschlagsgrenze der Durchschlag selbst ist, tastet die Automatik diese Grenze kontinuierlich ab und verringert bei ihrem Erreichen die Spannung; regelungstechnisch gesehen, handelt es sich also um eine Einpunktregelung. Die für die Spannungsregelung angewandten elektrischen Methoden sind verschieden; ein näheres Eingehen darauf dürfte sich jedoch erübrigen.

2. Die mechanischen Entstauber

Bei den mechanischen Entstaubern[3], die hier von der Seite der sich in ihnen abspielenden Strömungsvorgänge, also nicht in konstruktiver Hinsicht, betrachtet werden, erfolgt die Trennung des Staubes vom Trägergas durch überlagerte Geschwindigkeits- bzw. Beschleunigungsfelder, die durch ganz bestimmte Arten von Strömungen und Strömungs-

[1] Schwarz, E., u. R. Weppler: Siemens-Z. Bd. 31 (1957), S. 607/12; Bd. 32 (1958), S. 9/17.
[2] Siehe z. B. Ertl, D., u. R. Weppler: Energie Bd. 9 (1957), Nr. 1, S. 4/9.
[3] Rosin, P., u. a.: Z. VDI Bd. 76 (1932), S. 433/37.
Z. techn. Physik Bd. 35 (1935), S. 205/10.
Nagel, R.: Brennstoff Wärme Kraft Bd. 3 (1951), S. 331/35.
Kovbasjuk, A. S.: Teploenergetika Bd. 5 (1958), Nr. 6, S. 30/35.
Walker, A. B., u. W. H. Cole: Trans. ASME 1957, S. 1715/21.
Walter, E.: Staub Bd. 16 (1956), S. 466/80.
Solbach, W.: Tonindustrie Ztg.-Zbl. Bd. 84 (1960), S. 193/98.
Wasser, Luft und Betrieb Bd. 2 (1958), S. 21/23, 56/58; Bd. 3 (1959), S. 10/14.
ter Linden, A. J.: Chem. Ing. Techn. Bd. 25 (1953), S. 328/30.
Feifel, E.: Arch. Wärmew. u. Dampfkesselw. Bd. 20 (1939), S. 15/18.
Forschung Bd. 9 (1938), S. 68/81; Bd. 10 (1939), S. 212/18.
Trawinski, H.: Chem. Ing. Techn. Bd. 30 (1958), S. 85/95.
Wellmann, F.: Feuerungstechnik Bd. 26 (1938), S. 137/45.
Miczik, G.: Staub Bd. 20 (1960), S. 9/13.
VDI: Tagungsheft Nr. 3, Probleme des Zyklonabscheiders, Düsseldorf 1954.
VDI: Staubbewegungen in Grenzschichten, VDI-Ber. Bd. 6 (1955).

kombinationen erzeugt werden können. Ein in der Strömung mitbewegtes Teilchen erfährt von Ort zu Ort seiner Bahn eine Geschwindigkeitsänderung; da die Bewegung als solche einen zeitlichen Ablauf besitzt, kommen derartige Geschwindigkeitsänderungen entsprechenden Beschleunigungen b gleich, denen sowohl die Trägergasmoleküle als auch die Staubteilchen unterliegen. Wegen der mehrere Zehnerpotenzen betragenden Unterschiedlichkeit der Teilchenmasse m von Gasmolekülen und Staubkörnern sowie wegen der unterschiedlichen Trägheits- und Reibungswirkungen werden an beiden sehr unterschiedliche Kräfte K wirksam, die unterschiedliche Bahnen beider Teilchenarten, d. h. eine Trennung, verursachen können und daher als Trennkräfte bezeichnet werden. Da gleichzeitig auch eine gegenseitige Beeinflussung beider Teilchenarten erfolgt — insbesondere werden die Staubteilchen durch die strömenden Gasmoleküle mitgeschleppt, so daß auf jene sog. „Schleppkräfte“ wirken — und beide Teilchenarten zudem der Erdbeschleunigung unterliegen, ergeben sich relativ komplizierte Bewegungsgesetze und nicht ganz einfach überschaubare Verhältnisse.

Beschleunigungsfelder bzw. Beschleunigungen der beschriebenen Art treten bereits in laminaren und turbulenten Rohrströmungen auf, in denen in einem Gasstrom mitbewegte Staubteilchen bei einer Querschnittsverengung auf Grund ihrer Impulserhaltung hinter den Gasmolekülen zurückbleiben, während sie bei Querschnittserweiterungen, in denen eine allgemeine Geschwindigkeitsverringerung stattfindet, den sie direkt umgebenden Trägergasteilchen vorauseilen. Da sich diese Vorgänge jedoch innerhalb der geschlossenen eindimensionalen Strömung abspielen, ist ihre Ausnutzung zur Teilchentrennung nicht möglich. Eine direkte Trennung findet jedoch schon z. B. in Rohrkrümmern statt, in denen sich die Staubteilchen bevorzugt auf den Bahnen mit den größten Krümmungsradien bewegen. Bessere Trennwirkungen ergeben sich in Drall- oder Umlaufströmungen, wie sie durch Potential-, Reibungs- und Rotationsströmungen repräsentiert werden; am bekanntesten ist hiervon die Rotationsströmung und die in dieser wirksame „Fliehkraft“. Die besten Trennwirkungen ergeben sich bei ebenen bzw. räumlichen Drallsenk- und vor allem bei Drallquellströmungen, in erster Linie in Wirbelsenken und insbesondere in räumlichen Wirbelquellen.

Für alle Drallströmungen lautet das radiale Geschwindigkeitsgesetz in erster Näherung

$$v = \mathrm{const} \cdot r^i\,, \tag{5}$$

wenn v die Umfangsgeschwindigkeit und r den Abstand von der Umlaufachse bedeuten. Bei Potentialströmungen ist $i = -1$, bei Rotationsströmungen gilt $i = +1$, und für Reibungsströmungen gilt $-1 < i < +1$.

Für den Bau mechanischer Staubabscheider ist es erforderlich, eine Kombination der unterschiedlichen Strömungsarten einschließlich der Primär- und Sekundärströmungen usw. so auszuwählen, daß sich der Staub an geeigneten Stellen im Entstauber konzentriert, von denen er möglichst bequem und vollständig abgeführt werden kann. Die Anregung der Strömung bzw. Strömungen muß so erfolgen, daß der Energieaufwand möglichst klein ist und daß durch die Staubteilchen kein mechanischer Abrieb an Wandungsteilen oder Einbauten hervorgerufen wird. Außerdem sollte nach Möglichkeit der Abscheidegrad lastunabhängig sein und der Energieverbrauch mit fallender Last sinken.

Im Laufe der Zeit hat sich eine ganze Reihe von äußerlich verschiedenen Bauformen herausgebildet, denen jedoch in fast allen Fällen die gleiche Strömungskombination zugrunde liegt, wenn auch die Anregungsbedingungen zum Teil unterschiedlich sind. Es sei noch vermerkt, daß bei den mechanischen Entstaubern weder elektrische noch chemische Eigenschaften des Staubes usw. eine Rolle spielen und daß es nur auf die Kornform, die Korngröße und die Kornmasse (Dichte) sowie auf die Agglomerationsfähigkeit der Teilchen ankommt. Im übrigen ist es nach den vorstehenden Ausführungen auch verständlich, daß für mechanische Entstauber ein Gesamtabscheidegrad nur über die Fraktionsentstaubungsgrade garantiert werden kann[1].

---

[1] Solbach, W.: Staub Bd. 20 (1960), S. 113/17.
Effenberger, H.: Freiberger Forschungsh. A 153 (1959), S. 42/78.

Zyklone. In den Fig. 2 bis 4 der Abb. 209 wurden verschiedene Zyklon-Bauformen mit ihren Abscheideeigenschaften (Fraktionsentstaubungsgrade) und einigen sonstigen

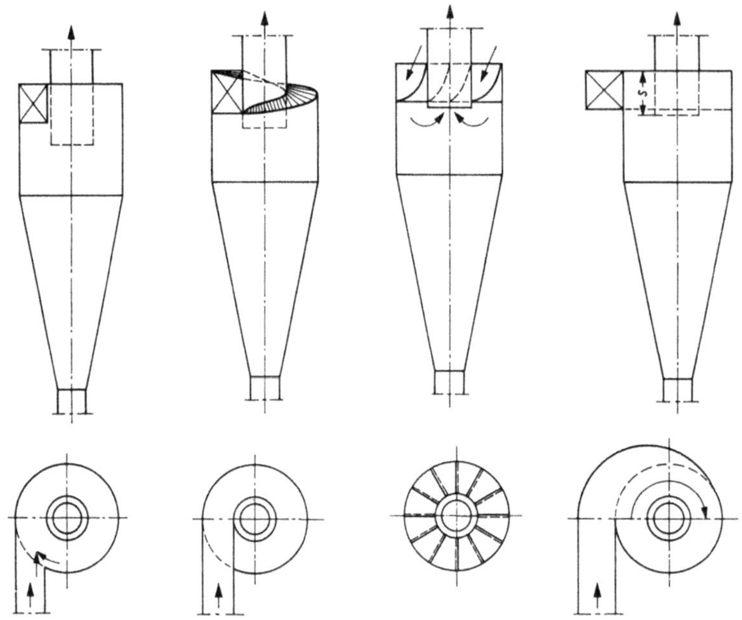

Abb. 218. Verschiedene Bauarten von Zyklonabscheidern, schematisch

Kenn- und Betriebswerten aufgeführt. Eine Ergänzung hierzu bildet die Abb. 218, in der noch einige weitere Bauformen nebeneinander gestellt sind und aus der man die

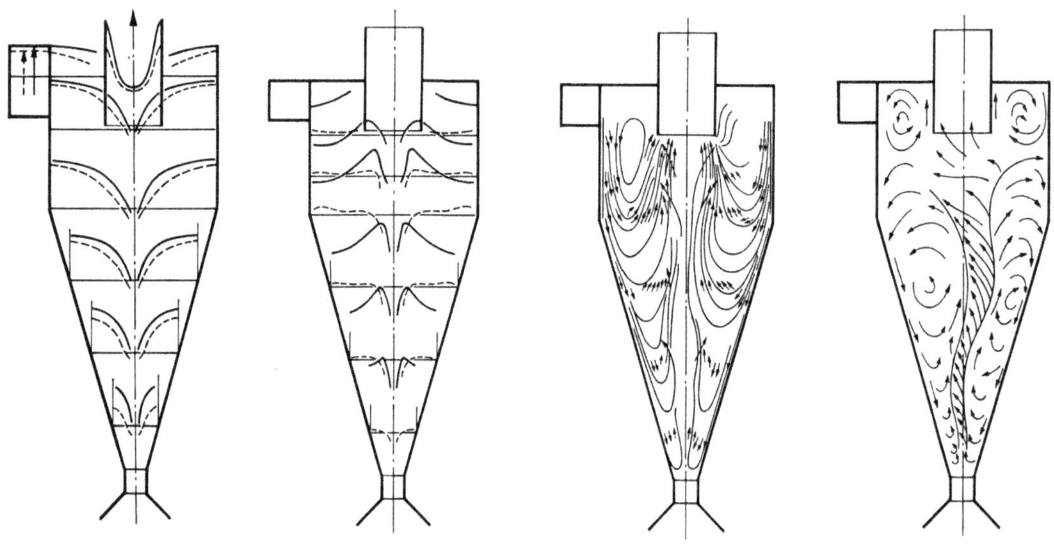

Abb. 219. Druck- und Geschwindigkeitsprofile sowie Strömungsaufbau in einem Zyklonentstauber

verschiedenen Arten der Rohgaszuführung besser erkennt. Trotz dieser verschiedenen Arten[1] der Rohgaszuführung — und trotz verschiedener Einbauten — ergeben sich bei allen Bauformen praktisch die gleichen Strömungsverhältnisse.

[1] TER LINDEN, A. J.: Chem. Ing. Techn. Bd. 25 (1953), S. 328/30.

Abb. 219 zeigt in den beiden linken Figuren die in einem Zyklon gemessenen Druck- und Geschwindigkeitsverläufe[1]. Aus den Druckverläufen ist zu erkennen, daß offenbar in Wandnähe eine Reibungsströmung herrscht, während in der Zyklonachse und insbesondere innerhalb des Tauchrohres (Reingasaustritt) die Druckprofile einer Rotationsströmung aufzutreten scheinen. Die dritte Figur von links zeigt die gemessenen Sekundärströmungen. Wie man sich den sekundären Strömungsaufbau in seiner Gesamtheit vorzustellen hat, deutet die rechte Figur an. Weiteres sei an Hand der Abb. 220 erläutert: Ein Ast (I) der tangential eintretenden primären Rohgasströmung, deren Ausbreitung nach oben durch den festen Grund *G* (Stauebene) verhindert wird, dreht sich als Reibungsströmung wendelförmig nach unten bis zum Staubaustritt und nimmt auf diesem Wege im Verein mit der Erdbeschleunigung sämtliche in ihn ausgetragenen Staubteilchen mit. Ein zweiter Ast (II), in dem die Hauptmenge des Gases mitgeführt wird, spaltet sich bei *S* ab

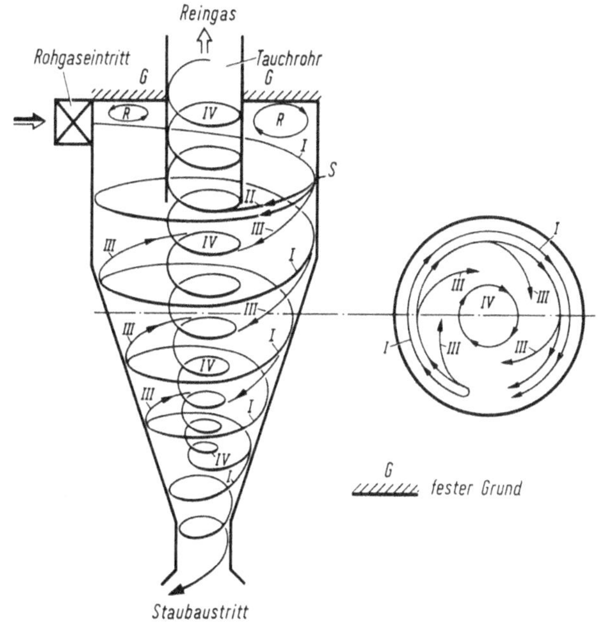

Abb. 220. Zyklonentstauber, idealisierter Strömungsaufbau

I, II, III, IV Strömungsäste
S Wirbelsenke
R Ringströmung (Staubring)

und verläuft durch das Tauchrohr nach oben. Bei *S* befindet sich eine starke, fast ebene Wirbelsenke mit einem starken Fliehkraftfeld, in dem die Teilchen an die Wände des zylindrischen Entstauberoberteils geschleudert werden, von wo ihr Abtransport durch den zuerst beschriebenen Ast I der Primärströmung erfolgt. Auf der Ausbildung dieser beiden Äste der Primärströmung und insbesondere der Wirbelsenke beruht die Hauptwirkung[2] des Zyklonabscheiders.

Von der primären Einlauf- und von beiden Folgeästen II und III der Primärströmung I gehen verschiedene Sekundärströmungen aus: Im Raum unterhalb des festen Grundes *G* entstehen sekundäre, nach innen gerichtete Radialströmungen *R*, die an der Außenwand des Tauchrohres nach oben abgelenkt und mit Staub aufgeladen werden. Vom Ast I lösen sich gleichfalls radial gerichtete Sekundärströmungen ab, die sich, wie die Nebenfigur zeigt, in der Zyklonachse zu einer aufwärts gerichteten und in das Zentrum der Wirbelsenke (*S*) einmündenden wirbelfadenartigen Rotationsströmung schließen. Von

[1] Nagel, R.: Entwicklungsstand der mechanischen Entstauber und Klassifizierungsfragen. Staub Bd. 21 (1961), S. 406/13.

[2] Feifel, E.: Forschung Bd. 9 (1938), S. 68/81.
Arch. Wärmew. u. Dampfkesselw. Bd. 20 (1939), S. 15/18.
Forschung Bd. 10 (1939), S. 212/19.

diesen Sekundärströmungen mitgeführte, bereits abgeschiedene Staubteilchen werden zu einem nicht unbeträchtlichen Teil durch die Rotationsströmung in das Zentrum der Wirbelsenke transportiert und verlassen den Abscheider durch das Tauchrohr mit dem Reingasstrom, d. h. sie werden nicht abgeschieden. Ein Teil wird selbstverständlich auch

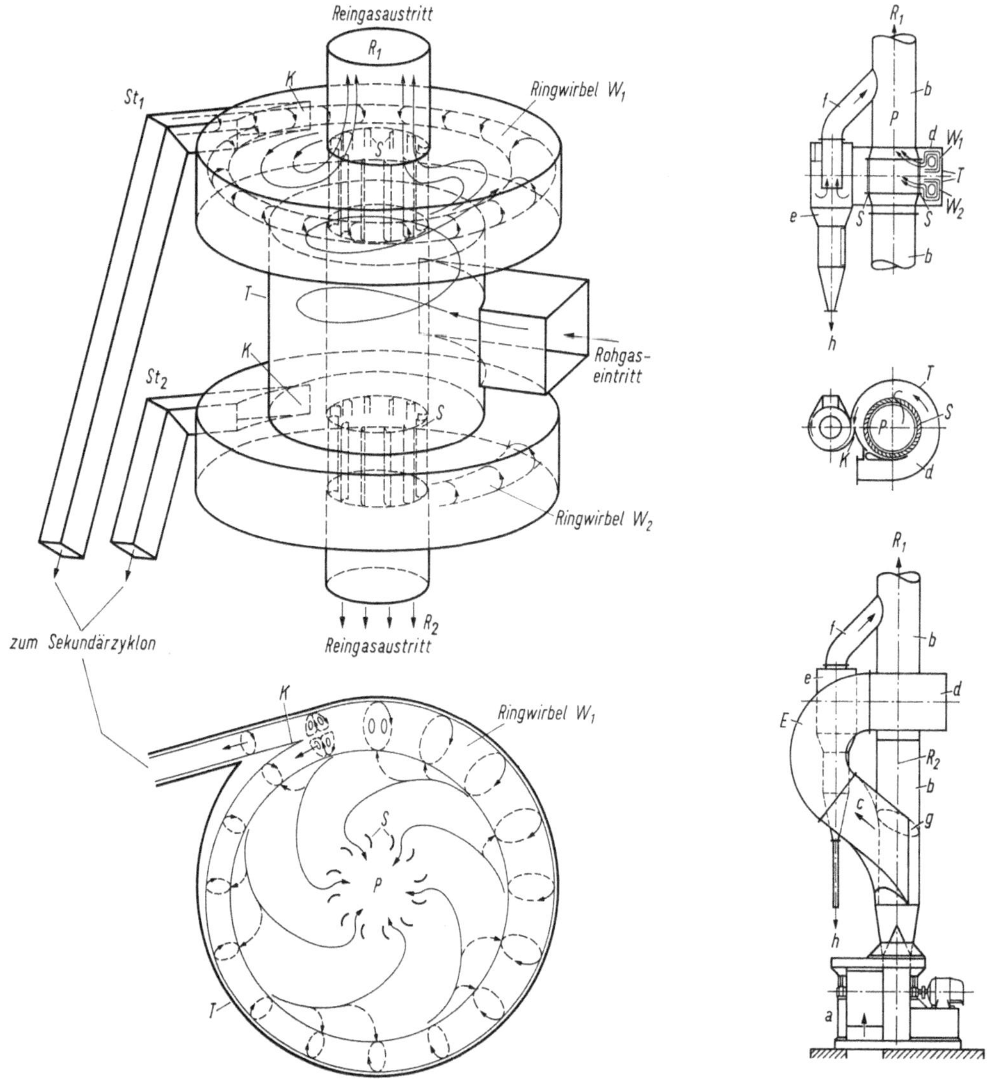

Abb. 221. Van-Tongeren-Entstauber, Strömungsverlauf und Aufbau

K	Abschälkanten	E	Rohgaszuleitung zur Trommel T
P	(zentrale) Stausenke	a	Gebläse
R_1, R_2	Reingasaustritte	b	Reingasführung
S	Schaufelgitter	c	Rohgas-Strömungsrichtung
St_1, St_2	Staubaustritte (führen zum Sekundärzyklon e)	d	Abscheideraum
T	Trommel	e	Sekundärzyklon
W_1, W_2	Ringwirbel (Staubringe)	f	Reingasabfuhr aus dem Sekundär-zyklon
		g	Absperrklappe oder Blech zur Schließung des unteren Reingasaustritts R_2
		h	Staubabfuhr aus dem Sekundärzyklon

durch Fliehkräfte wieder ausgeschleudert. Der je nach Konstruktion und Betriebsbedingungen in verschiedener Höhe über dem Staubaustritt ansetzende Wirbelfaden (Rotationsströmung) — häufig auch als Trombe bezeichnet — besitzt, wie in Abb. 219 rechts gezeigt, eine schlauchförmige Gestalt und bewegt und wendet sich hin und her. Dadurch erklären sich die zum Teil doch relativ großen kurzzeitigen Schwankungen des Abscheidegrades von Zyklonen.

Vielzellenentstauber[1]. Der Abscheidegrad von Zyklonen wird im Bereich kleinster Teilchen — ähnliche Geschwindigkeitsverhältnisse vorausgesetzt — mit zunehmendem Zyklondurchmesser immer schlechter. Ein Ausgleich durch eine Geschwindigkeitssteigerung ist nur beschränkt möglich und bringt außerdem den Nachteil höherer Druckverluste, also höheren Energieaufwands und höherer Betriebskosten, mit sich. Aus diesem Grunde schaltet man häufig eine große Anzahl von Kleinzyklonen (sog. Multiklone, Multizyklone, Zellenentstauber usw.; Konstruktionsformen nach FEIFEL bzw. SCHICHT usw.) — z. B. in der in Fig. 5 der Abb. 209 gezeigten Art und Weise — parallel und kann dadurch auch große Rohgasmengen bei relativ sehr niedrigem Energieaufwand bewältigen. Die Anregung der Strömung erfolgt meist durch einen radialen Leitschaufelkranz; von jedem Schaufelzwischenraum geht eine Staubwendel aus, die den Staub in den Abscheideraum transportiert. Zur Verbesserung des Teillastabscheidegrades werden die Zellenfilter zuweilen gruppenweise unterteilt; durch Rauchgasklappen werden bei Teillast einzelne Gruppen abgeschaltet.

Van-Tongeren-Entstauber[2]. Während bei Zyklonen und Multizyklonen sämtliche Sekundärströmungen unerwünscht sind und den Abscheidegrad verschlechtern, wird beim van-Tongeren-Entstauber, der im Jahre 1964 schon bei fast 1000 Dampferzeugeranlagen eingesetzt war, u. a. eine dem in Abb. 220 (Zyklon) unterhalb des rauhen Grundes eingezeichneten sekundären Ringwirbel R entsprechende Strömungsform zur Verbesserung des Abscheidegrades ausgenutzt. Den Aufbau des van-Tongeren-Entstaubers zeigt die Abb. 221. Das Rohgas tritt tangential in eine Trommel T ein, in der es sich auf einer im Querschnitt unten links erkennbaren Spirale zu einem runden Schaufelgitter S bewegt, dessen Schaufeln dem Lauf der Spirale entgegengesetzt gekrümmt sind; dadurch werden am Eintritt in das Schaufelgitter stark gekrümmte Bahnen erzwungen, die infolge des Zwangsübergangs von einer Potential- in eine Rotationsströmung sehr starke Trennkräfte bewirken, die ihrerseits den Staub in der Richtung zur Trommelwand hin schleudern. Der so ausgetragene Staub wird durch die im gleichen Sinn wie die Primärströmung umlaufenden und in den beiden oberen Figuren erkennbaren sekundären Ringwirbel W_1 und W_2 nach oben und unten in die Staubaustritte St_1 und St_2 mit den Abschälkanten K transportiert. Gleichzeitig drücken diese beiden Wirbel das Reingas in eine Stausenke bei P. Der Staub wird, wie in den Figuren rechts gezeigt, einem normalen Zyklon e oder einem nach dem gleichen Prinzip arbeitenden Abscheider zugeleitet, der wegen der hohen Staubbeladung des ihm zugeführten Gases sehr gute Abscheideleistungen aufweist. Das Reingas wird oben und unten sowie am Zyklontauchrohr abgezogen. Der untere Reingasaustritt kann durch eine Klappe (g in der Figur rechts unten) geschlossen werden, so daß die gesamte Reingasmenge oben und durch den Zyklon, wie in der Gesamtanordnung rechts unten gezeigt, abläuft. Die erreichbaren Abscheidegrade liegen weit über den bei der großen Rohgasmenge mit normalen Zyklonen erreichbaren.

Drehströmungsentstauber. Der Drehströmungsentstauber nach SCHAUFLER-ZENNECK[3], dessen Entwicklung z. Zt. noch nicht abgeschlossen ist und auch noch einige Jahre erfordern dürfte, stellt eine weitere Stufe hinsichtlich der Ausnutzung der Sekundärströmungen dar. Die bisher erzielten Abscheideeigenschaften sowie einige gesicherte Betriebsangaben und Kennwerte gehen aus Abb. 209, Fig. 8, hervor, die eine eindeutige technische Überlegenheit auszuweisen scheint.

---

[1] SOLBACH, W.: Tonindustrie Ztg.-Zbl. Bd. 84 (1960), S. 193/98.
WALTER, E.: Staub Bd. 18 (1958), S. 3/14.

[2] VAN TONGEREN, H.: DRP Nr. 661 744 vom 2. 7. 1938.
WELLMANN, F.: Feuerungstechnik Bd. 25 (1937), S. 108/16; Bd. 26 (1938), S. 137/45.
FEIFEL, E.: Schweiz. Bauztg. Bd. 68 (1950), S. 247/51.

[3] SCHAUFLER, E., K. H. OEHLRICH u. K. R. SCHMIDT: Staub Bd. 23 (1963), S. 228/30.
SCHMIDT, K. R.: Staub Bd. 23 (1963), S. 491/501.
KLEIN, H.: Staub Bd. 23 (1963), S. 501/09. Energie und Technik Bd. 18 (1966), S. 228/35.
SCHMIDT, K. R.: Mitt. Ver. Großkesselbes. 1963, Heft 87, S. 341/72.

Beim Drehströmungsentstauber werden, wie die Abb. 222 zeigt, die bei allen anderen mechanischen Entstaubern störenden und den Abscheidegrad vermindernden Sekundärströmungen ausgenutzt; jede unerwünschte Sekundärströmungsbildung ist unmöglich gemacht. Auf der anderen Seite sind zwei getrennt zugeleitete Primärströmungen vorhanden: Das Rohgas tritt bei *a* in den Entstauber ein und wird durch den Strömungskörper *b* kegelmantelartig auseinandergetrieben. Gleichzeitig wird durch die Düsen *c* sog. Zweitluft (atmosphärische Luft, Rein- oder auch Rohgas) schräg tangential entgegen dem Rohgasstrom eingeblasen, so daß an der Rohrwand eine abwärts gerichtete primäre Potentialströmung I entsteht. Oberhalb der strömungsförmigen Einlaufverkleidung *d* für den Rohgasstrom spaltet sich die Potentialströmung in zwei Äste auf, von denen der eine in den Bunker *f* einmündet. Der zweite Ast der Potentialströmung geht oberhalb der Rohgaseinmündung *d* in eine Sekundärströmung über, die ihrerseits dem primären Rohgasstrom eine sekundäre Rotationsströmung II aufdrückt, die der Trombe in den Zyklonen gemäß Abb. 219 rechts entspricht. Dieser Rotationsströmung überlagert sich eine räumliche Wirbelquelle *g*, deren unterer Ansatz durch den Strömungskörper *b* in einer zentrischen Lage festgehalten wird. Die im Rohgasstrom mitgeführten Staubteilchen werden durch die Quelle — im Verein mit den Fliehkräften der Rotationsströmung — in die Potentialströmung ausgetragen, die den Abtransport über den Ast I in den Bunker übernimmt. Der in den Bunker führende Transportluftstrom wird durch die Öffnung *i* in den Rohgasstrom zurückgeleitet, so daß die Luft nochmals in die Rotationsströmung mit der Wirbelquelle gelangt, in der mitgeführte Staubteilchen nochmals abgeschieden werden.

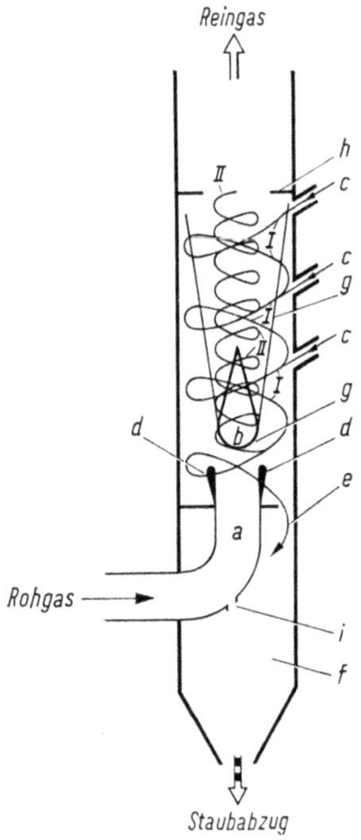

Abb. 222. Primär- und Sekundärströmungen in einem Drehströmungsentstauber nach SCHAUFLER-ZENNECK

a Rohgaszuleitung
b Strömungskörper
c Zweitluftdüsen
d Einlaufprofilierung
e Bunker-Einströmung
f Bunker
g räumliche Wirbelquelle
h Reingas-Austrittsblende
i Bunker-Rückluft-Öffnung

Die ausgetragenen Staubteilchen können nicht bis an die Rohrwand gelangen, da die Eigenschaften der Potentialströmung das unmöglich machen; aus diesem Grunde entsteht auch kein Wandabrieb innerhalb dieser — gegebenenfalls im Schornstein einzubauenden — Entstauber. Die Ringblende *h* dient dazu, den von der obersten Düse ausgehenden und nach oben gerichteten Zweitluftfehlstrahl nach unten abzulenken. Bei richtiger Bemessung dieser Blende können sich auch unterhalb dieser keine störenden Sekundärströmungen ausbilden. Drehströmungsentstauber für große Durchsatzmengen sind, wie angegeben, noch nicht in die Praxis eingeführt, da ihre Entwicklung noch nicht so weit gediehen ist. Bis zur mit Sicherheit erwarteten Verwendbarkeit in Kraftwerken dürften noch einige Jahre vergehen.

3. Hintereinanderschaltung elektrischer und mechanischer Entstauber

Über die Frage der Hintereinanderschaltung verschiedener Filtereinrichtungen ist vor einigen Jahren noch recht viel diskutiert worden[1]; wegen der gegenläufigen Lastcharakteristiken erschien eine solche Kombination insbesondere zwischen mechanischen Abscheidern und Elektrofiltern erfolgversprechend. Die Praxis hat jedoch gezeigt, daß die in derartige Kombinationen gesetzten Erwartungen nicht erfüllt wurden; aus diesem

[1] FEIFEL, E.: Schweiz. Bauztg. Bd. 68 (1950), S. 247/51.
SCHÄFF, K.: Mitt. Ver. Großkesselbes. 1960, Heft 65, S. 88/91.

Grunde werden derartige kombinierte Filter heute nur in Sonderfällen, z. B. bei nachträglichen Abscheidegradsteigerungen und gleichzeitigem Platzmangel, und in dem bereits erwähnten Fall eines hohen Anteils an Unverbranntem im Rohgas angewandt.

d) Staubmessungen

Um Aufschluß über die Emissionsverhältnisse zu erhalten und zur Überprüfung der Abscheidegradgewährleistungen sind Staubmessungen[1] erforderlich, für die sämtliche Einzelheiten in der VDI-Richtlinie Nr. 2066 „Leistungsversuche an Entstaubern" festgelegt sind. Zunächst ist eine Messung der Rauchgasmenge erforderlich, die eine entsprechende normgerechte Meßstelle voraussetzt und bei der zahlreiche Einflußgrößen berücksichtigt werden müssen. Alsdann müssen mit Hilfe spezieller Sonden aus dem Roh- und dem Reingasstrom gleichfalls zu messende und für die Staubgehalte repräsentative Teilgasmengen abgezogen werden. Der in diesen mitgeführte Staub wird durch Filtersäcke oder Membranfilter — gegebenenfalls auch durch andere Vorrichtungen[2] — möglichst vollständig aufgefangen und so vom Trägergas abgetrennt. Die aufgefangenen Staubproben werden ausgewogen und gegebenenfalls hinsichtlich ihrer Körnung, wie bereits beschrieben, untersucht. Wegen näherer Einzelheiten muß auf die Spezialliteratur verwiesen werden. Das gleiche gilt bezüglich der verschiedenen Methoden zur Messung von Immissionen, die sämtlich auf die Ermittlung von Staub- oder Gasgehalten in Luft bzw. auf die Bestimmung von Staubniederschlagsmengen hinauslaufen.

e) Entaschung

Der in den Entstaubungsanlagen bzw. deren (Zwischen-)Bunkern anfallende Staub wird meist kontinuierlich abgezogen und durch pneumatische Entleerungsapparate oder pneumatische Förderrinnen entweder der Brennkammer oder einem Sammelbunker zuge

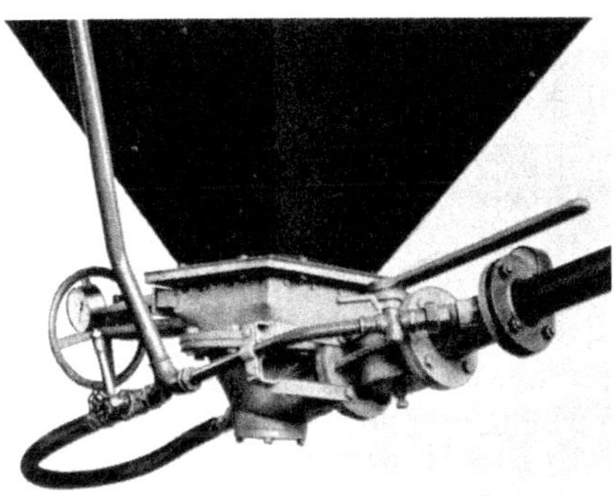

Abb. 223. Düsenförderer, Bauart Möller

Abb. 224. Förderrinne, Bauart Möller

führt. Die hierfür verwendete Förder- oder Tragluft wird entweder in die Hauptfilteranlage zurück oder über einen Zyklon bzw. ein Schlauchfilter entsprechend Abb. 209, Fig. 7, ins Freie geleitet. Der Abtransport aus dem Sammelbunker erfolgt im allgemeinen durch eine Transportschnecke mit nachgeschaltetem Preßluft-Druckförderer. Am Ende der Hauptförderleitung wird das austretende Staub-Luft-Gemisch entweder durch starkes

[1] Mitt. Ver. Großkesselbes. 1955, Heft 34/35, S. 477/84.
Noss, P.: Brennstoff Wärme Kraft Bd. 4 (1952), S. 227/32.
Guthmann, K.: Brennstoff Wärme Kraft Bd. 4 (1952), S. 232/33.
Breitling, F., u. E. Rammler: Feuerungstechnik Bd. 25 (1937), Nr. 4, S. 25/31.

[2] Siehe z. B. Walter, E.: Staub Bd. 18 (1958), S. 3/14.

Benetzen mit Wasser oder durch Auffangen in Schlauchfiltern der angegebenen Art separiert. Die Endstapelung erfolgt meist auf Halden oder in später zu bedeckenden Erdlöchern o. ä. Auf das Problem, diese Stapelplätze möglichst staubfrei zu halten, kann nur hingewiesen werden.

Die zum Zusammenführen des an den verschiedenen Stellen anfallenden Flugstaubes dienenden pneumatischen Entleerungsapparate, von denen einer in Abb. 223 gezeigt ist, enthalten als wesentliches Bauelement eine mit Preßluft beaufschlagte Düse, in der der Preßluftdruck in Geschwindigkeit umgesetzt wird. Unterhalb der Düse befindet sich eine Auffangschüssel; der im darüber befindlichen Bunker vorhandene Staub fällt aus dem Bunker in den aus der Düse austretenden Strahl hinab bzw. wird durch deren Ejektorwirkung abgesaugt. Die Düsenvordrücke betragen — je nach Länge des Transportweges (zwischen rd. 8 und 40 m) — rd. 1 bis 2,5 atü; infolgedessen besitzen auch die Entleerungsapparate einen relativ hohen Energieverbrauch.

Aus diesem Grunde verwendet man immer dann, wenn zwischen den Bunkern der Filteranlage usw. und der Sammelstelle ein hinreichendes Gefälle vorhanden ist, pneumatische Förderrinnen, die mit einer Luftpressung von nur etwa 500 mm WS und auch einem geringeren Luftbedarf arbeiten. Diese Rinnen, für die eine Staubaufgabe in Abb. 224 gezeigt ist, benötigen an allen Stellen eine Neigung von mindestens 8°.

f) Schornsteine

Die in den Entstaubungseinrichtungen gereinigten Rauchgase werden durch den Schornstein ins Freie abgelassen und in die Atmosphäre „zerstreut“. Es ist wünschenswert, daß die Abgase nach Möglichkeit durch Höhenwinde erfaßt und möglichst weit weggetragen werden, weil dadurch ihre Ausbreitung begünstigt und ihre Verdünnung besser wird, so daß hohe Lokalimmissionen an irgendeiner Stelle vermieden werden[1]. Dem steht jedoch leider in vielen Fällen ein zu geringer Luftmassenwechsel, d. h. eine zu hohe Untergrenze der Höhenwinde, oder die Ausbildung von Inversionsschichten entgegen. Inversionsschichten sind Luftschichten höheren Wärmeinhalts über solchen geringerer Enthalpie, die sich über Tälern, Städten, Industriegebieten usw. wie eine Glocke ausbreiten und sämtliche Emissionen in und unter sich festhalten, so daß in dem betreffenden Gebiet hohe Immissionen entstehen. Zu näheren Auskünften sind die Stellen des Wetterdienstes in der Lage, die zum Teil sogar — z. B. durch Ballonaufstiege — regelmäßige Messungen durchführen.

Bei der Festlegung der unteren Grenze der Schornsteinhöhe spielt auch folgende Überlegung eine Rolle: Bei jedem Bauwerk und bei jeder Bodenerhebung, die sich den natürlichen Luftströmungen darbietet, entsteht auf der Luvseite ein Stau, während sich auf der Leeseite ein Unterdruckgebiet mit (Karman-)Wirbeln ausbildet. Ein solches Unterdruckgebiet entsteht selbstverständlich auch auf der Leeseite eines Schornsteins, und es muß verhindert werden, daß Rauchgase aus diesem Gebiet hinter dem Schornstein in die Lee-Unterdruckzone bzw. die Leewirbel des eigentlichen Kraftwerksgebäudes gelangen und so bereits auf dem eigentlichen Kraftwerksgelände hohe Lokalimmissionen verursachen. Bewährt hat sich die Anbringung von waagerechten Abweiseplatten, kurz (rd. 1 m) unterhalb der Schornsteinkrone[2] oder mit dem Schornsteinaustritt bündig abschließend, durch die das Unterdruckgebiet für die Rauchgase sozusagen überbrückt wird. Im übrigen wird auch die Frage der minimalen Schornsteinhöhe, die auf jeden Fall mit den zuständigen Behörden zu besprechen ist, in Kürze durch VDI-Richtlinien geregelt.

Die Schornsteine werden in verschiedenster Weise je nach Brennstoff ausgeführt[3]. Bei Kohlefeuerung sollte die Rauchgasgeschwindigkeit am Austritt des Schornsteines

[1] Mitt. Ver. Großkesselbes. 1955, Heft 34/35, S. 491/522, 689/700, 700/04.

[2] Vgl. auch Heizkraftwerk München, Müllerstraße, Erster Band, S. 638/43.

[3] v. HEIMENDAHL, P.: Hohe Schornsteine für Kraftwerke und ihre Konstruktion. Mitt. Ver. Großkesselbes. 1965, Heft 94, S. 57.

nicht über 20 m/s gewählt werden, da anderenfalls mit Überdruck im unteren Teil des Schornsteines und auch mit Abrieb am keramischen Futter gerechnet werden muß. In

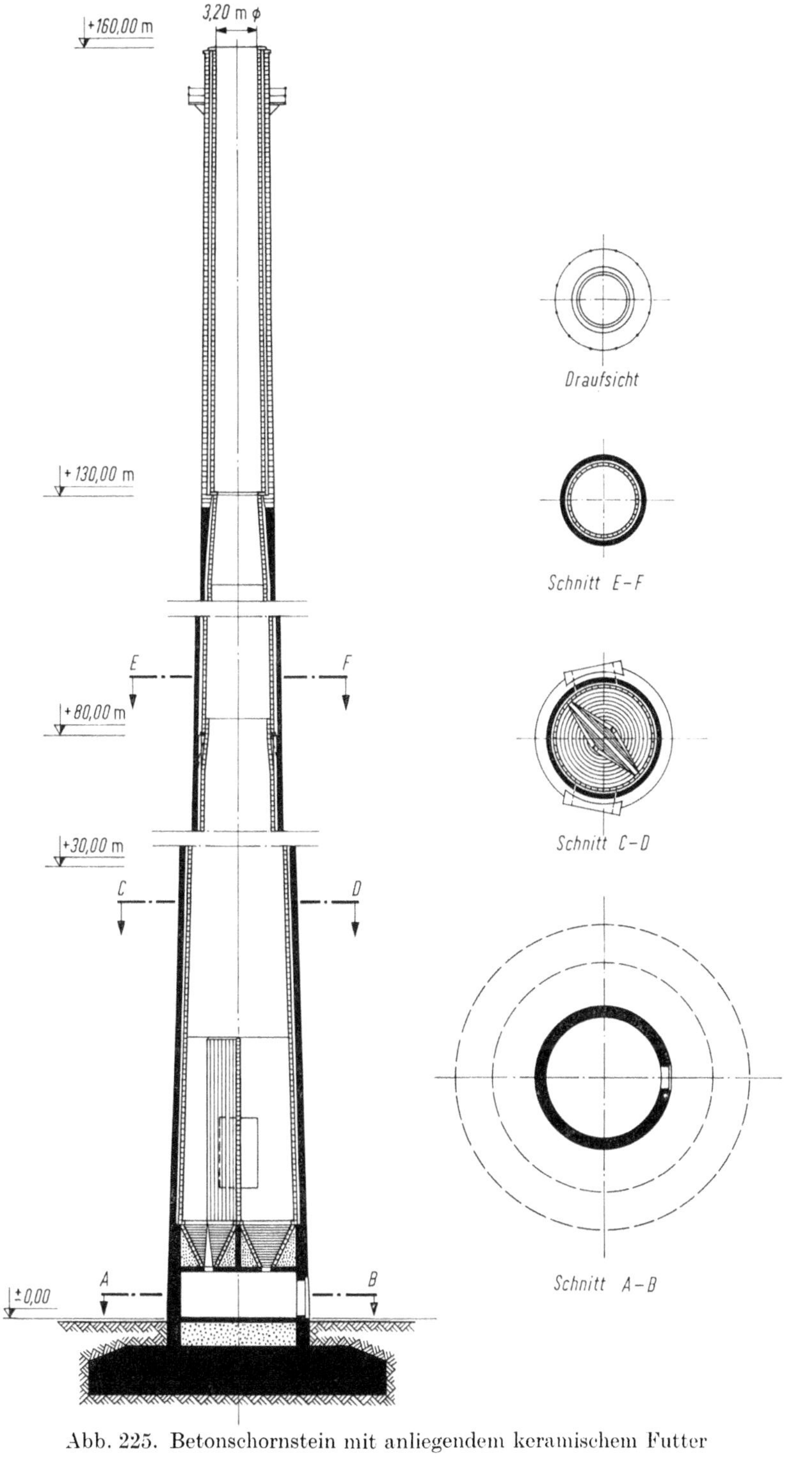

Abb. 225. Betonschornstein mit anliegendem keramischem Futter

Abb. 225 ist ein solcher Schornstein für die Abgase eines 100 MW-Blockes dargestellt. Dieser Schornstein hat einen Stahlbetonschaft, der sich nach oben hin verjüngt. Im unteren Teil ist eine Verjüngung von 3%, im mittleren von 2% und im oberen Teil von 1% vorgesehen. Bei einer Gasaustrittsgeschwindigkeit von 20 m/s hat dieser Schornstein einen oberen lichten Durchmesser von 2,7 m. Er hat innen ein Futter, das sich auf Betonkonsolen abstützt und aus Kieselgur und einem säurefesten Mantel besteht.

Wird ein Kessel dauernd oder zeitweise mit Ölfeuerung betrieben, so ist es bei einem keramischen Futter ratsam, zwischen diesem Futter und dem Stahlbetonschaft einen

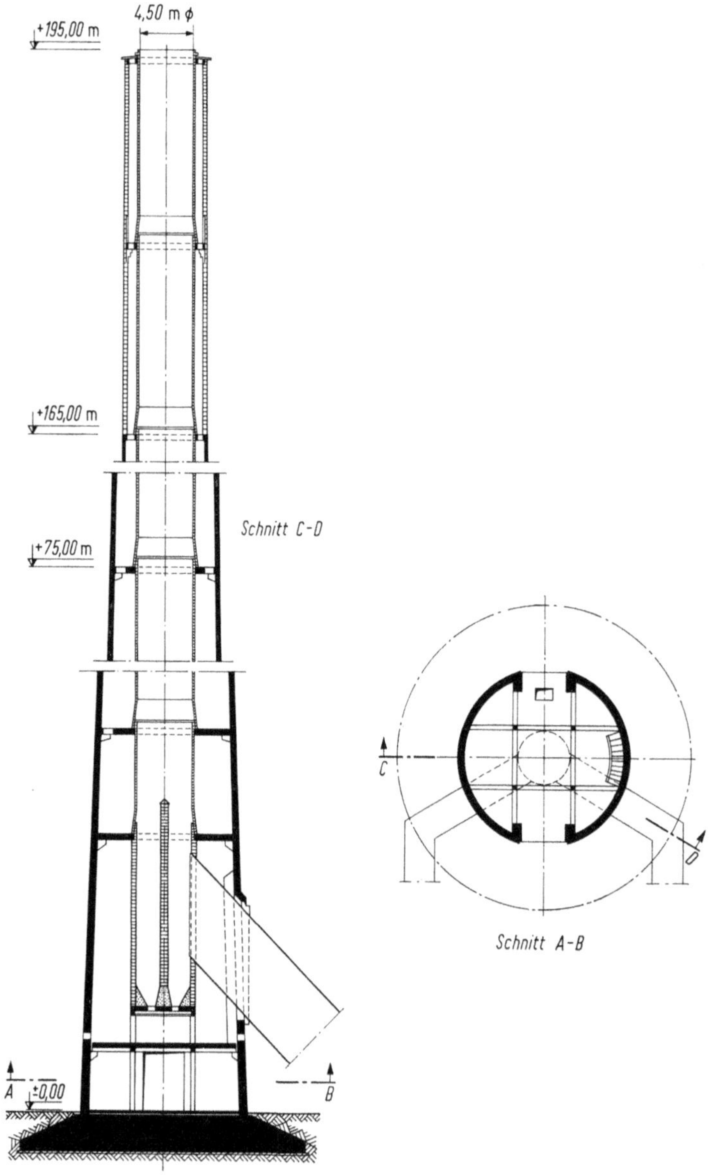

Abb. 226. Betonschornstein mit begehbarem Zwischenraum

begehbaren Zwischenraum anzuordnen, der getrennt belüftet werden kann. Man verhindert auf diese Weise mit Sicherheit das Durchtreten von schwefelhaltigen Gasen an die Stahlbetonkonstruktion. In Abb. 226 ist ein solcher Schornstein mit einer Höhe von 195 m, einem unteren Außendurchmesser von 14,26 m und einem oberen Außendurchmesser von 6,9 m dargestellt. Dieser Schornstein genügt, um die Abgase eines 300 MW-Blockes bei 20 m/s Austrittsgeschwindigkeit abzuführen. Im Innern dieses Betonschaftes ist ein zylindrischer keramischer Schaft mit einem lichten Durchmesser von 4,5 m eingebaut, der sich in Höhenabständen von jeweils 12 m auf ringförmige Konsolen des Betonschaftes abstützt.

Für Ölfeuerung sind Blechschornsteine grundsätzlich besser geeignet als Schornsteine mit keramischem Futter, weil hier mit Sicherheit eine gasdichte Ausführung möglich

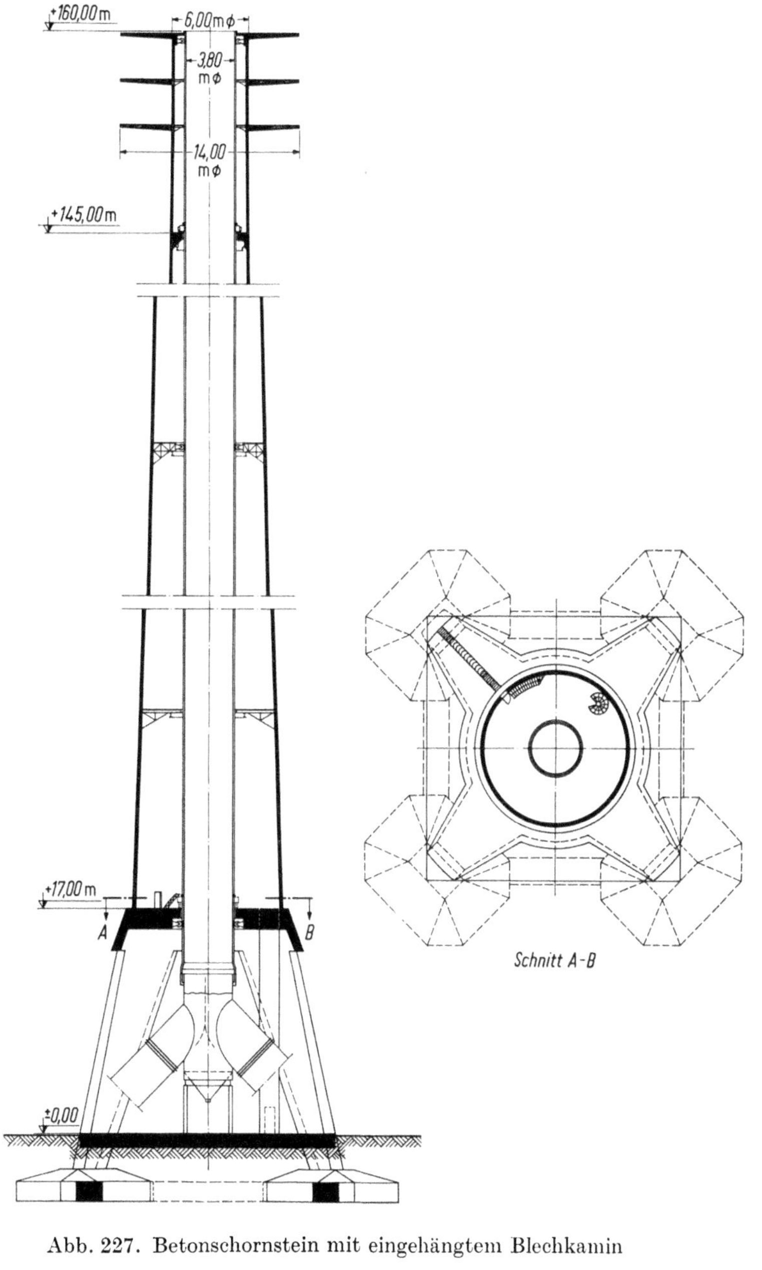

Abb. 227. Betonschornstein mit eingehängtem Blechkamin

ist. In Abb. 227 ist eine solche Ausführung dargestellt, bei der das durchgehend zusammengeschweißte Blechrohr mit 3,8 m lichtem Durchmesser in 145 m Höhe im Betonschaft eingehängt ist. In den unteren Zwischenbühnen sind nur Führungen dieses Blechrohres für vertikale Ausdehnungen nach unten vorgesehen. Im Schornsteinfuß taucht dieses Rohr in einen Ölringmantel zwecks Abdichtung. Der obere Teil des Schornsteines von 145 bis 160 m dehnt sich nach oben und ist dort zum Schutz gegen Korrosion ver-

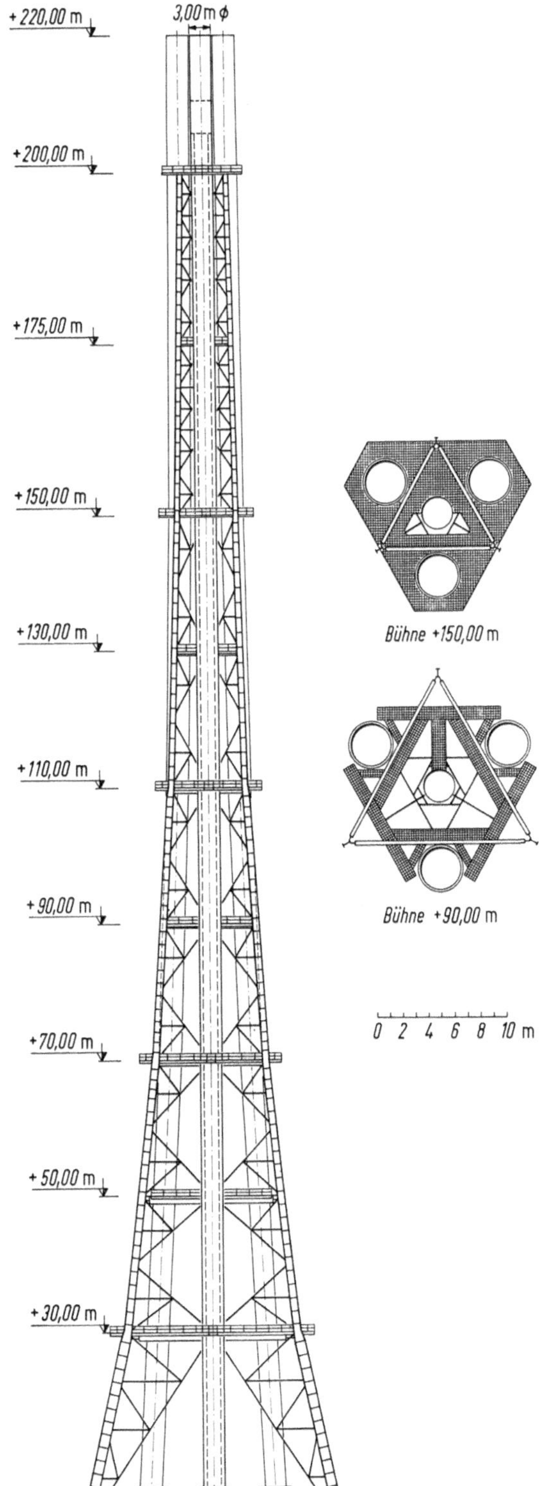

bleit. Das Blechrohr ist mit Schlackewollmatten isoliert, und der Zwischenraum zwischen Rohr und Betonschaft ist begeh- und belüftbar. Der hier gezeigte Schornstein ist ausreichend für eine Leistung von 2 · 100 MW bei einer Austrittsgeschwindigkeit von 27 m/s. Ein weiterer Vorteil eines Blechkamins besteht darin, daß man die Austrittsgeschwindigkeit bis 40 m/s erhöhen kann, da Überdruck im unteren Teil des Kamins unbedenklich ist. Bei Inversions-Wetterlagen erreicht man dadurch, daß die Gase 20 bis 30 m höher getrieben werden.

Eine andere Ausführungsart eines solchen Blechkamins für große Leistung und Ölfeuerung zeigt Abb. 228. Dieser Schornstein besteht aus einem sich nach oben verjüngenden Stahlgerüstturm mit dreieckigem Querschnitt und drei sich an die Dreiecksseiten anschmiegenden Rauchgasrohren. Die Seitenlänge des gleichseitigen Dreiecks beträgt an der Basis 40 m, der lichte Durchmesser jedes Rauchgasrohres 3 m und die Rohrwandstärke 10 mm. Der Turm enthält neun Bühnen, von denen fünf zum Aufhängen der etwa 40 m langen Rohrstücke dienen, deren Längendehnungen durch mechanische Kompensatoren aufgenommen werden. Von den Bühnen aus können Reparaturen an den Rohren vorgenommen und einzelne 9 m lange Schüsse ausgewechselt werden. In der Mitte des Stahlgerüstturmes befindet sich ein Personenaufzug, der in einem Rohr von 2,28 m lichtem Durchmesser bis zur 200 m-Bühne hinauffährt.

Um Abkühlungen, die zu Taupunktskorrosionen führen könnten, zu vermeiden, sind die Stahlrohre mit zwei Lagen Schlackenwollmatten von je 50 mm Dicke und gegen Witterungseinflüsse mit 2 mm dicken Buckelblechen umgeben. Am Rauchgasaustritt sind die Rohre außen auf einer Länge von 12 m und innen auf einer Länge von 6 m verbleit.

Abb. 228. Dreifach-Kamin im Stahlgerüstturm

Zweiter Teil

Die Wasserbehandlungsgruppe

A. Die Pumpen

Von Gerd Weydanz

I. Allgemeine Grundlagen

Die Aufgabe einer Pumpe ist es, eine bestimmte Menge einer Flüssigkeit (Fördermenge bzw. Förderstrom) auf eine bestimmte Höhe (Förderhöhe) zu fördern. Man unterscheidet Pumpen mit hin- und hergehenden Innenteilen und taktweiser Förderung (Schubkolben-, Membran-, Plungerpumpen) und solche mit umlaufenden Innenteilen und stetiger Förderung (Schrauben-, Zahnrad-, Drehkolben-, Flüssigkeitsring- und hauptsächlich Kreiselpumpen). Im neuzeitlichen Kraftwerk finden überwiegend Kreiselpumpen Anwendung, auf die sich die nachfolgenden Ausführungen im wesentlichen beschränken.

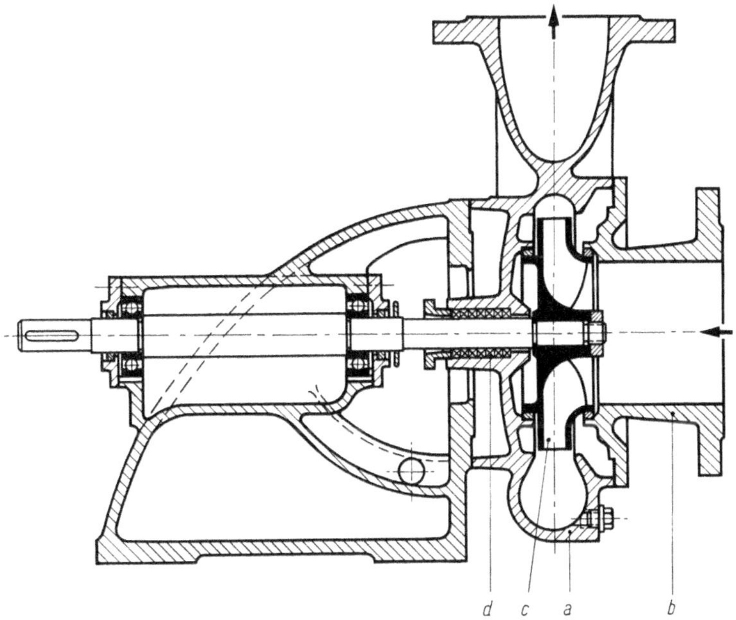

Abb. 229. Einstufige, einflutige Kreiselpumpe

a Spiralgehäuse
b Saugdeckel
c Laufrad
d Stopfbüchse

Das Arbeitsprinzip der Kreiselpumpe beruht darin, daß der Förderflüssigkeit in einem umlaufenden, mit räumlich gekrümmten Schaufeln besetzten Laufrad eine Beschleunigung erteilt wird, die — gegebenenfalls durch nachgeordnete Leitschaufeln verstärkt — in dem diffusorartig erweiterten Austrittskanal und im Austrittsstutzen zu einem größeren oder kleineren Teil in Druck umgewandelt wird. In Abb. 229 bis 232 wird der grundsätzliche Aufbau von Kreiselpumpen dargestellt. Die Flüssigkeit tritt stets in axialer Richtung in das Laufrad ein, damit dieses auf seinem Umfang gleichmäßig beaufschlagt wird.

Die Austrittsrichtung der Flüssigkeit aus dem Laufrad kann je nach seiner Form radial, geneigt oder axial sein. Bei radialer und schwach geneigter Austrittsrichtung führt ein spiralförmiger Austrittskanal das Wasser in tangentialer Richtung zum Austrittsstutzen, der selbst ebenfalls tangential oder auch — mit entsprechender Umlenkung des Flüssigkeitsstromes — radial angesetzt sein kann. Abb. 232 zeigt das Ausführungsbeispiel einer Pumpe mit Spiralgehäuse, bei der das Laufrad durch den Eintrittsstutzen sichtbar ist.

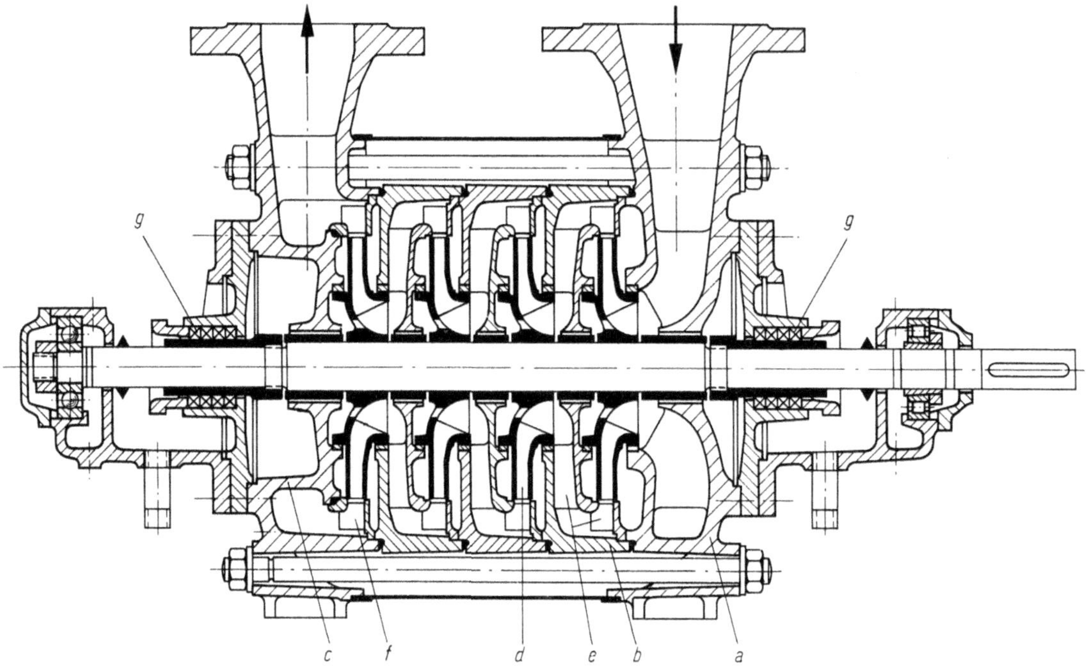

Abb. 230. Mehrstufige Kreiselpumpe

a Sauggehäuse
b Stufengehäuse
c Druckgehäuse
d Laufrad
e Leitkranz
f Leitkranz, letzte Stufe
g Stopfbüchse

In den nachfolgenden Ausführungen werden folgende Formelzeichen verwendet (vgl. auch VDI-Kreiselpumpenregeln DIN 1944):

Q_s = Förderstrom in m^3/s
Q = Förderstrom in m^3/h
G = Fördermenge in t/h
H = Gesamtförderhöhe in m Fl.S.*
H_{man} = manometrische Förderhöhe in m WS*
p = manometrische Förderhöhe in kp/cm^2, at
H_{geo} = geodätische Förderhöhe in m WS
H_W = Durchflußwiderstand in m WS
H_s = Saughöhe in m WS
H_B = Barometerstand in m WS
H_d = Dampfdruck der Förderflüssigkeit bei Ansaugtemperatur in m WS
n = Drehzahl in U/min
n_s = spezifische Drehzahl in U/min
n_q = Schnelläufigkeit in U/min
ϱ = Dichte der Förderflüssigkeit in t/m^3
η = Pumpenwirkungsgrad (als Dezimalbruch)
N = Leistungsaufnahme der Pumpe in kW

Weitere Formelzeichen sind an Ort und Stelle erläutert.

* Die Beziehungen zwischen m Fl.S. (Flüssigkeitssäule) und m WS (Wassersäule) sind im Abschn. A II „Hydraulische Grundlagen", S. 237, erläutert.

Die Kreiselpumpen sind den gleichen Arbeitsgesetzen unterworfen wie die im Ersten Teil, Abschn. C II, S. 177, behandelten Gebläse. Auch hier beeinflußt das Verhältnis des Förderstromes Q zur Förderhöhe H die Laufradform. Bei kleinem $Q : H$ — etwa 0,07 : 1 bis 10 : 1 — entströmt die Förderflüssigkeit dem Laufrad in radialer Richtung (Hoch- und Mitteldruckpumpe); bei wachsendem $Q : H$ neigt sich die Ausströmung der axialen Richtung zu, bis der Austritt bei großem $Q : H$ — etwa 500 : 1 bis 5000 : 1 und mehr — schließlich in rein axialer Richtung erfolgt (Niederdruck-, Propellerpumpe).

Durch das Verhältnis $Q : H$ allein ist jedoch die Laufradform noch nicht eindeutig bestimmt, da eine verlangte Leistung, d. h. Förderstrom und Förderhöhe, durch Kreisel-

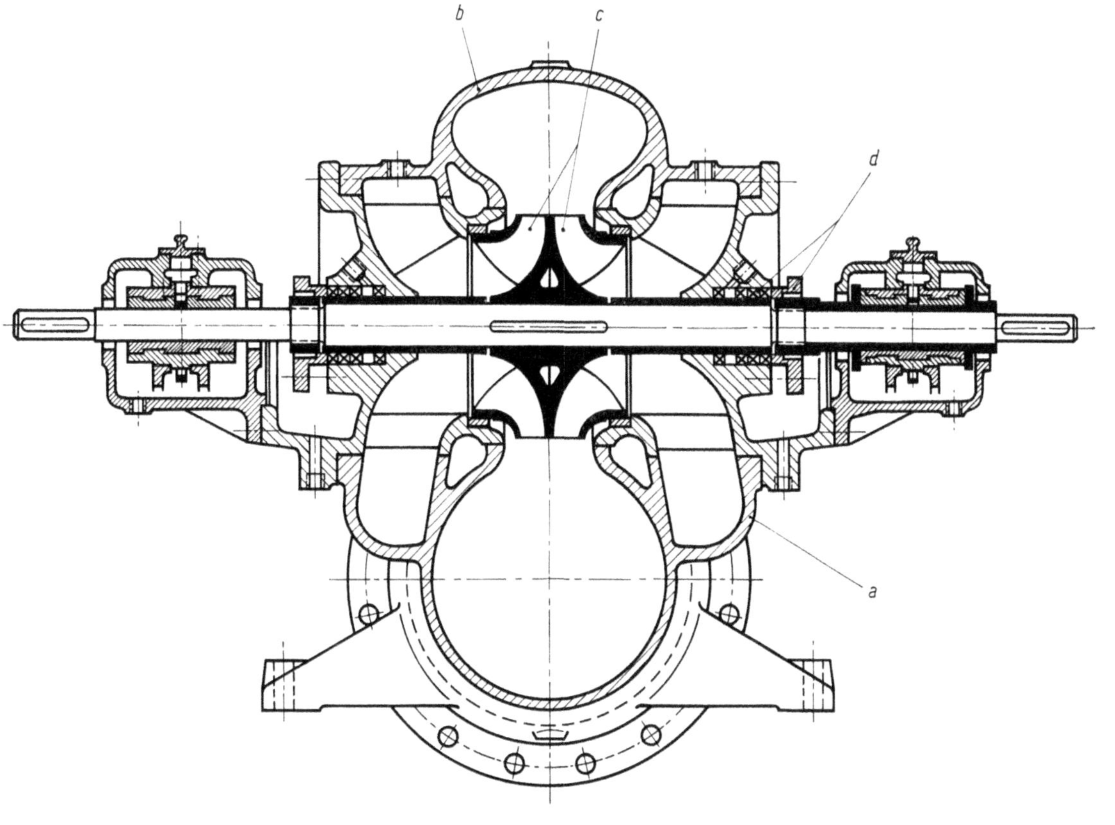

Abb. 231. Doppelflutige Kreiselpumpe

a Gehäuseunterteil
b Gehäuseoberteil
c Laufrad
d Stopfbüchse

pumpen verschiedener Drehzahlen erzielt werden kann. Als Ausdruck, der das Verhältnis $Q : H$ mit der Drehzahl n in eine feste Verbindung bringt, wird, wie bei den Gebläsen, die *spezifische Drehzahl* verwendet. Diese stellt die Drehzahl einer ideellen Vergleichpumpe mit geometrisch ähnlichen Formen dar, die im Punkte des besten Wirkungsgrades 1 m³/s einer Flüssigkeit von der Dichte 1 auf 1 m fördert. Die Betriebsdaten der auszuführenden Pumpe, und zwar *je Stufe* bei mehrstufigen bzw. *je Wasserweg* bei mehrflutigen Pumpen, stehen dann zur spezifischen Drehzahl n_s in der Beziehung[1]:

$$n_s = 3{,}65 \cdot n \frac{\sqrt{Q_s}}{H^{3/4}} .$$

[1] Hier und in den nachfolgenden Ausführungen sind nur die praktisch interessierenden Ergebnisse der Ableitungen aufgeführt; bezüglich der Ableitungen selbst muß auf die Fachliteratur verwiesen werden.

Im Pumpenbau wird die durch Vereinfachung dieser Gleichung sich ergebende *Schnellläufigkeit* n_q bevorzugt:

$$n_q = n \frac{\sqrt{Q_s}}{H^{3/4}} = \frac{n_s}{3{,}65}\,.$$

Diese Formel ist, da die Förderhöhe H in m Flüssigkeitssäule eingesetzt wird, für alle Dichten gültig. Gibt man den Förderstrom, wie meistens üblich, in m³/h statt in m³/s an, so lautet die Gleichung:

$$n_q = \frac{n}{60} \cdot \frac{\sqrt{Q}}{H^{3/4}}\,.$$

Abb. 232. Ansicht einer Kreiselpumpe mit Spiralgehäuse (Werkfoto KSB)

Hochdruckpumpen haben die niedrigste spezifische Drehzahl; es folgen Mitteldruck-, Niederdruck- und Schraubenradpumpen. Die Propellerpumpen schließlich sind am schnelläufigsten. Bei Anordnung von i Stufen sinkt die Schnellläufigkeit der gesamten Pumpe im Verhältnis

$$\frac{1}{(H/i)^{3/4}} : \frac{1}{H^{3/4}} = i^{3/4},$$

während sie bei mehrflutiger Anordnung (f = Zahl der parallelen Wasserwege) im Verhältnis

$$\sqrt{Q/f} : \sqrt{Q} = \sqrt{f}$$

steigt.

Abb. 233 zeigt die für einige Schnelläufigkeiten charakteristischen *Laufradformen*. Die Laufradform der Hochdruckpumpen, wie sie z. B. in vielstufiger Anordnung für Kesselspeisepumpen ausgeführt werden, entspricht der niedrigsten Schnellläufigkeit. Die Förderflüssigkeit tritt aus dem schmalen Laufrad in radialer Richtung aus und erhält eine hohe Beschleunigung. Es folgt in der Darstellung ein Mitteldruckrad, das im allgemeinen für einstufige, einflutige Pumpen verwendet wird. Auch hier tritt die Förderflüssigkeit noch in radialer Richtung

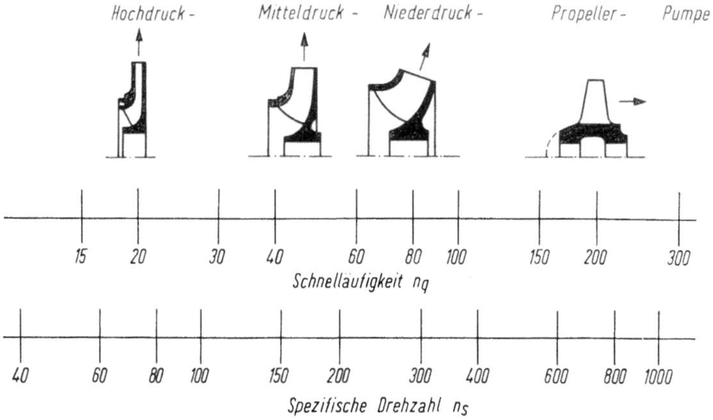

Abb. 233. Typische Laufradformen von Kreiselpumpen

aus, das Laufrad hat jedoch eine im Verhältnis zum Durchmesser größere Breite, wodurch die Beschleunigung der Förderflüssigkeit und damit die Förderhöhe im Verhältnis zur geförderten Menge kleiner wird. Das weiterhin dargestellte Niederdruckrad ist noch breiter und läßt die Förderflüssigkeit in einer etwas zur Achse geneigten Richtung austreten. Pumpen mit derartigen Laufrädern können ein- und mehrflutig ausgeführt werden. Das gleiche gilt für Schraubenradpumpen mit halbaxialem Austritt. Schließlich wird als Beispiel für hohe Schnelläufigkeit ein Propeller-Laufrad mit axialem Durchfluß gezeigt. Propellerpumpen werden ein- und mehrstufig und allgemein einflutig ausgeführt. Sie fördern große Ströme bei kleinen Förderhöhen. Interessant ist ein Vergleich dieser Laufradformen mit den entsprechenden Formen der Laufräder von Gebläsen (s. Erster Teil, Abschn. C II, Abb. 171).

Der erreichbare Wirkungsgrad einer Pumpe steigt im allgemeinen mit wachsender spezifischer Drehzahl. Bei vorgegebener Pumpenleistung ist mit einer Steigerung der Schnelläufigkeit auch eine Erhöhung der Betriebsdrehzahl bei gleicher Stufenzahl der auszuführenden Pumpe verbunden. Hierdurch werden ihre Abmessungen und ihre Herstellungskosten kleiner; gleichzeitig nimmt die zulässige Saughöhe ab bzw. die erforderliche Zulaufhöhe zu. Der Steigerung der spezifischen Drehzahl für einen bestimmten Arbeitsbereich der Pumpe sind somit Grenzen gesetzt. Man muß dann statt der Erhöhung der Schnelläufigkeit des einzelnen Laufrades die angestrebte Verbesserung des Pumpenwirkungsgrades durch mehrstufige Ausführung der Pumpe bzw., wenn diese schon vorgesehen war, durch eine Erhöhung der Stufenzahl zu erreichen suchen. Für die Auswahl der optimalen Laufradform sind also mehrere Gesichtspunkte miteinander in Einklang zu bringen; je nach den individuellen Erfordernissen wird man dem einen oder dem anderen Argument mehr Gewicht beilegen.

Im allgemeinen wird die Wahl der günstigsten Pumpenbauart durch die Lieferfirma getroffen; es ist jedoch wichtig, daß der Planer eines Kraftwerkes die oben dargelegten grundlegenden Zusammenhänge kennt, damit er mit ausreichender Sachkunde sich an den Verhandlungen beteiligen und die eingehenden Angebote überprüfen kann.

II. Hydraulische Grundlagen

Als *Förderstrom* Q bezeichnet man das am Druckstutzen der Pumpe austretende nutzbare Flüssigkeitsvolum. Flüssigkeit, die die Pumpe zwar fördert, aber für ihren Betrieb braucht (z. B. für die Entlastungsvorrichtung oder die Abdichtung der Stopfbüchsen), rechnet nicht zum Förderstrom.

Im Kraftwerksbetrieb wird bei Pumpen, die mit dem Dampf-Kondensat-Kreislauf in Zusammenhang stehen, die Angabe der Fördermenge G bevorzugt, um gleiche Dimensionen bei der Angabe der Kesselleistung und der umlaufenden Dampf- und Wassermengen zu erhalten. Es ist:

$$G = Q \cdot \varrho .$$

In Tabelle 12 sind u. a. die Dichten des Wassers für die im Kraftwerksbetrieb üblichen Temperaturen in Intervallen von je 5 °C angegeben, die für Näherungsrechnungen ausreichen dürften. Für genauere Rechnungen empfiehlt es sich, die Zwischenwerte nicht aus dieser Tafel zu interpolieren, sondern ausführlichere Tabellen zu benutzen.

Die *Förderhöhe* H ist definiert als die Zunahme des Energieinhaltes von 1 kg der Förderflüssigkeit zwischen Ein- und Austrittsstutzen der Pumpe. Ihre Dimension ist hiernach kp m/kg. Dies entspricht, wie sich durch Umrechnung der nachstehenden Formel ergibt, m Fl.S. Bei gleicher Drehzahl fördert also eine Kreiselpumpe Flüssigkeiten aller Dichten auf die gleiche Förderhöhe, wenn man diese in m Fl.S. mißt. Da diese Messung auf direktem Wege praktisch nicht möglich ist, muß man die manometrische Förderhöhe, d. h. die Anzeigen der Manometer an Saug- und Druckstutzen, messen und die gemessenen Werte umrechnen:

$$H^{\text{m Fl.S.}} = \frac{H_{\text{man}}^{\text{m WS}}}{\varrho^{\text{t/m}^3}} = \frac{p^{\text{kp/cm}^2\text{(at)}} \cdot 10}{\varrho^{\text{t/m}^3}} .$$

Bei der Ermittlung der Förderhöhe muß darauf geachtet werden, daß alle Werte die gleiche Dimension erhalten. Da die meisten Werte in at, m WS oder m angegeben werden, empfiehlt es sich, zunächst in m WS zu rechnen und zum Schluß auf m Fl.S. überzugehen. Bei kaltem Wasser mit der Dichte 1 t/m³ brauchen die Drücke nur in m WS umgerechnet zu werden.

Tabelle 12. *Dichte von Wasser im Temperaturbereich von 0 bis 250 °C, zugehöriger Dampfdruck und Enthalpie beim Sättigungsdruck*

Temp. [°C]	Dichte [t/m³]	Dampfdruck [ata]	Enthalpie [kcal/kg]	Temp. [°C]	Dichte [t/m³]	Dampfdruck [ata]	Enthalpie [kcal/kg]
0	1	0,0062		130	0,935	2,75	130,4
5	1	0,0089		135	0,931	3,19	135,5
10	1	0,0125		140	0,926	3,69	140,6
15	0,999	0,0174		145	0,922	4,24	145,8
20	0,998	0,0238		150	0,917	4,85	150,9
25	0,997	0,0323		155	0,912	5,54	156,1
30	0,996	0,0432		160	0,907	6,30	161,3
35	0,994	0,0573		165	0,902	7,15	166,5
40	0,992	0,0752		170	0,897	8,08	171,7
45	0,990	0,0977		175	0,892	9,10	176,9
50	0,988	0,1258		180	0,887	10,23	182,2
55	0,986	0,1605		185	0,881	11,46	187,5
60	0,983	0,203		190	0,876	12,80	192,8
65	0,980	0,255		195	0,870	14,27	198,1
70	0,978	0,318		200	0,865	15,86	203,5
75	0,975	0,393		205	0,859	17,59	208,9
80	0,972	0,483		210	0,853	19,46	214,3
85	0,969	0,589		215	0,847	21,5	219,8
90	0,965	0,715		220	0,840	23,7	225,3
95	0,962	0,862		225	0,834	26,0	230,8
100	0,958	1,033	100,0	230	0,827	28,5	236,4
105	0,955	1,232	105,1	235	0,821	31,2	242,1
110	0,951	1,461	110,1	240	0,814	34,1	247,7
115	0,947	1,725	115,2	245	0,806	37,2	253,5
120	0,943	2,02	120,3	250	0,799	40,6	259,2
125	0,939	2,37	125,3				

Die Förderhöhe der Pumpe setzt sich im wesentlichen aus folgenden Komponenten zusammen:

H_{geo} geodätischer Höhenunterschied zwischen den Flüssigkeitsspiegeln im Saug- und Druckbehälter;

Δp Druckunterschied zwischen Saug- und Druckbehälter (bei Speisepumpen für Zwanglaufkessel ohne Wasserspiegel: Druckunterschied zwischen Zulaufbehälter und Überhitzeraustritt);

H_W Durchflußwiderstände der Rohrleitungen, Armaturen und eingeschalteten Wärmetauscher oder dgl. zwischen Saug- und Druckbehälter.

Der geodätische Höhenunterschied ergibt sich als die Summe bzw. Differenz der Höhenunterschiede zwischen dem Wasserspiegel des Saugbehälters bzw. des Zulaufbehälters und der Pumpenmitte — bei senkrechten Pumpen dem untersten Radeinlauf — und zwischen dieser Ebene und dem Wasserspiegel des Druckbehälters bzw., falls ein solcher nicht vorhanden ist, dem höchsten Punkt der Druckleitung.

Wenn im letzteren Falle die geschlossene Druckleitung zu einem niedriger gelegenen Auslaß führt, kann der geodätische Höhenunterschied um die Höhendifferenz zwischen höchstem Punkt der Rohrleitung und Auslaß vermindert werden. Dieser Punkt ist bei der Auslegung von Kühlwasserpumpen mit Kraftschluß zu beachten.

Muß die Pumpe die Förderflüssigkeit aus einem tiefer gelegenen, überdrucklosen Behälter ansaugen, so setzt sich ihre Saughöhe aus dem geodätischen Höhenunterschied zwischen Saugbehälter und Pumpe, aus den Durchflußwiderständen in der Saugleitung

H_{sw} und dem Einfluß der Energieumsetzung der Einströmgeschwindigkeit c_s im Saugstutzen zusammen. Die Dimension der Saughöhe H_s ist m entsprechend der Gleichung:

$$H_s = H_{s\,\text{geo}} + H_{sw} + \frac{c_s^2}{2g}.$$

Um die *zulässige Saughöhe* zu ermitteln, muß man noch den Dampfdruck der Förderflüssigkeit im Ansaugzustand sowie die statische Haltedruckhöhe Δh der Pumpe berücksichtigen, auf die weiter unten noch eingegangen wird. Da die Saughöhe physikalisch durch den Druck der Atmosphäre, also durch den jeweiligen Barometerstand H_B, begrenzt ist, gilt die Gleichung:

$$H_{s\,\text{geo}} + H_{sw} + H_d + \frac{c_s^2}{2g} + \Delta h \gtreqless H_B.$$

Hierin müssen alle Drücke und Höhen in m WS bzw. m eingesetzt werden.

Aus den beiden vorstehenden Gleichungen ergibt sich als zulässige Saughöhe:

$$H_s \gtreqless H_B - H_d - \Delta h.$$

Die *statische Haltedruckhöhe* Δh, neuerdings mit H_{HDP} bezeichnet, berücksichtigt die konstruktiv bedingten Eintrittsverluste am Laufrad sowie einen Sicherheitszuschlag gegen Kavitation. Die *Gesamthaltedruckhöhe* (amerikanisch NPSH = net positive suction head) setzt sich aus der statischen Haltedruckhöhe und dem Einfluß der Einströmgeschwindigkeit zusammen, also:

$$H_{\text{GHDP}} = H_{\text{HDP}} + \frac{c_s^2}{2g}.$$

Die Gesamthaltedruckhöhe stellt die Geschwindigkeitshöhe der Strömung an der Stelle kleinsten Druckes dar, zuzüglich der Strömungsverluste zwischen dem Saugstutzen und dieser Stelle, wobei ein etwaiger Höhenunterschied zwischen dieser Stelle und dem Saugstutzen berücksichtigt ist.

Die statische und die Gesamthaltedruckhöhe sind von der Konstruktion der Pumpe abhängig und wachsen mit steigender Schnelläufigkeit.

Am Zulaufstutzen muß also stets mindestens der Druck $H_d + \Delta h$ herrschen. Überschreitet dieser Wert, immer auf den Zulaufstutzen bezogen, die Größe von H_B, so wird H_s negativ, d. h. es ist eine *Zulaufhöhe* für die Pumpe erforderlich. Da sich H_d auf die am Saugstutzen herrschende Temperatur der Flüssigkeit bezieht, ergibt sich hieraus zwangsläufig, daß eine Zulaufhöhe schon vor Erreichen des Siedepunktes vorhanden sein muß. In Abb. 234 sind die vorstehend beschriebenen Zusammenhänge sowohl für die Saughöhe als auch für die Komponenten angegeben, die der geodätischen Zulaufhöhe entgegenwirken und von dieser abzuziehen sind. In diesem Falle ergibt der Restbetrag, zuzüglich eines etwaigen Druckes p_1 im Zulaufbehälter, den Druck p_z am Zulaufstutzen. Hat die Flüssigkeit die dem Druck p_1 entsprechende Siedetemperatur, so muß $p_z = p_1 + \Delta h$ sein. Unterhalb der Pumpenmitte, d. h. also bei Vorhandensein einer Saughöhe, sind alle Werte aufgetragen, die vom Barometerstand H_B abgezogen werden müssen, um den Zulaufdruck p_z festzustellen. Dieser Druck p_z muß auch hier um den Wert Δh oberhalb des zur Ansaugtemperatur der Flüssigkeit gehörenden Sättigungsdruckes liegen. Ein gewisser Sicherheitszuschlag ist in beiden Fällen erforderlich, um auch bei Druck- oder Wasserspiegelabsenkungen auf der Zulaufseite eine Unterschreitung der erforderlichen Zulaufhöhe bzw. Überschreitung der zulässigen Saughöhe zu vermeiden. Nur bei Einhaltung der vom Pumpenkonstrukteur geforderten Zulaufhöhe kann vermieden werden, daß der Verdampfungsdruck am Saugstutzen erreicht oder gar unterschritten wird. Würde dieser Fall eintreten, so würden am Laufradeintritt Dampfbildung und als Folge Kavitationsschäden auftreten. Kommen die entstandenen Dampfblasen in ein Gebiet höheren Druckes, so fallen sie knallartig zusammen und verursachen weitere, oft schwere Schäden. Die Dampfdrücke für Wasser verschiedener Temperaturen sind aus Tabelle 12 ersichtlich.

Der *Pumpendruck* (Druck der Förderflüssigkeit am Austrittsstutzen der Pumpe) setzt sich aus der Förderhöhe und dem Druck am Zulaufstutzen der Pumpe zusammen. Arbeitet die Pumpe ansaugend, so ist der Unterdruck am Saugstutzen der Pumpe von der Förderhöhe abzuziehen. Es ist also:

$$p_d^{\text{at}} = p_z^{\text{at}} + \frac{\varrho \cdot H^{\text{m Fl.S.}}}{10},$$

wobei p_z gemäß Abb. 234 zu ermitteln ist.

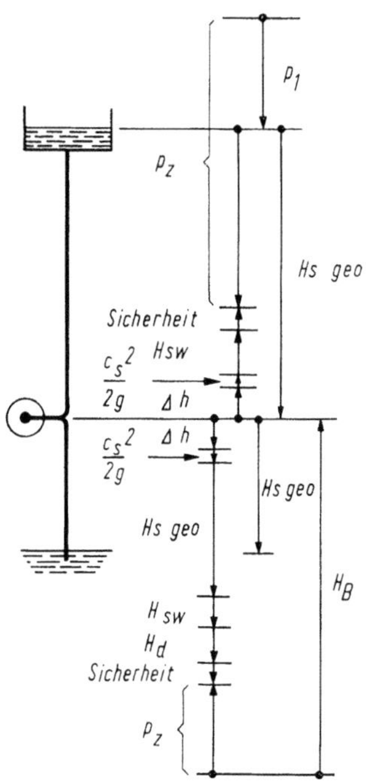

Abb. 234. Ermittlung des zulässigen Druckes am Zulaufstutzen

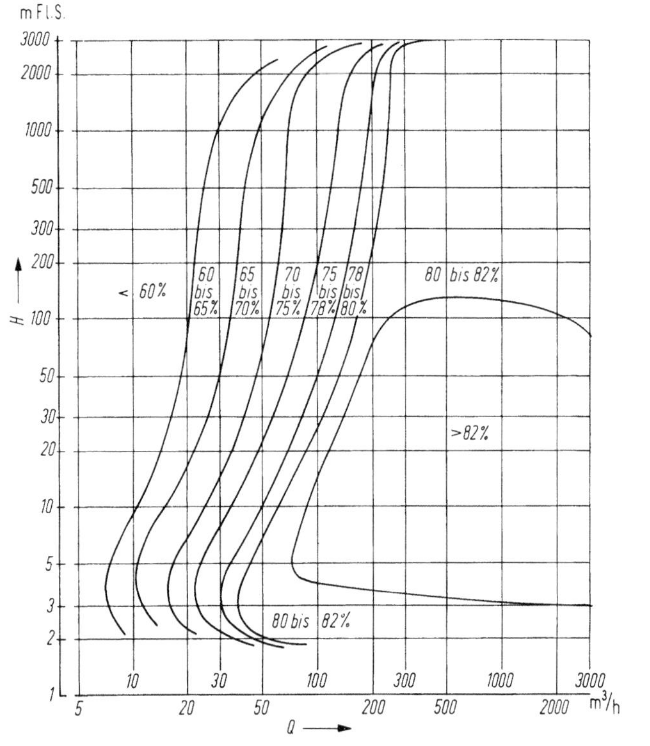

Abb. 235. Übliche Wirkungsgrade von Kreiselpumpen

Die *Leistungsaufnahme* N der Pumpe wird in der Kraftwerkstechnik zur Erzielung einheitlicher Größen bevorzugt in kW angegeben. Sie errechnet sich wie folgt:

$$N = \frac{\varrho \cdot Q \cdot H}{3{,}6 \cdot 102 \cdot \eta}$$

oder auf die Fördermenge bezogen:

$$N = \frac{G \cdot H}{3{,}6 \cdot 102 \cdot \eta}.$$

Beispiel:

Eine Kesselspeisewasserpumpe soll für folgende Verhältnisse ausgelegt werden:

Fördermenge	$G = 350$ t/h
Gesamtförderhöhe	$H = 2800$ m Fl.S.
Pumpenwirkungsgrad	$\eta = 0{,}80$
Speisewassertemperatur	$t = 135$ °C
Dichte des Speisewassers	$\varrho = 0{,}931$ t/m³
Druck im Zulaufbehälter	$p_1 = 3{,}2$ ata
Geodätische Zulaufhöhe	$H_{s\,\text{geo}} = 6$ m
Widerstand der Zulaufleitung	$H_{sw} = 1$ m

Der Druck am Einlaufstutzen ergibt sich zu:

$$p_z = p_1 + \frac{H_{s\,\mathrm{geo}} - H_{sw}}{10} = 2{,}2 \text{ atü} + (0{,}6-0{,}1) \text{ at} = 2{,}7 \text{ atü}.$$

Der Pumpenenddruck ist:

$$p_d = p_z + \frac{H \cdot \varrho}{10} = 2{,}7 \text{ atü} + 260{,}7 \text{ at} = 263{,}4 \text{ atü}.$$

Die Leistungsaufnahme der Pumpe beträgt:

$$N = \frac{G \cdot H}{3{,}6 \cdot 102 \cdot \eta} = \frac{350 \cdot 2800}{3{,}6 \cdot 102 \cdot 0{,}80} = 3340 \text{ kW}.$$

Abb. 235 gibt allgemeine Anhaltswerte für die Wirkungsgrade von Kreiselpumpen, die für Überschlagsrechnungen dienen sollen. Es ist hier die Verwendung von Modellen mit optimaler Schnelläufigkeit angenommen; von Fall zu Fall sind natürlich Abweichungen je nach der gewählten Konstruktion möglich.

Trägt man die Förderhöhe einer Kreiselpumpe in Abhängigkeit vom Förderstrom oder vom Fördergewicht auf, so erhält man die *Q,H-Kennlinie* oder *Charakteristik* der Pumpe. Die Charakteristik soll stets stabil sein, d. h. von $Q = 0$ ab stetig abfallen, so daß jeder Förderhöhe ein bestimmter Förderstrom eindeutig zugeordnet ist. Je höher die Schnelläufigkeit eines Laufrades, um so steiler wird seine Charakteristik, wie aus Abb. 236 hervorgeht. Gleichzeitig nimmt die Fülligkeit der Wirkungsgradkurve ab.

Die vollständige Charakteristik einer Kreiselpumpe enthält außer der Q,H-Kennlinie und der Wirkungsgradkurve auch die Kurve der zulässigen Saughöhe und die der Leistungsaufnahme. Der Verlauf der letzteren Kurve hängt ebenfalls von der Schnelläufigkeit ab. Bei Pumpen mit niedriger Schnelläufigkeit nimmt die Leistung bei vermindertem Förderstrom gegenüber der Leistung im Auslegungspunkt ab. Mit wachsender Schnelläufigkeit werden die Leistungen bei Teillasten immer höher, bis sie bei den Pumpen mit der höchsten Schnelläufigkeit bei abnehmendem Förderstrom beachtlich ansteigen. Für solche Pumpen müssen daher die Motoren mit reichlicher Leistungsreserve auf Grund der Pumpencharakteristik ausgelegt werden. Bei der Festigkeitsberechnung der Druckleitung und der in diese eingeschalteten Apparate muß stets der maximale Pumpenenddruck, der bei $Q = 0$ auftritt, zugrunde gelegt werden.

Ein Parallelbetrieb von zwei oder mehr Pumpen ist auch dann möglich, wenn diese verschiedene Charakteristiken haben. Jede Pumpe stellt sich hierbei entsprechend ihrer Kennlinie auf diejenige Fördermenge ein, die der zu überwindenden Förderhöhe zugeordnet ist.

Bei *Änderung der Betriebsdrehzahl* ändern sich die Leistungsdaten der Pumpe wie folgt:

$$Q_1 = \frac{n_1}{n} \cdot Q\,,$$

$$H_1 = \left(\frac{n_1}{n}\right)^2 \cdot H\,.$$

Der Förderstrom ändert sich also proportional der Drehzahl, die Förderhöhe proportional dem Quadrat der Drehzahl.

Ist die Änderung der Drehzahl nur geringfügig, so daß der Wirkungsgrad bei der geänderten Drehzahl n_1 gleich dem Wirkungsgrad bei der ursprünglichen Drehzahl n angenommen werden kann, so gilt weiterhin:

$$N_1 = \left(\frac{n_1}{n}\right)^3 \cdot N\,.$$

Bei einer Abweichung des Wirkungsgrades muß diese bei der Umrechnung mitberücksichtigt werden.

Ist die von einer Pumpe zu fördernde Flüssigkeitsmenge kleiner als vorausgesehen, so kann man die Pumpe den neuen Betriebsverhältnissen durch *Abdrehen des Laufrades* in gewissen Grenzen anpassen, sofern es sich um eine Pumpe mit radialem Austritt der Förderflüssigkeit handelt, Fördermenge und Förderhöhe ändern sich proportional dem

Quadrat des Verhältnisses des alten und des neuen Laufrad-Durchmessers, also nach der Beziehung:

$$\frac{H}{H_1} = \left(\frac{d}{d_1}\right)^2,$$

$$\frac{Q}{Q_1} = \left(\frac{d}{d_1}\right)^2.$$

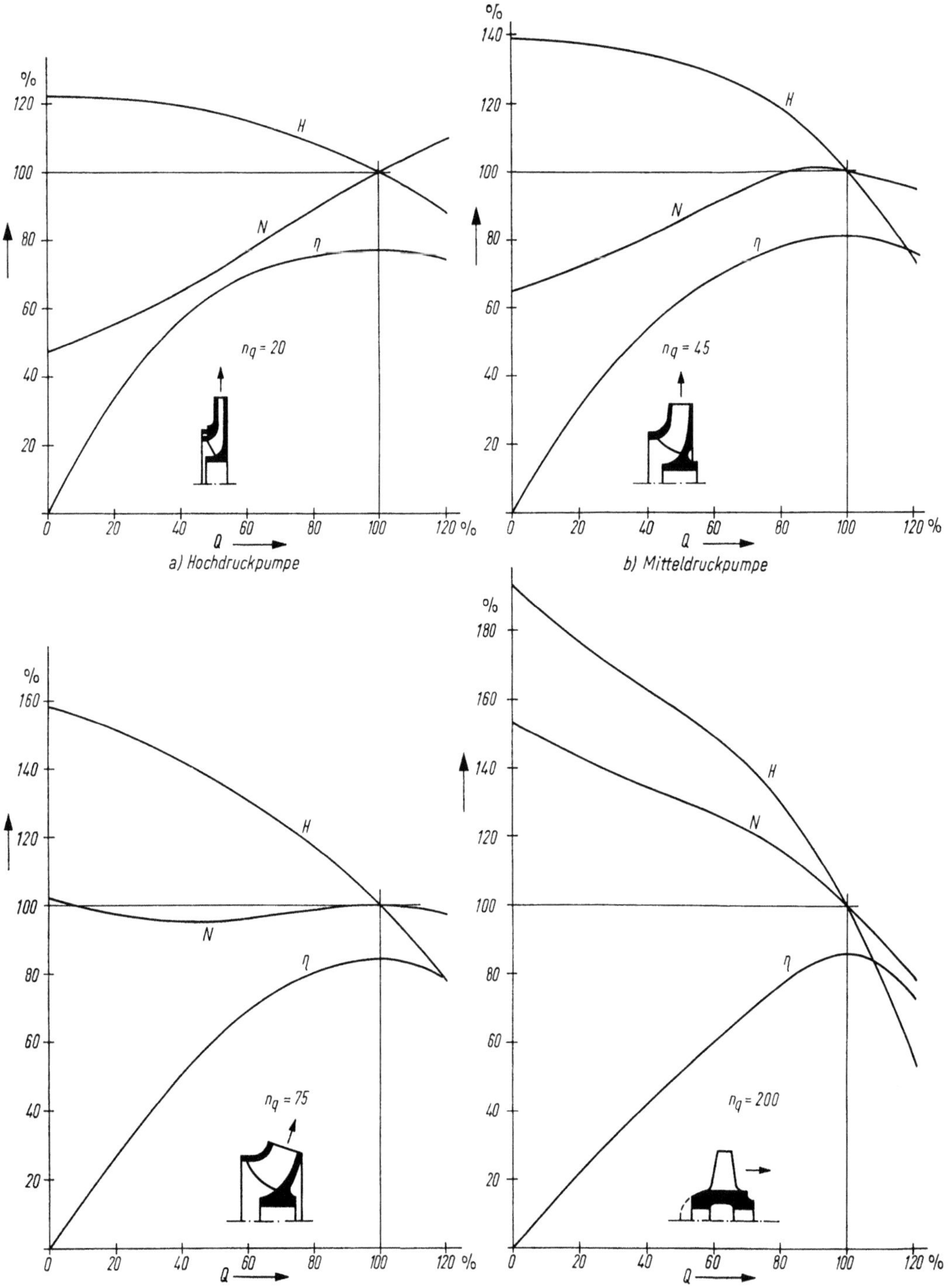

Abb. 236. Kennlinien für typische Laufradformen von Kreiselpumpen

Der Wirkungsgrad der Pumpe wird hierdurch praktisch nicht verändert. Die neue Charakteristik ist der früheren geometrisch ähnlich; sie liegt lediglich entsprechend niedriger.

Der Nachweis der gewährleisteten Daten erfolgt entweder im Herstellerwerk oder am Einbauort. In Deutschland gelten hierfür die „Regeln für Abnahmeversuche an Kreiselpumpen" DIN 1944, herausgegeben 1952, bzw. Entwurf DIN 24 260 von 1962. Versuche des TÜV Essen haben ergeben, daß die Umrechnung von Kaltwasserförderung auf Betriebsverhältnisse nach diesen Regeln zu hohe Betriebs- (= Garantie-)Wirkungsgrade ergibt. Vielmehr sind in Wirklichkeit beide Wirkungsgrade praktisch gleich.

Schrifttum

(von Herstellerfirmen herausgegebene Schriften)

[1] Halberg, Ludwigshafen: Hydraulische Grundlagen für den Entwurf von Kreiselpumpen-Anlagen, 1962.
[2] Klein, Schanzlin & Becker, Frankenthal: Handbuch I, Pumpen, 1959.
[3] Klein, Schanzlin & Becker, Frankenthal (Dr.-Ing. F. Krisam): Die Grenzen der Verwendbarkeit von Kreiselpumpen.
[4] Pekrun, M.: Die Gesamthaltedruckhöhe und ihr Zusammenhang mit der geodätischen Saughöhe ..., KSB Technische Berichte 5 (Jan. 1963), S. 21/24.
[5] Weise & Monski, Weise Söhne, Bruchsal: Pumpenbuch, 1952.

III. Anwendung der einzelnen Bauarten im Kraftwerk

Mit der Vervollkommnung des Wärmekreislaufes hat auch die Bedeutung der im Kraftwerk erforderlichen Pumpen zugenommen und teilweise zur Entwicklung völlig neuer Konstruktionen geführt. Andererseits konnte man bei einer Reihe von Pumpen,

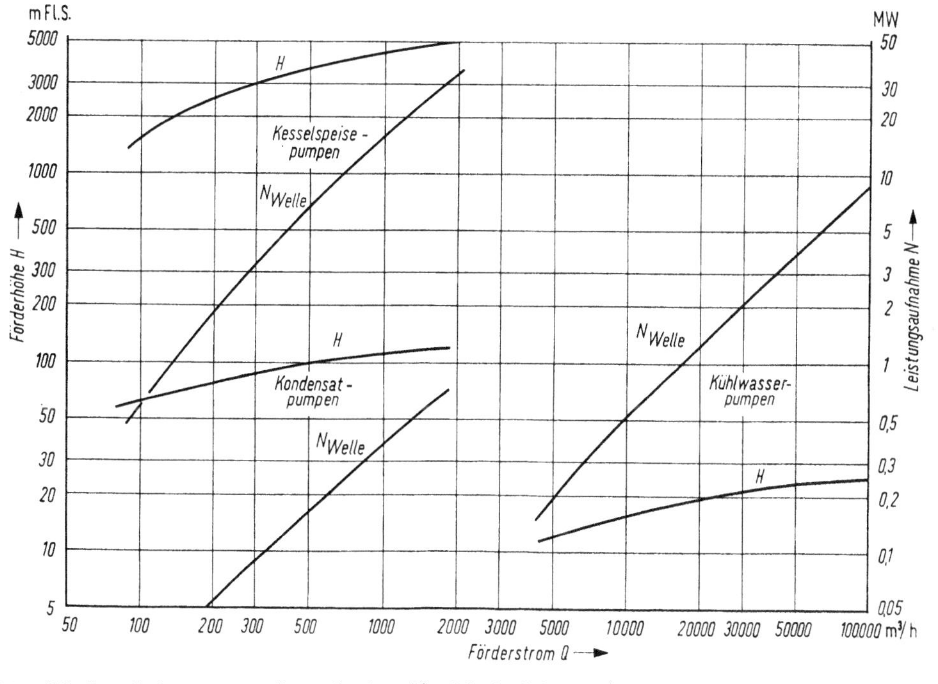

Abb. 237. Mittlere Leistungen und zugehöriger Kraftbedarf der wichtigsten Pumpen in neuzeitlichen Kraftwerksblocks von etwa 30 bis etwa 650 MW (ohne Berücksichtigung einer etwaigen Unterteilung der Pumpenleistung)

die im Kraftwerk heute verwendet werden, auf vorhandene oder unabhängig von der Kraftwerkstechnik entwickelte Bauformen zurückgreifen.

Abb. 237 gibt einen Überblick über die von den wichtigsten Pumpen in einem neuzeitlichen Dampfkraftwerk aufzubringenden Leistungen und den hierzu erforderlichen

Kraftbedarf. Insgesamt verbrauchen die Pumpen im Kraftwerk je nach der Höhe des Frischdampfdruckes und der Art der Kühlung etwa 4 bis 6% der erzeugten Energie, das sind rd. zwei Drittel des gesamten Eigenbedarfes. Gute Wirkungsgrade über einen großen Lastbereich tragen daher nicht unwesentlich zu einem guten Gesamtwirkungsgrad des Kraftwerkes bei.

Man findet im modernen Kraftwerk praktisch alle Bauarten zwischen der Höchstdruckpumpe mit extrem niedriger und der Propellerpumpe mit hoher Schnelläufigkeit, dazu je nach Erfordernis Spezialbauformen zur Förderung von Tief- oder Flachbrunnenwasser, aggressiven Flüssigkeiten oder solchen mit starken Verunreinigungen oder Beimengungen fester Bestandteile. In Abb. 238 wird ein schematischer Überblick über die

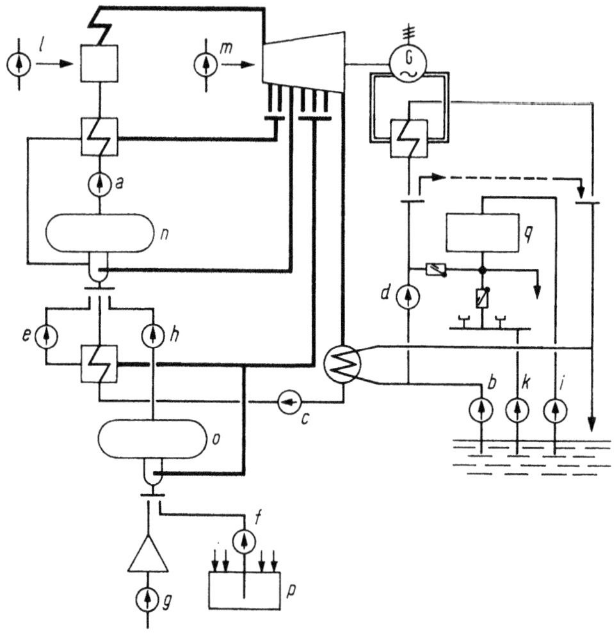

Abb. 238. Pumpen im Kondensations-Kraftwerk

a Kesselspeisepumpe
b Kühlwasserpumpe
c Kondensatpumpe
d Kühlwasser-Druckerhöhungspumpe (für H_2- und Ölkühler usw.)
e Nebenkondensatpumpe
f Behälterkondensatpumpe
g Rohwasserpumpe (kann u. U. mit *d* und *i* vereinigt werden)
h Weichwasserpumpe
i Werkwasserpumpe
k Feuerlöschpumpe
l Pumpen der Kesselanlage (Heizölpumpen, Pumpen für Spülentaschung)
m Hilfsölpumpen des Turbosatzes, Evakuierungspumpen des Kondensators
n Speisewasserbehälter
o Weichwasser- bzw. Deionatbehälter
p Entwässerungskondensatbehälter
q Werks- und Notwasserbehälter

Verwendung der Pumpen in einem Dampfkraftwerk mit Kondensationsturbosätzen gegeben. Es sind natürlich zahlreiche Varianten möglich, so daß diese Abbildung nur ein Beispiel für viele sein kann.

Je nach den örtlichen Verhältnissen werden für verschiedene Zwecke mehrstufige Hochdruckpumpen oder einstufige Mitteldruck- und Niederdruckpumpen verwendet, und zwar sowohl in normaler Anordnung mit horizontaler Welle als auch in Sonderausführung mit vertikaler Welle und oben angeordneten oder unter Wasser arbeitendem Motor.

Die modernen *Höchstdruck-Kesselspeisepumpen* stellen eine Bauform dar, die eigens für den Kraftwerksbetrieb entwickelt und den Anforderungen entsprechend hochgezüchtet wurde. Diese Pumpen stellen im Hochdruckkraftwerk den größten Eigenbedarfsverbraucher dar.

Auch die *Kühlwasserpumpen* in Kondensationskraftwerken sind Energieverbraucher von beachtlicher Größe. Hier waren die in Frage kommenden Bauarten — je nach den örtlichen Verhältnissen Niederdruck-, Schrauben- oder Propellerpumpen — bereits im wesentlichen in ausgereiften Konstruktionen verfügbar.

Zu diesen größten Pumpen treten diejenigen zur Förderung des *Turbinenkondensates* aus dem Kondensator, ferner *Hilfspumpen* aller Art, wie Rohwasser-, Weichwasser-, Säure- und Laugepumpen für die Zusatzwasseraufbereitung, Umwälz- und Rückführpumpen für kaltes und heißes Kondensat, und schließlich je nach Bedarf Pumpen zur Förderung des Aschebreis und zur Rückführung des Spülwassers bei Vorhandensein einer Spülentaschung, Feuerlöschpumpen und andere. Hierzu kommen noch die Pumpen für die Förderung von Heiz- und von Schmieröl.

Im einzelnen wird auf die verschiedenen Bauarten und ihre Merkmale in den folgenden Abschnitten eingegangen.

a) Kesselspeisepumpen

1. Auslegung

Da die Versorgung des Dampferzeugers mit Speisewasser während des Betriebes unter allen Umständen sichergestellt sein muß, ist die Auslegung der Kesselspeisepumpen in den technisch entwickelten Ländern durch *behördliche Vorschriften* geregelt. In Deutschland gilt § 4 — Speisevorrichtungen — der Allgemeinen polizeilichen Bestimmungen für Land- und Schiffsdampfkessel in der Fassung vom 11. 11. 1944. Seine Einhaltung wird von den Technischen Überwachungsvereinen überprüft. Diese deutschen Vorschriften, die auch in einer Reihe anderer Länder angewandt werden, besagen, daß mindestens zwei Speisevorrichtungen für jeden Kessel bzw. für jede miteinander verbundene Kesselgruppe vorhanden sein müssen. Jede dieser Speisevorrichtungen muß imstande sein, ein Speisewassergewicht entsprechend dem 1,25fachen der maximalen Dampfleistung des Kessels bzw. aller angeschlossenen Kessel bei Trommelkesseln bzw. dem 1,0fachen der maximalen Dampfleistung bei Durchlaufkesseln gegen den Abblasedruck der Sicherheitsventile zu fördern. Gelangen mehr als zwei Speisevorrichtungen je Kessel bzw. Kesselgruppe zur Aufstellung, so müssen nach Ausfall der Vorrichtung mit der größten Leistung die restlichen noch die verlangte Förderleistung erbringen können. Die Speisevorrichtungen müssen durch zwei voneinander unabhängige Energiequellen angetrieben werden. Dieses besagt jedoch nicht, daß z. B. neben einer Elektropumpe unbedingt eine Turbopumpe aufgestellt werden muß, da die Versorgung von Elektropumpen aus zwei voneinander unabhängigen Stromquellen mit Umschaltmöglichkeit als im Rahmen der Bestimmungen liegend anerkannt wird. Die Speisung aller Turbospeisepumpen — wenn nur solche vorhanden sind — aus ein und demselben Dampfnetz ist zulässig, wenn es sich um ein Sammelschienen-Kraftwerk handelt.

In einer Reihe von Ländern sind noch ältere Bestimmungen gültig, die weitergehende Anforderungen an die Sicherheit der Kesselspeisung stellen. Es ist in solchen Fällen oft möglich, unter Hinweis auf die neuzeitlicheren Bestimmungen Deutschlands und anderer Länder, Ausnahmegenehmigungen zu erwirken. In den USA gibt es keine bindenden Vorschriften. Dort hat sich in letzter Zeit die Praxis eingebürgert, die Speisepumpenleistung mit einem Zuschlag von 8% auf die maximale Kesselleistung (4% für Lastschwankungen und 4% für Leistungsminderung durch Verschleiß) festzulegen.

Die Frage, ob man *Vollast-* oder *Teillastpumpen* aufstellen soll, ist von den besonderen Gegebenheiten des Kraftwerkes abhängig. Hierunter fallen sowohl die Betriebsweise (Grundlast- oder Spitzenkraftwerk, häufiger Teillastbetrieb) als auch die Erreichung einer optimalen Wirtschaftlichkeit. In Höchstdruckkraftwerken kann die Antriebsleistung einer Vollast-Kesselspeisepumpe so groß werden, daß der Einschaltstrom des Motors zur Aufstellung eines unverhältnismäßig großen Eigenbedarfsumspanners und entsprechend schwerer Eigenbedarfs-Schaltanlagen zwingen würde und unter Umständen sogar in dem

Netz, das den Strom zum Anfahren des Kraftwerkes liefert, unzulässige Spannungsabsenkungen zur Folge haben könnte. In diesem Fall muß man, wenn man nicht einen Turbinenantrieb wählt, entweder eine Anfahrspeisepumpe kleinerer Leistung, als Elektro- oder Turbospeisepumpe ausgeführt, vorsehen oder auf mehrere Speisepumpen für je etwa 50 bis 70% der benötigten Gesamtleistung übergehen. Die letztere Lösung bringt allerdings gewisse betriebliche und regelungstechnische Schwierigkeiten mit sich. Sie ist aber empfehlenswert, wenn die normale Betriebsbelastung der Einheit so liegt, daß sie mit einer Pumpe gefahren werden kann und eine zweite Pumpe nur zum Ausfahren vorübergehender Lastspitzen benötigt wird.

Die überschlägige Ermittlung des erforderlichen *Pumpendruckes* in atü kann bei Trommelkesseln nach der Faustformel:

$$p_d = 1{,}25 \cdot p_K + 3$$

erfolgen. Hierbei ist p_K der Konzessionsdruck des Kessels. Zur genauen Ermittlung ebenso wie zur Ermittlung des erforderlichen Pumpenenddruckes bei Durchlaufkesseln müssen sämtliche Widerstände zwischen Austrittsstutzen der Pumpe und Kesseltrommel bzw. Überhitzeraustritt bei maximaler Pumpenleistung bekannt sein. Es sind dies die Widerstände der Rohrleitung zwischen Pumpe und Kessel, der in diese eingeschalteten Hochdruckvorwärmer, Armaturen, Regelventile und die Widerstände des Kessels bis zur Trommel bzw. bei Durchlaufkesseln bis zum Überhitzeraustritt. Bei Durchlaufkesseln liegt die Summe dieser Widerstände im allgemeinen zwischen 60 und 100 at.

Auf die aus der Druckdifferenz und dem geodätischen Höhenunterschied zwischen Speisewasserbehälter und Kesseltrommel bzw. Überhitzeraustritt sowie aus den Durchflußwiderständen errechnete Förderhöhe der Pumpe muß, wenn mit Frequenzabsenkungen zu rechnen ist, ein *Zuschlag* gemacht werden, damit die Pumpe auch bei der niedrigsten vorkommenden Frequenz noch die verlangte Leistung abgibt. Weitere Zuschläge sind nicht zu empfehlen, wenn die Komponenten, aus denen sich die Förderhöhe zusammensetzt, genügend genau ermittelt worden sind, da sich hieraus meistens wirtschaftliche Nachteile im Betrieb ergeben.

Speist eine Vollastpumpe einen Trommelkessel, so liegt ihr normaler Arbeitsbereich erheblich unterhalb des Auslegungspunktes. Man legt daher den *Auslegungspunkt* einer solchen Pumpe bisweilen jenseits des Wirkungsgrad-Maximums, um dadurch den Wirkungsgrad im Hauptarbeitsbereich anzuheben. Dies setzt allerdings eine drehzahlgeregelte Pumpe voraus, da bei einer Drosselregelung wegen der jenseits des Wirkungsgrad-Maximums besonders steil verlaufenden Kennlinie der erhöhte Drosselverlust im Betriebsbereich den Wirkungsgradgewinn aufzehren oder sogar überschreiten würde.

Die *Drehzahl* der Kesselspeisepumpen wird für mittlere Betriebsverhältnisse bevorzugt mit 2900 bis 2980 U/min bei 50 Hz festgelegt. Hierbei wird ein Getriebe zwischen Motor und Pumpe vermieden. Für Hochdruckanlagen muß jedoch oft zu höheren Drehzahlen — 4000 bis 5000 U/min — übergegangen werden, um die Stufenzahl zu begrenzen. Bei Höchstdruck-Speisepumpen macht sich darüber hinaus die Tendenz zu sehr hohen Drehzahlen — in Deutschland 6000 bis 8000 U/min, in den USA und der UdSSR bereits bis 10000 U/min — verstärkt bemerkbar[1]. Da der Stufendruck sich im Quadrat der Drehzahlsteigerung erhöht, ergeben sich hierbei kleine Durchmesser, geringe Stufenzahlen und dadurch geringe Baulängen. Das Aufliegen der Welle im Stillstand infolge ihres Durchhanges bei hohen Stufenzahlen entfällt ebenfalls. Außerdem kann man Laufräder mit höherer Schnelläufigkeit verwenden (vgl. Abb. 233). In den USA werden schon bei Drehzahlen um 6500 U/min Stufendrücke von 50 bis 55 at, bei Drehzahlen um 8000 U/min bis 70 at, bei Fördermengen um 900 bis 1000 t/h erreicht. In der Schweiz wurde eine fünfstufige Versuchspumpe mit 9025 U/min erprobt, bei der trotz eines wesentlich kleineren Förderstromes ebenfalls ein Stufendruck um 50 at erzielt wurde.

[1] Ratzeburg, W.: Entwicklungstendenzen im Bau von Kesselspeisepumpen, Techn. Mitt. Bd. 57, Heft 1 (Jan. 1964), S. 28/30.

Die *Zulaufhöhe* für Kesselspeisepumpen konnte dank besonderer konstruktiver Maßnahmen auf der Eintrittsseite so verringert werden, daß keine Notwendigkeit besteht, den Speisewasserbehälter besonders hoch anzuordnen. Um bei geringer verfügbarer Zulaufhöhe und/oder bei sehr schnellaufenden Pumpen am Einlauf die Kavitationsgrenze nicht zu überschreiten, muß der erforderliche Zulaufdruck durch Vorschaltung einer *Vorpumpe* geschaffen werden. Das gleiche ist meist erforderlich bei hoher Zulauftemperatur und im Falle wechselnden Druckes im Speisewasserbehälter (Gleitdruckentgasung)[1]. Diese Vorpumpe ist eine vorzugsweise einstufige Pumpe, die meist mit niedrigerer Dreh-

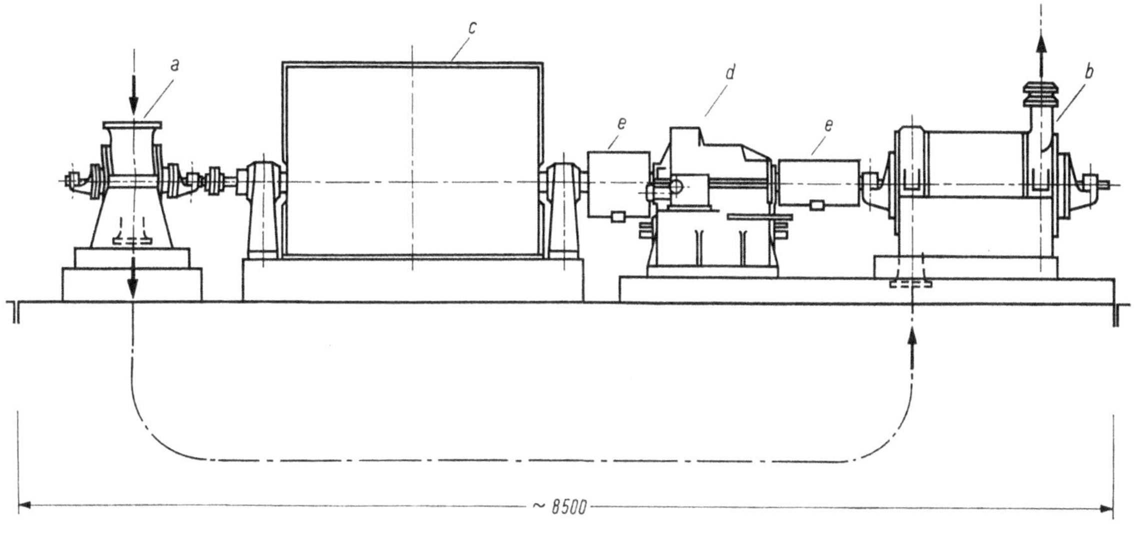

Abb. 239. Elektro-Speisepumpensatz für kleine Zulaufhöhe
$G = 360$ t/h, $H = 2400$ m Fl.S., $t = 145\,°C$

a Vorpumpe, $Hz_{geo} = 6{,}4$ m
b Hauptpumpe, $n_{max} = 4875$ U/min
c Elektromotor, $n = 1490$ U/min, $N = 3250$ kW
d Regelkupplung mit Getriebe
e Bogenzahnkupplungen

zahl als die Hauptpumpe läuft und dadurch nur geringe Zulaufhöhe beansprucht. Bei Elektroantrieb wird die Vorpumpe in der Regel vom zweiten Wellenende des Speisepumpenmotors aus angetrieben. Abb. 239 zeigt einen Speisepumpensatz mit Vorpumpe und Getriebe-Turboregelkupplung (vgl. auch Erster Band, S. 741, 742, 844, 845).

2. Konstruktionen

Eine Kesselspeisepumpe soll folgende Forderungen erfüllen, wobei die nachstehende Reihenfolge keine Rangfolge bedeuten soll:

1. Umsetzung der Antriebsleistung mit möglichst gutem Wirkungsgrad über einen möglichst großen Belastungsbereich,
2. Schnelles Hochfahren aus dem kalten oder halbwarmen Zustand, um die Möglichkeiten einer automatischen Umschaltung bei Ausfall der Betriebspumpe ausnutzen zu können,
3. Größte Betriebssicherheit und Unempfindlichkeit.

Zur ersten Forderung kann festgestellt werden, daß Höchstdruck-Speisepumpen großer Leistung heute Wirkungsgrade von 80% und mehr im Bestpunkt erreichen. Der Verlauf der Wirkungsgradkurve ist durch die geringe Schnelläufigkeit der zur Anwendung kommenden Laufradformen weitgehend festgelegt; gewisse Verbesserungen der Teillast-Wirkungsgrade sind indessen erfolgt. Darüber hinaus kann man durch Drehzahlregelung eine weitere Verbesserung der Teillast-Wirkungsgrade erreichen.

---

[1] Holzenberger, K.: Das Verhalten von Kesselspeisepumpen bei Druckabfall im Entgaser. KSB Technische Berichte 9 (April 1965), S. 39/44.

Die für das Hochfahren einer Kesselspeisepumpe benötigte Zeit ist von ihrem Temperaturzustand im Stillstand und von ihrer Betriebstemperatur abhängig. Bei Pumpen mit hoher und mittlerer Betriebstemperatur kann eine schnelle Betriebsbereitschaft am besten durch eine vollständig oder teilweise wärmeelastische Bauweise erreicht werden. Auf diese Bauweisen wird weiter unten noch eingegangen.

Die für Höchstdruck-Kesselspeisepumpen entwickelten Konstruktionen zeichnen sich im allgemeinen durch hohe Betriebssicherheit aus. Bei Unregelmäßigkeiten in der Betriebsführung sind die Kesselspeisepumpen durch chemische oder physikalische Angriffe des Speisewassers gefährdet, wie z. B. durch Korrosionen infolge zu geringer Alkalität oder durch Kavitationen infolge Unterschreitung des erforderlichen Zulaufdruckes und

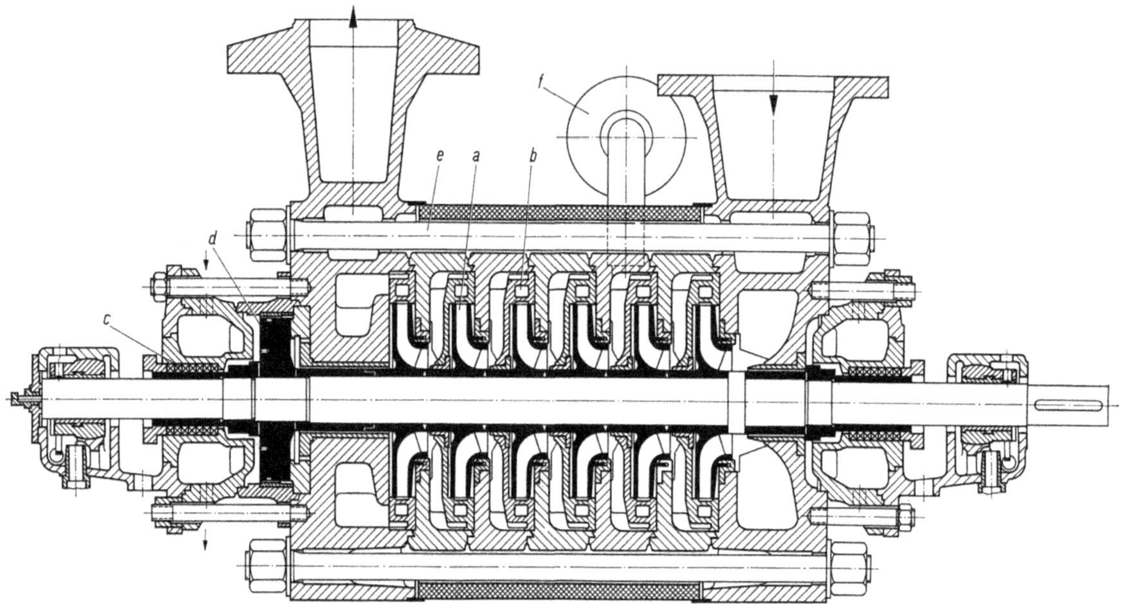

Abb. 240. Hochdruck-Kesselspeisepumpe (Nach HALBERG)

a Laufrad *c* Stopfbüchse *e* Zuganker
b Leitkranz *d* Entlastungsscheibe *f* Entnahmestutzen

dadurch verursachte Dampfbildung. Um die Speisepumpen gegen die möglichen Angriffe weitgehend unempfindlich zu machen, werden sie heute allgemein *vollkorrosionsbeständig* ausgeführt, d. h. nicht nur die Laufräder und Leitkränze, sondern auch die Gehäuse und die Wellenbüchsen werden aus hochlegiertem Chromstahl hergestellt. Die höheren Kosten dieser Ausführung machen sich durch wesentlich längere Lebensdauer der Pumpen als Ganzes und geringeren Reparaturbedarf im Falle einer nicht einwandfreien Betriebsüberwachung bezahlt.

Die *Konstruktion* der Speisepumpen ist in den USA und in Europa grundsätzlich verschiedene Wege gegangen. In *Europa* ist die *Gliederbauweise* üblich. Sie ist dadurch gekennzeichnet, daß eine der Stufenzahl entsprechende Anzahl gleichartiger Gehäuseringe, welche die Leitkränze und die Verbindungskanäle zur nächsten Stufe enthalten, durch die saug- und druckseitigen Gehäusedeckel mittels Zugankern zusammengehalten werden (Abb. 240). Die einzelnen Glieder erhalten metallisch aufgeschliffene Dichtflächen. Die Gliederbauweise hat einen geringeren Materialaufwand als eine Bauweise mit gemeinsamem Gehäuse und bietet den Vorteil einer größeren Anzahl gleichartiger Bauelemente. Anzapfungen können bei Bedarf ohne großen Aufwand an beliebigen Stellen angebracht werden, um Speisewasser niederen Druckes, z. B. für Einspritzkühler, entnehmen zu können.

Beim Anfahren erwärmt sich das Gehäuse schneller als die außenliegenden Zuganker. Die hierdurch bedingten Unterschiede in der *Wärmedehnung* werden bei der herkömmlichen Bauweise hauptsächlich durch elastische Dehnung der Zuganker und in geringerem Maße durch elastisches Zusammendrücken der Gehäuseglieder ausgeglichen. Besonders die Zuganker und ihre Gewinde werden hierbei zusätzlichen Beanspruchungen ausgesetzt, die man — bei Temperaturen oberhalb etwa 120 bis 130 °C und bei größeren Pumpen — nur durch vorheriges Anwärmen der Pumpe und vorsichtiges Hochfahren in erträglichen Grenzen halten kann. Hinzu kommt noch beim Anfahren aus halbwarmem Zustand der Einfluß der Temperaturunterschiede von oberem und unterem Gehäuseteil. Da das Wasser im Gehäuse und damit auch dieses selbst oben wärmer ist als unten, verkrümmt sich das Gehäuse einseitig nach oben. Da die Welle, besonders bei vielstufigen Pumpen, im Stillstand nach unten durchhängt bzw. sogar aufliegt, kann es in diesem Temperaturzustand zu einem starken Verspannen der Welle im Mittelteil der Pumpe kommen. Das schnelle Anfahren aus diesem Zustand würde also Schäden verursachen. Eine Abhilfe wurde hier u. a. durch Verstärken der Pumpenwelle geschaffen (berührungsfreie Pumpe).

Abb. 241. Höchstdruck-Kesselspeisepumpe in wärmeelastischer Bauweise (Werkfoto KSB)

Die *wärmeelastische Bauweise*, die von deutschen Herstellern vorzugsweise für Speisepumpen mit mittleren und höheren Betriebstemperaturen entwickelt worden ist, zeichnet sich durch besonders starke Zuganker aus. Diese lassen nur eine geringe Dehnung durch unterschiedliche Wärmebeanspruchung zu und verhindern auch weitgehend das Verkrümmen des Gehäuses. Die Gehäuseglieder werden bei dieser Bauweise verhältnismäßig dünnwandig ausgeführt und nehmen den größten Teil der Wärmedehnung als Druckkräfte auf. Die Außenwände der Gehäuseglieder werden erforderlichenfalls durch aufgeschrumpfte Ringe verstärkt, die sich gegenseitig nicht berühren. Das Gehäuse kann dadurch auch sehr hohe Innendrücke aufnehmen. Pumpen dieser Bauart lassen sich bei den Betriebsverhältnissen, für die sie geschaffen wurden, aus dem kalten und in der Regel auch aus dem halbwarmen Zustand in Bruchteilen einer Minute hochfahren. Sie eignen sich für Pumpenenddrücke bis etwa 350 atü. Die Förderströme werden — wenn notwendig, durch Aufstockung der bestehenden Typenreihen — den in der europäischen Kraftwerkstechnik erforderlichen Größen angepaßt. Abb. 241 zeigt eine der größten in Deutschland in Betrieb befindlichen Speisepumpen in wärmeelastischer Bauweise für eine Fördermenge von 630 t/h bei 290 atü Enddruck.

Bei der Mehrzahl der ausgeführten neueren und in nächster Zukunft zu projektierenden Großkraftwerke sind Frischdampfdrücke von etwa 180 atü bis zur Gegend des kritischen Druckes die Regel. Für die hierbei erforderlichen Enddrücke der Speisepumpen wurde die wärmeelastische Pumpe zu einer Bauart weiterentwickelt, die in Abb. 242 dargestellt ist. Diese Pumpe ist durch einen *Zwischendeckel* in einen Hochdruck- und einen Niederdruckteil unterteilt, wodurch bei voller Wahrung der Wärmeelastizität die Beanspruchung der Dichtflächen an den Gehäuseringen durch den Innendruck und die der Zuganker herabgesetzt werden[1]. Das Durchhängen der Welle im Stillstand wird durch eine Führung im Zwischendeckel stark verringert. Diese Bauart ist für Enddrücke von 300 bis 380 atü geeignet und vorteilhaft. Ihr entsprechen die größten bis 1965 in Deutsch-

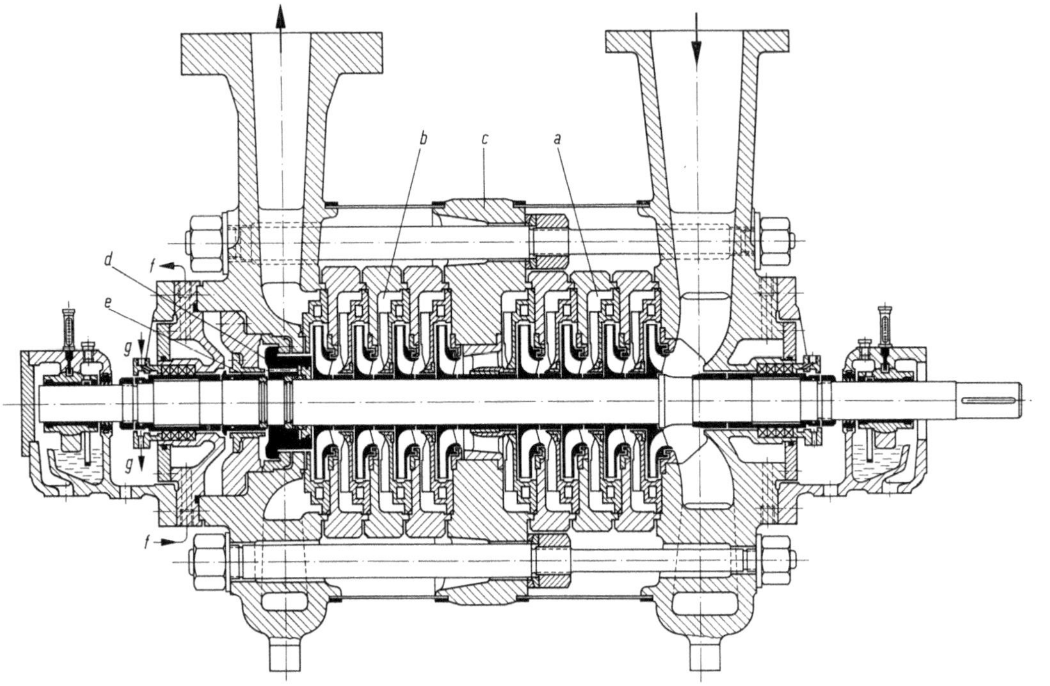

Abb. 242. Höchstdruck-Kesselspeisepumpe mit Zwischendeckel (Nach KSB)

a Niederdruckteil
b Hochdruckteil
c Zwischendeckel
d Entlastungsscheibe
e Drosselstrecke für das Entlastungswasser
f Stopfbüchsen-Kühlwasser
g Stopfbüchsen-Sperrwasser

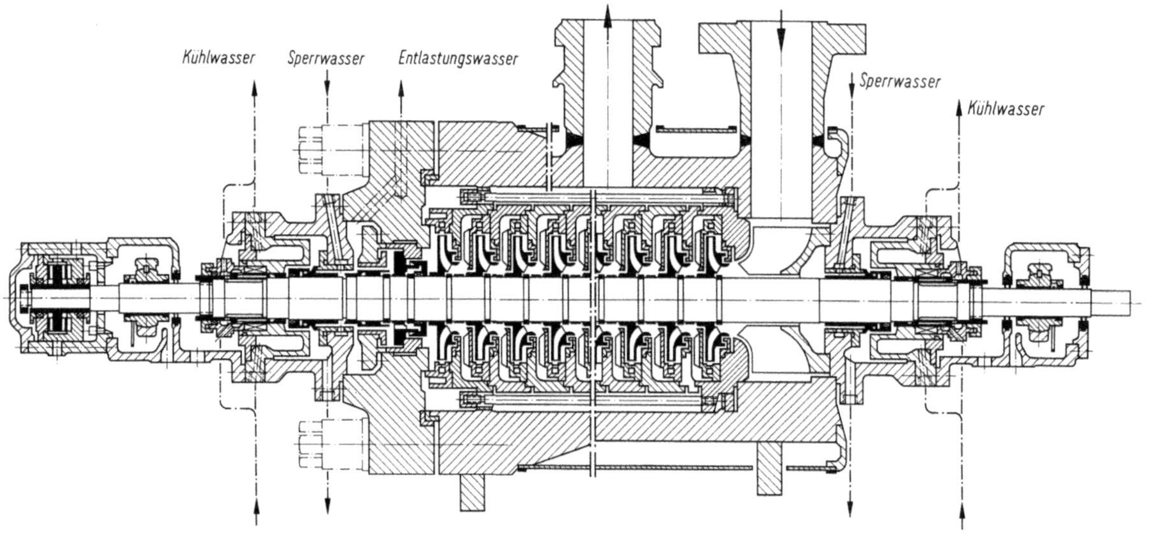

Abb. 243. Höchstdruck-Kesselspeisepumpe mit Mantelgehäuse (Nach KSB)

land hergestellten Speisepumpen, die je 870 t/h bei einem Enddruck von 304 atü und einer Leistungsaufnahme von 9000 kW fördern werden. Sie sind für zwei überkritische

[1] SCHWENGLER, W.: Die Zwischendeckelpumpe. KSB Technische Berichte 2 (Juli 1961), S. 29/38.

Blocks von je 600 MW im Kraftwerk La Spezia (Italien) bestimmt und sollen 1966 in Betrieb gehen.

Bei Anlagen mit überkritischem Frischdampfdruck können auch Pumpenenddrücke über 380 atü erforderlich werden. Man baut dann die eigentliche Gliederpumpe in ein *Mantelgehäuse* ein und läßt das geförderte Wasser zwischen Innen- und Außengehäuse zum Austrittsstutzen strömen, so daß der vom Innengehäuse aufzunehmende Druckunterschied und damit die erforderlichen Anpreßdrücke an den Dichtflächen in vertretbaren Grenzen bleiben (Abb. 243). Die einzelnen Gehäuseglieder werden durch den Druck des geförderten Wassers aneinandergepreßt, so daß nur schwache Zuganker erforderlich sind. Da das Innengehäuse auch von außen der Betriebstemperatur unterworfen ist, erübrigt sich die wärmeelastische Bauweise. Das Mantelgehäuse erhält hingegen die vom Dampfturbinenbau her bekannte Topfform. Seine radiale Teilfuge ist am gesamten Umfang gleichen Druck- und Temperaturverhältnissen unterworfen, so daß die Wärmedehnung gleichmäßig in radialer Richtung verläuft. Beim Stillstand ist allerdings ein einseitiges Verziehen des Mantelgehäuses nicht zu vermeiden, so daß zum Anfahren dieser

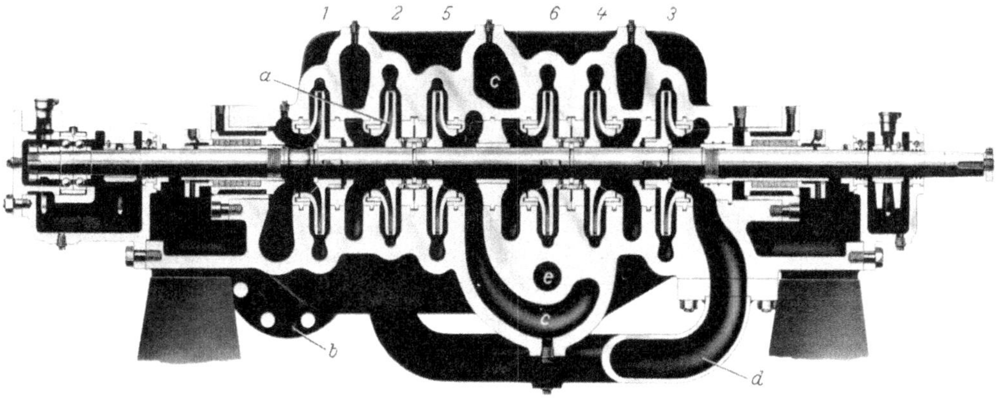

Abb. 244. Kesselspeisepumpe mit axial geteiltem Gehäuse und paarweise gegeneinander geschalteten Laufrädern (Werkfoto De Laval, USA)

a Laufräder
b Saugstutzen
c Eingegossener Umlenkkanal
d Äußerer Umlenkkanal
e Austrittskanal
1 . . . 6 1. bis 6. Stufe

Bauart aus dem halbwarmen Zustand besondere Vorkehrungen getroffen werden müssen, wenn man große Radialspiele der Laufräder und damit Wirkungsgrad-Einbußen vermeiden will[1].

In den *USA* hat man die Speisepumpen zunächst mit *gemeinsamem, axial geteiltem Gehäuse* gebaut. Infolge der hohen Steifigkeit dieser Gehäuse und dank konstruktiver Maßnahmen, die große axiale Relativ-Wärmedehnungen zwischen Laufzeug und Gehäuse zulassen, ist diese Bauweise für hohe und höchste Speisewassertemperaturen geeignet. Der Enddruck ist jedoch begrenzt. Die Anschlußstutzen befinden sich grundsätzlich am Unterteil des Gehäuses, damit beim Abheben des Oberteils keine Rohrleitungen abgebaut werden müssen.

Ursprünglich wurden die einzelnen Stufen, wie Abb. 244 zeigt, hydraulisch so gegeneinander geschaltet, daß einmal der Axialschub annähernd ausgeglichen und zum anderen die Druckdifferenz zwischen zwei räumlich benachbarten Stufen möglichst gering ist, um die Leckverluste zu verringern und die Abdichtung zwischen den Stufen zu vereinfachen. Die Umlenkkanäle sind teils in das Gehäuse eingegossen, teils außen angeflanscht. Leitkränze sind nicht vorhanden. Der restliche Axialschub wird bei kleineren Modellen

[1] Honold, E.: Ein kritischer Vergleich von Topf- und Gliederpumpe. KSB Technische Berichte 1 (Okt. 1960), S. 24/28.

durch ein Kugellager geeigneter Bauart, bei größeren durch ein Drucklager aufgenommen. Diese Pumpen werden in modernen Großkraftwerken nicht mehr verwendet und nur der Vollständigkeit halber erwähnt. Ihre Fördermengen sind mit etwa 200 t/h, ihre Enddrücke mit etwa 85 atü begrenzt; die höchste zulässige Speisewassertemperatur liegt bei 175 °C.

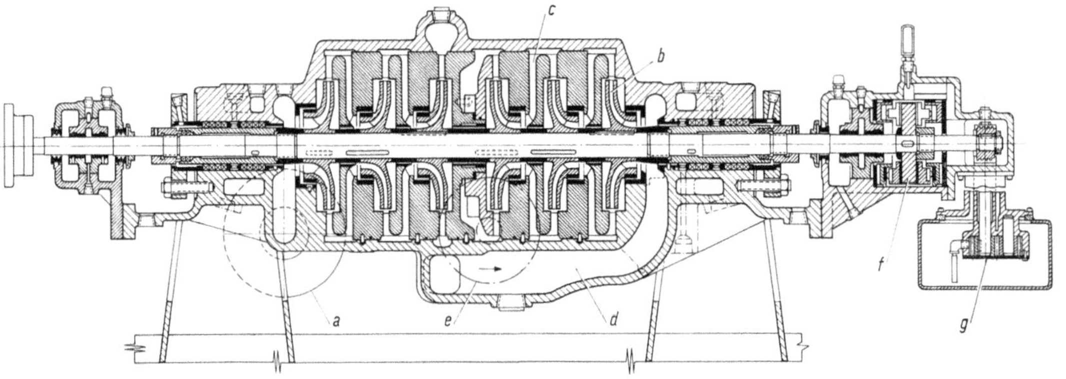

Abb. 245. Kesselspeisepumpe mit axial geteiltem Gehäuse und gruppenweise gegeneinander geschalteten Laufrädern (Nach Pacific Pumps, USA)

a Saugstutzen, *b* Laufräder, *c* Leitkränze, *d* Umlenkkanal, *e* Druckstutzen, *f* Drucklager, *g* Lagerölpumpe

Da die langen Umlenkkanäle dieser Bauart eine Wirkungsgradeinbuße zur Folge haben, ging man dazu über, Leitkränze mit Umlenkkanälen zwischen die Laufräder zu setzen, so daß der aktive Teil der in Europa üblichen Bauweise ähnelt. Die Zwischenstücke werden zusammen mit dem Laufzeug in das Gehäuse eingebaut und dann fixiert. Will

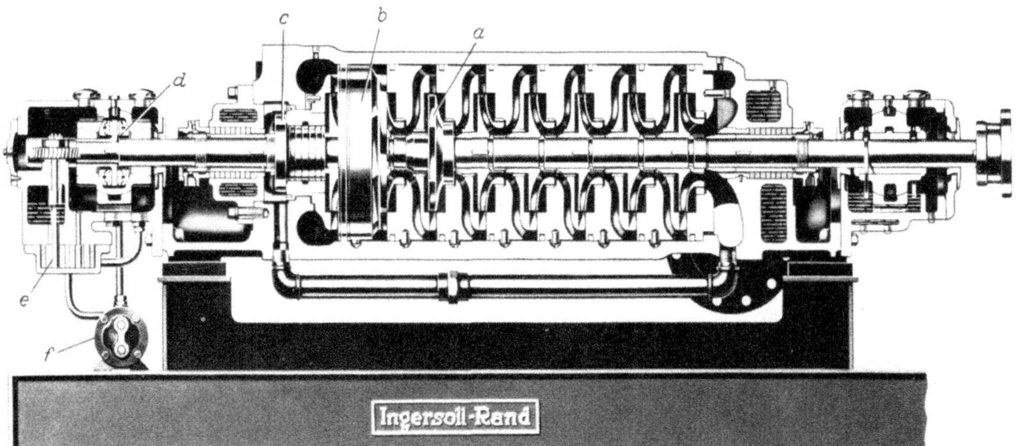

Abb. 246. Kesselspeisepumpe mit axial geteiltem Gehäuse (Werkfoto Ingersoll-Rand, USA)

a Laufrad, *b* Leitkranz, *c* Entlastungsscheibe, *d* Drucklager, *e* Lagerölpumpe, *f* Ölkühler

man auch in diesem Falle die Stufen hydraulisch gegeneinander schalten, so ist dieses nur gruppenweise möglich, wie aus Abb. 245 ersichtlich. Die Förderflüssigkeit strömt zunächst vom zulaufseitigen Ende durch die erste Hälfte der Stufen bis zur Mitte, von dort durch einen Umlenkkanal zum anderen Ende der Pumpe und schließlich durch die zweite Hälfte der Stufen wiederum zur Mitte, wo sich der Druckstutzen befindet. Der

Ausgleich des axialen Restschubes erfolgt wie bei der vorher beschriebenen Bauart. Pumpen dieser Konstruktion werden für Fördermengen bis 330 t/h, Enddrücke bis 90 atü und Drehzahlen bis 5000 U/min gebaut. Speisewassertemperaturen bis 230 °C sind zu-

Abb. 247. Kesselspeisepumpe mit axial geteiltem Gehäuse (Werkfoto Ingersoll-Rand, USA)

lässig. Eine Sonderbauart mit zwei Reihen von Flanschschrauben gestattet auch Enddrücke bis 280 atü bei Temperaturen bis 260 °C und Drehzahlen bis zu 7000 U/min.

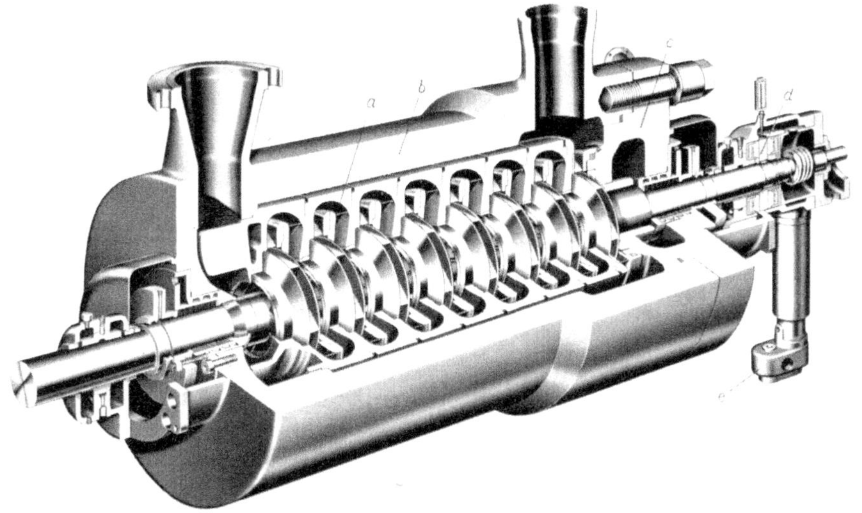

Abb. 248. Höchstdruck-Kesselspeisepumpe mit Doppelgehäuse (Werkfoto Pacific Pumps, USA)

a Glieder des Innengehäuses
b Mantelgehäuse
c Druckdeckel
d Drucklager
e Lagerölpumpe

Will man auch auf den langen Umlenkkanal der zuletzt geschilderten Bauart verzichten, so ist eine Gegeneinanderschaltung der Stufen nicht mehr möglich. Es ergibt sich dann eine Bauweise, wie sie in den Abb. 246 und 247 dargestellt ist. Derartige Pumpen können bis zu 450 t/h bei maximal 140 atü fördern und sind für Temperaturen bis zu 340 °C geeignet.

Mit dem Ansteigen der Enddrücke über etwa 130 atü ging man in den USA allgemein zur *Doppelgehäuse-Bauart* mit radialer Teilfuge („barrel type") über, die der bereits beschriebenen europäischen Topfbauweise sehr ähnlich ist. Diese Pumpen können z. Zt. für Fördermengen bis zu 2000 t/h, bei Enddrücken bis 460 atü und für Drehzahlen bis zu 10000 U/min gebaut werden. Teilweise verzichtet man im Unterschied zu den europäischen Gepflogenheiten auf Zuganker für die Glieder des Innengehäuses, sondern sichert sie nur gegen Drehung und hält sie mittels des Wasserdruckes zusammen, wie aus Abb. 248 ersichtlich ist; teilweise findet man aber auch Zuganker. In Abb. 249 ist eine

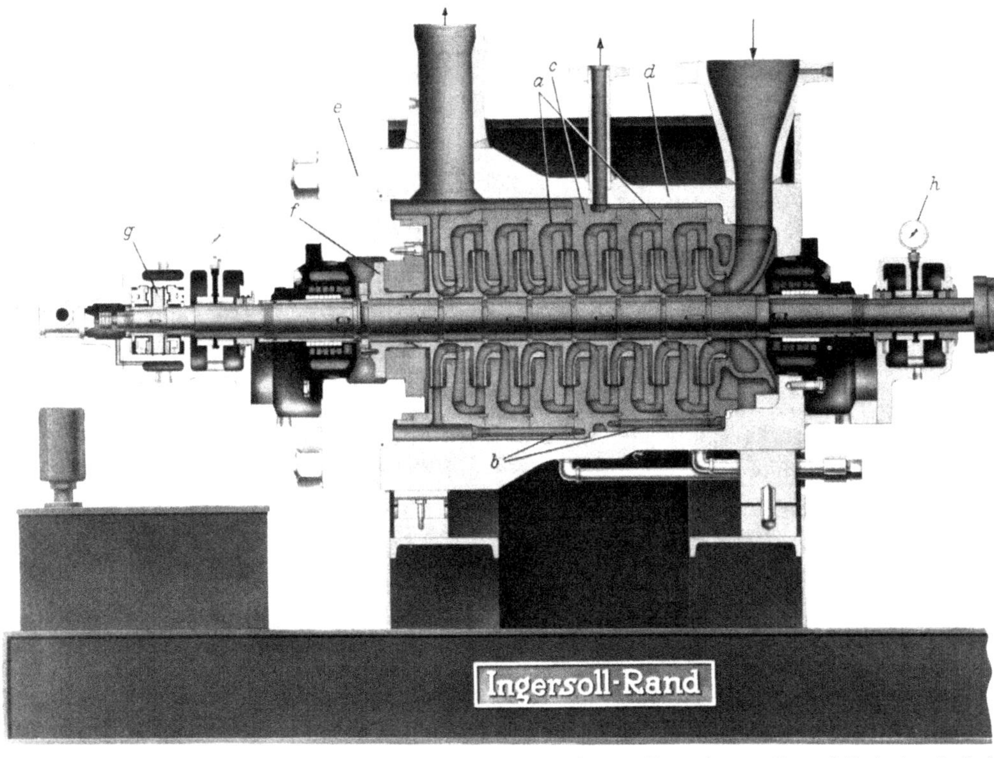

Abb. 249. Höchstdruck-Kesselspeisepumpe mit Doppelgehäuse, Entnahmestelle und Zwischendeckel (Werkfoto Ingersoll-Rand, USA)

a Glieder des Innengehäuses
b Zuganker des Innengehäuses
c Zwischendeckel
d Mantelgehäuse
e Druckdeckel
f Entlastungsscheibe
g Drucklager
h Meßvorrichtung für axiale Läuferlage

Pumpe wiedergegeben, die dem letzteren Prinzip entspricht und im übrigen ein Gegenstück zu der in Abb. 242 gezeigten Zwischendeckelpumpe darstellt. Hier war jedoch die eigentliche Ursache für die Unterteilung des Druckbereiches die Einbaumöglichkeit einer Entnahmestelle. Eine interessante Sonderbauart führt die gesamte Speisewassermenge hinter den ersten Stufen nach außen und sieht eine Wiedereinführung an der gleichen Stelle vor. Zwischen Austritt und Wiedereintritt können Hochdruckvorwärmer eingeschaltet werden, die dann wasserseitig für einen wesentlich unter dem Pumpenenddruck liegenden Druck ausgelegt werden können. Abb. 250 zeigt eine hochtourige, fünfstufige Topfgehäusepumpe für 320 atü Enddruck, eine Fördermenge von rd. 900 t/h und eine Leistungsaufnahme von rd. 9700 kW, Abb. 251 das Schnittbild einer vierstufigen Topfgehäusepumpe für 192 atü Enddruck und eine Fördermenge von 725 t/h bei 7000 U/min. Eine Sonderstellung nimmt die in Abb. 252 dargestellte Bauart ein, bei der eine Pumpe mit axial geteiltem Gehäuse und gegeneinander geschalteten Laufrädern (ähnlich Abb. 244) in ein Mantelgehäuse eingebaut wird. Die erste Stufe ist zweiflutig ausgeführt, um mit einer niedrigen Zulaufhöhe auszukommen.

Der Ausgleich des *Axialschubes* der Kesselspeisepumpen erfolgt mittels einer *Entlastungsvorrichtung*, die meist aus einer auf die Welle aufgesetzten, rotierenden Entlastungsscheibe und einer im Gehäuse befestigten Entlastungsgegenscheibe besteht. Eine direkte Berührung der beiden Scheiben wird während des Betriebes durch einen Spaltwasserfilm vermieden. Zu diesem Zweck wird eine kleine Menge des in den Druckstutzen austretenden Speisewassers, das sog. Entlastungswasser, zwischen die beiden Entlastungsscheiben geleitet und anschließend in den Speisewasserbehälter zurückgeführt. Eine Drosselung des Wasserdruckes vor dem Eintritt des Wassers in den Spalt zwischen den Entlastungsscheiben vermindert die dem Axialschub entgegenwirkende Druckkraft auf die Entlastungsscheibe und bewirkt hinter dieser einen Druckabbau etwa bis auf den Zulaufdruck.

Abb. 250. Höchstdruck-Kesselspeisepumpe mit Doppelgehäuse und Labyrinth-Stopfbüchsen (Werkfoto Pacific Pumps, USA)
a Dichtkondensat-Eintritt
b Dichtkondensat-Austritt

Da sich das Wasser in der Entlastungsvorrichtung erwärmt, kann also im Spalt Dampfbildung auftreten. Es ist daher zweckmäßig, das Druckniveau in der Entlastungsvorrichtung anzuheben, indem man die Drosselung des Entlastungswassers in der Hauptsache hinter der Entlastungsvorrichtung vornimmt. Die Entlastungsvorrichtung der in Abb. 242 und 243 dargestellten Pumpen ist in dieser Art ausgeführt. Größere Speisepumpen mit Turbinenantrieb erhalten eine Vorrichtung zum Abheben der Entlastungsscheibe, wenn sie mit kleiner Drehzahl als Laufreserve eingesetzt werden (Trudelbetrieb), da bei dieser Betriebsweise die geringe Förderung der Pumpe nicht zur Erzeugung des Spaltwasserfilms ausreicht.

Amerikanische Höchstdruck-Speisepumpen haben neben dieser Entlastungsvorrichtung grundsätzlich, deutsche Ausführungen gelegentlich, noch ein *Drucklager* zur axialen Fixierung des Läufers und damit zur Schonung der Entlastungsscheibe, ferner zur Aufnahme eines vorherbestimmten restlichen oder eines unvorhergesehen auftretenden zusätzlichen Axialschubes. Das Drucklager wird bei einer deutschen Konstruktion, die zur Erzielung einer Berührungsfreiheit der Entlastungsscheibe neben dieser einen Entlastungskolben vorsieht, grundsätzlich eingebaut[1]. Dabei wird ein Teil des Axialschubes vom letzten Laufrad aufgenommen. Infolge der Vergrößerung der Entlastungswassermenge verschlechtert sich der Pumpenwirkungsgrad etwas. Die amerikanische Bauform dieses

[1] RATZEBURG, W.: Entwicklungstendenzen im Bau von Kesselspeisepumpen. Techn. Mitt. Bd. 57, Heft 1 (Jan. 1964), S. 28/30.

Drucklagers, das als Kingsbury-Lager mit einem Traglager kombiniert ist, kann aus den Abb. 245, 246, 248 und 249 deutlich ersehen werden. Sie ähnelt dem bekannten Mitchell-Drucklager.

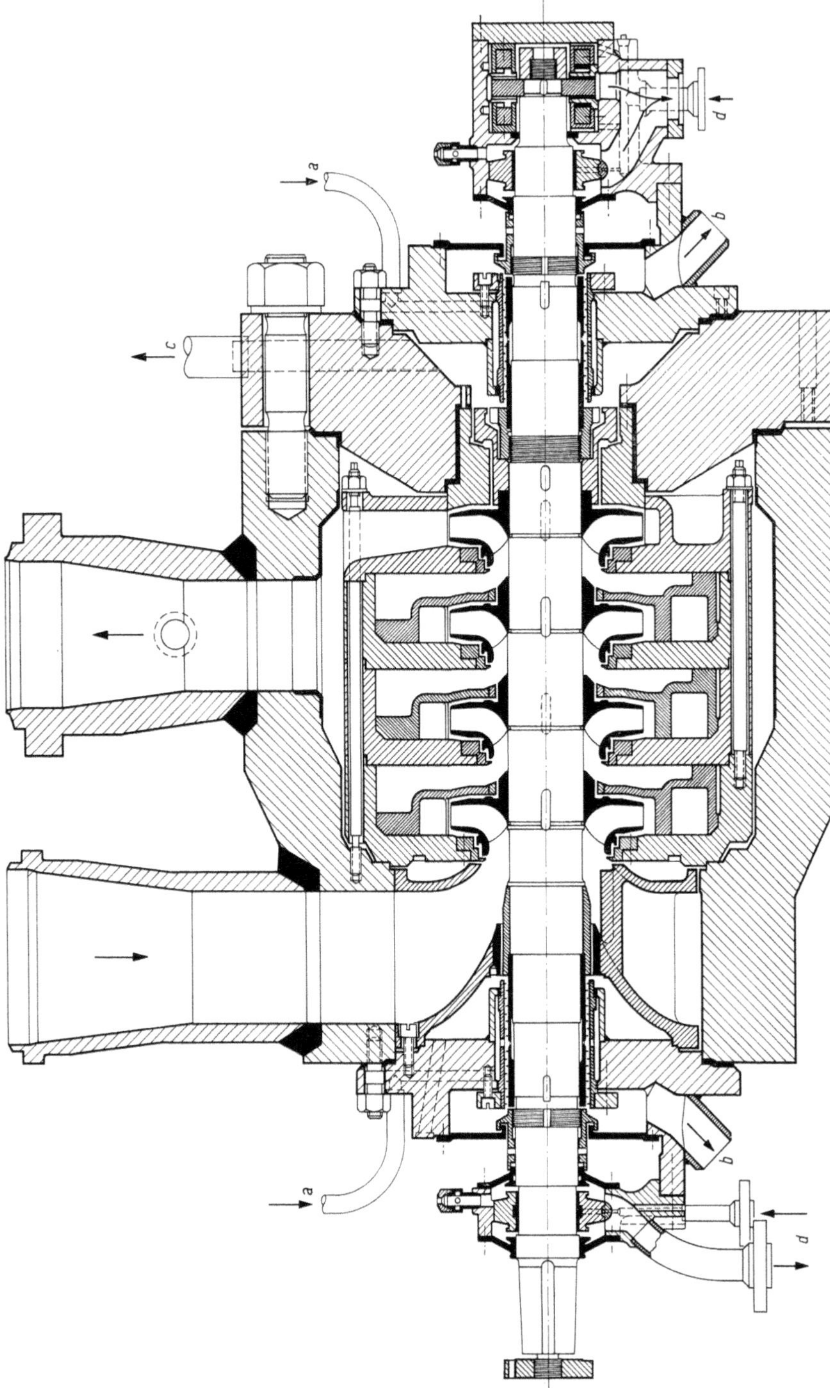

Abb. 251. Doppelgehäuse-Speisepumpe für hohe Drehzahl mit Labyrinth-Stopfbüchsen (Nach Worthington, USA)

a Dichtkondensat-Eintritt
b Dichtkondensat-Austritt
c Entlastungswasser-Austritt
d Lageröl-ein- und -austritt

Die *Stopfbüchsen* der Kesselspeisepumpen sind wassergekühlt. Für hohe Pumpendrücke sind *Spezialstopfbüchsen* entwickelt worden, bei denen auf die herkömmliche Packung verzichtet wird und die zum Auswechseln der Packung erforderlichen häufigeren Stillstände entfallen. Eine dieser Konstruktionen, die sog. Gleitringdichtung, ist ähnlich wie eine Entlastungsvorrichtung aufgebaut: eine axial bewegliche, mit der Welle rotierende Büchse wird mit ihrer kreisringförmigen Dichtfläche mittels Federdruckes an eine im Gehäuse befestigte Büchse gedrückt (vgl. Abb. 243 und 252). Die Anpressung durch die Feder soll einerseits die axiale Fixierung des Läufers eindeutig der Entlastungsvorrichtung überlassen und andererseits die Abdichtung unabhängig vom Verschleiß der rotierenden Kohlebüchse aufrechterhalten. Für die Kühlung der Gleitringe ist absolut reines Wasser erforderlich, damit die Funktionsfähigkeit nicht beeinträchtigt wird. Man verwendet daher Kondensat oder einen gekühlten Zweigstrom des Speisewassers.

Bei hohen Wassertemperaturen und besonders bei hohen Umfangsgeschwindigkeiten kann die Reibungswärme in einer Stopfbüchse mit Packung oder Gleitringdichtung so hoch werden, daß auf direkte Kühlung der Welle mittels Bohrungen in der Laufbüchse übergegangen werden muß (vgl. Abb. 243). Die Kühlkammer wird hierbei durch eine Aussparung zwischen Welle und Laufbüchse gebildet.

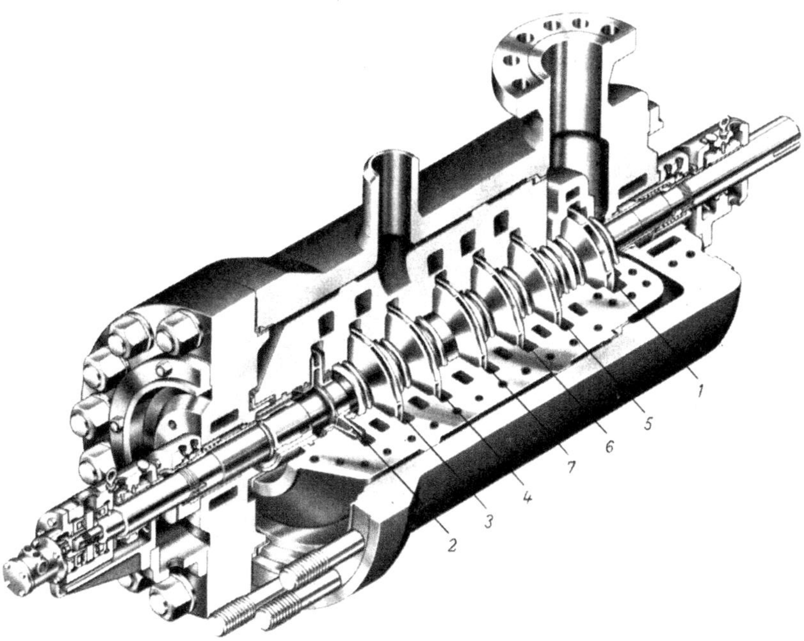

Abb. 252. Doppelgehäuse-Speisepumpe mit axial geteiltem Innengehäuse (Werkfoto Byron Jackson, USA) Die Zahlen bezeichnen die Stufen

In den USA, in England und neuerdings auch in Deutschland sind, besonders bei hohen Drehzahlen, *Labyrinth-Stopfbüchsen* gebräuchlich, die den im Dampfturbinenbau üblichen Bauarten ähneln. Ähnlich wie dort durch Dampf erfolgt hier die Abdichtung der Labyrinthe durch kaltes Kondensat, das zwischen der inneren und äußeren Hälfte der Stopfbüchse unter Überdruck eingeführt wird. Dieses Sperrwasser ist auch im Stillstand der Pumpe erforderlich. Die in Abb. 250 und 251 dargestellten Pumpen sind mit derartigen Labyrinth-Stopfbüchsen ausgerüstet.

Die bei großen Speisepumpen verwendeten *preßölgeschmierten Lager* erhalten indirekte Kühlung mittels eines Ölkühlers. Um schon beim Anfahren einer solchen Pumpe einen ausreichenden Ölfilm zwischen Welle und Lagerschale zu führen, erhalten die Gleitlager einen zusätzlichen Schmierring. Wenn die Lager des Antriebsmotors ähnlich ausgeführt sind, so wird hierdurch eine gesonderte Hilfsölpumpe überflüssig. Bei Elektropumpen versorgt die auf der Pumpenwelle oder am Übersetzungsgetriebe bzw. an der hydraulischen Regelkupplung angeordnete Ölpumpe im allgemeinen auch die Lager des Antriebsmotors mit Schmieröl, während bei Turbopumpen die Lager der Pumpe von der Ölpumpe der Turbine her versorgt werden. Weitere Ölverbraucher sind — falls vorhanden — das Übersetzungsgetriebe, die ölhydraulische Regelkupplung sowie die zwischen Pumpe und Antriebsaggregat angeordnete *Zahn-Kupplung*. Diese Kupplung dient neben der Leistungsübertragung dazu, bis zu einem gewissen Grade gegenseitige axiale Verschiebungen zwischen Pumpen- und Motorläufer (bzw. abtreibender Welle des Getriebes) sowie die Schräglage des Pumpenwellenzapfens infolge der im Stillstand und in gewissem Maße auch im Betrieb durchhängenden Pumpenwelle mittels ineinander greifender, meist bogenförmig ausgebildeter Zahnkränze auszugleichen. Diese Kupplung ist, von kleinen Leistungen und Drehzahlen abgesehen, für Durchflußschmierung eingerichtet.

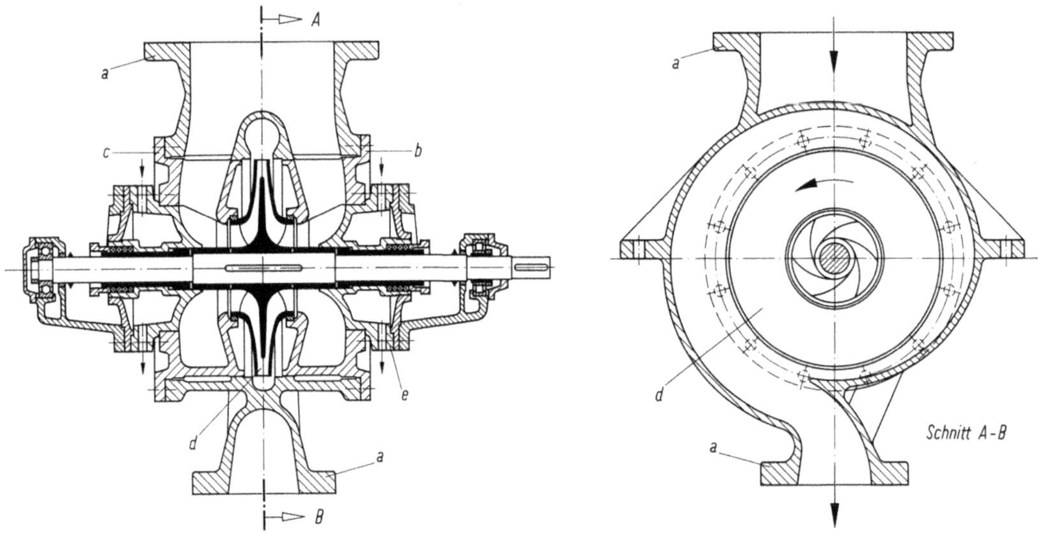

Abb. 253. Zweiflutige Speisewasser-Vorpumpe mit radialen Teilfugen (Nach KSB)

a Gehäuse
b Rechter Saugdeckel
c Linker Saugdeckel
d Laufrad
e Stopfbüchsengehäuse mit Kühlkammer

Die bei ungünstigen Zulaufverhältnissen und hohen Drehzahlen erforderlichen *Vorpumpen* werden, um geringste Zulaufhöhen verwirklichen zu können, häufig zweiflutig ausgeführt. Die in Abb. 253 dargestellte Pumpe hat radiale Gehäuseflansche, wodurch auch hier schnelles Hochfahren infolge gleichmäßiger Wärmedehnung ermöglicht wird. In den USA werden bei kleinen Zulaufhöhen auch zweiflutige erste Stufen in der Hauptpumpe vorgesehen (vgl. Abb. 252). Die Lösung, den Enddruck der Vorpumpe so weit zu erhöhen, daß die Hochdruckvorwärmer zwischen Vor- und Hauptpumpe eingeschaltet und dadurch für einen niedrigeren Speisewasserdruck ausgelegt werden können, bietet im allgemeinen keine wirtschaftlichen Vorteile. Der Ersparnis bei den Vorwärmern stehen Mehrkosten für die Speisepumpenanlage sowie eine erhöhte Leistungsaufnahme der Hauptpumpe infolge höherer Wassertemperaturen gegenüber.

In diesem Zusammenhang sollen noch kurz die für Zwangumlaufkessel benötigten *Umwälzpumpen* erwähnt werden. Diese Pumpen haben nur geringe Förderhöhe, da sie im wesentlichen nur die Reibungswiderstände im Kesselsystem überwinden müssen. Sie arbeiten aber unter hohen Betriebsdrücken und -temperaturen. Es sind einstufige Pumpen, die ein den Betriebsverhältnissen entsprechend ausgebildetes Gehäuse sowie im allgemeinen axialen Zulauf und fliegendes Laufrad haben, um mit nur einer Stopfbüchse auszukommen. Diese Hochdruck-Stopfbüchse wird dann durch eine vorgeschaltete Drosselstrecke teilweise entlastet.

Eine Sonderbauart, die auch zur Erzielung eines eindeutigen Wasserumlaufes bei einzelnen Konstruktionen von Trommelkesseln sowie bei Schwachlastbetrieb von Durchlaufkesseln verwendet wird, ist in Abb. 254 dargestellt. Das komplette Pumpenaggregat ist in einem Gehäuse untergebracht, das an das Rohrleitungssystem angeflanscht oder angeschweißt wird. Durch diese Anordnung werden keine Stopfbüchsen benötigt. Der nasse Motor, der unter dem vollen Pumpendruck steht, wird durch Wasser gekühlt, das durch eine kleine Hilfspumpe umgewälzt wird. Durch eine Wärmesperre wird der Wärmeübergang von der Pumpe in den Motorraum verhindert. Diese Pumpen sind z. Zt. für

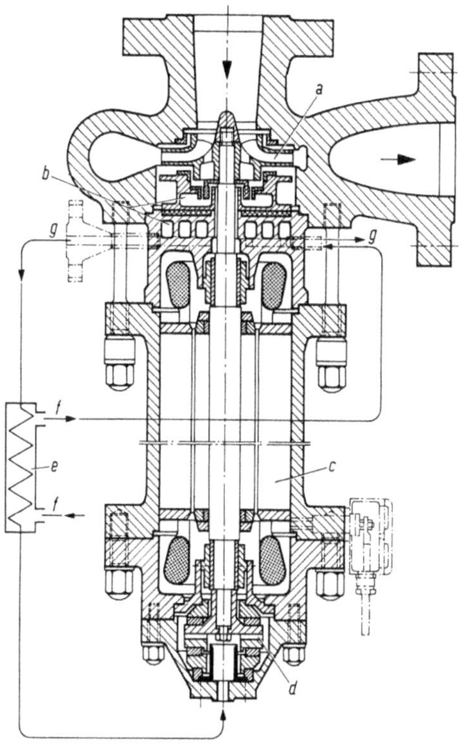

Abb. 254.
Stopfbüchsenlose Umwälzpumpe (Nach KSB)
a Laufrad
b Wärmesperre
c Motor
d Hilfslaufrad für HD-Kühlwasser
e HD-Kühler
f Frischwasserein- und -austritt am HD-Kühler
g dgl. an der Wärmesperre

Zulaufdrücke bis etwa 300 atü bei Förderhöhen von 15 bis 20 at in 1 bis 3 Stufen und für Wassertemperaturen bis etwa 400 °C erprobt. Sie sind mit etwas geänderten Antriebsmotoren auch als Umwälzpumpen in der Reaktortechnik in Verwendung[1].

3. Antrieb und Regelung

Der direkt einschaltbare *Drehstrommotor mit Käfigläufer* stellt ganz allgemein den einfachsten, billigsten und betriebssichersten Antrieb dar. Um beim direkten Antrieb von Kesselspeisepumpen die Beschleunigung des Pumpenläufers beim Anfahren — das ja grundsätzlich unter Last erfolgt — in unschädlichen Grenzen zu halten, muß der Läufer des Motors eine Spezialwicklung erhalten, durch die sein Anzugmoment verringert und seine Hochlaufzeit verlängert wird (vgl. auch Vierter Teil, Abschn. B III, S. 625). Diese Maßnahme ist jedoch bei Zwischenschaltung einer Regelkupplung nicht erforderlich, da die Anfahrbeschleunigung der Pumpe dann durch diese eingestellt werden kann. Wenn die Pumpendrehzahl bei etwa 3000 bzw. 3600 U/min liegt, werden zweipolige Motoren, entsprechend einer Synchrondrehzahl von 3000 U/min bei 50 Hz bzw.

[1] HOLZ, H.: Stopfbüchsenlose Umwälzpumpen. KSB Technische Berichte 1 (Okt. 1960), S. 13/19.
GOERKE, H.: Umwälzpumpen für Zwangdurchlaufkessel. KSB Technische Berichte 6 (Aug. 1963), S. 22/28.

3600 U/min bei 60 Hz, verwendet. Muß die Speisepumpe für eine höhere Drehzahl als die genannten ausgelegt werden, so wird die Zwischenschaltung eines Übersetzungsgetriebes erforderlich. In diesem Falle wird man einen vierpoligen Antriebsmotor entsprechend einer Synchrondrehzahl von 1500 bzw. 1800 U/min bevorzugen. Die Antriebsmotoren werden mit Kreislaufkühlung versehen.

Bei Höchstdruckblocks großer Leistung benötigen die Kesselspeisepumpen so hohe Antriebsleistungen, daß das Einschalten derartig großer Elektromotoren bisweilen besondere Maßnahmen erfordern würde. Aus diesem Grunde gewinnt der Antrieb der Speisepumpen mittels *Dampfturbine* bei großen Einheiten wieder steigende Bedeutung. Diese Antriebsart ermöglicht außerdem eine direkte Kupplung von Antriebsturbine und Pumpe

Abb. 255. Zwei Halblast-Höchstdruck-Kesselspeisepumpen mit Doppelgehäuse (Werkfoto De Laval, USA), von den turbinenseitigen Enden des 300 MW-Zweiwellenturbosatzes über Turboregelkupplungen angetrieben (Kraftwerk Morro Bay der Pacific Gas & Electric Co)

auch bei Drehzahlen über 3000 bzw. 3600 U/min. Allerdings kommen als Antriebsturbinen keine Gegendruckturbinen einfacher Bauart, wie sie von früher her für diese Zwecke bekannt sind, in Frage, da sie zu unwirtschaftlich arbeiten würden und ihr Abdampf im Vorwärmsystem nicht untergebracht werden könnte. Als Antriebsmaschine wird daher meist eine hochwertige Kondensationsturbine gewählt, die von einer der unteren Entnahmen der Hauptturbine gespeist wird (Zweigturbine). Auf diese Weise ergibt sich zusätzlich eine Entlastung der letzten Stufen der Hauptturbine. Eine Ausführung der Zweigturbine als Gegendruckmaschine, die aus der kalten Zwischenüberhitzerleitung gespeist wird und deren Dampf zur Speisewasservorwärmung benutzt wird, kommt gleichfalls vor[1]. Zum Anfahren der Zweigturbine wird meist ein besonderer Hilfskessel mit geringen Herstellungskosten (steamblock, package boiler) installiert, der sie mit Dampf höheren Druckes versorgt. Wenn kein Anfahrdampf zur Verfügung steht, ist eine Elektro-Anfahrpumpe erforderlich.

[1] Rankin, A. W.: Auxiliary Turbine Drives for Boiler Feed Pumps. Combustion Bd. 35, Heft 7 (Jan. 1964), S. 14/21.

In den USA und vereinzelt auch schon in Europa hat sich bei Blocks mit Leistungen zwischen etwa 250 und 500 MW ein Antrieb der Speisepumpe von der Welle des Hauptturbosatzes, entweder direkt oder über Regelkupplung, gegebenenfalls mit Übersetzungsgetriebe, eingebürgert (vgl. Erster Band, S. 244, und Zweiter Band, S. 401). Bei Zweiwellenmaschinen findet man bisweilen je eine Halblast-Speisepumpe an jeder Welle (vgl. Erster Band, S. 244). Die Pumpen werden am generatorseitigen und neuerdings auch am turbinenseitigen Ende (Abb. 255) angekuppelt. In den USA verzichtet man dann stets auf eine Vollast-Reservepumpe; bei der Anordnung mit einer Vollastpumpe wird nur eine Anfahr-Speisepumpe kleinerer Leistung hinzugefügt und ein Satz kompletter Innenteile für die Hauptpumpe auf Lager gehalten; bei der Anordnung mit zwei Halblastpumpen findet sich im allgemeinen eine dritte Halblastpumpe als Reserve und zum An- bzw. Abfahren des Blockes. In Deutschland und den meisten europäischen Ländern stehen der erstgenannten einfachen Anordnung die behördlichen Vorschriften entgegen.

Für Blockleistungen ab etwa 700 MW führt sich neuerdings in den USA eine Kombination zweier Antriebsarten ein, indem man eine Halblastpumpe ohne Regelkupplung von der Hauptwelle und die zweite mittels einer Zweigturbine antreibt[1, 2]. Man spart hierbei Herstellungskosten sowie Regelverluste im oberen Leistungsbereich. Bei etwa 65% der Auslegungsleistung muß die Turbopumpe abgeschaltet werden, die Wellenpumpe übernimmt dann die alleinige Förderung (größerer Förderstrom infolge geringerer Förderhöhe!).

Die einfachste, aber auch unwirtschaftlichste Regelungsart der Speisepumpe ist die *Drosselregelung*. Hierbei wird der Pumpe durch Drosseln, also durch Widerstandserhöhung mittels eines Regelventils, diejenige Förderhöhe aufgezwungen, die der gerade verlangten Speisewassermenge entspricht. Die Verluste dieser Regelungsart sind um so höher, je kleiner die Belastung der Pumpe ist, da die durch Drosselung zu vernichtende Förderhöhe bei abnehmender Fördermenge infolge des ansteigenden Enddruckes einerseits und der sich verringernden Durchflußwiderstände andererseits stark zunimmt, während der Pumpenwirkungsgrad abnimmt. Die Drosselregelung kommt daher höchstens noch für die Anfahrpumpen in Frage und ist bei den Hauptpumpen durch die verlustarme, stufenlose *Drehzahlregelung* verdrängt worden. Man ändert hierbei die Drehzahl so, daß man auf eine Kennlinie übergeht, mit der die einer bestimmten Speisewassermenge zugeordnete erforderliche Förderhöhe ohne Drosselung erreicht wird. Die Pumpe wird also nach der „Widerstandslinie“ (*WL* in Abb. 256) gefahren. Hierbei bietet der Turbinenantrieb den großen Vorteil, daß die Pumpe ohne besondere zusätzliche Organe, nur durch Änderung der Antriebsdrehzahl, annähernd verlustlos geregelt werden kann. Bei Elektroantrieb wäre dies nur durch einen Drehstrom-Nebenschlußmotor möglich, der aber für die hier verlangten Leistungen bisher nicht ausgeführt worden ist. Weitere Möglichkeiten sind das verlustarm arbeitende Überlagerungs- oder Leistungsverzweigungs-Getriebe, ferner der Motor mit Schleifringläufer, die magnetische und die hydraulische Schlupfkupplung (Turbo-Kupplung). Die drei letzteren Regelungsarten haben einen Schlupfverlust. Die an die Pumpe übertragene Leistung vermindert sich hierdurch auf:

$$N_2 = 100 - \frac{n_1 - n_2}{n_1} = 100 \frac{n_2}{n_1} [\%],$$

in Prozent der Antriebsleistung ausgedrückt, so daß der Schlupfverlust den Wert $100 - N_2$ [%] annimmt[3]. Hierbei ist n_1 die Eingangsdrehzahl und n_2 die Regeldrehzahl, d. h. die Drehzahl der Pumpe. Bei der Turbo-Kupplung ist auch bei voller Drehzahl mit einem Mindestschlupf von 2 bis 3% zu rechnen. Trotzdem ist die Einsparung an

[1] Rankin, A. W.: Auxiliary Turbine Drives for Boiler Feed Pumps. Combustion Bd. 35, Heft 7 (Jan. 1964), S. 14/21.

[2] Rankin, A. W.: Combination BFP Drive Economical. Electrical World Bd. 160, Heft 4 (Nov. 1963), S. 90/92.

[3] Beim Schleifringläufermotor ist der Schlupfverlust wegen des bei verminderter Drehzahl kleineren Drehmomentes der Pumpe etwas geringer als das Verhältnis der Drehzahlen.

Antriebsleistung bei Teillasten bedeutend, wie aus der Differenz $N - N_k$ in Abb. 256 ersehen werden kann. Beim *Schleifringläufermotor* kann der Schlupfverlust durch eine Hintermaschine größtenteils zurückgewonnen werden. Durch die neueste Entwicklung ergeben sich hier Möglichkeiten für einen sehr wirtschaftlich arbeitenden regelbaren Antrieb[1]. Bisher ist diese Antriebsart mit und ohne Rückgewinnung der Schlupfverluste nur vereinzelt zum Regeln von Kesselspeisepumpen angewandt worden. Dagegen hat sich die *Turbo-Regelkupplung* für Anlagen der heute üblichen Größe in Deutschland und anderen Ländern allgemein durchgesetzt. Auch in den USA wird sie, neben magnetischen Schlupfkupplungen, mehr und mehr angewandt. Sie wird in Deutschland, wenn die Betriebsdrehzahl der Speisepumpe höher als die Motordrehzahl liegt, mit dem Übersetzungsgetriebe in einem Aggregat vereinigt (Abb. 257). Die Turbo-Regelkupplung arbeitet nach dem Föttinger-Prinzip, d. h. das Drehmoment wird von der antreibenden auf die abtreibende Welle durch die Massenkräfte der Füllflüssigkeit übertragen. Das zur

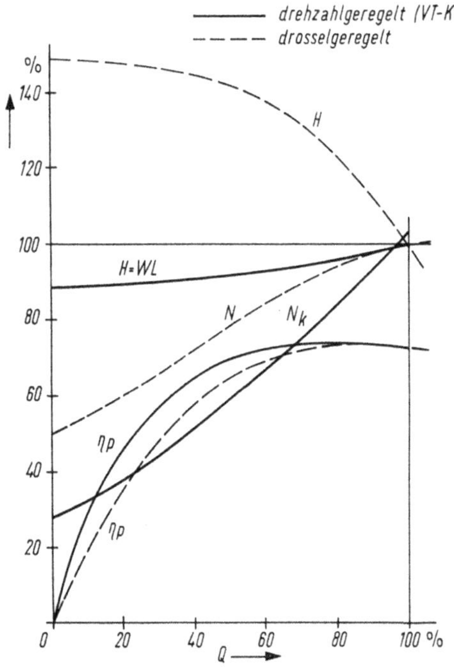

Abb. 256. Kennlinien einer Hochdruck-Kesselspeisepumpe für Durchlaufkessel

Index p = Pumpe allein
Index k = Motorkupplung
WL = Widerstands-(Betriebs-)Linie

Füllung verwendete Öl zirkuliert in einem geschlossenen Kreislauf zwischen treibendem und getriebenem Laufrad, wobei der Füllungsgrad und damit die Abtriebsdrehzahl durch radiale Verschiebung eines Schöpfrohres verstellt wird. Das Öl tritt aus einem mit dem Arbeitskreislauf kommunizierenden Raum infolge des Staudruckes in das Schöpfrohr ein, von wo es der Füllpumpe wieder zugeleitet wird. Die in Wärme umgesetzte Verlustleistung wird in einem Ölkühler abgeführt.

Bei der *magnetischen Schlupfkupplung* wird die Umlaufzahl des einen von zwei rotierenden Magnetfeldern verändert, wodurch sich die Drehzahl der abtreibenden Welle ändert.

Das *Leistungsverzweigungsgetriebe* ist ein Planetengetriebe, bei dem das äußere Sonnenrad in positive oder negative Relativdrehung zum übrigen System versetzt und dadurch die Abtriebsdrehzahl erhöht oder erniedrigt werden kann. Die überlagerte Drehung des Sonnenrades kann mittels einer Hydraulikpumpe, bei größeren Einheiten besser mittels

[1] Siehe Vierter Teil, Abschn. B III, S. 625.
Ferner: HOSSLI, W., u. a.: Speisepumpenantriebe für große Kraftwerkeinheiten. BBC-Mitt. Bd. 49 (1962) Nr. 7/8, S. 281/305.

eines Gleichstrommotors erzeugt werden, der durch einen Leonardgenerator gespeist wird. Diese neueste Regelungsart hat geringere Verluste als die Regelkupplung und der Schleifringläufermotor. Sie ist bisher nur in wenigen Fällen angewandt worden und birgt noch

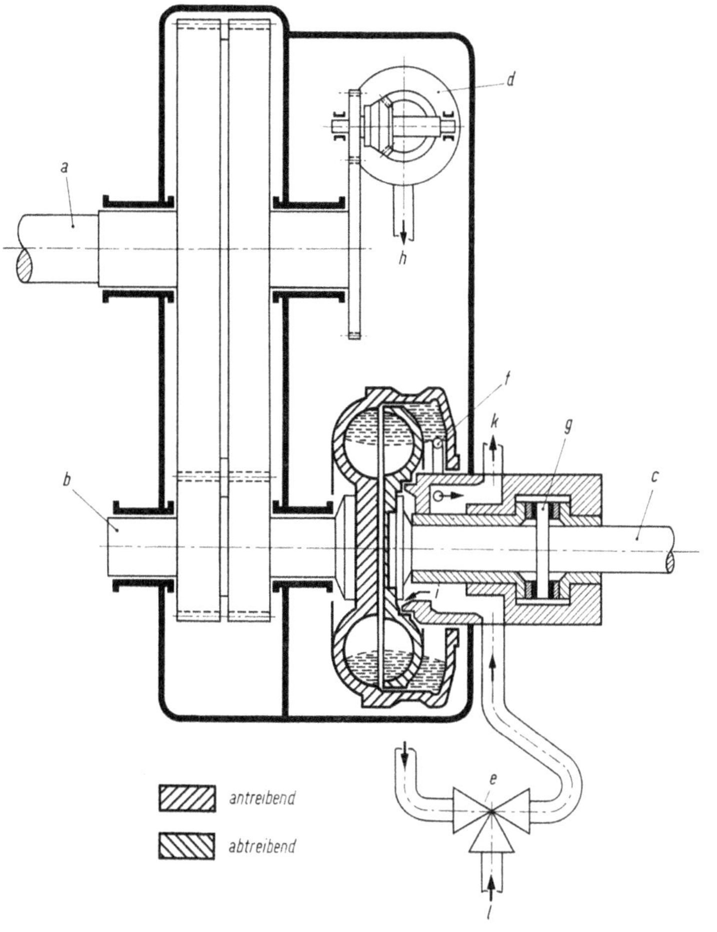

Abb. 257. Voith-Getrieberegelkupplung (halbschematisch)

a Antriebwelle vom Motor
b Ritzelwelle
c Antriebwelle zur Pumpe
d Füllpumpe
e Steuerventil
f Schöpfrohr
g axiale Fixierung
h zum Steuerventil
i zum Arbeitskreislauf
k zum Ölkühler
l vom Ölkühler

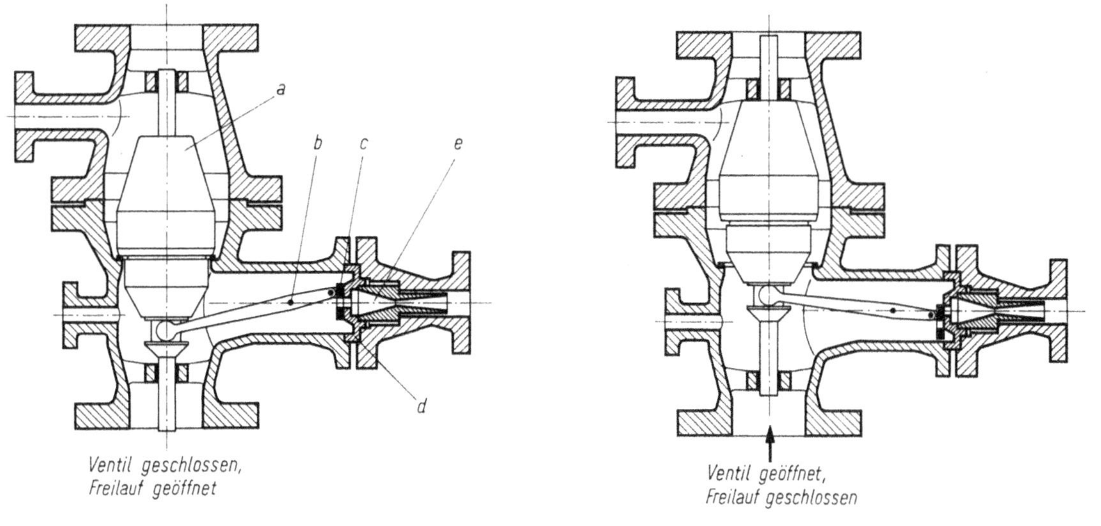

Abb. 258. Freilauf-Rückschlagventil (Nach KSB, vereinfachte Darstellung)

a Rückschlagkegel
b Fixpunkt der Schieberstange
c Steuerschieber
d Sitz mit Freilauföffnung
e Drosselstück (Düse)

einige Probleme, die jedoch in nächster Zukunft gelöst sein dürften. Ein großer Vorteil ist die Möglichkeit, die Drehzahl und damit die Leistung der Speisepumpe über den Normalwert hinaus zu steigern, so daß Belastungsspitzen ohne Überdimensionierung der Pumpe ausgefahren werden können.

Bei der Drehzahlregelung der Speisepumpen erübrigt sich im allgemeinen ein Speisewasser-Regelventil am Kessel.

4. Sicherungseinrichtungen

Kesselspeisepumpen und alle anderen Pumpen, die Wasser von annähernd Siedetemperatur fördern, können nicht mit beliebig kleinem Förderstrom betrieben werden, weil in diesem Falle die in Wärme umgesetzte hohe Verlustleistung eine zu starke Aufwärmung der Förderflüssigkeit und der Pumpe bewirken würde. Auch eine Verdampfung der Förderflüssigkeit mit ihren schädlichen Folgen kann eintreten. Die Pumpe muß also durch eine selbsttätig wirkende Vorrichtung gegen die Unterschreitung der erforderlichen Mindestfördermenge gesichert werden[1].

Beim *Freilauf-Rückschlagventil* mit selbsttätiger Mindestmengen-Abführung (Abb. 258) wird durch den Förderstrom der Pumpe der Rückschlagkegel mehr oder weniger stark angehoben. Mittels einer Hebelvorrichtung wird ein Steuerschieber vor dem Sitz der Freilaufvorrichtung so verstellt, daß seine Bohrung die Freilauföffnung freigibt, sobald die Förderung auf die Mindestmenge absinkt. In dem anschließenden Drosselstück wird das Freilaufwasser auf den in der Mindestmengenleitung herrschenden Gegendruck entspannt. Das Freilaufwasser wird in den Zulaufbehälter zurückgeführt. Um einen Verschleiß der Steuerorgane für die Mindestmengen-Abführung bei längerem Betrieb mit kleiner Leistung zu vermeiden, kann hinter dem Rückschlagventil an die Hauptleitung noch eine Handfahrleitung angeschlossen werden. Die selbsttätige Mindestmengen-Abführung bleibt bei geöffnetem Hand-Anfahrventil geschlossen. Die Handfahrleitung wird ebenfalls zum Zulaufbehälter geführt.

Das Freilauf-Rückschlagventil in der geschilderten Bauweise ist für Pumpenenddrücke bis etwa 250 atü geeignet. Bei Betriebsdrücken, die sich dieser Grenze nähern, tritt infolge der hohen Austrittsgeschwindigkeiten in den Steueröffnungen und Drosselorganen starker Verschleiß auf, der zu Undichtheiten führt. Bei Ersatz der kontinuierlichen Steuerung des Nebenauslasses durch eine Zweipunktsteuerung kann man die Verschleißwirkung etwas verringern und die Anwendungsgrenze auf etwa 280 atü heraufsetzen. Für höhere Pumpenenddrücke wurden *Mindestmengen-Regeleinrichtungen* entwickelt, welche die vorstehend geschilderten Nachteile nicht aufweisen. Bei diesen Einrichtungen wird meist der Förderstrom der Pumpe mittels Meßblende oder Venturirohr oder auch die Temperatur-Differenz zwischen Speisewasser-Eintritt und Entlastungswasser-Austritt gemessen und der Meßwert zur Einstellung der Freilaufmenge benutzt. Die Impulse zur Verstellung des Regelorgans werden auf elektrischem, pneumatischem oder ölhydraulischem Wege übertragen. Als Regelorgane werden Drosselventile mit gepanzerten Sitzen und Vordrosselung sowie Düsenschieber verwendet.

Der Düsenregelschieber (Abb. 259) besitzt eine Abschlußplatte ohne Öffnungen, bei deren Verstellung ein Austrittsschlitz in einer dahinterliegenden, fest eingebauten Platte freigegeben wird. Undichtheiten infolge Verschleißes im Austrittsschlitz werden durch die große Überdeckung und die Anpressung der Schieberplatte durch den Wasserdruck weitgehend ausgeschaltet. Sollten diese trotzdem auftreten, so können sie durch Einbau einer zusätzlichen Mengenmessung in die Freilaufleitung leicht festgestellt werden. In diesem Falle läßt sich auch eine ungewollte Vergrößerung der abzuführenden Mindestmenge als Folge des durch Verschleiß erweiterten Steuerschlitzes dadurch vermeiden, daß das Verhältnis der Nutzförderung zur Freilaufmenge den Verstellungsimpulsen als

[1] Krisam, F., u. M. Pekrun: Schwachlastschutz bei Kreiselpumpen. KSB Technische Berichte 9 (April 1965), S. 3/15.

Korrekturglied aufgeschaltet wird. Diese Regelungsart ist im Kraftwerk Emden der Nordwestdeutschen Kraftwerke (s. Erster Band, S. 843) ausgeführt.

Eine weitere Regelungsart, bei der man sich bemüht hat, eine hohe Betriebssicherheit bei verhältnismäßig einfachem Aufbau zu erzielen, ist die in Abb. 260 schematisch dar-

Abb. 259. Dingler-Düsenregelschieber (Ausschnitt)
a Schieberspindel
b Schieberplatte
c Steuerschlitz
d Düse

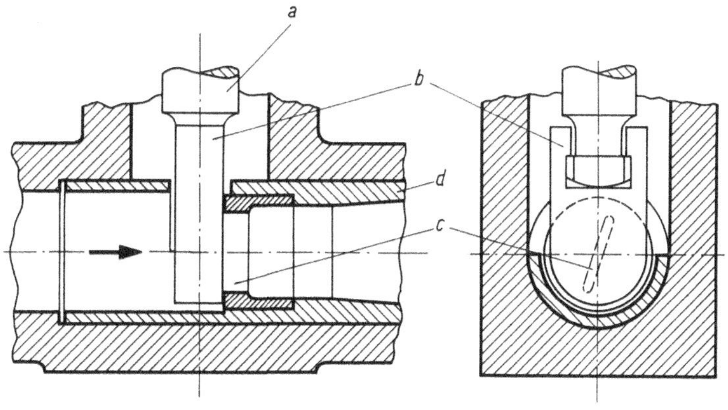

gestellte elektro-pneumatische Mindestmengenregelung. Im normalen Betrieb steht die Druckdose des Steuerventils unter dem vollen Druck der Preßluft und hält dieses geschlossen. Auf den Steuerkolben des Mindestmengenventils kann daher kein Druck ein-

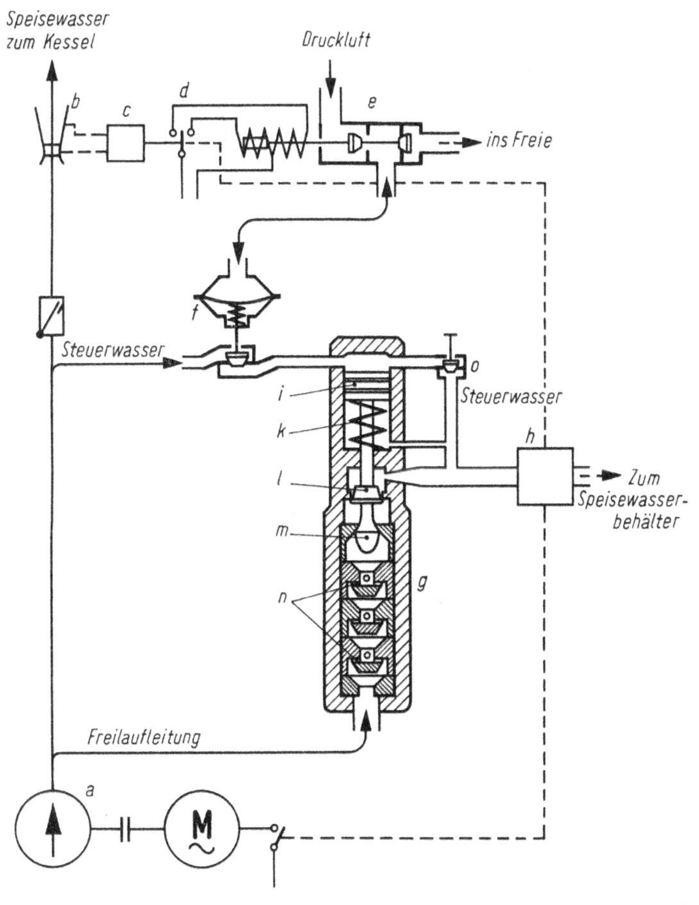

Abb. 260. Elektro-pneumatische Mindestmengenregelung (Nach Siemens)
a Speisepumpe
b Venturirohr
c Druckmeßgerät
d Steuerkontakte
e Dreiwege-Magnetventil
f Steuerventil mit Druckdose
g Mindestmengenventil Bauart Zikesch
h Strömungswächter
i Steuerkolben
k Schließfeder
l Schließkegel
m Drosselkegel
n Vordrosselung
o Ablauf-Drosselventil

wirken; das Ventil ist durch Federkraft geschlossen. Sinkt die Nutzfördermenge auf den zulässigen Mindestwert, so schließt der in einem Präzisions-Meßgerät erfaßte Wirkdruck des Venturirohres einen Minimalkontakt, wodurch das magnetisch betätigte Dreiwegventil verstellt, die Preßluft abgesperrt und die Druckdose mit der Außenluft in Verbindung gebracht wird. Das Steuerventil wird daher durch Federkraft geöffnet, und auf den Steuerkolben des Mindestmengenventils, Bauart Zikesch, wirkt der Speisewasserdruck, der die Schließkraft der Feder überwindet und das Ventil öffnet. Die Öffnungsgeschwindigkeit des Ventils kann durch ein einstellbares Drosselventil in der Ablaufleitung geregelt werden. Beim Wiederanstieg der Nutzfördermenge über die Mindestmenge werden durch einen Maximalkontakt die umgekehrten Vorgänge ausgelöst. An Stelle der elektropneumatischen Steuerung kann auch eine rein elektrische Steuerung vorgesehen werden. Ein Strömungswächter in der Mindestmengenleitung kontrolliert, ob der Abfluß in Übereinstimmung mit der Betätigung der beiden Steuerkontakte steht und schaltet die Antriebsmaschine der Speisepumpe ab, wenn bei Unterschreitung der Mindestfördermenge kein Abfluß durch die Mindestmengenleitung erfolgen sollte. Das Mindestmengenventil hat neben der Vordrosselung einen vom eigentlichen Schließkegel getrennten Drosselkegel, so daß ein Verschleiß des ersteren und damit eine Undichtheit des Ventils unwahrscheinlich ist. Die Steuerkontakte können ohne weiteres auch von der Differenz der Ein- und Austrittstemperatur an Stelle der Nutzfördermenge betätigt werden. Der Umstand, daß stets die volle Mindestmenge abgeführt wird, erspart eine besondere Handfahrleitung für längeren Betrieb mit kleiner Leistung.

Eine ähnlich wirkende Konstruktion vermeidet jedes fremde Steuermedium und stellt eine Kombination des Freilauf-Rückschlagventils entsprechend Abb. 258 mit dem vorstehend beschriebenen Zikesch-Mindestmengenventil dar. Das Rückschlagventil ist hier jedoch für eine Zweipunktsteuerung des Nebenauslasses eingerichtet; an den Nebenauslaß ist lediglich eine Steuerleitung angeschlossen. Eine zweite Steuerleitung wird an eine Stufe niedrigeren Druckes der Speisepumpe angeschlossen. Sie steht mit der ersteren Leitung über eine Drosselstrecke in Verbindung. Bei geschlossenem Nebenauslaß herrscht somit in beiden Steuerleitungen der gleiche Druck, das Steuerventil und das Zikesch-Ventil sind geschlossen. Sinkt der Förderstrom auf die Mindestmenge ab, so bewirkt das Öffnen des Nebenauslasses ein Ansteigen des Druckes in der angeschlossenen Steuerleitung bis auf den Pumpenenddruck und dadurch das Öffnen des Steuerventils. Hierdurch wird die Impulsleitung zum Öffnen des Zikesch-Mindestmengenventils freigegeben.

Schließlich ist noch eine in der Schweiz in den letzten Jahren entwickelte Mindestmengenregelung zu erwähnen, bei der der Öffnungswinkel des als Klappe ausgebildeten Rückschlagorgans in der Druckleitung als Maß für den Förderstrom und zur Steuerung des Mindestmengenventils dient[1]. Die Stellung der Rückschlagklappe wird auf induktivem Wege mittels zweier einstellbarer Fühlerspulen erfaßt. Die Betätigung des als Nadelventil mit Vordrosselstrecke ausgebildeten Mindestmengenventils erfolgt bei Pumpendrücken bis etwa 250 atü pneumatisch, bei höheren Pumpendrücken ölhydraulisch in der Weise, daß ein durch die Fühlerspulen über Magnetverstärker gesteuertes Magnetventil bei großem Förderstrom der Pumpe den Luft- bzw. Öldruck zum Mindestmengenventil freigibt und dieses dadurch schließt. Umgekehrt wird dieses Ventil bei sehr kleinen Förderströmen geöffnet, da das als Dreiwegventil ausgebildete Steuerventil jetzt so verstellt wird, daß es die Steuerleitung drucklos macht.

Bei allen diesen Vorrichtungen wird im Störungsfalle die Mindestmengenleitung stets freigegeben.

Die Berührungsstellen zwischen Pumpenläufer und feststehenden Teilen werden mit axialem Spiel ausgeführt, so daß eine gewisse axiale Verschiebung des Läufers nach beiden Richtungen zulässig ist. Diese tritt im wesentlichen durch den allmählichen Verschleiß der Entlastungsvorrichtung ein. Eine *Anzeigevorrichtung für die axiale Läuferlage* mit einer Markierung der zulässigen Verschiebungen des Läufers wird daher vorgesehen, damit einem drohenden axialen Anstreifen des Läufers rechtzeitig vorgebeugt werden kann.

---

[1] Brunner, K.: Selbsttätige Auslaßvorrichtung für Kesselspeisepumpen. Z.VDI Bd. 104 (1962), S. 521/23.

Beim Anfahren unterliegt der Pumpenläufer relativen Wärmedehnungen. Da beim Hochfahren das Axialspiel der Zahnkupplung wegen der hohen Zahnflankendrücke praktisch unwirksam ist und daher eine annähernd starre Kupplung zwischen Pumpen- und Motorläufer vorliegt, verursachen diese Wärmedehnungen eine gewisse axiale Verschiebung des Motorläufers, die zu einer unzulässigen axialen Beanspruchung des Motor-Axiallagers führen kann. Dieses Lager wird daher als *Federdrucklager* ausgeführt, d. h. mit einer in axialer Richtung wirkenden Feder versehen, so daß es die Verschiebungen des Rotors elastisch aufnehmen kann.

Schrifttum

HOLZENBERGER, K.: Speisepumpen (Jahresübersicht). Brennstoff Wärme Kraft 13 (1961), S. 175/77; daselbst weitere Schrifttumsangaben.

b) Kühlwasserpumpen

1. Auslegung

Der Kühlwasserbedarf wird in einem Kondensationskraftwerk von der Wassermenge bestimmt, die zur Niederschlagung des Turbinen-Abdampfes im Kondensator benötigt wird. Der Bedarf der übrigen Kühlwasserverbraucher — Wasserstoff- bzw. Luftkühler der Generatoren und großen Motoren, Ölkühler, gekühlte Stopfbüchsen und Lager von Maschinen, die heiße Medien fördern — macht nur etwa 5 bis 10% der Kühlwassermenge für den Kondensator aus. Falls das Kühlwasser für die kleineren Verbraucher von den Hauptkühlwasserpumpen mitgefördert werden soll, muß deren Fördermenge entsprechend höher als die für den Kondensator allein benötigte Menge sein.

Wenn der Turbosatz bei allen Belastungen unter optimalen Bedingungen arbeiten soll, so muß das Vakuum im Kondensator immer gleich bleiben. Dieser Idealfall wäre aber nur zu erreichen, wenn man die Kühlwassermenge der jeweils niederzuschlagenden Dampfmenge einerseits und der jeweiligen Eintrittstemperatur des Wassers andererseits vollkommen und unter möglichster Vermeidung von Regelungsverlusten anpassen würde. In der Praxis kann nur eine mehr oder weniger starke Annäherung an die idealen Verhältnisse erreicht werden. Zu diesem Zweck kann man beispielsweise die erforderliche *Fördermenge* auf mehrere Pumpen aufteilen. So werden bei blockweise zugeordneten Pumpen für größere Einheiten im allgemeinen zwei Kühlwasserpumpen für je etwa zwei Drittel der Gesamtkühlwassermenge vorgesehen. Wenn eine zentrale Kühlwasserversorgung für mehrere Einheiten geplant ist, kann man die Pumpen in Vollast- und Halblastpumpen (bezogen auf eine Einheit) aufteilen. Die letztere Anordnung bietet die Möglichkeit einer ziemlich feinstufigen Anpassung der Gesamtkühlwassermenge an den theoretisch erforderlichen Wert durch Kombination einer entsprechenden Zahl von Vollast- und Halblastpumpen.

Die *Förderhöhe* der Kühlwasserpumpen wird sehr stark durch die Kühlungsart und die örtlichen Verhältnisse beeinflußt. Sie kann zwischen wenigen Metern und etwa 20 m, in Sonderfällen auch darüber liegen. Sie setzt sich im wesentlichen aus dem geodätischen Höhenunterschied zwischen Ein- und Auslauf-Wasserspiegel und aus den Durchflußwiderständen des Kondensators und der Rohrleitungen zusammen.

Bei Rückkühlung läuft der Pumpe das Wasser aus dem Kühlturmbecken frei zu. Von der Pumpe wird es durch den Kondensator zum Einlauf des Kühlturms gedrückt, der 5 bis 10 m über Gelände zu liegen pflegt. Je nach dem Durchflußwiderstand des Kondensators und der Entfernung des Kühlturms vom Maschinenhaus werden hier Förderhöhen von 12 bis 20 m erforderlich.

Erfolgt die Rückkühlung bei kleineren Einheiten mittels einer Streudüsenanlage an Stelle eines Kühlturmes, so ist zu beachten, daß vor den Düsen ein gewisser Druck herrschen muß, damit der Wasserstrahl mit der nötigen Geschwindigkeit aus der Düse austreten und fein genug versprüht werden kann. Das gleiche trifft für gewisse Kühlturmkonstruktionen zu, bei denen das Wasser aus Düsen auf die Rieselflächen gesprüht wird. In diesen Fällen muß noch ein Sicherheitszuschlag zur Förderhöhe gemacht werden, um einen erhöhten Ausflußwiderstand an den Düsen infolge etwaiger Ablagerung von Härtebildnern überwinden zu können, sofern keine selbstreinigenden Düsen eingebaut sind.

Bei Frischwasserkühlung, der im Rahmen dieser Betrachtung auch die Rückkühlung mittels Kühlteich gleichzusetzen ist, spielen die Geländeverhältnisse und etwaigen Schwankungen des Wasserspiegels an der Entnahmestelle eine wichtige Rolle. Die Aufzeichnung eines Höhenschemas, das die Höhenlage des höchsten, mittleren und niedrigsten Wasserstandes an der Entnahmestelle, des höchsten Punktes, über den die Pumpe hinwegfördern muß, der Auslauföffnung und etwaige sonstige wichtige Höhenlagen enthalten soll, ist hier von großem Nutzen. In Abb. 261 ist ein solches Höhenschema dargestellt.

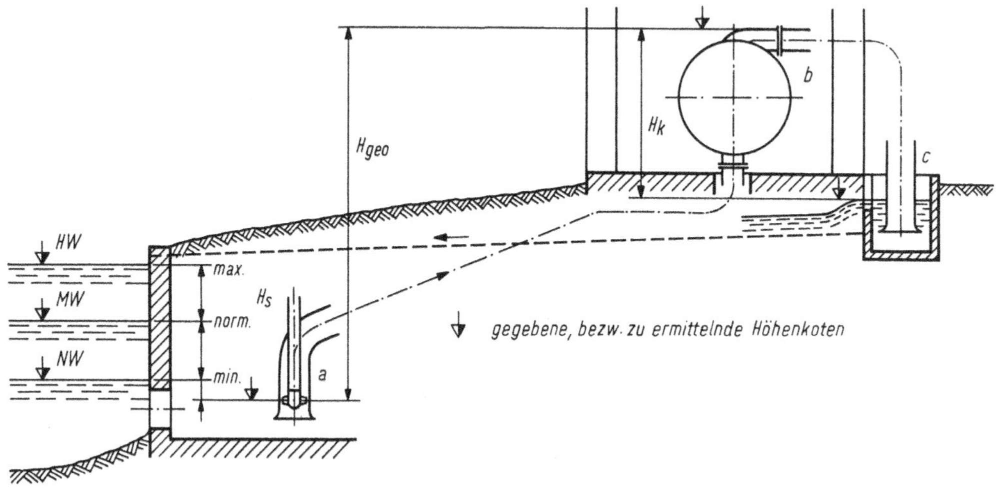

Abb. 261. Höhenschema für Frischwasserkühlung: $H = H_{geo} + H_w \pm H_s - H_k$
(Bedeutung der Bezeichnungen s. Abschn. II „Hydraulische Grundlagen", S. 237; H_k = Kraftschluß-Höhe)
a Kühlwasserpumpe *b* Kondensator *c* Kraftschlußbecken

Der höchste Punkt, über den das Wasser gefördert werden muß, ist üblicherweise die Oberkante des Austrittsstutzens am Kondensator. Die Fallhöhe von dieser Stelle bis zur Auslaßöffnung kann man durch Heberwirkung nutzbar machen (Förderung mit *Kraftschluß*). Hierbei muß die Auslauföffnung unter dem Auslauf-Wasserspiegel angeordnet werden. Die Höhendifferenz zwischen höchstem Punkt des Wasserweges und Auslauf-Wasserspiegel darf nicht größer sein als die in m WS ausgedrückte Differenz zwischen dem jeweiligen Luftdruck (gegebenenfalls Höhenlage über Meeresspiegel beachten!) und dem Sättigungsdruck bei der höchsten Austrittstemperatur, vermindert um die Reibungswiderstände zwischen den beiden Stellen. Übersteigt die Höhendifferenz diesen Wert, so tritt Verdampfung ein, und der Wasserstrom reißt ab.

Wenn die zulässige Höhenlage des Auslauf-Wasserspiegels noch über dem Wasserspiegel des Gewässers liegt, in welches das Kühlwasser zurückgeleitet wird, muß ein Kraftschlußbecken angeordnet werden, aus welchem dann das Kühlwasser über einen Überlauf abgeleitet wird (s. Abb. 261). Bei genügend großer Höhendifferenz kann man in diese Ablaufleitung eine Wasserturbine einbauen und damit einen Teil der Kühlwasserpumpenleistung zurückgewinnen.

Die Höhe des Kraftschlusses kann von der errechneten Förderhöhe abgezogen werden; es ist jedoch darauf zu achten, daß die Pumpe anfangs mit geringer Fördermenge über den höchsten Punkt hinweg fördern muß (auch bei verschmutztem Kondensator mit erhöhtem Durchflußwiderstand!). Bei der steilen Charakteristik der hier in Frage kommenden Bauarten dürfte diese Voraussetzung im allgemeinen erfüllt sein.

Werden die Kühlwasserpumpen oberhalb des Zulauf-Wasserspiegels angeordnet, so ist die zulässige *Saughöhe* zu beachten. Vor Inbetriebnahme der Pumpe muß die Saugleitung mittels einer geeigneten Vorrichtung (Ejektor, Wasserringpumpe) evakuiert werden. Die Absaugung der Luft muß an der höchsten Stelle der Pumpe erfolgen, damit diese beim Anfahren vollkommen mit Wasser gefüllt ist. Die schnelläufigen Rohrschrauben- und Propellerpumpen erfordern stets eine *Zulaufhöhe* und müssen deshalb unterhalb des Wasserspiegels liegen.

Die ermittelte Förderhöhe muß um die *Zuschläge für hydraulische Verluste* erhöht werden. Diese Verluste treten bei allen Pumpen auf, und zwar als zusätzliche Druckhöhe H_b, die zur Beschleunigung der Flüssigkeit in der Pumpe erforderlich ist, sowie als die an der Austrittsöffnung in Geschwindigkeit umgesetzte Druckhöhe H_a. Die Summe beider Verluste liegt normalerweise unter 1 m; sie können daher bei größeren Förderhöhen vernachlässigt werden. Sie errechnen sich nach folgenden Gleichungen:

$$H_b = \frac{c_a^2 - c_s^2}{2g},$$

$$H_a = \frac{c_a^2}{2g}.$$

Hierin bedeuten:

c_a Wassergeschwindigkeit am Austritt der Pumpe bzw. des Systems,

c_s Wassergeschwindigkeit am Eintritt der Pumpe.

Für Rohrschrauben- und Propellerpumpen ist der Austrittsquerschnitt aus der Rohrnennweite, für welche die Pumpe gebaut wird, leicht zu ermitteln; der Eintrittsdurchmesser beträgt üblicherweise das 1,3- bis 1,4fache des Austrittsdurchmessers.

Bei Gewässern mit starken Schwankungen des Wasserstandes ist es oft zweckmäßig, besondere regelbare *Vorpumpen* anzuordnen. Diese fördern das Wasser in ein knapp über dem Höchstwasserstand liegendes Sammelbecken, aus dem es dann den Hauptpumpen zufließt. Diese Anordnung hat den Vorteil, daß die Hauptpumpen für konstante, mindestens aber wenig schwankende Förderhöhe ausgelegt werden können und die durch die Anpassung der Förderhöhe bedingten Regelungsverluste auf die Vorpumpen mit ihrer kleineren Leistung verlagert, also vermindert werden. Außerdem können die Siebmaschinen zur mechanischen Feinreinigung des Wassers in das Sammelbecken eingebaut werden, so daß bei ihrer Bemessung keine Wasserspiegelschwankungen berücksichtigt werden müssen.

Auch bei größerer Entfernung der Kühlwasser-Entnahmestelle vom Kraftwerk kann bei geeigneten Geländeverhältnissen die Anordnung besonderer Vorpumpen Vorteile bringen. Diese fördern dann das Wasser auf eine solche Höhe, daß es den Hauptpumpen im oder vor dem Kraftwerk möglichst mit natürlichem Gefälle zufließen kann. Läßt das Gelände kein natürliches Gefälle zu, so wird doch in den meisten Fällen der erforderliche Enddruck der Vorpumpen so gering sein, daß ein geschlossener Betonkanal zum Kraftwerk gelegt werden kann, der sich billiger als eine Druckrohrleitung stellt. Für die Beurteilung der Frage, ob die Aufstellung besonderer Vorpumpen oder die Anordnung der Hauptpumpen an der Entnahmestelle vorteilhafter ist, müssen folgende Kosten für eine Wirtschaftlichkeitsrechnung einander gegenübergestellt werden:

	Besondere Vorpumpen:	*Hauptpumpen an Entnahmestelle:*
1.	Kapitalisierte Jahreskosten der Haupt- und Vorpumpen einschließlich Motoren, Schaltern und Kabeln;	Kapitalisierte Jahreskosten der Pumpen einschließlich Motoren, Schaltern und Kabeln;
	kapitalisierte Jahreskosten des offenen, abgedeckten oder druckfesten Zulaufkanals zu den Hauptpumpen einschließlich Erdarbeiten;	kapitalisierte Jahreskosten der Kühlwasser-Druckleitung zum Kraftwerk einschließlich Erdarbeiten;

2. Kosten der Pumpenarbeit für zusätzliche Förderhöhe, die erforderlich ist

zur Erzielung des Gefälles bzw. Druckes im Zulaufkanal zum Kraftwerk;	zur Überwindung der Reibungswiderstände in der Druckleitung zum Kraftwerk;

3. Im Falle größerer Wasserspiegelschwankungen:

Kosten der Arbeit von Hauptpumpe und regelbarer Vorpumpe in Abhängigkeit von den Schwankungen des Wasserspiegels;	Kosten der Arbeit der regelbaren Hauptpumpe in Abhängigkeit von den Schwankungen des Wasserspiegels;
kapitalisierte Kosten der Siebmaschinen.	kapitalisierte Kosten der Siebmaschinen.

Die Ersparnisse an Pumpenarbeit sind mit dem Verkaufspreis der elektrischen Arbeit einzusetzen, da diese freiwerdende Energie ohne Mehraufwand zusätzlich abgesetzt werden kann.

2. Konstruktionen

Die Bauform einer Kühlwasserpumpe wird nicht nur durch den Förderstrom und die Förderhöhe bestimmt, sondern auch durch die Drehzahl, die mit Rücksicht auf die zulässige Saughöhe bzw. die vorhandene Zulaufhöhe festzulegen ist. Da mit steigender Schnelläufigkeit der Zuschlag Δh zur Saug- bzw. Zulaufhöhe stark zunimmt (s. Abschn. II, S. 237, Hydraulische Grundlagen), muß man oft ein Laufrad mit kleinerer Schnelläufigkeit wählen und die Pumpe entweder mehrflutig ausführen oder für eine niedrigere als die optimale Drehzahl auslegen. Auch eine Kombination der beiden geschilderten Maßnahmen ist möglich. In jedem Fall ergibt sich hieraus eine Verteuerung der Pumpe und ihres Antriebes, die in Kauf genommen werden muß.

Je nach der sich ergebenden Schnelläufigkeit verwendet man ein- oder zweiflutige Pumpen mit Niederdruck- oder Schraubenrädern und Propellerpumpen.

Die *Niederdruckpumpen* können mit waagerechter oder senkrechter Welle ausgeführt werden. Die letztere Anordnung wird bevorzugt, wenn die Pumpe eine Zulaufhöhe benötigt. Man stellt die Niederdruckpumpen vorwiegend in einer trockenen Kammer auf und führt ihnen das Wasser durch ein in die Außenwand wasserdicht eingelassenes Rohr zu. Der Antrieb wird oberhalb der Pumpenkammer auf dem Bedienungsflur angeordnet. Die Spiralgehäuse dieser Pumpen sind axial geteilt, so daß das Laufzeug ohne Abbau der angeschlossenen Rohrleitungen nach dem Abheben des Oberteils — bei senkrechter Welle des entsprechenden Seitenteils — zugängig ist. Für sehr große, senkrecht angeordnete Niederdruckpumpen wird eine radiale Gehäuseteilung bevorzugt, da hier das seitliche Abziehen einer Gehäusehälfte zu umständlich wäre. Die Laufräder dieser Pumpen sind meist mehrflutig.

Die in rohrförmige Gehäuse eingebauten *Rohrschrauben- und Propellerpumpen* machen über 80% aller Kühlwasserpumpen in modernen Großkraftwerken aus. Sie bieten mehrere Vorteile. Dadurch, daß sie unter Wasser eingebaut werden können, werden Baukosten für besondere trockene Pumpenkammern erspart; durch die Möglichkeit einer verlustarmen Regelung kann ihre Leistungsaufnahme den tatsächlichen Bedürfnissen weitgehend angepaßt werden. Man hat daher die erreichbaren Förderhöhen gesteigert, so daß mit rein axialen Laufschaufeln (Propellerpumpen) maximal etwa 18 m, mit halbaxialen Laufschaufeln (Rohrschraubenpumpen) maximal etwa 25 m bei einstufiger Ausführung erreicht worden sind. Durch zwei- bis dreistufige Ausführung sind die erreichbaren Förderhöhen weiter gesteigert und diesen Bauarten neue Anwendungsgebiete erschlossen worden.

Die Welle hat bei diesen Pumpen, wenn sie in Kraftwerken verwendet werden, allgemein senkrechte Lage; bisweilen kommt auch eine geneigte Wellenlage vor. Das Gehäuse ist rohrförmig mit untenliegender Ansaugglocke. Unterhalb dieser Glocke wird zweckmäßig ein Einlaufkegel zur Verbesserung der Einströmung angeordnet. Der seitliche Druckstutzen kann in beliebiger Höhe über der Pumpe angeordnet werden (Abb. 262). Die in der senkrechten Rohrachse liegende Welle ist von einem Trag- und Schutzrohr umgeben. Sie wird in meist wassergeschmierten Weichgummi-Gleitlagern geführt. An ihrem unteren Ende ist der Läufer befestigt, der die Laufschaufeln und gegebenenfalls den Verstellmechanismus für diese aufnimmt. Abb. 263 zeigt das halbaxiale Laufrad einer Rohrschraubenpumpe mit verstellbaren Schaufeln. Der Verstellmechanismus ist im Inneren der geöffneten Nabe zu erkennen. Das Gewicht von Welle und Läufer, vermehrt um den Axialschub, wird durch ein besonderes Segment-Drucklager auf das Gehäuse übertragen, dessen Gewicht auf dem Bedienungsflur oder auf einer Zwischenbühne ruht. Vom Gehäuse müssen auch die Reaktionskräfte des Druckstutzens auf das Bauwerk übertragen werden, so daß gegebenenfalls seitliche Abstützungen notwendig sind. Die Innenteile der Pumpe können ohne Demontage des Gehäuses herausgezogen werden.

Zur Schmierung der Weichgummilager darf keinesfalls schlammhaltiges Wasser verwendet werden, da insbesondere hartkristalliner Schlamm eine ausgesprochene Schmirgelwirkung auf die Welle ausübt. Es sollte daher gefiltertes Wasser verwendet werden. Auch eine Schmierung mit wasserlöslichen, natronverseiften Fetten ist möglich, wobei die Lager durch Labyrinth-Dichtungen vor Schmutzeintritt geschützt werden müssen.

Die Gehäuse dieser Pumpen bestehen durchweg aus Gußeisen; die Laufräder bzw. Laufschaufeln werden je nach den chemischen Eigenschaften des Kühlwassers ebenfalls aus Gußeisen, aus Gußbronze oder Spezialwerkstoffen hergestellt.

Abb. 263. Laufrad einer Rohrschraubenpumpe mit Laufschaufelverstellung (Werkfoto MAN)

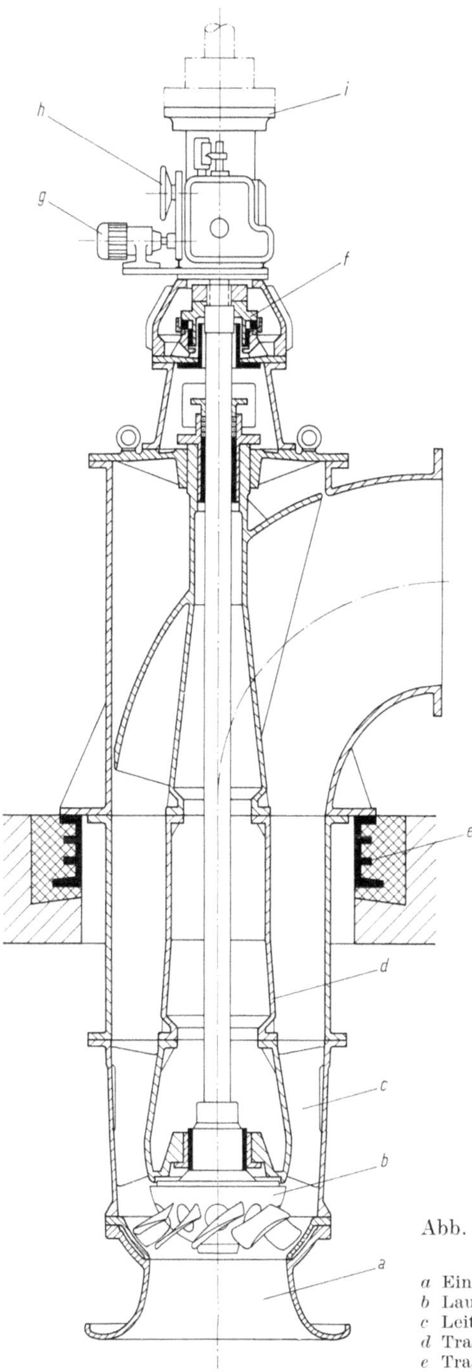

Abb. 262. Halbaxiale Rohrschraubenpumpe mit Laufschaufelverstellung (Nach MAN)

a Einlaufglocke
b Laufrad
c Leitschaufeln
d Trag- und Schutzrohr
e Tragring
f Trag- und Führungslager
g Laufschaufel-Verstellmotor
h Verstell-Handrad
i Kupplungshälfte

3. Antrieb und Regelung

Auch für die Kühlwasserpumpen ist der *Drehstrommotor mit Käfigläufer* die normale Antriebsmaschine. Bei Drehzahlen bis herab zu etwa 600 U/min verwendet man den direkten Antrieb, während bei noch niedrigeren Drehzahlen, die insbesondere bei Propellerpumpen mit großen Förderströmen und kleinen Förderhöhen vorkommen, ein schnellaufender Motor mit Untersetzungsgetriebe bevorzugt wird (vgl. Erster Band, S. 1045, 1047).

Auf eine *Regelung* der Kühlwasserpumpen sollte man nur dann verzichten, wenn anderweitige Möglichkeiten zur Anpassung der Leistungsaufnahme an die mit dem Kühlwasser jeweils abzuführende Wärmemenge vorhanden sind. Bei Rückkühlung mittels Ventilatorkühlern z. B. kann man die Drehzahl der Kühlturmventilatoren in Abhängigkeit von der Warmwassertemperatur so regeln, daß die Kühlwasserpumpen mit kon-

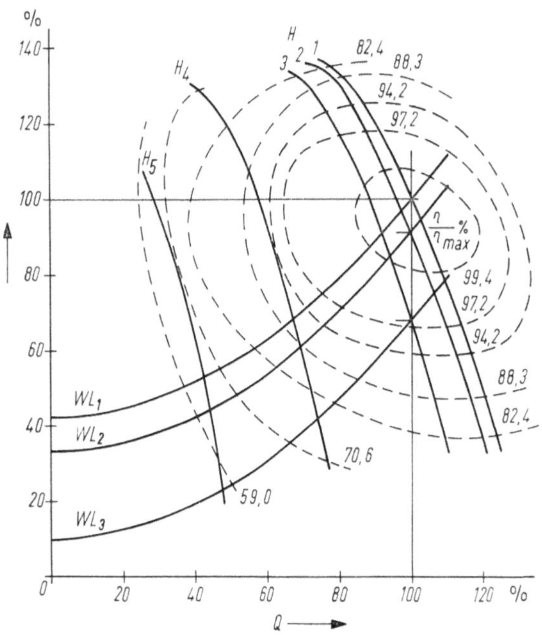

Abb. 264. Kennfeld einer Propeller-Kühlwasserpumpe mit Laufschaufelverstellung

$WL_{1,2,3}$ Widerstands-(Betriebs-)Linien für drei verschiedene Förderhöhen

$H_{1 \ldots 5}$ Kennlinien für verschiedene Einstellwinkel der Laufschaufeln

stantem Förderstrom arbeiten können. Eine weitere Möglichkeit zur Einsparung von Pumpenleistung ist die bereits im Zusammenhang mit der Auslegung der Pumpen behandelte Aufteilung in Vollast- und Teillastpumpen.

Wenn sich die Förderhöhe der Kühlwasserpumpen im wesentlichen aus Durchflußwiderständen zusammensetzt, die Widerstandslinie also annähernd eine durch den Nullpunkt gehende Parabel darstellt, ist die Drehzahlregelung die ideale Regelungsart. Da jedoch fast stets auch geodätische Höhenunterschiede, oft von wechselnder Größe, zu überwinden sind, hat sich diese Regelungsart bei Kühlwasserpumpen nicht eingeführt, zumal sie mit hohen Anschaffungskosten verbunden ist. Man bevorzugt, wo immer möglich, Rohrschrauben- oder Propellerpumpen mit *Laufschaufelverstellung*, mit denen man vielseitige Änderungen der Betriebsbedingungen bei befriedigenden Teillast-Wirkungsgraden und geringen Anschaffungs-Mehrkosten beherrschen kann. Abb. 264 zeigt das Kennfeld (Muscheldiagramm) einer solchen Pumpe, das neben den Kennlinien für einige Schaufelwinkel und den Linien gleichen Wirkungsgrades auch die Widerstandslinien des Systems für drei verschiedene Förderhöhen zeigt, wie sie z. B. bei Schwankungen des Zulauf-Wasserspiegels auftreten. Durch geeignete Einstellung der Laufschaufeln kann man also die Pumpe nicht nur bei schwankendem Förderstrom, sondern auch bei veränderlicher Förderhöhe mit optimalem Wirkungsgrad betreiben. Die Form und Lage der Kurven gleichen Wirkungsgrades ist natürlich von der Konstruktion der Pumpe abhängig; das dargestellte Diagramm stellt daher nur ein Beispiel dar. Die Betätigung der Laufschaufelregelung kann elektrisch oder hydraulisch durch Handsteuerung oder auch automatisch erfolgen, z. B. in Abhängigkeit vom Druck hinter der Pumpe oder von der Austrittstemperatur hinter dem Kondensator. Da sich die Verstellkräfte je nach Größe der Pumpe zwischen etwa 2 und 50 t bewegen, kommt eine manuelle Betätigung der Laufschaufelverstellung nur bei den kleineren Ausführungen in Frage.

Für den Mechanismus zur Verstellung der Laufschaufeln während des Betriebes und seinen Antrieb gibt es mehrere konstruktive Lösungen. Das Prinzip ist hierbei, daß eine in der hohlen Pumpenwelle liegende Verstellstange entweder Bewegungen in axialer Richtung oder Relativ-Umdrehungen in bezug auf die Welle ausführt, die über ein Hebelsystem in Drehbewegungen der Laufschaufelzapfen umgewandelt werden. In der in Abb. 265 dargestellten Verstellvorrichtung wird die axiale Verschiebung der Verstellstange durch eine in axialer Richtung fixierte Verstellmutter erzeugt, die durch zwei Elektromotoren (neuerdings durch nur einen koaxial angeordneten Motor) über Untersetzungsgetriebe gedreht werden kann. Motoren, Getriebe und Verstellmutter rotieren mit der Pumpendrehzahl um die Pumpenachse und führen während des Verstellvorganges Relativbewegungen zu dieser aus. Die Stromzuführung zu den Motoren sowie die Kontaktgabe der Endschalter und Stellungsanzeige erfolgt über Schleifringe.

Bei einer anderen Konstruktion wird die rotierende Verstellwelle während des Verstellvorganges durch einen feststehenden Motor über ein Differentialgetriebe in Relativdrehung zur rotierenden Pumpenwelle gebracht. Diese Drehbewegung wird mittels einer im Laufradkörper angeordneten, nicht drehbaren Verstellmutter in die axiale Bewegung eines Verstellgliedes umgewandelt, das seinerseits die Schaufelzapfen durch Hebelwirkung dreht (vgl. Abb. 263). Die gesamte Verstellbewegung erfolgt bei diesen Vorrichtungen zwangsschlüssig vom Antrieb bis zum Laufschaufelzapfen, wobei ein Überfahren der Endstellungen durch wegabhängige Endschalter verhindert wird. Mit der Endschalterbetätigung ist auch die Anzeige der Schaufelstellung zwangsschlüssig gekuppelt.

Für die Pumpen mit schnelläufigen Laufrädern wurde in den letzten Jahren eine *Vordrallregelung* ähnlich dem im Gebläsebau angewandten Drallregler entwickelt, die hinsichtlich ihrer Leistungsersparnis zwar die Drehzahl- oder Laufschaufelregelung nicht immer erreicht, gegenüber der bei schnelläufigen Laufrädern nur beschränkt anwendbaren Drosselregelung jedoch große Vorteile bringt[1]. Versuche haben ergeben, daß bei geeigneter Konstruktion des Vordrallreglers keine erhöhte Kavitationsgefahr besteht, diese u. U. sogar geringer als bei Laufschaufelverstellung ist[2]. Die Vordrallregelung führt sich daher in jüngster Zeit rasch ein.

c) Hilfspumpen

Die *Turbinen-Kondensatpumpen* ziehen das Kondensat des Turbinen-Abdampfes aus dem Kondensator unter Vakuum ab und drücken es durch die Niederdruckvorwärmer in den Speisewasserbehälter. Sie müssen hinsichtlich ihrer Konstruktion zwei spezielle Forderungen erfüllen: geringste Zulaufhöhe und Vakuumdichtheit. Eine ausführliche Beschreibung dieser Pumpen ist, da sie ein Bestandteil der Kondensationsanlage sind, in dem abschließenden Dritten Band Teil B enthalten.

Bei den *Hilfspumpen* findet man je nach dem Verwendungszweck fast alle üblichen Bauarten von der mehrstufigen Hochdruck- bis zur Niederdruckpumpe. Kleine bis mittlere Hochdruckpumpen in Normal- oder Heißwasserausführung dienen zur Förderung von Nebenkondensaten; Niederdruckpumpen werden u. a. zur Druckerhöhung des Kühlwassers für Luft-, Wasserstoff- oder Ölkühler verwendet, wenn das Haupt-Kühlwasser-

[1] SAALFELD, K.: Die Vordrallregelung von schnelläufigen Kreiselpumpen. Brennstoff Wärme Kraft Bd. 11 (1959), S. 521/527.

[2] SAALFELD, K.: Vergleichende Darstellung der Regelung von Pumpen durch Vordrall und durch Laufschaufelverstellung. KSB Technische Berichte 7 (April 1964), S. 22/31.

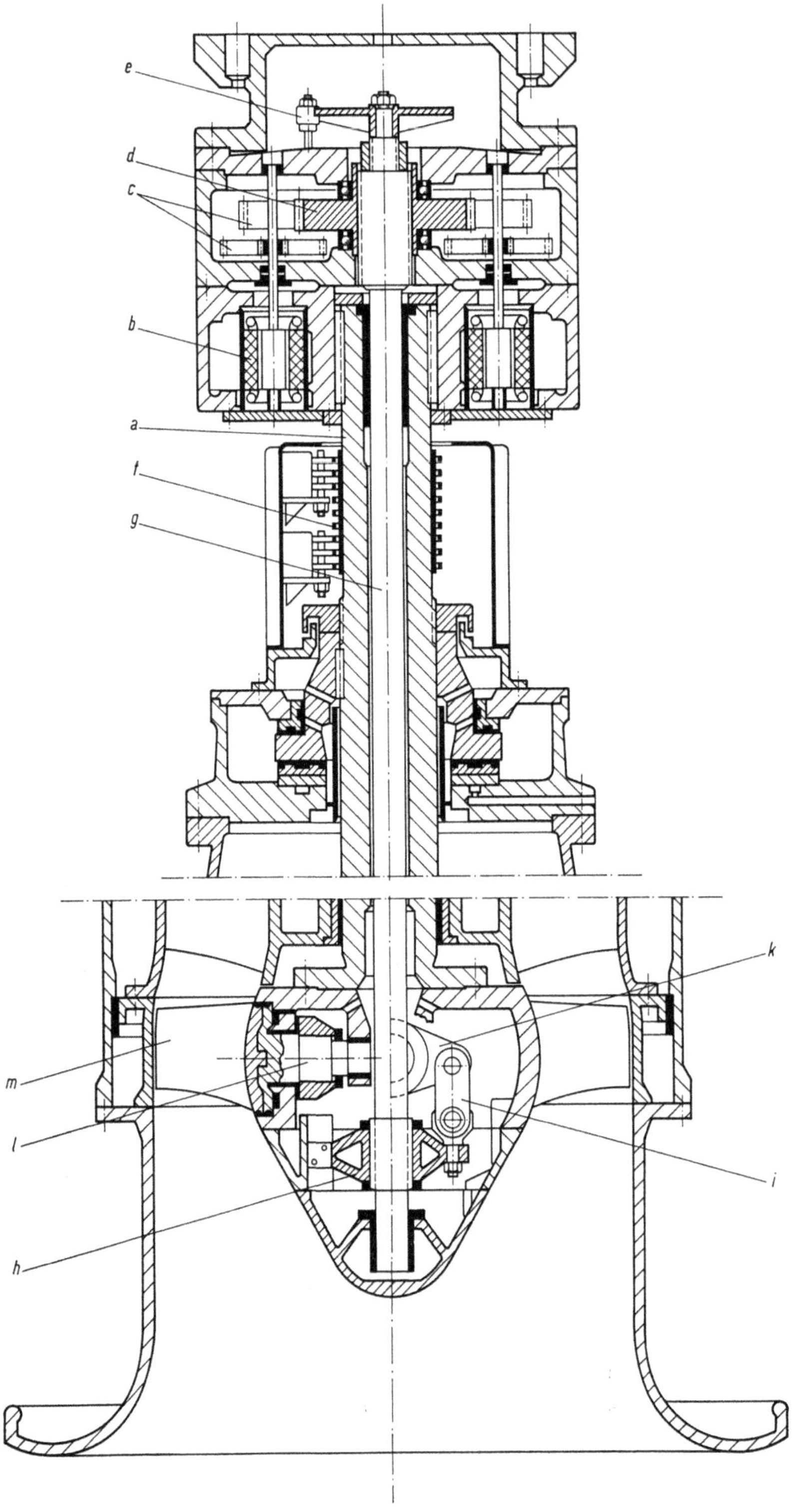

Abb. 265. Elektrische Verstellvorrichtung für Propellerschaufeln (Nach KSB)

a Pumpenwelle
b Verstellmotor
c Untersetzungsgetriebe
d Verstellmutter
e Antrieb für Stellungsanzeiger und Endschalter
f Schleifringe
g Verstellstange
h Verstellkreuz
i Lasche
k Verstellhebel
l Schaufelzapfen
m Laufschaufel

system mit Kraftschluß arbeitet und dabei der Wasserdurchfluß durch diese Kühler wegen ihrer Höhenlage oder ihres Durchflußwiderstandes ohne Druckerhöhung nicht sichergestellt wäre. In Brunnen oder Behälter baut man vertikale Pumpen in ein- oder mehrstufiger Ausführung unterhalb des Wasserspiegels ein, bei denen der Motor oberhalb der Pumpe auf einer Laterne stehen oder als Tauchmotor unterhalb der Pumpe liegen kann. Eine Sonderbauart von Vertikalpumpen, die in den letzten Jahren sowohl in Deutschland als auch in den USA entwickelt worden ist, besteht aus sehr vielen (bis zu 45) Stufen, die zur Erhöhung der Stabilität in ein Mantelgehäuse eingebaut sind. Mit diesen Pumpen können bei kleinen bis kleinsten Fördermengen große Förderhöhen erreicht werden, so daß sie besonders als Einspritzpumpen für Heißdampfkühler geeignet sind.

Als Spezialbauarten oder -ausführungen findet man korrosionsfeste Pumpen, z. B. mit Innengummierung oder aus rostfreiem Stahl, für die Förderung von vollentsalztem, nicht entgastem Wasser (Deionat), oder aus Keramik zur Förderung von Säure und Lauge in der Vollentsalzungsanlage, ferner Pumpen mit Speziallaufrädern, wie Kanalradpumpen und ähnliche, zur Förderung stark verschmutzter Flüssigkeiten. Selbstansaugende Pumpen besitzen ein Laufrad mit angebauter Entlüftungsstufe oder auch eine eingebaute Wasserringpumpe zum Evakuieren der Saugleitung und Ansaugen der Förderflüssigkeit.

Der Axialschub wird bei kleineren Pumpen durch entsprechend ausgebildete Kugellager aufgenommen, wobei die Schubkräfte durch Entlastungsbohrungen in den Laufrädern oder durch Rückenschaufeln vermindert werden. Bei größeren Schubkräften sind Entlastungsvorrichtungen ähnlich der bei den Kesselspeisepumpen beschriebenen Art erforderlich.

Hilfspumpen, die Wasser nahe der Siedetemperatur fördern, müssen wie die Kesselspeisepumpen ein Freilauf-Rückschlagventil mit selbsttätiger Mindestmengenabführung erhalten, wenn in ihre Druckleitung ein selbsttätig arbeitendes Regelventil eingeschaltet ist, das den Förderstrom u. U. bis auf Nullförderung drosseln kann.

Die Hilfspumpen werden durch Drehstrom-Kurzschlußläufermotoren angetrieben, in Einzelfällen auch durch Gleichstrommotoren, die von der Akkumulatorenbatterie gespeist werden. Diese letztere Antriebsart, die auf kleinere Leistungen beschränkt ist, kommt nur für solche Pumpen in Frage, die auch bei einem Totalausfall der Drehstromversorgung unbedingt in Betrieb bleiben müssen, wie z. B. Hilfsölpumpen für die Versorgung der Lager von Turbosätzen während des Auslaufens. Ortsfeste und ortsbewegliche Feuerlöschpumpen erhalten, um im Einsatzfalle von der Stromversorgung unabhängig zu sein, bevorzugt Verbrennungsmotoren als Antriebsmaschinen.

Zum Schluß seien noch einige Pumpen im Kraftwerk erwähnt, die keine Kreiselpumpen sind. Für sehr kleine Förderströme und hohe Drücke werden *Kolbenpumpen* verwendet, z. B. als Einspritz- oder Dosierpumpen. Der Kolbenhub und die minutliche Hubzahl sind meist verstellbar, um die zuzugebende Flüssigkeitsmenge verändern zu können. Dies ist bei der Impfung des Speisewassers mit Chemikalien wichtig, um das Verhältnis zwischen der Dosiermenge und der Speisewassermenge bei veränderlicher Speisewassermenge konstant halten oder es bei konstanter Speisewassermenge und veränderlicher Speisewasserqualität ändern zu können.

Zur Förderung von Öl auf hohe Drücke, z. B. zu den Brennern bei ölgefeuerten Kesseln, werden bevorzugt *Schraubenpumpen* angewandt, die nach dem Prinzip der Förderschnecke arbeiten. Für kleinere Mengen sind *Zahnradpumpen* üblich, bei denen die Zahnräder auf der dem Eingriff abgewandten Seite die Förderung des Öles übernehmen. Bei Förderung von Schweröl mit hoher Viskosität werden diese Pumpen wie auch Kreiselpumpen mit einem Heizmantel versehen, der an ein Niederdruck-Dampfnetz angeschlossen wird.

Zur Erzeugung von Vakuum oder Überdruck kann man sich der *Wasserringpumpen* bedienen. Eine exzentrisch zur Gehäuseachse gelagerte Welle setzt durch radiale, gerade

Schaufeln eine in der Pumpe befindliche Wassermenge in Rotation, so daß das Wasser einen zum Gehäuse konzentrischen Ring bildet. Die durch das Schaufelrad gebildeten und durch den Wasserring abgeschlossenen einzelnen Zellen verändern wegen der Exzentrizität der Welle während eines Umlaufes ihr Volum. Das Ansaugen und Ausblasen des zu fördernden Gases erfolgt durch seitliche Schlitze im Gehäuse an den Stellen des größten und kleinsten Volums der Zellen. In Verbindung mit einem Wasserstrahl-Ejektor kann man mit einer derartigen Pumpe höchste Vakua mit mäßiger Antriebsleistung erzielen; diese Kombination ist daher auch zur Evakuierung von Turbinenkondensatoren geeignet.

B. Apparate im Wasser-Dampf-Kreis

Von HERBERT HEYDE

I. Wärmetauscher

a) Allgemeine Angaben

Wärmetauscher[1] haben mit der Aufstellung immer größerer Turbosätze und dem Bestreben, den Wärmeverbrauch weitestgehend zu verbessern, zunehmend an Bedeutung gewonnen. Mit wachsender Anzahl der Apparate entwickelte sich innerhalb des Kraftwerkes eine eigene Anlage, für deren Gesamtheit die Bezeichnung „Vorwärmeranlage" üblich ist. Zu ihr zählen außer den Wärmetauschern auch die Entgaser, Entspanner und verschiedenen Behälter, die zur Speicherung von Speise- und Zusatzwasser, Destillat und Kondensat dienen, ferner die Zu- und Ablaufregler, Niveauwächter und Nebenkondensatpumpen, im weiteren Sinne auch die nötigen Reduzier- und Kühlstationen bzw. Dampfumformventile.

Das Ansteigen von Leistung, Druck und Temperatur hat nicht nur eine Vermehrung und Vergrößerung der Apparate zur Folge, sondern stellt auch erhöhte Anforderungen an die Ausführung. Auf der Hochdruckseite führt dies aus Fertigungs- und Kostengründen zu Konstruktionen immer kleineren Manteldurchmessers, womit die Apparate zwangsläufig in der Länge zunehmen. Da diese aus Platzgründen begrenzt ist, unterteilt man die *Hochdruck*-Wärmetauscher je nach Bauart bei größeren Turbinenleistungen von etwa 100 bis 150 MW an in zwei oder mehrere parallel geschaltete Einheiten[2]. Die so entstandene Mehrsträngigkeit der Speisewasserdruckleitung bietet zugleich die Möglichkeit, einen defekten Strang abzuschalten und dann den Block ohne Unterbrechung über die übrigen Stränge weiterzufahren.

Der Zwang zu einer Parallelunterteilung der *Niederdruck*-Wärmetauscher in zwei Hauptkondensatleitungen entsteht erst bei sehr großen Speisewassermengen wie bei Kernkraftwerken großer Leistungen. Mehrsträngige Vorwärmeranlagen können auch durch besondere Bedingungen, z. B. die Anzahl der Kessel oder die Schaltung des gesamten Kraftwerkes begründet sein, um klarere Betriebsverhältnisse zu erreichen.

Bei zugleich hohen Drücken und Temperaturen zeichnet sich die Tendenz ab, die Apparate als ein erweitertes Rohr innerhalb der Speisewasserdruckleitung auszubilden oder in viele parallel geschaltete Elemente kleinstmöglichen Durchmessers aufzuteilen.

1. Anwendungsgebiet

Die Wärmetauscher dienen im Kraftwerk hauptsächlich folgenden Aufgaben:

a) Vorwärmung von Speise- und Zusatzwasser zur thermischen Verbesserung des Wasser-Dampf-Kreislaufes (Regenerativ-Prozeß), d. h. zur Verringerung der im Kondensator abzuführenden Wärme,

b) Vorwärmung anderer Medien, wie z. B. von Luft und Öl,

---

[1] Die Bezeichnungen „Wärmetauscher" und „Wärmeaustauscher" werden nebeneinander gebraucht. Das kürzere Wort wird im Sprachgebrauch immer mehr bevorzugt.

[2] Beispiel siehe Erster Band, S. 662.

c) Übertragung von Verlustwärme an ein Kühlmittel, wie z. B. im Kondensator, Luft- oder H_2-Kühler des Generators, Ölkühler usw.,

d) Ausnutzung von Abwärme für Heizungen und industriellen Bedarf,

e) Überhitzung und Enthitzung von Dampf,

f) Unterkühlung von Kondensat,

g) Destillierung von Zusatz- und Gebrauchswasser in einer Verdampferanlage (thermische Aufbereitung),

h) Erzeugung von Dampf für Sekundärzwecke in einer Umformeranlage, z. B. für Fabrikationszwecke, Ölvorwärmung usw.

2. Bezeichnungen

Man unterscheidet nach

Art des Wärmeübergangs: Mischvorwärmer und Oberflächenvorwärmer bzw. -kühler.

Zweck: Enthitzer und Überhitzer, Vorwärmer und Kühler, Kondensatoren und Verdampfer bzw. Dampfumformer, Speisewasser-, Weichwasservorwärmer, Luftvorwärmer (Luvo), Ölvorwärmer und -kühler, Heizungsvorwärmer, Schwachlastvorwärmer, Kondensatkühler, Laugenkühler usw.

Aufstellung: Liegende und stehende Apparate.

Bauart: Wärmetauscher mit geraden oder U-Rohren, mit Schlangen-, Spiral- oder Rippenrohren, einfache und kombinierte Apparate (z. B. mit eingebautem Enthitzer und Kondensatkühler, Doppelvorwärmer mit getrennten Wassersystemen), Apparate in Sammlerkonstruktion oder mit selbstdichtendem Deckel usw.

Führung der Medien: Ein- und Mehrwege-Apparate, Parallel-, Gleich-, Gegen-, Quer- und Mischstrom-Apparate.

Anordnung in der Wärmeschaltung:

bis Kesselspeisepumpe: Niederdruck-Vorwärmer bzw. -Kondensatkühler (Vakuum-, Niederdruck-, Mitteldruck-Vorwärmer bzw. -Kondensatkühler);

nach Kesselspeisepumpe: Hochdruck-Vorwärmer bzw. Hochdruck-Kondensatkühler, Hochdruck-Enthitzer.

3. Wirkungsweise

Der Wärmeaustausch setzt eine Temperaturdifferenz voraus und erfolgt in Wärmestromrichtung von höherer zu niedrigerer Temperatur, wobei zwischen Primär- und Sekundärseite unterschieden wird. Auf den zwei Seiten des Wärmetauschers befinden sich entweder gleiche oder verschiedene Medien bzw. Aggregatzustände (z. B. Wasser/Wasser, Dampf/Dampf, Wasser/Öl, überhitzter Dampf/Wasser). Grundsätzlich erfolgt der Wärmeübergang entweder durch Mischung der beiden Stoffe oder über eine Heizfläche,

Tabelle 13. *Der Wärmeübergang in den Wärmetauschern*

Wärmetauscher	Primärseite (Wärmeabgabe)	Sekundärseite (Wärmeaufnahme)	Wärmeübergang
1. Enthitzer*, Heißdampfkühler	Hoch überhitzer Dampf	Schwach überhitzter Dampf bis Sattdampf, Speisewasser	Über Heizfläche
2. Mischvorwärmer	Kondensierender Dampf	Speisewasser	Durch Mischung
3. Oberflächenvorwärmer	Kondensierender Dampf	Speisewasser	Über Heizfläche
4. Kondensat- und Laugenkühler	Heizdampfkondensat, Kessel-, Verdampfer-, Umformerlauge	Speisewasser, Zusatzwasser	Über Heizfläche
5. Verdampfer, Umformer	Überhitzter Dampf, Sattdampf höheren Druckes	Sattdampf (Brüden) niederen Druckes	Über Heizfläche

* Enthitzer ohne Heizfläche arbeiten nach dem Mischprinzip (z. B. Heißdampfkühler mit Kondensateinspritzung). Der Überhitzer unterscheidet sich vom Enthitzer lediglich durch seinen Zweck.

die meistens aus einzelnen Rohren zusammengesetzt ist. Bei Wasser ergeben sich praktisch die Fälle gemäß Tabelle 13.

4. Wärmetechnische Grundlagen

Die Anordnung der einzelnen Wärmetauscher geht aus dem Wärmegrundschaltplan hervor. Durch die Entscheidung über die zweckmäßigste Vorwärmschaltung werden Art und Umfang der Regenerativ-Vorwärmung festgelegt.

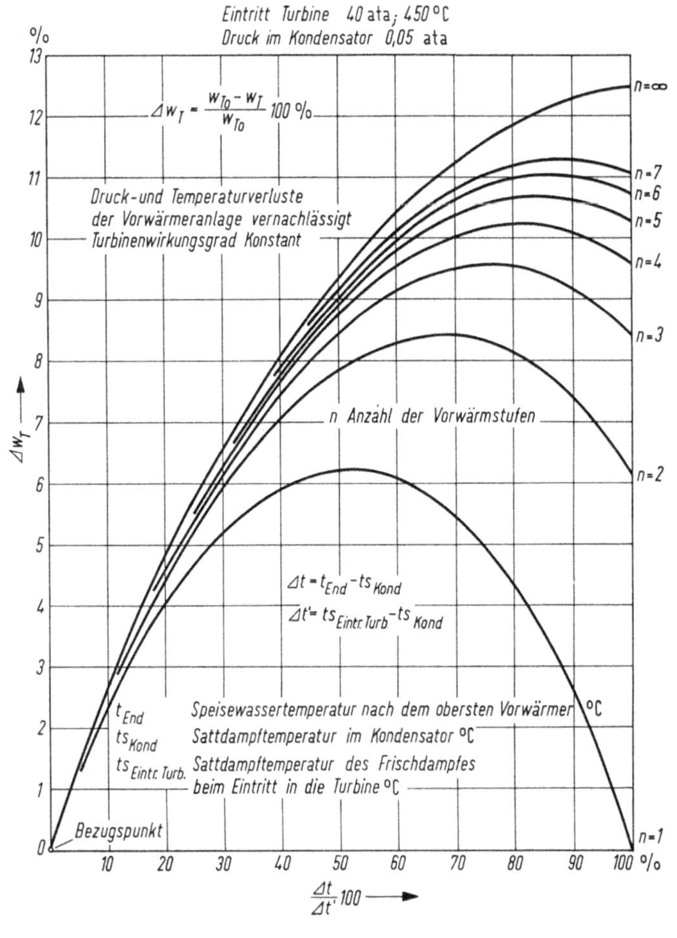

Abb. 266. Verbesserung des Wärmeverbrauchs der Turbine durch Regenerativ-Vorwärmung (ohne Zwischenüberhitzung)

Theoretisch kann man annehmen, daß sich das Speisewasser in unendlich vielen Stufen bis zu Beginn der Verdampfung, d. h. bis zur zum Kesseldruck gehörigen Sattdampftemperatur aufwärmen läßt. Die obere Grenze ist durch den kritischen Druck gegeben. Hieraus folgt, daß die maximal mögliche Vorwärmtemperatur von der Höhe des Frischdampfdruckes abhängt. Welche Verbesserungen des thermischen Wirkungsgrades durch das Regenerativ-Verfahren erreicht werden können, wurde schon mehrfach beschrieben. Der größte Gewinn ergibt sich im Bereich praktischer Stufenzahlen bereits bei einer Vorwärmung von etwa 50 bis 80% der Sattdampftemperatur des Frischdampfes.

Die Anzahl der Vorwärmstufen hängt von der Höhe der Speisewassertemperatur und der gewählten Unterteilung ab. Als Folge der so entstehenden Vorwärmkette resultieren am Speisewasseraustritt der einzelnen Wärmetauscher verschieden hohe Temperaturen, deren zugehörige Sattdampfdrücke die Lage der Anzapfstellen des Heizdampfes aus der Turbine bestimmen. Maschinen ohne Zwischenüberhitzung haben bis zu 7 Entnahmestellen. Bei einfacher Zwischenüberhitzung sind 5 bis 9, bei doppelter 8 bis 10 Vorwärmstufen üblich.

Wie groß der thermische Nutzen theoretisch bei verschiedenen Speisewassertemperaturen und Stufenzahlen ist und welche optimalen Vorwärmverhältnisse hierbei anzustreben sind, veranschaulichen als Berechnungsbeispiele die Kurven in Abb. 266 und 267 für eine Maschine ohne und mit einfacher Zwischenüberhitzung. Die angegebene Verminderung des spezifischen Wärmeverbrauches Δw_T bezieht sich nur auf die Turbine. w_{T0} ist der spezifische Wärmeverbrauch *ohne* Vorwärmung, w_T der spezifische Wärme-

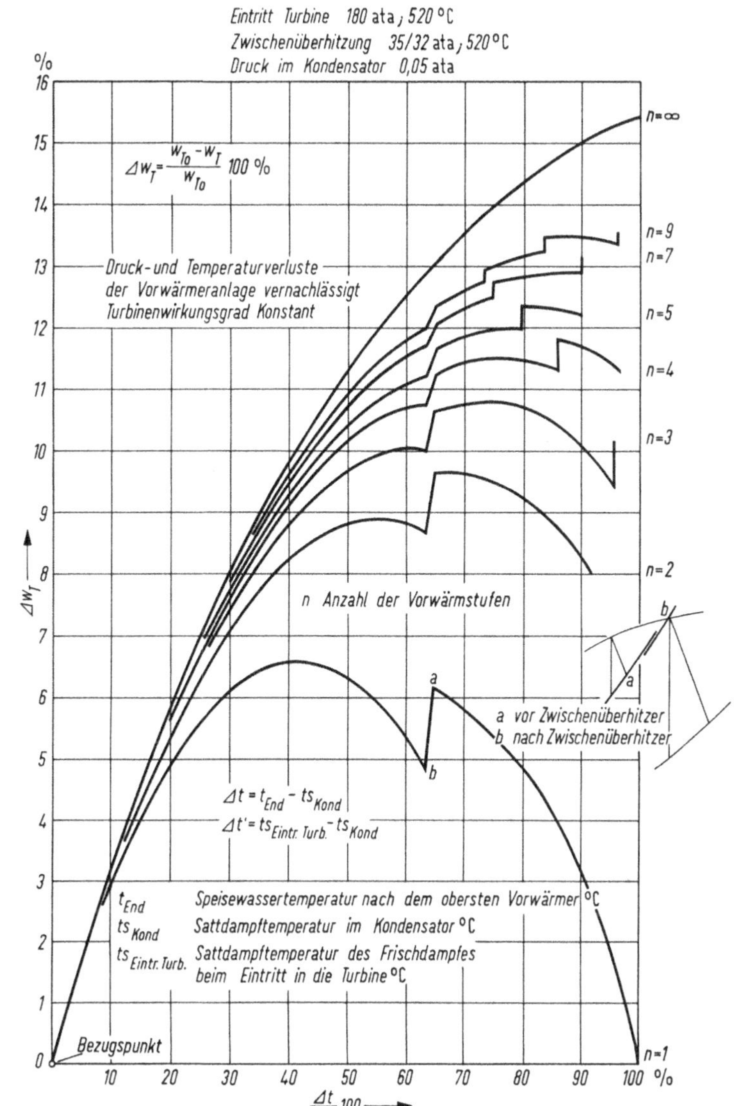

Abb. 267. Verbesserung des Wärmeverbrauches der Turbine durch Regenerativ-Vorwärmung (einfache Zwischenüberhitzung)

verbrauch *mit* Vorwärmung. Außerhalb stehende Einflüsse (z. B. Kesselwirkungsgrad, Eigenbedarf) sind nicht in die Rechnung einbezogen.

Die gewählte Vorwärmtemperatur bedarf einer genauen Überprüfung, bei der neben betrieblichen Bedingungen die gesamtwirtschaftlichen Zusammenhänge zu beachten sind. Der Wärmepreis des Brennstoffes (DM/10^6 kcal) sowie die jährlichen Benutzungsstunden bestimmen dabei entscheidend den wirtschaftlichen Aufwand für die Vorwärmeranlage. Bei niedrigem Wärmepreis und geringen Benutzungsstunden sind thermisch optimale Speisewassertemperaturen nicht vertretbar, weshalb man sich in diesem Falle mit einer kleineren Stufenzahl begnügt.

Der Dampf für den obersten Vorwärmer wird bei Maschinen mit einfacher Zwischenüberhitzung gewöhnlich hinter dem ersten Turbinengehäuse, d. h. normalerweise aus der kalten ZwÜ-Leitung entnommen. Je nach Lage des Zwischenüberhitzungsdruckes, der durch Optimierungsrechnungen des gesamten Kreislaufes ermittelbar ist, bestimmt sich auf diese Weise die Höhe der Speisewassertemperatur. Soll sie zur Verbesserung des Wärmeverbrauches noch mehr angehoben werden, so stockt man über den bisher höchsten Vorwärmer zusätzlich einen weiteren auf, dessen Heizdampf aus dem Hochdruckteil der Turbine angezapft wird. Wenn sich hierdurch das Speisewasser bei gleichem Zwischenüberhitzungsdruck um 30 °C höher aufwärmt, kann je nach Veränderung des inneren Wirkungsgrades der Maschine — hauptsächlich infolge Veränderung des Auslaßverlustes — eine Verbesserung des Turbinenwärmeverbrauches von etwa 0,5 bis 0,75% entstehen. Es muß jedoch von Fall zu Fall untersucht werden, ob der thermische Gewinn auf der Turbinenseite nicht durch eine Verschlechterung des Kesselwirkungsgrades infolge größerer Abgasverluste verlorengeht und sich die Mehrkosten für den zusätzlichen sehr teueren Hochdruckvorwärmer, darüber hinaus für Kessel, Rohrleitungen, Armaturen usw., rechtfertigen lassen. Aus diesen Gründen sieht man bei Anlagen mit doppelter Zwischenüberhitzung nicht nur von einem „Aufstock-Vorwärmer" ab, sondern verzichtet auch auf den an der ersten kalten Zwischenüberhitzung angeschlossenen Hochdruckvorwärmer, wenn dessen Nutzen fragwürdig wird.

Wie Untersuchungen gezeigt haben, ergibt eine gleich hohe Aufwärmung des Wassers in allen Stufen nicht das thermische Optimum. Trotzdem wird diese Methode wegen ihrer Einfachheit in der Praxis meistens angewandt, da die Unterschiede sehr klein sind und selten ins Gewicht fallen.

Die so theoretisch ermittelten „Anzapfwunschdrücke" lassen sich aber nicht immer verwirklichen, da die Forderung, die Turbine thermodynamisch optimal auszulegen, meistens dominierend ist. Sehr oft können auch konstruktive Gründe (z. B. verfügbare Modelle) oder festigkeitsseitige Engpässe in der Beschaufelung (z. B. zu hohe Fliehkraftspannungen) eine Idealisierung der Vorwärmunterteilung behindern, so daß dies bei der Projektierung zu einem Kompromiß zwingt. Die Abhängigkeit der Anzapfdrücke vom Turbinenmodell besteht vor allem bei den untersten Entnahmen, weil die Herstellerwerke je nach ausgeführten Endschaufellängen nur eine ganz bestimmte Normreihe von Niederdruckteilen bauen (s. Zweiter Band, S. 151). Durch die Forderung, die langen Schaufeln strömungsseitig optimal auszubilden, werden jeweils verschieden große Dampfgeschwindigkeiten benötigt, was entsprechende Entnahmedrücke erforderlich macht und eine ungleichmäßige Vorwärmtreppe zur Folge haben kann. Darüber hinaus können besondere Betriebsgegebenheiten, wie z. B. eine festliegende Entgasungstemperatur, die Einordnung einer Verdampferanlage in den Speisewasserkreislauf usw., eine ungleiche Vorwärmaufteilung bedingen.

Sind Wärmeschaltung, Speisewassertemperatur, Anzahl der Vorwärmstufen und Höhe der Entnahmedrücke entschieden, so ergibt sich eine thermische Verbesserung nur noch aus der optimalen Auslegung jedes Apparates mit dem Ziel, den Wärmeaustausch unter Berücksichtigung der Kostenseite möglichst verlustlos zu gestalten. Da sich die Einflüsse einer Änderung in der Vorwärmkette auf den Wärmeverbrauch weitgehend kompensieren, bedarf es zur Erfassung der nur in Promille eingehenden Unterschiede sehr genauer Relationsrechnungen. Die Optimierung von Vorwärmanlagen wird insbesondere für große Blockeinheiten bedeutsam und sollte dort erstrebt werden.

5. Auslegung der Apparate

Hauptgesichtspunkte hierfür sind: Wärmeschaltung, thermische Daten, Betriebsverhältnisse, Konzessionierung, Konstruktion, Material, Bauart, Unterbringung, Montage, Bedienung, Wartung, Möglichkeit von Reparatur und Besichtigung des Rohrbündels, Kosten, Wirtschaftlichkeit.

Extreme Betriebsbedingungen bedürfen der besonderen Beachtung, weil hierdurch ungünstige hydraulische und thermische Belastungen, höchste Drücke und Temperaturen oder stark schwankende Betriebsverhältnisse entstehen können (z. B. bei An- und Abfahren, Lastabschaltungen, Umführungen, Sonderbedingungen wie bei Laststoß- und Verbundbetrieb usw.).

Um bei einsträngiger Speisewasserleitung die Apparate ohne Unterbrechung des Betriebes überholen und reparieren zu können, erhalten sie wasserseitige Umführungen und dampfseitige Absperrungen. Die Vorwärmer und Kühler werden einzeln, gruppenweise oder insgesamt umführt. Auf der Hochdruckseite begnügt man sich aus Kostengründen mit einer Gesamtumführung. Bei ihrem Gebrauch sind nicht nur der schlechtere Wärmeverbrauch, sondern auch die möglicherweise geringere maximale Kessel- und Turbinenleistung einzukalkulieren. Da je nach Umschaltungs-Geschwindigkeit eine unterschiedlich schnelle Absenkung der Speisewassertemperatur entsteht, müssen die Auswirkungen eines etwaigen Temperaturschockes auf Kessel und Turbine geprüft und gegebenenfalls die entsprechenden betrieblichen oder regeltechnischen Maßnahmen zur Verhinderung der Folgen ergriffen werden.

Die Apparatekonstruktion auf der HD-Seite vereinfacht sich, wenn die Kesselspeisepumpe — wie z. B. in den USA — erst nach dem obersten Wärmetauscher angeordnet wird. Da dann nur noch Mitteldruck-Wärmetauscher vorhanden sind, werden nicht nur die Apparate, sondern auch die Einzelumführungen billiger. Diesem Vorteil stehen aber die höheren Kosten durch den Bedarf einer Vorpumpe und den größeren Aufwand von Rohrleitungen und Armaturen entgegen. Die Lösung bietet sich besonders an, wenn wegen zu geringer Zulaufhöhe sowieso eine Pumpe mit niedriger Drehzahl vor der Kesselspeisepumpe erforderlich wird. Interne Untersuchungen erbrachten hinsichtlich der Wirtschaftlichkeit je nach den tatsächlichen Verhältnissen keinen oder kaum einen nennenswerten Gewinn[1]. Bei solchen Überlegungen darf jedoch die größere Betriebssicherheit nicht unberücksichtigt bleiben.

Der Umführungsbetrieb ist bei der Auslegung der Ablaufregler besonders zu beachten. Es muß dabei klargestellt sein, wohin dann das Heizdampfkondensat des darüber befindlichen Vorwärmers abgeleitet wird. Wenn der Regelbereich durch den Störfall undurchführbar groß wird, sieht man zwei Regler vor, die entweder unabhängig voneinander oder in Folgeschaltung arbeiten. Nicht unterkühltes Kondensat beginnt bereits in den Regelventilen auszudampfen, was einen frühzeitigen Verschleiß zur Folge haben kann. Da sich die physikalischen Verhältnisse eines Dampf-Wasser-Gemisches nicht genügend genau erfassen lassen, wird die richtige Auslegung des Ventiles unsicher. Aus diesem Grunde empfiehlt sich selbst dann die Anordnung eines Kondensatkühlers, wenn kein thermischer Nutzen damit verbunden ist.

Nach Bestimmung der Auslegungs- und Betriebsverhältnisse, die den Lieferfirmen schon bei der Ausschreibung möglichst vollständig bekanntgegeben werden sollten, muß jeder Wärmetauscher einzeln durchgerechnet und konstruiert werden. Nur in ganz seltenen Fällen ist es möglich, alle Vorwärmer gleich zu bauen. Will man die Apparate trotz verschiedener Leistungen, Drücke und Temperaturen einheitlich und austauschbar ausführen, sind Überdimensionierung und höherer Preis einiger Apparate in Kauf zu nehmen. Je nach der Differenz zwischen den einzelnen Heizflächen kann hierbei entschieden werden, ob zur Vereinheitlichung die größte oder eine mittlere Fläche gewählt wird.

b) Wärmetechnische Berechnung

1. Wärmekreislauf

Die wärmetechnischen Auslegungsdaten für die Wärmetauscher ergeben sich aus der thermischen Durchrechnung des Wasser-Dampf-Kreislaufes. Ein Beispiel für eine solche

[1] Siehe Zweiter Band, S. 145, und BBC-Mitt. Bd. 49 (1962), S. 306/11.

Vorwärmrechnung ist im Zweiten Band, S. 123, gegeben. Für die Wärmebilanz jedes Apparates gilt:

$$\Sigma Q_z = \Sigma Q_a \text{ oder } \Sigma Q = 0$$

Q_z Zugeführte Wärmemenge in kcal/h
Q_a Abgeführte Wärmemenge in kcal/h

Aus der Bilanz errechnet sich jeweils die unbekannte Größe. Meistens kommt man hierfür mit einer Gleichung aus. Andernfalls wird der gesuchte Wert durch Aufstellung weiterer Bilanzen, die auch zwei oder mehrere Wärmetauscher beinhalten können, substituiert. Die Errechnung der Heizdampfmenge geht aus den folgenden Beispielen hervor. Zur Verdeutlichung der Wärmebilanz empfiehlt es sich, einen Bilanzkreis um den Wärmetauscher bzw. um die in Frage kommenden Apparate zu ziehen.

Benötigte Werte:

Wärmeaufnehmendes Medium:
G Menge in kg/h
t_1 Eintrittstemperatur in °C
i_1 Zugehörige Enthalpie in kcal/kg
t_2 Austrittstemperatur in °C
i_2 Zugehörige Enthalpie in kcal/kg

Wärmeabgebendes Medium:
E Menge in kg/h
p Druck am Eintritt in ata
t Zugehörige Temperatur in °C
i Zugehörige Enthalpie in kcal/kg
t_s Sattdampftemperatur des kondensierenden Heizdampfes in °C
i' Zugehörige Enthalpie in kcal/kg
E' Zuströmendes Heizdampfkondensat in kg/h, z. B. aus dem nächsthöheren Vorwärmer
$i_{E'}$ Zugehörige Enthalpie in kcal/kg
η Faktor, der die Wärmeabstrahlverluste berücksichtigt (bei Vorwärmern 0,99, bei Entgasern, Verdampfern und Umformern 0,98 üblich)
t_{s_e} Temperatur des Heizdampfkondensates, Eintritt Kühler in °C
$i_{t_{s_e}}$ Zugehörige Enthalpie in kcal/kg
t_{s_a} Temperatur des Heizdampfkondensates, Austritt Kühler in °C
$i_{t_{s_a}}$ Zugehörige Enthalpie in kcal/kg

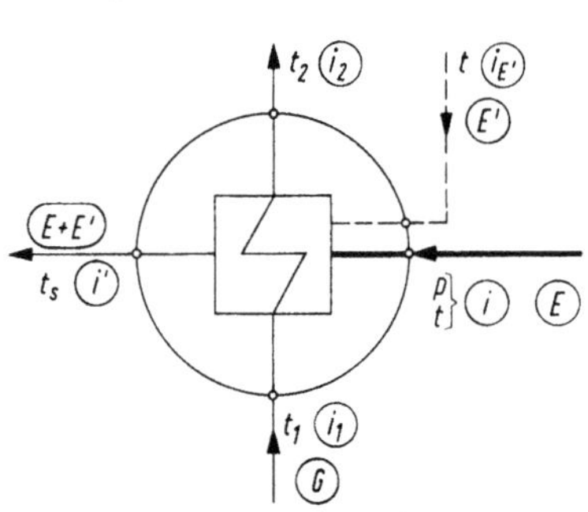

Abb. 268. Oberflächen-Vorwärmer: Wärmebilanzkreis

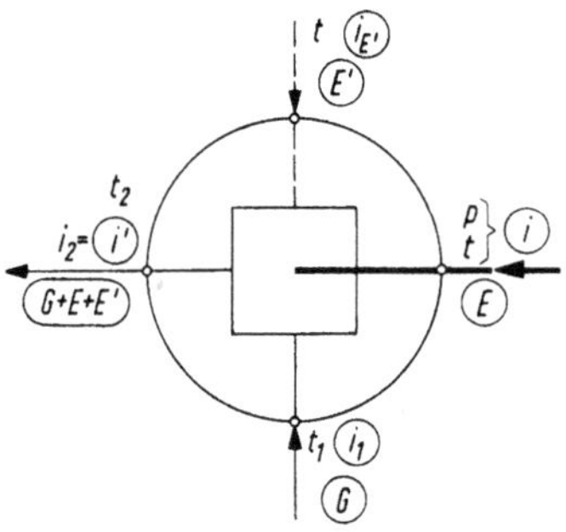

Abb. 269. Mischvorwärmer: Wärmebilanzkreis

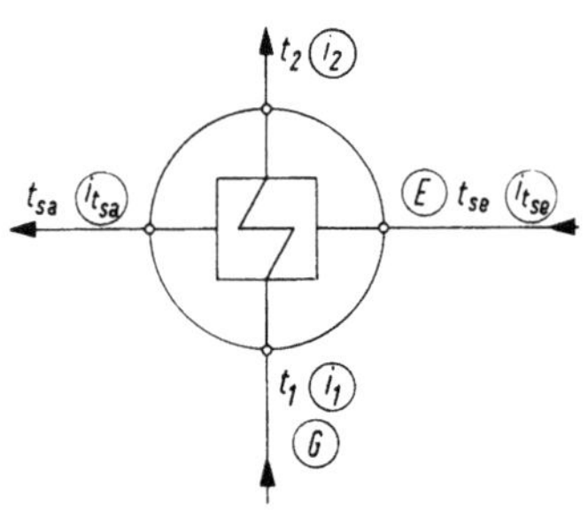

Abb. 270. Kondensatkühler: Wärmebilanzkreis

Oberflächenvorwärmer (Abb. 268):

Fall A: Ohne zuströmendes Heizdampfkondensat ($E' = 0$)

$$E = \frac{G \cdot (i_2 - i_1)}{(i - i') \cdot \eta} \text{ [kg/h]}$$

Fall B: Mit zuströmendem Heizdampfkondensat ($E' \neq 0$)

$$E = \frac{G \cdot (i_2 - i_1) - E' \cdot (i_{E'} - i')}{(i - i') \cdot \eta} \text{ [kg/h]}$$

Mischvorwärmer (Abb. 269): Hierbei wird $i_2 = i'$. Die Berechnung der Heizdampfmenge für Fall A und B erfolgt nach den gleichen Formeln wie beim Oberflächen-Vorwärmer.

Kondensatkühler (Abb. 270): Die Aufwärmung des Speisewassers ermittelt sich aus der Enthalpie-Differenz Δi, wobei die Wärmeverluste wegen ihrer Geringfügigkeit vernachlässigt werden können.

$$\Delta i = i_2 - i_1 = \frac{E \cdot (i_{t_{s_e}} - i_{t_{s_a}})}{G}$$

$$i_2 = i_1 + \Delta i$$

Zur Rationalisierung der umfangreichen, aufwendigen Vorwärmrechnungen und zur Entlastung des Ingenieurs bedient man sich in jüngster Zeit immer mehr der elektronischen Berechnung[1]. Sehr geeignet hat sich für den vorliegenden Zweck der Siemens-Digitalrechner 2002 erwiesen. Mit seiner Hilfe sind theoretisch alle Schaltungen und Lastpunkte berechenbar.

Der Einsatz der Rechenmaschine lohnt sich für die Durchrechnung der am häufigsten vorkommenden Schaltungen und insbesondere dann, wenn mehrere Varianten zu untersuchen sind. In Frage kommen hauptsächlich Blockschaltungen für Maschinen ohne und mit Zwischenüberhitzung mit Elektro- oder Turbospeisepumpe. Darüber hinaus läßt sich die Rechenmaschine auch für anderen Bedarf anwenden. So ist ihr Gebrauch z. B. für die Durchrechnung der Wärmekreisläufe von Atomkraftwerksanlagen und Heizturbinen, bei denen gewöhnlich sehr viele Betriebsfälle zu untersuchen sind, von besonderem Interesse.

Ohne Berücksichtigung des Zeitaufwandes für die allgemeine wärmetechnische Vorbereitung auf den jeweiligen Rechnungsfall beträgt die reine Maschinen-Rechenzeit für einen Lastpunkt je nach Umfang der Schaltung etwa 1 bis 3 Minuten.

Dieses Ergebnis setzt natürlich voraus, daß die Rechenmaschine für ihre Aufgabe vorher programmiert wurde. Hierzu stellt man ein entsprechendes Programm auf und überträgt es in die Maschinensprache. Zu dem in die Maschine fest eingegebenen und in ihr gespeicherten Grundprogramm gehören im wesentlichen i,s-Diagramm, Bilanz- und Leistungsgleichungen der Vorwärmrechnung, Normdruckbeziehungen für die Entnahmen, Lastverhalten der Wärmetauscher, Wirkungsgradfunktionen und Schaltungsart. Im Zusammenhang mit der Vorwärmrechnung läßt sich zur Vermeidung zeitraubender Rückfragen im Fertigungswerk die gleichlaufende Ermittlung von Wirkungsgraden der Haupt- und Pumpenturbinen in gewissem Umfang mit in das Programm aufnehmen.

Trotz des vielseitigen Anwendungsbereiches der Rechenmaschine werden auch in Zukunft für komplizierte und selten vorkommende Sonderschaltungen, bei denen der Zeit- und Geldaufwand für die Programmierung zu groß würde, noch Handrechnungen erforderlich sein. Damit bleibt die Möglichkeit erhalten, daß der in die Praxis eintretende Ingenieur durch eigene Durchrechnung des Wärmekreislaufes die thermischen Zusammenhänge verstehen lernt und sich ein gutes Zahlengefühl aneignet.

2. Wärmeleistung

Unter Wärmeleistung versteht man den in der Zeiteinheit übertragenen Wärmestrom, der sich aus der Wärmebilanz für den Wärmetauscher ergibt. Der Zusammenhang zwischen Wärmeleistung und Heizfläche geht aus der folgenden Grundbeziehung hervor:

$$Q = G \cdot c_{p_m} \cdot (t_2 - t_1) = G \cdot (i_2 - i_1) = k \cdot F \cdot \vartheta_m \quad [\text{kcal/h}]$$

Q Übertragener Wärmestrom in kcal/h
F Wärmeübertragungsfläche (bei Rohren mittlere Heiz- bzw. Kühlfläche) in m^2
k Wärmedurchgangszahl in kcal/m^2 h grd
ϑ_m Mittlere logarithmische Temperaturdifferenz in grd
c_{p_m} Mittlere spezifische Wärme in kcal/kg grd

[1] Siehe Zweiter Band, S. 152.

3. Stufenzahl

Für die Differenz $(t_2 - t_1)$ an einem Vorwärmer (entsprechend $i_2 - i_1$) ist das Wort *Aufwärmspanne* gebräuchlich, die als Maß für die Festlegung der Anzahl der Vorwärmstufen verwendet wird. Im Hinblick auf möglichst günstige Vorwärmverhältnisse, normale Apparategröße und Unterbringung der Entnahmestellen in der Turbine setzt man als ersten Überschlag für die mittlere Aufwärmspanne einen Wert von rd. 30 grd ein.

$$(t_2 - t_1)_m \approx 30 \text{ grd}$$

Die Temperatur t_2 im obersten Vorwärmer bestimmt die Endvorwärmung des Speisewassers vor Eintritt in den Kessel und heißt daher *Vorwärmendtemperatur*. Der Unterschied zwischen dieser und der Sattdampftemperatur im Kondensator ist die *gesamte Aufwärmspanne*

$$(t_2 - t_1)_{\text{ges}} = t_{\text{End}} - t_{s_{\text{Kond}}} \text{ [grd]}$$

Anzahl der Vorwärmstufen bzw. Entnahmen:

$$n = \frac{(t_2 - t_1)_{\text{ges}}}{(t_2 - t_1)_m} \approx \frac{(t_2 - t_1)_{\text{ges}}}{30}$$

4. Logarithmische Temperaturdifferenz

Näherungsweise:

$$\vartheta_m = \frac{\vartheta_g + \vartheta_k}{2}$$

genau:

$$\vartheta_m = \frac{\vartheta_g - \vartheta_k}{\ln \vartheta_g / \vartheta_k}$$

ϑ_g und ϑ_k sind bei Gegenstrom und dem Temperaturverlauf von Abb. 283 wie folgt definiert:

	Dampf- Enthitzung	Dampf- Kondensation	Kondensatunterkühlung
ϑ_g	$t_{ü_1} - t_2$	$t_s - t_1$	$t_{s_e} - t_2$
ϑ_k	$t_{ü_2} - t_1$	$t_s - t_2$	$t_{s_a} - t_1$

$t_{ü_1}$ und $t_{ü_2}$: Ein- und Austrittstemperatur des Dampfes am Enthitzer, siehe Abb. 278 und 283.

Da die Enthitzung nur bis zur Sattdampftemperatur möglich ist, andernfalls Kondensation eintritt, gilt als Grenzbedingung für $t_{ü_2} - t_1$:

$$t_1 > t_s$$

Zur schnelleren Ermittlung der logarithmischen Temperaturdifferenz genügt für praktische Zwecke die graphische Methode[1]. Ein Beispiel zeigt Abb. 271.

Das Diagramm gilt nur für reinen Gleich- und Gegenstrom. Bei anderen Strömungsarten ist der folgende Weg üblich:

Man setzt Gegenstrom voraus und ermittelt ϑ_m aus dem Diagramm. Anschließend wird der abgelesene Wert mit einem Faktor kleiner als 1 multipliziert, dessen Größe aus den Diagrammen im VDI-Wärme-Atlas, Arbeitsblätter Ca 5 bis 8, oder aus entsprechenden Kurven anderer Veröffentlichungen entnommen werden kann. Die Korrektur ist bei Kondensatoren und Kondensationszonen von Vorwärmern nicht erforderlich, weil die mittlere logarithmische Temperaturdifferenz im Sattdampfgebiet unabhängig von der Strömung ist.

[1] VDI-Wärmetechnische Arbeitsmappe, Arbeitsblatt B 2; VDI-Wärme-Atlas 1953, Arbeitsblätter Ca 3 und Cc 1, Logarithmischer Mittelwert des Temperaturunterschiedes für Gleich- und Gegenstrom.

5. Wärmedurchgangszahl

Während Wärmeleistung und mittlere logarithmische Temperaturdifferenz durch die thermische Auslegung gegeben sind, ist die Höhe der Wärmedurchgangszahl k zunächst noch offen. Die Ermittlung des genauen k-Wertes, wie er sich praktisch einstellen wird, ist sehr schwierig. Aus diesem Grunde verwenden die Vorwärmerfirmen meistens Erfahrungskurven unter Berücksichtigung der verschiedenen Einflußgrößen. Je nach den getroffenen Annahmen fallen die Heizflächen verschieden hoch aus, zumal diese wegen ihrer Unsicherheit über einen Erfahrungswert vergrößert werden.

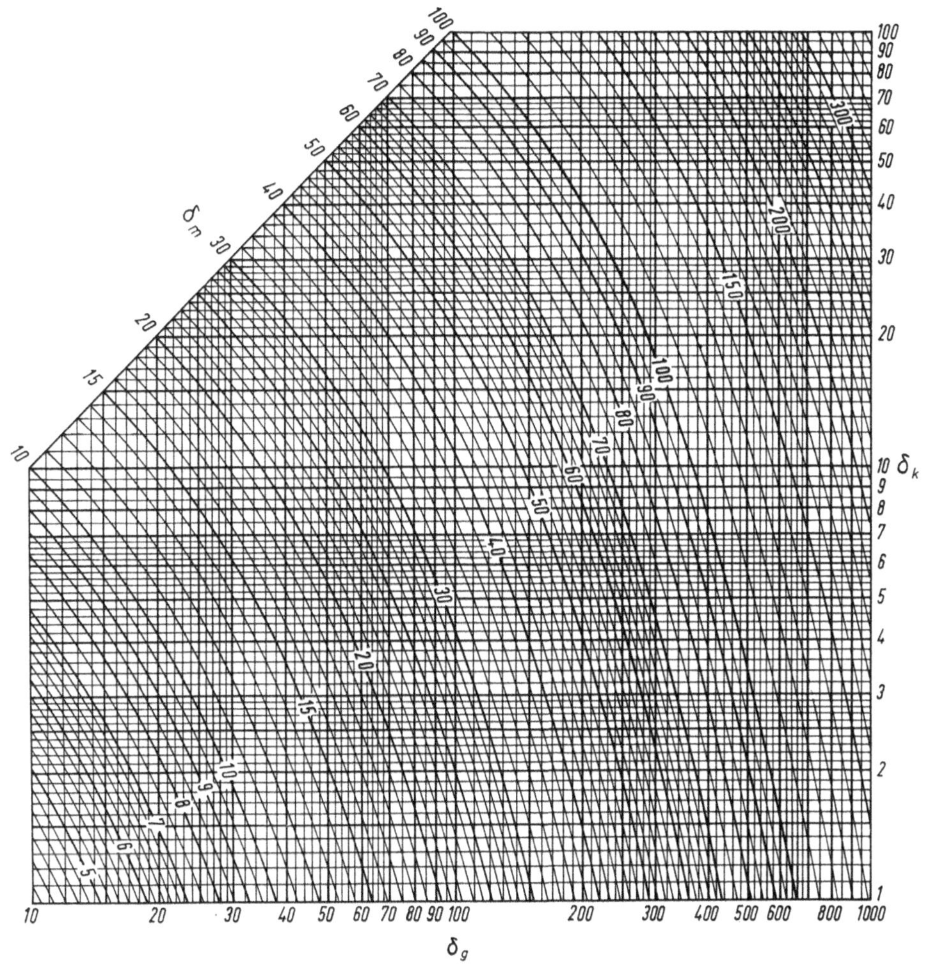

Abb. 271. Mittlere logarithmische Temperaturdifferenz
(Nach „Standards of Feedwater Heater Manufacturers Association, Inc.“, 3. Aufl. 1962)

Verschmutzungszuschläge in einer Höhe, wie sie bei Kondensatoren angewendet werden, sind bei den Regenerativ-Apparaten in Anbetracht des reinen Kondensates ungerechtfertigt.

Die Wärmedurchgangszahl kann auch theoretisch über die Grundbeziehung

$$k = \frac{1}{\frac{1}{\alpha_D} + \frac{\delta}{\lambda} + \frac{1}{\alpha_W}}$$

errechnet werden.

α_W, α_D Wärmeübergangszahlen auf der Wasser- und Dampfseite in kcal/m² h grd
λ, δ Wärmeleitzahl und Wandstärke des Rohres in kcal/m² h grd bzw. m

Näheres über den Berechnungsgang geht aus dem VDI-Wärme-Atlas und dem Schrifttum hervor. Da man über diese k-Werte die sich tatsächlich einstellenden Strömungs- und Wärmeübergangsverhältnisse nicht genügend genau erfassen kann, werden die so ermittelten Heizflächen meistens wesentlich größer ausgeführt.

Die Größe von α_W und α_D hängt von verschiedenen physikalischen Einflüssen ab — z. B. ob Turbulenz oder Laminarströmung vorliegt — und wird entscheidend sowohl von

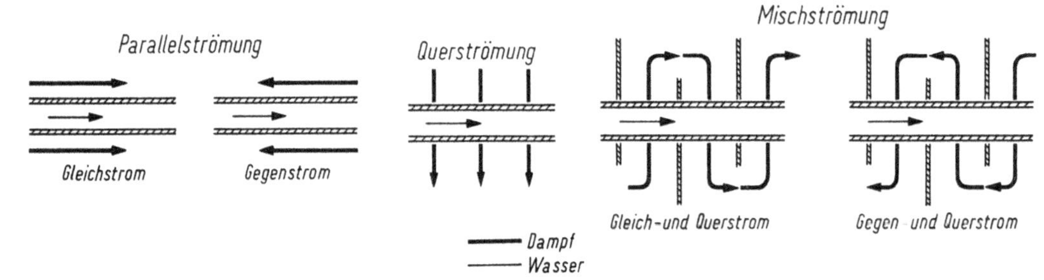

Abb. 272. Strömungsarten im Wärmetauscher

der Höhe der Temperatur und Geschwindigkeit als auch von der Art der Rohranströmung bestimmt. Diese kann entweder parallel oder quer zur Rohrachse verlaufen. Entsprechend unterscheidet man zwischen Parallel- oder Queranströmung. Für letztere wird auch die Bezeichnung Kreuzströmung gebraucht. Bei Parallelströmung unterscheidet man zwischen Gleich- und Gegenstrom. Folgen hintereinander Gleichstrom und Querstrom, so ent-

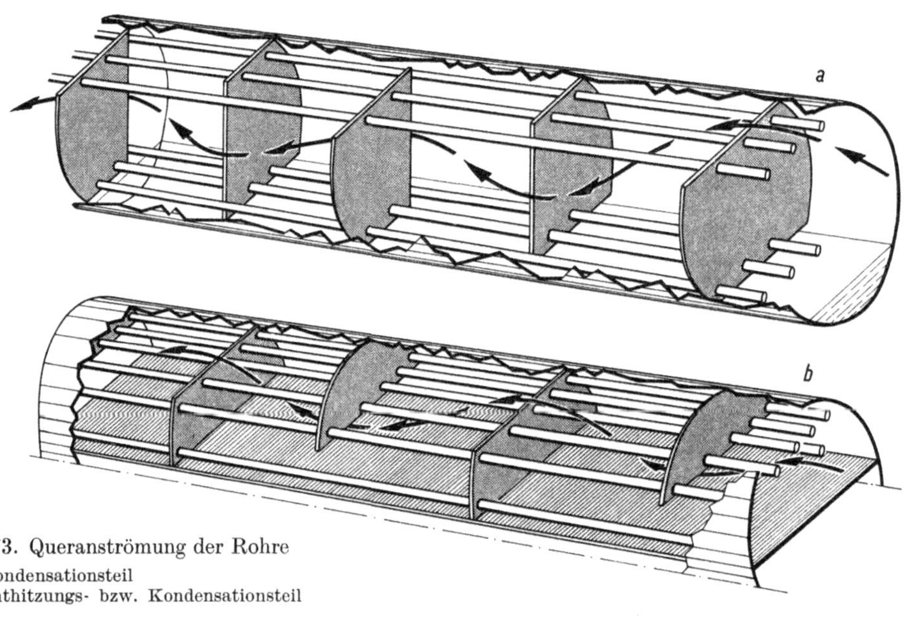

Abb. 273. Queranströmung der Rohre
a Kondensationsteil
b Enthitzungs- bzw. Kondensationsteil

steht eine Mischströmung, wobei entweder Gleich- und Querstrom oder Gegen- und Querstrom entstehen können (Abb. 272).

Gegenstrom und Queranströmung ergeben höhere k-Werte als Gleichstrom. Reiner Gegenstrom läßt sich durch kleine Manteldurchmesser erzielen, was jedoch zu sehr langen Apparaten führt. Die größeren Durchmesser der Topfvorwärmer erfordern andererseits große Wandstärken und Kosten.

Durch Ausbildung des Apparates in U-Form (U-Vorwärmer) oder durch Aufteilung in mehrere parallele Einzelapparate von nur sehr kleinem Durchmesser (Batterie-Vorwärmer) gewinnt man den Vorteil des reinen Gegenstroms und umgeht den Nachteil zu großer Baulänge.

Bei Vorwärmern mit größerem Manteldurchmesser bzw. bei Kühlern und Enthitzern wird ein besserer Wärmeübergang durch Anordnen von Umlenkblechen erzwungen, wobei Quer- und Gegenstrom bzw. Gleichstrom mehrfach hintereinander abwechseln können. Zwei Ausführungsbeispiele sind in Abb. 273 dargestellt.

Die Kondensation erfolgt unter Tropfenbildung. In senkrechten Vorwärmern entsteht längs der Rohre an der Oberfläche ein Kondensatfilm, der den Wärmeübergang verschlechtert. Solche Apparate benötigen eine um etwa 5 bis 10% größere Heizfläche als liegende. Da der Einfluß auf die Gesamtwirtschaftlichkeit jedoch meistens nur gering ist, entscheidet dieser Gesichtspunkt selten die Bauart. Insbesondere bei Apparaten mit eingebauter Kondensatkühlzone ergibt sich kaum ein Preisvorteil.

Größere Geschwindigkeiten in den Rohren begünstigen zwar den Wärmeübergang, haben aber einen höheren Druckverlust zur Folge, der zudem etwa quadratisch mit dem Durchsatz ansteigt. Bei Auslegung sind für Wassergeschwindigkeiten im Mittel 1,5 bis 1,8 m/s üblich. Trotzdem darf bei höchster hydraulischer Belastung die maximal zulässige Geschwindigkeit von etwa 3,5 m/s nicht überschritten werden, da sonst in kurzer Zeit Erosionen und damit Undichtheiten, insbesondere an den Rohreinströmungen, entstehen können.

Gebräuchliche Wassergeschwindigkeiten bei Normallast (meistens 4/4-Last der Turbine):

Hauptkondensat (rohrseitig):	HD-Apparate	1,5 bis 2,2 m/s,
	ND-Apparate	0,9 bis 1,8 m/s,
Nebenkondensat (mantelseitig):	HD-Apparate	0,7 bis 1,5 m/s,
	ND-Apparate	0,4 bis 1,0 m/s.

Je nach Ausbildung der Enthitzungszone werden Dampfgeschwindigkeiten von 4 bis 12 m/s verwirklicht, bei deren Wahl der wirtschaftlich noch vertretbare Druckverlust zu berücksichtigen ist.

Als mittlere Werte der Dampfgeschwindigkeiten am Eintrittsstutzen der Apparate wählt man rd. 40 m/s, bei Vakuum-Vorwärmern 60 m/s.

Bessere Wärmeübergangsverhältnisse und damit niedrigere Kosten ergeben sich bei Kondensatkühlern, wenn das Nebenkondensat zur Erzielung höherer Geschwindigkeiten rohrseitig geführt wird. Falls der Kühler in einer Ablaufschleife angeordnet wird, so verlangt man die Führung des Heizdampfkondensates auf der Mantelseite, weil sich andernfalls das Wasser bei Rohrbruch im zugehörigen Vorwärmer auf der Nebenkondensatseite infolge des zu groß gewordenen Widerstandes in den Rohren des Kühlers so hoch anstauen kann, daß es in die Entnahmeleitung und damit in die Turbine läuft (Abb. 274). Um dies zu verhindern, müßte eine Rückschlagklappe eingebaut werden, was jedoch meistens wegen der zu großen Durchmesser der zwei untersten Vakuum-Entnahmeleitungen unmöglich ist. Auch sind Klappen im Betrieb nicht immer dicht genug und für rückströmendes Wasser geeignet.

Die Anordnung einer Wasserschleife vereinfacht den Ablauf des Nebenkondensates, weil auf einen besonderen Ablaufregler verzichtet werden kann. Um ein Durchschlagen zu verhindern, muß sie genügend lang sein. Die erforderliche Tiefe ergibt sich aus dem in m WS ausgedrückten, maximal möglichen Druckunterschied zwischen den in Frage kommenden Entnahmestufen, der meistens bei Überlast der Turbine und gleichzeitig extremen Betriebsbedingungen entsteht. Zur Sicherheit wird die so errechnete Schleifenhöhe über einen vom Druck abhängigen Zuschlag vergrößert, den man mit rd. 1 m WS nach unten begrenzt. Diese Berechnungsweise vernachlässigt den Einfluß des nebenkondensatseitigen Widerstandes im Kühler auf den Wasserstand im fallenden Ast der Schleife. Da sich bei Berücksichtigung dieses Druckverlustes eine geringere Schleifenhöhe ergeben würde, ist je nach seiner Größe eine weitere Sicherheit gegen das Durchschlagen vorhanden.

Aus Gründen der Unterbringung kommen für den Schleifenablauf nur die untersten Entnahmen, d. h. praktisch je nach Lage der Entnahmedrücke die drei letzten in Frage.

Für den Fall eines Rohrbruches verlangt man, daß der Widerstand im Kühler auf der Nebenkondensatseite nicht größer als etwa 1,5 m WS sein soll, um genügend Sicherheit gegen eindringendes Wasser in die Turbine zu besitzen. Da die Berechnung der anfallenden Rohrbruch-Wassermenge problematisch ist, wird für ihre Höhe gewöhnlich die Hälfte des Hauptkondensates bei Auslegung eingesetzt.

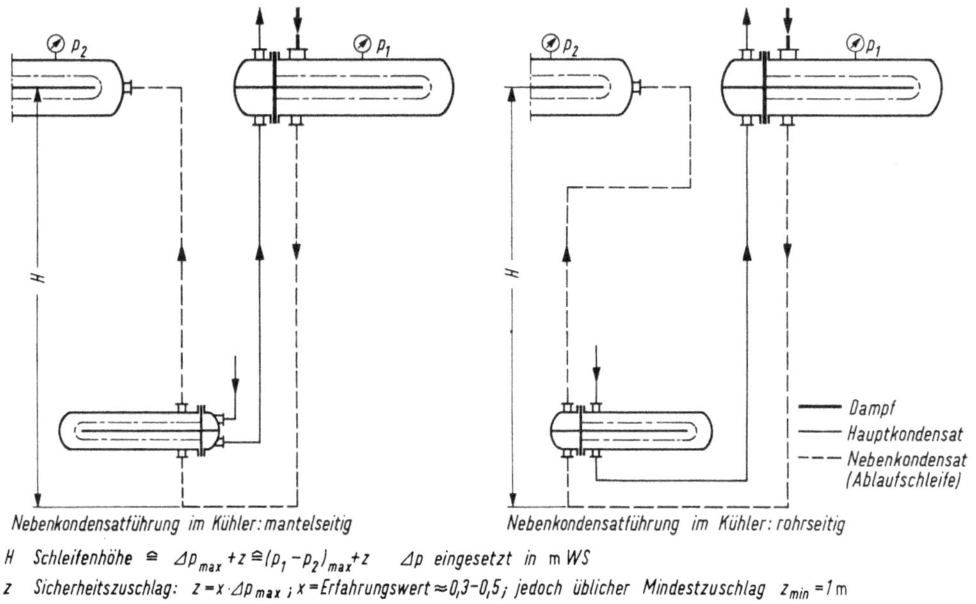

Abb. 274. Anordnung des Kondensatkühlers in einer Ablaufschleife

Den Kühler ordnet man an der tiefstmöglichen Stelle im aufsteigenden Ast der Schleife an, damit der Apparat immer voll von Wasser durchströmt und geringsten Vibrationen infolge etwaiger Ausdampfung ausgesetzt ist. Schleifen ohne Kühler ergeben wegen der sich bildenden Dampfblasen instabile Verhältnisse und neigen vor allem bei plötzlichen Laständerungen erhöht zum Durchschlagen. Die rechnerische Erfassung der hierbei zusätzlich entstehenden dynamischen Kräfte, welche die Wassersäule in Schwingungen versetzen und ihr Abreißen bewirken können, ist praktisch nicht möglich. Der Gefahr des Durchschlagens durch Zuschläge zu der statisch errechneten Schleifenhöhe zu begegnen, kann als zu unsicher angesehen werden. Auch lassen sich sehr lange Schleifen selten unterbringen oder erfordern tiefe und schwierige Bohrungen, deren Herstellung bei gewachsenem Boden oder hohem Grundwasserspiegel zu kostspielig wird. Kühlerlose Schleifen können daher meistens nur bei sehr kleinen Druckunterschieden verwirklicht werden. Den Sicherheitszuschlag wählt man hierbei üblicherweise mindestens zu 50% des maximalen Druckunterschiedes. Der Ermittlung des Schleifen-Rohrdurchmessers wird eine Wassergeschwindigkeit von 1,5 m/s zugrunde gelegt. Beim Druckausgleichsrohr eines Kondensatentspannungsgefäßes, wie z. B. bei dem Standgefäß am Kondensator, rechnet man mit einer Dampfgeschwindigkeit von etwa 30 m/s.

Zur Ermittlung des günstigsten Wärmeüberganges müssen bei den angenommenen Geschwindigkeiten (c) jeweils die Höhe des rohrseitigen Druckverlustes (Δp) und der Wärmeübergangszahl (α) verglichen werden. Das sich gegenseitig beeinflussende Verhalten und den wirtschaftlichen Bereich (a) veranschaulicht Abb. 275.

Zu groß gewählte Geschwindigkeiten bedeuten zu hohe Druckverluste. Die hierdurch erzielten kleineren Heizflächen und billigeren Apparate gehen jedoch wegen der größeren

Förderhöhe zu Lasten der Hauptkondensat- oder Kesselspeisepumpe. Zur gerechten Beurteilung der Heizfläche muß man daher von gleichem Druckverlust ausgehen, d. h. größere Werte sollten als ein höherer Eigenbedarf verbucht werden. Als normale Auslegungs-Mittelwerte für den rohrseitigen Druckverlust ergaben sich bei ausgeführten Apparaten 2,5 m WS im Niederdruckbereich, 8 m im Hochdruckbereich. Im Projektierungsstadium

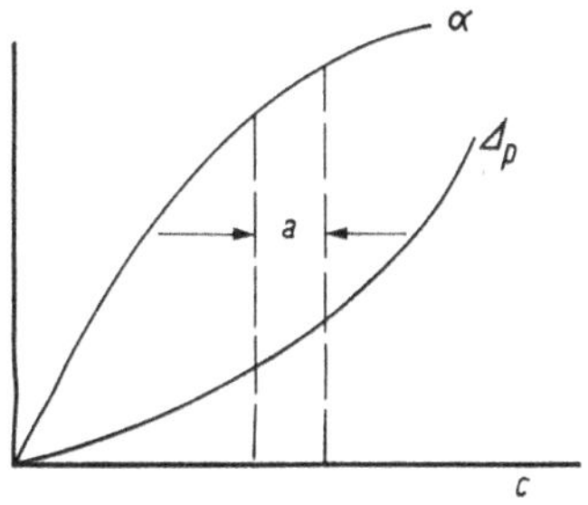

Abb. 275. Wärmeübergangszahl und Druckverlust

werden bei der Ermittlung der Pumpenförderhöhe die Widerstände in den Wärmetauschern genügend sicher mit einem wasserseitigen Druckverlust von 5 bzw. 10 m WS je Apparat eingesetzt.

Ein hoher ϑ_m-Wert infolge großer Aufwärmspanne bei gleichzeitig kleiner Speisewassermenge kann bei nach unten begrenztem oder möglichst klein erstrebtem Manteldurchmesser eine zu geringe Wassergeschwindigkeit bedeuten. Zur Erhöhung letzterer läßt man das Wasser in zwei oder mehreren parallelen Wegen durch den Apparat laufen (Abb. 276) und erzielt dabei wegen des besseren Wärmeüberganges eine kleinere Heizfläche. Anders ausgedrückt, geht man zur optimalen oder billigsten Gestaltung des Vorwärmers bei kleiner Heizfläche zu höherer Wegzahl über.

Durch die höhere Geschwindigkeit und die Umlenkungen des Wassers entsteht jedoch ein größerer Druckverlust, der — wie bereits erwähnt — nach oben begrenzt ist. Der Zwang zum Übergang zu einer höheren Wegigkeit kann auch dann entstehen, wenn zur Unterbringung der Heizfläche bei begrenzten Baulängen ein größerer Manteldurchmesser genommen werden muß.

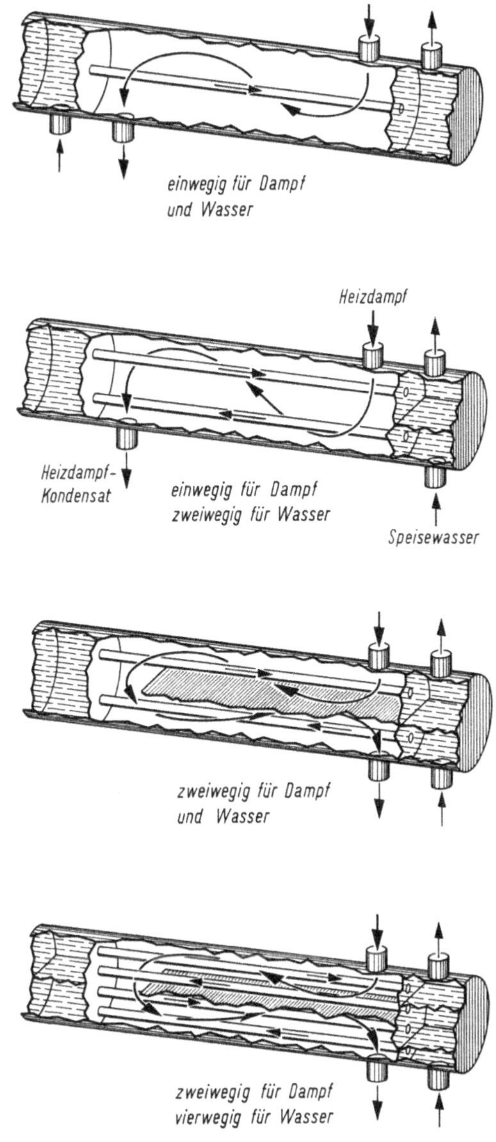

Abb. 276. Ausführung von Wärmetauschern mit verschiedener Anzahl der Dampf- und Wasserwege

Von den drei additiven Gliedern, die den k-Wert bestimmen, hat der Quotient δ/λ den geringsten Einfluß, weil die Werte für die Rohrwandstärke relativ klein sind ($\delta \approx 1$ bis 3,5 mm).

Werte für λ bei 20 °C gemäß „Hütte": Technisches Kupfer 300; Technisches Aluminium 175; Messing (70/30) 96; Technisches Eisen 40 bis 50; Monel-Metall 19.

Wesentlich stärker gehen die Wärmeübergangszahlen in das Ergebnis ein (je nach Verhältnissen z. B. viermal höher).

Die α-Werte sind mehrfach untersucht worden und können ziemlich genau errechnet werden. α_D läßt sich jedoch wegen der vielen möglichen Einflüsse kaum vorausbestimmen. Aus diesem Grunde werden gewöhnlich zur Sicherheit untere Grenzwerte von 6000 bis 8000 kcal/m² h grd eingesetzt.

Da sich die Temperatur im Enthitzungsteil der Vorwärmstufe erheblich abbaut (bis um etwa 150 grd), wodurch sich die physikalischen Eigenschaften des Dampfes laufend ändern, entstehen unklare Wärmeübergangsverhältnisse. Während am Anfang α_D je nach Überhitzung etwa 60 bis 120 (normal 300 bis 400) betragen kann, werden am Austritt fast die hohen Werte von Sattdampf erreicht[1]. Als Vereinfachung wird daher oft ein Mittelwert aus den Extremwerten angenommen.

Bei der Ermittlung der Wärmeübergangszahl für Kondensatkühler ist zu beachten, ob das Wasser auf der Mantelseite parallel oder quer zu den Rohren strömt, weil sich im letzteren Falle um etwa 40% günstigere α-Werte ergeben.

Die Richtigkeit der eingesetzten Wärmeübergangszahlen wird in der Praxis durch Messungen, z. B. gelegentlich der Turbinen-Abnahmeversuche, laufend kontrolliert und korrigiert. Auswertungen von Versuchsreihen gab Kerwat bekannt (siehe Schrifttum).

Anhaltswerte für den Bereich der k-Zahlen auf Grund angebotener und ausgeführter Apparate gehen aus Tabelle 14 hervor. Die starke Streuung erklärt sich in erster Linie aus der Höhe der Speisewassertemperaturen und gewählten Geschwindigkeiten, wobei letztere entscheidend auf das Ergebnis eingehen.

Tabelle 14. *Wärmedurchgangszahlen bei den verschiedenen Wärmetauschern*

Bezeichnung	Wärmedurchgangszahl k [kcal/h m² grd] rd.
a) *Dampfenthitzer* bzw. *-überhitzer* (Dampf/Dampf)	100—200
b) *Enthitzer* (eingebaut oder getrennt) zur Enthitzung des Heizdampfes durch Speisewasser	180—700
c) *Vorwärmer* (Kondensationsteil)	
Hochdruckvorwärmer	2500—3600
Niederdruckvorwärmer	1500—2500
Vakuumvorwärmer	900—1500
d) *Kondensatkühler*	
Hochdruck-Kondensatkühler	
eingebaut	600—1500 (je nach Einbauart)
getrennt	1400—2100
Niederdruck-Kondensatkühler	
eingebaut	400—700
getrennt	600—1400

Die *k-Werte* für *Verdampfer* und *Umformer* werden von den Lieferfirmen hauptsächlich auf Grund praktischer Erfahrungen und Versuchsmessungen gewählt. Da die Wärmedurchgangszahlen von vielen Faktoren abhängen und bei den einzelnen Ausführungsarten sehr unterschiedlich ausfallen können, ist eine allgemeingültige Aussage über die Höhe nicht möglich. Bei einer graphischen Auftragung der k-Werte, abhängig von Grädigkeit[2] und Brüdendruck, entstehen daher sehr starke Streubereiche. Ein Beispiel für Kreislaufverdampfer zeigt Abb. 277.

Die hieraus ablesbaren k-Werte können nur als Richtwerte aufgefaßt werden.

Bei Tauchverdampfern liegen die Wärmedurchgangszahlen wegen der schlechteren Wärmeübergangsverhältnisse um rd. 20 bis 30% niedriger.

[1] Vgl. Wärmetechnische Arbeitsmappe 38a, Arbeitsblatt B 10. — [2] Siehe S. 292 und 314.

6. Wasserseitiger Druckverlust

Der Druckverlust beim Durchfluß des Wassers durch die Rohre hängt hauptsächlich von der Wassergeschwindigkeit und von der Anzahl der Wasserwege ab. Den Gesamtverlust in m WS kann man sich aus zwei Teilen entstanden denken:

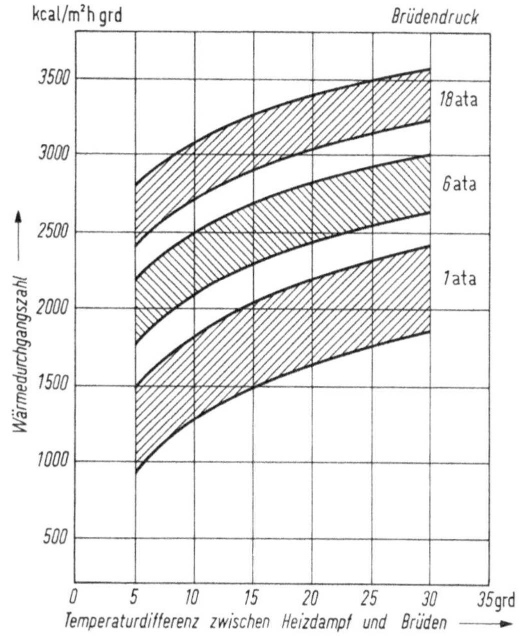

Abb. 277. Bereich von Wärmedurchgangszahlen bei Verdampfern

a) Druckverlust durch Rohrreibung

$$W_1 = \frac{v^2}{2g} \cdot \frac{n \cdot l}{d} \left(0{,}02 + \frac{0{,}0018}{v \cdot d}\right)$$

b) Druckverlust durch Ein- und Austritt bei den Rohren und durch die Umkehrungen in den Wasserwegen

$$W_2 = \frac{v^2}{2g} (2{,}5\, n - 1)$$

c) Gesamtverlust[1]

$$W = \frac{v^2}{2g} \left[2{,}5\, n - 1 + \frac{n \cdot l}{d} \left(0{,}02 + \frac{0{,}0018}{v \cdot d}\right)\right]$$

Hierin bedeuten:

v Wassergeschwindigkeit in den Rohren in m/s
d Lichter Rohrdurchmesser in m
l Rohrlänge je Wasserweg in m
n Anzahl der Wasserwege

Bei gleicher Wassergeschwindigkeit unterscheidet sich der Druckverlust letztlich durch die Anzahl der Wasserwege. Legt man normale Wassergeschwindigkeiten zugrunde, so ergeben sich in der Praxis im Mittel etwa die folgenden zu gewährleistenden Druckverluste bei Auslegung der Apparate (Tabelle 15).

Tabelle 15. *Wasserseitiger Druckverlust in m WS*

	2 Wege	4 Wege	6 Wege
Niederdruck-Vorwärmer	Bis 2	4	6
Hochdruck-Vorwärmer	Bis 4	6	8
Niederdruck-Kondensatkühler, Hauptkondensat rohrseitig geführt (zweiwegig)	Bis 1,5	—	—
Niederdruck-Kondensatkühler, Hauptkondensat mantelseitig geführt	Bis 1	—	—
Hochdruck-Kondensatkühler, Hauptkondensat mantelseitig geführt	Bis 2	—	—

Eingebaute Kondensatkühler erhöhen den Druckverlust um rd. 1 m WS.

[1] Übliche Berechnungsformel in der Praxis.

7. Thermische Bewertung

Die Güte der Wärmeübertragung beurteilen die Kenngrößen *Grädigkeit* Δt und *Ausnutzungsfaktor* ε (auch ψ als Kurzbezeichnung üblich). Ihre Definitionen gehen aus Abb. 278 hervor.

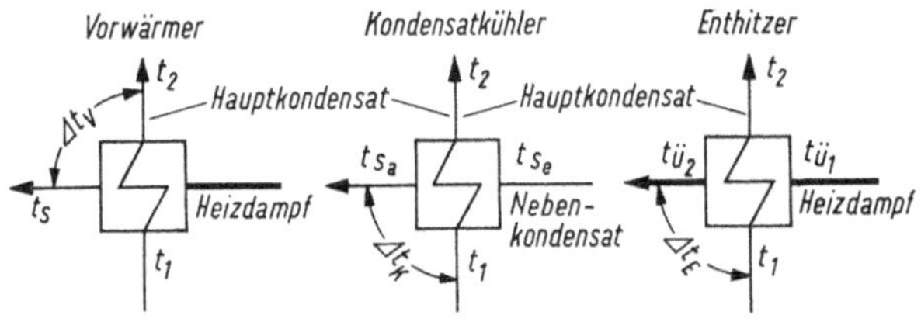

Abb. 278. Definition der Grädigkeiten

Grädigkeit:

Oberflächen-Vorwärmer: $\Delta t_V = t_s - t_2$

Kondensatkühler: $\Delta t_K = t_{s_a} - t_1$

Enthitzer: $\Delta t_E = t_{ü_2} - t_1$

Beim Verdampfer und Umformer ist die Grädigkeit der Sattdampftemperatur-Unterschied zwischen Heizdampf und Brüden (s. Abb. 299 und 300).

Wird in der Beziehung für Δt an Stelle der Temperatur die Enthalpie eingesetzt, entsteht die *Enthalpiedifferenz*, z. B. beim Vorwärmer $\Delta i_V = i_{t_s} - i_{t_2}$.

Ausnutzungsfaktor: Unter ihm versteht man das Verhältnis der tatsächlichen Aufwärmung bzw. Abkühlung und Enthitzung zur theoretisch möglichen. Während die Grädigkeit lediglich eine Temperaturdifferenz darstellt und über sie eine Bewertung des Wärmetauschers unvollständig ist, erfaßt der Ausnutzungsfaktor genauer die thermische Qualität und ermöglicht den gerechteren Vergleich der Apparate.

ε ist bei den einzelnen Wärmetauschern wie folgt definiert:

Oberflächen-Vorwärmer:

$$\varepsilon_V = \frac{t_2 - t_1}{t_s - t_1}$$

Kondensatkühler:

$$\varepsilon_K = \frac{t_{s_e} - t_{s_a}}{t_{s_e} - t_1}$$

Enthitzer:

$$\varepsilon_E = \frac{t_{ü_1} - t_{ü_2}}{t_{ü_1} - t_1}$$

Die Abweichungen $\Delta t > 0$ bzw. $\varepsilon < 1$ bedeuten nicht nur einen Temperatursprung zwischen Primär- und Sekundärseite, sondern zugleich einen dampfseitigen Druckunterschied, demzufolge der Heizdampf bei einem höheren Druck entnommen werden muß. Da dies einem Drosselvorgang und damit einem Gefälleverlust gleichkommt, entsteht bei gleicher Frischdampfmenge eine Verkleinerung der erzeugbaren Leistung und damit eine Verschlechterung des Wärmeverbrauches. Thermisch sollte daher die kleinstmögliche Grädigkeit erstrebt werden.

Grenzfälle:

Vorwärmer:

Oberflächen-Vorwärmer. Die Bedingung $\Delta t_V = 0$ oder $\varepsilon_V = 1$ ließe sich bei Sattdampf nur bei unendlich großer Heizfläche erreichen. In ausgeführten Vorwärmern ist daher stets $\Delta t_V > 0$ bzw. $\varepsilon_V < 1$.

Bei überhitztem Dampf sind $\varepsilon_V > 1$ bzw. $\Delta t_V < 0$ möglich (negative Grädigkeiten bis etwa -2 grd und tiefer, je nach Überhitzungsbereich im i,s-Diagramm und Verhältnis von Heizdampf- zu Speisewassermenge).

Im ungünstigsten Falle, z. B. wenn der Vorwärmer auf der Mantelseite voll Wasser gelaufen ist, wird $t_2 = t_1$, wobei die Aufwärmspanne den Wert Null, die Grädigkeit ihren Höchstwert $\Delta t_{\max} = (t_s - t_1)$ und der Ausnutzungsfaktor seinen Kleinstwert $\varepsilon = 0$ erreichen.

Wenn ein Vorwärmer nicht oder zu wenig zieht, d. h. nicht seine geforderte Aufwärmung erbringt, so können als Ursachen in Frage kommen: zu geringe Heizfläche, Vorhandensein von Luft, Überflutung der Heizfläche infolge ungenügender Ablaufverhältnisse (zu kleiner Ablaufregler, zu große Widerstände im Kondensatablauf, zu kleiner Unterschied in den Dampfdrücken zwischen den Vorwärmstufen) oder Rohrbruch.

Mischvorwärmer. Beim Mischvorwärmer ist $\Delta t = 0$. Eine negative Grädigkeit ist bei ihm nicht erreichbar. Im Mischvorwärmer-Entgaser entsteht bei Einleiten von Dampf unter Wasser (wie z. B. in der Nachkochstelle oder bei Aufkochen des Speisewasserbehälterinhaltes) ein Druckverlust, der praktisch eine Grädigkeit bedeutet und bei den Vorwärmrechnungen üblicherweise durch einen Sattdampftemperaturabfall von 3 °C berücksichtigt wird.

Kondensatkühler: Auch hier ließen sich die Beziehungen $\Delta t_K = 0$ oder $\varepsilon_K = 1$ erst bei unendlich großer Heizfläche verwirklichen.

Enthitzer: Ebenso wird bei $\Delta t_E = 0$ oder $\varepsilon_E = 1$ die Heizfläche $F = \infty$. Hierbei muß $t_{ü_2} = t_1$ werden, jedoch $t_1 \geqq t_s$. Da $t_{ü_2} = t_s$ bereits Kondensation bedeuten kann, wird $t_{ü_2}$ praktisch $> t_s$ gewählt, $t_{ü_2} - t_s \approx 25$ grd. Größere Werte können bei Teilstrom-Enthitzern im überkritischen Gebiet wegen des Verlaufs der spezifischen Wärme erforderlich werden (s. S. 310).

Negative Grädigkeiten sind bei Kondensatkühler und Enthitzer nicht möglich.

Um die ausgenutzte Enthitzung zu beurteilen, kann man das Verhältnis der tatsächlichen Temperaturabsenkung zur maximal möglichen bilden und dies als *Enthitzungsgrad* bezeichnen:

$$\eta_ü = \frac{t_{ü_1} - t_{ü_2}}{t_{ü_1} - t_s}$$

Da sich bei Vorwärmrechnungen Δt bequemer als ε verwenden läßt, wird ersterer Wert häufiger benutzt. Sind Aufwärmspanne und Ausnutzungsfaktor für einen Vorwärmer gegeben, so läßt sich die Grädigkeit gemäß Abb. 279 leicht graphisch ablesen.

Zur noch exakteren Beurteilung der thermischen Qualität des Wärmetauschers wird statt der Temperatur die Enthalpie in die Beziehung von ε eingeführt. Man spricht dann vom *Wärmewirkungsgrad* η_w, der als das Verhältnis zwischen der tatsächlich übertragenen Wärmemenge und der bei unendlich großer Heizfläche theoretisch übertragbaren aufgefaßt werden kann:

$$\eta_w = \frac{i_2 - i_1}{i_{a_{th}} - i_1},$$

worin

$i_{a_{th}}$ die theoretisch erreichbare Austritts-Enthalpie des Speisewassers bedeutet (bei Sattdampf entsprechend $\Delta t = 0$, bei überhitztem Dampf entsprechend $\Delta t < 0$).

Unter *spezifischer Wärmeleistung* versteht man das Verhältnis der übertragenen Wärmemenge zur mittleren logarithmischen Temperaturdifferenz oder das Produkt aus Wärmedurchgangszahl und Heizfläche:

$$q = \frac{Q}{\vartheta_m} = k \cdot F \left[\frac{\text{kcal}}{\text{h grd}}\right]$$

Die *optimale Grädigkeit* ergibt sich unter Berücksichtigung aller thermischen Belange zwecks Erzielung eines günstigsten Wärmeverbrauches unter gleichzeitiger Beachtung der Kostenseite. Sehr kleine Grädigkeiten werden erst bei hohen Wärmepreisen und Benutzungsstunden wirtschaftlich. Da nur etwa ein Viertel bis ein Drittel der Kosten für die gesamte Vorwärmeranlage auf die ND-Apparate entfällt, versieht man die ND-Vorwärmer mit möglichst kleinen Grädigkeiten, was insbesondere bei noch überhitztem Dampf angestrebt werden sollte. Bei Hochdruckvorwärmern sind hohe negative Grädigkeiten nur dann sinnvoll, wenn die hierdurch erzielte Verbesserung des Wärmeverbrauches den Mehraufwand für die größere Heizfläche rechtfertigt.

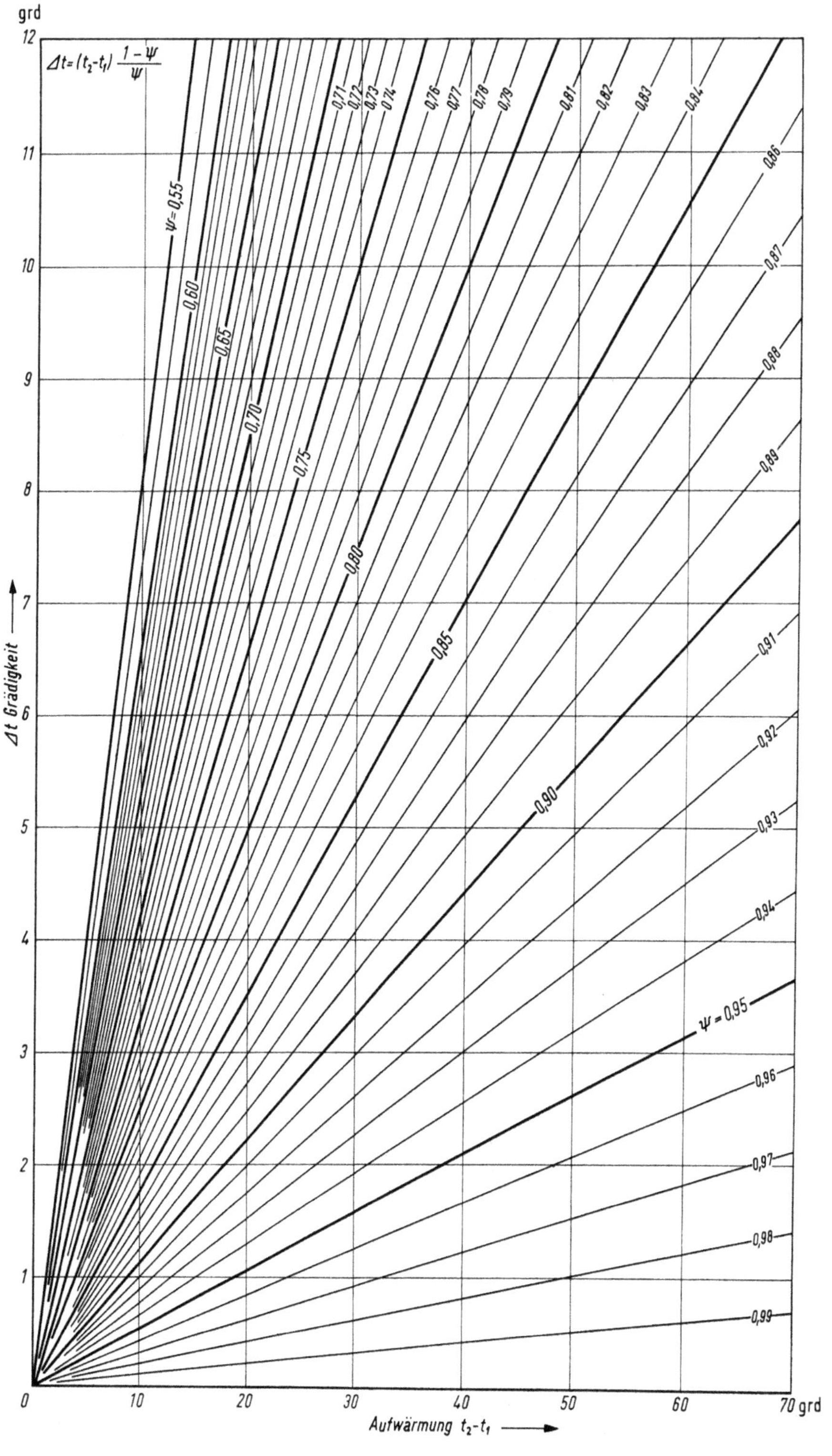

Abb. 279. Zusammenhang zwischen Grädigkeit und Ausnutzungsfaktor bei verschiedenen Aufwärmspannen eines Oberflächenvorwärmers

Je größere Werte das Mengenverhältnis zwischen Heizdampfkondensat und Speisewasser annimmt, um so kleinere Grädigkeiten sind für Kondensatkühler vertretbar. KELP nennt hierfür aus neueren Anlagen folgende Richtwerte:

Mengenverhältnis	Grädigkeit der Kondensatkühler
1 : 5 bis 1 : 7	etwa 2 bis 4 grd
1 : 7 bis 1 : 10	etwa 3 bis 6 grd
1 : 10 bis 1 : 20	etwa 5 bis 10 grd

Der thermische Gewinn einer Verkleinerung der Grädigkeit eines Kühlers ist gegenüber der gleichen Änderung bei dem zugehörigen Vorwärmer entsprechend der erheblich unterschiedlichen Wärmeleistungen wesentlich geringer.

Übliche Grädigkeiten:

Vorwärmer:

ND-Vorwärmer: 2 bis 4 grd (niedrige Werte bei noch überhitztem Dampf).

HD-Vorwärmer: je nach dem wirtschaftlich vertretbaren Kostenäquivalent der erzielbaren Wärmeverbrauchsverbesserung (ausgedrückt in DM je kcal/kWh) werden eingesetzt

bei niedrigen Werten	4 bis 7 grd,
bei mittleren Werten	1 bis 4 grd,
bei hohen Werten	+ 1 bis − 3 grd.

Die negative Grädigkeit richtet sich nach der Höhe der Überhitzungstemperatur und der damit bestehenden Enthitzungsmöglichkeit.

Verdampfer bzw. Umformer: im Mittel 8 bis 12 grd.

Kühler:

ND-Kondensatkühler:	5 bis 6 grd
HD-Kondensatkühler:	6 bis 7 grd
Laugenkühler:	15 bis 20 grd

Enthitzer zur Speisewasservorwärmung:

$$\Delta t_E = 7\ \text{grd, jedoch}\ t_{ü_2} \geqq t_s + 25$$

Der Auslegung wird häufig die gleiche Grädigkeit (z. B. ND-Vorwärmer $\Delta t = 3$ grd, HD-Vorwärmer $\Delta t = 0$ grd, Kondensatkühler $\Delta t = 5$ grd) zugrunde gelegt, wodurch jedoch keine gleichen Heizflächen entstehen. Sollen die ND-Vorwärmer untereinander austauschbar sein, ergeben sich verschiedene Werte von Δt. Um thermisch gleichwertige Apparate zu erhalten, wird ein gleicher Ausnutzungsfaktor vorgeschrieben.

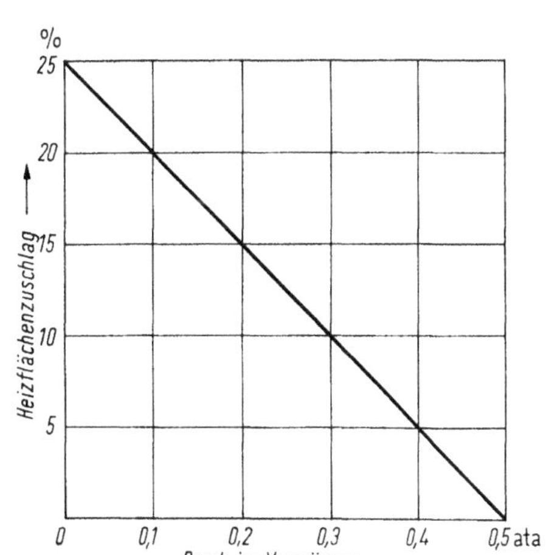

Abb. 280. Heizflächen-Zuschlag bei Vakuum-Vorwärmern zur Berücksichtigung des Luftgehaltes des Dampfes

8. Heizfläche

Aus der Grundbeziehung für die Wärmeleistung auf S. 283 ergibt sich für die Heizfläche

$$F = \frac{Q}{k \cdot \vartheta_m}$$

Bei gegebener Wärmeleistung wird somit die Heizfläche um so kleiner, je größer die mittlere Temperatur-Differenz ist und je höhere k-Werte verwirklicht werden können.

Praktisch muß die Heizfläche für jeden Wärmetauscher gesondert ermittelt werden. Der Berechnungsgang ist davon abhängig, ob der Heizdampf überhitzt oder naß ist. Die Flächen für die Überhitzungs-, Kondensations- und Unterkühlungszonen errechnet man getrennt. Sattdampf allein ergibt zwar klarere Wärmetauschverhältnisse, es ist jedoch zu beachten, daß Vakuum-Vorwärmer nicht nur vom Dampf allein, sondern von einem Dampf-Luft-Gemisch beaufschlagt werden können, das den Wärmeübergang verschlechtert. Schon bei geringem Lufteinbruch kann keine Aufwärmung mehr möglich sein. Trotz Luftabsaugungen, die an den für am zweckmäßigsten gehaltenen Stellen in ausreichender Anzahl angeordnet werden, vergrößert man die unter Zugrundelegung von Sattdampf sich ergebende Heizfläche zur Sicherheit über einen von der Höhe des Dampfdruckes abhängigen Erfahrungszuschlag (Beispiel Abb. 280).

Setzt man die spezifische Wärme des Wassers auch über 100 °C gleich Eins, so berechnet sich die im Oberflächenvorwärmer übertragene Wärme wie folgt:

$$Q = G \cdot (t_2 - t_1) = k \cdot F \cdot \frac{t_2 - t_1}{\ln \dfrac{t_s - t_1}{t_s - t_2}}$$

Hieraus ergibt sich nach Musil als Maß für den *spezifischen Heizflächenbedarf* der Kennwert z:

$$z = \frac{k \cdot F}{G} = \ln \frac{t_s - t_1}{t_s - t_2} = \ln \frac{1}{1 - \varepsilon} \quad \left[\frac{\text{kcal}}{\text{kg grd}}\right]$$

Da sich $t_s - t_1$ aus der Aufwärmspanne $t_2 - t_1$ und der Grädigkeit Δt des Vorwärmers zusammensetzt, kann man z auch folgendermaßen definieren:

$$z = \ln\left(1 + \frac{t_2 - t_1}{\Delta t}\right)$$

Sind die Aufwärmung des Speisewassers $(t_2 - t_1)$, die Grädigkeit Δt bzw. der Ausnutzungsfaktor ε, ferner der k-Wert und die Durchflußmenge G bekannt, so läßt sich die Heizfläche des Vorwärmers, wenn für die spezifische Wärme der Wert Eins eingesetzt wird, nomographisch über die Kenngröße z schnell überschläglich ermitteln (Abb. 281).

9. Betriebsverhalten

Das Verhalten eines Oberflächen-Wärmetauschers bei von der Auslegung abweichenden Betriebsverhältnissen wird am deutlichsten durch die Beziehung für den spezifischen Heizflächenbedarf (z) charakterisiert, d. h. es besteht eine logarithmische Abhängigkeit der Grädigkeit. Durch Entlogarithmieren ließe sich zwar relativ einfach jeweils die sich ergebende Grädigkeit errechnen, wenn nicht die Rechnung dadurch erschwert würde, daß die andere k-Zahl und spezifische Wärme nicht bekannt sind. Die Werte hierfür müssen daher erst angenommen und später korrigiert werden.

Nach Schäff läßt sich das grundsätzliche Verhalten des Oberflächenvorwärmers bei von der Auslegung abweichenden Betriebsverhältnissen aus Kennlinien eines Schaubildes ablesen, das — unter vereinfachten Annahmen errechnet — den Zusammenhang zwischen Wassergeschwindigkeit, Verhältnis ϑ_k/ϑ_g und Dampfdruck darstellt.

Für den Fall, daß der Verlauf des spezifischen Heizoberflächenbedarfes abhängig von der Speisewassermenge für die jeweilige Bauart des Wärmetauschers bekannt ist, vereinfacht sich nach Musil die Ermittlung des Ausnutzungsfaktors, der Grädigkeit und Speisewasser-Austrittstemperatur bei Teil- und Überlast der Turbine wesentlich. Für den Vorwärmer wird dann

$$\varepsilon = 1 - \frac{1}{e^z} \text{ bzw. } \Delta t = (t_2 - t_1) \cdot \frac{1 - \varepsilon}{\varepsilon},$$

wobei $t_2 = t_1 + \varepsilon \cdot (t_s - t_1)$ ist.

Beim Kondensatkühler läßt sich das Lastverhalten über das Temperaturverhältnis τ berechnen:

$$\tau = \frac{t_{se} - t_2}{t_{sa} - t_1}$$

Aus $z = \dfrac{t_2 - t_1}{\vartheta_m}$ und der Wärmebilanz um den Kühler leitet sich ab: $\ln \tau = z \cdot \left(\dfrac{G}{E} = 1\right)$, woraus τ ermittelt werden kann.

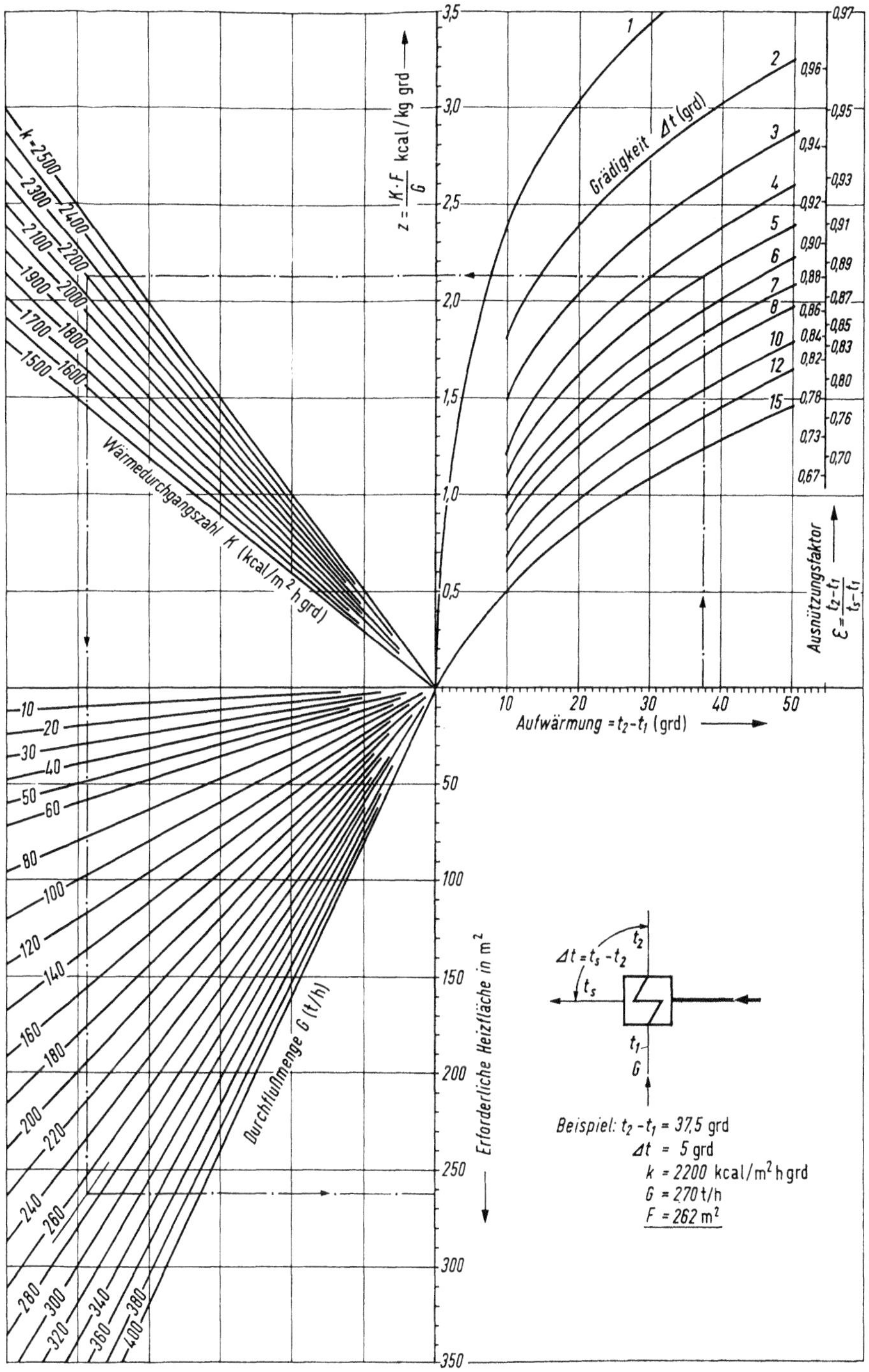

Abb. 281. Überschlägliche Ermittlung der Heizflächen für Oberflächen-Vorwärmer

Unter der Annahme, daß t_{se} und t_1 gegeben sind, errechnet sich t_2 aus der Formel:

$$t_2 = \frac{t_{se}\left(1 - \frac{1}{\tau}\right) + t_1 \cdot \left(\frac{G}{E} - 1\right)}{\frac{G}{E} - \frac{1}{\tau}}$$

Bei der Durchrechnung des Wärmekreislaufes benutzt man meistens zur schnelleren Ermittlung der Grädigkeiten bei Teil- und Überlast von der Wärmeleistung abhängige empirische Kurven, die sich für die Bestimmung des Wärmeverbrauches als genügend genau erwiesen haben. Ein Beispiel, das für Vorwärmer und Kondensatkühler verwendbar ist, zeigt Abb. 282.

Für Enthitzer müssen die Grädigkeitsänderungen jeweils besonders errechnet werden. Näheres hierüber geht aus dem Schrifttum hervor.

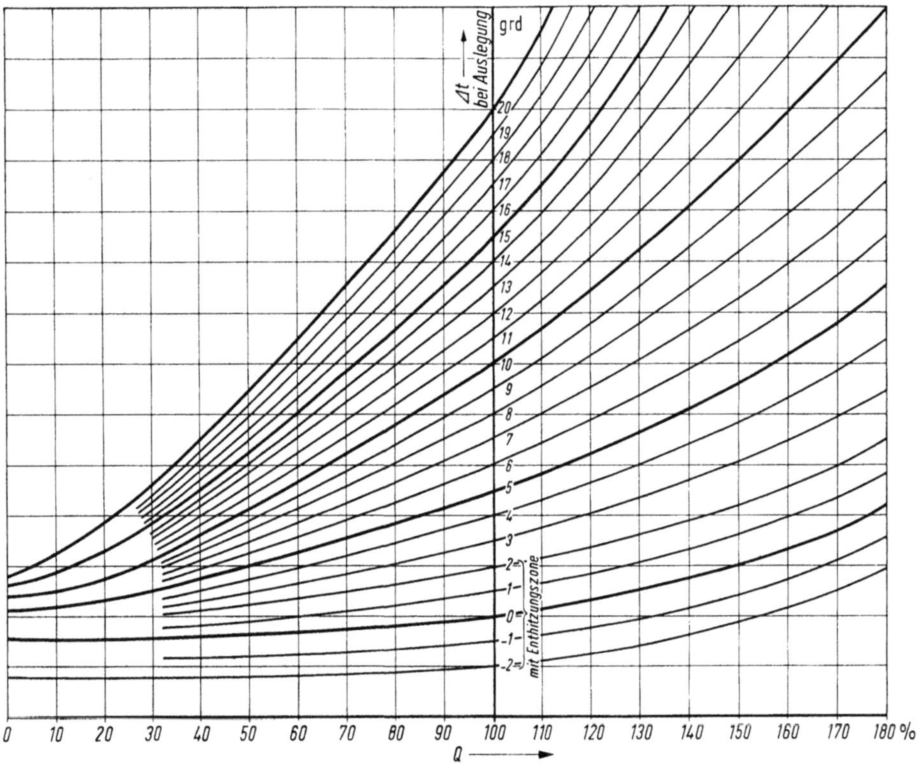

Abb. 282. Änderung der Grädigkeit von Wärmetauschern bei abweichenden Wärmeleistungen
Auslegungspunkt: $Q = 100\%$

Das Anwendungsgebiet des Arbeitsblattes (Abb. 282) ist auf die normalen Betriebsfälle beschränkt, wie sie sich z. B. bei Laständerungen innerhalb einer Regenerativ-Schaltung eines Blockes ergeben. Im Bereich sehr kleiner und großer Wärmeleistungen können die tatsächlichen Grädigkeiten gegenüber den Kurvenwerten infolge der Unsicherheit bei der Bestimmung der k-Werte stärker abweichen.

Bei extremer Umkehrung des Mengenverhältnisses zwischen Primär- und Sekundärseite, wie dies beim Kondensatkühler vorkommen kann, wenn diesem zusätzlich relativ große Mengen Fremdkondensat primärseitig zugeführt werden, müssen die sich dann ergebenden Δt-Werte einzeln ermittelt werden. Das gleiche gilt ganz allgemein für alle

Wärmetauscher bei wesentlichen Änderungen des Verhältnisses der Wasserwerte[1] $(G \cdot c_{pm})$ auf der Primär- und Sekundärseite.

Die Angabe der Grädigkeit der Verdampfer und Umformer bei von der Auslegung abweichenden Betriebsverhältnissen bleibt gewöhnlich den Herstellerfirmen überlassen, da sich die Wärmedurchgangszahlen abhängig von der Konstruktion sehr unterschiedlich verändern können.

10. Temperaturverlauf

Je nach Art der Strömung und Größe der Wasserwerte auf der Primär- und Sekundärseite ergibt sich in den Oberflächenwärmetauschern ein verschiedener Temperaturverlauf,

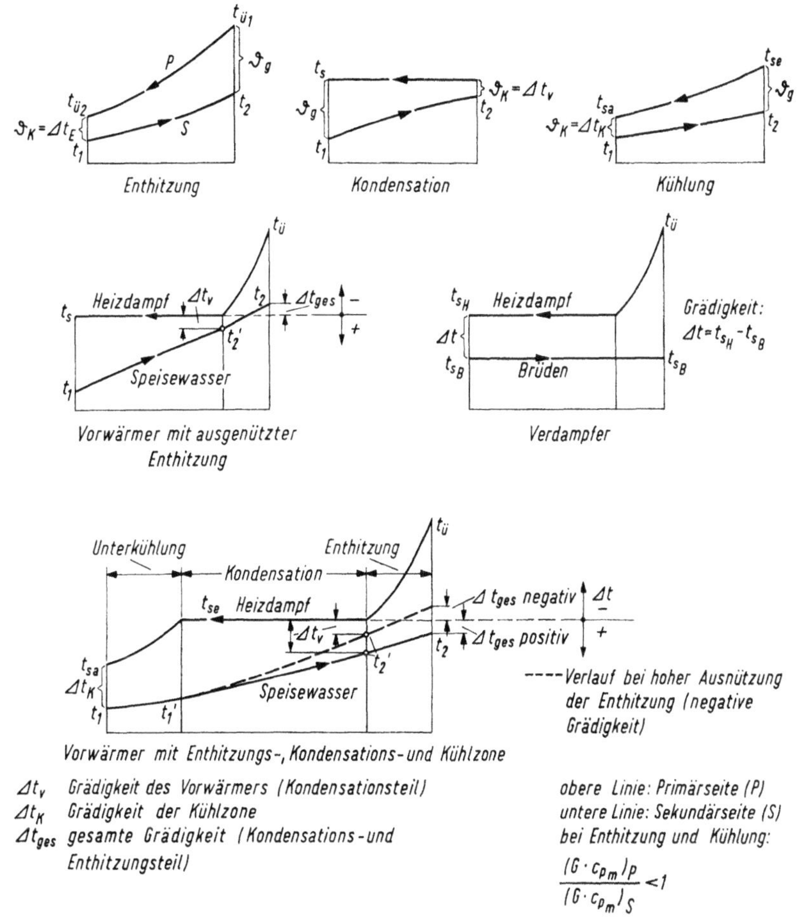

Abb. 283. Temperaturverlauf in Wärmetauschern bei Gegenstrom

den man sich über dem Weg oder der Verweilzeit der Medien in den Apparaten oder der ausgetauschten Wärme aufgetragen denken kann. Schematische Schaubilder dieser Art für Gegenstrom sind in Abb. 283 dargestellt.

Infolge der großen Veränderlichkeit der spezifischen Wärme des Wassers bei hohen Drücken und Temperaturen, insbesondere im überkritischen Gebiet, sind die Temperaturlinien mehr oder weniger gekrümmt und können eine entgegengesetzte Tendenz, d. h. einen konkaven Verlauf zeigen. Wenn auf beiden Seiten an jeder Stelle des Weges gleiche Wasserwerte vorhanden wären, würden die Kurven parallel verlaufen. Im theoretischen Grenzfall bei idealem Wärmeaustausch ($\Delta t = 0$, $F = \infty$) würden die beiden Linien zusammenfallen.

[1] In der Praxis übliche Bezeichnung.

Ist bei der Enthitzung und Kühlung der Wasserwert auf der Primärseite größer als auf der Sekundärseite, so verläuft der Linienzug von t_1 nach t_2 gegenüber dem von $t_{ü_1}$ nach $t_{ü_2}$ bzw. von t_{s_e} nach t_{s_a} so steil, daß ϑ_g und ϑ_k an den entgegengesetzten Seiten der Temperaturschaubilder von Abb. 283 erscheinen. Bei der Enthitzung werden dann:

$$\vartheta_g = t_{ü_2} - t_1$$

$$\vartheta_k = t_{ü_1} - t_2$$

und bei der Kühlung:

$$\vartheta_g = t_{s_a} - t_1$$

$$\vartheta_k = t_{s_e} - t_2$$

Die Grädigkeit wird jedoch entsprechend ihrer Definition an der gleichen Stelle des Schaubildes abgelesen. Es bleibt also: $\Delta t_E = t_{ü_2} - t_1$ bzw. $\Delta t_K = t_{s_a} - t_1$. Der Wert t_2 kann höchstens so groß wie $t_{ü_1}$ bzw. t_{s_e} werden.

Die Temperaturschaubilder für die Fälle

$$\frac{(G \cdot c_{p_m})\,P}{(G \cdot c_{p_m})\,S} \gtreqless 1$$

sind auf Abb. 284 an dem Beispiel der Enthitzung gegenübergestellt.

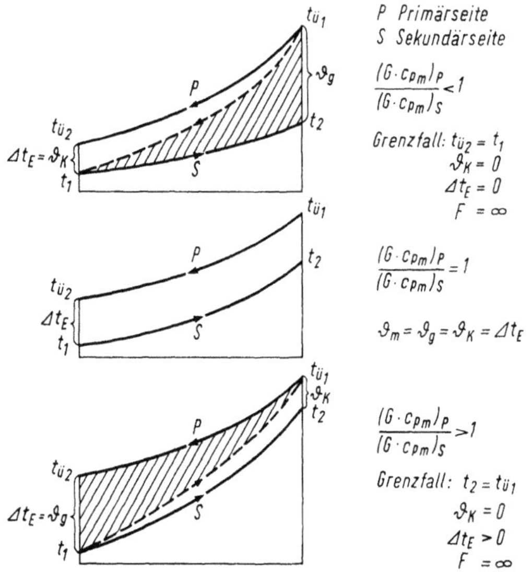

Abb. 284. Temperaturverlauf im Enthitzer

Hierbei deuten die durch Schraffur gekennzeichneten Temperaturverläufe die theoretischen Grenzfälle für die minimal erreichbare Primär- bzw. maximal erzielbare Sekundärtemperatur an. Die Linie auf der Sekundärseite kann entgegen der Abbildung auch entgegengesetzt gekrümmt sein, wie dies z. B. beim Enthitzer zur Speisewasservorwärmung der Fall ist. Der hierdurch entstehenden Gefahr einer frühzeitigen Kondensation innerhalb des Apparates wird durch Wahl einer entsprechend großen Grädigkeit begegnet (s. S. 310/12 und Abb. 298).

Beim Kondensatkühler mit $c_{p_m} = 1$, also im Temperaturbereich bis 100 °C, besteht nur noch eine Abhängigkeit des Temperaturverlaufes vom Verhältnis der primär- und sekundärseitigen Wassermengen G_P/G_S, das normalerweise innerhalb der Regenerativ-Anlage kleiner als Eins ist.

Wird hierbei das Primärkondensat auf der Mantelseite geführt, entstehen zwangsläufig kleine Geschwindigkeiten und damit niedrigere k-Zahlen im Mittel um etwa 800, d. h. große Heizflächen und relativ teuere Apparate. Günstigste Wärmeübergangsverhältnisse und spezifisch billigere Kondensatkühler ergeben sich bei $G_P/G_S = 1$, da dann die Wassergeschwindigkeiten auf beiden Seiten optimal werden. Der k-Wert kann auf diese

Weise bei getrennten ND-Kondensatkühlern bis etwa 1700 und darüber ansteigen. $G_P/G_S > 1$ bedeutet wieder einen ungünstigeren und möglicherweise sehr teueren Apparat.

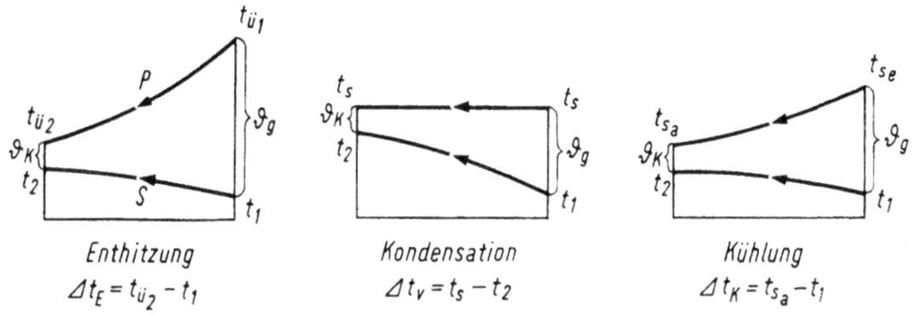

Abb. 285. Temperaturverlauf in Wärmetauschern bei Gleichstrom

Der Temperaturverlauf ändert sich bei Gleichstrom sinngemäß zum Gegenstrom, wie dies auf Abb. 285 angedeutet ist.

Gegen- und Gleichstrom können hintereinander verwirklicht werden. Das Temperaturschaubild eines solchen Gemischtstrom-Apparates zeigt Abb. 286 an dem Beispiel eines Kondensatkühlers, bei dem das Speisewasser einwegig und das Nebenkondensat zweiwegig geführt werden.

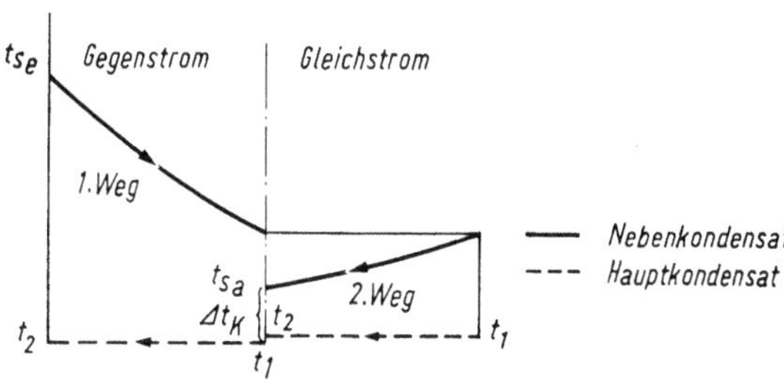

Abb. 286. Temperaturverlauf in einem Kondensatkühler bei Gemischtstrom

$$\vartheta_m \approx \frac{(t_{se}-t_1)-(t_{sa}-t_2)}{\ln\frac{t_{se}-t_1}{t_{sa}-t_2}} \qquad \Delta t_K = t_{sa}-t_1$$

c) Enthitzer zur Speisewasservorwärmung

1. Durchführung der Enthitzung

Soll die Überhitzung weitgehend zur Vorwärmung des Speisewassers ausgenutzt werden, so führt man den Dampf zuerst in einen dem Vorwärmer vorgeschalteten Enthitzungsteil. Die Enthitzung läßt sich im Vorwärmer selbst oder in einem getrennt angeordneten Apparat vornehmen. Im ersten Fall wird der Dampf in eine im Vorwärmer eingebaute Enthitzungszone eingeleitet, die von dem Kondensationsteil durch ein Trennblech abgeteilt ist und in der durch mehrere hintereinander angeordnete Umlenkbleche eine laufende Queranströmung der Rohre erstrebt wird. Zur besseren Dampfführung und Erzielung genügend hoher Geschwindigkeiten wird der Enthitzungsteil schmal gehalten. Wegen der niedrigen α-Zahlen für überhitzten Dampf werden solche Apparate relativ teuer. Ob ein getrennt angeordneter Enthitzer preisgünstiger als ein eingebauter ist, muß jeweils geprüft werden. Der für die Enthitzung getriebene Aufwand lohnt sich vor allem im Bereich hoher Überhitzungstemperaturen. Bei Turbinen ohne Zwischenüberhitzung kommt hierfür oft nur die oberste Entnahme in Frage. Befindet sich bei Maschinen mit Zwischenüberhitzung die erste Entnahme an der Zwischenüberhitzungsstelle, wird die Enthitzung je nach Höhe der Überhitzung an den obersten drei bis fünf Entnahmen durchgeführt. Ist der Entnahme an der Zwischenüberhitzung noch eine höhere vorgeschaltet, liegt die Überhitzungstemperatur in der kalten Zwischenüberhitzungsleitung oft so niedrig, daß sich eine Ausnutzung an dieser Stelle nicht mehr rentiert. Wie weit die Enthitzung getrieben wird, hängt von der Größe der Heizfläche, vom Verhältnis der Wasser- zur Dampfmenge und der Wassereintrittstemperatur ab. Um einer zu frühen Kondensation an den Rohren zu begegnen, legt man der thermischen Auslegung des Apparates eine untere Überhitzungstemperatur $t_{ü2}$ von etwa 25 °C[1] über der zugehörigen Sattdampftemperatur zugrunde.

Grundsätzlich wird die Enthitzung in den drei Arten durchgeführt, die Abb. 287 zeigt. Im ersten Beispiel entsteht eine Verbesserung des Wärmeverbrauches infolge der durch die Enthitzung möglich gewordenen Verkleinerung der Grädigkeit. Bei den anderen Enthitzungsschaltungen wird zusätzlich die Vorwärmendtemperatur durch Ausnutzen der Überhitzungswärme zur Aufwärmung des Speisewassers oberhalb des obersten Vorwärmers angehoben.

Am gebräuchlichsten ist die zweite Enthitzungsschaltung mit parallelen getrennten Enthitzern[2] vor der höchsten Vorwärmstufe. Je nach Anzahl der Entnahmen mit Ent-

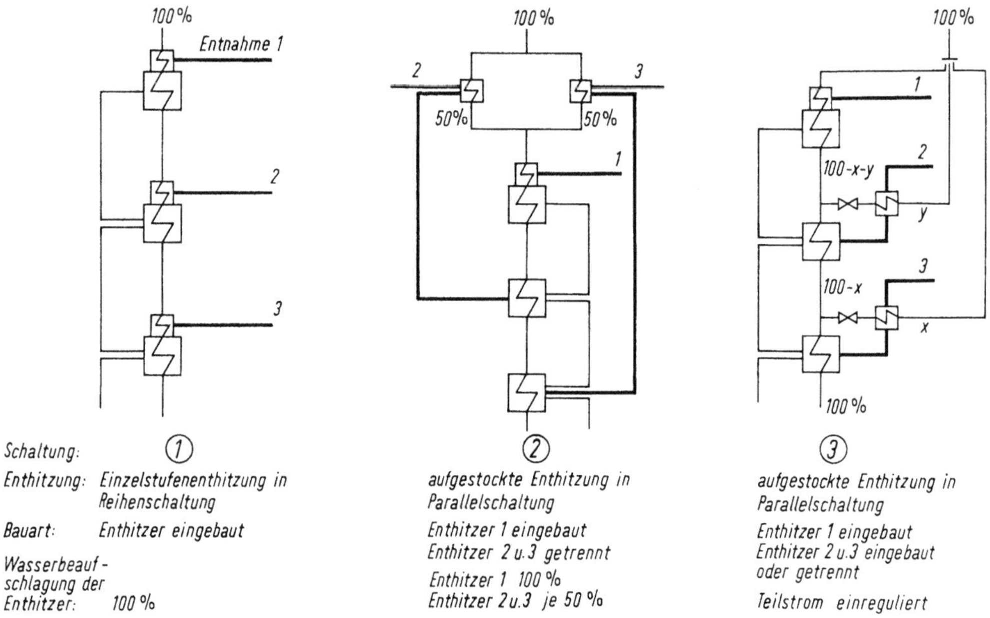

Abb. 287. Enthitzungsschaltungen

hitzern wird auf diese Weise das Speisewasser maximal 8 bis 10 °C höher als nach Austritt aus dem obersten Vorwärmer aufgewärmt, wodurch sich der Wärmeverbrauch bis um etwa 0,4% verbessern kann.

Zur Vereinfachung der Rohrleitungsführung lassen sich bei Schaltung 2 die aufgestockten Apparate auch hintereinander anordnen. Die Enthitzer werden dann von der gesamten Speisewassermenge durchströmt. Da sich damit die Wassereintrittstemperatur am oberen Enthitzer erhöht, ist diese Reihenschaltung thermisch etwas schlechter. Läßt sich bei ihr die Wassergeschwindigkeit in den Rohren gegenüber der Parallelschaltung nicht erhöhen, steigt die Rohrzahl auf das Doppelte an. Dadurch werden die Apparate wegen der etwa gleichbleibenden Heizfläche fast um die Hälfte kürzer, im Manteldurchmesser jedoch um das rund 1,42-fache stärker. Will man die Enthitzer horizontal aufstellen, kann deswegen bei beengten Platzverhältnissen die benötigte kleinere Baulänge die Hintereinanderschaltung erforderlich machen. Ein geringerer Apparatepreis ist jedoch nicht zu erwarten, weil der Anschluß der doppelten Anzahl von Rohren an die Wasserein- und -austrittsstellen erhöhte Fertigungskosten bedingt.

[1] Werte für Teilstrom-Enthitzer siehe S. 312.

[2] Beispiele siehe Erster Band, S. 82 (Hüls), S. 102 (Hattingen), S. 126 (Heilbronn), S. 162 (St. Andrä), S. 186 (Tavazzano), S. 376 (Porcheville), S. 608 (Rheinstahl), S. 614 (Stade), S. 620 (Gersteinwerk), S. 626 (Westerholt), S. 632 (Amercentrale).

Die dritte Enthitzungsschaltung[1] erbringt den größten Gewinn, weil die Enthitzer wasserseitig ungefähr mit der Sattdampftemperatur des jeweils zugehörigen Entnahmedruckes beaufschlagt werden und sich somit die Enthitzung des Dampfes bei allen in Frage kommenden Entnahmestufen bis in nächste Nähe der Sattdampftemperaturgrenze verwirklichen läßt.

Bei Schaltung 2 tritt hingegen das Speisewasser in die Enthitzer mit der Temperatur nach Austritt aus dem obersten Vorwärmer ein, wodurch eine optimale Enthitzung des Dampfes der tiefer liegenden Entnahmen bis zu deren Sattdampftemperaturen nicht mehr möglich ist.

Die in Schaltung 3 angegebene Enthitzung in einem getrennten Apparat läßt sich auch in einer im zugehörigen Vorwärmer eingebauten Enthitzungszone vornehmen.

Der dampfseitige Druckverlust im Enthitzer darf durch die Wahl einer zu hohen Dampfgeschwindigkeit und zu viele Umlenkungen nicht so hoch ansteigen, daß eine Verschlechterung der Gesamtgrädigkeit und damit des Wärmeverbrauches entsteht.

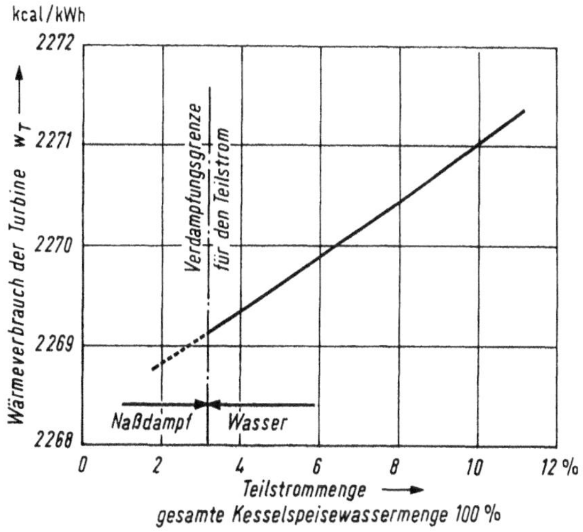

Abb. 288. Einfluß der Teilstrommenge auf den Wärmeverbrauch der Turbine bei einem vorgeschalteten Enthitzer (s. hierzu Abb. 289, Schaltung 3)

Die Schaltung 2 setzt eine gleichmäßige Verteilung des gesamten Speisewasserstromes auf beide Enthitzer voraus, was jedoch nur bei symmetrischer Führung von Speisewasserdruckleitung und gleichem wasserseitigem Widerstand in den parallelen Strängen und Apparaten möglich ist. Wenn sich dies nicht verwirklichen läßt, korrigiert man die ungleiche Mengenaufteilung durch den Einbau einer Blende in dem Leitungsast mit dem geringeren Widerstand. Der Auslegung des Teilstrom-Enthitzers legt man ein Mengenverhältnis zwischen Wasser und Dampf zugrunde, bei dem sich auf jeder Seite etwa der gleiche Wasserwert ergibt.

Wie das Beispiel von Abb. 288 zeigt, verbessert sich der Wärmeverbrauch bei der Ricard-Schaltung mit abnehmendem Teilstrom.

Bei Einregulierung der günstigsten Kleinstmenge ist darauf zu achten, daß nicht im unterkritischen Druckgebiet die Gefahr einer Ausdampfung des Wassers entsteht, wie dies z. B. beim Frischdampf-Gleitdruckbetrieb bei Teillast geschehen kann.

Welcher thermische Gewinn bei den verschiedenen Enthitzungsschaltungen erzielbar ist, muß jeweils untersucht werden.

Das Ergebnis solcher Relationsrechnungen wurde von Novak veröffentlicht. Ein weiteres Beispiel geht aus den Schaltbildern von Abb. 289, 290, 291 und der Tabelle 16 hervor.

[1] Von Nekolny und Ricard vorgeschlagen, meist als „Ricard-Schaltung" bezeichnet.

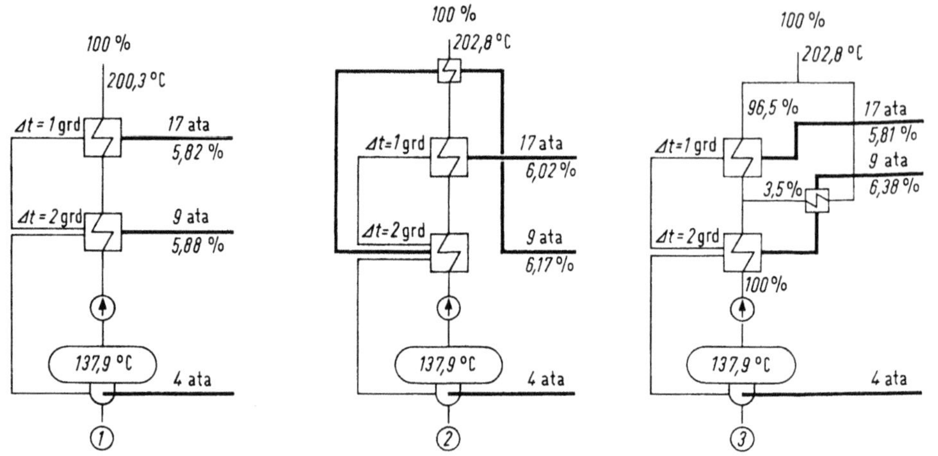

①	②	③
w_T = 2272,94 kcal/kWh	w_T = 2269,95 kcal/kWh	w_T = 2269,22 kcal/kWh
d = 3,679 kg/kWh	d = 3,690 kg/kWh	d = 3,689 kg/kWh
t_{end} = 200,3 °C	t_{end} = 202,8 °C	t_{end} = 202,8 °C
Kondensatmenge = 72,47 %	Kondensatmenge = 72,12 %	Kondensatmenge = 72,11 %

Verbesserung 0,132 % = 2,99 kcal/kWh (① → ②) · Verbesserung 0,032 % = 0,73 kcal/kWh (② → ③)

Verbesserung 0,164 % = 3,72 kcal/kWh (① → ③)

Abb. 289. Vergleich der Enthitzungsschaltungen (ohne ZwÜ)
Dampfzustand Eintritt Turbine: 64 ata, 510 °C

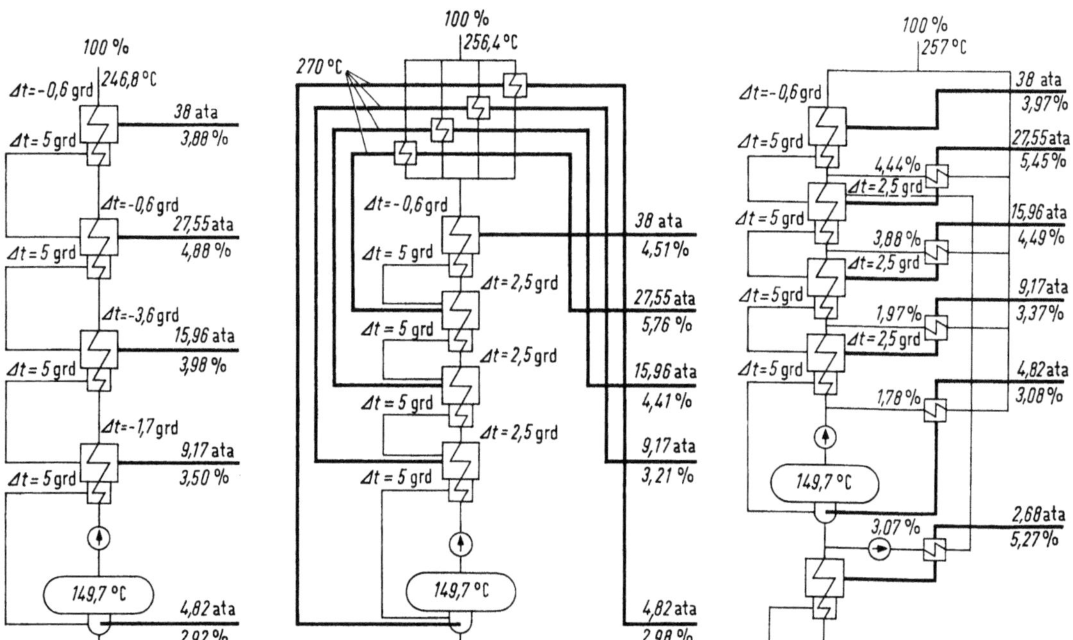

①	②	③
w_T = 1859,70 kcal/kWh	w_T = 1852,62 kcal/kWh	w_T = 1847,83 kcal/kWh
d = 2,689 kg/kWh	d = 2,729 kg/kWh	d = 2,721 kg/kWh
t_{end} = 246,8 °C	t_{end} = 256,4 °C	t_{end} = 257,0 °C
Menge durch ZWÜ = 91,24 %	Menge durch ZWÜ = 89,73 %	Menge durch ZWÜ = 90,58 %
Kondensatmenge = 68,73 %	Kondensatmenge = 67,29 %	Kondensatmenge = 67,21 %

Verbesserung 0,381 % (① → ②) · Verbesserung 0,259 % (② → ③)

Verbesserung 0,638 % (① → ③)

Abb. 290. Vergleich der Enthitzungsschaltungen (einfache ZwÜ)
Dampfzustand Eintritt Turbine: 145 ata, 565 °C

Der Berechnung liegt die Annahme eines gleich großen Turbinenwirkungsgrades zugrunde. Aus dem Vergleich der auf die Turbine bezogenen Wärmeverbrauchszahlen folgt, daß sich die aufgestockte Enthitzung bei der einfachen Zwischenüberhitzung mehr als bei der doppelten lohnt. Die Verbesserung des Wärmeverbrauches durch die Ricard-Schaltung gegenüber Schaltung 2 ist kleiner als der Gewinn von letzterer gegenüber in Reihe geschalteten Enthitzern und beträgt am Gesamtgewinn 40,4% bei einfacher bzw. 45,7% bei doppelter Zwischenüberhitzung.

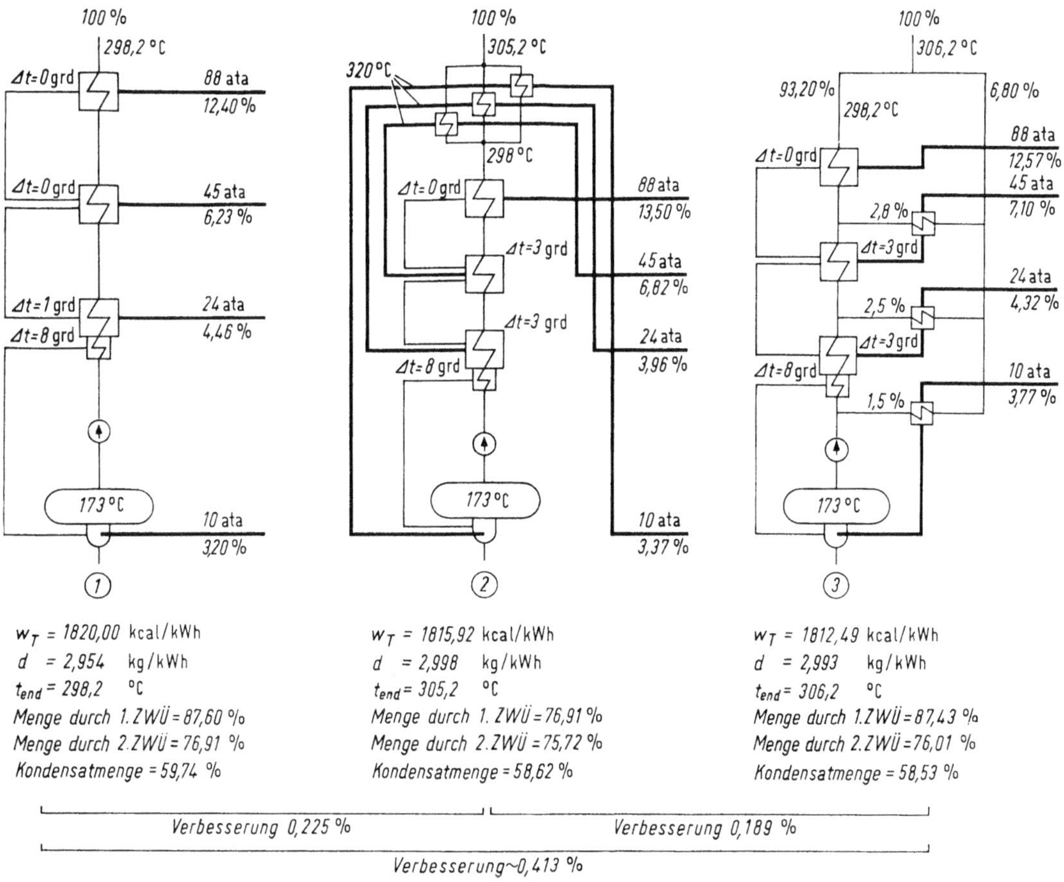

Abb. 291. Vergleich der Enthitzungsschaltungen (doppelte ZwÜ)
Dampfzustand Eintritt Turbine: 250 ata, 520 °C

2. Thermische Auslegung

Die thermische Auslegung des Enthitzers geschieht im Zusammenhang mit der des zugehörigen Vorwärmers. Der praktische Berechnungsweg sei im folgenden erläutert:

Enthitzungs- und Kondensationsteil in getrennten Apparaten. Durch die Wahl der Grädigkeit für den mit schwach überhitztem Dampf beaufschlagten Kondensationsteil (je nach Wirtschaftlichkeit $\Delta t_V = 2$ bis 4 grd üblich), sind die gesamte Grädigkeit Δt_{ges} für Vorwärmer einschließlich Enthitzer und damit die Aufteilung der Heizflächen für den Enthitzungs- und Sattdampfteil festgelegt. Der dampfseitige Druckverlust infolge des getrennten Enthitzers wird bei der wärmetechnischen Auslegung dieser Vorwärmstufe durch einen Temperaturabfall des Sattdampfes von 1 grd berücksichtigt.

Während die Enthalpieerhöhung im Speisewasser durch die Hauptkondensatpumpe auf der Niederdruckseite vernachlässigt werden kann (Temperaturerhöhung nur etwa

Tabelle 16. *Vergleich von Enthitzer-Schaltungen*

ZwÜ	Einfache Zwischenüberhitzung (Abb. 290)			Doppelte Zwischenüberhitzung (Abb. 291)		
Frischdampf	145 ata/565 °C			250 ata/520 °C		
1. ZwÜ	29/26,1 ata/565 °C			88/80 ata/520 °C		
2. ZwÜ				24/21,5 ata/520 °C		
Schaltung Nr.	1	2	3	1	2	3
Anordnung der Enthitzer	In Reihe geschaltet eingebaut	Parallel geschaltet: getrennt bzw. eingebaut	Parallel geschaltet: eingebaut (Ricard-Schaltung)	In Reihe geschaltet eingebaut	Parallel geschaltet: getrennt bzw. eingebaut	Parallel geschaltet: eingebaut (Ricard-Schaltung)
Wasserbeaufschlagung	100% Gleich	100 bzw. 50% Ungleich	Verschieden große Teilströme Ungleich	100% Gleich	100 bzw. $33^1/_3$% Ungleich	Verschieden große Teilströme Ungleich
Wassereintrittstemperatur	Verschieden, entspricht Temperatur vor dem Vorwärmer	Gleich hoch, entspricht Temperatur nach oberstem Vorwärmer	Verschieden, entspricht Temperatur nach dem Vorwärmer	Verschieden, entspricht Temperatur vor dem Vorwärmer	Gleich hoch, entspricht Temperatur nach oberstem Vorwärmer	Verschieden, entspricht Temperatur nach dem Vorwärmer
t_{End} [°C]	246,8	256,4	257,0	298,2	305,2	306,2
w_T [kcal/kWh] ...	1859,70	1852,62	1847,83	1820,00	1815,92	1812,49
Einzelgewinn:						
Δw_T [kcal/kWh]	7,08		4,79	4,08		3,43
Δw_T [%]	0,381		0,259	0,225		0,189
Gesamtgewinn:						
Δw_T [kcal/kWh] ..		11,87			7,51	
Δw_T [%]		0,638			0,413	

w_T Wärmeverbrauch der Turbine
t_{End} Vorwärmendtemperatur
100% gesamter Speisewasserstrom

0,1 bis 0,3 grd), geht der Einfluß der Kesselspeisepumpenarbeit auf den Wärmeverbrauch und die Richtigkeit der thermischen Auslegung der HD-Apparate (insbesondere der ersten Vorwärmstufe nach der Speisepumpe) wesentlich ein. Wegen der geringeren Auswirkung bei niedrigeren Drücken ist es ausreichend genau, die Enthalpieerhöhung durch die Pumpen erst ab einem Frischdampfdruck von etwa 100 ata zu berücksichtigen.

Zur schnelleren Bestimmung von Enthalpie-Zwischenwerten geht man von der tabellarischen zur graphischen Interpolation über und fertigt hierfür geeignete Arbeitsblätter an. Beispiele für die Nieder- und Hochdruckseite zeigen Abb. 292 und 293.

Die Kleinheit der Druckverluste in der Speisewasserleitung und in den Hochdruck-Wärmetauschern gestattet in Anbetracht der hohen Kesselspeisepumpendrücke die Vereinfachung, bei allen diesen Apparaten die Enthalpie des Speisewassers bei dem Pumpendruck in die Rechnung einzusetzen.

Heizdampfmenge gemäß Bilanzkreis I in Abb. 294:

$$E = \frac{G \cdot (i_2 - i_1)}{(i_{\ddot{u}_2} - i_{t_s}') \cdot \eta} \text{[kg/h]}$$

Aufwärmung des Speisewassers im Enthitzer über Bilanzkreis II:

$$\Delta i = i_3 - i_2 = \frac{E \cdot (i_{\ddot{u}_1} - i_{\ddot{u}_2})}{G} \text{[kcal/kg]}$$

$$i_3 = i_2 + \Delta i$$

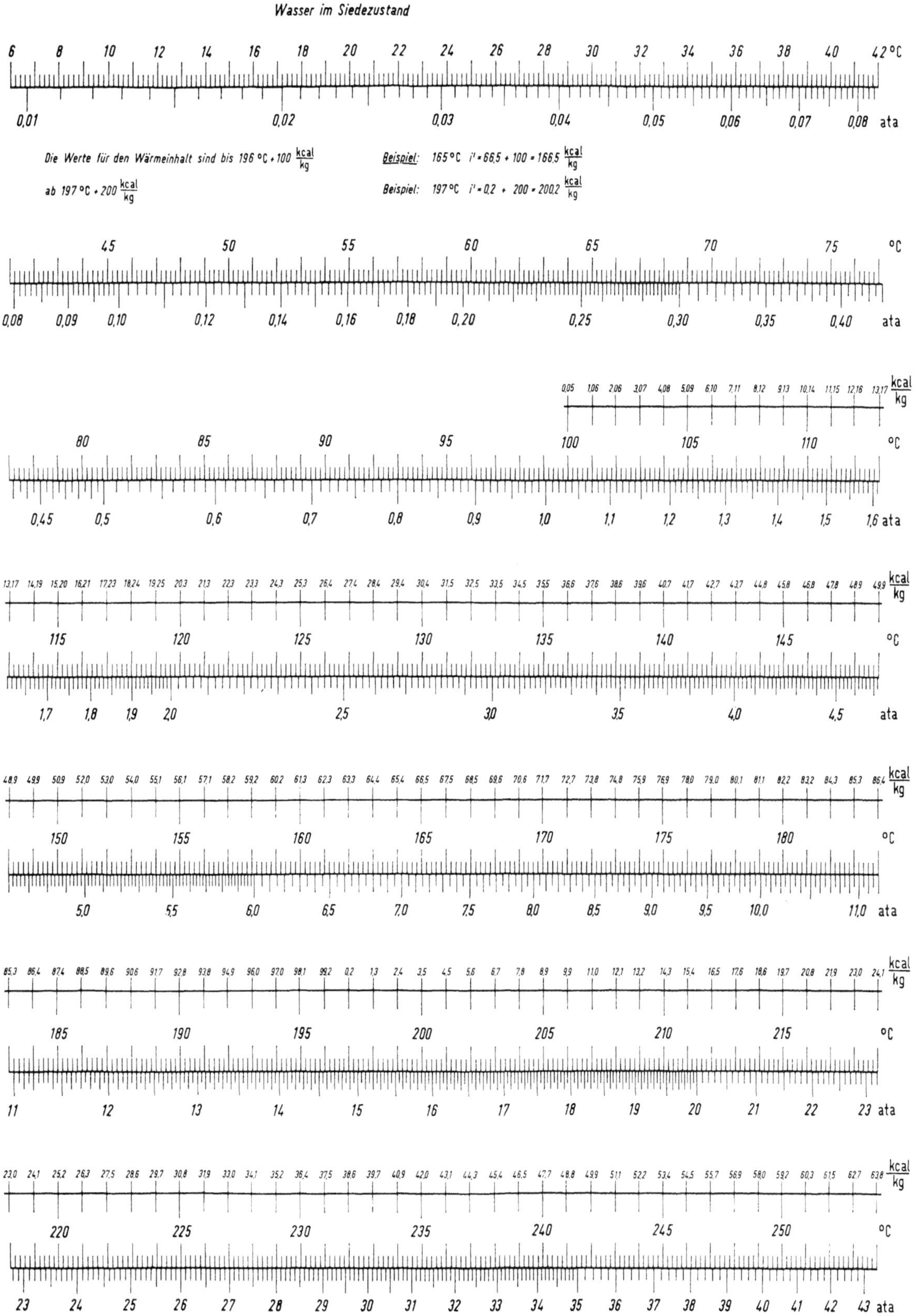

Abb. 292. Druck-Temperatur-Enthalpie-Leiter (Nach VDI-Wasserdampftafeln von E. SCHMIDT, 6. Aufl. 1963)

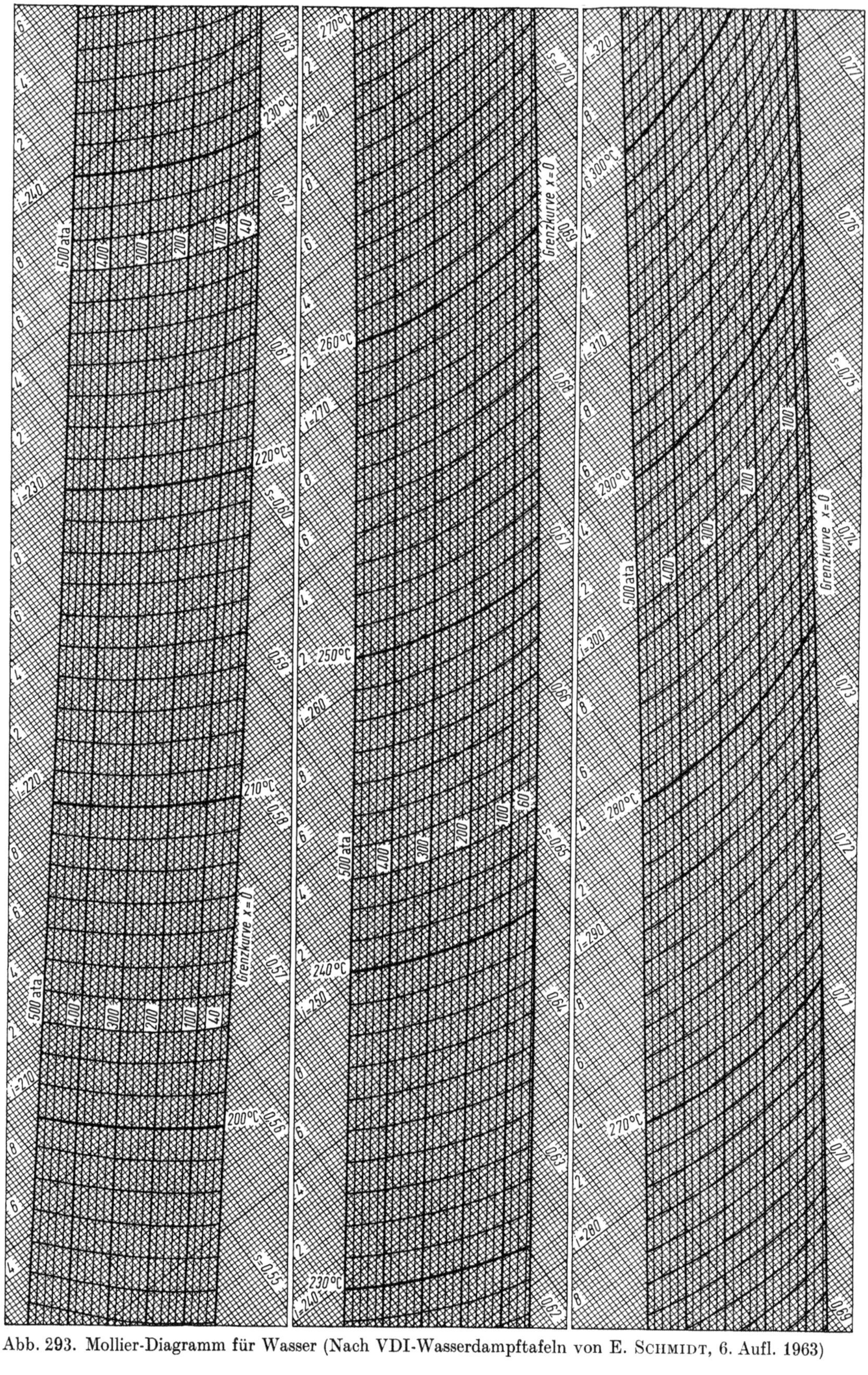

Abb. 293. Mollier-Diagramm für Wasser (Nach VDI-Wasserdampftafeln von E. SCHMIDT, 6. Aufl. 1963)

Bei einem bestimmten Pumpendruck p_{Sp} ergibt sich nach Mollier-Diagramm für Wasser die zu i_3 zugehörige Temperatur t_3 und somit die gesamte Grädigkeit für den Kondensations- und Enthitzungsteil:

$$\Delta t_{\mathrm{ges}} = t_s' - t_3$$

Hierbei können positive oder negative Werte entstehen.

Enthitzungszone im Vorwärmer eingebaut. Die Wärmebilanz wird um Enthitzungs- und Kondensationsteil gezogen (Bilanzkreis III in Abb. 294), wobei man die gesamte Grädigkeit Δt_{ges} annimmt. Der negative Grädigkeitswert muß nachträglich durch ge-

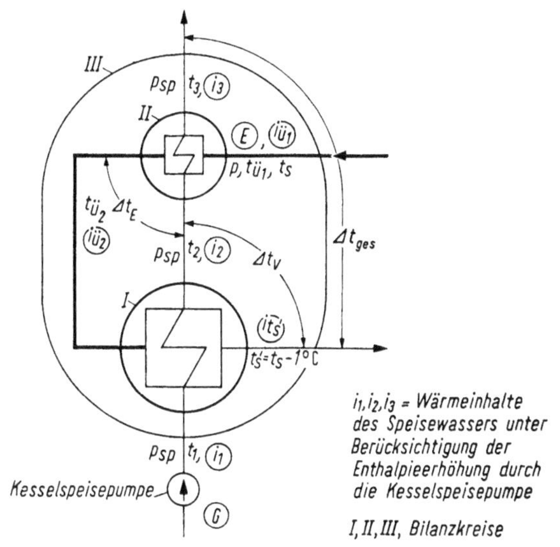

Abb. 294. Vorwärmstufe mit getrenntem Enthitzer

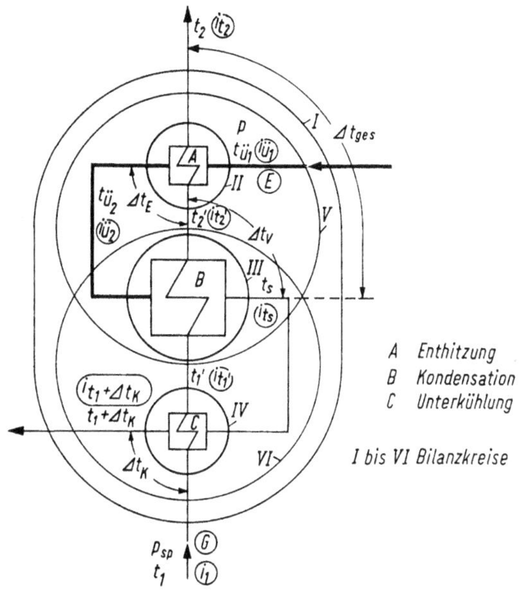

Abb. 295. Vorwärmstufe mit Enthitzungs-, Kondensations- und Kühlzone

trennte Durchrechnung des Enthitzers und Vorwärmers gemäß der für getrennte Apparate angegebenen Methode kontrolliert werden. Im vorliegenden Fall ist der dampfseitige Druckverlust zwischen Enthitzungs- und Kondensationsteil ohne Belang und wird daher vernachlässigt.

Heizdampfmenge:

$$E = \frac{G \cdot (i_3 - i_1)}{(i_{ü_1} - i_{t_s'}) \cdot \eta} \,[\mathrm{kg/h}]$$

Vorwärmstufe mit Enthitzungs-, Kondensations- und Kühlzone (Abb. 295).

Die Heizdampfmenge wird aus der Gesamtbilanz für die drei Apparate A, B und C gemäß Bilanzkreis I errechnet:

$$E = \frac{G \cdot (i_{t_2} - i_1)}{(i_{ü_1} - i_{t_1 + \Delta t_K}) \cdot \eta} \,[\mathrm{kg/h}]$$

Δt_K und Δt_{ges} werden hierbei angenommen.

Anschließend wird die Aufwärmung des Speisewassers durch die Unterkühlung des Heizdampfkondensates über die Bilanz um den Kühler (Bilanzkreis IV) ermittelt, womit i_{t_1}' und t_1' bestimmt sind.

Δt_{ges} kontrolliert man über die Einzelbilanzen um den Vorwärmer B und Enthitzer A (Bilanzkreise III und II), wobei sich i_{t_2}' bzw. t_2' und Δt_V ergeben.

Gemäß Abb. 295 kann man auch noch für die Apparate B und C eine gemeinsame Bilanz aufstellen (Bilanzkreis VI) und hierbei die Richtigkeit der bisher errechneten

Werte überprüfen. Eine weitere Kontrollmöglichkeit besteht über den Bilanzkreis V für den Enthitzer und Vorwärmer.

Vorwärmstufe mit aufgestockter Enthitzung (Abb. 296). Zur Bestimmung der Dampfaustrittstemperatur aus dem Enthitzer geht man von der Speisewasser-Eintrittstemperatur in diesem Apparat aus, zu der die Grädigkeit Δt_E addiert wird. Die Ermittlung der Austrittstemperaturen des Dampfes und Speisewassers geschieht gewöhnlich auf folgende Weise:

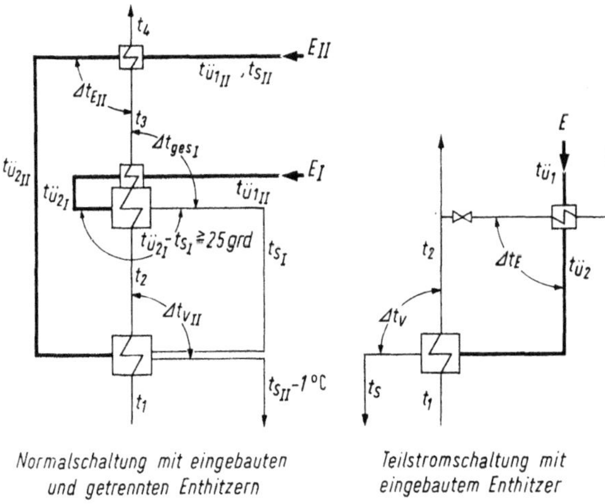

Abb. 296. Dampfaustrittstemperaturen bei aufgestockten Enthitzern

Normalschaltung:

Entnahme I: Annahme der Gesamtgrädigkeit $\Delta t_{\text{ges}_\text{I}}$. $t_3 = t_{s_\text{I}} + \Delta t_{\text{ges}_\text{I}}$. Bei $\Delta t_{\text{ges}_\text{I}} = 0$ wird $t_3 = t_{s_\text{I}}$. Negative Werte von $\Delta t_{\text{ges}_\text{I}}$ müssen kontrolliert werden, da $t_{ü_{2_\text{I}}} - t_{s_\text{I}}$ aus den auf S. 302 angegebenen Gründen nicht kleiner als etwa 25 grd sein soll.

Entnahme II: Würde man $t_{ü_{2_\text{II}}}$ mit $t_3 + 25$ grd festlegen, wäre die Enthitzung von E_II nicht genügend ausgenutzt. Aus diesem Grunde setzt man für Δt_{E_II} einen kleineren Wert als 25 grd ein. $\Delta t_{E_\text{II}} = 0$ würde eine unendlich große Heizfläche des Enthitzers bedeuten (vgl. S. 293). Die genaue Höhe muß von Fall zu Fall über eine Optimierungs-Rechnung unter Berücksichtigung der entstehenden Mehrkosten und der Bewertung der Wärmeverbrauchsverbesserung ermittelt werden. In einem Beispiel ergab sich hierbei ein Δt_E von 7 grd.

Teilstromschaltung: Infolge der starken Änderungen der c_p-Werte im überkritischen Gebiet (Abb. 297) und je nach dem gewählten Verhältnis von Wasserteilstrommenge zu Dampfmenge können sich bei Auftragen der Temperaturen über der Wärmeleistung verschieden gekrümmte konkave Temperaturlinien der Sekundärseite ergeben.

Ein Beispiel für gleiche integrale Wasserwerte auf der Dampf- und Wasserseite entsprechend der Definition $G_T \cdot c_{p_{m_T}} = E \cdot c_{p_{m_E}}$ ist in Abb. 298 dargestellt (Linien a_1 und b_1). Hierbei wird $\vartheta_g = \vartheta_k = \Delta t_E$.

G_T = Teilstrommenge, E = Entnahmedampfmenge, $c_{p_{m_T}}$ und $c_{p_{m_E}}$ = mittlere spezifische Wärmen des Wassers und Dampfes im Enthitzer, worin

$$c_{p_{m_T}} = \frac{\int_{t_1}^{t_2} c_p \cdot dt_T}{t_2 - t_1}$$

$$c_{p_{m_E}} = \frac{\int_{t_{ü_1}}^{t_{ü_2}} c_p \cdot dt_ü}{t_{ü_2} - t_{ü_1}}$$

Aus dem Schaubild geht hervor, daß die Größe der Grädigkeit Δt_E von dem jeweiligen Kurvenverlauf und dem gewählten engsten Abstand der Temperaturen zwischen Primär- und Sekundärseite abhängt. Mit Verringerung dieses Temperaturunterschiedes bis zur

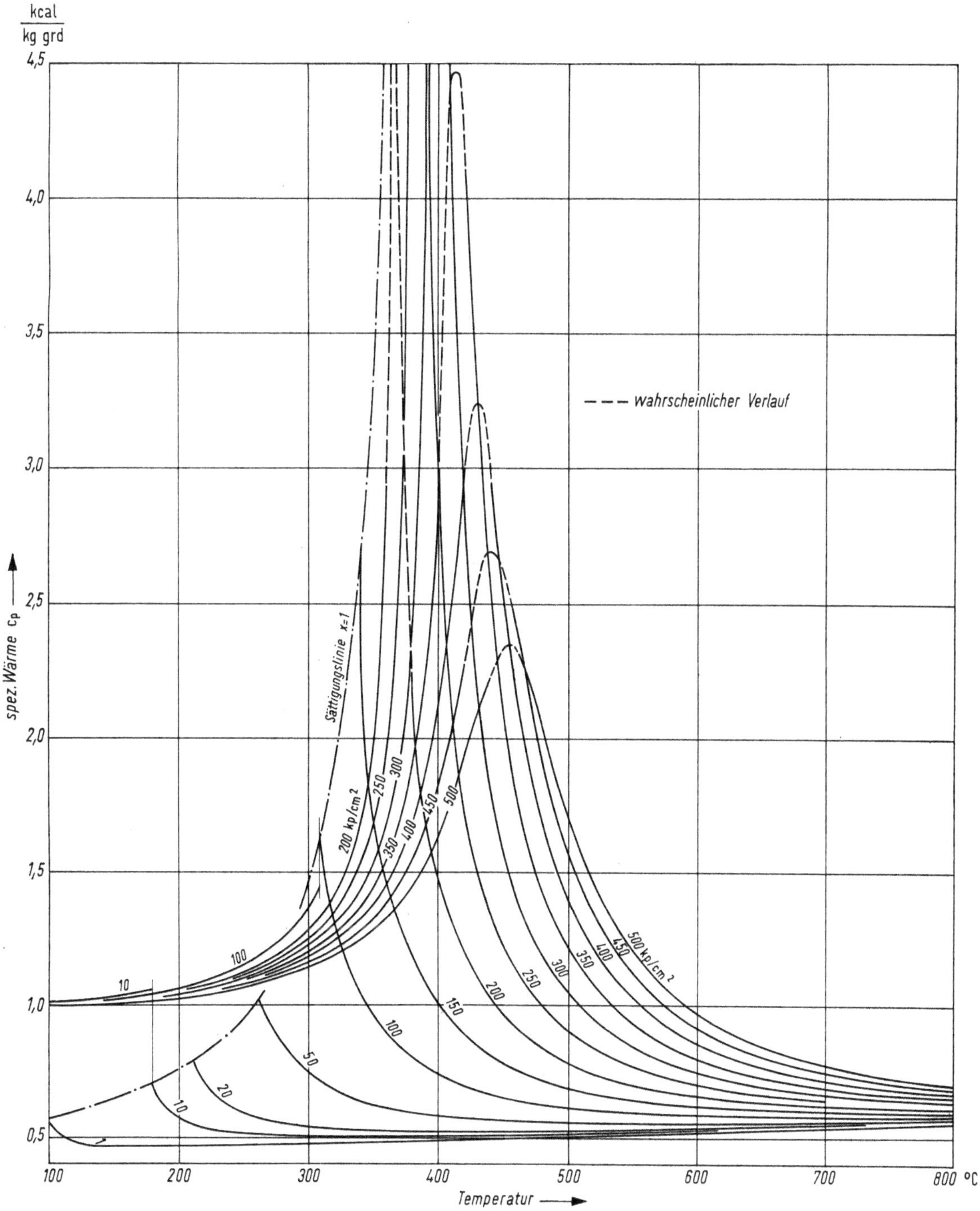

Abb. 297. Wahre spezifische Wärme c_p von Wasser und Heißdampf (Nach VDI-Wasserdampftafeln, 6. Aufl.)

theoretischen Grenze, bedingt durch die Kondensation des Dampfes, lassen sich zwar die Grädigkeit bis zu einem Kleinstwert bringen und der Ricardisierungseffekt verbessern, andererseits hat aber dies einen größeren Heizflächenaufwand zur Folge. Die günstigsten

Verhältnisse ergeben sich aus einer Wirtschaftlichkeitsuntersuchung. Wenn man im Enthitzer als kleinste vertretbare Temperaturdifferenz 10 grd zwischen Dampf- und Wasserseite voraussetzt, können bei obiger Auslegungsdefinition in den derzeit üblichen Druck- und Temperaturbereichen Mindestwerte von Δt_E von etwa 25 bis 70 grd nötig werden. Ist der Druck auf der Sekundärseite überkritisch, wie dies meistens der Fall ist, sind die größeren Grädigkeitswerte den höheren Temperaturen zugeordnet.

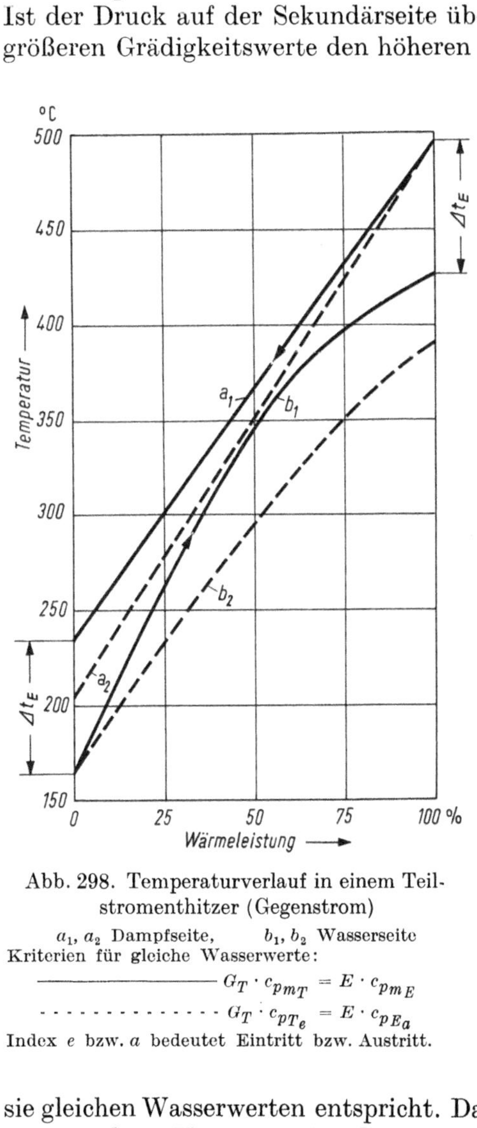

Abb. 298. Temperaturverlauf in einem Teilstromenthitzer (Gegenstrom)

a_1, a_2 Dampfseite, b_1, b_2 Wasserseite
Kriterien für gleiche Wasserwerte:

——————— $G_T \cdot c_{pm_T} = E \cdot c_{pm_E}$

- - - - - - - - $G_T \cdot c_{pT_e} = E \cdot c_{pE_a}$

Index e bzw. a bedeutet Eintritt bzw. Austritt.

Voraussetzung für die Richtigkeit der Berechnung der Wärmedurchgangszahl im Enthitzerteil und seiner Heizfläche sind trockene Rohre. Um hierfür die unbedingte Gewähr zu haben, nimmt man bei der Auslegung etwa gleiche Wasserwerte nur an der Stelle des Wassereintritts und Dampfaustritts an und wählt zur Sicherheit eine genügend große Enthitzergrädigkeit (Δt_E rd. 40 grd). Den dann entstehenden Temperaturverlauf zeigen auf Abb. 298 die Linien a_2 und b_2. Bei dieser Auslegungsart ergeben sich gegenüber dem Beispiel mit gleichen integralen Wasserwerten die folgenden Auswirkungen: größere Enthitzung des Dampfes infolge kleinerer Grädigkeit, größere Teilstrommenge und daher niedrigere Wasseraustrittstemperatur, höhere logarithmische Temperaturdifferenz, kleinere Heizfläche und damit billigerer Apparat, jedoch etwas schlechterer Wärmeverbrauch.

Bei zu geringer Teilstrommenge, aber relativ großer Enthitzungsfläche werden die Anzahl der Rohre so klein und ihre Länge so groß, daß dies konstruktiv zu Schwierigkeiten führt oder unausführbar wird. Auch können dabei die Druckverluste auf der Dampf- und Wasserseite so hoch ansteigen, daß die geforderte Gesamtgrädigkeit nicht mehr eingehalten werden kann und die Einstellung der Teilstrommenge wegen zu großen Widerstandes in den Enthitzungsrohren unmöglich wird. In einem solchen Falle legt man der Auslegung des Enthitzers eine größere Wassermenge zugrunde, als sie gleichen Wasserwerten entspricht. Da sich hierdurch der Wärmeverbrauch verschlechtert, wird zur Kompensation die Enthitzergrädigkeit entsprechend verkleinert.

Eine genügend große Teilstrommenge wählt man auch bei Gleitdruckbetrieb, um bei Teillast im unterkritischen Fahrbereich der Gefahr einer Ausdampfung des Wassers im Enthitzungsteil zu begegnen.

d) Dampfenthitzer und Dampfüberhitzer

Zwischen diesen Wärmetauschern besteht kein Unterschied, da in ihnen immer Dampf auf der Primärseite enthitzt und auf der Sekundärseite überhitzt wird. Thermische Auslegung, Bauart und Betrieb sind daher gleich.

Überhitzer werden innerhalb der Vorwärmeranlage u. a. zur *Dampfzwischenüberhitzung*[1] benötigt, wenn der Expansionsverlauf in der Turbine infolge gegebenen Frischdampfzustandes eine zu große Endnässe ergeben würde, wie dies z. B. bei Kernkraftwerken

[1] Vgl. Großkraftwerk Mannheim, Erster Band, S. 310.

vorkommen kann. Als Primärdampf dient hierbei gewöhnlich kondensierender Dampf einer höheren Druckstufe, der entweder aus einer oberen Entnahme der Turbine oder aus einer vorhandenen Sammelschiene bezogen wird. In manchen Fällen wird die Verwendung von Frischdampf nötig. Wegen der niederen Wärmeübergangswerte für den zu überhitzenden Dampf können die Apparate erhebliche Abmaße erhalten. Bei nicht zu großen Wärmeleistungen ist es möglich, die Heizflächen in den Überströmleitungen zum Niederdruckteil der Turbine unterzubringen. Die von Primärdampf durchströmten horizontalen Rohre erhalten hierbei zur besseren Kondensatabführung eine kleine Neigung.

Große Einheiten in Atomkraftwerken bedingen einen so umfangreichen Überhitzer, daß er gesondert seitlich des Turbosatzes aufgestellt werden muß. Der Druckverlust auf der Sekundärseite sollte im Hinblick auf eine nicht zu große Heizfläche und einen nicht zu hohen Gefälleverlust des Arbeitsdampfes in der Turbine optimal gewählt werden. Hierfür ist die rohrseitige Führung der wesentlich größeren Sekundärdampfmenge günstiger. Aus dem gleichen Grunde werden gerade, nahtlos gezogene Rohre verwendet, für welche die Normalausführung meistens ausreicht (19/22, St 35.8). In der Bauart gleicht der Apparat einem Niederdruckvorwärmer. Ein- und Austritt des Sekundärdampfes befinden sich entgegengesetzt an den Stirnseiten. Höhere Drücke erfordern ein Einwalzen und Einschweißen der Rohre in die beiden Rohrscheiben. Zur Aufnahme der Wärmedehnungen erhält der Mantel einen in ihm eingeschweißten Kompensator (z.B. aus Feinkornstahl BH 36). Wegen der dann meist besseren Unterbringungsmöglichkeit werden die Apparate senkrecht aufgestellt. Falls sie zu lang sind, geht man auf einen größeren Manteldurchmesser über und wählt zur Vermeidung zu hoher Kosten die kleinstmögliche statthafte Rohrteilung.

e) Verdampfer und Dampfumformer

Obwohl Vollentsalzungsanlagen immer mehr Eingang gefunden haben, findet auch heute noch die thermische Aufbereitung des Zusatzwassers vor allem dann Anwendung, wenn die Vollentsalzung infolge zu hohen Rohwassersalzgehaltes unwirtschaftlich wird.

Wirkungsweise und thermische Auslegung von Verdampfern und Umformern sind gleich. Die unterschiedliche Bezeichnung der Apparate erklärt sich aus dem Verwendungszweck der Brüden. Während bei dem Verdampfer die Brüden als Destillat dem Primärkreislauf zur Deckung der Dampf- und Kondensatverluste zugeführt werden, dient der Umformer zur Erzeugung von Dampf für einen außerhalb des eigentlichen Kraftwerks liegenden Bedarf, wie für Fabrikation usw. Wenn das gesamte Kondensat im Sekundärkreislauf nicht zurückläuft, werden die Verluste — wie bei der Verdampferanlage — aus einer chemischen Wasseraufbereitungsanlage gedeckt.

Die im Verdampfer erzeugten Brüden können entweder als Heizdampf für einen Mischvorwärmer-Entgaser verwendet oder als Destillat über einen Brüdenkondensator dem Hauptkondensatkreislauf zugeführt werden. Je nach Größe der Brüdenmenge entstehen sehr unterschiedliche Apparate. Der Umformer ist im allgemeinen wesentlich größer als der Verdampfer, da der Dampfbedarf im Sekundärnetz erhebliche Werte annehmen kann. Obwohl im reinen Blockbetrieb Kreislaufverluste von nur 0,5% und weniger festgestellt wurden, ist es trotzdem üblich, die Verdampferanlage zur Sicherheit für eine Verlustmenge von 2 bis 3% bei Maximallast der Turbine zu bemessen. Die übliche Schaltung einer einstufigen Verdampferanlage geht aus Abb. 299 hervor.

Unter *Nettodestillat* versteht man das dem Kreislauf tatsächlich zugeführte Zusatzwasser, d.h. die dem Verdampfer zugeführte Weichwassermenge nach Abzug der Laugenmenge (normalerweise zu 10% des Nettodestillates) und der Dampfmenge zum Weichwasser-Entgaser. Der prozentuale Wert des Nettodestillates bezieht sich auf die Frischdampfmenge.

Seewasser-Verdampferanlagen erfordern eine wesentlich höhere Ablaugung (50% der zugeführten Wassermenge üblich), wobei zur Erreichung eines hohen Reinheitsgrades die Verdampfung in zwei oder mehreren Stufen hintereinander vorgenommen wird. Als

Heizdampf wird nach Möglichkeit Sattdampf verwendet, da bei überhitztem Dampf das ausgeschiedene Salz so fest an den Rohren anbäckt, daß es sich sehr schwer entfernen läßt. Außerdem nimmt dann die Verdampferleistung infolge verschlechterten Wärmeüberganges sehr schnell ab. Aus diesen Gründen läßt man Seewasser-Verdampfer meistens im Vakuumgebiet arbeiten. Die Überhitzungstemperatur des Heizdampfes wird am einfachsten durch Einspritzen von Wasser auf Sattdampftemperatur gebracht.

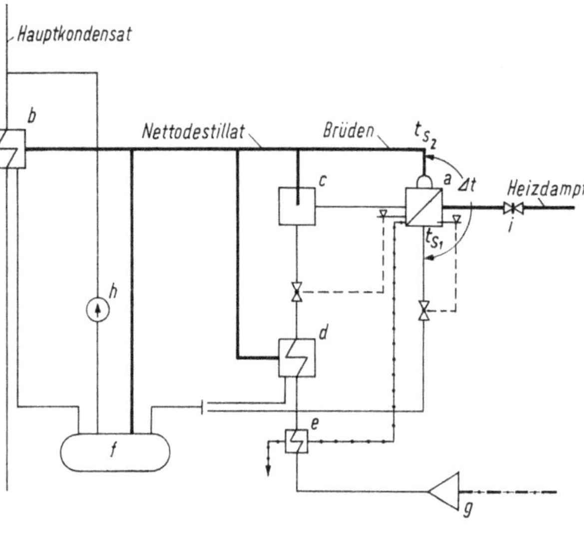

Abb. 299. Anordnung einer einstufigen Verdampferanlage

a Verdampfer
b Brüdenkondensator
c Weichwasser-Entgaser
d Weichwasser-Vorwärmer
e Laugenkühler
f Destillatbehälter
g Chemische Wasseraufbereitung
h Destillatpumpe
i Heizdampfschieber
Δt Grädigkeit des Verdampfers $= t_{s_1} - t_{s_2}$

Während beim Verdampfer nur Sattdampf erzeugt zu werden braucht, müssen die Brüden des Umformers oft noch überhitzt werden. Zu diesem Zweck wird auf der Brüdenseite ein Überhitzer angeordnet, in dessen Primärseite die Enthitzung des Heizdampfes für den Umformer erfolgt (Abb. 300).

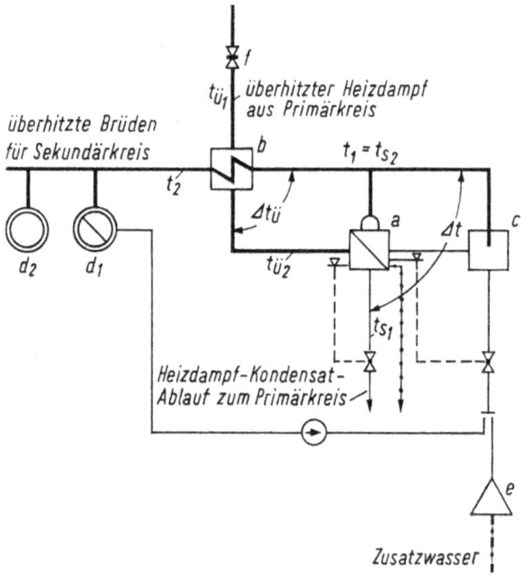

Abb. 300. Dampfumformeranlage

a Umformer
b Brüdenüberhitzer
c Entgaser
d_1, d_2 Wärmeverbraucher
e Chemische Wasseraufbereitung
f Heizdampf-Regulierschieber
Δt Grädigkeit $= t_{s_1} - t_{s_2}$

Damit der Apparat nicht zu groß wird, wählt man einen Temperaturunterschied zwischen Primärdampf und Brüden von $\Delta t_{Ü} \geqq 20$ bis 30 grd.

Die wärmetechnische Durchrechnung von Verdampfer und Umformer steht immer im Zusammenhang mit der Auslegungsrechnung des Primärkreises und den Auslegungsdaten der einzelnen Apparate innerhalb der Verdampfer- bzw. Umformeranlage. Ausgang ist der Brüdendruck, dessen Wahl nicht nur die Grädigkeit des Verdampfers festlegt, sondern auch die Auslegung der anderen Apparate, insbesondere des Brüdenkondensators und Brüdenüberhitzers bestimmt. Bei niedrigen Eintrittstemperaturen des Hauptkondensates in den Brüdenkondensator entstehen größere Grädigkeiten in diesem Apparat. Große Brüdenmengen bedeuten kleinere Δt-Werte.

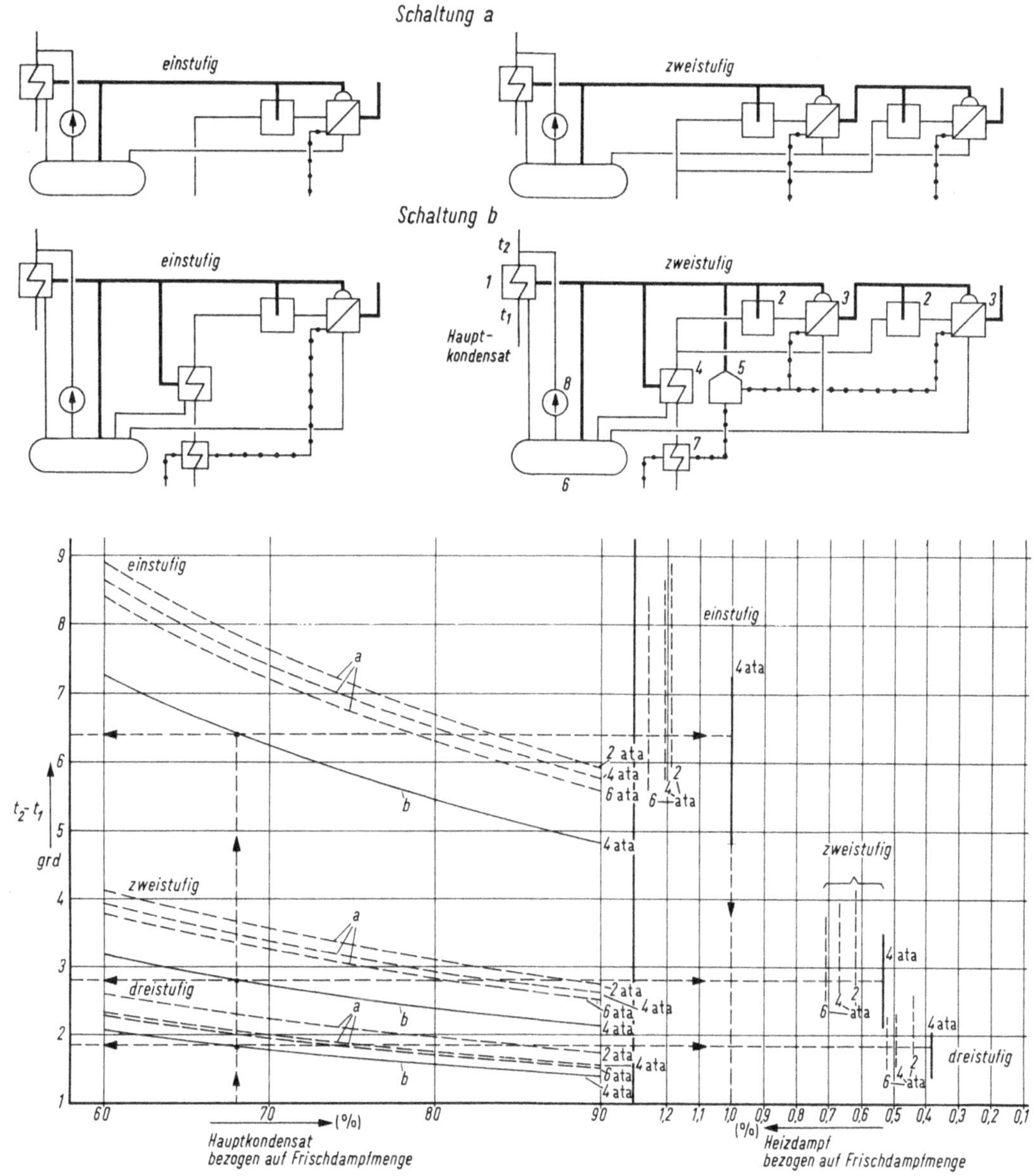

Abb. 301. Aufwärmspanne im Brüdenkondensator je Prozent Nettodestillat bei verschiedenstufiger Verdampferanlage

1 Brüdenkondensator
2 Weichwasser-Entgaser
3 Verdampfer
4 Weichwasser-Vorwärmer
5 Laugenentspanner
6 Destillatbehälter
7 Laugenkühler
8 Destillatpumpe

Werden Verdampfer und Mischvorwärmer-Entgaser — wie meistens üblich — von der gleichen Entnahme beheizt und wird hierbei der „Brüko"[1] unterhalb des Entgasers angeordnet, so ist vor allem bei Festdruckentgasung zu prüfen, ob sich die Brüdenwärme bei größter Last der Turbine und gleichzeitig maximaler Nettodestillaterzeugung unter-

[1] Kurzbezeichnung für Brüdenkondensator.

bringen läßt. Da hierbei die Aufwärmspanne zwischen Brüko und Entgaser negativ, Null oder so klein werden kann, daß die Einhaltung der Entgasungsgarantie unmöglich wird, besteht die Forderung, daß der Temperaturunterschied des Speisewassers zwischen Brüko-Austritt und Entgaser-Eintritt einen Kleinstwert nicht unterschreiten darf. Üblicherweise setzt man für diese *Mindestentgasungsspanne* 7 grd ein.

Für den Fall, daß die Entnahmedrücke für den Hauptentgaser und Verdampfer bzw. für den unter dem Brüko befindlichen Vorwärmer sehr nahe aneinander liegen und mit Rücksicht auf vorhandene Turbinenmodelle nicht geändert werden können, gibt es folgende Möglichkeiten, die Brüdenwärme unterzubringen:

1. Vergrößerung der Aufwärmspanne zum Entgaser durch teilweise wasserseitige Umführung oder dampfseitige Drosselung des Vorwärmers unterhalb der Verdampferanlage,

2. Übergang zu einer zwei- oder mehrstufigen Verdampferanlage, weil sich hierdurch die im Brüdenkondensator niederzuschlagende Dampfmenge und damit dessen Aufwärmspanne verkleinern.

Während der erste Weg unwirtschaftlich ist, bedeutet der zweite keine thermische Verschlechterung, jedoch einen größeren Aufwand. Als Anhalt für die benötigte Aufwärmspanne im Brüko kann Abb. 301 dienen.

Während in der Schaltung *a* die grundsätzliche Anordnung der wichtigsten Apparate einer einstufigen und zweistufigen Verdampferanlage dargestellt ist, sind bei der Schaltung *b* noch Weichwasservorwärmer, Laugenkühler und Laugenentspanner aufgenommen, wie dies meistens der Wirklichkeit entspricht. Aus dem Diagramm geht hervor, daß die Aufwärmspanne von der wasserseitigen Beaufschlagung des Brüko und von der Höhe des Entnahmedruckes abhängt. Unabhängig vom Beaufschlagungsverhältnis (Hauptkondensat, bezogen auf Frischdampf) ergibt sich bei diesem Beispiel, daß die benötigte Aufwärmspanne bei einer zweistufigen Verdampferanlage rd. 44% und bei Dreistufigkeit rd. 28% der Aufwärmspanne der einstufigen Anlage beträgt.

Mehrstufige Verdampfer werden meistens gleichzeitig in Parallel- und Hintereinanderschaltung angeordnet. Die Bezeichnung der Verdampferstufen erfolgt in der Reihenfolge vom obersten zum untersten Brüdendruck. Wie aus Abb. 302 zu ersehen ist, besteht die Möglichkeit, den Brüdenkondensator bei abgeschalteter Verdampferanlage auch als Vorwärmer zu benutzen.

In jüngster Zeit werden zunehmend vielstufige Seewasser-Verdampferanlagen zur thermischen Aufbereitung großer Mengen von Trink- und Gebrauchswasser geplant und gebaut. Anzahl und Abmessungen der im Vakuum arbeitenden Apparate können erheblich werden und hohe Kosten erfordern. Zur Hebung der Wirtschaftlichkeit koppelt man die Seewasseraufbereitung mit der Stromerzeugung. Abb. 303 zeigt ein Beispiel, bei dem einer mehrstufigen Entspannungs-Verdampfungs-Anlage ein Turbosatz mit drei Entnahmen zur Speisewasservorwärmung vorgeschaltet ist.

Klein- und Großanlagen dieser Art werden in süßwasserarmen, insbesondere tropischen Gegenden große Bedeutung erhalten, da auf diese Weise zugleich eine Industrialisierung in Ländern mit hohen Bevölkerungszahlen erreicht wird. Aber auch in hochentwickelten Ländern kann die immer stärker werdende Verknappung an Trink- und Gebrauchswasser zu obiger Lösung zwingen. Die erforderlichen Leistungen können beträchtlich sein.

Bei dem von Westinghouse bekanntgegebenen Verfahren[1] werden z. B. täglich $568 \cdot 10^6$ l Süßwasser produziert, wobei eine Leistung von 880 MW anfällt. Hauptmerkmale und Wirkungsweise der Verdampferanlage sind aus dem Apparateschema und dem Temperaturverlauf zu erkennen (Abb. 304).

Verdampfung und Brüdenkondensation sind in einem Behälter zusammengefaßt. Das für den Prozeß erforderliche Temperaturgefälle wird durch Vorwärmung des Seewassers mittels Turbinenabdampf und anschließender Entspannungsverdampfung erzeugt. Letztere wird in mehreren Stufen vorgenommen, um mit möglichst kleinem Dampfverbrauch

[1] Siehe The Engineer Bd. 213 (1962), S. 1151/54.

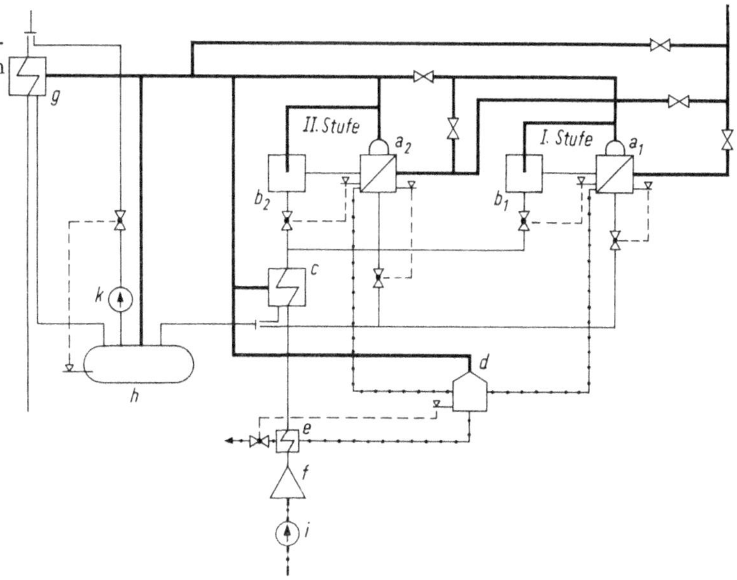

Abb. 302. Anordnung einer zweistufigen Verdampferanlage in Parallel- und Hintereinanderschaltung

a_1, a_2 Verdampfer
b_1, b_2 Weichwasser-Entgaser
c Weichwasser-Vorwärmer
d Laugenentspanner
e Laugenkühler
f Chemische Wasseraufbereitung
g Brüdenkondensator
h Destillatbehälter
i Rohwasserpumpe
k Destillatpumpe

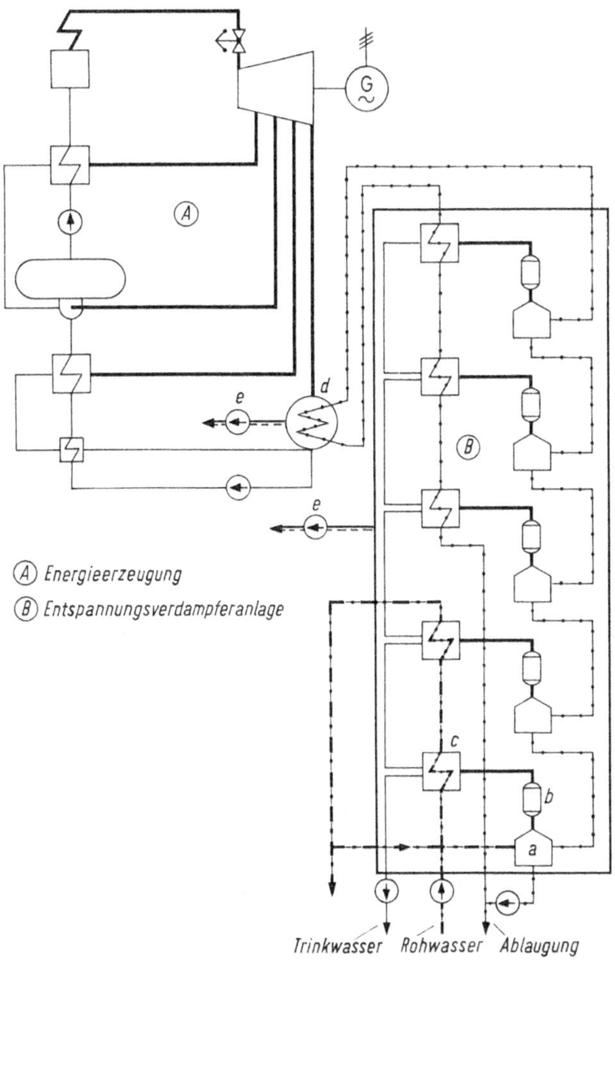

Abb. 303. Schaltplan für die Kopplung von Seewasseraufbereitung und Energieerzeugung

a Entspanner
b Filter
c Brüdenkondensator
d Heizvorwärmer
e Evakuierung

auszukommen. Die Brüden werden in den ersten Stufen durch Seewasser, in den nächstfolgenden durch Lauge niedergeschlagen. Während ein Teil des im Brüko vorgewärmten Seewassers wieder ins Freie zurückfließt, strömt der andere zur Ersetzung der Frischwasser- und Ablaugemengen dem Apparat bei *1* erneut zu. In diesem mischt sich der Teilstrom mit der bei *2* eintretenden Lauge. Infolge ihrer höheren Temperatur dampft ein Teil der Mischung im Entspanner aus, womit zugleich eine Entgasung des Wassers verbunden ist. Den Umlauf der Sole über den Heizvorwärmer bewirkt eine Umwälzpumpe, hinter der die Ablaugung in Abhängigkeit von der Salzkonzentration vorgenommen wird. Der Unterdruck entsteht in der üblichen Weise über eine Evakuierungseinrichtung.

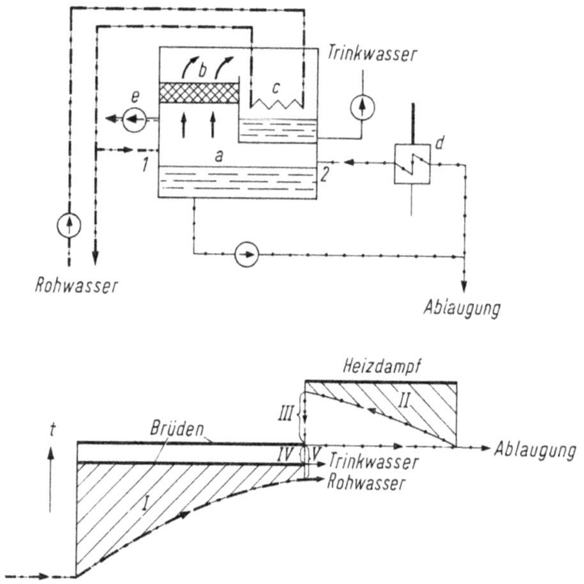

Abb. 304. Entspannungsverdampfer für Seewasseraufbereitung, Apparateschema und Temperaturverlauf

a Entspanner
b Filter
c Brüdenkondensator
d Heizvorwärmer
e Evakuierung

I Brüdenkondensation
II Vorwärmung der Sole
III Entspannung der Sole
IV Temperatur infolge Druckverlust im Filter
V Erwärmung des Rohwassers durch Mischung mit der Sole

1 Rohwassereintritt in Entspanner
2 Laugeneintritt

Die Brüden strömen zur Ausscheidung salzhaltiger Wassertröpfchen durch ein Drahtsieb, wobei sich nach ihm infolge seines Widerstandes ein niedrigerer Druck ausbildet. Anschließend wird der Dampf im Brüdenkondensationsteil niedergeschlagen und als Trink- oder Gebrauchswasser der Anlage entnommen. Der Druck im Heizvorwärmer beträgt etwa 0,7 bis 0,9 ata und kann in Abhängigkeit von der Frischwassererzeugung variiert werden.

Die Höhe des Heizungsdruckes und die Anzahl der Entspannungsstufen bedürfen einer Optimierungsuntersuchung, d. h. eines Wirtschaftlichkeitsvergleiches zwischen Anlage- und Betriebskosten. Bei Sole-Endtemperaturen über etwa 90 °C muß klargestellt sein, ob ein genügend wassersteinfreier Betrieb möglich ist. Zur Kennzeichnung der thermischen Qualität der Anlage dient der „Leistungs-Index", das ist die Zahl der Wärmeeinheiten, die zur Erzeugung von 1 kg Destillat nötig sind.

Da bei einer Turbinengegendruckanlage die Trinkwassermenge die erzeugbare Klemmenleistung bestimmt, wird bei höherem Energiebedarf der Entspannungsverdampferanlage eine Kondensationsturbine vorgeschaltet. In diesem Falle wird der Dampf für den Heizvorwärmer aus einer geeigneten ungesteuerten Anzapfung entnommen. Die Turbinenkonstruktion kann auch so ausgebildet werden, daß sich der Dampfstrom auf einen Gegendruckteil zur Beheizung des Heizvorwärmers und auf einen Kondensationsteil zur von der Trinkwasseraufbereitung unabhängigen Energieerzeugung aufteilt. Diese Lösung bietet sich vor allem für Atomkraftwerksanlagen an, da für deren Wirtschaftlichkeit z. Zt. noch eine große Klemmenleistung Voraussetzung ist.

Bei einer in Deutschland für Übersee angebotenen Seewasser-Entspannungs-Verdampfungs-Anlage wird der Heizdampf aus einem Abhitzekessel bezogen, dem auf der Primärseite die Abgase einer Gasturbine zugeführt werden. Es ist beabsichtigt, 1200 t/24 h Destillat in zwei gleichen Anlagen entsprechend 25 t/h je Einheit zu erzeugen. Die Verdampfung erfolgt in acht hintereinander geschalteten Stufen bis zu einem Restsalz-Garantiewert von nicht mehr als 50 mg/l. Das vom gesamten Destillat abgezweigte Trinkwasser wird in Filtern nachbehandelt. Dabei hebt man die Härte mittels halbgebranntem Dolomit zur Beseitigung des faden Geschmackes wieder an. Zur Absorption aller Fremdstoffe und zur geschmacklichen Aufbesserung des Wassers ist gleichzeitig eine Filtration über Aktivkohle geplant. Die Ansicht einer solchen Anlage, die in ihren einzelnen Entspannungsstufen kastenförmig auf engstem Raum zusammengesetzt wird, zeigt Abb. 305.

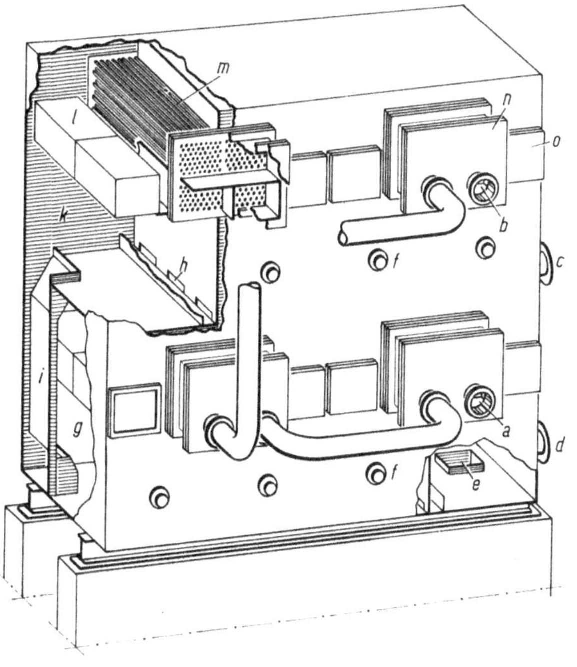

Abb. 305. Achtstufiger Seewasser-Entspannungsverdampfer (Atlas)

a Seewassereintritt von Seewasserpumpe
b Seewasseraustritt zum Endvorwärmer
c Seewassereintritt vom Endvorwärmer
d Destillataustritt zur Destillatpumpe
e Laugeaustritt zur Laugepumpe
f Schauglas
g Innenraum der 5. Stufe
h Seewasseraustritt von Stufe 3 nach Stufe 4
i Seewasserablauf von Stufe 4 zu Stufe 5
k Innenraum der 4. Stufe
l Geteilter, ausbaubarer Abscheider
m Rohrsystem des Stufenvorwärmers (Brüdenkondensator) Stufe 4
n Stufenvorwärmer-Deckel
o Abscheider-Deckel

Ein neues, bedeutungsvolles Anwendungsgebiet für die Verdampfer ist durch die Atomkraftwerkstechnik entstanden. An Stelle des Kessels tritt an der Nahtstelle zwischen Reaktor und konventioneller Kraftwerksseite ein Wärmetauscher, in dem der Dampf für den Turbosatz erzeugt wird. Den Apparat baut man ähnlich wie einen stehenden Umwälzverdampfer. Er muß wegen der Gefahr, daß die Sekundärseite radioaktiv wird, absolut dicht sein. Bei großen Leistungen erreichen die Verdampfer nicht mehr ausführbare Abmessungen, so daß eine Unterteilung erforderlich wird.

f) Werkstoffe

Folgende Hauptpunkte sind für die Wahl des Materials bestimmend:

Konzessionsdaten: Druck und Temperatur.

Beschaffenheit des Mediums: Verunreinigungen, chemische und physikalische Eigenschaften.

Betriebliches Verhalten, z. B. hinsichtlich schnellem Druck- und Temperaturwechsel.

Verarbeitungsmöglichkeit: Schweiß- und Walzbarkeit, Biegefähigkeit.

Behördliche Bau- und Abnahmevorschriften: In Deutschland sind die jeweiligen Technischen Überwachungsvereine zuständig. Folgendes ist hauptsächlich zu beachten:

Die Berechnung der Vorwärmer und Apparatemäntel erfolgt nach den AD-Merkblättern (Arbeitsgemeinschaft für Druckbehälter). In diesen Blättern werden Richtlinien für die Werkstoff-Auswahl gegeben, die als „Regeln der Technik" im Sinne der Unfallverhütungs-Vorschriften gelten.

DIN-Blatt 17155 enthält die „Technischen Lieferbedingungen" (Blatt 1) und „Eigenschaften" (Blatt 2) für die zur Verwendung kommenden *Kesselbleche* (Festigkeitswerte, chemische Zusammensetzung, Wärmebehandlung, Bestimmungen über Werksabnahmen, Prüfungen und Toleranzen).

DIN-Blatt 17175 führt in gleicher Weise die gebräuchlichen Materialien für *Stahlrohre* auf.

Wirtschaftlichkeit: Der Übergang auf ein hochwertiges Material mit geringerer Wandstärke ermöglicht manchmal ein geringeres Gewicht und damit niedrigere Kosten.

Bleche. Die gebräuchlichsten *Werkstoffe für Mäntel und Einbauten* gehen aus Tabelle 17 hervor.

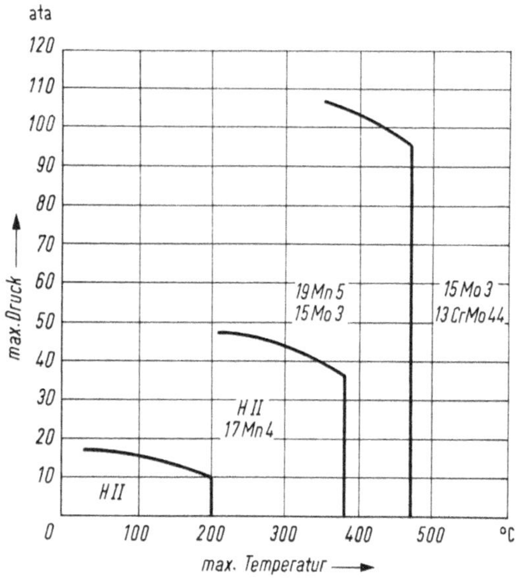

Abb. 306. Anwendungsbereiche für Kesselbleche, abhängig von der Konzessionierung

Tabelle 17. *Kesselbleche für Mäntel und Einbauten von Wärmetauschern*

Markenbezeichnungen	Verwendung
St 00	Einbauten, Unterstützungen, Halterungen, wenig beanspruchte Teile
H II	Apparate- und Behältermäntel, die keinen großen Beanspruchungen ausgesetzt sind (z. B. Niederdruckvorwärmer und -kühler, Speisewasserbehälter und Entgaser für geringeren Druck, atmosphärische Behälter
17Mn 4	Höher beanspruchte Teile ohne großen Temperatureinfluß (z. B. Speisewasserbehälter und Entgaser für höheren Druck, Mitteldruckvorwärmer)
19Mn 5	Apparate- und Behälterteile, die großen Drücken ausgesetzt sind
15Mo 3	Apparate- und Behälterteile, die neben großen Drücken hohen Temperaturen ausgesetzt sind (z. B. Enthitzer, Hochdruckvorwärmer)
13CrMo 44	Höchstbeanspruchte Apparate- und Behälterteile, sowohl für Druck als auch für Temperatur (z. B. Enthitzer und Hochdruckvorwärmer an Höchstdruckentnahmen)

Der übliche Anwendungsbereich der meist in Frage kommenden Werkstoffe für die verschiedenen Konzessionsverhältnisse geht aus Abb. 306 hervor.

Für die Berechnung des Mantelbleches hinsichtlich Material und Wandstärke ist die maximale Dampftemperatur, d. h. die Konzessionstemperatur, zugrunde zu legen. Abweichungen hiervon bedürfen der Zustimmung der Überwachungsbehörde. Als Beispiel kann der Entgaser angesehen werden, da bei ihm durch die Mischung des Dampfes mit dem Wasser sofort die Überhitzungstemperatur abgebaut wird und sich an der Wandung ein Wasserfilm ausbildet. Wenn man den Heizdampf nur unter Wasser, z. B. in den Speisewasserbehälter oder in die Nachkochstelle, einleitet und von dem theoretischen Sonderfall absieht, daß kein Wasser vorhanden ist, so erscheint eine Konzessionierung auf Sattdampftemperatur berechtigt.

Eine eingebaute Enthitzungszone begründet dagegen nicht ein Herabsetzen der Konzessionstemperatur, da immer damit gerechnet werden muß, daß die Ummantelung undicht wird. Ist jedoch ein getrennter Enthitzer vorgeschaltet, braucht der Mantel des zugehörigen Vorwärmers nur für die entsprechend niedrigere Dampftemperatur berechnet zu werden. Üblich ist es, die Dampfaustrittstemperatur aus dem Enthitzer zuzüglich eines Zuschlags von 20 °C zugrunde zu legen.

Rohre. An der Oberfläche der von Wasser durchflossenen Rohre wirkt sich die Überhitzungstemperatur nicht mehr in voller Höhe aus. Je nachdem, ob es sich im Enthitzer oder Vorwärmer um trockene oder nasse Rohre handelt, braucht daher die Höhe der Dampftemperatur festigkeitsseitig bei der Wahl des Materials bzw. bei der Berechnung der Wandstärke nur durch einen entsprechenden Erfahrungszuschlag von etwa 20 bis 80 °C über der Sattdampftemperatur des Dampfdruckes in dem Apparat berücksichtigt zu werden. Man geht auch von der höchsten Speisewasseraustrittstemperatur aus und erhöht diese um einen bestimmten Betrag (in Deutschland üblich: $t_2 + 35$ °C).

Die gebräuchlichsten Materialien für Stahlrohre gehen aus dem DIN-Blatt 17175 hervor, in dem ebenfalls die Festigkeitseigenschaften, chemischen Analysen und Angaben über die Wärmebehandlung, Gebrauchseigenschaften und vorzunehmenden Werksprüfungen verzeichnet sind.

Sind aus Korrosionsgründen normale Stahlrohre nach DIN 17175 nicht zu vertreten, wie z. B. im Schwadenkondensator, wird hochlegiertes Material mit einem Chromanteil von mehr als 13% verwendet (z. B. Sicromal, Remanit, V 2 A). Chromstähle bedürfen jedoch besonderer Schweißverfahren.

Monel, eine Kupfer-Nickel-Legierung, wird häufig im Ausland (z. B. vorwiegend in den USA) — auch bei Hochdruck-Vorwärmern — bevorzugt, weil sich die Rohre gut verarbeiten lassen. Eine Anwendung in Deutschland scheitert an den Kosten.

Kupfer und Messing verwendet man wegen der vorgeschriebenen Begrenzung der Dampftemperatur (200 °C) nur bei Niederdruck-Apparaten. Bei diesen Materialien darf Ammoniak (NH_3) nicht im Kreislauf vorhanden sein, da dieses Kupfer löst und bei gleichzeitiger Anwesenheit von Sauerstoff Korrosionen im Kessel verursacht. Aluminium-Messing (76.22.2) ist bei Anwesenheit von Kohlensäure gefährdet. Kupfer wird hauptsächlich für Laugenkühler verwendet (Rohrdurchmesser 19/22). Im Vorwärmer- und Apparatebau werden — von wenigen Ausnahmen abgesehen — nahtlose Rohre verarbeitet, die in drei Güteklassen eingeteilt sind. Für legiertes Material gibt es nur die Güteklasse III.

Länge und Durchmesser der Rohre sollten so gewählt werden, daß eine maßgerechte Herstellung gewährleistet ist. Beim Ziehen der Rohre ist auf eine Kalibrierung Wert zu legen, wobei der Endzug über einen Dorn erfolgt. Geringe Durchmesser und damit engere Teilung der Rohre ermöglichen bei gleicher Heizfläche kleinere Manteldurchmesser, wodurch sich leichtere und billigere Apparate ergeben. Jedoch besteht dann die Gefahr, daß sich schon kleine Materialfehler nachteiliger als bei Rohren mit größerem Durchmesser und dickeren Wandstärken auswirken. Deshalb sollten auch kleinere Rohre mit ausreichender Wandstärke versehen werden, selbst wenn es festigkeitsseitig nicht erforderlich ist. Aus diesem Grunde wird eine Wandstärke von nur 1 mm meistens abgelehnt.

Für die Durchmesser der Stahl- und Messingrohre in den Niederdruck-Apparaten nimmt man in Deutschland fast durchweg 19/22 mm, bei Messing auch 19,5/22 mm (Material: St 35.8 bzw. 70.29.1, SoMs — 71). Da der Reinigung von mit Rohwasser betriebenen Kühlern, wie z. B. Werkwasserrückkühlern und Wasserstoffvorkühlern, die gleiche Bedeutung wie für den Kondensator zukommt, wird der übliche größere Durchmesser von 21/24 mm für die Messingrohre gewählt. Bei Hochdruckvorwärmern werden — je nach Konstruktion, Druck und Material — sehr unterschiedliche Durchmesser verwendet. Gebräuchliche Werte sind in Tabelle 18 angegeben.

Tabelle 18. *Übliche Rohrdurchmesser bei Hochdruckvorwärmern*

Konstruktion	Topfbauweise mit Sammler und Schlangenrohren	Topfbauweise mit Rohrboden und U-Rohren	U-Apparat
Stahlrohre			
Durchmesser d_i/d_a [mm]	17,8/25 18,6/25 22/30 23/30 24/30	10,2/16 11,4/16 12/16	12/16 12,1/17,3 14/20
Material	St45.8 15Mo3	St45.8 15Mo3 13CrMo44	15Mo3
Monelrohre		5/8″ × BWG 16* entspr. 15,88 mm Durchmesser × 1,575 mm Wandstärke 5/8″ × BWG 17 entspr. 15,88 mm Durchmesser × 1,473 mm Wandstärke 5/8″ × BWG 18 entspr. 15,88 mm Durchmesser × 1,244 mm Wandstärke 1/2″ × BWG 18 entspr. 12 × 7 mm Durchmesser × 1,244 mm Wandstärke 12/16 mm	
Material		Cu-Ni-Legierung Cu-Ni 80/20	

* BWG = Birmingham Wire Gauge.

Da bei Hochdruckapparaten die größere Gefahr eines Rohrschadens besteht als bei Niederdruckapparaten und Betriebsstörungen oder gar Totalausfälle den Bereitschaftsgrad des Blockes vermindern bzw. seine Wirtschaftlichkeit in Frage stellen können, werden vom Betreiber bereits bei der Ausschreibung immer mehr aus Sicherheitsgründen erhöhte Forderungen an die Rohre gestellt, wie z. B. die folgenden:

Innerer Durchmesser mindestens: 14 bis 16 mm.

Mindestwandstärke hierbei 3 mm, bei Wahl größerer Durchmesser Korrosionszuschlag von 1 mm gegenüber der rechnerischen Wandstärke.

Abschneiden der Rohrenden, da diese in erhöhtem Maße fehlerhaft sein können (Fertigungslänge in Deutschland z. Zt. etwa 18 m, Einbaulänge somit etwa 16 m).

Bei größerer erforderlicher Länge Beschränkung der Anzahl der Schweißstellen in einer Rohrschlange oder einem U-Bogen auf ein Mindestmaß (höchstens 2 bzw. 1).

Röntgen aller dieser Schweißnähte in zwei Ebenen.

Wahl des am besten zum Schweißen geeigneten Materials. 15Mo3 ist üblich, jedoch wird auch St 45.8, Gütestufe III, verwendet. 13CrMo44 ist auch gut schweißbar. Es wird bei höchstbeanspruchten Rohren wegen der günstigeren Festigkeitswerte zwecks eines Preisvorteils gewählt.

Ultraschallung der Rohre als Vorbeugung gegen Materialfehler.

Seewasser-Verdampfer. Bei den Tauchverdampfern verwendet man für die Rohre an Stelle des früher üblichen Kupfers immer mehr eine Aluminium-Messing-Legierung, die korrosionsbeständiger ist. Die Rohrplatten sind gewöhnlich aus Muntz-Metall. Soll auch die Wasserkammer seewasserbeständig ausgeführt werden, wird für diese Bronze genommen. Bei Verwendung eines gußeisernen Deckels entsteht ein Element gegenüber der Rohrplatte. Um eine Zerstörung des Gußeisens zu verhüten, wird in die Kammer eine etwa 20 mm starke Zinkplatte als Kathodenschutz eingebaut. Für den Mantel ist Gußeisen, in jüngster Zeit meistens nur noch Kesselblech, üblich, das jedoch innen seewasserbeständig ausgekleidet sein muß. Zu diesem Zweck wird das Blech innen kupferplattiert, oder es wird ein Kunststoff aufgetragen, den man in mehreren Lagen kalt aufspritzt. Bei Seewasser-Entspannungsverdampferanlagen ist das Gehäuse aus Kesselblech zusammengeschweißt, das man innen ebenfalls mit einem korrosionsverhütenden Schutzüberzug versieht.

Böden und Deckel. Hierfür werden meistens die gleichen Materialien wie für den Mantel oder ein artverwandter Werkstoff verwendet. Das Material für die Wasserkammern (Wasservorlage bzw. Umkehrkammer) und die Rohrplatten wird in erster Linie durch die Höhe der Beanspruchung bestimmt. Die Materialien für die Rohrplatte und die Rohre der HD-Wärmetauscher sollen zwecks besserer Verschweißbarkeit ebenfalls möglichst gleich oder artverwandt sein. Ausgeführte Material-Kombinationen für Platten und Rohre sind z. B.

22Mo4	und	13CrMo44,
20Mn5	und	St 45.8,
22Mo4	und	15Mo3,
20MnMo45	und	15Mo3.

Für untergeordnete Teile, z. B. Einbauten, wie Umlenkbleche, Rieselhorden usw. genügt St 00.

Schutz gegen Korrosionen. Je nach Aggressivität des Mediums finden folgende Maßnahmen Anwendung:

Einbrennlackierung: Empfohlen bei Temperaturen bis rd. 120 °C, da sonst ein Einreißen und Abblättern der Schutzschicht eintreten kann. Anwendung: z. B. Reservekondensat-Behälter, Entgaserhaube.

Säkaphenieren: Aufspritzen eines warm oder kalt aushärtenden Phenol-Kunstharzes. Anwendung: z. B. Zusatzwasser-Entgaser, Behälter für Rohwasser und vollentsalztes Wasser.

Obige Verfahren wählt man, wenn keine größeren Temperaturschwankungen auftreten, da sonst Risse entstehen können.

Plattierung: Aufwalzen einer dünnen korrosionsbeständigen Deckschicht (z. B. Remanit, V 2 A) auf das Grundmaterial. Falls plattierte Teile verschweißt werden, sind die Schweißstellen nachträglich zu schützen.

Korrosionsbeständiges Material: Die Verwendung von Remanit, V 2 A und Sicromal bedeutet sichersten Schutz. Wahl und Umfang sind von Fall zu Fall unter Berücksichtigung der hohen Kosten zu entscheiden.

g) Abmessungen

Bei gleicher thermischer Auslegung ergeben sich, abhängig von der gewählten Bauart, verschiedene Abmessungen der Apparate. Während man bei den Niederdruck-Apparaten noch von einer gewissen Standardisierung der Bauweise sprechen kann, entstehen auf der Hochdruckseite wegen der sehr ungleichen Konstruktionen wesentliche Unterschiede nicht nur im äußeren Aussehen, sondern auch hinsichtlich Länge und Durchmesser. Beide Maße sind gemäß folgender Beziehungen voneinander abhängig:

Mittlere Heizfläche

$$F_m = d_m \cdot \pi \cdot l \cdot z \, [\mathrm{m}^2]$$

Freier (innerer) Rohrquerschnitt für einen Weg

$$F_i = \frac{d_i^2 \cdot \pi}{4} \cdot z = \frac{G \cdot v}{c} \, [\mathrm{m}^2]$$

d_m Mittlerer Rohrdurchmesser [m]
d_i Innerer Rohrdurchmesser [m]
l Länge eines Rohres [m]
z Anzahl der Rohre
G Durchflußmenge durch die Rohre [kg/s]
v Spezifisches Volumen des Mediums in den Rohren [m³/kg]
c Geschwindigkeit des Mediums in den Rohren [m/s]

Je nach Wahl der Rohrmaße (Durchmesser, Wandstärke, Länge), Rohrgeschwindigkeit (c) und Rohranordnung (Teilung und Wegzahl) ergeben sich dann Gesamtlänge und Manteldurchmesser des Wärmetauschers.

Die Apparatelänge ist dadurch begrenzt, daß je nach Material nicht beliebig lange Rohre hergestellt werden können. Andererseits ist man bestrebt, Schweißstellen zur Rohrverlängerung wegen der Gefahr einer Undichtigkeit zu vermeiden. Stahlrohre werden in Deutschland bis etwa 18 m Länge geliefert. Rohre aus Kupferlegierungen, wie z. B. aus Muntz-Metall und Kupfer-Nickel, sind in den USA bis zu 30,5 m, aus Monel nur bis rd. 26 m erhältlich.

Beim Vorwärmer entsteht insofern eine gewisse konstruktive Beengung, als Manteldurchmesser und Rohrbündellänge zwecks richtiger Dampfverteilung in einem optimalen Verhältnis zueinander stehen sollen (nach einer Faustregel etwa 1 : 7 bis 1: 8). Andererseits kann zu geringer Platz für die Aufstellung den Übergang zu einem mehrwegigen kürzeren Apparat größeren Durchmessers zur Folge haben. Eine Beschränkung bedingt auch der zulässige Druckverlust in den Rohren, da die Geschwindigkeit bei gegebener Leistung und damit der Widerstand mit der Rohrlänge zunehmen.

Sind Heizfläche, Durchflußmenge und Rohrdurchmesser bekannt, ergeben sich bei gleichbleibender Wegigkeit je nach Veränderung von Rohrzahl und Rohrlänge folgende Grundrelationen, die im wesentlichen die optimale Festlegung der Apparateabmaße bedingen:

Relation	A	B
Rohrzahl	Klein	Groß
Rohrlänge	Groß	Klein
Rohrgeschwindigkeit	Groß	Klein
Rohrwiderstand	Groß	Klein
Manteldurchmesser	Klein	Groß

Hochdruck-Vorwärmer in der *Sammlerkonstruktion* mit *Schlangenrohren* können je nach Wärmeleistung 4 bis 10 m lang werden, wobei die Durchmesser meistens zwischen 800 bis 1600 mm liegen.

Bei der *Kopfkonstruktion mit U-Rohren* würden diese Durchmesser in der Wasserkammer sehr große Wandstärken erfordern, so daß der Apparat zu teuer wird. Je nach Deckelkonstruktion geht man bei hohen wasserseitigen Konzessionsdrücken (z. B. 350 atü) bis zu einem Innendurchmesser von 800 bis 950 mm, bei niedrigen Drücken bis auf 1000 bis 1100 mm. Da bei dieser Konstruktion auch der Innendurchmesser des anschließenden zylindrischen Mantelteiles gleich groß gewählt wird, ergeben sich wegen der verschiedenen Drücke in der Wasserkammer und im Mantelteil unterschiedliche Wandstärken und damit ungleiche äußere Durchmesser. Unter Berücksichtigung der üblichen Ziehlängen für Rohre werden Apparate bis zu einer Länge von etwa 10,50 m gebaut.

Hochdruck-Vorwärmer der *U-förmigen Mantelbauart* werden entweder gleich- oder ungleichschenkelig gebaut. Der Durchmesser eines Schenkels des nahtlos gewalzten Mantels wird mit etwa 270 bis 420 mm ausgeführt. Darüber hinaus werden die Mäntel aus Blechen zusammengeschweißt. Die größte Länge eines Schenkels beträgt etwa 11 m. Je nach Durchmesser des Mantels ist auch der Platzbedarf in der Breite verschieden groß. Bei ausgeführten Apparaten beträgt der maximale äußere Abstand der beiden Schenkel etwa 1700 mm. Die Achsenentfernung schwankt im Mittel zwischen 600 und 1000 mm.

Hochdruck-Vorwärmer in der *Batterie-Ausführung* können Längen von etwa 8 bis 10 m erreichen, wobei das einzelne Element einen Durchmesser von etwa 120 mm aufweist. Je nach Anzahl der benötigten Elemente wird der gesamte Apparat verschieden breit.

Niederdruck-Apparate besitzen zwar grundsätzlich die gleiche Konstruktion, trotzdem sind Länge und Durchmesser je nach Unterbringung der Heizfläche sehr verschieden. Hierbei unterscheidet man zwischen langen Apparaten kleineren Durchmessers und kurzen größeren Durchmessers.

Übliche Werte:

Durchmesser	500 bis 1300 mm,
Länge	2000 bis 8000 mm,
Leergewicht	1 bis 11 t.

Bei ausgeführten ND-Vorwärmern ergab sich ein mittleres Gewicht von 1,1 kg/10^3 kcal/h Wärmeleistung. Der Streubereich lag zwischen etwa 0,8 und 1,4 kg/10^3 kcal/h, wobei die unteren Werte den kleineren Wärmeleistungen zugeordnet waren. Die Verhältnisse kehren sich bei sehr kleinen Wärmeleistungen um, weil ein Mindestmaterialaufwand nicht unterschritten werden kann. Diese Tendenz erhöht sich mit fallendem Entnahmedruck. Sie ist bei Vakuum am stärksten, weil hier Durchmesser und Wandstärken der Mäntel relativ groß werden.

h) Ausführungsbeispiele

Wärmetauscher ohne Heizfläche, bei denen der Wärmeübergang durch Mischen der Medien erfolgt, heißen *Mischvorwärmer*. Für den Weitertransport des Gemisches benötigt man fast immer eine Pumpe. Dieser Aufwand führt bei der Vielstufigkeit einer modernen Vorwärmeranlage (bis etwa 10 Stufen) zu einer Komplizierung und erfahrungsgemäß erhöhten Anfälligkeit. Aus diesem Grunde wärmt man das Speisewasser meistens in Oberflächen-Apparaten auf. Eine Ausnahme bildet die Stufe für die thermische Entgasung des Speise- und Zusatzwassers. Da hierzu ein Aufkochen des Wassers notwendig ist, ist die Entgasung immer mit einer gleichzeitigen Mischvorwärmung verbunden. Wegen dieser kombinierten Funktion wird dieser Apparat *Mischvorwärmer-Entgaser* genannt (Ausführungsbeispiele s. Abb. 356ff.). Beim *Oberflächen-Wärmetauscher* wird die Heizfläche durch ein Rohrbündel gebildet, das je nach Bauart des Apparates aus geraden Rohren, U-Rohren oder Schlangenrohren bestehen kann. Das Rohrsystem umschließt der meistens zylindrische Mantel einschließlich Boden und Deckel. An diesen Teilen befinden sich auch die Stutzen für den Ein- und Austritt von Dampf, Haupt- und Nebenkondensat. Je nach Höhe von Druck und Temperatur flanscht oder schweißt man die Anschlußleitungen.

Die einzelnen Rohre sind in Rohrplatten befestigt oder an Sammler angeschlossen. Während man letztere direkt mit den zugehörigen Leitungen verbinden kann, braucht man bei der Rohrplattenkonstruktion für die Leitungsanschlüsse je nach der Wasserführung eine geteilte Wasservorlage am Deckel oder zwei getrennte Wasserkammern auf den Stirnseiten. Entsprechend den Wasserwegen werden in der Wasserkammer Trennwände angeordnet (s. Abb. 276). Die Platten sind mit dem Mantel verschweißt oder an ihn angeschraubt. Dagegen kann die Rohrplatte der Umkehrkammer freibeweglich im Mantel gleitend angeordnet sein. Im Bereich niederer Drücke und bei Wandstärken bis etwa 2 mm werden die Rohre eingewalzt, bei hohen Drücken — von etwa 100 at an — an die Rohrplatte oder an Sammler angeschweißt. Der Übergang kann je nach den jeweiligen Verhältnissen und Erfahrungen auch bei höheren Drücken erfolgen. Die obere Grenze liegt bei etwa 180 at. Vor dem Schweißen findet meistens noch ein Walzen statt.

Es handelt sich dabei entweder nur um ein Anwalzen zur Anheftung der Rohre vor dem Verschweißen oder um ein Einwalzen mit nachfolgendem Dichtverschweißen, z. B. in der Art, wie sie bei Membranschweißdichtungen üblich ist.

1. Oberflächen-Vorwärmer

Niederdruck-Vorwärmer. Für die Niederdruck-Vorwärmer hat sich weitgehend eine einheitliche Bauweise entwickelt, wobei gerade oder haarnadelförmige Rohre in Rohrböden eingewalzt sind. Zwischen liegender und stehender Bauart besteht kein grundsätzlicher Unterschied.

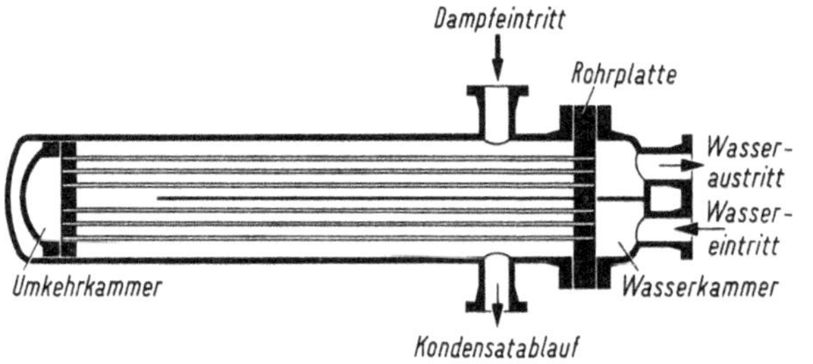

Abb. 307. Geradrohrvorwärmer

Bei geraden Rohren sitzt die zweite Rohrplatte innerhalb des Mantels. Sie muß gegenüber diesem dicht und beweglich sein oder eine aufgeschraubte Umkehrkammer zum Umlenken des durch die Rohre strömenden Wassers tragen. Im letzteren Falle wird die Platte als Gleitkolben ausgebildet. Um das Rohrbündel ausziehen zu können, ist die Wasserkammer mit dem Rohrboden und dem Mantelflansch zusammengeschraubt. Dampflenkbleche, Ein- und Austrittsstutzen und Armaturen lassen sich den jeweiligen Erfordernissen anpassen. Prallbleche am Dampfeintritt verhindern, daß der Dampf unmittelbar auf die Rohre trifft und sorgen gleichzeitig für eine gute Dampfverteilung. Typische Beispiele für ND-Vorwärmer zeigen die Abb. 307 und 308[1].

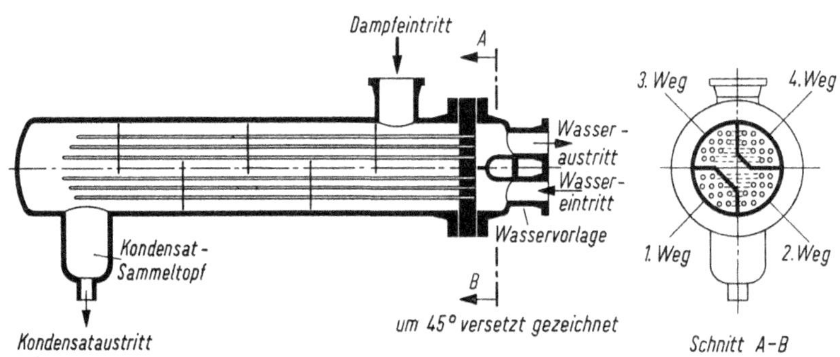

Abb. 308. U-Rohr-Vorwärmer in Vierwege-Bauart

Soll im liegenden Vorwärmer das Nebenkondensat mit unterkühlt werden, so benutzt man hierzu die untersten Rohre, wodurch die Eintrittsseite des Speisewassers festgelegt ist. Zwecks besseren Wärmeüberganges erhält die Kühlzone eine entsprechend ausgebildete Blechummantelung. Da der Wasserstand oberhalb des Kühlers gehalten werden muß, kann der sonst übliche Kondensatsammeltopf zur Ablaufregulierung entfallen. Je nach dem Verhältnis von Kühl- zu Kondensationsfläche wird die Kühlzone unter Berücksichtigung der gesamten Wegigkeit des Apparates verschieden lang ausgebildet. Hierbei ergibt sich bei Mehrwegigkeit die Möglichkeit, die volle Speisewassermenge durch einen kürzeren und entsprechend höheren Kühler unter günstigsten Wärmeübergangsverhält-

[1] Weitere Beispiele siehe Erster Band: S. 838, Abb. 50 (Vakuumvorwärmer), S. 839, Abb. 51 (ND-Vorwärmer), S. 943, Abb. 57 (ND-Vorwärmer).

nissen strömen zu lassen. Benutzt man die ganze Apparatlänge zur Kühlung, so wird das Heizdampfkondensat in einer Blechwanne oberhalb der Kühlzone gesammelt und nach Durchlaufen derselben unten abgeführt. Bei einem kurzen Kühler bedingen dagegen die anderen Durchflußverhältnisse, daß das Nebenkondensat unten in die Kühlzone eintreten bzw. sie oben verlassen muß (Abb. 309).

Die Kühlwirkung setzt voraus, daß der Kühler immer ganz mit Kondensat aufgefüllt und gegen den Dampfraum dicht ist. Letzteres erreicht man z. B. dadurch, daß die Rohre mit sehr geringem Spiel durch eine genügend starke Rohrplatte auf der Stirnseite des Unterkühlungsraumes geführt werden. Die Kondensatablaufregelung muß gewährleisten, daß nicht durch einen zu tiefen Wasserstand die Gefahr eines Abreißens der Wassersäule im Kühler entsteht.

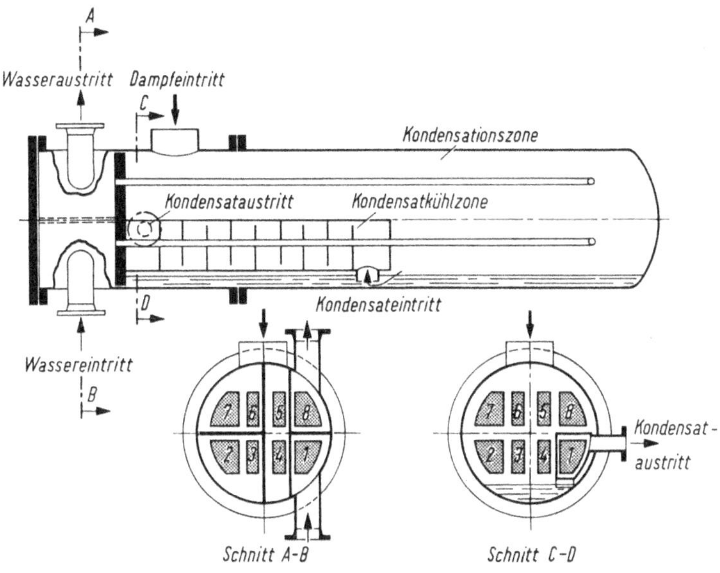

Abb. 309. Schema eines achtwegigen Niederdruck-Vorwärmers mit eingebauter Kühlzone

Wie Abb. 309 zeigt, können Wasserein- und -austritt auch radial angeordnet sein, was eventuell eine günstigere Rohrleitungsführung ermöglicht. Die Wasservorlage ist entsprechend den acht Wasserwegen in fünf Kammern unterteilt. Hierbei wird das gesamte Speisewasser am Anfang des ersten Weges durch den Kühler geleitet. Jeder Rohrbogen liegt in horizontaler Ebene. Durch den Deckel auf der Stirnseite der Wasserkammer ergibt sich eine leichte Zugängigkeit zu der Rohrplatte, um z. B. schnell ein undicht gewordenes Rohr zupfropfen zu können. Zur Inspektion wird das Rohrbündel gezogen. Aus diesem Grunde ist der Mantel mit einem Flansch versehen.

Damit man alle Rohre des Vakuum-Vorwärmers gleichmäßig mit Dampf beaufschlagen kann, darf die Rohrteilung nicht zu klein gewählt werden. Darüber hinaus ordnet man zur besseren Verteilung des Dampfes wie beim Kondensator Dampfgassen an und bildet den Mantel und das Rohrbündel entsprechend aus. Obwohl die Dampfgeschwindigkeit den Wärmeübergang zwischen Sattdampf und Rohrwand praktisch nicht beeinflußt, muß überall eine gute Durchströmung gewährleistet sein. Andernfalls besteht die Gefahr, daß sich Toträume und Gaspolster ausbilden, die nicht nur den Wärmeübergang verschlechtern, sondern auch zu Sauerstoff- und Kohlensäure-Korrosionen führen können.

Um einen Lufteinbruch bei Vakuum in die Vorwärmer zu verhindern, baut man die Apparate ohne Mantelflansche. Die Besichtigung der Rohre erfolgt dann über Schauöffnungen, die an besonders gefährdet erscheinenden Stellen — z. B. an den Rohrbögen — angebracht werden. Überwachungen dieser Art wurden schon mehrfach bei HD-Vorwärmern (in der Topfkonstruktion mit NW 100 und 150) verwirklicht. Hierfür waren jedoch konstruktive und preisliche Gründe maßgebend, weil sich bei hohen Manteldrücken kaum noch ausführbare Flanschstärken bzw. sehr große Schrauben und damit hohe Mehrkosten gegenüber flanschlosen Mänteln ergaben. Zugleich wurden auf diese Weise die mit zunehmenden Drücken wachsenden Abdichtungsschwierigkeiten umgangen. Die Ziehbarkeit des Rohrbündels, z. B. zwecks Reparatur eines Rohrschadens, bleibt durch die Möglichkeit des Aufschneidens und Wiederzusammenschweißens des Mantels erhalten. Der Zeitaufwand für das Öffnen und Schließen einschließlich des erforderlichen Glühens der Schweißnaht ist hierbei erfahrungsgemäß nicht größer als bei einem Topfapparat mit Mantelflansch.

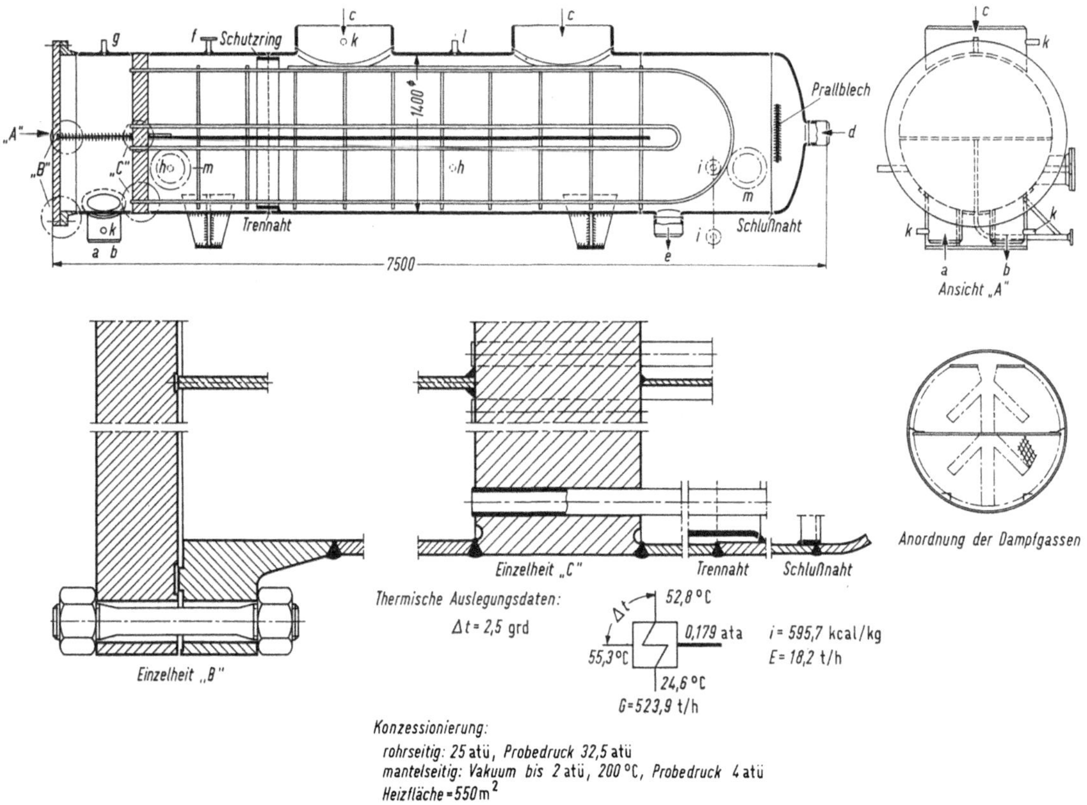

Abb. 310. Vakuum-Vorwärmer mit flanschlosem Mantel (CASS)[1]

Stutzenbezeichnungen:

a Speisewasser-Eintritt	*e* Kondensat-Austritt	*i* Wasserstand
b Speisewasser-Austritt	*f* Sicherheitsventil	*k* Thermometer
c Dampfeintritt	*g* Entlüftung, wasserseitig	*l* Druckmesser
d Kondensat-Eintritt	*h* Entlüftung, dampfseitig	*m* Handloch

Bei den untersten Vakuum-Vorwärmern erhalten die Entnahmeleitungen wegen des hohen spezifischen Dampfvolumens oft so große Durchmesser, daß eine Unterteilung der Leitungen und damit zwei Dampfeintrittsstutzen am Apparat erforderlich werden. Zur vollen Abdichtung gegen Luft schließt man die Vorwärmer durch Schweißen an die Dampfleitungen an.

Ein Beispiel eines vollgeschweißten ND-Vorwärmers, wie er im Kraftwerk Staudinger für zwei 280 MW-Blocks zur Aufstellung kam, zeigt Abb. 310.

Die Stutzen für Wassereintritt und -austritt sind bei diesem Apparat senkrecht zu seiner Achse an der Unterseite der Wasserkammer angeordnet. Mehrere Dampfgassen

[1] Firma C. Aug. Schmidt Söhne GmbH.

sorgen für eine möglichst gute Beaufschlagung aller Rohre. Zu ihrem Schutz gegen ein direktes Anstrahlen am Dampf- und Heizkondensateintritt dienen genügend große Prallbleche. Das Wasser wird in vier Wegen geführt. Dort, wo der Mantel zum Ziehen des Rohrbündels aufgeschnitten werden muß, ist innen ein Schutzring angebracht.

Die Entfernung der Luft aus dem Mantelraum erfolgt durch Anfahr- und Betriebsentlüftungen. Während sich die ersteren oben im Apparat befinden, liegen letztere über dem Kondensatspiegel, weil sich hier an der wasserseitig kältesten Zone die nichtkondensierbaren Gase infolge ihres größeren spezifischen Gewichtes ansammeln. Damit nicht zu viel Dampf mitgerissen wird, kann man in die Entlüftungsleitungen Blenden einbauen. Meistens werden jedoch zum besseren Einstellen der jeweils richtigen und nicht zu großen Menge Entlüftungsventile verwendet. Um der Gefahr zu begegnen, daß sich die Entlüftungen gegenseitig behindern, ist es zur schnelleren betrieblichen Einstellung der Ventile zweckmäßig, jede Absaugeleitung einzeln genügend groß (NW 40 bis 50 üblich) von jedem ND-Vorwärmer getrennt zum Kondensator führen.

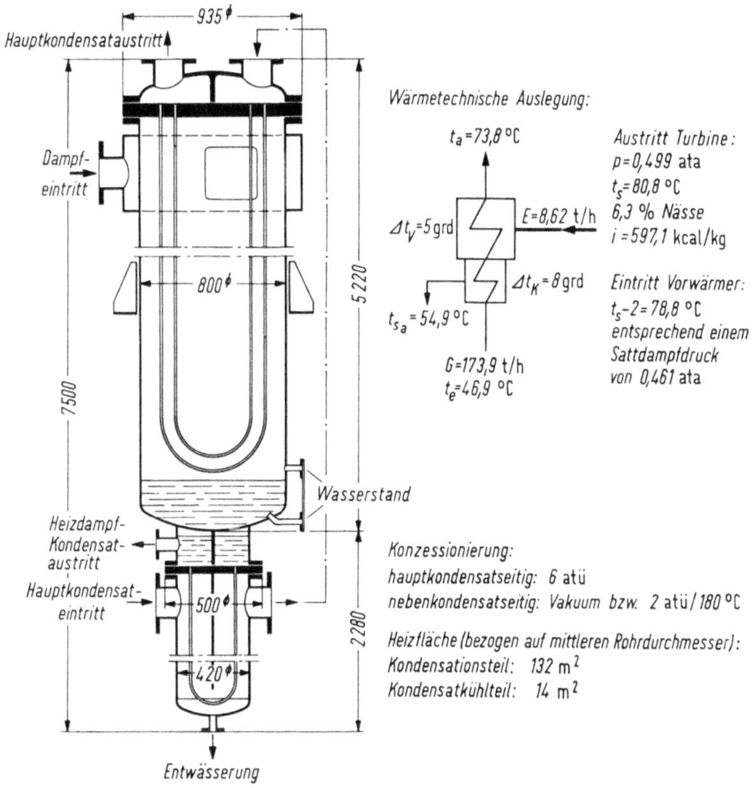

Abb. 311. Stehender Niederdruck-Vorwärmer mit angebautem Kondensatkühler (Atlas)

Anordnung und Unterbringung der Kondensatkühlzone im Inneren eines senkrechten Apparates lassen sich erfahrungsgemäß nicht leicht verwirklichen, weil der Ablauf des Heizkondensates auch bei niedriger Last gewährleistet sein soll. Aus diesem Grunde wird der Kühlteil gewöhnlich unten an dem Vorwärmer angeflanscht. Das Nebenkondensat läuft dann entgegen dem sonstigen Brauch nicht um die Rohre, sondern durch diese. Eine solche Konstruktion zeigt Abb. 311.

Bei diesem Beispiel wird der Dampf zur besseren Verteilung auf den gesamten Umfang des Rohrbündels über einen zum Mantel konzentrisch angeordneten Kanal eingeleitet.

Hochdruck-Vorwärmer. Während man früher zur Speisewasservorwärmung mit den heute üblichen Bauarten für ND-Vorwärmer auskam, erfordern die inzwischen höher gewordenen Drücke und Temperaturen andere Apparate-Konstruktionen. Die so entstandenen HD-Vorwärmer weisen folgende Hauptmerkmale auf: Rohre und Mäntel benötigen größere Wandstärken. Da hierbei der Mantel sehr teuer wird, ist man bestrebt, die Apparate möglichst schlank auszubilden. U- und Schlangenrohre gewährleisten, daß das Rohrbündel wärmeelastisch ist. Bei höheren Drücken treten an Stelle von Flanschen Schweißverbindungen. In Anlehnung an die Bauelemente im Kesselbau vereinigt man

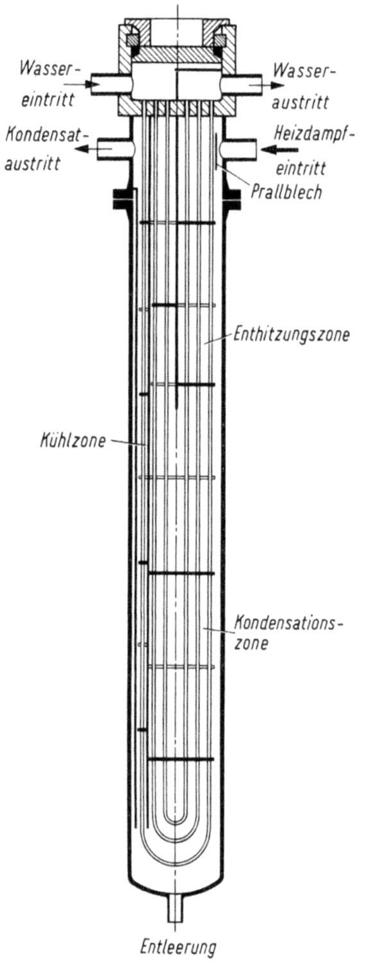

Abb. 312. Topfkonstruktion mit selbstdichtendem Deckel

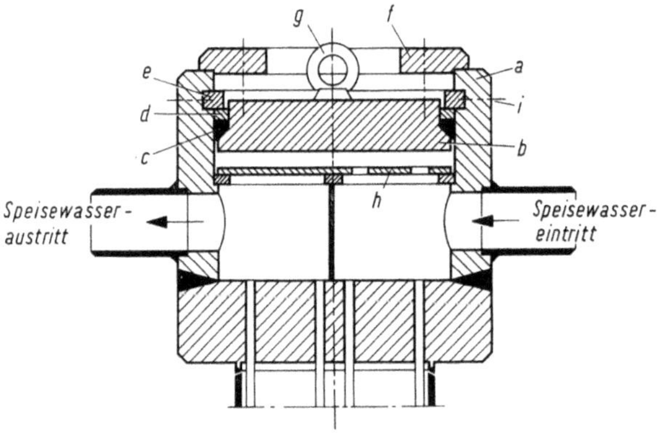

Abb. 313. Selbstdichtender Deckel mit Dichtring

a Gehäuse
b Deckel
c Dichtring
d Stahlring
e Tragring
f Haltering
g Tragöse
h Abdeckblech
i Radial angeordnete Schrauben

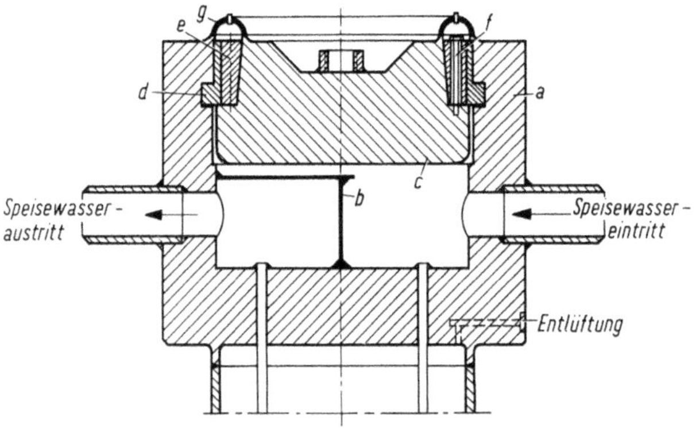

Abb. 314. Topfkonstruktion mit Torusring (Lummus)

a Gehäuse
b Abdeckblech
c Deckel
d Schlüssel-Ring
e Abschlußring
f Deckelverschraubung
g Torusring

Wasserkammer und Rohrboden zu einem Stück, wobei die Rohre an Sammler für den Wassereintritt und -austritt angeschweißt sind. Zur Verteilung des Wassers werden zylindrische Trommeln und Schotten verwendet.

Grundsätzlich unterscheidet man die folgenden *Bauarten:* Topfbauart mit den Ausführungen als Kopf- und Sammlerkonstruktion, U-Bauart und Sonderbauarten. Einzelheiten der verschiedenen Bauarten gehen aus der folgenden Beschreibung hervor.

Topfbauarten in der Kopfkonstruktion[1]. Abb. 312 zeigt einen Hochdruckvorwärmer mit haarnadelförmigen Rohren, deren Enden mit der Rohrplatte verschweißt werden.

Rohrplatte und Wasserkammer sind entweder aus einem vollen Schmiedestück gefertigt oder miteinander verschweißt. Der topfartige Kopf wird durch einen Deckel

[1] Weitere Beispiele: Erster Band, S. 942, Abb. 36, und S. 990, Abb. 28.

verschlossen, dessen Dichtheit durch verschiedene Konstruktionen gewährleistet ist. Da sich der Verschluß relativ leicht öffnen läßt, ergibt sich eine einfache Zugängigkeit zur Rohrplatte. Auf diese Weise ist es möglich, eine Rohrleckage durch Zustopfen des beschädigten Rohres oder durch Neuverschweißen der undichten Stelle schnell zu beseitigen. Für die Wasserführung ist die Vorlage durch Bleche geteilt. Zur Reparatur bzw. Gesamtbesichtigung des Rohrbündels muß dasselbe ziehbar sein. Zu diesem Zweck erhält der Mantel eine Flanschverbindung, auf deren Abdichtung bei hohen Drücken besonderes Augenmerk zu richten ist (z. B. Verwendung von Schweißringdichtungen). Kann auf den Mantelflansch verzichtet werden, erfolgt das Ziehen des Rohrbündels nach Aufschneiden des Mantels. Zum Schutz der Rohre ordnet man an der Aufschneid- bzw. Zuschweißstelle einen Einlegring an.

Abb. 315. Kopf eines Hochdruck-Vorwärmers mit eingeschweißten Stahlrohren, Werkfoto CASS

Am Dampfeintritt und Wasseraustritt sind zur Abtrennung der Enthitzungs- und Unterkühlungszonen die Rohre ummantelt. Den Wasserstand hält man im unteren Teil des Apparates über dem Rand des Trennbleches für den Kühler, so daß das Kondensat durch den Druckunterschied zwischen den beiden Vorwärmstufen in dem Mantel senkrecht nach oben gedrückt wird. Ein einwandfreier Ablauf muß wegen der Überwindung des geodätischen Höhenunterschiedes zwischen dem Wasserspiegel im Apparat und dem Ablaufstutzen des Heizdampfkondensates (je nach Länge des Apparates verschieden groß, im Mittel etwa 7 bis 8 m) auch bei Schwachlast bzw. im An- und Abfahrbereich möglich sein. Leitbleche für die Dampf- und Kondensatführung begünstigen den Wärmeübergang. Der zur Achse des Apparates senkrechte Wassereintritt und -austritt ermöglicht eine engste Aufstellung der Vorwärmer, ohne daß Ausgleichsbögen in der Speisewasserdruckleitung erforderlich sind. Dies erreicht man, indem nur ein mittlerer Apparat mit seinem Tragpodest fest verbunden wird, so daß sich die benachbarten, gleitend gelagerten Wärmetauscher von diesem Fixpunkt aus frei verschieben können.

Das Wesentliche der Kammerkonstruktion mit selbstdichtendem Deckel geht aus Abb. 313 hervor.

Der Zusammenbau des Kopfes beginnt mit dem Einlegen des Deckels *b* in das Gehäuse *a* mitsamt dem Dichtring *c* und dem Stahlring *d*. Darüber wird ein mehrteiliger Tragring *e* in die Nut des Gehäuses eingeschoben. Anschließend hebt man den Deckel mit Hilfe der Tragöse *g* an, wobei er durch Verschraubung mit dem äußeren Haltering zum Anliegen an den Stahlring kommt. Bei der Inbetriebnahme des Apparates wird der Deckel durch den hohen Speisewasserdruck fest gegen den Dichtring gepreßt, wodurch die Selbstabdichtung entsteht. Je nach Erfahrung werden für die Dichtung verschiedene

Materialien verwendet (z. B. Stahl, Weichkupfer oder Kombinationen aus Metall, Asbest oder Kunststoff). Zum leichteren Hinausdrücken der Ringsegmente dienen die radial angeordneten Schrauben *i*. Um den Zugang zu den Rohrenden in kurzer Zeit zu ermöglichen, ist das Abdeckblech *h* mit Schrauben befestigt.

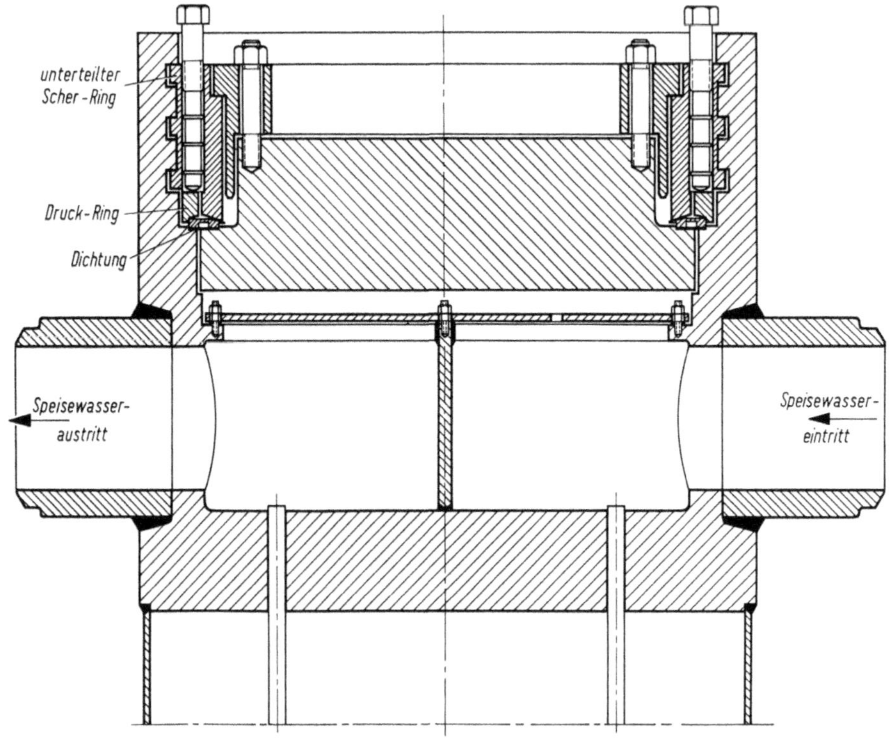

Abb. 316. Hochdruck-Vorwärmer-Wasserkammerabschluß (Worthington-Alco)

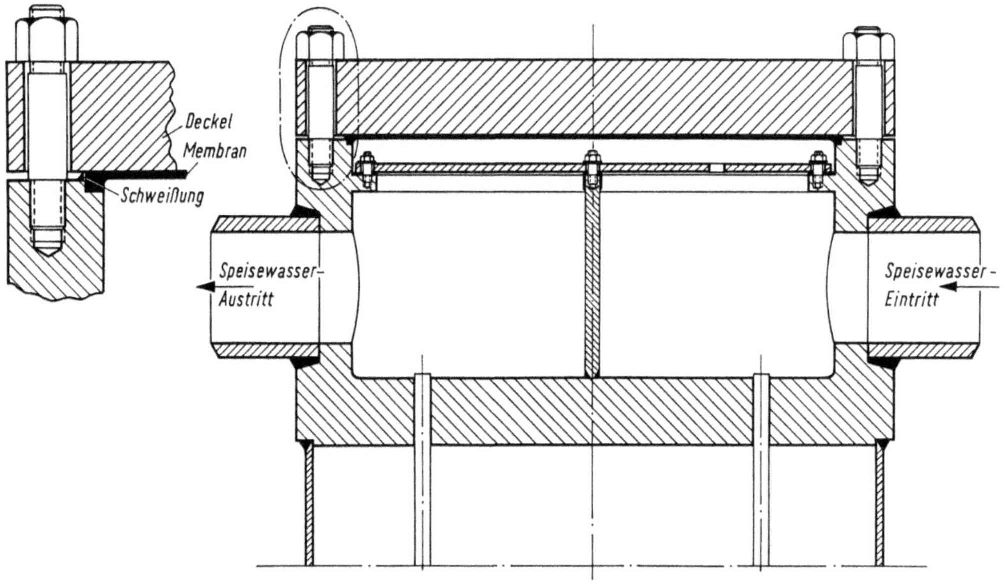

Abb. 317. Membranschweißabdichtung einer Hochdruck-Wasserkammer (Worthington-Alco)

Der Abschluß der Wasserkammer nach außen erfolgt bei der Konstruktion nach Abb. 314 durch einen am Gehäuse und am Deckel angeschweißten Hohlring mit etwa halbkreisförmigem Querschnitt, dem sog. Torusring *g*.

Zur Aufteilung der Wasserkammer für den Speisewassereintritt und -austritt sind hier in den topfartigen Kopf *a* des Vorwärmers die Abdeckbleche *b* eingeschweißt. Beim Zusammenbau des Verschlusses wird zuerst der Deckel *c* in den Topf eingelegt. Anschließend führt man den mehrteiligen Schlüsselring *d* in die Nut im Gehäuse ein und setzt den konischen Abschlußring *e* dagegen. Damit dieser festliegt, wird er mittels mehrerer Schrauben mit dem Deckel zusammengeschraubt (*f*).

Abb. 315 zeigt eine Wasserkammer im geöffneten Zustand.

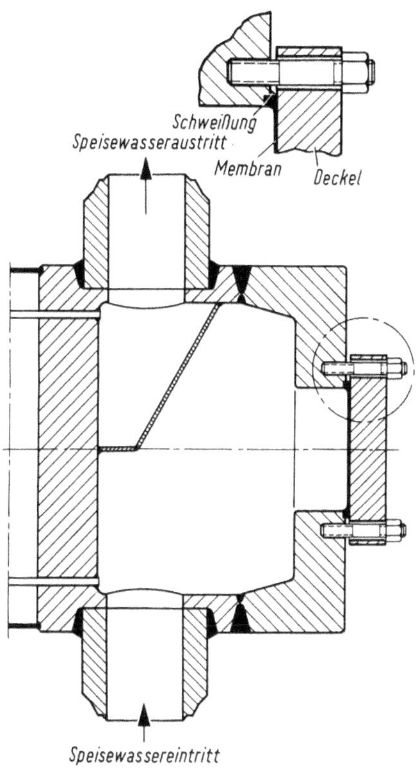

Abb. 318. Membranschweißabdichtung einer Hochdruck-Wasserkammer (Worthington-Alco)

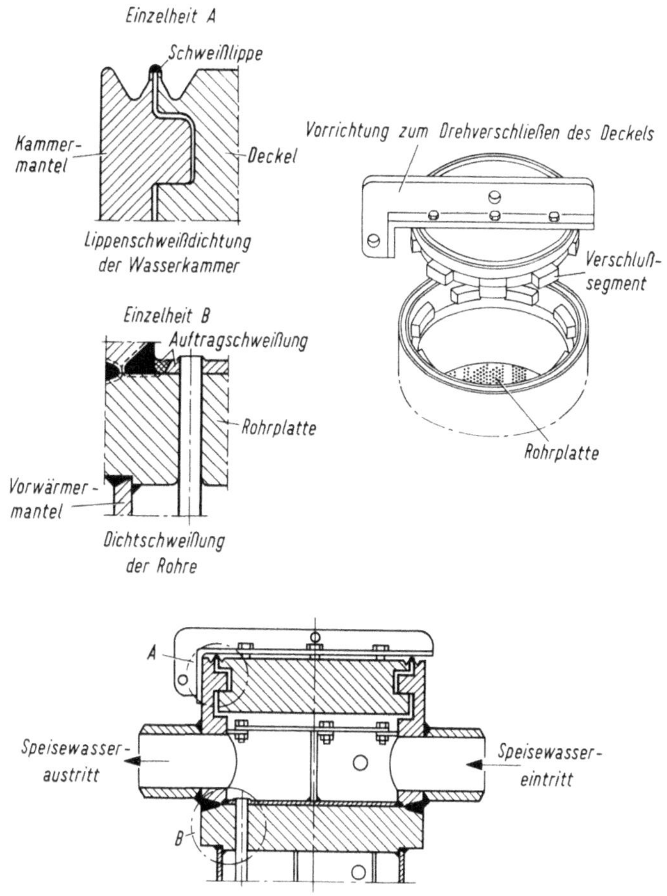

Abb. 319. „Sweco"-Hochdruck-Wasserkammer (Southwestern Engineering Company — USA)

Die amerikanische Konstruktion der Firma Worthington (Alco) verwendet zur Aufnahme des Wasserdruckes einen unterteilten dreinutigen Trag-(Scher-)Ring. Einzelheiten dieses Wasserkammerabschlusses gehen aus Abb. 316 hervor.

Eine andere Abdichtungsart der HD-Wasserkammer unter Verwendung einer am Umfang dicht verschweißten, dünnen, chromlegierten Membranplatte, die durch den angeschraubten Deckel in ihrer Lage gegen den Wasserdruck gehalten wird, zeigen die Beispiele von Abb. 317 und 318.

Bei der amerikanischen Wasserkammer-Konstruktion von Abb. 319 wird der Deckel wie bei einem Bajonett-Verschluß in die Stirnseite des Vorwärmers eingebracht. Der hohe Innendruck preßt die Segmente gegeneinander und überträgt sich auf diese Weise auf den Mantel der Wasserkammer. Ihre Abdichtung erfolgt nach der Art einer Lippenschweißung. Der Anwendungsbereich für diese Bauart liegt nach Angabe der Herstellerfirma zwischen Drücken von 70 bis 350 at. Die Verbindung der Rohre mit der Rohrplatte geschieht durch eine Auftragsschweißung.

Ein Blick in das Innere einer solchen Wasserkammer gibt eine Vorstellung von der Größe ausgeführter Hochdruckvorwärmer in den USA (Abb. 320).

Das spannungsfreie Anschweißen der relativ kleinen, dünnwandigen Rohre an die dicke Rohrplatte erfordert große Erfahrungen und hohes schweißtechnisches Können. Zur sofortigen Überprüfung der Qualität der einzelnen Schweißstellen werden insbesondere in den USA Freon- oder Halogen-Lecksuchgeräte verwendet. Um sicher zu gehen, daß alle Rohrschweißungen auch bei betrieblichen Bedingungen dicht bleiben, unterwirft man die Rohrseite bei der Kaltwasserdruckprobe gleichen und wechselnden Beanspruchungen. Dabei prüft man einerseits für längere Zeit (z. B. 24 Stunden) bei vollem Prüfdruck, d. h. in Deutschland bei dem 1,3fachen, im Ausland[1] dem 1,5fachen des Konzessionsdruckes, andererseits senkt man diesen in kurzen Zeitabständen bis auf etwa 1 ata ab, um anschließend schnell wieder auf den vollen Druck zu gehen und hierbei etwa 1 Stunde zu verharren. Die Schwelldruckprobe wird bis etwa zehnmal wiederholt. Trotzdem lassen sich Undichtheiten, die sich jedoch meistens nur bei der Inbetriebnahme bemerkbar machen und schnell wieder beseitigt werden können, nicht immer ganz vermeiden. Während in Deutschland ausschließlich Stahlrohre zum Einbau kommen, gebraucht man z. B. in den USA vorwiegend Rohre aus Monel. Westinghouse überträgt hierbei die Schweiß-Erfahrungen im Bau von Dampferzeugern für Kernkraftwerke auf die Hochdruckvorwärmer. Das Wesentliche sei im folgenden beschrieben:

Abb. 320. Hochdurck-Speisewasservorwärmer für Arizona Public Service Company's 4 Corners Steam Station, rohrseitiger Konzessionsdruck: 232 atü. Werkfoto Sweco

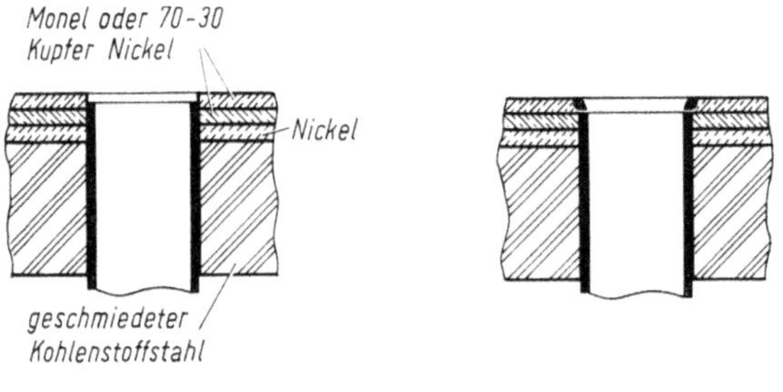

Abb. 321. Rohreinschweißverfahren von Westinghouse

Die Rohrplatte ist aus geschmiedetem Kohlenstoffstahl. Zum Ausgleich der Temperaturspannungen und zur besseren Verbindung der verschiedenen Materialien verwendet man eine dreilagige automatische Auftragsschweißung aus Nickel und Monel oder Kupfer/Nickel (Abb. 321).

[1] z. B. USA, Belgien, Frankreich, Italien, Indien.

Hierbei gewährleistet die Anwendung der Schutzgasschweißung eine schlacken- und oxidfreie Schweißauflage. Nach Bohrung der Löcher werden die Rohre eingeführt und nur leicht angewalzt. Das Einschweißen der Rohre erfolgt ebenfalls automatisch, nachdem vorher die Rohrenden abgesenkt wurden. In Deutschland werden die Stahlrohre ohne Übergang an die Rohrplatte angeschweißt. Hierfür wurden verschiedene Verfahren entwickelt. Erfahrungen über das Argonarc- oder Autogen-Schweißen beschrieb HAFERKAMP in Mitt. Ver. Großkesselbes.

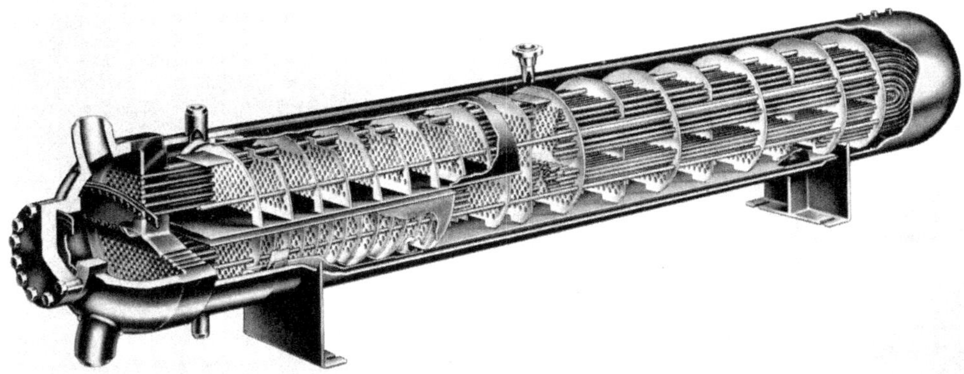

Abb. 322. Hochdruck-Vorwärmer in Rohrplattenkonstruktion, Werkbild Westinghouse

Da die Undichtheiten an der Rohreinlaufseite durch Materialabtragungen verursacht sein können, ordnet man vor der Rohrplatte eine besondere Einströmplatte an, deren Löcher zur Vermeidung von Wirbelbildungen konisch und gut abgerundet ausgebildet werden. Zum Schutz der gefährdeten Rohreinströmungen erscheint es geboten, die Wassergeschwindigkeiten eher zu niedrig als zu hoch zu wählen.

Die Ansicht eines amerikanischen Hochdruck-Speisewasservorwärmers zeigt Abb. 322. Die Enthitzungszone und der Kondensatkühler besitzen je eine Blechverkleidung. Mantel und Rohrplatte sind miteinander verschweißt. Zur Besichtigung des Rohrbündels wird der Mantel aufgeschnitten bzw. wieder zugeschweißt. Um hierbei nicht die Rohre zu beschädigen, ist ein Schutzring aus rostfreiem Stahl eingebaut. Der halbkugelförmige Kopf, der für höchste Drücke geeignet sein soll, ist an die Rohrplatte angeschweißt. Ein Mannloch an der Stirnseite gestattet den leichten Zugang zu allen Rohren. Die Abdichtung des Deckels bewirkt eine bewegliche Membrane. Die Wasserkammer besitzt zur Abteilung von Wassereintritt und -austritt eine entfernbare Trennwand.

Topfbauart in der Sammlerkonstruktion[1]. Bei dieser Bauart wird die Heizfläche aus Schlangenrohren gebildet, die einen relativ großen Manteldurchmesser bedingen. Der Deckel ist je nach der Höhe des Heizdampfdruckes entweder an den Mantel angeflanscht (bei den höheren Drücken mittels Membranschweißdichtung) oder mit ihm verschweißt. Das gleiche gilt für den Wasserein- und -austritt, wobei die Verbindung von den Stutzen zur Speisewasserdruckleitung wegen der hohen Drücke meistens durch volle Schweißung erfolgt. Eine Ansicht auf die beiden Sammlertrommeln mit Deckel und anschließendem Schlangenrohrbündel zeigt Abb. 323.

Die Rohre für Wasserein- und -austritt befinden sich üblicherweise oben am Kopf, durch den sie entweder parallel oder radial zur Achse des Apparates geführt werden. Bevorzugt wird die senkrechte Aufstellung, um den Maschinenhauskran besser zur Montage und zum Ziehen des Rohrbündels benutzen zu können. Der Kondensatablauf ist am Boden. Bei liegender Aufstellung wird das Kondensat an der entgegengesetzten Seite

[1] Beispiele siehe Erster Band, S. 839, Abb. 52, 53, und S. 1048, Abb. 38.

des Dampfeintrittes am Mantel abgeführt. Im vertikalen Vorwärmer läßt sich der Kondensatkühler in Form von horizontalen Rohrschlangen im unteren Teil des Apparates unterbringen, wodurch eine gleichmäßige und lastunabhängige Kondensatablaufregelung gewährleistet ist. Durch Einbaubleche wird das Nebenkondensat entweder in reinem Gegen- oder Mischstrom geführt, um eine möglichst gute Kühlwirkung zu erzielen. Zur Bildung einer separaten Enthitzungszone ist um die Rohre auf der Seite des Wasseraustritts bzw. Dampfeintritts ein Blechmantel angebracht. Am oben liegenden Dampfanschluß sind die Rohre durch ein Prallblech geschützt. Nach Abtrennen der Speisewasseranschlüsse und Lösen der Schrauben in den Flanschen zwischen Kopf und Mantel oder nach Aufschneiden des Mantels kann das Rohrbündel einschließlich Deckel herausgezogen werden.

Abb. 323. Hochdruck-Vorwärmer in Sammlerkonstruktion mit Flansch, Werkfoto Atlas

Die Rohre werden an den Trommeln autogen oder elektrisch (Argonarc-Verfahren) eingeschweißt. Bei der direkten Methode bringt man vor der Schweißung lediglich in der Bohrung der Trommel eine Versenkung an, um auf diese Weise dem Rohr eine Zentrierung zu geben. Diese im Kesselbau übliche Verschweißung hat sich als ausreichend erwiesen, obwohl eine Prüfung der Schweißnaht nicht möglich ist. Aus diesem Grunde verwendet man bei der indirekten Methode Zwischenstücke oder Nippel zwischen Trommel und Rohr, um eine bessere Kontrolle über diese wichtige Verbindungsstelle zu ermöglichen (Abb. 324).

Der Fertigungsablauf geschieht auf folgende Weise: Zuerst werden in die Trommel die Löcher gebohrt, die einen so großen Durchmesser erhalten, daß die Zentrierungszapfen der Nippel eingesetzt werden können. Anschließend erfolgt die elektrische Verschweißung der Nippel mit der Trommel, wobei gewährleistet ist, daß an der Schweißstelle etwa gleiche Wandstärken vorhanden sind. Darauf werden die Nippel auf den Innendurchmesser der Rohre aufgebohrt. Dabei wird die oft mit Fehlern behaftete Wurzel der Schweißnaht zwangsläufig mit entfernt. Durch Einführen eines Endoskops mit einer beleuchteten Spiegeleinrichtung kann jede einzelne Nippel-Schweißnaht von innen auf ihr einwandfreies Aussehen geprüft werden. Erst nach erfolgreich verlaufener Kontrolle erfolgt die Autogen-Anschweißung der einzelnen Rohrschlangen mit V-Naht an die jeweiligen Nippel. Auf diese Weise ist es möglich, wieder gleiche Wandstärken miteinander zu verschweißen und die Schweißnähte zu röntgen. Die höheren Kosten für dieses sorgfältige Verfahren sind durch den größeren Aufwand begründet, der die Möglichkeit einer umfangreichen Prüfung während der Fertigung ergibt und dadurch die Gewähr einer erhöhten Sicherheit gegenüber Fehlern in den Schweißungen bietet.

Um die dickwandige Speisewasserdruckleitung beim Ziehen des Rohrbündels nicht aufschneiden und wieder zuschweißen zu müssen, ordnet man den Kopf unten an. In diesem Falle wird der Mantel nach oben gezogen, während der Kopf und das Rohrbündel stehenbleiben. Die „Untenkopf-Anordnung“ kann sowohl bei der Rohrplatten- als auch bei der Sammlerkonstruktion angewandt werden. So wurden z. B. für die erstere Bauart Vorwärmer über die Firma Lummus für das italienische Kraftwerk Civitavecchio geliefert.

Die auf Abb. 325 gezeigte untere Anordnung von Wasserein- und -austritt bei der Sammlerkonstruktion für das Heizkraftwerk Hannover geht auf eine Idee der Stadtwerke zurück.

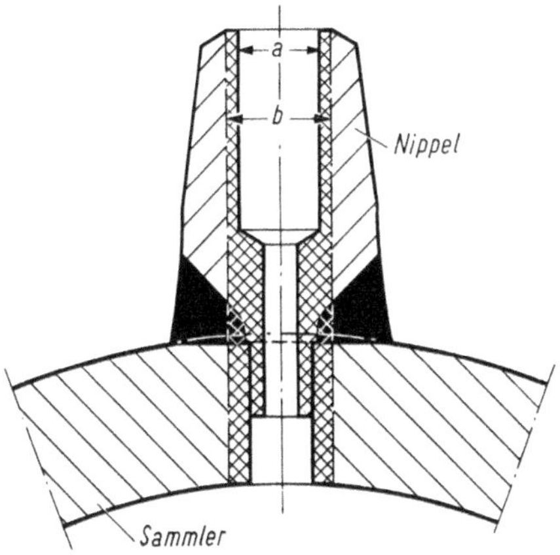

Abb. 324. Nippeleinschweißung in die Sammler (Balcke)
a vor, *b* nach dem Einschweißen ausgebohrte Durchmesser

Abb. 325. Sammlerkonstruktion, untere Anordnung von Wasserein- und -austritt, Werkfoto Atlas

Abb. 326. Schlangenrohrbündel für senkrechten Hochdruckvorwärmer mit unterem Kopf, Werkfoto Atlas

Hauptdaten:
Wärmeleistung = $4{,}7 \cdot 10^6$ kcal/h
Δi = 32 kcal/kg
G = 144,9 t/h
E = 7 t/h
i = 808,5 kcal/kg
Heizdampfdruck: 16 ata
Δt = 2,3 grd
Zufließendes Heizdampfkondensat vom oberen Vorwärmer = 11,8 t/h mit 236 °C
Konzenssionszustand: primär 25 atü/460 °C
sekundär 245 atü
Heizfläche, bezogen auf mittleren Rohrdurchmesser = 154 m²
Gehäusedurchmesser = 1000 mm
Gesamthöhe zwischen oberer Entlüftung und unterem Kondensatstutzen = rd. 9300 mm
Gehäuse-Oberteil mit dem Schlangenrohrheizbündel = rd. 6900 mm
Gehäuse-Unterteil mit den Speisewasserumführungen, dem Wasserstand und den Auflagepratzen = rd. 2200 mm

Abb. 326 veranschaulicht Größe und Länge des stehenden und freibeweglichen Schlangenrohrbündels dieses Apparates.

Bei der Sammlerkonstruktion entsteht wegen der beiden Trommeln im Rohrbündel ein vier- oder mehreckiger Querschnitt, so daß nicht der gesamte innere Mantelquerschnitt von den Heizrohren beaufschlagt werden kann.

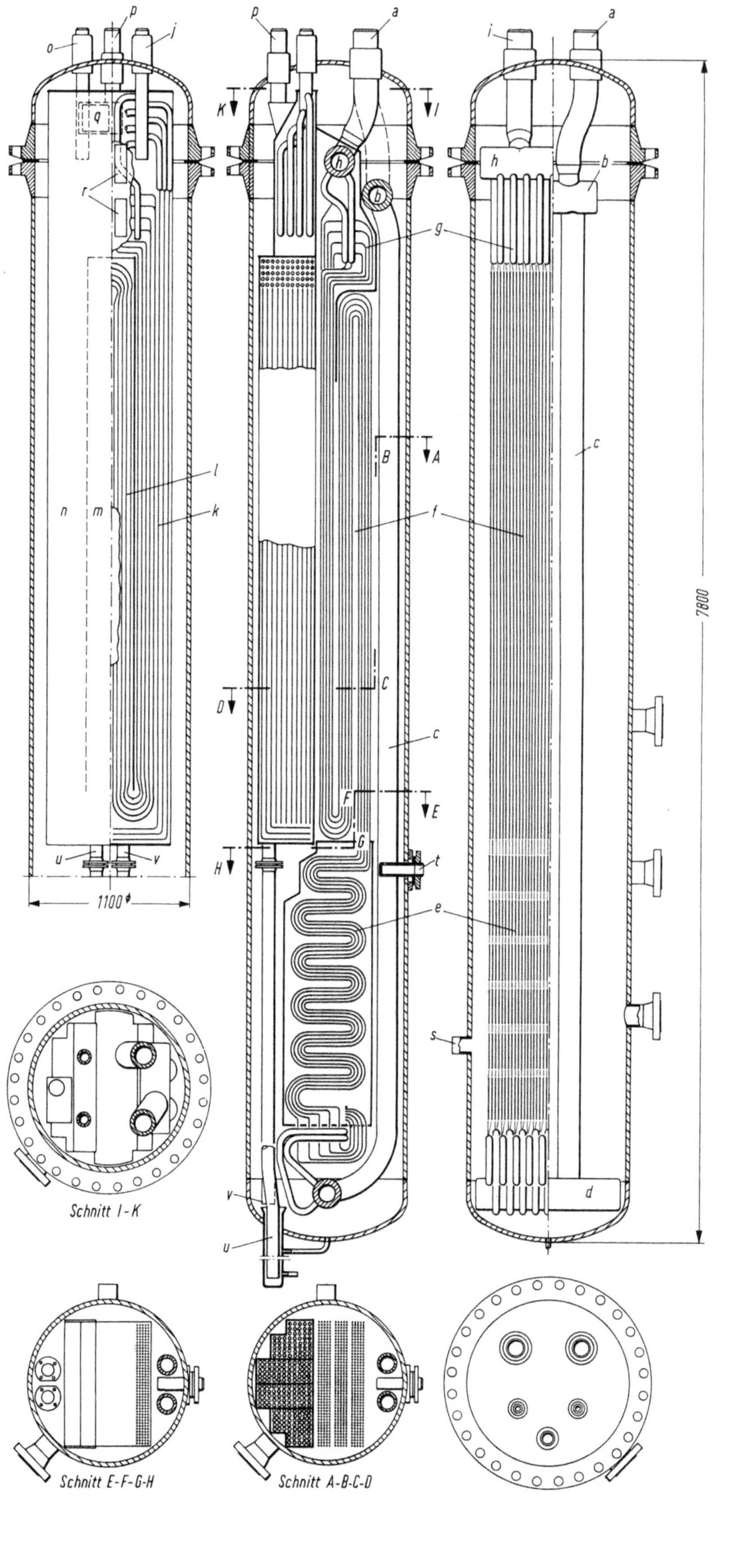

Heizflächen:

Enthitzer	*46,5* m²
Kondensationszone	*101,0* m²
Kühlzone	*58,5* m²

Betriebstemperaturen:

	Hauptstrom	*Teilstrom*
Eintritt	*214,9* °C	*250,7* °C
Austritt	*250,7* °C	*338,2* °C

Konzessionsdaten:

Rohrseite 445 atü/*360* °C

Mantelseite 62 atü/*450* °C

Da die vier Toträume bei quadratischen Rohrbündeln theoretisch allein 36,3% der Kreisfläche betragen, ist man bestrebt, den Umfang des Rohrbündels möglichst einem Polygon anzupassen. Wenn auch die Toträume zum Teil für die Verbindungsrohre zwischen oberen und unteren Trommeln verwendet werden können, so wirkt sich doch der unausgenutzte Querschnitt mit Zunahme des Manteldurchmessers preislich begrenzend aus. Der Zwang zu einer Unterteilung der Hochdruck-Apparate tritt bei der Kopfkonstruktion wegen der großen erforderlichen Wandstärke für die Wasserkammer eher als bei der Sammlerbauweise ein.

Abb. 327 zeigt einen Schlangenrohr-Topfvorwärmer, bei dem der Teilstromenthitzer und die Kondensatkühlzone eingebaut sind. Der Speisewasserhauptstrom tritt durch den Stutzen *a* in den Vorwärmer ein und wird über die obere Sammeltrommel *b* und die beiden Fallrohre *c* dem unteren Sammler *d* zugeführt. Anschließend strömt das Wasser nach Durchlaufen der Kondensatkühlzone *e* in den dreiwegigen Kondensationsteil *f* und danach in die Nachenthitzungszone *g*. Das erwärmte Speisewasser sammelt sich in der oberen Trommel *h* und verläßt den Apparat durch den Stutzen *i*.

Der Teilstromeintritt für die Enthitzungszone erfolgt oben am Kopf des Apparates *j*. Darauf fließt das Wasser über einen Schottenverteiler und eine vierwegige Rohrschlange zum Austrittsstutzen *o*. Der Heizdampf gelangt durch den Stutzen *p* und das Fenster *q* zuerst in den Teilstromenthitzer, in dem er im Gegenstrom durch die Züge *n*, *m*, *l* und *k* geführt wird. Dann tritt der Dampf durch die beiden Fenster *r* in die Nachenthitzungszone *g* des eigentlichen Vorwärmers ein. Von dort aus verteilt sich der enthitzte Dampf auf die Rohrschlangen des Kondensationsteiles *f*. Das Kondensat wird über den Ablaufregler im Kondensatkühler *e* angestaut und tritt bei *s* aus dem Apparat aus. Der Zulauf des Nebenkondensates aus dem nächst höheren Vorwärmer erfolgt über Stutzen *t* und das anschließende Lochrohr.

Als Ablaufschleifen zum Ableiten des Wassers bei Rohrbruch oder infolge schon beginnender Kondensation im Teilstromenthitzungsteil dienen die Abflußrohre *u* und *v*, die als Tauchrohre in die Kondensatkühlzone *e* hineingeführt sind. Da die Dampfdrücke in den Enthitzungszügen von *k* und *l* bzw. *m* und *n* verschieden hoch sind, ergeben sich gegenüber dem Druck des Nebenkondensates in der Kühlzone ungleiche Druckunterschiede. Aus diesem Grunde sind die Tauchrohre nicht gleich lang.

Vorwärmer in der Konstruktion von Abb. 327 wurden für einen 100 MW-Turbosatz mit doppelter Zwischenüberhitzung im Kraftwerk Gebersdorf aufgestellt (Dampfzustand 250 atü 525/535/535 °C, 9stufige Vorwärmung auf 310 °C, vier HD-Stufen mit ,,Ricard-Enthitzern"). Die Apparate, für deren besondere Konstruktion ein Patentschutz besteht, sind von Babcock in Lizenz gebaut.

Aufnahmen von dem Rohrbündel mit der ummantelten Kondensatkühlzone veranschaulichen Anordnung und Ausführung der Sammler, Fallrohre und verschiedene Schlangenrohre (Abb. 328 bis 331). Ähnliche Vorwärmer liefert die gleiche Firma für zwei Blocks mit doppelter Zwischenüberhitzung von je 220 MW für das neue Dampfkraftwerk Franken II (siehe Schrifttum).

Die Sammler können auch außen angeordnet werden (Abb. 332 und 333).

In diesem Falle müssen sämtliche Rohre durch den Apparatedeckel geführt werden, der somit zugleich zur Rohrplatte geworden ist. Ihre Verbindung mit den Rohren erfolgt durch Anschweißen. Eine andere Befestigung geschieht auf folgende Weise:

Abb. 327. Sammlerkonstruktion mit Teilstrom-Enthitzer und Kondensatkühlzone (Babcock)

a Speisewassereintritt
b Oberer Eintrittssammler
c Fallrohre
d Unterer Eintrittssammler
e Kondensatkühlzone
f Kondensationsteil
g Nachenthitzungszone
h Austrittssammler
i Speisewasseraustritt
j Teilstromeintritt
k, *l*, *m*, *n* Dampfzüge im Teilstromenthitzer
o Teilstromaustritt
p Dampfeintritt
q Dampfeintritt zum Teilstromenthitzer
r Dampfeintritt zur Nachenthitzungszone
s Heizdampfkondensataustritt
t Nebenkondensatzulauf
u, *v* Abflußrohre für Notablauf bei Rohrbruch

Die Rohrplatte wird auf den Innendurchmesser der Rohre durchbohrt. Anschließend versenkt man die Bohrungen durch Ausfräsen an beiden Enden, damit an diesen Stellen Nippel eingeschweißt und an letztere die Rohre angeschweißt werden können.

Durch Abteilen von Rohren am Heizdampfeintritt durch ein besonderes Trennblech wird auch hier die in den Apparat eingebaute Enthitzungszone verwirklicht. Ein Auswechseln von Rohren ist nicht möglich. Jedoch können schadhaft gewordene Rohre abgeschnitten und die Anschlüsse dichtgeschweißt werden, ohne daß ein Öffnen des Apparates bzw. ein Ziehen des Rohrbündels erforderlich wird.

Abb. 328. Schlangenrohrbündel mit oberen Wasserein- und -austritts-Sammeltrommeln und Fallrohren zur unteren Verteiltrommel, Werkfoto Babcock

Abb. 329. Schlangenrohrbündel mit Fallrohren zur unteren Wasserverteiltrommel, Werkfoto Babcock

Da bei dieser Konstruktion der Manteldurchmesser durch die Anzahl der Rohre und durch ihre Teilung in der Deckel-Rohrplatte bestimmt wird, führt man die von den Sammeltrommeln abzweigenden Rohre von einer bestimmten Heizfläche ab mit größeren Durchmessern aus, um auf diese Weise den Apparat schlanker bauen zu können. Zum Übergang der größeren Außenrohre zu den kleineren des Rohrbündels bzw. zur Wasser-

Abb. 330. Schlangenrohrbündel mit unterer Wasserverteiltrommel und ummantelter Kondensatkühlzone, Werkfoto Babcock

Abb. 331. Aneinanderschweißen der horizontalen und vertikalen Rohrschlangen für den Kondensatkühlteil und die Kondensationszone, Werkfoto Babcock

verteilung auf die einzelnen Rohrschlangen ordnet man im Kopf des Apparates Schotten an, an welche die Rohre in der gleichen Weise, wie es im Kesselbau üblich ist, angeschweißt sind. Apparate dieser Konstruktion kamen im Kraftwerk Staudinger für zwei 250 MW-Blocks zur Aufstellung (Abb. 334).

Für den Fall, daß eine Rohrleckage entsteht, kann der Schaden auch bei dieser Konstruktion schnell behoben werden, weil man bequem den betroffenen Wasserweg durch Zuschweißen des entsprechenden Außenrohres, das als Zwischensammler bezeichnet wird, abtrennen kann. Dabei nimmt man den gleichzeitigen Ausfall der am gleichen Zwischensammler angeschlossenen Rohre in Kauf (etwa 3 bis 5% der Heizfläche).

Jeder Zwischensammler ist von außen zugänglich. Der Enthitzungsteil ist durch einen Blechmantel von der Kondensationszone abgeteilt. Auf die gleiche Weise wie auf Abb. 327 kann ein Kondensatkühler im unteren Teil des Apparates eingebaut werden. Zum Ziehen des Rohrbündels wird der Mantel am Kopf aufgeschnitten. Die Schotten ermöglichen es, jeden beliebigen Zwischensammler mit den angeschlossenen Rohrschlangen zu entfernen.

Da die Zwischensammler im gebogenen Zustand durch den Deckel geführt werden müssen, erhalten in ihm die Bohrungen entsprechend größere Durchmesser. Die Verschweißung der Außenrohre mit dem Kopf erfolgt über ein eingesetztes Zwischenstück.

Abb. 335 zeigt einen englischen Hochdruck-Vorwärmer, der nach dem gleichen Prinzip der Rohrschlangen-Aufteilung gebaut ist. Im Gegensatz zu Abb. 334 sind die Sammeltrommeln innen im Apparat angeordnet. Die Kondensatkühlzone wird durch Anstauen des Wassers in der unteren Rohrpartie gebildet. Der Mantel ist zum Ziehen des Rohrbündels mit Flanschen versehen.

U-Vorwärmer. Der U-Vorwärmer (Abb. 336) zeigt eine Bauart, bei der auch der Mantel U-förmig um die Rohre liegt.

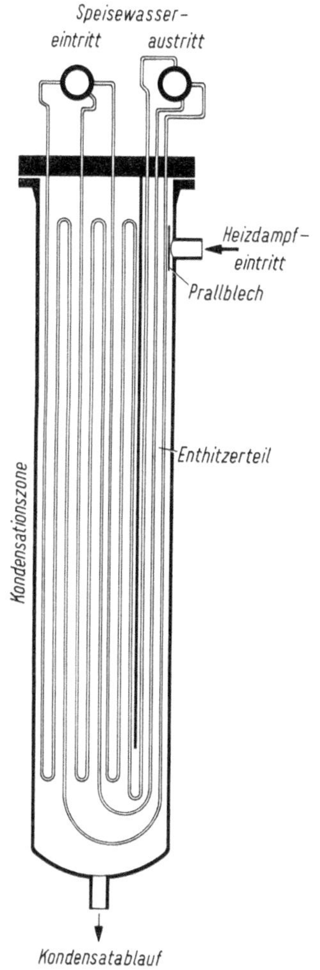

Abb. 333. Vorwärmerkopf mit außen liegender Wasserverteilung, Werkfoto CASS

Abb. 332. Schlangenrohr-Vorwärmer mit außen liegenden Sammlern

Durch den relativ kleinen Manteldurchmesser werden ein niedriges Gesamtgewicht und überall reiner Gegenstrom erzielt. Bei dieser Konstruktion lassen sich Enthitzung, Kondensation und Unterkühlung auf einfachste Weise hintereinander durchführen. Jeder dieser Teile wird vom gesamten Wasserstrom durchflossen. Eine besondere Abtrennung bzw. Ausbildung der einzelnen Zonen ist nicht nötig. Zur Erzielung günstigerer Geschwindigkeiten werden lediglich die Rohre im Enthitzungs- und Unterkühlungsgebiet ummantelt.

Speisewasserein- und -austritt haben getrennte Köpfe, die dadurch sehr klein bleiben. Die Wasserkammer ist an die Rohrplatte angeflanscht. Bei manchen Apparaten geschieht die Verbindung durch Schweißen oder Anklammern. Erfolgen Wasserein-

Abb. 334. Vorwärmer mit außen liegenden Sammlern und eingebauter Enthitzungs- und Kühlzone (Babcock)

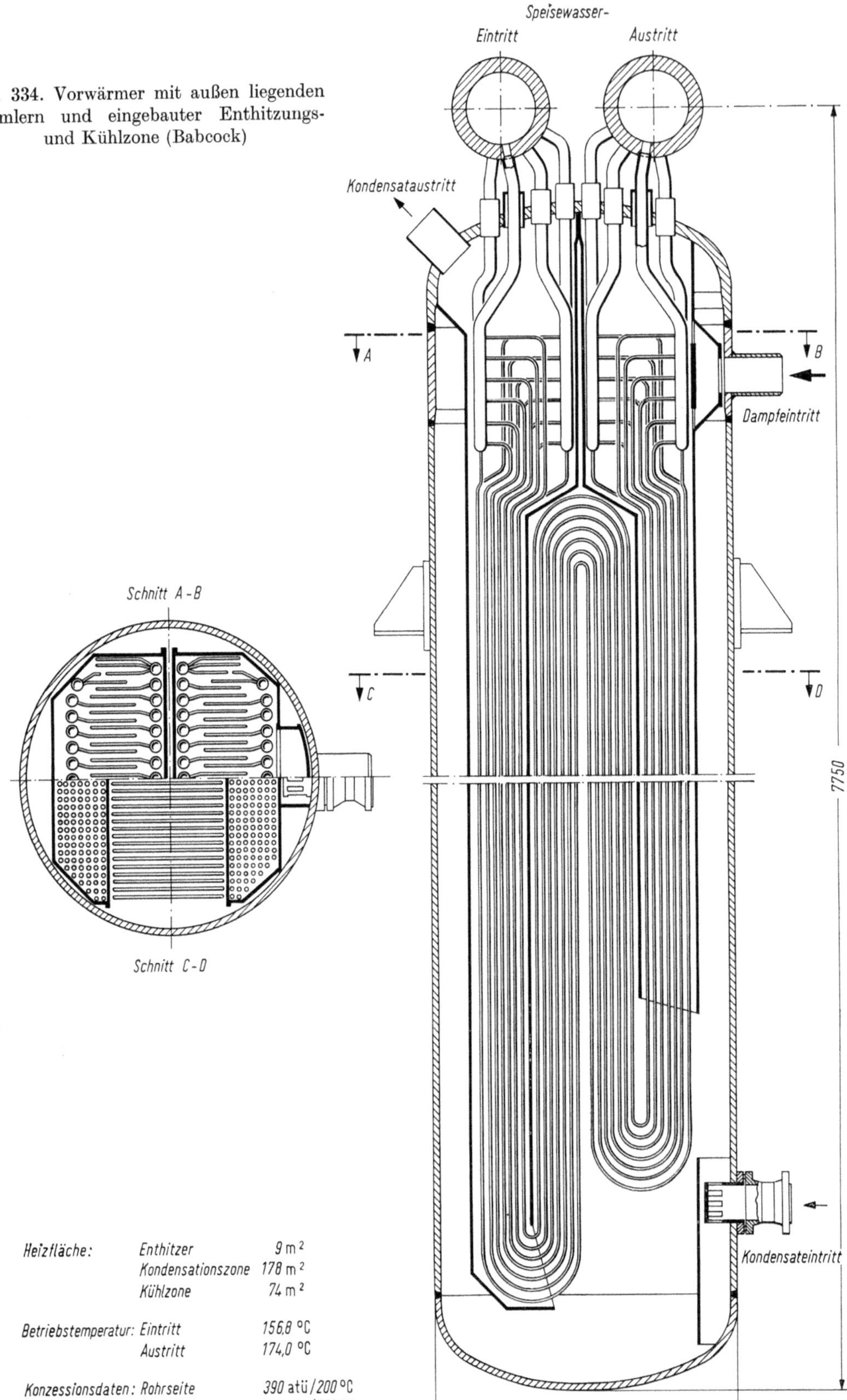

Heizfläche:	Enthitzer	9 m²
	Kondensationszone	178 m²
	Kühlzone	74 m²
Betriebstemperatur:	Eintritt	156,8 °C
	Austritt	174,0 °C
Konzessionsdaten:	Rohrseite	390 atü/200 °C
	Mantelseite	14 atü/300 °C

und -austritt radial aus den Wasservorlagen, so kann der Zugang zu den Rohrenden durch Anordnen selbstdichtender Deckel an den Stirnseiten der Kammern ermöglicht werden.

Die Aufstellung erfolgt bevorzugt waagerecht mit übereinander liegenden U-Schenkeln. Dampfeintritt und Kondensataustritt befinden sich jeweils an den entgegengesetzten Enden des Mantels. Dieser kann aus einem Stück hergestellt und gebogen sein. In Abb. 336 enden zwei gerade Rohrmäntel in einer Kondensatflasche, die einen größeren Durchmesser als der Mantel besitzt. Hierdurch entsteht an dieser Stelle eine bessere Zugänglichkeit zu den Rohren. Da sich im unteren Teil der Flasche das Wasser ansammelt, ergibt sich die Möglichkeit, den Wasserspiegel an dieser Stelle als Impulsgeber für die Ablaufregelung zu verwenden. Der Kondensatablauf erfolgt unten aus der Kondensatflasche und aus dem Topf am Wassereintritt. Ein Ausbau des Rohrsystems und das Auswechseln einzelner Rohre sind durch Aufschneiden des Mantels bzw. der Wasserflasche möglich. U-Vorwärmer werden auch mit ungleich langen Schenkeln ausgebildet. Dabei kommt man mit einer geringeren Anzahl von Umlenkungen des Wasserweges aus. Darüber hinaus lassen sich die Apparate besser und platzsparender in die Speisewasserdruckleitung einordnen.

Für die Unterbringung der Rohrabschnitte für die Enthitzungs- und Unterkühlungszonen, deren Größen in einem ganz bestimmten Verhältnis zur Kondensationsheizfläche stehen, ergeben sich bei ungleichschenkeliger Bauart räumlich günstigere Voraussetzungen. Wenn es die Platzverhältnisse gestatten, sollte daher immer die unsymmetrische Ausbildung der Schenkel verwirklicht werden.

Abb. 337 veranschaulicht die Anordnung zweier solcher Apparate. Das gemeinsame Heizdampfkondensat wird hierbei im unteren Vorwärmer unterkühlt. Das Beispiel zeigt auch Umfang und Anbringung der für den Betrieb erforderlichen Nebenstutzen für Entwässerung, Entlüftung, Wasserstand, Schwimmermanometer, Niveauwächter, Revision und Manometer. Die zur Überwachung der Ein- und Austrittstemperatur erforderlichen Thermometer für Direkt- oder Fernablesung werden in den entsprechenden Zu- und Ableitungen vorgesehen.

Die Anordnung von selbstdichtenden Deckeln an den Wasserkammern zeigt Abb. 338.

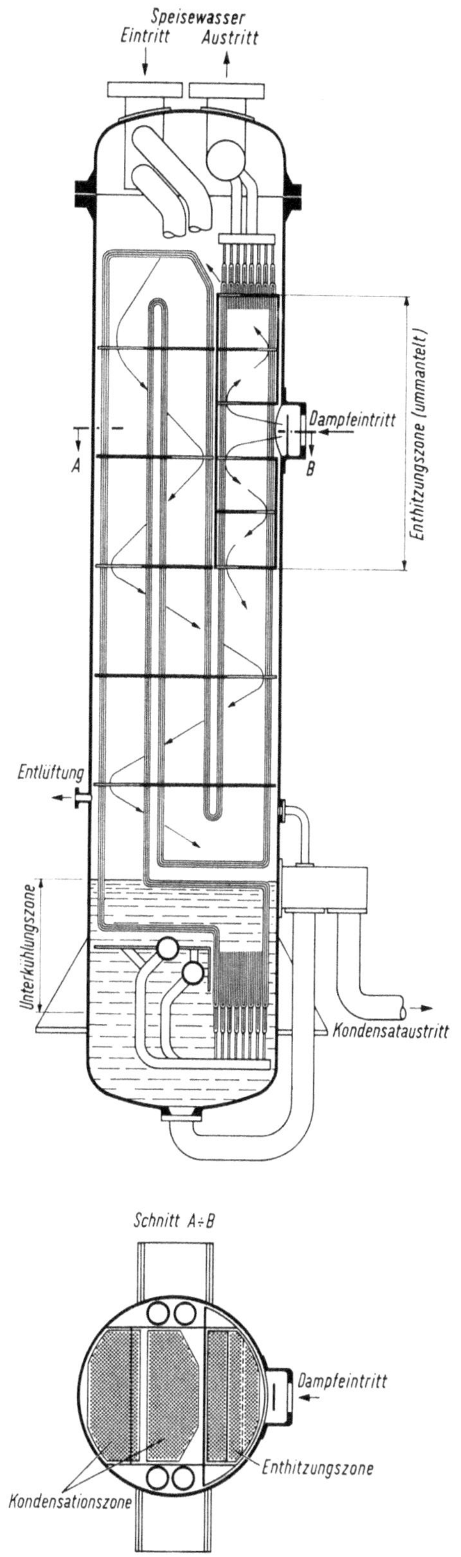

Abb. 335. Englischer Hochdruck-Vorwärmer in Sammler-Konstruktion mit Zonen für Enthitzung, Kondensation und Unterkühlung (The English Electric Co. Ltd.)

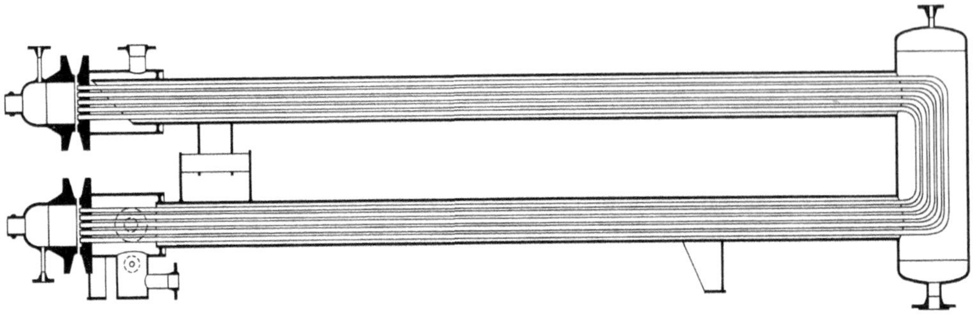

Abb. 336. U-Vorwärmer (Atlas)

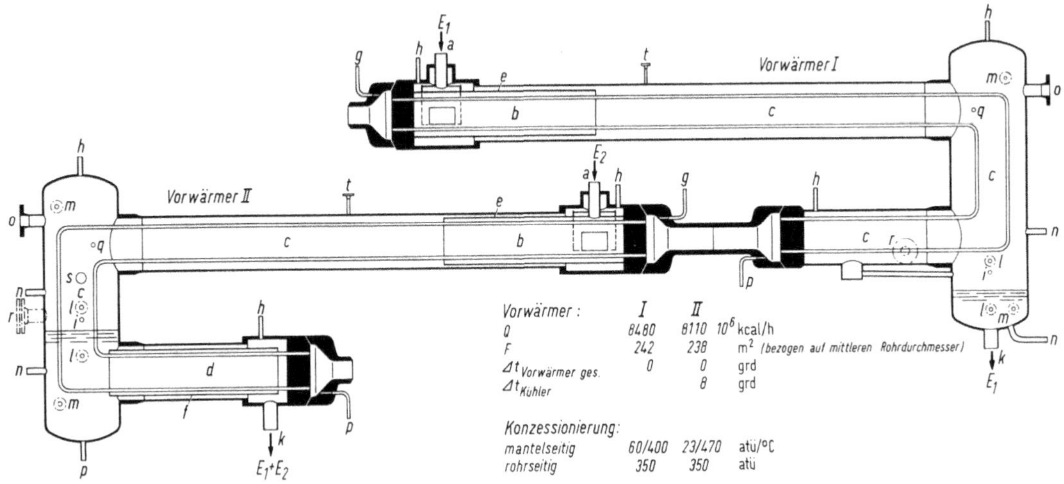

Vorwärmer:	I	II	
Q	8480	8110	10^6 kcal/h
F	242	238	m² (bezogen auf mittleren Rohrdurchmesser)
$\Delta t_{Vorwärmer\ ges.}$	0	0	grd
$\Delta t_{Kühler}$		8	grd
Konzessionierung:			
mantelseitig	60/400	23/470	atü/°C
rohrseitig	350	350	atü

Abb. 337. Anordnung von zwei ungleichschenkligen U-Vorwärmern für einen 150 MW-Block (Atlas)

a Dampfeintritt (E_1 bzw. E_2)
b Enthitzungszone
c Kondensationszone
d Unterkühlungszone
e Ummantelung der Enthitzungsteile
f Ummantelung der Kondensatkühlzone
g Entlüftungen für die Wasserseite
h Anfahrentlüftungen für die Dampfseite
i Betriebsentlüftungen für die Dampfseite
k Heizdampfkondensataustritt
l Anschluß für Wasserstände
m Anschluß für MA-Geräte
n Anschluß für Niveauferngeber
o Anschluß für Niveauwächter
p Entwässerung
q Füllstutzen
r Revisionsstutzen
s Eintritt des Heizdampfkondensates E_1
t Anschluß für Manometer

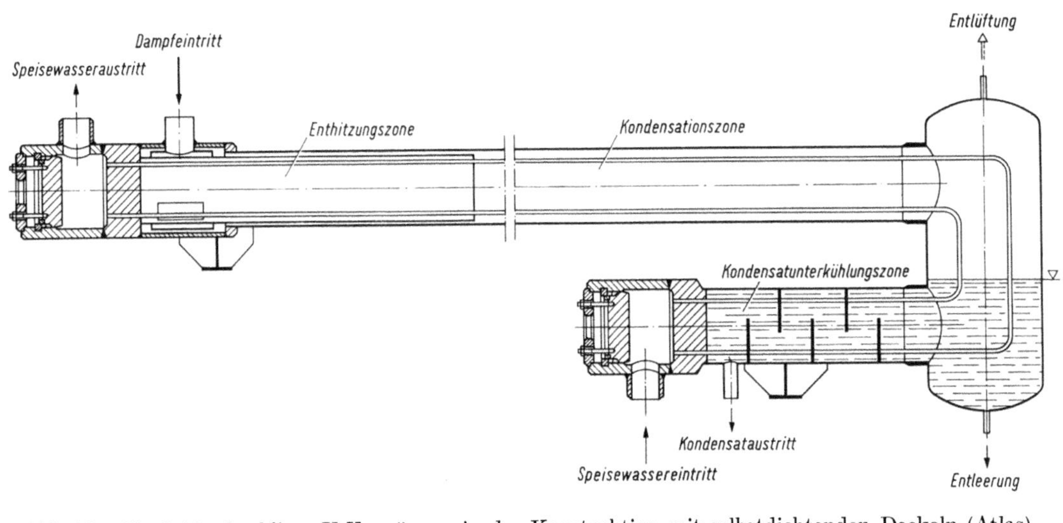

Abb. 338. Ungleichschenkliger U-Vorwärmer in der Konstruktion mit selbstdichtenden Deckeln (Atlas)

Batterie-Vorwärmer. Dieser Apparat stellt eine Sonderbauart dar, die im Zusammenhang mit Höchstdruck-Anlagen entstand, um den Materialaufwand wegen der hohen Drücke und Temperaturen des Entnahmedampfes möglichst klein zu halten. Da die Elemente in größerer Zahl zu Einheiten parallel geschaltet werden, nennt man das ganze Aggregat ,,Batterie-Vorwärmer" (Abb. 339).

Abb. 339. Hochdruck-Vorwärmer in Elementenbauart mit zwölf parallel geschalteten Einheiten (Batterie-Vorwärmer), Werkfoto CASS

Dabei ist jedes Element sowohl am Speisewassereintritt und -austritt als auch am Dampfeintritt und Kondensataustritt an Sammelrohre angeschlossen.

Abb. 340 zeigt den Schnitt durch ein einzelnes Element.

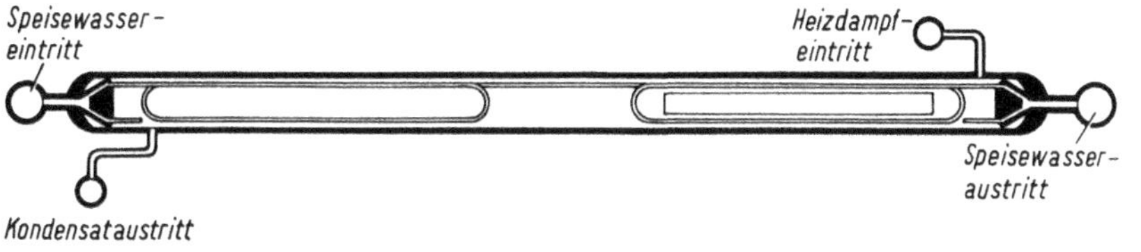

Abb. 340. Hochdruck-Vorwärmer-Element eines Batterie-Vorwärmers (CASS)

In dem vollkommen dichtgeschweißten Mantel liegen mehrere trompetenförmig gebogene Wasserrohre. Das Rohrsystem ist wärmeelastisch. Durch Einbau von sog. Verdrängungskörpern kann eine Enthitzungszone gebildet werden. Die Elemente-Konstruk-

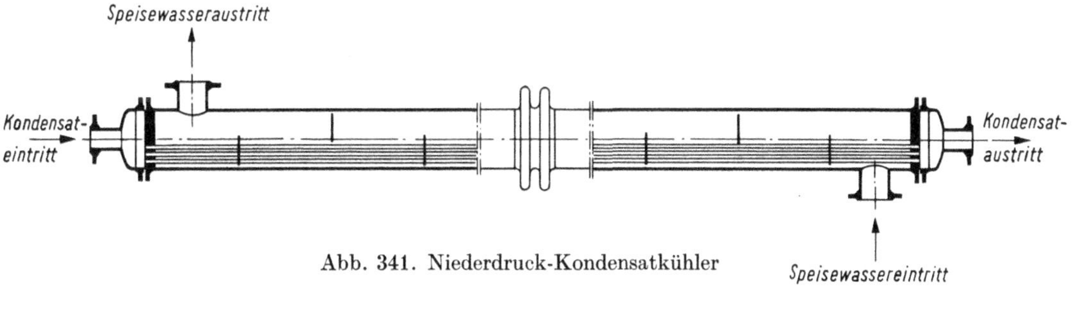

Abb. 341. Niederdruck-Kondensatkühler

tion läßt sich liegend oder stehend anordnen. Bei senkrechter Aufstellung kann auch eine Kondensatkühlzone vorgesehen werden. Treten Störungen auf, so wird an Stelle einzelner Rohre das gesamte Element ausgetauscht. Gegebenenfalls können auch die Anschlüsse des schadhaften Elements dichtgeschweißt werden.

2. Kühler

Kühler im Niederdruck-Bereich. Hierfür können grundsätzlich die gleichen Bauarten wie für die Niederdruck-Vorwärmer verwendet werden. Sehr häufig wird eine Konstruktion mit U-Rohren gewählt. Zur Erzielung eines möglichst günstigen Wärmeüberganges baut man den Kühler unter Verwendung von geraden Rohren mit kleinem Durchmesser, wodurch der Apparat jedoch ziemlich lang wird. Auf Abb. 341 befinden sich Ein- und Austritt des Hauptkondensates entgegengesetzt an den Stirnseiten des Apparates.

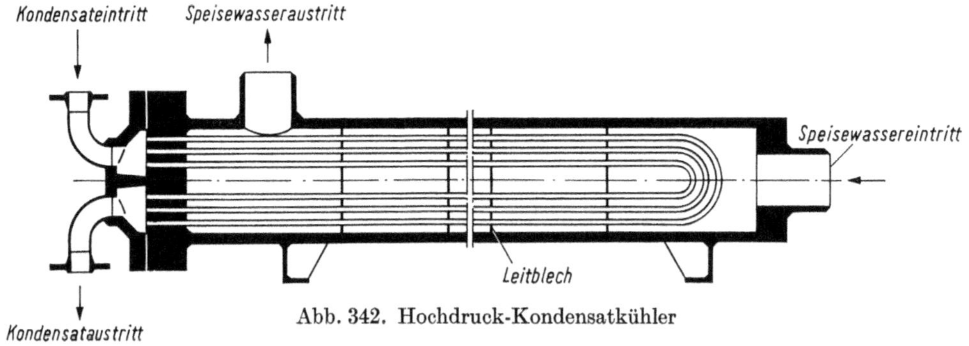

Abb. 342. Hochdruck-Kondensatkühler

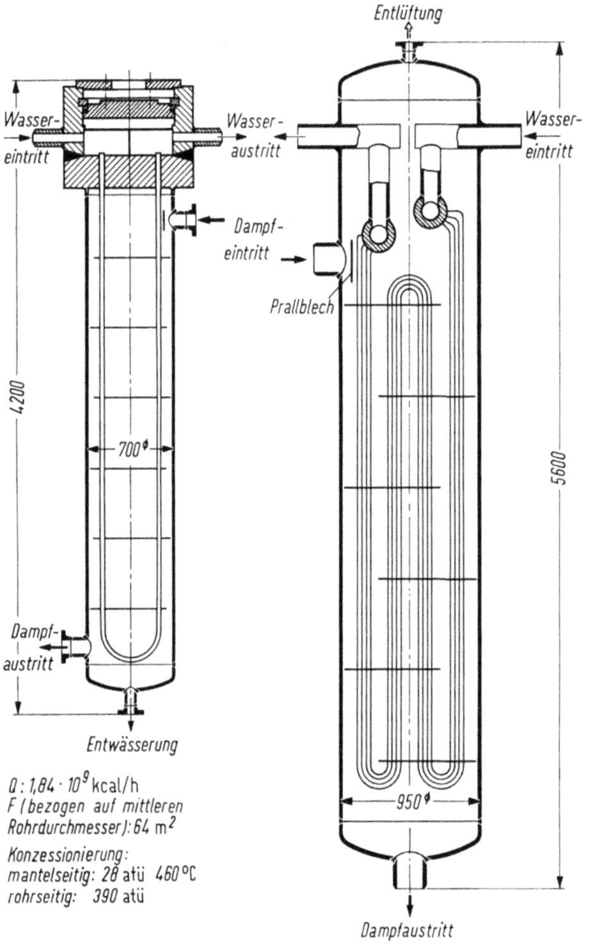

Abb. 343. Enthitzer-Bauarten für 250 MW-Block (Balcke)

Hierdurch erreicht man, daß Haupt- und Nebenkondensat im Gegenstrom zueinander fließen. Die beiden getrennten Wasserkammern sind jeweils an die Rohrplatten angeschraubt. Ein im Mantel eingeschweißter Kompensator (Linse) dient zur Aufnahme der verschiedenen Längenausdehnungen.

Kühler im Hochdruck-Bereich. Hier werden fast ausschließlich U-Rohre verwendet (Abb. 342).

Der Kühler ist eine Schweißkonstruktion. Mantel und Rohrboden bilden ein Stück. Die U-Rohre werden überwiegend am Rohrboden angeschweißt, seltener eingewalzt. Das Speisewasser wird mantelseitig geführt. Der Eintritt liegt auf der Stirnseite entgegengesetzt zur Wasservorlage, über die das Kondensat zu- und abgeführt wird. Durch die Konstruktion bedingt, erfolgt der Austritt des Hauptkondensates radial neben dem Rohrboden.

3. Enthitzer und Überhitzer

Die Bauart für die getrennten *Enthitzer* zur Speisewasservorwärmung ist dieselbe wie für die HD-Vorwärmer. Meistens wählt man die gleiche Konstruktion wie für die zugehörigen Apparate.

Abb. 343 zeigt an zwei Beispielen die Topfbauarten mit selbstdichtendem Deckel und innen liegenden Sammlern. Bei beiden Apparaten ist der Mantel voll geschweißt. Bei der Sammlerkonstruktion können die Wasserein- und -austrittsstutzen senkrecht — wie auf Abb. 343 — oder parallel zur Längsachse angeordnet werden. Der untere Dampfaustritt ermöglicht zugleich eine einfache Ableitung des Wassers bei Rohrbruch im Enthitzer. Zur Abdichtung des Deckels verwendet man in jüngster Zeit meistens einen Kupferring.

Die Verwirklichung der in der Heizflächenberechnung eingesetzten Wärmedurchgangszahl bedarf einer sehr guten Dampfführung. Auf einen entsprechend geeigneten Einbau von Dampfumleitblechen in genügender Anzahl ist daher besonders Wert zu legen, ohne jedoch dadurch einen zu großen dampfseitigen Druckverlust zu bewirken. Um den Enthitzungseffekt nicht in Frage zu stellen und die wärmetechnische Gewährleistung einhalten zu können, sollte an der Enthitzer-Heizfläche nicht gespart werden.

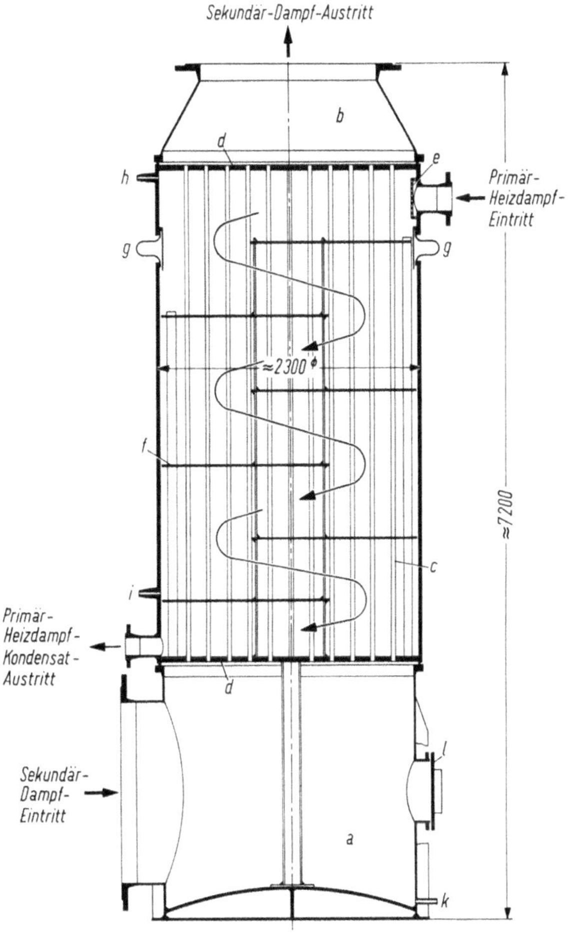

Abb. 344. Dampfbeheizter Zwischenüberhitzer für einen Kernkraftwerks-Turbosatz (Balcke)

a Eintrittskammer
b Austrittshaube
c Rohrkörper
d Rohrscheiben
e Gelochtes Prallblech
f Dampfleitbleche
g Kompensator
h Anfahr-Entlüftung
i Betriebs-Entlüftung
k Entwässerung
l Mannloch mit Deckel

Wie groß ein *Überhitzer* werden kann, ersieht man aus dem Beispiel von Abb. 344 für die projektierten dampfbeheizten Zwischenüberhitzer für eine 260 MW-Kernkraftwerks-Turbine.

Die wesentlichen Konstruktions-Merkmale wurden bereits auf S. 313 beschrieben. Der Überhitzer wird wegen seiner Größe in zwei parallel geschaltete Apparate unterteilt, die seitlich zur Turbine senkrecht auf die unten vorgesehene Eintrittshaube aufgestellt werden können. Die nicht vom Kondensatspiegel abgedeckte, auf den mittleren Rohrdurchmesser bezogene Wärmeaustauschfläche ist je 1400 m² groß. Der Berechnung dieser Fläche liegen nach Angabe der anbietenden Firma eine Grädigkeit von 24,1 grd und ein Druckverlust des Überströmdampfes auf der Sekundärseite von 1,6 m WS zugrunde. Auf der Mantelseite ist der Druckverlust so gering, daß er praktisch ohne Bedeutung ist und daher vernachlässigt werden kann.

Die thermischen Auslegungsdaten für die gesamte Überhitzungsstufe sind in Tabelle 19 angegeben.

Tabelle 19. *Auslegungsdaten eines dampfbeheizten Zwischenüberhitzers für einen Kernkraftwerks-Turbosatz*

		Primärseite	Sekundärseite
Wärmeleistung · 10^6	[kcal/h]	48,5	
Dampfdurchsatz*	[t/h]	121	1030
Eintretender Dampf			
Druck	[ata]	40	4,05
Temperatur	[°C]	249,1	143,4
Nässe	[%]	0,4	1,0
Austretender Dampf			
Druck	[ata]	≈ 40	3,90
Temperatur	[°C]	249,1	225
Konzessionszustand	[atü/°C]	60/275	6/250
Wärmedurchgangszahl	$\left[\frac{\text{kcal}}{\text{m}^2\,\text{h grd}}\right]$	310	
Mittlere logarithmische Temperaturdifferenz	[grd]	55	
Mittlere Heizfläche	[m²]	2800	

* Einschließlich 2% für Abstrahlungsverluste.

4. Verdampfer und Dampfumformer

Man unterscheidet drei *Bauarten:*

Stehende Umwälz-Apparate mit innen liegendem Heizsystem,
stehende Umwälz-Apparate mit gesondertem Heizsystem,
liegende Tauchverdampfer.

Der stehende *Umwälzapparat* benötigt auch bei großer Leistung nur eine geringe Grundfläche. Die Verdampfung erfolgt bei dieser Bauart in einem Heizsystem aus senkrechten Rohren mittels Heizdampf, der um die mit Wasser gefüllten Rohre strömt. Das infolge der Erwärmung nach oben steigende Wasser fließt nach seinem Austritt aus dem Rohrsystem wieder in dickeren, gegen den Heizdampf isolierten Fallrohren nach unten ab. Hierdurch stellt sich von selbst ein Umlauf des Wassers ein, der den Wärmeübergang und damit die Verdampfung begünstigt. Die Fallrohre können entweder innerhalb oder außerhalb des Verdampfers angeordnet sein (s. Abb. 345 und 346). Beim Verdampfen mit getrenntem Heizsystem steht dieses tiefer als der Brüdenraum, wobei die Verbindungsrohre zu letzterem als Umwälzrohre dienen (s. Abb. 348).

Der über den Heizrohren befindliche Brüdenraum wird je nach den Auslegungsverhältnissen entsprechend hoch ausgebildet, damit die an der obersten Stelle der Verdampferhaube austretenden Brüden möglichst trocken sind. Es wird dadurch auch verhindert, daß mit den Brüden Salz mitgerissen wird. Zur Verbesserung der Destillat-Qualität wird im oberen Teil des Brüdendomes ein Dampffilter, z. B. aus Porzellanringen, vorgesehen. Dem gleichen Zweck dienen Multizyklon-Einbauten[1], welche die nassen Bestandteile der Brüden ausschleudern sollen. Durch diese Maßnahme kann u. U. eine kürzere Bauhöhe erreicht werden.

Eintritt des Zusatzwassers und Austritt des Heizdampfkondensates werden über Zu- und Ablaufregler geregelt.

Bei gegebener Heizfläche hängt die Höhe der erzeugbaren Brüdenmenge von der Größe des Temperaturgefälles oder vom Druckunterschied zwischen Primär- und Sekundärseite während des Betriebes ab. Man kann daher die Leistung des Verdampfers abhängig vom Druck des Heizdampfes oder der Brüden regulieren. Ersteres geschieht durch Drosseln. Der Sekundärdruck, der sich von der Primärseite des Brüdenkondensators her ausbildet, läßt sich durch Verändern der Temperatur des Speisewassers bei Eintritt in diesen Apparat

[1] Siehe Erster Band, S. 739, Abb. 47.

beeinflussen. Am einfachsten erreicht man dies bei einem zu kleinen Temperaturgefälle durch Umführen des Hauptkondensates um den vorhergehenden Vorwärmer bzw. bei zu großer Grädigkeit des Verdampfers durch teilweises wasserseitiges Umgehen des Brüdenkondensators.

Je nach verlangter Leistung beginnt die Verdampfung in verschiedener Höhe in den Rohren des Umlauf-Apparates. Der Wasserstand des Zulaufes wird dabei über ein entsprechend langes, kommunizierendes Schwimmergefäß als Impulsgeber für den Regler abgenommen. Diese als direkt bezeichnete Regelungsart erfolgt über einen „scheinbaren" Wasserstand, dessen Höhe über der unteren Rohrplatte der in den Heizrohren aufsteigenden Dampf-Wasser-Gemisch-Säule das Gleichgewicht hält. Bei der indirekten Regelung wird der über dem oberen Rohrboden befindliche Wasserstand benutzt, der an dieser Stelle infolge Überschwallen des Wassers entsteht. Da hierbei die größere Wasseroberfläche auf die Umlaufschwankungen einen dämpfenden Einfluß ausübt, weshalb sich die Höhe des Wasserstandes nur geringfügig ändert, ist diese Regelung bedeutend ruhiger. Bei ihr bietet sich auch der Vorteil, durch Veränderung des Wasserstand-Sollwertes die Leistungscharakteristik des Verdampfers, d. h. das Verhältnis von umlaufender Wassermenge zur erzeugten Brüdenmenge beeinflussen zu können.

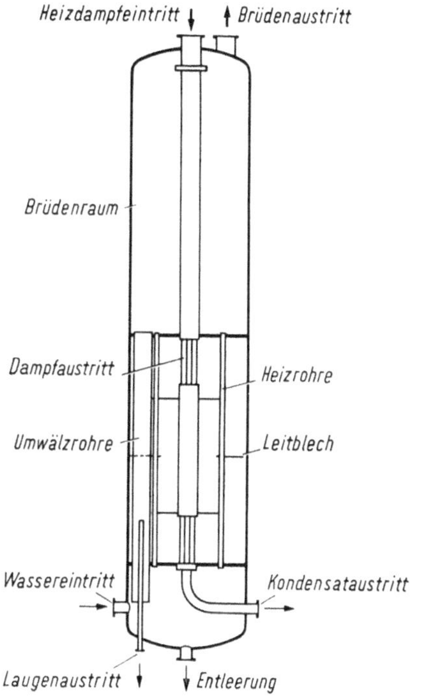

Abb. 345. Umwälzverdampfer mit innen liegender Zirkulation

Die Änderungen des Wasserstandes wirken sich bei der direkten und indirekten Regelung im umgekehrten Sinne aus. Da die größere Verdampfung einen fallenden scheinbaren Wasserstand zur Folge hat, öffnet das Zulaufregelventil bei direkter Regelung mit steigender und schließt mit fallender Leistung. Bei der indirekten Regelung steigt hingegen der Wasserstand über der oberen Rohrplatte mit zunehmender Leistung infolge des größeren Wasserumlaufes an, weshalb der Regler zunächst drosselt und erst wieder öffnet, wenn durch Verdampfen eines Teiles des Wassers der zur neuen Leistung zugeordnete Wasserstand erreicht ist. Der erhöhten bzw. verminderten Heizdampfmenge steht somit im Gegensatz zur direkten Regelung eine kleinere bzw. größere Wassermenge gegenüber. Welche Regelungsart zweckmäßiger und brauchbar ist, muß von Fall zu Fall geprüft werden. Bei Verdampfern mit großer Leistung und hohen Temperaturgefällen, bei denen der scheinbare Widerstand großen Schwankungen ausgesetzt ist, bevorzugt man die indirekte Regelung.

Beim *Tauchverdampfer* strömt der Heizdampf in den Rohren. Diese Bauart kommt für salzreiches Rohwasser, speziell für Seewasser, in Frage, weil sich die Rohre, die oft gesäubert werden müssen, besser von außen reinigen lassen. Dabei blättert der Belag durch Abschrecken mit kaltem Wasser schnell und leicht ab.

Um ein Schäumen und Spucken des Verdampfers zu verhindern, da hierbei salzhaltige Wassertropfen in die Brüden mitgerissen werden können, ist eine Überlastung des Verdampfers über das vorgesehene Maß nicht zulässig. Deswegen muß ein zu hoher Betriebsdruck auf der Primärseite entsprechend abgedrosselt werden. Ist eine zu hohe Temperatur des Heizdampfes die Ursache des Schäumens, so kann man ihn durch Einspritzen kälteren Wassers oder durch Anordnen eines Brüdenüberhitzers auf den richtigen Wert kühlen.

Stehende Umwälzverdampfer. Der Verdampfer (Abb. 345) in stehender zylindrischer Ausführung hat eine axiale Dampfzuführung durch den Brüdendom zum Heizraum.

Letzterer wird von zwei eingeschweißten Rohrböden begrenzt, in welche die Heizrohre eingewalzt sind. Der Dampf wird im Querstrom zu den Heizrohren geführt. Das Kondensat leitet man am tiefsten Punkt des Heizkörpers ab. Den Wasserumlauf bewirken am Umfang gleichmäßig verteilte, fest eingewalzte innere Umwälzrohre. In einem der Fallrohre befindet sich ein Entnahmerohr für die Ablaugung.

Um den Innenraum zwecks Reinigen und Auswechseln der Heizrohre begehen zu können, ohne daß der Dampfteil demontiert zu werden braucht, werden Mannlöcher oben und unten vorgesehen.

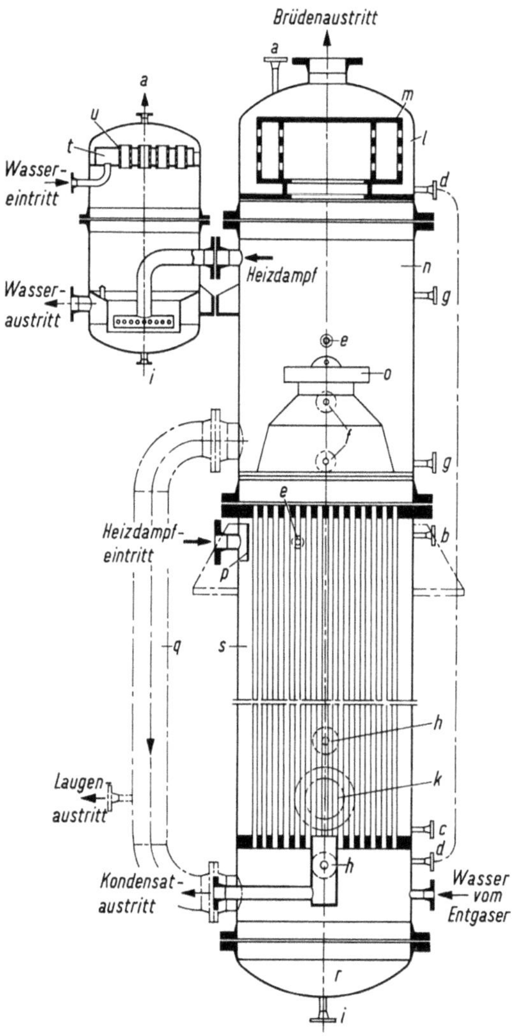

Abb. 346. Umwälzverdampfer mit außen liegender Zirkulation (Atlas)

Anschlußstutzen:

a Entlüftung
b Anfahrentlüftung
c Betriebsentlüftung (Entschwadung)
d Filterentwässerung
e Manometer
f Wasserstand
g Zulaufregler
h Ablaufregler
i Entleerung
k Mannloch

Bauteile:

l Trennbehälter
m Filter
n Brüdendom
o Zyklon
p Prallblech
q Kreislaufrohr
r Unterteil
s Heizkörper
t Druckkammer
u Spritzrohre

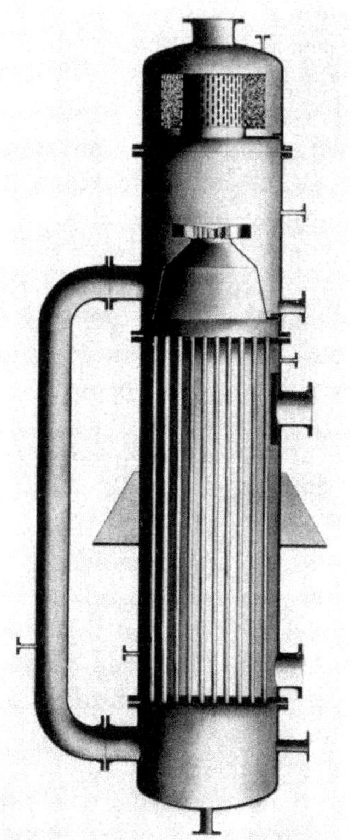

Abb. 347. Umwälzverdampfer mit außen liegender Zirkulation, Werkbild Atlas

Beim Verdampfer in Abb. 346 und 347 ist das Umwälzrohr für die Zirkulation des Wassers außerhalb des Apparates angeordnet[1].

Über dem Rohrsystem befinden sich ein Zyklon und kurz vor dem Brüdenaustritt ein Filter. Trennbehälter, Brüdendom, Heizkörper und Unterteil sind durch Flansche miteinander verbunden. Dicht an den Dom ist der Weichwasser-Entgaser angeschlossen. Diesem strömt das Zusatzwasser zuerst zur Entgasung zu, bevor es in den Verdampfer gelangt. Die Beheizung des Entgasers geschieht auf kürzestem Wege mittels Dampf aus

[1] Siehe auch Erster Band, S. 992, Abb. 31.

dem Brüdenraum, wobei ein Druckausgleich zwischen Entgaser und Verdampfer erfolgt. Die Heizbrüden des Entgasers werden wie in einer Nachkochstelle unter Wasser eingeleitet, was durch eine entsprechend hohe Anordnung des Wasseraustritts bewirkt wird. Der Entgaser besitzt zur Versprühung des Wassers eine Spritzkammer, an deren Stelle eine einfache Brause ausreichend sein kann, wenn nicht höhere Anforderungen an den Restsauerstoff gestellt werden.

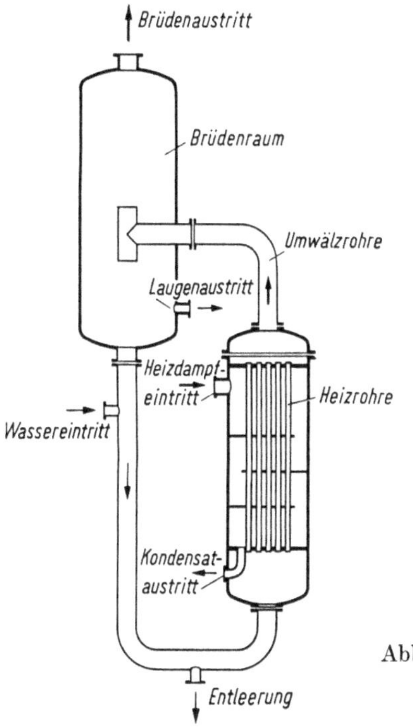

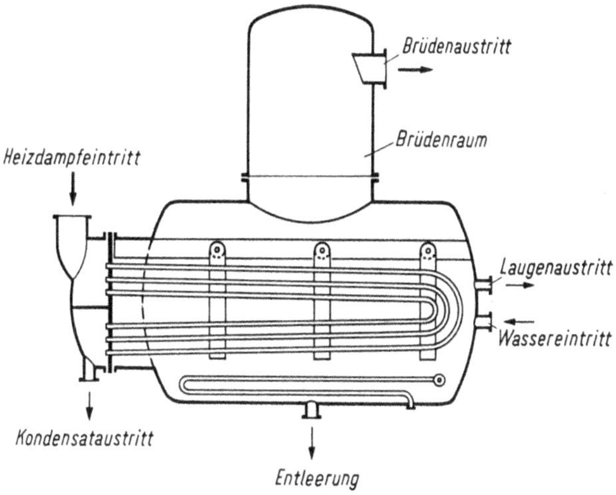

Abb. 349. Tauchverdampfer

Abb. 348. Umwälzverdampfer mit gesondertem Heizsystem

Stehende Verdampfer mit gesondertem Heizsystem. Der Verdampfer (Abb. 348) ist eine Sonderform mit vorgebautem Heizrohrsystem. Diese Bauart kommt besonders in Frage, wenn auf geringe Bauhöhe und bessere Zugänglichkeit der Heizrohre Wert gelegt wird.

Liegende Tauchverdampfer. Diese Verdampfer (Abb. 349) werden entweder mit geraden oder haarnadelförmig gebogenen Rohren ausgestattet, wobei das Heizrohrsystem ausfahrbar ist. Das Wasser wird an der Rohroberfläche verdampft. Zur Reinigung des Rohrbündels ist eine Kaltwasserbrause vorgesehen, um den Kesselstein abzusprengen. Die Heizschlange im unteren Verdampferteil unterstützt den Wasserumlauf beim Anfahren. Der Dampfdom ist geräumig bemessen, wodurch die Trocknung der Brüden gefördert wird. Letztere können auch an der obersten Stelle der Haube abgezogen werden. Im Gegensatz zum Umwälzverdampfer wird meistens im Dom ein Brüdenfilter vorgesehen.

Wegen des schlechteren Wärmeüberganges braucht man eine größere Heizfläche. Kleine Grädigkeiten können teuere Sonderkonstruktionen erfordern. Daher wählt man bei Tauchverdampfern größere Temperaturdifferenzen, etwa doppelt so hoch, wie sie bei Umwälzverdampfern üblich sind. Manchmal wird sogar das gesamte Temperaturgefälle zwischen den benachbarten Entnahmen zur Verdampfung ausgenutzt.

II. Die Entspanner

Die Entspannung von Flüssigkeiten ist immer mit einer Ausdampfung verbunden. Im Kraftwerk handelt es sich dabei meistens um Anfahrwasser aus dem Kessel, zirkulierendes Kondensat und aus dem Kreislauf abzuführende Lauge. Damit die Verdampfungswärme der letzteren nicht verlorengeht, werden die Entspannungsbrüden regenerativ verwertet. Zur Ausnutzung der Wärme der Restlauge lohnt sich insbesondere bei großen Mengen die Einschaltung eines Laugenkühlers an der temperaturtiefsten Stelle des Hauptkondensatlaufes. Das im Kessel abgeschlämmte Wasser läßt man gewöhnlich in zwei hintereinander folgenden Stufen an den hierfür geeigneten Stellen entspannen, wobei der entstehende Sattdampf mit in den entsprechenden Speise- oder Zusatzwasservorwärmern niedergeschlagen wird.

Kessel- und Verdampferlaugen werden zweckmäßigerweise in einem Behälter zusammengeführt und in ihm gemeinsam entspannt. Ob die Aufstellung eines besonderen Entspannungsgefäßes erforderlich ist, hängt nicht nur von der Größe der Wassermenge und der Höhe des Druckunterschiedes zwischen den in Frage kommenden Stufen ab, sondern kann auch durch eine bessere Kondensatregelung oder dadurch begründet sein, daß eine direkte Vermischung der entspannten Flüssigkeit mit sauberem Kondensat eine Verunreinigung bedeuten würde. Bei Kessel- und Verdampferlauge wird daher normalerweise

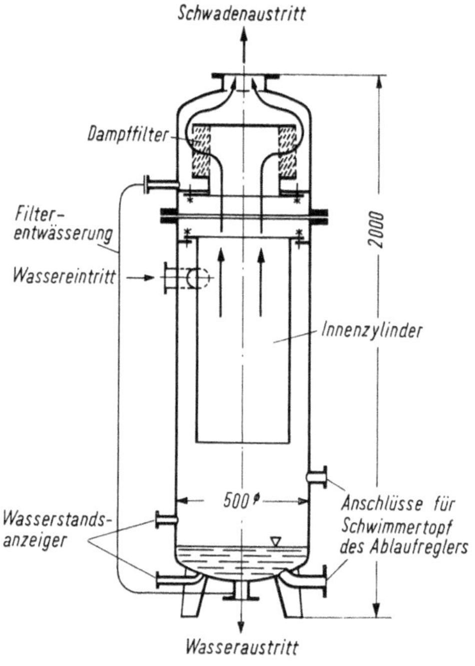

Abb. 350. Kessellauge-Entspanner (Atlas)

die Entspannung in einem getrennten Behälter vorgenommen. Heizdampfkondensat hingegen kann im nächstfolgenden Vorwärmer selbst entspannt werden, der zu diesem Zweck bei liegender Aufstellung auf der Stirnseite mit einem entsprechend großen Entspannungsraum versehen wird. Da die Ausdampfung des Wassers bereits im Ablaufregler beginnt, was zu einem schnellen Verschleiß der nachfolgenden Rohrleitung führt oder bei ihr einen sehr großen Durchmesser erfordern würde, ordnet man den Regler in nächster Nähe des Apparates oder Behälters an, dem das Kondensat zufließt.

Entspanner weisen konstruktiv keine wesentlichen Unterschiede auf. Die Hauptmerkmale seien an dem Beispiel von Abb. 350 beschrieben.

Die zu entspannende Flüssigkeit wird zur Ausschleuderung tangential in den zylindrischen Behälter eingeführt. Nach erfolgter Entspannung sammelt sich das Wasser im unteren Teil und wird mittels Regler — gegebenenfalls noch über einen Kühler — zur nächsten Verwendungsstelle oder zur Kanalisation abgeleitet. Der Mantel muß an der Aufprallstelle des eintretenden Wasserstrahles verschleißfest dimensioniert werden. Die Entspannungsbrüden gelangen durch den Innenzylinder nach oben und treten nach Durchströmen eines Dampffilters, das nicht immer benötigt wird, an der obersten Stelle aus dem Apparat.

Je nach den Auslegungsverhältnissen können die Abmessungen sehr unterschiedlich ausfallen. Das Oberteil ist abnehmbar, so daß man in das Innere gelangen kann. Wird der Entspanner, wie z. B. bei hohen Drücken, voll verschweißt, so wird die Zugängigkeit durch ein im unteren Teil angebrachtes Mannloch erreicht.

III. Die Entgaser

a) Allgemeines

Thermische Entgaser dienen zur Ausscheidung der im Kesselspeisewasser oder Zusatzwasser enthaltenen aggressiven Gase, wie Sauerstoff und Kohlensäure, die zu Korrosionen in den Anlageteilen führen können.

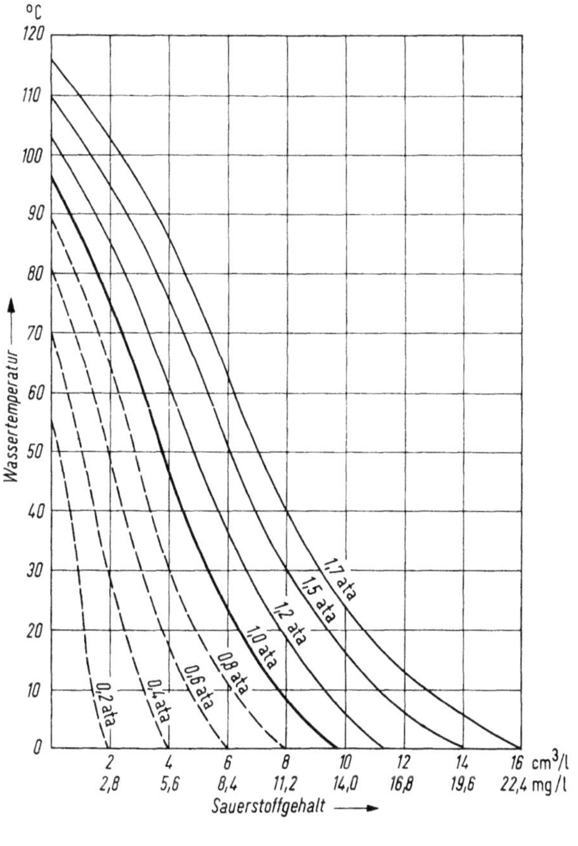

Abb. 351. Löslichkeit von Luft-Sauerstoff in destilliertem Wasser[1]

Die Löslichkeit der Gase im Wasser ist druck- und temperaturabhängig (Abb. 351). Sie nimmt bei gleichem Druck mit steigender Temperatur ab und wird um den Siedepunkt zu Null.

Bei der thermischen Entgasung kommt es darauf an, das Wasser zum Sieden zu bringen und hierbei die freigewordenen Gase auf günstigste Weise abzuführen. Zu diesem Zweck wird das Wasser erwärmt oder entspannt. Entsprechend unterscheidet man zwischen *Aufkoch-* und *Entspannungsentgasung.*

Das Aufwärmen des Wassers geschieht durch Mischen mit dem Heizdampf. Folgende Methoden sind üblich:

Einführen des Dampfes unter Wasser über ein Loch- oder Düsenrohr,

Beimischen des Dampfes in den zu entgasenden Wasserstrom in gleicher oder in entgegengesetzter Strömungsrichtung.

---

[1] Permutit-Taschenbuch, 6. Aufl. 1953, S. 159.

Die Gasausscheidung im und aus dem Wasser geschieht durch Diffusion. Findet in ihm eine Strömung statt, so entsteht eine viel schnellere Stoffübertragung von der Flüssigkeits- zur Gasphase zusätzlich durch Konvektion. Je größer die Geschwindigkeit und Verwirbelung in den Wasserteilchen sind, desto günstiger gestaltet sich die Entgasung. Am leichtesten läßt sich das Wasser außerdem entgasen, wenn das Verhältnis zwischen Oberfläche und Volumen möglichst groß ist. Zur Überwindung der hierbei zunehmenden Oberflächenspannung werden die Wasserteilchen durch Aufprall zerschlagen.

Da Aufwärmung und Entgasung zeitabhängig sind, bedarf es einer gewissen Mindestverweilzeit, um den gestellten Forderungen hinsichtlich Restsauerstoffgehalt zu genügen. Dies wird je nach Entgasungsweise und Bauart durch verschiedene konstruktive Maßnahmen erreicht.

Am häufigsten findet die *Versprühentgasung* Anwendung. In dem Apparat wird hierbei das eintretende Kondensat je nach Konstruktion auf verschiedene Weise in kleinste Wassertröpfchen zerstäubt. Entweder läßt man das Wasser in natürlichem Gefälle von einer Einlauftasse aus über mehrere untereinander angeordnete Kaskaden verrieseln *(Rieselentgaser)* oder unter Benutzung des Kondensatpumpendruckes von einer Wasserkammer aus durch viele kleine Bohrungen, Schlitze, Ventile oder Düsen verspritzen *(Spritzkammerentgaser)*.

Beim Rieselentgaser hängt die Güte der Entgasung von der Anzahl der Aufprall- und Umlenkstellen ab, was die Höhe des Entgasers und damit im wesentlichen seine Kosten bestimmen. Für die Verspritz-Einbauten verwendet man Rieselhorden, die meistens aus verschiedenartig gelochten Blechen oder aus gitterartig versetzten Profileisen bestehen. Zum Zerschlagen der Wassertröpfchen werden auch Drahtnetze benutzt. Die Umlenkungen des Wassers bewirken entsprechend angeordnete Leit- und Prallbleche.

Bei hohen Ansprüchen auf den Restsauerstoffgehalt ordnet man meistens im unteren Teil des Apparates zusätzlich eine Nachkochstelle an. In ihr wird der Heizdampf unter das angestaute Wasser eingeführt, um den Siedezustand zum zweiten Male herzustellen und auf diese Weise etwa noch vorhandene kleinste Gasbläschen auszutreiben. Versprüh- und Aufkoch-Entgasung werden so hintereinander in einem einzigen Apparat durchgeführt, wodurch sich der Restsauerstoffgehalt auf $10\,\gamma/l$ und darunter herabdrücken läßt[1]. Immer mehr setzt sich die Auffassung durch, daß eine hochwertige Entgasung nur durch das gleichzeitige Aufkochen des Inhalts des Speisewasserbehälters bewirkt werden kann. Eine direkte Einleitung des Heizdampfes von außen oberhalb der Nachkochstelle unter dem Rieselsystem ist dann gewöhnlich nicht mehr nötig, da die Aufwärmung des Wassers bereits allein durch die aufsteigenden Brüden genügt.

Die Schwaden zieht man an der obersten Stelle des Entgasers ab. Es läßt sich dabei nicht vermeiden, daß Dampf mit ins Freie strömt. Um den Kondensat- und Wärmeverlust möglichst klein zu halten, ordnet man im Speisewasserzulauf vor dem Entgaser einen besonderen *Schwadenkühler* oder *Schwadenkondensator* an. Diese Apparate werden wegen der erhöhten Korrosionsgefahr meistens voll aus Remanit hergestellt und dadurch sehr teuer, weshalb sich ihre Aufstellung nur lohnt, wenn die Schwadenmenge sehr groß ist. Sie wird je nach Konstruktion des Entgasers verschieden hoch angegeben. Im Mittel rechnet man mit einer Menge von etwa 30 bis 50 kg/h für je 100 t/h Speisewasserdurchsatz. Bei Verwendung eines Schwadenkühlers, wobei die Schwaden über dessen Entlüftung abziehen, verringert sich die Schwadenmenge auf etwa 10 bis 15 kg/h.

Damit die Kosten infolge des Wärmeverlustes und des aufzubereitenden Wassers nicht zu groß werden, sollte man als Garantiewert höchstens 0,3 kg/h Schwaden je t/h zu entgasendes Kondensat für den Normalbetrieb zugestehen.

Die Aufkoch-Entgasung kann allein im Speisewasserbehälter vorgenommen werden, so daß dann ein besonderer Entgasungsapparat nicht mehr nötig ist.

---

[1] $1\,\gamma$ (Gamma) $= 1\,\mu g$.

Zum Teil scheidet sich dabei das Gas auch durch Diffusion in die nach oben steigenden Dampfblasen aus. Über dem Wasserspiegel ist der Partialdruck der noch gelösten Gase sehr klein, so daß der Lösungsdruck im Wasser überschritten wird. Aus diesem Grunde scheiden sich die Gase ohne Wärmeaufwand aus.

Bei der Entspannungs-Entgasung dampft ein Teil des Wassers aus, der hierbei das gelöste Gas austreiben soll. Es bedarf daher bei gleichem Restsauerstoffgehalt eines größeren Wärmeaufwandes als bei den anderen Entgasungsverfahren. Auch kann eine zu große Wasserhöhe und die Oberflächenspannung einer genügenden Entgasung hinderlich werden, weshalb besondere Maßnahmen für die feine Verteilung des Wassers im Augenblick der Entspannung und für ausreichende Übertemperatur getroffen werden müssen.

Die Entgasung kann bei Überdruck oder Vakuum durchgeführt werden. In der Praxis wird die *Überdruck-Entgasung* bevorzugt, weil die Gefahr eines Lufteinbruches vermieden wird und keine besondere Luftabsaugung erforderlich ist. Auch sichert der Druckentgaser eine wirksame Entgasung über den gesamten Lastbereich vollkommener.

Die *Vakuum-Entgasung* wird vielfach als *Hotwell-Entgasung* ausgebildet. Sie stellt die Kombination einer Aufkoch- und Entspannungs-Entgasung dar, bei der das Heizdampfkondensat der unteren Entnahmen zum Hotwell geleitet wird und in diesem ausdampft, wodurch das Turbinenkondensat aufgekocht wird. Die Hotwell-Entgasung bringt eine gewisse Vereinfachung der Vorwärmeranlage mit sich und findet daher immer mehr Anwendung.

Während das dem Überdruckentgaser zufließende Turbinenkondensat im Kondensator weitestgehend vorentgast ist, wobei Werte von 20 γ/l und weniger erreicht werden, ist das Zusatzwasser aus einer *Vollentsalzungsanlage* mit Sauerstoff voll gesättigt und weist einen erheblichen Sauerstoffgehalt auf (bei 1 ata und 20 °C etwa 8500 γ/l). Da ein derartiges Wasser hoch aggressiv ist, wird es meistens in einem besonderen Apparat üblicherweise bis auf einen Restsauerstoffgehalt von etwa 50 γ/l vorentgast.

Um den *Zusatzwasser-Entgaser* vor Zerstörung zu schützen, müssen die Einleitungsrohre und die Teile, die der Entschwadung ausgesetzt sind, z. B. Entgaserhaube und Wasserverteilsystem einschließlich Einbauten, korrosionsfest ausgeführt werden.

Das Zusatzwasser wird bei Unter- und Überdruck entgast. Die Vakuum-Entgasung ist thermisch günstiger, weil die Regenerativ-Vorwärmung auch in den Stufen unterhalb des Hauptentgasers zur Auswirkung gelangt.

Der Zusatzwasser-Vakuum-Entgaser wird üblicherweise aus der untersten Entnahme beheizt. Da der Druck im Entgaser höher als im Kondensator ist, kann man das entgaste Wasser dem Hotwell zulaufen lassen. In der Mischung entsteht eine Anreicherung des Sauerstoffgehaltes, die bei kleinen Werten von Nettodestillat nicht so groß wird, daß die Rohrleitungen und Apparate bis zum Hauptentgaser gefährdet sind. Anstatt die Entgasung in einem getrennten Apparat durchzuführen, kann man sie auch in den Turbinenkondensator verlegen, wozu der Hotwell — wie schon erwähnt — als Entgaser ausgebildet wird. Bleibt die Zusatzwassermenge relativ klein (z. B. 2 bis 3% der Frischdampfmenge), so kann es bereits genügen, das Wasser über eine Brause in die Verbindung zwischen Turbine und Kondensator zu versprühen. Um hierbei das Wasser entspannen zu können, wärmt man es vorher in einem zwischen Vollentsalzungsanlage und Kondensator angeordneten und korrosionsfest zu bauenden *Zusatzwasservorwärmer* auf.

Zur Erreichung gleichbleibender Zulaufverhältnisse für die Kesselspeisepumpe wird die Entgasung bei konstantem Druck durchgeführt *(Festdruckentgasung)*.

Entgasungstemperaturen sind bis 180 °C und darüber hinaus verwirklicht worden. Der übliche mittlere Temperaturbereich liegt bei etwa 130 bis 160 °C. Niedrigere Temperaturen haben zur Folge, daß mehr Hochdruckvorwärmer benötigt werden, die viel teurer als Niederdruckvorwärmer sind (Kostenverhältnis etwa 1 : 4 bis 1 : 6). Es darf jedoch bei einem Vergleich nicht übersehen werden, daß die Kosten mit Zunahme des Druckes auch für den Speisewasserbehälter und Entgaser ansteigen.

Aus Schaltungsgründen ist für den kombinierten Gas- und Dampfturbinenbetrieb des Kraftwerkes „Hohe Wand" der NEWAG eine obere Schwebeentgasungstemperatur von etwa 220 °C gewählt, so daß nur noch zwei Hochdruckvorwärmer nötig sind. Bei der hohen Zulauftemperatur und gleichzeitig niederen Zulaufhöhe von etwa 10 m wird die Vorpumpe zur Kesselspeisepumpe doppelflutig, d. h. ohne Entlastungsscheibe gebaut.

Die Festdruckentgasung hat nur in dem Betriebspunkt ihren thermischen Bestwert, bei dem die für die Entgasung benutzte Anzapfstelle der Turbine den Druck aufweist, welcher der Entgasungstemperatur ohne Reduzierung entspricht. Während man bei größerer Last den Dampf wegen seines zu hohen Entnahmedruckes zu drosseln gezwungen ist, muß man bei kleinerer Leistung auf eine obere Entnahme übergehen und deren Druck gleichfalls auf den Entgaser reduzieren.

Diese thermischen Nachteile vermeidet die *Schwebeentgasung*. Bei ihr gleitet der Druck der Entgasung mit dem der Entnahme auf und ab, weshalb diese Entgasungsart auch *Gleitdruckentgasung* genannt wird. Wie theoretisch untersucht und praktisch bewiesen

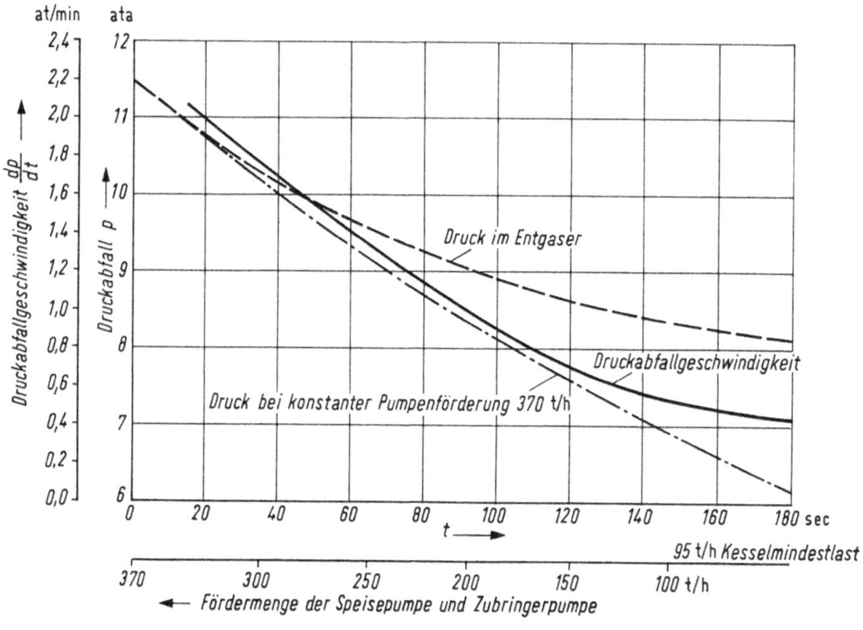

Abb. 352. Druckabfall und Druckabfallgeschwindigkeit im Speisewasserbehälter im Schnellschlußfall einer 100 MW-Turbine mit Bensonkessel

worden ist, entsteht keine Gefahr für den Pumpenzulauf, wenn die Druckabsenkungsgeschwindigkeit im Entgaser bzw. Speisewasserbehälter auch im Extremfall, d. h. bei Schnellschluß der Turbine, nicht die von der Pumpenfirma geforderte Grenze überschreitet. Bezüglich des Berechnungsvorganges sei auf die verschiedenen Veröffentlichungen verwiesen. Das Ergebnis einer praktischen Untersuchung zeigen die Kurven von Abb. 352.

Zur Verwirklichung der thermisch günstigeren Schwebeentgasung ist im Hinblick auf plötzlichen Lastanstieg und -abfall (z. B. Lastabwurf) vor allem folgendes zu beachten:

genügende Zulaufhöhe für die Pumpe, andernfalls Anordnen einer Vorpumpe mit kleiner Drehzahl,

genügend großer Durchmesser und möglichst einfache, gerade Führung der Zulaufleitung der Pumpe, um mit geringem Widerstand auszukommen,

genügend großer Speisewasserbehälter, um die Druckabsenkungsgeschwindigkeit klein zu halten,

Gewährleistung der Entgasung auch bei Lastanstieg durch ausreichendes Aufkochen des gesamten Speisewasserbehälterinhaltes, da andernfalls das Wasser bei Nichterreichen der Siedetemperatur wieder Sauerstoff aufnimmt,

Anordnen einer Druckausgleichsleitung einschließlich der erforderlichen Rückschlagklappe zwischen Dampfeinleitrohr unter Wasser und dem Dampfraum im Speisewasserbehälter, um bei Druckabfall ein Rückströmen von Wasser in der Entnahmeleitung und damit in die Turbine zu verhüten (Abb. 353).

Heizdampfkondensate aus den Hochdruck-Vorwärmern werden ober- oder unterhalb des Wasserspiegels in den Speicher eingeleitet. Bei der letzteren Art werden die Entspannungsbrüden mit zum Durchkochen des Speisewasserbehälterinhaltes verwendet, was bei Betriebsfällen mit geringem Dampfbedarf, wie z. B. bei Überlast der Turbine und Festdruckentgasung oder bei bestimmten Entgaserkonstruktionen, von Vorteil sein kann.

Damit die Schwebeentgasung nicht ins Vakuumgebiet gelangt, wird sie etwas oberhalb von 1 ata nach unten begrenzt. Sinkt der Entnahmedruck unter diesen Wert ab, wird es nötig, einen Anschluß aus der nächsthöheren Entnahme vorzusehen. Bei Maschinen

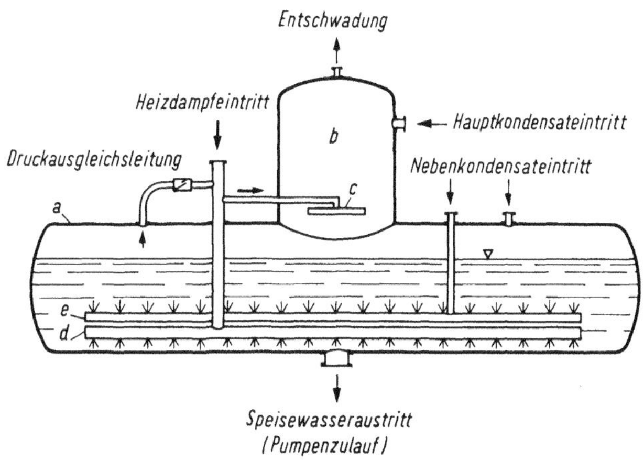

Abb. 353. Druckausgleichsleitung bei Dampfeinleitung unter Wasser
a Speisewasserbehälter
b Entgaser
c Nachkochstelle
d Dampf-Einleitrohr
e Nebenkondensat-Einleitrohr

mit Zwischenüberhitzung verwendet man hierfür meistens die kalte ZwÜ-Leitung, da bei ihr auch beim An- und Abfahren des Blockes oder bei plötzlicher Lastabschaltung ein genügender Überdruck sichergestellt ist (etwa 12 bis 18 atü bei einfacher Zwischenüberhitzung üblich). Da der Druck dieser „Stütz-Entnahme" höher als im Entgaser ist, muß eine Reduzierstation in dieser Heizdampfleitung vorgesehen werden.

Aus Betriebs- und Kostengründen wird manchmal auch eine Begrenzung der Schwebeentgasungstemperatur nach oben vorgenommen. Das ist insbesondere dann der Fall, wenn sie bei größter Turbinenlast infolge sehr hohen Entnahmedruckes zu hoch ansteigt. Auch die vorzeitige Begrenzung nach unten kann zur Erhaltung der Mindestentgasungsspanne erforderlich werden, wenn die Zulauftemperatur des Hauptkondensates zum Entgaser, z. B. infolge einer Fremdvorwärmung oder durch einen zwischengeschalteten Rauchgasvorwärmer, bei Teillast nicht mit abfällt oder gar noch ansteigt.

Zur Überwindung der geodätischen Höhe bis zum Wasserspiegel und der Widerstände in den Austrittsöffnungen des unter Wasser befindlichen Verteilerrohres entsteht bei der Aufkochentgasung ein Druckverlust, der einer Grädigkeit auch bei der Schwebeentgasung gleichkommt.

Annähernd gleich günstige thermische Verhältnisse wie bei Schwebeentgasung ergeben sich beim Festdruckentgaser, wenn man diesem an der gleichen Entnahme einen Oberflächenvorwärmer gemäß der Schaltung von Abb. 354 zuordnet.

Entgaser und Vorwärmer bilden dann eine gemeinsame Vorwärmstufe. Auf diese Weise nutzt man auf der einen Seite den Vorteil des gleichmäßigen Betriebes bei der

Festdruckentgasung aus, andererseits ist deren thermischer Nachteil durch den mit gleitender Temperatur fahrenden Vorwärmer vermieden.

Da der Unterschied zwischen dem Festdruck im Entgaser und dem gleitenden Druck im Vorwärmer bei fallender Turbinenlast immer kleiner wird, braucht man bei Teillast — insbesondere bei hoch aufgestelltem Entgaser — eine Nebenkondensatpumpe, um den Heizdampfkondensatablauf aus dem Vorwärmer zum Entgaser sicherzustellen. Die Pumpe wird differenzdruckabhängig, wie in Abb. 354 angedeutet ist, ein- oder abgeschaltet.

Da der Heizdampf bei niedriger Last, wie bereits erwähnt, aus einer höheren Anzapfung bezogen werden muß, kann man die bisherige Entnahme regenerativ in einem Schwachlastvorwärmer ausnützen, der in den Hauptkondensatablauf vor Eintritt in den Entgaser eingeschaltet wird (Abb. 355).

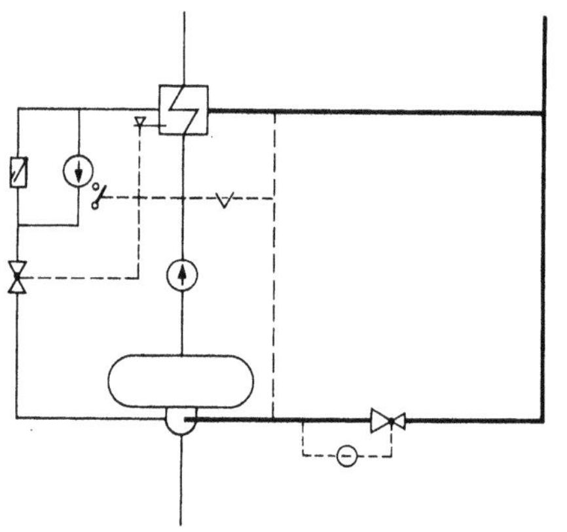

Abb. 354. Kombination von Mischvorwärmer-Entgaser und Oberflächenvorwärmer

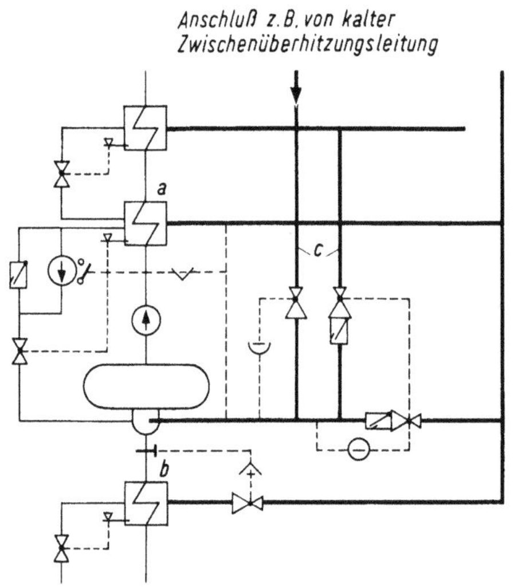

Abb. 355. Thermische Verbesserung der Festdruck-Entgasung mittels Hochdruck- und Schwachlast-Vorwärmer

a Hochdruckvorwärmer
b Schwachlastvorwärmer
c Stützentnahmen

Dieser Vorwärmer lohnt sich jedoch nur, wenn die Turbine längere Zeit, wie z. B. nachts, bei kleiner Last gefahren wird. Die durch diese Schaltungskombination erzielte thermische Verbesserung der Festdruckentgasung schneidet aber trotzdem, wie STOLL an einem konkreten Beispiel errechnet hat, wirtschaftlich ungünstiger als die reine Schwebeentgasung ab.

b) Bauarten

Die verschiedenen Konstruktionen für *Rieselentgaser* unterscheiden sich im wesentlichen nur in Anordnung und Anzahl der Rieselhorden sowie in der Art der Einführung des Heizdampfes. Abb. 356 zeigt als Beispiel einen Apparat mit Nachkochstelle[1].

Der Wassereintritt erfolgt oben in eine Rieseltasse, die den Zweck hat, das Wasser gleichmäßig über den gesamten Querschnitt des Entgasers auszubreiten. Um auch bei kleinen Mengen die Restsauerstoff-Garantie einhalten zu können, wird über den gesamten Lastbereich eine gleich gute Wasserverteilung erstrebt. Zu diesem Zweck ordnet man in der Rieseltasse konzentrische Überlaufbleche an. Während sich das Wasser zuerst bei kleiner Last im Inneren der Tasse anstaut, läuft es bei größeren Mengen über den Staurand hinweg und beaufschlagt auch die äußere Ringfläche.

[1] Siehe auch Erster Band, S. 992, Abb. 30.

Von der Einlauftasse fällt das Wasser zur Verspritzung und Zerschlagung in viele kleinste Tröpfchen auf mehrere versetzt angeordnete Rieselböden, die aus gelochten Blechen bestehen. Das so von dem entgegenströmenden Dampf aufgewärmte und zum Sieden gebrachte Wasser fängt ein Blechtrichter auf, aus dem es in die Nachkochstelle läuft. In diese wird der Heizdampf über ein ringförmiges Verteilrohr unter Wasser eingeführt. Die Bohrungen sind zur besseren Durchströmung an der Unterseite angebracht. Das oben gezackte Staublech bewirkt einen konstanten Wasserspiegel und gleichmäßigen Überlauf zum Speisewasserbehälter. Zum Druckausgleich zwischen diesem und dem Entgaser dient das im Inneren befindliche senkrechte Rohr, durch das zugleich die Heizschwaden aus dem unteren Behälter direkt unter die Rieselbleche strömen können. Bei

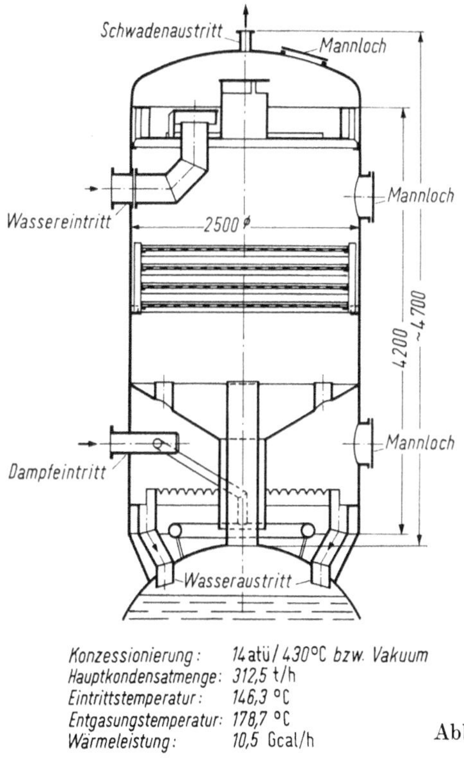

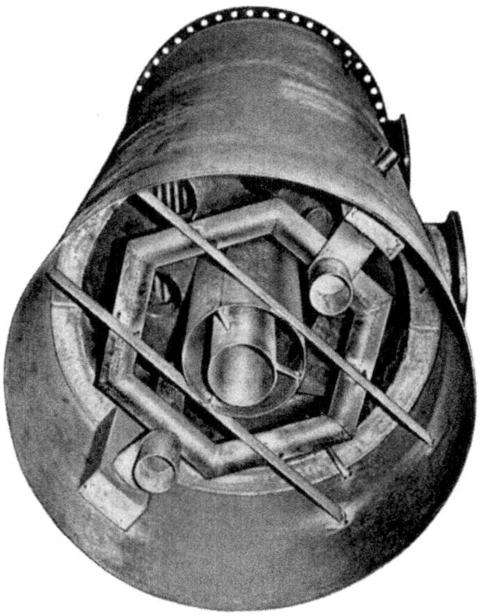

Abb. 357. Untersicht auf die Nachkochstelle zur Restentgasung in einem Rieselentgaser, Werkfoto Balcke

Abb. 356. Rieselentgaser mit Nachkocheinrichtung (Balcke)

manchen Konstruktionen sind die Druckausgleichsrohre, die genügend groß bemessen sein müssen, außen angebracht. Die aus der Nachkochstelle austretenden Schwaden werden durch Öffnungen in dem Blechtrichter in den oberen Behälterraum geleitet. Mehrere Mannlöcher ermöglichen den Zugang zu den einzelnen Stellen des vollgeschweißten Entgasers. Eine Ansicht auf die Nachkochstelle von unten zeigt Abb. 357.

Bei dieser Konstruktion ist die obere Haube an den zylindrischen Mantel des Entgasers angeflanscht. Der Apparat wird entweder über eine besondere Tragkonstruktion auf den Speisewasserbehälter aufgesetzt oder in diesen eingelassen bzw. der Boden mit ihm verschweißt.

Im *Spritzkammer-Entgaser* (Abb. 358) erfolgt die Versprühung des Wassers mittels mehrerer kurzer, senkrechter Rohre, in deren Inneres das Kondensat durch viele kleine Bohrungen verspritzt wird.

Das zerstäubte Wasser nimmt auch bei dieser Konstruktion im Gegenstrom die Wärme des aufsteigenden Dampfes auf und wird dabei entgast. Die Gase werden durch die Spritzkammer nach oben zur Entschwadung abgeleitet. Das Wasser fällt über einen Trichter in einen Hohlzylinder, der im unteren Teil die Nachkochstelle enthält. In diese tritt der Dampf in ähnlicher Weise wie beim Rieselentgaser unter Wasser ein, wobei

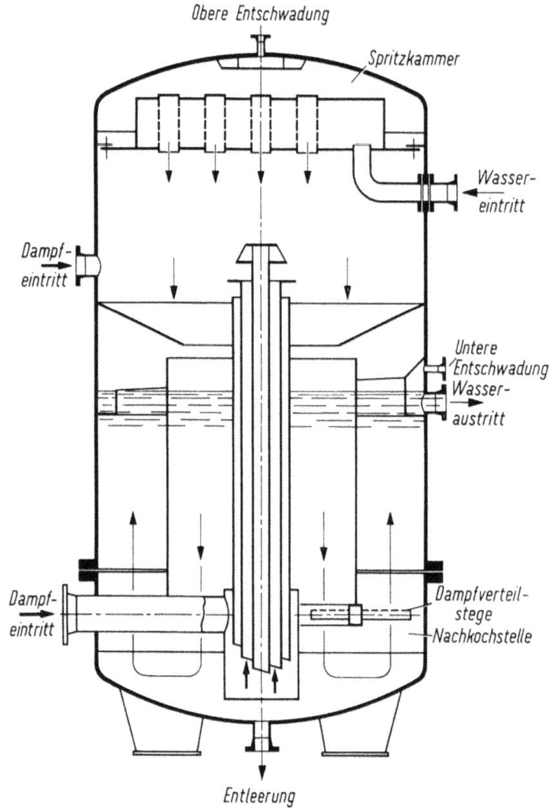

Abb. 358. Bauart eines Spritzkammer-Entgasers mit Nachkochstelle (Atlas)

es zum Sieden gebracht und nachentgast wird. Anschließend fließt das Wasser außerhalb des Zylinders empor zum Austritt. An dieser Stelle werden restliche Gase, insbesondere etwa vorhandene Kohlensäure, die sich wegen ihres größeren spezifischen Gewichtes an dieser Stelle über der Wasseroberfläche ansammeln wird, über die untere Entschwadung abgeführt.

Bei Belastungsstößen werden die in der Mitte befindlichen, konzentrisch angeordneten Rohre nacheinander von Dampf freigeblasen, da der Rohrleitungswiderstand in der Nachkochstelle steigt. Dadurch gelangen die bei Überlast zusätzlich erforderlichen Dampfmengen direkt in den Entgaser. Bei dieser Konstruktion ist der dampfseitige Druckverlust sehr klein.

Wie aus den räumlichen Apparate-Skizzen der Abb. 359 über die gleiche Bauart hervorgeht, läßt sich die Spritzkammer durch ein einfaches Spritzrohr ersetzen, das für Entgaser mit geringerer Gewährleistung bis etwa 50 γ/l ausreichend ist. Auf diese Weise werden z. B. Zusatzwasserentgaser gebaut. Da man bei ihnen auf die Nachkochstelle und besondere Einbauten verzichten kann, werden diese Apparate trotz der besonderen Verwendung von korrosionsfestem Material im oberen Teil mit der Haube und dem Einspritzrohr relativ billig. Ein besonderer Schwadenkühler ist nach Angabe der Lieferfirma bei dieser Konstruktion nicht erforderlich, weil die Spritzkammer bereits als Schwadenkondensator wirkt, in der die mit dem Sauerstoff mitgerissenen Dampfteilchen von dem eintretenden kalten Wasserschleier nach dem Prinzip eines Einspritzkondensators niedergeschlagen werden. Das z. B. aus den HD-Vorwärmern zulaufende Heizdampfkondensat wird direkt unterhalb der Spritzkammer eingeleitet, damit die Entspannungsbrüden mit zur Entgasung benutzt

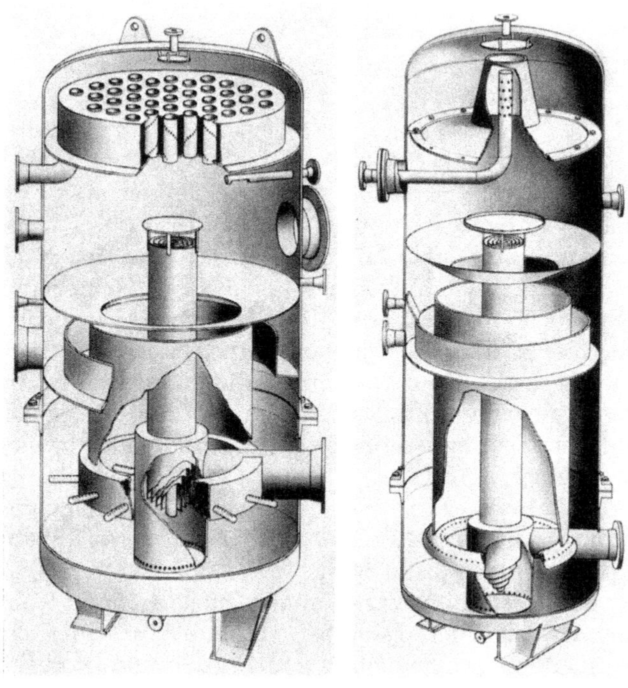

Abb. 359. Spritzkammer-Entgaser, Werkbild Atlas

werden können. Abb. 360 zeigt einen Spritzkammerapparat, bei dem der Heizdampf zum Hauptteil unter Wasser im Speisewasserbehälter und zusätzlich über zwei Ringkanäle in eine Nachkochstelle im Entgaser eingeleitet wird. Das Wasser aus der Spritzkammer fällt im Gegenstrom zu den Heizbrüden über die konischen Leitbleche in den äußeren Ringraum der Nachkochstelle, um im nächst inneren im Gleichstrom mit dem Heizdampf emporzusteigen und nach der Aufkochung im innersten Teil, der das zentrale Dampfausgleichsrohr umschließt, dem Speisewasserbehälter über einen Wasserverschluß zuzuströmen. Die Dampfaufteilung erfolgt so, daß über die Nachkocheinrichtung nur die für einen guten Nachentgasungseffekt günstigere Menge eingeleitet wird, d. h. der diese überschreitende Dampfbedarf gelangt über die Lochrohre im Speisewasserbehälter zur Aufkochung des

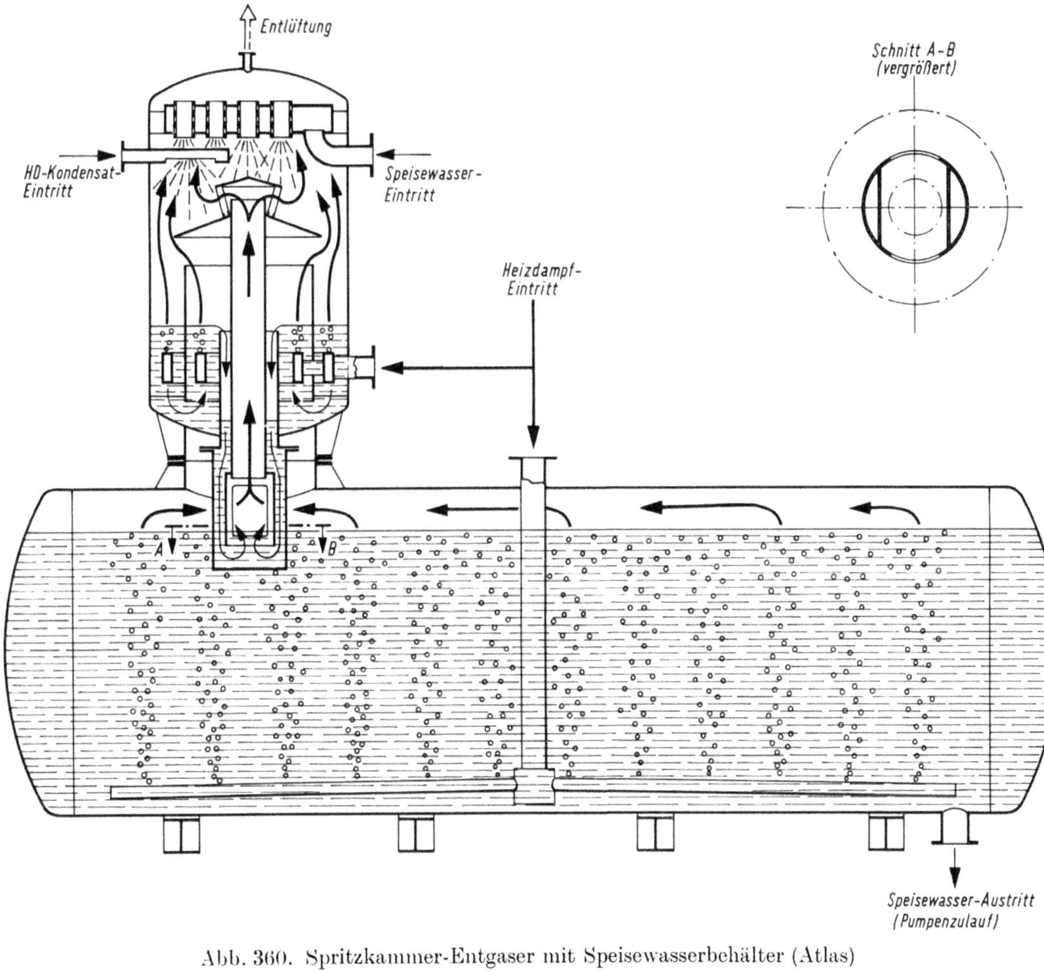

Abb. 360. Spritzkammer-Entgaser mit Speisewasserbehälter (Atlas)

Speicherinhaltes. Der dem Behälter zugeführte und ihn als Sattdampf verlassende Dampf tritt über fensterartige Öffnungen in das Innere des senkrechten Dampfausgleichsrohres und strömt so direkt zur Kondensation bzw. Aufwärmung und Entgasung des frisch zulaufenden Wassers unter die Spritzkammer.

Einzelheiten des Wasserverschlusses gehen aus Abb. 361 hervor.

Bei den *englischen* Entgaser-Bauarten von Abb. 362 bis 364 wird das Wasser zuerst über Einspritzdüsen zersprüht und anschließend über mehrere Rieselhorden in kleine Tropfen zerschlagen. Der Dampfeintritt erfolgt oben oder unten in die Entgaser bzw. in den Speisewasserbehälter.

Die Schwaden führt man bei der Konstruktion von Abb. 362 unten aus dem Apparat nach oben in den Mantelraum des parallel angeordneten geradrohrigen Schwadenkondensators, dessen Kondensat über eine Wasserschleife dem Entgaser wieder zuläuft. Die Entschwadung geht zum Kondensator. Auf diese Weise entsteht praktisch kein Kondensatverlust.

Der Speisewasserbehälter und die beiden auf ihn aufgesetzten Entgaser von Abb. 363 gehören zu einer 500 MW-Blockeinheit. Die beiden U-Rohr-Schwadenkondensatoren sind hierbei zur Platzersparnis durch die Entgaserköpfe geführt. Wegen der schwankenden Anzapfdrücke in der Turbine ist die Heizdampfleitung an zwei Entnahmen angeschlossen.

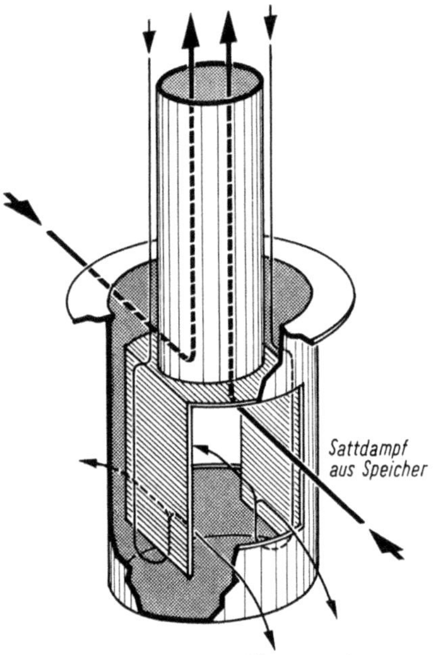

Abb. 361. Wasserverschluß des Entgasers von Abb. 360

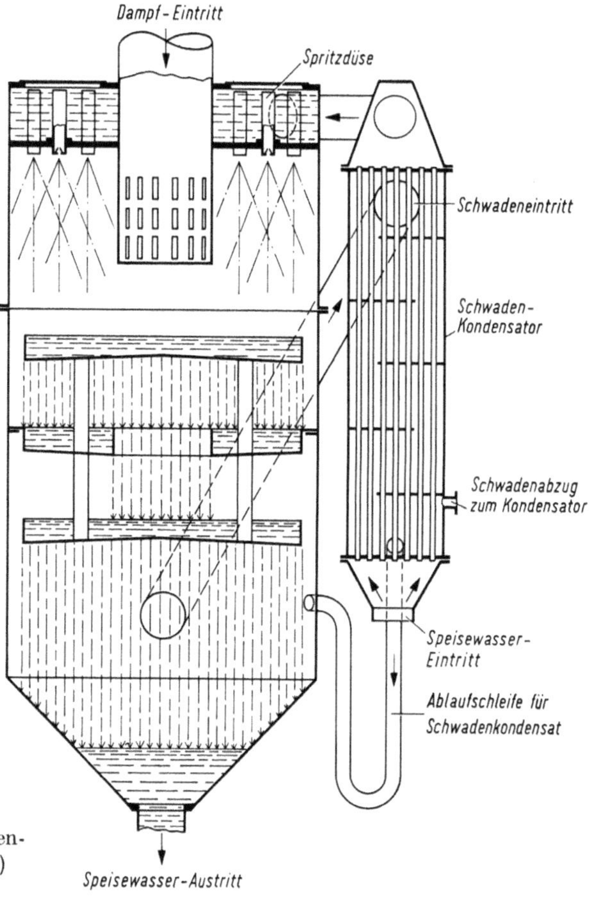

Abb. 362. Entgaser mit Schwadenkondensator (Hick Hargreaves)

Der Apparat nach Abb. 364 ist ebenfalls eine Kombination eines Spritz- und Rieselentgasers. Die Blecheinbauten im Speisewasserbehälter dienen der Führung und Verteilung des Wassers.

Bei dem Entgaser nach Abb. 365 sind Versprühung und Entgasung des Wassers ganz in den Speisewasserbehälter verlegt. Diese Entgasungsart wird nach der Herstellerfirma kurz als Stork-Entgasung bezeichnet.

Der Dampf wird durch ein Dampflochrohr unter Wasser eingeführt und bewirkt dadurch ein Aufkochen des Behälterinhaltes. Die an der Unterseite des Dampfverteilrohres angebrachten Bohrungen müssen jeweils die richtige Größe besitzen, damit beim Anwärmen des kalten Behälterinhaltes keine Wasserschläge entstehen, die nicht nur ein störendes Knallen zur Folge haben, sondern auch zu starken Erschütterungen des Speichers bzw. zu Schwingungen der anschließenden Rohrleitungen führen können. Bei Ver-

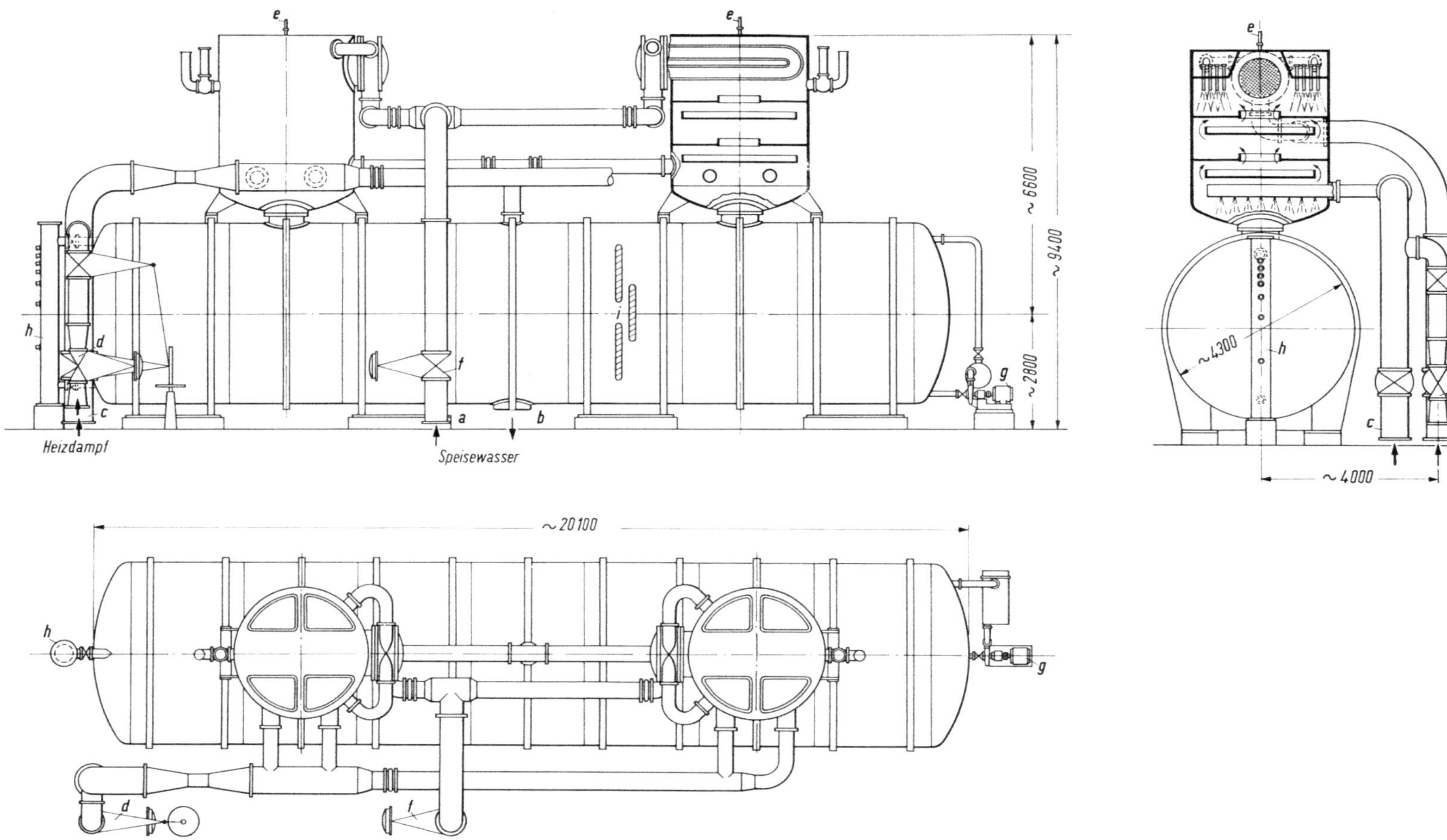

Abb. 363. Entgaser und Speisewasserbehälter für einen 500 MW-Block (Hick Hargreaves)

a Speisewassereintritt
b Speisewasseraustritt (Pumpenzulauf)
c Hauptdampfanschluß
d Dampfanschluß für niedrige Last und Dampfregelventil für niedrige Last
e Schwadenabzug
f Zulaufregelventil
g Heizaggregat zum Warmhalten bei Betriebsstillstand
h Wasserstandkammer
i Örtliche Wasserstandsanzeige

wendung von Ruths-Düsen verringern sich diese Gefahren, es entstehen aber höhere Kosten. Außerdem ist keine so gute Dampfverteilung über die gesamte Länge des Behälters möglich.

Das zu entgasende Wasser sprüht mit hoher Geschwindigkeit fein verteilt aus einer Brause und wird durch die aufsteigenden Dampfschwaden erhitzt. Durch eine senkrechte

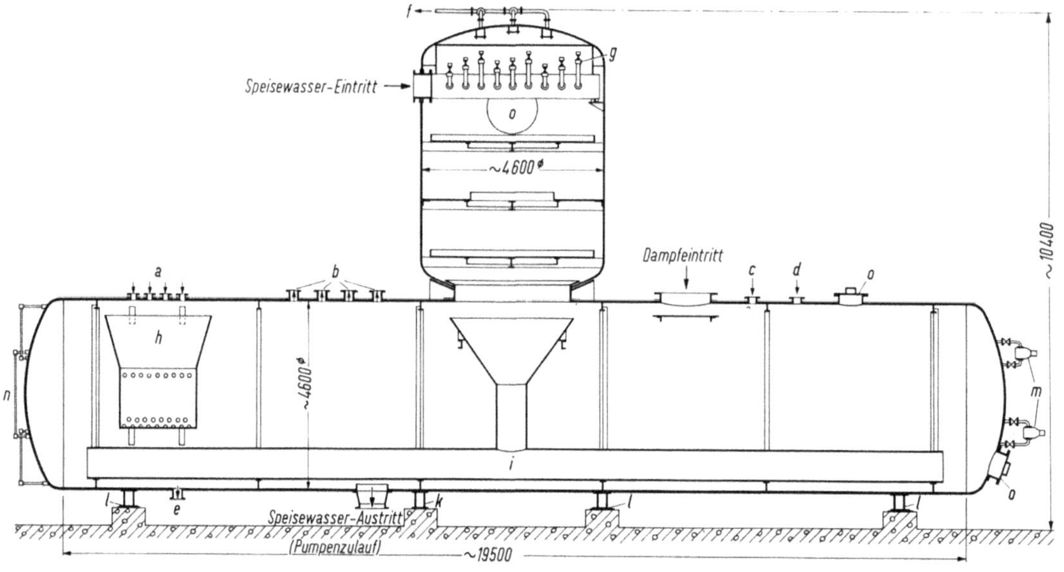

Abb. 364. Kombinierter Spritz- und Rieselentgaser mit Speisewasserbehälter (William Boby & Co. Ltd.)

Anschlußstutzen: *a* Pumpenumlaufwasser-Eintritt
b Sicherheitsventile
c HD-Nebenkondensat, Wassereintritt
d HD-Nebenkondensat, Dampfeintritt
e Entwässerung
f Schwadenaustritt

Bauteile: *g* Spritzdüsen
h Auffangkammer
i Wasserverteiler
k Fester Fuß
l Gleitender Fuß
m Oberer und unterer Niveauwächter
n Wasserstandanzeiger
o Mannloch mit Deckel

Trennwand, die den Behälter in einem bestimmten Verhältnis aufteilt, wird das Wasser zuerst nach unten geführt, wo es am Dampflochrohr entlang auf die andere Seite überströmt und dabei aufkocht. Um die Zuströmung zu den Kesselspeisepumpen nicht zu

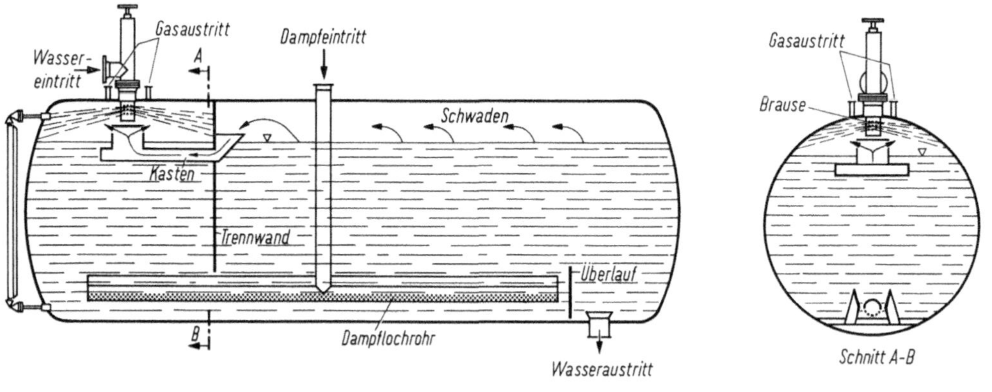

Abb. 365. Stork-Entgaser

gefährden, ist vor dem Austrittsstutzen ein Überlaufblech vorgesehen. Will man den Pumpenzulauf senkrecht unter dem Wassereintritt anordnen, erhält der Speicher unter dem Dampfeinleitrohr einen aus Blecheinbauten gebildeten Leitkanal.

Während die Schwaden auf der linken Seite der Trennwand direkt unter die Brause gelangen, strömt der Dampf auf der rechten Seite infolge der Sogwirkung zwischen den beiden Behälterteilen unter Mitnahme von restlichen, nicht kondensierbaren Gasen durch einen Kasten mit Wasservorlage unter den Wasserschirm. Die Entschwadung erfolgt oberhalb der Brause. Ein besonderer Schwadenkondensator ist auch hier — wie schon bei dem bereits beschriebenen Spritzkammer-Entgaser — nicht erforderlich. Der Wrasenabzug beträgt nach Angabe der Lieferfirma maximal etwa 100 kg/h.

Die Einspritzvorrichtungen arbeiten meistens automatisch. Abb. 366 zeigt als Beispiel das genormte Stork-Spritzsystem, das für Wassermengen von 25 bis 500 t/h geeignet ist.

Die Brause besteht aus einem geschweißten stählernen Gehäuse. Der Kolben ist in dem Sprühkopf aus V2A-Stahl frei beweglich und steuert sich in Abhängigkeit von Wasserstaudruck und Federkraft selbsttätig. Je nach Durchsatz oder Turbinenleistung werden so im unteren Teile des Brausezylinders verschieden viele Löcher freigegeben, durch die das Wasser im Hauptlastbereich bei annähernd gleichem Druck versprüht wird, so daß immer eine gute Entgasung gewährleistet ist.

Nach Herausziehen der beiden Knöpfe an der Gehäuselaterne läßt sich über das Handrad die Lage des Kolbens während des Betriebes von außen verstellen. Auf diese Weise wird in der untersten Totlage die Beseitigung der auf dem Kolben angesammelten Fremdkörper und Verunreinigungen ermöglicht, die durch die Reinigungsschlitze in den Speisewasserbehälter gespült werden. Die endgültige Entfernung des Schmutzes erfolgt gewöhnlich über die Siebe vor den Speisepumpen.

Aus Messungen der Firma Stork geht hervor, daß die Entgasung im Wasserschirm um die Brause trotz sehr kurzer Verweilzeit eines Tröpfchens an dieser Stelle sehr wirksam ist. Dadurch, daß das zerspritzte Wasser an der Behälterwand aufschlägt, zerplatzen die Tröpfchen in feinste Teilchen, so daß eine weitere intensive Entgasung ermöglicht wird.

Eine amerikanische Konstruktion, die von der Firma Worthington für den Schiffbau entwickelt wurde, zeigt Abb. 367.

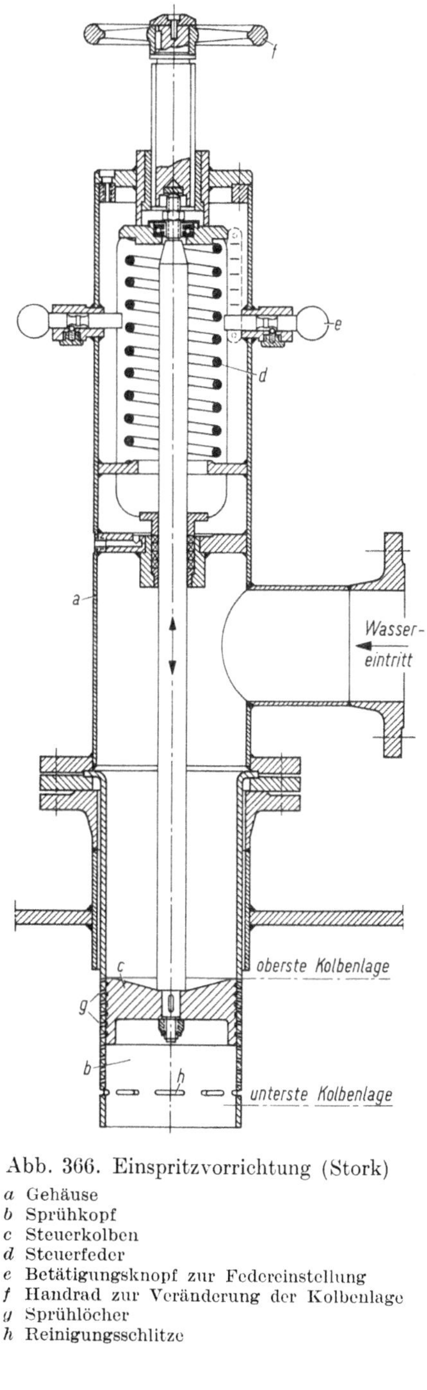

Abb. 366. Einspritzvorrichtung (Stork)
a Gehäuse
b Sprühkopf
c Steuerkolben
d Steuerfeder
e Betätigungsknopf zur Federeinstellung
f Handrad zur Veränderung der Kolbenlage
g Sprühlöcher
h Reinigungsschlitze

Der nach dem Spritzkammerverfahren arbeitende *Dampfdüsen-Kontakt-Entgaser* arbeitet folgendermaßen: Das der Wasserverteilkammer *a* zugeführte Kondensat wird über mehrere konische, mit Federn belastete Sprühventile *b* in die Primär-Heizkammer *c* eingespritzt. Konstruktion und Anordnung sind so, daß über dem gesamten Lastbereich ein fein zerstäubter und gleichmäßig verteilter Sprühregen vorhanden ist. Das Wasser aus den Ventilen tritt in der Primär-Heizkammer zwischen den oberen und unteren Luftkühl-Leitblechen *d* und *e* im echten Gegenstromverhältnis zu dem aufsteigenden Dampf ein. Hierbei werden konische Wasserflächen in kurzer Zeit zu Strahlen und dann zu feinen Teilchen verwandelt, so daß das Wasser sich in einer Strombahn zunehmender Fläche bewegt. Infolge des so entstehenden engen Kontaktes mit dem Dampf wird das Wasser schnell erwärmt und erreicht die Sättigungstemperatur entsprechend dem in der Primär-Heizkammer herrschenden Druck auf dem konischen Sammelblech *f*. Da dieses gleichzeitig als obere Wand der Dampfverteilkammer *g* dient, wird das am Sammelkonus in das Wasserleitrohr *m* hinunterfließende Wasser weiter erwärmt. Der in die konische Dampfverteilkammer einströmende Dampf gibt Wärme gleichzeitig nach oben zur Primär-Heizkammer und nach unten zum Entgasungselement *p* ab. Von der Verteilkammer strömt der Dampf senkrecht im Dampfleitrohr *n* hinab. Am unteren Ende kehrt er durch das Dampfumlenkblech *h* die Richtung um und gelangt durch eine ringförmige Öffnung nach oben. Dampf und Wasser strömen an dieser Stelle jeweils aus ihren Öffnungen und werden in dem beschränkten Raum zwischen Dampfabströmrohr und Wasserleitblech *i* eng vermischt. Während dieses Vorganges erreicht das Wasser unter Ausscheidung der in ihm aufgelösten Gase die Sättigungstemperatur des Dampfes.

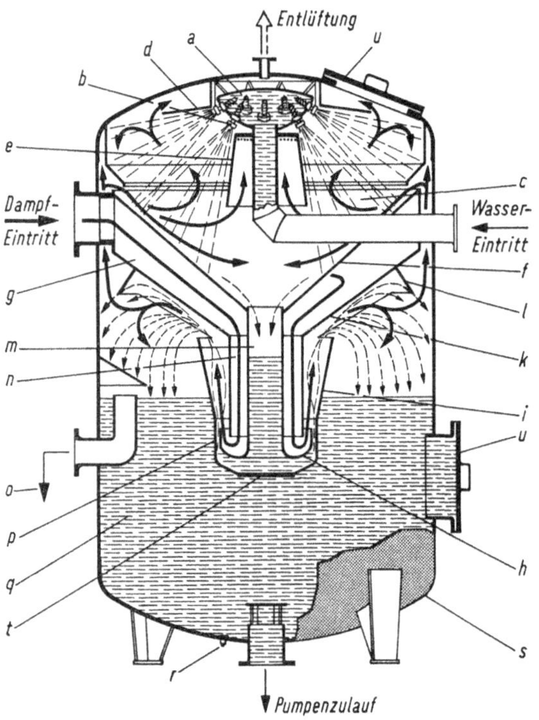

Abb. 367. Dampfdüsen-Kontakt-Entgaser (Worthington)

a Wasserverteilkammer
b Sprühventile
c Primäre Heizkammer
d Oberes Luftkühlleitblech
e Unteres Luftkühlleitblech
f Wassersammelkonus
g Dampfverteilkammer
h Dampfumlenkblech
i Wasserleitblech und Diffusor
k Leitwand
l Prallblech
m Wasserleitrohr
n Dampfleitrohr
o Überlauf
p Entgasungselement
q Wassersammelraum
r Entwässerung
s Mantel
t Inspektionsdeckel
u Mannloch mit Deckel

Das Verfahren ermöglicht infolge der wechselnden Druck- und Geschwindigkeitsenergie des Dampfes eine gute Leistung über den gesamten Betriebs-Lastbereich. Bei hohen und mittleren Lasten wirken Wasserleitblech und Abzugsblech als Diffusor, der nicht nur die notwendige Berührungszeit zwischen Dampf und Wasser regelt, um eine maximale Entgasung zu sichern, sondern auch eine wirtschaftliche Rückgewinnung der Geschwindigkeitsenergie als Druckenergie fördert. An der Eintrittsöffnung des ringförmigen Abzugsrohres erreicht die Geschwindigkeit ein Maximum, der statische Druck ein Minimum. Das hinaufströmende Gemisch verliert im Diffusor seine Geschwindigkeit. Dabei steigt der Druck an, entsprechend erhöht sich die Temperatur.

Der Druck und die Temperatur des Gemisches unmittelbar vor dem Austritt des Abzugsrohres sind etwas größer als nach dieser Stelle. Die entstehende Entspannung stellt ein thermisches Gleichgewicht her und verursacht eine weitere Auflösung der Wasserteilchen, die das Gas-Wasser-Trennungsverfahren unterstützen.

Das Wasser-Dampf-Gemisch fließt von dem Entgasungselement an der Leitwand *k* der unteren Seite des Dampfverteilerkonusses hinauf zu dem Prallblech *l*, welches das geheizte und entgaste Wasser in das Sammelgefäß *q* umlenkt. Da Konus und Prallblech vom eintretenden Dampf erwärmt werden, stellen sie eine Wärmeaustauschfläche dar, die eine weitere Verdampfung des Wassers zur Folge hat und wieder die Gas-Dampf-Trennung begünstigt. Der vom Entgasungselement austretende Dampf bewegt sich durch das vom Prallblech fallende Wasser, führt die im Entgasungselement frei gewordenen Gase mit sich und löst alle restlichen Gase auf, die noch im Wasser sein könnten. Die Dampfströmung in dieser Zone vermeidet eine Gasansammlung über dem gespeicherten Wasser.

Nachdem der Dampf das vom Prallblech hinabfließende Wasser passiert hat, strömt er am Anfang der Dampfkammer hinauf und tritt in der Primär-Heizkammer durch die ringförmige Öffnung zwischen der oberen Kante des Wassersammelkonusses und dem unteren Ende des primären Heizstromführungsbleches ein.

In der Primär-Heizkammer kondensiert fast der gesamte Dampf, da dieser das eintretende Kondensat erwärmen muß. Jeder Wasserzerstäuber ist zu dem Dampffluß im Gegenstrom geschaltet. Je näher der Dampf an die Spritzdüsen gelangt, desto kälter wird das Wasser, weshalb der Dampf mit zunehmender Geschwindigkeit kondensiert. Durch den abfallenden Druck wird ein natürlicher Dampffluß verursacht, der das Gas-Dampf-Gemisch in Richtung der Spritzkammer-Konusspitze und des Entlüftungsstutzens verdrängt. Die oberen und unteren Luftkühlbleche bilden einen eindeutigen Weg in der Fließrichtung. Sie regeln die Geschwindigkeit des kondensierenden Dampfes und verhindern die Möglichkeit eines Strömungskurzschlusses.

Je näher das Gas-Dampf-Gemisch an die Spitze des Speisewasser-Konusses gelangt, desto mehr Dampf wird durch das kältere Wasser kondensiert. Während der Dampfdruck im Gemisch abfällt, nimmt der Gasdruck im gleichen Verhältnis zu, weshalb sich in ihr der Gasinhalt in zunehmendem Maße vergrößert. Der Abfall der Sättigungstemperatur des Gas-Dampf-Gemisches ist mit einer Senkung des Dampfdruckes verbunden, die einer an der Entlüftungsöffnung niedrigeren Temperatur als die der Betriebstemperatur in dem Entgaser entspricht und daher einen minimalen Dampfverlust mit sich bringt.

Der Entgasermantel *s* besteht aus Kohlenstoffstahl, Monel oder rostfreiem Stahl. Für normalen Betrieb genügt Kohlenstoffstahl. Je nach den chemischen Bestandteilen des Wassers können die Düsen aus Bronze oder rostfreiem Stahl sein. Die oberen und unteren Luftkühlbleche, das Dampfleitblech in der Primär-Heizkammer und der Wassersammelkonus sind ebenfalls aus rostfreiem Stahl. Bei Entgasern mit kleinem und mittlerem Inhalt wird Gußeisen für die Wasserverteilkammer verwendet. Bei größeren Einheiten nimmt man rostfreien Stahl. Dampf- und Wasserleitbleche, Abzugsteil, Diffusor und Prallbleche werden normalerweise aus einem Kupferstahl gefertigt, da diese Teile nur mit relativ reinem Dampf und entgastem Wasser in Berührung sind. In Einheiten von kleiner und mittlerer Größe ist das Dampfleitblech aus Gußeisen.

Weil Einheiten mit einer Leistung von 1500000 lb/hr (680 t/h) teuerer in der Herstellung als die vergleichbaren Rieselentgaser sind, entwickelte Worthington eine Entgaserkonstruktion, bei der das Einspritz- und Verrieselungs-Verfahren gleichzeitig verwirklicht sind (Abb. 368).

Über die Wirkungsweise dieser Kombination werden folgende Angaben gemacht:

Das zufließende Kondensat verteilt sich auf die einzelnen federbelasteten Sprühventile, die das Wasser in die Primär-Heizkammer hineinspritzen. In dieser wird es auf einem Sammelblech aufgefangen und an den Seiten über V-förmige Wehre den übereinander gestaffelten Rieselblechen zur weiteren Verspritzung zugeführt. Die Zuleitung zu den Pumpen erfolgt über einen getrennten, parallel zum Entgaser liegenden Sammelbehälter.

Der Dampf wird den Verteilblechen nur von unten zugeführt. Er steigt zwischen den Horden empor und entgast dabei das fallende Wasser. Die Erwärmung des Wassers geschieht in der oberen Rieselblechzone. Da die Gase nach oben verdrängt werden, kommt das aus den Blechen tropfende Wasser nur mit reinem Dampf in Berührung.

Nachdem das Gas-Dampf-Gemisch zwischen den Rieselblechen emporgestiegen ist, begegnet dem Gemisch kälteres Wasser in den oberen Rieselblechen und in der Verteilzone. Der größere Anteil des Dampfes wird hier niedergeschlagen. In der Entlüftungszone enthält das Gemisch einen hohen Anteil Gase, die durch entsprechende Leitbleche der Absaugung zugeführt werden.

Die ausgeschiedenen Gase können auf ihrem Wege nach oben durch den Entgaser nur durch Rieselbleche strömen und kommen daher — außer dem Teil oberhalb der Horden — nicht mit dem Mantel in Berührung. Zum Schutz gegen Korrosion ist diese Zone des Mantels mit austenitischem Stahl verkleidet. Aus dem gleichen Grunde sind auch die Blecheinbauten und ihre Stützen aus korrosionsfestem Material.

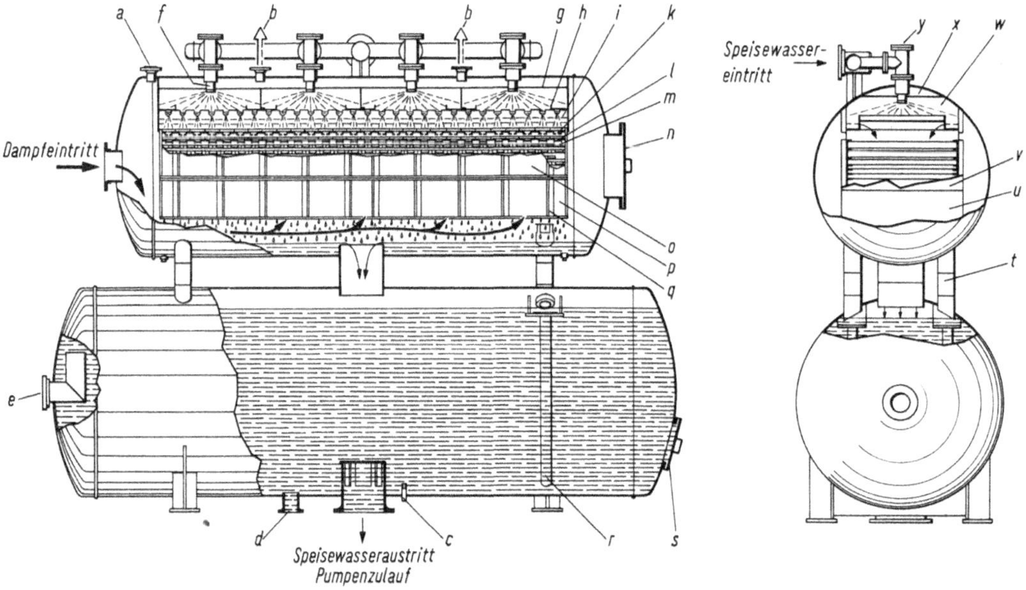

Abb. 368. Kombinierter Einspritz- und Rieselentgaser (Worthington)

Anschlußstutzen: *a* Sicherheitsventil, *b* Entlüftung, *c* Probeentnahme, *d* Entleerung, *e* Überlauf

Bauteile: *f* Sprühdüse, *g* Luftkühlblech, *h* Verteilungswanne, *i* Sammel-Verteil-Kammer, *k* Sprühblech, *l* Rieselblech, *m* Heiz- und Entgasungsblech, *n* Zugangsöffnung, *o* Obere Seitenwand, *p* Entgasungselement, *q* Versteifungsrippen, *r* Innere Stütze, *s* Mannloch mit Deckel, *t* Stützen mit Druckausgleich, *u* Unteres Leitblech, *v* Oberes Leitblech, *w* Primär-Aufheizkammer, *x* Entlüftungskammer, *y* Inspektionsdeckel

Das gleiche Prinzip, nach dem der Apparat von Abb. 367 arbeitet, liegt dem *Sobelco-Entgaser* zugrunde. Die Wirkungsweise geht aus Abb. 369 hervor.

Der Entgaser, in dem auch das Zusatzwasser aus der Vollentsalzungsanlage mit entgast wird, ist für Gleitdruckbetrieb vorgesehen. Sprührohre *a* und Drahtnetze *c* sind aus nichtrostendem Stahl. Der innen liegende Mantel *b* der Zusatzwasser-Entgasungseinrichtung ist aus normalem Stahlblech, da an dieser Stelle — wie auch sonst im Mantel — keine Korrosionsgefahr befürchtet wird.

Der Heizdampf strömt aus dem Standrohr *i* zu den beiden Zerstäubungseinrichtungen des Hauptkondensates. In diesem wird der Dampf in ein waagerecht zur Entgaserachse liegendes Rohr geleitet und über seitlich angeordnete Löcher einer Längsdüse dem von oben kommenden Wasser zugemischt, das sich infolge Injektorwirkung fein versprüht. Das mehrfache Zerschlagen der Wassertröpfchen beim Aufprall auf die Drahtgitter fördert wie bei den Rieselhorden den Austritt der Gase.

Der Dampfraum des Speisewasserbehälters ist mit dem unteren Ende des Standrohres offen verbunden, so daß der Entgaser bei sinkender Last bzw. Abschaltung des Turbosatzes durch Entspannungsdampf versorgt werden kann. Das entgaste Wasser läuft dem Speisewasserbehälter wegen der unterschiedlichen Drücke zwischen diesen beiden Teilen über eine aus ineinandergesteckten Rohren gebildete Wasserschleife zu.

Während bei Schwebeentgasung die Längsdüsen starr ausgebildet werden, wird es bei Festdruckentgasung erforderlich, ein Düsenblech beweglich auszuführen, damit über den gesamten Lastbereich die für die Versprühung des Wassers nötige Dampfgeschwindigkeit erzeugt wird.

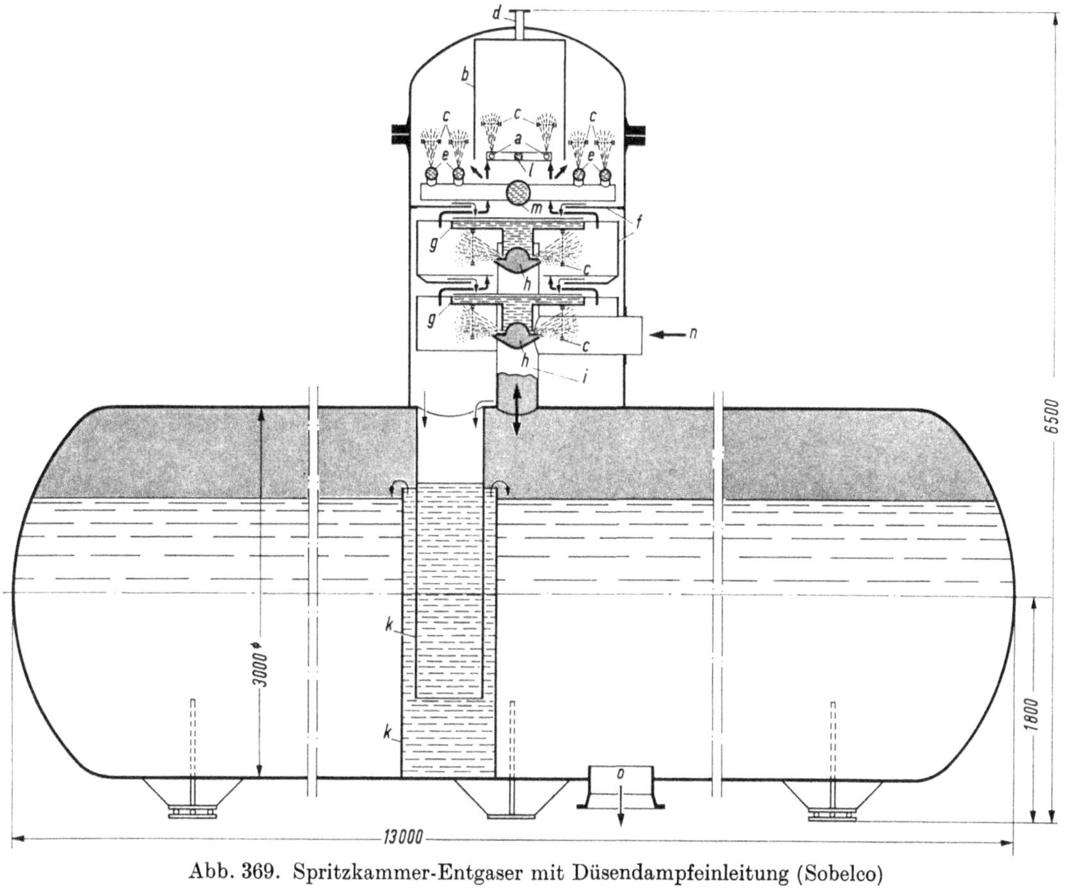

Abb. 369. Spritzkammer-Entgaser mit Düsendampfeinleitung (Sobelco)

a Sprührohre für Zusatzwasser
b Innen liegender Mantel
c Drahtnetze
d Entschwadung
e Sprührohre für Hauptkondensat
f Leitbleche
g Auffangwanne
h Längsdüsen der Zerstäubungseinrichtung
i Standrohr
k Rohre für Wasserschleife
l Zusatzwassereintritt
m Hauptkondensateintritt
n Heizdampfeintritt
o Speisewasseraustritt (Pumpenzulauf)

Im Verdampfer freiwerdende *Kohlensäure* entfernt man vor allem im Brüdenkondensator. Das Gas sammelt sich dort wegen seiner Schwere als Polster dicht oberhalb des Heizdampf-Kondensatspiegels an. Aus diesem Grunde führt man die Kohlensäure zweckmäßig an dieser Stelle ins Freie.

Das Brüdenkondensat läuft meistens über eine Schleife oder einen Überlauf zum Destillatbehälter ab. Auf diese Weise bleibt die Wasseroberfläche im Brüdenkondensator gleich hoch und ruhig, so daß sich die Kohlensäure günstig abführen läßt (Abb. 370).

Zur Unterbrechung der Heberwirkung der Wasserschleife bzw. zur Erhaltung eines konstanten Wasserspiegels ist eine Druckausgleichsleitung zwischen der höchsten Stelle der Schleife und dem Brüdenkondensator anzubringen.

Damit das Gas nicht durch die Sogwirkung des Überlaufs in diesen mitgerissen wird, ordnet man zur Abschirmung über dem Ablauf eine Glocke an, die in den Kondensatsumpf eintaucht. Über dieser befindet sich ein konisches Auffangblech für das herabfallende Brüdenkondensat. Auf dem Schirm wird das Wasser gleichmäßig verteilt und beruhigt.

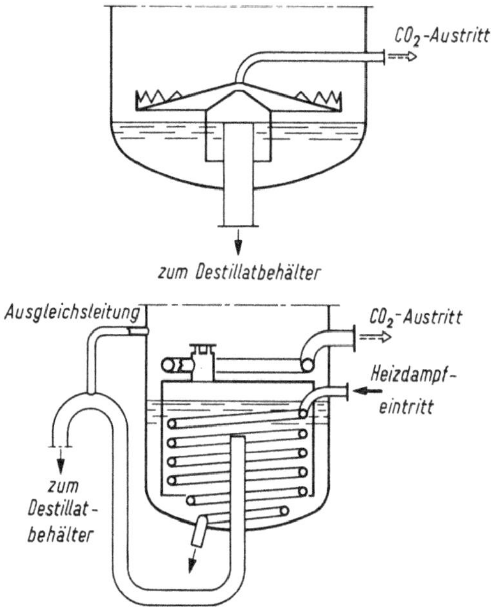

Abb. 370. Abführung der Kohlensäure im Brüdenkondensator

Der am Umfang des Bleches angeordnete Zackenkranz bewirkt, daß das Kondensat angestaut wird und sich einzelne Strahlen bilden. Das Wasser fällt nur noch ein kurzes Stück vom Schirmrand hinab, so daß keine nennenswerte Beunruhigung des Wasserspiegels eintritt. Die Kohlensäure sammelt sich unter der Blechhaube und wird an der Spitze ins Freie abgeleitet.

Bei einer anderen Art der Kohlensäure-Abführung hat die von Dampf beaufschlagte Heizschlange den Zweck, das Wasser zum Sieden zu bringen, also das Ausscheiden der Kohlensäure zu begünstigen. Um eine Wiederaufnahme des Gases durch die herabfallenden Wassertropfen zu verhindern, ist zur zwangsläufigen Abführung der Kohlensäure ein zylindrischer Topf angeordnet, dessen offene Unterseite in das Brüdenkondensat eintaucht. Der Austritt der Schwaden erfolgt durch eine Öffnung in dem oben befindlichen Boden in ein Ringrohr und von dort ins Freie. Am Verbindungsstück zwischen dem Topf und dem Ringrohr befinden sich Schlitze, über welche die Entlüftung des unteren Teiles des Apparates erfolgt.

IV. Behälter

Behälter werden zur Speicherung von Wasser und Öl liegend oder stehend aufgestellt. Das Wasser wird insbesondere zu folgenden Zwecken gespeichert:

Deckung der Kreislaufverluste,
Reservehaltung des Speisewassers,
Vergrößerung der Kondensatreserve,
Kondensat-Rückgewinnung,
Kühlung von Lagerstellen, Luft, Probeentnahmen usw.,
Trink- und Brauchwasserversorgung,
Versorgung des Feuerlöschnetzes.

Der *Speisewasserbehälter* ist in den Wärmekreislauf des Kraftwerkes eingeschaltet, um im Störungsfall eine Reserve von Speisewasser zu haben, z. B. damit der Kessel bei Abschaltung der Turbine weitergefahren werden kann. Das Speichervermögen wird im allgemeinen für eine Betriebszeit von 20 bis 30 Minuten bemessen. Der Behälter erhält zur Erzielung einer Wasserzirkulation häufig Einbauten, um der Gefahr einer Korrosionsbildung in toten Ecken zu begegnen. Für das Anwärmen des Wassers, z. B. beim ersten Anfahren oder beim Wiederanfahren nach längerem Stillstand, kann im Behälter zur Einleitung von Dampf ein Anwärmrohr vorgesehen werden, das als einfaches Lochrohr ausgebildet wird. Es kann auch im normalen Betrieb eingeschaltet bleiben, um die Entgasung zu unterstützen. Die Anwärmung soll man beim Abschalten der Anlage offen lassen, um zu vermeiden, daß das abkühlende Speisewasser wieder Sauerstoff aufnimmt.

Der *Anfahrbehälter* dient zur Aufnahme des beim Anfahren anfallenden Wassers und kann mit dem Anfahrentspanner zum Druckausgleich in Verbindung stehen. Der Konzessionsdruck hängt dann davon ab, welchem Druck die Entspannung zugeordnet ist. Da bei Maschinen mit einfacher Zwischenüberhitzung der Anschluß üblicherweise an die kalte Zwischenüberhitzungsschiene erfolgt, bewegen sich die Konzessionsdrücke zwischen 10 und 20 atü. Bei Turbinen ohne Zwischenüberhitzung wird der Frischdampf beim An- und Abfahren meistens auf den Druck im Entgaser entspannt und in ihm für die Speisewasservorwärmung ausgenutzt, bevor er über die Überproduktionseinrichtung zum Kondensator gelangt.

Nach dem Anfahrbehälter nimmt man oft zur Vergrößerung der Wasserspeicherung eine Zwischenlagerung des Anfahrwassers in einem *Zwischenbehälter* niedrigeren Druckes vor, von dem dann das Wasser mittels Pumpen in den Hauptentgaser zurückgespeist wird *(Rückspeisewasserbehälter)*.

In vielen Fällen wird das Wasser aus dem Anfahrentspanner in einen Anfahrbehälter niedrigeren Druckes abgeleitet und von dort dem Speisewasserbehälter unmittelbar zugeführt.

Druckkondensatbehälter und atmosphärische *Trichterkondensatbehälter* dienen zur Aufnahme der Entwässerungskondensate, weshalb die allgemeine Bezeichnung *Entwässerungsbehälter* üblich ist. In diese Behälter können auch andere Kondensate, z. B. Heizdampfkondensat-Notabläufe der Vorwärmer oder Überläufe aus Behältern höheren Druckes, eingeleitet werden.

Im Zulauf des Zusatzwassers sieht man die drucklosen *Rohwasser*- und *Weichwasserbehälter* vor. Behälter für vollentsalztes Wasser müssen vor Korrosionen geschützt werden.

Der *Destillatbehälter* innerhalb der Verdampferanlage dient zur Speicherung und Abführung des aufbereiteten Wassers und Verdampfer-Heizkondensates mittels Destillatpumpen zum Hauptentgaser. Der Behälter ist mit der Brüdenleitung verbunden und daher in gleicher Höhe wie der Brüdenkondensator und die Sekundärseite des Verdampfers konzessioniert. Bei Vollentsalzungsanlagen an Stelle von Verdampfern entspricht der Deionatbehälter dem Destillatbehälter.

Zur Vergrößerung der Kondensatreserve stellt man gelegentlich *Kaltkondensatbehälter* auf.

Je nach Zweck werden z. B. noch folgende Behälter aufgestellt: Kondensat-Zwischenbehälter, Werkwasserbehälter, Feuerlöschbehälter, Ölbehälter, Säurebehälter usw. Sie sind meistens drucklos.

Die gebräuchlichen Behälterabmessungen gehen aus Tabelle 20 hervor.

Mit Rücksicht auf das Bahnprofil geht man in Deutschland normalerweise nicht über einen Durchmesser von 3200 mm hinaus. Hierfür bedarf es im Ausland u. U. bereits einer Sondergenehmigung. Große Blockeinheiten besitzen gewöhnlich zwei parallel geschaltete Behälter. Der Speicher kann auch gegenüber der Normalausführung überdimensioniert werden. Ein Beispiel ist der in Abb. 363 gezeigte Speisewasserbehälter mit einem Gesamtinhalt von rd. 290 m^3 für einen englischen 500 MW-Turbosatz. Ist der Transport des ganzen Behälters nicht möglich, werden die vorbereiteten Schüsse am Aufstellungsort zusammengeschweißt. Speicher für Schwebeentgasung erhalten gelegentlich zur direkten Lenkung des frisch entgasten Speisewassers zu den Zulaufstutzen für die Kesselspeisepumpen geeignete Blecheinbauten. Zwar begegnet man auf diese Weise bei plötzlichem Lastabfall einer Ausdampfung des Wassers im Pumpenzulauf und damit der Kavitationsgefahr, bzw. der Kessel erhält bei Lastanstieg sofort gut entgastes Wasser, aber eine Verzögerung der Druckabsenkungsgeschwindigkeit wird hierdurch nicht erreicht. Da Leitrohre und Umlenkbleche bei steigender Last eine Gasanreicherung des im Nebenschluß liegenden übrigen Behälterinhaltes eher begünstigen statt verhindern, wird in jüngster Zeit auf die Einbauten meistens ganz verzichtet. Dagegen wird es immer mehr üblich, den gesamten Speisewasserbehälterinhalt, vor allem bei Lastanstieg, durch Einführung von

Tabelle 20. *Behälterabmessungen*

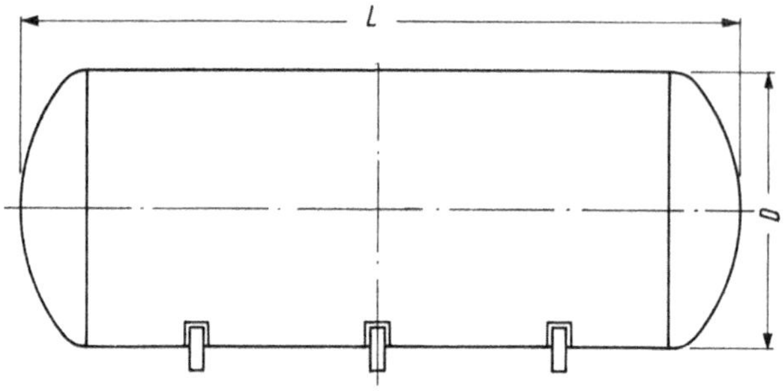

D [mm]	2000		2200		2400		2600		2800		3000		3100		3200	
Brutto-inhalt [m³]	L [mm]	i	L [mm]	i	L [mm]	i	L [mm]	i	L [mm]	i	L [mm]	i	L [mm]	i	L [mm]	i
10	3730	2														
12,5	4540	2														
16	5680	3	4790	2												
20	6990	4	5860	3	5030	2										
25	8620	4	7200	3	6160	3	5340	2								
32			9080	4	7730	3	6690	3	5860	2						
40			11230	5	9540	4	8220	3	7180	3	6350	2				
50					11780	5	10130	4	8830	3	7780	3	7360	2		
63							12620	5	10980	4	9650	3	9110	3	8610	3
80									13790	5	12090	4	11400	4	10750	3
100											14960	5	14080	5	13280	4
110													15430	5	14540	5
125															16430	5

i = Anzahl der Kesselstühle.

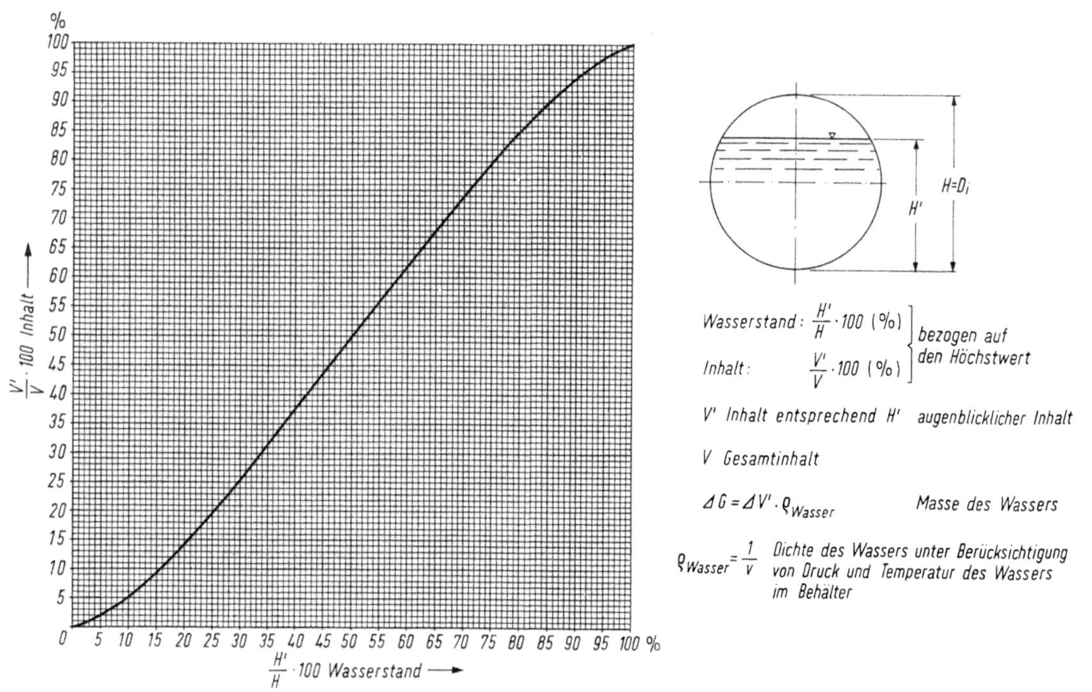

Abb. 371. Abhängigkeit des Inhalts vom Wasserstand bei einem liegenden zylindrischen Behälter mit Klöpperböden

Heizdampf unter Wasser zum Sieden zu bringen. Das Aufkochen bei langsamer oder plötzlicher Lastabsenkung erfolgt — je nach Druckabsenkungsgeschwindigkeit — selbsttätig.

Der jeweilige Inhalt eines liegenden zylindrischen Behälters mit Klöpperböden läßt sich schnell über die in Abb. 371 angegebene Volumenskurve ermitteln, die für den Bereich der üblichen Durchmesser-Längenverhältnisse allgemein gültig ist.

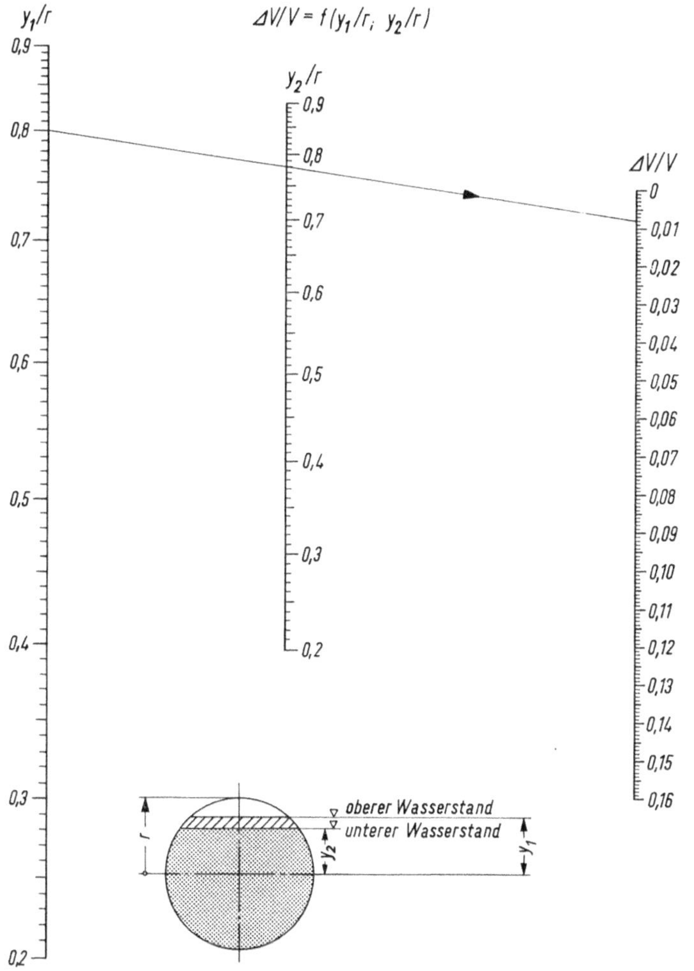

Abb. 372. Fluchtlinientafel zur Bestimmung der Inhaltsdifferenz im Speisewasserbehälter

Bei der Berechnung der Kurve sind die Einbauten nicht berücksichtigt. Ihr Einfluß auf das Ergebnis ist jedoch so gering, daß die Anwendung der Kurve für den praktischen Bedarf, z. B. zur Bestimmung der Kreislaufverluste aus der Spiegelabsenkung im Speisewasserbehälter bei abgeschaltetem Zusatzwasser entsprechend $\Delta G = \Delta V \cdot \varrho$ als ausreichend angesehen werden kann. Die für 100% geltenden Werte des Diagrammes sind aus den Angaben der Lieferfirma des Behälters über Bruttoinhalt und inneren Durchmesser gemäß Konstruktionszeichnung zu entnehmen.

Noch schneller lassen sich die Undichtigkeitsverluste nach der in Abb. 372 angegebenen Methode ermitteln. Da die Schwankungen des örtlichen Wasserstandes das Ablesen der augenblicklichen Spiegelhöhe im Speisewasserbehälter erschweren, ist zur Verkleinerung des Ablesefehlers eine ausreichend lange Beobachtungszeit erforderlich. Meistens genügt ein Zeitraum von einer Stunde. Das Verhältnis der Wassermasse infolge Spiegelabsenkung zur Frischdampfmenge bei gleicher Zeit ergibt den prozentualen Kreislaufverlust. Gelegentlich von Turbinenabnahmeversuchen konnten bei sehr dichten Anlagen untere Grenzwerte von $^1/_4$ bis $^1/_2\%$ gemessen werden, die von der Betriebsführung durch laufende Überwachung des gesamten Wasser-Dampf-Kreislaufes erstrebt werden sollten.

Beispiel:

Oberer Wasserstand	y_1	=	1280 mm
Unterer Wasserstand	y_2	=	1248 mm
Beobachtungszeit	t	=	72 min
Temperatur des Wassers im Behälter (Sattdampfzustand)	t_s	=	160 °C
Dichte des Wassers	ϱ	=	0,907111
Behälterinhalt	V	=	150 m³
Behälterdurchmesser	$2\,r$	=	3200 mm

$$\frac{y_1}{r} = \frac{1280}{1600} = 0{,}8$$

$$\frac{y_2}{r} = \frac{1248}{1600} = 0{,}78$$

Aus Abb. 372 $\quad \frac{\Delta V}{V} = 0{,}8$

Inhaltsdifferenz $\quad \Delta V = 0{,}8 \cdot 150 = 1{,}2\ \text{m}^3$

Stündlicher Kreislaufverlust

$$\Delta G = \Delta V \cdot \varrho \cdot \frac{60}{t} = 1{,}2 \cdot 0{,}907111 \cdot \frac{60}{72} = \text{rd. } 1{,}1\ \text{t/h}$$

Angenommene Frischdampfmenge $G_{\text{Fr}} = 310$ t/h

Prozentualer Kreislaufverlust

$$\frac{\Delta G}{G_{\text{Fr}}} \cdot 100 = \frac{1{,}1}{310} \cdot 100 = \underline{\underline{0{,}355\%}}$$

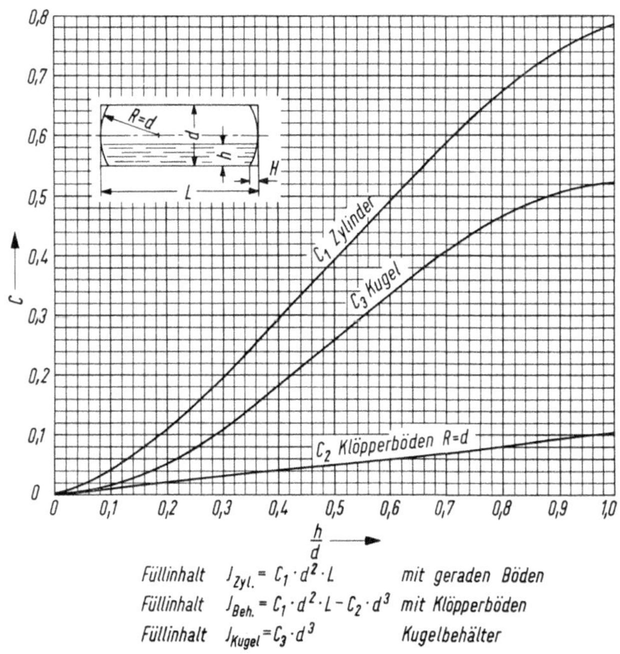

Abb. 373. Füllinhalt liegender Behälter, abhängig vom Verhältnis von Wasserstand zu lichtem Durchmesser

Beispiel:
Liegender Behälter mit Klöpperböden
Lichter Durchmesser $d = 2$ m
Länge über den Böden $L = 10$ m
Füllhöhe $h = 0{,}8$ m

$$\frac{h}{d} = \frac{0{,}8}{2} = 0{,}4$$

$C_1 = 0{,}29 \quad C_2 = 0{,}04$

$I_{\text{Beh}} = 0{,}29 \cdot 2^3 \cdot 10 - 0{,}04 \cdot 2^3 = 11{,}28\ \text{m}^3$

Bezüglich der Ermittlung des Inhaltes der jeweiligen Behälter sei auf die entsprechenden Formeln in den Fachbüchern verwiesen. Als praktisches Beispiel zeigt Abb. 373 ein aus dem Borsig-Taschenbuch entnommenes Berechnungsverfahren.

Beispiel: Liegender Behälter mit Klöpperböden

lichter Durchmesser $d = 2$ m

Länge über den Böden $L = 10$ m

Füllhöhe $h = 0{,}8$ m

$$\frac{h}{d} = \frac{0{,}8}{2} = 0{,}4$$

$$C_1 = 0{,}29;\; C_2 = 0{,}04$$

$$I_{\text{Beh}} = 0{,}29 \cdot 2^3 \cdot 10 - 0{,}04 \cdot 2^3 = 11{,}28\ \text{m}^3$$

Eine genaue Eichung des Behälters ließe sich nur durch Ausliterung unter Berücksichtigung von Druck, Temperatur, Einbauten und Verbeulungen bzw. jeweils entstandenen Deformationen vornehmen. Die Kontrolle der Wasserstandshöhe erfolgt üblicherweise über eine Fernwasserstandsanzeige.

Zur Versteifung erhalten die Behälter im Inneren Bleche, die insbesondere bei Vakuum genügend stark bemessen sein müssen. Kann sich ein Unterdruck ausbilden, so ergibt die Berechnung eine größere Blechdicke als für Überdrücke im unteren Niederdruckbereich (bis etwa 4 atü). In einem solchen Fall sind daher bei der Angabe der Konzessionierung maximaler Überdruck und Vakuum nebeneinander zu nennen.

V. Aufstellungsbeispiele

Die Aufstellung der Vorwärmanlage in einem einzigen Block neben dem Turbosatz unter Maschinenhausflur ist das erstrebenswerte Ziel. Hierbei werden die Druck- und Wärmeabstrahl-Verluste in den Entnahmeleitungen klein gehalten. Darüber hinaus sind Überwachung und Bedienung erleichtert bzw. Kosten und Raumbedarf geringer.

Abb. 374. Aufstellung der Niederdruck-Vorwärmer zwischen dem Nierenkondensator einer 150 MW-Turbine für das Kraftwerk Westerholt, Werkfoto CASS

Die Wahl senkrechter Wärmetauscher bedeutet günstigste Raumausnutzung und kurze, einfache Rohrleitungsführung. Alle Apparate liegen unter Kranbereich, wodurch die Montage der Apparate und das Ausziehen der Rohrbündel erleichtert werden.

Die Unterbringung der liegenden Vakuum- und Niederdruckvorwärmer bereitet meist geringere Schwierigkeiten. Dabei ordnet man die Vorwärmer dicht neben- oder über-

Abb. 375. Modell einer zweisträngigen Hochdruck-Vorwärmeranlage mit je zwei vorgeschalteten Enthitzern in Sammlerkonstruktion mit Mischvorwärmer-Entgaser und Speisewasserbehälter, Werkfoto SSW

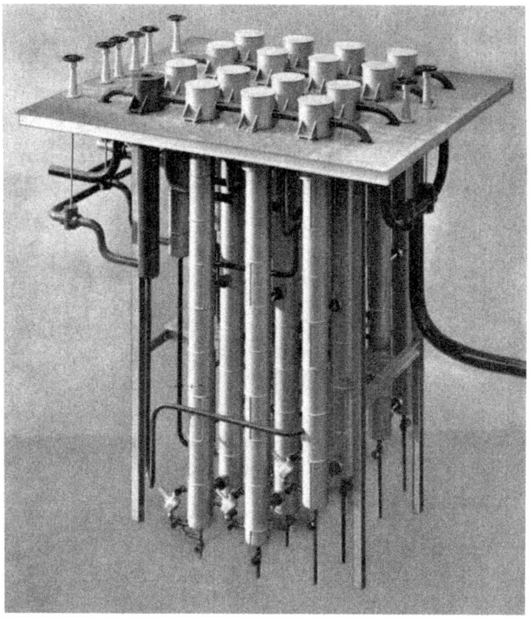

Abb. 376. Modell einer Hochdruck-Vorwärmeranlage mit vorgeschalteten Enthitzern mit selbstdichtendem Deckel, zweisträngig, jeder Strang als Zwillingsstrang ausgebildet, Werkfoto SSW

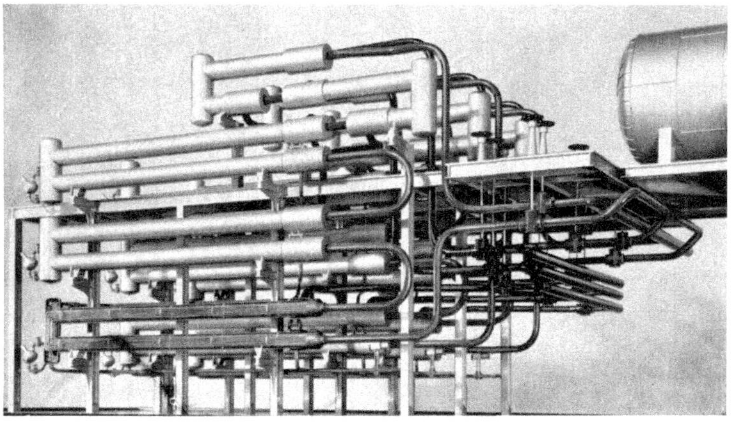

Abb. 377. Modell einer mehrsträngigen Hochdruck-Vorwärmeranlage mit vorgeschalteten Enthitzern in der U-Apparate-Konstruktion, Werkfoto SSW

einander an. Da die Entnahmedampfleitungen zu diesen Apparaten sehr große Durchmesser benötigen, werden die Vorwärmer in nächster Nähe des Kondensators angeordnet. Aus diesem Grunde stellt man die Wärmetauscher entweder parallel neben diesem oder bei einem geteilten Nierenkondensator zwischen dessen Hälften auf (Abb. 374).

Abb. 378. Hochdruck-Vorwärmerblock, Werkfoto CASS

Am platzsparendsten kann man die ND-Vorwärmer auch gemäß amerikanischer Praxis quer in der Verbindung zwischen Turbine und Kondensator anordnen. Jedoch ist dann ein erhöhter Druckverlust im Abdampfstutzen in Kauf zu nehmen. Besser ist daher die Lösung, die Vorwärmer in den außerhalb des Dampfstromes liegenden Teilen des

Abb. 379. Aufstellung einer Hochdruck- und Niederdruck-Vorwärmeranlage sowie einer Verdampferanlage, Werkfoto Balcke

Abdampfgehäuses unterzubringen, wie dies z.B. im Kraftwerk Gebersdorf bei dem raumbeengten 100 MW-Block mit doppelter Zwischenüberhitzung durch Unterteilung der tiefsten Vorwärmstufe in zwei parallel geschaltete senkrechte und von außen unsichtbare Apparate links und rechts der Maschinenachse verwirklicht ist.

Während die Wärmetauscher der Verdampferanlage entsprechend der Wärmeschaltung in die Vorwärmeranlage eingegliedert werden, stellt man Umformer möglichst in der Nähe der Verbraucher auf.

Je nach den Zulaufverhältnissen zu den Kesselspeisepumpen kommen die meistens liegenden Speisewasserbehälter, auf welche die Entgaser direkt aufgesetzt werden, in verschiedener Höhe zur Aufstellung. Für die Baukosten und die Bedienung ist es am günstigsten, wenn der Behälter so tief untergebracht werden kann, daß eine direkte Begehung der Entgaserbühne vom Turbinenflur möglich ist.

Abb. 380. Anordnung einer zweisträngigen Hochdruck-Vorwärmeranlage in der Sammler-Konstruktion für zwei 100 MW-Blocks (Kraftwerk Heyden), Werkfoto SSW

Die Blockanordnung der HD-Vorwärmer der drei am meisten verwandten Konstruktionen zeigen die Modellaufnahmen Abb. 375 bis 377.

HD-Vorwärmer mit außen liegendem Sammler lassen sich ebenfalls sehr eng zu einem Block vereinigen (Abb. 378).

Die jeweils in sich geschlossene Aufstellung der vertikalen und horizontalen Apparate parallel zum Turbosatz zeigt Abb. 379. Anschließend an die drei senkrechten HD-Vorwärmer folgen die Umwälzverdampferanlage und die liegenden ND-Vorwärmer.

Bei gleichen Leistungen kann bei der Konstruktion mit selbstdichtendem Deckel aus Kostengründen eine größere Anzahl von parallelen Apparaten als bei der Sammlerbauart notwendig werden. Die Unterschiede in der Aufstellung gehen aus Abb. 380 und 381 hervor.

In beiden Beispielen ist die Speisewasserdruckleitung in zwei Stränge unterteilt, wobei sich bei der Konstruktion mit selbstdichtendem Deckel wegen der doppelten Anzahl der parallelen Vorwärmer zwei Zwillingsstränge ergeben. Falls Wasserein- und -austritt

Abb. 381. Anordnung einer zweisträngigen Hochdruck-Vorwärmeranlage mit selbstdichtenden Deckeln für zwei 107 MW-Blocks mit zwei Zwillingssträngen (Kraftwerk Gersteinwerk), Werkfoto SSW

bei der Sammlerkonstruktion radial zum Kopf angeordnet werden, lassen sich die HD-Apparate in der gleichen Weise wie auf Abb. 381 ohne Kompensationsbögen in der Speisewasserdruckleitung anordnen.

Abb. 382. „Sweco"-Hochdruck-Vorwärmer in zwei parallelen Strängen für Kraftwerk Seal Beach, Californien, Block 1 und 2 (L. A. Dept. of Water and Power Steam Plant)

Länge und Aufstellung amerikanischer liegender Hochdruckvorwärmer der drei obersten Entnahmestufen mit je zwei parallelen Apparaten veranschaulicht Abb. 382. Die Wasserseite ist für einen Konzessionsdruck von 193 atü gebaut. Die Heizflächen des oberen, mittleren und unteren Vorwärmers betragen 382, 290 und 380 m².

VI. Garantien

Für alle Apparate und Behälter wird eine einwandfreie, den jeweiligen Betriebsverhältnissen entsprechende Fertigung und die Verwendung der am besten geeigneten Materialien verlangt.

Darüber hinaus wird für *Vorwärmer*, *Enthitzer* und *Kühler* als wärmetechnische Garantie die Einhaltung von Wärmeleistung, Grädigkeit bzw. Ausnutzungsfaktor gefordert. Zu gewährleisten ist auch der wasserseitige Druckverlust. Als Basis gelten die Auslegungsverhältnisse. Der Nachweis der Garantie bei anderen Betriebspunkten bedarf einer besonderen vertraglichen Vereinbarung.

Da die Betriebswerte selten mit der Garantie übereinstimmen, ergeben die gemessenen Grädigkeiten nur ein überschlägliches Bild von der Einhaltung der Sollwerte. Starke Abweichungen können den Wärmeübergang so sehr verändern, daß die thermischen Auswirkungen unüberschaubar werden. Zu hohe und niedrige Grädigkeiten brauchen daher nicht unbedingt Über- oder Unterschreitungen der Garantie zu bedeuten.

Besser als die Grädigkeit eignet sich die Wärmeleistung für den Garantienachweis, obwohl sie nicht unmittelbar aus der Messung bestimmbar ist, sondern erst über mehrere Werte errechnet werden muß.

Ein genauer Vergleich von Messung und Gewährleistung bedarf der Umrechnung des Wärmeüberganges auf Garantieverhältnisse unter Berücksichtigung der geänderten Wärmeübergangszahlen. Da die Umrechnungsverfahren noch nicht einheitlich sind, dürfte die Aufstellung besonderer Abnahmeregeln für Wärmetauscher zum Nachweis der wärmetechnischen Garantie immer mehr geboten sein. Hierbei sollte auch die Höhe einer unterschiedlichen Meßtoleranz im Hinblick darauf festgelegt werden, daß sich Abweichungen von der Garantie bei kleinen Bezugswerten (z. B. $\Delta t = 1$ grd) prozentual wesentlich stärker auswirken als bei großen.

Das Nichterreichen der Gewährleistung zu pönalisieren, vermag den entstandenen Verlust nur zu einem Teil zu ersetzen. Deswegen sollte in erster Linie die Änderung des beanstandeten Apparates, z. B. die Vergrößerung der Heizfläche, gefordert werden.

Beim *Entgaser* werden eine erschütterungsfreie, geräuscharme Entgasung und die Einhaltung eines bestimmten Restsauerstoffgehaltes verlangt. Das Speisewasser soll praktisch frei von Kohlensäure sein. Die Gewährleistung eines Restsauerstoffgehaltes von nicht mehr als 10 μg/l wird im allgemeinen als ausreichend angesehen, wenn auch gelegentlich — insbesondere außerhalb der Bundesrepublik Deutschland — noch höhere Garantien gefordert werden, deren Nachweis jedoch wegen der Größe der Meßtoleranz und der verschiedenen Meßmethoden[1] fraglich erscheinen muß.

Der Gewährleistungsbereich für den Hauptentgaser erstreckt sich üblicherweise von etwa 25% der Auslegungslast bis Maximallast der Turbine, wobei auch Betriebsverhältnisse, wie sie z. B. beim Anfahr- und Umführungsbetrieb vorliegen, mit eingeschlossen werden können. Außergewöhnliche Betriebsverhältnisse, wie sie kurzfristig z. B. bei Schnellschluß, Lastspitzen usw. auftreten, bleiben von der Garantie ausgenommen. Jedoch darf auch hier keine betriebliche Gefährdung entstehen. Da der Entgaser den maximal möglichen hydraulischen und thermischen Belastungen gewachsen sein muß, darf er nicht zu klein ausgelegt werden. Auch muß er so gebaut sein, daß im Apparat kein „Aufhängen" des Wassers infolge Ausbildung eines zu großen Druckunterschiedes zwischen Wassertasse und Speisewasserbehälter auftreten kann, womit Zerstörungen im Inneren verbunden sein können. Einbauten sollten daher auf jeden Fall stark genug bemessen und befestigt sein.

Beim Zusatzwasser-Entgaser begnügt man sich mit der Garantie eines Restsauerstoffgehaltes von 50 μg/l, wenn das Zusatzwasser anschließend — wie üblich — im Hauptentgaser nachentgast wird.

Beim *Verdampfer* bzw. *Umformer* ist als Garantie ein Restsalzgehalt von $\leqq 2$ mg/l üblich. Das Brüdendestillat soll kohlensäurefrei sein. Die Gewährleistung gilt für den gesamten Betriebsbereich. Unter Garantie steht auch die verlangte größte Brüdenleistung, also normalerweise die größte Nettodestillatmenge bei der maximalen Turbinenleistung.

VII. Amtliche Vorschriften für Prüfung und Betrieb

Diese können, wie auch die amtlichen Bauvorschriften, in den einzelnen Ländern sehr verschieden sein. In der Bundesrepublik Deutschland kommt die Unfallverhütungsvorschrift der Berufsgenossenschaft der Chemischen Industrie: 16. Druckbehälter (VBG 17, 18, 19) in Frage, die ab 1. 1. 1958 gültig ist.

[1] In der Bundesrepublik Deutschland erfolgt die Sauerstoffmessung meistens nach den VGB-Richtlinien (Cer-Schwefelsäure-o-Tolidin-Methode), VGB-Merkblatt Nr. 5 vom Februar 1960.

Ausländische Bestimmungen verlangen im allgemeinen eine höhere Sicherheit hinsichtlich Wandstärke und Prüfdruck. Da der Inhalt der meist sehr umfangreichen Vorschriften unterschiedlich ausgelegt werden oder überholt sein kann, ist es ratsam, sich laufend mit den jeweils zuständigen Behörden ins Einvernehmen zu setzen.

Während die behördlichen Bestimmungen verbindlich sind, brauchen im allgemeinen im In- und Ausland erschienene *technische Richtlinien* nicht unbedingt eingehalten zu werden[1]. Sie wurden in dem Bestreben aufgestellt, den Bau der Wärmetauscher und Behälter zu vereinheitlichen und dabei die Wünsche der Betreiber nach langlebigen, störungsfrei arbeitenden und hochwertigen Apparaten zu berücksichtigen.

Die in den USA erschienenen "Standards of Feedwater Heater Manufacturers Association, Inc." enthalten hierbei — sozusagen als Vorstufe für eine eventuelle spätere Normung — bereits sehr detaillierte Angaben über folgende Gebiete:

- Fachausdrücke,
- konstruktive Einzelheiten,
- wärmetechnische Auslegung und Gewährleistung,
- Druckverluste,
- Geschwindigkeiten in den Rohren,
- Sauberkeit der Apparate,
- Vorbereitung zum Versand,
- mechanische Auslegung,
- Konzessionsverhältnisse,
- Wasserdruckprobe,
- Materialvorschriften,
- Berücksichtigung von Korrosionen,
- Abmessungen bzw. Anordnung und Verarbeitung von Rohren,
- maximale Rohrtemperaturen,
- Ausführung von Umlenkblechen, Unterstützungsblechen, Anschlußstutzen, Entlüftungen, Entwässerungen, Wasserkammerdeckeln, Tragfüßen, Rohrplatten und ihren Bohrungen,
- Schutz des Rohrbündels gegen direkten Aufprall von Dampf und Wasser,
- Anschlüsse zu Kontrollzwecken (Wasserstandsanzeiger, Manometer),
- Materialnormen für Mäntel, Anschlußstutzen, Flansche, Wasserkammern, Wasserkammerdeckel, Umlenk- und Unterstützungsbleche, Rohrplatten, Rohre, Zuganker, Distanzstücke, Verschraubungen, Dichtungen,
- Maßnahmen zum Schutz der Vorwärmer (rohr- und wasserseitige Sicherheitsventile),
- Wartung, Inspektion und Reinigung,
- Vorsichtsmaßnahmen bei der Montage (flexibles Aufstellen der Apparate),
- Einbau und Betrieb unter Frostbedingungen,
- Änderungen oder Reparaturen während der Herstellung oder Prüfung.

VIII. Angebotsvergleich

Zum Vergleich der von den Lieferfirmen angebotenen Apparate und Behälter werden wärmetechnische Auslegung, Konzessionierung, Bauart, Konstruktion, Material, Heizfläche, Abmaße, Rohrdurchmesser, Wandstärke, Lieferumfang, Gewicht und Preise gegenübergestellt. Dabei bedient man sich zweckmäßigerweise einheitlicher Formblätter. Ein praktisches Beispiel ist in Tabelle 21 gegeben. Wie aus den Eintragungen für den gleich angefragten Hochdruck-Vorwärmer hervorgeht, können die Angaben der Firmen beträchtlich voneinander abweichen.

---

[1] Ausnahmen sind z. B. die von den westdeutschen Überwachungsbehörden als verbindlich erklärten AD-Merkblätter.

Tabelle 21. *Schema eines Angebotsvergleiches für Oberflächen-Wärmetauscher*

Angebotsvergleich Oberflächen-Wärmetauscher	Anlage:	Datum: Zeichen:
	Bezeichnung: *Hochdruck-Vorwärmer 1*	Position:

Firma			A	B	C	D
Anzahl der Apparate			2	2	2	2
Anzahl der Speisewasserstränge			2	2	2	2
Maßblatt Nr.						
Konstruktion, Type			Kopf-konstruktion	Kopf-konstruktion	Sammler-konstruktion	Sammler-konstruktion
Aufstellung			Stehend	Stehend	Stehend	Stehend
Konzessio-nierung	rohrseitig	[atü/°C]	390/	390/	390/	390/
	mantelseitig	[atü/°C]	62/360	62/360	62/360	62/360
Grädigkeit	Enthitzer	[°C]				
	Kondensation[1]	[°C]	1	1	1	1
	Kühler	[°C]				
Heizfläche je Apparat, bezogen auf mittleren Rohrdurchmesser	Enthitzer	[m²]	38	90	60	36
	Kondensation	[m²]	373	320	395	332
	Kühler	[m²]				
	Gesamt	[m²]	411	410	455	368
Rohre	Form		U	U	Schlangen	Schlangen
	Wasserwege	[Anzahl]	2	2	6	4
	Durchmesser d_i/d_a[2]	[mm]	12/16	10,2/16	17,8/25	17,8/25
	Teilung	[mm]				
	Druckverlust	[m WS]	4,3	8,0	10	10,3
	bei Durchflußmenge	[t/h]	370,0	370,0	370,0	370,0
Abmessungen eines Apparates	Gesamtlänge	[mm]	9400	9500	9200	8350
	Ausziehlänge	[mm]				
	Durchmesser	[mm]	900	950	1600	1200
	Wandstärke:					
	Mantel	[mm]	24	28	36	29
	Boden	[mm]	25	24	37	29
	Deckel	[mm]		215		47
	Rohrplatte					
Material	Rohre		13 Cr Mo 44	St 45. 8	15 Mo 3	St 45. 8
	Mantel		15 Mo 3	19 Mn 5	19 Mn 5	19 Mn 5
	Boden		15 Mo 3	19 Mn 5	19 Mn 5	19 Mn 5
	Deckel		15 Mo 3	20 Mn 5	19 Mn 5	19 Mn 5
	Wasserkammern					
	Sammler					
	Rohrplatte		22 Mo 4	20 Mn 5		
Zubehör je Apparat	Thermometer d_s/w_s[3]	[Anzahl]	2/2	2/2	2/2	2/2
	Manometer	[Anzahl]	1	1	1	1
	Sicherheitsventil d_s/w_s[3]	[Anzahl]	0/1	0/1	0/1	0/1
	Wasserstände	[Anzahl]	1	1	1	1
	Entwässerungsventile	[Anzahl]	2	2	2	2
	Entlüftungsventile	[Anzahl]	2	2	2	2
Gewicht	Je Apparat	[kg]	19900	27300	31100	21500
Kaufmännische Angaben	Preis je Apparat	[DM]				
	Preis je Stufe	[DM]				
	Preis je kg	[DM/kg]				
	Preis je m²	[DM/m²]				

[1] Einschließlich Enthitzerteil. [2] d_i/d_a innerer/äußerer Durchmesser. [3] d_s/w_s dampfseitig/wasserseitig.

Um die Angebote gerecht beurteilen zu können, müssen die Unterschiede technisch, preislich und im Lieferumfang auf eine vergleichbare Basis gebracht werden. Die Heizflächen bezieht man auf den mittleren Rohrdurchmesser. Bei gleichen Annahmen müßten die Flächen eigentlich gleich groß sein. Unterschiede können sich jedoch aus der gewählten Bauart, aus einem Sicherheitszuschlag gegenüber dem Berechnungsergebnis und daraus erklären, mit welchem Aufwand eine hohe Wärmedurchgangszahl konstruktiv verwirklicht werden konnte. Verschieden hohe Druckverluste dürfen, wie bereits auf S. 289 erwähnt, beim Vergleich nicht unberücksichtigt bleiben.

Als Maß für den Bauaufwand dienen Heizfläche und Gewicht. Je nach Wahl von Material und Durchmesser können sich ungleiche Wandstärken ergeben, wodurch die Apparate und Behälter verschieden schwer ausfallen. Zum besseren Vergleich bildet man daher die auf die Heizfläche und das Gewicht bezogenen spezifischen Preise. Ihre Höhe ist jedoch nur bedingt zur Bewertung verwendbar, da Unterschiede durch die Anteile der fertigungs- und materialseitigen Preise begründet sein können. Betriebliche Eignung und Sicherheit sollten dagegen im Hinblick auf mögliche Störungen und Ausfälle bei der Beurteilung nicht übersehen werden. Ein höherer Preis ist vertretbar, wenn sich Umfang, Aufstellung und Überwachung der Vorwärmeranlage vereinfachen und eine größere Betriebssicherheit zu erwarten ist.

IX. Absicherung

Wärmetauscher und Behälter müssen nach den amtlichen Vorschriften gegenüber erhöhtem Druck abgesichert sein. Zu diesem Zweck werden entsprechend bemessene Sicherheitsventile für die Dampf- und Wasserseite angeordnet.

Falls der Wärmetauscher nur mit einer einzigen Turbinen-Anzapfung verbunden ist, so gilt er — wenn nicht Sondervorschriften vorliegen — bereits durch seine mantelseitige Konzessionierung entsprechend dem maximal möglichen Entnahmedruck als abgesichert.

Da sich bei einer Umführung und geöffneter Dampfentnahme das Wasser in den Rohren ausdehnen kann, ist das Anbringen eines rohrseitigen Sicherheitsventiles erforderlich. Dem Ansprechen eines auf der Mantelseite gegen Rohrbruch angeordneten Sicherheitsventiles kommt nur die Bedeutung einer Warnung zu, da durch diese Absicherung kein absoluter Schutz für die Turbine gegen einströmendes Wasser möglich ist. Aus diesem Grunde werden an den Apparaten in unterschiedlichen Höhen Niveauwächter angebracht, die zuerst den erhöhten Wasserstand melden, darauf bei weiterem Ansteigen eine wasserseitige Umführung bewirken und zuletzt den Turbinenschnellschluß auslösen sollen.

Der Umfang der Maßnahmen, die für die unbedingte Sicherheit des Betriebes als nötig erachtet werden, hängt von den jeweiligen Verhältnissen ab. Zum besseren Überblick der denkbaren Störfälle zeichnet man die einzelnen Absicherungen in die Dispositionszeichnung der Vorwärmeranlage ein. Beispiele solcher Absicherungsschemata zeigen Abb. 383 und 384.

Der Alarm erfolgt entweder akustisch durch Hupensignal oder durch optische Anzeige in nächster Nähe der Überwachungsstelle oder zentral in der Warte. Da die Übertragung der Impulse fast ausnahmslos auf elektrischem Wege geschieht, werden elektrische Ablaufregler und Niveauwächter immer mehr bevorzugt.

Schrifttum

[1] Schäff, K.: Die vollkommene und stufenförmige Speisewasservorwärmung. Arch. Wärmew. u. Dampfkesselw. Bd. 21 (1940), S. 101/04.

[2] Salisbury, I. K.: The Steam-Turbine Regenerative Cycle — An Analytical Approach. Trans. Amer. Soc. Mech. Eng. Bd. 64 (1942), S. 231/45, 593/604.

[3] Bollier, H.: Die Ersparnis durch Speisewasser-Vorwärmung. Escher-Wyss-Mitt. Bd. 23/24 (1950/51), S. 29/38.

[4] Schüller, K. H.: Ersparnis durch regenerative Speisewasservorwärmung in Dampfkraftwerken. Energietechnik Bd. 4 (1954), S. 419/24, 495/503.

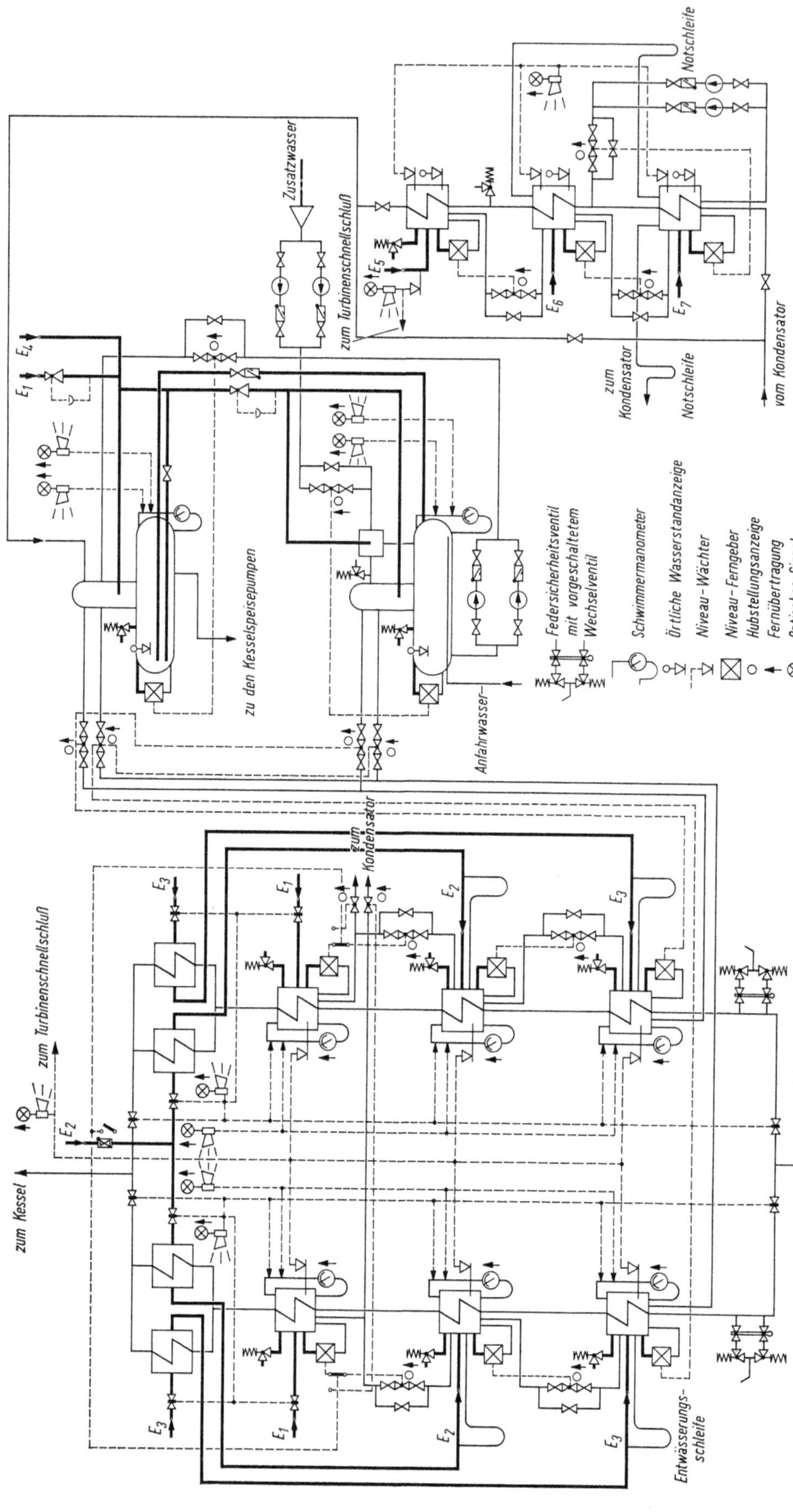

Abb. 383. Absicherungs-Schaltplan einer Vorwärmanlage

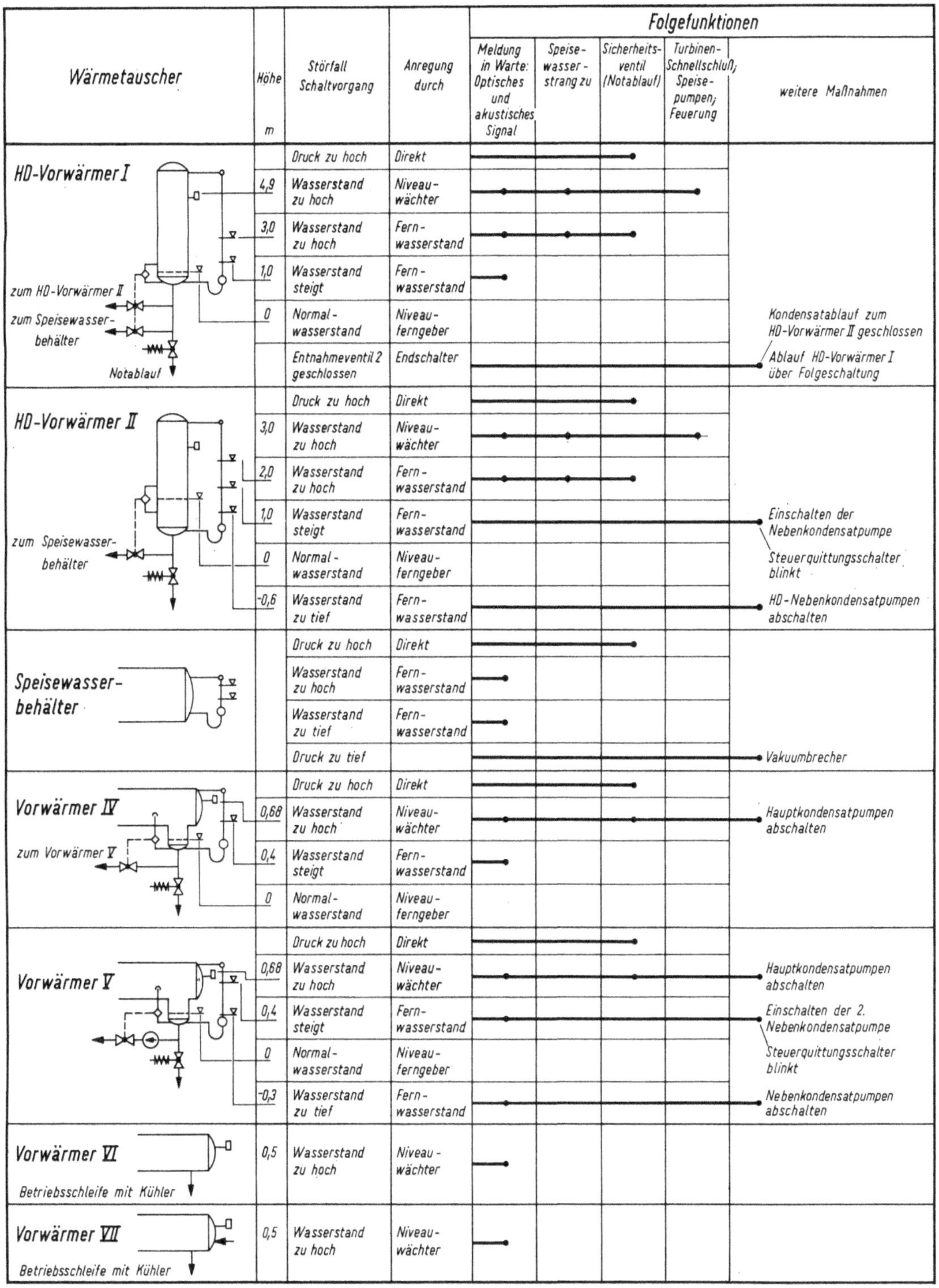

Abb. 384. Funktionsschema einer Vorwärmerabsicherung

[5] KRIESE, S.: Wärmeersparnis durch Speisewasservorwärmung. AEG-Mitt. Bd. 49 (1959), S. 642/47.
[6] MUSIL, L.: Die Gesamtplanung von Dampfkraftwerken, 2. Aufl., Berlin/Göttingen/Heidelberg: Springer 1948.
[7] LEVAL, A.: Wärmekraftwerke, Berlin: VEB Verlag Technik 1959.
[8] TRASSL, W., u. A. F. WILK: Zusammenhang der wichtigsten Einflußgrößen der praktischen Zwischenüberhitzung. Brennstoff Wärme Kraft Bd. 6 (1954), S. 44/51.
[9] KNIZIA, K.: Die Ermittlung des optimalen Wirkungsgrades von Hochdruck-Hochtemperatur-Dampfkraftprozessen, Dissertation TH Karlsruhe 1958.
[10] KNIZIA, K.: Ergebnisse zur Thermodynamik des Dampfkraftprozesses mit einfacher Zwischenüberhitzung und Regenerativ-Vorwärmung. Elektrizitätswirtsch. Bd. 61 (1962), S. 559/67, 604/15.
[11] MICHEL, R.: Die günstigste Speisewassertemperatur für Kondensationskraftwerke, Dissertation TH Berlin 1943.
[12] OPLATKA, G.: Optimale Stufenzahl der Speisewasservorwärmung in Dampfkraftwerken. BBC-Mitt. Bd. 49 (1962), S. 270/76.
[13] LAUPICHLER, F.: Günstigste Anzapfdrücke der verlustlosen Dampfturbine bei Dampfentnahme aus beliebig vielen Stufen zur Vorwärmung des Speisewassers. Arch. Wärmew. u. Dampfkesselw. Bd. 7 (1926), S. 139/43.
[14] KINKELDEY, L.: Die Bestimmung der günstigsten Anzapfdrücke bei der Anzapfvorwärmung unter Berücksichtigung des Gütegrades der Dampfturbinen. Die Wärme Bd. 62 (1939), S. 97/100.
[15] SCHÄFF, K.: Günstigste Stufenunterteilung und günstigster Vorwärmgrad bei der Speisewasservorwärmung. Arch. Wärmew. u. Dampfkesselw. Bd. 21 (1940), S. 173/76.
[16] BOLLIER, H.: Erleichterungen für die Bestimmung optimaler Regenerativ-Vorwärmeranlagen von Dampfkraftwerken. Escher-Wyss-Mitt. Bd. 34 (1961), S. 13/24.
[17] HOTES, H.: Die Durchrechnung des Wärmekreisprozesses von Dampfkraftwerken mit digitalen Rechenautomaten. AEG-Mitt. Bd. 50 (1960), S. 277/83.
[18] MAYINGER, F., E. SCHMIDT u. H. TRATZ: Neue Zustandsgleichungen für Wasserdampf unter Berücksichtigung ihrer Verwendung in elektronischen Rechenanlagen. Brennstoff Wärme Kraft Bd. 14 (1962), S. 261/66, 360.
[19] VESPER, H.: Näherungsgleichungen für die Zustandsgrößen des Wassers und des Dampfes an den Grenzkurven zur Verwendung in elektronischen Rechenmaschinen. Brennstoff Wärme Kraft Bd. 15 (1963), S. 20/23.
[20] ZENS, R.: Ein Programmsystem für die elektronische Berechnung von Kreisprozessen bei Dampfturbinenanlagen. Brennstoff Wärme Kraft Bd. 15 (1963), S. 75/79.
[21] Wärmetechnische Arbeitsmappe, Berechnungsunterlagen für den Entwurf und den Betrieb von Kraftanlagen, Düsseldorf: Deutscher Ingenieur-Verlag.
[22] VDI: Wärme-Atlas, Berechnungsblätter für den Wärmeübergang, Düsseldorf: Deutscher Ingenieur-Verlag.
[23] Standards of Tubular Exchanger Manufacturers Association, Inc., Fourth Edition, New York 1959.
[24] HAUSEN, H.: Wärmeübertragung im Gegenstrom, Gleichstrom und Kreuzstrom, Berlin/Göttingen/Heidelberg: Springer 1950.
[25] SCHMIDT, TH. E.: Die Berechnung von Wärmeaustauschern mit Hilfe dimensionsloser Kennzahlen. Chemie-Ingenieur-Technik Bd. 25 (1953), S. 221/27.
[26] TEN BOSCH, M.: Die Wärmeübertragung, Berlin: Springer 1927.
[27] SCHACK, A.: Der industrielle Wärmeübergang, 6. Aufl., Düsseldorf: Verlag Stahleisen 1962.
[28] KÜHNE, H.: Die Grundlagen der Berechnung von Oberflächen-Wärmetauschern, Göttingen: Vandenhoeck & Ruprecht 1949.
[29] SEIBERT, O.: Berechnung von Wärmetauschern. Brennstoff Wärme Kraft Bd. 6 (1954), S. 417/19.
[30] BOLTE, W.: Zur Berechnung von Vorwärmern. Brennstoff Wärme Kraft Bd. 6 (1954), S. 420/25.
[31] Starkstromtechnik I. Taschenbuch für Elektrotechniker, 8. Aufl., Berlin: Wilhelm Ernst & Sohn 1954.
[32] GREGORIG, R.: Wärmeaustauscher, Berechnung, Konstruktion, Betrieb, Wirtschaftlichkeit, Bd. 4 der Grundlagen der Chemischen Technik, herausgegeben von H. MOHLER und O. FUCHS, Aarau/Frankfurt a. M.: H. R. Sauerländer 1959.
[33] KERWAT, H.: Wärmetechnische Berechnung dampfbeheizter Speisewasservorwärmer. Energie Bd. 12 (1960), S. 98/101.
[34] KELP, F.: Wirtschaftlichkeitsprobleme von Speisewasser-Vorwärmanlagen größerer Kondensationskraftwerke. Mitt. Ver. Großkesselbes. 1959, Heft 61, S. 276/88.
[35] SCHÄFF, K.: Oberflächenvorwärmer, Verhalten bei veränderlichen Betriebsverhältnissen. Die Wärme Bd. 67 (1944), S. 17/19.
[36] NEKOLNY, J.: Verfahren und Einrichtung zur mehrstufigen Speisewasservorwärmung mittels aus verschiedenen Stufen der Dampfturbine einer Dampfkraftanlage entnommenen Anzapfdampfes, Auslegeschrift 1119 874 des Deutschen Patentamtes der Bundesrepublik Deutschland.
[37] RICARD, P. J.: Dampfturbinenanlage, Patentschrift 1058071 des Deutschen Patentamtes der Bundesrepublik Deutschland.
[38] NOVAK, H.: Enthitzer in Vorwärmanlagen von Dampfkraftwerken. Brennstoff Wärme Kraft Bd. 13 (1961), S. 316/19.

[39] Arbeitsgemeinschaft Deutscher Kraft- und Wärme-Ingenieure (ADK) des Vereines deutscher Ingenieure: Eignung von Speisewasser-Aufbereitungsanlagen im Dampfkesselbetrieb, Berlin: VDI-Verlag 1940.
[40] Klein, R.: Die Aufbereitung der Industrie- und Gebrauchs-Wässer unter besonderer Berücksichtigung der Dampfkessel-Speisewasserpflege, Essen: Vulkan-Verlag 1948.
[41] Flash Evaporator Plants for Sea-Water Conversion. The Engineer Bd. 213 (1962), S. 1151/54.
[42] Haferkamp, H.: Schweiß-Walz-Verbindungen an Hochdruck-Vorwärmern. Mitt. Ver. Großkesselbes. Heft 62, S. 365/67.
[43] Kiekenberg, H.: Einfluß der Ausführung von Vorwärmern auf den Eisenspiegel im Wasser-Dampf-Kreislauf. Mitt. Ver. Großkesselbes. 1963, Heft 85, S. 232/39.
[44] Novak, H.: Überkritischer 100 MW-Block mit doppelter Zwischenüberhitzung im Kraftwerk Gebersdorf II. Brennstoff Wärme Kraft Bd. 13 (1961), S. 115.
[45] Tietz, H.: Grundlagen der physikalischen Entgasung, Mitt. Ver. Großkesselbes. 1950, Heft 9, S. 76/95; Heft 10, S. 103/18.
[46] Peter, F.: Der Gleitdruckbetrieb von thermischen Speisewasserentgasern. BBC-Nachr. Bd. 41 (1959), S. 429/37.
[47] Stoll, A.: Speisewasserentgasung bei gleitendem Druck, Siemens-Z. Bd. 36 (1962), S. 608/18.
[48] Technische Richtlinien für Oberflächen-Vorwärmer, herausgegeben von der VDEW, 2. Ausg., Frankfurt a. M.: Verlags- und Wirtschaftsgesellschaft der Elektrizitätswerke 1956.
[49] Standards of Feedwater Heater Manufacturers Association, Inc., Third Edition, New York: Feedwater Heater Manufacturers Association, Inc., 1962.
[50] Eydam, H., H. Novak und F. Stiepel: Das Dampfkraftwerk Franken II. Brennstoff Wärme Kraft Bd. 17 (1965), S. 275/80.
[51] Lippert, W.: Vorwärmeranlagen mit Teilstromenthitzung. Brennstoff Wärme Kraft Bd. 18 (1966), S. 121/24.
[52] Musil, L., u. K. Knizia: Die Gesamtplanung von Dampfkraftwerken, 3. Aufl., I. Bd.: Knizia, K.: Die Thermodynamik des Dampfkraftprozesses, Berlin/Heidelberg/New York: Springer 1966.

C. Chemische Wasseraufbereitung

Von Hans-Günter Heitmann

I. Allgemeines

Wasser ist in einem Dampfkraftwerk einerseits der Arbeitsstoff, der als Energieträger die chemische Energie des Brennstoffes in mechanische Energie umwandelt, andererseits das Betriebsmittel, das für Kühlzwecke verwendet wird. Der Zusatzwasserbedarf für den Wasser-Dampf-Kreislauf ist bei Kondensationskraftwerken verhältnismäßig gering. Er beträgt bei Kraftwerken mit Durchlaufkesseln — insbesondere bei solchen mit Bensonkesseln — 0,3 bis 1% der Dampfleistung. Die in Blockkraftwerken auftretenden Speisewasserverluste werden im wesentlichen durch die Entschwadung am Entgaser und am Kondensator, durch austretenden Stopfbuchsendampf, durch den Dampfverbrauch von Rußbläsern, durch kontinuierliche Probeentnahmen und durch An- und Abfahrvorgänge verursacht. Bei Kraftwerken mit Trommelkesseln kann der Zusatzspeisewasserbedarf durch die von der zulässigen Eindickung des Kesselwassers und dem Salzgehalt des Zusatzwassers abhängige Absalzung höher liegen. Werden die Speisewasserverluste durch Weichwasser gedeckt, was in den meisten Fällen nur bei Kesseln bis zu Betriebsdrücken von etwa 40 atü möglich ist, beträgt der Zusatzspeisewasserbedarf infolge der höheren Kesselwasserabsalzung bis zu 10% der Dampfleistung und mehr. Bei salzfreiem Zusatzspeisewasser liegt auch in Kraftwerken mit Trommel- oder Einrohrkesseln der Zusatzbedarf in der gleichen Größenordnung wie in Anlagen mit Bensonkesseln. In Gegendruckkraftwerken sind außer den bereits genannten Verlusten noch die der Dampfabgabe entsprechenden Mengen zu ersetzen.

Die Wasseraufbereitungsanlage ist bei Blockkraftwerken ohne nennenswerte Absalzverluste für etwa 2% der Kesselleistung auszulegen, um auch unvorhergesehene Verluste, z. B. beim Anfahren des Blockes, decken zu können. Zur Erhöhung der Betriebssicherheit des Kraftwerkes ist es zweckmäßig, zwei Filterstraßen aufzustellen, um die Regenerationszeiten überbrücken und notfalls auch größere Wassermengen aufbereiten zu können. Bei mehrfacher Unterteilung der Wasseraufbereitungsanlage genügt die Installierung einer Reservestraße. In Gegendruckkraftwerken müssen bei der Auslegung der Wasseraufbereitungsanlage die zusätzlichen Verluste berücksichtigt werden.

Weitaus größere Wassermengen werden in einem Dampfkraftwerk für Kühlzwecke benötigt, in Kondensationskraftwerken in erster Linie für die Kondensation des Dampfes im Turbinenkondensator. Steht Wasser für eine Durchflußkühlung nicht in ausreichendem Maße zur Verfügung, so muß die Kühlung in einem geschlossenen Kühlkreislauf vorgenommen werden. In diesem Fall ist nur das durch die Abkühlung in Kühlanlagen verdunstende Wasser und das durch die notwendige Absalzung aus dem Kühlkreislauf verlorengehende Wasser zu ersetzen. Das zur Deckung dieser Verluste erforderliche Zusatzwasser muß im allgemeinen vor Einführung in den Kreislauf mechanisch gereinigt und chemisch aufbereitet werden. Eine mechanische Reinigung des Wassers, gegebenenfalls mit einer chemischen Behandlung gekoppelt, ist mitunter auch für Werkswasser, das an den verschiedensten Stellen des Kraftwerkes — z. B. für Lagerkühlzwecke — benötigt wird, vorzusehen. Bei Durchflußkühlung ist im allgemeinen nur eine mechanische Grobreinigung notwendig. Wasser für Feuerlöschzwecke braucht normalerweise nicht chemisch, sondern höchstens mechanisch gereinigt zu werden. Steht Trink- und Waschwasser nicht aus einem Trinkwassernetz zur Verfügung, so muß das dafür dienende Wasser — gegebenenfalls nach vorangehender Flockung — gereinigt und entkeimt werden.

Das einem Kraftwerk zur Verfügung stehende Rohwasser kann verschiedener Art sein:

1. Flußwasser,
2. Binnenseewasser,
3. Brunnenwasser,
4. Trinkwasser,
5. Regenwasser,
6. Meerwasser.

Die ersten vier Arten sind für Kesselspeisezwecke und oft auch für Rückkühlzwecke chemisch und gegebenenfalls auch mechanisch aufzubereiten. Regenwasser kann in regenreichen Gebieten nach vorangehender Reinigung zusätzlich zur Kesselspeisung mit herangezogen werden. Durch Zugabe dieses Wassers zum aufzubereitenden Rohwasser werden die Aufbereitungskosten gesenkt. Eine chemische Aufbereitung von Meerwasser ist im allgemeinen nicht üblich; es sind jedoch auch in dieser Richtung — insbesondere in den USA und in Holland — erfolgversprechende Versuche zur Entsalzung mit Hilfe von Ionenaustauschmembranen[1] durchgeführt worden. Bei Meerwasserkühlung sind für die mit diesem Wasser in Berührung kommenden Apparate und Rohrleitungen geeignete korrosionsbeständige Werkstoffe zu verwenden. Die Herstellung von Kesselzusatzspeisewasser aus Meerwasser erfolgt bisher mit Hilfe von Tauch- oder Entspannungsverdampfern (s. Abschn. B I e S. 349), die sich durch Herausnahme des Heizrohrsystems verhältnismäßig leicht reinigen lassen.

II. Anforderungen an Betriebswässer

Um Schäden und Betriebsstörungen, sei es durch Korrosionen, durch Salzablagerungen oder durch andere Ursachen zu vermeiden, müssen an die Betriebswässer — je nach dem Verwendungszweck — bestimmte Anforderungen gestellt werden.

a) Kühlwasser

Das in Durchflußkühlung verwendete Wasser wird im allgemeinen keiner besonderen Aufbereitung unterzogen. Das Rohwasser ist lediglich von den groben mechanischen Verunreinigungen zu befreien. Es muß jedoch auch bei verhältnismäßig reinem Oberflächenwasser damit gerechnet werden, daß die Wärmeübergangszahl im Kondensator infolge Verschmutzung bis zu 30% zurückgehen kann. Die Werkstoffwahl für die Kondensatorrohre richtet sich nach der Art und der Zusammensetzung des zur Verfügung stehenden Kühlwassers. Durch die Temperaturerhöhung im Kondensator darf das Kohlensäure-Karbonat-Gleichgewicht[2]

$$Ca(HCO_3)_2 \rightleftarrows CaCO_3 + H_2O + CO_2$$

[1] Fressel, F.: Die Verfahren zum Entsalzen von Meer- und Brackwasser. Z. VDI Bd. 98 (1956), S. 9/13.

[2] Hömig, H. E.: Physikochemische Grundlagen der Speisewasserchemie, Essen: Vulkan-Verlag Dr. W. Classen 1963.

nicht wesentlich gestört werden, um eine Karbonatausscheidung in den Kondensatorrohren zu vermeiden.

Bei Rückkühlbetrieb dürfen im Umlaufwasser bestimmte Höchstwerte nicht überschritten werden, um Salzablagerungen im Kühlsystem auszuschließen. Bei der Abkühlung des Kühlwassers im Kühlturm treten durch Verdunstung Wasserverluste auf, die eine Salzanreicherung des Kühlwassers zur Folge haben. Die für den Kühlkreislauf zulässigen Grenzwerte sind in Tabelle 22 zusammengestellt.

Tabelle 22. *Grenzwerte für Kühlwasser bei Rückkühlbetrieb*[1]

Wandungstemperatur	< 60–80	°C
pH-Wert	> 7	
Freie Kohlensäure	< 3	mg/l
Karbonathärte	< 6	°dH
bei Anwesenheit von polymeren Phosphaten	< 12	°dH
Nichtkarbonathärte	< 80	°dH
Chloride (Cl′)	< 400	mg/l
Sulfate (SO_4'')	< 500	mg/l
Gesamtsalzgehalt	< 3000	mg/l
Algenwachstum	unzulässig	
Gesamtalkalität (*m*-Wert)	< 15	mval/l
Kieselsäure	< 200	mg/l
Schwebestoffe	< 5	mg/l

Zur Einhaltung dieser Richtwerte müssen in Abhängigkeit von der Wasserzusammensetzung entsprechende Mengen aus dem umlaufenden Kühlwasser abgeschlämmt werden. In den meisten Fällen — z. B. bei Kalkentkarbonisierung — wird die zulässige Eindickung durch die Karbonathärte des Zusatzwassers begrenzt, mitunter — z. B. bei Säureentkarbonisierung oder Vollenthärtung — auch durch den Salzgehalt. Beträgt die Restkarbonathärte bei Kalkentkarbonisierung des Zusatzwassers etwa 2 °dH, so ist bei Anwendung von polymeren Phosphaten eine sechsfache Eindickung möglich, d. h. es müssen aus dem Kühlkreislauf kontinuierlich etwa 16,7%, bezogen auf die Zusatzkühlwassermenge, abgeschlämmt werden.

b) Verdampfer- und Dampfumformerspeisewasser

An das Speisewasser für Verdampfer — außer Tauchverdampfer — und Dampfumformer müssen wegen der hohen spezifischen Heizflächenbelastung die gleichen Anforderungen gestellt werden wie für 40 atü-Kessel. Tabelle 23 gibt eine Übersicht über die anzustrebenden Richtwerte im Speisewasser, um die ebenfalls aufgeführten Grenzwerte in der Verdampferlauge einzuhalten.

Tabelle 23. *Richtwerte für Verdampferspeisewasser und Verdampferlauge*

		Speisewasser	Verdampferlauge
Härte	[°dH]	< 0,05	—
p-Wert	[mval/l]	—	< 6
pH-Wert bei 20 °C		7 bis 9,5	8,5 bis 11
Leitfähigkeit bei 20 °C	[μS/cm]	—	< 5000
(nach Neutralisation mit HCl gegen Phenolphthalein)			($D < 0{,}25$ Bé)
Gesamtsalzgehalt	[mg/l]	< 1000	< 3000
P_2O_5	[mg/l]	1 bis 5	< 25
Gebundene Kohlensäure	[mg/l]	< 20	—
Sauerstoff	[mg/l]	< 0,02	—
SiO_2	[mg/l]	< 10	$< (30 + 3 \cdot p)$
$KMnO_4$-Verbrauch	[mg/l]	< 10	—

[1] Leick, J.: Aufbereitung von Kühlwasser. Der Maschinenschaden Bd. 24 (1951), S. 85/92. Freier, R.: Kesselspeisewasser — Kühlwasser, Berlin: de Gruyter 1963.

Zur Erzielung eines reinen Verdampferdestillats muß kontinuierlich ein Teil der Verdampferlauge abgeschlämmt werden. Die abzuführende Menge richtet sich gewöhnlich nach dem Salzgehalt und liegt zwischen 10 und 30% der Verdampferleistung. Das zur Verfügung stehende Rohwasser muß zur Einhaltung der an das Speisewasser zu stellenden Anforderungen einerseits absolut klar und frei von Schwebestoffen, andererseits entkarbonisiert und enthärtet sein. Die mechanische Reinigung erfolgt durch Kiesfilterung, die Entkarbonisierung mit Kalk oder Säure und die Enthärtung durch Basenaustausch (s. Abschn. III g 1, S. 405).

c) Kesselspeisewasser für Umlaufkessel

Durch die Speisewasseraufbereitung sollen Korrosionen und Ablagerungen innerhalb des Wasser-Dampf-Kreislaufes praktisch ausgeschlossen werden. Die an das Speisewasser zu stellenden Anforderungen sind in erster Linie vom Betriebsdruck des Kessels abhängig. In den Tabellen 24 und 25 sind die von der Vereinigung der Großkesselbesitzer herausgegebenen Richtwerte[1] für Speise- und Kesselwasser wiedergegeben.

Tabelle 24. *Speisewasser für Wasserrohrkessel*

	Durchlaufkessel und Einspritzwasser für Heißdampfkühler	Umlaufkessel			
		20 atü*	40 atü*	64 atü*	80 atü und höher
Allgemeine Anforderungen	Klar und farblos				
Sauerstoff .... [mg O_2/l]	Max. 0,03 (auch beim An- und Abfahren); im Dauerbetrieb < 0,02				
Härte .... [mval/l]	Nicht nachweisbar	0,02	0,01	0,01	Nicht nachweisbar
Gesamt-Eisen ...... [mg Fe/l]	<0,02	Möglichst 0,05			<0,03
Kupfer .... [mg Cu/l]	<0,005	<0,01			<0,005
Gesamtkohlensäure . [mg CO_2/l] (CO_2 + HCO_3' + CO_3'') als CO_2 gerechnet	<1	Möglichst <20 mg/l			<1
pH bei 20 °C Rücksichtnahme auf Speisepumpen und Vorwärmer erforderlich	7 bis 9,5 Nur flüchtige Alkalisierungsmittel	7 bis 9,5			7 bis 9,5 Möglichst nur flüchtige Alkalisierungsmittel
Kieselsäure .... [mg SiO_2/l]	Im Dauerbetrieb <0,02	Wenn ohne Abschlämmung gefahren werden soll, im Dauerbetrieb max. 0,02; andernfalls sind nur die Richtwerte für Kesselwasser zu beachten			
Leitfähigkeit bei 20 °C [μS/cm] nach stark saurem Kationenaustauscher und CO_2-Entfernung gemessen	Im Dauerbetrieb <0,2	Wenn ohne Abschlämmung gefahren werden soll, im Dauerbetrieb max. 0,3; andernfalls sind nur die Richtwerte für Kesselwasser zu beachten			
Permanganatzahl [mg $KMnO_4$/l]	Möglichst <5	Möglichst <10			Möglichst <5
Öl .... [mg/l]	<0,3	Möglichst <1		<0,5	<0,5

* Bei lokalen Wärmedurchgängen $>2 \cdot 10^5$ kcal/m$^2 \cdot$ h sind die Richtwerte für Kesseldrücke oberhalb 80 atü anzuwenden.

Die in den USA üblichen Richtwerte für Kesselwasser unterscheiden sich teilweise beträchtlich von den deutschen Werten. Es sind sogar suspendierte Stoffe im Kesselwasser zugelassen, die man in Deutschland nach Möglichkeit aus dem Kessel fernhält, um eine eventuelle Schaumbildung zu vermeiden. Auch für den Kieselsäuregehalt liegen die zulässigen Werte wesentlich höher, selbst bei Hochdruckkesseln noch bis zu 5 mg/l. Daß bei diesen hohen Werten keine Schwierigkeiten auftreten, ist in erster Linie darauf zurückzuführen, daß Kessel höheren Betriebsdruckes oft mit zwei Trommeln oder mit besonderen Trommeleinbauten bzw. Dampfwascheinrichtungen versehen werden.

[1] Neue VGB-Richtwerte für das Speise- und Kesselwasser von Wasserrohrkesseln. Mitt. Ver. Großkesselbes. 1962, Heft 76, S. 1/3.

Wird das Speisewasser als Einspritzwasser zur Temperaturregelung des Heißdampfes verwendet, so muß dieses die gleiche Qualität wie das Speisewasser von Durchlaufkessel (Tabelle 26) besitzen, um Salzablagerungen auf den Turbinenschaufeln zu vermeiden.

Die für das Kesselwasser erforderliche Absalzung hängt im Zusammenhang mit dem Betriebsdruck des Kessels von der Art der Zusatzwasseraufbereitung ab. Wenn das Zusatzspeisewasser nach den früher üblichen Verfahren der Entkarbonisierung und Enthärtung, die nur für Kessel niedrigeren Druckes in Frage kommen, aufbereitet wird, richtet sich die abzusalzende Menge häufig nach dem Salzgehalt des Zusatzwassers, bisweilen auch nach der Alkalität oder dem Kieselsäuregehalt desselben. Bei höheren Betriebsdrücken — etwa ab 60 atü — ist in den meisten Fällen eine Aufbereitung des Zusatzwassers auf chemischem Wege durch Vollentsalzung zweckmäßiger und wirtschaftlicher. Dadurch kann auch die Absalzung des Kesselwassers niedrig gehalten werden. Oft ist die kontinuierliche Probeentnahme zur Wasseruntersuchung als Absalzmenge ausreichend.

Tabelle 25. *Kesselwasser für Wasserrohrkessel*

	20 atü	40 atü	64 atü	80 atü	125 atü	160 atü
				Zusatz von Alkalihydroxiden möglichst unterlassen		
p-Wert .... [mval/l]	<10	<6	<3	<1	<0,3	<0,1
Kieselsäure .... [mg SiO_2/l] wenn der SiO_2-Gehalt des Dampfes <0,02 mg/kg sein soll	Aus dem p-Wert zu berechnen mit den Formeln $<(70 + 7\,p)$	$<(30 + 3\,p)$	<10	<4	<1,2	<0,4
Phosphat .... [mg P_2O_5/l] kann bei sicherer Vermeidung von Härteeinbrüchen (z. B. durch Kondensatentsalzung) auch ganz weggelassen werden	<25	<10	<10		<3	
Leitfähigkeit bei 20 °C [μS/cm] nach Neutralisation mit HCl gegen Phenolphthalein gemessen	<8000 (D= 0,4°Bé)	<5000 (D=0,25°Bé)	<2500	<1500	<250	<50

Bei lokalen Wärmedurchgängen $> 2 \cdot 10^5$ kcal/m²·h wird bei allen Druckstufen die Anwendung der Richtwerte für 160 atü empfohlen (außer für SiO_2).

d) Kesselspeisewasser für Durchlaufkessel

An das Speisewasser für Durchlaufkessel sind besonders hohe Reinheitsforderungen zu stellen, da sich alle im Wasser gelösten oder ungelösten Bestandteile im Kessel oder auf den Turbinenschaufeln ablagern können. Mit den heute zur Verfügung stehenden Mitteln der Wasseraufbereitung ist es ohne weiteres möglich, ein praktisch salz- und kieselsäurefreies Wasser zu erzeugen und damit durch mangelhafte Qualität des Speisewassers verursachte Störungen zu vermeiden. Die Aufbereitung des Zusatzspeisewassers erfolgt in den meisten Fällen am günstigsten und wirtschaftlichsten durch chemische Vollentsalzung. Die Erzeugung von Zusatzdestillat über Verdampfer wird nur noch in Ausnahmefällen vorgenommen. Da die Qualität eines Verdampferdestillats[1] oft nicht die des chemisch vollentsalzten Wassers erreicht, ist es auch bei Verdampferbetrieb zweckmäßig, das Destillat auf unter 70 °C abzukühlen und über eine Mischbettfilteranlage dem Hauptkreislauf zuzuführen. In Tabelle 26 sind in der ersten Spalte die nach den heutigen Erfahrungen kurzzeitig zulässigen Speisewasserrichtwerte, in der zweiten Spalte die anzustrebenden Werte aufgeführt worden. Diese Richtwerte sind praktisch unabhängig vom Betriebsdruck des Kessels und gelten auch für überkritisch betriebene Kessel.

[1] Mit einem 10-Stufen-Verdampfer von Westinghouse (USA) wird ein Restsalzgehalt von rd. 0,1 mg/l erreicht.

Tabelle 26. *Speisewasserrichtwerte für Durchlaufkessel*

		Zulässige Werte	Anzustrebende Werte
Allgemeine Anforderungen		Klar und farblos	
pH-Wert bei 20 °C		7 bis 9,5	9 bis 9,5
Leitfähigkeit bei 20 °C nach stark saurem Kationenaustauscher gemessen	[μS/cm]	< 0,5	< 0,2
Salzgehalt	[mg/l]	< 0,1	< 0,02
Natrium + Kalium	[mg/l]	< 0,05	< 0,01
Sauerstoff	[mg O_2/l]	< 0,02	< 0,005
Gesamtkohlensäure	[mg CO_2/l]	< 1	< 0,1
Kieselsäure	[mg SiO_2/l]	< 0,02	< 0,01
Gesamteisen	[mg Fe/l]	< 0,02	< 0,01
Kupfer	[mg Cu/l]	< 0,005	< 0,002
Sonstige Schwermetalloxide	[mg/l]	< 0,005	< 0,001
Härte	[mval/l]	Nicht nachweisbar	
Öl	[mg/l]	< 0,3	< 0,1
Permanganatzahl	[mg $KMnO_4$/l]	< 5	< 2
Ammoniak	[mg NH_3/l]	0 bis 2	0,03 bis 1,0
Hydrazin	[mg N_2H_4/l]	0 bis 1	0,05 bis 0,1

Eine einwandfreie Dampfqualität ist Voraussetzung, um einen störungsfreien Turbinenbetrieb zu gewährleisten. Verunreinigungen des Dampfes können einerseits zu Ablagerungen auf den Turbinenschaufeln und damit zu einer Wirkungsgradminderung[1] führen, andererseits die primäre Ursache von Schaufelbrüchen sein. Ablagerungen sind im allgemeinen durch die mit fallenden Drücken und Temperaturen bedingte Löslichkeitsabnahme dampflöslicher Substanzen bedingt. Wie z. B. aus dem Löslichkeitsdiagramm von Kieselsäure[2] in Abb. 385 hervorgeht, liegt die maximale Löslichkeit in überkritischem Dampf etwa zwischen 150 und 300 mg/kg, während bei einem Druck von 0,3 kp/cm^2 und einer Temperatur von 65 °C nur noch eine Dampflöslichkeit von 0,012 mg/kg vorhanden ist. Das bedeutet, daß Kieselsäureablagerungen mit Sicherheit nur bei einem SiO_2-Gehalt < 0,01 mg/kg vermieden werden können. Schaufelbrüche im beginnenden Naßdampfgebiet können durch Salze verursacht werden, die sich bei beginnender Kondensation in ihre Komponenten aufspalten und dadurch zu örtlicher Säurebildung führen können. Bedingt durch die unterschiedlichen Verteilungskoeffizienten einzelner Komponenten zwischen Dampf und Wasser geht z. B. bei Gegenwart von Ammoniumchlorid Chlorwasserstoff bevorzugt in die ersten Kondensationstropfen über. Dadurch können trotz höherer pH-Werte im Kreislauf örtlich pH-Werte unter 7 auftreten.

Um die beschriebenen Störmöglichkeiten zu vermeiden, sind für die Dampfqualität die in Tabelle 27 angeführten Richtwerte anzustreben.

Tabelle 27. *Richtwerte für die Dampfqualität von Dampfturbinen*

		Zulässige Werte	Anzustrebende Werte
Leitfähigkeit bei 20 °C gemessen nach stark saurem Kationenaustauscher und nach CO_2-Entfernung	[μS/cm]	< 0,3	< 0,1
Kieselsäure	[mg SiO_2/l]	< 0,02	< 0,01
Gesamteisen	[mg Fe/l]	< 0,02	< 0,005
Übrige Schwermetalle	[mg/l]	< 0,005	< 0,002
Natrium + Kalium	[mg/l]	< 0,01	< 0,01

[1] Speidel, L.: Einfluß der Oberflächengüte auf den Wirkungsgrad von Dampfturbinen. Siemens-Z. Bd. 35 (1961), S. 591/97.

[2] Heitmann, H. G.: Die Löslichkeit von Kieselsäure in Wasser und Wasserdampf sowie ihr Einfluß auf Turbinenverkieselungen, Dissertationen TH Karlsruhe 1964.

Heitmann, H. G.: Wasserprobleme in Dampfkraftwerken — Neuere Erkenntnisse und Forschungen. Mitt. Ver. Großkesselbes. 1964, Heft 90, S. 171/90.

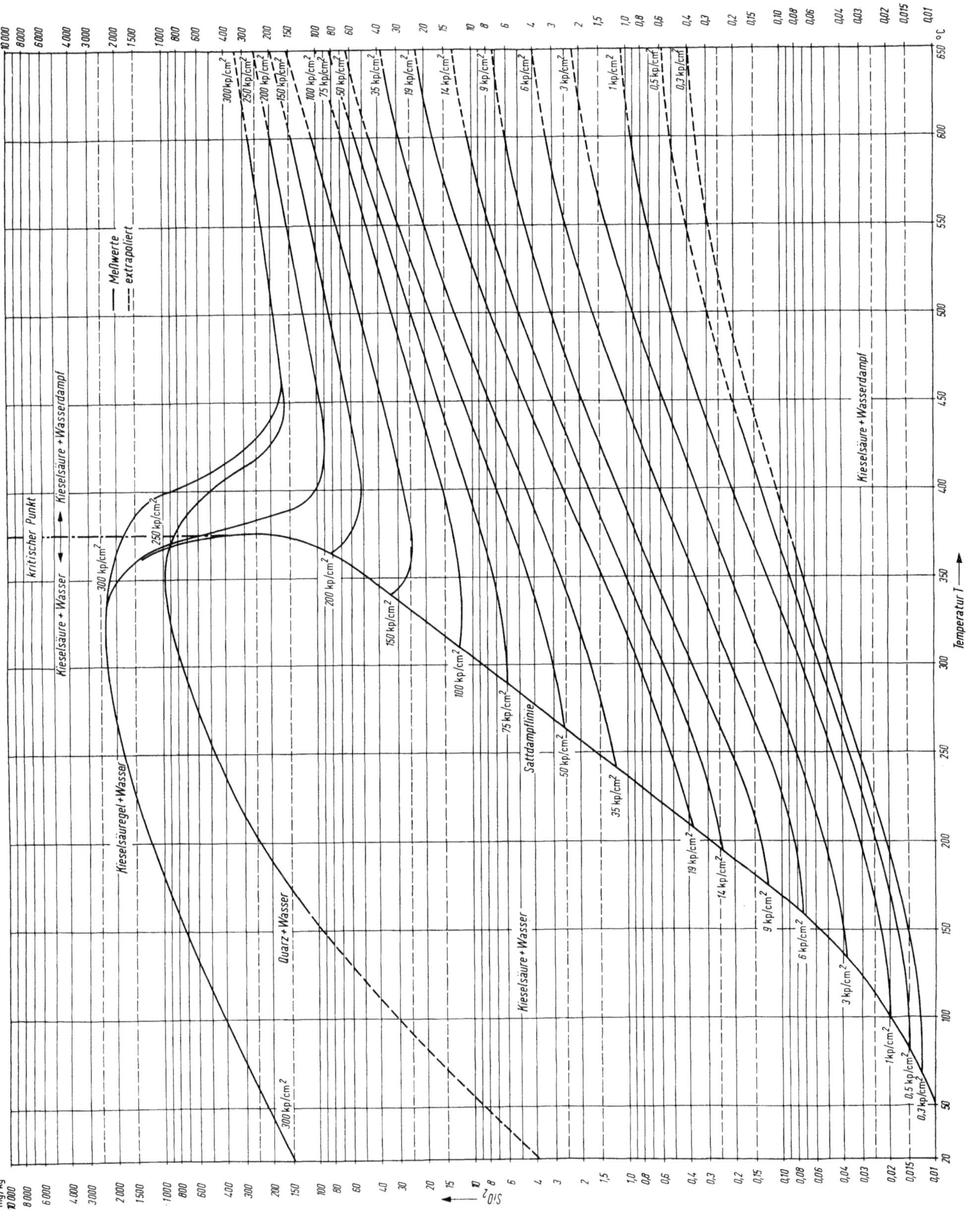

Abb. 385. Löslichkeitsdiagramm von Kieselsäure

Die in der letzten Spalte wiedergegebenen Werte gelten für den Dauerbetrieb. Bisweilen sind auch höhere Salzgehalte zulässig, sofern die Dampflöslichkeit beim Durchgang durch die Turbine nicht unterschritten wird und es sich um neutrale Salze handelt, die bei beginnender Kondensation nicht zur Aufspaltung in ihre Komponenten führen.

III. Aufbereitungsverfahren

a) Rohwasserbeschaffenheit

Für die Auslegung einer Wasseraufbereitungsanlage ist die genaue Kenntnis der Zusammensetzung des zur Verfügung stehenden Rohwassers erforderlich. Diese Unterlagen müssen über einen längeren Zeitraum zusammengestellt werden — bei stark schwankender Wasserzusammensetzung notfalls über ein Jahr —, um eventuelle Schwankungen der Wasserqualität für die Auslegung der Anlage berücksichtigen zu können. Viele Wässer sind mechanisch verunreinigt; die Art der Verunreinigungen muß bekannt sein. Jedes Wasser enthält zudem mehr oder weniger große Mengen an Härtebildnern, Neutralsalzen, Kieselsäure und organischen Stoffen.

Zur einwandfreien Charakterisierung eines Rohwassers muß die Rohwasseranalyse alle Werte enthalten, die die Auslegung der Wasseraufbereitung beeinflussen können (s. Tabelle 28). Statt der bisherigen Angaben der Ionen in mg/l oder ppm wird in neuerer Zeit die international einheitliche Dimension mval/l* angestrebt. Dem Planer einer Wasseraufbereitungsanlage sind darüber hinaus sämtliche technischen Daten des zu versorgenden Kraftwerks zugänglich zu machen, soweit sie einen Einfluß auf die Planung ausüben. Diese Angaben beziehen sich auf die Art, den Betriebsdruck, die Arbeitstemperatur und die Dampfleistung der Kesselanlage, die Verwendungsart des erzeugten Dampfes, den Zusatzwasserbedarf, die Betriebsweise der Kesselanlage, die Art der Heißdampfkühlung u. a.

Tabelle 28. *Erforderliche Angaben einer Rohwasseranalyse*

Herkunft des Rohwassers		*Ionen:*	
Tag der Entnahme		Kationen	
Temperatur [°C]		Ca	[mval/l]
Aussehen		Mg	[mval/l]
Farbe		Na	[mval/l]
Schwebe- und Sinkstoffe [mg/l]		K	[mval/l]
Leitfähigkeit (bei ... °C) [μS/cm]		NH_4	[mval/l]
pH-Wert (bei ... °C)			
p-Alkalität	[mval/l]	Anionen	
m-Alkalität	[mval/l]	Cl	[mval/l]
m-Acidität (nach Kationenaustauscher)	[mval/l]	SO_4	[mval/l]
Kaliumpermanganatverbrauch	[mg/l]	NO_3	[mval/l]
Abdampfrückstand bei 180 °C	[mg/l]	NO_2	[mval/l]
Glührückstand bei 600 °C	[mg/l]	PO_4	[mval/l]
Sauerstoff	[mg/l]	HCO_3	[mval/l]
Freie Kohlensäure	[mg/l]	CO_3	[mval/l]
Gesamt-Kohlensäure	[mg/l]		
Aggressive Kohlensäure	[mg/l]		
Gesamthärte	[°dH]		
Karbonathärte	[°dH]		
Nichtkarbonathärte	[°dH]		
Mangan- und Eisengehalt	[mg/l]		
Kupfer, Zink, Aluminium	[mg/l]		
SiO_2	[mg/l]		

b) Mechanische Reinigung

Die mechanische Grobreinigung eines Oberflächenwassers wird durch Rechen oder Siebmaschinen vorgenommen. Die Feinreinigung eines Wassers erfolgt im allgemeinen durch Druckfilter, seltener durch Filter offener Bauart. Druckfilter werden sowohl in

---

$$* \; 1 \text{ mval} = \frac{\text{Atom- bzw. Molekulargewicht}}{\text{Wertigkeit}} = \text{Äquivalentgewicht (in mg)}.$$

stehender als auch in liegender Bauart erstellt. Liegende Filter eignen sich nur für weniger stark verschmutztes Wasser, z. B. für den Ablauf von Schnellreaktoren. Sie besitzen bei gleicher Mantellänge des Behälters eine größere Filterfläche als stehende Filter, erlauben aber auf Grund der geringeren Filterschichthöhe nur maximale Filtergeschwindigkeiten von 6 bis 8 m/h. Bei stehenden Druckfiltern hängt die zulässige Filtergeschwindigkeit von der Höhe der Filterschicht ab. Abb. 386 gibt diesen Zusammenhang wieder. Nach Entkarbonisierungs- und Flockungsanlagen werden Filtergeschwindigkeiten von 10 m/h im allgemeinen nicht überschritten.

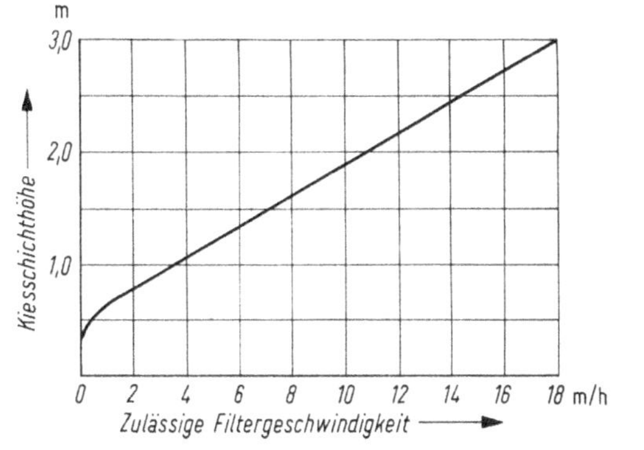

Abb. 386. Abhängigkeit der Filtergeschwindigkeit von der Filterschichthöhe bei 1 bis 2 mm Kieskorngröße (Nach VGB-Wasserrichtlinien)

Als Richtwerte für den Bau von stehenden Kiesfiltern können folgende Daten angesehen werden

Höhe der Kiesschicht:	1 bis 3 m
Korngröße des Füllmaterials:	1 bis 2 mm
Filtergeschwindigkeit:	8 bis 12 m/h
Filterwiderstand bei frisch gewaschenen Filtern:	0,5 bis 1 m WS
Filterwiderstand bei verschmutzten Filtern:	6 m WS
Spülwasserbedarf:	12 bis 20 $m^3/m^2 \cdot h$
Spülluftbedarf:	80 bis 120 $m^3/m^2 \cdot h$

Beim Überschreiten des zulässigen Filterwiderstandes oder nach Durchbruch von Trübstoffen wird das Filter von unten nach oben gespült. Für die Spülung darf nur Wasser, das

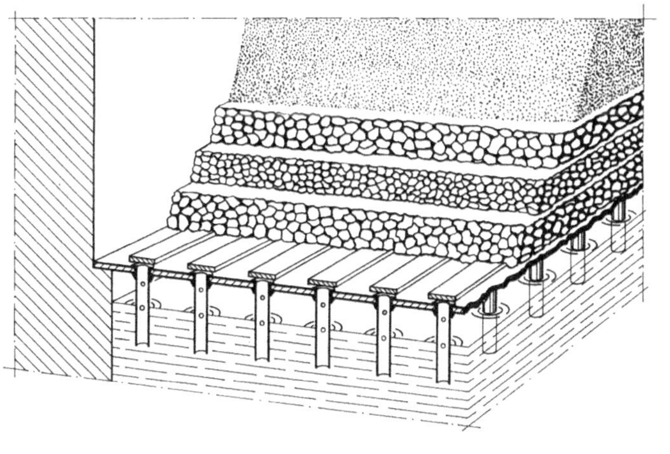

Abb. 387. Filterboden eines Druckfilters (Bauart Permutit)

frei von Schwebestoffen ist, verwendet werden. Die Spülung kann entweder nur mit Wasser, mit Wasser und Luft im Wechsel oder mit Wasser und Luft gemeinsam erfolgen. Für die gleichmäßige Verteilung des Spülwassers und der Spülluft über die ganze Filterfläche ist der Filterboden mit Einrichtungen ausgerüstet, die gleichzeitig die Trennung des austretenden Reinwassers vom Filtermaterial ermöglichen. Die Spülwassermenge liegt bei der kombinierten Wasser-Luft-Spülung zwischen 1 und 5% der erzeugten Reinwassermenge und muß in einem Zeitraum von 10 bis 20 Minuten zur Verfügung stehen. Um beim Rückspülen der Kiesschicht Filtermaterialverluste zu vermeiden, ist über der Filterschicht ein Steigraum von 25 bis 30% zu berücksichtigen. Im Filterboden werden entweder geschlitzte Leisten mit angesetzten Tauchrohren (Abb. 387) oder Düsen (Abb. 388) eingesetzt. Die Anzahl der Düsen liegt bei 60 bis 80 je m². Sie bestehen entweder aus Porzellan oder aus Kunststoff und müssen sowohl mechanisch stabil als auch gegen chemische Einflüsse resistent sein.

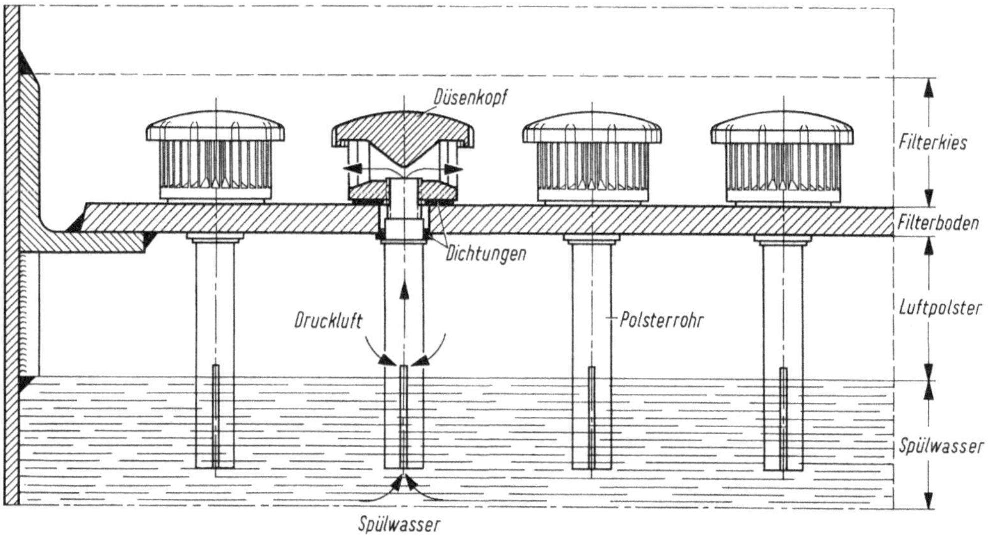

Abb. 388. Patentdruckfilter. Anordnung der Polsterrohrdüsen im Zwischenboden (Bauart Wabag)

Als Filtermaterial dient in erster Linie monokristalliner Quarzkies. Sein Schüttgewicht beträgt 1,6 bis 1,7 t/m³. Polykristalliner Kies hat den Nachteil des leichteren Zerfalls und der geringeren chemischen Beständigkeit, insbesondere gegenüber alkalischen Wässern. Bei Entkieselungsanlagen wird mitunter auch schwachgebrannter Dolomit, eine Magnesiumoxid-Calciumkarbonat-Verbindung, verwendet. Seltener sind Koks oder Anthrazit als Filtermaterial gebräuchlich.

Die Bedienung der Filter erfolgt im allgemeinen direkt durch handbetätigte Ventile. Bei größeren Filtereinheiten empfiehlt es sich, pneumatisch oder elektrisch gesteuerte Ventile zu verwenden. Diese werden entweder von einem zugehörigen oder bei größeren Filteranlagen von einem gemeinsamen Schaltpult bedient. Über elektrisch anzeigende Differenzdruckmanometer oder Trübungsmeßeinrichtungen ist auch ein vollautomatischer Betrieb der Kiesfilteranlage möglich.

Bei den sog. Immedium-Filtern — Bauart Permutit und Lurgi — erfolgt die Filtration aufwärts gerichtet. Sie beginnt in gröbster und endet in feinster Filterschicht. Daraus ergeben sich große Eindringtiefen und Aufnahmefähigkeiten für Verunreinigungen, lange Laufzeiten und hohe Filtergeschwindigkeiten. Diese Filter eignen sich besonders für die Reinigung von Granulierwässern, die bei Schmelzfeuerungen anfallen.

c) Entfernung kolloid-disperser Stoffe

Durch die mechanische Filterung eines Wassers werden überwiegend nur die grobdispersen Bestandteile mit Teilchengrößen über 10^{-5} cm entfernt. Daneben enthalten die meisten Wässer — insbesondere Oberflächenwässer — auch noch kolloid-disperse Stoffe mit Teilchengrößen zwischen 10^{-5} und 10^{-7} cm, die, abhängig vom Verwendungszweck des Wassers, in vielen Fällen entfernt werden müssen. Diese kolloid-dispersen Bestandteile sind entweder anorganische Stoffe mineralischer Natur oder organische Stoffe pflanzlicher und tierischer Herkunft. Es sind vorwiegend infolge Adsorption von Ionen elektrisch aufgeladene Teilchen (hydrophobe Kolloide), die gegenüber Elektrolytzusätzen sehr empfindlich sind. Durch gut adsorbierbare, entgegengesetzt geladene Ionen können die elektrischen Ladungen von kolloidalen Stoffen kompensiert und die Kolloide selbst ausgefällt werden (isoelektrischer Punkt). Eine andere Art von Kolloiden (hydrophile Kolloide) wird durch das Anlagerungsvermögen von Wassermolekülen (Hydratation) in Lösung gehalten, z. B. kolloidale Kieselsäure. Bei diesen gelingt durch Elektrolytzusatz im allgemeinen keine Ausflockung, sie wird nur durch höhere Temperaturen erreicht.

Kolloid-disperse Stoffe wirken in Trommelkesseln und Verdampfern mitunter als Schäumungserreger. Es ist aber auch mit der Entstehung von Korrosionen und wärmestauenden Ablagerungen zu rechnen. In Wasseraufbereitungsanlagen können diese Stoffe zu Störungen führen, indem sie z. B. bei Vollentsalzungsanlagen das Austauschmaterial irreversibel verschmutzen und die Qualität des entsalzten Wassers verschlechtern oder bei Fällungsverfahren die Fällungsreaktion verzögern bzw. ganz unterdrücken. In Kühlsystemen führen Kolloide nur dann zu Störungen, wenn sie durch Ablagerung in Gel-Form den Wärmeübergang behindern; im allgemeinen brauchen sie nicht entfernt zu werden.

Um kolloid-disperse Stoffe beseitigen zu können, müssen sie in eine filtrierbare Form überführt oder auf andere Art und Weise unschädlich gemacht werden. Dieses erreicht man im allgemeinen durch Flockung des Wassers mit Chemikalien, die durch Reaktion mit den Bestandteilen des Wassers oder mit Fremdstoffen als grobflockige Hydroxidniederschläge (Gele) ausfallen und die kolloidalen Verunreinigungen des Wassers bei der Flockenbildung und Sedimentation adsorbieren. Als Flockungschemikalien kommen insbesondere Eisen- und Aluminiumsalze in Frage, seltener Bleicherden und Austauschermassen. In manchen Fällen werden neben den Metallsalzen auch noch adsorptionsaktive Zusätze zugegeben, z. B. aktivierte Kieselsäure, Ferrosil (Henkelwerke, Düsseldorf), Separan 2610 (Dow Chemical Company, USA), Natrium-Alginat oder Nalco 600 (National Aluminium Corporation, USA). Von den Metallsalzen verwendet man in erster Linie Aluminiumsulfat oder Eisen(-III-)chlorid, bei manchen Wässern auch Natriumaluminat — mitunter in Verbindung mit Aluminiumsulfat — oder Eisen(-III-)sulfat. Diese Salze unterliegen im Wasser der Hydrolyse, wobei die Bestandteile des Wassers die Reaktion vervollständigen. Die Rohwasserzusammensetzung ändert sich dabei in den Härteverhältnissen, was durch folgende Reaktionsgleichungen veranschaulicht sein möge (Me = Ca bzw. Mg):

Aluminiumsulfat

$$Al_2(SO_4)_3 + 3Me(HCO_3)_2 \rightarrow 2Al(OH)_3 + 3MeSO_4 + 6CO_2.$$

Bei karbonatarmen Wässern (Karbonathärte < 2 °dH) ist ein Zusatz von Alkali erforderlich.

Eisen(-III-)chlorid bzw. Eisen(-III-)sulfat

$$2FeCl_3 + 3Me(HCO_3)_2 \rightarrow 2Fe(OH)_3 + 3MeCl_2 + 6CO_2.$$

Bei karbonatarmen Wässern ist ein Zusatz von Alkali erforderlich.

Natriumaluminat

$$Na_3AlO_3 + 3CO_2 + 3H_2O \rightarrow Al(OH)_3 + 3NaHCO_3.$$

Bei Anwesenheit hoher Magnesiahärte entsteht auch schwerlösliches Magnesiumaluminat:

$$2Na_3AlO_3 + 3MgSO_4 \rightarrow 3Na_2SO_4 + Mg_3(AlO_3)_2.$$

Natriumaluminat und Aluminiumsulfat

$$2Na_3AlO_3 + Al_2(SO_4)_3 + 6H_2O \rightarrow 4Al(OH)_3 + 3Na_2SO_4.$$

Eisen-II-sulfat

Hierbei ist zusätzlich ein Oxydationsmittel in äquivalenter Menge zuzugeben, z. B. Chlor:

$$3FeSO_4 + {}^3/_2\,Cl_2 \rightarrow Fe_2(SO_4)_3 + FeCl_3.$$

Die Wirkung einer Flockung hängt im wesentlichen vom pH-Wert und zum Teil auch von der Temperatur des Wassers ab. Der optimale pH-Bereich für die Fällung ist sowohl von der Zusammensetzung des Wassers als auch von der Natur der kolloidalen Verunreinigungen abhängig. Dieser Bereich liegt bei Temperaturen um 20 °C für Aluminiumsulfatflockung im allgemeinen zwischen pH 5 und 7, für Eisensalzflockung zwischen pH 5,5 und 7 sowie zwischen pH 9 und 10 und für Natriumaluminatflockung zwischen pH 8 und 9. Die zuzugebenden Chemikalienmengen differieren zwischen 10 und 50 g/m³ Wasser. Durch nachgeschaltete Kiesfilter werden die gebildeten Flocken einschließlich der adsorbierten Kolloide aus dem Wasser entfernt. Die Flockenbildung erfolgt vor den Kiesfiltern entweder direkt in der Rohwasserleitung oder — bei stärker verschmutzten Wässern — in besonderen Reaktionsbehältern. Für die Zugabe der Chemikalien werden von Hand einstellbare oder mengenabhängig gesteuerte Dosiereinrichtungen verwendet. Die einfachste Art der Chemikalienzugabe ist mit Hilfe einer Stauscheibendosierung durchführbar[1].

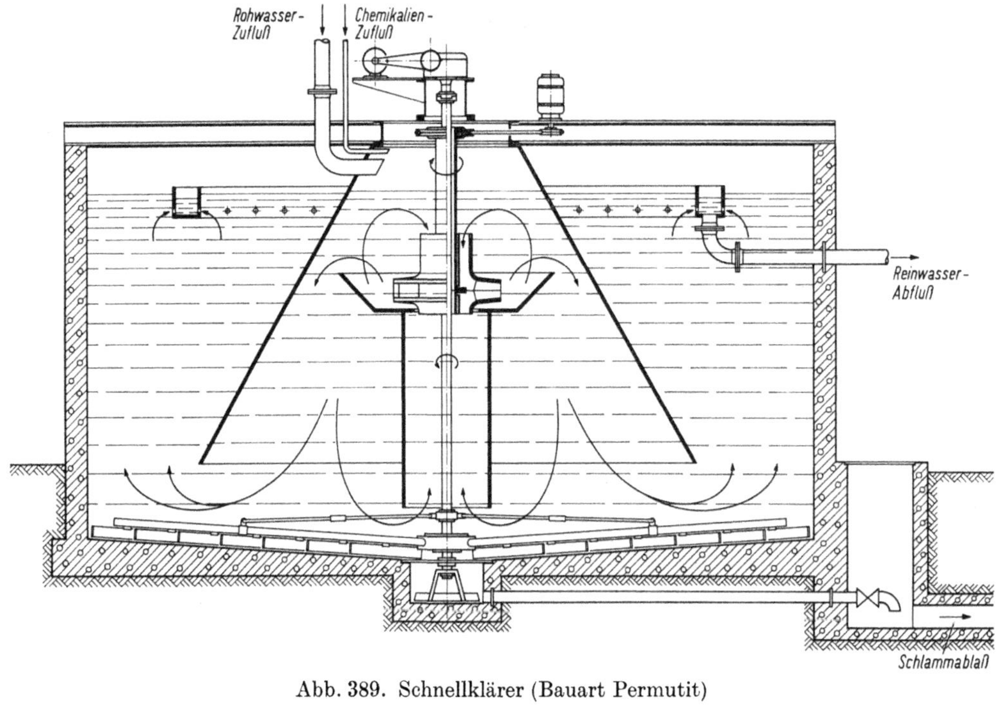

Abb. 389. Schnellklärer (Bauart Permutit)

Reaktionsbehälter sind meistens von zylindrischer Bauart und werden je nach Leistung der Anlage aus Stahl oder Stahlbeton hergestellt. Der Behälter muß so bemessen sein, daß die Sedimentationsgeschwindigkeit der gebildeten Flocken größer ist als die Aufstiegsgeschwindigkeit des Wassers. Die Reaktionszeit, die für die Größe des Behälters maßgebend ist, beträgt im allgemeinen mindestens zwei Stunden.

Bei Oberflächenwässern sind für Anlagen größerer Leistung auch Reaktionsbehälter gemäß den Abb. 389 und 390 gebräuchlich, insbesondere bei gleichzeitiger Entkarbonisierung und/oder Teilentkieselung des Wassers. Diese Reaktionsbehälter bestehen im wesentlichen aus einer Mischzone, einer Kontaktzone und einer Klärzone. Durch Schlammrück-

[1] Nähere Einzelheiten über Dosiereinrichtungen s. unter i), S. 446.

führung und langsame Umwälzung des gesamten Wassers mit Hilfe eines Rührwerkes erfolgt eine schnelle Gleichgewichtseinstellung und eine weitgehende Ausnutzung der zugesetzten Chemikalien. Die Reaktionszeit liegt bei 40 bis 60 Minuten, die Aufstiegsgeschwindigkeit bei 5 bis 7 m/h. Ein wesentlicher Vorteil derartiger Reaktionsbehälter ist die geringere Abhängigkeit vom Durchsatz und der verminderte Platz bzw. Raumbedarf.

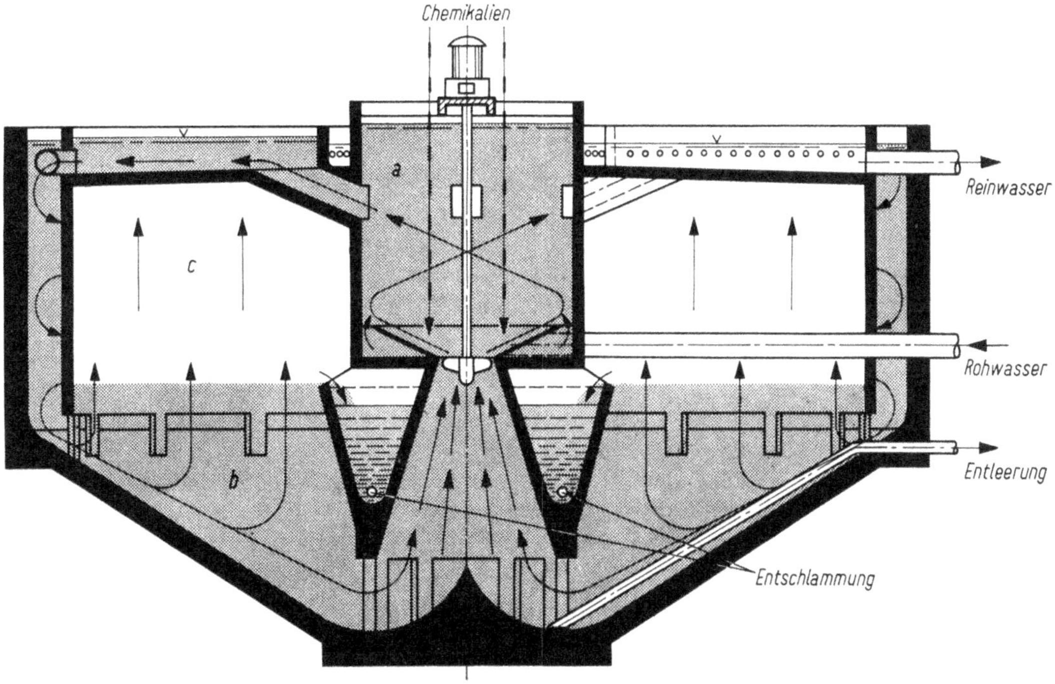

Abb. 390. Kontaktflockulator (Bauart Wabag)

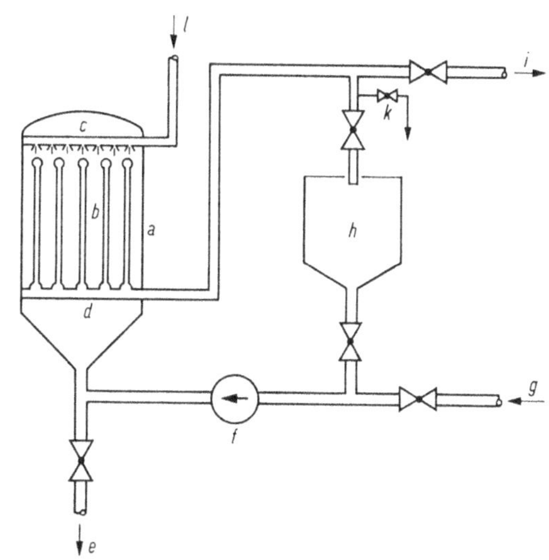

Abb. 391. Schema einer Anschwemmfiltration

a Anschwemmfilter
b Filterelemente
c Abspritzrohr
d Filtratsammelleitung
e Spülwasserablaß
f Umwälz- und Förderpumpe
g Rohwassereintritt
h Ansetzbehälter für Filterhilfsmittel
i Reinwasseraustritt
k Probenentnahmeventil
l Spülwassereintritt

Sehr wirkungsvoll zur Entfernung organischer Stoffe, insbesondere von Huminsäuren, ist die Anschwemmfiltration (Abb. 391). Die Filter bestehen im allgemeinen aus vertikal angeordneten Behältern, in denen eine Reihe von Filterelementen untergebracht sind. Zur Filterung werden entweder zwei feine in gleichmäßigem Abstand gehaltene Metallfiltergewebe, die durch einen Hohlrahmen gespannt werden, oder keramische Filterkerzen verwendet. Die Filterelemente sind einzeln und voneinander unabhängig durch einen

Filterablaufstutzen mit der horizontal angeordneten gemeinsamen Filtratsammelleitung verbunden. Sie halten alle abfiltrierbaren Feststoffe zurück. Das klare Filtrat fließt aus der Filtratsammelleitung ab. Ist der Feststoffanteil des zu filtrierenden Wassers gering oder kolloidaler Natur, so muß mit einem Filterhilfsmittel gearbeitet werden, das als Grundanschwemmung auf die Filterelemente gespült wird. Als Filterhilfsmittel haben sich verschiedene Stoffe bewährt, z. B. Solcofloc, Asbest, Aktivkohle. Mit diesen wird in dem mit einem Rührwerk ausgerüsteten Behälter *h* eine wässerige Suspension hergestellt und mit Hilfe der Umwälzpumpe *f* in das Filter *a* gepumpt. Das Filtrat geht über die Filterelemente *b* und die Sammelleitung *d* in den Ansetzbehälter zurück. Nach 3 bis 5 Minuten hat sich eine gleichmäßige Grundanschwemmung ausgebildet, so daß das Filter dann in Betrieb genommen werden kann. Nach Erreichen des zulässigen Verschmutzungsgrades können die Filterelemente durch umgekehrte Wasserführung und gleichzeitige Berieselung über das Abspritzrohr *c* wieder gereinigt werden, wobei das Spülwasser über *e* abgelassen wird.

Außer durch Flockung können kolloid-disperse Bestandteile des Wassers auch durch Aktivkohle reduziert werden. Auf Grund ihres hohen Preises verwendet man Aktivkohle jedoch nur, wenn eine chemische Flockung versagt oder zur Ergänzung derselben.

Das zu reinigende Wasser kann entweder durch Filter mit gekörnter Aktivkohle — gebaut analog den Kiesfiltern — filtriert oder direkt mit pulverförmiger Aktivkohle, eventuell mit Flockungschemikalien kombiniert, versetzt werden. Die Aktivkohlefilter werden mit der Zeit infolge Erschöpfung ihrer Adsorptionsfähigkeit unwirksam. Die Füllung muß dann erneuert werden. In den USA werden verbrauchte Aktivkohlefilter oft mit gutem Erfolg durch Dampf regeneriert. Die Zugabe von pulverförmiger Aktivkohle und anschließender Filtration ist wirksamer, muß jedoch dem jeweiligen Wasserdurchsatz und dem Verschmutzungsgrad des Wassers angepaßt werden.

Eine weitere, bisher noch wenig angewandte Methode zur Reduzierung organischer Substanzen besteht in dem oxydativen Abbau derselben durch starke Oxydationsmittel, z. B. durch Chlor. Diese Behandlung kann auch mit einer Flockung kombiniert werden. Der Überschuß von Chlor muß jedoch durch ein Aktivkohlefilter oder durch geeignete Reduktionsmittel wieder beseitigt werden, um eine oxydative Zerstörung von Ionenaustauschern in nachgeschalteten Filtern zu vermeiden.

Neuerdings finden auch stark basische Anionenaustauscher, z. B. Lewatit MP 500, in der Chloridform zur Bindung störender organischer Stoffe Verwendung. Filter mit diesen Füllungen werden der Vollentsalzungsanlage vorgeschaltet. Durch diese Adsorberharze erreicht man je nach Art der organischen Verunreinigungen eine 70 bis 95%ige Reduzierung. Die Regeneration erfolgt im allgemeinen nach einem Durchsatz von 2000 bis 3000 m^3 Wasser/m^3 Austauscher. Dazu wird der Austauscher zunächst mit einer Mischung von 2%iger Natronlauge und 10%iger Kochsalzlösung beaufschlagt. Zur pH-Wertregulierung und Überführung der Anionenaustauscher in die Chloridform wird das Material anschließend noch mit 5%iger Kochsalzlösung behandelt. Für die Regeneration darf nur unvergälltes Kochsalz verwendet werden.

d) Enteisenung und Entmanganung

Tiefbrunnenwässer enthalten mitunter größere Mengen an Eisenverbindungen — meistens in Form von Eisen-II-hydrogenkarbonat —, die bei nachgeschalteten Austauscheranlagen den Ionenaustauschvorgang beeinträchtigen und durch Verstopfung der Austauscherporen schließlich ganz unterbinden können. Während Eisen bei Fällungsanlagen zusammen mit den Härtebildnern ausfällt, muß es bei Austauscheranlagen oft vorher beseitigt werden. Dieses gelingt durch kräftige Belüftung des Wassers mit Luft in offenen Riesel- bzw. Sprühanlagen oder in geschlossenen Anlagen, in denen das Wasser in einem Belüftungstopf innig mit Druckluft gemischt wird. Durch die Belüftung erfolgt eine

Hydrolyse des Eisen-II-hydrogenkarbonats und eine Oxydation des entstehenden Eisen-II-hydroxidsols zum filtrierbaren Eisen-III-hydroxid:

$$2Fe(HCO_3)_2 \rightarrow 2Fe(OH)_2 + 4CO_2,$$
$$2Fe(OH)_2 + {}^1/_2O_2 + H_2O \rightarrow 2Fe(OH)_3.$$

Zur Oxydation von 1 g Fe/m^3 werden 1 bis 1,5 m^3 Luft benötigt. Liegt das Eisen im Wasser in organischer Bindung, z. B. als Humat, vor, gelingt es nur durch stärkere Oxydationsmittel, wie z. B. Chlor oder Kaliumpermanganat, das Eisen als Hydroxid auszufällen.

Die Entmanganung eines Wassers erfolgt auf ähnlichem Wege wie die Enteisenung. Das Mangan liegt im Wasser meistens als Mangan-II-hydrogenkarbonat, gelegentlich auch als Mangansulfat, dagegen seltener in organischer Bindung vor. Um bei organischen Verbindungen eine Ausfällung zu erreichen, müssen starke Oxydationsmittel, wie z. B. Kaliumpermanganat, verwendet werden, während sonst eine intensive Belüftung mit gleichzeitiger Anhebung des pH-Wertes in den alkalischen Bereich genügt. Der günstigste pH-Bereich liegt bei hoher Karbonathärte zwischen 7,8 und 8,0, bei geringer Karbonathärte unter 8. Ein Belag von schwarzem Mangandioxid auf den Kieskörnern des nachgeschalteten Kiesfilters wirkt meist stark reaktionsbeschleunigend. Oft ist es ausreichend, das zu entmanganende Wasser über alkalische Filtermassen zu leiten. Ungelöste Bestandteile sind dabei vor dem Entmanganungsfilter zu entfernen, da diese die Filtermasse umhüllen und dadurch unwirksam machen. Einen wesentlichen größeren Entmanganungseffekt besitzen mit Mangan-II-Ionen beladene Basenaustauscher, die jedoch nur mit Permanganatlösung regeneriert werden können und dadurch hohe Betriebskosten verursachen.

e) Fällungsverfahren

Mit Hilfe von Fällungsverfahren soll ein Rohwasser einerseits entkarbonisiert und andererseits mehr oder weniger weit enthärtet werden. Die Entkarbonisierung eines Wassers hat den Zweck, den Anteil gebundener und freier Kohlensäure auf ein Minimum zu reduzieren, während durch die Enthärtung die Härtebildner — Calcium- und Magnesiumionen — möglichst weitgehend beseitigt werden sollen. Beide Vorgänge werden oft in gemeinsamen Anlagen durchgeführt, wobei die Restenthärtung meistens in nachgeschalteten Ionenaustauschern erfolgt. Bei Fällungsverfahren werden die Härtebildner in unlösliche Produkte überführt, während sie bei Austauschverfahren gegen H- oder Na-Ionen ausgetauscht werden.

Das gebräuchlichste Fällungsmittel ist Kalk, speziell für die Entkarbonisierung eines Rohwassers. Durch die Kalkzugabe erfolgt die Überführung der Karbonathärtebildner in unlösliche Verbindungen:

$$Ca(HCO_3)_2 + Ca(OH)_2 \rightarrow 2CaCO_3 + 2H_2O,$$
$$Mg(HCO_3)_2 + 2Ca(OH)_2 \rightarrow Mg(OH)_2 + 2CaCO_3 + 2H_2O.$$

Die Entkarbonisierung ist jedoch unvollständig, da die entstehenden Reaktionsprodukte noch eine geringe Löslichkeit aufweisen:

$$CaCO_3 \text{ bei } 25\ ^\circ C\ \ 9{,}34\ mg/l = 0{,}52\ ^\circ dH\ (0{,}185\ mval/l),$$
$$Mg(OH)_2 \text{ bei } 18\ ^\circ C\ \ 8{,}4\ mg/l = 0{,}8\ ^\circ dH\ (0{,}29\ mval/l).$$

Die alleinige Entkarbonisierung mit Kalk wird daher nur bei der Aufbereitung von Kühlwässern oder in Verbindung mit anderen Fällungs- bzw. Austauschverfahren auch zur Aufbereitung von Verdampfer- und Kesselspeisewasser durchgeführt. Die Entkarbonisierung erfolgt, sofern es die Rohwasserverhältnisse zulassen, in Schnellreaktoren kegelförmiger oder zylindrischer Bauart. Spitzreaktoren werden oft im unteren Teil zusätzlich mit einem zylindrischen Mischungs- und Reaktionsraum ausgerüstet. Die Ablaufgeschwindigkeit des entkarbonisierten Wassers beträgt 10 bis 16 m/h. Die zulässigen Lastschwankungen liegen zwischen 30 und 100% der Auslegungsleistung. Die Einführung des Rohwassers erfolgt bei Spitzreaktoren bei den meisten Bauarten zusammen mit dem erforderlichen Kalkwasser bzw. der Kalkmilch in den unteren Mischungs- und Reaktionsraum.

Bei zylindrischen Schnellreaktoren wird die Mischung von Rohwasser und Kalkwasser bzw. Kalkmilch durch den Aufprall aus ineinandergesteckten Rohren gegen den Boden erreicht.

Der zugegebene Kalk reagiert mit dem Rohwasser im Durchlauf von unten nach oben unter Bildung von kristallinem Calciumkarbonat. An selbstgebildeten Reaktionskeimen oder an feinkörnigen Quarzsanden bzw. zerkleinerten Hartkörnern, die beim Anfahren als Kontaktmasse zugegeben werden, findet eine Anlagerung der Kristalle unter Bildung stetig wachsender kugelförmiger Calciumkarbonatkörner statt. Diese müssen in bestimmten Zeitabständen zur Einhaltung einer maximalen Korngröße abgeschlämmt werden, da die Kontaktkörner mit wachsendem Volumen ihre Anlagerungsfähigkeit verlieren. Das ausreagierte Wasser trennt sich im oberen Raum des Reaktors von der Kontaktmasse. Infolge der verringerten Strömungsgeschwindigkeit wird hier bereits eine weitgehende Klärung des entkarbonisierten Wassers erreicht. Die restlose Klärung erfolgt gewöhnlich in nachgeschalteten Kiesfiltern. Das aus diesen Filtern ablaufende Wasser soll die Beziehung $2\,p = m$ aufweisen[1], um den günstigsten Entkarbonisierungseffekt zu erzielen.

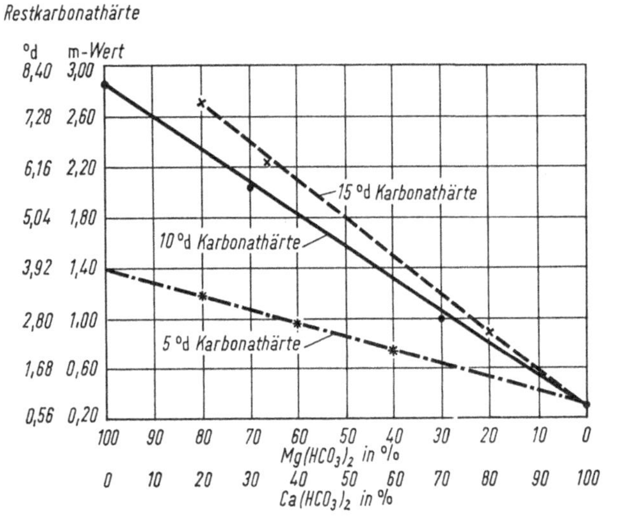

Abb. 392. Abhängigkeit der Restkarbonathärte von der Menge des vorhandenen Calcium- und Magnesiumhydrogenkarbonats $[Ca^{++}] < [HCO_3']$ (Nach VGB-Wasserrichtlinien)

Bei einem Überschuß von Kalk wird auch Magnesium als voluminöses Hydroxid ausgefällt, doch wird dadurch der Anlagerungseffekt des Calciumkarbonats an die Kontaktmasse empfindlich gestört. Aus diesem Grunde sollte die Entkarbonisierung nur dann in Schnellreaktoren vorgenommen werden, wenn die Nichtkarbonhärte des Rohwassers größer ist als die Magnesiahärte.

Abb. 392 zeigt die erzielbare Restkarbonathärte in Abhängigkeit vom Calcium-/Magnesiumhydrogenkarbonat-Verhältnis bei verschiedenen Karbonathärten des Rohwassers. Normalerweise werden Restkarbonathärten unter 2 °dH (0,715 mval/l) erreicht.

Der für die Entkarbonisierung erforderliche Kalk wird entweder in Form von Kalkwasser oder von Kalkmilch dem Rohwasser zugeführt. Die Art der Kalkdosierung richtet sich nach der Leistung der Entkarbonisierungsanlage. Da die Löslichkeit von Kalk in Wasser begrenzt ist — bei 10 °C beträgt sie z. B. 1,25 g/l, bei 20 °C 1,18 g/l — werden für die Herstellung von gesättigtem Kalkwasser verhältnismäßig große Kalksättiger benötigt. Aus Raum- und Kostengründen wird daher bei Leistungen über etwa 70 m³/h die Verwendung von Kalkmilch vorgezogen, obwohl die Zugabe von Kalkwasser eine einfachere Dosierung ermöglicht. Die Kalkmilch wird in Konzentrationen von 40 bis 100 g $Ca(OH)_2$/l angesetzt. Für die mengenabhängige Zugabe der Kalkmilch zum Rohwasser dienen Strahler oder Kalkmilchpumpen. Strahler sind verhältnismäßig einfach

[1] p Phenolphthalein-Alkalität [mval/l], m Methylorange-Alkalität [mval/l].

und billig, jedoch in der Dosierung ungenauer, besonders bei zunehmender Verschmutzung der Düsen. Die häufigste Verwendung finden Kalkmilchpumpen, deren Steuerung durch in der Rohwasserleitung eingebaute Leistungsmesser in Abhängigkeit vom Rohwasserdurchsatz möglich ist. Durch pH-Wertmeßgeräte oder Titrierautomaten kann über einen Meßwert-Multiplikator die Kalkzugabe automatisch auch noch der jeweiligen Karbonathärte angepaßt werden.

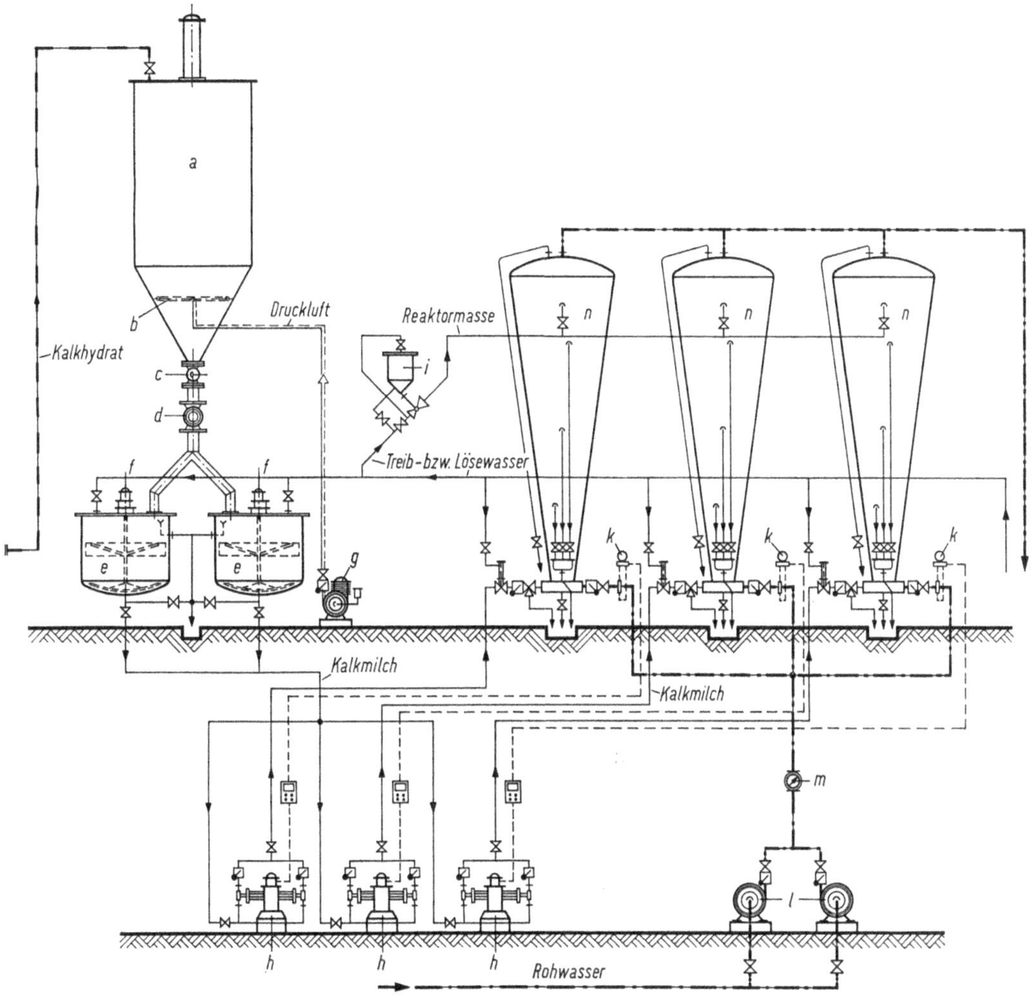

Abb. 393. Schema einer Entkarbonisierungsanlage mit Kalkmilch (Bauart Bran & Lübbe)

a Kalksilo
b Auflockerungseinrichtung
c Absperrschieber
d Zellenradschleuse
e Kalkmilchrührbehälter
f Rührwerk
g Kompressor
h Kalkmilchdosierpumpe
i Einfüllschleuse
k Leistungsmesser
l Rohwasserpumpen
m Wasserzähler
n Schnellreaktor

Die Bedienung einer Schnellentkarbonisierungsanlage erfolgt im allgemeinen von Hand. Bei größeren Reaktoren kann die Betätigung der Ventile auch von einem Steuerpult auf elektrischem oder hydraulischem Wege vorgenommen werden. Die chemische Überwachung erstreckt sich im wesentlichen auf die Messung der *p*- und *m*-Alkalität des entkarbonisierten Wassers sowie auf die Konzentration des Kalkwassers bzw. der Kalkmilch. Zur kontinuierlichen Kontrolle können auch automatisch arbeitende Meß- und Registriergeräte herangezogen werden.

In Abb. 393 ist das Gesamtschema einer Kalkentkarbonisierungsanlage wiedergegeben. Die Lagerung des Kalkes erfolgt in dem Kalksilo *a*. Durch die Auflockerungseinrichtung *b* ist ein gleichmäßiger Transport des Kalkes über die Zellenradschleuse *d* in die Kalkmilchrührbehälter *e* gewährleistet. In diesen Behältern wird die erforderliche Kalkmilch hergestellt. Die von den Leistungsmessern *k* mengenabhängig gesteuerte Zugabe der Kalkmilch zum Reaktor *n* erfolgt mit Hilfe der Kalkmilchdosierpumpen *h*. Über die Einfüllschleuse *i* kann beim Anfahren eines Reaktors Kontaktmasse zugeführt werden. Das entkarbonisierte Wasser wird in anschließenden Kiesfiltern von seinen Restschwebestoffen befreit.

f) Schlammbeseitigung

Der bei Fällungs- und Filteranlagen anfallende Schlamm kann normalerweise nicht direkt abgeführt werden. Im allgemeinen ist eine Eindickung des Schlammwassers erforderlich, um den Schlamm in eine stichfeste Form zu überführen. Vielfach werden Schlammbeete errichtet, in denen durch Verdunstung und Versickerung des Wassers eine Anreicherung des Feststoffgehaltes erfolgt. Der Platzbedarf für derartige Beete kann erheblich sein.

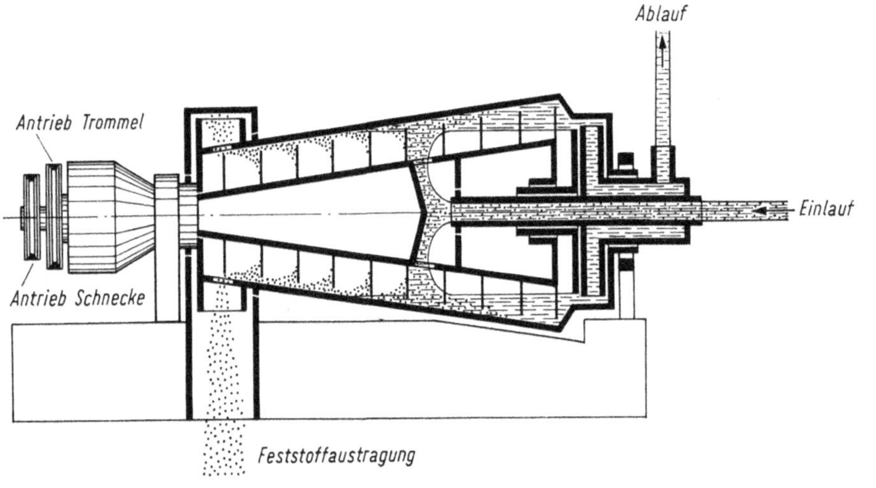

Abb. 394. Wirkungsweise des Schnell-Dekanters (Bauart Flottweg)

Möglichkeiten zur Eindickung des insbesondere aus Flockungsanlagen anfallenden Schlamms ergeben sich durch Einschaltung einer Schneckenzentrifuge, durch Absaugung über Vakuumdrehfilter oder durch Filterung über Rückstandfilter. Letztere sind nach dem Prinzip der Anschwemmfilter gebaut und erreichen eine Feststoffanreicherung auf etwa 40%. Die gleiche Eindickung wird mit Vakuumdrehfiltern erzielt. Bei diesen wird in einer in Segmente unterteilten Drehtrommel abschnittweise ein Vakuum erzeugt, durch das dem Schlamm das Wasser entzogen wird. Der am Außenmantel haftende Feststoff wird kontinuierlich abgeschält. Der Energieaufwand zur Erzeugung des Vakuums ist allerdings erheblich. Außerdem sind die Anlagekosten — wie auch beim Rückstandfilter — ziemlich hoch.

Schneckenzentrifugen sind im Vergleich dazu wesentlich billiger. Das Prinzip ist in Abb. 394 dargestellt. Das zu trennende Medium läuft durch die hohle Mittelachse in die Zentrifuge ein. In dieser werden die spezifisch schwereren Feststoffe durch die Zentrifugalkraft am Mantel abgelagert, während die spezifisch leichtere Flüssigkeit darüber einen Ring bildet. Die Flüssigkeit hat an der Oberfläche dieses Ringes die größte Klarheit. Sie wird von der feststehenden Schälscheibe erfaßt und unter Druck im geschlossenen System nach außen gedrückt. Der am Mantel anliegende Feststoffring wird durch eine Transportschnecke zum kleineren Durchmesser der konischen Trommel befördert und durch Öffnungen ausgeworfen. Dabei werden die Feststoffe aus dem Niveau des Wasserringes herausgeschoben und erst nach Durchlaufen einer Trockenzone nach außen geschleudert. Die Transportschnecke rotiert in gleicher Drehrichtung wie der Mantel, jedoch mit etwas größerer Drehzahl. Diese Differenz-Drehzahl wird durch ein umlaufendes Getriebe erzeugt. Der pastenähnlich austretende Feststoff enthält noch einen Wassergehalt von 75 bis 80%. Ein Abtransport ist dabei bereits möglich. Gegebenenfalls kann auch noch eine Zwischenlagerung an der Luft vorgenommen werden, wodurch eine weitere Trocknung erreicht wird.

g) Austauschverfahren

Für den Ionenaustausch werden heute fast nur noch organische Austauscher auf Kohle- oder auf Kunstharzbasis verwendet. Die Grundsubstanzen der Kationenaustauscher erhalten durch Einführung von Sulfo- (SO_3H-) oder Carboxyl- (COOH-) Gruppen gegen Natrium- oder Erdalkaliionen austauschbare H-Ionen. Die Anionenaustauscher enthalten sekundäre und tertiäre Amine oder quartäre Ammoniumgruppen, deren OH-Gruppen gegen Anionen ausgetauscht werden können. Die Anzahl austauschbarer Gruppen ist für das Austauschvermögen eines Austauschers maßgebend. Diese nutzbare Volumenkapazität (NVK) wird in Äquivalenten oder in g CaO angegeben, die von einem Liter Material ausgetauscht werden können (val/l_A bzw. g CaO/l_A). In den Tabellen 29 und 30 sind die gebräuchlichsten Austauscher mit ihren wesentlichen Kenndaten aufgeführt.

1. Neutralaustausch

In Enthärtungsanlagen nach dem Ionenaustauschverfahren werden mit Na-Ionen beladene Kationenaustauscher verwendet. Durch diese erfolgt ein Austausch der in einem Roh- bzw. vorentkarbonisierten Wasser vorhandenen Härtebildner gegen die entsprechenden Alkalisalze:

$$MeA + Na{-}R{-}Na \rightarrow Na_2A + R{=}Me.$$

Me = Ca^{++} oder Mg^{++},
R = Austauschharz,
A = $2Cl'$, SO_4'', $2NO_3'$, $2HCO_3'$ oder CO_3''.

Nach vollständiger Beladung des Austauschers mit Erdalkaliionen wird mit 6 bis 12%iger Kochsalzlösung regeneriert. Dabei werden die vom Austauscher aufgenommenen Erdalkaliionen wieder durch Natriumionen ersetzt. Nicht ionisierte Stoffe, wie kolloidale Substanzen, Öl und ein großer Teil der im Wasser vorhandenen organischen Stoffe können den Austauscher durch irreversible Adsorption schädigen. Das auf den Austauscher gelangende Wasser muß aus diesen Gründen absolut klar und möglichst frei von den genannten Stoffen sein.

Der Austauschvorgang wird in normalerweise von oben nach unten durchflossenen Filtern vorgenommen. Die Größe dieser Filter richtet sich nach der erforderlichen Momentan- und Gesamtleistung der Anlage, der Rohwasserhärte, den Grenzen der zulässigen spezifischen Belastung in m^3 Wasser/h · m^3 Austauscher, den Grenzen der zulässigen Filtrationsgeschwindigkeit in m/h und der Austauschkapazität des Austauschers. Nach seiner Erschöpfung erfolgt zunächst eine Rückspülung zur Auflockerung der Masse und zur Beseitigung angesammelter Schmutzteile. Zur Regeneration wird der Austauscher anschließend mit Kochsalzlösung behandelt. Zum Schluß wird die Masse so lange gewaschen, bis das ablaufende Wasser wieder die geforderte Qualität aufweist. Für die Kochsalzregenerierung verwendet man bei kleineren Anlagen meistens einen Salzlöser, der die für eine Regeneration erforderliche Kochsalzmenge aufnehmen kann. Die Lösung des Salzes vollzieht sich beim Durchgang eines Rein- oder Weichwasserstromes, der anschließend direkt auf das zu regenerierende Filter geführt wird. Bei größeren Basenaustauscheranlagen sind häufig Solebecken üblich, in denen das Kochsalz gleich bei der Anlieferung in Wasser gelöst wird. Die konzentrierte Kochsalzlösung (etwa 26%ig) kann dann bei entsprechender Verdünnung mit Wasserinjektoren oder mit Förderpumpen über die Austauscher geführt werden. Je nach Art des Austauschers benötigt man zu seiner Regeneration 40 bis 100 g NaCl/°dH · m^3 bzw. 100 bis 280 g NaCl/mval · m^3.

2. Säureaustausch

Durch einen mit Säure regenerierten stark sauren Kationenaustauscher werden alle in einem Reinwasser vorhandenen Kationen gegen Wasserstoffionen ausgetauscht:

$$MeA + H{-}R{-}H \rightarrow H_2A + R{=}Me.$$

Me = Ca^{++}, Mg^{++}, $2Na^+$, u. a.,
R = Austauschharz,
A = $2Cl'$, SO_4'', $2NO_3'$, $2HCO_3'$ oder CO_3''.

Durch den Austauschvorgang gehen alle ionisierten Salze in die entsprechenden Mineralsäuren über. Die durch gleichzeitige Erniedrigung des pH-Wertes auf unter 4 in Freiheit gesetzte Kohlensäure läßt sich in einem Rieseler oder in einem Entgaser austreiben:

$$H^+ + HCO_3' \rightarrow H_2CO_3 \rightarrow H_2O + CO_2.$$

Der Kationenaustauscher wird nach seiner Erschöpfung mit 5 bis 8%iger Salzsäure oder Schwefelsäure wiederbelebt. Bei der Regeneration mit Schwefelsäure muß stufenweise zunächst mit 1 bis 1,5%iger Säure und erst zum Schluß mit etwa 5%iger Säure regeneriert werden, um Gipsausscheidungen ($CaSO_4$) im Austauscher zu vermeiden.

Die Enthärtung und gleichzeitige Entkarbonisierung erfolgt durch Kombination eines H-Ionenaustausches mit einem Na-Ionenaustausch. Dabei kann ein Teilstrom des Wassers über einen mit H-Ionen, der andere über einen mit Na-Ionen beladenen Kationenaustauscher geleitet werden. Bei der Mischung der beiden Teilströme findet eine Neutralisation der entstandenen Mineralsäure durch das im Basenaustauscher entstandene Natriumhydrogenkarbonat statt:

$$H_2A + 2\,NaHCO_3 \rightarrow Na_2A + 2\,H_2O + 2\,CO_2.$$

Die Einstellung der beiden Teilströme kann sowohl von Hand als auch automatisch nach dem *m*-Wert oder nach dem pH-Wert des ausgerieselten Wassers erfolgen. Das notwendige Verhältnis der Teilströme ergibt sich nach folgender Gleichung:

$$\frac{\text{H-Teilstrom}}{\text{Na-Teilstrom}} = \frac{m^0 - m}{C_i}.$$

m^0 = *m*-Wert des Rohwassers,
m = gewünschter *m*-Wert des Ablaufes,
C_i = Ionenkonzentration in mval/l ($C_{Cl'} + C_{SO_4''} + C_{NO_3'}$).

Die für die Regeneration des H-Ionenaustauschers theoretisch benötigte Regeneriermittelmenge beträgt:

für Schwefelsäure

$$H_2SO_4\ (100\%\text{ig}) = 49\ (m^0 + C_i)\ \text{g/m}^3\ \text{Rohwasser},$$

für Salzsäure

$$HCl\ (100\%\text{ig}) = 36{,}5\ (m^0 + C_i)\ \text{g/m}^3\ \text{Rohwasser}.$$

In der Praxis werden je nach Art des verwendeten Austauschers (s. Tabelle 29 und 30) 130 bis 250% der errechneten Menge benötigt. Der Kochsalzbedarf ist der gleiche wie bei der Neutralaustauschenthärtung.

Das Teilstromverfahren ist praktisch für alle Wässer geeignet, insbesondere für solche mit geringem Anionengehalt. Bei Wässern mit hoher Karbonathärte empfiehlt sich die Entkarbonisierung und Enthärtung durch Hintereinanderschaltung von Wasserstoff- und Nentralaustauschern. Für den Wasserstoffionenaustausch werden in diesem Fall vorwiegend schwach saure Kationenaustauscher verwendet, die nur zur Aufspaltung der Hydrogenkarbonate und damit zum Austausch der diesen zugehörigen Kationen befähigt sind. Für diesen Zweck kommen hauptsächlich Kationenaustauscher mit Carboxylgruppen in Frage. Das auf diese Weise entkarbonisierte Wasser ist als Zusatzwasser für einen Rückkühlbetrieb oft direkt geeignet, wobei die in Freiheit gesetzte Kohlensäure

Tabelle 29. *Kationenaustauscher*

	Lewatit KSN			Lewatit S 100			Lewatit S 115			Lewatit SP 100	
Anwendung	H-, Na-Austausch			H-, Na-Austausch			H-, Na-Austausch			H-, Na-Austausch	
Charakter	Stark sauer			Stark sauer			Stark sauer			Makroporös, stark sauer	
Grundsubstanz	Kondensationsharz			Polystyrol mit 8,5% Divinylbenzol			Polystyrol mit 15% Divinylbenzol			Polystyrol	
Wirksame Gruppen	$-SO_3H$			$-SO_3H$			$-SO_3H$			$-SO_3H$	
Form	Granulat			Kugel			Kugel			Kugel	
Korngröße in mm	0,3—1,5			0,3—1,0			0,3—1,5			0,3—2,0	
Schüttgewicht in g/l	700—800			800—900			800—900			750—850	
Regeneriermittel	HCl	H_2SO_4	NaCl	HCl	H_2SO_4	NaCl	HCl	H_2SO_4	NaCl	HCl	NaCl
Nutzbare Volumenkapazität in g CaO/l	20—23	20—23	24—26	33—50	20—32	32—50	Bis 42	Bis 42	27—42	28—34	20—28
Nutzbare Volumenkapazität in val/l	0,72—0,82	0,72—0,82	0,86—0,93	1,18—1,79	0,72—1,14	1,14—1,79	Bis 1,5	Bis 1,5	0,96—1,5	1,0—1,22	0,72—1,0
Regeneriermittelkonzentration in %	5—6	1,5	8—10	5—7	1—2—4**	8—10	Bis 10	Bis 15	8—10	5—7	8—10
Regeneriermittelaufwand, bezogen auf 100%ige Chemikalien in g/l_A	65—75		170—190	75—200	100—200	100—300			150—300	80—150	75—100
Regeneriermittelaufwand in % der theoretischen Menge	250	250	330—350	175—300	285—360	150—295			265—340	220—340	180—510
Spezifische Belastung in $m^3/h\ m^3_A$	5—25			5—40			Bis 40			5—40	
Max. Filtrationsgeschwindigkeit in m/h	40—50			50			50			40—50	
Max. Betriebstemperatur in °C	30			110			110			110	
pH-Bereich	0—8			0—14			0—14			0—14	
Spezifische Belastung bei der Regeneration in $m^3/h\ m^3_A$	5			5			5			5	
Waschwasserbedarf in m^3/m^3_A	4—7			4—7			5—8			4—6	
Spezifische Belastung beim Auswaschen in $m^3/h\ m^3_A$	5—10			5—10			5—10			5—10	
Rückspülgeschwindigkeit in m/h	5—10			5—10			5—10			5—10	
Rückspülraum in % der Schichthöhe	40			80—100			80—100			80—100	
Schichthöhe in mm	Max. 2000			Max. 1500			Max. 1500			Max. 1500	
Auslieferungszustand	Feucht, Na-Form			Feucht, Na-Form			Feucht, Na-Form			Feucht, Na-Form	
Volumenänderung bei Beladung	H → Na, — 5%			H → Na, — 5%			H → Na, — 5%			H → Na, — 5%	
Druckverlust in $\frac{m\ WS}{m\ Schicht \cdot m/h}$	0,06—0,09			0,15—0,20			0,10—0,13			0,06—0,09	

** Stufenweise.

Tabelle 29 (Fortsetzung)

	Lewatit SP 120		Lewatit CNO		Lewatit CNS 20, Lewatit CNS 30			Lewatit CNP		Permutit RS		
Anwendung	Kondensatbehandlung, Abwasserreinigung, Beizbadreinigung		Entkarbonisierung		Na-Austausch zusammen mit Entkarbonisierung			Entkarbonisierung		Na-, H-Austausch		
Charakter	Makroporös, stark sauer		Schwach sauer		Schwach und stark sauer			Makroporös, schwach sauer		Stark sauer		
Grundsubstanz	Polystyrol		Kondensationsharz		Kondensationsharz			Acrylat		Polystyrol		
Wirksame Gruppen	$-SO_3H$		$-COOH$		$-COOH$ und $-SO_3H$			$-COOH$		$-SO_3H$		
Form	Kugel		Granulat		Granulat			Kugel		Kugel		
Korngröße in mm	0,3–2,0		0,3–2,0		0,3–2,0			0,3–1,5		0,3–1,2		
Schüttgewicht in g/l	700–800		750–850		750–850			700–800		800		
Regeneriermittel	HCl	NaCl	HCl	H_2SO_4	HCl	H_2SO_4	NaCl	HCl	H_2SO_4	HCl	H_2SO_4	NaCl
Nutzbare Volumenkapazität in g CaO/l	Bis 28	Bis 30	20–25	20–25	20	20	20	20–100	20–100	32–37	20–32	32–45
Nutzbare Volumenkapazität in val/l	Bis 1,0	Bis 1,07	0,72–0,9	0,72–0,9	0,72	0,72	0,72	0,7–3,6	0,7–3,6	1,14–1,32	0,72–1,14	1,14–1,6
Regeneriermittelkonzentration in %	5–7	8–10	1–4	0,7–1	2	0,7–1	5	2–3	0,8–1,0	8–10	1,5–8**	10–20
Regeneriermittelaufwand, bezogen auf 100%ige Chemikalien in g/l_A	60–140	100–300	26–33	38–48	20–23	27–31	35–50			100	100–200	100–300
Regeneriermittelaufwand in % der theoretischen Menge	205–385	210–480	100	100	100–110*	100–110*	300–400*	100	100	150–250		
Spezifische Belastung in $m^3/h\ m^3_A$	5–40		5–25		5–15			5–40		5–40		
Max. Filtrationsgeschwindigkeit in m/h	50		30		30			40		40		
Max. Betriebstemperatur in °C	120		40		40			80		115		
pH-Bereich	0–14		0–10		0–8			0–14		0–12		
Spezifische Belastung bei der Regeneration in $m^3/h\ m^3_A$	5		5		5			5		5		
Waschwasserbedarf in m^3/m^3_A	4–8		5–7		5–7			5–7		4–7		
Spezifische Belastung beim Auswaschen in $m^3/h\ m^3_A$	5–10		5–10		5–10			5–10		5–10		
Rückspülgeschwindigkeit in m/h	4–8		5–10		5–10			5–7		5–10		
Rückspülraum in % der Schichthöhe	80–100		40–50		35–40			100		100		
Schichthöhe in mm	Max. 1500		Max. 2000		Max. 2000							
Auslieferungszustand	Feucht, Na-Form		Feucht, H-Form		Feucht, H-Form bzw. Na-Form			Feucht, H-Form		Feucht, Na-Form		
Volumenänderung bei Beladung	H → Na, − 5%		H → Ca, + 10%		H → Ca, + 5%			H → Ca, + 5–10%		H → Na → Ca, −5%		
Druckverlust in $\frac{m\ WS}{m\ Schicht \cdot m/h}$	0,12–0,15		0,06–0,09		0,06–0,09			0,15–0,2				

* Gemischtregenerierung. ** Stufenweise.

Tabelle 29 (Fortsetzung)

	Permutit HC		Amberlite IR 120			Amberlite IRC 50		Amberlite 200			Amberlite IRC 84	
Anwendung	Entkarbonisierung		Na-, H-Austausch			Entkarbonisierung		Na-, H-Austausch			Entkarbonisierung	
Charakter	Schwach sauer		Stark sauer			Schwach sauer		Stark sauer, makroporös			Schwach sauer	
Grundsubstanz			Polystyrol			Methylacrylsäure/ Divinylbenzol		Polystyrol			Acrylpolymerisat	
Wirksame Gruppen	$-COOH$		$-SO_3H$			$-COOH$		$-SO_3H$			$-COOH$	
Form	Granulat		Kugel			Kugel		Kugel			Kugel	
Korngröße in mm	0,3—2,0		0,3—1,2			0,3—1,2		0,3—1,2			0,3—1,2	
Schüttgewicht in g/l	700		850			690		800			740	
Regeneriermittel	HCl	H_2SO_4	HCl	H_2SO_4	NaCl	HCl	H_2SO_4	HCl	H_2SO_4	NaCl	HCl	H_2SO_4
Nutzbare Volumenkapazität in g CaO/l	Max. 25	Max. 25	30—42	18—34	35—40	30	30	28—36	14—30	24—34	39—70	35—62
Nutzbare Volumenkapazität in val/l	Max. 0,9	Max. 0,9	1,07—1,5	0,64–1,2	1,25–1,43	1,07	1,07	0,93–1,29	0,5—1,07	0,86–1,21	1,4–2,5	1,25–2,2
Regeneriermittelkonzentration in %	1—5	1	5—10	2—5	10	1—2	1—2	5—10	1—5	10	4	0,7—2
Regeneriermittelaufwand, bezogen auf 100%ige Chemikalien in g/l_A			50—150	100—240	100—300			80—200	100—240	100—300	50—100	70—150
Regeneriermittelaufwand in % der theoretischen Menge	100	100	210—310	325—380	270—330	100	100	250—350	350—400	280—350	100—120	100—130
Spezifische Belastung in $m^3/h\,m^3_A$	5—20		5—45(HCl); 8—30(H_2SO_4); 5—40(NaCl)			8		5—30			5—35	
Max. Filtrationsgeschwindigkeit in m/h	20		50			10—15		50			45	
Max. Betriebstemperatur in °C	40		120			120		130			100	
pH-Bereich	0—8		1—14			7—14		1—14			6—14	
Spezifische Belastung bei der Regeneration in $m^3/h\,m^3_A$	5		4—6		8	4		4—6		8	4	
Waschwasserbedarf in m^3/m^3_A	5—7		13—20		8	10—20		13—20		8	6	
Spezifische Belastung beim Auswaschen in $m^3/h\,m^3_A$	5—10		8—12			4		8—12			8—20	
Rückspülgeschwindigkeit in m/h			20—22			5—15		22 (20 °C)		23	10 (20 °C)	
Rückspülraum in % der Schichthöhe	40—50		80			75—100		80			85	
Schichthöhe in mm			Min. 600			Min. 600		Min. 600			Min. 600	
Auslieferungszustand	Feucht		Feucht, Na- oder H-Form			Feucht, H-Form		Na-Form			Feucht, H-Form	
Volumenänderung bei Beladung	H → Ca, +10%		H → Na, —7%			H → Na, +100%		H → Na, — 3%			H → Ca, + 15%	
Druckverlust in $\frac{\text{m WS}}{\text{m Schicht} \cdot \text{m/h}}$			0,09 (24 °C), 0,13 (10 °C)					0,07 (20 °C)			0,25 (10 °C)	

Tabelle 29 (Fortsetzung)

	Duolite C 20			Duolite C 25			Duolite CC	Nalcite HCR (Dowex 50)		
Anwendung	H-, Na-Austausch			H-, Na-Austausch			Entkarbonisierung	H-, Na-Austausch		
Charakter	Stark sauer			Stark sauer			Schwach sauer	Stark sauer		
Grundsubstanz							Polymethacrylat	Polystyrol		
Wirksame Gruppen	$-SO_3H$			$-SO_3H$			$-COOH$	$-SO_3H$		
Form	Kugel			Kugel			Kugel	Kugel		
Korngröße in mm	0,3—1,2			0,3—1,2			0,3—1,2	0,3—1,2		
Schüttgewicht in g/l	800—850			800			820	800		
Regeneriermittel	HCl	H_2SO_4	NaCl	HCl	H_2SO_4	NaCl	HCl	HCl	H_2SO_4	NaCl
Nutzbare Volumenkapazität in g CaO/l	32—36	32—36	23—44	24—29	21—35	20—36	37—61	35—40	35—40	35—38
Nutzbare Volumenkapazität in val/l	1,14–1,28	1,14–1,28	0,82–1,57	0,85—1,03	0,75—1,25	0,72—1,28	1,32—2,17	1,25–1,43	1,25–1,43	1,25—1,35
Regeneriermittelkonzentration in %	5—8		10—15	5—15	2—5	8—10	1—5	5—10		10
Regeneriermittelaufwand, bezogen auf 100%ige Chemikalien in g/l_A	120		80—320	100	240	64—240		96	160	160
Regeneriermittelaufwand in % der theoretischen Menge	250		130—330	250	250	150—320	100—110	200—250	310	200—220
Spezifische Belastung in $m^3/h\ m^3{}_A$	15—40			15—40			16—20	10—60		
Max. Filtrationsgeschwindigkeit in m/h								10—40		
Max. Betriebstemperatur in °C	120			120			110	150		
pH-Bereich	0—14			0—14			4—14	0—14		
Spezifische Belastung bei der Regeneration in $m^3/h\ m^3{}_A$										
Waschwasserbedarf in $m^3/m^3{}_A$	3—6			3—8						
Spezifische Belastung beim Auswaschen in $m^3/h\ m^3{}_A$	4—8									
Rückspülgeschwindigkeit in m/h	10—14			10—12						
Rückspülraum in % der Schichthöhe	75—100			Min. 50			Min. 100			
Schichthöhe in mm	600—1250			Min. 750						
Auslieferungszustand	Feucht, Na-Form			Feucht, Na-Form			Feucht, H-Form	Feucht, Na- oder H-Form		
Volumenänderung bei Beladung	H → Na, —7%			H → Na, —4%			H → Ca, +20%	H → Na → Ca		
Druckverlust in $\frac{m\ WS}{m\ Schicht \cdot m/h}$								0,1 (24 °C)		

Tabelle 29 (Fortsetzung)

	Imac C 12, C 26			Reichling Nekrolith RP			Reichling Nekrolith HS		Montecatini Kastell C 300		
Anwendung	H-, Na-Austausch			H-, Na-Austausch			Entkarbonisierung		H-, Na-Austausch		
Charakter	Stark sauer			Stark sauer			Schwach sauer		Stark sauer		
Grundsubstanz	Polystyrol			Polystyrol			Kohle		Polystyrol		
Wirksame Gruppen	$-SO_3H$			$-SO_3H$					$-SO_3H$		
Form	Kugel — Granulat			Kugel			Granulat		Kugel		
Korngröße in mm	0,3—1,2			0,3—1,0			0,5—1,5		0,3—0,9		
Schüttgewicht in g/l				850					850		
Regeneriermittel	HCl	H_2SO_4	NaCl	HCl	H_2SO_4	NaCl	HCl	H_2SO_4	HCl	H_2SO_4	NaCl
Nutzbare Volumenkapazität in g CaO/l	22—40	16—19	22—40	30—35	25—30	30—40	12—14	12—14	32—35	18—19	38—40
Nutzbare Volumenkapazität in val/l	0,78–1,43	0,57–0,68	0,78–1,43	1,07–1,25	0,9–1,07	1,07–1,43	0,43—0,5	0,43—0,5	1,14—1,25	0,64—0,68	1,35—1,43
Regeneriermittelkonzentration in %	10	2	10	8	1,5—5	10	2—3	1—2	10—15	1,5—8**	10—15
Regeneriermittelaufwand, bezogen auf 100%ige Chemikalien in g/l_A	105	125—245	100—300	100—125	125—175	150—240	17,2—20	17,2—20	100—110	240	140—240
Regeneriermittelaufwand in % der theoretischen Menge	155—210	450—740	215—360	250—285	350—500	240—300	110	110	240	720—760	260—295
Spezifische Belastung in $m^3/h\ m^3_A$	Max. 30			15—40			18—20		30—40		
Max. Filtrationsgeschwindigkeit in m/h				10—30			10—20				
Max. Betriebstemperatur in °C	120			110			40		110		
pH-Bereich	1—14			0—14			0—8		0—14		
Spezifische Belastung bei der Regeneration in $m^3/h\ m^3_A$	2—3 (HCl); 7—10 (H_2SO_4, NaCl)			6—8			2—3				
Waschwasserbedarf in m^3/m^3_A	3—5			5—10			1—5		4—6		
Spezifische Belastung beim Auswaschen in $m^3/h\ m^3_A$	7—5			8—12			5—8				
Rückspülgeschwindigkeit in m/h	5—10			10—14			8—10		8—9		
Rückspülraum in % der Schichthöhe	Min. 50			Min. 50			50		50—65		
Schichthöhe in mm	Min. 750			Min. 750			Min. 1000		800—1600		
Auslieferungszustand	Feucht, Na-Form			Feucht, Na-Form			Trocken		Feucht		
Volumenänderung bei Beladung	H → Na → Ca			H → Na → Ca			H → Ca		H → Na → Ca		
Druckverlust in $\frac{\text{m WS}}{\text{m Schicht} \cdot \text{m/h}}$											

** Stufenweise.

Tabelle 29 (Fortsetzung)

	Montecatini Kastell C 100		Reichling Nekrolith RPP			Resindion Relite CF			Resindion Relite CC	
Anwendung	Entkarbonisierung		H-, Na-Austausch			H-, Na-Austausch			Entkarbonisierung	
Charakter	Schwach sauer		Porös, stark sauer			Stark sauer			Schwach sauer	
Grundsubstanz			Polystyrol			Polystyrol			Polyacrylsäure	
Wirksame Gruppen	$-COOH$		$-SO_3H$			$-SO_3H$			$-COOH$	
Form	Kugel		Kugel			Kugel			Kugel	
Korngröße in mm	0,3–0,9		0,3–1,0			0,3–1,0			0,3–1,0	
Schüttgewicht in g/l	900		900			850–900			750–800	
Regeneriermittel	HCl	H_2SO_4	HCl	H_2SO_4	NaCl	HCl	H_2SO_4	NaCl	HCl	H_2SO_4
Nutzbare Volumenkapazität in g CaO/l	38–39	35–36	32–36	25–30	35–45	32–40	19–29	26–42	30–40	28–36
Nutzbare Volumenkapazität in val/l	1,35–1,39	1,25–1,29	1,14–1,29	0,9–1,07	1,25–1,61	1,14–1,43	0,68–1,04	0,93–1,50	1,07–1,43	1,0–1,28
Regeneriermittelkonzentration in %	4–6	0,8–1	8–10	1–4–8**	10	5–10	1–3–5**	10	1–6	0,7–1,5
Regeneriermittelaufwand, bezogen auf 100%ige Chemikalien in g/l_A	60	80	100–140	125–175	220–290	100–150	100–200	100–300	57	80
Regeneriermittelaufwand in % der theoretischen Menge	120–130	120–130	220–300	350–500	300–310	240–290	200–260	185–340	110–145	125–165
Spezifische Belastung in $m^3/h\ m^3_A$	25		20–50			4–32			4–30	
Max. Filtrationsgeschwindigkeit in m/h										
Max. Betriebstemperatur in °C	90–95		15–30			120			100	
pH-Bereich	6–14		0–14			1–14			5–14	
Spezifische Belastung bei der Regeneration in $m^3/h\ m^3_A$						4–7 (HCl); 4–8–12** (H_2SO_4); 2–8 (NaCl)			4 (HCl); 4–16** (H_2SO_4)	
Waschwasserbedarf... in m^3/m^3_A	4–6 (HCl); 9–10 (H_2SO_4)		5–8			5–14 (HCl, H_2SO_4); 6–8 (NaCl)			3–8	
Spezifische Belastung beim Auswaschen in $m^3/h\ m^3_A$			8–12			4–12 (HCl, H_2SO_4); 6–12 (NaCl)			2–12	
Rückspülgeschwindigkeit in m/h	6		12–18			10–16			6–10	
Rückspülraum in % der Schichthöhe	8–100		Min. 50			100 (HCl, H_2SO_4); 80–100 (NaCl)			140	
Schichthöhe in mm	800–1400		Min. 750			750–1250			750–1200	
Auslieferungszustand	Feucht, H-Form		Feucht, Na-Form			Feucht, Na-Form			Feucht, H-Form	
Volumenänderung bei Beladung	H → Ca, +10 bis 15%					H → Na, − 5%			H → Ca, + 25%	
Druckverlust in $\frac{m\ WS}{m\ Schicht \cdot m/h}$						0,1–0,2			0,25	

** Stufenweise.

Tabelle 30. *Anionenaustauscher*

	Lewatit M 500	Lewatit M 600	Lewatit MP 500		Lewatit MP 600	Lewatit MIH 59
Anwendung	Entsalzung und Entkieselung	Entsalzung und Entkieselung	Entsalzung und Entkieselung, Adsorberharz		Entsalzung und Entkieselung	Entsalzung
Charakter	Sehr stark basisch	Stark basisch	Makroporös, sehr stark basisch		Makroporös, stark basisch	Mittelstark basisch
Grundsubstanz	Polystyrol	Polystyrol	Polystyrol		Polystyrol	Kondensationsharz
Wirksame Gruppen	Quartäre Ammoniumgruppen	Quartäre Ammoniumgruppen	Quartäre Ammoniumgruppen		Quartäre Ammoniumgruppen	Sekundäre und tertiäre Aminogruppen
Form	Kugel	Kugel	Kugel		Kugel	Granulat
Korngröße in mm	0,3—1,2	0,3—1,2	0,3—1,5		0,3—1,5	0,3—1,2
Schüttgewicht in g/l	700—750	700—750	700—750		700—750	700—750
Regeneriermittel	NaOH	NaOH	NaOH	NaOH + NaCl	NaOH	NaOH
Nutzbare Volumenkapazität in g CaO/l	12—16	20—25	10—12		15—18	24—26
Nutzbare Volumenkapazität in val/l	0,43—0,57	0,72—0,9	0,36—0,43		0,54—0,64	0,86—0,93
Regeneriermittelkonzentration in %	4—5	4—5	4	2 bzw. 10	4	2—3
Regeneriermittelaufwand, bezogen auf 100%ige Chemikalien in g/l_A	60—120	60—100	45—60	rd. 40 + 200	50—80	50—75
Regeneriermittelaufwand in % der theoretischen Menge	350—520	210—280	350—420		250—300	145—200
Spezifische Belastung in $m^3/h\ m^3_A$	Max. 40	Max. 40	Max. 40 (NaOH); 15 (NaOH + NaCl)		Max. 40	5—25
Max. Filtrationsgeschwindigkeit in m/h	40	40	40 (NaOH)		40	30
Max. Betriebstemperatur in °C	70	40	70 (NaOH); 100 (NaOH + NaCl)		40	30
pH-Bereich	1—14	1—14	1—14		1—14	1—14
Spezifische Belastung bei der Regeneration in $m^3/h\ m^3_A$	5—7	5—7	5—7 (NaOH); 2 (NaOH + NaCl)		5—7	Max. 5
Waschwasserbedarf... in m^3/m^3_A	5—7	5—7	5—7 (NaOH); 2—4 (NaOH + NaCl)		5—7	8—10
Spezifische Belastung beim Auswaschen in $m^3/h\ m^3_A$	5—10	5—10	5—10 (NaOH); 4—8 (NaOH + NaCl)		5—10	5—10
Rückspülgeschwindigkeit in m/h	5—8	5—8	4—5		4—5	5—10
Rückspülraum in % der Schichthöhe	80—100	80—100	80—100		80—100	80
Schichthöhe in mm	Max. 1500	Max. 1500	Max. 1500		Max. 1500	Max. 2000
Auslieferungszustand	Feucht, Cl-Form	Feucht, Cl-Form	Feucht, Cl-Form		Feucht, Cl-Form	Feucht, OH-Form
Volumenänderung bei Beladung	OH → Cl, — 15%	OH → Cl, — 5%	OH → Cl, — 7 bis — 10%		OH → Cl, — 5%	OH → Cl, + 15%
Druckverlust in $\frac{\text{m WS}}{\text{m Schicht} \cdot \text{m/h}}$	0,10—0,13	0,10—0,13	0,08—0,11		0,08—0,11	0,06—0,09

Tabelle 30 (Fortsetzung)

	Lewatit MP 60	Permutit EP	Permutit ES 26	Permutit ESB 26	Permutit EHP	
Anwendung	Entsalzung von H_2O mit organischen Substanzen	Entsalzung	Entsalzung und Entkieselung	Entsalzung und Entkieselung	Adsorber	
Charakter	Makroporös, schwach basisch	Mittelstark basisch	Stark basisch	Sehr stark basisch	Stark basisch	
Grundsubstanz	Polystyrol	Kondensationsharz	Polystyrol	Polystyrol	Polystyrol	
Wirksame Gruppen	Tertiäre Aminogruppen	Tertiäre Aminogruppen	Quartäre Ammoniumgruppen	Quartäre Ammoniumgruppen	Quartäre Ammoniumgruppen	
Form	Kugel	Granulat	Kugel	Kugel	Kugel	
Korngröße in mm	0,3–1,5	0,3–1,2	0,3–1,2	0,3–1,2	0,3–1,2	
Schüttgewicht in g/l	650–750	700–800	700–800	600–800	600–800	
Regeneriermittel	NaOH	NaOH	NaOH	NaOH	NaOH	NaCl
Nutzbare Volumenkapazität in g CaO/l	33–42	20–35	10–25	10–20	—	—
Nutzbare Volumenkapazität in val/l	1,18–1,61	0,71–1,25	0,36–0,9	0,36–0,72	—	—
Regeneriermittelkonzentration in %	2–4	2–4	5–7	5–7	1–2	10
Regeneriermittelaufwand, bezogen auf 100%ige Chemikalien in g/l_A	60–80	50–60	60–100	60–100	—	200
Regeneriermittelaufwand in % der theoretischen Menge	125–135	125–150	280–350	300–560	—	—
Spezifische Belastung in $m^3/h\ m^3_A$	Max. 30	20–25	20–25	40	10–20	
Max. Filtrationsgeschwindigkeit in m/h	30	20–25	20–25	40		
Max. Betriebstemperatur in °C	100	40	50	70	40 (pH >8); 100 (<8)	
pH-Bereich	1–14	2–14	0–14	0–14		
Spezifische Belastung bei der Regeneration in $m^3/h\ m^3_A$	5	3–6	5–7	5–7		
Waschwasserbedarf in m^3/m^3_A	6–10	8–10	5–8	5–8		
Spezifische Belastung beim Auswaschen in $m^3/h\ m^3_A$	5–10	3–6	10–20	10–20		
Rückspülgeschwindigkeit in m/h	rd. 5	8	8–9	8–9		
Rückspülraum in % der Schichthöhe	100	80–100	80–100	80–100		
Schichthöhe in mm	Max. 1500	800–1300	Max. 1500	Max. 1500		
Auslieferungszustand	Feucht, OH-Form	Feucht, OH-Form	Feucht, Cl-Form	Feucht, Cl-Form	Feucht, Cl-Form	
Volumenänderung bei Beladung	OH → Cl, + 30%	OH → Cl, + 15%	OH → Cl, − 5 bis 15%	OH → Cl, − 5 bis 15%		
Druckverlust in $\frac{m\ WS}{m\ Schicht \cdot m/h}$	0,11–0,15	0,2	0,1–0,3	0,1–0,3		

Tabelle 30 (Fortsetzung)

	Permutit EM 10	Amberlite IRA 400	Amberlite IRA 401	Amberlite IRA 402	Amberlite IRA 410	Amberlite IRA 93		
Anwendung	Entsalzung	Entsalzung und Entkieselung	Entsalzung und Entkieselung	Entsalzung und Entkieselung	Entsalzung und Entkieselung	Entsalzung		
Charakter	Makroporös, schwach basisch	Stark basisch	Stark basisch	Stark basisch	Stark basisch	Makroporös, schwach basisch		
Grundsubstanz	Polystyrol	Polystyrol	Polystyrol	Polystyrol	Polystyrol	Polystyrol		
Wirksame Gruppen	Tertiäre Aminogruppen	Quartäre Ammoniumgruppen	Quartäre Ammoniumgruppen	Quartäre Ammoniumgruppen	Quartäre Ammoniumgruppen	Tertiäre Aminogruppen		
Form	Kugel	Kugel	Kugel	Kugel	Kugel	Kugel		
Korngröße in mm	0,3–1,2	0,3–0,84	0,3–0,85	0,3–1,2	0,3–0,85	0,3–1,2		
Schüttgewicht in g/l	600	705	640	720	705	605		
Regeneriermittel	NaOH	NaOH	NaOH	NaOH	NaOH	NaOH	Na_2CO_3	NH_4OH
Nutzbare Volumenkapazität in g CaO/l	28–32	12–17	11–14	16–23	22–26	27–30	24	26
Nutzbare Volumenkapazität in val/l	1,0–1,15	0,43–0,61	0,4–0,5	0,57–0,82	0,79–0,93	0,96–1,07	0,85	0,93
Regeneriermittelkonzentration in %	4	4	4	4	4	4	4	4
Regeneriermittelaufwand, bezogen auf 100%ige Chemikalien in g/l_A	50–80	48–96	48–96	64–128	48–96	60–70	85	64
Regeneriermittelaufwand in % der theoretischen Menge	125–135	260–400	305–480	250–390	155–285	130–150	130–150	130–150
Spezifische Belastung in $m^3/h\ m^3_A$	Max. 30	16–40	16–40	16–40	16–24	4–30		
Max. Filtrationsgeschwindigkeit in m/h	30	40	40	40	24	45		
Max. Betriebstemperatur in °C	100	60	60	60	40	100		
pH-Bereich	1–14	0–14	0–14	0–14	0–14	0–7		
Spezifische Belastung bei der Regeneration in $m^3/h\ m^3_A$	3–6	4	4	2–8	4	2–8		
Waschwasserbedarf in m^3/m^3_A	5–10	10	10	6–12	10	5–10		
Spezifische Belastung beim Auswaschen in $m^3/h\ m^3_A$	8–16	4–12	4–12	4–12	4–12	8–16		
Rückspülgeschwindigkeit in m/h	5–7	7,5 (20 °C)	6,3	5–7,5	7,5 (20 °C)	5,0 (20 °C)		
Rückspülraum in % der Schichthöhe	80–100	80–100	75	80–100	Min. 75	80		
Schichthöhe in mm	800–1300	Min. 600	Min. 600	Min. 600	Min. 600	Min. 600		
Auslieferungszustand	Feucht, OH-Form	Feucht, Cl-Form	Feucht, Cl-Form	Feucht, Cl-Form	Feucht, Cl-Form	Feucht, OH-Form		
Volumenänderung bei Beladung	OH→Cl, +25–35%	OH → Cl, –5%	OH → Cl, – 10%	OH → Cl, – 20%	OH → Cl, – 5%	OH → Cl, + 25%		
Druckverlust in $\frac{\text{m WS}}{\text{m Schicht} \cdot \text{m/h}}$	0,1–0,15	0,12 (20° C)	0,08 (20 °C)	0,13 (21 °C)	0,11 (20 °C)	0,07 (10 °C)		

Tabelle 30 (Fortsetzung)

	Amberlite IRA 900	Amberlite IRA 910	Amberlite IRA 904	Duolite A 101 D	Duolite A 102 D	Duolite A 7	
Anwendung	Entsalzung und Entkieselung	Entsalzung, Entkarbonisierung u. Entkieselung	Adsorber	Entsalzung und Entkieselung	Entsalzung und Entkieselung	Entsalzung	
Charakter	Makroporös, stark basisch	Makroporös, stark basisch	Makroporös, sehr stark basisch	Sehr stark basisch	Stark basisch	Schwach basisch	
Grundsubstanz	Polystyrol	Polystyrol	Polystyrol	Polystyrol	Polystyrol	Aromatisches Kondensationsharz	
Wirksame Gruppen	Quartäres Trimethyl-Ammonium	Quartäre Ammoniumgruppen	Quartäre Ammoniumgruppen	$-[N(CH_3)_3]Cl$	$-\left[N\begin{smallmatrix}(CH_3)_2\\C_2H_4OH\end{smallmatrix}\right]Cl$	$-NH(R)$	
Form	Kugel	Kugel	Kugel	Kugel	Kugel	Granulat	
Korngröße in mm	0,3—1,2	0,3—1,2	0,3—1,2	0,3—1,2	0,3—1,2	0,3—2,0	
Schüttgewicht in g/l	975	670	670	690	700	650	
Regeneriermittel	NaOH	NaOH	NaCl	NaOH	NaOH	NaOH	Na_2CO_3
Nutzbare Volumenkapazität in g CaO/l	10—15	17—21	—	15—22	15—28	20—42	20—42
Nutzbare Volumenkapazität in val/l	0,35—0,54	0,6—0,75	—	0,5—0,79	0,5—1,0	0,71—1,50	0,71—1,50
Regeneriermittelkonzentration in%	4	4	10 (30—50 °C)	3—6	3—6	4—10	6—10
Regeneriermittelaufwand, bezogen auf 100%ige Chemikalien in g/l_A	64—130	40—120	160	65—100	65—95	40—70	55—100
Regeneriermittelaufwand in % der theoretischen Menge	300—600	230—650	—	300—400	250—300	150—200	150—200
Spezifische Belastung in $m^3/h\ m^3_A$	4—35	5—35	16—32	10—25	10—25	15—30	
Max. Filtrationsgeschwindigkeit in m/h	45	45	45				
Max. Betriebstemperatur in °C	60 (OH-Form)	40 (OH-Form)	60 (OH-Form); 77 (Cl-Form)	60 (kurzzeitig 70)	40 (kurzzeitig 50)	40	
pH-Bereich	0—14	0—14	0—14	0—14	0—14	0—14	
Spezifische Belastung bei der Regeneration in $m^3/h\ m^3_A$	2—8	2—8	2—8	3—10	3—10	10—15	
Waschwasserbedarf in m^3/m^3_A	6—10	6—10	10	8—11	8—11	10-20 (NaOH); 4-10 (Na_2CO_3)	
Spezifische Belastung beim Auswaschen in $m^3/h\ m^3_A$	8—12	6—12	8—12	8—12	8—12	7—17,5	
Rückspülgeschwindigkeit in m/h	7,0 (20 °C)	5,5 (20 °C)	12 (20 °C)	5—6	5—6	14—16	
Rückspülraum in% der Schichthöhe	80	80	60	Min. 50	Min. 50	50—75	
Schichthöhe in mm	Min. 600	Min. 600	Min. 600	600—1200	600—1200	750—1200	
Auslieferungszustand	Feucht, Cl-Form	Feucht, Cl-Form	Feucht, Cl-Form	Feucht, Cl-Form	Feucht, Cl-Form	Trocken, Cl-Form	
Volumenänderung bei Beladung	OH → Cl, + 10%	OH → Cl, + 12%	OH → Cl, + 10%	OH → Cl, — 7%	OH → Cl, — 6%	OH → Cl, + 18%	
Druckverlust in $\frac{m\ WS}{m\ Schicht \cdot m/h}$	0,07 (10 °C)	0,1 (20 °C)	0,08 (20 °C)				

Tabelle 30 (Fortsetzung)

	Duolite A 30 B	Nalcite SAR (Dowex 2)	Nalcite SBR (Dowex 1)	Nalcite WBR	Imac S 4	Imac S 540
Anwendung	Entsalzung	Entsalzung und Entkieselung	Entsalzung und Entkieselung	Entsalzung	Entsalzung und Entkieselung	Entsalzung und Entkieselung
Charakter	Mittelstark basisch	Stark basisch	Stark basisch	Schwach basisch	Stark basisch	Stark basisch
Grundsubstanz	Aliphatisches Polyamin	Dimethyl-äthanol-benzyl-amin			Polystyrol	Polystyrol
Wirksame Gruppen	$-N(R)_2-N(R)_3OH$				$-N(CH_3)$-OH	Quartäre Ammoniumgruppen
Form	Kugel	Kugel	Kugel	Kugel	Granulat	Kugel
Korngröße in mm	0,3—2,0	0,3—1,2	0,3—1,2	0,4—1,3	0,4—1,0	0,4–0,8 oder 0,8–1,2
Schüttgewicht in g/l	650	720	600	600		720
Regeneriermittel	Na_2CO_3	NaOH	NaOH	NaOH	NaOH	NaOH
Nutzbare Volumenkapazität in g CaO/l	24—42	21—25	13—17	18—36	11—16,8	15—20
Nutzbare Volumenkapazität in val/l	0,86—1,5	0,77—0,89	0,47—0,61	0,64—1,28	0,39—0,6	0,5—0,71
Regeneriermittelkonzentration in %	4—10	2—4	2—4	2—4	4	4
Regeneriermittelaufwand, bezogen auf 100%ige Chemikalien in g/l_A	100				40—160	84—126
Regeneriermittelaufwand in % der theoretischen Menge	120—150	180—310	270—500	110—235	250—775	
Spezifische Belastung in $m^3/h\ m^3_A$	16—20			5—15		
Max. Filtrationsgeschwindigkeit in m/h				5—10		
Max. Betriebstemperatur in °C	80	40	65	65	35	50
pH-Bereich	0—8,5	0—14	0—14	0—14	1—13	0—14
Spezifische Belastung bei der Regeneration in $m^3/h\ m^3_A$	5—10					
Waschwasserbedarf in m^3/m^3_A	4—8					
Spezifische Belastung beim Auswaschen in $m^3/h\ m^3_A$	7—17,5					
Rückspülgeschwindigkeit in m/h	8—10				2—6	
Rückspülraum in % der Schichthöhe	Min. 50					
Schichthöhe in mm	750—1250					
Auslieferungszustand	Feucht				Feucht, Cl-Form	Feucht, Cl-Form
Volumenänderung bei Beladung	OH → Cl, + 3%				OH → Cl, — 5 bis 10%	OH → Cl, — 10%
Druckverlust in $\frac{m\ WS}{m\ Schicht \cdot m/h}$						0,1

Tabelle 30 (Fortsetzung)

	Imac A 17			Montecatini Kastell A 300	Asmit 295		Resindion Relite MS 170		Resindion Relite 3 A
Anwendung	Entsalzung von H_2O mit organischen Substanzen			Entsalzung und Entkieselung	Adsorber		Entsalzung von H_2O mit organischen Substanzen		Entsalzung und Entkieselung
Charakter	Mittelstark basisch			Stark basisch	Stark basisch		Schwach basisch		Sehr stark basisch
Grundsubstanz	Polyamin			Polystyrol	Polystyrol		Polystyrol		Polystyrol
Wirksame Gruppen				Quartäre Ammoniumgruppen	$-NR_3Cl-$		Primäre und sekundäre Aminogruppen		Quartäre Ammoniumgruppen
Form	Kugel			Kugel	Granulat		Kugel		Kugel
Korngröße in mm	0,3—2,0			0,2—1,0	0,3—1,2		0,3—1,0		0,3—1,0
Schüttgewicht in g/l				700	650		650—700		660—710
Regeneriermittel	NaOH	Na_2CO_3	NH_4OH	NaOH	NaOH	NaCl	NaOH	NH_4OH	NaOH
Nutzbare Volumenkapazität in g CaO/l	25—39	25—39	25—39	16—17	14		30—35	34	12—20
Nutzbare Volumenkapazität in val/l	0,89–1,24	0,89–1,24	0,89–1,24	0,57—0,61	0,50		1,07—1,25	1,21	0,43—0,71
Regeneriermittelkonzentration in %	4	5	3,5	3—4	0,5	5—10	2—4	4	4
Regeneriermittelaufwand, bezogen auf 100%ige Chemikalien in g/l_A	40—80	53—106	35—70	80—90			60—80	60	60—100
Regeneriermittelaufwand in % der theoretischen Menge	110—120	120—130	130—150				140—160	142	350
Spezifische Belastung in $m^3/h\ m^3_A$	10—16			12—15	5—50		4—16		4—30
Max. Filtrationsgeschwindigkeit in m/h									
Max. Betriebstemperatur in °C	40		85	40	100 (pH <8)		100		60
pH-Bereich	1—6		6—9	0—12	3—9		0—8		0—12
Spezifische Belastung bei der Regeneration in $m^3/h\ m^3_A$	3—6				1		8		2,5
Waschwasserbedarf in m^3/m^3_A	5—8			8—10	2—4		8—12		6—10
Spezifische Belastung beim Auswaschen in $m^3/h\ m^3_A$	3—6				4—8		8—12		3—10
Rückspülgeschwindigkeit in m/h	8—10			8—7	7—10		3—5		5—7
Rückspülraum in % der Schichthöhe	70—100			40—50			100		100
Schichthöhe in mm	600—1300			800—1400	800—1500		750—1250		750—1200
Auslieferungszustand	Feucht, OH-Form			Feucht, Cl-Form	Feucht, Cl-Form		Feucht, OH-Form		Feucht, Cl-Form
Volumenänderung bei Beladung	OH → Cl, + 15%				Cl → X, + 20%		OH → Cl, + 10%		OH → Cl, — 14%
Druckverlust in $\frac{m\ WS}{m\ Schicht \cdot m/h}$	0,2						0,3		0,1—0,35

im Kühlturm ausgetrieben wird. Bei Verwendung als Zusatzspeisewasser muß das entkarbonisierte Wasser zur Austreibung der Kohlensäure gerieselt und dann durch Neutralaustauscher enthärtet werden. Die Entfernung der Kohlensäure kann auch in einem thermischen Entgaser mit der Sauerstoffbeseitigung kombiniert werden, wobei der Entgaser, alle Leitungen und zwischengeschalteten Apparate korrosionsgeschützt ausgeführt werden müssen. Die für die Regeneration erforderliche Säuremenge beträgt etwa das 1,1fache der theoretischen Menge:

für Schwefelsäure

$$H_2SO_4\ (100\%\text{ig}) = 49 \cdot 1{,}1\ (m^0 - m)\ \text{g/m}^3\ \text{Rohwasser},$$

für Salzsäure

$$HCl\ (100\%\text{ig}) = 36{,}5 \cdot 1{,}1\ (m^0 - m)\ \text{g/m}^3\ \text{Rohwasser}.$$

Der Kochsalzbedarf ist der gleiche wie beim Neutralaustausch.

3. Vollentsalzung

Mit Hilfe der Vollentsalzung gelingt es auf rein chemischem Wege, alle ionisierten Bestandteile aus dem Wasser zu entfernen. Bei entsprechender Schaltung der Vollentsalzungsanlage ist es möglich, ein praktisch vollkommen salz- und kieselsäurefreies Wasser zu erzeugen. Die erreichbare Leitfähigkeit liegt unter 0,1 μS/cm, der Salzgehalt bei Berücksichtigung der Eigenleitfähigkeit des reinsten Wassers von 0,038 μS/cm unter 0,03 mg/l. Die Kieselsäure ist bis auf Werte unter 0,02, meistens sogar unter 0,01 mg/l reduzierbar.

Eine Vollentsalzungsanlage besteht aus Kationen- und Anionenstufen. In der Kationenstufe werden sämtliche Kationen gegen H-Ionen ersetzt (s. oben). Die schwach basische Anionenstufe tauscht sämtliche Anionen der starken Säuren gegen OH-Ionen aus:

$$H_2A + R{=}(OH)_2 \rightarrow 2H_2O + R{=}A.$$

$A = 2Cl', SO_4, 2NO_3'$,
R = Austauschharz.

In der stark basischen Anionenstufe werden außer den gesamten Anionen auch Kieselsäure und Kohlensäure zurückgehalten:

$$H_2SiO_3(H_2CO_3) + R{=}(OH)_2 \rightarrow 2H_2O + R{=}SiO_3(CO_3)\ \text{bzw.}$$
$$H_2SiO_3(H_2CO_3) + R{-}OH \rightarrow H_2O + R{-}HSiO_3(HCO_3).$$

Auf Grund der unterschiedlichen Acidität der Anionen entstehen in einem stark basischen Anionenaustauscher verschiedene Austauschzonen, die bei der Beladung durch die Filterschicht hindurchwandern. Der daraus resultierende Austauschvorgang ist aus Abb. 395 zu ersehen.

Die Regeneration der Kationenstufe erfolgt — wie oben beschrieben — mit Salz- oder seltener mit Schwefelsäure, die der Anionenstufe mit 2 bis 4%iger Natronlauge, wobei die aufgenommenen Ionen wieder durch H- bzw. OH-Ionen ersetzt werden. Die Temperatur der Regenerierlauge soll bei Anionenaustauschern, die zur Entkieselung dienen, 35 bis 40 °C betragen, um ein Nachlassen des Entkieselungseffektes bei Anwendung kalter Natronlauge zu vermeiden.

Entscheidend für den Bau einer Vollentsalzungsanlage ist oft die Wirtschaftlichkeit gegenüber einer Verdampfer- oder Dampfumformeranlage. In Abb. 396 sind die Betriebskosten der Vollentsalzung in Abhängigkeit vom Salzgehalt des Rohwassers bei verschiedenen Karbonat-/Nichtkarbonathärteverhältnissen denen einer Dampfumformeranlage mit vorgeschalteter Teilentsalzung gegenübergestellt. Man ersieht daraus, daß bei normalen Wasserverhältnissen in den meisten Fällen eine Vollentsalzung wirtschaftlicher ist. Aber selbst bei unwirtschaftlicheren Verhältnissen wird — insbesondere bei Kondensationskraftwerken höheren Betriebsdruckes — oft der Aufbereitung des Zusatzspeisewassers durch Vollentsalzung der Vorzug gegeben. Einerseits ist eine bessere Qualität des Zusatzwassers zu erreichen, andererseits ist die Zusatzwassererzeugung unabhängig vom Betrieb des Kraftwerkes und der damit gekoppelten Leistung des Verdampfers.

Außerdem steht bei der Inbetriebsetzung eines Kraftwerkes und bei Betriebsstillständen jederzeit vollentsalztes Wasser zur Verfügung. Ein weiterer Vorteil der Vollentsalzung besteht in der einfacheren und übersichtlicheren Gesamtschaltung des Kraftwerkes.

Da vollentsalztes Wasser durch Entfernung aller Ionen, also durch Deionisierung hergestellt wird, hat sich für die Kennzeichnung eines vollentsalzten Wassers zur Vereinfachung der Name „Deionat" eingebürgert.

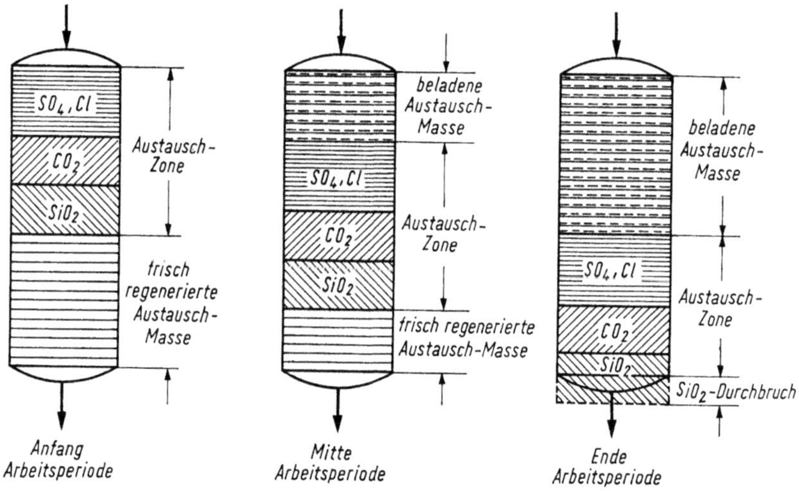

Abb. 395. Austauschvorgang in einem Anionenaustauscher

Für die Prinzipschaltung der Vollentsalzungsanlage ist im wesentlichen die Zusammensetzung des zur Verfügung stehenden Wassers maßgebend. Die Beseitigung der Kationen aus dem klaren und schwebestofffreien Wasser erfolgt durch Kationenaustauscher. Die Menge des für die Kationenstufe erforderlichen Austauschers ergibt sich aus dem Produkt

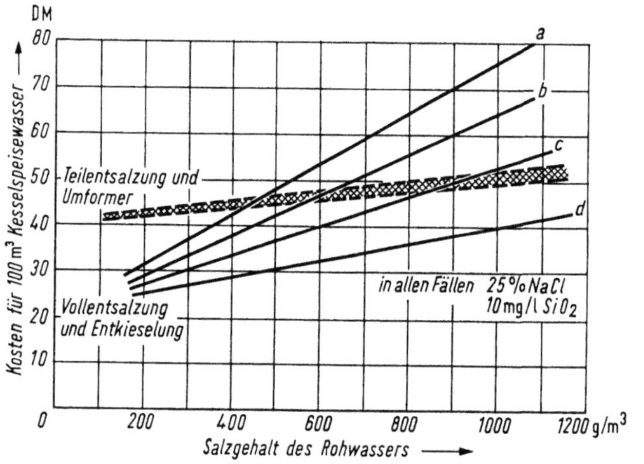

Abb. 396. Betriebskosten der Vollentsalzung und des Dampfumformers in Abhängigkeit von der Wasserzusammensetzung (Nach Tietz)

a 100% Nichtkarbonathärte
b 30% Karbonat- und 70% Nichtkarbonathärte
c 60% Karbonat- und 40% Nichtkarbonathärte
d 100% Karbonathärte

von Gesamtdurchsatz zwischen zwei Regenerationen einschließlich Waschwasser und dem Kationenäquivalent des Rohwassers, dividiert durch die Austauschkapazität des eingesetzten Austauschers:

$$M = \frac{Q \cdot C_i}{K}.$$

M = Austauscher in Liter,
Q = Gesamtdurchsatz in m^3 H_2O,
C_i = Kationenkonzentration in val/m^3 H_2O,
K = Nutzbare Volumenkapazität in val/l_A.

Die Summe der Kationenäquivalente läßt sich aus den Äquivalenten der einzelnen Anionen berechnen:

$$C_i = \text{mval } HCO_3'/l \text{ (bzw. } CO_3'') + \text{mval } SO_4''/l + \text{mval } Cl'/l + \text{mval } NO_3'/l$$
$$(\text{mval}/l = \text{val}/m^3).$$

Bei Angabe der Ionen in mg/l beträgt die Äquivalentsumme:

$$C_i = \frac{\text{mg } HCO_3'/l}{61} \left(\text{bzw. } \frac{\text{mg } CO_3''/l}{30}\right) + \frac{\text{mg } SO_4''/l}{48} + \frac{\text{mg } Cl'/l}{35{,}5} + \frac{\text{mg } NO_3'/l}{62}.$$

Werden die Hydrogenkarbonate in °dH angegeben, so erhält man bei der Division durch 2,8 die Äquivalente in mval/l.

Bei geringen Salzgehalten besteht die Kationenstufe aus einem stark sauren Kationenfilter, das mit 200 bis 250% der theoretischen Menge an Säuren regeneriert werden muß. Bei höherem Salzgehalt ist es zweckmäßig, die Kationenstufe in zwei stark saure Kationenfilter zu unterteilen, wobei das erste Kationenfilter mit dem Säureablauf des zweiten Filters regeneriert wird. Der Säureverbrauch wird dadurch auf 130 bis 150% der theoretischen Menge reduziert. Enthält das Wasser viel Karbonathärte, kann die Füllung des ersten Kationenfilters mit schwach saurem Austauscher erfolgen, der nur die dem Hydrogenkarbonat zugehörigen Kationen austauscht. In diesem Fall ist für die Berechnung der erforderlichen schwach sauren Austauschermenge nur die Karbonathärte bzw. deren Äquivalentzahl zu berücksichtigen, für die Berechnung der stark sauren Kationenstufe sind dann nur noch die Äquivalente der übrigen Anionen einzusetzen. Das schwach saure Austauschmaterial benötigt zur Regeneration nur 100 bis 110% der theoretischen Menge an Säuren. Der theoretische Säureverbrauch ergibt sich aus dem Produkt der Einzeläquivalente des Rohwassers und dem Säureäquivalent:

$$H_2SO_4\text{-Menge} = C_i \cdot 49 \text{ g/m}^3,$$
$$HCl\text{-Menge} = C_i \cdot 36{,}5 \text{ g/m}^3,$$

jeweils auf 100%ige Säure bezogen.

Für die Regeneration eines Filters ergibt sich damit ein theoretischer Säureverbrauch von

$$H_2SO_4\text{-Menge} = \frac{Q \cdot C_i \cdot 49}{1000} \text{ kg/Regeneration},$$
$$HCl\text{-Menge} = \frac{Q \cdot C_i \cdot 36{,}5}{1000} \text{ kg/Regeneration}.$$

Je nach Schaltung und Aufteilung der Kationenstufe und der eingesetzten Austauschkapazitäten müssen Säuremengen bis zum 2,5fachen des errechneten Wertes eingesetzt werden. Die schwach saure Kationenstufe benötigt keine zusätzlichen Säuremengen, sofern der Überschuß aus der stark sauren Kationenstufe ausreichend ist.

Die Anionenstufe besteht bei salzarmen Wässern aus einem stark basischen Anionenfilter, das mit etwa 300% der theoretischen Menge an Natronlauge zu regenerieren ist. Die erforderliche Austauschermenge ergibt sich analog der Kationenstufe:

$$M = \frac{Q \cdot C_i}{K}.$$

C_i ist in diesem Fall die Summe der Anionenäquivalente in mval/l.
Sie errechnet sich zu:

$$C_i = \text{mval } CO_2/l + \text{mval } SO_4''/l + \text{mval } Cl'/l + \text{mval } NO_3'/l + \text{mval } SiO_2/l \text{ u. a.}$$

Bei Angabe der Anionen in mg/l beträgt die Äquivalentsumme:

$$C_i = \frac{\text{mg } CO_2/l^1}{44} + \frac{\text{mg } SO_4''/l}{48} + \frac{\text{mg } Cl'/l}{35{,}5} + \frac{\text{mg } NO_3'/l}{62} + \frac{\text{mg } SiO_2/l^1}{60}.$$

[1] Nach Untersuchungen von HOFMANN an Gegenstromanlagen (siehe S. 443) reagieren Kohlensäure und Kieselsäure stark basischen Anionenaustauschern gegenüber einwertig.

Bei Zwischenschaltung eines Rieselers ist im allgemeinen mit einem Restkohlensäuregehalt von 8 mg/l entsprechend 0,18 mval/l zu rechnen. Wird die freie und gebundene Kohlensäure nur durch eine vorgeschaltete Kalkentkarbonisierung beseitigt, so muß entsprechend der erzielbaren Restkarbonathärte mit höheren CO_2-Werten gerechnet werden, normalerweise mit etwa 0,35 mval/l.

Der theoretische Regeneriermittelverbrauch ergibt sich aus dem Produkt der Anionenäquivalente und dem Äquivalentgewicht des Regeneriermittels:

$$\text{NaOH-Menge} = C_i \cdot 40\ \text{g/m}^3$$

(bezogen auf festes Natriumhydroxid).

Die für die Regeneration eines Filters erforderliche theoretische Menge beträgt:

$$\text{NaOH-Menge} = \frac{Q \cdot C_i \cdot 40}{1000}\ \text{kg/Regeneration.}$$

Bei Verwendung von Natronlauge ergibt sich folgender Verbrauch:

$$\text{NaOH-Menge} = \frac{Q \cdot C_i \cdot 40}{10 \cdot \varrho \cdot C}\ \text{l/Regeneration.}$$

ϱ = Dichte, für 50%ige NaOH = 1,54 bei 18 °C,
C = NaOH-Konzentration in %.

Benötigt wird — je nach Art des Austauschers und der eingesetzten Austauschkapazität — die drei- bis vierfache Menge.

Bei höherem Gehalt an stark dissoziierten Anionen ist die Vorschaltung eines schwach basischen Anionenfilters zweckmäßig, das dann mit der ablaufenden Lauge des stark basischen Filters regeneriert wird. Für das letzte Filter werden zur Regeneration etwa 300% der theoretischen Menge an Natronlauge benötigt. Insgesamt liegt der Natronlaugebedarf bei Unterteilung der Anionenstufe je nach Wasserzusammensetzung bei 120 bis 200% der theoretischen Menge. Zur Berechnung der erforderlichen stark basischen Austauschermenge sind nur die Äquivalente der Kiesel- und Kohlensäure zu berücksichtigen. Die übrigen Anionenäquivalente werden für die Berechnung der schwach basischen Anionenstufe zugrunde gelegt. Für die Ermittlung der erforderlichen Regeneriermittelmenge ist der für die schwach basische Anionenstufe erforderliche Überschuß an Natronlauge zusätzlich der im stark basischen Anionenfilter theoretisch benötigten Laugemenge einzusetzen. Der Gesamtlaugeaufwand muß für das stark basische Anionenfilter dabei mindestens 300% und für das schwach basische Anionenfilter etwa 150% der theoretischen Menge betragen. Die Laugemenge errechnet sich dabei wie folgt:

$$\text{NaOH-Menge (100\%ig)} = (\text{mval } SO_4''/\text{l} + \text{mval } Cl'/\text{l} + \text{mval } NO_3'/\text{l}) \cdot 1{,}5 \cdot 40 + (\text{mval } SiO_2/\text{l} + \text{mval } CO_2/\text{l}) \cdot 40\ \text{g/m}^3,$$

wobei die sich aus der Summe der stark dissoziierten Anionen ergebende Menge mindestens doppelt so groß sein muß wie die aus der Summe der schwach dissoziierten Anionen resultierende. Andernfalls muß die Laugezugabe mindestens auf das Dreifache der sich aus der zweiten Summe ergebenden Menge erhöht werden.

Vor das stark basische Anionenfilter wird in den meisten Fällen ein Rieseler oder ein Vakuumentgaser geschaltet. Der Rieseler hat die Aufgabe, die in der Kationenstufe in Freiheit gesetzte Kohlensäure durch Belüftung auszutreiben, um eine unnötige Beaufschlagung der nachgeschalteten Anionenstufe und damit höhere Chemikalienkosten zu vermeiden. Da die Luftzufuhr drucklos erfolgt, muß das Wasser aus dem Rieseler bzw. einem Auffangbehälter des Rieselers mittels Pumpen weitergefördert werden. Durch die Rieselung ist ein Restkohlensäuregehalt von 5 bis 6 mg/l zu erreichen, der im nachgeschalteten stark basischen Anionenfilter zusammen mit der Kieselsäure beseitigt wird. Bei Zwischenschaltung einer Vakuumentgasung, die bei Temperaturen um 30 °C arbeitet, wird die Kohlensäure auf Werte unter 2 mg/l und der Luftsauerstoff auf unter 0,1 mg/l reduziert. Auf eine Vorentgasung des vollentsalzten Wassers vor Einführung in den Wasser-Dampf-Kreislauf kann dabei verzichtet werden. Die Einführung des Zusatzspeisewassers erfolgt dann direkt in den Hauptentgaser oder in den Hotwell des Turbinenkondensators. Das für die Entgasung erforderliche Vakuum wird durch Vakuumpumpen oder durch Dampf- bzw. Wasserstrahler aufrechterhalten. Bei sehr geringem Gehalt an freier und gebundener Kohlensäure im Rohwasser (unter 20 mg/l) oder wenn der Vollentsalzungsanlage eine Kalkentkarbonisierung vorgeschaltet wird, ist die Zwischenschaltung eines Rieselers bzw. Vakuumentgasers nicht erforderlich.

Enthält das Rohwasser größere Mengen an Natriumsalzen, tritt in der Kationenstufe ein mehr oder weniger großer Schlupf an Natriumionen auf, der den Entkieselungseffekt im stark basischen Anionenfilter beeinträchtigen kann. In diesem Fall ist es zweckmäßig, dem schwach basischen Anionenfilter noch ein stark saures Kationenfilter nachzuschalten, das diesen Natriumionenschlupf beseitigt. Dieses Filter wird in größeren Zeitabständen zusammen mit der Arbeitsgruppe der Kationenstufe mitregeneriert und verursacht praktisch keine höheren Chemikalienkosten.

Das aus dem stark basischen Anionenfilter austretende vollentsalzte Wasser besitzt noch einen Restsalzgehalt in der Größenordnung von etwa 1 mg/l, vorwiegend in Form von NaOH, und einen Restkieselsäuregehalt von 0,05 bis 0,1 mg/l. Bei Kesseln bis etwa 60 atü ist diese Qualität im allgemeinen ausreichend. Zur Beseitigung der Natronlaugespuren kann als Endstufe noch ein schwach saures Kationenfilter eingeschaltet werden, das den Schlupf der Natriumionen kompensiert und den pH-Wert auf etwa 7 einstellt. Zweckmäßiger ist es jedoch — besonders bei Kraftwerken mit Durchlaufkesseln — ein Mischbettfilter an das Ende der Vollentsalzungsanlage zu setzen. Dieses Filter enthält eine Mischung von stark saurem und stark basischem Austauscher — im allgemeinen im Verhältnis 1 : 2 — und wirkt dadurch wie eine unendlich große Anzahl hintereinandergeschalteter Kationen- und Anionenstufen. Dabei werden alle noch im Wasser vorhandenen Ionen beseitigt und außerdem bei verspätetem Abschalten erschöpfter Austauscher ein Salzdurchbruch in das vollentsalzte Wasser verhindert. Die im Deionat erreichbare Leitfähigkeit liegt unter 0,1 μS/cm, der Restkieselsäuregehalt unter 0,02 mg/l.

Zur Regeneration muß das Kationenmaterial vom Anionenmaterial getrennt werden. Die Entmischung der im spezifischen Gewicht unterschiedlichen Austauscher erfolgt durch Rückspülung mit Wasser. Die spezifisch leichtere Anionenaustauschermasse wird von oben nach unten mit Natronlauge regeneriert. Vorteilhafter ist es mitunter, die ganze Austauscherfüllung zunächst mit Natronlauge zu behandeln, um die elektrostatischen Kräfte der aneinander haftenden Austauscherkörner aufzuheben. Die Trennung der verschiedenen Austauscher ist dann einfacher und vollständiger durchführbar. Nach Verdrängung der Natronlauge durch entsalztes Wasser wird zur Regeneration des Kationenaustauschers die erforderliche Säure über ein Verteilungssystem seitlich an der Trennzone eingeführt und am Filterboden abgelassen.

Der Wasserspiegel wird nach dem Auswaschen auf die Höhe der Austauscherschicht eingestellt. Durch Einblasen von Luft über den unteren Düsenboden wird anschließend eine innige Mischung des Materials herbeigeführt. Nach kurzem Einfahren des Filters mit Wasser ist dieses wieder betriebsbereit. Der Chemikalienverbrauch ist wesentlich höher als bei Einbettaustauschern. Da das Mischbettfilter jedoch nur als Sicherheitsfilter arbeiten soll, wird eine Regeneration normalerweise nur alle zwei bis vier Wochen notwendig sein, so daß der höhere Chemikalienverbrauch ohne Bedeutung ist. Als Arbeitsfilter sollte das Mischbettfilter nur in Ausnahmefällen verwendet werden.

In der Tabelle 31 sind die Kombinationsschemen für Vollentsalzungsanlagen nochmals zusammenfassend dargestellt worden. Die jeweiligen Anwendungsgebiete sind aus dieser Zusammenstellung ebenfalls zu ersehen. Bei reinen Kondensationskraftwerken, bei denen nur die unvermeidlichen Wasserverluste zu ersetzen sind, werden für die Zusatzspeisewassererzeugung normalerweise zwei getrennte Filterstraßen aufgestellt. Von diesen dient eine Anlage zur Überbrückung der Regenerationszeit und außerdem als Reserve. Bei größeren Speisewasserverlusten kann dieser Filterzug mit zur Deionaterzeugung herangezogen werden, wobei jeweils eine Straße nach Beendigung eines Filterspieles zur Durchführung der Regeneration zeitweise ausfällt. Die Auslegung einer Filterstraße beträgt je nach den zu erwartenden Wasserverlusten 2 bis 5% der maximalen Dampfleistung der Kesselanlage. Obwohl der Zusatzspeisewasserbedarf in manchen Blockkraftwerken 1% kaum übersteigt, sollte die Leistung der Vollentsalzungsanlage mindestens für 2% je Straße ausgelegt werden, da mitunter, insbesondere beim Anfahren eines Blockes, größere Wasserverluste auftreten können. Lediglich bei gleichzeitiger Erstellung einer Kondensatentsalzungsanlage kann die Leistung der Zusatzspeisewasseraufbereitungsanlage reduziert werden, sofern die Kondensatentsalzung zur Deionaterzeugung mit herangezogen oder die beim Anfahren auftretende Verlustwassermenge über diese Anlage zurückgewonnen werden kann. Für das Anfahren und für unvorhergesehene Fälle ist es darüber hinaus zweckmäßig, Sammelbehälter für größere Deionat- oder Kondensatreserven aufzustellen.

Tabelle 31. *Kombinationsschemen für Vollentsalzungsanlagen (Nach VGB-Wasserrichtlinien)*

Nr.	Schema		Anwendungsgebiet
		A. Gruppe der Kationenaustauscher	
1	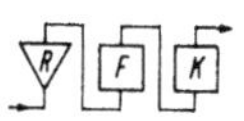	$f_H = 2{,}5$ bis 3	Großer Hydrogenkarbonatanteil: $m > 2$ mval/l. Besonders bei verunreinigten Rohwässern (Trübstoffe, organische Substanzen)
2	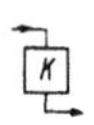	$f_H = 2{,}5$ bis 3	Kleiner Hydrogenkarbonatanteil: $m < 0{,}5$ bis 0,7 mval/l oder Kleinanlagen
3	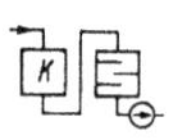	$f_H = 2{,}5$ bis 3	Großer Hydrogenkarbonatanteil: $m > 0{,}5$ mval/l
4		$f_H = 2$	Kleiner Hydrogenkarbonatanteil: $m < 0{,}5$ bis 0,7 mval/l Großanlagen
5	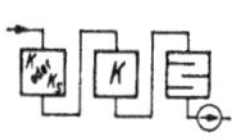	$f_H = 1{,}5$	Großer Hydrogenkarbonatanteil: $m > 0{,}5$ mval/l Großanlagen
		B. Gruppe der Anionenaustauscher	
1		$f_{OH} = 3$ bis 4	Kleine Anionengehalte: Insbesondere wenig SiO_2 (< 3 bis 5 mg/l) und CO_2 (< 5 mg/l) oder Kleinanlagen. Geringere Deionat-Qualität
2	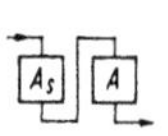	$f_{OH} = 1{,}5$	Normale und große Anionengehalte: Viel SiO_2 (> 3 bis 5 mg/l) und CO_2 (> 5 mg/l). Gute Deionat-Qualität
3	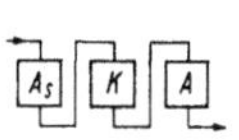	$f_{OH} = 1{,}5$ $f_H = 3$ bis 4	Wie B 2 mit eingeschobenem Kationenaustauscher zur Bekämpfung des Kationenschlupfes. Sehr gute Deionat-Qualität
		C. Gruppe der Sicherheitsaustauscher	
1		$f_H = 1{,}1$	Sogenannte Pufferfilter zur pH-Korrektur (Schlupfbekämpfung). Sehr gute Deionat-Qualität
2		$f_H = 3$ bis 4 $f_{OH} = 4$ bis 5	Sicherheitsfilter gegen Durchbruch aller Ionenarten. Beste Deionat-Qualität

R Schnellreaktor zur Kalkentkarbonisierung
F Kiesfilter
K Stark saurer Kationenaustauscher
K_S Schwach saurer Kationenaustauscher
A Stark basischer Anionenaustauscher
A_S Schwach basischer Anionenaustauscher
M Mischbettaustauscher
f_H bzw. f_{OH} Regenerationsmittelüberschüsse als Vielfache des theoretischen Verbrauches. Diese Angabe gilt jeweils für die Gesamtgruppe.

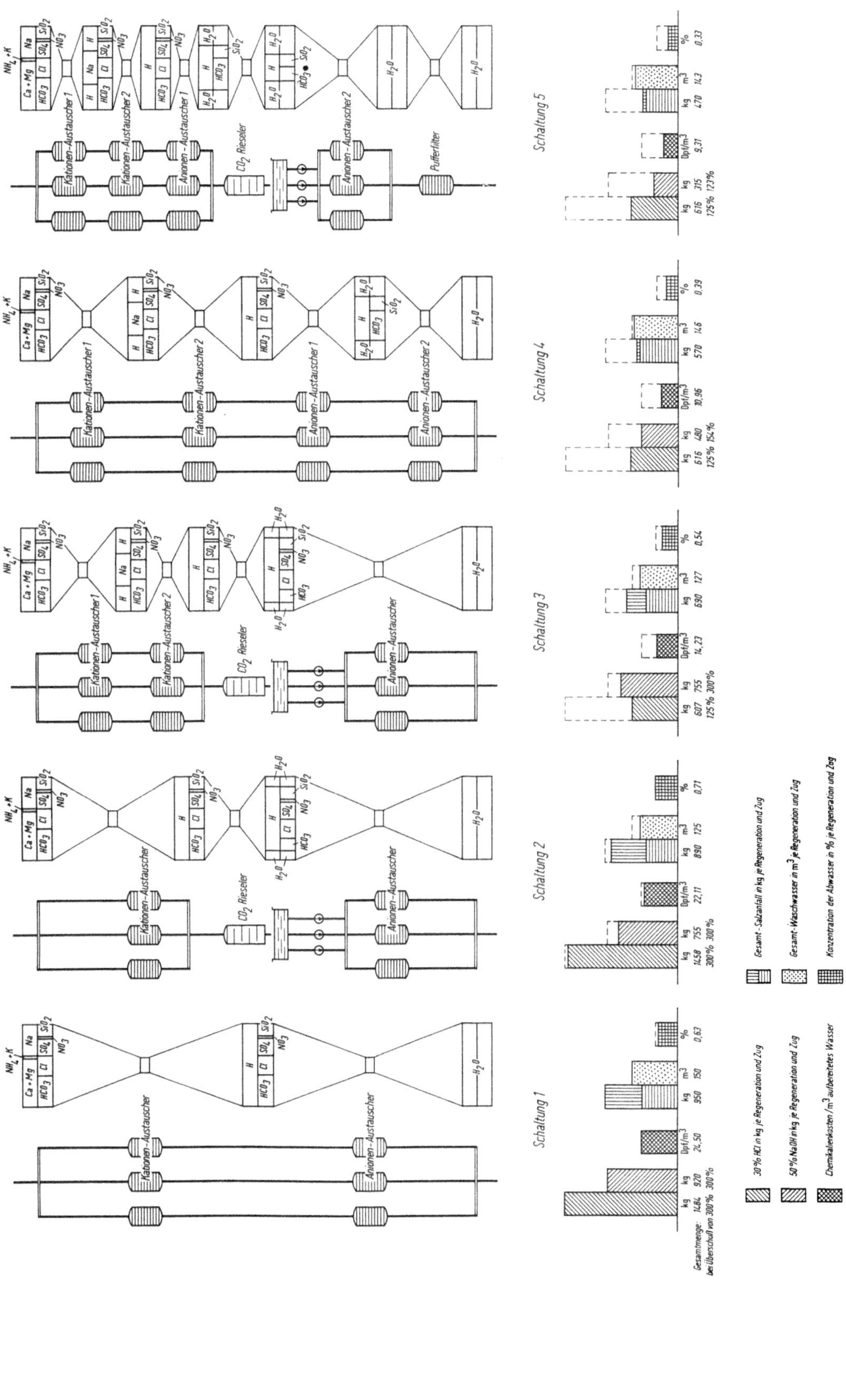

Abb. 397. Schaltung von Vollentsalzungsanlagen

Die Reservehaltung sollte mindestens der Gesamtbetriebsfüllung eines Blockes entsprechen. Wird nur eine Filterstraße installiert, so müssen die Deionatbehälter so groß bemessen sein, daß die Regenerationszeiten von 4 bis 5 Stunden ohne weiteres überbrückt werden können. Es ist jedoch zu berücksichtigen, daß bei längerem unvorhergesehenem Ausfall der nur aus einer Straße bestehenden Vollentsalzungsanlage gegebenenfalls der zu versorgende Kraftwerksblock abgestellt werden muß.

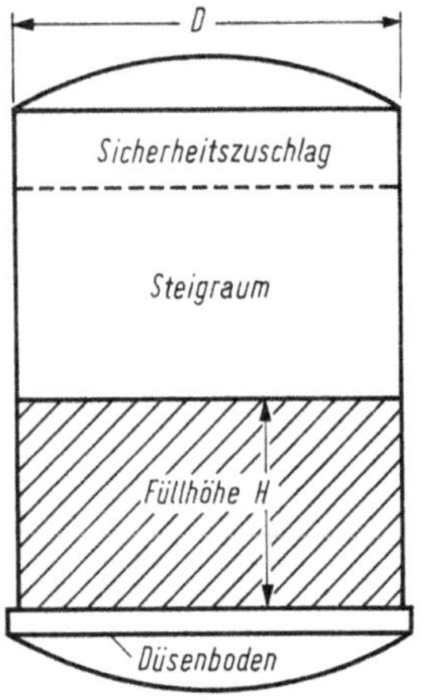

Abb. 398. Schema eines Austauscherbehälters (Nach VGB-Wasserrichtlinien)

Bei größeren Kraftwerkseinheiten, bei denen der Zusatzspeisewasserbedarf bei 50 t/h und darüber liegt, kann es zweckmäßig sein, die Vollentsalzungsanlage in drei getrennte Filterstraßen aufzuteilen, wobei jeweils eine Straße zur Reserve dient. Bei sehr hohem Zusatzwasserbedarf, z. B. bei Gegendruckkraftwerken, kann eine noch weitere Unterteilung in mehrere Straßen unternommen werden, um die wirtschaftlichste Ausnutzung der Gesamtanlage zu erreichen. Die Unterteilung darf aber nur so weit gehen, daß unter Berücksichtigung der Arbeitsperioden der einzelnen Straßen die geforderte Nutzleistung der Anlage jederzeit zur Verfügung steht. Die Arbeitsperiode umfaßt die Filterlaufzeit zwischen zwei Regenerationen und die anschließende Regenerationszeit. Die Nutzleistung gibt die von der Gesamtanlage unter Ausnutzung eines optimalen Speicherraumes stündlich abzugebende Wassermenge wieder. Bei sehr großen Vollentsalzungsanlagen mit einer Gesamtleistung von mehr als 200 t/h geht man von der Schaltung einzelner Straßen auf Ringschaltung über. Dadurch kann

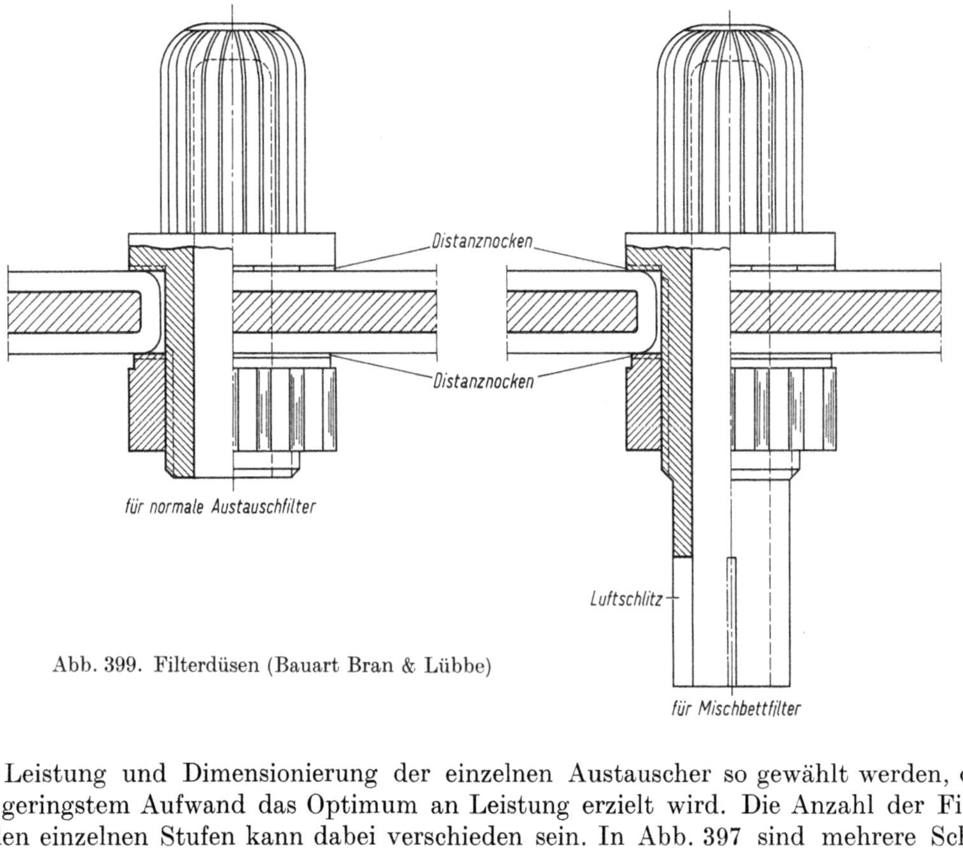

Abb. 399. Filterdüsen (Bauart Bran & Lübbe)

die Leistung und Dimensionierung der einzelnen Austauscher so gewählt werden, daß bei geringstem Aufwand das Optimum an Leistung erzielt wird. Die Anzahl der Filter in den einzelnen Stufen kann dabei verschieden sein. In Abb. 397 sind mehrere Schaltungen einer Vollentsalzungsanlage wiedergegeben. Aus den angeführten Entsalzungsschemen und Betriebsdaten ist die günstigste Schaltung bei einer gegebenen Wasseranalyse zu ersehen. Bei höherer Karbonathärte kann es zweckmäßig sein, der Vollentsalzungsanlage noch eine Entkarbonisierungsanlage vorzuschalten.

4. Filterkonstruktionen

Abb. 398 zeigt das Schema eines Austauschbehälters. Der Austauscher liegt auf einem Filterboden auf und füllt fast die Hälfte des Filtervolumens aus. Der vorzusehende Steigraum soll — besonders bei kugelförmigen Materialien — einen Austauscherverlust beim Rückspülen vermeiden. Bei gebrochenen Austauschern ist ein Steigraum von 30 bis 40% des Gesamtvolumens ausreichend. Die Größe eines Filters ergibt sich primär durch die aufzunehmenden Austauschermengen. Da andererseits die höchstzulässige spezifische Belastung nicht überschritten werden darf, muß außerdem noch folgende Bedingung erfüllt sein:

$$\frac{A \cdot B}{1000} = N.$$

A = Austauschermaterial in Liter,
N = Maximalleistung des Austauschers in m^3/h,
B = Höchstzulässige spezifische Belastung der Austauschermasse in $m^3H_2O/m^3{}_A \cdot h$.

Die Höhe eines Austauscherfilters richtet sich nach Austauschervolumen und dem des für den Austauscher erforderlichen Steigraums. Dabei soll der Durchmesser des Filters so gewählt werden, daß die Schichthöhe der Austauschermasse möglichst nicht unter 1 m liegt, um die Gefahr einer Kanalbildung und damit eines verschlechterten Austausches zu unterbinden. Das optimale Verhältnis von Durchmesser zu Schichthöhe liegt bei etwa 2 : 1. Für die Auslegung eines Filters ist ferner zu berücksichtigen, daß die Momentanleistung auch nach unten begrenzt ist. Bei Unterschreitung einer bestimmten spezifischen Belastung, die bei etwa 5 $m^3H_2O/m^3{}_A \cdot h$ liegt, kann durch Kanalbildung ungleichmäßiger Austausch erfolgen.

Die Filterbehälter werden geschweißt und normalerweise mit tief gewölbten Böden versehen. Der obere Boden ist gewöhnlich angeschweißt, während der untere Boden bei kleineren Durchmessern angeflanscht wird. Zwischen diesem Boden und dem zylindrischen Teil des Filters befindet sich der Düsenboden, der zur Auflagerung der Austauscher dient. In den Filterboden werden mit feinen Schlitzen versehene Düsen eingesetzt, um die Austauscherkörner, deren Durchmesser bei etwa 0,2 bis 0,3 mm liegt, zurückzuhalten. Abb. 399 zeigt die Anordnung und Ausführung dieser Düsen, die aus Kunststoff oder Hartgummi hergestellt werden. Besitzt das Filter ein Luftverteilungssystem, z. B. zum Umschichten der Austauscher nach dem Regenerieren oder zum Mischen der Kationen- und Anionenaustauscher im Mischbettfilter, so werden die Düsen mit Schaftrohren versehen, um unterhalb des Düsenbodens ein Luftpolster auszubilden. Die Filter erhalten innen Verteilungseinrichtungen für Wasser, Chemikalien und Luft.

Die Wasserverteilung über den gesamten Querschnitt des Filters erfolgt ähnlich wie bei Kiesfiltern. Je nach Durchmesser des Filters wird das Wasser durch den oberen Boden eingeführt und über einen Prallteller gleichmäßig verteilt oder über einen seitlichen Eintritt von unten gegen die Deckelwölbung geführt. Bei Behältern größeren Durchmessers werden auch besondere Verteilerrinnen vorgesehen. An der höchsten Stelle des Filterbehälters wird eine Entlüftung angeordnet, bei der durch Prallbleche oder Siebgewebe ein Verlust an Austauschern verhindert werden kann. Um auch bei unsachgemäßer Rückspülung die Austauscher zurückzuhalten, kann am Spülwasserablauf eine Fangvorrichtung eingebaut werden.

Dicht oberhalb der Austauscherfüllung befindet sich die Chemikalienverteilung. Diese besteht aus einem geraden bzw. runden Verteilerrohr mit einigen Düsen und zugeordneten Pralltellern oder mit mehreren Düsen ohne Pralltelller. Bei Behältern kleineren Durchmessers genügt oft auch eine einfache Verteilungsrinne. Auf jeden Fall muß gewährleistet sein, daß der gesamte Filterquerschnitt gleichmäßig mit der Chemikalienlösung beaufschlagt wird. Abb. 400 zeigt einige Ausführungsbeispiele der Chemikalienverteilung. Bei Mischbettfiltern muß an der Trennschicht von Kationen- und Anionenaustauscher noch ein Säureverteilungssystem vorgesehen werden, das gleichzeitig als Laugeaustritt dienen kann. Infolge der bei Rückspülung der Austauscher auftretenden großen Kräfte muß dieses Verteilungssystem von besonderer Stabilität sein.

Rohre aus Kunststoff haben sich im allgemeinen nicht bewährt, da sie zu leicht brechen. Man verwendet daher heute meistens innen und außen gummierte Stahlrohre mit eingesetzten Düsen. Daneben sind auch mit Öffnungen versehene gummierte Stahlrohre gebräuchlich, in die geschlitzte Kunststoffrohre eingelassen sind. In Abb. 401 ist eine Mischbettfilterkonstruktion mit ihrem Säureverteilungssystem wiedergegeben.

Alle mit dem Wasser und den Chemikalien in Berührung kommenden Teile des Behälters werden mit einer säure- und alkalibeständigen Gummierung von etwa 3 mm Stärke versehen. Diese muß mit der vorher gründlich zu säubernden Grundfläche fest verbunden sein und sollte eine Shorehärte von 80 °d möglichst nicht überschreiten, um durch die

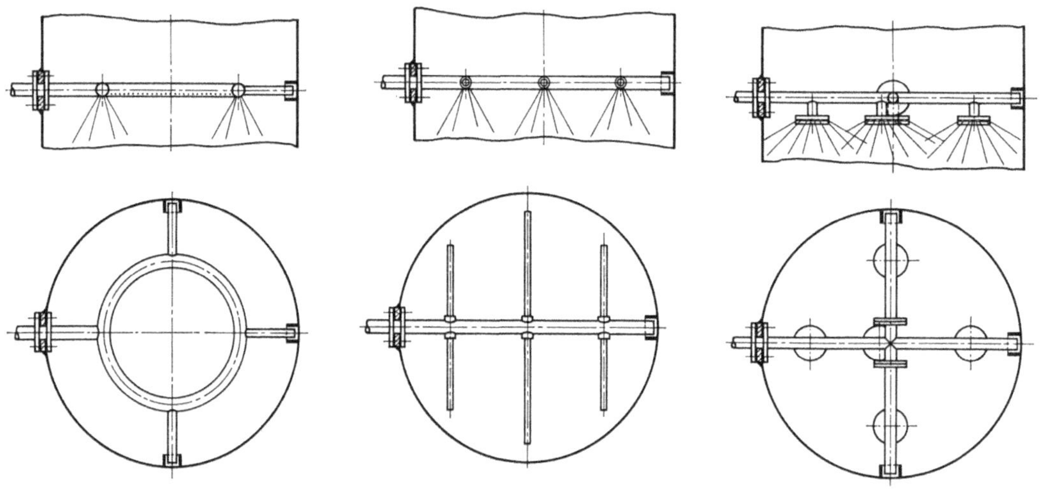

Abb. 400. Säure- oder Laugenverteilung im oberen Teil eines Austauscherfilters (Bauart Bran & Lübbe)

erzielbare höhere Elastizität die Gefahr von Beschädigungen beim Transport und bei der Montage auf ein Minimum zu reduzieren. Vor der Inbetriebsetzung wird die einwandfreie Beschaffenheit der Gummierung nochmals nach dem Funken-Induktionsverfahren überprüft. Bei Vorhandensein von Rissen treten Funkenüberschläge auf. In diesem Fall ist eine Neugummierung oder Ausbesserung mit selbstvulkanisierenden Gummierungen erforderlich.

5. Rohrleitungen und Armaturen

Die Rohrleitungen innerhalb der Wasseraufbereitungsanlage müssen so dimensioniert werden, daß der Druckverlust in erträglichen Grenzen bleibt. Kaltwassergeschwindigkeiten von 2 m/s sollten möglichst nicht überschritten werden. In vielen Fällen ist es erforderlich, die Rohrleitungen mit einem inneren Korrosionsschutz zu versehen. Dieser besteht aus einer warm aufvulkanisierten Hartgummierung oder bei weniger aggressiven Medien, z. B. bei vollentsalztem Wasser, aus einer bei etwa 150 °C eingebrannten Brennlackierung. Da korrosionsgeschützte Rohrleitungen nicht mehr geschweißt werden dürfen. müssen diese entweder vor dem Aufbringen der Korrosionsschutzschicht auf der Baustelle vormontiert oder im korrosionsgeschützten Zustand notfalls durch Kunststoffrohre bzw. nachträglich zu schützende Paßstücke verbunden werden. Der erste Weg ist vorzuziehen, da die Fertigmontage wesentlich vereinfacht wird, vor allen Dingen im Hinblick auf die notwendige vorsichtige Behandlung der Rohre und Armaturen. Auch lassen sich auf diesem Wege Planungsfehler leichter erkennen und vor Aufbringung eines Korrosionsschutzes abstellen.

Mitunter werden an Stelle von gummierten Eisenrohren Leitungen aus Kunststoff verwendet. Besonders im Ausland hat dieser Rohrleitungsbau bereits weitgehende Anwendung gefunden. Nachteilig ist bei Kunststoffleitungen jedoch die geringere mechanische Festigkeit, die bei dem rauhen Betrieb in einem Kraftwerk zu berücksichtigen ist.

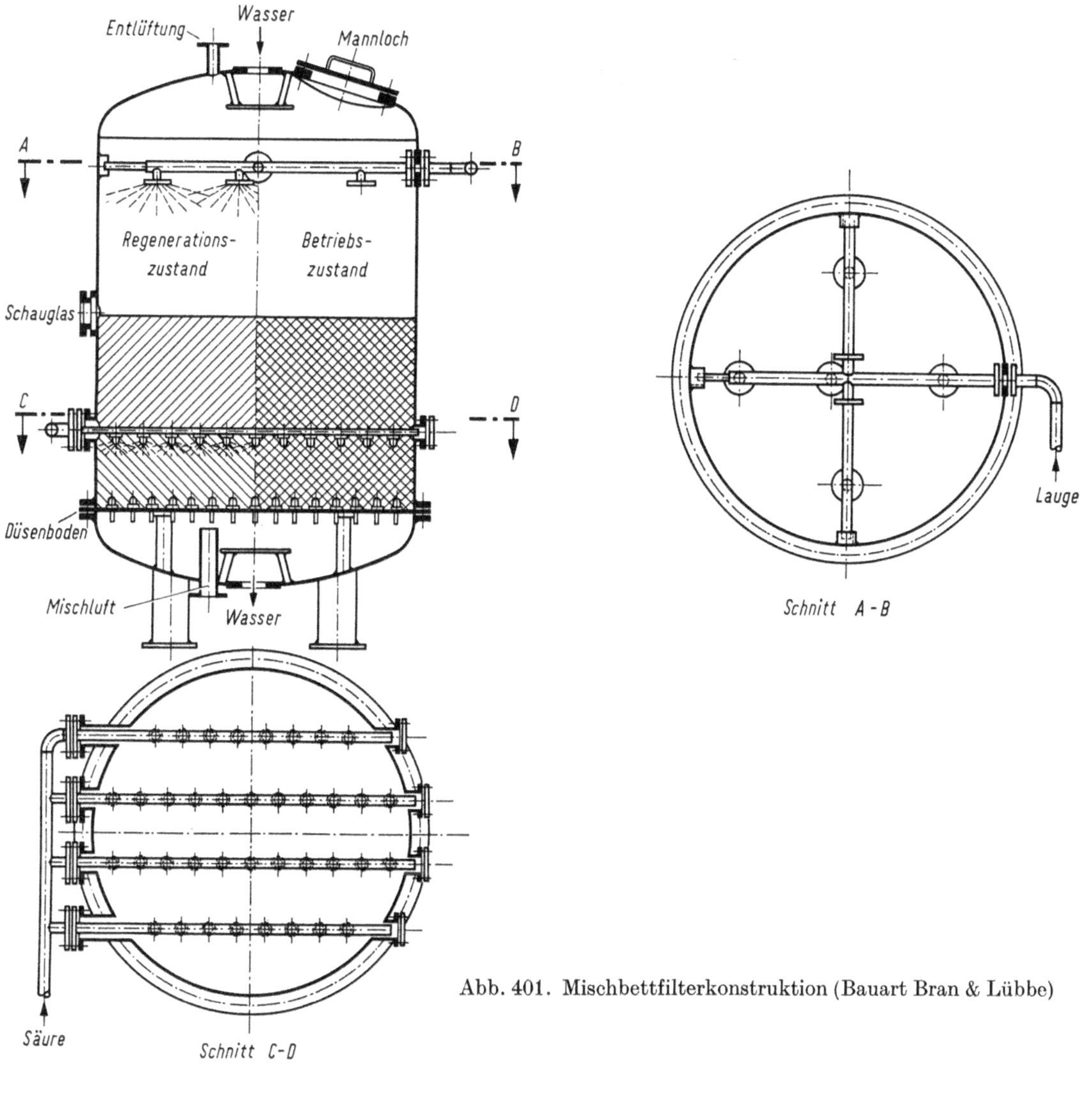

Abb. 401. Mischbettfilterkonstruktion (Bauart Bran & Lübbe)

Lediglich für Rohrleitungen unter NW 25 verwendet man auch in Deutschland Kunststoffe, da sich eiserne Leitungen unter dieser Nennweite nicht mehr einwandfrei gummieren lassen.

Die in Wasseraufbereitungsanlagen verwendeten Armaturen müssen in den meisten Fällen korrosionsgeschützt sein. Gut bewährt haben sich gummierte Membranventile, z. B. System Saunders oder Schmitz & Schulte. Membranventile ohne glattes Gegenlager haben den Nachteil, daß die Membran öfters ausgewechselt werden muß und bei bestimmten Strömungsgeschwindigkeiten zum Flattern neigt. Bei Keil-Membranarmaturen liegt der Schieber sowohl im geschlossenen als auch im geöffneten Zustand fest an ein

Gegenlager an. Sie lassen sich auch für halb- oder vollautomatische Anlagen verwenden, indem sie hydraulisch, pneumatisch oder elektrisch (Abb. 402) fernbedient werden.

Eine Fernbetätigung eignet sich auch für Anlagen größerer Leistung, etwa ab 100 t/h je Straße, wobei die Bedienung von einer Schalttafel aus erfolgt. Auf dieser können alle Bedienungsaggregate in übersichtlicher Anordnung zentral vereinigt und durch ein vollständiges Fließschema gekennzeichnet werden. Die Zusammenfassung von handbedienten Armaturen auf einer jedem Filter zugehörigen Schalttafel ist unzweckmäßig, da sie einen erheblichen Aufwand an zusätzlichen Rohrleitungen bedingt. Kleinarmaturen, Zapfstellen, Auffangschalen und dergleichen können aus Kunststoff ausgeführt werden. Es muß allerdings die geringere mechanische Festigkeit berücksichtigt werden.

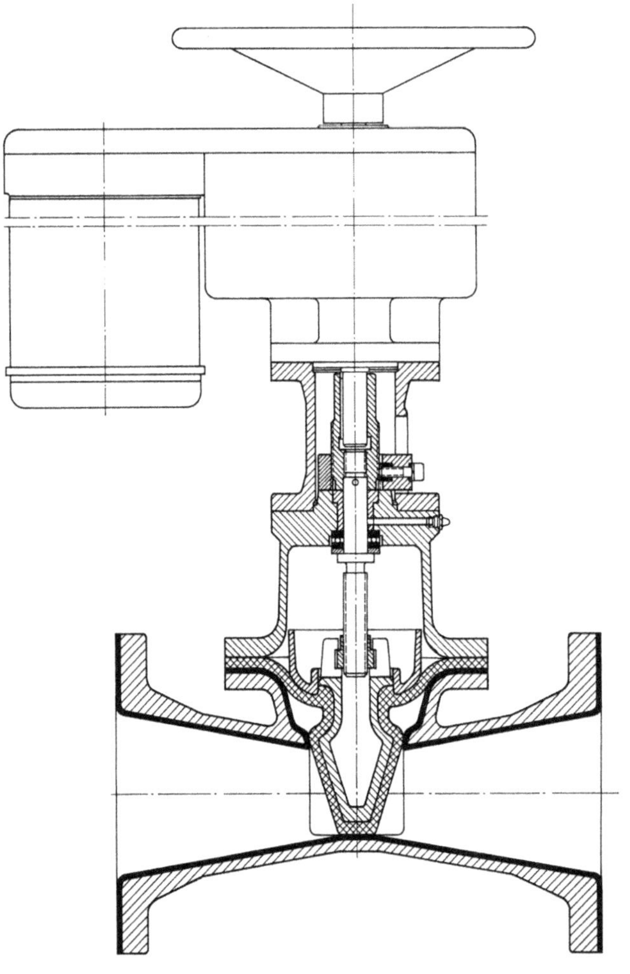

Abb. 402.
Keil-Membranschieber für elektrische Betätigung (Bauart Schmitz & Schulte)

6. Hilfseinrichtungen

Außer den in den beiden folgenden Unterabschnitten beschriebenen Regenerier- und Meßeinrichtungen werden bei Wasseraufbereitungsanlagen noch andere Hilfseinrichtungen benötigt. Diese bestehen einerseits aus den verschiedenen Pumpen für die Förderung des Wassers, andererseits aus Gebläsen, Rieselern bzw. Vakuumentgasern und Behältern. Die Beschreibung der Pumpen selbst erfolgte bereits im Abschn. A III c, S. 273. Zur Förderung von Rohwasser, Reinwasser, entkarbonisiertem und enthärtetem Wasser verwendet man meistens Pumpen herkömmlicher Bauart aus normalen Werkstoffen. Zwischenpumpen hinter einem Rieseler bzw. Vakuumentgaser werden innen gummiert oder in säurefestem Stahl ausgeführt. Zur Förderung von Deionat benutzt man häufig gummierte Pumpen, deren maximale Förderhöhe allerdings auf etwa 60 bis 70 m WS beschränkt ist. Bei höherem Gegendruck sind Pumpen aus Chrom-Nickelstahl vorzuziehen, obwohl auch solche in Gußbronzeausführung in vielen Fällen den Anforderungen genügen.

In einem Rieseler wird — wie bereits erwähnt — die in einer Kationenstufe in Freiheit gesetzte Kohlensäure weitgehend beseitigt, in einem Vakuumentgaser auch gleichzeitig die Luft. Die Einschaltung des Rieselers erfolgt in Vollentsalzungsanlagen meistens hinter einer schwach basischen Anionenstufe. Vom Standpunkt der besseren Entgasungswirkung bei niedrigerem pH-Wert wäre die Einschaltung hinter der Kationenstufe an und für sich günstiger. Es hat sich jedoch gezeigt, daß die Kohlensäure beim Beginn der Filterlaufzeit fast quantitativ durch das schwach basische Anionenmaterial aufgenommen wird. Dadurch erfolgt eine beträchtliche Quellung des Materials und parallel dazu ein Kapazitätsanstieg. Durch die Chloride, Sulfate und Nitrate wird die Kohlensäure im weiteren Verlauf der Beladung wieder verdrängt und im anschließenden Rieseler ausgetrieben. Man erreicht durch diese Schaltung also einen Kapazitätsgewinn, der einen möglicherweise vorhandenen geringeren Rieselungseffekt übertrifft und außerdem eine geringere korrosive Beanspruchung des Rieselers und der zugehörigen Pumpen zur Folge hat. Die Rieseler sind für den gleichen Durchsatz wie die Filter zu bemessen. Da ein Ausfall des Rieselers sehr selten ist, schaltet man in den meisten Fällen mehrere Filterstraßen auf einen Rieseler, der dann für die Gesamtleistung aller Filterstraßen ausgelegt sein muß. Eine Umgehungsleitung sollte dann aber auf jeden Fall vorgesehen werden.

Ein Rieseler besteht normalerweise aus einem geschlossenen zylindrischen Behälter, in dem das Wasser durch Verteilereinbauten und Zwischenböden fein verrieselt und die Kohlensäure durch Luft im Gegenstrom ausgetrieben wird. Die Abführung der kohlensäurehaltigen Luft erfolgt über ein Entschwadungsrohr ins Freie. Der zulässige Wasserdurchsatz liegt bei 10 bis 20 $m^3/m^2 \cdot h$, wobei mindestens drei bis vier Zwischenböden, die gewöhnlich einen halben Meter hoch mit Füllkörpern aufgefüllt werden, vorhanden sein müssen. Die Füllkörper bestehen meistens aus Kunststoff, z. B. Polyvinylchlorid. Keramische Füllkörper haben sich weniger bewährt. Mitunter werden auch Lattenroste aus Holz verwendet.

Die für die Luftförderung erforderlichen Gebläse, deren Förderhöhe 0,5 m WS nicht zu übersteigen braucht, werden im allgemeinen seitlich am Rieseler angebracht. Je Tonne Wasser werden etwa 15 bis 20 Nm^3 Luft benötigt. Zweckmäßig ist es, die Gebläseleistung zu unterteilen, um auch bei Ausfall eines Gebläses noch einen ausreichenden Entgasungseffekt zu erzielen.

Das gerieselte Wasser wird entweder über einen Pumpensumpf den nachgeschalteten Pumpen zugeführt oder erst in einem Auffangbehälter gesammelt. Bei Größen bis zu etwa 20 m^3 kann dieser Behälter aus Stahlblech sein, muß dann aber auf die gleiche Weise wie der Rieseler korrosionsgeschützt sein. Bei größerem Fassungsvermögen sind Becken aus Beton, die einen wasserdichten Zementputz erhalten, billiger. Auf den Putz werden Spezialanstriche, z. B. Bitumen, kalthärtende Kunststoffbeläge oder Fliesen aufgebracht. Rohrdurchführungen, die ebenfalls korrosionsgeschützt sein müssen, werden bereits beim Betonieren eingebaut.

Der Wasserstand im Auffangbehälter wird in den meisten Fällen durch einen Schwimmer mit mechanischer Übertragung auf ein Zulaufregelventil gesteuert. Ebenso ist es möglich, durch Schwimmerschalter die dem Rieseler vorgeschalteten Pumpen in Abhängigkeit vom Wasserstand ein- und auszuschalten. Für die dem Behälter nachgeschalteten Zwischenpumpen ist ein Ablaufregler erforderlich, der die Pumpen bei sinkendem Wasserstand entweder drosselt oder über einen Schwimmerschalter ganz abschaltet.

Die Vorteile einer Vakuumentgasung innerhalb einer Vollentsalzungsanlage wurden bereits erwähnt. Ihre ausführliche Beschreibung erfolgte im Abschn. B III, S. 355. Die Vakuumpumpen müssen bei dieser Entgasung so reichlich dimensioniert sein, daß sich zu jeder eingeregelten Temperatur sofort der zugehörige Siededruck einstellen kann. Der Entgaser selbst, der zugehörige Auffangbehälter aus Stahl und die nachgeschalteten

Pumpen sind der Wasserqualität entsprechend in korrosionsgeschützter Ausführung vorzusehen. Für die Wasserstandsregelung im Auffangbehälter werden am zweckmäßigsten elektromagnetische Regler verwendet, um die Gefahr von Lufteinbrüchen zu vermeiden.

Weitere Hilfseinrichtungen benötigt man zur Reinigung von Kiesfiltern. Zur Spülluftererzeugung werden ein oder besser zwei Gebläse aufgestellt, deren Leistung der erforderlichen Spülluftmenge entspricht. Üblich sind Drehkolbengebläse, bei deren Unterbringung der nicht unerhebliche Lärm während des Betriebes zu berücksichtigen ist. Für die Spülung der Kiesfilter werden ein oder zwei Spülwasserpumpen normaler Ausführung vorgesehen, deren Einzelleistung der erforderlichen Spülwassermenge angepaßt wird.

Zur Durchmischung der Austauschermaterialien von Mischbettfiltern dient ein Kompressor, der zur Erzeugung ölfreier Druckluft befähigt ist. Die Austauschleistung des Austauschers kann durch Ölspuren stark beeinträchtigt werden. Zur Entstaubung der angesaugten Luft ist die Vorschaltung eines Filters zweckmäßig. Dieser Kompressor ist auch zum Umschichten der Austauscher in anderen Filtern verwendbar. Ein Anschluß an das Werksdruckluftnetz ist unwirtschaftlich, da dessen Druck im allgemeinen zu hoch ist. Eine gemeinsame, gleichzeitig zur Durchmischung der in einem Neutralisationsbecken anfallenden Abwässer dienende Drucklufterzeugungsanlage ist jedoch möglich. Vor den einzelnen Luftverbrauchern muß dann eine Mengenbegrenzungsblende oder ein Strömungsmesser mit Regulierventil eingebaut werden.

Mitunter ist es erforderlich, das aufzubereitende Wasser vorzuwärmen. In einer Schnellentkarbonisierungsanlage wird z. B. bei Temperaturen unter etwa 8 °C kein einwandfreier Entkarbonisierungseffekt mehr erzielt. Muß das Rohwasser mit Flockungschemikalien behandelt werden, so darf die Temperatur des zu flockenden Wassers nicht unter 10 °C absinken, da die Flockenbildung sonst ausbleibt. Ionenaustauscheranlagen, insbesondere Anionenaustauscher, besitzen bei höheren Temperaturen eine qualitativ und quantitativ bessere Austauschleistung. Die günstigste Arbeitstemperatur liegt zwischen 20 und 30 °C Bei dieser Temperatur wird gleichzeitig die lästige Schwitzwasserbildung vermieden. Die Aufwärmung kann gewöhnlich durch dampfbeheizte Misch- oder Oberflächenvorwärmer erfolgen. Die Art der Vorwärmung richtet sich letzten Endes nach Druck, Temperatur und Menge des zur Verfügung stehenden Heizdampfes. Die apparativ einfachste Aufwärmung kann durch direktes Einblasen von Dampf mit Hilfe von Schnatterdüsen vorgenommen werden. In allen Fällen der Aufwärmung ist eine Temperaturregelung zur Konstanthaltung der Wassertemperatur erforderlich.

7. Regeneriereinrichtung

Die Größe der Vorratsbehälter für die Regenerierchemikalien ist mindestens für einen Bedarf von 14 Tagen auszulegen. Die untere Grenze sollte bei etwa 25 m^3 liegen, damit die Aufnahme einer Kesselwagenfüllung (etwa 18 m^3) möglich ist. Nur bei kleineren Anlagen kann man — je nach Transportmöglichkeit der Chemikalien — auf größere Behälter verzichten.

Die Vorratsbehälter werden in liegender oder stehender Anordnung, möglichst von der eigentlichen Wasseraufbereitung räumlich getrennt, aufgestellt. Die Unterbringung der Vorratsbehälter erfolgt in einer korrosionsgeschützten Betonwanne, um bei Undichtigkeiten eines Behälters die auslaufenden Chemikalien entweder zu vernichten oder mit Hilfe einer Pumpe zurückgewinnen zu können. Ein Spülwasseranschluß muß an dieser Wanne auf jeden Fall vorhanden sein. Die Aufstellung der Behälter ist ferner möglichst so zu wählen, daß die Chemikalien durch direktes Gefälle aus den Kesselwagen in die Vorratsbehälter entleert werden können. Da Säurewaggons keinen unteren Ablaß besitzen, muß die Salzsäure mittels Druckluft, durch eine Pumpe oder über eine Hebervorrichtung in den Vorratsbehälter gefördert werden. Bei Druckluftförderung darf die Luft keinen höheren Druck als 1 atü besitzen, andernfalls ist eine geeignete Reduzierstation vorzusehen. Eine Hebervorrichtung läßt sich mit Hilfe eines Luft- oder eines

Wasserstrahlers betreiben. Zu den Vorratsbehältern werden bis in die Nähe des Gleises feste Fülleitungen verlegt. Die Verbindung der Abfüllstation mit den Kesselwagen erfolgt durch flexible Panzerschläuche. Die Vorratsbehälter, vor allen der Laugebehälter, müssen in einem heizbaren Raum aufgestellt werden, da 50%ige Natronlauge bei Temperaturen unter 12 °C auskristallisiert. Wird die Lauge auf 46% verdünnt, so beginnt die Auskristallisation erst unterhalb 5 °C. Gegebenenfalls ist der Vorratsbehälter mit einer Heizvorrichtung zu versehen. Ein Heizdampfanschluß muß auch für den Laugekesselwagen vorhanden sein, falls die Lauge im Winter nicht im warmen Zustand angeliefert wird. Notfalls kann auch 30%ige Lauge bezogen werden, die zwar bei 5 °C auszukristallisieren beginnt, jedoch erst unterhalb — 20 °C fest wird. 18%ige Natronlauge bleibt noch bis zu Temperaturen um — 25 °C flüssig.

Der Vorratsbehälter für Salzsäure und die zugehörigen Rohrleitungen und Armaturen müssen gummiert sein. Es ist zweckmäßig, auch den Laugevorratsbehälter mit einem Korrosionsschutz zu versehen, damit keine Schädigung der Anionenaustauscher durch von der Lauge aufgenommene Eisenoxide eintreten kann. Auch der Antransport der Lauge sollte in korrosionsgeschützten Kesselwagen erfolgen. Die Vorratsbehälter werden zur Kontrolle der Füllmengen mit Höhenstandsanzeigern ausgerüstet, in den meisten Fällen mit pneumatisch oder elektrisch arbeitenden Geräten.

Die Zuführung der Chemikalien zu den Austauschfiltern erfolgt vielfach mit Hilfe von Ansetzbehältern und Wasserstrahlern. Die Chemikalien werden durch Kreiselpumpen oder — wenn möglich — durch freies Gefälle in die Ansetzbehälter, deren Fassungsvermögen so bemessen wird, daß sie die für eine Regeneration maximal benötigte Chemikalienmenge aufnehmen können, gefördert.

Die Ansetzbehälter erhalten ein Wasserstandsglas oder eine mechanisch wirkende Anzeigevorrichtung und einen Überlauf. Der Salzsäureansetzbehälter muß zur Vermeidung von Salzsäureschwaden absolut dicht sein; die Entlüftung wird ins Freie geführt und der Überlauf durch eine Wasservorlage verschlossen. Die Abschaltung der Chemikalienpumpen erfolgt zweckmäßig selbsttätig durch einen Schwimmerschalter. Bei freiem Zulauf ist unbedingt ein Zulaufregelventil einzubauen, da sonst der ganze Vorratsbehälter auslaufen kann. Mitunter findet noch eine Unterteilung des Ansetzbehälters in Zumeß- und Verdünnungsbehälter statt.

Aus den Ansetzbehältern werden die Chemikalien mit Wasserstrahlinjektoren abgesaugt und durch das Treibwasser gleichzeitig verdünnt. Die Verdünnung kann bei Salzsäure mit Reinwasser und bei Natronlauge mit entbastem Wasser erfolgen. Für die Regeneration der Mischbettfilter ist nur Deionat geeignet. Die Treibwassermengen werden durch Regulierventile über Strömungsmesser eingestellt. Zweckmäßig ist es, auch die Chemikalienmengen über Strömungsmesser zu kontrollieren, um die erforderliche Chemikalienkonzentration zu überwachen. Diese kann sich bei einer teilweisen Düsenverstopfung des Injektors ändern, wodurch dann nicht mehr der gewünschte Regeneriereffekt erreicht wird. Sämtliche Teile einer Regenerationseinrichtung, möglichst auch die für Natronlauge, müssen korrosionsgeschützt ausgeführt werden. Eine komplette Regenerieranlage ist in Abb. 403 wiedergegeben.

In vielen Fällen erfolgt die Regeneration mit Hilfe von Dosiermaschinen. Diese Regenerieranlagen sind im Prinzip einfacher aufgebaut, allerdings meistens etwas teurer. Sie eignen sich auch für halb- oder vollautomatischen Betrieb von Vollentsalzungsanlagen. Die Chemikalien werden normalerweise aus den Vorratsbehältern nach vorheriger Verdünnung direkt in die Austauschfilter gedrückt. Über einen Strömungsmesser wird zunächst die Verdünnungswassermenge eingestellt und dann die Dosierpumpe eingeschaltet. Bei Kolbenpumpen wird die geförderte Menge durch Kolbendurchmesser, Hublänge und Hubzahl bestimmt. Die gewünschte Hubzahl kann vorher eingestellt werden. Die Pumpe schaltet sich nach Erreichen dieser Hubzahl — das Hubzählwerk läuft auf Null zurück — automatisch ab. Das weiterfließende Verdünnungswasser verdrängt die Regenerationslösung aus dem Filter und wäscht dieses dabei gleichzeitig aus. Bei Verwendung einer

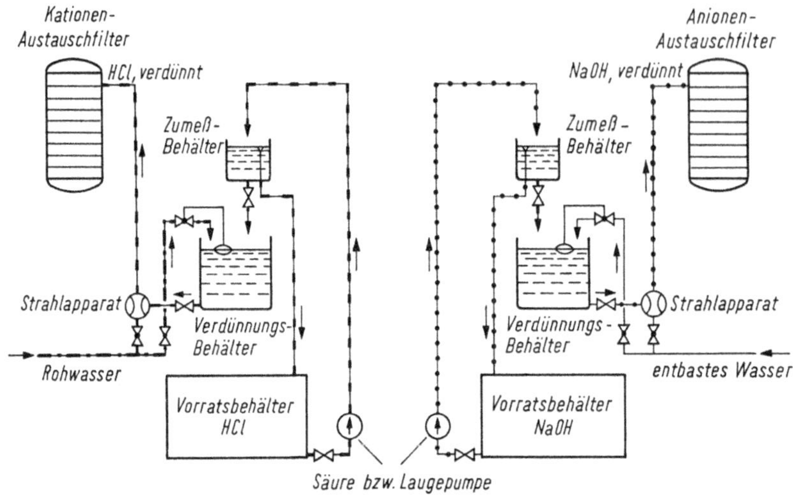

Abb. 403. Regeneriereinrichtung mit Strahlapparaten

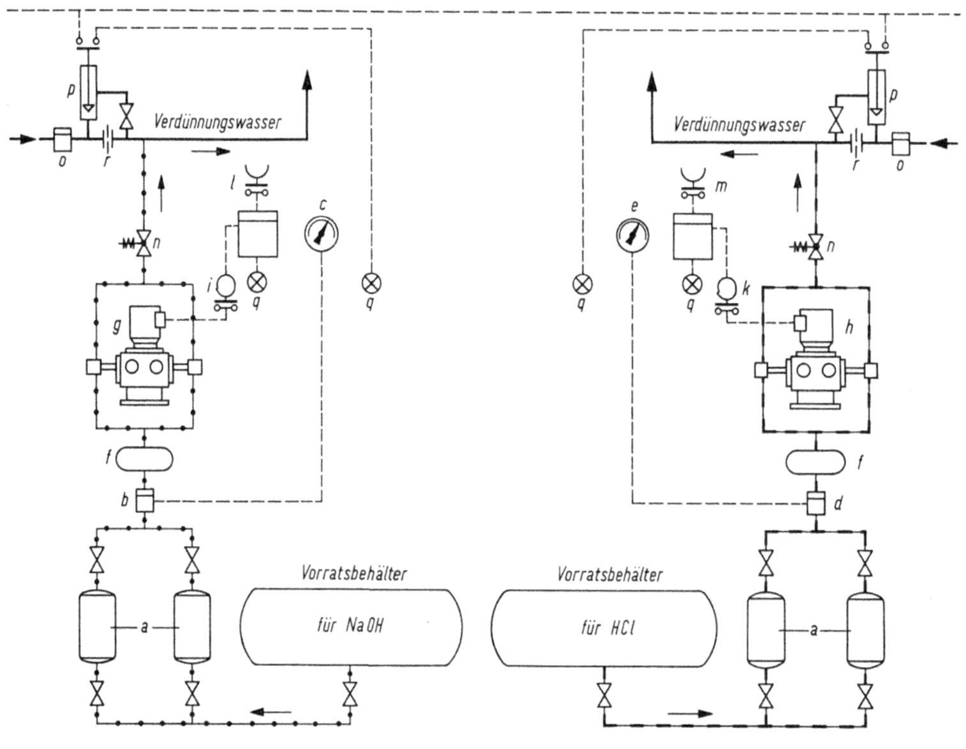

Abb. 404. Fernbetätigte Regenerieranlage für eine Vollentsalzung (Bauart Bran & Lübbe)

a Vorschaltfilter
b Ringkolbenzähler mit Kontaktgeber für NaOH
c Durchflußanzeiger für NaOH
d Ringkolbenzähler mit Kontaktgeber für HCl
e Durchflußanzeiger für HCl
f Saugwindkessel
g Dosiermaschine für NaOH
h Dosiermaschine für HCl
i Impulsgeber für NaOH
k Impulsgeber für HCl
l voreinstellbares Hubzählwerk mit Auslösekontakt für NaOH
m voreinstellbares Hubzählwerk mit Auslösekontakt für HCl
n Sicherheitsventil
o Woltmanzähler für H_2O
p Strömungswächter für H_2O
q Kontrollampen
r Stauscheibe

Kreiselpumpe wird die zu fördernde Chemikalienmenge bei konstanter Förderleistung von einem Zeitrelais gesteuert. Grundsätzlich ist der Einbau einer Doppelkolbenmaschine für HCl und NaOH oder zwei Einfachkolbendosiermaschinen ausreichend. Zur Erhöhung der Betriebssicherheit ist es jedoch zweckmäßiger, für Säure und Lauge je eine Doppel- oder zwei Einfachdosiermaschinen aufzustellen. Dabei kann jeweils eine Pumpe für die Regeneration der Mischbettfilter und gleichzeitig als Reserve für die Regeneration der Arbeitsfilter dienen bzw. umgekehrt. Die Anordnung einer fernbedienten Regenerationseinrichtung mit Dosiermaschinen zeigt Abb. 404.

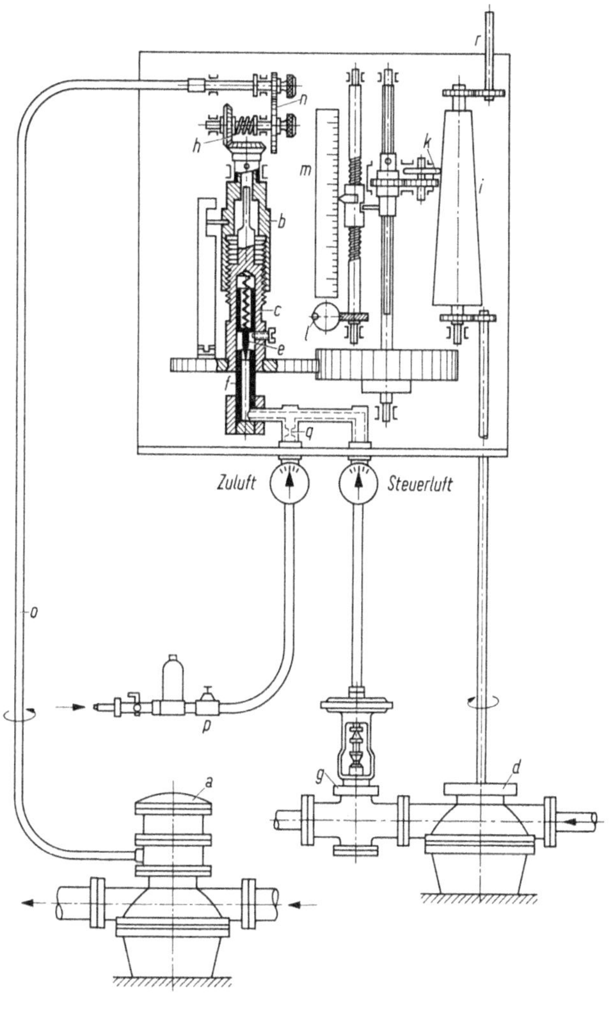

Abb. 405. Gemischregelanlage mit Ringkolbenzähler (Bauart Siemens & Halske)

a Zähler des Führungsdurchflusses
b Differential-Schraubenmutter
c Differential-Schraube
d Zähler des Folgedurchflusses
e Düsenstift
f Düse
g Pneumatisches Regelventil
h Rutschkupplung
i Konische Walze
k Reibrad zur Feineinstellung
l Kurbel zur Reibrad-Verstellung
m Mischverhältnis-Skala
n Wechselradgetriebe zur Grobeinstellung
o Antriebswelle
p Druckluftminderer
q Luftdrossel
r Zählwerkantrieb

Eine noch weitergehende Automatisierung der Regeneration ist mit Hilfe von Gemischregelanlagen zu erreichen. Abb. 405 zeigt schematisch den Aufbau dieser Anlage. Der Zähler *a* in der Hauptleitung ist über eine Antriebswelle *o* mit einem Regelwerk verbunden, das auf den Zähler *d* des Folgedurchflusses aufgebaut ist. Das Regelwerk besteht aus einem Schrauben-Differentialgetriebe zum Messen der Drehzahldifferenz der beiden Zähler *a* und *d*. Entspricht der Durchfluß dem Sollwert, so ist das Differential in Ruhe. Ändert sich der Durchfluß in der Hauptleitung, so wirkt die eintretende Ausschlagsbewegung des Differentials über einen pneumatischen Kraftschalter auf das Regelventil ein. Dadurch wird der Durchfluß des Zusatzmittels so geändert, daß das Sollverhältnis wieder hergestellt wird. Dieses Gerät kann zusätzlich mit einem Mengeneinstellwerk ausgerüstet werden, das den Durchfluß selbsttätig unterbricht.

Eine in den letzten Jahren entwickelte Regenerationsart, die sich auch für automatische Anlagen verwenden läßt, zeigt Abb. 406. Die Regenerieranlage arbeitet nach dem hydrostatischen Prinzip. Die Chemikalien werden mit Hilfe einer Kreiselpumpe, durch Heberwirkung oder durch freies Gefälle von unten in den mit Wasser gefüllten Regenerierbehälter gefördert. Das verdrängte Wasser läuft durch das Überlaufrohr ab. Die Abmessung der in die Regeneriereinrichtung einzubringenden Menge an konzentrierten Regenerierchemikalien erfolgt meist indirekt durch Messung der verdrängten Wassermenge. Ebenso läßt sich die Abmessung direkt durchführen und kontrollieren, entweder durch einen in die Leitung zwischen Vorratsbehälter und Regeneriereinrichtung eingebauten Flüssigkeitsmengenzähler oder durch Flüssigkeitsstandsmessung am Regenerierbehälter. In letzterem Falle wird der Regenerierbehälter mit einem Flüssigkeitsstandsglas versehen, das einen Schwimmer enthält, dessen spezifisches Gewicht zwischen dem des Verdünnungsmittels (Wasser) und dem der konzentrierten und abzumessenden Regenerier-Chemikalien liegt. Zur Verdünnung der Chemikalien dient Reinwasser, entbastes Wasser oder vollentsalztes Wasser. Die Verdünnungswassermenge wird mit Hilfe des Strömungs-

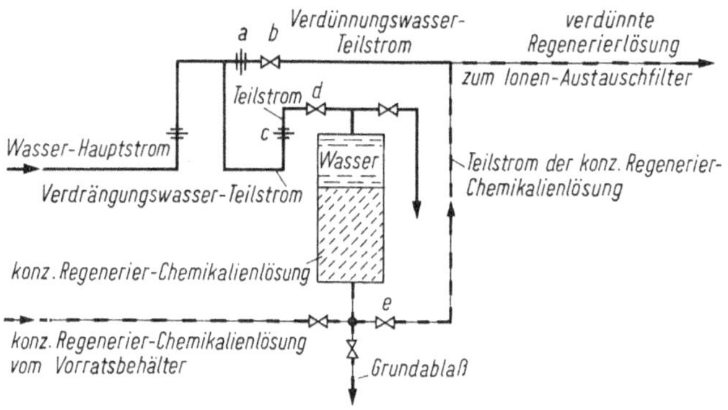

Abb. 406. Hydrostatische Regeneriereinrichtung (Bauart Philipp Müller)

messers *a* und des Regulierventils *b*, der Chemikaliendurchfluß über den Strömungsmesser *c* und das Regulierventil *d* eingestellt. Die Chemikalien werden durch den Verdrängungswasser-Teilstrom über das Ventil *e* dem Verdünnungswasserstrom zugeführt. Der Regenerierbehälter steht dabei unter dem jeweiligen Wasserdruck.

Nach Verdrängung der Chemikalien erfolgt ohne weitere Bedienung das Auswaschen der Filter. Der Vorteil dieser Regenerierungsart ist, daß das Bedienungspersonal mit den Chemikalien überhaupt nicht in Berührung kommen kann, da die gesamte Chemikalienführung nur in druckfesten Anlageteilen vorgenommen wird. Außerdem besteht mit Hilfe dieser Anlage die Möglichkeit, die Konzentration der Regenerationslösung jederzeit, auch während der Regeneration, zu verändern, was besonders bei Schwefelsäure-Regeneration vorteilhaft ist. Die Regeneriereinrichtung kann für wechselweisen Einsatz verschiedener Regenerierlösungen Verwendung finden, so daß bei einer Vollentsalzungsanlage mit einem Regenerierbehälter auszukommen ist.

Wie bereits früher erörtert wurde, ist es zweckmäßig, das Anionenmaterial bei Temperaturen zwischen 35 und 40 °C zu regenerieren. Ein dafür gegebenenfalls erforderlicher Laugevorwärmer kann, da die Aufwärmung gewöhnlich nur einmal am Tag auf die Dauer von etwa 60 Minuten erfolgt, elektrisch beheizt werden. Bei größeren Vollentsalzungsanlagen, bei denen der elektrische Anschlußwert dieses Vorwärmers über 100 kW liegen kann, ist es mitunter günstiger, dampf- oder heißwasserbeheizte Vorwärmer zu verwenden.

8. Meßeinrichtungen

Für die Überwachung einer Wasseraufbereitungsanlage sind einerseits mechanische Mengen- und Durchflußmesser, andererseits Meßgeräte zur Überwachung der Wasserqualität erforderlich. Für die Mengenmessung werden im allgemeinen Flügelradzähler üblicher Bauart verwendet, oft mit rückstellbaren Zeigern zum Einstellen der Filterlaufzeit und zum Erkennen des Regenerationszeitpunktes. Die Durchflußmessung erfolgt mit Hilfe von Turbomessern oder nach dem Wirkdruckverfahren, bei dem der mengenabhängige Druckabfall an einer Meßblende auf eine in m^3/h geeichte Skala übertragen wird. Durch Ausstattung mit einem Zählwerk kann die Durchflußmessung mit der Mengenmessung kombiniert werden.

Die Anzahl der Meßgeräte hängt im wesentlichen von der Schaltung der Wasseraufbereitungsanlage ab. Für jeden Anlageteil, dessen Betrieb unabhängig von anderen Anlageteilen möglich ist, sind gesonderte Meßgeräte einzubauen. So sollten z. B. bei einer Vollentsalzungsanlage, deren Wasserfluß in Filterstraßenanordnung lediglich durch einen zwischengeschalteten Rieseler unterbrochen ist, für jeden Teil des Filterzuges vor und nach dem Rieseler Mengen- und Durchflußmessungen durchgeführt werden können. Bestehen zwischen den einzelnen Filterstraßen noch Querverbindungen, so müssen auch die dadurch betroffenen Filter oder Filtergruppen mit eigenen Meßgeräten ausgerüstet werden. Mit diesen Meßgeräten ist es gleichzeitig möglich, die Spül- und Waschwassermengen und -geschwindigkeiten einzustellen. Die Ausführung dieser Meßgeräte muß der jeweiligen Wasserqualität angepaßt sein. In vielen Fällen ist eine korrosionsfeste Ausführung erforderlich. Bei Vollentsalzungsanlagen ist es zweckmäßig, auch noch am Ende der Filterstraßen eine Mengenmessung vorzunehmen. Aus der Differenz der Mengenmessung vor und hinter der Anlage ergibt sich der Eigenverbrauch der Anlage. Die letzte Mengenmessung erfaßt dann die Nettoleistung, die an den Verbraucher abgegeben wird.

Am Ein- und Ausgang eines jeden Filters werden gewöhnlich Manometer angebracht, um den Druckverlust innerhalb des Filters zu bestimmen und gegebenenfalls Störungen rechtzeitig zu erkennen. Bei Kiesfiltern lassen sich zwischen Filterein- und -austritt direkt die Druckdifferenz anzeigende Verschlammungsanzeiger verwenden.

Für die kontinuierliche Qualitätsprüfung des aufbereiteten Wassers können Meßgeräte der verschiedensten Art eingesetzt werden. Zur Überwachung von Kiesfiltern eignen sich Trübungsmeßgeräte, bei denen die Lichtdurchlässigkeit von Wasser in zwei Meßküvetten gemessen wird. Mit Hilfe von zwei gegeneinander geschalteten Photozellen erfolgt daraus nach einer Differenzmethode indirekt die Erfassung der Trübung. Die eigentliche Meßküvette wird im allgemeinen in den Kiesfilterablauf eingeschaltet, während eine Vergleichsküvette von reinem Wasser oder auch von anderen zu vergleichenden Wässern durchflossen wird.

In Vollentsalzungsanlagen wird oft mit Hilfe eines Silikometers der Restkieselsäuregehalt automatisch erfaßt. Diese Messungen sind insbesondere hinter stark basischen Anionenfiltern und Mischbettfiltern zweckmäßig. Die Erschöpfung des stark basischen Anionenfilters läßt sich mit Sicherheit nur durch die Bestimmung der Kieselsäure erkennen, da diese als erste im Ablauf in Erscheinung tritt. Erst nach einem Anstieg des Kieselsäuregehaltes erhöht sich nach weiterem Betrieb auch der Salzgehalt und damit die elektrische Leitfähigkeit. Bei einer aus zwei Filterstraßen bestehenden Vollentsalzungsanlage genügt es im allgemeinen, nur ein Silikometer vorzusehen, das von Hand auf die einzelnen stark basischen Anionenfilter und — von Zeit zu Zeit zur Zwischenkontrolle — auch auf die Mischbettfilter umgeschaltet werden kann.

Die Wirkungsweise des Silikometers beruht auf der photoelektrischen Auswertung der Verfärbung von Lösungen (Kolorimeter). In einer automatischen Mischvorrichtung werden in Abständen von 10 Minuten Proben des zu untersuchenden Wassers mit Reagenzien, die speziell auf SiO_2 ansprechen, gemischt und die durch die chemische Reaktion entstandene Färbung photometriert.

Abb. 407 zeigt das Schema der Dosierungs- und Mischvorrichtung. Das zu untersuchende Wasser läuft nach Passieren des Überlaufgefäßes $\ddot{U}$ über eine weite Kapillare in den Dosierzylinder D_3 und stellt sich dort durch Überlauf auf eine konstante Höhe ein. Aus den Vorratsgefäßen B laufen die Reagenzlösungen — Schwefelsäure, Ammoniummolybdatlösung und Reduktionslösung — den Dosiergefäßen D_1, D_2 und D_4 zu. Die automatische Steuerung der Dosierung erfolgt über die Magnetventile M_1 bis M_4 in das Mischgefäß *MG* durch ein Programmschaltwerk. Nach erfolgter Reaktion läuft die zu messende Probe durch die Küvette K_1, in der mit Hilfe der Photozellen F_1 und F_2 sowie der Vergleichsküvette K_2 die Extinktion der entstandenen Blaufärbung gemessen wird. Durch eine Nullpunkt-Kompensationsmethode in Verbindung mit Meßpotentiometern wird eine hohe Meßgenauigkeit erreicht. Die Messungen werden auf ein Anzeige- und Registriergerät übertragen.

Ebenfalls auf photoelektrischer Grundlage arbeitende Meßgeräte werden für die Bestimmung der Resthärte, des Phosphatgehaltes, des Chlor- bzw. Ozongehaltes, des Hydrazingehaltes u. a. eingesetzt. Eine ausführliche Beschreibung der einzelnen Geräte, die alle dem beschriebenen Silikometer ähnlich sind, würde jedoch zu weit führen. Ein

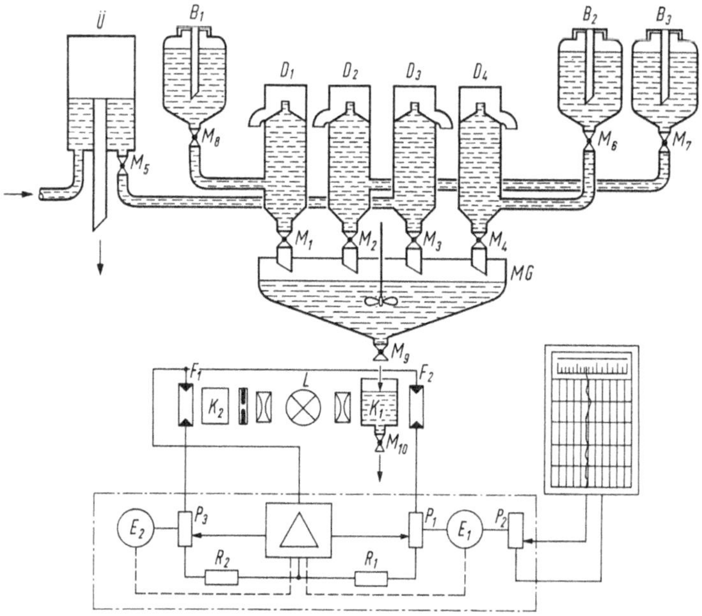

Abb. 407. Schema des Silikometers nach Dr. FUHRMANN

Ü	Überlaufgefäß
M_1 – M_{10}	Magnetventile
B_1 – B_3	Vorratsbehälter
D_1 – D_4	Dosiergefäße
R	Rührwerk
MG	Mischgefäß
K_1	Meßküvette
L	Lichtquelle
F_1, F_2	Fotozellen
R_1, R_2	Restwiderstände
P_1 – P_3	Restwiderstände
K_2	Vergleichsküvette
E_1, E_2	Stellmotoren

auf pH-Wertmessung beruhendes Gerät zur *m*-Wertbestimmung kann zur Überwachung von Teilentsalzungsanlagen dienen, die mit Säuren regeneriert werden. Das Durometer wird in Enthärtungsanlagen zur Bestimmung des Regenerierzeitpunktes benutzt.

Für die Überwachung von Vollentsalzungsanlagen dienen neben dem Silikometer vor allen Dingen Leitfähigkeitsmeßgeräte. Meßstellen sind nach schwach und stark basischen Anionenfiltern sowie nach Mischbettfiltern vorzusehen. Bei schwankender Rohwasserzusammensetzung ist es mitunter zweckmäßig, auch die Leitfähigkeit des Rohwassers und des entbasten Wassers zu messen, um die Funktion der Kationenstufe überwachen zu können. pH- und pNa-Meßgeräte sind dazu in vielen Fällen ebenfalls geeignet. Die Messung kann jeweils auf ein gesondertes Anzeigeinstrument übertragen und außerdem noch durch einen Schreiber registriert werden. Normale Schreiber können bis zu sechs, elektronische Kompensographen bis zu zwölf Meßstellen aufnehmen. Der Meßbereich hängt von der Art des Rohwassers und der Schaltung der Vollentsalzungsanlage ab. Zur gleichzeitigen Überwachung des Waschvorganges nach der Regeneration ist es vorteilhaft, für schwach basische Anionenaustauscher einen Meßbereich von $0 - 100 - \infty$ μS/cm zu verwenden. Bei Mischbettfiltern sind gewöhnlich Meßbereiche von $0-2$ μS/cm bzw. $0 - 10 - \infty$ μS/cm üblich. Die Leitfähigkeitsmesser, insbesondere die der stark basischen Anionenfilter und Mischbettfilter, sollten unbedingt mit optischen und akustischen Alarmeinrichtungen versehen werden. Außerdem ist es zweckmäßig, den Maximalkontakt der Leitfähigkeitsmessung am Ausgang der Vollentsalzungsanlage mit einem Magnet- oder Motorventil in der gemeinsamen Deionatleitung zu koppeln, um bei einem Anstieg der Leitfähigkeit eine sofortige Unterbrechung des Wasserstromes zu bewirken. Dabei kann gleichzeitig die Abschaltung der Zwischenpumpen erfolgen. Mögliche Schäden an der nachgeschalteten Kraftwerksanlage durch eventuelle Regenerationsfehler werden dadurch unterbunden. Eine pH-Wertbestimmung hinter Mischbettfiltern ist zwecklos, da eine exakte Messung in praktisch salzfreien Wässern außerordentlich schwierig ist. Außerdem würde die pH-Wertmessung bei diesen Wässern nur die Leitfähigkeitsmessung bestätigen. Bei Vollentsalzungsanlagen ohne Mischbettfilter kann die pH-Wertmessung zusammen mit der Leitfähigkeitsmessung dagegen Aufschluß über die Art der noch vorhandenen Salzspuren geben. Eine pH-Wertmessung hinter stark sauren Kationenfiltern läßt den Erschöpfungszustand des Austauschermaterials erkennen. Da die Salze beim Durchgang durch die Kationenstufe in Säuren übergehen, ist der pH-Wert während des Filterspieles verhältnismäßig niedrig (im allgemeinen zwischen 2 und 3) und steigt nach der Erschöpfung der Austauscher auf den pH-Wert des Rohwassers an. Wie aus Leitfähigkeits-, pH-Wert- und SiO_2-Messungen der Beginn und das Ende des Filterspieles eines Kationen- bzw. Anionenfilters zu ersehen ist, zeigen die Abb. 408a und b.

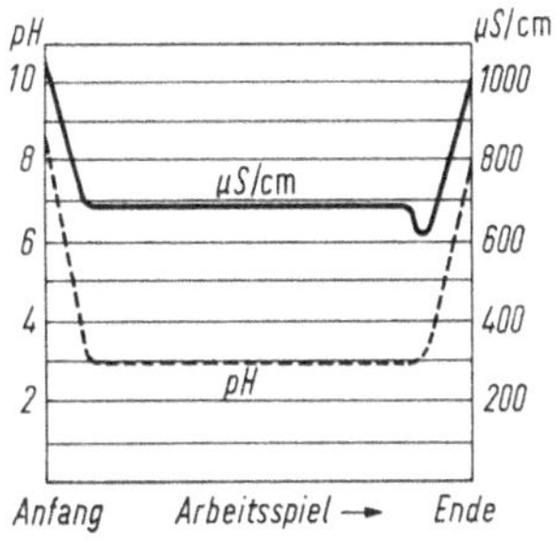

a) im H-Austauscher

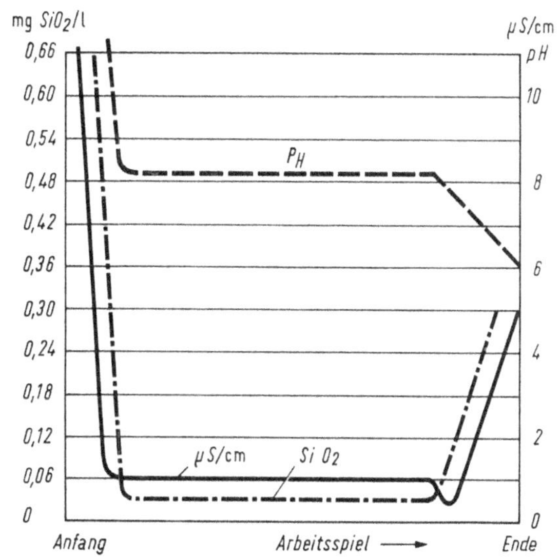

b) im OH-Austauscher

Abb. 408a u. b. pH-Wert, Leitfähigkeit und SiO_2-Gehalt während eines Arbeitsspieles

Bei Teilentsalzungsanlagen sind pH-Wertmeßeinrichtungen sehr wichtig. Zum Beispiel kann beim Teilstromverfahren die Einstellung der Teilströme nach dem pH-Wert vorgenommen werden. Die Messung erfolgt hinter dem Rieseler, nachdem die in Freiheit gesetzte Kohlensäure aus dem Meßgut ausgetrieben worden ist. Der pH-Wert wird über einen Meßverstärker auf ein Anzeigeinstrument oder einen Schreiber übertragen und mit einer Alarmvorrichtung versehen. Das mit Minimal- und Maximalkontakten ausgerüstete Anzeigeinstrument steuert ein Regelventil, das die Teilströme in dem erforderlichen Verhältnis einstellt.

Die meisten in Wasseraufbereitungsanlagen vorhandenen Wasserbehälter — z. B. Rohwasser-, Reinwasser-, Rieseler-, Weichwasser- und Deionatbehälter sowie Neutralisationsbecken — werden mit einer mechanischen oder elektrischen Wasserstandsanzeigevorrichtung ausgerüstet. Bei außerhalb der Anlage liegenden Behältern oder Becken ist es zweckmäßig, die Wasserstände zur Vereinfachung der Bedienung auf die Schalttafel zu übertragen.

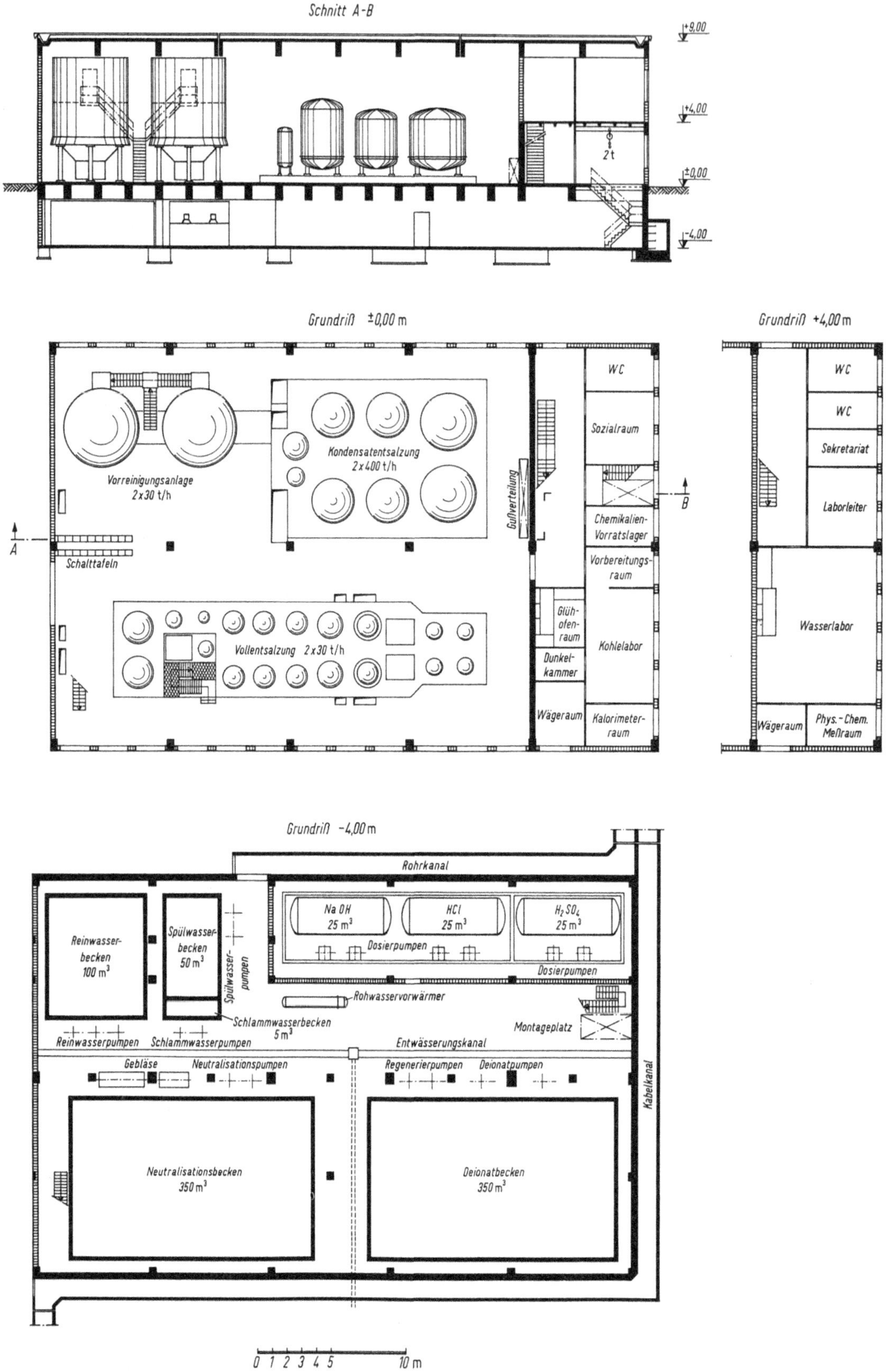

Abb. 409. Anordnung eines Wasseraufbereitungsgebäudes mit Vorreinigung, Vollentsalzung, Kondensatentsalzung und Kraftwerkslaboratorium

9. Bauliche Einrichtungen

Die Unterbringung einer Wasseraufbereitungsanlage ist am zweckmäßigsten, insbesondere bei Anlagen, die mit Säuren oder Laugen regeneriert werden, in einem gesonderten Raum vorzunehmen. Chemikalien sind nach Möglichkeit getrennt zu lagern. Die Aufstellung der einzelnen Filter und Behälter sollte dem Wasserfluß entsprechen, um eine günstige und übersichtliche Rohrleitungsführung zu erreichen. Außerdem ist die Anlage so anzuordnen, daß eine gute und übersichtliche Überwachung sowie eine ungehinderte Bedienung möglich ist. Abb. 409 zeigt den Grundriß einer Vollentsalzungsanlage mit Vorreinigung und einer Kondensatentsalzungsanlage. Alle Nebenaggregate, Behälter und Becken sind im Keller untergebracht. Das Kraftwerkslabor befindet sich unmittelbar

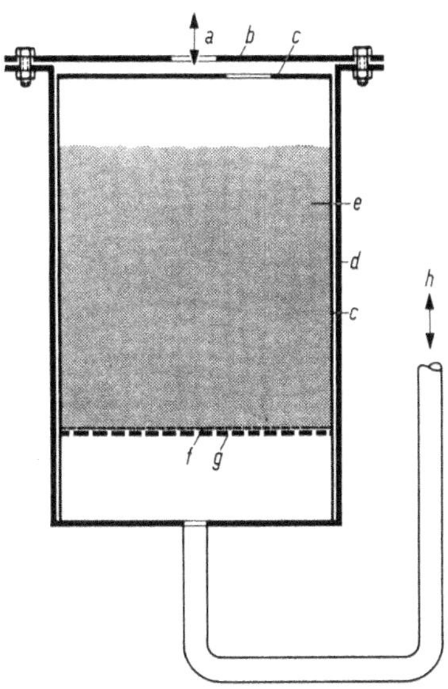

Abb. 410. Schema einer CO_2-Absorptionseinrichtung mit Natronkalk

a Be- und Entlüftung
b Deckelverschluß
c herausnehmbarer Einsatz
d Aufnahmegefäß
e Natronkalkfüllung
f Sarangewebe
g Lochboden
h Anschluß an den Deionat-Behälter

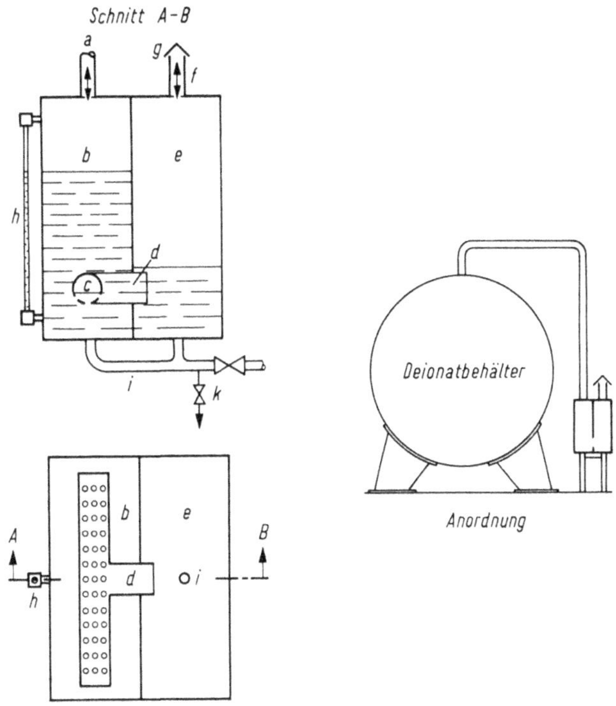

Abb. 411. Schema einer CO_2-Absorptionseinrichtung mit flüssigen Absorptionsmitteln

a Anschluß an den Deionat-Behälter
b Reaktionsraum
c Düsenrohr
d Verbindungsrohr
e Ausgleichsraum
f Ent- und Belüftungsrohr
g abnehmbare Haube
h Schauglas
i Entleerungsleitung
k Probeentnahmeventil

neben der Wasseraufbereitung. Zur Bedienung gehört auch eine gute und ausreichende Beleuchtung der Anlage und vor allen Dingen der Meßgeräte. Weiterhin ist auf eine gute Reinigungsmöglichkeit der Wasseraufbereitung und des ganzen Raumes Wert zu legen. Diese Forderung wird durch eine Verfliesung der Wände, eine Verlegung der Fußböden mit säurebeständigen Fliesen und eine ausreichende Anzahl von Spülwasseranschlüssen erreicht. Die einzelnen Filter werden in den meisten Fällen auf erhöhten Sockeln aufgestellt, in die die Ablaufkanäle eingelassen sind. Andererseits kann die Aufstellung auch in einer Ablaufwanne erfolgen. Die Sockel und Kanäle sind je nach der Art der Abwässer mit säure- und laugebeständigen Platten auszulegen. Auffangbecken für Rieseler werden ebenfalls mit säurefesten Platten oder einer Kunststoffauskleidung versehen. Mitunter kann auch ein guter Bitumenanstrich den gleichen Zweck erfüllen. Wird die Vorratshaltung von Deionat in Betonbecken vorgenommen, so müssen diese durch Kunststoffauskleidung oder durch kalthärtende Kunststoffe, die keinerlei

Bestandteile an das Deionat abgeben dürfen, geschützt sein. Andererseits sollen diese Becken nicht direkt mit der Luft in Verbindung stehen, um eine Wiederaufnahme von Luftkohlensäure durch das Deionat zu verhindern. Beim Abpumpen von Deionat darf die zum Druckausgleich erforderliche Luft — auch bei Deionatbehältern — nur über einen CO_2-Absorber in das Becken gelangen. Als Absorptionsmittel verwendet man Natronkalk oder Kalilauge, die in entsprechenden Absorptionseinrichtungen (Abb. 410 und 411) eingefüllt werden. Diese Behälter müssen für den maximal möglichen Luftdurchsatz ausgelegt werden.

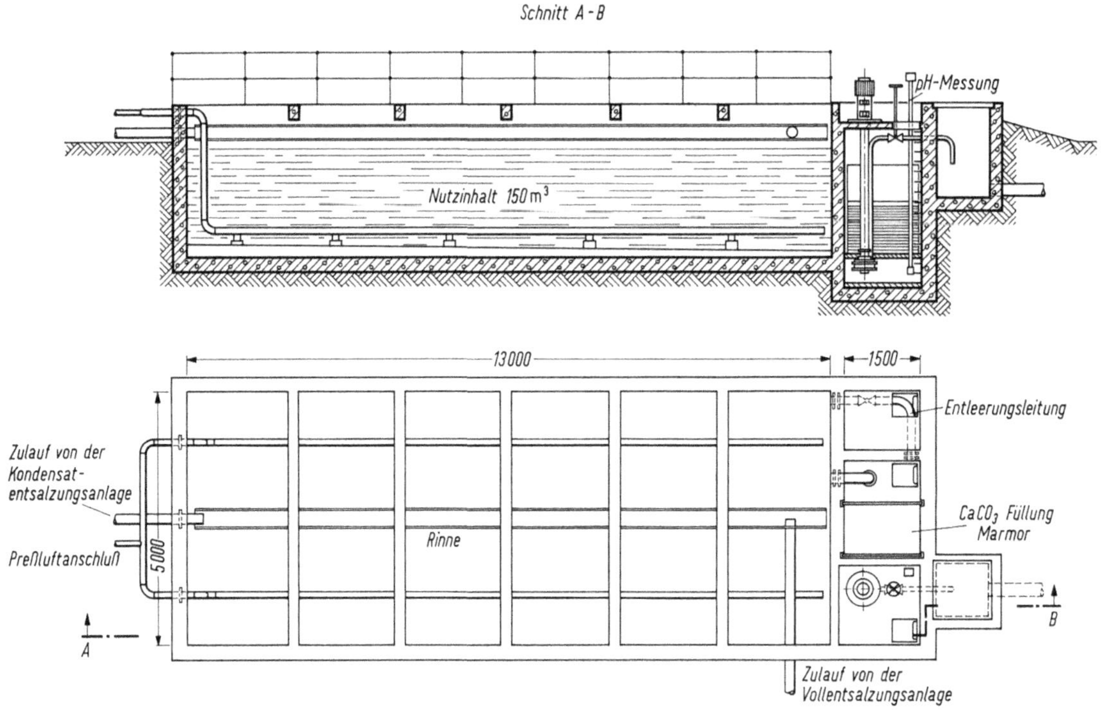

Abb. 412. Neutralisationsbecken für einen 250 MW-Block mit Kondensatentsalzungsanlage

Da eine direkte Abführung der bei der Regeneration anfallenden Abwässer im allgemeinen unzulässig ist, sind die Abwässer erst in ein Neutralisationsbecken zu leiten. Dieses muß so groß sein, daß alle bei einer Regeneration anfallenden Abwässer aufgefangen werden können, wobei möglichst noch eine 25%ige Volumenreserve vorhanden sein sollte. Das Becken muß mit Spezialkeramikplatten oder durch kalthärtende Kunststoffüberzüge geschützt werden. Durch die Aufnahme sowohl der sauren als auch der alkalischen Regenerationswässer wird bereits eine weitgehende gegenseitige Neutralisation erreicht. Es ist lediglich für eine innige Durchmischung der gewöhnlich nacheinander anfallenden Wässer zu sorgen. Diese kann entweder durch entsprechende Formgebung des Neutralisationsbeckens, durch ein Rührwerk oder durch Einblasen von Druckluft erreicht werden. Der mitunter noch verbleibende geringe Säureüberschuß wird durch Zugabe von Natronlauge, von Kalk, von Hartkorn aus Schnellreaktoren oder durch Abführung der Abwässer über Marmorabfälle beseitigt. Bei einem etwaigen Alkaliüberschuß ist es zweckmäßiger, die für die Regeneration der Kationenstufe erforderliche Säuremenge zu erhöhen, wodurch noch zusätzlich eine höhere Austauschkapazität des Kationenaustauschers erreicht wird. Die Abführung der Abwässer in die Kanalisation erfolgt in den meisten Fällen durch freies Gefälle. Ist der Niveauunterschied zwischen Unterkante Becken und Kanalisation zu gering, so sind die Abwässer durch korrosionsgeschützte Pumpen zu beseitigen, deren Leistung den einzelnen Regenerationsabständen angepaßt sein muß.

Eine bewährte Ausführung eines Neutralisationsbeckens für einen 250 MW-Block mit Kondensatentsalzungsanlage ist in Abb. 412 wiedergegeben.

10. Gegenstromverfahren

In neuerer Zeit ist von HOFMANN[1] ein Verfahren für die Vollentsalzung nach dem Gegenstromprinzip entwickelt worden. Nach umfangreichen Versuchen im halbtechnischen Maßstab sind bereits mehrere Großanlagen für die Erzeugung des Zusatzspeisewassers von Bensonkesseln in Betrieb, u. a. eine Anlage mit einer Leistung von $2 \cdot 50\ m^3/h$ für vollautomatischen Betrieb mit Simatic-Steuerung. Das Wesentliche ist bei diesem Verfahren, daß der Wasserdurchsatz von unten nach oben und die Regeneration von oben nach unten erfolgt. Dadurch werden die Regenerationschemikalien weitgehend ausgenutzt. Die letzte Arbeitsschicht der Filter wird dabei stets am vollständigsten regeneriert, so daß nur ein geringer Ionenschlupf auftritt. Die Leitfähigkeit hinter der Anionenstufe liegt unter 1 μS/cm, der Kieselsäuregehalt bei 0,02 mg/l, hinter dem nachgeschalteten Mischbettfilter konventioneller Bauart unter 0,1 μS/cm bzw. unter 0,02 mg SiO_2/l. Durch

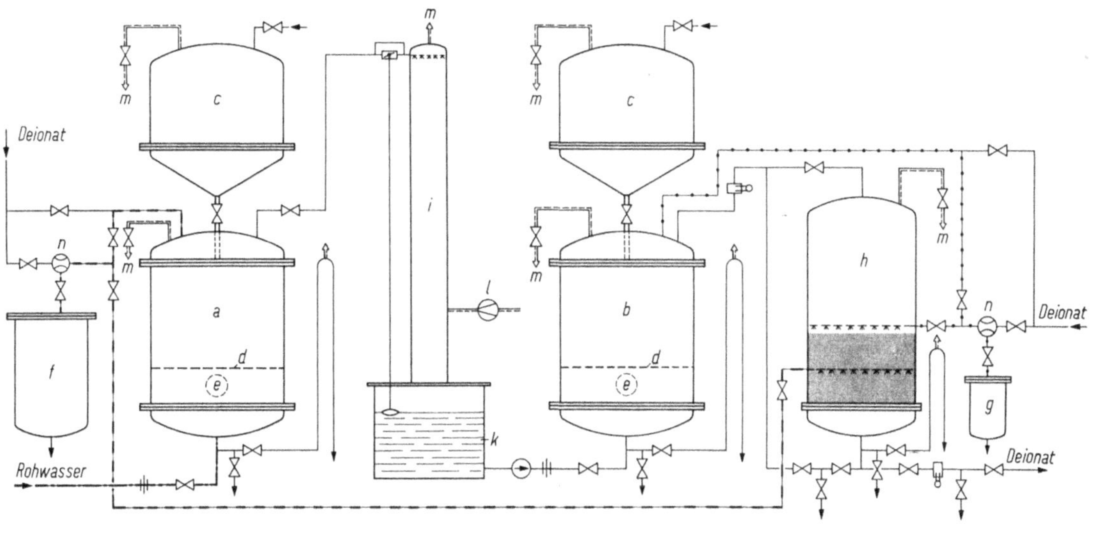

Abb. 413. Vollentsalzung nach dem Gegenstromverfahren (Nach HOFMANN)

a Kationenaustauscher
b Anionenaustauscher
c Ausgleichsbehälter
d Lochboden
e Schauglas
f HCl-Regenerierbehälter
g NaOH-Regenerierbehälter
h Mischbettfilter
i CO_2-Rieseler
k Rieselertrasse
l Luftgebläse
m Entlüftung
n Strahler

die Art der Regeneration im Gegenstrom beträgt der Chemikalienverbrauch etwa 110% der theoretischen Menge. Der Laugebedarf kann sogar unterhalb der theoretischen Menge liegen, weil das in den oberen Schichten des Austauschmaterials bei der Regeneration entstehende Natriumkarbonat und -silikat auf die darunter liegenden Schichten regenerierend wirkt. Für das Mischbettfilter werden Laufzeiten von über einem Jahr erreicht, wobei lediglich von Zeit zu Zeit eine Umschichtung des Austauschers vorgenommen wird.

Ein weiterer wesentlicher Vorteil liegt darin, daß die Vollentsalzungsanlage — unabhängig vom Salzgehalt des Rohwassers — in jedem Fall nur aus drei Stufen zu bestehen braucht: aus einem Kationenfilter, einem Anionenfilter mit vorgeschaltetem Rieseler und einem Mischbettfilter konventioneller Bauart. Die Anlagekosten sind etwa gleich denen einer fünfstufigen Vollentsalzungsanlage, bei salzärmeren Wässern, für deren Entsalzung eine dreistufige Vollentsalzungsanlage ausreicht, dagegen etwas höher. Ande-

[1] HOFMANN, K.: Erfahrungen mit nach dem Gegenstromverfahren arbeitenden Ionenaustauschfiltern. Mitt. Ver. Großkesselbes. 1960, Heft 65, S. 92/101; 1961, Heft 70, S. 48/54.

rerseits sind gegenüber einer mehr als dreistufigen Vollentsalzungsanlage der Raumbedarf und damit die Baukosten geringer. Bei Anlagen großer Leistung sind die Gesamtbetriebskosten einer Gegenstromanlage im allgemeinen wesentlich niedriger als bei konventionellen Anlagen.

Bei der 1960 in Betrieb gegangenen Vollentsalzungsanlage nach dem Gegenstromverfahren steht ein Rohwasser mit einem Kationenäquivalentgehalt von etwa 25 mval/l und einem Anionenäquivalentgehalt hinter dem Rieseler von 20 mval/l zur Verfügung. Dies entspricht einem Gesamtsalzgehalt von etwa 1500 mg/l. Abb. 413 gibt die schematische Darstellung der Vollentsalzungsanlage wieder. Das Wasser tritt von unten in das Filter ein, das zwischen den beiden Düsenböden vollständig mit Austauschermasse gefüllt ist. Volumenänderungen des Austauschers während des Arbeitsspieles werden mit Hilfe eines besonderen Aufsatzes ausgeglichen. Diese Konstruktion berücksichtigt die Tatsache, daß die Austauscher im regenerierten Zustand das größte Volumen besitzen und bei

Abb. 414. Ansicht einer Vollentsalzungsanlage nach dem Gegenstromverfahren (Bauart Permutit AG)

der Beladung schrumpfen. Bei der Regeneration wird ein Teil der Austauscherfüllung über die durch den oberen Düsenboden des Arbeitsfilters und den unteren Düsenboden des Aufsatzes gehende Verbindungsleitung in den oberen Behälter gespült. Die Chemikalien durchströmen dabei die beiden Austauscherschichten im Aufsatz und im Arbeitsfilter hintereinander. Nach dem Auswaschen wird der untere Filterkörper vollständig mit Austauscher gefüllt. Durch diese vollständige Füllung kann das Filter mit beliebig kleiner Geschwindigkeit angefahren werden, ohne daß eine Umschichtung des Materials eintritt.

Da während des Arbeitsspieles eine Schrumpfung des Austauschers stattfindet, muß dieser bei Betriebsunterbrechungen aus dem oberen Aufsatzbehälter über die Verbindungsleitung nachgefüllt werden. Die in diesem Behälter befindlichen Austauscher sind durch die Art der Chemikalienführung in jedem Fall überregeneriert, so daß keine Beeinflussung des Schlupfes auftreten kann. In Abb. 414 ist die Ansicht einer derartigen Gegenstromanlage wiedergegeben.

Auf Grund des nahezu theoretischen Chemikalienverbrauches konnte nachgewiesen werden, daß die schwachen zweiwertigen Säuren (Kohlensäure und Kieselsäure) dem stark basischen Austauscher gegenüber einwertig reagieren. In den USA wird bei der Auslegung von Vollentsalzungsanlagen schon immer mit einwertiger Kohlensäure und Kieselsäure gerechnet, während in Deutschland bisher überwiegend die zweiwertige Form zugrundegelegt wurde.

Im Laufe der Weiterentwicklung dieses Verfahrens ist eine Filterkonstruktion entstanden, die keinen getrennten Spülaufsatz neben dem eigentlichen Filterkörper erfordert. Bei der Durchströmung des Filters von unten nach oben wird eine Durchmischung der Austauscher durch eine Umwälzpumpe vermieden. Die erste mit dieser Filterkonstruktion ausgerüstete Anlage geht im Sommer 1966 in Betrieb.

h) Automatisierung von Wasseraufbereitungsanlagen

Neuerdings gewinnt die Automatisierung von Wasseraufbereitungsanlagen, insbesondere von Vollentsalzungsanlagen, immer mehr an Bedeutung. Vor allen Dingen in Industriekraftwerken mit Aufbereitungsanlagen großer Leistung bringt die Automatisierung durch Personaleinsparung erhebliche wirtschaftliche Vorteile. Die Automatisierung wird sich bei größeren Anlagen zwangsläufig prozentual weniger im Gesamtanlagenpreis auswirken als bei kleineren Anlagen. Doch kann auch bei diesen die Automatisierung mitunter zweckmäßig sein. In den USA werden heute bereits etwa 90% aller neu erstellten Vollentsalzungsanlagen für halb- oder vollautomatischen Betrieb eingerichtet. Die Überwachung obliegt im allgemeinen dem Betriebspersonal der Wärmewarte, in die die erforderlichen Meß-, Steuer- und Signaleinrichtungen übertragen werden können. Die Vollentsalzung kann dann bedienungslos betrieben werden. Die Betreuung erfolgt durch das Laborpersonal, die Wartung durch den Betriebselektriker. Bei kontaktloser Steuerung verursacht letztere einen äußerst geringen Aufwand.

Die Halbautomatisierung von Wasseraufbereitungsanlagen wurde bereits teilweise erwähnt. Diese erfolgt durch elektrisch oder pneumatisch gesteuerte Armaturen, die zur Handbedienung außerdem noch mit einem Handrad ausgerüstet werden können. Zweckmäßig sind pneumatische Ventile, die durch elektrische Magnetventile gesteuert werden. Sie besitzen ferner einen elektrischen Endkontakt für die Rückmeldung ihrer Stellung auf die Überwachungstafel.

Die automatische Regenerierung bzw. Reinigung eines Filters kann von Hand durch Drücken einer Taste oder durch einen Meßimpuls eingeleitet werden. Die jeweiligen Vorgänge vollziehen sich nach einer bei der Planung bestimmten Zeitfolge. Dabei ist jeder Vorgang dem Schaltschritt eines Wählerrelais zugeordnet. Die Weiterschaltung dieses Relais zum nächsten Vorgang erfolgt nach Kontaktauslösung beim Erreichen einer bestimmten Menge oder durch ein Zeitrelais nach Ablauf einer bestimmten Zeit. Steuerrelais, Zeitrelais, Wählerrelais und Mengeneinstellwerk bilden zusammen eine Relaiswalze, durch die der Regenerationsvorgang gesteuert wird. Die Steuerung kann auch mit einer Schaltwalze durchgeführt werden. Der wesentliche Vorteil der Relaiswalze gegenüber der Schaltwalze besteht darin, daß ein Eingriff in den Vorgang jederzeit, auch während des Ablaufes, möglich ist. Durch Drücken einer Taste kann der gerade ablaufende Vorgang unterbrochen und z. B. wiederholt oder verlängert werden. Nach Beendigung des Zwischenvorganges läuft der automatische Ablauf vom Anfang des unterbrochenen Taktes weiter.

In neuerer Zeit setzt sich zur Vollautomatisierung von Wasseraufbereitungsanlagen die kontaktlose Steuerung immer mehr durch. Die dabei benutzten elektronischen Schaltelemente auf Halbleiterbasis arbeiten praktisch trägheitslos und sind außerdem keinem Verschleiß unterworfen. Mehrere Schaltelemente werden zu Funktionsgruppen zusammengefaßt. Mit dem von den Siemens-Schuckertwerken entwickelten Simatic-System läßt sich jede Steuerungsaufgabe, die in der Wasseraufbereitungstechnik anfällt, erfüllen. Die einzelnen Schaltelemente werden dabei baukastenmäßig zusammengebaut und in einem gesonderten Schaltschrank untergebracht. Der wesentliche Vorteil gegenüber der Relaissteuerung liegt in der praktisch wartungsfreien Betriebsweise der kontaktlosen Steuerung.

Die Überwachungs- und Regeleinrichtungen werden in einem Schaltschrank zusammengefaßt. Die Vorderseite dieses Schaltschrankes kann mit einem Blindschaltbild der Wasseraufbereitungsanlage versehen werden. In diesem Betriebsschaltbild werden Signallampen angebracht, aus denen die Stellung der einzelnen Ventile und der Lauf der Pumpen zu ersehen ist. Dadurch wird die zentrale Überwachung einer größeren Anlage ermöglicht. Tritt an irgendeiner Stelle der Automatik eine Störung auf, so erscheint an der zugehörigen Signallampe Flackerlicht, um ein rasches Auffinden der Fehlerquelle zu ermöglichen. Mit Hilfe von Leuchtdrucktasten als Signallampen können Schaltelemente mit Umkehrgliedern betätigt werden. Dadurch ist es möglich, die Regenerierung auch außerhalb der Automatik durch Fernsteuerung durchzuführen. Für das Einfahren einer Anlage ist diese Möglichkeit sehr vorteilhaft. In Abb. 415 ist die Schaltanlage einer derartigen vierstraßigen Vollentsalzung wiedergegeben.

Die Impulse für die von Hand oder automatisch einzuleitenden Regenerationsvorgänge können durch eingebaute Meßgeräte ausgelöst werden. Die Übertragung der Meßwerte erfolgt auf eine optische und akustische Signaleinrichtung oder direkt auf die Automatik.

Abb. 415. Schaltanlage einer vollautomatischen Vollentsalzungsanlage (Bauart Wabag — Siemens & Halske)

Bei Einleitung der Regeneration durch Mengenmeßgeräte werden diese zur Anzeige auf der Überwachungstafel mit Ferngebern versehen. Die Fernzählwerke erhalten Mengenvoreinstellwerke, durch die die zulässige Gesamtrohwassermenge zwischen zwei Regenerationen eingestellt werden kann. Nach Durchfluß der voreingestellten Menge wird durch einen Kontakt der Arbeitsvorgang unterbrochen. Außer der Durchfluß- und Mengenzählung können auch Leitfähigkeits-, Natrium- und Kieselsäuremessungen zur Steuerung, Regelung und Überwachung herangezogen werden. Wie Abb. 408 a zeigt, gehen bei Erschöpfung eines Kationenfilters pH-Wert und Leitfähigkeit auf die Werte des Rohwassers zurück. Gleichzeitig steigt damit der Natriumgehalt, der flammenphotometrisch oder potentiometrisch zu erfassen ist. Die Erschöpfung eines schwach basischen Anionenfilters ist aus dem Anstieg der Leitfähigkeit zu ersehen. Hinter einem nachgeschalteten stark basischen Anionenfilter ist diese Messung für die Steuerung der Anlage von geringer Bedeutung, es sei denn, daß die Messung bereits innerhalb der Austauscherschicht vorgenommen wird. Die Regeneration kann auch durch automatische Messung des Kieselsäuregehaltes ausgelöst werden, dessen Verlauf in Abb. 408b wiedergegeben ist. Die pH-Wertmessung ist nur von untergeordneter Bedeutung, da der ungepufferte Zustand des vollentsalzten Wassers normalerweise keine eindeutige Messung zuläßt. Die Steuerung und Regelung von Mischbettfiltern erfolgt im allgemeinen nur nach dem Gesamtdurchsatz. Leitfähigkeits- und Kieselsäuremessungen haben dabei nur die Aufgabe der zusätzlichen Qualitätsüberwachung mit der Möglichkeit der automatischen Stillsetzung der Vollentsalzungsanlage.

i) Dosiereinrichtungen

Mit Hilfe von Dosiereinrichtungen werden dem Wasser Chemikalien in bestimmten Mengen zugegeben. Die Zugabe erfolgt in den meisten Fällen in Form einer wässerigen

Lösung. In Wasseraufbereitungsanlagen werden häufig Dosieranlagen nach dem Stauscheibenprinzip verwendet. Bei diesen Anlagen werden die Chemikalien in gewissen Grenzen automatisch in Abhängigkeit vom Hauptstrom zugeführt.

Eine mengenabhängig arbeitende Dosiereinrichtung, bei der zwischen Förderwasser und Chemikalienlösung kein direkter Kontakt besteht, zeigt Abb. 416. Die Chemikalienlösung wird aus dem Vorratsbehälter in eine Kunststoffblase gepumpt, die im gefüllten Zustand eng an der Wandung des Dosierbehälters anliegt. Über ein Regelventil fließt eine dem Hauptstrom proportionale Wassermenge zwischen Druckbehälter-Innenwand

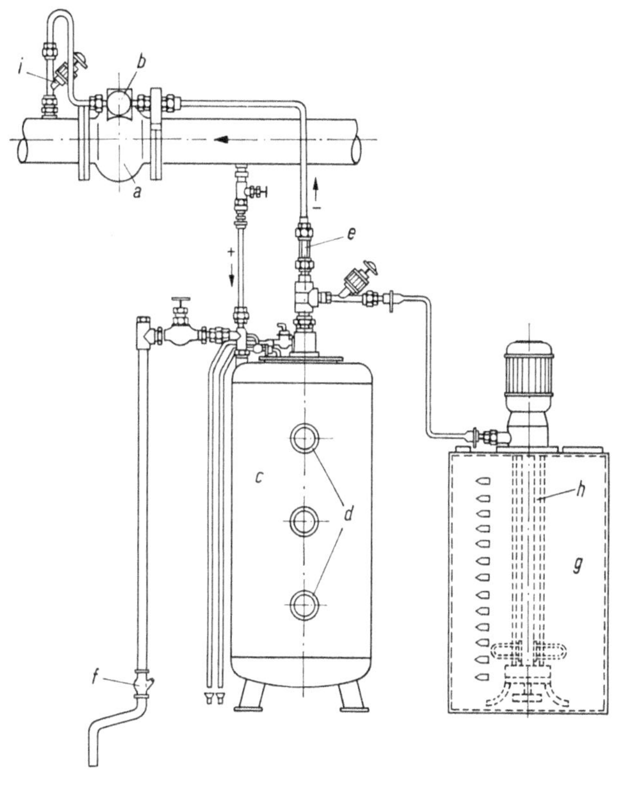

Inhalt und Maße der Lösungsansatzgefäße aus Polyaethylen

Inhalt (Liter)	Höhe (mm)	Durchmesser (mm)	Überpumpleitung
100	700	450	NW 10
300	920	640	NW 15
500	1160	740	NW 15
1150	1380	1050	NW 20

Abb. 416. Dosiereinrichtung, Type Dublendos (Bauart Wewa)

a Regelventil
b Steuerkopf
c Druckbehälter mit Kunststoffblase
d Schaugläser
e Durchflußkontroller
f Siphon
g Lösungsansatzgefäß
h Rührpumpaggregat
i Impfstelle

und Kunststoffblase. Die dabei verdrängte Chemikalienlösung wird im Mischventil dem Hauptstrom zugeführt. Die diesem Wasser proportional zuzusetzende Menge läßt sich am Regel- und Mischventil einstellen.

In vielen Fällen, insbesondere für die Speise- und Kühlwasserbehandlung, werden Dosierpumpen verwendet. Mit Hilfe einer Kolbenpumpe wird die Chemikalienlösung aus einem Dosierbehälter in das zu impfende Medium gedrückt. Die Fördermenge ist durch Kolbendurchmesser, Hublänge und Hubzahl gegeben. Bei diesen Pumpen läßt sich die Förderleistung während eines kurzen Stillstandes durch Hubverstellung verändern. Bei manchen Typen kann diese Hubverstellung auch während des Betriebes erfolgen. Zur Dosierung mehrerer Chemikalien oder gleicher Chemikalien an verschiedenen Impfstellen sind Mehrfach-Kolbendosierpumpen gebräuchlich.

Durch Einbau von Stellmotoren lassen sich die meisten Dosiermaschinen auch von einer zentralen Schaltwarte aus fernbetätigen. Den Schaltgeräten werden dabei entsprechende Anzeigegeräte zugeordnet. Diese Möglichkeit ist z. B. bei Vollentsalzungsanlagen von Bedeutung, bei denen die Chemikalienvorratsbehälter nicht unmittelbar neben der Aufbereitungsanlage aufgestellt werden können, während die Dosierpumpen infolge der Notwendigkeit eines freien Zulaufs in der Nähe der Vorratsbehälter anzuordnen sind.

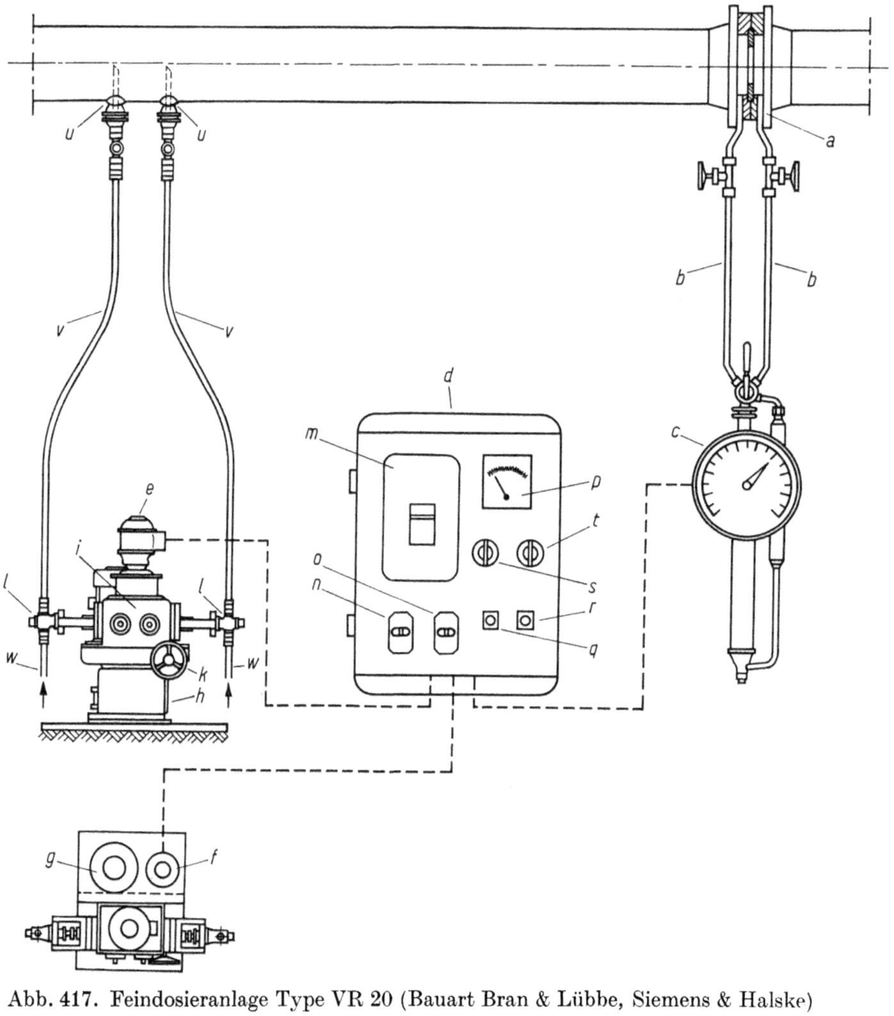

Abb. 417. Feindosieranlage Type VR 20 (Bauart Bran & Lübbe, Siemens & Halske)

a Normblende	*i* Dosierpumpengetriebe	*p* Drehzahlanzeiger
b Wirkdruckleitungen	*k* Regelhandrad	*q* Automat für Kompensationsregler
c Durchflußmengenanzeiger	*l* Dosierpumpen	*r* Automat für Kompensationsregler
d Schalttafel	*m* Kompensationsregler	*s* Wechselschalter Hand – Automat
e Ferngeber	*n* Motorschutzschalter für Antriebsmotor	*t* Vielfachtaster Mehr – Weniger
f Regelmotor	*o* Motorschutzschalter für Regelmotor	*u* Impfstellen
g Antriebsmotor		*v* Dosierpumpendruckleitungen
h Stufenlose Regelgetriebe		*w* Dosierpumpensaugleitungen

In Verbindung mit Meß- und Regelgeräten können Feindosiermaschinen auch zur automatisch gesteuerten Chemikaliendosierung benutzt werden. Abb. 417 zeigt z. B. eine derartige Dosiereinrichtung der Type Selektrona VR 20. Die Chemikalien werden dabei in Abhängigkeit vom Wasserdurchsatz zugegeben. Der durch die in einem Durchflußmesser gemessene Wassermenge ausgelöste Impuls wird über einen Kompensationsregler auf ein in der Drehzahl regelbares Getriebe übertragen, wodurch sich die zudosierte Chemikalienmenge proportional ändert. Die Dosiermaschinen der Type Selektrona VE sind mit einem

Drosselregelverstärker ausgerüstet, der auf einen in der Drehzahl regelbaren Antriebsmotor wirkt. Die automatischen Dosiermaschinen eignen sich vor allem für Anlagen mit stark schwankendem Wasserdurchsatz. Dabei können auch Meßwerte von Druck, Temperatur, pH-Wert, Dichte und allen durch automatische Meßgeräte erfaßbaren Regelgrößen herangezogen werden. Bei einer Dosiermaschine der Type Selektrona kann die Dosiermenge z. B. einerseits durch den Wasserdurchsatz, andererseits über einen Hubverstellmotor von anderen Meßwerten gesteuert werden. Dadurch ist es z. B. möglich, eine Säuredosierung bei einer Kühlwasserbehandlung sowohl vom Wasserdurchsatz als auch vom gewünschten pH-Wert zu regeln.

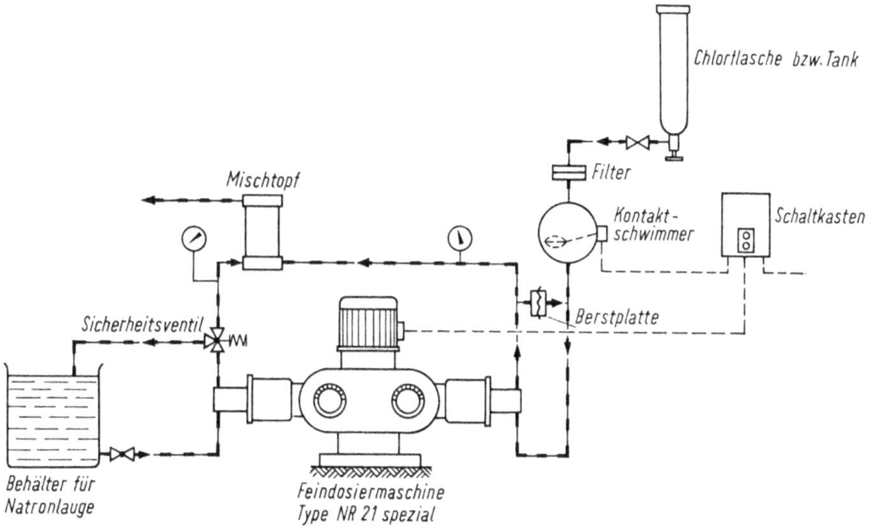

Abb. 418. Kombinierte Flüssigkeits- und Flüssiggas-Dosierung (Bauart Bran & Lübbe)

Die Dosierung von Gasen, z. B. Ammoniak, kann am einfachsten direkt aus einer Gasbombe über ein Nadelventil und einen Strömungsmesser in das zu behandelnde Wasser erfolgen. Eine genauere und betriebssichere Gasdosierung erreicht man allerdings, wenn die Gase vorher durch Wasser absorbiert und dann mit Hilfe einer Dosierpumpe in Form einer wässerigen Lösung dosiert werden.

Für die Chlordosierung sind zahlreiche Einrichtungen im Handel, deren Aufzählung hier zu weit führen würde. Bei der als Beispiel in Abb. 418 wiedergegebenen Einrichtung wird flüssiges Chlor durch eine Feindosiermaschine mit Wasser oder Natronlauge gemischt. Diese Anlage eignet sich für eine Stoßchlorierung. Sobald sich der Behälter mit dem Kontaktschwimmer gefüllt hat, spricht die Dosiermaschine an, bis sie durch den Kontaktschwimmer wieder stillgesetzt wird. Die Schaltkontakte und damit die Dosierabstände ergeben sich durch Einstellung des Nadelventils an der Gasflasche.

k) Wasserentsalzung durch Elektrodialyse

Bei der Ionenaustausch-Membran-Elektrodialyse handelt es sich um ein Verfahren, bei dem in zwei oder mehreren von durchlässigen Membranen getrennten Lösungen mit Hilfe von Gleichstrom eine Konzentrationsänderung der vorhandenen Ionen erfolgt. Das Prinzip der Elektrodialyse ist aus Abb. 419 zu ersehen. Das zu entsalzende Wasser fließt zwischen den Ionenaustauschmembranen A_1 und K_1 sowie A_2 und K_2 durch die Zellen. Unter dem Einfluß des zwischen den beiden Elektroden liegenden elektrischen Feldes wandern die Kationen und Anionen zu den Elektroden der entgegengesetzten Polarität. Die Ionenaustauschmembranen sind jeweils nur für Kationen oder Anionen durchlässig, so daß in den Entsalzungszellen E_1 und E_2 eine Verminderung, in den Konzentrationszellen Z_1, Z_2 und Z_3 eine Erhöhung der Ionenkonzentration erfolgt.

Die sich ergebende Ionenwanderung zwischen den einzelnen Zellen wird von der Durchlässigkeit der Membranen bestimmt. Der elektrische Stromfluß entspricht der Richtung der Ionenwanderung, eine Elektronenwanderung findet nicht statt. Nur die bis zu den Elektroden wandernden Ionen werden an diesen entladen. Je nach Art der entladenen Ionen erfolgt eine Reaktion mit dem Wasser oder die Bildung gasförmiger Produkte. Bei einem überwiegend NaCl enthaltenden Wasser entstehen z. B. Wasserstoff und Chlor:

$$Na^+ + H_2O + e^- \rightarrow NaOH + {}^1/_2 H_2,$$
$$Cl^- \rightarrow {}^1/_2\, Cl_2 + e^-.$$

Die Konzentration der Gase ist im Vergleich zur durchgesetzten Wassermenge normalerweise so gering, daß diese im Spülwasser gelöst werden.

In der Praxis wird eine große Anzahl von Membranzellen nebeneinander zwischen zwei Elektroden angeordnet. Für jedes Zellenpaar gelten die elektrochemischen Gesetze, so daß je Zellenpaar durch 1 Ampere 0,0373 Grammäquivalente Salz/h transportiert werden. Durch Reihenschaltung zahlreicher Zellenpaare werden durch eine aus n Zellenpaaren

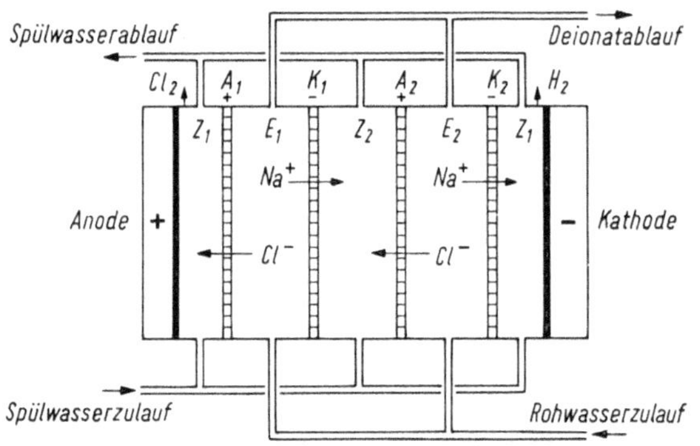

Abb. 419. Prinzip der Elektrodialyse

bestehende Elektrodialysenanlage bei einer Stromstärke von 1 Ampere theoretisch $n \cdot 0{,}0373$ Grammäquivalente Salz/h aus dem Wasser entfernt. Durch Kriechströme in den Zuleitungen und durch Mängel an den Membranen entstehen geringe Verluste, so daß der praktische Wirkungsgrad bei 80 bis 85% liegt.

In einem ziemlich großen Bereich ist der Stromverbrauch bei einem bestimmten Wasserdurchsatz der Größe der Anlage, die durch die Gesamtfläche der Membranen bestimmt wird, umgekehrt proportional. Die Leistung der Ionenaustauschmembranen ist für die Anwendung des Verfahrens von grundlegender Bedeutung. Chemisch gleichen die Membranen den herkömmlichen Ionenaustauschern. Die austauschbaren Gruppen verleihen den Membranen ihre Durchlässigkeit gegenüber Ionen.

Es gibt heterogene Membranen mit Bindemitteln oder auf Folien und homogene Membranen, die ausschließlich aus dem Austauschstoff bestehen. Neben guten chemischen Eigenschaften ist insbesondere die mechanische Beständigkeit von großer Bedeutung. In dieser Beziehung sind bisher größere Schwierigkeiten aufgetreten, so daß noch weitere Entwicklungsarbeiten geleistet werden müssen. Das Entsalzungsverhältnis innerhalb eines Zellenpaares beträgt etwa 1,5 : 1/m Weglänge. Aus dem gewünschten Gesamtentsalzungsverhältnis ergibt sich die Gesamtlänge der erforderlichen Membranen. Da diese aus mechanischen Gründen nicht beliebig groß gemacht werden können, müssen entweder mehrere Zellenbündel hintereinander geschaltet werden, oder es ist ein diskontinuierlicher Umlauf vorzunehmen. Die Anzahl der Zellenpaare ergibt sich aus der zulässigen Strömungsgeschwindigkeit, die von der angelegten Spannung abhängig ist. Die erforderliche Spannung wird durch den elektrischen Widerstand des Zellenpaares bestimmt. Dieser wird hauptsächlich durch den Widerstand der Verdünnungszelle hervorgerufen. Bei hohem Entsalzungsgrad steigt dieser stark an. Eine vollständige Entionisierung des Wassers ist daher praktisch nicht möglich. Im allgemeinen ist dazu noch eine Entsalzungsanlage konventioneller Bauart nachzuschalten. Auf jeden Fall ist es möglich, ein sehr salzhaltiges Wasser mit Hilfe der Elektrodialyse so weit vorzuentsalzen, daß die Restentsalzung auf normalem Wege erfolgen kann. Technische Anwendung findet die Elektrodialyse bisher bei der Entsalzung von Brackwasser. Das Ziel weiterer Forschungen besteht in der Meerwasserentsalzung, insbesondere für Trinkwasserzwecke. Von Trinkwasserqualitäten ausgehend ist eine weitere Entsalzung für Kesselspeisewasserzwecke ohne weiteres möglich.

IV. Kondensataufbereitung

Eine Kondensatentsalzung ist vor allen Dingen für Durchlaufkessel und Hochdrucktrommelkessel von Bedeutung, für die ein praktisch salzfreies Speisewasser gefordert werden muß[1]. Die Möglichkeit des Salzeinbruchs besteht an allen Stellen des Kreislaufes, an denen Dampf oder Kondensat im indirekten Wärmeaustausch mit salzhaltigem Kühlwasser steht. In Kondensationskraftwerken besteht diese Gefahr insbesondere im Turbinenkondensator. Bei einem Kühlwassereinbruch, der im allgemeinen durch die Leitfähigkeitsmessung im Kondensat erkannt wird, muß ein zugeordneter Hochdruckkessel möglichst umgehend stillgesetzt werden, um einerseits den Kessel und andererseits die nachgeschaltete Turbine vor Schäden zu bewahren. Bei Anwesenheit einer Kondensatentsalzungsanlage kann dagegen die Stromerzeugung je nach Höhe des Salzeinbruches gegebenenfalls bis zum nächsten turnusmäßigen Stillstand des Kessels aufrechterhalten werden. Auf jeden Fall ist es möglich, sich zur Behebung des Kühlwassereinbruches nach dem Belastungsplan des Kraftwerkes zu richten.

Ein weiterer Vorteil der Kondensatentsalzungsanlage besteht in der Möglichkeit, bei Inbetriebsetzung eines neuen Blockes den gesamten Kreislauf in verhältnismäßig kurzer Zeit von allen in das Wasser übergegangenen Bestandteilen zu befreien. Dadurch wird in kurzer Zeit ein einwandfreies Speisewasser und damit ein sicherer Dauerbetrieb erreicht.

Eine Kondensatentsalzungsanlage kann nur dann voll wirksam werden, wenn sie für die gesamte im Turbinenkondensator anfallende Kondensatmenge ausgelegt ist. Es ist zweckmäßig, die Anlage in zwei Filterstraßen zu unterteilen, um auch während der Regeneration einer Straße mindestens noch mit der halben Blockleistung weiterfahren zu können. Bei ausreichender Kondensatqualität kann die Entsalzungsanlage kurzzeitig auch im Bypaß umgangen werden. Für die Kondensatentsalzung würde an und für sich eine Mischbettfilteranlage ausreichen. Da das Kondensat jedoch stets Spuren von Schwermetallen enthält, die sich infolge ihres teilweisen irreversiblen Austausches für das Anionenmaterial schädlich auswirken können — das gleiche gilt für Ölspuren —, ist es günstig, dem Mischbettfilter noch ein Kationenfilter vorzuschalten. Dieses beseitigt einerseits die Schwermetallspuren und eventuelle Härteeinbrüche und andererseits im Kondensat meist vorhandenes Ammoniak. Bei Beladung des Kationenaustauschers im Mischbettfilter mit Ammoniak wird das Filter gegenüber Salzeinbrüchen unwirksam, da kein vollständiger Austausch der Kationen gegen Ammoniak erfolgt und die Salze somit als Hydroxide in das Kondensat übergehen.

Ist zusätzlich noch mit mechanischen Verunreinigungen zu rechnen, kann es mitunter zweckmäßig sein, den Entsalzungsfiltern noch eine mechanische Filterstufe mit Kies- oder Aktivkohlefüllung vorzuschalten. Wie die Abb. 420 bis 422 zeigen, können zwecks Platzersparnis Kiesfilter- und Kationenstufe bzw. Kationen- und Mischbettfilterstufe als Doppelfilter ausgeführt werden.

In den USA werden der Mischbettfilterstufe häufig Anschwemmfilter vorgeschaltet, um ungelöste Schwermetallspuren zu beseitigen. Diese Filter bestehen aus Druckgefäßen mit eingebauten Filterkörpern aus feinmaschigen Edelstahlgeweben. In das Kondensat werden nach jeder Spülung des Filterkörpers Filterhilfsstoffe, z. B. Cellulose, ein-

[1] Fischer, A.: Die Aufbereitung von Kondensat in deutscher und amerikanischer Sicht. Energie Bd. 16 (1964), Heft 10, S. 391/96.

geschlämmt, die auf den Filterkörpern eine feine Filterschicht bilden und die Schwermetallspuren adsorbieren. Durch diese Filter werden etwa 90% des im Kondensat echt

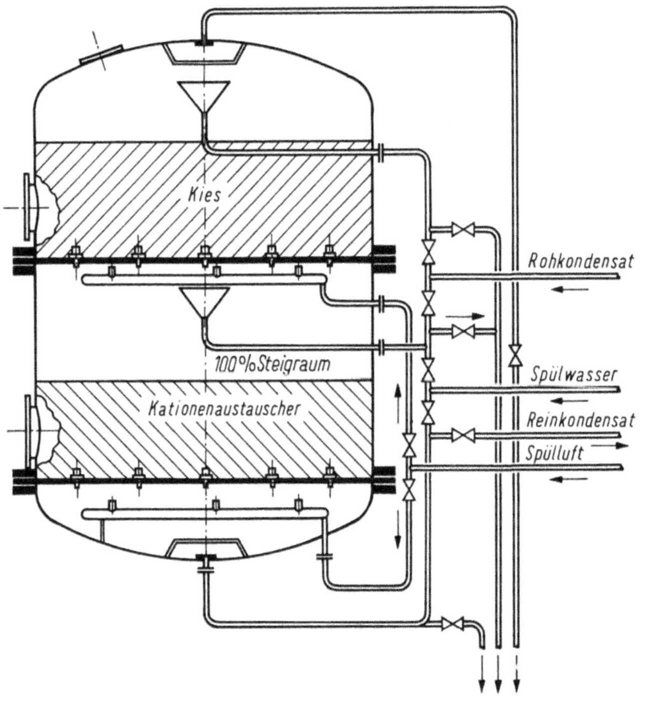

Abb. 420. Kombinierte Kies-Kationenfilterstufe (Bauart Bran & Lübbe)

oder kolloidal gelösten Eisens und Kupfers zurückgehalten. Nach Anstieg des Filterwiderstandes von etwa 2 auf 3,5 m WS werden die Filter durch Umkehrung des Wasserflusses gespült. Die Reinigung ist in der ersten Betriebszeit eines neuen Blockes alle 1 bis 2 Tage,

Abb. 421. Ansicht einer kombinierten Kies-Kationenfilterstufe (Bauart Bran & Lübbe)

nach längerer Betriebszeit etwa alle 4 bis 8 Wochen erforderlich. Bei Wiederinbetriebnahme eines gewaschenen Filters wird mit den Filterhilfsstoffen zunächst so lange im Umlauf gefahren, bis sich auf den Filterkörpern eine neue Filterschicht ausgebildet hat.

In neuerer Zeit werden in den USA in zunehmendem Maße Anschwemmfilter nach dem sog. „Powdex“-Verfahren[1] in den Kondensatkreislauf eingebaut. Bei diesen Filtern wird eine Mischung von sehr feinkörnigen Kationen- und Anionenaustauschern auf die Kerzenelemente in einer Schicht von 3 bis 12 mm aufgeschwemmt. Das Material wird nach Erschöpfung verworfen. Aus diesem Grunde kann das Filter auch noch nach den Niederdruckvorwärmern bis zu einem Temperaturbereich von etwa 150 °C eingebaut werden, da keine Dauertemperaturbeständigkeit erforderlich ist. Der Vorteil derartiger Anlagen liegt in erster Linie in der Beseitigung kolloidaler Verunreinigungen in Form von Schwermetallspuren und Kieselsäure. Nachteilig ist jedoch, daß bei einem Kühlwassereinbruch nur eine geringe Salzaufnahme stattfinden kann, so daß bei derartigen

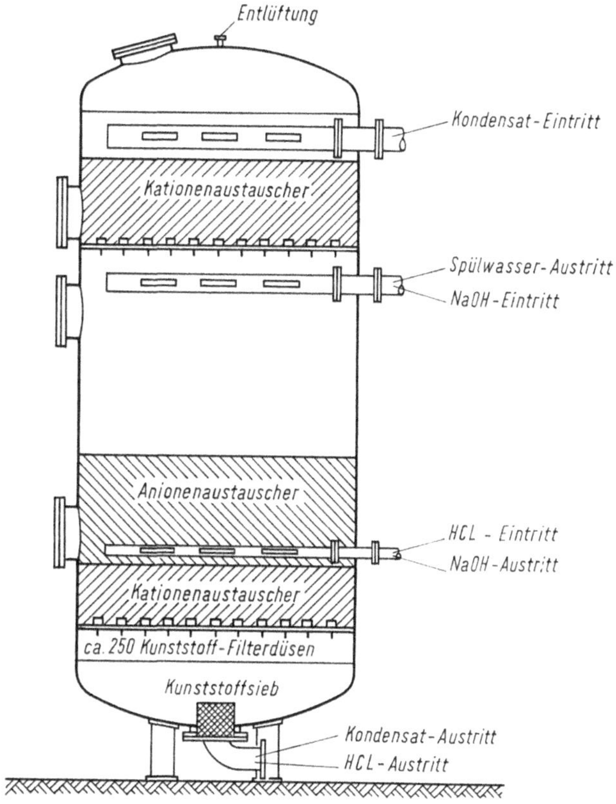

Abb. 422. Kombinierte Kationen-Mischbettfilterstufe (Bauart Babcock)

Störungen eine umgehende Abstellung des Blockes notwendig ist. In Kombination mit einer normalen Kondensatentsalzungsanlage oder bei Kraftwerken mit Luftkondensation kann das Powdex-Verfahren jedoch aussichtsreich sein.

Die Konstruktion der einzelnen Austauschfilter ist im Prinzip die gleiche wie bei der normalen Vollentsalzungsanlage. Lediglich die Dimensionen der einzelnen Filter sind wesentlich größer. Der Durchmesser kann bis zu 3500 mm ansteigen. Demzufolge muß die Ausführung des Düsenbodens und bei den Mischbettfiltern außerdem noch das Säureverteilungssystem besonders solide sein. Zur Erreichung geeigneter Stabilität müssen diese mit zusätzlicher Unterstützung versehen werden, damit ein Bruch, vor allen Dingen bei größerem Druckunterschied zwischen Ein- und Austritt, auf jeden Fall ausgeschlossen ist. Infolge des oft höheren Betriebsdruckes sind auch die gummierten Armaturen in entsprechend stabiler Ausführung zu wählen. Bei direkter Einschaltung der Kondensatentsalzungsanlage in den Kreislauf müssen die Filter bis zum Förderdruck der Kondensat-

[1] Grant, J. S., E. C. Novak, J. A. Levendusky u. D. V. Spillane: Progress report on Powdex-Bay Shore Station, Toledo Edison Company, Proc. Amer. Power Conf. Bd. 25 (1963), S. 661/73.

pumpen bei Nullförderung ausgelegt werden. Die spezifische Belastung des Austauschers und die Filtergeschwindigkeit können auf Grund des normalerweise nur geringen Salzgehaltes ziemlich hoch gewählt werden, die spezifische Belastung bis zu 60 $m^3{}_{H_2O}/m^3{}_A \cdot h$, die Filtergeschwindigkeit bis zu 60 m/h. Der Druckverlust ist demzufolge höher als bei gewöhnlichen Anlagen und kann in der Größenordnung von 25 bis 40 m WS liegen. Die normale Betriebstemperatur soll 50 bis 60 °C nicht übersteigen. Das Kationenmaterial ist bis zu Temperaturen um 110 °C beständig, einige Anionenaustauscher sind noch bis zu Temperaturen um 70 bis 80 °C einsatzfähig.

In den USA werden Kondensatmischbettfilter normalerweise mit einer Filtergeschwindigkeit von 120 m/h, teilweise auch bis zu 200 m/h betrieben. Die Folge ist allerdings

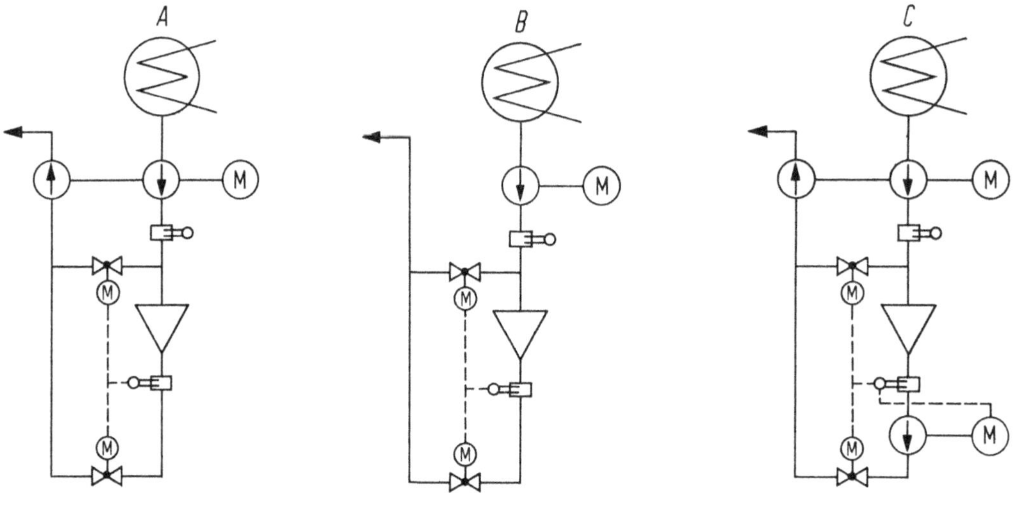

Abb. 423. Schaltung von Kondensatentsalzungsanlagen

ein wesentlich höherer Druckverlust. Um die Förderhöhe der Kondensatpumpe und den Betriebsdruck der Filter nicht unnötig zu vergrößern, wird das Kondensat vielfach erst in einen Kaltkondensatbehälter geleitet, von diesem über die Kondensatentsalzungsanlage in einen Deionatbehälter, aus dem mit Hilfe von Pumpen die Rückführung in den Kreislauf erfolgt. Auf die in den Entsalzungskreislauf einbezogenen Behälter wird zur Vermeidung einer Luftsauerstoffaufnahme ein Stickstoffpolster gegeben. Der Stickstoffverbrauch ist jedoch infolge der hohen Wasserlöslichkeit beträchtlich. Wirtschaftlicher ist der Abschluß der Wasseroberfläche gegen die Atmosphäre durch ein mit dem Wasser in direkter Berührung stehendes doppelseitig neoprenbeschichtetes Nylongewebe, das sich dem jeweiligen Wasservolumen anpassen kann.

Zur Regeneration wird das Austauschermaterial in vielen Fällen mit Hilfe von Injektoren in gesonderte Trenn- und Regenerierbehälter überführt. Durch Einschwemmen einer Ersatzfüllung kann die Mischbettfilteranlage bereits nach 30 bis 40 Minuten ihre Funktion wieder übernehmen. Im Filter selbst brauchen keinerlei Regeneriereinrichtungen vorgesehen zu werden. Diese Regenerierart ist insbesondere bei größeren Entsalzungsanlagen mit mehreren parallel geschalteten Mischbettfiltern von Bedeutung, z. B. bei Blockeinheiten von 300 MW und höher.

Beim Anfahren von Kraftwerken mit Durchlaufkesseln kann das gesamte Anfahrwasser über den Kondensator durch die Kondensataufbereitungsanlage geführt werden, so daß sich bei Kondensationsanlagen ein mittlerer Zusatzspeisewasserbedarf von höchstens 0,3% ergibt.

Für die Einschaltung der Kondensatentsalzungsanlage sind die in Abb. 423 wiedergegebenen Schaltungsmöglichkeiten gebräuchlich. Zweckmäßig ist die Einschaltung zwischen Kondensatvor- und Kondensathauptpumpe gemäß Schaltung *A*. Betrieblich am einfachsten ist die Schaltung *B* hinter der Kondensatpumpe, wobei die Entsalzungsanlage allerdings für den vollen Betriebsdruck der Kondensatpumpe ausgelegt werden muß. Je nach Speisewasserentgasungsdruck sind dabei Drücke bis zu 25 kp/cm² möglich.

Am wirtschaftlichsten ist die Schaltung *C*, wobei eine gesonderte Pumpe hinter der Entsalzungsanlage lediglich den Druckverlust der letzteren auszugleichen braucht. Diese Schaltung ist besonders dann geeignet, wenn eine Entsalzungsanlage für mehrere Blocks einsetzbar sein soll. Die Pumpen der der Entsalzungsanlage nicht zugeschalteten Blocks können dann ohne unnötige Energieverluste in ihrem günstigsten Leistungsbereich betrieben werden.

Das zu entsalzende Wasser kann zur Erzielung eines niedrigen Betriebsdruckes auch über die Entsalzungsanlage zunächst in einen geschlossenen Kaltkondensatbehälter geführt werden, aus dem die Weiterförderung direkt über die ND-Vorwärmer zum Hauptentgaser erfolgt. Die günstigste Schaltung richtet sich oft nach den örtlichen Betriebsverhältnissen. Auch für die Einsatzfähigkeit der Kondensatentsalzungsanlage gibt es verschiedene Möglichkeiten:

1. Das gesamte Kondensat läuft ständig über die Entsalzungsanlage, wodurch eine stets gleichbleibende Qualität erreicht wird. Unter normalen Verhältnissen betragen die Filterlaufzeiten dabei 4 bis 6 Wochen. Die Chemikalienkosten fallen kaum ins Gewicht und liegen unter 1 Pf/m³ Kondensat.

2. Die Kondensatentsalzungsanlage wird nur bei Salzeinbrüchen eingeschaltet. Das zu Anfang aus der Entsalzungsanlage anfallende Deionat — normalerweise etwa eine Füllung — muß dann zunächst verworfen werden. Beim Stillstand der Filter erhöht sich der Salzgehalt des in den Filtern befindlichen Wassers durch Diffusionseffekte.

3. Bei einer ständigen Beaufschlagung der Filter von etwa 10 bis 20% des anfallenden Kondensates ist die Anlage auch für Vollastbetrieb stets voll einsatzfähig. Die Umschaltung kann bei eintretendem Salzeinbruch entweder von Hand oder auch automatisch erfolgen, wobei der Schaltimpuls vom Anstieg der Leitfähigkeit im Kondensat ausgelöst wird.

Bei in zwei Kammern unterteilten Turbinenkondensatoren kann eine aus zwei Straßen bestehende Kondensatentsalzungsanlage gemäß Abb. 424 a in den Kreislauf eines Kraftwerksblocks eingebaut werden. Die Entsalzungsstraßen sind in der Lage, jeweils 50% der gesamten im Kondensator anfallenden Kondensatmenge aufzubereiten. Die Schaltung gestattet bei Salzeinbrüchen durch Undichtheiten nur einer Kondensatorkammer auch während der Regeneration einer Filterstraße die volle Turbinenleistung aufrechtzuerhalten. Außerdem kann die Entsalzungsanlage mehreren Blocks zugeordnet und auch zur Deionaterzeugung mit herangezogen werden.

Das im Kondensator u niederzuschlagende Kondensat fließt über die Ablenkbleche a in die Kammer s des durch ein Trennblech b unterteilten Hotwells. Bei einwandfreiem Zustand des Kondensates steigt dieses über das Trennblech b in die zweite Kammer t, von wo das Kondensat den Hauptkondensatpumpen p zuläuft. Der Wasserstand wird in dieser Kammer durch den Ablaufregler q konstant gehalten. Mit Hilfe einer gesonderten oder vorhandenen Vakuumvorrichtung wird ein geringer Teilstrom des Kondensates — etwa 50 l/h — durch eine Leitfähigkeitsmeßeinrichtung d mit vorgeschaltetem Kationenfilter c gesaugt. Durch das Kationenfilter werden flüchtige Alkalisierungsmittel entfernt und eventuell vorhandene Salze in die entsprechenden Säuren überführt. Dadurch wird die Empfindlichkeit der Messung erhöht und Salzeinbrüche sofort angezeigt. Bei einem Salzeinbruch — z. B. in u_1 — wird durch die Leitfähigkeitsmeßeinrichtung d_1 ein Alarm ausgelöst und durch den Kontakt die Zwischenpumpe g_1 eingeschaltet und das Motorventil e_1 geöffnet. Das Ablaufregelventil r_1 ist während des Betriebes stets geöffnet. Die Absperrventile i_1 und w_1 sind ebenfalls offen, desgleichen das Motorventil n_1. Geschlossen sind die Ventile f_1, h, k_1 und o_1. Die Zwischenpumpe g_1 fördert das verunreinigte Kondensat aus der Kammer s_1 durch die Kondensatentsalzungsanlage l_1 über n_1 ins Freie. Durch Diffusionsvorgänge hat das aus der Entsalzungsanlage bei

Inbetriebsetzung zuerst ablaufende Deionat einen höheren Salzgehalt, so daß der erste Teil verworfen werden muß. Nach kurzer Spülung wird die erforderliche Leitfähigkeit erreicht. Bei Unterschreitung eines am Regler der Leitfähigkeitsmeßeinrichtung m_1 eingestellten Maximalkontaktes wird das Motorventil n_1 geschlossen und das Motorventil g_1 gleichzeitig geöffnet. Das aufbereitete Kondensat kann jetzt in die zweite Kammer t_1 des Hotwells zurückfließen und über die Hauptkondensatpumpen p weitergefördert werden. Durch ein Standrohr hinter den Filterstraßen kann verhindert werden, daß die Filter unter Vakuum gesetzt werden können.

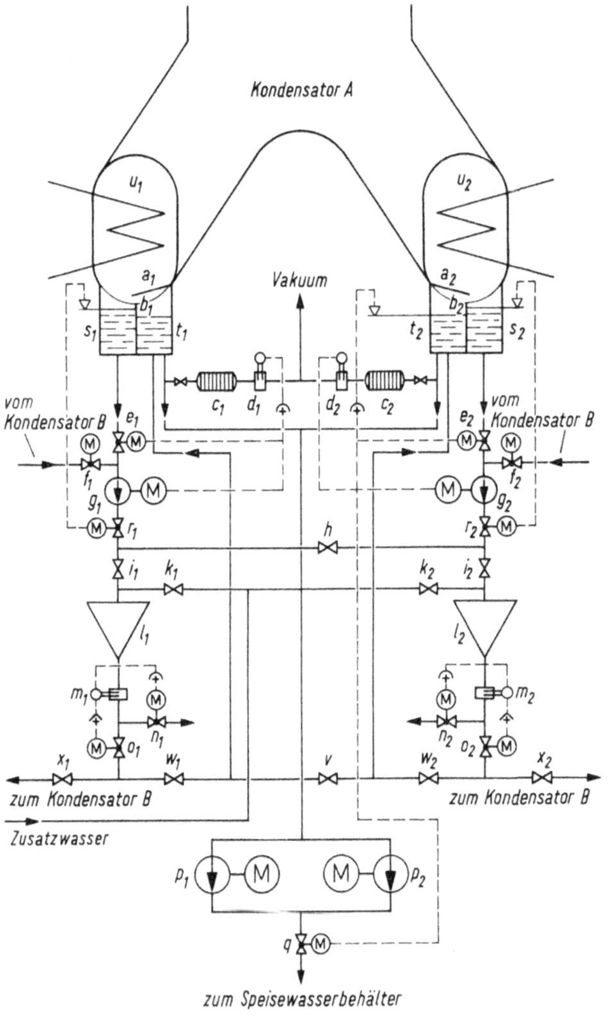

Abb. 424a. Schaltung I von zwei Kondensatentsalzungsstraßen bei unterteilten Turbinenkondensatoren

Bei Erschöpfung der Kondensatentsalzungsanlage l_1 steigt die Leitfähigkeit an. Durch den Grenzkontakt der Leitfähigkeitsmeßeinrichtung m_1 wird Ventil o_1 geschlossen und Ventil n_1 geöffnet. Gleichzeitig werden die Ventile h und v von Hand oder automatisch geöffnet, so daß das verunreinigte Kondensat nach automatischem Auswaschen der Filterstraße l_2 bis zu ihrer Erschöpfung auf diesem Wege entsalzt wird. Durch elektrische Verriegelung kann ein Anlaufen der Pumpe g_2 bei gleichzeitigem Auftreten einer Undichtheit im Kondensator u_2 verhindert werden. Andererseits ist es auch möglich, in diesem Ausnahmefall die Leistung der Turbine auf etwa die Hälfte zu drosseln, um die gesamte Kondensatmenge entsalzen zu können. Der Motor der Pumpe g_1 kann zusätzlich mit einem Zeitrelais ausgerüstet werden, durch das beim Ansprechen des Kontaktes der Leitfähigkeitsmeßeinrichtung m_1 der Wasserfluß durch die Kondensatentsalzungsanlage l_1 über das Ventil n_1 nach einiger Zeit durch Abschalten der Pumpe g_1 und Schließen des Ventils e_1 unterbrochen wird, wenn durch Unachtsamkeit oder durch eine Störung eine Umschaltung auf die Filterstraße l_2 unterbleibt.

Die Einschaltung der Pumpen g kann andererseits auch von Hand erfolgen, sobald durch die Leitfähigkeitsmeßeinrichtung d ein Alarmsignal ausgelöst wird. Diese Möglichkeit kann insbesondere dann zweckmäßig sein, wenn vor den Pumpen g über die Ventile f noch weitere Blocks an die dann gemeinsame Kondensatentsalzungsanlage angeschlossen

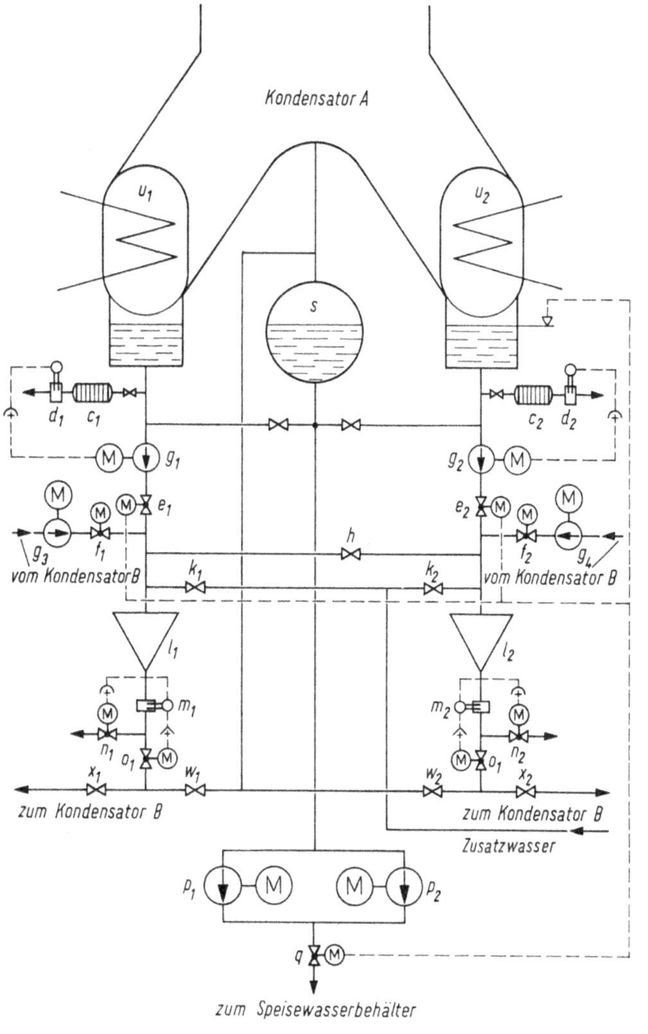

Abb. 424b. Schaltung II von zwei Kondensatentsalzungsstraßen bei unterteilten Turbinenkondensatoren

sind. Es ist bei der angegebenen Schaltung ohne weiteres möglich, die Kondensatentsalzungsanlage für mehrere Blocks (über die Ventile f, x u. a.) zu verwenden, wobei der Ablaufregler r dann elektrisch auf den angeschlossenen Block umgeschaltet werden muß. Mehr als vier Blocks sollten jedoch nicht auf eine Entsalzungsanlage geschaltet werden. Am wirtschaftlichsten bei noch ausreichender Betriebssicherheit ist die Verwendung der Kondensatentsalzungsanlage für höchstens zwei Blocks.

Bei geschlossenen Ventilen i besteht über die Ventile k auch die Möglichkeit, die Entsalzungsanlage zur Deionaterzeugung mit heranzuziehen. Als Betriebswasser kommt dafür gereinigtes Rohwasser mit nicht zu hohem Salzgehalt und möglichst geringer Karbonathärte sowie geringem Gehalt an organischen Stoffen oder entkarbonisiertes und mechanisch gereinigtes Rohwasser in Frage. Ebenso ist auch die Aufbereitung verunreinigter Kondensate möglich. Beim Betrieb einer Entsalzungsanlage, der auch bei einwandfreier Kondensatbeschaffenheit möglich sein muß, kann dem Kondensat z. B. kontinuierlich über die Ventile *k* ein geringer Rohwasserstrom o. ä. zugesetzt werden, um die aus betrieblichen Gründen vor Erschöpfung der Filtermassen erforderliche Regeneration wirtschaftlicher auszunutzen und dadurch zusätzliches Deionat zu erzeugen. Bei Zusatz von unentgastem Wasser ist es zweckmäßig, das in die Kammer *t* eingeführte Wasser oberhalb des Wasserspiegels einzuleiten, um dadurch gleichzeitig eine Entgasung des Wassers im Hotwell zu erreichen.

Bei der Schaltung gemäß Abb. 424 b wird zwischen den beiden Kondensatorkammern ein gemeinsamer, unter Vakuum stehender Behälter *s* angeschlossen. Bei einem Salzeinbruch, z. B. in u_1, läuft die Zwischenpumpe g_1 an und führt das verunreinigte Kondensat über die Entsalzungsstraße l_1 in den gemeinsamen Sammelbehälter *s*. Die vom Hotwell unmittelbar zum Sammelbehälter führende Leitung muß gleichzeitig von Hand oder über ein Motorventil, das seinen Impuls von der Leitfähigkeitsmessung d_1 erhält, geschlossen werden. Im übrigen entspricht die Fahrweise der Schaltung I, wobei die gleichen Vorteile gegenüber bisherigen Schaltungen vorhanden sind. Die Zuschaltung von weiteren Blocks auf eine Kondensatentsalzungsanlage kann — wie in Schaltung II angedeutet — auch hinter der Zwischenpumpe erfolgen, wobei dann allerdings für jeden Block gesonderte Zwischenpumpen erforderlich werden. Vorteilhaft ist bei dieser Schaltung, daß eine Durchmischung von Kondensaten verschiedener Blocks bei undichten Ventilen auf der Vakuumseite vermieden wird.

Befindet sich der Turbinenkondensator in der Nähe der Wasseraufbereitungsanlage, so ist es zweckmäßig, zur Vereinfachung der Bedienung auch die Kondensatentsalzungsanlage in diesem Raum aufzustellen. Das anfallende Turbinenkondensat muß dann allerdings zu diesem Raum hin- und ins Maschinenhaus wieder zurückgeführt werden.

Andererseits ist auch die Aufstellung im Maschinenhaus ohne weiteres möglich, wobei die Regenerationseinrichtung jedoch im Raum der Wasseraufbereitungsanlage installiert werden sollte, um das Hantieren mit konzentrierten Säuren und Laugen im Maschinenhaus zu vermeiden. Für die Regeneration sind die üblichen Einrichtungen, insbesondere Dosierpumpen gebräuchlich, die je nach Leistung und Chemikalienbedarf der Zusatzwasseraufbereitung eventuell mit dieser kombiniert werden oder als Reserve dienen können. Zur Verdünnung wird Kondensat oder Deionat verwendet. Als Waschwasser dient zweckmäßigerweise Deionat, um dem Block nicht kurzzeitig größere Kondensatmengen zu entziehen, die andererseits durch Deionat wieder ergänzt werden müßten. Erst die letzte Waschung kann dann mit Kondensat erfolgen, um das sauerstoffhaltige Waschwasser aus den Filtern zu verdrängen.

Die Vorratshaltung an Regenerationschemikalien kann auf jeden Fall gemeinsam mit der Aufbereitungsanlage des Zusatzspeisewassers vorgenommen werden. Die Vorratsbehälter für Säure und Lauge sind gegebenenfalls etwas größer auszulegen.

Um Säure- und Laugeeinbrüche in das Kondensat auszuschließen, sollten die Chemikalienzulaufleitungen zu den Austauscherfiltern unbedingt mit doppelten Absperrarmaturen und dazwischenliegender Entlastungsstrecke versehen sein. Außerdem sollten in die Reinkondensatleitungen Austauschfangvorrichtungen eingebaut werden, um bei einem Austauschereinbruch eine Mitnahme in den Kreislauf auszuschließen.

Die Überwachung der Kondensatentsalzungsanlage erfolgt einerseits durch Mengen- und Durchflußmessungen, andererseits durch Leitfähigkeitsmessungen vor und hinter der Anlage. Die letztere zeigt, eventuell zusammen mit einer kontinuierlichen Kieselsäurebestimmung, den Erschöpfungszustand der Entsalzungsanlage an. Außerdem läßt sich die Messung zur Unterbrechung des Wasserdurchsatzes mit einem selbsttätig schließenden Motorventil kombinieren, wobei gleichzeitig die Hauptkondensatleitung durch ein Bypaß-Ventil geöffnet werden muß. Dadurch sind auch bei Bedienungsfehlern Säure- oder Laugeeinbrüche in den Hauptkreislauf praktisch ausgeschlossen.

V. Wasserkonditionierung

a) Speisewasser für Verdampfer und Dampfumformer

Da jedes durch Fällungs- und Austauschverfahren aufbereitete Weichwasser noch Spuren von Härte enthält, müssen diese zur Vermeidung von Kesselsteinablagerungen in eine unschädliche Form überführt werden. Dazu wird das Weichwasser gewöhnlich mit Trinatriumphosphat behandelt. Die im Verdampfer durch hydrolytische Spaltung freiwerdende Kohlensäure kann bei Abwesenheit von kupferhaltigen Werkstoffen gegebenenfalls durch Ammoniak abgebunden werden. Dabei wird die freie Kohlensäure in Ammoniumkarbonat bzw. -hydrogenkarbonat überführt. Infolge der Dampfflüchtigkeit werden diese Salze zum Teil durch die Entlüftung am Brüdenkondensator, der Rest bis auf geringe Spuren im Hauptentgaser ausgetrieben. Die Zugabe kann am einfachsten durch Tropfdosierung in den Weichwasserbehälter erfolgen. Aus einem Löse- und Dosierbehälter läßt man die erforderliche Menge einer etwa 5%igen Lösung über ein Einstellventil zutropfen. Eine genaue Dosierung ist mit Hilfe einer Dosierpumpe, wozu Kolben-, Membran- oder kleine Kreiselpumpen geeignet sind, zu erreichen. Die Förderleistung wird gewöhnlich von Hand der Leistung des Dampferzeugers angepaßt, bei Kolben- und Membranpumpen durch Einstellung des Hubes, bei Kreiselpumpen durch ein Regulierventil über einen Strömungsmesser.

b) Speisewasser für Umlaufkessel

Das Speisewasser von Umlaufkesseln wird im allgemeinen mit Orthophosphat geimpft. Das zugegebene Phosphat dient zur Überführung der durch indirekte Kühlwasserstellen eingedrungenen Härtebildner in einen nicht festbackenden Schlamm, der über die Kesselabschlämmung laufend abgeführt wird. In Abhängigkeit von den erforderlichen Alkalitätsverhältnissen im Kesselwasser werden Di- oder Triphosphate des Natriums, Kaliums oder Ammoniums, mitunter in Verbindung mit Natronlauge oder Kalilauge, verwendet. Da der Phosphatverbrauch bei einwandfreien Betriebsverhältnissen sehr niedrig ist, braucht auch die Zugabe nur gering zu sein. Oft genügt es, wenn der Phosphatgehalt im Kesselwasser von Zeit zu Zeit wieder auf die gewünschte Menge erhöht wird. Bei gleichzeitiger Verwendung des Speisewassers zur Einspritzung für die Heißdampftemperaturregelung darf die Phosphatzugabe erst nach Abzweigung dieses Einspritzwassers erfolgen, am besten direkt in die Kesseltrommel. Die zudosierten Salze würden sich sonst größtenteils im Überhitzer oder auf den Turbinenschaufeln ablagern. Die Phosphatzugabe kann in diesem Fall auf Grund des höheren Druckes nur mit einer Kolbendosierpumpe vorgenommen werden, deren Förderleistung von Hand während des Betriebes oder während eines kurzen Betriebsstillstandes eingestellt wird. Zur Alkalisierung des gesamten Kreislaufes dienen auch bei Umlaufkesseln außer den Chemikalien für das Kesselwasser in steigendem Maße flüchtige Alkalisierungsmittel wie Ammoniak, Hydrazin oder Amine. Diese können in allen Fällen bereits in die Saugleitung der Kesselspeisepumpe dosiert werden. Dadurch erhöht sich der pH-Wert im ganzen Kreislauf. Während durch Ammoniak und Amine nur die Kohlensäure abgebunden wird und der pH-Wert ansteigt, bindet Hydrazin bei Temperaturen über 80 °C auch gleichzeitig den im Speisewasser noch vorhandenen Sauerstoff ab:

$$N_2H_4 + O_2 \xrightarrow{\approx 80\,^\circ\mathrm{C}} 2\,H_2O + N_2\,.$$

Der Überschuß von Hydrazin zersetzt sich weitgehend bei Temperaturen über 250 °C zu Ammoniak und Stickstoff:

$$3\,N_2H_4 \xrightarrow{\approx 250\,^\circ\mathrm{C}} 4\,NH_3 + N_2\,,$$

so daß auch im Kondensat die gewünschte Alkalität erreicht wird.

Die Beseitigung von Sauerstoff durch Natriumsulfit wird heute nur noch vereinzelt vorgenommen. Das bei Überdosierung durch Hydrolyse freiwerdende Schwefeldioxid kann schwere Korrosionen verursachen.

Als flüchtiges Alkalisierungsmittel hat Ammoniak zur pH-Werthebung die größte Wirkung und übertrifft darin bei weitem die des hauptsächlich in den USA verwendeten Cyclohexylamin und Morpholin. Wie aus der Darstellung in Abb. 425 jedoch hervorgeht, besitzt das Ammoniak im Gegensatz zum Morpholin eine wesentlich geringere Neigung, aus dem Dampf in das Kondensat überzugehen. Zur Alkalisierung des bei der Kondensation entstehenden Wasserfilms sind daher erhebliche Ammoniaküberschüsse erforderlich.

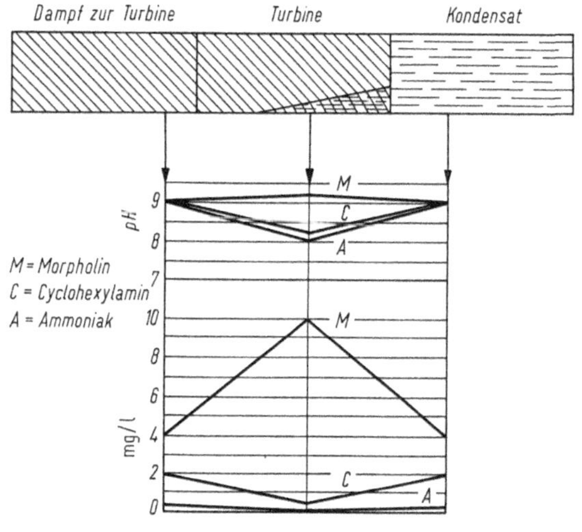

Abb. 425. pH-Werte und Konzentration verschiedener Alkalisierungsmittel im Wasser-Dampfkreislauf (Nach VGB-Wasserrichtlinien)

Morpholin geht dagegen bevorzugt in das sich zuerst bildende Kondensat über und erhöht somit auch in den ersten Wasserfilmen bereits den pH-Wert. Dieses unterschiedliche Verhalten dampfflüchtiger Alkalisierungsmittel beruht auf dem verschiedenen Verteilungskoeffizienten zwischen Dampf und Wasser, der für Ammoniak bei 40, für Morpholin unter 1 (zwischen 10 und 100 °C bei 0,4 bis 0,5) liegt.

c) Speisewasser für Durchlaufkessel

Für die Speisewasserbehandlung von Durchlaufkesseln kommen nur flüchtige Alkalisierungsmittel in Frage. Andere Mittel führen zu Kessel- und Turbinenversalzungen. Die Dosierung erfolgt gewöhnlich nach der thermischen Entgasung in den Speisewasserbehälter oder — zur besseren Verteilung — in die Speisepumpsaugleitung. Das Schema einer kompletten Dosiereinrichtung ist in Abb. 426 wiedergegeben. Der Dosierbehälter, dessen Füllung für eine kontinuierliche Dosierung von mindestens 24 Stunden ausreichen sollte, dient gleichzeitig als Lösebehälter.

Gewöhnlich wird er aus Steinzeug hergestellt, mitunter auch aus brennlackiertem oder gummiertem Stahl. Über ein auswechselbares mechanisches Filter fließt die Chemikalienlösung der Dosierpumpe zu. Gebräuchlich sind meistens einfache Kolbenpumpen, die sich während des Betriebes von Hand der Kesselleistung anpassen lassen. Bei stark schwankenden Kesselleistungen kann es zweckmäßig sein, eine von der Speisewassermenge gesteuerte Dosierpumpe zu verwenden (s. Abschn. III i, S. 446). Zur Kontrolle der Förderung wird druckseitig ein durch Ventil abschaltbares Manometer angebracht. Die Einspeisung in das System erfolgt über eine mit Rückschlagventil versehene Impfstelle. Bei mehreren Speisepumpensaugleitungen muß eine Umschaltmöglichkeit von Hand auf die in Betrieb befindliche Kesselspeisepumpe vorgesehen werden. Zweckmäßig sind weitere Impfstellen zur Konditionierung des Turbinenkondensates und des Zusatzspeisewassers. Diese Dosierstellen sind besonders für das An- und Abfahren sowie für die Konservierung des Blockes von Bedeutung. In den meisten Fällen genügt die alleinige Dosierung von Hydrazin, aus dessen Überschuß sich stets genügende Mengen Ammoniak bilden. Dadurch gelingt die gleichzeitige Restsauerstoffbindung und Alkalisierung des Speisewassers. Eine gemeinsame Dosierung von Ammoniak und Hydrazin bringt geringe wirtschaftliche Vorteile. Durch die thermische Entgasung und den damit verbundenen Verlust an Ammoniak stellt sich ein nahezu konstanter Ammoniakgehalt im Kreislauf zwischen 0,5 und 2 mg/l ein.

Die Alkalisierung mit Morpholin kann in gewissen Fällen von Vorteil sein. Bei Anwesenheit hydrolytisch spaltbarer Salzspuren im Kreislauf werden die bei der Verdampfung und bei der Kondensation örtlich auftretenden Säurespuren neutralisiert, da das Morpholin auf Grund seines günstigen Verteilungskoeffizienten bei der Verdampfung in der letzten und bei der Kondensation in der ersten Dampfnässe angereichert wird. Dadurch wird sowohl ein Schutz des Restverdampfers im Kessel als auch sämtlicher Vorwärmer sowie der im Naßdampfgebiet liegenden Turbinenschaufeln und des Turbinenkondensators erreicht. Der Morpholinverbrauch ist infolge seiner günstigen physikalischen Eigenschaften

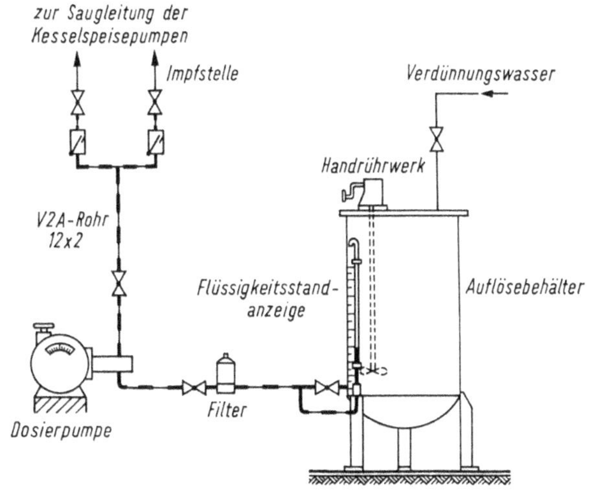

Abb. 426. Schema einer Dosiereinrichtung (Bauart Bran & Lübbe)

sehr gering; der prozentuale Verlust entspricht etwa dem Zusatzspeisewasserbedarf, sofern keine Entsalzung des Kondensats vorgenommen wird. Die Anwendung des Morpholins ist auf Temperaturen bis zu etwa 530 °C beschränkt, bei höheren Temperaturen treten Zersetzungserscheinungen auf. Es bilden sich hauptsächlich Ammoniak, Wasserstoff, Diäthylglykol und Furan. Über das Verhalten der entstehenden Zersetzungsprodukte liegen bisher noch keine negativen Erfahrungen vor. Um auf chemische Ursachen zurückzuführende Spannungsrißkorrosionen an Turbinenschaufeln im beginnenden Naßdampfgebiet zu vermeiden, hat sich auch die Alkalisierung des Niederdruckdampfes mit Hydrazin bewährt. Der Verteilungskoeffizient von Hydrazin liegt bei 1, so daß außer einer eventuellen Sauerstoffentfernung auch die ersten bei der Kondensation entstehenden Wassertropfen alkalisiert werden. Die Hydrazinlösung wird dabei über eine Schlick-Nebeldüse in den Überströmbogen zwischen Mittel- und Niederdruckturbine eingespritzt.

d) Kühlwasser

Bei Rückkühlbetrieb ist außer der chemischen Aufbereitung des Zusatzkühlwassers oft noch eine zusätzliche chemische Behandlung des umlaufenden Kühlwassers erforderlich. Diese hat den Zweck, Ablagerungen irgendwelcher Art und Korrosionen im Kühlsystem zu vermeiden. Bei Karbonathärten von 2 bis 4 °dH im Zusatzkühlwasser ist es zweckmäßig, dem Wasser polymere Phosphate (0,5 bis 2 g/m^3) zuzusetzen. Durch diese werden die sonst bei Gehalten über etwa 6 °dH ausfallenden Karbonathärtebildner stabilisiert, so daß eine Eindickung im Kühlkreislauf auf 12 bis 15 °dH möglich ist. Zu berücksichtigen sind dabei allerdings noch die Grenzwerte der übrigen Bestandteile des

Wassers. Die zulässige Karbonathärte ist in Abhängigkeit vom pH-Wert aus Abb. 427 zu ersehen. Aus Sicherheitsgründen soll die 70%-Linie möglichst nicht überschritten werden.

Enthält das zur Verfügung stehende Rohwasser nur wenig Karbonathärtebildner (< 6 °dH), so kann die Entkarbonisierung zur Erzielung einer höheren Eindickung durch Impfung mit Salz- oder Schwefelsäure erfolgen. Auch hinter einer Kalkentkarbonisierungsanlage kann diese zusätzliche Säureimpfung mitunter wirtschaftliche Vorteile bringen. Durch entsprechende Säuredosierung wird die Karbonathärte gewöhnlich bis auf etwa 0,5 °dH reduziert, wobei die zulässige Eindickung dann durch den Gehalt an anderen Salzen begrenzt wird. Insbesondere darf die Löslichkeitsgrenze des Calciumsulfates (etwa 70 °dH Gipshärte) nicht überschritten werden.

Eine Säureimpfung erfolgt normalerweise mit Hilfe von Kolbenpumpen, deren Förderleistung bei schwankenden Zusatzwasserverhältnissen vom Durchsatz des zu behandelnden Wassers automatisch gesteuert werden sollte. Der von einem Leistungsmesser ausgehende Impuls wirkt dabei auf die Drehzahl der Dosiermaschine. Bei schwankenden Karbonat-

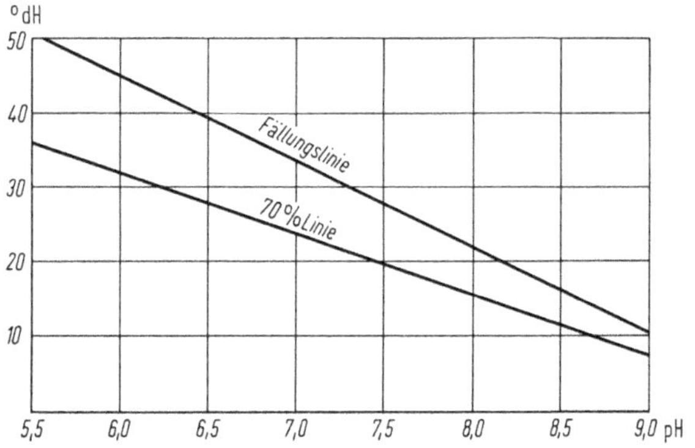

Abb. 427. Härteausscheidung in mit Polyphosphat behandeltem Kühlwasser in Abhängigkeit vom pH-Wert

härteverhältnissen ist es gleichzeitig möglich, die zuzugebende Säuremenge automatisch der Karbonathärtemenge anzupassen. Dazu wird hinter der Säureimpfstelle ein pH-Wert- oder ein m-Wert-Meßgerät, das bei einer Säuredosierung in jedem Fall vorgesehen werden sollte, eingebaut. Bei Änderung des durch Grenzkontakte eingestellten pH-Wertes wird auf einen kleinen Antriebsmotor ein Impuls übertragen, durch den die Kolbenhublänge verändert und den erforderlichen Verhältnissen angepaßt werden kann. Das mit Säure behandelte Zusatzwasser wird in den meisten Fällen, auch bei einer Säureentkarbonisierung mit Ionenaustauschern, zuerst auf den Kühlturm geführt, um die durch die Säureimpfung in Freiheit gesetzte Kohlensäure weitgehend auszutreiben. Die Leitungen für das kohlensäurehaltige Wasser zum Kühlturm müssen korrosionsgeschützt sein. Die Säureimpfung wird daher möglichst erst unmittelbar vor dem Kühlturm vorgenommen, um den Anteil korrosionsgeschützter Rohrleitungen gering zu halten. Eine innige Durchmischung der Säure mit dem Zusatzkühlwasser ist sicherzustellen, eventuell durch Einbau einer innen gummierten Mischstelle oder Mischkammer.

Bei Verwendung von Beton als Baumaterial ist insbesondere der Sulfatgehalt des eingedickten Kühlwassers zu berücksichtigen. Die Sulfate verursachen den sog. „Zementbazillus". In Gegenwart von Sulfaten bildet kalkhaltiger Beton Calciumsulfoaluminat, das ein größeres Volumen als der ursprüngliche Beton einnimmt und diesen sprengt. Bei weichen Wässern können sich bereits Sulfatgehalte von etwa 10 mg/l schädlich auswirken, während bei härteren Wässern erst ein Angriff bei etwa 400 mg SO_4/l erfolgt. In solchen Fällen sind kalkarme oder kalkfreie Zemente zu verwenden, die gegen Strukturumwandlungen durch Sulfate unempfindlich sind.

Zur Bildung einer Schutzschicht im Kühlwassersystem reicht die im Umlaufwasser noch vorhandene Karbonathärte im allgemeinen aus. Infolge der Reaktion des Wassers mit den eisernen Werkstoffen unter Bildung von Eisen-II-hydroxiden entstehen hohe

Wandalkalitäten, durch die das gelöste Calciumhydrogenkarbonat als kristalliner zusammenhängender Niederschlag auf der Wandoberfläche ausfällt und den Werkstoff vor weiterem Angriff schützt. Enthält das Zusatzwasser keine Schutzschichtbildner, z. B. bei Vollenthärtung, so müssen diese dem Wasser von außen zugegeben werden. Gebräuchlich sind *o*-Phosphate oder Phosphatkombinationen verschiedener Phosphate, mitunter in Verbindung mit anderen Korrosionsinhibitoren.

Durch Organismen, z. B. Algen oder Bakterien, kann die Schutzschichtbildung gestört werden. In Wärmeaustauschern erfolgt außerdem durch Algenansätze noch eine Verschlechterung des Wärmeüberganges. In diesem Fall muß für eine ausreichende Entkeimung des Kühlwassers gesorgt werden. Als Bekämpfungsmittel kommen Chlor, Hypochlorite, Kupfer- und Quecksilberverbindungen, Ozon, Kaliumpermanganat, chlorierte Phenole u. a. in Frage. In den meisten Fällen ist Chlor oder Hypochlorit als Bekämpfungsmittel geeignet. Die keimtötende Komponente ist dabei die aus dem Chlor entstehende unterchlorige Säure, die durch Abspaltung von naszierendem Sauerstoff die organischen Substanzen oxydiert:

$$Cl_2 + H_2O \rightarrow HOCl + HCl \rightarrow 2HCl + O.$$

Die freiwerdende Salzsäure muß durch vorhandene Karbonathärtebildner oder durch Alkalisierungsmittel neutralisiert werden. Durch 1 °dH Karbonathärte wird die aus 12,5 g Chlor/m^3 durch vollständige Umsetzung entstehende Salzsäure gebunden. Die Chlorierung soll möglichst bei pH-Werten um den Neutralpunkt erfolgen, da die Entkeimungskraft der unterchlorigen Säure mit steigendem pH-Wert abnimmt.

Eine kontinuierliche Chlorierung muß über die zu messende Chlorzehrung des Kühlwassers hinausgehen, um ein keimfreies Kühlwasser zu erreichen und gleichzeitig organische Beläge im Kühlwassersystem zu vermeiden. Es gibt allerdings Lebewesen, z. B. einige Blaualgenarten, die gegen einen gleichmäßigen Chlorgehalt im Wasser immun werden, so daß in diesem Fall noch Schwermetallspuren zuzugeben sind. Wirtschaftlicher und wirksamer ist eine Stoßchlorierung des Kühlwassers, wobei in Abständen von mehreren Stunden auf die Dauer von etwa 10 Minuten so große Chlormengen über die Chlorzehrung hinaus (2 bis 6 mg Cl_2/l) zugeführt werden, daß die Mikroorganismen fast augenblicklich absterben. Die Chlorzugabe erfolgt am zweckmäßigsten in die Saugseite der Kühlwasserpumpen, da durch die Wirbelung innerhalb der Pumpen eine gute Durchmischung erreicht wird. Über die Dosierungsmöglichkeiten von Chlor wurde bereits im Abschn. III i (S. 446) gesprochen.

Für Werkwasserkühlsysteme wird vielfach mechanisch gereinigtes Trinkwasser verwendet, sofern die Karbonathärte 6 °dH und die auftretende Temperatur 60 °C möglichst nicht übersteigen. Bei Verwendung von entkarbonisiertem Wasser ist darauf zu achten, daß das Wasser noch ausreichende Mengen an Schutzschichtbildnern enthält. Wesentlich günstiger und betriebssicherer gestaltet sich die Verwendung eines geschlossenen Werkskühlwasserkreislaufes. Bei diesem wird als Betriebsmittel am zweckmäßigsten vollentsalztes Wasser verwendet, dem zum Korrosionsschutz ausreichende Mengen Hydrazin (etwa 300 mg/l) oder filmbildende Amine zugesetzt werden. Ein ins Gewicht fallender Hydrazinverbrauch findet dabei nicht statt. Die auftretende Wärme wird über einen Wärmeaustauscher, dessen Kühlung mit Frisch- oder Rückkühlwasser erfolgt, abgeführt.

Es würde an dieser Stelle zu weit führen, sämtliche Möglichkeiten der Kühlwasserbehandlung und des Korrosionsschutzes eingehend zu erörtern. Es soll lediglich noch ein kurzer Überblick über die in den USA[1] gebräuchlichen Methoden der Kühlwasserbehandlung gebracht werden. Hier erfolgt nur in seltenen Fällen eine chemische Aufbereitung des Zusatzwassers außerhalb des Kühlsystems. Häufig wird lediglich eine innere Kühlwasserbehandlung vorgenommen. Diese vereinfacht zwar die Zusatzwasserversorgung, ist jedoch im allgemeinen mit höheren Betriebskosten verbunden.

[1] McKelvey, K. K., u. M. Brooke: The Industry Cooling Towers, New York: Elsevier 1959.

Zur Verhinderung von Ablagerungen bedient man sich insbesondere der pH-Werterniedrigung durch Säurezugabe und der Stabilisierung der Härte durch Chelat-Bildner. Bei diesen handelt es sich um organische Stoffe, die mit den Härtebildnern Komplexverbindungen eingehen und damit eine Ausfällung unterbinden. Ein Korrosionsschutz wird hauptsächlich durch kontrollierte Ablagerungen (Schutzschichtbildung), durch Korrosionsinhibitoren oder durch kathodischen Schutz erreicht, meistens durch Polyphosphate in Verbindung mit anodischen Inhibitoren. Am gebräuchlichsten sind Chromate, verwendbar aber auch Persulfate, Ferricyanide, Nitrite, Zinksalze, Kupfersalze, Chlorate, Permanganate, Glucosate, Äthylendiamintetraessigsäure und Zitronensäure. Ebenso vermindert kristalline Kieselsäure (30 bis 40 mg/l) bei pH-Werten um 8,6 bei Cl- und SO_4-Gehalten bis zu 500 mg/l die Korrosionsrate. Auch Polyphosphat-Chromat-Zinksalz-Kombinationen sowie Chromat-Fluorid-Kombinationen geben einen guten Korrosionsschutz. Die Inhibitorwirkung ist bei pH-Werten zwischen 6,0 und 6,5 am wirksamsten. Die gewünschte pH-Werteinstellung erfolgt mit Hilfe von Schwefelsäure oder Schwefeldioxid.

Die Stabilität eines Kühlwassersystems in bezug auf Härteablagerungen läßt sich nach dem Stabilitäts-Index von FITZPATRICK[1] berechnen:

$$S.\,I. = 22{,}7 - (\log Ca + \log Alk) - \mathrm{pH}_0$$

$S.\,I.$ = Stabilitätsindex

Ca = Calciumgehalt, eingesetzt als mg $CaCO_3$/l

Alk = Gesamtalkalität, eingesetzt als mg $CaCO_3$/l

pH_0 = pH-Wert des Systems

Voraussetzung ist, daß die Temperatur des Wasserfilms an Wärmeaustauschern unter 60 °C liegt und der Gesamtsalzgehalt mehr als 2000 mg/l beträgt. Ablagerungen von Calciumkarbonat werden verhindert, wenn der Stabilitäts-Index $< 6{,}0$, bei Gegenwart von Polyphosphaten $> 4{,}0$ ist. Zur Verhinderung von Gipsausscheidungen muß folgende Forderung erfüllt sein:

$$\mathrm{mg\ Ca/l} \cdot \mathrm{mg\ SO_4/l} < 500\,000.$$

Zur Beurteilung der Aggressivität eines Wassers dient der *Langelier-Index*[2]:

$$LI = \mathrm{pH}_0 - \mathrm{pH}_g,$$

worin

pH_0 = pH-Wert des Systems,

pH_g = pH-Wert eines Gleichgewichtswassers mit der gleichen Karbonathärte.

Ein Wasser befindet sich dann im Gleichgewicht, wenn es gerade so viel freie Kohlensäure enthält, daß die Karbonathärtebildner in Lösung gehalten werden. Bei einem negativen Langelier-Index besitzt das Wasser aggressive Eigenschaften, bei einem positiven Index fällt ein Teil der Karbonathärtebildner aus. Anzustreben ist daher ein Index von Null.

Ablagerungen im Kühlsystem können auch durch Schwebestoffe, insbesondere durch biologisches Wachstum im Kühlturm, entstehen. Schwammbildende Organismen sind vor allen Dingen Bakterien, Algen und Pilze. Diese Organismen von gelatinöser Natur bilden an Rohrwandungen semipermeable Membranen, die durch Anreicherung von Sauerstoff Korrosionen zur Folge haben. Als Gegenmaßnahme haben sich folgende Mittel bewährt:

---

[1] FITZPATRICK, L. W.: Industry and Power Bd. 67 (1954), Nr. 1, S. 78.

[2] LANGELIER, W. F.: The analytical control of anti-corrosion water treatment. J. Amer. Wat. Wks. Ass. Bd. 28 (1936), S. 1500.

Kupfersalze

Die zuzusetzende Menge ist abhängig von der Art der Organismen und muß experimentell ermittelt werden. Bei höheren pH-Werten wird die keimtötende Wirkung durch Fällung der Cu(II)-Ionen als Hydroxid aufgehoben, sofern nicht aliphatische Oxycarbonsäuren oder deren Salze in Mengen von 0,5 bis 1 mg/l zur Komplexbildung zugesetzt werden.

Quecksilbersalze

Diese sind, besonders in Form von Phenyl-Quecksilberverbindungen, sehr wirkungsvoll. Infolge der Giftigkeit der Quecksilberverbindungen ist jedoch Vorsicht geboten, besonders wegen der Versprühungsgefahr in Wohngegenden.

Kaliumpermanganat

Dieses besitzt gegenüber Mikroorganismen eine hohe Toxität. Der Verbrauch steigt allerdings an, da sowohl tote als auch lebende Organismen $KMnO_4$ reduzieren. Dabei wirkt sich die Niederschlagbildung von MnO_2 im Kühlsystem nachteilig aus.

Quartäre Ammoniumverbindungen

Diese besitzen gegenüber Algen und einige Verbindungen auch gegenüber Bakterien in relativ hoher Konzentration eine wirkungsvolle Toxität. Nachteilig ist die teilweise vorhandene Flüchtigkeit im Kühlturm, die Adsorption durch organische Stoffe und das Nachlassen der keimtötenden Wirkung bei hohen Salzkonzentrationen.

Phenol-Verbindungen

Besonders wirkungsvoll hat sich das Natrium-Pentachlorophenolat erwiesen. Erforderlich sind etwa 200 mg/l, wobei die diskontinuierliche Zugabe wirkungsvoller und wirtschaftlicher ist. Die Häufigkeit der Behandlung in Tagen ergibt sich zu

$$t = 2{,}309\left(\log \frac{K_A}{K_E}\right) \cdot \frac{V_G}{V_A} \,.$$

Hierin bedeuten:

t = Anzahl der Tage

K_A = Anfangskonzentration

K_E = Endkonzentration

V_G = Gesamtes Kühlsystemvolumen

V_A = Abschlämmenge in m^3/Tag

Verwendet werden auch andere chlorierte Phenolverbindungen und Kombinationen von diesen mit Kupfersalzen. Die diskontinuierliche Zugabe liegt dabei in den Grenzen von 60 bis 100 mg/l.

Chlor

Über die Chlordosierung wurde bereits berichtet. Die Erfahrungen in den USA sind die gleichen wie in Deutschland. Bei einem Überschuß von 0,5 mg Cl_2/l werden fast alle Mikroorganismen getötet, auch Bakterien. Brom ist teilweise noch wirkungsvoller, die Handhabung ist jedoch gefährlicher.

Algezide

Diese werden wegen der höheren Betriebskosten nur in kleineren Anlagen eingesetzt. Da die Algezide flüssig sind, ist ihre Handhabung einfacher und ungefährlicher. Die Art wird zweckmäßigerweise von Zeit zu Zeit gewechselt, da manche Organismen mit der Zeit gegenüber den einzelnen Algeziden immun werden.

Schadensursachen und Gegenmaßnahmen bei Holzeinbauten von Kühltürmen

Auch an hölzernen Kühltürmen oder Holzeinbauten der Kühltürme können Schäden auftreten. Als Schadensursache kommen in Frage:

1. Erosion durch herabfallendes Wasser,
2. Auslaugung chemischer Verbindungen des Holzes,
3. chemische Zerstörung durch Bestandteile des Wassers,
4. Zerstörung durch Mikroorganismen, die Holz als Nahrung verwenden.

Als Holzschutz haben sich vor allen Dingen Imprägnierungsmittel bewährt. Genannt seien Kupfer-Chromsalz-Kombinationen, chromarsenhaltige Fluorsalze, Zink- oder Quecksilberverbindungen, organische Verbindungen wie Teere und deren Destillationsprodukte, Phenole, Chlornaphthalin und Kohlenwasserstoffe. Die Lebensdauer der Hölzer wird durch diese Behandlung wesentlich verlängert.

Dritter Teil

Rohrleitungen und Armaturen

Von Ludwig Haenisch

A. Rohrleitungen

I. Grundlagen

a) Rohrschaltpläne

Der Rohrschaltplan wird aus dem Wärmegrundschaltplan entwickelt. Er enthält außer den Hauptleitungen alle für den Betrieb der Anlage erforderlichen Nebenleitungen.

Beim Aufbau eines Rohrschaltplanes sind zweckmäßigerweise folgende Punkte zu berücksichtigen, um eine gute Übersichtlichkeit zu gewährleisten:

1. Allgemein eingeführte Sinnbilder verwenden.
2. Die Sinnbilder für Apparate und Behälter in waagerechter und senkrechter Richtung ordnen. Dies kann z. B. nach Druckstufen, Höhenlagen im Kraftwerk oder nach der Grundrißanordnung geschehen.
3. Die Linienzüge der Rohrleitungen mit möglichst wenig Umlenkung oder Vermeidung von Kreuzungen führen.
4. Haupt- und Nebenleitungen in unterschiedlichen Strichstärken darstellen. Zugehörige Sinnbilder in abgestuften Größen eintragen.
5. Möglichst gleichmäßige Abstände der einzelnen Linienzüge in der waagerechten und senkrechten Richtung wählen.
6. Die Armaturensinnbilder in geordneter Weise wie z. B. in gleicher Höhe einzeichnen.
7. Klar mit abgekürzten technischen Daten beschriften.

Für die Bearbeitung größerer Anlagen ist eine Untergliederung in Einzelschaltpläne erforderlich. Jeder Rohrschaltplan umfaßt möglichst ein abgeschlossenes Rohrnetz, z. B. für Speisewasser, Frischdampf, Entnahmen, Kondensat, ferner Kühlwasser, Werkswasser usw.

Eine weitere Aufgliederung kann nach den Druckstufen, die durch die Betriebsverhältnisse bestimmt sind, vorgenommen werden. Neben diesen Schaltplänen der einzelnen Rohrnetze ist auch ein Gesamtrohrschaltplan mit allen Einzelheiten der Meß- und Regeltechnik notwendig.

Für die Darstellung der Rohrleitungen, Maschinen, Apparate, Behälter, Absperrorgane usw. in den Rohrschaltplänen sollen weitestgehend die Sinnbilder für die Wärmekraftanlagen nach DIN 2481 (vgl. auch Erster Band, S. 62) verwendet werden. Diese Sinnbilder sind vorwiegend für Wärmeschaltpläne gedacht und lassen sich deshalb nicht im vollen Umfang auf die Rohrschaltpläne übertragen. Soweit zweckmäßig, sind daher auch die Sinnbilder für Rohrleitungen nach DIN 2429 zu benutzen.

Viele Anlageteile besitzen eine große Anzahl Rohrleitungsanschlüsse für die verschiedensten Zwecke, die beim Einzeichnen am Normsinnbild nicht klar wiederzugeben oder zu erkennen sind, z. B. bei einem Vorwärmer. In diesem Falle ist ein Sinnbild zu wählen, das ebenso übersichtlich und einprägsam ist und an dem sich die Rohranschlüsse eindeutig darstellen lassen.

In den meisten Fällen ist bereits im Rohrschaltplan eine Wiedergabe der einzelnen Anlageteile nach örtlichen Gesichtspunkten angezeigt.

Zur klaren Kennzeichnung der zur Rohrleitungsanlage gehörenden Teile, insbesondere Armaturen, ist eine klar gegliederte Positionierung durch Zahlen, Buchstaben oder dergleichen durchzuführen.

In Ergänzung der Positionierung bewährte es sich, die technischen Einzelheiten der einzelnen Rohrstränge und Armaturen in getrennten, den Rohrschaltplänen zugeordneten Auslegungs- und Armaturenlisten zusammenzufassen.

b) Normung

Die umfangreiche deutsche Normung im Rohrleitungsbau besteht zum Teil schon seit 30 Jahren und ist durch die technische Entwicklung — besonders für Hochdruckleitungen — nur noch bedingt anwendbar. Die etwa bis 1945 vorgenommene Normung basierte auf Dampfzuständen bis maximal 200 atü und 400 °C, umfaßt also den Anwendungsbereich unlegierter Kohlenstoffstähle. In der Nachkriegszeit hat die Kraftwerkstechnik eine stürmische technische Entwicklung erfahren, so daß heute bereits Anlagen mit Dampfzuständen bis 350 atü, 680 °C im Betrieb sind. Der intensiven Arbeit der Normenausschüsse ist es zu danken, daß in der Zwischenzeit eine große Anzahl wichtiger Rohrleitungsnormen der heutigen Hochdrucktechnik angeglichen werden konnte.

Neben diesen bereits bestehenden Normen, die über den Normenausschuß zu beziehen sind und von deren Aufführung abgesehen wird, gelten als Grundlage für die Rohrleitungstechnik auch noch die nicht an eine Normung gebundenen *VGB-Richtlinien für den Bau und die Bestellung von Heißdampfrohrleitungen und Speisewasserdruckleitungen, 6. Ausgabe, 1965.* Darüber hinaus wird auch auf die von der Vereinigung der Technischen Überwachungsvereine e.V. Essen herausgegebenen AD-Merkblätter für Armaturen, Berechnung von Druckbehältern usw. verwiesen.

II. Hochdruckrohrleitungen

Im Kraftwerksbau versteht man unter Hochdruckrohrleitungen alle Hauptleitungen, die unmittelbar am Kessel anschließen bzw. mit dem Druckkreislauf des Kessels in Zusammenhang stehen.

Zu den Hochdruckleitungen gehören deshalb außer den Frischdampfleitungen zwischen Kessel und Turbine und der Speisewasserdruckleitung auch die kalten und heißen Zwischenüberhitzer-Dampfleitungen mit den dazugehörenden Nebenleitungen. Zweckmäßig sollten in diese Leitungsgruppe auch diejenigen Entnahmeleitungen einbezogen werden, die über dem Turbinen-Trenndruck der Zwischenüberhitzung liegen.

a) Richtlinien für die Auslegung

Für die Auslegung maßgebende Gesichtspunkte sind vor allem:

Durchsatzmenge,
Druck und Temperatur,
zulässiger Druckverlust,
Anzahl der Kessel je Turbineneinheit,
Anzahl der Turbinenanschlüsse,
Anzahl der Speisepumpen,
räumliche Anordnung von Kesseln, Turbinen, Speisepumpen und Vorwärmer zueinander.

Eine möglichst geringe Anzahl paralleler Rohrstränge bei Verwendung kleinster erreichbarer Rohrdurchmesser und Wandstärken ist anzustreben.

Bei Anlagen mit größeren Blockleistungen bis etwa 300 MW ergaben sich bisher zwei parallele Rohrstränge je Leitungsart als günstigste Lösung, da bei diesen Anlagen sowohl die Kessel als auch die Turbinen meist je zwei Ein- und Austrittsstutzen besitzen (vgl. Erster Band, S. 744 und 847). Mehr als zwei Frischdampf-Eintrittsstutzen weisen bisher nur die Turbinen von Hochtemperaturanlagen über etwa 560 °C und Turbinen großer Leistungen über 200 MW auf.

Bei zwei Parallelsträngen je Leitungsart wird die erforderliche Temperaturmischung für die Frischdampf- und heißen ZwÜ-Leitungen durch Einschaltung von Misch-Formstücken bzw. Mischstrecken erreicht.

Sind zwei Parallelstränge nicht ausreichend, so sollte eine durch zwei teilbare Anzahl von Rohrsträngen gewählt werden, um günstige symmetrische Anordnung und zwecks Temperaturmischung eine paarweise Zusammenführung der Einzelstränge zu ermöglichen.

Inzwischen sind jedoch auch bei Blockleistungen von 150 bis 250 MW mit gutem Erfolg unabhängig von der Anzahl der Kessel- und Turbinenstutzen Einstrangausführungen gebaut worden. Da die Ausführung mit nur einem Rohrstrang unzweifelhaft wirtschaftliche Vorteile bietet, sollten bei künftigen Kraftwerksprojekten mit großen Leistungen Untersuchungen in dieser Richtung angestellt werden.

Mehrfachstränge — entsprechend der Anzahl der Turbineneintritte — sind ebenfalls dann wirtschaftlich, wenn auf eine Dampfmischung verzichtet werden kann. Dies setzt jedoch voraus, daß die kesselseitigen Temperaturschwankungen mit Sicherheit die turbinenseitig zulässigen Grenzwerte nicht überschreiten.

Für die Querschnittsbestimmung der Rohrleitungen können als erste Annahme die in Tabelle 32 zusammengefaßten Erfahrungsmittelwerte verwendet werden.

Die tatsächliche Rohrlänge wird von den baulichen Gegebenheiten (Lage der Anschlüsse zueinander!) und der erforderlichen Kompensation der Wärmespannungen bestimmt. Jedes Rohrleitungssystem muß statisch weich sein. Parallelstränge müssen deshalb möglichst symmetrisch angeordnet werden. Die Reaktionskräfte auf die Anschlußpunkte, besonders die Turbinen- und Speisepumpenstutzen, müssen gering sein (vgl. Erster Band, S. 896).

Eine günstige Beeinflussung der Reaktionskräfte kann außerdem durch eine Vorspannung der Rohrleitungen erreicht werden. Bei Hochtemperaturleitungen wird sich im Verlaufe der Betriebszeit durch den natürlichen Spannungsabbau infolge Kriechverhalten des Werkstoffes die Spannungsbeanspruchung der warmen Leitung gegenüber dem Montagezustand verringern. Durch diesen Vorgang wird sich schließlich ein Kräfteverhältnis zwischen kaltem und warmem Zustand von 6 : 4 bis 7 : 3 einstellen. Erfahrungsgemäß liegen hierbei die Reaktionskräfte z. B. am Turbinen-Eintrittsstutzen am günstigsten.

Die zulässigen Turbinen-Anschlußkräfte können je Stutzen in Abhängigkeit von Gehäusebauart, Turbinengröße und Höhe der resultierenden Gesamtkräfte zwischen 500 und 3000 kp Zug- oder Druckkraft bzw. 1500 und 6000 mkp Moment je Anschlußstutzen liegen. Für Speisepumpen gilt sinngemäß das gleiche, jedoch liegen die Werte wesentlich niedriger.

Eine verbindliche Genehmigung der von der Rohrleitungsfirma errechneten Reaktionskräfte kann nur von dem Turbinen- bzw. Pumpenhersteller erfolgen, da für die Beurteilung der Zulässigkeit allein die resultierenden Beanspruchungen aus allen inneren und äußeren Kräften und Momenten maßgebend sind. Je nach Konstruktion der Turbinen oder der Pumpen sind daher Abweichungen von den genannten Werten möglich.

Ein weiches Rohrleitungssystem setzt ein geringes Widerstandsmoment der Rohre voraus. Es sind also kleine Rohrdurchmesser und kleine Wandstärken anzustreben. Je größer das Widerstandsmoment des ermittelten Rohres ist, desto größer werden die erforderlichen Kompensationslängen, d. h. die erforderlichen geraden Rohrschenkel oder die besonders angeordneten Kompensationsbogen.

Statisch günstig sind Rohrsysteme, bei denen in allen drei Ebenen etwa gleich lange gerade Rohrschenkel vorhanden sind. Große Kompensationslängen sind bei den kostenmäßig bedingten engen Raumverhältnissen der modernen Kraftwerke nur schwer unterzubringen. Die bessere Lösung für ein statisch weiches Rohrleitungssystem sind auf jeden Fall kleine Rohrdurchmesser.

Tabelle 32. *Auslegung von*

Betriebsdruck [ata]			
Frischdampf	80	145	180
Zwischenüberhitzer (Turbinentrenndruck)	—	rd. 25	rd. 40
Speisewasser	100—140	190—250	230—300
Betriebstemperatur [°C]			
Frischdampf	490—510	510—530	530—550
Heiße ZwÜ	—	510—530	530—550
Kalte ZwÜ	—	290—330	280—360
Werkstoff	13CrMo44	13CrMo44	10CrMo910
Frischdampfleitung		10CrMo910	14MoV63 X20CrMoV121
Heiße ZwÜ-Leitung	—	13CrMo44 10CrMo910	10CrMo910 14MoV63
Kalte ZwÜ-Leitung	—	15Mo3	15Mo3
Speisewasser-Druckleitung	St 35.8	15Mo3	13CrMo44
Strömungsgeschwindigkeiten [m/s]			
Frischdampfleitung	40—50	35—45	30—40
Heiße ZwÜ-Leitung	—	35—40	30—40
Kalte ZwÜ-Leitung	—	30—40	25—35
Speisewasser-Druckleitung	1,5—2,0	1,5—2,5	2,5—4,0
Druckverlust für Rohrleitungen und Normalarmaturen [ata]			
Frischdampfleitung	2—3	3—4	5—6
Heiße ZwÜ-Leitung	—	0,5	0,8
Kalte ZwÜ-Leitung	—	0,4	0,5
Speisewasser-Druckleitung	2	2—3	2—4

Bei großen Blockeinheiten mit geringer Strangzahl (d. h. große Nennweiten mit spezifisch niedrigen Δp)

Kleine Rohrweiten ergeben jedoch große Druckverluste, wodurch der Wirkungsgrad der Anlage vermindert wird. Der Forderung nach einem statisch weichen Rohrsystem steht also die Forderung nach geringem Druckverlust entgegen.

Das Optimum zwischen diesen Forderungen ist dann gegeben, wenn die höheren Investitionskosten für größere Rohrdurchmesser in einem ausgewogenen, d. h. wirtschaftlichen Verhältnis zu den eingesparten Druckverlusten und damit den laufenden Betriebskosten stehen.

Die Werte der Tabelle 32 sind Erfahrungs-Mittelwerte und können als Anhaltswerte bei der Projektierung übernommen werden. Von Fall zu Fall ist jedoch eine eingehende Überprüfung unumgänglich, ob das wirtschaftliche Optimum tatsächlich erreicht wird.

Für verschiedene Arten von Rohrleitungen ist eine Auslegung nach wirtschaftlichen Gesichtspunkten ohne Bedeutung, wie z. B. für die Kessel-Anfahr- und -Abfahrleitung, die verschiedenen Einspritzleitungen und Sicherheitsleitungen. Diese Leitungsgruppen sind grundsätzlich anderen Auslegungsbedingungen unterworfen.

Die Anfahrleitung eines Kessels unterliegt einer sehr stark wechselnden Beanspruchung durch die kurzfristig aufeinander folgende Durchströmung von Wasser, Satt- und Heißdampf verschiedenen Druckes. Der kurzfristige Temperaturwechsel erfordert einen gegen Temperaturschocks unempfindlichen Werkstoff und möglichst dünne Rohrwandstärken.

Da die Anfahrleitung ohnehin über eine Druckminderanlage in das Mitteldrucknetz geleitet wird, spielt der Druckverlust keine Rolle. Es können also auch kleine Rohrdurchmesser mit entsprechend kleinen Rohrwandstärken verwendet werden.

Der kleine Rohrdurchmesser ermöglicht gleichzeitig auch eine statisch weiche Rohrführung, die sich günstig für die Aufnahme der durch die häufigen Temperaturwechsel auftretenden Längenänderungen auswirkt. Es wird aber darauf hingewiesen, daß die

Hochdruckleitungen

180	250	250	250
rd. 40	rd. 60	rd. 60	rd. 60
230–300	300–400	300–400	300–400
550–580	530–550	550–580	580–650
550–580	530–550	550–580	580–650
320–380	280–380	320–400	370–450
X20CrMoV121	14MoV63	X20CrMoV121	X8CrNiMoVNb1613
X8CrNiMoVNb1613	X20CrMoV121	X8CrNiMoVNb1613	X8CrNiMoNb1616
X20CrMoV121	10CrMo910	X20CrMoV121	X8CrNiMoVNb1613
	14MoV63	X8CrNiMoVNb1613	X8CrNiMoNb1616
15Mo3	15Mo3	15Mo3	15Mo3
oder Feinkornstähle: 20MnMo45, 15NiCuMo5, 17MnMoV64			
30–40	25–35	25–35	25–35
30–40	25–35	25–35	25–35
25–35	20–30	20–30	20–30
2,5–4,0	3,0–4,5	3,0–4,5	3,0–4,5
5–7	8–9	8–10	9–12
0,8	1,0	1,0	1,2
0,5	0,7	0,7	0,8
2–4	3–5	3–5	3–5

können höhere Geschwindigkeiten als in der Tabelle genannt wirtschaftlich sein.

Anfahrleitung auch großen dynamischen Beanspruchungen unterworfen ist und deshalb sicher gehaltert werden muß. Zur Vermeidung von Ausdampfungen innerhalb der Anfahrleitung, womit eine erhebliche Steigerung der dynamischen Beanspruchung bedingt wäre, wird empfohlen, das Anfahr-Regelventil unmittelbar am Eintrittsstutzen des Anfahrentspanners anzuordnen.

Als Erfahrungswerte für die Durchmesserbestimmung der Anfahrleitungen können folgende Geschwindigkeiten angesetzt werden:

a) während der Wasserphase 4 bis 5 m/s,

b) während des Wasserpfropfens maximal 12 m/s,

c) während der Dampfphase bis zu 70 m/s.

Für Sicherheitsleitungen ist bei der Durchmesserbestimmung auf den vom Ventilhersteller zu nennenden zulässigen Druckverlustwert in den Zuführungsleitungen zu den Ventilen zu achten, um kontinuierliches Arbeiten der Sicherheitsventile zu gewährleisten (s. auch Abschn. B V, S. 543).

Unabhängig von vorstehenden Sonderbedingungen sollten Dampfgeschwindigkeiten von maximal 70 bis 80 m/s nicht überschritten werden, um Geräuschbildungen zu vermeiden.

Grundsätzlich ist bei allen Überlegungen für die Auslegung der Rohrleitungsanlage neben den technischen und wirtschaftlichen Belangen auch die betriebliche Seite zu berücksichtigen. Es ist deshalb eine möglichst einfache, gegen Betriebsstörungen unempfindliche Schaltung anzustreben, in der auch den Armaturen besondere Beachtung zu schenken ist.

Bei Blockanlagen mit einem Kessel und einem Vorwärmerstrang ohne Umführungsleitung ist die geringste Anzahl Armaturen erforderlich, da hier dampfseitig nur der Kessel-Frischdampfschieber und speisewasserseitig außer dem Kesselschieber nur noch die Pumpenarmaturen erforderlich sind.

Blockanlagen mit zwei Halblast-Kesseln erfordern dagegen zur Erreichung der gesetzlich vorgeschriebenen Sperrstrecken Doppelabsperrungen auf der Frischdampf- und Speisewasserdruckseite und mindestens je einen Absperrschieber am Zwischenüberhitzer-Ein- und -Austritt. Weiterhin ist auf der kalten ZwÜ-Seite und auf der Speisewasserdruckseite eine Mengenregelung erforderlich, wofür meist besondere Armaturen verwendet werden.

Werden die HD-Vorwärmer umführt oder in zwei bzw. mehr parallele Stränge aufgeteilt, so sind für die dann notwendigen Ab- und Umschaltungen weitere Armaturen erforderlich (s. auch Abschn. B IV, S. 535).

Querverbindungen zwischen zwei Blocks sollte man vermeiden, zumal hierdurch weitere Armaturen bedingt sind.

b) Wirtschaftlichkeit

Die Mittelwerte nach Tabelle 32 entsprechen einer langjährigen Erfahrung und genügen für die erste überschlägliche Auslegung einer Rohrleitungsanlage. Da jedoch bei jeder Anlage die Voraussetzungen verschieden sind, ist vor einer endgültigen Festlegung eine genauere wirtschaftliche Durchrechnung unter Anwendung der für die jeweilige Anlage bekannten Grundkosten zweckmäßig. Der wirtschaftliche Rohrdurchmesser ist dann gegeben, wenn die Summe der Jahreskosten für Kapitaldienst und Druckverlust in der Rohrleitung am niedrigsten liegt. Normalerweise wird diese Ermittlung tabellarisch für eine größere Anzahl von Durchmessern vorgenommen. Eine in vielen Fällen gleichwertige Methode mit gleich gutem und ausreichend genauem Ergebnis zeigt nachstehende Annäherungsformel.

Wird der jährliche Kapitaldienst für die Erstellungskosten proportional d_i^2 und die jährlichen Betriebskosten für den Druckabfall proportional d_i^{-5} gesetzt, ergibt sich der jährliche Gesamtaufwand zu

$$K = K_1 \cdot d_i^2 + K_2 \cdot d_i^{-5}.$$

Hierin bedeuten die Kostenfaktoren (bezogen auf $d_i = 1$)

K_1 = Feste Jahreskosten für 1 m betriebsfertig erstellte Rohrleitung $\times\ d_i^{-2}$,

K_2 = Druckverluste je m Rohrleitung $\times$ jährliche Kosten für 1 at Druckabfall $\times\ d_i^5$.

Die Gesamtkosten sind am geringsten, wenn der Innendurchmesser

$$d_i = \sqrt[7]{2{,}5 \cdot \frac{K_2}{K_1}}$$

beträgt.

Beispiel: Ermittlung des wirtschaftlichen Durchmessers einer zweisträngigen kalten Zwischenüberhitzerleitung.

Grundlagen:	Wärmekosten	8,50 DM/10^6 kcal,
	Vollaststunden	5000 h/Jahr,
	Kapitaldienst	12,5%,
	Turbinenleistung	120000 kW,
	spez. Wärmeverbrauch der Gesamtanlage	2300 kcal/kWh.

Ermittlung von K_1: Für 150 m (2 × 75 m) betriebsfertig erstellte Rohrleitung mit 457,2 mm äußerem Durchmesser und 14,2 mm Wandstärke betragen die Kosten für

Rohrleitungsmaterial, Biegungen, Schweißungen usw.	132000 DM
Rohrleitungsunterstützungen	18000 DM
Prüfungen	7000 DM
Montage	54000 DM
	211000 DM

Somit Anlagekosten je m betriebsfertig erstellte Rohrleitung mit dem Innendurchmesser $d_i = 428{,}8$ mm:

$$\frac{211\,000}{150} = 1410 \text{ DM},$$

und

$$K_1 = \frac{1410 \cdot 0{,}125}{428{,}8^2} = 0{,}96 \cdot 10^{-3} \text{ DM/m, Jahr.}$$

Ermittlung von K_2: Der Wärmeverbrauch der Turbine steigt bei einer Atmosphäre zusätzlichen Druckabfalls im Zwischenüberhitzer um rd. 0,28%, das sind

$$0{,}0028 \cdot 2300 = 6{,}44 \text{ kcal/kWh},$$

mithin jährliche Kosten: $6{,}44 \cdot 120000 \cdot 5000 \cdot 8{,}5 \cdot 10^{-6} = 32900$ DM/Jahr, at.

Druckverlust für zwei Rohrstränge je 75 m Länge mit

Dampfmenge $\frac{376}{2} = 188$ t/h,

Dampfzustand 44,6 ata, 344 °C; $\varrho = 16{,}5$ kg/m³,
Rohrleitungsbeiwert $\lambda = 0{,}016$ (für angenommenen Durchmesser $d_i \sim 430$ mm),
natürliche Rohrlänge $l = 75$ m.

Zusätzliche Widerstandslänge für acht rechtwinklige Krümmer und zwei T-Stücke mit einem gesamten Widerstandsbeiwert $\Sigma\xi = 1{,}64$

$$l_z = \frac{1{,}64 \cdot 430}{1000 \cdot 0{,}016} = 44 \text{ m}$$

je m Widerstandslänge $(l + l_z)$

$$\Delta p_w = \frac{638 \cdot 0{,}016 \cdot 1 \cdot 188^2 \cdot 10^6}{16{,}5 \cdot d_i^5} = 2{,}19 \cdot 10^{10} \cdot d_i^{-5} \text{ at},$$

bezogen auf 1 m natürliche Rohrlänge

$$\Delta p = \Delta p_w \cdot \frac{l + l_z}{l},$$

$$\Delta p = 2{,}19 \cdot 10^{10} \cdot d^{-5} \cdot \frac{75 + 44}{75} = 3{,}48 \cdot 10^{10} \cdot d_i^{-5} \text{ at}.$$

Somit

$$K_2 = 3{,}48 \cdot 10^{10} \cdot d_i^{-5} \cdot 32900 \cdot d_i^5 = 11{,}45 \cdot 10^{14} \text{ DM/m, Jahr.}$$

Wirtschaftlicher Durchmesser:

$$d_i = \sqrt[7]{2{,}5 \cdot \frac{11{,}45 \cdot 10^{14}}{0{,}96 \cdot 10^{-3}}} = \sqrt[7]{29800 \cdot 10^{14}},$$

$$d_i = 435 \text{ mm}.$$

Durch den hohen Exponenten der Wurzel ist ein ausgeprägtes Minimum vorhanden. Kleine Abweichungen in den für die Ermittlung der Kostenfaktoren einzusetzenden Werten beeinflussen das Ergebnis kaum.

Die Formel zeigt, daß nicht nur die technische Planung und damit die Herstellungskosten (z. B. Wahl des Werkstoffes), sondern auch die laufenden Betriebskosten einen entscheidenden Einfluß bei jeder wirtschaftlichen Rechnung ausüben.

Während der Projekteur die Herstellungskosten genau erfassen kann, ist er hinsichtlich der einzusetzenden Betriebskosten auf die Angaben der betrieblichen Seite angewiesen. Hierdurch können in Einzelfällen Abweichungen von den in Tabelle 32 genannten Mittelwerten vorkommen.

Ebenso sind Abweichungen von den Tabellenwerten dann möglich, wenn z. B. ein hochwertiger Werkstoff erforderlich ist, um die Wandstärken und damit Widerstandsmomente und Reaktionskräfte auf ein für die räumliche Unterbringung notwendiges Maß zu bringen.

Für die Zwischenüberhitzerleitungen muß die kalte und heiße Schiene gemeinsam betrachtet werden. Entscheidend ist hier der gesamte zugelassene Druckverlust. Je nach den vorhandenen Voraussetzungen kann die Wirtschaftlichkeitsprüfung es als zweckmäßig erscheinen lassen, den größeren Teil des Druckverlustes entweder auf die heiße oder auf die kalte Schiene zu legen. Im Normalfall wird die kalte ZwÜ-Leitung den geringeren Druckverlustanteil erhalten.

Eine Verwendung der Werkstoffe im höheren Temperaturbereich als in Tabelle 32 genannt ist möglich, da die theoretischen Temperaturgrenzen, von der Warmfestigkeit des Materials her betrachtet, wesentlich über den auf Erfahrungen beruhenden praktischen Temperaturgrenzen liegen.

c) Ausführungsbeispiele

Mit steigendem Energiebedarf wurden in den letzten Jahren auch in Deutschland die Blockleistungen erhöht. Als neue Standardgröße hat sich zunächst der 150 MW-Block durchgesetzt. Anlagen mit Blockleistungen bis 300 MW befinden sich bereits in Betrieb und in größerer Anzahl im Bau. Darüber hinaus sind Projekte für 600 MW-Blocks in Arbeit.

Beispiel 1: Die Rohrschaltpläne Abb. 428, 429 und 430 zeigen als Beispiel die Hochdruckrohrleitungen einer 1962/1964 ausgeführten 150 MW-Blockanlage mit zwei Halblastkesseln. Die Variante mit zwei Halblastkesseln wurde gewählt, weil hier gegenüber einer Vollastkesselanlage einige entscheidende interessante Schaltungsprobleme auftreten.

Ursprünglich war für die Frischdampfleitung ein durchlaufender Zweifach-Rohrstrang mit einer Temperatur-Mischstrecke aus dem Werkstoff 10CrMo910 geplant.

Die Lösung hatte sich angeboten, da durch die Halblastkessel zwangsläufig zwei Frischdampfaustritte und an der Turbine zwei Frischdampfeintritte vorhanden sind.

Unter Anwendung des Mittelwertes für die Strömungsgeschwindigkeit nach Tabelle 32 mit etwa 35 m/s ergaben sich zwei Parallelstränge aus dem Werkstoff 10CrMo910 mit 190 mm lichter Weite und 40 mm Mittelwandstärke. Es sollte lediglich eine Temperatur-Mischstrecke mit entsprechend größerem Rohrdurchmesser eingeschaltet werden.

Die Druckverlust-Nachrechnung ergab dann aber Werte, die wegen anlagebedingter Vorschriften zu hoch lagen. Die Einhaltung des zulässigen Druckverlustes wäre nur durch Vergrößerung des Doppelstrang-Rohrdurchmessers auf 205 mm lichte Weite oder durch Zusammenfassung des Doppelstranges zu einem Einfachstrang mit einem spezifisch niedrigeren Druckverlust möglich gewesen.

Unter Beibehaltung des Werkstoffes 10CrMo910 wurden jedoch Wandstärken errechnet, die auf Grund der räumlichen Unterbringungsmöglichkeiten ein zu starres Rohrleitungssystem mit unzulässig hohen Reaktionskräften ergaben.

Die Doppelleitung hätte eine Rohrdimension von 205 mm lichte Weite und 43 mm Wandstärke und der Einfachstrang 260 mm lichte Weite und 48,5 mm Wandstärke erhalten müssen.

Die Planung wurde deshalb auf die Verwendung eines Werkstoffes mit höheren Festigkeitswerten umgestellt, wobei die Wahl auf Stahl 14MoV63 fiel.

Dieser Stahl ermöglichte bei gleicher Wirtschaftlichkeit die Verlegung eines Einfachstranges mit geringerem Druckverlust bei einer Rohrdimension von 260 mm lichte Weite und nur 37 mm Mittelwandstärke. Die Anschlußleitungen für Kessel und Turbinen konnten mit 190 mm lichte Weite beibehalten und mit nur 27 mm Mittelwandstärke statisch günstig ausgelegt werden.

Die Zwischenüberhitzerleitungen sind doppelsträngig ausgeführt. Eine Ausführung als Einfachstrang war durch die räumlich ungünstige Lage der Kesselanschlüsse nicht durchführbar.

In Anlehnung an die Überlegungen für die Frischdampfleitungen wurde auch die heiße ZwÜ-Dampfleitung von dem Werkstoff 10CrMo910 auf 14MoV63 umgestellt. Bei

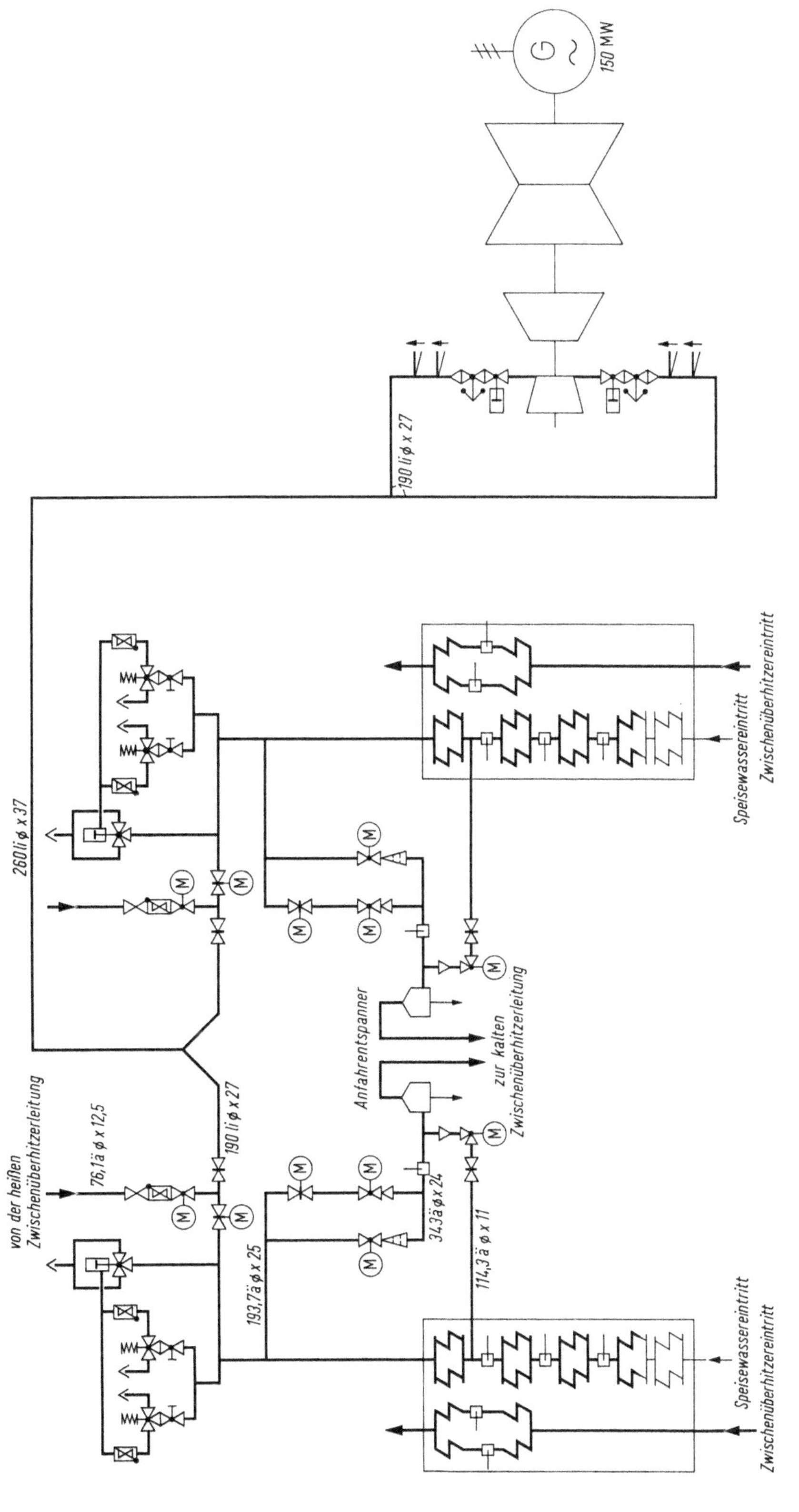

Abb. 428. Rohrschaltplan der Frischdampf- und Anfahrdampfleitungen eines 150 MW-Kraftwerkblockes mit zwei Halblastkesseln

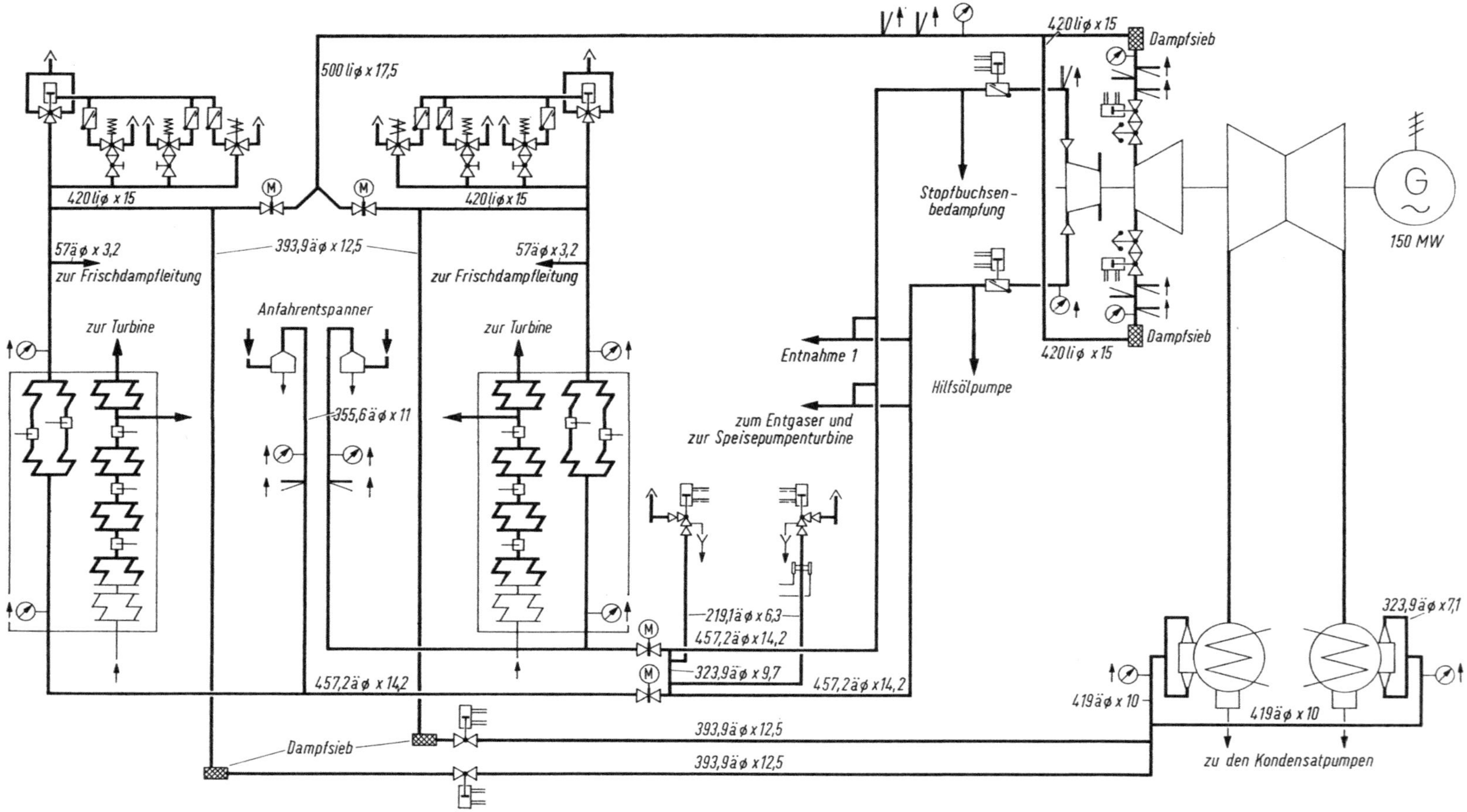

Abb. 429. Rohrschaltplan der kalten und heißen Zwischenüberhitzer-Dampfleitungen eines 150 MW-Kraftwerkblockes mit zwei Halblastkesseln

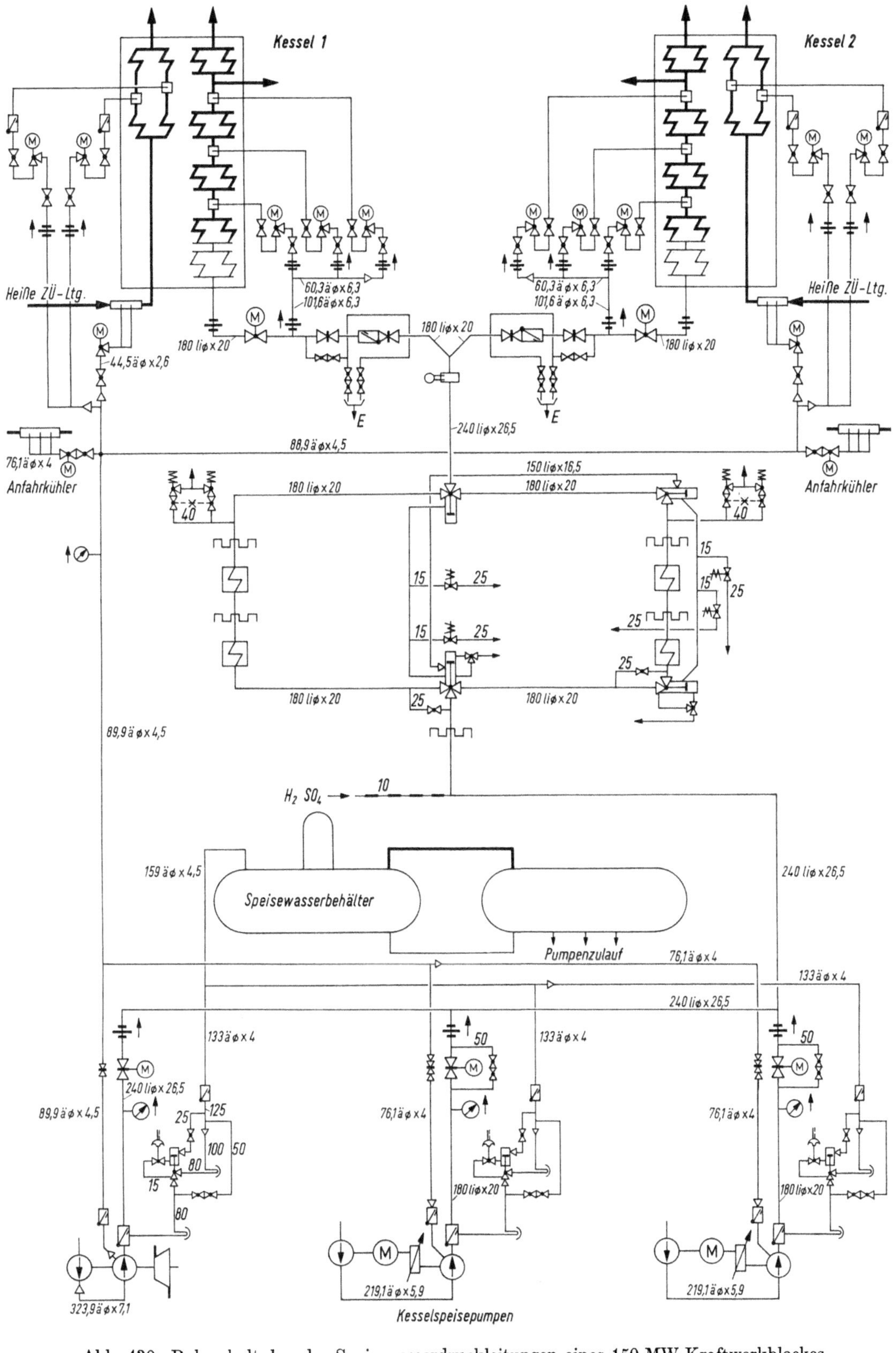

Abb. 430. Rohrschaltplan der Speisewasserdruckleitungen eines 150 MW-Kraftwerkblockes mit zwei Halblastkesseln

Verwendung von Rohren von 420 mm lichte Weite für die Doppelleitung wurde hierdurch eine Mittelwandstärken-Verminderung von 23 mm auf 15 mm erreicht.

Die räumliche Lage von Kessel-Speisewasserpumpen, Vorwärmer und Halblastkessel zueinander bedingt eine überdurchschnittlich lange Speisewasserdruckleitung, so daß sich die Verwendung eines Einfach-Rohrstranges zwangsläufig ergab. Bei der Speisedruckleitung ist mit Rücksicht auf die Empfindlichkeit der Speisepumpen gegen Reaktionskräfte (s. auch Abschn. II a, S. 468) in besonderem Maße auf eine statisch weiche Ausführung zu achten. Im vorliegenden Falle mußte wegen des räumlich bedingten Einfachstranges zur Erreichung möglichst geringer Wandstärken und damit zulässiger Reaktionskräfte an Stelle des bisher üblichen Rohrwerkstoffes 15Mo3 der Stahl 13CrMo44 gewählt werden. Zum Zeitpunkt dieser Entscheidung waren die heute verfügbaren Feinkornstähle 20MnMo45, 15NiCuMo5 und 17MnMoV64 noch nicht im Gespräch. Nachstehend sei noch auf folgende Einzelheiten der Schaltung der beschriebenen Anlage hingewiesen:

Auf der Frischdampfseite sind zwei parallele Anfahrleitungen vorgesehen. Im Normalfall übernimmt die eine Leitung den Anfahr- und Abfahrvorgang unterhalb etwa 400 °C. Die zweite Leitung übernimmt den Bereich über 400 °C sowie den Überströmbetrieb im Schnellschlußfalle. Das Überströmventil dieser Leitung wird also nur von Heißdampf durchströmt und ist dementsprechend mit Vielloch-Drosselscheiben für die Entspannung ausgerüstet.

Außer den Anfahr-Anwärmleitungen innerhalb eines Kesselsystems ist noch eine Querverbindung zur kalten ZwÜ-Leitung des jeweils anderen Kessels als Warmhalteleitung installiert.

Auf der ZwÜ-Seite sind bei Einkesselblocks keine besonderen Probleme vorhanden, da bei den Einspeisungen und Abgängen von Nebenleitungen freizügig disponiert werden kann.

Anders verhält es sich bei Doppelblocks gemäß der beschriebenen Anlage. Auf Grund der hier notwendigen Armaturen ist die Anordnung der Nebenleitungen von der örtlichen Lage der Armaturen abhängig. Zum Beispiel können die Überproduktionsleitungen zum Kondensator nicht in der Nähe von Kondensatoren abgezweigt werden, sondern sind vor den Kesselschiebern abzuzweigen. Hierdurch ergeben sich u. a. sehr lange Rohrstrecken und zusätzliche Dampfsiebe.

Bei der Schaltung der Speisewasserdruckleitung war die Auslegung der zwei parallelen Vorwärmerstränge für jeweils den vollen Durchsatz zu berücksichtigen. Die automatisch arbeitenden, hydraulisch betätigten Umschaltventile sind deshalb so ausgelegt und angeordnet, daß bei Ausfall eines Vorwärmerstranges die gesamte Speisewassermenge über den jeweils anderen Strang geleitet wird. Erst bei Ausfall auch des zweiten Stranges wird die gemeinsame Umführung geöffnet.

Beispiel 2: Die Abb. 431 bis 434 zeigen die Schaltpläne einer 250/270 MW-Blockanlage mit zwei Halblastkesseln.

Die *Frischdampfleitungen* (Abb. 431) sind für 260 atü, 545 °C ausgelegt. Ähnliche Überlegungen, wie sie beim Beispiel 1 zur Wahl des Werkstoffes 14MoV63 führten, ergaben hier als günstigste Lösung die Verwendung des hochwertigen Stahles X20CrMoV-121 bei der Zweistrangausführung mit den Abmessungen 230 mm lichte Weite und 33,5 mm Mindestwandstärke.

Zwecks Erzielung einer guten Mischtemperatur an den Turbineneintrittsstutzen wurden die beiden Stränge in einem Kugelkreuzstück zusammengefaßt und anschließend wieder in vier einzelne Stränge der Dimension 200 mm lichte Weite und 29 mm Mindestwandstärke aufgeteilt.

Die *heiße Zwischenüberhitzerleitung* (Abb. 432) wird von den 2×2 Kesselhälften aus ohne kesselseitige Dampfmischung viersträngig zur Turbine geführt. Normalerweise ist kesselseitig bereits eine Dampfmischung zwecks Erzielung gleicher Austrittstemperaturen üblich; damit ist dann in der Rohrleitung nur eine Mischung zwischen den Halblast-

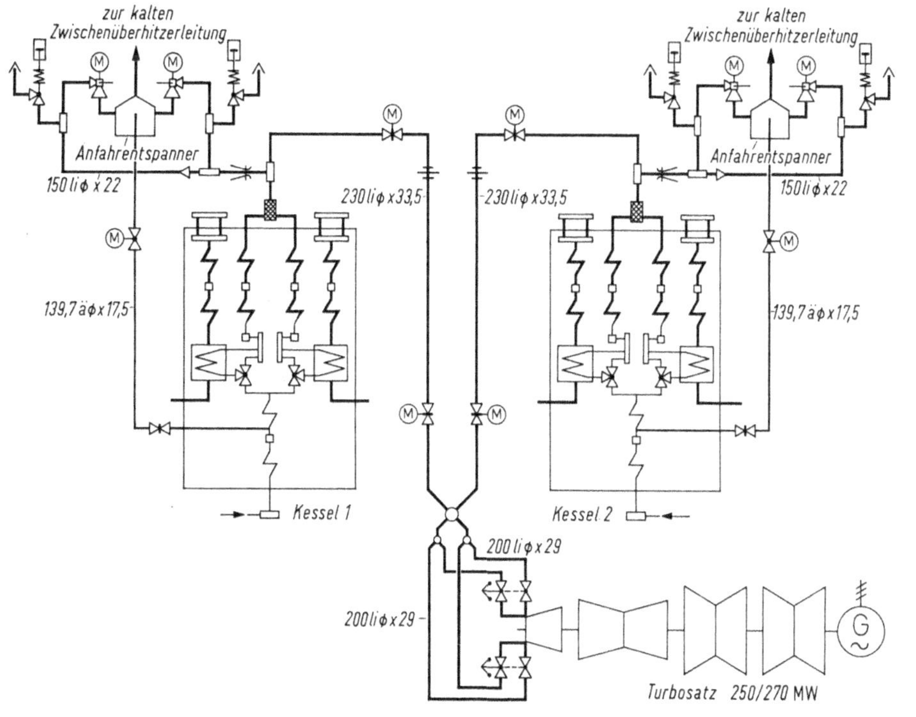

Abb. 431. Rohrschaltplan der Frischdampf- und Anfahrdampfleitungen eines 250/270 MW-Kraftwerkblockes mit zwei Halblastkesseln

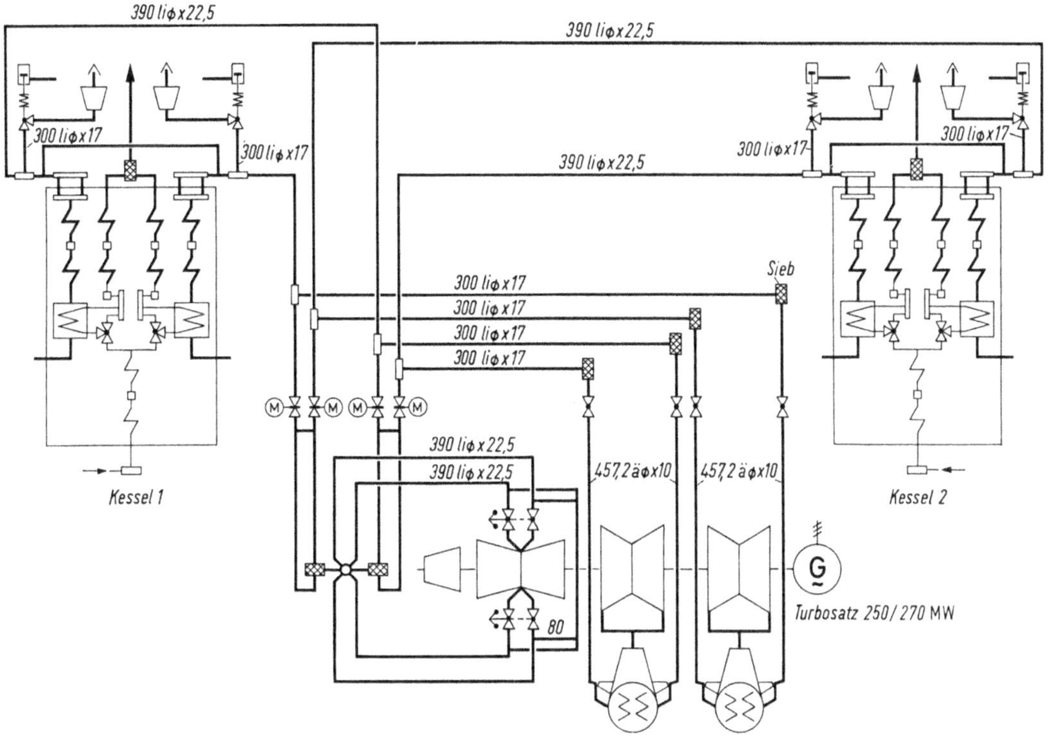

Abb. 432. Rohrschaltplan der heißen Zwischenüberhitzer-Dampfleitungen eines 250/270 MW-Kraftwerkblockes mit zwei Halblastkesseln

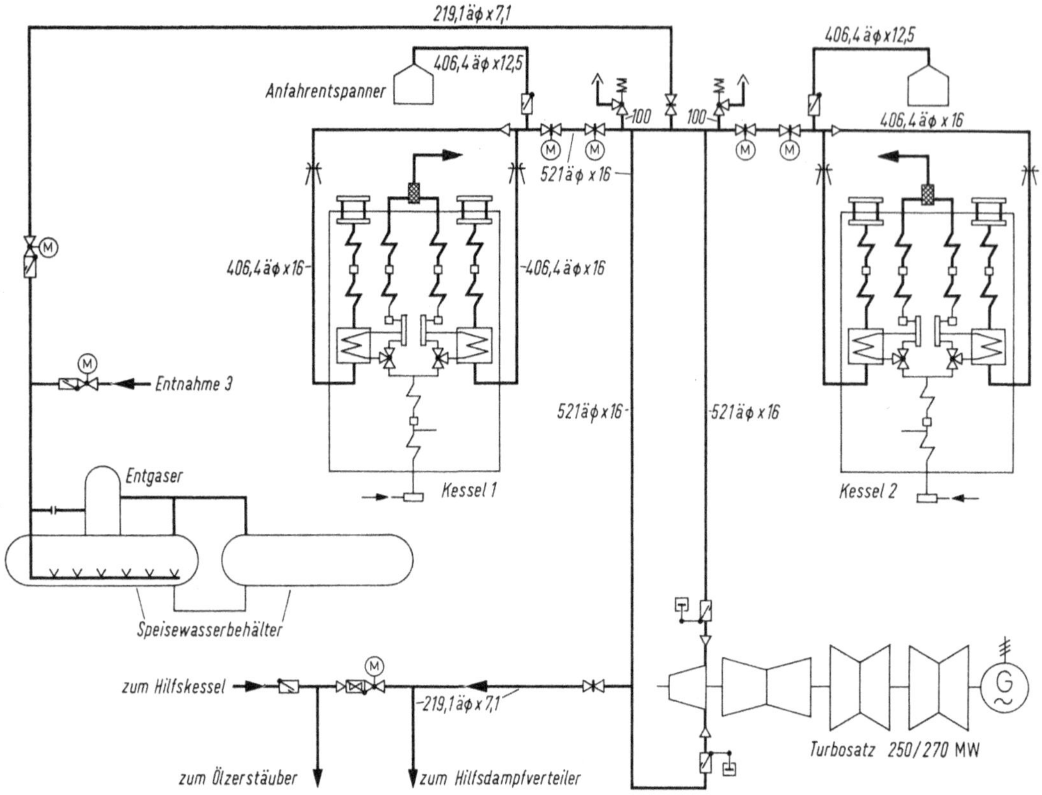

Abb. 433. Rohrschaltplan der kalten Zwischenüberhitzer-Dampfleitungen eines 250/270 MW-Kraftwerkblockes mit zwei Halblastkesseln

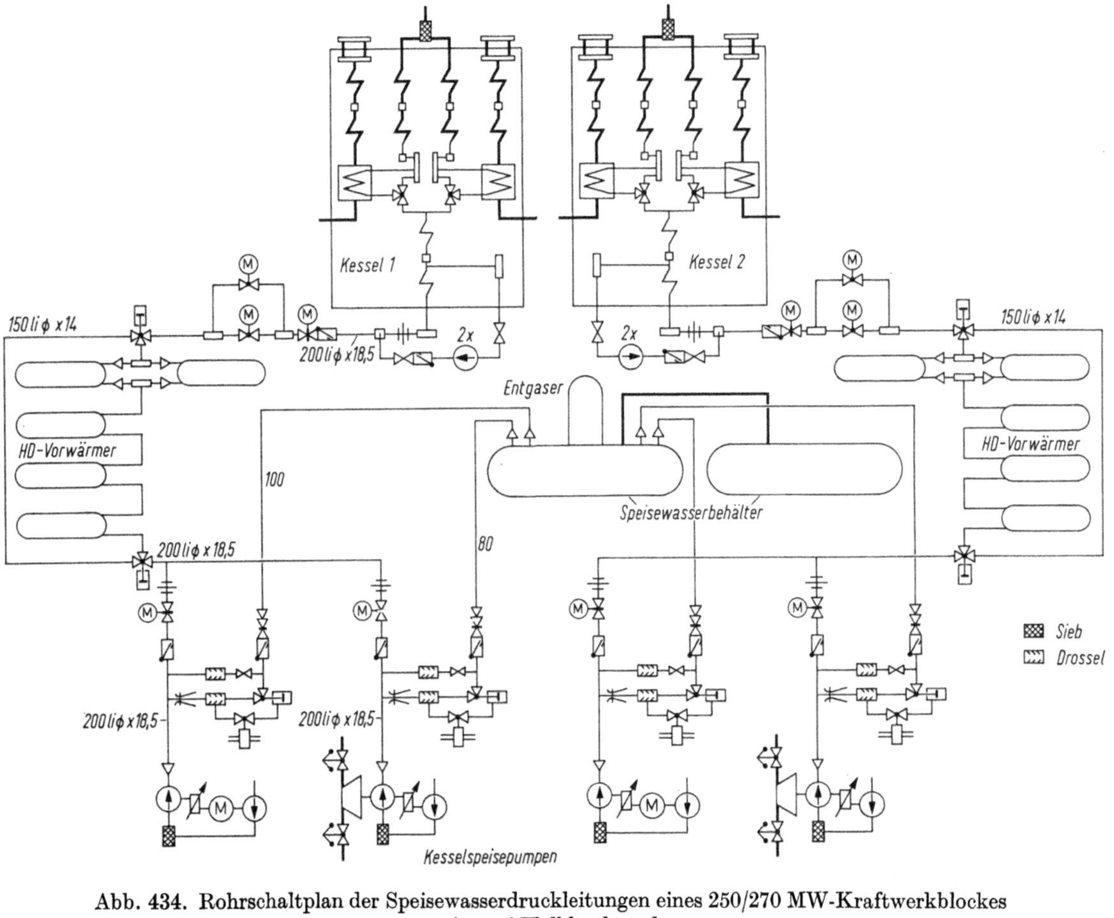

Abb. 434. Rohrschaltplan der Speisewasserdruckleitungen eines 250/270 MW-Kraftwerkblockes mit zwei Halblastkesseln

kesseln erforderlich. Im vorliegenden Fall wurde eine zentrale Dampfmischung vor den Turbineneintrittsstutzen vorgesehen. Sie wird durch ein Mischformstück (Abb. 453) vorgenommen, das direkt mit zwei vorgeschalteten Dampfsieben kombiniert ist. Die Vierstrangausführung der Rohrleitung aus dem Werkstoff 10CrMo910 mit den Abmessungen 390 mm lichte Weite und 22,5 mm Mindestwandstärke ermöglichte die Anordnung von zwei getrennten Rohrsystemen mit sehr günstigen Kompensationsmöglichkeiten und sehr günstigen Anschlußbedingungen für die Sicherheitsventile und die Überproduktionseinrichtungen.

Der durch die *kalte Zwischenüberhitzerleitung* (Abb. 433) aus dem ersten Turbinengehäuse austretende Dampf wird in zwei Strängen so weit wie möglich zu einem Verteilerrohr der Kessel herangeführt. Die Regelschieber sorgen für die Aufteilung der Zwischendampfmenge auf die Kessel, entsprechend der jeweils gefahrenen Last. Vor den Kesseln ist eine weitere Aufteilung zum Anschluß an die beiden Wärmetauscher vorhanden.

Die Anschlußleitungen vom Verteiler zu den Kesseln wurden deshalb möglichst kurz gehalten, weil beim Einkessel-Betrieb die gleichen Dampfmengen beim halben Druck, also mit doppelter Geschwindigkeit, erheblich höhere Verluste bringen und nur durch Verkürzung der Leitung der Gesamtverlust des Zwischenüberhitzers klein gehalten werden kann.

Für die Rohre wurde der Werkstoff 15Mo3 in den Abmessungen 521 mm Außendurchmesser und 16 mm Wandstärke gewählt.

Speisewasserdruckleitungen (Abb. 434). Der sehr hohe Auslegungsdruck von fast 400 atü führt zwangsläufig bei den üblichen Werkstoffen zu sehr starken Wanddicken. Die schaltungsgünstig einsträngige Ausführung zum Kessel konnte durch die verhältnismäßig hohe Wassergeschwindigkeit von etwa 4 m/s erreicht werden.

Erstmalig wurde als Werkstoff für Speisewasserdruckleitungen der Stahl 20MnMo45 (DE 46 Extra) gewählt, bei dem Abmessungen von 200 mm lichte Weite und 18,5 mm Mindestwandstärke erreicht wurden.

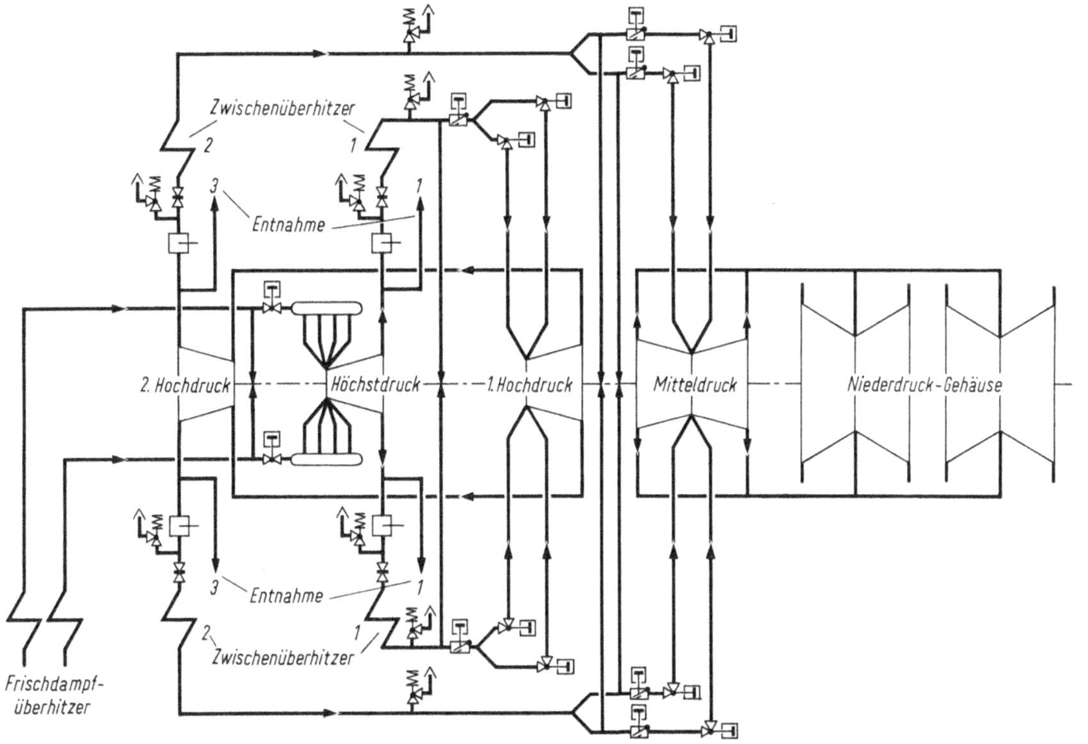

Abb. 435. Rohrschaltplan der Dampfleitungen eines USA 400 MW-Kraftwerkblockes mit einem Kessel und zweifacher Zwischenüberhitzung

Beispiel 3: Im Hinblick auf die immer größer werdenden Blockeinheiten wird in den Schaltplänen (Abb. 435 und 436) noch ein weiteres Beispiel einer amerikanischen 400 MW-Blockanlage gezeigt. Dieses Beispiel zeigt die klaren Vorteile einer Einkesselanlage gegenüber den in Beispiel 1 und 2 erläuterten Zweikesselanlagen. Das Beispiel ist deshalb weiterhin interessant, weil in letzter Zeit auch in Europa bereits Blocks bis zu 600 MW gebaut werden und auch bei uns in Projektierung sind.

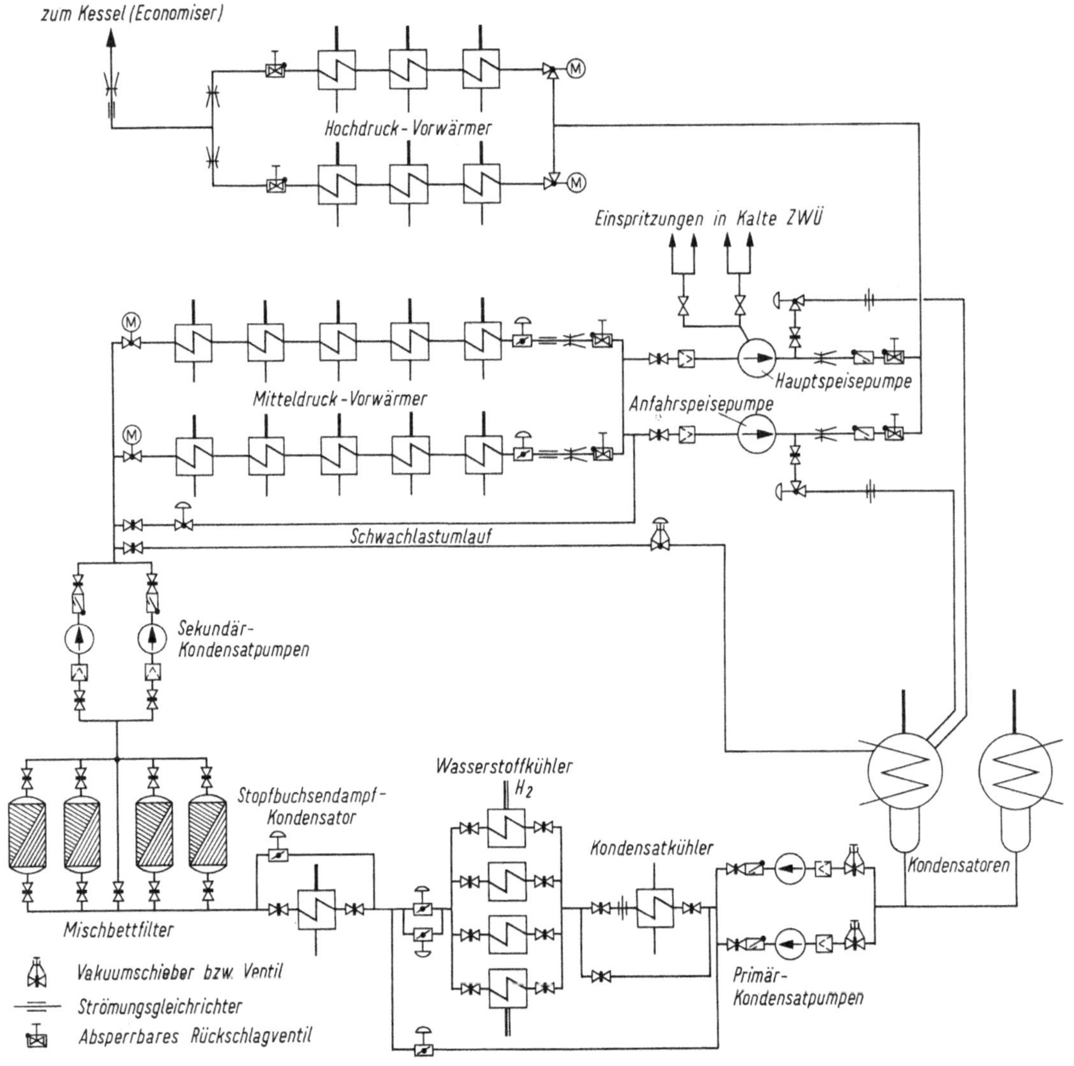

Abb. 436. Rohrschaltplan der Hauptkondensat- und Speisewasserdruckleitungen einer USA 400 MW-Blockanlage

Die Schaltbilder zeigen den außerordentlich klaren und einfachen Aufbau der Anlage, sowohl hinsichtlich der Schaltung als auch der Anzahl der verwendeten Armaturen. So sind z. B. bis auf die Einlaßventile an der Turbine keine weiteren Hauptarmaturen in der Frischdampfleitung zwischen Kessel und Maschine vorhanden.

Die Frischdampfleitung besteht aus zwei Parallelsträngen der Dimension $279{,}4 \times 33$ mm Wandstärke. Jeder dieser Stränge schließt an einen der beiden miteinander verbundenen Kesselsammler an und führt direkt zu einem der beiden Turbineneintrittssammler. Die Dampfmischung des Frischdampfsystems erfolgt ausschließlich innerhalb des Kessels.

Der Verzicht auf eine weitere Dampfmischung zwischen Kessel und Turbine vereinfacht wesentlich die Rohrschaltung und -führung.

Bemerkenswert ist, daß hier für 248 ata, 538 °C, ein Austenit-Stahl ASTM-A 430 FP 316 H verwendet wurde, im Gegensatz zu dem sonst in USA üblichen Ferrit-Stahl Croloy $2^1/_4$ (ähnlich 10CrMo910).

Die Anlage besitzt zwei Zwischenüberhitzerstufen:

1. 63 ata, 553 °C,
2. 23 ata, 565 °C.

Der Kesselanschluß ist für beide Stufen wie bei der Frischdampfleitung ausgeführt. Es sind jedoch jeweils vier Turbineneintritte vorhanden, so daß die beiden Kesselstränge vor der Turbine noch einmal aufgeteilt werden. Auch in den heißen Zwischenüberhitzerleitungen sind außer den turbinenbedingten Armaturen keine weiteren Absperrungen enthalten. Die kalten Zwischenüberhitzerleitungen haben vor Eintritt in die Kessel je eine Absperrarmatur. Wie bei der Frischdampfleitung ist also auch bei den heißen Zwischenüberhitzerleitungen keine Dampfmischung außerhalb der Kessel vorhanden. Vor den Turbineneintrittsstutzen ist lediglich bei allen ankommenden Leitungen ein Druckausgleich vorgesehen. Die heiße Leitung der ersten Zwischenüberhitzerstufe ist ebenfalls aus Austenit gebaut, mit den Dimensionen 16″×0,652″ (Durchmesser 406,4×16,5 mm) für die Doppelstränge.

Das Schaltbild Nr. 9 zeigt die Hauptkondensat- und Speisewasserdruckleitungen mit allen Einrichtungen. Bei Armaturen und Rohrleitungen sind keine entscheidenden Unterschiede gegenüber den bei uns bekannten Ausführungen vorhanden.

d) Anwärmen und Entwässern von Hochdruck-Dampfleitungen

Zur Vermeidung von Temperaturschocks und der dadurch möglichen Spannungs-Rißschäden dürfen Hochtemperaturleitungen keinen plötzlichen größeren Temperaturschwankungen ausgesetzt werden. Temperaturänderungen, z. B. beim Anwärmen der Rohrleitung während des Anfahrens, müssen daher stetig in einem bestimmten Zeitraum erfolgen. Der zulässige Temperaturanstieg je Zeiteinheit ist abhängig vom Werkstoff der Rohrleitung und von der größten Wandstärke innerhalb des Rohrsystems.

Die erforderlichen Anwärmzeiten sind deshalb von Fall zu Fall z. B. nach folgender Formel zu ermitteln:

$$V\vartheta = A \cdot B \cdot \frac{\sigma_s}{S} \cdot p \cdot \alpha \quad [°\mathrm{C/min}].$$

Hierin ist $A = \dfrac{8}{d_a^2 \cdot \ln u - 0{,}5 \cdot d_i^2\,(u^2 - 1)}$.

B ist aus Tabelle 33 für den entsprechenden Werkstoff zu entnehmen.

Es bedeuten:

σ_S Streckgrenze [kp/mm²]
S Sicherheitsfaktor
p Innendruck im Rohr [kp/mm²]
α Ausdehnungskoeffizient [1/°C]
u $= d_a/d_i$

Für die Frischdampfleitungen zeigt das Anwärmdiagramm (Abb. 437) in anschaulicher Weise die Abhängigkeit des Temperaturgradienten Δt/min vom jeweiligen Temperaturbereich.

Der Anwärmvorgang für die Frischdampfleitung beginnt, sobald überhitzter Dampf vor dem Kesselschieber ansteht.

Der Anwärmdampf wird normalerweise durch ein besonderes Umführungsventil des Kesselschiebers in die FD-Leitung eingeführt.

Zur Ableitung des Anwärmdampfes wird kurz vor den Turbinen-Eintrittsstutzen eine Rohrleitung von etwa NW 50 angeschlossen, die zusammen mit der Anfahrentwässerung des tiefsten Punktes der Frischdampfleitung in einen Entwässerungsentspanner geleitet wird. Für die heiße ZwÜ-Leitung sind infolge der kurzen Anwärmzeiten keine besonderen Maßnahmen erforderlich.

Tabelle 33. *B-Werte in Abhängigkeit von der Temperatur und vom Werkstoff*

Werkstoff	Temperatur-Bereich [°C]						
	0 – 100	100 – 200	200 – 300	300 – 400	400 – 500	500 – 600	600-700
St 35.8	3833	3133	2617	2350	2233		
St 45.8	3333	2783	2417	2167	2067		
15Mo3	3050	2283	1867	1583	1442	1403	
13CrMo44	2100	1700	1467	1300	1217	1133	
10CrSiMoV7	1733	1717	1522	1367	1300	1240	
10CrMo910	1750	1567	1367	1210	1085	1048	
14MoV63	2100	1700	1467	1300	1217	1133	
X8CrNiNb1613	617	567	567	567	560	567	683
X8CrNiMoNb1616	522	488	500	500	500	600	657
X8CrNiMoVNb1613	500	467	500	533	583	592	622

Für das Ausführungsbeispiel 1 gemäß Abschn. II c ergeben sich die Anwärmzeiten gemäß Abb. 437 Anfahrkurve:

36 Minuten für die Frischdampfleitungen aus 14MoV63 mit 260 mm lichte Weite bei 37 mm Rohrwandstärke und etwa 50 mm Formstückwandstärke,

6 Minuten für die heiße ZwÜ-Dampfleitung aus 14MoV63 mit 420 mm lichte Weite bei 15 mm Wandstärke mit Temperatur-Mischrohr 500 mm lichte Weite bei 17,5 mm Wandstärke.

Die Ableitung des Anwärmkondenswassers der heißen ZwÜ-Leitung erfolgt ebenfalls in den Entwässerungsentspanner. Da die Dampfsiebe fast immer an der tiefsten Stelle eingebaut sind, fällt die Anfahrentwässerung mit der Siebentwässerung zusammen.

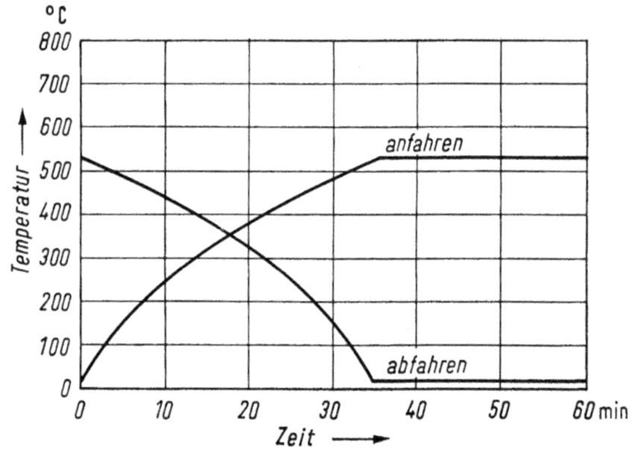

Abb. 437. Anfahrdiagramm für die Frischdampfleitung einer 150 MW-Blockanlage für den Werkstoff 14MoV63

Das Anwärmen berührt Dampfeinführung und Kondenswasserableitung. Beide Vorgänge sind aufeinander abzustimmen.

Die hierzu erforderlichen Armaturen werden allgemein von Hand an Ort und Stelle oder über fernbediente elektrische Antriebe nach den Meßwerten der normalen Temperatur- und Druckmeßgeräte betätigt.

Dieses Verfahren ermöglicht keine exakte Einhaltung der theoretisch ermittelten Anwärmkurve. Temperaturausreißer sind kaum zu vermeiden. Die theoretischen Anwärmzeiten sollten deshalb genügend große Sicherheitszuschläge erhalten. In Erkenntnis dieses Nachteils werden deshalb die Kesselsammler und die Verteilerformstücke der Hochtemperaturleitungen des Beispiels 2 mit einer Dreipunkt-Rohrwand-Temperaturmessung nach Abb. 438 ausgerüstet.

Gleichzeitig erhält auch das Turbinengehäuse eine Dreipunktmessung. Dieses Meßverfahren ermöglicht die eindeutige Feststellung des kritischsten Teiles der Anlage. Nach den Meßwerten dieses kritischsten Teiles (Turbine oder Rohrleitung) ist dann das Anwärmen der Gesamtanlage in guter Anpassung an die theoretische Anwärmkurve möglich.

Im Gegensatz zu einer Zweipunktmessung für die Innen- und Außenwandtemperatur erfaßt die Dreipunktmessung auch noch die Mittelwandtemperatur. Sie gibt deshalb ein klareres Bild über den Temperatur- und damit über den Spannungsverlauf in der Turbinen- oder Rohrwandung. Die Dreipunktmessung bietet so die Möglichkeit, den Anwärmvorgang für Rohrleitung und Turbine automatisch ablaufen zu lassen.

Alle übrigen Dampfleitungen mit normalen Temperaturen bedürfen keines besonderen Anwärmvorganges und sind lediglich mit den üblichen Entwässerungseinrichtungen auszurüsten.

Die Anfahrentwässerung der kalten ZwÜ-Leitung am tiefsten Punkt unterhalb der Turbine ist zweckmäßig mit einer gegebenenfalls erforderlichen Notentwässerung zu kombinieren. Eine Notentwässerung ist dann vorzusehen, wenn die kalte ZwÜ-Leitung am

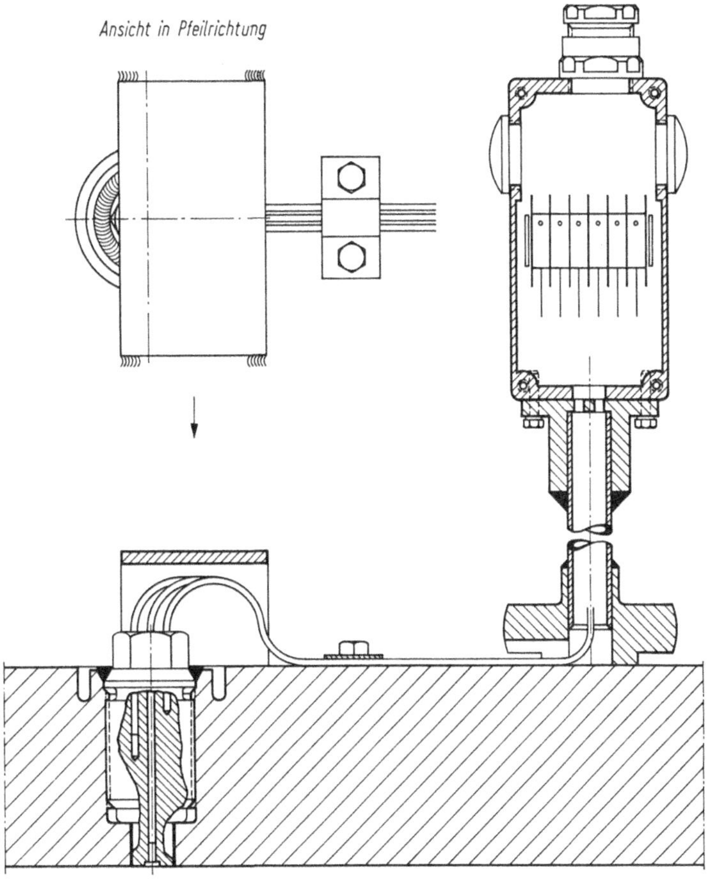

Abb. 438. Drei-Punkt-Temperaturfühler in der Rohrwand einer Hochdruck-Dampfleitung

Kesseleintritt eine Noteinspritzung erhält und es aus Konstruktionsgründen nicht möglich ist, gegebenenfalls nichtverdampftes Einspritzwasser in den Kessel abzuleiten. In diesem Falle ist die Notentwässerung für die volle Einspritzwassermenge auszulegen. Es sei besonders darauf hingewiesen, daß am Anschlußpunkt der Notentwässerung ein reichlich auszulegender Wassersack anzuordnen ist. Für die normal anfallende Kondenswassermenge wird am tiefsten Punkt unterhalb des Wassersackes ein automatisch wirkender Kondenswasserableiter angeordnet. Darüber ist das für die gesamte Einspritzwassermenge ausgelegte Notablaufregelventil anzuschließen. Diese Ausführung stellt einen Schutz der Turbine gegen Eindringen überschüssigen Einspritzwassers dar. Es ist darauf zu achten, daß die Turbinen-Rückschlagklappen zwischen dieser Notentwässerung und dem Turbineneintritt angeordnet werden. Alle Anfahrentwässerungen sind mit Doppelabsper-

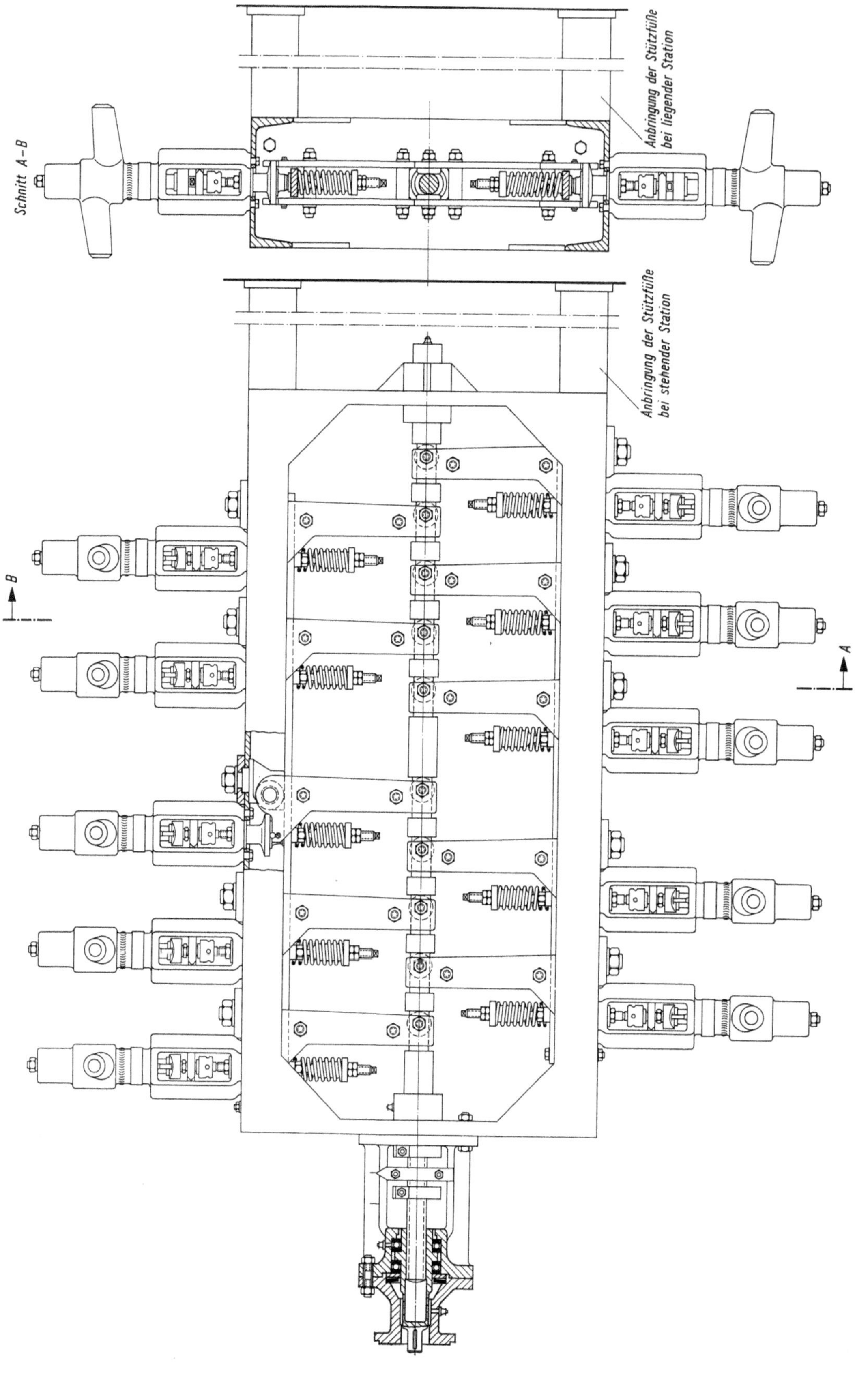

Abb. 439. Entwässerungsstation mit Nockenwellenantrieb (Welland & Tuxhorn)

rungen und dazwischenliegender Stillstands-Freientwässerung über Trichter auszurüsten. Das an der Hauptleitung befindliche Absperrventil soll möglichst eine Zugspindelausführung erhalten.

Neben den Anfahrentwässerungen werden in einem Blockkraftwerk bei zweckentsprechender Verlegung der dampfführenden Leitungen keine Betriebsentwässerungen und damit keine automatischen Entwässerungseinrichtungen benötigt. Leitungen, in denen Dampf stagnieren kann, sind deshalb so zu verlegen, daß ein gleichmäßiges Gefälle zu einer ständig durchströmten Betriebsrohrleitung vorhanden ist.

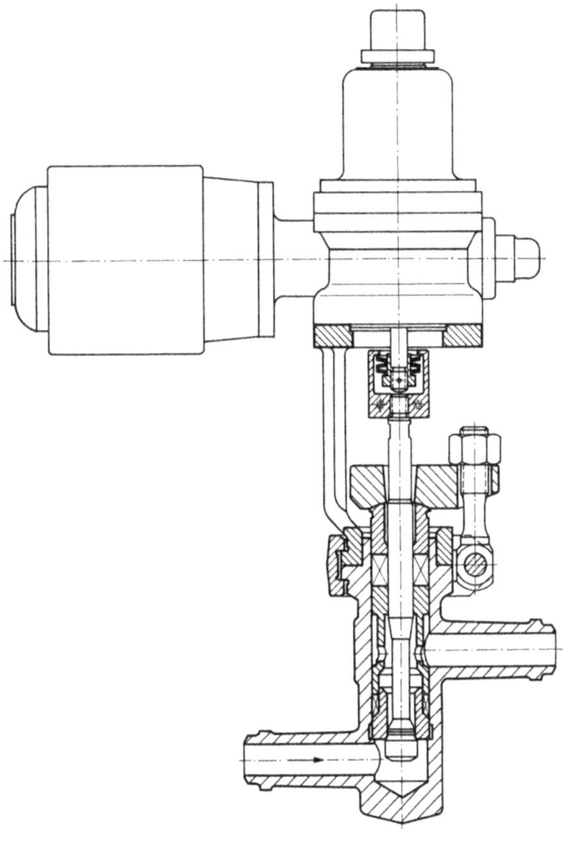

Abb. 440. Entwässerungsventil mit Schubantrieb (C. H. Zikesch)

Die im Turbinenbereich liegenden Anfahr- und Betriebsentwässerungen für Turbinengehäuse, Schnellschlußventile und Rohrleitungen zwischen Turbinengehäuse und Turbinenarmaturen werden in den Turbinenkondensator abgeführt. Bei diesen Anordnungen entfallen die Freientwässerungen über Trichter zur Vermeidung von Lufteinbrüchen in den Kondensator. Aus dem gleichen Grund ist darauf zu achten, daß die Ventilstopfbuchsen nicht auf der Vakuumseite liegen.

Im Zuge der fortschreitenden Automatisierung der Kraftwerksbetriebe wird in neuerer Zeit die Betätigung auch der Entwässerungsventile durch Elektroantriebe angestrebt. Entweder werden die in Gruppen zusammengefaßten Ventile über eine Nockenwelle von einem gemeinsamen Antrieb betätigt oder jedes Ventil mit einem elektrischen Spezialantrieb ausgerüstet (Abb. 439 und 440).

Der Gruppenantrieb über Nockenwelle ermöglicht eine einfache Steuerung des Zeitablaufes des Entwässerungsvorganges, während die Einzelantriebe größere Freizügigkeit in der Ventilanordnung gestatten.

Bei Blockanlagen mit geeigneter Rohrführung sind fast keine Betriebsentwässerungen, sondern überwiegend nur Anfahrentwässerungen notwendig. In diesen Fällen ist aus

Vereinfachungsgründen zu versuchen, auch diese Anfahrentwässerungen direkt in den Kondensator einzuleiten. Soll die Anlage unter Vakuum angefahren werden, ist diese Lösung sogar zwingend.

e) Hochdruckrohre

Herstellung, Verarbeitung, Prüfung und Konservierung

Die geraden Rohre werden nach grundsätzlich verschiedenen Verfahren hergestellt:

als nahtlos gezogene Rohre,
als nahtlos gewalzte Rohre,
als gebohrte Rohre,
als längsgeschweißte Rohre.

Für alle Hochdruckrohre gelten einheitlich die „Technischen Lieferbedingungen für Rohre mit gewährleisteten Warmfestigkeitseigenschaften DIN 17175“. Für längsgeschweißte Rohre sollten zusätzlich die technischen Lieferbedingungen für geschweißte Rohre aus unlegierten Stählen, DIN 1626 Blatt 4, sinngemäß beachtet werden. Für geschweißte Rohre aus warmfesten Stählen sind besondere Lieferbedingungen in Vorbereitung.

Das nahtlose Ziehen von Rohren ist von einem lichten Durchmesser von etwa 100 mm möglich und ergibt konstante innere Rohrdurchmesser, gestuft von 5 zu 5 mm. Der lichte Durchmesser dieser Rohre wird mit $\pm$ 1% eingehalten. Die Wandstärkentoleranz beträgt je nach Durchmesser und Wandstärke bis zu 25% und beeinflußt ausschließlich den Außendurchmesser.

Die nahtlos gewalzten Rohre werden mit einem konstanten Außendurchmesser nach DIN 2448 hergestellt. Die Wandstärkentoleranz beeinflußt den Innendurchmesser. Es ergibt sich ein variabler lichter Durchmesser und dadurch eine ungünstige Auswirkung auf den Druckverlust. In Angleichung an die gezogenen Rohre werden deshalb neuerdings auch die gewalzten Rohre durch ein zweites Nachwalzen mit konstantem lichtem Durchmesser hergestellt, wobei die Stufung allerdings nicht festliegt, sondern von Fall zu Fall ermittelt werden muß.

Gebohrte Rohre sind im Ausland vorwiegend in den USA und Frankreich schon seit längerer Zeit gebräuchlich. In einer französischen Anlage wurden für einen 250 MW-Block z. B. aus dem Schmiedeblock gebohrte Rohre aus Material 10CrMo910 in den Abmessungen 508 mm äußerer Durchmesser und 89 mm Wandstärke eingebaut. Die obere Grenze ist durch ein Höchstgewicht des Schmiedestahlblockes gesetzt. Größere Rohrdimensionen können daher nur in kürzeren Rohrlängen hergestellt werden. Rohre mit kleineren Dimensionen können dagegen mit größeren Rohrlängen geliefert werden. Gebohrte Rohre haben den Vorteil gleicher Wanddicken über den ganzen Umfang und die gesamte Rohrlänge. Die Herstellung der Rohre ist praktisch ohne Toleranzen möglich.

Längsgeschweißte Rohre haben sich in neuerer Zeit auch für Hochdruckleitungen aus legierten Stählen durchgesetzt (besonders für ZwÜ-Leitungen). Diese Entwicklung ist eine zwangsläufige Folge der zunehmenden Steigerung der Blockleistungen mit erforderlichen Rohrquerschnitten von NW 600 und größer, für die keine nahtlosen Rohre mehr hergestellt werden. Ebenso wie gebohrte Rohre haben längsgeschweißte Rohre den Vorteil gleichmäßiger lichter Durchmesser und gleichmäßiger Wanddicken mit geringsten Toleranzen.

Die legierten längsgeschweißten Rohre sind, entsprechend den Festlegungen nach DIN 1626, Blatt 4, als Rohre mit besonderen Gütevorschriften zu behandeln und entsprechend mit der Schweißnahtwertigkeit 1,0 auszuführen. Hierdurch wird es möglich, die Rohre ohne Schweißnahtzuschläge nach DIN 2413 zu berechnen.

Die nach DIN 17175 für gewalzte Rohre zulässigen und die für gezogene Rohre üblichen Wandstärketoleranzen sollten in Angleichung an die Vorteile der gebohrten und längsgeschweißten Rohre bei der Bestellung möglichst kleiner vereinbart werden. Nach der Rohrauslieferung empfiehlt sich darüber hinaus eine Nachprüfung der tatsächlich erreichten Wandstärke, da stärkere Wanddicken als erforderlich eine wesentliche Erhöhung des Widerstandsmomentes und damit gegebenenfalls unzulässige Erhöhungen der ermittelten Reaktionskräfte bedeuten.

Die legierten Hochdruckrohre werden grundsätzlich nach DIN 17175 Gütestufe III von den Röhrenwerken ausgeliefert. Eine Beizung und Ultraschallprüfung für Rohre ab 102 mm äußerer Durchmesser ist verbindlich eingeschlossen. Für Frischdampf- und Speisewasserdruckleitungen ist diese Behandlung und Prüfung auch auf die kleineren Nennweiten unter Ausschluß der Entwässerungs- und Entlüftungsleitungen auszudehnen.

Allgemein werden die nach DIN 17175 vorgeschriebenen Prüfungen und Abnahmen für Rohre der Gütestufe I und II werkseitig für Rohre der Gütestufe III durch amtlich anerkannte Sachverständige durchgeführt. Rohre der Gütestufe I und II werden entsprechend üblicherweise mit Werkszeugnissen nach DIN 50049/2 und Rohre der Gütestufe III mit Abnahmezeugnissen nach DIN 50049/3A geliefert.

Für bewährte Rohrwerkstoffe sind die nach DIN 17175 vorgeschriebenen Prüfungen, wie Bördel- und Zugversuche, Quetsch-, Ringaufdorn-Ringzugversuch, Glüh- bzw. Vergütungsbehandlung, Wasser-Innendruckprobe, Beizscheibenprobe, äußere Besichtigung und Dimensionsprüfung, ausreichend. Für legierte Rohre empfiehlt sich zusätzlich der Nachweis der chemischen Zusammensetzung.

Für neue Werkstoffe, die noch nicht in DIN 17175 berücksichtigt sind, wie z. B. 14MoV63, X20CrMoV121, 20MnMo45, 15NiCuMo5, 17MnMoV64 usw., muß von den Werkstoff- oder Röhrenherstellern der Nachweis des zugesicherten Warmverhaltens bei höheren Temperaturen und der ausreichenden Kerbschlagzähigkeit erbracht sowie verbindliche Angaben über die Warmverarbeitung, Verschweißbarkeit und die Wärmenachbehandlung gegeben werden.

Bei Vergütungsstählen ist besonders darauf zu achten, daß durch Schweißvorgänge und Glühbehandlungen keine Beeinträchtigung der Festigkeitseigenschaften einschließlich Aufhärtung und Kerbschlagzähigkeit eintritt.

Während im Ausland (vorwiegend USA) sich auch für Hochdruckleitungen vorgefertigte Einschweißbogen durchgesetzt haben, ist es in Deutschland auf Grund des geringen Stückzahlbedarfs immer noch üblich, die geraden Rohrlängen nach den jeweiligen räumlichen Erfordernissen zu Bogenrohren zu verarbeiten.

Die kleineren Nennweiten werden hierbei in Abhängigkeit von Wandstärken und Materialqualität kalt gebogen. Größere Nennweiten werden dagegen mit Sandfüllung warm verformt. Die fertigen Rohrbogen müssen je nach Materialqualität oder Verwendungszweck nach den Vorschriften des Stahlherstellers wärmenachbehandelt werden.

Die Weiterentwicklung zu immer größeren Blockleistungen unter gleichzeitigem Bestreben, einen Einfach-Rohrstrang zu verwenden, zwingt auch in Deutschland zur Anwendung längsgeschweißter Preßbögen.

Die vorgefertigten Einschweißbogen haben den Vorteil kleiner Biegeradien mit geringem Raumbedarf. Durch die kurzen Baulängen der Bogen und die dadurch längeren geraden Rohrschenkel werden statisch günstigere Rohrsysteme erzielt, als es bei Verwendung von Glattrohrbiegungen mit herstellungsbedingten großen Biegeradien möglich ist. Der theoretisch größere Druckverlust der Einschweißbogen gegenüber Glattrohrbiegungen ist in der Praxis von nebensächlicher Bedeutung.

Besonderes Augenmerk ist auf eine völlige Entfernung des Biegesandes zu richten, da dieser meistens die Ursache für Kieselsäure-Anreicherung im Kondensatkreislauf ist. Allgemein wird eine Säuberung der warmverarbeiteten Bogenrohre durch eine Beizung ausreichend sein. Lose Walzhautschalen werden dabei weitestgehend beseitigt. Falls angesinterter Biegesand durch Beizen nicht einwandfrei entfernt werden kann, ist eine nachträgliche mechanische Entfernung der Sandrückstände durch geeignete Vorrichtungen wie Stahlbürsten oder rotierende Vorrichtungen unerläßlich.

In neuerer Zeit wird auch mit Erfolg eine Ausstrahlung der Bogenrohre mit Stahlkies durchgeführt, wodurch metallisch blanke Rohr-Innenwände erreicht werden.

Bei Rohren mit Ultraschallprüfung nach DIN 17175 ist allein auf die Entfernung der Zunder- und Biegesandrückstände zu achten, da die losen Walzhautschalen der geraden Rohre bereits durch das vorgeschriebene Beizen vor der Ultraschallprüfung beseitigt sind.

Es ist üblich geworden, die Hochdruckrohrleitungen vor der Inbetriebnahme nochmals im geschlossenen Kreislauf nach dem „Borg-Siemens-Beizverfahren“ mit einer Kombination aus Hydrazin-Zitronensäure-Schwefelsäure zu beizen. Anschließend wird neutralisiert, gespült und ausgeblasen.

Durch diese Kreislaufbeizung werden erneute Flugrostansätze der sauberen Rohre während der Liefer-, Lager- und Montagezeit einwandfrei beseitigt. Eine zwischenzeitliche Konservierung gegen Flugrost kann also entfallen.

Eine zwischenzeitliche Konservierung ist jedoch dann zu empfehlen, wenn die Kreislaufbeizung nicht durchgeführt werden soll oder mit langen Zeitspannen zwischen Auslieferung der Rohre und Inbetriebnahme der Anlage zu rechnen ist. Besondere Bedeutung hat die Konservierung bei Überseetransporten. Für die Konservierung dürfen nur wasserlösliche, chemisch neutrale Emulsionen verwendet werden.

Die Erfahrungen haben gezeigt, daß ausgestrahlte Rohre durch die hierbei eintretende Oberflächenverdichtung gegen weitere Korrosionen widerstandsfähiger sind als gebeizte Rohre.

Unabhängig von einer Konservierung müssen alle Rohrenden im Werk sofort nach der Reinigung der Rohre im trockenen Zustand mit haltbaren Blech- oder Kunststoffkappen verschlossen werden. Die Kappen schützen dabei gleichzeitig eventuelle Schweißkanten.

Sinngemäß sind die vorstehenden Überlegungen auch auf alle innerhalb der Rohrleitungen einzubauenden Anlageteile anzuwenden. Bei Armaturen und anderen Anlageteilen ist darüber hinaus darauf zu achten, daß alle Innenteile aus beizfesten Materialien hergestellt werden. Die verbindliche Beurteilung der Beizfestigkeit ist durch die Beizfirma vorzunehmen. Weiterhin wird empfohlen, die Stopfbuchspackungen der Armaturen nach dem Beizen zu überprüfen. Falls Beizflüssigkeit in die Stopfbuchsen eingedrungen ist, sind die Packungen zur Vermeidung späterer Betriebsstörungen zu erneuern.

f) Rohrverbindungen

1. Flanschverbindungen

Flanschverbindungen sind wohl das älteste, bekannteste Verbindungselement im Maschinenbau. Die Flanschen selbst sind im unlegierten Materialbereich bis 400 °C bis zur Nenndruckstufe ND 320 (Stahlguß ND 400) genormt.

Bei Temperaturen über 400 °C und damit für alle Flanschen aus legierten Materialien liegen keine Normen für die Nenndruck-Einstufung fest. Um in einem solchen Falle trotzdem eine einheitliche Auslegung innerhalb der verschiedenen Systeme sicherzustellen, wird auf Grund von Erfahrungswerten die Druckstufe bestimmt. Grundlage hierbei ist die Beziehung der Material-Kennwerte zueinander.

In Zweifelsfällen und bei Betriebsverhältnissen, für die der Nenndruck ND 320 (ND 400) nicht mehr ausreicht, ist unter Beibehaltung der genannten Anschlußmaße ND 400 die Blattstärke durch Berechnung zu bestimmen. Die Grundlagen der Flanschenberechnung sind in den VGB-Richtlinien, 6. Ausgabe 1965, Kap. 4.223, dem Merkblatt 4 der VGB, dem DIN-Blatt 2505 und in „Festigkeitsberechnungen von Bauelementen des Dampfkessel-, Behälter- und Rohrleitungsbaues“ von S. Schwaigerer (Springer-Verlag 1960) enthalten.

Die erforderlichen Stückzahlen an Hochdruckflanschen sind so gering, daß aus Kostengründen die Prüfungen und Abnahmen an jeweils einem fertigen Flansch der verschiedenen Gruppen nicht zu vertreten sind.

Bei erprobten Materialien sind für den Nachweis der Legierungs- und Festigkeitseigenschaften die laufenden Betriebsaufzeichnungen des Material-Herstellers über die jeweiligen Schmelzen ausreichend. Für neue Werkstoffe empfiehlt sich eine amtliche Durchführung von Zugversuch, Faltversuch, Kerbschlag-Biegeversuch und Härteprüfung, wobei jedoch auch in diesen Fällen die Probestücke aus der Schmelze entnommen werden können (vgl. hierzu VGB-Richtlinien, 6. Ausgabe 1965, Kap. 4.2241 Abs. A).

Für die Verbindung der Flanschen untereinander sind die im Kraftwerksbau gebräuchlichen Schrauben und Muttern in den DIN-Blättern 601/555, 931/934 und 2510 enthalten. Die zugehörigen technischen Lieferbedingungen sind DIN 267 und 17240.

Für die Niederdruckleitungen genügen schwarze Maschinenschrauben nach DIN 601/555 und für Mitteldruckleitungen bis etwa ND 25/40 halbblanke Maschinenschrauben nach DIN 931/934.

Für Hochdruckleitungen ab ND 40/64 sollten nur Bolzenschrauben mit beiderseitigen Muttern nach DIN 2510 Verwendung finden. Auf Grund praktischer Erfahrungen sind die Maschinenschrauben mit metrischem Gewinde und die Bolzenschrauben mit Whitworth-Gewinde zu wählen. Der Durchmesser und die Länge der Bolzenschrauben liegen durch die Flanschabmessungen fest. Die Angleichung der Bolzenschrauben an die jeweils erforderlichen Betriebsverhältnisse ist also nur durch die Wahl von Werkstoffen entsprechender Festigkeit möglich (vgl. DIN 2507 Bl. 2).

Bei der Materialwahl sollte mit Rücksicht auf die geringen Stückzahlen auf Einheitlichkeit über große Anwendungsbereiche geachtet werden.

Bei legierten Ausführungen ist hinsichtlich der Prüfungen und Abnahmen sinngemäß wie bei den Flanschen zu verfahren, wobei besonderes Augenmerk auf den Materialnachweis mit entsprechender Stempelung jedes einzelnen Bolzens und jeder Schraubenmutter zu legen ist, um mit Sicherheit Materialverwechslungen innerhalb einer Flanschverbindung auszuschalten. Diese Forderung gilt auch für Schrauben, die innerhalb einer Armatur liegen.

Für die Abdichtung der Flanschverbindungen sind folgende Dichtungsarten üblich:

1. verformbare Dichtungen,
2. verschweißbare Dichtungen.

Für beide Dichtungsarten sind eine Vielzahl von Ausführungen auf dem Markt. Die in Kraftwerken immer geringer werdende Anzahl von Flanschen hat auch hier zu einer einschneidenden Typenbeschränkung geführt. Auf Grund der neuesten Erkenntnisse wird folgende Kombination empfohlen, bei der ein Optimum an Betriebssicherheit und Vereinheitlichung erreicht wird:

1. Kaltwasserleitungen ab NW 300	Gummiflachdichtungen DIN 2690 mit Leineneinlage
2. Kaltwasserleitungen bis NW 250 sowie alle Heißwasser-, Kondensat- und Dampfleitungen bis etwa ND 40/64 und etwa 400 °C	*It*-Flachdichtungen nach DIN 2690 einheitlicher Qualität mit Anwendungsbereich bis 500 °C wie z. B. Europil oder Klingerit Super H und Polyperit Edelgrau
3. Heißwasserleitungen ab ND 64/100 aufwärts, bis NW 65	Kammprofilierte Weicheisendichtungen nach DIN 2697 mit Europil-Auflage
4. Dampfleitungen ab ND 64/100 bzw. ab 400 °C aufwärts, bis NW 65	Kammprofilierte Dichtungen nach DIN 2697, Werkstoffestigkeit unter Flanschenwerkstoff liegend, z. B. Flansch 13CrMo44, Dichtung 15Mo3
5. Heißwasser- und Dampfleitungen nach 3. und 4., jedoch ab einschließlich NW 80 aufwärts	Schweißringdichtungen aus dem Flanschenwerkstoff
6. Vakuumleitungen Speisewassersaugeleitungen	*It*-Dichtungen nach 2. oder Schweißringdichtungen nach 5.

2. Klammerverbindungen

Eine andere lösbare Rohrverbindung ist die Zikesch-Klammerverbindung (Abb. 441). Sie findet dort Anwendung, wo auf Grund hoher Drücke und großer Durchmesser die normalen Flansche zu große Abmessungen erhalten und die große Flanschenblattstärke zu dem anzuschließenden Anlageteil (Speisepumpe, Spezialarmatur usw.) in keinem vertretbaren Verhältnis mehr steht. Bei der Klammerverbindung wird die Dichtkraft nicht durch Schrauben aufgebracht, sondern mittels einer Schraubmuffe. Die Abdichtung erfolgt durch eine Schweißverbindung.

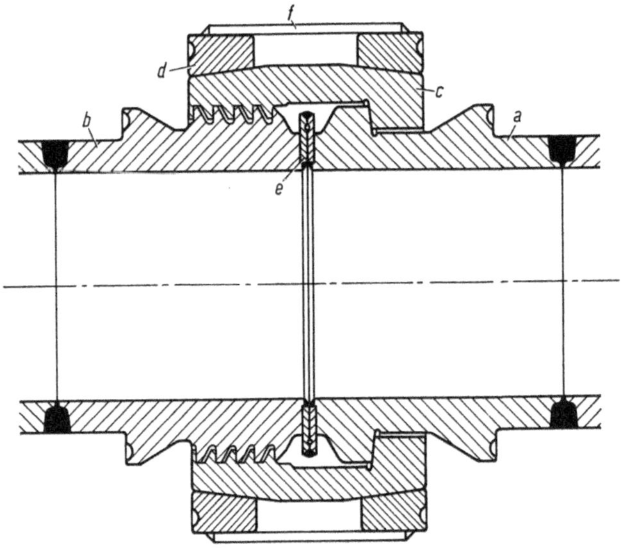

Abb. 441. Klammerverbindung (C. H. Zikesch)

a Vorschweißstutzen mit Wulst
b Vorschweißstutzen mit Sägegewinde
c dreiteilige Klammermuffe
d zwei konische Spannringe
e Membranschweißringe
f drei Sicherungslaschen

3. Schweißverbindungen

Im modernen Kraftwerksbau dominieren die Schweißverbindungen. Diese bieten zwischen Teilen gleicher Werkstoffqualität für die gebräuchlichen unlegierten und legierten Werkstoffe bis zu dem Rohrwerkstoff X20CrMoV910 heute allgemein keine besonderen Schwierigkeiten mehr. Bei der einschlägigen verarbeitenden Rohrleitungsindustrie haben sich in der technologischen Durchführung dieser Schweißungen Standardverfahren herausgebildet, die nur noch unwesentliche Abweichungen voneinander aufweisen.

Echte Probleme und unterschiedliche Auffassungen bestehen dagegen bei neu eingeführten Werkstoffen und bei Schweißungen zwischen verschiedenen Werkstoffqualitäten, insbesondere Stahl/Stahlguß. Die Unterschiede beziehen sich vor allem auf die Wahl des Schweißverfahrens (autogen, elektrisch, argonarc), die Wahl des Schweiß-Zusatzwerkstoffes und die Wärme-Vor- und -Nachbehandlung.

Mit Rücksicht auf die zu übernehmende Garantie sollte deshalb den verarbeitenden Rohrleitungsfirmen die Entscheidungsfreiheit bei der Durchführung der Schweißungen überlassen werden. Der Besteller sollte sich deshalb darauf beschränken, den Rohrleitungsfirmen klare Vorschriften über die Bauüberwachung z. B. durch den örtlichen TÜV zu machen und in Übereinstimmung mit dem TÜV die später durchzuführenden Schweißnahtprüfungen festzulegen.

Bei neu eingeführten Rohrwerkstoffen sind im Rahmen der Bauüberwachung besondere zusätzliche Vereinbarungen über Werkstoffprüfungen und gegebenenfalls auch Schweißverfahrensprüfungen zweckmäßig.

In neuerer Zeit werden in steigendem Maße Schweißverbindungen zwischen Stahl und Stahlguß erforderlich, wie z. B. bei Armaturen und Turbinenanschlüssen. Um Schwierigkeiten auf der Baustelle von vornherein auszuschalten, wird dringend angeraten, auf der Baustelle nur artgleiche Schweißungen durchzuführen. Das bedeutet, daß alle der Rohrleitung gegenüber nicht artgleichen Teile (Armaturen, Turbinenstutzen, Kesselsammler) im Herstellerwerk vorgeschuhte Anschweißenden aus dem Rohrleitungswerkstoff erhalten müssen. Auf diese Weise ist die nicht artgleiche Schweißung unter günstigen Werkstattverhältnissen möglich, und die Wärmenachbehandlung kann einwandfrei im Glühofen vor der mechanischen Bearbeitung vorgenommen werden.

Die heute allgemein übliche und auch wegen der Betriebssicherheit notwendige Überprüfung der fertigen Schweißnähte durch die ausführende Rohrleitungsfirma ist möglichst im Rahmen der allgemeinen Bauüberwachung durch den TÜV vorzunehmen und abschließend zu beurteilen.

Nach dem neuesten technischen Stand wird heute allgemein die Röntgen- bzw. Isotopenprüfung angewandt. Es sind sowohl die äußere Durchstrahlung, bei der jedoch meist drei Einzelfilme nacheinander angefertigt werden müssen, als auch eine zentrale Durchstrahlung von innen üblich. Letztere hat den Vorteil, daß die volle Rundnaht durch einen Bestrahlungsvorgang erfaßt wird, wodurch sich qualitativ einwandfreie Filme ergeben. Es besteht andererseits jedoch der Nachteil, daß die Rohrwand zur Einbringung der Isotope durchbohrt werden muß. Da das Verschließen der Bohröffnung kein Problem darstellt, ist der zentralen Prüfung von innen der Vorzug zu geben.

Der Umfang der Prüfungen soll sich auf den gesamten legierten Rohrleitungsteil erstrecken. Während bei den Hochdruckleitungen und Mitteldruck-Hauptleitungen sämtliche Schweißnähte auf dem vollen Umfang einer Prüfung zu unterziehen sind, genügt für die kleineren Nennweiten des ZwÜ-Systems und für die niedrig legierten Entnahmeleitungen eine Prüfung mit nur jeweils einem Film pro Naht. Für die unlegierten Leitungen können stichprobenartige Röntgenprüfungen angeordnet werden.

Mit gutem Erfolg können die Stichproben-Prüfungen auch mittels Ultraschall erfolgen. Darüber hinaus wird die Ultraschallprüfung mitunter als zusätzliche oder parallele Kontrolle zu den Röntgenprüfungen herangezogen.

Sie eignet sich besonders als laufende Arbeitsüberwachung während des Schweißens. Als einzige Prüfmethode findet die Ultraschallprüfung meist nur dort Anwendung, wo die Konstruktion des Prüfstückes keine Durchstrahlung zuläßt und einwandfreie Oberflächenbeschaffenheit für das Aufsetzen der Schallköpfe vorhanden ist.

Wird vom Besteller kein TÜV für die Bauüberwachung eingeschaltet, so sollten dennoch die Prüffilme dem TÜV oder einer anderen neutralen Prüfstelle zur Beurteilung vorgelegt werden.

g) Formstücke und Stutzenabzweige

1. Allgemeine Gesichtspunkte

Formstücke als Abzweig- oder Verteilerstücke sind ein häufiges Konstruktionselement des Rohrleitungs- und Kesselbaues. Die in den letzten Jahren stetig steigenden Anforderungen führten von den früher einfachen Bauformen des normalen T-Stückes oder Kreuzstückes zu komplizierteren Konstruktionen mit vielfältigen Formen.

Gleichzeitig haben die erhöhten Ansprüche eingehende Untersuchungen über das Festigkeitsverhalten solcher Formstücke ausgelöst, mit dem Ziel, Berechnungsverfahren zu finden.

Die gebräuchlichsten Bauformen sind die einfachen ausgehalsten Formstücke, bei denen die Abzweigstutzen aus einem Rohrstück unter Wärme maschinell ausgezogen werden. Für höchste Beanspruchungen werden Formstücke als Sonderausführungen aus dem vollen Schmiedeblock in vielgestalteten Formen hergestellt.

Geschweißte Formstücke werden besonders bei Rohrleitungen für mittlere und niedere Drücke oder auch für solche mit großen Rohrdurchmessern verwendet, jedoch sind der Verwendbarkeit dieser Gruppe aus Herstellungs- und Beanspruchungsgründen Grenzen gesetzt.

Die Wahl der Formstückart wird wesentlich durch die mögliche Rohrführung und die zu beachtenden strömungstechnischen Gesichtspunkte bestimmt.

Grundsätzlich unterliegen Rohrleitungs-Formstücke, die außerhalb des konzessionspflichtigen Kesselteiles liegen, keinen gesetzlichen Vorschriften. Für die Berechnung der Wanddicken gelten die „VGB-Richtlinien für den Bau und die Bestellung von Heißdampfrohrleitungen, 6. Ausgabe 1965“[1].

Die Formstücke für Hochdruckleitungen unterliegen bei sinngemäßer Anwendung den Prüfungen und Abnahmen der anschließenden Rohrleitungen (s. hierzu Abschn. IIe, S. 488).

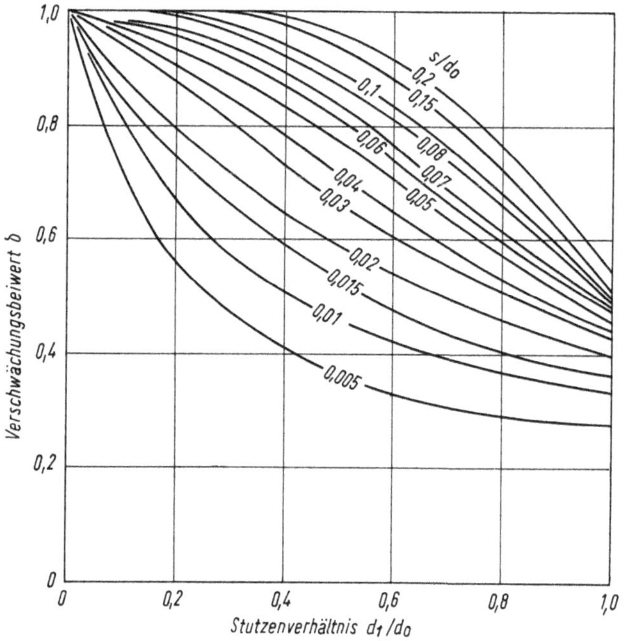

Abb. 442. Diagramm der Verschwächungsbeiwerte für ausgehalste Formstück-Abzweigstutzen

2. Aus Rohren hergestellte Formstücke

Ausgehalste Formstücke. Wie eingehende Untersuchungen durch SIEBEL und SCHWAIGERER an Formstücken unter Innendruck zeigen, ergibt sich die größte Beanspruchung unmittelbar an der Aushalsung. Auf Grund von Messungen an den verschiedensten ausgehalsten Formstücken wurde ein Schaubild (Abb. 442) entwickelt, das es gestattet, in Abhängigkeit vom Stutzenverhältnis den durch den Ausschnitt bedingten Verschwächungsbeiwert v zu entnehmen, der angibt, in welchem Maße das Rohr mit Ausschnitt gegenüber einem glatten Rohr geschwächt ist[2]. Die Wanddicke des Grundrohres errechnet sich dann zu

$$s = \frac{d_0}{\frac{200}{p} \cdot v \frac{k}{s} + 1},$$

wobei d_0 den Außendurchmesser des Grundrohres, p den Innendruck und $\frac{k}{s}$ die zulässige Beanspruchung des Werkstoffes bei maximaler Betriebstemperatur darstellen.

---

[1] Siehe auch:

TÜV-Werkstoffblatt 184.

SCHWAIGERER, S.: Festigkeitsberechnungen von Bauelementen des Dampfkessel-, Behälter- und Rohrleitungsbaues, Berlin/Göttingen/Heidelberg: Springer 1960.

[2] Siehe auch AD-Merkblatt B 9, Kurvenblatt über Verschwächungsfaktor für Stahlformstücke (Jan. 1960), Beuth-Verlag GmbH.

Ausgehalste Formstücke mit Verstärkungsrippen. Bei Abzweigstücken größerer Durchmesser zieht man es vor, an Stelle einer Wanddickenvergrößerung des gesamten Grundrohres die durch den Ausschnitt bedingte Verschwächung durch zusätzlich aufgebrachte Verstärkungen auszugleichen. Es ist dabei wichtig, darauf zu achten, daß das Verstärkungsmaterial möglichst dicht am Ausschnittsrand angeordnet wird.

Bei schrägen Abzweigstutzen muß entsprechend der höheren Beanspruchung die größere Materialmenge im spitzen Winkel der Abzweigung liegen. Von großer Wirksamkeit erweist sich eine Verstärkung nach Abb. 443, bei welcher die Verstärkungsbügel käfigartig das Rohr umfassen.

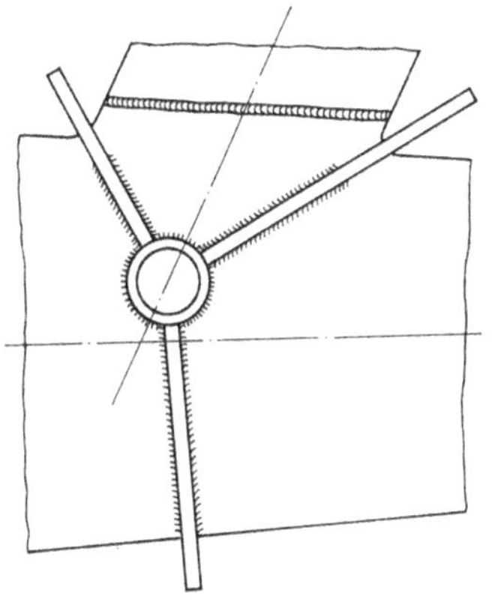

Abb. 443. Abzweigstutzen mit Verstärkungsrippen

Eine andere Art von ausgehalsten Formstücken sind solche mit einer „Sulzer-Verstärkung" nach Abb. 444. Gute Erfahrungen wurden auch mit Abzweigstutzen gemacht, bei denen der schräge Abzweig an der Grundrohr-Aushalsung unmittelbar angeschweißt ist (Abb. 445).

Eingeschweißte Stutzen. Bei einer häufig verwendeten Form der Abzweigung wird der Stutzen unmittelbar in das Grundrohr eingeschweißt. Die durch den Ausschnitt im Grundrohr hervorgerufene Verschwächung kann entweder durch eine Vergrößerung der Grundrohrwanddicke oder durch eine entsprechend gewählte Wanddicke des Stutzens ausgeglichen werden. Ein Diagramm zur Ermittlung des Verschwächungsbeiwertes für Formstücke mit eingeschweißten Stutzen zeigt Abb. 446.

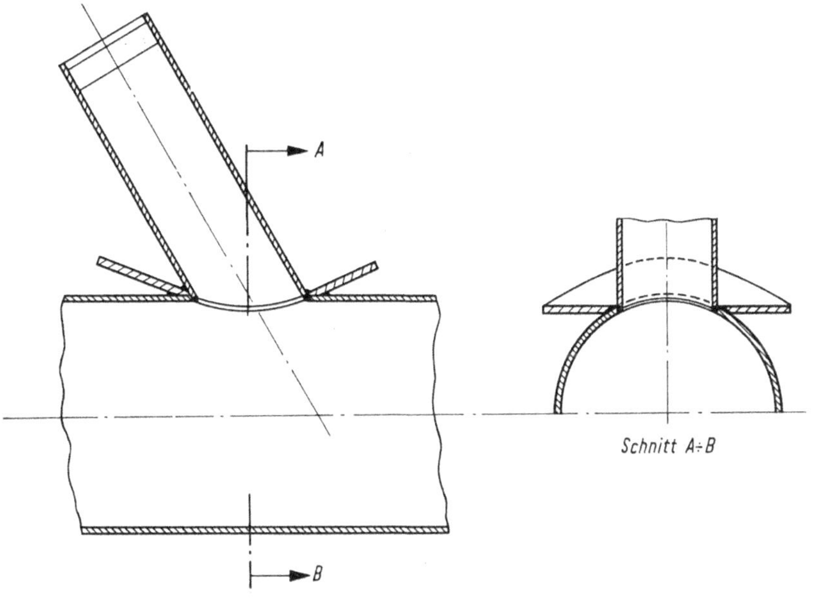

Abb. 444. Schräger Abzweigstutzen mit Sulzerverstärkung

3. Geschmiedete Formstücke für hohe Beanspruchungen

Zylindrische Formstücke. Bei hohen Betriebsdrücken und Temperaturen ergeben sich bei zylindrischen Formstücken ganz erhebliche Wanddicken, die fertigungstechnisch schwer zu beherrschen sind und betriebliche Nachteile durch die mit der Wandstärke verbundenen Wärmespannungen besitzen.

Solche Formstücke sollten deshalb besonders bei Hochtemperaturleitungen vermieden werden. Vorzusehen sind in diesem Falle Formstückkonstruktionen mit möglichst geringen gleichmäßig verlaufenden mittleren Wanddicken, die weniger temperaturschockempfind-

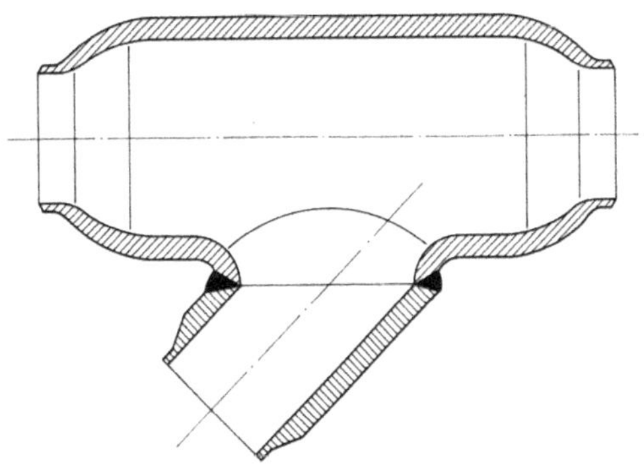

Abb. 445. 45°-Abzweig-T-Stück mit ausgehalstem Stutzen

lich sind. Dies gilt besonders für austenitische Werkstoffe. Zylindrische Schmiedeblockformstücke werden deshalb meist nur bis Temperaturen von maximal 560 °C aus ferritischen Werkstoffen verwendet, bei denen sich größere Wanddicken nicht zu ungünstig auswirken (Abb. 447 und 448).

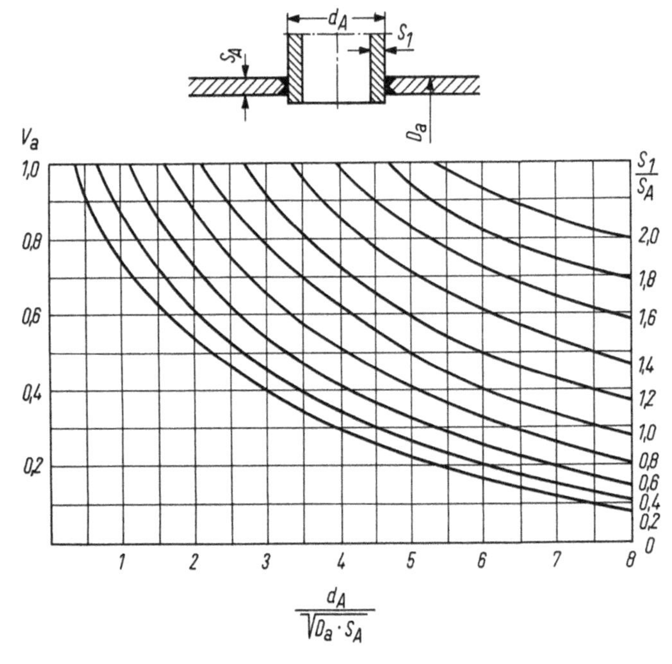

Abb. 446. Diagramm der Verschwächungsbeiwerte V_a für eingeschweißte Stutzen

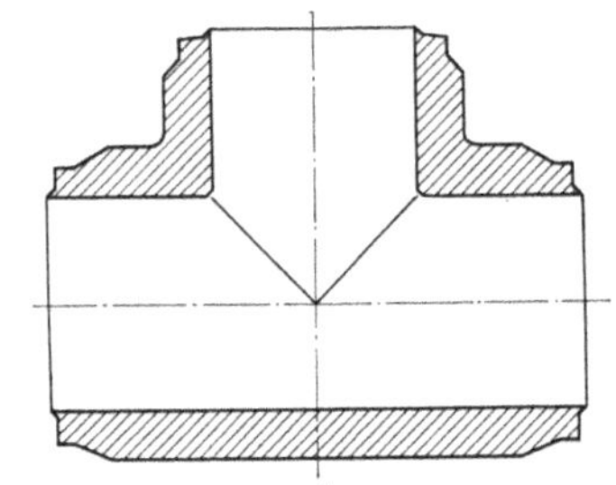

Abb. 447. Zylindrisches Schmiedeblock-T-Stück

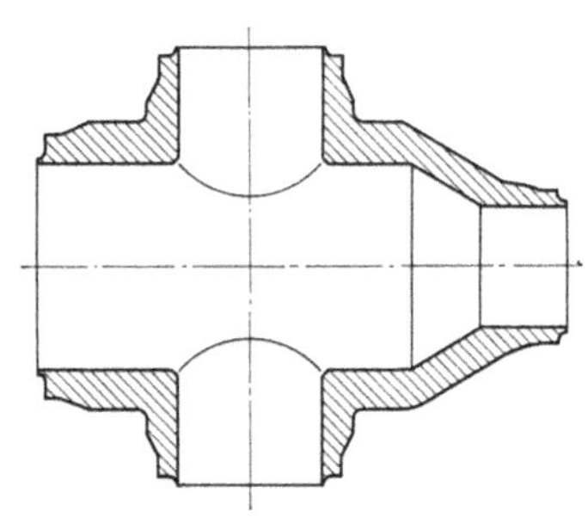

Abb. 448. Zylindrisches Schmiedeblock-Kreuzstück

Formstücke mit Kugelformen. Da die Hohlkugel unter Innendruck nur halb so hoch beansprucht wird wie ein Zylinder gleichen Durchmessers und gleicher Wanddicke, ist es vorzuziehen, kugelige Formstücke (Abb. 449) zu verwenden, die entweder aus dem vollen Schmiedeblock ausgearbeitet oder aus Halbschalen gepreßt werden. Die allseitige Symmetrie gestattet, an jeder Stelle Stutzen anzubringen und die Bearbeitung völlig maschinell vorzunehmen. Die am Rande eines Ausschnittes auftretende Verschwächung kann entweder durch Vergrößerung der Wanddicke des Grundkörpers oder werkstoffsparend durch Aufbringen von Verstärkungsringen ausgeglichen werden.

Verteilerstücke mit einer Reihe von Stutzen können durch Aneinanderreihen mehrerer solcher Kugelstücke gebildet werden (Abb. 450). Die Verschwächung, die an den Verbindungsstellen zwischen zwei Kugelstücken auftritt, wird durch Anordnung von Verstärkungsringen zwischen den einzelnen Gliedern ausgeglichen, die in Form von zwei zusammengeschweißten Halbringen aufgebracht werden.

Bei Kugelformstücken mit verhältnismäßig großen Stutzen ist eine Verstärkung durch aufgesetzte Ringe nicht mehr ausreichend. Da auch die Wanddicken besonders bei austenitischen Werkstoffen wegen der ansteigenden Wärmespannungen etwa 40 mm nicht überschreiten sollten, ist eine Verstärkung der Kugel durch Verstärkungspanzer nach Abb. 451 angebracht. Diese werden in Form von zwei Halbschalen über dem kugeligen Grundkörper angeordnet. Die Schalen sind so ausgebildet, daß die größte Werkstoffmenge am Rande des größten Ausschnittes liegt.

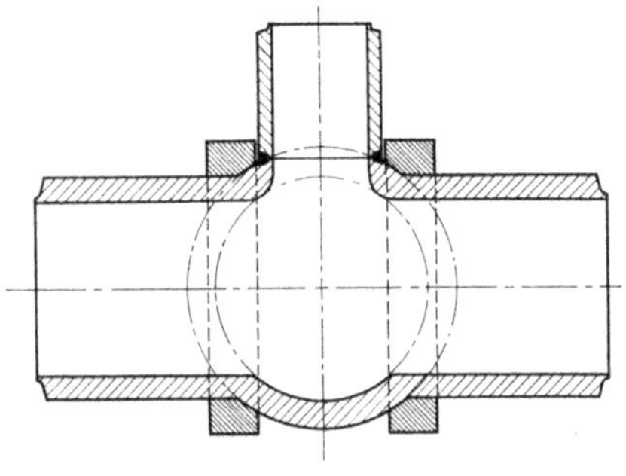
Abb. 449. Schmiedeblock-Kugelformstück mit Verstärkungsringen

Eine andere bewährte Konstruktion sind die nußförmigen, aus dem vollen Schmiedeblock ausgearbeiteten Formstücke mit eingeschweißten Stützrohren. Zwischen dem im Mittelpunkt liegenden Stützrohr und dem Außenring entsteht ein nierenförmiger Ringkanal, an dem die Abzweigstutzen in beliebiger Anzahl und Größe angeordnet werden können. Die Wanddicke des Außenringes kann sowohl infolge der Vorteile des kugeligen Körpers als auch wegen der Entlastung durch das Stützrohr gering gehalten werden.

Durch den annähernd gleichmäßigen Wanddickenverlauf ist das Formstück besonders in Rohrleitungen für Hochtemperaturen geeignet, besonders auch deshalb, weil dieses Formstück eine festigkeitsbegünstigte Form besitzt (Abb. 452 a und b). Der Druckverlust ist infolge der strömungsgünstigen Eigenschaften besonders gering.

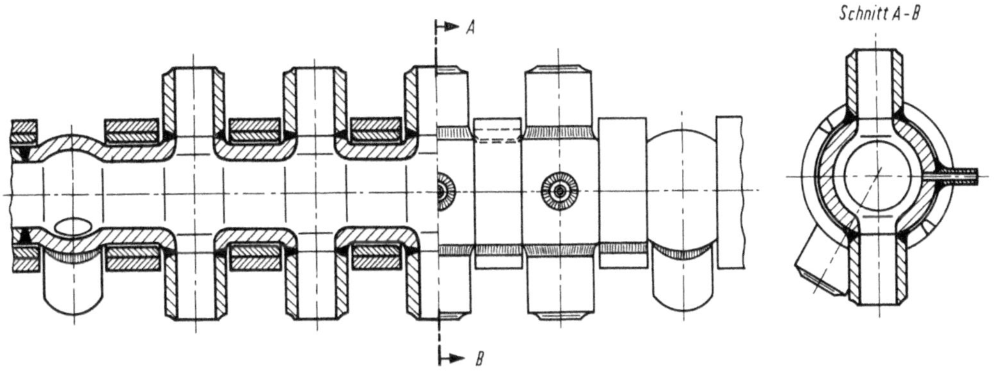

Abb. 450. Kugelformstückverteiler mit Verstärkungsringen

Abb. 453 zeigt eine Sonderausführung, bei der das Stützrohr gelocht ist und den Anschluß von zwei zusätzlichen Rohrleitungen ermöglicht. Durch diese Formstückkombination mit den Dampfsieben wird eine gute Dampfmischung vor der Turbine erreicht.

Y-förmige Hosenrohrformstücke. Eine andere strömungsgünstige Form sind Y-Hosenrohrformstücke. Abb. 454 zeigt ein aus dem vollen Schmiedeblock gearbeitetes Stück ohne Stutzenvorschweißung. Eine kugelige Hosenrohrform ist in Abb. 455 dargestellt. In Abb. 456 ist ein Spezialhosenrohr System Kahle dargestellt, welches aus einem Bogenrohr hergestellt wird.

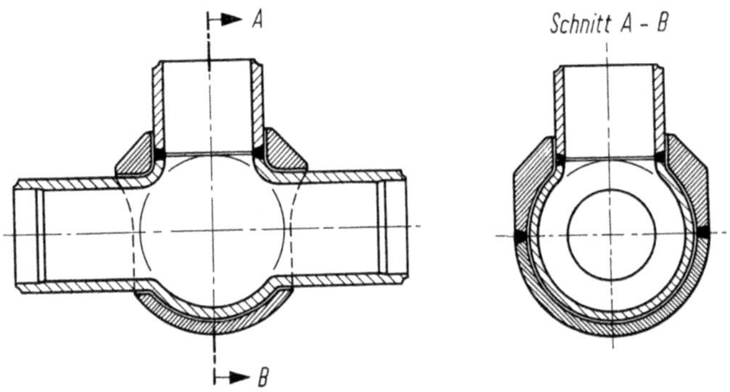

Abb. 451. Schmiedeblock-Kugelformstück mit Verstärkungspanzer

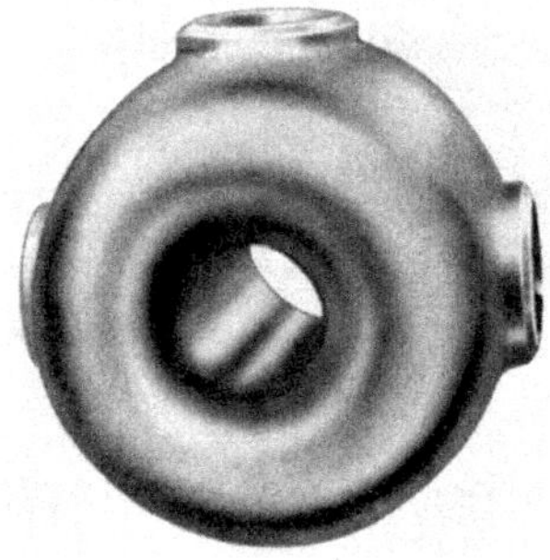

b) Ansicht

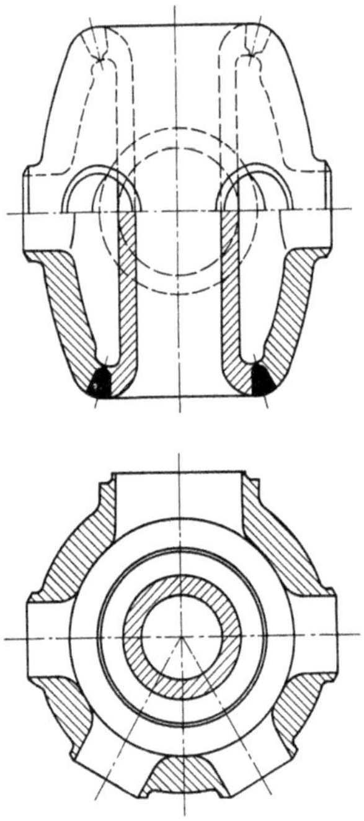

a) Schnitte

Abb. 452a u. b. Kugeliges Schmiedeblockformstück mit Stützrohr

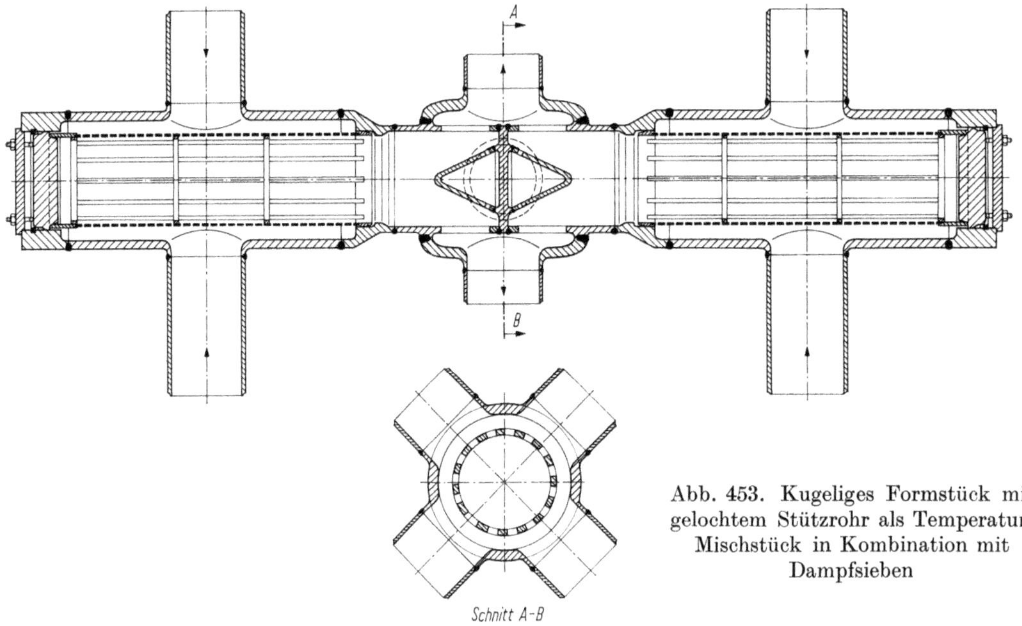

Abb. 453. Kugeliges Formstück mit gelochtem Stützrohr als Temperatur-Mischstück in Kombination mit Dampfsieben

Zur Vermeidung doppelter Schweißnähte (Stutzenvorschweißung und Rohrschweißung) wird ein werksseitiges Anschweißen der anschließenden Rohrleitung unmittelbar an die kurzen Formstücke empfohlen.

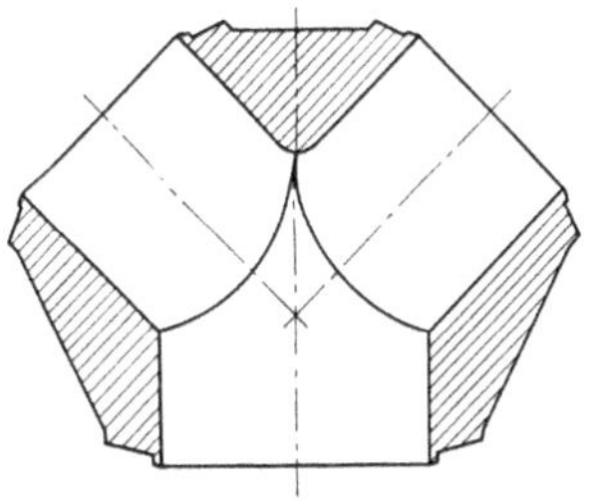

Abb. 454. Geschmiedetes Y-Formstück

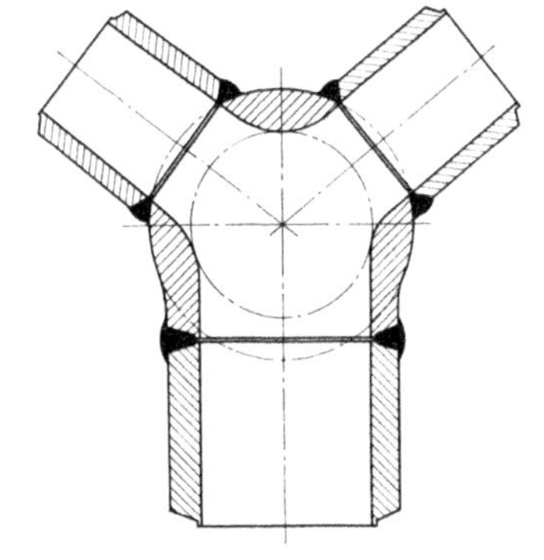

Abb. 455. Kugeliges Schmiedeblock-Y-Formstück mit Anschweißstutzen

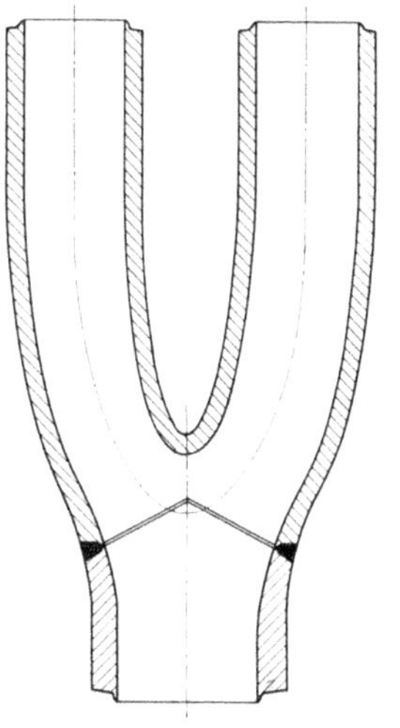

Abb. 456. Geschweißtes Hosenrohrformstück System Kahle

4. Rohrgeschweißte Formstücke

Für größere Nennweiten, wie z. B. Zwischenüberhitzerdampfleitungen, kommen ausschließlich geschweißte Formstücke in Betracht, da hier Schmiedestücke zu kostspielig sind. Die Herstellung größerer Hosenrohre ist jedoch sehr schwierig infolge der Abplattung im oberen und unteren Schnittpunkt der Schweißnähte und des Schweißnahtknotenpunktes.

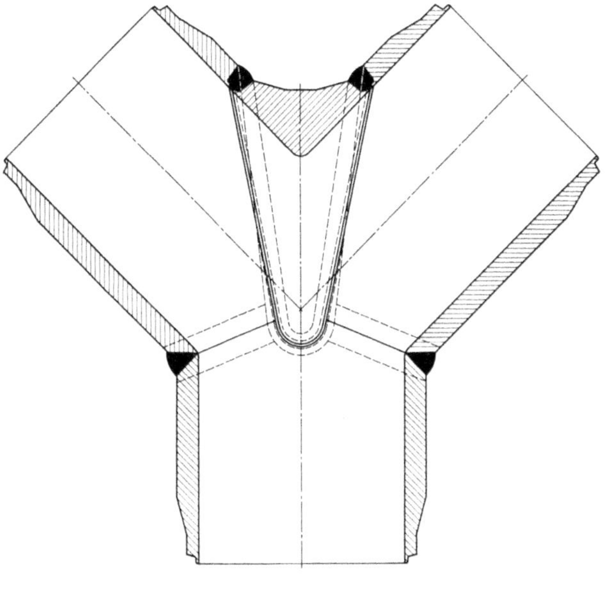

a) Schnitt

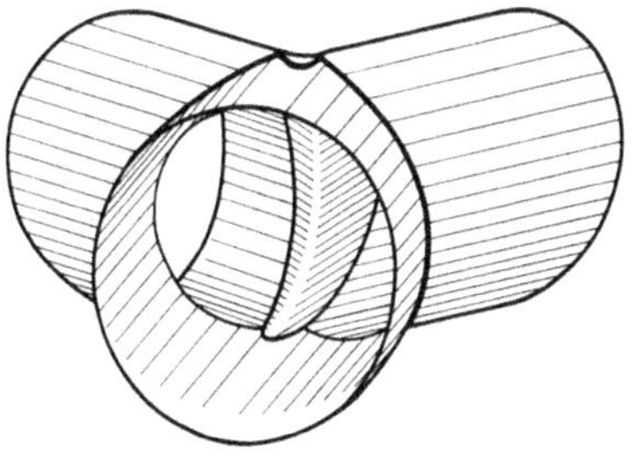

b) Ansicht

Abb. 457 a u. b. Geschweißtes Y-Rohrformstück mit sichelförmigem Kern

Bei Konstruktion nach Abb. 457 a und b werden diese Nachteile durch Einschweißen einer sichelförmigen Zwischenlage mit einer endlosen Schweißnaht, in welcher die Stutzen-Rundnähte T-förmig einmünden, vermieden.

Das Einschweißen von Stabilisierungsblechen zwischen den Stutzen ist wegen der hiermit verbundenen hohen Druckverluste nicht zu empfehlen.

5. Formstücke für Dampfsiebeinbauten

Bei Formstücken für Dampfsiebeinbauten gelten grundsätzlich die gleichen vorerwähnten Richtlinien. Abb. 458 zeigt ein Dampfsiebgehäuse in geschweißter Ausführung, während Abb. 459 ein kugelig gestaltetes Formstück für eine austenitische Rohrleitung darstellt.

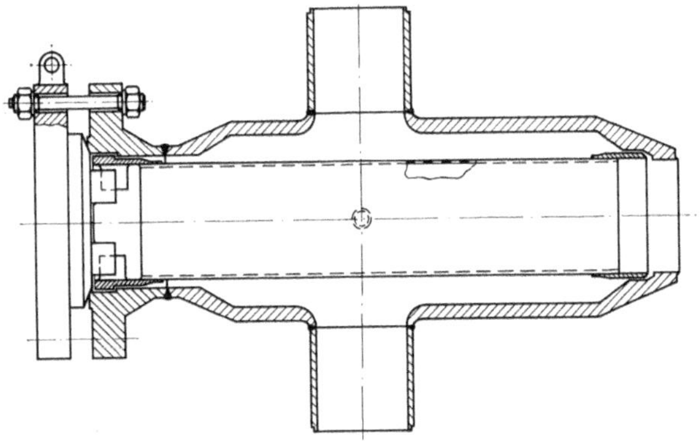

Abb. 458. Geschweißtes Dampfsiebgehäuse

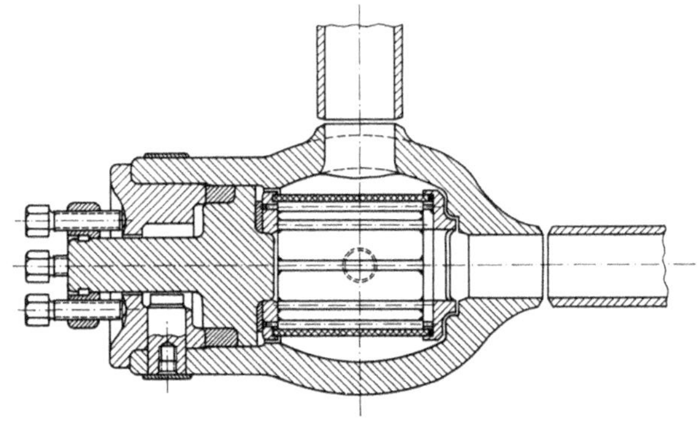

Abb. 459. Geschmiedetes kugelförmiges Dampfsiebgehäuse für austenitische Rohrleitung

h) Rohrbefestigungen

Dem Problem der Rohrbefestigungen (Unterstützungen bzw. Rohraufhängungen) sollte im Rahmen einer Rohrleitungsplanung ganz besondere Beachtung geschenkt werden. Meist wird die Bedeutung der Unterstützung für das einwandfreie betriebliche Verhalten der Rohrleitung unterschätzt.

An die Unterstützungskonstruktionen sind folgende betriebliche Anforderungen zu stellen:

1. Aufnahme des Betriebsgewichtes des kompletten Rohrleitungssystems und Übertragung dieser Kräfte auf geeignete Bauteile.

2. Aufnahme der von der Rohrleitung ausgeübten Reaktionskräfte in Form von Festpunkten, Führungen, Begrenzungen, Auflagerungen usw. in einer solchen Form, daß die natürlichen Dehnbewegungen der Rohrleitung sich frei auswirken können bzw. im Hinblick auf die Reaktionskräfte in bestimmte Richtungen gelenkt werden.

Diese Grundforderungen an die Unterstützungskonstruktionen müssen erfüllt werden, ohne daß das Aussehen des Rohrleitungssystems beeinträchtigt oder gar Durchgangswege eingeengt bzw. andere Anlageteile überbelastet werden.

Die einfachste Form einer Rohrleitungsunterstützung ist die Auflagerung, die nur das Gewicht aufnimmt, im übrigen aber der Rohrleitung eine freie horizontale Bewegung ermöglicht. Schwieriger sind Unterstützungen, die die Rohrbewegung in einer bestimmten Richtung begrenzen oder führen sollen. Voraussetzung für den Einbau einer solchen Konstruktion ist die genaue Kenntnis der an der vorgesehenen Einbaustelle auftretenden inneren und äußeren Kräfte und Momente. Wenn z. B. die zwangsläufigen Reibungskräfte der Konstruktion gegenüber den Dehnkräften des Leitungssystems zu groß werden, können Schäden am Rohrsystem auftreten, die Rohrstatik kann dann verfälscht werden.

Ins einzelne gehende Überlegungen und Untersuchungen müssen schließlich für diejenigen Unterstützungen, insbesondere Aufhängungen, angestellt werden, die einerseits das Betriebsgewicht der Leitung voll abfangen müssen und andererseits keinerlei Beeinflussung der freien Rohrdehnungen herbeiführen dürfen. Geht die Bewegung der Rohrleitung an der Aufhängestelle nicht über etwa 20 mm hinaus, kann eine einfache Federaufhängung vorgesehen werden. Die hierbei auf die Rohrleitung übertragene Federkraft ist zu gering, um eine merkliche Beeinflussung der Statik des freien Rohrleitungssystems herbeizuführen. Geht die räumliche Bewegung der Rohrleitung am Aufhängepunkt über etwa 20 mm hinaus, so würde die Federkraft eine Verfälschung der für das freie Rohrleitungssystem durchgeführten statischen Berechnung herbeiführen. Hier muß also eine ausgelastete Aufhängung vorgesehen werden, bei der das Kraftmoment der Aufhängung

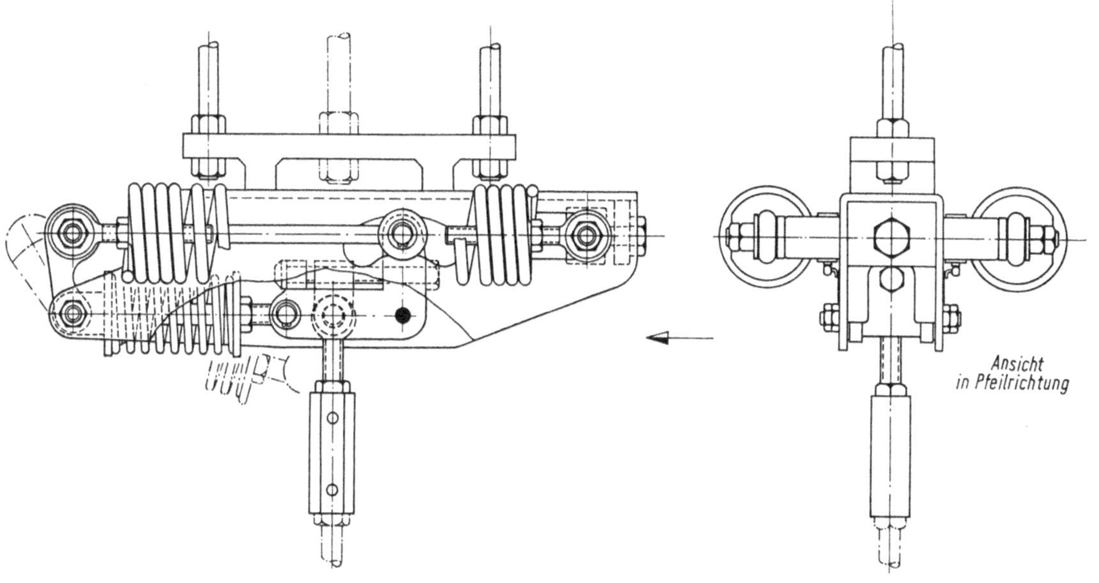

Abb. 460. Konstanthänger (Grinnell)

in jeder Lage gleich dem Lastmoment der Rohrleitung ist. Weit verbreitet und bis vor einigen Jahren allgemein üblich war eine Ausführung mit Gegengewichten. In neuerer Zeit werden dagegen überwiegend Konstruktionen mit über Hebel angreifenden Federn verwendet. Man nennt diese ausgelasteten und ausgeglichenen Konstruktionen „Konstanthänger". Das von den Gewichten oder Federn aufzubringende Kraftmoment kann nur auf eine ganz bestimmte Größe eingestellt werden. Jede vorübergehende oder nachträgliche Gewichtsveränderung der Rohrleitung bringt die Konstanthänger aus dem Gleichgewicht und macht sie wirkungslos. Es ist also notwendig, Konstanthänger während der Montage und der Druckprobe zu blockieren. Die Eigenreibung der Konstanthänger ist gering. Abb. 460 und 461 zeigen zwei von den vielen auf dem Markt befindlichen Konstanthängern.

Zusammenfassend wird festgestellt, daß für Hochtemperaturleitungen Auflagerungen jeglicher Bauart Verfälschungen der statischen Systemkräfte bedeuten und deshalb auf ein Mindestmaß zu beschränken sind.

Die Vielzahl der in einem Kraftwerk erforderlichen Rohraufhängungen, Lagerungen, Festpunkte usw. führt meist zu unübersichtlichen Konstruktionsformen. Im Interesse der auch hier anzustrebenden Vereinheitlichung wird deshalb empfohlen, ausschließlich vorgefertigte, listenmäßig erfaßte Konstruktionselemente von einer Spezialfirma zu verwenden. Diese Empfehlung ist besonders wichtig, wenn mehrere Rohrleitungsfirmen eingesetzt werden.

Zur späteren Befestigung der Unterstützungskonstruktion werden zweckmäßig vorkehrende Maßnahmen, wie Einbau von Jordalschienen in Betonstützen, Aussparungen in der Betonkonstruktion, Einbau von Rohren in Deckenbalken usw. getroffen.

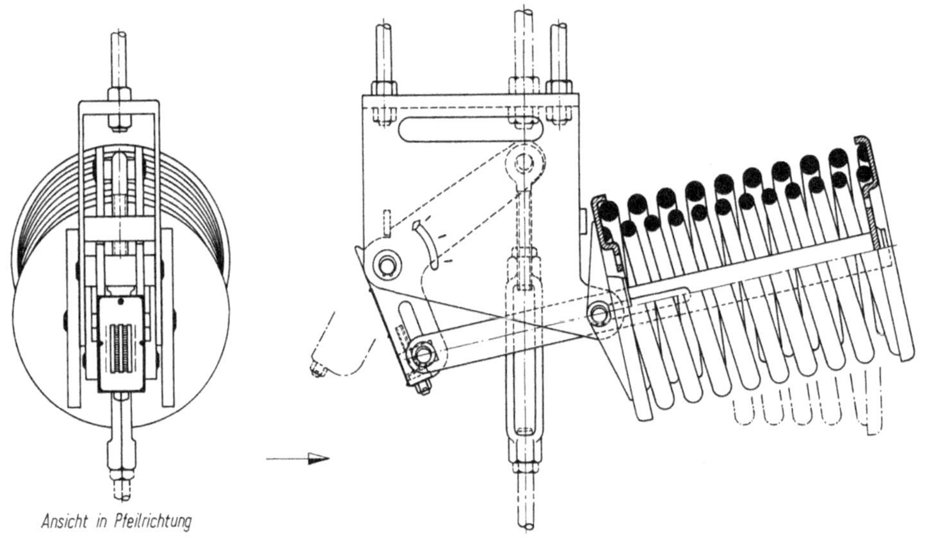

Abb. 461. Konstanthänger (Grinnell)

In den meisten Fällen müssen für die Bauplanung im voraus schon Belastungsangaben für die an der Baukonstruktion zu befestigenden Rohrleitungsunterstützungen gemacht werden. Zu diesem Zwecke werden auf die Belastungen der Baukonstruktionen entsprechende Zuschläge gemacht.

III. Mittel- und Niederdruckrohrleitungen

Unter die Mittel- und Niederdruckrohrleitungen fallen im Blockkraftwerk die Entnahmeleitungen aus Mittel- und Niederdruckgehäuse der Turbine, die Speisewasserzulaufleitungen zu den Speisepumpen, die Haupt- und Nebenkondensatleitungen und alle übrigen hiermit in Verbindung stehenden Nebenleitungen.

Die Leitungen sind vorwiegend aus unlegierten Werkstoffen hergestellt. Bei höheren Temperaturen, etwa ab 400 °C, werden gelegentlich legierte Werkstoffe verwendet.

a) Richtlinien für die Auslegung und Planung

Maßgebend für die Auslegung sind:

Druck und Temperatur,
Durchsatzmenge,
zulässiger Druckverlust,
wirtschaftliche Rohrabmessungen.

Druck und Temperatur bestimmen die Nenndruckstufe und die Wanddicke der Leitung. Nach den in gesetzmäßiger Folge aufgestellten Nenndrücken werden die Bauelemente für die Rohrleitungen berechnet und hergestellt. Für den Geltungsbereich der Nenndruckstufen ist das DIN-Blatt 2401 maßgebend.

Mit der Bestimmung des Nenndruckes liegen z. B. die Abmessungen der Flansche, Schrauben, Dichtungen und der Armaturen bereits fest.

Die Rohraußendurchmesser und die Wandstärken der nahtlosen Rohre sind durch das Herstellungsprogramm nach DIN 2448 bestimmt. Im Mittel- und Niederdruckbereich reicht die Normalwand — das ist die durch das Herstellungsverfahren bedingte günstigste Wandstärke — für fast alle vorkommenden Betriebsverhältnisse hinsichtlich der Festigkeit aus. Theoretisch mögliche dünnere Wandstärken bei nahtlosen Rohren erfordern Sonderrohre und sind deshalb zu vermeiden. Lediglich für Leitungen mit geringem Druck, wie z. B. Abblaseleitungen, Ablaufleitungen usw., können geschweißte Blechrohre verwendet werden. Bei extremen Dampfzuständen ist nachzuprüfen, ob die Normalwand ausreicht. Gegebenenfalls sind stärkere Wände nach DIN 2448 zu wählen.

Eine Ermittlung der wirtschaftlichen Abmessungen wird im Bereich der Mittel- und Niederdruckleitungen nur bei besonders gelagerten Fällen durchgeführt. Im Normalfall wird nach einem vereinfachten Verfahren der Querschnitt durch die Durchflußgeschwindigkeit bestimmt. Durch Erfahrung sind Werte gewonnen, die innerhalb der wirtschaftlichen Grenzen liegen und die außerdem Rohrabmessungen ergeben, die den örtlichen Verhältnissen des Kraftwerkes angepaßt sind und die besonderen Forderungen der einzelnen Anlageteile berücksichtigen.

Nachstehende Durchflußgeschwindigkeiten können für die Dimensionsbestimmung verwendet werden:

für Dampf:

Entnahmeleitungen über 5 ata	25 bis 35 m/s
Entnahmeleitungen von 1 bis 5 ata	35 bis 50 m/s
Vakuumleitungen	45 bis 70 m/s
Behälter-Ausgleichsleitungen	10 bis 20 m/s

für Wasser:

Zulaufleitungen zu Pumpen, je nach Zulaufhöhe und Wassertemperatur	0,5 bis 1,5 m/s
Pumpendruckleitungen	1,5 bis 2,5 m/s
Kondensat-Ablaufleitungen	0,5 bis 1,5 m/s
Behälter-Ausgleich	bis 0,5 m/s

Die Nachrechnung der Druckverluste der mit obigen Werten gefundenen Rohrdimensionen zeigt, ob eine Änderung notwendig ist und eine größere bzw. kleinere Abmessung nach DIN 2448 gewählt werden muß. Dies bezieht sich besonders auf Rohrleitungen für entspanntes Siedewasser. Bei der heutigen Kraftwerksanordnung mit Vorwärmern in Turbinennähe und Speisepumpen unterhalb des Speisewasserbehälters ergeben sich für die Betriebsrohrleitungen Druckverluste von etwa 1% des Betriebsdruckes. Ausgenommen von dieser Regel sind Pumpenzulaufleitungen. Hier sind möglichst geringe Druckverluste anzustreben.

Für die Zulaufleitungen der Kesselspeisewasserpumpen ist darüber hinaus sicherzustellen, daß Druckabsenkungen im Speisewasserbehälter mit den damit verbundenen Ausdampferscheinungen sich nicht bis in die Pumpe hinein auswirken können. Das Speisewasser muß die Zulaufleitung so schnell durchströmen, daß die Druckzunahme durch die geodätische Höhe je Zeiteinheit schneller erfolgt als der Druckabbau im Behälter. Ein Druckabbau kann z. B. erfolgen durch plötzliches Einspeisen kalten Wassers oder bei Schwebeentgasung durch Lastschwankungen der Turbine.

Es empfiehlt sich in jedem Falle, die Dimensionen der Speisewasserzulaufleitungen von der Lieferfirma der Kesselspeisepumpen verbindlich überprüfen zu lassen. Meist ergeben sich Geschwindigkeiten von etwa 1,5 bis 2,5 m/s. Um trotzdem die geforderten geringen Druckverluste zu gewährleisten, ist auf sorgfältige Gestaltung des Auslaufes am Speisewasserbehälter (großer Durchmesser) und auf Verwendung von schlanken Einziehungen vor der Pumpe zu achten. Der Schieber in dieser Leitung sollte mit vollem Durchgang ausgeführt sein und der freie Querschnitt der Siebe das Vier- bis Fünffache des Rohrquerschnittes betragen. Bei Anwendung von Vor- und Hauptpumpen können die Siebe gegebenenfalls auch in die Überströmleitung zwischen Vor- und Hauptpumpe eingebaut werden.

Wasserseitig anschließende Rohrleitungen an Heißwasserbehälter, besonders Druckbehälter, sind aus Sicherheitsgründen möglichst durchlaufend mit Schweißverbindungen auszurüsten. Sind Flanschverbindungen nicht zu vermeiden, so sind diese mindestens für ND 25 zu dimensionieren und mit Schweißringdichtungen auszuführen.

Während die Verlegung der Leitungen für die ersten Turbinenentnahmen meist keine Schwierigkeiten bereitet, ist es oft nicht einfach, die Leitungen zu den Niederdruckvorwärmern unterzubringen. Bei dem großen Dampfvolumen sind sehr große Rohrabmessungen erforderlich. Bei größeren Anlagen werden die Niederdruckvorwärmer meist direkt unter der Turbine innerhalb des Fundamentes aufgestellt. Gegebenenfalls muß die Leitung in mehrere Stränge aufgeteilt und am Vorwärmer die entsprechende Anzahl Stutzen angebracht werden. So ist es möglich, auch die durch die Längenänderungen bedingten Reaktionskräfte durch geeignete Verlegung der Leitungen kleinerer Dimensionen zu beherrschen.

Innerhalb des Turbinenfundamentes ist es angebracht, mit Rücksicht auf die engen Platzverhältnisse jeder Rohrleitungsgruppe einen bestimmten Raum zuzuordnen. Die sinnvolle Aufstellung der ND-Vorwärmer unterhalb der Turbine trägt viel zu einer günstigen Lage der Rohrleitungen bei. Die Kondensatdruckleitungen sollten in einer Ebene vor den Stirnseiten der Vorwärmer liegen, alle Entnahmeleitungen im Mantelbereich und die Nebenkondensatleitung am Ende der Vorwärmer.

Neben den vorstehenden Leitungsgruppen erfordern im Turbinenbereich die Überproduktionsleitungen besondere Maßnahmen, wie z. B. symmetrische Anordnung der Kondensator-Anschlußleitungen und sichere Vermeidung von Wasseransammlungen sowie Geräuschbildungen.

Es ist deshalb anzustreben, die Überproduktionsventile am höchsten Punkt der Rohrleitung zentral vor den Kondensator-Einströmkästen anzuordnen.

Im Zuge der technischen Weiterentwicklung werden in zunehmendem Maße die Entnahme-Schnellschlußventile und Überproduktionsventile mit elektrischen Antrieben an Stelle ölhydraulischer Antriebe ausgerüstet.

Diese Umstellung bietet die Möglichkeit einer freizügigen Anordnung von Armaturen und Rohrleitungen im Bereich der Turbine. Für die Überproduktionsventile ermöglicht der elektrische Antrieb den unmittelbaren starren Anbau am Kondensator unter Fortfall der aufwendigen Verbindungsrohrleitungen.

b) Herstellung, Verarbeitung, Rohrverbindungen, Prüfungen und Abnahmen

Für die Mittel- und Niederdruckleitungen werden vorwiegend nahtlos gewalzte Rohre verwendet; ab etwa NW 350 kommen, soweit die Betriebsverhältnisse es zulassen, auch längsgeschweißte Blechrohre zum Einbau.

Die nahtlos gewalzten Rohre besitzen einen konstanten Außendurchmesser, der nach DIN 2448 festliegt. Durch das Herstellungsverfahren ergibt sich als günstigste Wandstärke die Normalwand. Das Herstellungsprogramm sieht größere Wandstärken nach der ISO-Reihe vor.

Für die Mittel- und Niederdruckleitungen kommen, soweit in Ausnahmefällen nicht legierte Rohre erforderlich sind, durchweg unlegierte Stähle zur Verwendung. Man unterscheidet

1. Rohre mit gewährleisteten Warmfestigkeitseigenschaften,
2. Rohre mit Gütevorschriften,
3. Rohre in Handelsgüte.

Höher beanspruchte Rohre werden aus St 35.8 bzw. St 45.8 mit gewährleisteten Warmfestigkeitseigenschaften nach DIN 17175 gefertigt, und zwar in den Gütestufen I, II und III je nach Temperatur und Druck. Weniger beanspruchte Leitungen stellt man aus dem Werkstoff St 35 her, d. h. aus Rohren mit Gütevorschriften nach DIN 1629. Nur für drucklose Leitungen kommen Rohre in Handelsgüte aus St 00 zur Verwendung.

Aus Gründen der Vereinheitlichung und zur Vermeidung von Materialverwechslungen hat sich in der Praxis bewährt, den Werkstoff St 35.8 nur in der Gütestufe II zu verwenden. Für den Bereich der Gütestufe I sind Rohre aus St 35 nach DIN 1629 Blatt 3 völlig ausreichend, für den Bereich der Gütestufe III sind Rohre aus 15Mo3 wegen der Wandstärkenverminderung günstiger.

Von einem Rohraußendurchmesser von 343 mm an werden auch Rohre mit dünnerer Wand nahtlos gewalzt. Diese finden jedoch im Kraftwerk kaum Verwendung, da sie verhältnismäßig teuer sind. Leitungen ab NW 350 mit niedrigen Betriebsbeanspruchungen werden besser als längsgeschweißte Stahlrohre nach DIN 1626 mit Abmessungen nach DIN 2458 aus Blechen mit dem Werkstoff St 34, St 37 und St 42 hergestellt.

Die längsgeschweißten Stahlrohre finden im Kraftwerksbau Anwendung für Entnahmeleitungen im Niederdruck- und Vakuumgebiet ab etwa NW 350 in der Ausführung nach DIN 1626 Blatt 3, d. h. mit Gütevorschriften aus Werkstoff MR St 37.2. Außerdem werden Blechrohre für Auspuffleitungen jeder Art verwendet.

Die durchzuführenden Prüfungen und Abnahmen sind in den zugrunde liegenden technischen Lieferbedingungen DIN 17175, DIN 1629 und DIN 1626 enthalten. Zusätzliche Prüfungen sind nicht notwendig.

Für Rohre nach DIN 17175 Gütestufe II und DIN 1626 Blatt 3 ist die Einhaltung der Liefervorschriften durch Werksabnahmezeugnisse DIN 50049/3B, mindestens aber durch Werkszeugnisse nach DIN 50049/2 zu erbringen. Für alle anderen Rohrqualitäten sind Werksbescheinigungen nach DIN 50049/1 ausreichend.

Für Bogen und Krümmungen werden verwendet:

1. Glattrohrbogen aus nahtlosem Rohr mit $R = 3$ bis $5\,D$,
2. nahtlose Stahlrohrbogen mit $R = 1$ bis $2{,}5\,D$,
3. Segmentkrümmer aus geschweißtem Blechrohr mit $R = 1$ bis $2\,D$,
4. Faltenrohrbogen aus nahtlosem Rohr mit $R = 2$ bis $3\,D$.

Vorwiegend kommen Glattrohrbiegungen zum Einbau. Der Biegeradius ist durch die Verschwächung in der Außenwand des Bogens begrenzt. Werden kleine Radien bei beengten Platzverhältnissen erforderlich, so werden Stahlrohrbogen in die Rohrleitung eingeschweißt. Diese haben den Vorteil einer gleichmäßigen Wand und sehr geringer Krümmungsradien. Besonders günstig wirkt sich das bei der Kondensatdruckleitung aus, da bei oft gedrängter Anordnung der Niederdruckvorwärmer eine Vielzahl von Bogen notwendig ist. In Ausnahmefällen können — besonders bei großen Rohrdurchmessern — an Stelle von nahtlosen Stahlrohrbogen Faltenrohrbogen verwendet werden. Die Bogen der längsgeschweißten Blechrohre werden aus einer Vielzahl von Segmenten zusammengeschweißt.

Die Verbindung der einzelnen Rohrlängen erfolgt fast ausschließlich durch Schweißen. Der bisher übliche Flanschenanschluß an Armaturen, Vorwärmern und anderen Anlagenteilen wird auch in zunehmendem Maße durch die Schweißverbindung ersetzt. Bei diesen sollte darauf geachtet werden, daß auf der Baustelle nur Verbindungen zwischen Stahl und Stahl herzustellen sind. Besteht das einzuschweißende Teil aus Stahlguß, ist zweckmäßig werkstattseitig ein Rohrstück aus Stahl vorzuschuhen.

Wie bereits im Abschn. IIf (S. 490) in zusammenfassender Form ausführlich beschrieben, werden für Flanschverbindungen in Mittel- und Niederdruckrohrleitungen normale Flanschen der Form E mit schwarzen oder halbblanken Maschinenschrauben nach DIN 601/555 bzw. DIN 931/934 und überwiegend mit Flachdichtungen nach DIN 2690 verwendet.

Für Abzweige verwendet man vollwertige Rohrformstücke, d. h. der Abzweig wird durch Aushalsung aus dem Grundrohr hergestellt. Bei untergeordneten Leitungen können die abzweigenden Rohre in das entsprechend vorbereitete Grundrohr auch direkt eingeschweißt werden. Soll der Druckverlust niedrig gehalten werden, sind an Stelle der einfachen Stutzenschweißungen Schuhstutzen bzw. Sattelstutzen vorzusehen.

c) Vakuumleitungen für Luftkondensation

Mit dem Bau von Vakuumleitungen mit Durchmessern bis 5000 mm für Anlagen mit Luftkondensation sind besondere Ausführungsprobleme verbunden.

Wegen der räumlichen Begrenzung bei den Transportmöglichkeiten können die Rohre werksseitig nur in Schalenteilen vorgefertigt werden, wodurch ein erhöhter Montageaufwand durch umfangreiche Schweißarbeiten auf der Baustelle verbunden ist.

Bei der Planung sind eine Reihe betrieblich wichtiger Voraussetzungen zu berücksichtigen. Die für Rohrleitungen mit großen Durchmessern verhältnismäßig hohen Betriebstemperaturen von 70 bis 100 °C bereiten besondere Probleme in der Beherrschung der auftretenden Wärmedehnungen. Hierdurch sind Spezialkonstruktionen für die Lagerung innerhalb des Turbinenfundamentes und unterhalb des Steigestranges zum Luftkondensator erforderlich.

Die Ausbildung der Unterstützungen der Rohrleitung richtet sich weitgehend nach den örtlichen Verhältnissen, doch haben sich federnde Aufhängungen oder Pendelstützen gut bewährt.

Die Dimensionierung der Rohrwand erfolgt entweder nach den rechnerisch ermittelten vollen Wandstärken oder nach einer Teilwandstärke mit am Außenumfang aufgeschweißten Verstärkungsringen, wodurch eine Kostenersparnis erzielt wird.

Nähere Einzelheiten über die Berechnungsformeln, speziell gegen elastisches Einbeulen und plastisches Verformen, sind aus dem AD-Merkblatt B 6 (DK 621.642.02.001.24) zu entnehmen.

Vor den Anschlußleitungen an den Luftkondensatoren ist ein meist sehr kompliziertes Verteilerstück in Schweißkonstruktion erforderlich, das möglichst als Festpunkt ausgebildet werden sollte.

Die Kondensatabführung kann entweder innerhalb der Vakuumleitung oder in einer besonderen Rohrleitung erfolgen.

Die innere Abführung bringt zwar einen günstigeren Wirkungsgrad, bedingt jedoch zusätzliche Blechkonstruktionen innerhalb der Vakuumleitungen. Deshalb wird der äußeren Abführung in einer besonderen Rohrleitung meist der Vorzug eingeräumt. Bei Verlegung der Leitung in einem Kanal ist mit dessen Überflutung durch äußeren Wassereinbruch zu rechnen. Es sind dann Vorkehrungen zu treffen, daß die Rohrleitung nicht durch Wasserauftrieb u. U. schweren Beschädigungen ausgesetzt ist.

IV. Kaltwasserleitungen

Hierunter fallen alle Wasserleitungen außerhalb des Kondensat-Speisewasser-Kreislaufes.

Im wesentlichen sind es

Haupt- und Nebenkühlwasserleitungen,
Roh-, Weich- und Werkswasserleitungen,
Trinkwasserleitungen,
Feuerlöschleitungen.

a) Richtlinien für die Auslegung und Planung

1. Leitungen bis NW 400

Leitungen bis etwa NW 400 für normale Wasserqualitäten unterliegen keinen besonderen Bedingungen. Planung, Materialwahl und Verarbeitung einschließlich Montage sind meist ohne Schwierigkeiten durchführbar, da nur handelsübliche Materialien mit zum Teil vorgefertigten Teilen — z. B. Rohrbogen — Verwendung finden, deren Verarbeitung gegebenenfalls auch auf der Baustelle in vollem Umfang möglich ist.

Es kommen nur normalwandige Rohre in Betracht, deren Elastizität meistens groß genug ist, um die geringfügigen Wärmedehnungen aufzunehmen. Besondere Kompensationselemente sind also kaum erforderlich.

Die Nenndruckbestimmung erfolgt nach DIN 2401, wobei jedoch als kleinster Nenndruck ND 10 gewählt werden sollte. Für die Nennweitenbestimmung kann bei Pumpensaugleitungen eine Strömungsgeschwindigkeit zwischen 0,5 und 1,0 m/s, bei allen anderen Leitungen zwischen 1,5 und 2,0 m/s angenommen werden. Gegen die Anwendung höherer Geschwindigkeiten bestehen jedoch keine Bedenken.

Für Leitungen mit chemisch aggressiven Durchflußmedien, z. B. aufbereitetes Weichwasser, Seewasser, Brackwasser usw., ist die Materialwahl von entscheidender Bedeutung. Normale Rohrqualitäten aus Schmiedestahl scheiden hier aus, sofern man nicht eine nach kürzerer Betriebszeit erforderliche Auswechselung in Kauf nimmt.

Für Weichwasser sind brennlackierte oder gummierte Rohre üblich. Gegen mechanische Beanspruchungen haltbarer sind gummierte Rohre. In neuerer Zeit wird in zunehmendem Maße für Weichwasserleitungen unter NW 100 und für Temperaturen über etwa 100 °C nichtrostendes Material verwendet, da eine Gummierung oder Brennlackierung für die kleinen Dimensionen kaum durchführbar und nicht temperaturbeständig ist. Bei Verwendung von V2A-Stahl für größere Nennweiten sollten zwecks Material- und damit Kostenersparnis nicht normalwandige Rohre, sondern längsgeschweißte V2A-Blechrohre mit kleinen Wandstärken vorgesehen werden.

Für Seewasser- und Brackwasserdurchfluß haben sich am besten Rohre aus Gußeisen bewährt, gegebenenfalls mit einem Zusatz von 0,5% bis 2% Nickel oder Chrom. Scheidet mit Rücksicht auf zu erwartende Beanspruchungen normales Gußeisen aus, so sind bei kleineren Nennweiten bis NW 50 feuerverzinkte Rohre am zweckmäßigsten, bei größeren Nennweiten Rohre aus Sphäroguß anwendbar (s. auch Abschn. IV e, S. 512).

2. Leitungen ab NW 500

Hierunter fallen meist nur Nebenkühlwasser-Sammelstränge und die Hauptkühlwasserleitungen, die bei den modernen Blockkraftwerken großer Leistung im Bereich von NW 800 bis NW 2600 und darüber liegen. Bei diesen Leitungen ist eine Auslegung nach wirtschaftlichen Gesichtspunkten erforderlich.

Für die Materialwahl gelten die Ausführungen unter 1. für Nennweiten bis 400. Für die Hauptkühlwasserleitungen kommen demnach Stahlrohre oder Gußrohre, zusätzlich jedoch auch Betonrohre in Betracht.

Auf Grund der großen Kühlwassermengen — für einen 150 MW-Block z. B. je nach der zur Verfügung stehenden Wassertemperatur zwischen 15000 und 25000 m³/h — erfordert 1 m Förderhöhe je nach Höhe der Grundkosten (Wärmepreis) zwischen 10000 und 15000 DM im Jahr an Stromaufwand. Andererseits sind auch die Erstellungskosten sehr erheblich. Als groben Richtwert für eine 150 MW-Anlage kann man 1500 DM je m verlegte Leitung ansetzen. Für die Hauptkühlwasserleitungen ist also eine Ermittlung des wirtschaftlichsten Rohrdurchmessers nach den Formeln in Abschn. II b (S. 472) zweckmäßig.

Die Wirtschaftlichkeitsrechnung ergibt bei einer Kühlturmanlage für die Saugleitungen zwischen Kühlturm und Pumpen und die Druckleitungen zwischen Pumpen, Kondensatoren und Kühlturm gleiche Ergebnisse. Bei Saugleitungen ist zusätzlich zu prüfen, ob die um den Druckverlust verringerte Zulaufhöhe für einen störungsfreien Betrieb der Pumpen ausreicht. Gegebenenfalls ist mit Rücksicht auf die Pumpen eine größere Saugleitung zu wählen, als der Wirtschaftlichkeitsrechnung entspricht.

Bei Kühlturmanlagen liegt im Durchschnitt die wirtschaftlichste Geschwindigkeit für die Pumpensaugleitungen zwischen 0,8 und 1,4 m/s und für die Pumpendruckleitungen zwischen 1,2 und 2,0 m/s.

Bei Anlagen mit Frischwasserkühlung gilt für die Wirtschaftlichkeitsrechnung das gleiche. Da hier jedoch meistens auf der Kondensatorablaufseite mit Kraftschluß gearbeitet wird, kommt zusätzlich noch die Frage der erreichbaren Kraftschlußhöhe hinzu.

In der Praxis versucht man zwecks Einsparung von Pumpenleistung die größtmögliche Kraftschlußhöhe nutzbar zu machen. Diese ist abhängig von den örtlichen Verhältnissen, der Rohrleitungslänge unter Berücksichtigung der Druckverluste und der möglichen betrieblichen Belastungsschwankungen. Der Planung sollten 8 m Kraftschlußhöhe zugrunde gelegt werden, die mit Sicherheit einen störungsfreien Betrieb gewährleisten.

Während des Probebetriebes kann dann durch Absenken der Überlaufkante im Kraftschlußbecken die betrieblich günstigste Kraftschlußhöhe eingestellt werden. In besonders günstig gelagerten Fällen sind Kraftschlußhöhen bis etwa 9,5 m erreichbar.

Die Funktion des Kraftschlusses kann durch gut angelegte Entlüftungen wirksam unterstützt werden.

Bei den großen Hauptkühlwasserleitungen ist auf genügende Kompensationsfähigkeit zu achten. Dies gilt besonders für die Kondensator- und Pumpenanschlüsse, die von wesentlichen Reaktionskräften freigehalten werden müssen. Die Aufnahme der Längenänderungen auf Grund der Wärmedehnungen der Leitungen und des Kondensators kann durch Stopfbuchsen, Linsen oder Gelenke erfolgen (Einzelheiten hierüber s. Abschn. d „Kompensatoren"). Anzustreben ist jedoch auch bei den Kühlwasserleitungen die Dehnungsaufnahme durch genügend lange Leitungsschenkel.

Am einfachsten ist die Aufnahme der Wärmedehnungen durch freibewegliche Dehnungsstopfbuchsen, jedoch ist dann der volle Innendruck der Leitung beiderseitig in Festpunkten aufzunehmen. Kondensatoren und Pumpen dürfen dabei nicht als Festpunktersatz für die Aufnahme des vollen Innendruckes herangezogen werden. In den meisten Fällen ist deshalb verspannten Kompensatoren bzw. Gelenkkompensatoren der Vorzug zu geben.

Die Verlegung der Hauptkühlwasserleitungen innerhalb des Kraftwerkes erfolgt meist frei im Keller. Für die Verbindungsleitungen zwischen Kraftwerk und Kühltürmen bzw. Einlauf- und Auslaufbauwerken bei Frischwasserkühlung kommt je nach den örtlichen Möglichkeiten eine Verlegung im Erdreich oder frei im Graben bzw. auf Stützkonstruktion in Betracht. Der Erdreichverlegung ist der Vorzug zu geben, da die Wärmedehnungen normalerweise wegen guten Wärmeausgleichs und großer Haftreibung des umgebenden Erdreichs unberücksichtigt bleiben können. Für eine tragfähige, auf der ganzen Länge satt anliegende Bettung der Rohre ist Sorge zu tragen. Ist diese Forderung auf Grund der Bodenbeschaffenheit trotz Sand oder Kiesaufschüttung und Einschlämmung nicht sicher zu erfüllen, wird empfohlen, die Rohre auf eine durchlaufende Magerbetonplatte mit Kiesauflage zu verlegen.

Punktförmige Auflagerstellen sind zu vermeiden, da sie — besonders bei Gußleitungen oder Betonrohren — zu Bruchschäden führen können.

Bei freiliegenden Außenleitungen ist die zusätzliche Wärmedehnung der leeren Leitung durch Sonneneinstrahlung zu berücksichtigen. Die hierdurch bedingten großen Dehnwege erfordern besondere Maßnahmen bei der Rohrlagerung und den Kompensations-Einrichtungen.

b) Herstellung und Verarbeitung, Rohrverbindungen für Stahlleitungen

Die kleineren Rohre bis normal NW 300, höchstens NW 400 werden aus nahtlos gewalzten Rohren mit konstantem Außendurchmesser nach DIN 2448 hergestellt.

Ab NW 500 dagegen, häufig schon ab NW 350, werden aus Blechen geschweißte Rohre verwendet. Es gibt längsgeschweißte Rohre mit ein oder zwei geraden Schweißnähten und spiralgeschweißte Rohre. Als Schweißart wird heute allgemein innere und äußere Ellira-Schweißung vorgezogen.

Nahtlos gewalzte Rohre nach DIN 2448 bestehen aus Werkstoff St 00 nach den Lieferbedingungen DIN 1629. Die geschweißten Rohre nach DIN 2458/2461 unterliegen den Lieferbedingungen DIN 1626 Bl. 1 bis 4. Im allgemeinen ist die Ausführung mit Gütevorschriften nach DIN 1626 Bl. 3 und durch Werksabnahmezeugnis DIN 50049/3B ausreichend. Zur Herstellung werden Bleche aus Werkstoff St 21 bis St 37 in Thomas- oder Siemens-Martin-Güte mit 21 bis 37 kg Festigkeit verwendet. Vorzugsweise sollte der Stahl MU St 37.2 verwendet werden, der bei guter Schweißbarkeit und guten Verarbeitungseigenschaften preisgünstig ist. Die Blechdicke und damit die Wandstärke der Rohre hängt von der Betriebsbelastung ab. Wesentlich entscheidender als der Innendruck ist die Formfestigkeit der Rohre sowie die äußeren Belastungen durch Erdreich oder Fahrzeuge bei Verlegung unter Straßen, Gleisen o. ä. Bei Gleiskreuzungen sind darüber hinaus die besonderen Vorschriften der Bundesbahn einzuhalten[1]. Als groben Richtwert für die Planung kann man die Wandstärke bis NW 1000 mit 1/100, darüber mit 1/130 des Durchmessers ansetzen. Vor Ausführung empfiehlt es sich, eine genaue statische Untersuchung auf Grund der örtlichen Verhältnisse durchzuführen.

Als Bogen für nahtlos gewalzte Rohre werden entweder Glattrohrbiegungen oder nahtlose Preßbogen (Hamburger Rohrbogen) verwendet. Für geschweißte Leitungen verwendet man dagegen segmentgeschweißte Krümmer oder neuerdings auch schalengepreßte und geschweißte Bogen, die strömungstechnisch vorzuziehen sind. Die Schweißungen bereiten auf Grund der normalen Werkstoffqualitäten keine Schwierigkeiten. Ein Aus- oder Nachglühen von Schweißungen oder Biegungen ist nicht erforderlich. Die Rohrlängen werden untereinander verschweißt.

Armaturen erhalten Anschlußflansche, die allgemein nach DIN ND 10 dimensioniert werden, deren Blattstärke jedoch bei entsprechend niedrigen Betriebsdrücken nach ND 6 ausgelegt werden kann. Die Flanschverbindungen bestehen aus Flachgummidichtungen (nicht unter 4 mm Stärke) mit Leineneinlage und normalen schwarzen Maschinenschrauben. Im übrigen sollten Flanschverbindungen nur dann verwendet werden, wenn die anzuschließenden Teile aus nichtschweißbaren Materialien bestehen.

Bei frei verlegten Hauptkühlwasserleitungen ist die Wahl der richtigen Unterstützungen wichtig. Am günstigsten sind Pendelstützen, die eine freie Rohrdehnung in einer Richtung zulassen. Gleitlager beanspruchen dagegen sehr hohe Reibungskräfte und beeinflussen deshalb entscheidend die Kräfteverhältnisse des Rohrsystems. Sie sind besonders empfindlich gegen Korrosionen, wodurch u. U. eine Blockierung eintreten kann. Deshalb sind ein Wasserschutz und auch Zwischenlagen von Blechen aus nichtrostendem Material zu empfehlen. Bei Dehnbewegungen in nur einer Richtung sind Rollenlager den Gleitlagern vorzuziehen.

Die Stützweite hat einen unmittelbaren Einfluß auf die Dimensionierung der Rohre. Sind aus baubedingten Gründen große Stützweiten erforderlich, kann unter Beibehaltung normaler Wandstärken die größere Steifigkeit der Rohre durch Verstärkungsringe erreicht werden.

Die fertig verlegten Hauptkühlwasserleitungen sollten einer Wasserdruckprobe unterzogen werden. Die Höhe des Probedruckes ist unter Berücksichtigung des Null-Förderdruckes der Kühlwasserpumpen und eines möglichen Druckstoßes festzulegen. Ist eine Druckprobe aus baulichen Gründen (Bau in Teilabschnitten) nicht möglich, so ist statt dessen eine stichprobenweise Schweißnahtprüfung zu empfehlen.

c) Formstücke

Bei kleinen Nennweiten aus normalen gewalzten Rohren werden Formstücke durch einfache eingeschweißte Stutzen hergestellt. Bei großen Nennweiten aus geschweißten Rohren sind Formstücke in geschweißter Ausführung, z. B. aus Segmenten, üblich. Je nach Größe, Art und Beanspruchungen können zusätzlich Verstärkungsrippen erforderlich werden. Rechtwinklige Abzweigungen sind möglichst zu vermeiden. Sowohl bei Hosenrohren als auch bei schrägen Stutzenabgängen ist auf strömungsgünstige Ausführung zu achten. Eingeschweißte Stutzen sollten abflachende Zwickel erhalten.

d) Kompensatoren

Die einfachste Form ist die in Achsrichtung freibewegliche Stopfbuchse, bei der ein Glattrohrende, das Degenrohr, in einem erweiterten Rohrstück verschoben wird. Die Abdichtung gegeneinander erfolgt durch eine auf das Degenrohr aufgepreßte Profilgummidichtung. Die Stopfbuchsen lassen im wesentlichen nur axiale Verschiebungen zu.

[1] Wasserleitungs-Kreuzungsvorschriften siehe DV 179 und DV 103 der Deutschen Bundesbahn.

Abwinklungen sind bei Gummiabdichtung bis etwa 3° möglich. Die Stopfbuchsenkompensatoren sind nicht verspannt; es kommt also der volle Innendruck auf die Anschlußleitungen zur Auswirkung (Abb. 462).

Eine Abart der Stopfbuchsen sind die verspannten, d. h. feststellbaren Ausbaustücke, die als Montage- und Demontagehilfe an Armaturen eingebaut werden (Abb. 463).

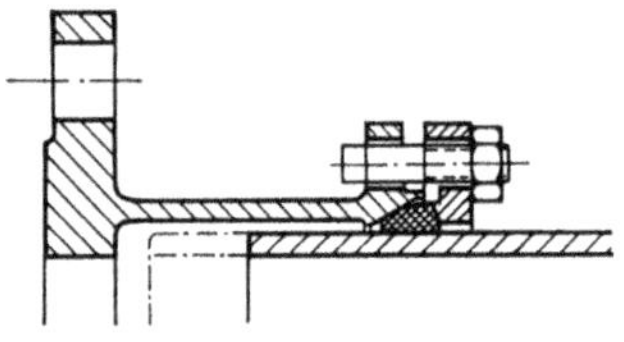

Abb. 462. Stopfbuchskompensator für Kühlwasserleitungen

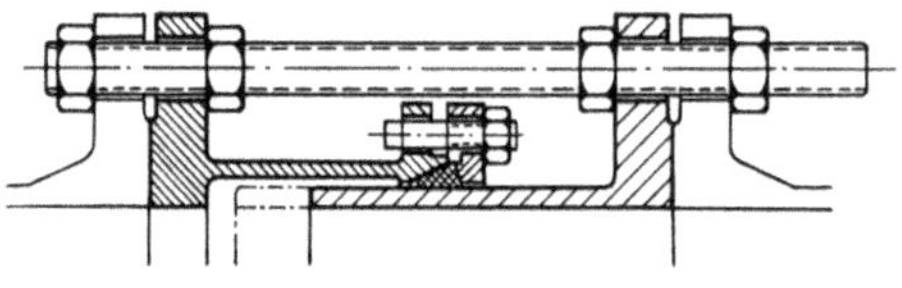

Abb. 463. Feststellbares Ausbaustück für Kühlwasserleitungen

Eine weitere Kompensatorart ist der Linsenkompensator. In unverspannter Ausführung kann dieser in geraden Rohrstücken zwischen zwei Festpunkten für die Aufnahme axialer Dehnungen Verwendung finden. Der Vorteil gegenüber den Stopfbuchsen liegt in der Vermeidung von Abdichtungen.

In verspannter Form sind Linsenkompensatoren nur für Abwinklungen von 3 bis 4° je Linse geeignet. Durch gemeinsame Verspannung von in größerem Abstand angeordneten Linsen entstehen Gelenke zur Aufnahme von Parallelverschiebungen der Rohrachse. Der Einbau muß hierbei unter 90° zu dem sich dehnenden Leitungsschenkel erfolgen. Je größer die Gelenklänge, desto größer die Dehnungsaufnahme. Durch Aneinanderreihung mehrerer unverspannter oder verspannter Linsen lassen sich fast alle erforderlichen Bewegungen der Hauptkühlwasserleitungen beherrschen.

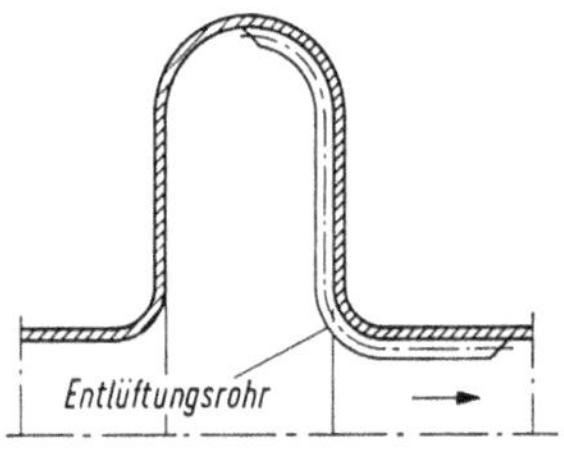

Abb. 464. Linsenkompensatoren mit selbsttätiger Entlüftung

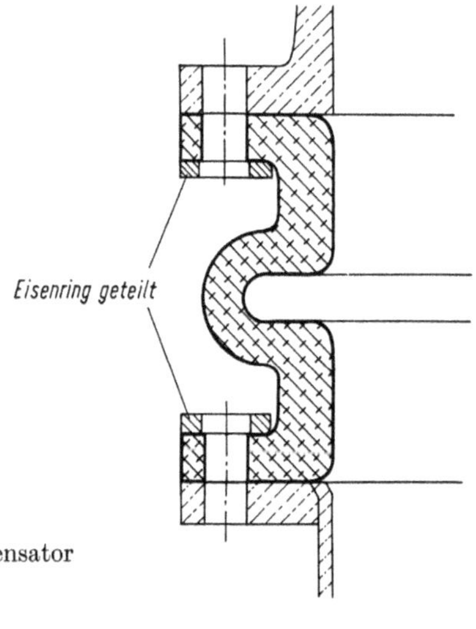

Abb. 465. Gummilinsenkompensator

Der Nachteil dieser normalen Linsen liegt im großen Durchmesser, der 150 bis 200 mm über dem Rohrdurchmesser liegt. Dadurch entstehen größere Reaktionskräfte und korrosionsfördernde Luftansammlungen. Häufig werden die Linsen zur Vermeidung von Korrosionen an der obersten Stelle mit einer Entlüftung versehen. Diese kann auch, wie Abb. 464 zeigt, durch Einbau eines kleinen Rohres vorgenommen werden. Dabei wird eine innere Dauerentlüftung erzielt.

Eine bewährte Neuentwicklung sind Gummilinsenkompensatoren, die in Deutschland z. Z. bis NW 1200 hergestellt werden. Sie bestehen aus Natur- oder synthetischem Gummi mit Gewebeeinlagen. Der Einbau erfolgt mittels Gummiflanschen mit schmiedeeisernen Hinterlegflanschen. Die axiale Dehnungsaufnahme in beiden Richtungen beträgt 10% der Baulänge. Radiale Verschiebungen sind bis 30 mm möglich. Die Wellenhöhe von etwa 70 mm (Abb. 465) erbringt kleine Reaktionskräfte.

Den Linsenkompensatoren sehr ähnlich, aber technisch günstiger sind die Wellenkompensatoren, bei denen die Durchmesservergrößerung gegenüber dem durchlaufenden Rohr sehr viel geringer ist. Die Wellenhöhe beträgt nur 30 bis 70 mm. Wellenkompen-

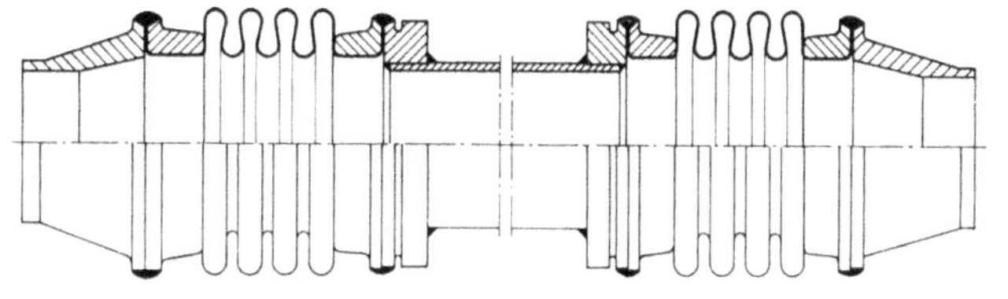

Abb. 466. Hydra-Kompensator mit Zwischenrohr ohne Verspannung (Metallschlauch-Fabrik Pforzheim)

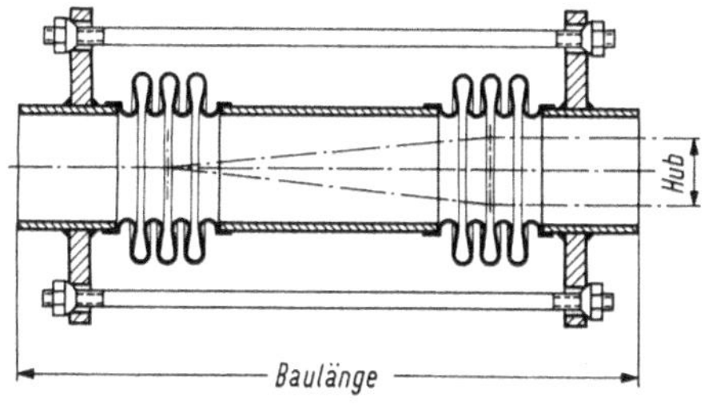

Abb. 467. Kompensator mit Kugelgelenk-Verspannung (Industriewerke Karlsruhe)

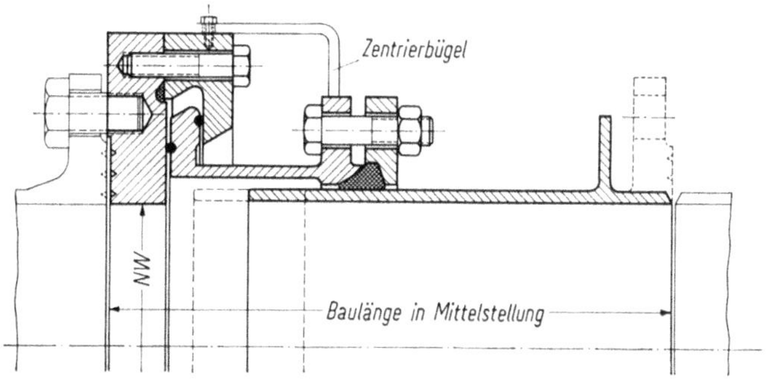

Abb. 468. Setzungsflansch (Ziefle)

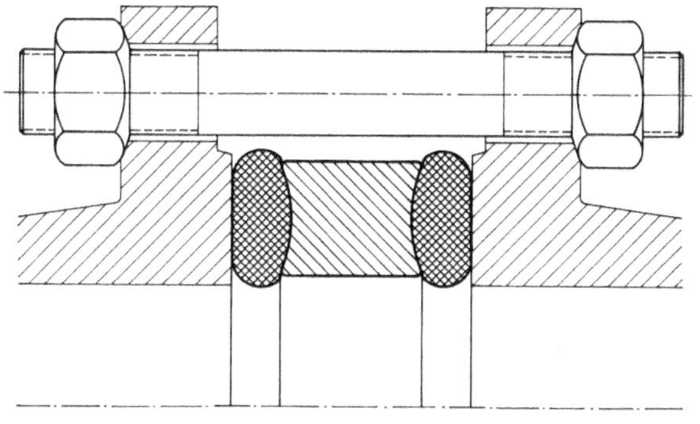

Abb. 469. Flanschverbindung mit eingebautem Gummiring-Kompensator

satoren in der verschiedensten Form und Herstellungsart werden wie Linsenkompensatoren verwendet, d. h. als Axialkompensatoren oder als Gelenke. Während jede einzelne Linse aus gepreßten und verschweißten Schalen hergestellt wird, bestehen die Wellenkompensatoren je nach Hersteller und Nennweite entweder aus mehreren Wellen oder aus einem Stück, oder es werden fertige Wellenglieder zusammengeschweißt. Die Herstellung ist aus den verschiedensten Materialien möglich, auch aus V2A-Stahl (Abb. 466 und 467).

Stopfbuchsen-, Linsen- und Wellenkompensatoren aus normalen Stählen sind verwendbar, wenn es sich um normale Wasserqualitäten handelt, da auf Grund der Konstruktion die Anbringung eines besonderen Korrosionsschutzes außerordentlich schwierig ist. Bei Korrosionsgefahr ist die Ausführung aus V2A-Material günstig. Scheidet V2A aus preislichen Gründen oder wegen der Gefahr von elektrolytischen Einflüssen aus, wird die Verwendung der beschriebenen Kompensatoren problematisch. Auskleidungen der normalen Stahlausführungen haben sich bisher auf die Dauer nicht bewährt. Für Kühlwasser absolut korrosionsfest sind dagegen Gummilinsenkompensatoren oder auch Kupferlinsen, die sich besonders im Seewasserbereich bewährt haben.

Eine neuere Art Kompensator stellen die Setzungsflansche nach Abb. 468 dar, bei denen eine Stopfbüchse als radiale Ringkammer ausgebildet ist, in der sich der Endflansch radial verschieben kann.

Für Leitungen mit geringen Betriebsdrücken haben sich an Stelle aufwendiger Gelenkkompensatoren Spezialflanschdichtungen nach Abb. 469 bewährt, bei denen zwei Rundgummidichtungen mit dazwischenliegendem Käfig (einem konkav ausgedrehten Ring) eine genügende Abwinklung gestatten.

e) Korrosionsschutz

Grundsätzlich ist zu unterscheiden zwischen Angriffen durch ein aggressives Durchflußmedium und elektrolytischen Korrosionen infolge statischer Spannungsunterschiede oder vagabundierender Ströme o. ä. Gegen elektrolytische Korrosionen werden mit Erfolg verschiedene Arten von Kathodenschutz angewandt. Als Schutz gegen aggressive Durchflußmedien sind in den letzten Jahren sehr viele verschiedene Arten von Rohrauskleidungen entwickelt und in der Praxis erprobt worden. Man unterscheidet zwischen metallischen Überzügen, Auskleidungen auf Kunststoffbasis und Auskleidungen auf organischer Basis. Von den möglichen metallischen Korrosionenschutzarten kommt für Kühlwasserleitungen nur eine Feuerverzinkung in Betracht, die jedoch aus Kostengründen auf kleinere Nennweiten beschränkt ist.

Auf der Kunststoffbasis gibt es eine Vielzahl verschiedener Materialien, die entweder kalt oder warm auf das zu schützende Stahlteil in mehreren Schichten aufgespritzt und eingebrannt oder nur aufgestrichen werden. Bei Behältern, Armaturen usw. haben sich Kunststoffauskleidungen gut bewährt. Auch bei Kühlwasserleitungen aus Stahl mit eingebrannter Kunststoff-Auskleidung (Munkalit) liegen vieljährige Erfahrungen bei Betrieb mit Seewasser vor. Die seltene Anwendung von Kunststoffen liegt an den sehr hohen Kosten. Bei Auskleidungen auf organischer Basis handelt es sich um Teerpech- oder Bitumenerzeugnisse. Der früher fast ausschließlich übliche normale Bitumenanstrich hat sich als wenig sinnvoll erwiesen, da die organischen Stoffe an sich nicht absolut wasserabstoßend sind, sondern bis zu 2 bis 3% Feuchtigkeit aufnehmen. Die hydroskopische Eigenschaft nimmt erst mit zunehmender Stofftiefe ab. Dünne Schichten werden daher durchdrungen und sind wirkungslos. Eine Wasserdurchdringung der Schutzschicht wird von etwa 2,5 mm an vermieden.

Eine Auskleidung mit Bitumen ist zwar billiger als mit Kunststofferzeugnissen, jedoch immer noch so aufwendig, daß bei seiner Verwendung auf sorgfältigste Verarbeitung geachtet werden muß.

Entscheidend für die Haltbarkeit eines Korrosionsschutzes ist die Haftung an der Rohr-Innenfläche. Die Rohre werden deshalb zur Erzielung metallisch blanker Flächen sandgestrahlt und erhalten anschließend einen Grundanstrich als Haftschicht für den eigentlichen Korrosionsschutz. Teerpech- oder Bitumenerzeugnisse werden meist in 3 bis 4 mm Stärke maschinell eingeschleudert, zum Teil aber auch wie Kunststofferzeugnisse in mehreren Schichten aufgestrichen oder gespritzt.

Es ist sicherzustellen, daß die Nachisolierungen auf der Baustelle (wie z. B. für Schweißnähte usw.) die gleiche Haftfähigkeit und Qualität aufweisen. Da dies jedoch nur sehr schwer zu erreichen ist und so der Wert des gesamten Korrosionsschutzes in

Frage gestellt sein kann, sind viele Kraftwerksbetreiber dazu übergegangen, auf einen besonderen Korrosionsschutz zu verzichten und zum Ausgleich die normalen Rohrwandstärken um 1 bis 2 mm zu erhöhen. Dieser Standpunkt kann nur dann vertreten werden, wenn für die jeweilige Anlage eine gleichbleibende Wasserqualität sichergestellt ist.

Grundsätzlich bleibt die Forderung nach wirksamen Korrosionsschutzarten bestehen, besonders im Hinblick auf die zunehmende chemische Verschmutzung der Flüsse und Seen. Es ist zu hoffen, daß die erst am Anfang stehende Entwicklung der Kunststofftechnik zu brauchbaren Ergebnissen führen wird.

f) Gußeiserne Kühlwasserleitungen

Die Verwendung geschweißter Stahlrohre ist wegen ihrer Korrosionsanfälligkeit begrenzt. Für besonders aggressive Wässer, z. B. Seewasser oder Brackwasser, haben sich deshalb die früher allgemein üblichen gußeisernen Rohre behauptet. Die Aggressivität des Seewassers ist örtlich bedingt und sehr unterschiedlich. Allgemein sind Rohre aus Gußeisen GG 18 bis GG 22 ausreichend.

Für die Korrosionsfestigkeit des Gußeisens ist vor allem eine feine gleichmäßige Verteilung des Graphitanteils im Gefüge entscheidend. Darüber hinaus können Legierungszusätze von etwa 0,5 bis 2% Chrom und/oder Nickel weitere Qualitätssteigerungen erbringen.

Diese Gußqualitäten gelten nicht nur für Rohre großer Dimensionen, sondern auch für Armaturen und Rohre kleiner Durchmesser. Für diese besteht noch die Möglichkeit, sie aus Sphäroguß herzustellen, welcher wegen seines Kugelgraphitgefüges und seines Anteiles an Nickel bei gleich guten Korrosionseigenschaften eine hohe Dehnfestigkeit besitzt, wodurch die dem Gußeisen eigene Bruchempfindlichkeit verringert ist. Nach dem heutigen Stand der Gußrohrtechnik sind gegenüber dem vor etwa 10 Jahren erhebliche Verbesserungen zu verzeichnen. Diese beziehen sich besonders auf die Rohrverbindungen.

Früher waren Stemmuffen üblich, die mit Hanfstrick und Bleiwolle dicht gestemmt oder auch mit Blei ausgegossen wurden.

Diese störanfällige Verbindung wurde ersetzt durch die Stopfbuchsmuffenverbindung, die mit Gummiringen abgedichtet wird. Da diese Verbindung eine gewisse Beweglichkeit in axialer Richtung und auch radial etwa 3° Rohrwinkeländerungen zuläßt, werden zusätzliche Kompensationseinrichtungen praktisch hinfällig (Abb. 470).

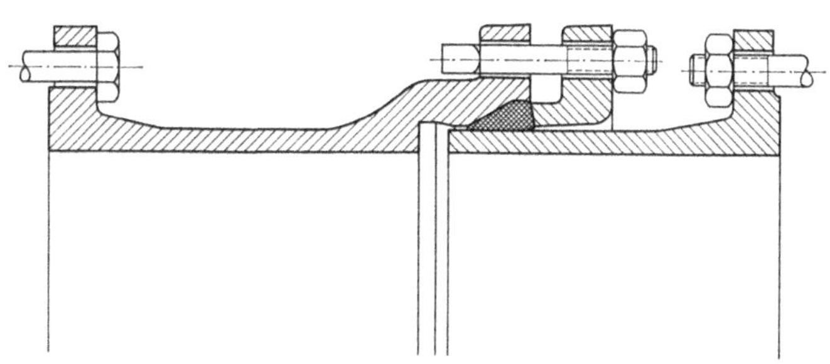

Abb. 470. Stopfbuchsmuffenverbindung für Kühlwasserleitungen

Für erdverlegte Gußrohre großer Durchmesser werden ausschließlich Stopfbuchsmuffenverbindungen verwendet. Erdverlegte kleinere Rohrleitungen bis etwa NW 300 können dagegen mit Schraubmuffenverbindungen ausgerüstet werden. Innerhalb des Kraftwerkes werden am zweckmäßigsten unabhängig von der Nennweite Flanschenverbindungen gewählt.

Voraussetzung für die einwandfreie Planung einer gußeisernen Kühlwasserleitung sind bestimmte Erfahrungen, über die eigentlich nur noch die Hersteller gußeiserner Rohre und Formstücke verfügen, weil auch gußtechnische Gesichtspunkte von entscheidendem Einfluß auf eine betriebssichere Anlage sein können. Eine gute Übersicht über das gesamte Gußrohrgebiet vermittelt das vom Gußrohrverband herausgegebene Buch „Gußeiserne Druckrohre für Gas- und Wasserleitungen“ (Verlag W. Girardet, Essen).

Die notwendigen Erfahrungen beziehen sich auch auf die richtige Durchführung der Montage, da kleinste Fehler große Auswirkungen haben können.

g) Kühlwasserleitungen aus Stahlbeton- und Spannbeton-Druckrohren

Weil Beton noch beständiger gegen übliche aggressive Wässer und elektrolytische Korrosionen als Gußeisen ist, kommen für Kühlwasserleitungen auch Stahlbeton- und Spannbeton-Druckrohre nach DIN 4036/4037, vor allem bei größeren Durchmessern, zur Verwendung. Vorteilhaft bei diesen Rohren ist eine hohe Abriebfestigkeit und das Wegfallen jeglicher Inkrustation. Infolge der immer relativ großen Wanddicke besteht auch bei Unterdruck in solchen Rohrleitungen keine Einbeulgefahr.

Bei der Herstellung von Stahlbeton-Druckrohren wird der Beton durch Schleudern, Rütteln, Walzen usw. verdichtet. Spannbeton-Druckrohre sind durchweg längs- und quer-

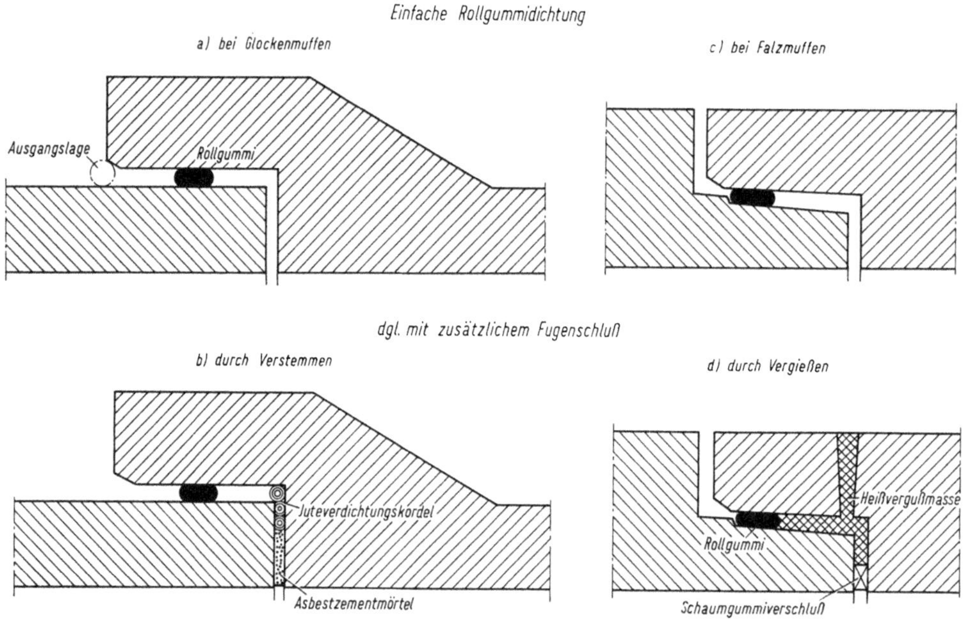

Abb. 471a—d. Muffenverbindungen für Schleuderbetonleitungen

vorgespannt. Ihre Herstellung im einzelnen ist der einschlägigen Literatur zu entnehmen. Bei Stahlbeton- und Spannbeton-Druckrohren sind Baulängen etwa zwischen 3 und 6 m je nach Nennweiten, die sich zwischen NW 250 mm und NW 2750 mm bewegen, üblich. Verbreitet sind Glockenmuffenverbindungen, die vor allem mit Roll- oder Quetschgummiringen gedichtet werden (Abb. 471a bis d). Diese Verbindungsart zusammen mit den relativ kleinen Baulängen macht nicht nur den Einbau von Kompensationseinrichtungen überflüssig, sondern ermöglicht der Leitung auch die Anpassung an das bestehende oder z. B. durch spätere Setzungen veränderte Gelände.

Bei den bisher erstellten Kühlwasserleitungen für große Leistungen hat es sich bestätigt, daß Rohre aus Stahl- oder Spannbeton hinsichtlich Herstellung, Transport und Verlegung sehr wirtschaftlich sind. Krümmer und sonstige Formstücke können überwiegend aus Stahlbeton oder Spannbeton hergestellt werden. In Sonderfällen, z. B. für den Anschluß an Armaturen, finden Formstücke aus Stahl oder Gußeisen Verwendung, die mit Beton ausgekleidet werden können, um eine gleiche Korrosionsbeständigkeit wie die übrige Leitung zu gewährleisten.[1]

[1] Lenz, D.: Schleuderbeton als Korrosionsschutz der Rohrinnenseite von Stahl- und gußeisernen Rohren. Bau und Bauindustrie 12 (1959) 411/14, 439/46.

Die Bemessung der Rohre erfolgt unter Beachtung der Regeln des Stahlbeton- und Spannbetonbaues für den Betriebszustand, den Fall der Grabendruckprüfung und für den Werksprüfdruck unter Berücksichtigung der jeweiligen Innendrücke und der äußeren Belastungen, wie Erdlast, Verkehrslasten usw. Bei der statischen Berechnung wird entsprechend den Verhältnissen an der Baustelle unter der Berücksichtigung, daß es sich bei diesen Rohren um sog. starre Rohre handelt, Graben- oder Dammbedingung nach der Theorie von MARSTON zugrunde gelegt.

Die Verlegung der Rohre erfolgt nach DIN 4035.

Eine gute Übersicht über den Stand des Baues von Stahlbeton-Druck- und Spannbetonleitungen vermittelt der Betonkalender, Teil II, S. 51ff., Berlin: W. Ernst und Sohn 1962.

Eine moderne Möglichkeit im Stahl- und Spannbeton-Druckleitungsbau stellt die Verwendung von Kunststoff dar.

Hierbei haben sich zwei Arten eingeführt:

1. Beschichtung der Rohrinnenfläche mit gefüllten Harzen in einer Stärke zwischen 1 und 10 mm,
2. Herstellung von schlaffbewehrten oder vorgespannten Rohren aus Gießharzbeton, einem Beton, in dem das üblicherweise durch den Zement gebildete Bindemittel durch Gießharz ersetzt ist.

Die Vorteile der Verwendung von Kunststoffen, die in Form von Furan-, Phenol, Epoxin- und Polyesterharzen zur Anwendung kommen, sind:

1. erhöhte bzw. absolute Resistenz gegen chemische Angriffe,
2. wesentlich erhöhte Abriebfestigkeit,
3. geringere Rauhigkeit und absolute Inkrustationssicherheit,
4. bei Gießharzbetonrohren höhere Festigkeit des Materials und dessen höhere Ausnutzbarkeit.

Die ersten in Betrieb genommenen Leitungen dieser Art mit Rohren vom Durchmesser 1,50 m aufwärts haben bisher die in sie gesetzten Erwartungen voll erfüllt.

Die Rohrverbindungen werden mit Roll- oder Quetschringdichtungen hergestellt, deren Material entsprechend der chemischen Beanspruchung z. B. aus Butadien- oder Chloropren-Polymerisaten, sulfochloriertem Polyäthylen oder fluorhaltigen Polymeren (Perbunan, Neoprene, Hypalon, Viton) besteht.

B. Armaturen

I. Absperrschieber

Die Anhebung der Betriebsdrücke und Temperaturen bei Kraftwerken bedeutete für die Armaturentechnik eine Periode steter Anpassung der Konstruktionen an die Betriebsverhältnisse. Da die Schieberbautypen den neuen Betriebsbedingungen nicht mehr entsprachen, mußten sie durch Verbesserungen der Konstruktionen unter Anwendung neuer hochwertiger Werkstoffe laufend dem sich über Jahre erstreckenden Entwicklungsgang angeglichen werden. Dieser Vorgang hat zur Zeit einen gewissen Stillstand erreicht und allgemein zu zuverlässigen, den auftretenden Betriebsbedingungen standhaltenden Armaturenkonstruktionen geführt.

Die in vielen Jahren durchgeführten Verbesserungen beziehen sich besonders auf den Gehäusewerkstoff, die Gehäusegrundform, das Abdichtsystem und die selbstdichtenden Gehäuseverschlußdeckel. An Stelle von Stahlgußgehäusen verwendet man heute überwiegend solche aus Stahl. Hierdurch wird die Möglichkeit geboten, vollständige, aus dem gleichen Werkstoff bestehende, verschweißte Rohrleitungssysteme zu erstellen. Stahlgußgehäuse werden für Hochdruckarmaturen kaum noch verwendet. Spezialarmaturen werden aus formbedingten Gründen auch heute noch überwiegend in Stahlguß hergestellt. Flanschverbindungen sollte man aber auch hier vermeiden und besser Stahlrohrenden an den Anschlußstutzen im Herstellerwerk vorschuhen (vgl. Abschn. A II f 3, S. 492).

Hochdruckschieber unterliegen keiner besonderen Normung, sondern werden nach den vorgesehenen maximalen Betriebsverhältnissen berechnet und konstruiert. Dies bezieht sich besonders auf das Schiebergehäuse, dessen Werkstoff zweckmäßig dem jeweiligen Rohrwerkstoff angeglichen wird.

Die bekanntesten Schieberkonstruktionen neuester Bauart zeigen die Abb. 472 bis 478. Mit Ausnahme des Babcock-Pressadorschiebers mit über Kniehebel mechanisch angepreßten parallelen Dichtplatten und des Babcock-Elidorschiebers (Abb. 473) mit über Membrane druckabhängig angepreßten parallelen Dichtplatten besitzen alle anderen Bauarten Keilverschlüsse. Hierbei ist das Doppelkeilplattensystem am meisten vertreten, während der Sempell-Garantschieber (Abb. 478) mit einem elastischen Keil ausgerüstet ist. Eine neue Radial-Schieberkonstruktion der Firma KSB/Amag zeigen Abb. 479 und 480.

Entgegen den normalen Absperrschiebern mit hebenden und senkenden Schieberkeilen beruht dieser neue Schieber auf dem Prinzip eines Abschluß-Drehkörpers, der in der Rohrachse gelagert ist. In dem Drehkörper sind beiderseits je vier segmentförmige Abschlußplatten gelagert, die druckabhängig abdichten. Einen besonderen Vorteil bietet der Schieber durch extrem kurze Öffnungs- und Schließzeiten. Diese liegen je nach Type des elektrischen Antriebes zwischen 2 und 6 s.

Der Verwendungsbereich geht über sämtliche Druckstufen. Der Schieber eignet sich besonders für schnellzuschließende Organe, wie z. B. in Entnahmedampfleitungen und Speisewasserdruckleitungen.

Für *Mittel- und Niederdruckschieber* gibt es zwar auch keine umfassenden DIN-Normen, jedoch haben die Herstellerfirmen hierfür verbindliche interne Typenreihen aufgestellt. Der Grund hierfür liegt in dem großen Stückzahlbedarf des Nenndruckbereiches zwischen ND 10 und ND 160. Neben den Ausführungen mit Stahlgußgehäusen werden in neuerer Zeit solche mit Gehäusen aus Stahl bevorzugt, weil bei diesen keine Lunkergefahr besteht und das gesamte Rohrnetz aus dem gleichen Werkstoff mit Schweißverbindungen erstellt werden kann.

Die Gehäuse der MD/ND-Stahlschieber werden entweder rohrgeschweißt oder geschmiedet. Es gibt zwei Schmiedeverfahren, und zwar

1. im Gesenk geschmiedete oder gepreßte Halbschalen,
2. über den Dorn geschmiedete Topfgehäuse (Abb. 481).

Die geschmiedeten Gehäuse sind sehr stabil und den rohrgeschweißten Ausführungen vorzuziehen. Allerdings liegt die Herstellungsgrenze zur Zeit noch bei NW 250, so daß darüber entweder geschweißte Schieber oder Stahlgußschieber zu wählen sind. Letztere erhalten zweckmäßig im Werk angeschweißte Vorschuhenden, da man nicht gern auf der Baustelle ein Risiko bei den Schweißverbindungen Stahlguß/Stahl eingeht (vgl. Abschn. A II f 3, S. 492).

Bei der Festlegung der Schiebertypen ist darauf zu achten, daß etwa von NW 150 an der Spindelkopf des Schiebers anstatt mit Gleitlager mit Kugellager ausgerüstet wird, um damit beherrschbare Antriebskräfte zu erreichen. Einige der bekanntesten Schiebertypen zeigen die Abb. 482 bis 485.

Die untere Verwendungsgrenze von Absperrschiebern liegt bei NW 65; darunter verwendet man normalerweise Absperrventile. Zum besseren Verständnis werden im nachfolgenden die einzelnen Konstruktionsteile der Absperrschieber näher beschrieben.

a) Schiebergehäuse

Schiebergehäuse sind ungleichmäßig geformte Hohlkörper, die verschiedenartigen Beanspruchungen unterworfen werden. Die zweckmäßige konstruktive Durchbildung der Gehäuseform und die richtige Dimensionierung der Wandstärken sind wichtige Voraussetzungen für einwandfreies Verhalten und Funktionieren im Betriebszustand.

Zur Bestimmung der Gehäusewandstärken sind allgemein die bestehenden Vorschriften und Formeln für Druckbehälter bzw. Kesselrohre maßgebend.

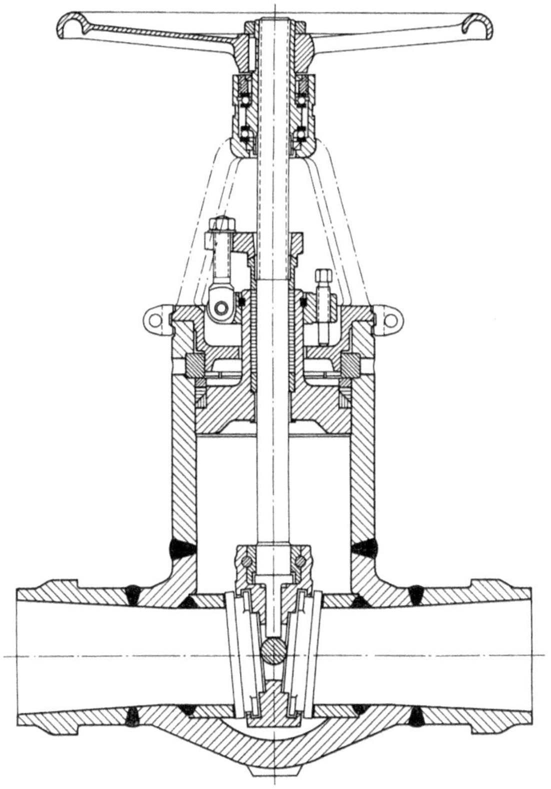

Abb. 472. Permador-Hochdruck-Absperrschieber (Babcock-Werke)

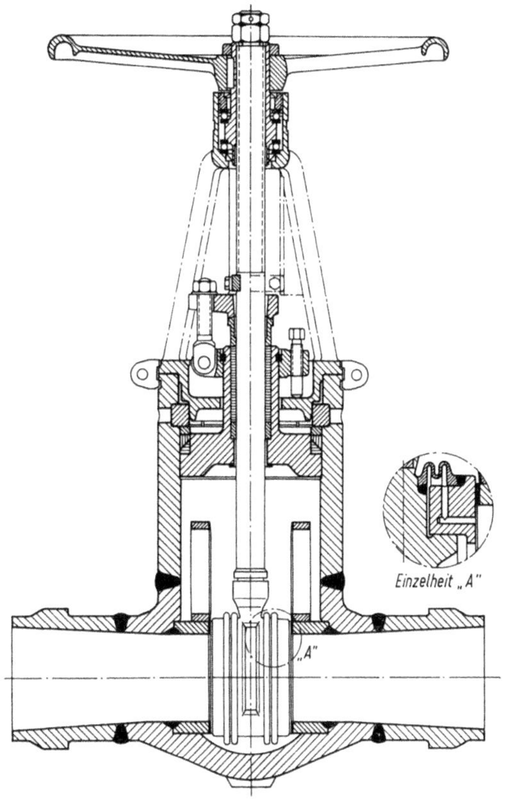

Abb. 473. Eldidor-Hochdruck-Absperrschieber (Babcock-Werke)

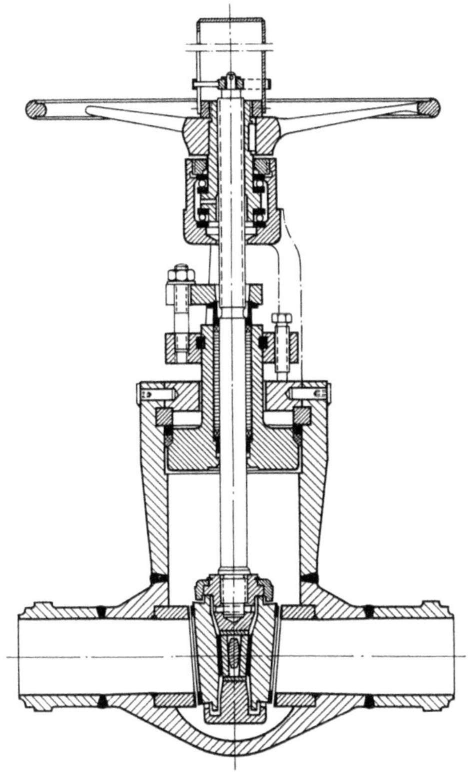

Abb. 474. EK-Hochdruck-Absperrschieber (Dingler-Werke)

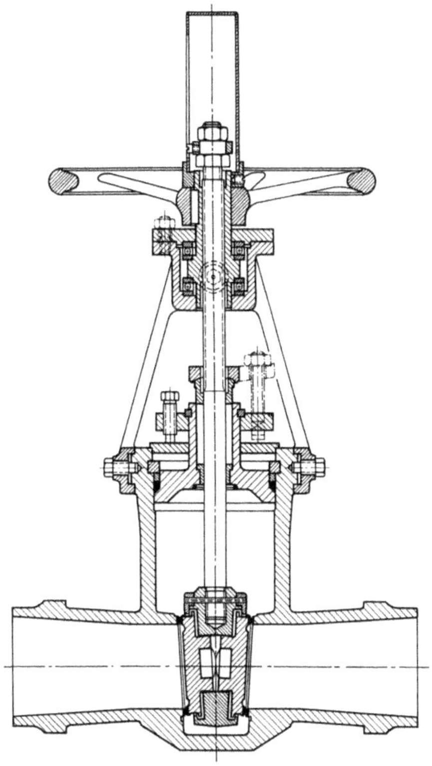

Abb. 475. Panzer-Hochdruck-Absperrschieber (KSB, Werk AMAG)

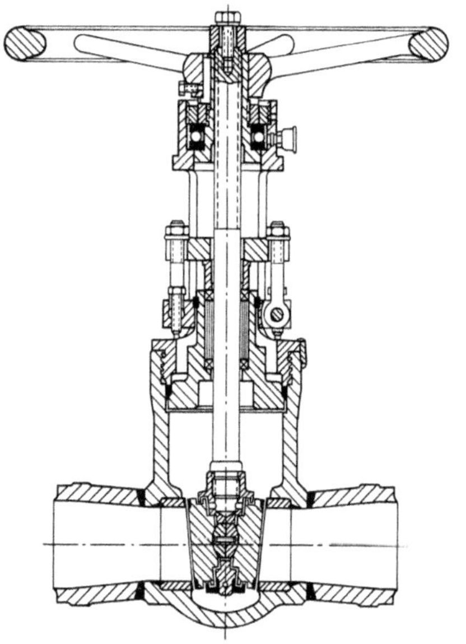

Abb. 476. K-Hochdruck-Absperrschieber (Borsig)

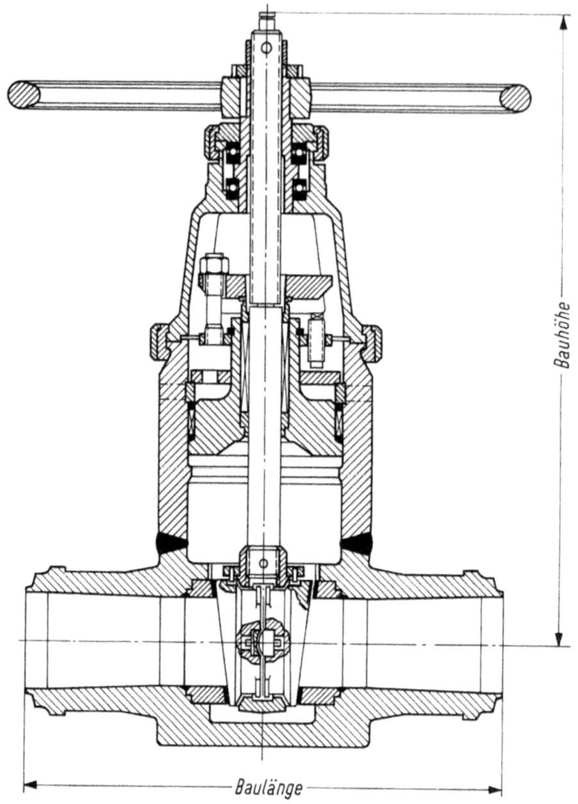

Abb. 477. HASTA-Hochdruck-Absperrschieber (C. H. Zikesch)

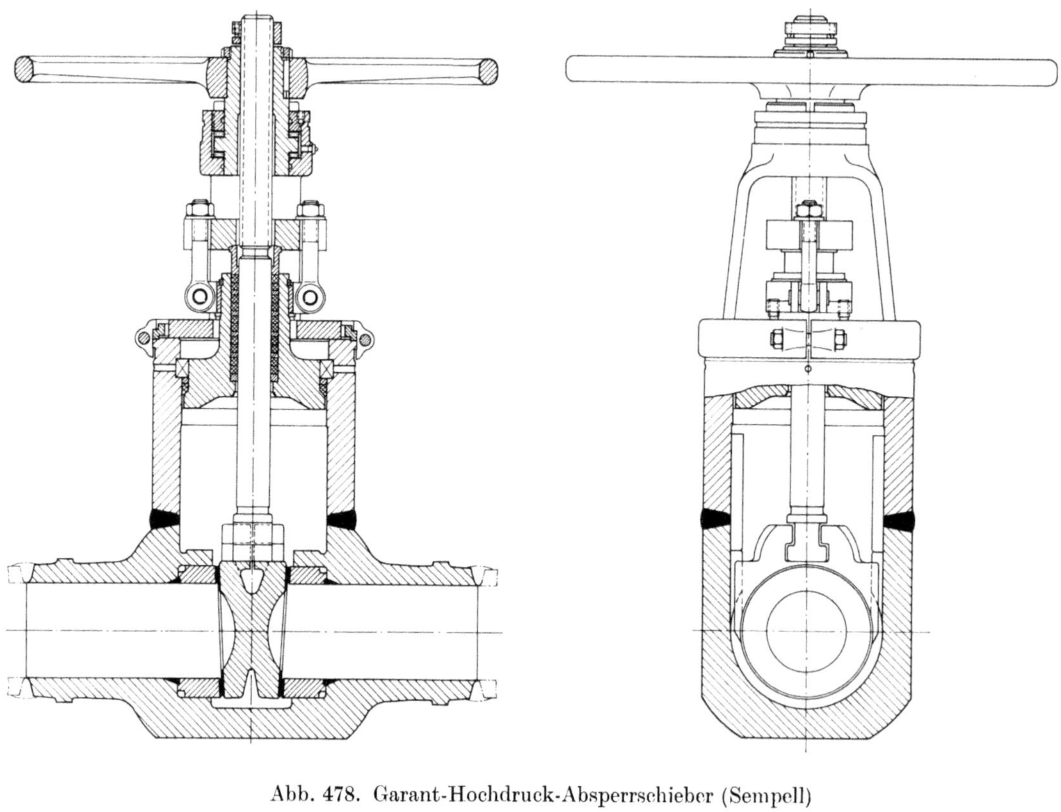

Abb. 478. Garant-Hochdruck-Absperrschieber (Sempell)

Bei der Ermittlung der für die Dimensionierung maßgebenden Tangentialspannung, Längsspannung und Radialspannung sind nicht nur die betriebsbedingten Materialbeanspruchungen durch Druck und Temperatur des Mediums zu berücksichtigen, sondern auch die durch Konstruktion und Einbauverhältnisse möglichen zusätzlichen äußeren und inneren Kräfte, wie z. B. infolge Abweichungen des Gehäusekörpers vom zylindrischen Rohr durch Ein- und Austrittsstutzen sowie Dichtflächenpartie, einwirkender Kräfte und Momente des anschließenden Rohrsystems, innerer Dichtplattenkräfte, die durch den Spindeldruck ausgeübt werden, und der Herstellungstoleranzen.

Bei Mittel- und Niederdruckschiebergehäusen kann die Bemessung der Gehäusewandstärke auch von den jeweiligen Herstellungsverfahren abhängig sein. Die Berechnung der Gehäusewandstärken muß deshalb unter Berücksichtigung all dieser Gesichtspunkte durchgeführt werden, damit am Schiebergehäuse im Betriebszustand nicht schädliche Verformungen oder Festigkeitsminderungen eintreten können.

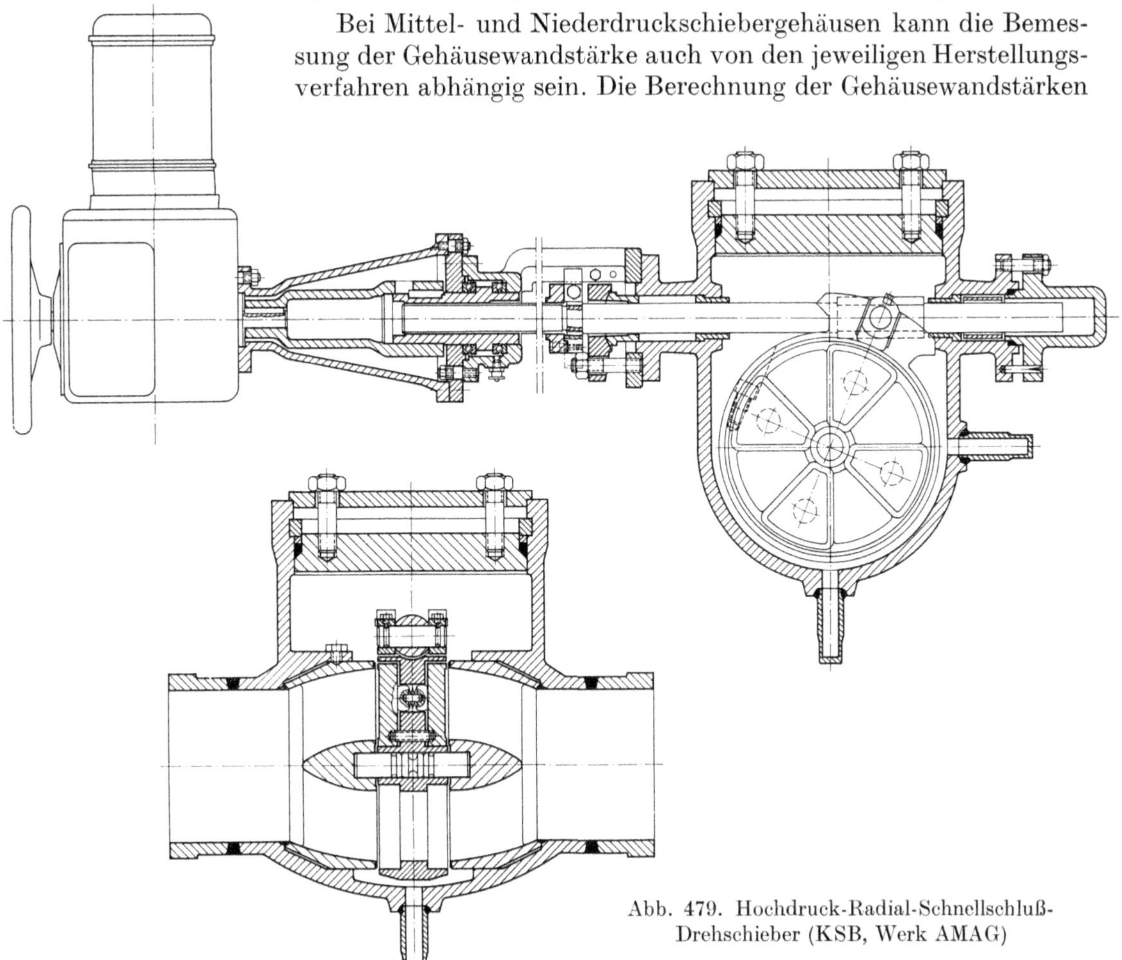

Abb. 479. Hochdruck-Radial-Schnellschluß-Drehschieber (KSB, Werk AMAG)

Alle namhaften Armaturenbaufirmen stellen Schiebergehäuse in der üblichen T-Form her. Die bestehenden Unterschiede zwischen den einzelnen Konstruktionen beziehen sich lediglich auf die Grundformen selbst. Es haben sich dabei verschiedene Grundformen herausgebildet:

Hochdruckschieber ab ND 250:

1. Vertikale Schmiedeblockgehäuse mit angeschweißten Anschlußstutzen.
2. Horizontale Schmiedeblockgehäuse mit angeschweißtem Gehäuseoberteil.
3. Stahlgeschmiedete Topfgehäuse mit angeschweißten Stutzen und angeschweißtem Gehäuseoberteil.

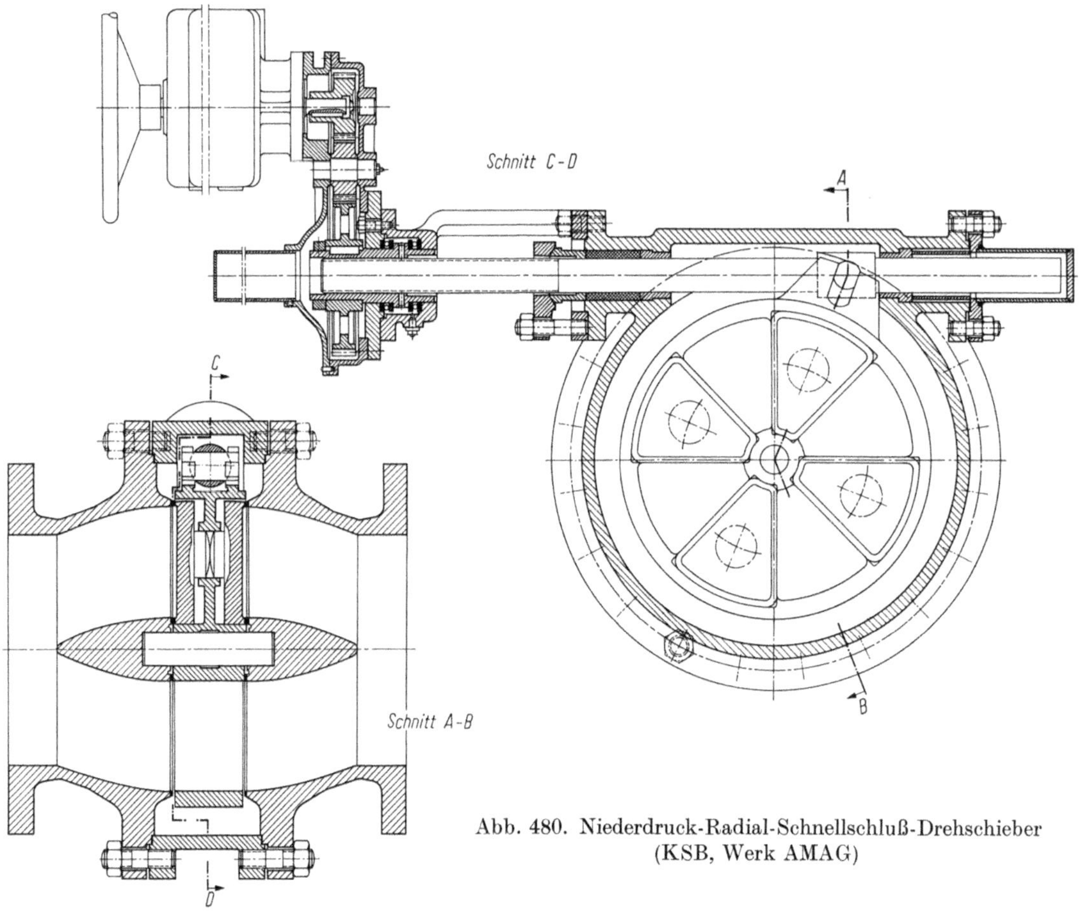

Abb. 480. Niederdruck-Radial-Schnellschluß-Drehschieber (KSB, Werk AMAG)

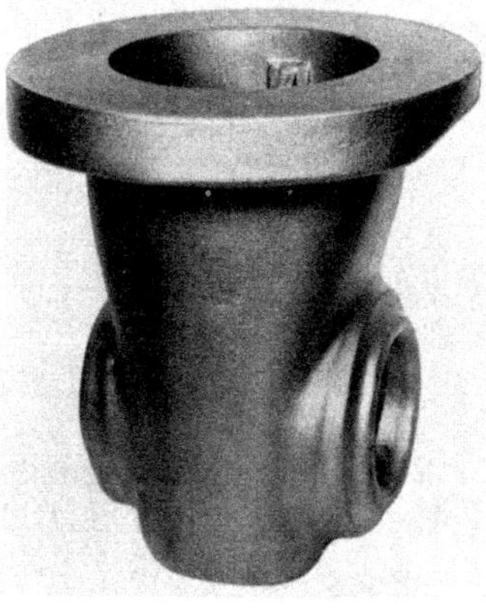

Abb. 481. Geschmiedetes Topfgehäuse, Werkbild Persta

Mitteldruckschieber ND 64 bis ND 160:

1. Vertikale Schmiedeblockgehäuse mit angeschweißten Anschlußstutzen.

2. Horizontale Schmiedeblockgehäuse mit angeschweißtem Gehäuseoberteil.

3. Stahlgeschmiedete Topfgehäuse mit angeschweißten Stutzen und angeschweißtem Gehäuseoberteil.

4. Stahlgußgehäuse, besonders für Nennweiten ab NW 300.

5. Bedingt auch im Gesenk geschmiedete Halbschalen mit angeschweißten Stutzen oder auch rohrgeschweißte Ausführungen.

Niederdruckschieber:

1. Im Gesenk geschmiedete oder gepreßte Halbschalen mit angeschweißten Stutzen.

2. Über den Dorn einschließlich Gehäuseoberteil mit Deckelflansch geschmiedete Topfgehäuse mit getrennt angeschweißten Anschlußstutzen.

3. Über den Dorn geschmiedete Topfgehäuse mit angeschweißten Stutzen und angeschweißtem Gehäuseoberteil.

4. Rohrgeschweißte Ausführungen.

5. Stahlgußgehäuse.

Zusammenfassend können bei vorstehend aufgeführten Gehäusearten folgende besondere Merkmale unterschieden werden:

1. Stahlgehäuse haben den Vorteil eines homogenen Materialgefüges.
2. Blockschmiedegehäuse, Topfgehäuse, gesenkgeschmiedete Schalengehäuse und Stahlgußgehäuse besitzen eine hohe Eigenstabilität.
3. Topfgehäuse, geschmiedete oder gepreßte Schalengehäuse und rohrgeschweißte Gehäuse haben gleiche Wandungen und durchlaufende Materialfasern ohne Materialanhäufungen.
4. Schmiedeblockgehäuse und Topfgehäuse haben die am günstigsten liegenden Gehäuse-Schweißnähte.

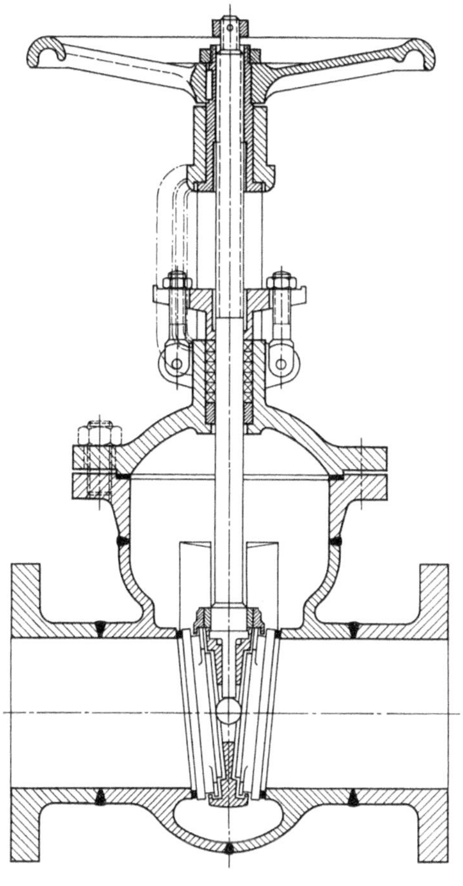

Abb. 482. Perma-Gedor-Mitteldruck/Niederdruck-Absperrschieber (Babcock-Werke)

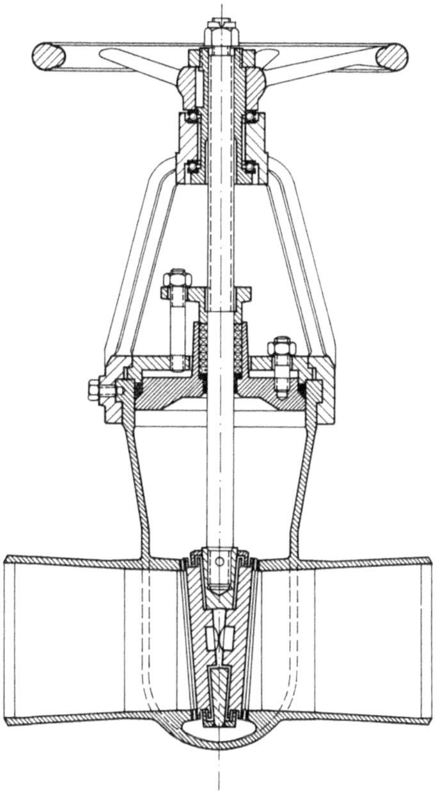

Abb. 483. AKG-Mitteldruck/Niederdruck-Absperrschieber (KSB, Werk AMAG)

b) Einziehungen des Schiebersitzquerschnittes

Zum Zwecke von Typenbeschränkungen wurden früher als Folge kriegsbedingter Rationalisierungsmaßnahmen Einziehungen der Schiebersitze vorgenommen. Dabei waren Einziehungsverhältnisse von Rohr zu Schiebersitz bis zu 3:1 üblich, was z. B. NW 175 auf NW 100 entspricht.

Diese scharfen Einschnürungen führten besonders bei Hochdruckschiebern oft zu erheblichen Betriebsschäden durch Flattern und Rotieren der Abdichtplatten oder auch zu Heulgeräuschen. Darüber hinaus wirkten sich die damit verbundenen Druckverluste erheblich aus. Nach heutiger Auffassung verbieten sich Einziehungen von Absperrschiebern dann von selbst, wenn die Auslegung der Rohrquerschnitte nach wirtschaftlichen Gesichtspunkten vorgenommen wird. Die wirtschaftlichste Auslegung setzt voraus, daß die Rohrleitung über ihre ganze Länge bei gleichmäßiger Strömung die zulässigen Geschwindigkeiten und Druckverluste ausschöpft. In besonderem Maße gilt das z. B. bei Zwischenüberhitzer-Dampfleitungen. Für hohe Drücke und Temperaturen werden heute allgemein nur noch Schieber mit geradem Durchgang verwendet.

Das schließt jedoch nicht aus, daß in besonders gelagerten Fällen, wie z. B. bei Druckwasserleitungen mit genügendem Druckgefälle, aus Kostengründen Einziehungen am Schieber vertretbar sind.

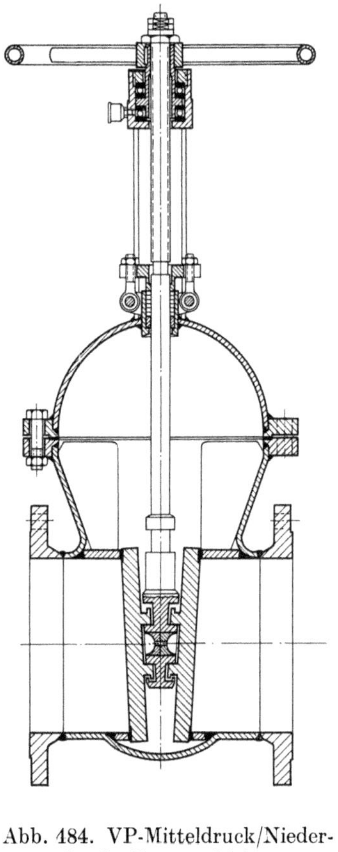

Abb. 484. VP-Mitteldruck/Niederdruck-Absperrschieber (Märkischer Armaturenbau)

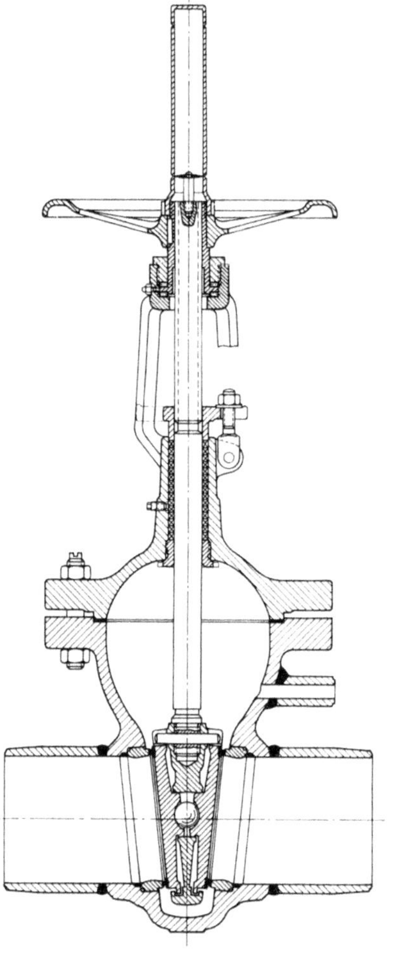

Abb. 485. Mitteldruck/Niederdruck-Absperrschieber (Persta)

Als zulässiges Einziehungsverhältnis kann in diesen Fällen etwa 1,5: 1 angesehen werden, was praktisch einer Einziehung auf die nächst kleinere Nennweite wie z. B. 200/175, 150/125, 125/100 usw. entspricht.

Bisher war man außerdem gezwungen, Einziehungen vorzusehen, um die Antriebskräfte auf ein beherrschbares Maß zu bringen. In neuester Zeit stehen jedoch neue Bautypen von Elektroantrieben zur Verfügung, mit denen alle vorkommenden Betätigungskräfte, meist sogar ohne Vorgelege, zu beherrschen sind. Die Maßnahme, Schieber mit vollem Durchgangsquerschnitt zu wählen, wirkt sich naturgemäß auch auf die Konstruktion selbst aus, da neben Druck und Temperatur die Größe des abzudichtenden Querschnittes die Grundlage für die Berechnung und Konstruktion der ganzen Armatur darstellt.

Aus der Vergrößerung des Abschlußquerschnittes ergeben sich auch größere Gehäusedurchmesser und damit auch größere Deckeldimensionen. Weiterhin werden dadurch erhöhte Anforderungen an die Absperrmechanismen und an die Spindelkräfte gestellt.

Die Anwendung des selbstdichtenden schwimmenden Gehäuseverschlußdeckels hat sich auf die Betriebstüchtigkeit der Absperrschieber sehr günstig ausgewirkt. Die früher mit den Schieberdeckelflanschen verbundenen dauernden Betriebsschäden haben hierdurch ein schlagartiges Ende gefunden (vgl. Abschn. B I e, S. 524).

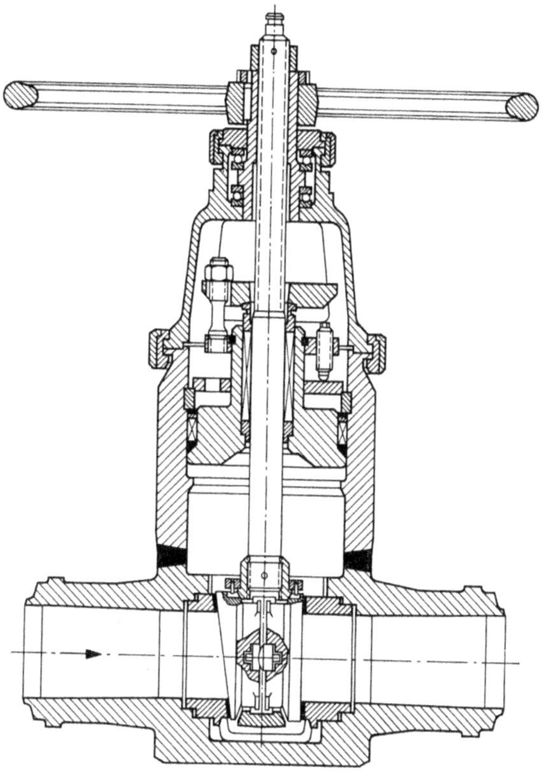

Abb. 486. Absperrschieber mit je einer Parallel- und einer Keilplatte für grobe Regelvorgänge (C. H. Zikesch)

c) Schieberabschlußsysteme

Für die Konstruktion der beweglichen Innenteile mit den Anpreßvorrichtungen gelten drei Grundforderungen:

1. Betriebssicherheit durch einfachen Aufbau mit möglichst wenig Einzelteilen.
2. Geringstmöglicher Abstand der beiden Gehäusedichtflächen zwecks Erreichen möglichst schmaler Abdichtmechanismen sowie geringere Druck- bzw. Spaltverluste und erträgliche Deckeldimension.
3. Sicherstellung zulässiger Betätigungskräfte zum leichten Öffnen des Schiebers von Hand oder gegebenenfalls durch Antriebsvorrichtungen.

Die gebräuchlichsten Abschlußsysteme, die auch bei den bekanntesten Schieberkonstruktionen Verwendung finden, sind solche mit

1. Parallelplatten,
2. Doppelkeilplatten,
3. Drehplatten,
4. elastischem Keil.

Plattenschieber besitzen den Vorteil zentral wirkender Plattenanpressung bei beweglicher Plattenaufhängung, wodurch Ungenauigkeiten in der Symmetrie der Gehäusesitze ausgeglichen werden. Früher verwendete man vielfach Parallelplattenschieber, meist in Verbindung mit Leitrohren. Heute wird der einfachere Keilplattenschieber bevorzugt.

Eine Kombination von Parallelplatte und Keilplatte zeigt Abb. 486. Dieser Absperrschieber kann im Gegensatz zur Normalausführung auch zu groben Regelfunktionen verwendet werden, wie z. B. zur Mengenregelung in kalten ZwÜ-Leitungen bei parallelen Halblastkesseln. Die Parallelplatte, die auf der Austrittsseite liegt, übernimmt die Regelfunktion.

Die Drehplatten stellen eine Sonderkonstruktion dar und finden Verwendung beim Radial-Drehschieber (Abb. 479 und 480).

Keilschieber mit elastischen Vollkeilen werden bevorzugt von einem Herstellerwerk gefertigt. Es handelt sich dabei um eine in den USA entwickelte und dort sehr verbreitete Konstruktionsform. Die Elastizität wird durch die besondere Formgebung des aus einem Stück gefertigten Abschlußkeiles erreicht, weshalb sich für diese Konstruktion allgemein der Begriff „elastischer Keil" eingeführt hat.

d) Gehäuse- und Plattendichtungen

Der Abdichteffekt eines Schiebers ist weitestgehend abhängig von der Beschaffenheit der Gehäuse- bzw. Plattendichtungen. Die konstruktive Durchbildung ist deshalb neben der Wahl des Dichtungswerkstoffes eine wichtige Voraussetzung, um einen dichten Abschluß zu erreichen.

Die konstruktive Entwicklung führte von der eingestemmten Gehäusedichtung zu den auswechselbaren Dichtungsringen und den heute dominierenden gepanzerten Dichtungen, bei denen das Dichtungsmaterial direkt auf den Gehäusegrundwerkstoff auflegiert wird.

Auswechselbare Dichtungsringe bieten zwar gegenüber den fest auflegierten den Vorteil, daß sie bei Beschädigungen durch Eindrücken von Fremdkörpern in die Dichtfläche kurzzeitig gegen Ersatzringe ausgetauscht werden können, setzen jedoch eine gegen Festbrennen oder Verzundern unempfindliche Konstruktion aus geeigneten Werkstoffen voraus. Festgebrannte Dichtringe bedingen meist den Ausbau des Schiebers mit unerwünschten langen Reparaturzeiten. Der Dichtungsring trägt auf der einen Seite die auflegierte Schieberdichtung, während die Rückseite die schwierige Aufgabe hat, gegen das Gehäuse abzudichten. Je nach Hersteller erfolgt diese Abdichtung durch touchierte Flächen, ballig gedrehte Flächen, stahlummantelte Weichdichtungen oder auch durch Dichtschweißungen. Letztere bieten die beste Gewähr für die absolute Dichtigkeit.

Einwandfrei auflegierte Dichtungen besitzen, wie die Betriebserfahrungen gezeigt haben, eine fast unbegrenzte Lebensdauer und bieten deshalb ein sehr hohes Maß an Betriebssicherheit. Geringe Beschädigungen durch Fremdkörper können, wenn hierdurch Undichtigkeiten verursacht werden, durch Ausschleifen mittels einer Spezial-Einbau-Schleifmaschine (z. B. Hauerwas, Köln) gelegentlich eines Stillstandes ohne Ausbau des Schiebers behoben werden.

Größere, in der Einbaulage nicht behebbare Schäden treten erfahrungsgemäß nur in den ersten Betriebswochen auf und werden meist durch Eindrücken von Schweißperlen in die Dichtflächen verursacht. In diesen Fällen ist eine Reparatur in der Werkstatt erforderlich.

Das Panzermaterial besteht z. B. bei Hochdruckschiebern aus Kobalt-Chrom-Wolfram-Legierungen, die man auch als Stellite bezeichnet. Diese besitzen eine Härte von etwa 50 bis 60 H_R und werden je nach Armaturengröße etwa 3 bis 4 mm stark auf das Grundmaterial aufgetragen.

Je nach Verwendungszweck werden als Panzermaterial auch nichtrostende Werkstoffe in den verschiedenen Qualitäten verwendet.

e) Absicherungen der Schiebergehäuse gegen Überdruck

Die Einführung des selbstdichtenden Deckelverschlusses an Stelle von Deckelflanschen hat neben den bekannten Vorteilen den Nachteil, daß sich unter bestimmten Verhältnissen in geschlossenen Absperrschiebern Überdrücke einstellen können, die wesentlich über den

Berechnungsdrücken der Gehäuse liegen können. Diese treten dann auf, wenn eine im Schiebergehäuse eingeschlossene Wassermenge von außen über die Rohrleitung aufgeheizt wird. In diesem Falle werden Absperrplatten und Deckeldichtung bei zunehmendem Innendruck immer dichter. Der Überdruck ist von dem Raumanteil des Wassers und der Aufheiztemperatur abhängig und kann Werte erreichen, die zum Zerplatzen des Gehäuses führen.

Diese Erkenntnis gibt nachträglich die Erklärung für die seinerzeit aufgetretenen Deckeldichtungsschäden, die schließlich zur Anwendung des selbstdichtenden Deckelverschlusses geführt haben.

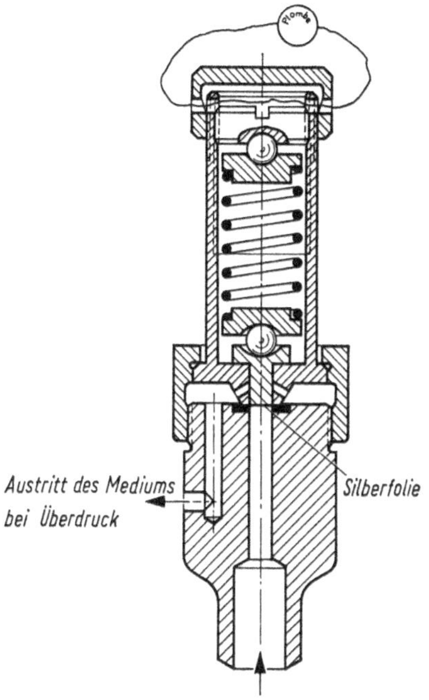

Abb. 487. Federsicherheitsventil für Schieberabsicherung (Babcock-Werke)

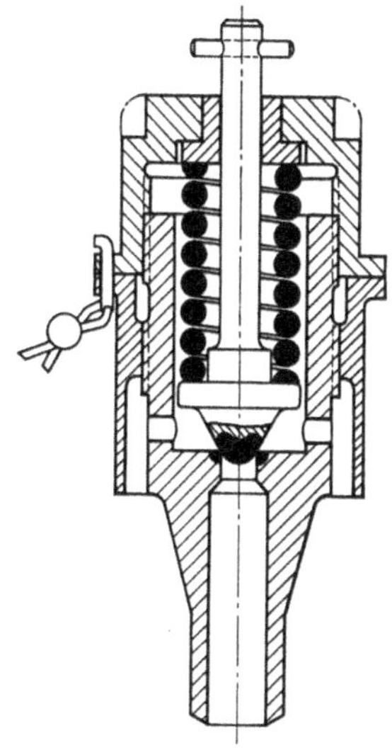

Abb. 488. Federsicherheitsventil für Schiebergehäuse-Absicherung (KSB, Werk AMAG)

Absperrschieber in heißen Kondensatleitungen und Speisewasserdruckleitungen, die im geschlossenen Zustand völlig mit Wasser gefüllt sind, sind besonders stark gefährdet, wenn die Möglichkeit einer von außen einwirkenden Aufheizung besteht. Vor allem unterliegen jedoch Schieber in Sammelschienenanlagen dieser Gefahr.

In Erkenntnis der Schadensursache sind folgende Vorrichtungen zur Absicherung der Schiebergehäuse gegen inneren Überdruck entstanden:

1. Federsicherheitsventil der Firma Babcock (Abb. 487) mit Tellerkegel, bei dem zwischen Sitz und Kegel eine Silberfolie als Dichtung eingelegt ist. Beim Ansprechen des Ventils geht die Silberfolie zu Bruch und muß ausgetauscht werden, da das Ventil sonst schwadet.

2. Federsicherheitsventil der Firma KSB/Amag mit normaler Sitzpartie (Abb. 488).

3. Federsicherheitsventil der Firma Sempell mit zusätzlicher Kugelabdichtung, die einen Ausbau des Sicherheitsventiles während des Betriebszustandes ohne zusätzliche Absperrung gestattet (Abb. 489).

4. Brechsicherung der Firma Zikesch nach Abb. 490, die bei Erreichen eines vorbestimmten Überdruckes berstet.

5. Druckausgleichung zwischen den Schiebergehäusen eines Leitungssystems gleichen Druckes, die im Gegensatz zu den Einzelabsicherungen nach 1. bis 4. nicht erst bei Erreichen eines Überdruckes wirksam wird, sondern den Aufbau eines Überdruckes im

Schiebergehäuse verhindert. Die Anwendung setzt voraus, daß einer der angeschlossenen Schieber immer geöffnet ist und keine zwischen den Schiebern liegenden anderen Armaturen oder Anlageteile ungewollt umführt werden. Die zweckmäßigste Anwendung sind geschlossene Sammelschienensysteme.

6. Druckausgleichung einzelner Schiebergehäuse zwischen Gehäuse und dem Eintrittsstutzen des Schiebers, der im geschlossenen Zustand unter Druck steht. Für Trennschieber kann diese Ausgleichsleitung nur unter Zwischenschaltung eines Wechselventils verwendet werden.

In vielen Fällen wurde nachträglich an Stelle der Ausführung nach 6. die der Druckseite zugewandte Abdichtplatte durchbohrt. Diese Absicherung sollte für Neuanlagen

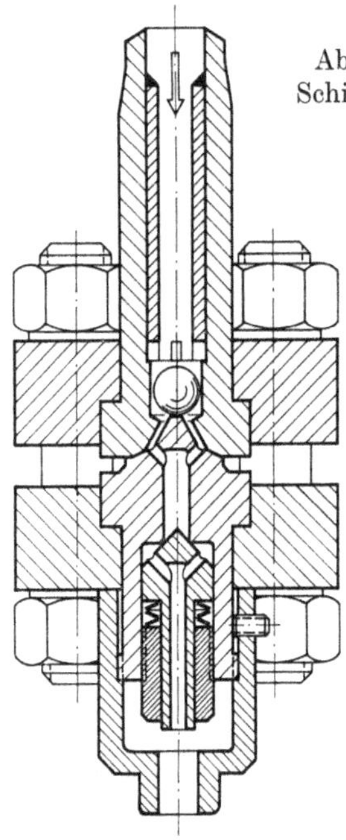

Abb. 489. Federsicherheitsventil für Schiebergehäuse-Absicherung (Sempell)

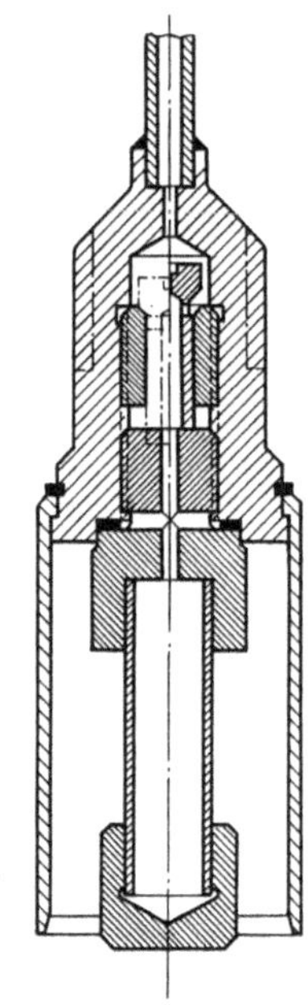

Abb. 490. Brechsicherung für Schiebergehäuse-Absicherung (C. H. Zikesch)

grundsätzlich vermieden werden, da sie von außen nicht sichtbar ist und außerdem den Sinn und damit die Anwendung von Plattenschiebern mit mechanischer Anpressung in Frage stellt.

Alle vorbeschriebenen Vorrichtungen können nur als Zwangslösungen angesehen werden, bedingt durch die Anwendung des selbstdichtenden Deckelverschlusses in Verbindung mit mechanisch angepreßten Keilplatten.

Absperrschieber, die trotz selbstdichtender Deckelverschlüsse einen Druckaufbau im Gehäuse ausschließen, sind solche mit druckabhängig einseitig abdichtenden Abschlußsystemen.

II. Absperrventile

Absperrventile werden in einem Kraftwerk für kleinere Rohrleitungen, wie z. B. Entwässerungen, Entlüftungen, Entleerungen usw., in großen Mengen benötigt. Entsprechend dem Massenverbrauch werden deshalb Ventile für alle Nenndrücke in Serienfertigung hergestellt.

Grundsätzlich unterscheidet man folgende Ventilbauarten:

Geradsitzventile: Spindel und Kegel stehen senkrecht zur Gehäuseachse, Stutzenlage horizontal, entweder in Ausführung mit Druckspindel oder in Ausführung mit Zugspindel.

Schrägsitzventile: Spindel und Kegel stehen schräg zur Gehäuseachse, Stutzenlage horizontal.

Eckventile: Spindel und Kegel stehen senkrecht, Stutzenanordnung im rechten Winkel.

Die Serienherstellung umfaßt alle gebräuchlichen Typen für die Nenndrücke 6 bis 640 für alle vorkommenden Temperaturen aus den jeweils geeigneten Werkstoffen.

Für den Einbau in die Rohrleitung erhalten die Ventile Einschweißenden oder Flansche. Stahlgußventile sollten ausschließlich mit Anschlußflanschen verwendet werden.

Üblicherweise werden Ventile so eingebaut, daß im geschlossenen Zustand der Druck unter dem Kegel steht, wobei die Stopfbüchse drucklos ist.

Nach neueren Erfahrungen in Hochdruck-Kraftwerken ist es zur Erreichung einer dauerhaften Dichtheit der Ventile zweckmäßiger, den Betriebsdruck bei geschlossenem Ventil in Schließrichtung wirken zu lassen. Bei Ausführung mit drückender Spindel steht hierbei also die Stopfbüchse unter Druck, wogegen grundsätzlich keine Bedenken bestehen.

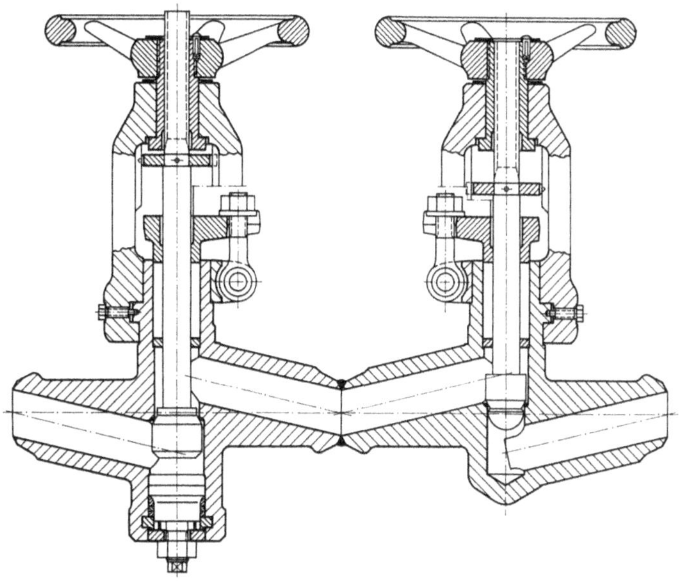

Abb. 491. Sicca-Nori-Ventilkombination für Hochdruck (KSB, Werk AMAG)

Bei Ventilen für Vakuumleitungen und Ventilen größerer Nennweite, bei denen die Belastung der Kegelfläche (Sitzfläche in $cm^2 \times$ Betriebsdruck in kp/cm^2) 4000 kp übersteigt, ist die Beaufschlagung im Schließsinne aus Betriebsgründen erforderlich.

Eine Kombination der beiden Vorteile, nämlich druckabhängiges Abdichten des Kegels und drucklose Stopfbüchse, stellen die Ventilausführungen mit ziehender Spindel dar.

Bei Ventilen großer Nennweite mit entsprechend hohen Betätigungskräften empfiehlt es sich, Kegel mit innerer Entlastung (Vorhubkegel) zu verwenden. In den meisten Fällen, bei denen die 4000 kp-Grenze überschritten wird, werden an Stelle von Ventilen Schieber eingesetzt.

Die Ventilsitze kleiner Nennweiten unterliegen bei hohen Drücken einem starken Strahlverschleiß, obwohl die Dichtflächen aus korrosions- und verschleißfesten Werkstoffen unmittelbar auf den Grundwerkstoffen aufgepanzert werden. Zur Vermeidung von Betriebsstörungen werden deshalb besonders bei Entwässerungsleitungen Ventilkombinationen eingebaut, die aus einem Ventil mit Druckspindel und einem solchen mit Zugspindel bestehen. Das an der Rohrleitung sitzende Ventil mit Zugspindel bleibt stets voll geöffnet, wodurch das Ventil keinem Strahlverschleiß unterworfen ist. Das zweite Ventil, das meist mit Drosselkegel ausgerüstet ist, wird dagegen zum eigentlichen Betrieb benutzt. Bei Undichtwerden dieses Ventils kann das erste Ventil dann während der Reparaturzeit geschlossen bleiben. Abb. 491 zeigt eine Kombination beider Ventile, Fabrikat KSB/Amag.

Abb. 492 und 493 zeigen die entsprechenden Typen der Firma Babcock für hohe Drücke und Temperaturen. Abb. 494 stellt das Hochdruck-Absperrventil der Firma Sempell und Abb. 495 ein neu entwickeltes Ventil der Firma Zikesch dar, das in Kombination mit einem zweiten Absperrventil während des Betriebes einen kurzzeitigen Austausch sowohl des Ventilsitzes als auch des Kegels gegen Reserveteile gestattet.

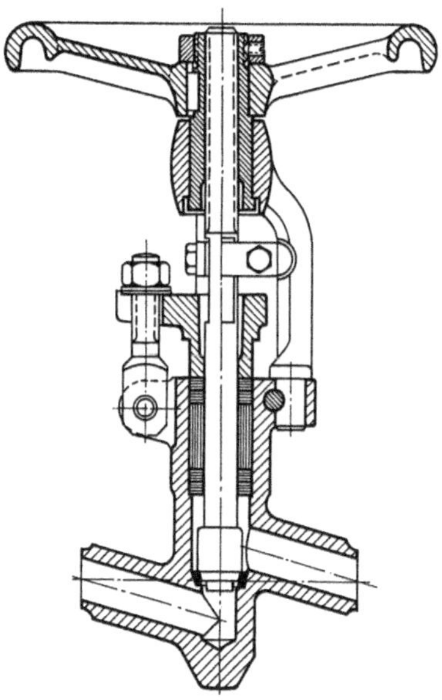

Abb. 492. Nico-Hochdruck-Absperrventil (Babcock-Werke)

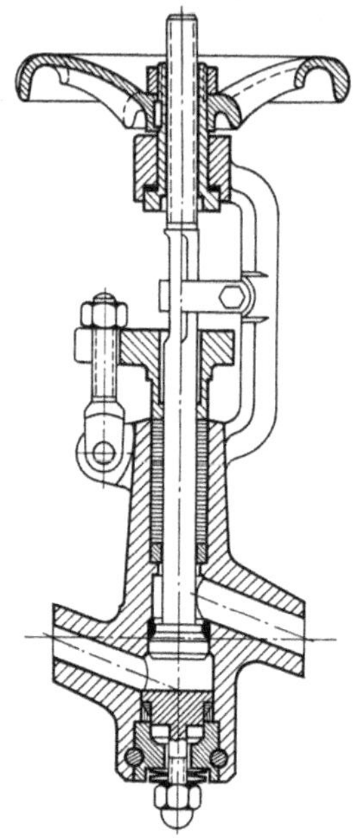

Abb. 493. Seba-Hochdruck-Absperrventil (Babcock-Werke)

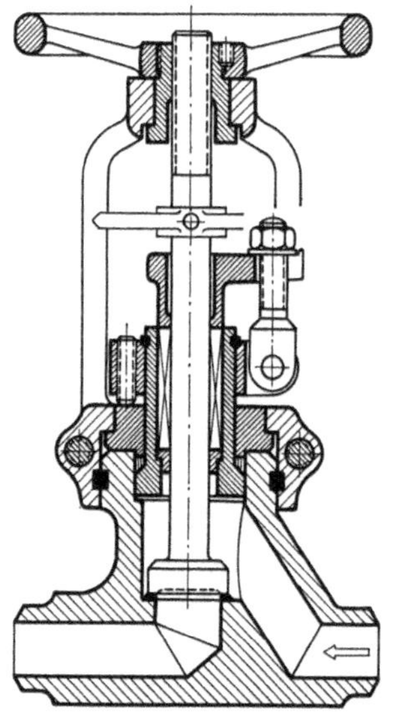

Abb. 494. Hochdruck-Absperrventil (Sempell)

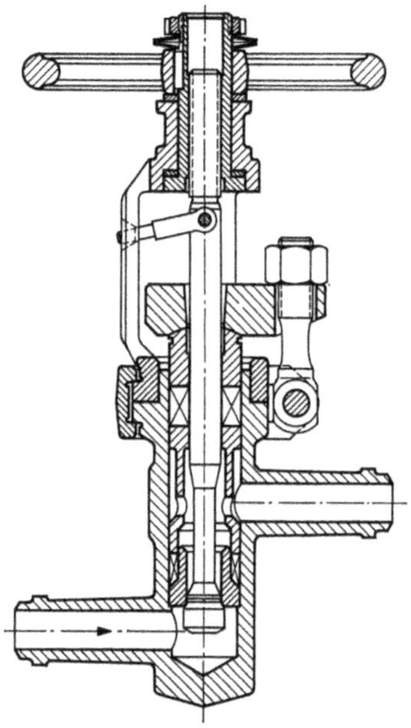

Abb. 495. Hochdruck-Eck-Absperrventil (C. H. Zikesch)

Der Masseneinsatz der Ventile in den Rohrleitungen zwingt zu besonderen, der Reservehaltung dienenden Rationalisierungsmaßnahmen bei der Planung in bezug auf eine Beschränkung der zum Einbau kommenden Ventilgrößen und Typen.

Hierfür ergeben sich folgende grundsätzliche Festlegungen:

1. Beschränkung der Nennweiten auf 15, 25, 40, 50.
2. Beschränkung der zu verwendenden Nenndrücke und Ventilwerkstoffe, z. B.
   a) ND 400/640 aus 10CrMo910 für HD-Dampfleitungen,
   b) ND 400/640 aus 13CrMo44 für Speisewasserdruckleitungen,
   c) ND 64/320 aus 13CrMo44 oder 15Mo3 für die übrigen Dampfleitungen,
   d) ND 25/40 aus C22 für ND-Dampf- und Kondensatleitungen,
   e) ND 10/16 aus GE für Kaltwasserleitungen.

Durch Zusammenfassung der Typen a) und b) sollte eine weitere Beschränkung der Bautypen erreicht werden.

3. Bestimmung der für den Gesamtbereich nach 2. einheitlichen Ventiltypen und Herstellerfirma.

4. Bestimmung der Anzahl der Ventile, die mit Drosselkegel auszurüsten sind. Hierfür werden die Ventile mit Druckspindel benutzt. Zweckmäßig erhalten sämtliche legierten Ventile der ND-Stufen 64/320 und 400/640 einen starren Drosselkegel.

Bei Verwendung von starren Drosselkegeln nach 4. ist darauf zu achten, daß die Spindeln sich nicht drehen, sondern nur steigen.

Weiterhin wird empfohlen, auch eine Beschränkung der zur Anwendung kommenden Ventilgrößen vorzunehmen, z. B. NW 15 für Entlüftungsventile und Ventile für Druckmessungen, NW 25, 40 und 50 für Entwässerungsventile usw.

Über NW 50 werden aus Stahl in Serie nur Ventile der Druckstufe ND 25/40 hergestellt. Für höhere Nenndrücke gibt es bisher nur Stahlgußausführungen.

Mit Rücksicht auf das Grundprinzip gleicher Werkstoffwahl für Rohrleitungen und Armaturen sollten an Stelle von Stahlgußventilen besser Stahlschieber verwendet werden.

Obgleich Ventile aus Gußeisen oder Sphäroguß für die Betriebsverhältnisse von Niederdruckleitungen vielfach ausreichen, werden aus Sicherheitsgründen fast ausschließlich Armaturen in Schmiedestahl- oder Stahlgußausführung in den Rohrleitungen des Dampf-Wasser-Kreislaufes vorgezogen. Das Verhalten bei Wärmespannungen und -dehnungen der Armaturen stimmt dann mit der Stahlleitung überein. Die Armatur ist in der Stahlausführung nicht mehr das schwächste Glied der Leitung.

III. Rückschlagorgane

a) Rückschlagklappen

Rückschlagklappen sind Sicherheitsorgane mit nur einer Strömungsrichtung. Bei Absinken des Druckes verhindern sie eine Rückströmung bzw. einen Einbruch von Dampf oder Wasser aus der nachgeschalteten Rohrleitung.

Der Klappenkörper besteht aus einer kreisrunden Verschlußplatte mit auflegierter Dichtung, die in dem oberen Gehäuseteil beweglich gelagert ist. Die Klappe wird strömungsabhängig in einer Offenstellung gehalten und hat durch ihr Eigengewicht bei Absinken der Strömungsgeschwindigkeit Schließtendenz. Die Klappenwelle kann auch einseitig über eine Stopfbüchse aus dem Gehäuse zum Anbau von Hebel und Gewicht herausgeführt werden. Hierdurch wird die innere Klappenstellung außen sichtbar. Je nach betrieblichen Erfordernissen kann durch Einstellen des Gewichtes die Schließtendenz der Klappe beeinflußt werden. Die Herausführung der Klappenwelle verursacht jedoch Reibungen in den Stopfbuchsen, die die Beweglichkeit der Klappe beeinträchtigen. Hebel und Gewichte sollten deshalb bei höheren Betriebsdrücken möglichst vermieden werden, um die Gefahr verklemmter oder blockierter Wellen infolge Nachziehens undichter Stopfbüchsen auszuschalten.

In neuerer Zeit werden an Stelle von Wellendurchführungen mit Stopfbuchse auch Magnet-Meßköpfe verwendet, die eine Bewegungskontrolle der Klappenscheibe von außen ermöglichen (Abb. 496). Durch zusätzliche Verwendung eines Potentiometers ist eine Stellungsfernanzeige (z. B. auf die Warte) möglich.

Die untere Grenze des Verwendungsbereiches für Rückschlagklappen liegt bei NW 65. Darunter sind ausschließlich Rückschlagventile gebräuchlich.

Von etwa ND 160 an aufwärts sind Ausführungen mit strömungstechnisch günstigen vollgeschmiedeten Horizontalgehäusen zu empfehlen. Die bekanntesten Ausführungen besitzen keinen Deckelflansch, sondern einen oben oder unten liegenden selbstdichtenden Deckelverschluß.

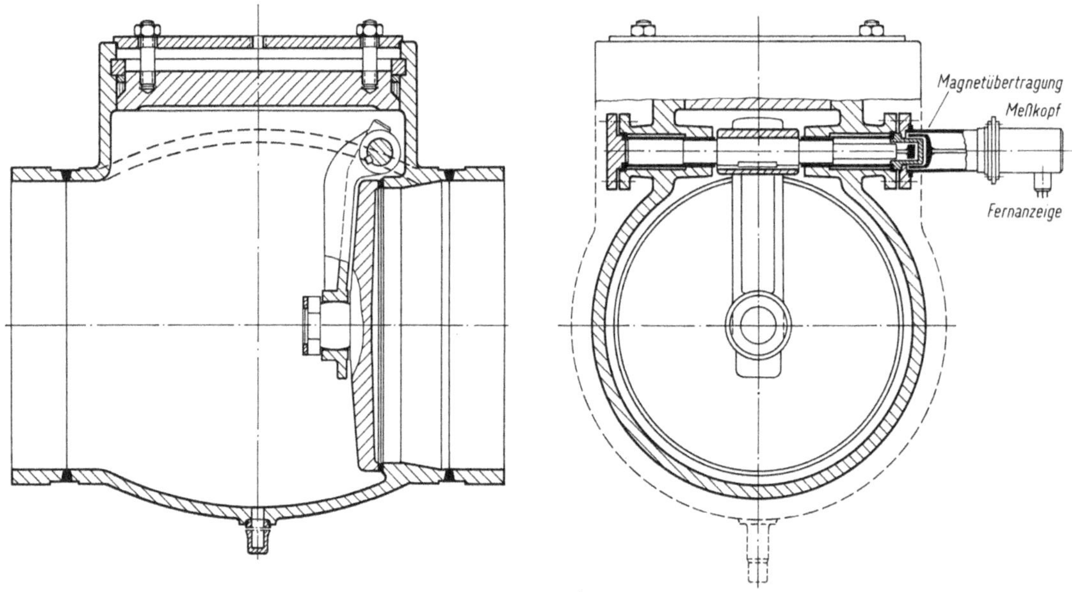

Abb. 496. Rückschlagklappe mit Innenwelle und Magnet-Meßkopf für Stellungsanzeige (KSB)

Bis etwa ND 100 sind vielfach noch Stahlgußausführungen mit vertikal weit ausladenden Gehäusen und Deckelflanschen gebräuchlich. Neuerdings werden jedoch auch für ND 25/100 in zunehmendem Maße Konstruktionen mit topfgeschmiedeten, schalengeschmiedeten oder rohrgeschweißten Gehäusen hergestellt (Abb. 501).

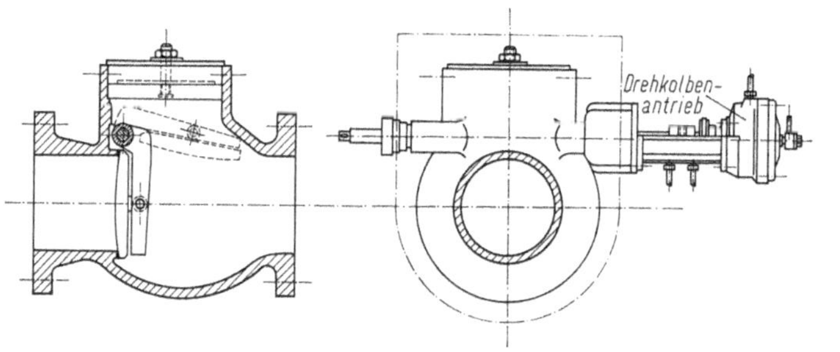

Abb. 497. Rückschlagklappe mit Drehkolbenantrieb für Zwischenüberhitzer-Dampfleitungen

In Kraftwerken finden Rückschlagklappen unter anderem besonders in Speisewasserdruckleitungen Verwendung zur Absicherung der Speisepumpen bzw. der Rohrleitung von der Kesselseite her.

Der Einbau in Dampfleitungen erfolgt besonders in der kalten Zwischenüberhitzerdampfleitung und in den Entnahmeleitungen. Bei der ZwÜ-Leitung erfolgt der Einbau aus folgenden Gründen:

1. Schutz der Hochdruckturbine vor rückwärtigem Eindringen kühlen Dampfes bei Wiederanfahren des Kessels,

2. Absicherung der Turbine bei Vollastabschaltung gegen das im kalten Zwischenüberhitzernetz enthaltene Dampfvolumen,

3. Vermeidung des Anwärmens der Turbine von der Gegendruckseite her und Sicherstellung des Anfahrens durch gleichmäßige Drucksteigerung gegen eine geschlossene Absperrung.

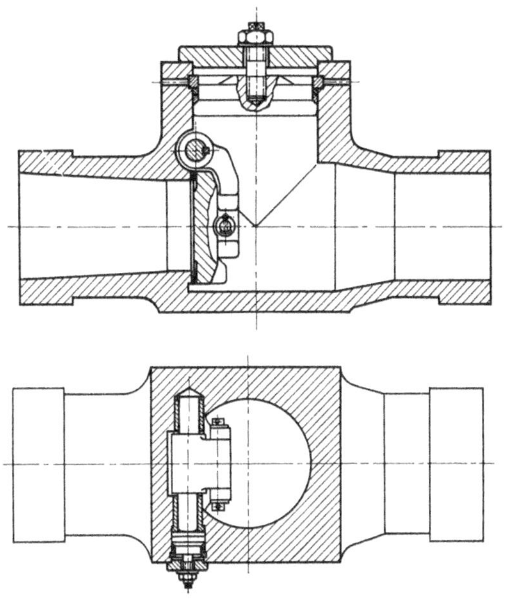

Abb. 498. Hochdruck-Rückschlagklappe (KSB, Werk AMAG)

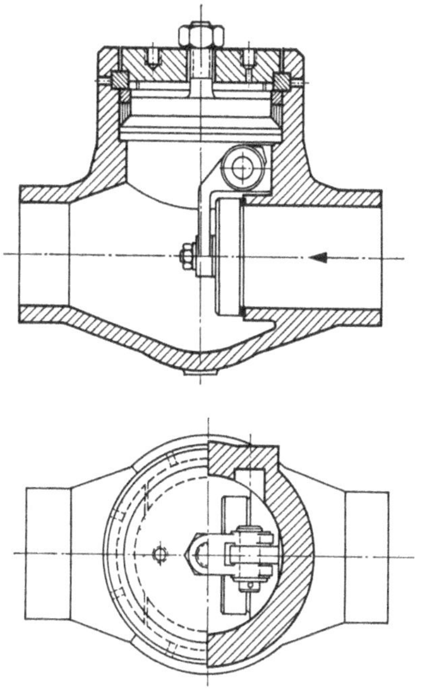

Abb. 499. Hochdruck-Rückschlagklappe (Babcock-Werke)

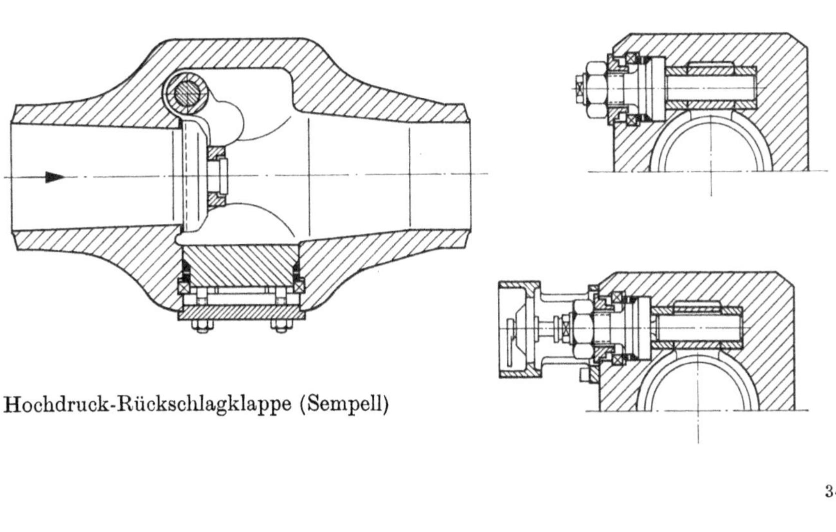

Abb. 500. Hochdruck-Rückschlagklappe (Sempell)

Die für die kalten ZwÜ-Leitungen zu verwendenden Klappen (Abb. 497) erhalten einen außen angebauten Drehkolbenantrieb, der vom Turbinensteueröl betrieben wird und bei Ausfall der Turbine zwangsläufig abschließt. Im Öffnungszustand wird die Klappe ebenfalls von dem Drehkolbenantrieb gehalten und gibt den vollen Rohrquerschnitt frei, um den Druckverlust auf ein Mindestmaß zu beschränken.

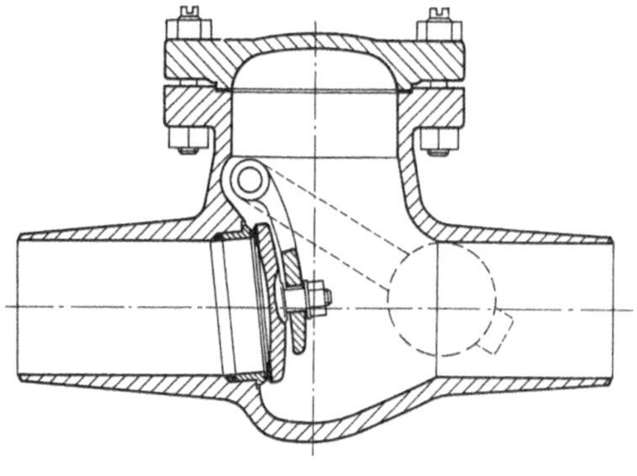

Abb. 501. Mitteldruck/Niederdruck-Rückschlagklappe (Persta)

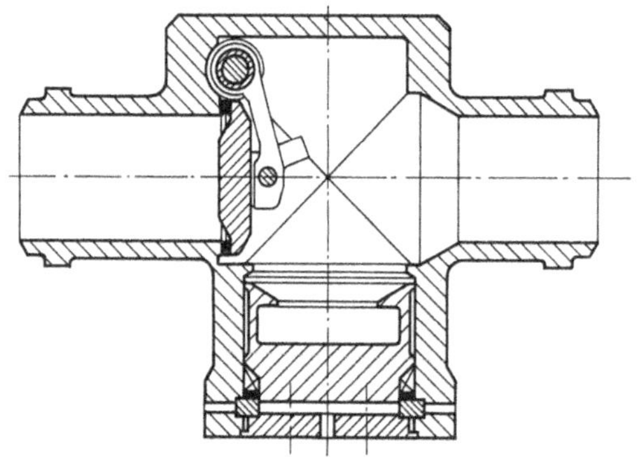

Abb. 502. Hochdruck-Rückschlagklappe mit Schmutzsack (C. H. Zikesch)

Die Rückschlagklappen mit Magnet-Meßkopf nach Abb. 496 werden zusammen mit Radial-Drehschiebern nach Abb. 480 auch an Stelle von hydraulischen Schnellschluß-ventilen für die entnahmeseitige Turbinenabsicherung verwendet.

Abb. 498 bis 502 zeigen verschiedene Ausführungen von Rückschlagklappen mit geschmiedeten Gehäusen.

b) Rückschlagventile

Bis NW 50 entspricht die Grundkonstruktion den Absperrventilen, jedoch mit in Achsrichtung frei beweglichen Rückschlagkegeln. Normal ist eine senkrechte Kegelführung gegenüber der Rohrachse. Bei besonders hohen Anforderungen an die Betriebssicherheit haben sich Rückschlagventile mit schräger Kegelführung und zusätzlicher Federbelastung sehr gut bewährt. Im Gegensatz zu den Ventilen mit senkrechter Kegelführung bieten

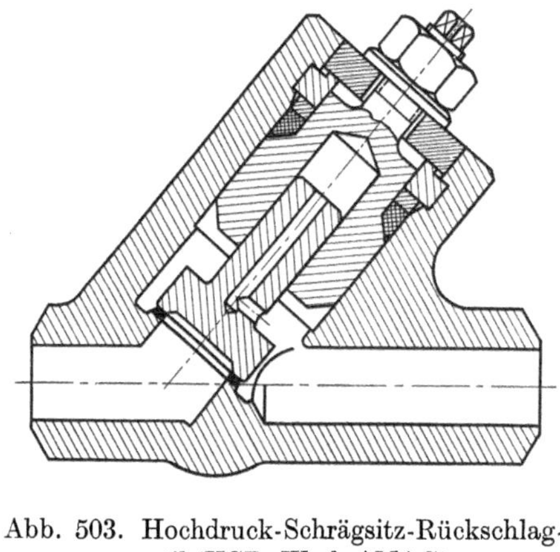

Abb. 503. Hochdruck-Schrägsitz-Rückschlagventil (KSB, Werk AMAG)

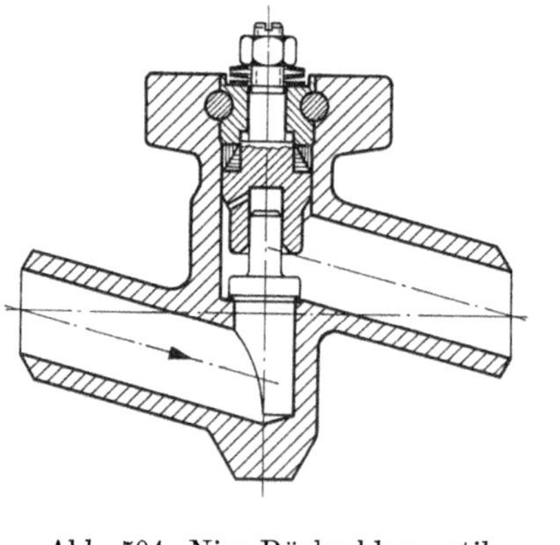

Abb. 504. Nico-Rückschlagventil (Babcock-Werke)

diese den Vorteil, daß sie sowohl in waagerechten als auch in senkrechten Leitungssträngen eingebaut werden können (Abb. 503 und 504). Abb. 505 zeigt ein absperrbares Schrägsitz-Rückschlagventil.

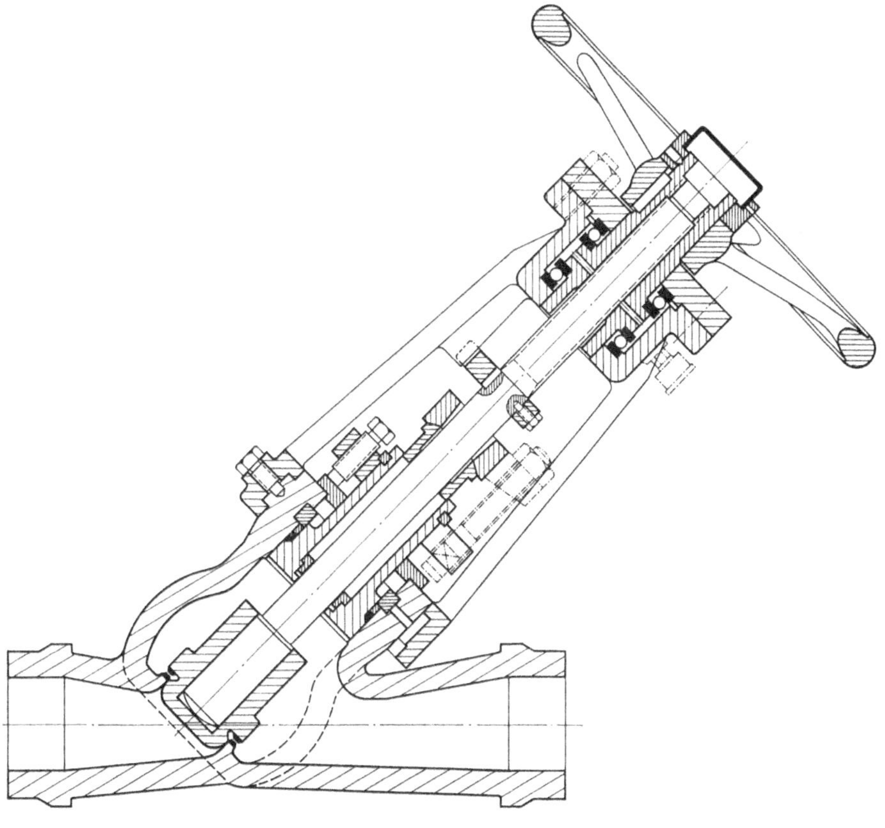

Abb. 505. Absperrbares Schrägsitz-Rückschlagventil (KSB, Werk AMAG)

IV. Sonder- oder Spezialarmaturen

a) Armaturen für Vorwärmerabsicherung

Früher wurde die Absicherung der Hochdruckvorwärmer in Blockanlagen ausschließlich durch Einbau normaler Absperrschieber mit elektrischen Antrieben in die Speisewasserdruckleitungen vorgenommen.

In der Folge hat es sich jedoch ergeben, daß die erreichbaren Schließ- und Öffnungszeiten dieser Schieber mit etwa 20 bis 25 s viel zu lang sind, um im Einzelfalle die Vorwärmergruppe so schnell aus dem Speisewasser-Leitungssystem heraustrennen zu können, daß ein Wassereinbruch vom Vorwärmer in die Turbine absolut verhindert werden kann.

Zunächst wurde diese Lücke geschlossen durch die Ausrüstung normaler Absperrschieber mit hydraulischen Antrieben oder durch Neuentwicklung von besonderenUmlenk-Wechselventilen und Rückschlagventilen mit Hydraulik-Antrieben, bei denen die Schließzeiten beliebig kurz eingestellt werden können. Diese Armaturen sind in einer ganzen Reihe von Blockkraftwerken eingebaut worden.

Die Möglichkeit, bei der elektrischen Schieberbetätigung zu bleiben, bietet neuerdings die Verwendung der in Abschn. B I (S. 515) beschriebenen Radial-Drehschieber, die sich ebenfalls schon für eine Vorwärmerabsicherung im Betrieb befinden.

Die Arbeitsweise der hydraulisch betriebenen Umschalt-Wechselventile und Absperrschieber beruht praktisch auf dem gleichen Prinzip. Im Falle eines Rohrbruches im Vorwärmer wird der Umschaltvorgang durch Ansprechen des Niveauwächters über ein durch Elektromotor oder Magnet betätigtes Steuerventil eingeleitet. Die Umschaltung wird sodann durch den Hydraulikkolben, auf den der volle Speisewasserdruck wirkt, vorgenommen, indem die Hauptarmaturen vor und hinter dem Vorwärmer geschlossen und gleichzeitig die Umgehungsleitung geöffnet wird. Die Schließ- bzw. Öffnungsgeschwindigkeit kann durch ein Drosselventil oder Wasserbremsen auf das gewünschte Maß einge-

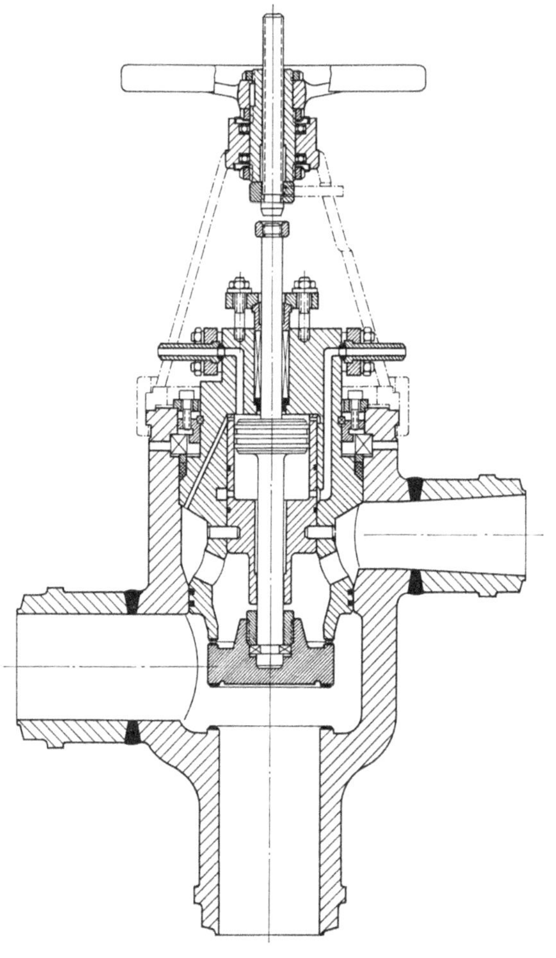

Abb. 506a. Hydraulische Vorwärmer-Absicherung (Sempell). Schnellschluß-Wechselventil

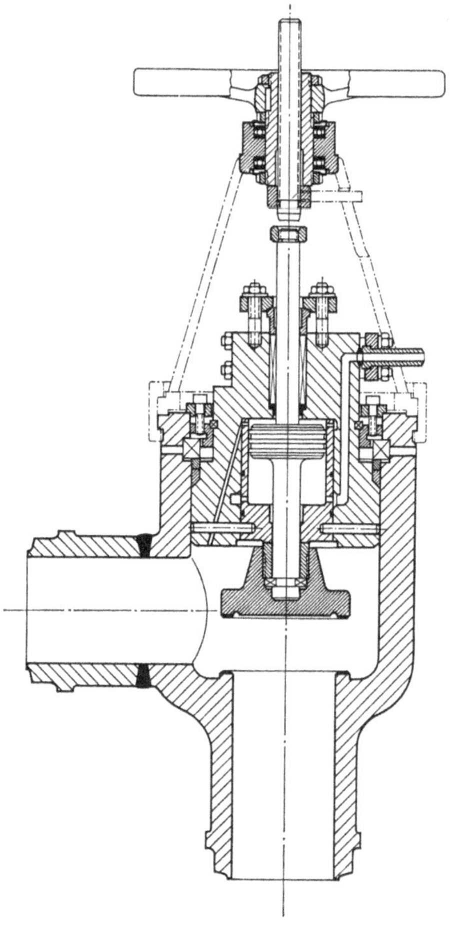

Abb. 506b. Hydraulische Vorwärmer-Absicherung (Sempell). Schnellschluß-Rückschlagventil

stellt werden. Die Schließgeschwindigkeit soll 5 s möglichst nicht unterschreiten, damit Wasserstöße mit Sicherheit verhindert werden. Bei Wechsel- oder Dreiwege-Umschaltventilen wird keine besondere Umführungsarmatur benötigt, da sowohl das Schließen der Hauptrohrleitung als auch das Öffnen der Umführungsrohrleitung durch den gleichen Ventilkegel erfolgt.

Abb. 506a zeigt ein Sempell-Schnellschluß-Wechselventil, Abb. 506b ein hydraulisch betätigtes Rückschlagventil und Abb. 506 c das Schaltbild einer Vorwärmeranlage mit zwei Vorwärmergruppen. Durch die besondere Anordnung der Schnellschluß- und Wechselventile vor und hinter den Vorwärmergruppen besteht die Möglichkeit, die Umgehungsleitung erst dann zu öffnen, wenn beide Vorwärmerstraßen ausgefallen sind. Bei Ausfall nur einer Vorwärmerstraße bleibt die Umgehung dagegen geschlossen, so daß die Vorwärmung wenigstens einer Vorwärmergruppe aufrechterhalten bleibt und damit ein Temperatursturz verhindert wird. Abb. 507 a und 507 b zeigen ein Babcock-Dreiwege-Umschaltventil und Rückschlagventil, Abb. 507 c das zugehörige Schaltbild, während Abb. 508 einen Dingler-Schnellschluß-Schieber mit hydraulischem Antrieb darstellt.

Die Firma Zikesch baut neben hydraulischen Schiebern und hydraulischen Wechselventilen auch Wechselventile mit elektrischem Antrieb (Abb. 509).

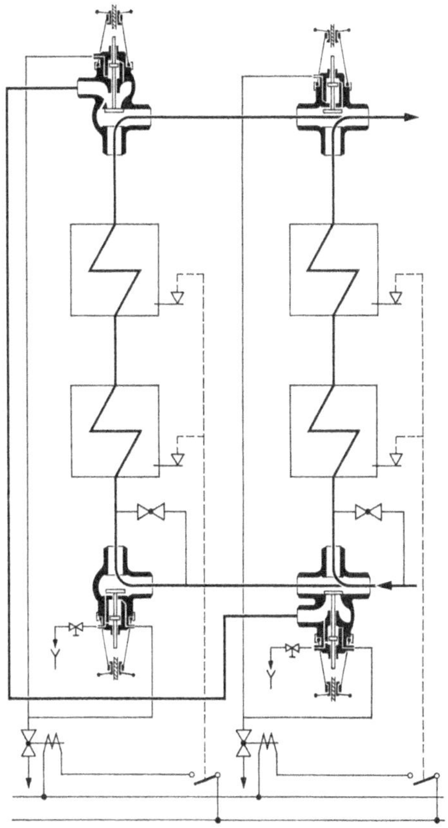

Abb. 506c. Hydraulische Vorwärmer-Absicherung (Sempell). Schaltplan für den Einbau in einer Speisewasser-Druckleitung mit zwei parallelen Vorwärmergruppen

Auf der Austrittsseite der Vorwärmer kann an Stelle von hydraulischen oder elektrischen Rückschlag-Ventilen eine feststellbare Dreiwege-Rückschlagklappe verwendet werden, z. B. nach Abb. 509 der Firma Zikesch. Bei Ein-Strang-Absicherung ist auch eine feststellbare Rückschlagklappe in Eck-Ausführung vorteilhaft.

In neuerer Zeit wird von manchen Betrieben die Auffassung vertreten, daß der bisher bekanntgewordene Umfang und das geringe Ausmaß der eingetretenen Vorwärmerschäden den Einbau besonderer, diffiziler Umschaltventile in den Speisedruckleitungen zur Absicherung von Vorwärmern und Turbine nicht rechtfertigen, sondern die einfachere Absicherung der Turbine allein ausreichend sei.

Es werden dann so wie früher normale Absperrschieber mit Handradantrieben oder auch elektrischen Antrieben in die Speisedruckleitungen eingebaut, da im Schadensfalle genügend Zeit für die Umschaltung zur Verfügung steht.

In diesen Fällen wird statt dessen die Entnahmedampfleitung in Nähe des Vorwärmer-Eintritts durch Einbau von Radial-Schnellschluß-Drehschiebern (vgl. Abschn. B I, Abb. 480, S. 520) abgesichert.

Der Elektroantrieb des Radial-Schiebers erhält dann einen Schließimpuls von den Niveauwächtern der Vorwärmer und schließt innerhalb von etwa 2 s.

Wird bereits die Turbine mit diesen elektrisch betriebenen Radial-Schnellschluß-Schiebern an Stelle von hydraulischen Entnahme-Schnellschlußventilen ausgerüstet, so ist eine gesonderte Absicherung der Entnahmedampfleitungen nicht mehr erforderlich.

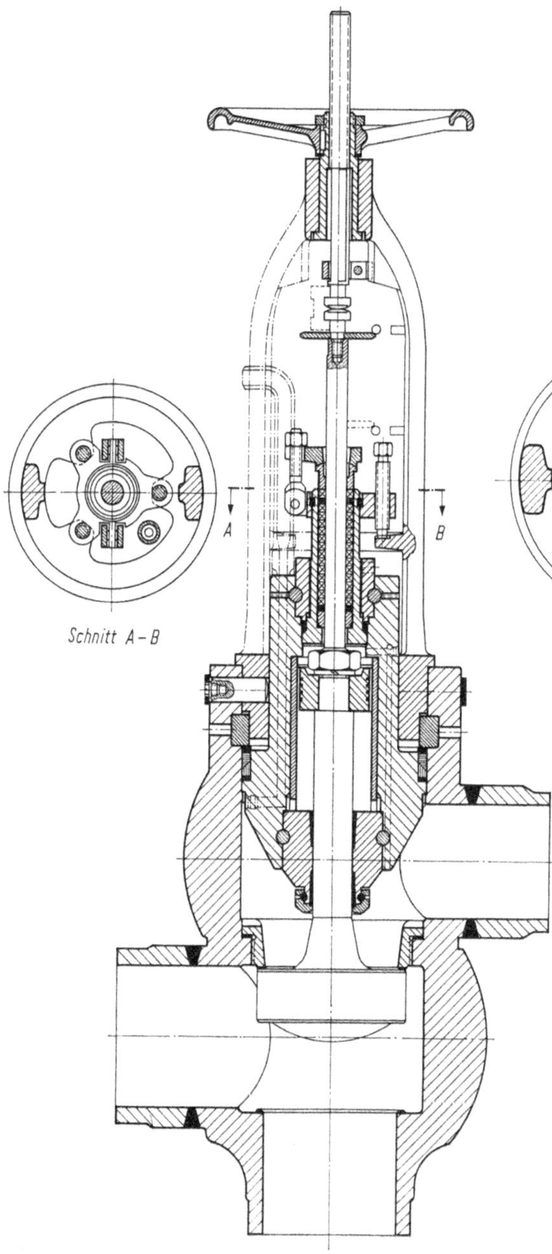

Abb. 507a. Hydraulische Vorwärmer-Absicherung (Babcock-Werke). Drei-Wege-Umschaltventil

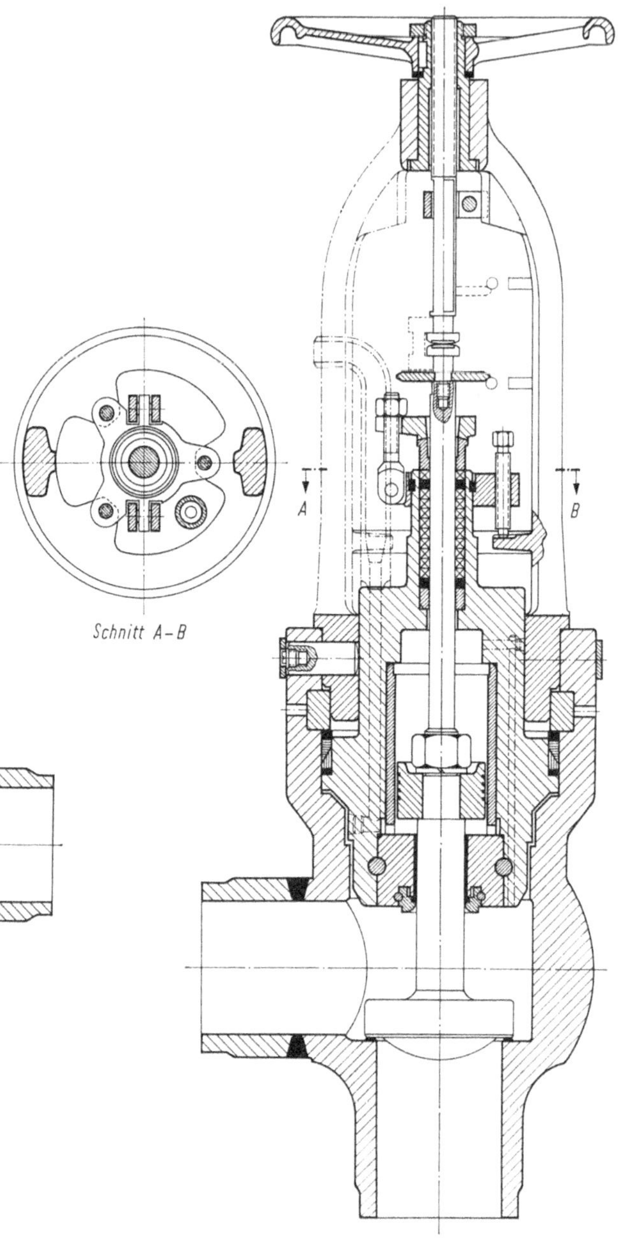

Abb. 507b. Hydraulische Vorwärmer-Absicherung (Babcock-Werke). Rückschlagventil

b) Dampfumformventile

Dampfumformventile werden zwecks Minderung von Dampfdruck und -temperatur an den dafür vorgesehenen Stellen eingeplant. Das SSW-Dampfumformventil (Abb. 510) ist ein Einsitzventil und vereinigt die Funktionen der Dampfdruck- und -temperaturminderung in einer Armatur. Der wasserüberschußfreie, augenblicklich wirksam werdende Kühlvorgang im Dampfumformventil bleibt über den ganzen Lastbereich erhalten, weil dadurch das Kühlwasser vor der engsten Ventildrosselstelle zugeführt und die günstigen Voraussetzungen für die Aufspaltung des Kühlmittels durch die Drosselenergien lastunabhängig sind.

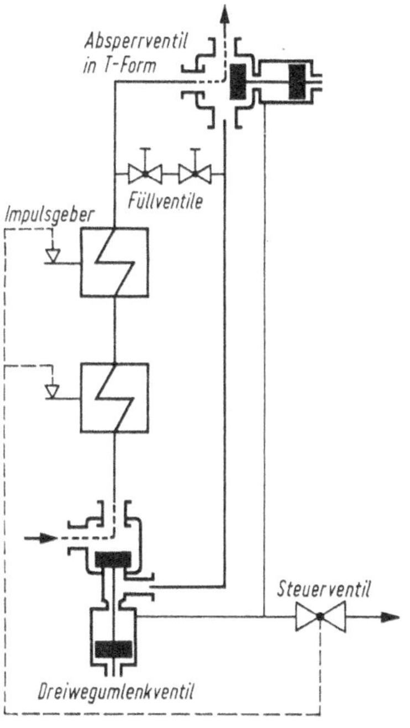

Abb. 507c. Hydraulische Vorwärmer-Absicherung (Babcock-Werke). Schaltplan für den Einbau in eine Speisewasser-Druckleitung mit einem Vorwärmerstrang

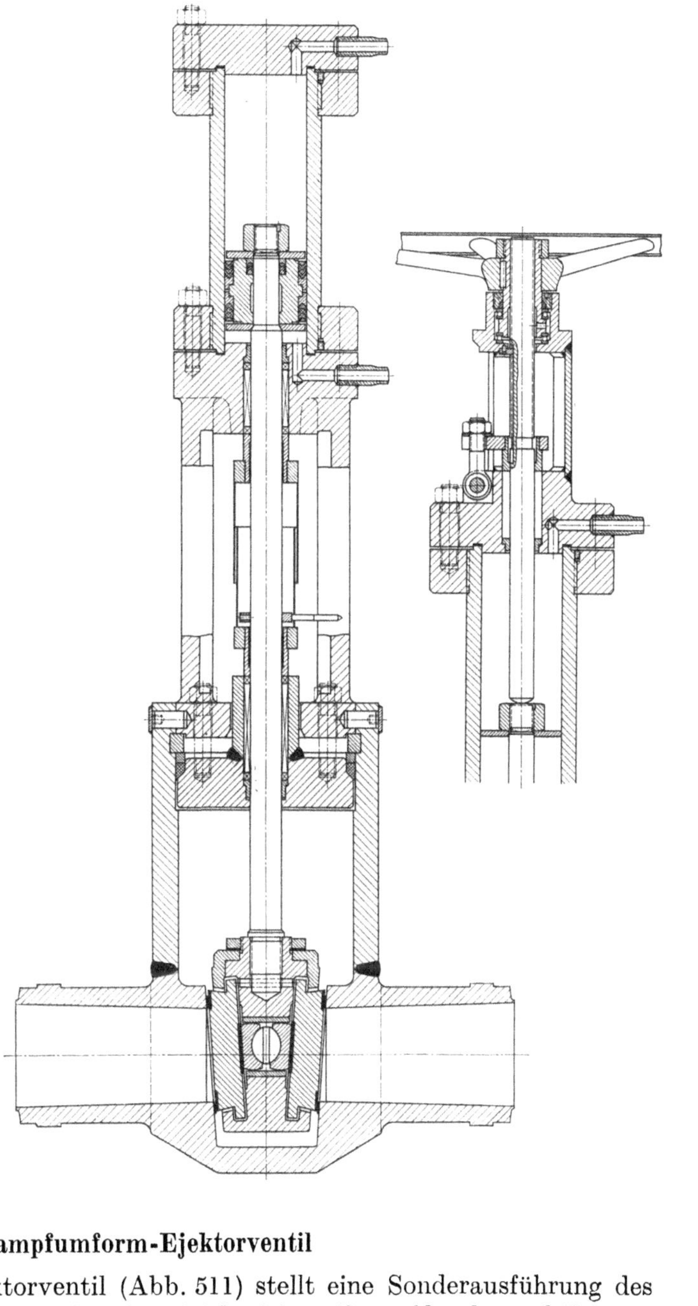

Abb. 508. Hydraulisch betätigter Schnellschlußschieber (Dingler-Werke)

c) Dampfumform-Ejektorventil

Das SSW-Dampfumform-Ejektorventil (Abb. 511) stellt eine Sonderausführung des Dampfumformventiles dar, bei dem außer der gleichzeitigen Dampfdruck- und Temperaturminderung des Frischdampfes die vorhandene Strömungsenergie noch zur Druckerhöhung von auf der Niederdruckseite zugeführten Dampfmengen ausgenützt wird.

Als besonderes Anwendungsgebiet gilt z. B. die Versorgung eines Dampfnetzes aus mehreren ungesteuerten Turbinenentnahmen. Bei einem entsprechend den Betriebsbedingungen der Turbine erforderlichen Übergang auf eine im Druck höher liegende Entnahme können mit dem Dampfumform-Ejektorventil noch Dampfmengen aus einer Entnahme mit niedrigerem Druck abgesaugt und auf den Verbraucherdruck angehoben werden. Der Wirkungsgrad der Anlage wird entsprechend gesteigert.

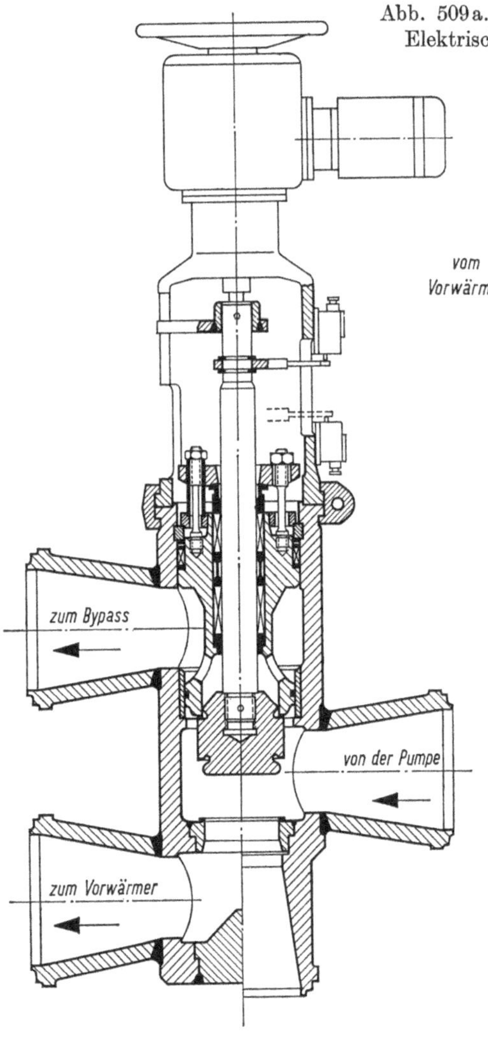

Abb. 509a. Vorwärmer-Absicherung (C. H. Zikesch). Elektrisch betätigtes Schnellschluß-Wechselventil

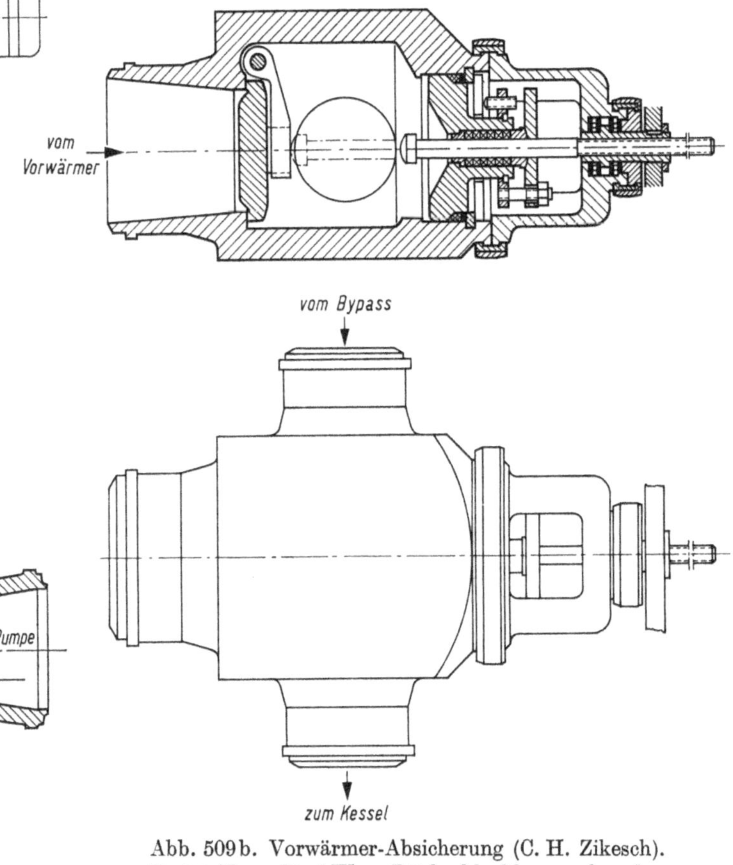

Abb. 509b. Vorwärmer-Absicherung (C. H. Zikesch). Feststellbare Drei-Wege-Rückschlagklappe ohne besonderen Antrieb

d) Siemens-Varivent-Konstruktion

Die Siemens-Varivent-Konstrnktion (Abb. 512) zeigt eine weitere Sonderarmatur, bei der Sitz und Kegel leicht ausgewechselt werden können. Diese Ventilausführung gestattet somit eine genaue und schnelle Anpassung ohne Nacharbeit bei sich später ändernden Betriebsbedingungen. Auch beim Auswechseln von Sitz und Kegel infolge natürlichen Verschleißes oder sonstigen Beschädigungen der Dichtflächen bietet die Siemens-Varivent-Konstruktion durch den einfachen Aufbau erhebliche Vorteile.

e) Kühlwasserregelventil für hohe Druckdifferenzen

Das SSW-Kühlwasserregelventil (Abb. 513) besitzt — wie das Varivent-System — auswechselbaren Sitz und Kegel. Durch eine entsprechende Zuordnung von Sitz und Kegel ist die Erhaltung der Regelfähigkeit der Armatur auch über lange Betriebszeiten gesichert.

f) Speisewasser-Mengen-Regelventile

Bei Trommelkesseln oder Anlagen mit nicht regelbaren Speisepumpen werden S & H-Kolbenschieber-Regelventile nach Abb. 514 verwendet, die auf dem Prinzip des druckentlasteten Doppelsitzventiles beruhen. Die beiden Druckräume sind durch eine in den Sitzringen abgedichtete Buchse abgeschlossen, die mit Steuerschlitzen in bestimmter Anordnung versehen ist. Innerhalb der Buchse werden die Steuerschlitze durch den

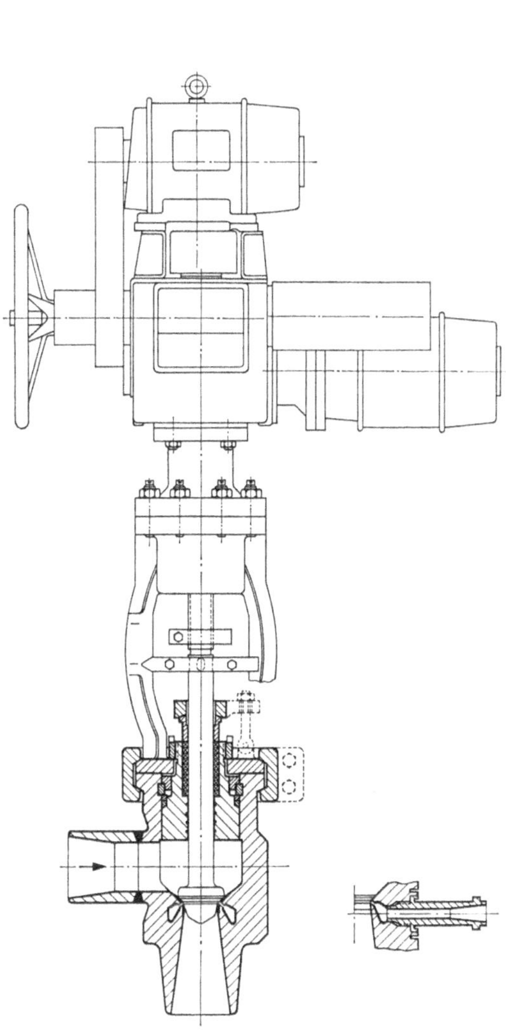

Abb. 510. Dampfumformventil (Siemens-Schuckertwerke)

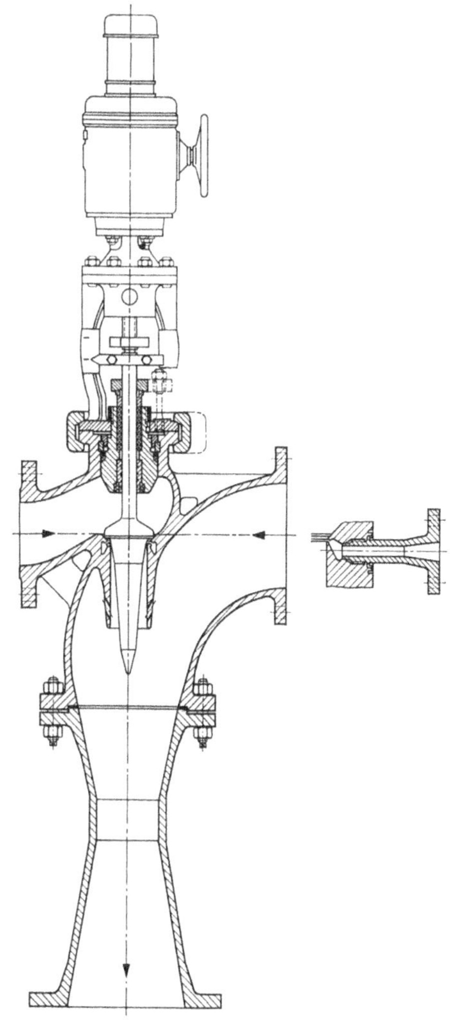

Abb. 511. Dampfumform-Ejektorventil (Siemens-Schuckertwerke)

Kolben mehr oder weniger freigegeben. Durch die Formgebung der Schlitze kann die Öffnungskennlinie des Regelventils den jeweiligen Erfordernissen angepaßt werden. Da das Kolbenschieber-Regelventil reinen Regelaufgaben dient, kann es nicht als Absperrventil benutzt werden. Durch die Konstruktion bedingt, läßt es auch in der Schließstellung 8 bis 10% der maximalen Durchflußmenge durchströmen.

Infolge der Druckentlastung des Ventils werden nur geringe Verstellkräfte benötigt. Die Betätigung erfolgt durch einen 500 kp-Schubantrieb mit Elektromotor.

g) Düsenplatten-Regelschieber

Bei Anlagen mit geregelten Speisepumpen, wie heute bei Bensonkesseln allgemein üblich, sind am Speisewassereintritt des Kessels Armaturen mit bedingter Regelfähigkeit ausreichend, da hier nur eine Schwachlast-Mengenregelung oder Schieflastregelung bei Doppelkesseln erforderlich ist. Verwendet werden in diesem Fall normale Einsitz-Regelventile.

Abb. 515 und 516 zeigen eine Sonderkonstruktion, den Dingler-Düsenplattenregelschieber, der z. B. als Speisewasser-Regelorgan, zur Regelung von Speisepumpen, Mindestmengenwasser oder zur Reduzierung von Dampf bei großen Druckgefällen verwendet wird.

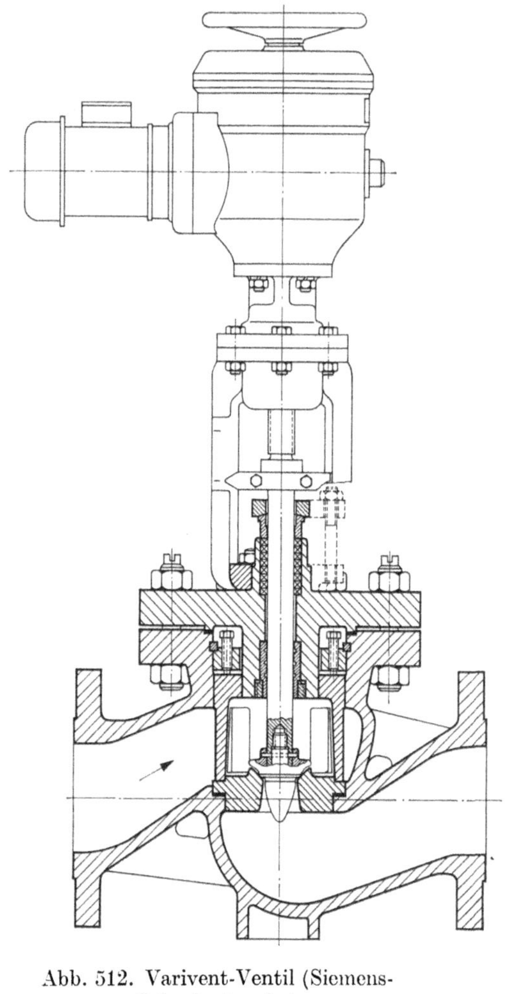

Abb. 512. Varivent-Ventil (Siemens-Schuckertwerke)

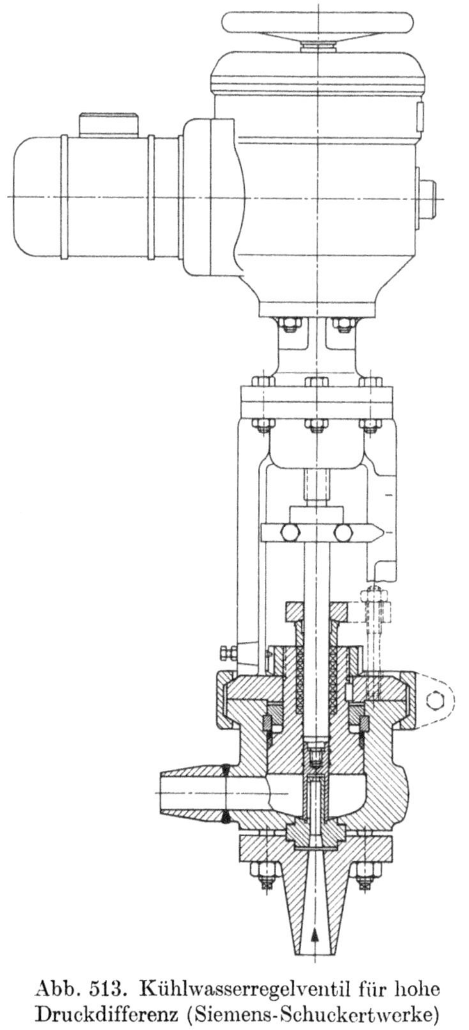

Abb. 513. Kühlwasserregelventil für hohe Druckdifferenz (Siemens-Schuckertwerke)

Der Regelschieber wird durch Heben oder Senken des druckabhängig wirkenden Balkenschiebers vor einer mit düsenförmigen Öffnungen versehenen Düsenplatte betätigt. Eine sinngemäße Anordnung und Dimensionierung der Düsenöffnungen ermöglicht weitestgehende Anpassung der Regelcharakteristik an die jeweiligen betrieblichen Erfordernisse.

Eine Neuentwicklung ist das Axialventil der Firma Sempell (Abb. 517). Es besitzt die Merkmale des „Düservo"-Sicherheitsventils mit im Dampfstrom liegenden beweglichen Innenteilen. Die Betätigung erfolgt durch die entstehende Druckdifferenz beim

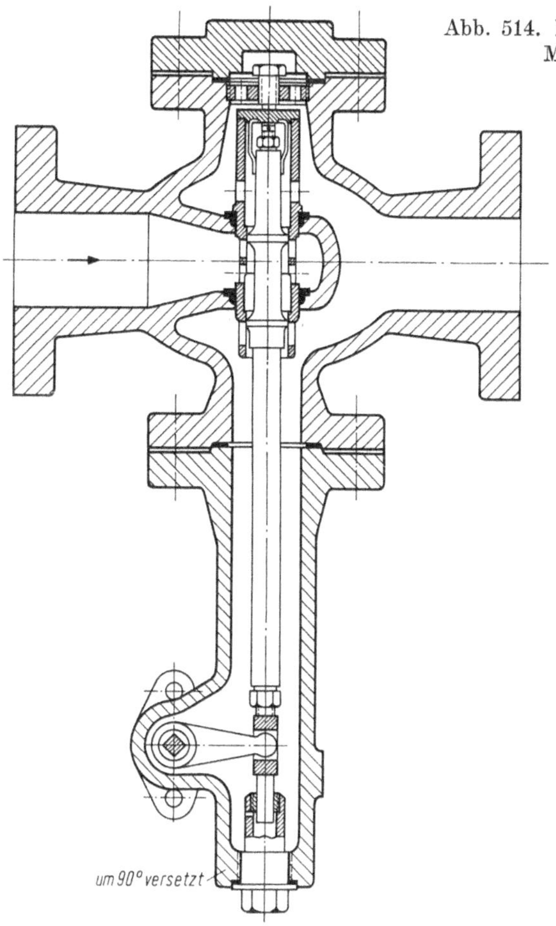

Abb. 514. Kolbenschieber-Regelventil für Speisewasser-Mengenregelung (Siemens & Halske)

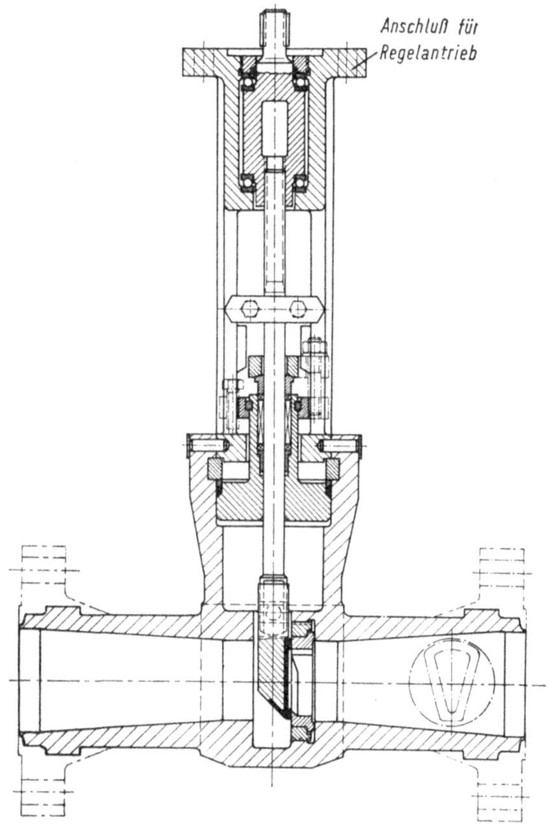

Abb. 515. Düsen-Regelschieber für Speisewasser-Mengenregelung (Dingler-Werke)

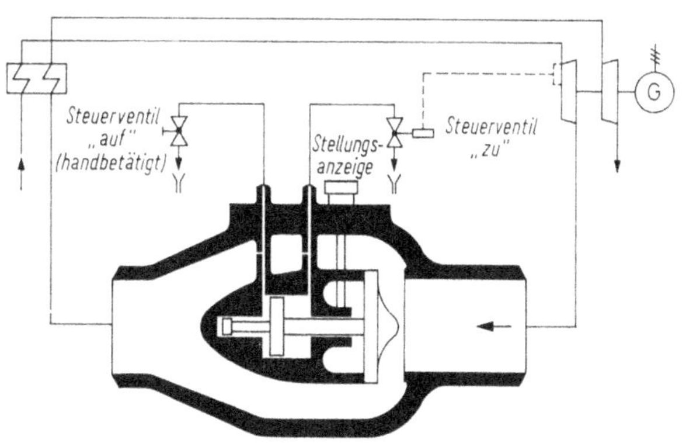

Abb. 517. Gesteuertes Axialventil (Sempell)

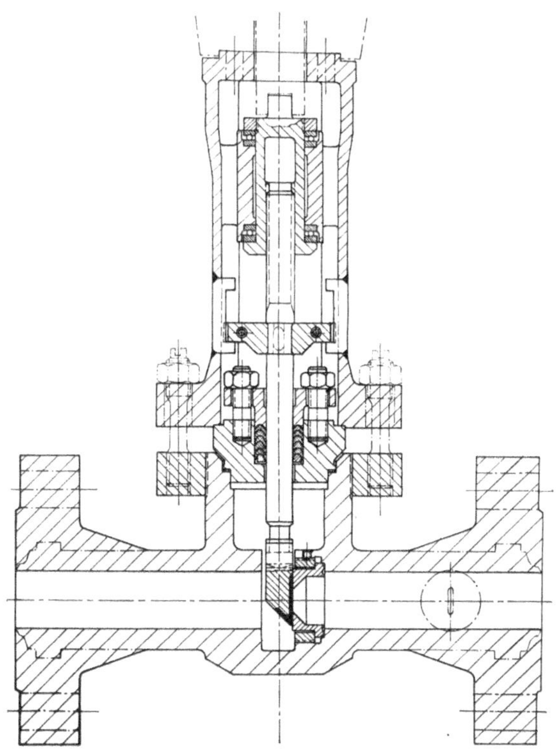

Abb. 516. Düsen-Regelschieber für Mindestmengenregelung (Dingler-Werke)

Öffnen eines der beiden Steuerventile mittels Eigenmedium. Abb. 518a und 518b zeigen das heute häufig verwendete KSB/Zikesch-Mindestmengen-Ventil mit Schaltschema.

Eine vielseitig verwendbare Neukonstruktion ist das Babcock-Mehrstufenventil nach Abb. 519; die Antriebsart ist abhängig vom Einsatz.

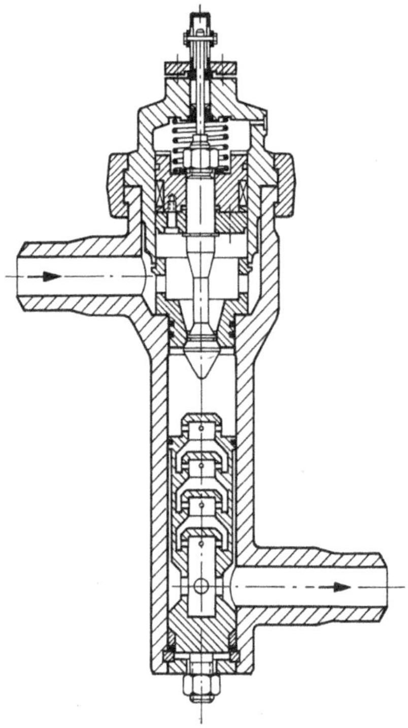

Abb. 518a. Mindestmengensteuerung (KSB/Zikesch). Mindestmengenventil

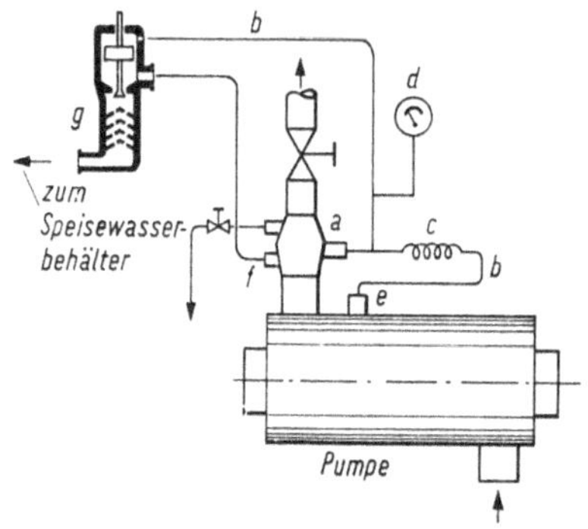

Abb. 518b. Mindestmengensteuerung (KSB/Zikesch). Grundschaltplan

a Abzweig Freiflußventil (für Mindestmengenabfluß)
b Verbindungsrohre
c Drossel
d Manometer zur Betrachtung der Funktion des Freiflußventils
e Anzapfung der Pumpe
f Anschluß für Mindestmengenventil
g Mindestmengenventil

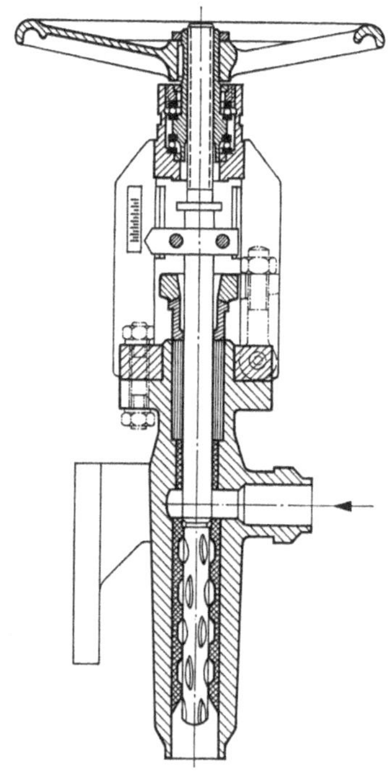

Abb. 519. Mehrstufenventil (Babcock-Werke)

V. Sicherheitsventile

Die Absicherung von Drucknetzen gegen Überdruck erfolgt in normalen Fällen durch ins Freie abblasende Sicherheitsventile. In vielen Betriebsfällen können Überströmventile angebracht sein, bei denen die anfallende Überschußdampfmenge in ein Dampfnetz niederen Druckes abgeführt werden kann. Neben der automatischen Überströmfunktion können diese Ventile bei entsprechender Ausführung auch Regelfunktionen erfüllen.

Normale Sicherheitsventile sind in den „Richtlinien für die Anforderungen an Sicherheitsventile für Dampfkessel“ vom November 1957 und dem AD-Merkblatt A2 (Ausrüstung von Druckbehältern) festgelegten Richtlinien für Bauart, Größenabmessung, Werkstoffe, Berechnung usw. unterworfen, die bei Verwendung für Druckbehälter eingehalten werden müssen.

Für gewichtsbelastete Sicherheitsventile besteht die gesetzliche Vorschrift, daß der auf den Ventilkegel wirkende Dampfdruck nicht mehr als 600 kp betragen darf. Bei einfachen und Doppelhebelventilen, bei denen durch konstruktive Maßnahmen seitliche Kräfte auf die Spindel verhindert werden, darf dagegen der Druck auf den Ventilkegel bis 1000 kp betragen. Durch diese Einschränkungen können große Abblasedampfmengen nur durch mehrere parallel geschaltete Ventile abgeführt werden. Die Unterbringung einer ganzen Ventilgruppe ist meistens mit erheblichen Platzschwierigkeiten verbunden, besonders im Hinblick auf die lang ausladenden raumsperrenden Hebel mit den oft schweren Gewichten. Weiterhin ist mit einer erhöhten Störanfälligkeit zu rechnen.

a) Federbelastete Sicherheitsventile

Federbelastete Sicherheitsventile unterscheidet man allgemein nach Hochhub-, Vollhub- und Niederhubventilen.

Hochhubventile erreichen einen Hub, bei dem der beim Ansprechen freiwerdende Strömungsquerschnitt größer ist als der engste freie Querschnitt vor dem Ventilsitz, ohne daß der höchstmögliche Hub zwangsweise bei jedem Ansprechen erreicht wird. Bei *Vollhubventilen* wird bei jedem Ansprechen der konstruktiv bedingte volle Hub erreicht, bei dem sich ein freier Strömungsquerschnitt über dem Sitz einstellen muß, der mindestens 10% größer ist als der engste freie Strömungsquerschnitt vor oder in dem Ventilsitz.

Niederhubventile sind alle übrigen Sicherheitsventile, die vorstehende Bedingungen nicht erfüllen.

Federbelastete Sicherheitsventile mit Hilfssteuerung unterliegen nicht der gesetzlichen Größenbegrenzung und können deshalb für wesentlich größere Durchsatzmengen ausgelegt werden. Entsprechend der Federcharakteristik besteht jedoch der Nachteil, daß mit steigendem Kegelhub größere Federkräfte wirksam werden, wodurch die Ventilleistung im Vergleich zu gewichtsbelasteten Sicherheitsventilen bei gleichem Sitzdurchmesser kleiner ist.

In neuzeitlichen Blockanlagen verwendet man vorzugsweise federbelastete Sicherheitsventile. Die einfache Federbelastung reicht in vielen Fällen nicht aus, die Empfindlichkeit der Ventilsitze gegen Temperaturschwankungen, Werkstoffspannungen usw. zu überwinden, wodurch die Ventile nach dem Abblasen zum Undichtwerden neigen. Federbelastete Sicherheitsventile mit Druckluft-Zusatzbelastung beseitigen durch höhere Kegelbelastung diese Empfindlichkeit und sind deshalb dort vorzuziehen, wo mit einem häufigeren Ansprechen zu rechnen ist.

Die Anordnung der Sicherheitsventile in einem Kraftwerk richtet sich nach den räumlichen Gegebenheiten. Bei Anordnung unmittelbar an den abzusichernden Anlageteilen müssen die Abblaseleitungen mit größeren Durchmessern von den unteren Räumen über Dach geführt werden, wodurch wertvoller Raum beansprucht wird. Zweckmäßiger werden deshalb die Sicherheitsventile auf den oberen Bühnen angeordnet. Hierdurch werden zwar längere Dampfzuführungsleitungen erforderlich, die großen Ausblaserohre jedoch relativ kurz.

Die Zuführungsleitungen sind hierbei so zu dimensionieren, daß die Druckverluste

für selbständig abblasende Ventile	2%,
für hilfsgesteuerte Ventile	4%

des Betriebsdruckes möglichst nicht übersteigen.

Die tatsächlich zulässigen Δp-Werte werden zweckmäßig beim Hersteller eingeholt.

Abb. 520, 521 und 522 zeigen federbelastete Sicherheitsventile für hohe Drücke. Zur Überwindung der beim Öffnen des Ventils zunehmenden Federkraft werden je nach Hersteller unterschiedliche Hilfseinrichtungen, wie Kolben oder Kegelhalter, vorgesehen, welche die Aufgabe haben, die Druckfläche des Kegels nach dem Öffnungsbeginn zu vergrößern. Hierdurch ist der volle Öffnungshub des Ventils sichergestellt.

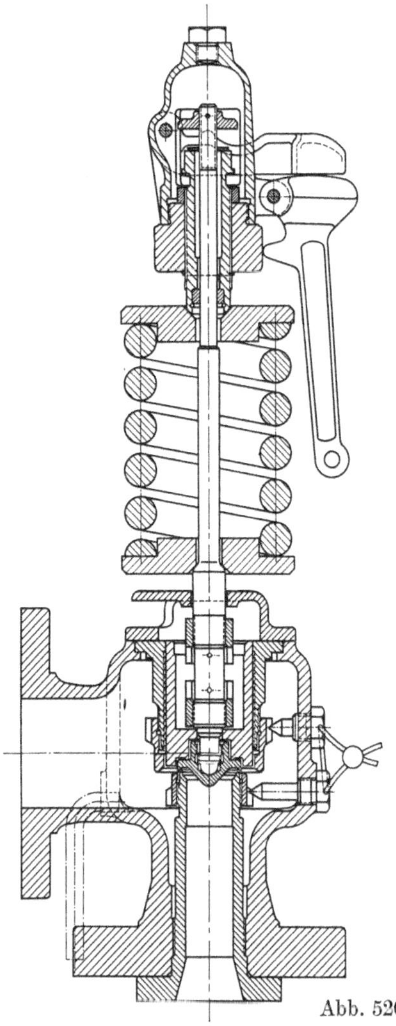

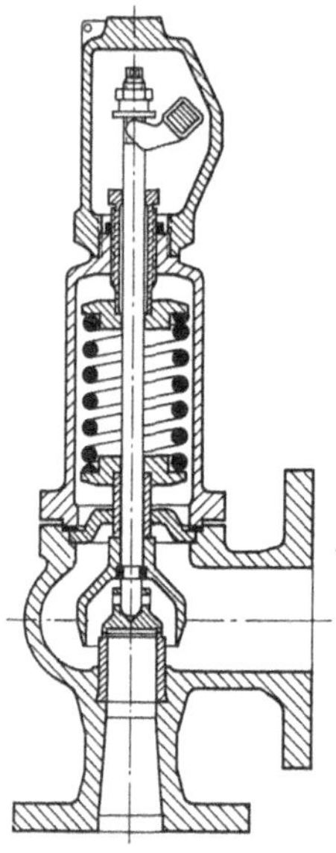

Abb. 521. Mitteldruck-Federsicherheitsventil (Bopp & Reuther)

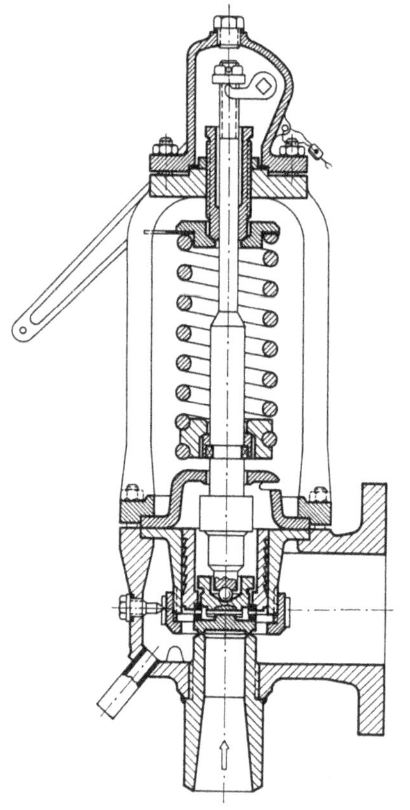

Abb. 522. Reaktor-Federsicherheitsventil (Sempell)

Abb. 520. Maxiflow-Hochdruck-Federsicherheitsventil (Babcock-Werke)

Die meisten Feder-Sicherheitsventile sind mit Einstellringen oder ähnlichen Einrichtungen ausgerüstet, mit denen der beim Abblasen freiwerdende Mantelquerschnitt verändert werden kann. Mit Hilfe der Einstellringe kann der Druckunterschied zwischen Öffnen und Schließen auf ein geringstes Maß eingestellt werden.

Die Sonderausführungen der federbelasteten Sicherheitsventile werden nachstehend noch besonders behandelt.

b) Hochdruck-Vollhub-Sicherheitsventile mit Zusatzbelastung

Bei diesen Sicherheitsventilen werden die durch Temperaturdifferenzen, Werkstoffspannungen oder Erschütterungen auftretenden Undichtheiten im Ventilsitz mittels eines besonderen Druckluftkolbens als Zusatzbelastung des Ventilkegels auch bei geringen Druckdifferenzen zwischen Betriebszustand und Ansprechdruck, besonders aber während des labilen Druckzustandes kurz vor dem Ansprechen des Sicherheitsventiles, verhindert.

Unmittelbar vor Erreichen des eingestellten Abblasedruckes wird über eine Impulsleitung und Schneckenfedern der aus den Steuerluftleitungen austretende Luftstrahl unterbrochen. Hierdurch wird die Beaufschlagung der Steuermembranen mit Druckluft unterbunden, wobei die Belastungsluft durch den Steuerkegel frei austreten kann. Das Sicherheitsventil ist damit entlastet und bläst als normales federbelastetes Ventil ab.

Wenn nach dem Abblasen der Impulsdruck wieder fällt, schließt das Ventil wieder durch die normale Federbelastung. Der sich gleichzeitig wieder aufbauende Luftdruck der Zusatzbelastung unterstützt dabei die Schließtendenz des Sicherheitsventiles.

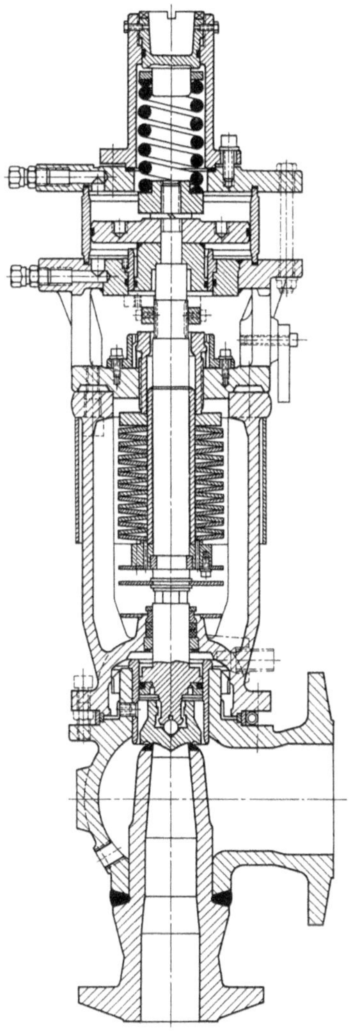

Abb. 523a. Hochdruck-Vollhub-Sicherheitsventil mit Zusatzbelastung (Bopp & Reuther). Hauptventil

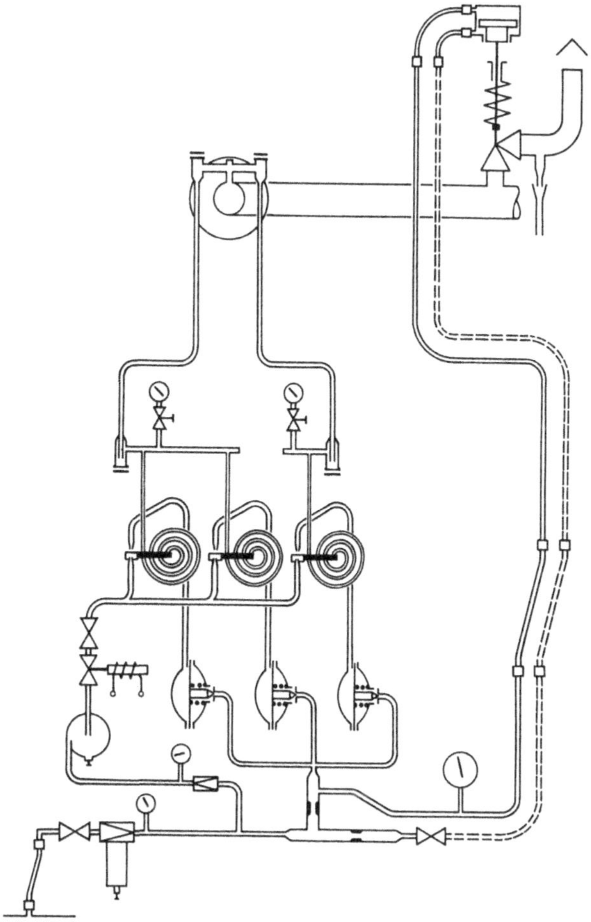

Abb. 523b. Hochdruck-Vollhub-Sicherheitsventil mit Zusatzbelastung (Bopp & Reuther). Schaltplan der Steuerarmaturen

Bei einem Ausfall der Belastungsluft arbeitet das Ventil als normales federbelastetes Sicherheitsventil.

Die Abb. 523a und 523b zeigen ein Sicherheitsventil mit Zusatzbelastung und ein Schaltbild über den Aufbau der Steuerung.

c) Hilfsgesteuerte Sicherheitsventile

Sicherheitsventile mit einfacher Federbelastung können nur bis zu bestimmten Dampfleistungen, bedingt durch Sitzdurchmesser und spezifische Sitzbelastungen, ausgelegt werden, da Ventile mit zu großen Sitzquerschnitten kein einwandfreies Arbeiten und Dichthalten gewährleisten. Bei größeren Abblaseleistungen und Verwendung von federbelasteten Sicherheitsventilen müssen deswegen entweder eine entsprechende Anzahl Ventile parallel geschaltet oder besser ein Sicherheitsventil mit Hilfssteuerung gewählt werden, das für große Dampfleistungen ausgelegt werden kann und eine einwandfreie Abdichtung gewährleistet.

Die verschiedenen bekannten Konstruktionen hilfsgesteuerter Sicherheitsventile beruhen entweder auf dem Ruhestrom- oder dem Arbeitsstromprinzip. Diese verschiedenen Ausführungsarten unterscheiden sich in ihrer Arbeitsweise folgendermaßen:

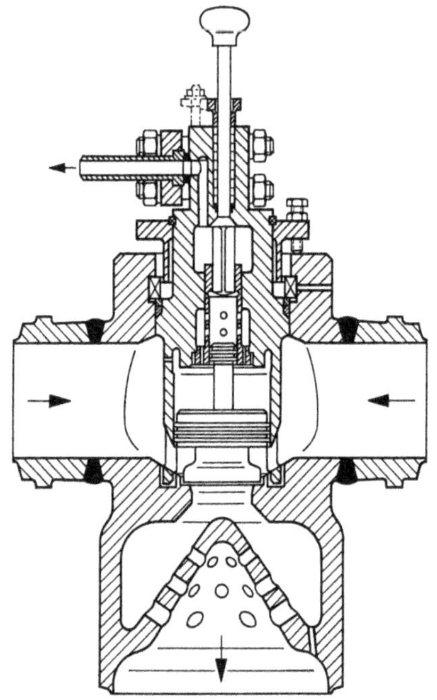

Abb. 524a. Hilfsgesteuertes Sicherheitsventil (Sempell). Hauptventil „Düservo"

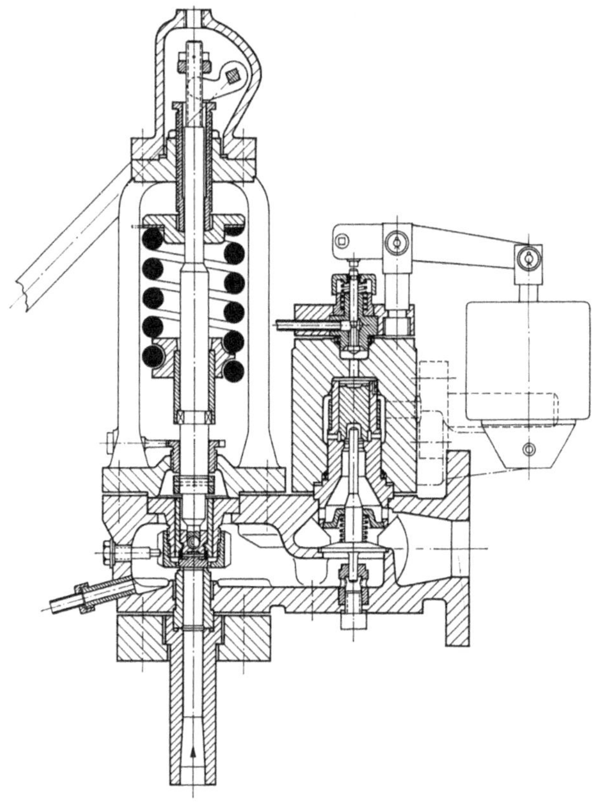

Abb. 524b. Hilfsgesteuertes Sicherheitsventil (Sempell). Steuerkombination, bestehend aus Federsicherheitsventil und Magnetventil

Bei Sicherheitsventilen nach dem *Ruhestromprinzip* wird der Hauptventilkegel durch den Dampfdruck der Rohrleitung auf den Ventilsitz aufgepreßt und damit abgedichtet. Der Steuerkolben befindet sich bei geschlossenem Hauptventil im Ruhezustand, wobei beide Kolbenseiten unter dem gleichen Dampfdruck, dem Betriebsdruck, stehen. Bei Erreichen des eingestellten Abblasedruckes spricht das Steuerventil an und verbindet den oberen Kolbenraum mit der Atmosphäre. Durch die dadurch eintretende Druckentlastung des oberen Kolbenraumes bei bleibender Druckbelastung des unteren Kolbenraumes wird der Hauptventilkegel in Öffnungsstellung gebracht. Nach dem Absinken des Dampfdruckes auf den normalen Betriebswert schließt das Steuerventil wieder. Dadurch wird das Hauptventil durch Druckaufbau im oberen Kolbenraum wieder geschlossen.

Bei hilfsgesteuerten Sicherheitsventilen nach dem *Arbeitsstromprinzip* erfolgt die Anpressung des Hauptventilkegels im geschlossenen Zustand durch eine Federkraft, die größer ist als die gegen den Kegel wirkende Belastung durch den Dampfdruck. Das Öffnen des Hauptkegels wird durch den vom Steuerventil unter dem Hubkolben eingeführten Steuerdruck bewirkt. Durch den Steuerdruck und den Dampfdruck unter dem Hauptventilkegel wird die Schließkraft der Feder überwunden und damit das Ventil geöffnet. Nach dem Schließen des Steuerventils wird der Druck unter dem Kolben wieder abgebaut. Der Hauptkegel wird durch die Feder in Schließstellung gebracht.

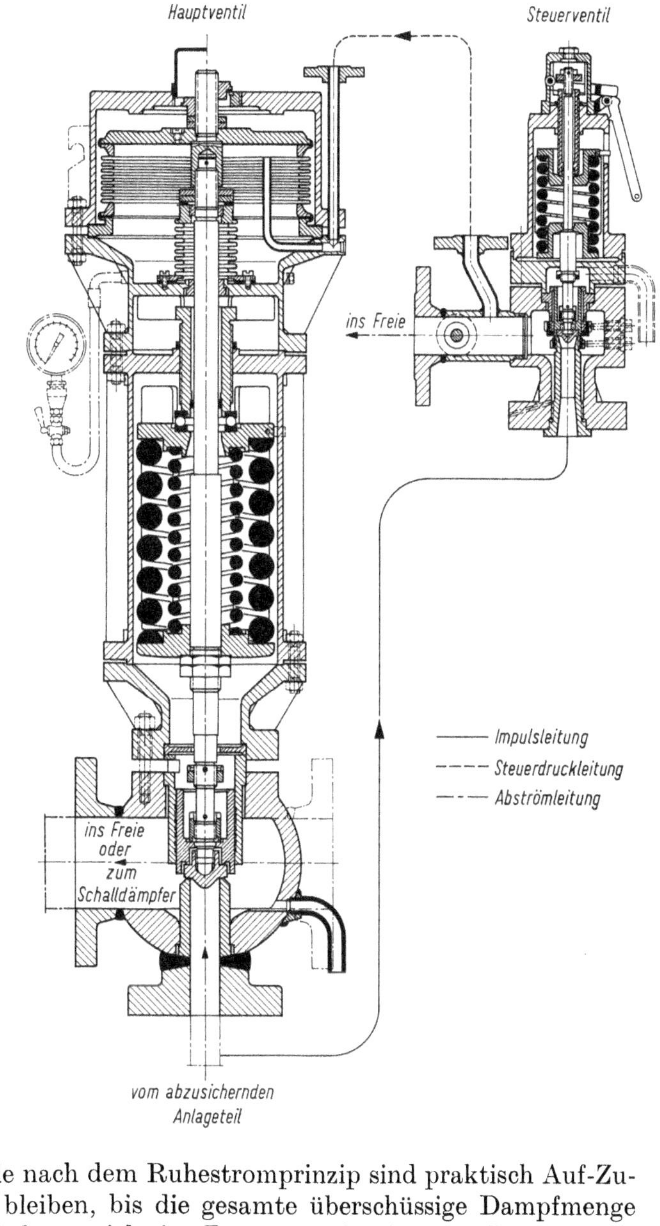

Abb. 525. Hilfsgesteuertes Sicherheitsventil mit Steuerventil (Babcock-Werke)

Hilfsgesteuerte Sicherheitsventile nach dem Ruhestromprinzip sind praktisch Auf-Zu-Ventile, die so lange voll geöffnet bleiben, bis die gesamte überschüssige Dampfmenge abgeführt und der Betriebsdruck wieder erreicht ist. Demgegenüber besitzen Ventile nach dem Arbeitsstromprinzip eine gewisse Regelcharakteristik.

Die Steuerventile sind wie alle normalen Federsicherheitsventile einer gewissen Empfindlichkeit des Dichthaltens unterworfen. Deshalb ist es ratsam, jedem Hauptventil zwei Steuerventile zuzuordnen. Diese müssen jedoch gegenseitig derart verriegelt sein, daß sich nur ein Steuerventil im Betriebszustand befindet. Bei Ausfall des Betriebssteuerventiles durch Undichtwerden kann ohne Betriebsunterbrechung dann das zweite Ventil eingeschaltet werden.

Bei Blockanlagen mit Zwischenüberhitzung kann das auf der Zwischenüberhitzerdampfleitung angeordnete Sicherheitsventil mit Hilfssteuerung zusätzlich auch von der Turbine aus zum Ansprechen gebracht werden. Eine durch den Turbinenölkreislauf beeinflußte Steuereinrichtung kann das z. B. mit einem Hubmagneten ausgerüstete Steuerventil durch elektrischen Kontakt zum Ansprechen bringen, wodurch das Hauptventil auch unterhalb des Konzessionsdruckes geöffnet werden kann.

Wird eine Anlage mit Schalldämpfern ausgerüstet, so sind die hilfsgesteuerten Sicherheitsventile zweckmäßig unmittelbar am Schalldämpfer-Eintrittsstutzen anzuordnen. Der Schalldämpfer ist hierbei als Fixpunkt auszubilden.

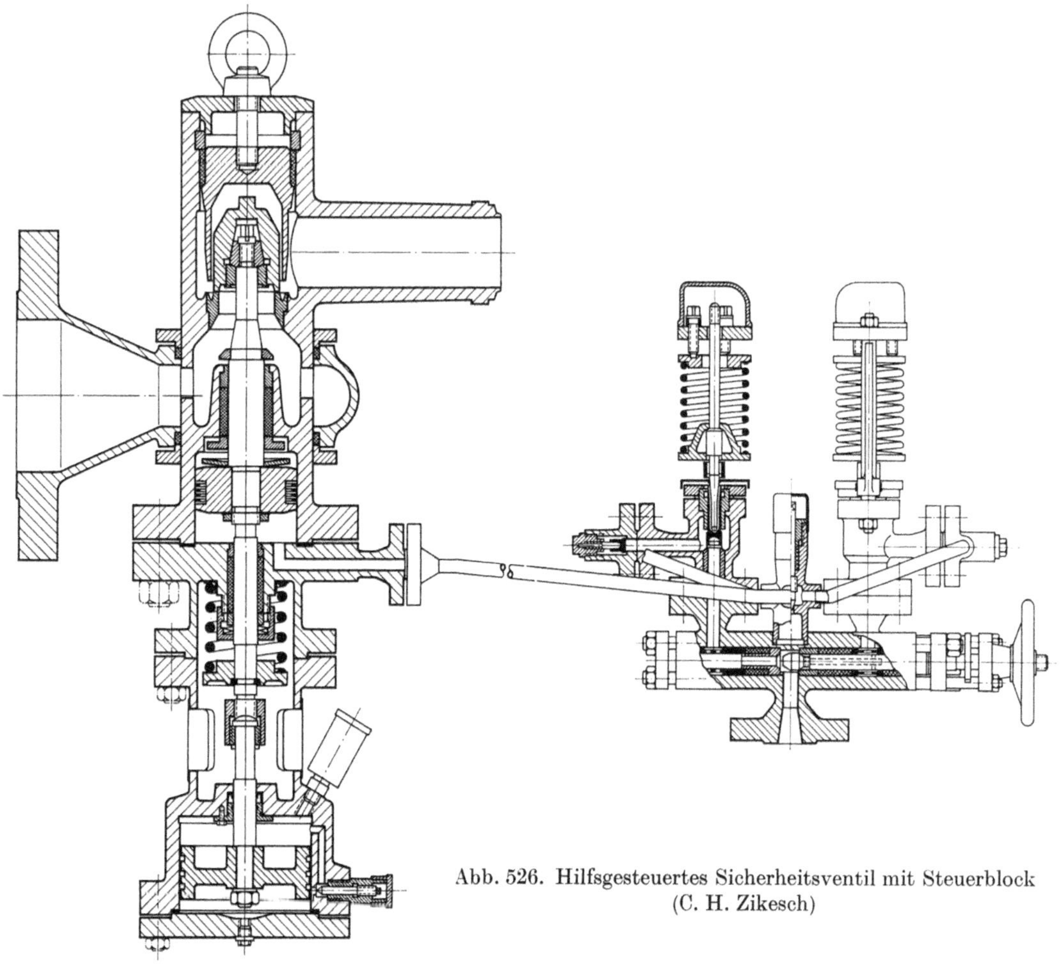

Abb. 526. Hilfsgesteuertes Sicherheitsventil mit Steuerblock (C. H. Zikesch)

Die Abb. 524a bis 527b zeigen verschiedene Bautypen hilfsgesteuerter Sicherheitsventile mit Steuerventilen.

Die vorbeschriebenen hilfsgesteuerten Sicherheitsventile arbeiten unabhängig von ihrem System sämtlich mit Eigenmedium (Dampf) als Steuermedium für die Steuerventile.

In neuerer Zeit können jedoch auch die in Abb. 523a beschriebenen Sicherheitsventile mit Zusatzbelastung als hilfsgesteuerte Sicherheitsventile mit Fremdmedium (Luft) eingesetzt werden, indem der Arbeitskolben der Hauptventile nicht nur in Schließrichtung, sondern auch in Öffnungsrichtung beaufschlagt wird.

Die Steuerung erfolgt hierbei nach dem Steuerschema Abb. 523b. In diesem Falle muß zusätzlich die im Schema gestrichelte Rohrleitung unter dem Arbeitskolben angeschlossen werden.

Bei Ausfall der Druckluftversorgung oder Störungen im Steuersystem arbeitet das Hauptventil als normales federbelastetes Sicherheitsventil.

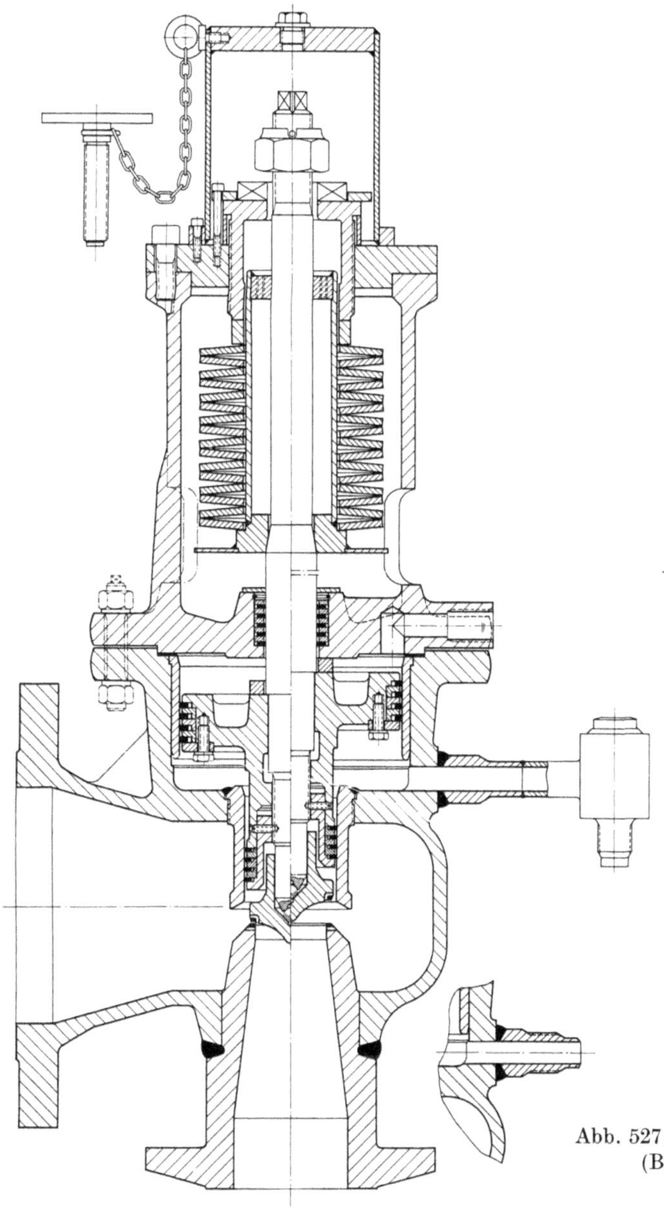

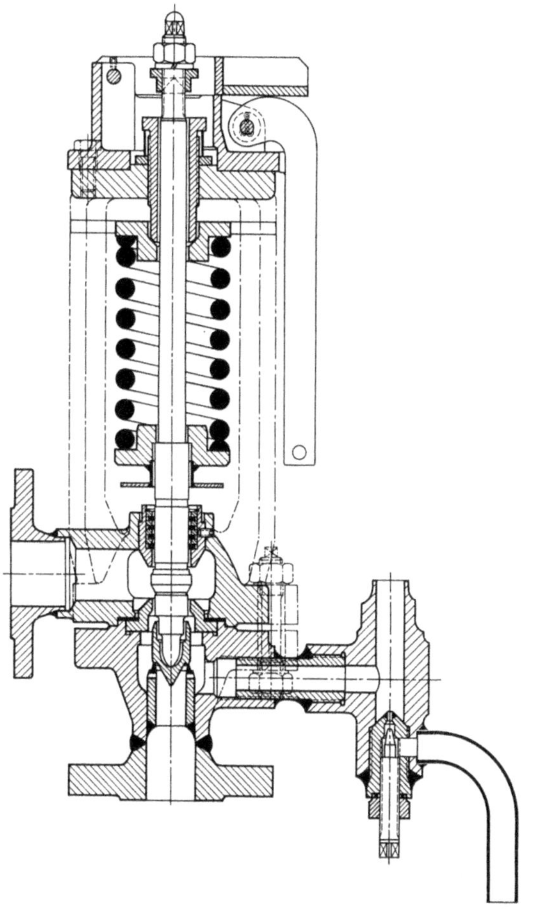

Abb. 527b. Hilfsgesteuertes Sicherheitsventil (Bopp & Reuther). Steuerventil

Abb. 527a. Hilfsgesteuertes Sicherheitsventil (Bopp & Reuther). Hauptventil

VI. Armaturen für Wasserleitungen

a) Absperrschieber bis NW 400

Für die kleineren Nennweiten bis etwa NW 400 sind Gußeisenarmaturen am weitesten verbreitet. Die wesentlich höheren Kosten für Armaturen aus Stahlguß oder Stahl sind nur dann gerechtfertigt, wenn besonders hohe Anforderungen an die Robustheit der Armaturen gegenüber äußeren mechanischen Einwirkungen gestellt werden.

Wie bei den übrigen Leitungen werden auch hier für Absperrungen bis NW 65 Ventile, darüber Schieber verwendet. Das gleiche gilt für die Unterteilung in Rückschlagventile und Rückschlagklappen.

Für Kaltwasserleitungen sind die gebräuchlichsten Armaturen weitestgehend genormt. Man unterscheidet die Schieber einmal nach der Gehäuseform (Flachschieber, Ovalschie-

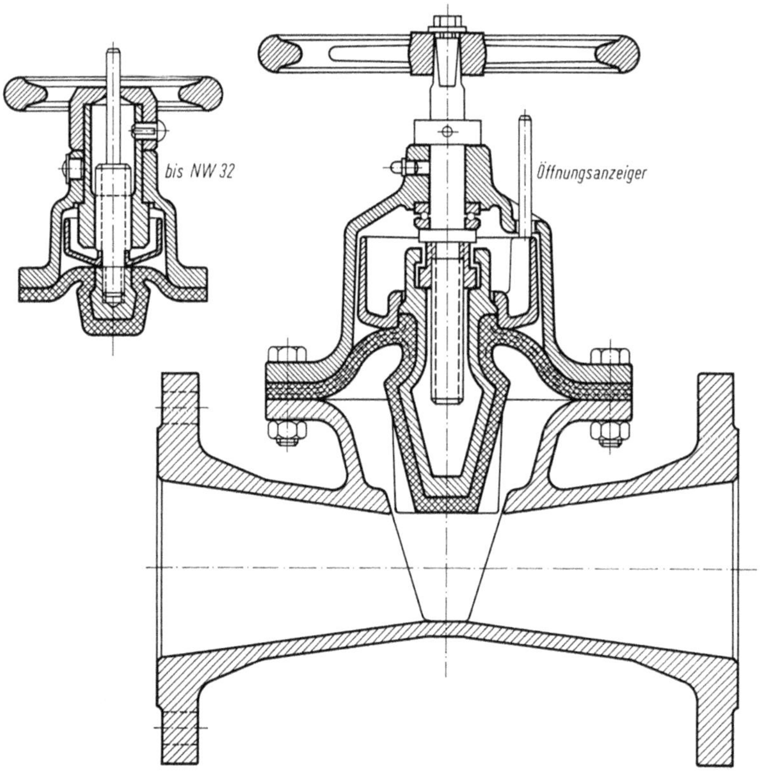

Abb. 528. Gummi-Membranschieber (Schmitz & Schulte)

ber, Rundschieber), zum anderen nach der Spindellage (innenliegend, außenliegend). Maßgebend für die Gehäuseform sind die Betriebsdrücke, für die Spindellage das Durch-

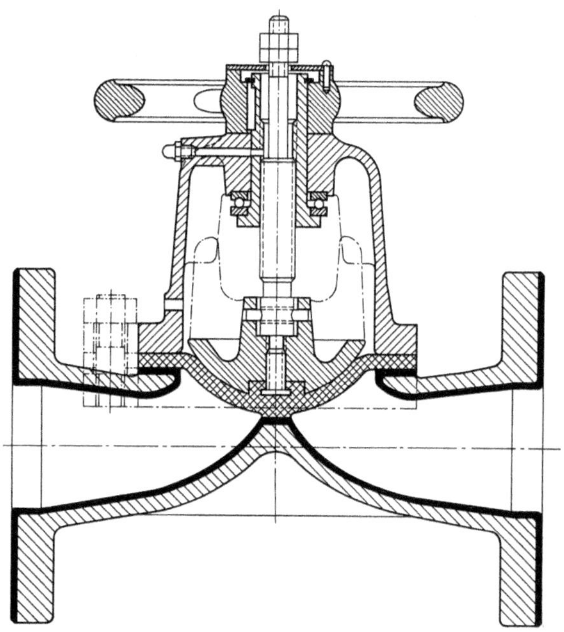

Abb. 529. Gummi-Membranventil (KSB, Werk AMAG)

flußmedium. Zweckmäßig sollte man im Kraftwerk jedoch nicht zu viele verschiedene Typen einbauen. Bewährt hat sich die generelle Verwendung von Keil-Ovalschiebern mit außenliegender Spindel (Bockaufsatz).

Die Wahl des Sitzring- oder Spindelmaterials richtet sich meist nach der Wasserqualität, doch wird empfohlen, auch für nichtaggressive Medien nichtrostende Spindeln zu verwenden. Für innenliegende Spindeln sollte grundsätzlich nichtrostendes Material verwendet werden.

Gußeiserne Absperrventile aus GG 22 gibt es für ND 6 und ND 16. Auch hier sollte man aus Vereinheitlichungsgründen nur die ND-16-Ausführung verwenden. Dies gilt sinngemäß auch für Rückschlagventile.

Um hinsichtlich der Einbaulage unabhängig zu sein, ist die Ausbildung der Rückschlagklappen einheitlich mit Hebel und Gewicht zweckmäßig. Da die Drücke allgemein niedrig liegen, sind Undichtigkeiten der Stopfbuchse und Verklemmungen beim Nachziehen nicht zu befürchten.

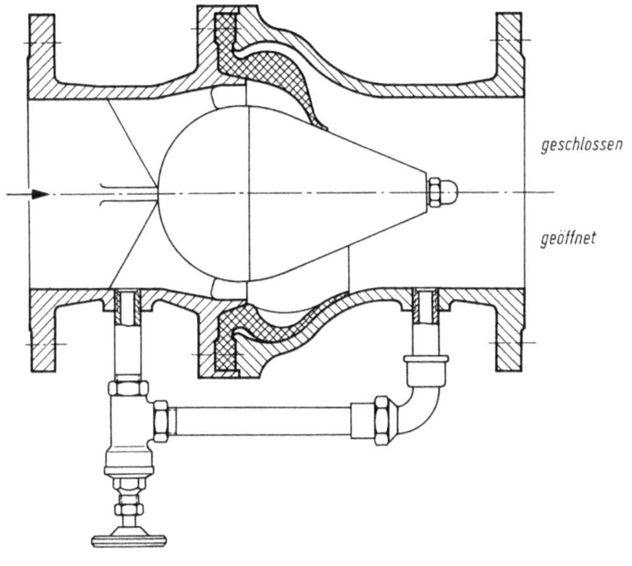

Abb. 530. Gummi-Rückflußverhinderer (Vereinigte Armaturen GmbH)

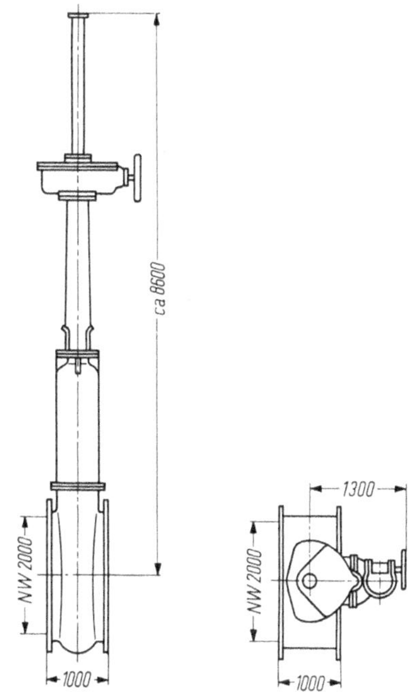

Abb. 531. Größenvergleich zwischen Keilflachschieber und Absperrklappe NW 2000

Bei aggressiven Durchflußmedien ist bei Graugußarmaturen im wesentlichen nur auf die Materialwahl für Spindel, Kegel und Dichtungen zu achten, da die übliche Ausführung dieser Teile aus Messing nur für neutrale Medien geeignet ist. Ist in Ausnahmefällen das Graugußgehäuse selbst auch nicht korrosionssicher, so hat sich eine Auskleidung des Gehäuses mit Gummi bewährt, wobei hinsichtlich der Konstruktion von gummierten Ventilen und Schiebern sehr viele Abarten bei den einzelnen Herstellern bestehen (s. Abb. 528 bis 530). Bei Durchflußtemperaturen über 100 °C ist entsprechend den Darlegungen für die Rohrleitungen die Verwendung von V2A-Armaturen ratsam.

b) Absperrschieber und -klappen ab NW 500

Für die großen Nennweiten von etwa NW 500 bis NW 1800 und darüber sind zum Teil wesentlich andere Gesichtspunkte als für kleinere Nennweiten zu berücksichtigen. Früher waren auch für diese großen Nennweiten als Absperrorgane allgemein die verschiedensten Schieberausführungen üblich. In diesen Fällen gilt im wesentlichen das vorstehend für die kleinen Nennweiten Gesagte.

In neuerer Zeit setzen sich dagegen immer mehr Absperrorgane durch, die nach dem Prinzip einer Drosselklappe, jedoch dicht schließend, arbeiten. Während die Absperrschieber je nach Nennweite Bauhöhen von einigen Metern haben, liegt die Bauhöhe der Absperrklappen nur wenig über dem Rohrdurchmesser. Ein wesentlicher Vorteil der Klappen liegt also in der Raumeinsparung. Eine Gegenüberstellung der Größenverhältnisse zeigt Abb. 531 für NW 2000. Während die dargestellte Absperrklappe bei gleichbleibenden Abmessungen bis zu 10 atü Betriebsdruck verwendbar ist, muß der Flachschieber NW 2000 von 1,2 atü an bereits aus Stahl mit Verstärkungsrippen oder als gußeiserner Oval- bzw. sogar als Rundschieber ausgeführt werden. Die Größenverhältnisse verschieben sich dann noch mehr zugunsten der Klappenausführungen.

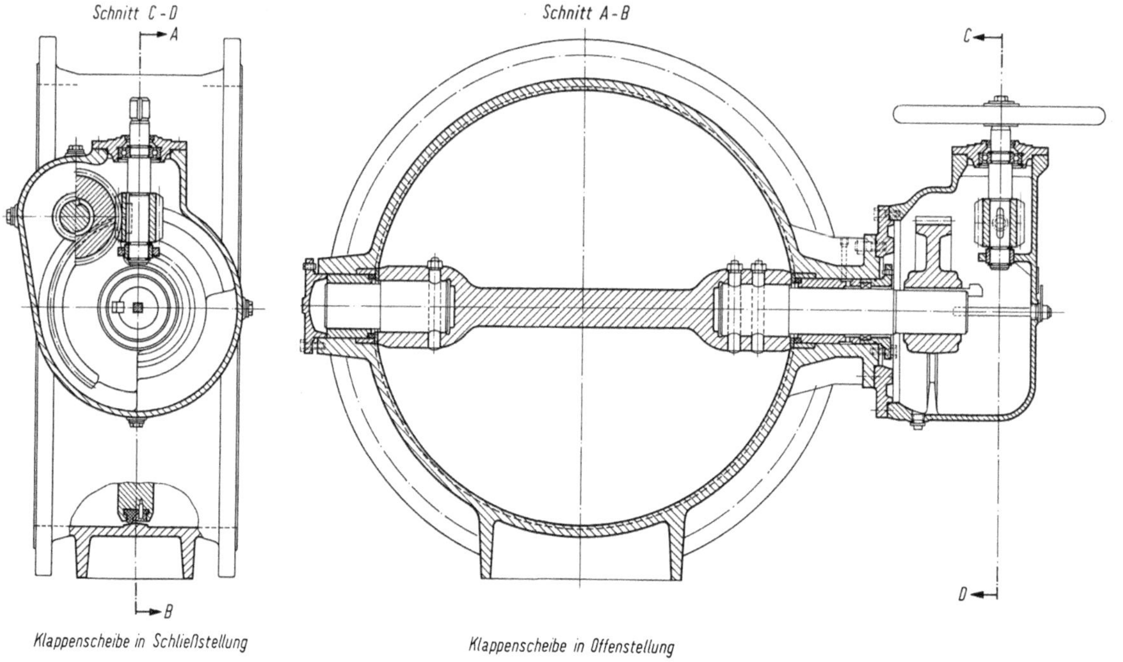

Abb. 532. Abdichtklappe (Bopp & Reuther)

Ein weiterer entscheidender Vorteil der Absperrklappen gegenüber den Schiebern ist die wesentlich kürzere Schließzeit. Bei gleicher Umfangskraft am Bedienungshandrad benötigt z. B. ein Flachoval-Keilschieber NW 2000 ND 4 etwa 3500 U/Hub, eine Absperrklappe ND 4 jedoch nur etwa 250 U/Hub. Bei Antrieb mit einem normalen Elektroantrieb bedeutet das eine Schließzeit von etwa 25 min für den Schieber und 1,8 min für die Absperrklappe.

Während früher Absperrschieber bis zu den größten Nennweiten üblich waren, ist ihre obere Verwendungsgrenze immer mehr zugunsten der Absperrklappen abgesunken und liegt z. Z. etwa bei NW 400 bis 500.

Im Zuge dieser Umstellung haben sich zwei verschiedenartige Klappenkonstruktionen herausgebildet, bei denen

1. die Lagerung der Klappenscheibe in der Klappenebene liegt (Abdichtkreis ist unterbrochen) (Abb. 532),

2. die Lagerung der Klappenscheibe außerhalb der Klappenebene und damit außerhalb des Abdichtkreises liegt (Abdichtkreis ist geschlossen).

Unter 2. fallen die einseitig exzentrischen Klappen (Abb. 533 bis 535), die zweiseitig exzentrischen Klappen (Abb. 536) und die Konstruktion der Firma L'Appareillage in Nancy (Abb. 537) mit getrennter Antriebswelle.

Die Klappengehäuse bestehen entweder aus Gußeisen, aus geschweißten Blechkonstruktionen oder aus Stahlguß.

Die normalen Abdichtklappen nach Abb. 532 bis 536 weisen nur eine einfache Drehbewegung der Klappenscheibe ohne zusätzliche mechanische Dichtkraft im Schließzustand auf.

Die bei Schiebern auf Grund der Keilwirkung mögliche starre Abdichtung Metall auf Metall muß bei Klappen zum Erreichen gleichen Dichteffektes durch eine elastische Abdichtung ersetzt werden. Die Gehäusedichtungen bleiben starr und sind je nach Hersteller unterschiedlicher Art. Bei Gußgehäusen sind bevorzugt eingestemmte Messing- oder Bronzeringe üblich, während bei Stahlgehäusen meist Dichtungsringe aus Messing, Bronze oder nicht rostendem Stahl eingeschweißt oder auch auflegiert werden.

Die Dichtungsringe der Klappenscheiben bilden das elastische Glied und bestehen aus Profilgummiringen oder O-Ringen aus alterungsbeständigem Buna bzw. Perbunan-Kunstgummi. Diese werden am äußeren Klappenrand mittels besonderer Klemmringe und Schrauben befestigt.

Abb. 533. O-Ringklappe, Werkbild Erhard

Die Abdichtklappe nach Abb. 537 stellt eine Sonderausführung dar. Die Abdichtung erfolgt wie bei Schiebern durch Metall auf Metall. Die Gehäusedichtung ist jedoch als Membran ausgebildet und wird in Schließstellung durch Öldruck gegen die Klappenscheibendichtung gepreßt.

Alle mit dem Betriebswasser in Berührung kommenden beweglichen Innenteile sollten aus korrosionsfesten Werkstoffen gewählt werden, wie z. B. die Wellenstümpfe aus Niro-

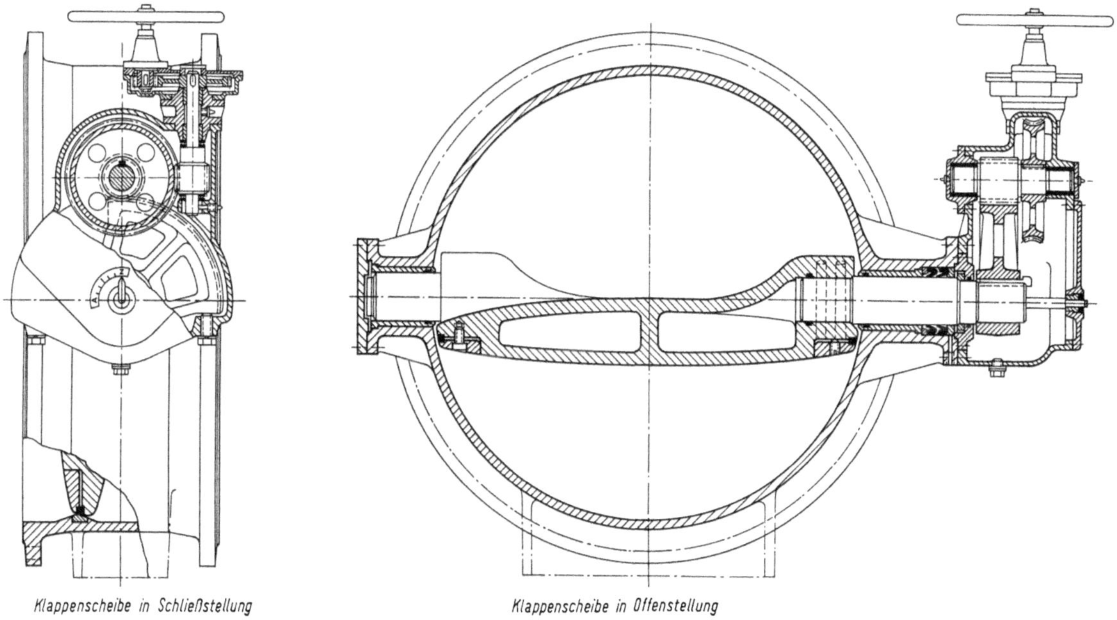

Abb. 534. Absperrklappe (Schmitz & Schulte)

stahl. Andere Teile aus C-Stahl müssen einen dauerhaften Schutz gegen Korrosionen mittels Anstrichen aus Kunststoffen, wie z. B. Duro-Korropren, erhalten.

Die Lagerung der Klappenscheibe kann wahlweise waagerecht oder senkrecht erfolgen, ist jedoch in erster Linie von der Unterbringungsmöglichkeit des außen am Gehäuse angeflanschten Antriebskastens abhängig. Die Lage der Klappenwelle ist auf die Betriebssicherheit der Klappe ohne Einfluß.

Bei Klappen mit unterbrochenem Abdichtkreis sind besondere Vorkehrungen für die axiale Abdichtung der Klappenscheibe im Bereich der Wellenzapfen nötig. Die Abdichtung

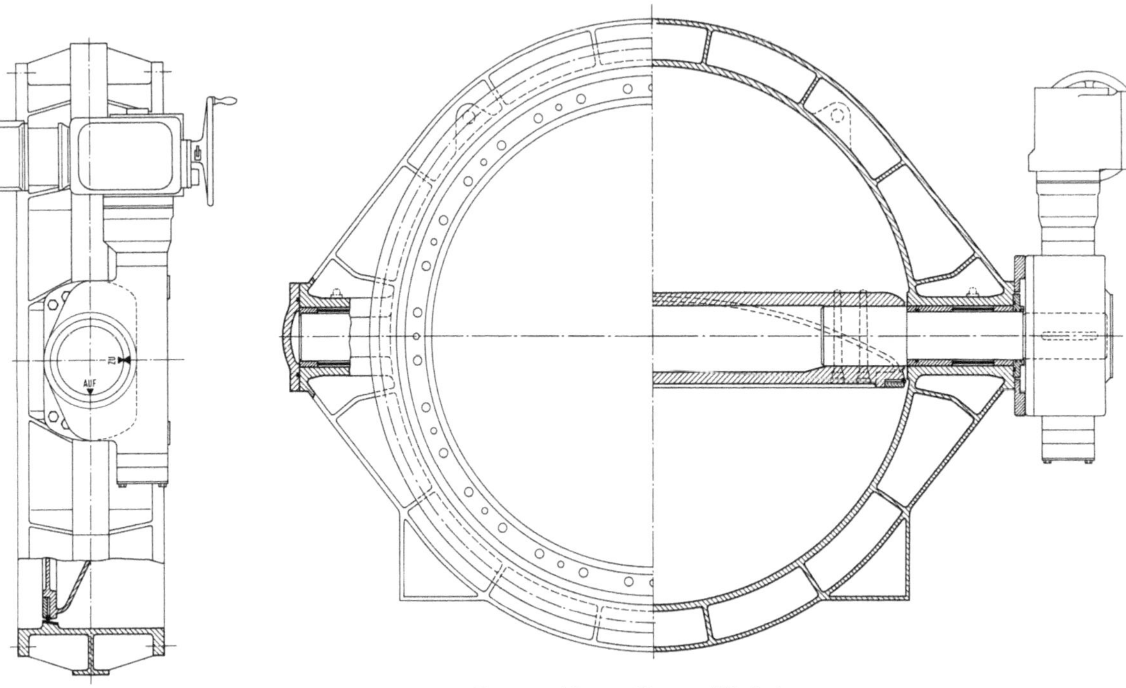

Abb. 535. Exzenterklappe (Breuer-Werke)

erfolgt durch um die Wellenzapfen liegende Gummiringe, die mit zunehmender Schließbewegung gegen den Abdichtring der Klappenscheibe gepreßt werden oder unter konstanter Vorspannung stehen.

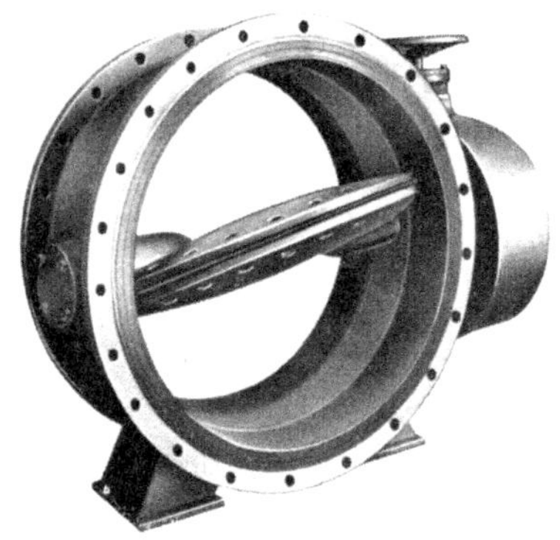

Abb. 536. Absperrklappe, Werkbild Braukmann

Abb. 537. Absperrklappe, Werkbild L'Appareillage Nancy

Die Abdichtung der Wellendurchführung nach außen erfolgt üblicherweise durch Nutringmanschetten oder Stopfbuchsen und ist unabhängig von der inneren Scheibenlagerung. Bei Klappen mit geschlossenem Dichtkreis, z. B. O-Ringklappen, ist nur die äußere Wellenabdichtung von Bedeutung, da die axiale Abdichtung der Klappenscheibe nicht durchbrochen wird.

Die Klappengehäuse aus Gußeisen können durch Legierungszusätze von Chrom oder Nickel in erhöhtem Maße korrosionsfest ausgeführt werden (s. Abschn. A IV f, S. 513).

Stahlblechgehäuse schützt man zweckmäßig durch einen drei- bis sechsfachen Anstrich mit Kunststoffen, so z. B. Säkaphen, Duro-Korropren, Liquidplast usw., nach vorherigem Sandstrahlen. Wenn die Möglichkeit einer Gummierung besteht, sollte diese vorgezogen werden.

Durch die Unterteilung des kreisförmigen Durchflußquerschnittes in Segmentquerschnitte, die bei Drosselstellung der Klappenscheibe in sichelförmige Querschnitte übergehen, eignen sich die Klappen auch zur Einstellung bestimmter Durchflußmengen. In den Drosselquerschnitten wird die Wassergeschwindigkeit stark erhöht, so daß sich hinter der Klappenscheibe kräftige Parallelfelder ausbilden, die an bestimmten Stellen Kavitationen hervorrufen können. Der Einsatz als Drosselorgan ist deshalb nur in beschränktem Maße möglich, wie z. B. bei geteilten Kondensatoren, bei denen die beiden Hälften gleichmäßig beaufschlagt werden müssen.

c) Klappenantriebe

Für einen vollen Hub der Klappen ist ein Schwenken der Klappenscheibe um maximal 90° erforderlich. Die beiden Achslager müssen den gesamten auf der Klappenscheibe wirkenden Wasserdruck aufnehmen. Hierbei treten neben der Lagerreibung hydraulische Momente auf, die in einem bestimmten Bereich des Drehwinkels sehr stark im Schließsinne auf die Klappen einwirken.

Das Antriebsmoment ist daher beim Öffnen unter vollem einseitigem Druck bei freiem Ausguß wesentlich größer als beim Schließen, und zwar durchschnittlich um den zwei- bis vierfachen Wert, bei großen Wassergeschwindigkeiten sogar noch mehr. Aus diesem Grunde müssen Absperrklappen mit Übersetzungen ausgerüstet werden, die

1. die Betätigung durch einen Mann ermöglichen,
2. eine Selbsthemmung des Getriebes durch eine Schnecke, Spindel usw. herbeiführen.

Zum Erreichen kleiner Schließ- und Öffnungsmomente mit nur geringen Umdrehungszahlen am Handrad wählt man Schneckenvorgelege in Verbindung mit Stirnradvorgelegen oder auch die bei Ringschiebern bekannten Schraubspindel- oder Schubspindelantriebe.

Auch hier stellt die Klappe nach Abb. 537 eine Sonderkonstruktion dar, bei der die Klappenscheibe nicht unmittelbar auf der Antriebswelle sitzt, sondern die Drehbewegung über ein zwischengeschaltetes Hebelsystem übertragen wird. Hierdurch ergeben sich günstigere, über den gesamten Hub gleichbleibende Antriebskräfte.

Der Anbau von Elektroantrieben oder Fernbetätigung ist ohne weiteres möglich.

d) Druckverlust der Absperrklappen

Die geöffnete Absperrklappe unterteilt das kreisförmige Durchflußprofil in zwei Segmentquerschnitte. Hierdurch wird eine Geschwindigkeitserhöhung mit anschließender Verzögerung herbeigeführt. Der Durchflußbeiwert erhöht sich dadurch beträchtlich und beträgt das Zweieinhalbfache bis Dreifache eines Keilschiebers.

So beträgt z. B. der Druckverlust einer Klappe von NW 2000 bei einer Wassergeschwindigkeit von 2 m/s etwa 8 cm WS, während dieser bei einem Keilschieber nur 3 cm WS beträgt. Da die Einbaulage entscheidend für die Höhe des Druckverlustes ist, empfiehlt sich der Einbau in gerade Rohrstränge mit einer 6 bis 8 m langen An- bzw. Auslaufstrecke. Bei Einbau hinter Krümmer, T-Stücken oder Rückschlagklappen erhöhen sich die angegebenen Werte beträchtlich.

Abb. 538 zeigt eine Kurve über die ζ-Werte von vollgeöffneten Abdichtklappen in Abhängigkeit von der Nennweite, Abb. 539 eine Kurve über die ζ-Werte einer Abdichtklappe in Abhängigkeit vom Öffnungswinkel der Klappenscheibe. Die höheren Δp-Werte einer Abdichtklappe sind nicht von entscheidender Bedeutung, da die Anzahl der Trennorgane auf ein geringes Maß beschränkt wird.

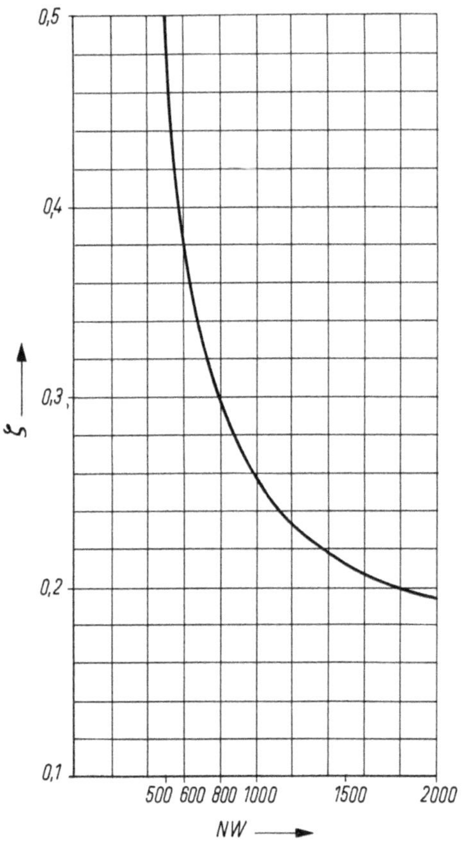

Abb. 538. Widerstandsbeiwerte von vollgeöffneten Abdichtklappen

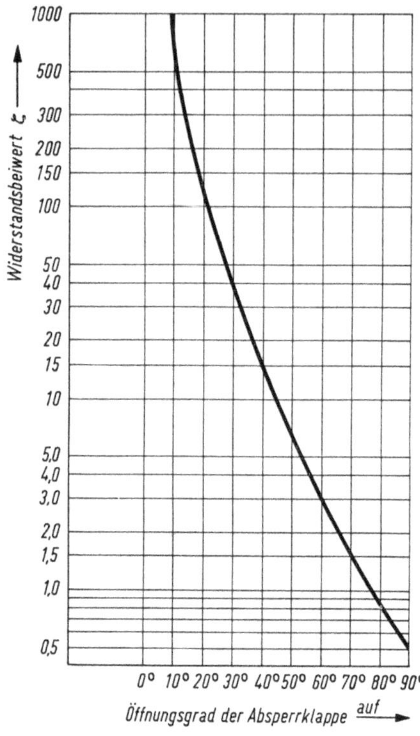

Abb. 539. Widerstandsbeiwerte einer Abdichtklappe in Abhängigkeit vom Öffnungswinkel

e) Rückschlagklappen für Kühlwasserleitungen

Rückschlagklappen lassen nur eine Strömungsrichtung zu und sollen bei Rückgang der Wassergeschwindigkeit selbständig schließen. In Kraftwerken verwendet man Rückschlagklappen größerer Nennweiten zur Absicherung der Druckleitung. Bei Ausfall einer

Abb. 540. Kipprückschlagklappe, Werkbild Erhard

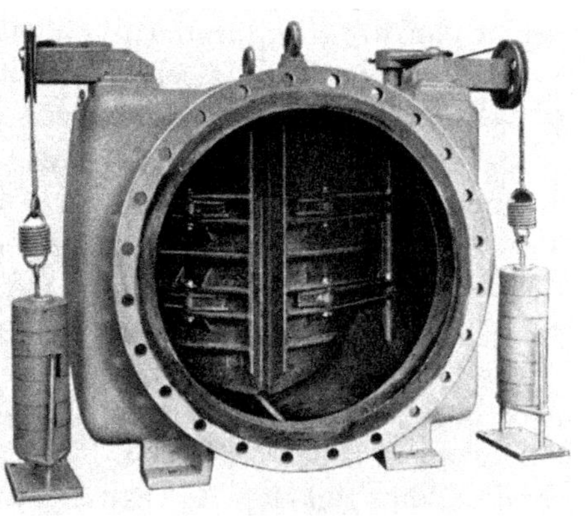

Abb. 541. Schmetterlings-Rückschlagklappe, Werkbild MAN

Kühlwasserpumpe schließt die Rückschlagklappe und verhindert das Leerlaufen der Druckleitung und des Turbinenkondensators durch die Kühlwasserpumpe.

Bis vor wenigen Jahren verwendete man allgemein die normale DIN-Rückschlagklappe. Diese besitzt infolge ihrer Klappenlagerung am oberen Ende ohne Zweifel die beste Schließtendenz. Nachteilig sind dagegen die große Baulänge, die unruhige Klappenlage im Strom sowie das harte Schließen. Nach dem heutigen technischen Stand werden deswegen fast ausschließlich nur noch die raumsparenden Kipprückschlagklappen mit Kurzbaulänge verwendet. Bei dieser Konstruktion liegt die Klappenachse im Strömungsquerschnitt oberhalb der Rohrachse exzentrisch zum Dichtkreis und zum Klappenschwerpunkt. Diese Achsanordnung bedeutet, daß dem großen Moment der unteren Scheibenhälfte immer ein kleineres gegenläufiges Moment der oberen Scheibenhälfte entgegenwirkt. Hierdurch ergibt sich im Betriebszustand eine ruhige flatterfreie Lage der Klappenscheibe im Strom und im Störfalle bei rückläufiger Strömung ein weiches schlagfreies Schließen.

Zur weiteren Stabilisierung der Klappenstellung und zur Verstärkung der Schließtendenz wird ein außerhalb des Gehäuses liegender Hebel mit Gewicht angebracht. Die

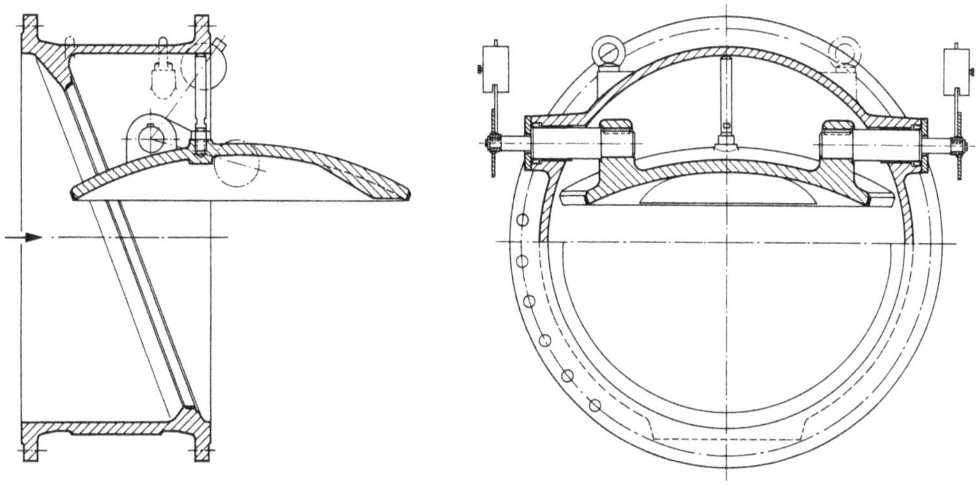

Abb. 542. Schrägsitz-Kipprückschlagklappe (Bopp & Reuther)

günstigsten Eigenschaften der Kippklappen werden hierdurch nicht beeinträchtigt. Zwecks Einstellung des Schließzeitpunktes sollte der Hebelwinkel von 10° zu 10° über einen Bereich von etwa 80° verstellbar eingerichtet werden. Die volle Öffnungsstellung wird je nach Einstellung des Belastungsgewichtes zwischen 2,5 und 4 m/s Wassergeschwindigkeit erreicht.

Das Schließen der Klappen bei Ausfall der Pumpe erfolgt infolge der geringen Pumpenschwungmassen relativ kurzzeitig.

Die allgemeinen konstruktiven Gesichtspunkte ähneln denen der Absperrklappen nur mit dem Unterschied, daß die Abdichtung meistens durch Metall auf Metall erfolgt (Abb. 540).

Die Schmetterlingsklappe der MAN ist eine Sonderkonstruktion und hat gegenüber den üblichen Bauarten den Vorteil, daß die Klappenscheiben in voller Öffnungsstellung außerhalb des Förderstromes liegen und deshalb einen geringen Druckverlust aufweisen. Die Eigenart der Konstruktion besteht darin, daß die Abschlußklappe aus zwei Hälften besteht, die in seitlich außerhalb des Durchtrittsquerschnittes liegenden Achsen gelagert sind. Beim Öffnen werden die beiden Klappenhälften seitlich ausgeschwenkt. Hierbei werden diese durch die kinetische Strömungsenergie in einer bestimmten Öffnungsstellung gehalten. Eine weitere Bauart ist die Schmetterlingsklappe mit automatischer Vollöffnung. Diese besitzt keine durch die Klappe bedingten Druckverluste (Abb. 541).

Eine weitere Konstruktion ist die Schrägsitz-Kipp-Rückschlagklappe (Abb. 542). Sie besitzt den Vorteil, daß durch das Eigengewicht des Klappenkörpers ein sehr starkes Drehmoment in Sitznähe das Schließen auch ohne zusätzlich angebrachte Gewichtshebel sicherstellt. In Offenlage liegt der Klappenkörper der Kippklappe parallel zur Strömungsrichtung und wird vom Wasserstrom umflossen. Diese Klappen sind heute auch in Kurzbaulänge erhältlich.

f) Automatisch schließende Rückschlagorgane

Für diese Klappen verwendet man die normalen im Abschn. b (S. 551) erläuterten Absperrklappen, die durch Anbau zusätzlicher Einrichtungen als Rückschlagorgane ausgebildet werden können. Eine Möglichkeit ist die Anbringung eines Fallgewichtes; bei

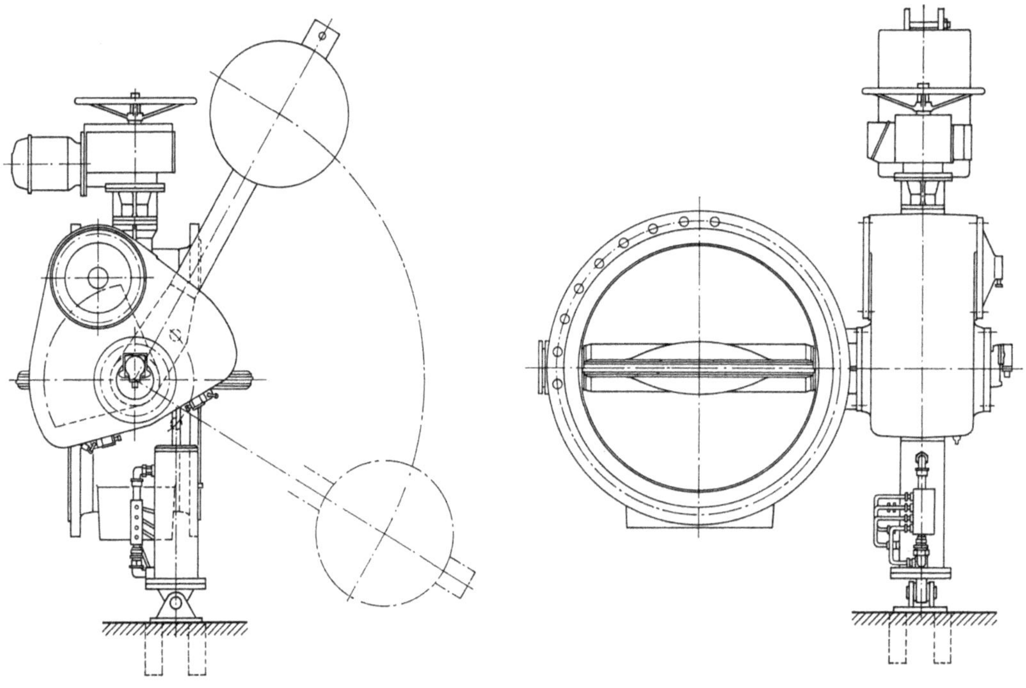

Abb. 543. Abdichtklappe mit Fallgewicht, Ölbremse und Magnet-Kupplungsgetriebe (Bopp & Reuther)

anderen Ausführungen erfolgt das Schließen ohne Fallgewicht, rein hydraulisch. Der Schließvorgang wird bei Ausfall des Pumpenmotors über ein Magnetventil ausgelöst. Das Öffnen erfolgt von Hand, elektrisch oder hydraulisch. Die Schließzeit kann je nach betrieblichen Erfordernissen bis zu 2 s eingestellt werden. Hierbei wird der erste Teil des Schließweges über etwa 75° sehr rasch zurückgelegt. Im restlichen Schließweg erfolgt eine Dämpfung durch eine Ölbremse. Abb. 543 zeigt eine Abdichtklappe von Bopp & Reuther mit Fallgewicht, Ölbremse, Elektroantrieb und Magnetkupplungsgetriebe.

g) Kühlwasserarmaturen für Seewasserbetrieb

Normalerweise genügen Armaturengehäuse aus normalem Gußeisen (GG 22). Aus Sicherheitsgründen sollten jedoch legierte Gußqualitäten mit Chrom- oder Nickelzusätzen vorgezogen werden.

Bewährte Gußeisenlegierungen sind in Abschn. A IV f (S. 513) aufgezeigt. Gute Erfahrungen wurden mit Armatureneinbauteilen aus Werkstoffen gemäß Tabelle 34 gemacht.

Tabelle 34. *Seewasserbeständige Werkstoffe für Kühlwasserarmaturen*

Stoff DIN Nr.	Werkstoff	Eignung für
4016	Nirostahl	Dichtungsringe
4057	Nirostahl	Spindeln
17661	Zinkfreie Bronze S. MOS 59	Spindeln
1705	Zinkfreie Bronze G. S. NBZ 10	Dichtungsringe, Spindelmuttern
	Zinkfreie Bronze G. Bz. 10	

h) Druckverlust der Rückschlagklappen

Den günstigsten Durchflußbeiwert weisen die unter dem Einfluß der Strömung arbeitenden Rückschlagklappen bei voller Öffnung auf. Bei Zwischenstellungen wachsen die Durchflußbeiwerte nach einer hyperbelähnlichen Kurve an. Die Durchflußbeiwerte für die verschiedenen Klappenarten bei voller Öffnung und einer Durchflußgeschwindigkeit von 2,5 m/s weichen wie folgt voneinander ab:

	Widerstandszahl
1. Normalkappe	0,65
2. Kippklappe mit senkrechtem Sitz	0,35 bis 0,50
3. Kippklappe mit Schrägsitz	0,35 bis 0,40
4. Als Rückschlagorgan ausgebildete Absperrklappen bis etwa NW 1000	0,30 bis 0,35
Bei Nennweiten über 1000 mm gehen diese Werte zurück auf	0,25

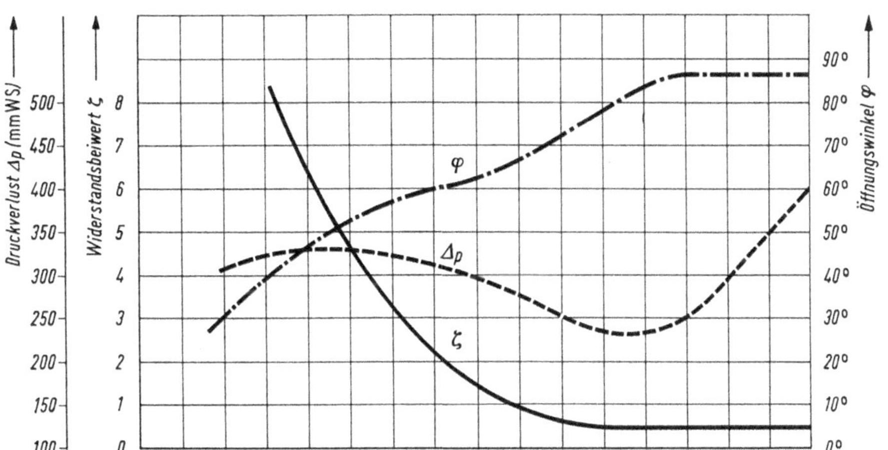

Abb. 544. Druckverlust, Widerstandsbeiwert und Öffnungswinkel einer Kipprückschlagklappe (Erhard)

Der bei 4. genannte Wert gilt für alle Durchflußgeschwindigkeiten, da die Klappe in Öffnungsstellung durch die selbsthemmende Schnecke festgehalten wird.

Einen gleichen Effekt kann man auch bei den normalen Kipprückschlagklappen erzielen, wenn man die Klappenscheibe in Offenstellung über eine Magnetverriegelung des Gewichtshebels arretiert.

Im Auslösungsfalle (Ausfall des Pumpenmotors) arbeitet die Klappenscheibe frei schwingend.

Abb. 544 zeigt ein Kurvenblatt mit gemessenen Werten vom Druckverlust, Widerstandsbeiwert und Öffnungswinkel in Abhängigkeit von der Durchflußgeschwindigkeit einer Kipp-Rückschlagklappe.

VII. Prüfungen und Abnahmen

Soweit keine gesetzlichen oder sonstigen verbindlichen Vorschriften bei der Herstellung und Prüfung der Armaturen zu befolgen sind, haben sich auf Grund praktischer Erfahrung nachstehende Richtlinien für die Prüfungen und Abnahmen von Kraftwerksarmaturen bewährt.

Wie bereits in Abschn. B I a (S. 516) dargelegt, ist die Festigkeit der Armaturengehäuse für das einwandfreie Betriebsverhalten der Armaturen entscheidend. Auf den Nachweis einwandfreier Werkstoffgüte und Verarbeitung ist also besonderer Wert zu legen. Es sollten die Gehäuse legierter Hochdruckschieber grundsätzlich einer amtlichen Werkstoffabnahme nach VGB 6.52 unterzogen werden, wobei geschweißte Gehäuse nach Kap. 3.3, die Schweißverbindungen nach Kap. 4.18 und die geschmiedeten Gehäuse nach Kap. 5.5 zu prüfen sind. Die Abnahme von Stahlgehäusen erfolgt nach DIN 17245. In der Bescheinigung hierüber ist gleichzeitig der Nachweis über die verwendeten Elektroden für interne Armaturenschweißnähte und über die durchgeführten Glühbehandlungen der gesamten Gehäuse bzw. der Schweißnähte zu erbringen. Für alle anderen Armaturengehäuse genügt allgemein der Werkstoffnachweis mit Analyse nach VGB 6.51. Für alle übrigen Armaturenteile ausschließlich Gehäuse ist ein Werkstoffnachweis in Form normaler Werksbescheinigungen ausreichend. Für druckführende Teile ist zweckmäßig darauf zu achten, daß sie entsprechend ihrer Werkstoffqualität gestempelt sind. Dies gilt insbesondere für die internen Bolzenschrauben und Muttern (s. auch Abschn. A II f 1, S. 490). Für serienmäßige Armaturen, z. B. Ventile, empfiehlt es sich, von Fall zu Fall vereinfachte Prüfungsverfahren anzuwenden. Für normale Armaturen, wie z. B. Absperrschieber, Rückschlagklappen, Ventile usw., ist unabhängig von den vorgenannten Prüfungen grundsätzlich eine Endabnahme nach VGB 6.533 durchzuführen. Die Ergebnisse dieser Endabnahmen sind in Werksattesten zu bestätigen.

Für Sicherheitsventile sind darüber hinaus die Vorschriften bzw. Wünsche der zuständigen Überwachungsbehörden zu berücksichtigen. Allgemein werden für Sicherheitsventile, die für einen überwachungspflichtigen Teil vorgesehen sind, neben den Festigkeitsprüfungen auch Funktionsprüfungen im Herstellerwerk notwendig sein. Eine Ausnahme bilden Sicherheitsventile, für die eine Baumusterprüfung vorliegt. Grundsätzlich jedoch sollte die Endeinstellung der Sicherheitsventile im Herstellerwerk oder besser an Ort und Stelle durch den TÜV oder eine andere neutrale Stelle erfolgen.

C. Schalldämpfer für Auspuffleitungen

Beim Abblasen von Sicherheitsventilen, Anfahrventilen usw. in die freie Atmosphäre treten in der Regel stets sehr starke Geräusche auf. Die Gründe dafür liegen in den meisten Fällen in den sehr ungünstigen Austrittsverhältnissen, wodurch die Geräusche zur Lärmbelästigung ausarten können.

Untersuchungen haben ergeben, daß die Ursache fast immer in der strömungstechnisch ungünstigen Formgebung der Ausblaseleitungen und in zu hohen Austrittsgeschwindigkeiten liegt. In den Drosselstellen der Ventile können auch starke konstruktionsbedingte Strömungsgeräusche entstehen, die als Körperschall bis an das Ende der Ausblaseleitung fortgeleitet und hier ins Freie abgestrahlt werden.

Früher war es vielfach üblich, die Querschnitte der Ausblaseleitungen zwecks Herabsetzung der Dampfgeschwindigkeiten wahllos zu vergrößern. Solche Maßnahmen sind jedoch in der Regel zwecklos, da der Dampf meistens mit so hohem Druck ausströmt, daß das überschüssige Druckgefälle durch den Strömungswiderstand der Rohrleitung überhaupt nicht aufgezehrt werden kann. So wird z. B. bereits bei einer Entspannung von 1,8 ata auf 1,0 ata Schallgeschwindigkeit erreicht.

Bei einer Auslegung der Ausblaseleitung für wesentlich kleinere Geschwindigkeit kann der gesamte Leitungsquerschnitt erst dann voll ausgefüllt werden, wenn die Geschwindigkeitshöhe durch Leitungswiderstand genügend aufgezehrt ist. Hierzu sind jedoch die Ausblaseleitungen meistens viel zu kurz.

Der Dampfstrom hoher Geschwindigkeit füllt daher nur einen kleineren Kern des Rohrquerschnittes aus. Die umgebenden Zonen geringerer Geschwindigkeit lösen durch Strahlablösung Schwingungen aus, wobei starke Geräusche auftreten.

Die Ausblasegeräusche sind stets breitbandig, also rauschend. Darunter ist zu verstehen, daß in einem großen Frequenzbereich Schalldrücke gleicher Größe auftreten.

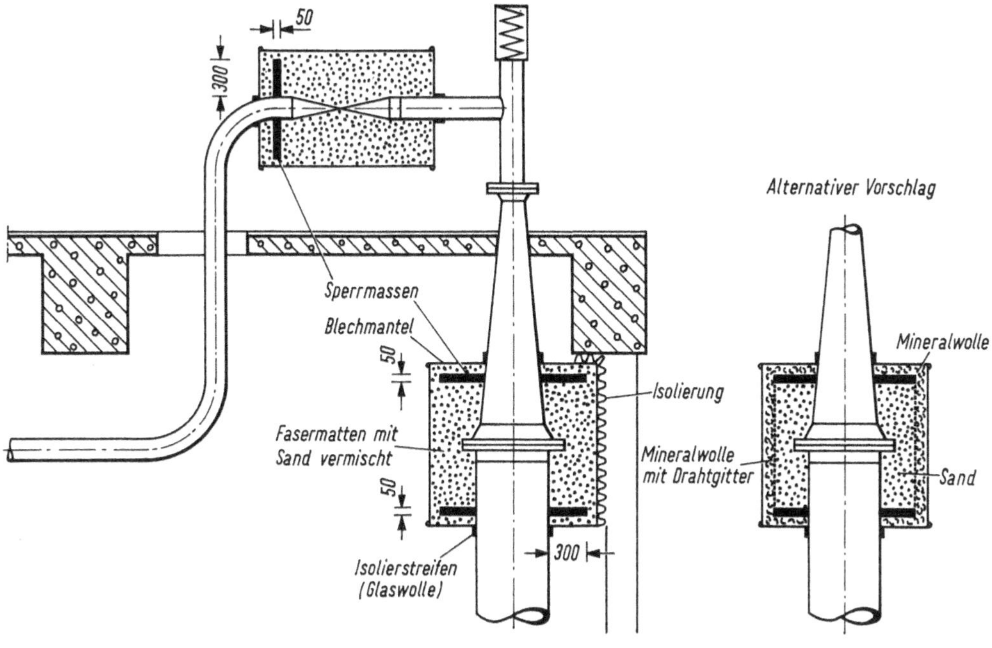

Abb. 545. Körperschalldämpfer (Müller)

Zur Bekämpfung des Körperschalls bei Armaturen, wie z. B. Sicherheitsventilen oder Reduzierstationen, wird in neuerer Zeit von der Firma Müller GmbH, München, der Einbau von Sperrmassen vorgeschlagen. Diese Sperrmassen bestehen aus runden Stahlscheiben von 5 cm Stärke und einem Durchmesser je nach Rohrweite von 700 bis 1100 mm. Sie müssen starr mit der Rohrleitung verbunden, also angeschweißt sein. Die kastenartigen runden oder eckigen Gehäuse werden meist mit einer Mischung aus geglühtem Sand und Mineralfasern ausgefüllt (s. Abb. 545).

Versuche an Ausblaseleitungen ergaben in 2 m Entfernung von der Schallquelle Schalldrücke von 120 bis 140 dB.

Bei der Annahme einer Entfernung Kesselhausdach—Boden von 64 m kann an diesem Punkt mit Schalldrücken von 115 dB und Lautstärken von 115 DIN-Phon gerechnet werden.

Zur Lärmbekämpfung haben sich zwei verschiedene Schalldämpferkonstruktionen herausgebildet, mit denen die Lautstärke auf etwa 80 bis 90 DIN-Phon abgeschwächt werden kann.

I. Drosselschalldämpfer

Hierbei wird der gesamte Überdruck zwischen Ventilaustritt und Atmosphäre in mehreren Stufen auf 1 ata abgedrosselt. Durch geeignete konstruktive Maßnahmen wird dabei erreicht, daß die beim Drosseln auftretenden Strömungsgeräusche auf hinreichend geringer Lautstärke mit niedriger Frequenz gehalten werden.

Diese Schalldämpferkonstruktion ist sehr robust und hat sich im Betrieb vielfach bewährt. Feuchtigkeitsempfindliche Stoffe werden nicht verwandt (Abb. 546). Die Austrittsgeschwindigkeit am Schalldämpfer beträgt etwa 50 bis 60 m/s.

II. Absorptionsschalldämpfer

Diese Schalldämpferkonstruktion arbeitet nach einem kombinierten Prinzip einer vorgeschalteten ein- bis zweistufigen Entspannung mit einer dahinterliegenden dritten Entspannungsstufe mit Absorptionsraum. Der Druck vor dem Entspanner beträgt etwa 3 atü.

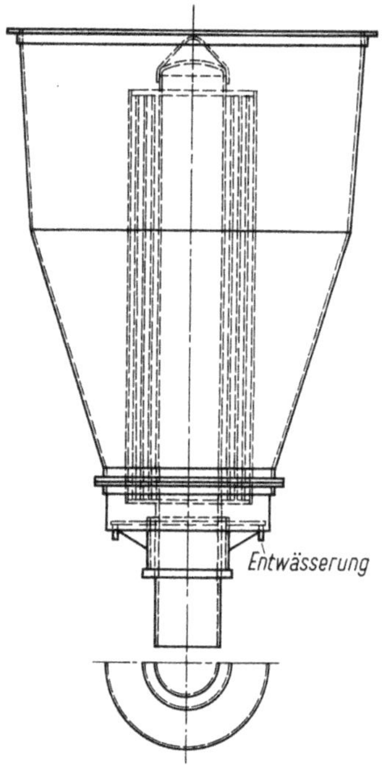

Abb. 546. Drosselschalldämpfer (Fischer & Co.)

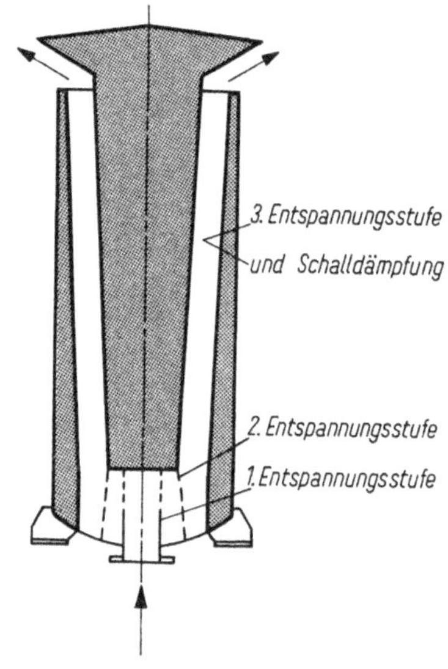

Abb. 547. Absorptionsschalldämpfer (Grünzweig & Hartmann)

Die engsten Düsenquerschnitte der Entspannungsstufen sind so dimensioniert, daß in diesen bei maximalem Durchsatz Unterschallgeschwindigkeit erreicht wird. Der Absorptionsraum ist als ein nach dem Austritt hin verlaufender, stetig erweiterter ringförmiger Kanal ausgebildet. Dieser ist mit Absorptionsschichten aus Mineral-Steinwolle versehen, die hinter gelochten Blechen liegen. Die Dampf-Austrittsgeschwindigkeit liegt bei 50 bis 60 m/s. Normalerweise verwendet man auch für die Inneneinbauten normale C-Stahlbleche von mindestens 3 mm Stärke, doch ist wegen der großen Korrosionsanfälligkeit zu empfehlen, solche aus 13%igem Chromstahl zu wählen. Den prinzipiellen Aufbau zeigt Abb. 547.

Die Anordnung von Schalldämpfern erfolgt meistens auf der Dachkonstruktion. Das Maß bis zur Höhe des Dampfaustrittes sollte nicht weniger als 2,5 bis 3 m betragen. Da die räumliche Unterbringung der großen Apparate mit erheblichem Gewicht oft sehr schwierig ist, sollte die Einplanung mit Rücksicht auf die Gebäude- bzw. Dachkonstruktion möglichst frühzeitig erfolgen.

In der Umgebung eines Geräuscherzeugers gelten die Richtlinien zur Beurteilung und Abwehr von Arbeitslärm VDI 2058. Danach sind folgende Werte der Lautstärken anzustreben.

	Tagsüber	Nachts	
In Industriegebieten	65	50	DIN-Phon
In Gebieten, die vorwiegend Wohnzwecken dienen . .	60	45	DIN-Phon
In reinen Wohngebieten	50	35	DIN-Phon

Diese Regelwerte gelten für einen Meßpunkt 0,5 m vor geöffnetem Fenster des nächsten benachbarten Anliegers.

D. Wärmeisolierungen

I. Grundlagen

Die Isolierungen der wärmeführenden Rohrleitungen, Behälter und Apparate sollen unter Beachtung der VDI-Richtlinien für Wärme- und Kälteschutz (VDI 2055), Ausgabe Dezember 1958, durchgeführt werden. Diese stellen eine Neubearbeitung der früheren „Regeln für die Prüfung von Wärme- und Kälteschutzanlagen" von 1930 und der „Richtlinien zur Bemessung von Wärme- und Kälteschutzanlagen, DIN-Vornormen 1951" dar, wobei langjährige Erfahrungen der Hersteller und der Verbraucher berücksichtigt wurden.

Sie sind richtungweisend für

1. Berechnung der Wärmeverluste,
2. Berechnung der wirtschaftlichsten Isolierstärke,
3. Prüfungen,
4. Garantien,
5. Meßverfahren für die Wärmeleitzahlen,
6. Lieferbedingungen.

II. Isolierstoffe

Zur Wärmeisolierung in Hochdruckkraftwerken werden ausschließlich Mineralfaserstoffe verwendet, die den auftretenden Betriebstemperaturen bis 650 °C standhalten. Als die drei wichtigsten Mineralfaserprodukte können angesehen werden:

1. Hüttenwolle (früher Schlackenwolle),
2. Glaswolle (Glasfaser, Glaswatte),
3. Steinwolle (Sillan, Novelan, Basalt).

Während die Anwendungsgrenzen bei Hüttenwolle und Steinwollefasern etwa bei 700 °C liegen, kann Glaswatte nur bis etwa 450 °C und Glaswolle bis etwa 600 °C Verwendung finden. Entscheidend für die Wahl des Isolierstoffes ist die Anwendungsgrenztemperatur. Man versteht darunter die Temperaturgrenze, bei der sich das normale Volumen des Fasergebildes um höchstens 5% gegenüber dem ursprünglichen Wert vermindert.

Die Haupteigenschaft der verschiedenen Stoffe, nämlich das Isoliervermögen bzw. die Wärmeleitzahl, liegt in ihren Herstellungsverfahren begründet, durch die ihre physikalischen Eigenschaften und die Faserstruktur bedingt sind.

Abb. 548 und 549 zeigen Kurven der Wärmeleitzahlen der verschiedenen Mineralfasererzeugnisse. Es ist zu erkennen, daß die Wärmeleitzahlen der Faserstoffe gleicher Herstellungsverfahren miteinander übereinstimmen.

Nach den Herstellungsverfahren können unterschieden werden

1. *nach dem Düsenblasverfahren:* langfaserige Mineralwolle, wie z. B. Glaswolle, Sillan-Steinwolle, Basaltwolle,

2. *nach dem länger bekannten Zerstäubungsverfahren:* kurzflockige Mineralwollefasern, wie z. B. Schlackenwolle, Novelanwolle.

Nach einem neuen Herstellungsverfahren wird in den letzten Jahren auch eine langfaserige Hüttenwolle hergestellt und in mattenüblichen Größen und Stärken unter der Bezeichnung „Egi"-Hüttenwollematten verarbeitet.

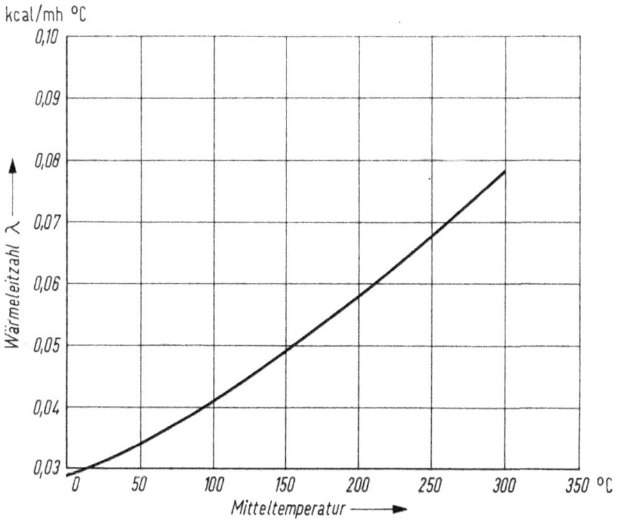

Abb. 548. Wärmeleitzahlen für Gerrix-Glaswollematten für ein Raumgewicht von 119 kg/m³

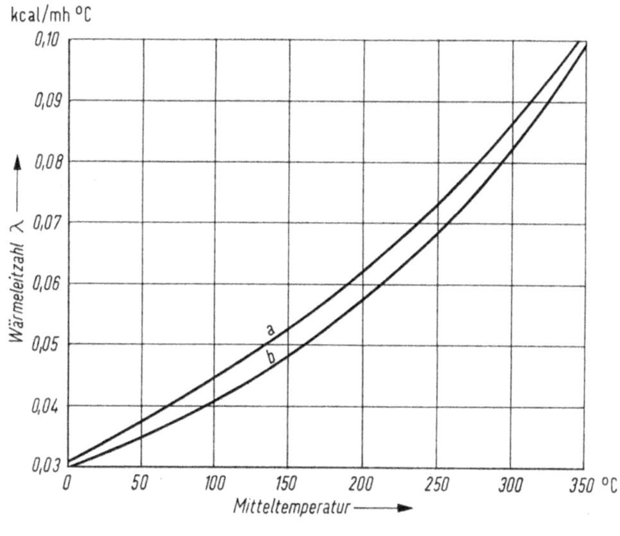

Abb. 549. Wärmeleitzahlen für Sillan-Steinwolle-Isolierungen

a Wärmeleitzahlen für Sillan-Steinwolle-Isolierungen auf Rohrleitungen (Sillan-Matten auf Drahtgeflecht, Sillan-Matten auf Wellpappe, Sillan-Schalen)
b Wärmeleitzahlen für ebenflächige Sillan-Matten

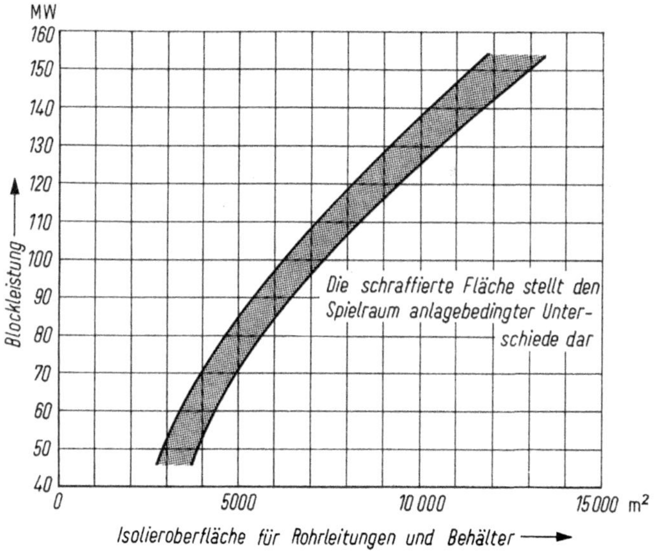

Abb. 550. Diagramm der Isolieroberflächen in Abhängigkeit von der Blockleistung

III. Ausführung der Isolierungen

Einen Überblick über die erforderliche Isolier-Oberfläche zeigt Abb. 550, in der die erforderliche Isolieroberfläche für Rohrleitungen und Behälter in m^2/MW Blockleistung aufgetragen ist.

Für die sehr umfangreichen Isolierungen der wärmeführenden Rohrleitungen, Behälter, Vorwärmer und Armaturen eines Hochdruckkraftwerkes werden nach dem heutigen Stand der Isoliertechnik praktisch nur zwei unterschiedliche Verfahren angewendet: Stopfisolierungen und Mattenisolierungen.

a) Stopfisolierungen

Bei der Stopfisolierung wird das kurzflockige Mineralwollematerial in ein über Abstandsstegen aufmontiertes engmaschiges verzinktes Drahtnetz gestopft und dann mit einem äußeren Blechmantel umgeben. Die Stopfung wird manuell vorgenommen, so daß naturgemäß Unterschiede in der Stopfdichte zu unterschiedlichen Rohdichten (Raumgewichten) führen.

Hierdurch treten nach den Erfahrungen in der Regel höhere Wärmeverluste ein als bei gleichstarker Mattenisolierung. Das gilt bevorzugt dann, wenn die Stopfung durch obenliegende Schlitze in den fertig montierten Blechmantel vorgenommen wird. Die Mattensiolierungen besitzen diesen Nachteil nicht, da die maschinelle Herstellung der Matten gleichmäßig verlaufende Mattenstärke und damit konstante Rohdichte gewährleistet.

b) Mattenisolierungen

Für Rohrleitungen verwendet man Mattenmaterial aus Mineralwolle, das auf Drahtgewebe aufgesteppt wird. Das Drahtgeflecht wird bei der Montage stets nach der Außenseite gelegt.

Sollen allseits mit Drahtgeflecht umgebene Matten verwendet werden, so wählt man zweckmäßig folgende Drahtqualitäten:

bis 400 °C	verzinktes Eisendrahtgeflecht,
über 440 bis 530 °C	Geflecht aus geglühtem schwarzem Draht,
über 530 °C	hitzebeständigen, zunderfesten CrNi-Draht (Marke Ferrotherm).

Die Stoßfugen der 0,5 m breiten Matten müssen, um einen fugenlosen Anschluß zu erreichen, gut vernäht werden. Bis 120 mm Isolierstärke kann in einer Mattenlage isoliert werden. Bei Stärken von z. B. 200 mm werden zwei Lagen von je 100 mm übereinander fugenversetzt verlegt (Abb. 551). Bis 60 mm Isolierstärke benötigt man zur Abstützung des äußeren Blechmantels keine Abstandshalter oder Stützen. Bei Matten größerer Stärke müssen dagegen zur Abstützung des Blechmantels je nach Hersteller Keramik- oder auch Flacheisen-Abstandshalter mit einem äußeren Stützring verwendet werden. Sie werden stets in den Stoßfugen der Mattenenden eingebaut. Die Anzahl der Abstandshalter ist wegen der damit verbundenen Wärmeverluste möglichst zu beschränken, sie ist je nach Hersteller verschieden (Abb. 552). Der Blechmantel wird aus verzinktem Eisenblech auf der Baustelle aus Blechen folgender Stärken angefertigt:

Außendurchmesser der Isolierung	Blech Nr.	Blechstärke [mm]	Gewicht [kg/m²]
Bis etwa 300	21	0,75	6
300 bis 500	20	0,88	7
Über 500	19	1,00	8

Zur Vermeidung von Rostschäden wurde früher empfohlen, die Blechinnenseiten mit einem Schutzanstrich zu versehen. Dieses Verfahren hat sich jedoch nicht bewährt, da die besonders gefährdeten Schnittkanten beim Anstrich nicht erfaßt werden. Die Blechstöße sind zur Aufnahme der Wärmedehnungen mit genügend großen Überlappungen zu versehen. Bei Hochdruckrohrleitungen oder solchen mit hohen Temperaturen wie für Frischdampf sowie für die kalten und heißen Zwischenüberhitzerdampfleitungen wird empfohlen, die Lage der Schweißnähte auf der Außenseite des Blechmantels kenntlich zu machen. Auf gute Demontagemöglichkeiten dieser Isolierstellen ist Rücksicht zu nehmen. Dabei muß der über der Schweißnaht liegende Blechmantel beiderseits nach außen liegende Überlappungen erhalten.

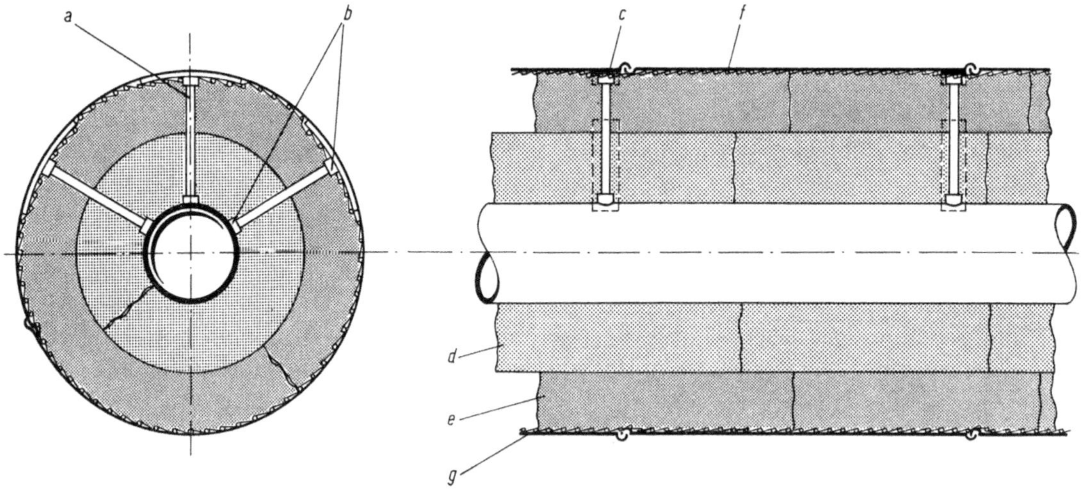

Abb. 551. Querschnitt durch eine Doppellagen-Matten-Isolierung

a Keramischer Abstandhalter
b Abstandhalterhülsen
c Gesicktes Blechsegment mit angenieteter Hülse
d Erste Lage Mineralwollematte auf verzinkten Draht gesteppt
e Zweite Lage Mineralwollematte auf verzinkten Draht gesteppt
f Drahtgeflecht der Matte
g Ummantelung aus verzinktem Feinblech

Hochdruckleitungen mit Temperaturen von 540 bis 650 °C erhielten bisher eine kombinierte Stopf-Mattenisolierung. Die untere Lage besteht aus einer Schlackenwolle-Isolierung in Drahtgeflecht mit einer den hohen Temperaturen angemessenen Stopfdichte und die äußere Lage aus einer Glas- oder Sillanwollematte. Die Schlackenwollelage hat den isoliertechnischen Vorteil günstiger Wärmeleitzahlen bei hohen Temperaturen in Ver-

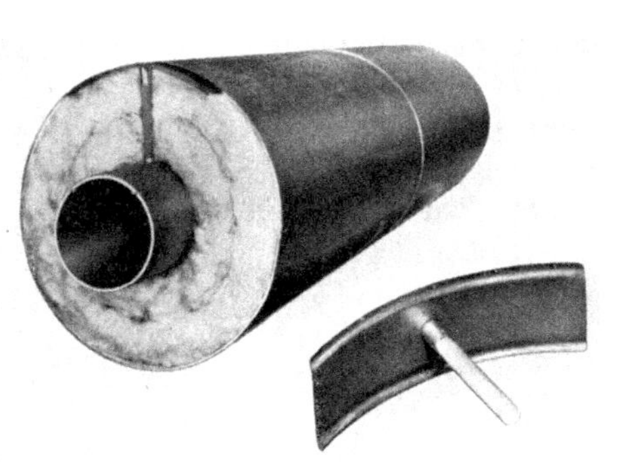

Abb. 552. Matten-Isolierung mit Ein-Steg-Abstützung des Blechmantels, Werkbild Bohle & Co.

bindung mit einer höheren Temperaturbeständigkeit. In neuerer Zeit wird eine Hochtemperaturisolierung aus zwei Lagen Matten hergestellt, bei der sowohl die Rund- als auch die Längsnaht versetzt angeordnet wird. Die Bleche werden dabei zweckmäßig unter Verwendung von Keramik-Abstandshaltern montiert.

Bei der Einplanung der Rohrleitungen in das Gebäude ist unbedingt bereits auf den Außendurchmesser der Isolierung Rücksicht zu nehmen, da die hohen Betriebstemperaturen sehr große Isolierstärken bedingen, die oftmals den Rohrleitungsaußendurchmesser mehr als verdoppeln. Der Mindestabstand zwischen Gebäudekonstruktion und Isolierung sollte etwa 50 mm betragen. Weiterhin ist auf den Rohrleitungslieferer einzuwirken, daß den Konstruktionen der Rohrleitungsunterstützungen besondere Beachtung hinsichtlich kleinster Wärmebrücken zu schenken ist. Durch unzweckmäßige Unterstützungskonstruktionen können erhebliche Wärmeverluste entstehen.

Für die Isolierung von Behältern und Vorwärmern gelten allgemein die gleichen, für die Rohrleitung anwendbaren Grundlagen. Unterschiedlich ist nur die Befestigungsart an den großen Behälterflächen. Als Haltekonstruktion des äußeren Blechmantels werden zunächst Winkeleisenstege an der Behälterwand angeschweißt und der Flacheisenring mit Asbestzwischenlagen aufgeschraubt.

Die Mattenisolierung wird mittels verzinkten Stahlbändern aufgebracht und die Stoßfugen mit verzinktem Bindedraht dicht vernäht.

Bei Vorwärmern ist auf die Ausbaufähigkeit des Rohrbündels besondere Beachtung zu verwenden. Die Blechumkleidung der Behälterböden erfolgt allgemein im sog. Zeppelinschnitt. Stutzen erhalten Ausschnitte mit Blechblenden.

IV. Flanschen- und Armaturenkappen

Die Kappen werden formgerecht aus geteilten Blechkappen mit Schnellhebelverschlüssen gefertigt. Zum Unterschied zu den Isolierblechen sollten die einwandigen fertigen Flanschen- bzw. Armaturenkappen einen inneren Rostschutzanstrich erhalten. Die innen fest eingebauten Mattenpolster schließen mit einem Drahtgeflecht ab. Allgemein werden heute Kappenpolster und Rohrisolierung gleich stark ausgeführt (Abb. 553).

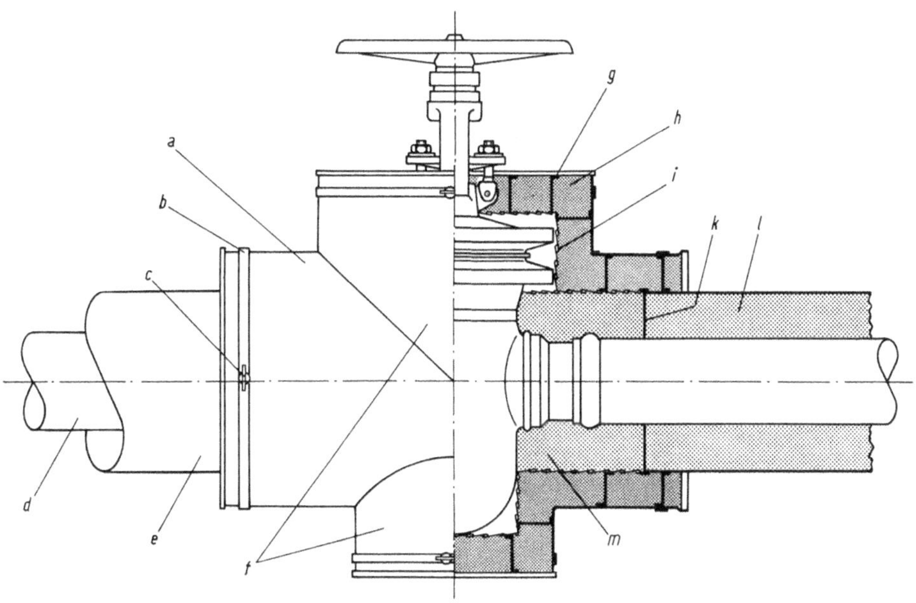

Abb. 553. Isolierung eines eingeschweißten Dampfschiebers (Armaturen-Isolierkappe)

a Blechmantel
b Bänder
c Hebelverschluß
d Rohrleitung
e Rohrisolierung
f Stutzen
g Angenietete Mattenhalter
h Isolierpolster
i Verzinktes Drahtgeflecht
k Blechstirnscheibe
l Isoliermatte
m Abnehmbare Matte

Eine andere übliche Flanschen- und Armaturenisolierung besteht aus mittels Mattenmaterial ausgestopften Asbestkissen, die als Außenabschluß eine einfache Blechkappe erhalten. Diese Art der Isolierung hat den Nachteil, daß die Kissen nach Reparaturarbeiten nur schwer wieder paßgerecht aufgebracht werden können und deshalb oftmals fortgelassen werden.

Die fertige Isolierung der Rohrleitungen und Behälter erhält meist einen zweifachen, hitzebeständigen Aluminium-Lackfarbenanstrich. Zur Kenntlichmachung der einzelnen Rohrleitungen ist es üblich, Farbringe oder Striche gemäß den im DIN-Blatt 2403 festgelegten Grundfarben in gewissen Abständen aufzutragen. Es besteht dabei die Möglichkeit, die Ringe verschiedenfarbig zu kombinieren.

In Sonderfällen wurde der Außenmantel der Isolierungen für Rohrleitungen und Behälter anstatt aus Stahlblechen aus Aluminiumblech hergestellt, das in verschiedenen Qualitäten erhältlich ist. Seine Verarbeitung unter Beachtung der Materialeigenschaften ist nicht wesentlich schwieriger als bei Stahlblech. Die höheren Materialkosten werden durch Einsparung des bei verzinkten Eisenblechen üblichen Außenanstriches aufgewogen.

Trotz dieser Praxis besteht sachlich keine Notwendigkeit, die verzinkten Isolierbleche mit einem Anstrich zu versehen.

V. Schwitzwasserisolierungen

Kaltwasserführende Rohrleitungen, die durch warmfeuchte Kraftwerks-Innenräume führen, sind sehr stark schwitzwasserbildend. Diese störende Eigenschaft wird verhindert durch eine Schwitzwasserisolierung geringer Stärke (20 bis 30 mm). Bewährt haben sich hierfür alle gebräuchlichen Isolierstoffe sowohl mit Mineralwollematten als auch mit Kork. Es werden folgende Ausführungen empfohlen:

1. Mineralwollematten oder Mineralwolleschalen mit Coroplast-Binden als abdichtender Außenschutz mit darüberliegendem Blechmantel.

2. Mineralwollematten oder Schalen mit teerfreier Pappe, die — mit Bitumen beklebt — nach außen abdichtet; darüber Blechmantel.

3. Kork-Elastikbinden, die schraubenförmig um die Rohre gelegt und verklebt werden.

4. Spritzkork mit Nesselbinden umwickelt und geglättet; besonders für große Rohre geeignet.

Bevor man bestimmt, welche Kaltwasserleitungen eine Schwitzwasserisolierung erhalten, wird empfohlen, die Notwendigkeit an Hand des Betriebszustandes an Ort und Stelle festzustellen.

VI. Frostschutzisolierungen

Wasserrohrleitungen, die im Freien offen oder in Kanälen verlegt werden, erhalten eine Frostschutzisolierung aus Isoliermatten mit doppelter Bitumenpappe-Umwicklung, die mittels Bindedraht befestigt wird, oder auch mit einem Außenschutz aus Plastikbinden.

E. Berechnungsgrundlagen für Rohrleitungen

I. Rohrdimensionen

a) Bestimmung des Durchflußquerschnittes

Für die Bemessung des lichten Rohrdurchmessers geht man zweckmäßig von den in der Tabelle auf S. 569 angegebenen Richtwerten für die Durchflußgeschwindigkeit aus.

Mit den angeführten Werten ergeben sich wirtschaftlich bzw. funktionsmäßig richtig ausgelegte Rohrleitungen. Sie gelten als Richtwerte für den Normalbetrieb. Sind die je nach Betriebsweise auftretenden Abweichungen vom Normalbetrieb relativ groß oder von längerer Dauer, empfiehlt sich eine entsprechende Abweichung von den genannten Werten. Ein Beispiel wird in Abschn. III „Druckverlustermittlung" (S. 577) erläutert.

Bei Heißwasserpumpen ist zu prüfen, ob die erforderliche Zulaufhöhe ausreicht und nicht durch eine zu hohe Sauggeschwindigkeit und die dadurch bedingte Verlusthöhe unterschritten wird. Beim Gleitdruckbetrieb des Speisewasserentgasers darf die Zulaufgeschwindigkeit zur Speisepumpe nicht zu niedrig gewählt werden, sondern muß der durch den Gleitdruckbetrieb bedingten Druckabsenkungsgeschwindigkeit angepaßt werden.

Mit Hilfe der angeführten Geschwindigkeiten wird über

$$F = \frac{Q}{w} \, [\mathrm{m}^2]$$

nunmehr der lichte Rohrdurchmesser ermittelt.

Mit den gebräuchlichen Dimensionen für

die Durchflußmenge G [kg/h],
die Geschwindigkeit w [m/s],
das spezifische Volumen v [m^3/kg]

ergibt sich

$$d = \sqrt{\frac{354 \cdot G \cdot v}{w}} \, [\mathrm{mm}].$$

Wird diese Formel unter Berücksichtigung von $\sqrt{354} = 18{,}8$ auf die Form

$$\frac{d}{18{,}8} = \sqrt{\frac{G \cdot v}{w}}$$

gebracht, dann lassen sich auf einem gewöhnlichen Rechenschieber mit nur einer Einstellung die Werte für d, w oder $G \cdot v$ ablesen, indem auf der unteren Skala der Quotient $\frac{d}{18{,}8}$ eingestellt und auf dem oberen Skalenpaar zu jedem Wert $G \cdot v = Q$ [m^3/h] die entsprechende Geschwindigkeit w abgelesen wird und umgekehrt. Bei Kaltwasserleitungen mit $v = 0{,}001$ m^3/kg vereinfacht sich die Ablesung noch mehr.

	Durchfluß-geschwindigkeit [m/s]
Heißdampfleitungen	25 bis 45
Sattdampfleitungen	20 bis 30
Vakuumleitungen	45 bis 70
Speisewasser-Druckleitungen	1,5 bis 4,0
Pumpen-Zulaufleitungen (je nach Zulaufhöhe und Wassertemperatur)	0,5 bis 1,5
Kondensat-Druckleitungen	1,5 bis 2,5
Kühlwasser-Druckleitungen	1,5 bis 2,5
Kühlwasserpumpen-Zulaufleitungen	0,5 bis 1,5
Druckluftleitungen	10 bis 15
Niederdruck-Gasleitungen	15 bis 20
Öl-Leitungen (je nach Viskosität, Temperatur und Leitungslänge)	0,8 bis 2

b) Rohrwanddicken

In einem durch den Innendruck p [kp/cm^2] belasteten Rohr herrscht ein dreiachsiger Spannungszustand, es wirken Spannungen in Längs-, Umfangs- und Radialrichtung. Bei Rohren bis zu einem Durchmesserverhältnis $d_a/d_i = 1{,}7$ (für welches die nachstehenden Berechnungen gelten) kann die ungleichmäßige Verteilung der Spannungen über die Wandstärke vernachlässigt und mit ausreichender Genauigkeit mit den Mittelwerten der Spannungen gerechnet werden. Dies ist auch deshalb zulässig, weil — vor allem bei stark wärmebeanspruchten Leitungen — die innen auftretenden Spannungsspitzen durch örtliches Kriechen des Werkstoffes abgebaut werden.

Mit den in der Abb. 554 eingetragenen Bezeichnungen ergibt sich:

die mittlere Umfangsspannung $\sigma_u = \frac{p}{100} \cdot \frac{d_i}{2s}$ [kp/mm²],

die mittlere Radialspannung $\sigma_r = -\frac{1}{2} \frac{p}{100}$ [kp/mm²],

die Längsspannung $\sigma_l = \frac{p}{100} \frac{d_i}{4s}$ [kp/mm²].

Da die Festigkeitskennwerte im einachsigen Zugversuch ermittelt werden, im beanspruchten Rohr jedoch ein dreiachsiger Spannungszustand herrscht, müssen die Hauptspannungen zu einer reduzierten Spannung, der Vergleichsspannung, zusammengefaßt

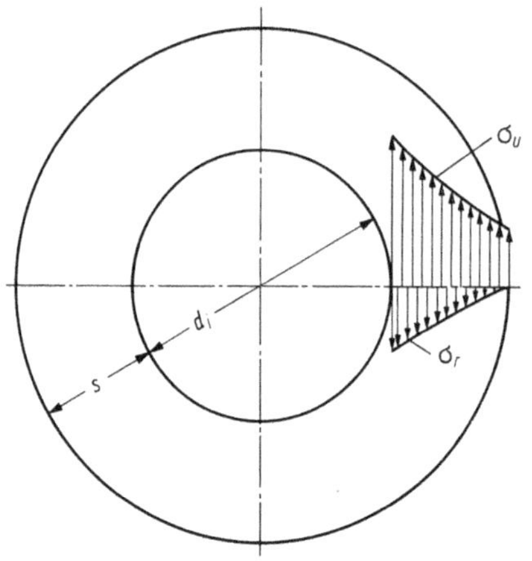

Abb. 554. Spannungen im Rohrquerschnitt

werden. Nach der Hypothese der größten Schubspannung (Mohr), die vor allem bei Stahl mit seiner ausgeprägten Streckgrenze gut mit den wirklichen Verhältnissen übereinstimmt, beträgt die Vergleichsspannung

$$\sigma_v = \sigma_{\max} - \sigma_{\min} = \sigma_u - \sigma_r = \frac{p}{100} \cdot \frac{d_i + s}{2s} \text{ [kp/mm}^2\text{]}. \tag{1}$$

In Gl. (1) ist die Längsspannung, die größenmäßig zwischen der Umfangs- und der Radialspannung liegt, nicht enthalten. Sie kann zwischen diesen beiden Spannungen schwanken, ohne die Vergleichsspannung, die Anstrengung des Materials, zu überschreiten. Das bedeutet, daß zusätzliche Längsspannungen infolge Wärmedehnungen oder Biegebeanspruchungen der Rohre ohne Einfluß auf die Anstrengung zwischen den Werten

$$\pm \frac{1}{2} \cdot \frac{p}{100} \cdot \frac{d_i}{s} \text{ [kp/mm}^2\text{]}.$$

schwanken können.

Die errechnete Vergleichsspannung muß kleiner sein als der entsprechende Festigkeitskennwert des Werkstoffes unter Berücksichtigung ausreichender Sicherheit S und gegebenenfalls eines Verschwächungswertes v für die Längsschweißnaht.

$$\sigma_v \leqq \frac{K}{S} \cdot v \text{ [kp/mm}^2\text{]}. \tag{2}$$

Die theoretische Wanddicke errechnet sich damit aus Gln. (1) und (2) zu

$$s_0 = \frac{d_i \cdot p}{200 \frac{K}{S} \cdot v - p} \text{ [mm]} \tag{3a}$$

bzw.

$$s_0 = \frac{d_a \cdot p}{200 \frac{K}{S} \cdot v + p} \text{ [mm]}, \tag{3b}$$

wobei

p Innendruck [kp/cm],
s_0 theoretische Wanddicke [mm],
d_i Innendurchmesser [mm],
d_a Außendurchmesser [mm],
K Werkstoffkennwert [kp/mm^2],
S Sicherheitsbeiwert
v Wertigkeit der Längsschweißnaht (nahtlose Rohre $v = 1$).

Für die Berechnung der nach Innendurchmessern gestuften nahtlos gezogenen Rohre wird Gl. (3a), für die nach Außendurchmessern gestuften gewalzten Rohre wird Gl. (3b) angewandt.

Für die nach den Lieferbedingungen der Hersteller zulässigen Wanddickenunterschreitungen, ferner für Korrosion und Abnutzung sind entsprechende Zuschläge zu machen. Die Bestellwanddicke s beträgt

$$s = s_0 + c_1 + c_2 \text{ [mm]} . \tag{4}$$

Einzelheiten über die Berechnung der Wanddicken, die Höhe der Sicherheitsbeiwerte und Zuschläge sind im Normblatt DIN 2413 enthalten. Für ein Durchmesserverhältnis d_a/d_i über 1,7 kann DIN 2413 nicht angewendet werden, da hierbei unzulässig hohe Formänderungen an der Innenwand auftreten. In der Praxis kommt dies bei Sammlern, jedoch kaum bei Rohren vor.

c) Sicherheitsfaktoren

Bei Berechnungen von Rohrleitungen mit hoher Wärmebeanspruchung wird nach DIN 2413 die zeitabhängige Festigkeit mit einem Sicherheitswert von 1,5 eingesetzt. Der Faktor stellt die Spannungssicherheit gegen $\sigma_{B/100\,000}$ dar, d. h. das Material kommt mit den 1,5fachen Spannungen erst nach 100000 h zum Bruch. Dem Sicherheitsfaktor kommt hier infolge des Zeitverhaltens eine ganz andere Bedeutung zu als für die Warmstreckgrenzen, wo die Sicherheit unter 1,0 die unmittelbare Überlastung kennzeichnet, während Sicherheitswerte kleiner als 1,0 gegenüber der Zeitstandsfestigkeit eine Verkürzung der Lebensdauer bedeuten.

In Abhängigkeit von Temperatur und Spannung ist das Zeitverhalten der Stähle sehr unterschiedlich, so daß die Rechnung mit dem Faktor 1,5 keinen Aufschluß über die Zeitsicherheit gibt. Für die meisten Stähle existieren Zeit-Festigkeitsdiagramme, aus denen die Zeitsicherheit ermittelt werden kann. Diese ist meistens sehr groß, so daß unbedenklich die Berechnungszeit von 100000 h im Betrieb überschritten werden kann. Für die Beurteilung eines Stahles im Hochtemperaturgebiet ist die Zeitsicherheit erheblich aufschlußreicher als die Spannungssicherheit. Bei der Bestimmung der Zeitsicherheit ist zu berücksichtigen, daß die Zeitstandsfestigkeitswerte bis $\pm$ 20% von den angegebenen Mittelwerten abweichen können und die Mindestbruchzeit entsprechend niedriger liegt.

Überschreitungen der Berechnungstemperaturen wirken sich besonders ungünstig auf die Haltbarkeit der Stähle aus. Schon geringe Erhöhungen können bei ferritischen Stählen mit steilem Abfall der Zeitstandsfestigkeit die Lebensdauer beträchtlich verkürzen. Austenitische Stähle verhalten sich in dieser Hinsicht günstiger. Die Temperatursicherheit wird auf dem Umweg über die Spannungssicherheit bei höheren Temperaturen festgestellt. Nachzuprüfen ist, ob bei der Übertemperatur Δt die Zeitstandsfestigkeit $\sigma_{B/100\,000}$ nicht überschritten wird. Die Größe von Δt hängt von den Betriebsbedingungen und den Maßnahmen ab, die zur Einhaltung der Solltemperaturen getroffen worden sind; im allgemeinen kann mit $\Delta t = 15$ °C gerechnet werden.

Die Restsicherheit muß mit diesen Werten, errechnet aus den Ableitungen der Gln. (3a) und (3b),

$$S_R = \frac{200 \cdot v \cdot s_0}{p(d_i + s_0)} \cdot K \text{ [kp/mm}^2\text{]}, \tag{5a}$$

$$S_R = \frac{200 \cdot v \cdot s_0}{p \cdot (d_a - s_0)} \cdot K \text{ [kp/mm}^2\text{]} \tag{5b}$$

gleich oder größer als 1,2 sein. In diesem Faktor ist die mögliche Abweichung der Festigkeit um — 20% berücksichtigt, so daß bei der eingesetzten Übertemperatur die Mindestdauer bis zum Bruch 100000 h beträgt.

d) Äußere Beanspruchungen

Eine im Betrieb befindliche Rohrleitung wird nicht nur durch den Innendruck, sondern auch mit Biegemomenten und Reaktionskräften beansprucht, die sich aus den Wärmedehnungen und dem Eigengewicht ergeben. Im allgemeinen ist die Beanspruchung durch den Innendruck am größten. Die Kräfte aus den Wärmedehnungen müssen durch eine geeignete Rohrleitungsführung, gegebenenfalls durch Einbau von Kompensatoren ausgeglichen werden. Eine Verstärkung der Rohrwand ist in diesem Falle zwecklos, da sie nur zur Erhöhung der Zwangskräfte aus den Wärmedehnungen führt, die Spannungen jedoch nicht abgebaut werden.

Die Wände großer Kühlwasserrohre mit geringem Innendruck werden vorwiegend mit Umfangsspannung beansprucht, die durch das Eigengewicht entsteht. Werden die Rohre im Erdreich verlegt, wachsen die Umfangsspannungen beträchtlich durch Erd- und Verkehrslasten über der Rohrleitung an. Die Bemessung der Rohrwand wird hierbei in erster Linie nach den äußeren Beanspruchungen vorgenommen. Durch aufgeschweißte oder eingewalzte biegesteife Profile in Umfangsrichtung kann die Rohrwand kleiner gehalten werden.

II. Werkstoffe[1]

a) Werkstoffkennwerte

Die Rohrleitungen eines Kraftwerkes werden vorwiegend von Heißdampf durchströmt. Die Entwicklung zu immer höheren Temperaturen stellte große Anforderungen an die Werkstoffe, von denen eine immer höhere Warmfestigkeit verlangt wurde. Zur Kennzeichnung des Warmfestigkeitsverhaltens sind die „Warmstreckgrenze", die „Zeitstandsfestigkeit" und die „Zeitdehngrenze" eingeführt worden.

Im mittleren Temperaturbereich wird die Rechnung mit der Warmstreckgrenze durchgeführt, die wie folgt definiert wird: Als Streckgrenze bei höheren Temperaturen gilt der Knick in der Spannungs-Dehnungs-Kurve oder, falls es zur Ausbildung einer oberen und unteren Streckgrenze kommt, die untere Streckgrenze. Ist die Streckgrenze nicht scharf ausgeprägt, so gilt die Spannung $\sigma_{0,2}$, bei der 0,2% bleibende Dehnung auftritt.

Im höheren Temperaturbereich treten bei allen metallischen Werkstoffen unter Belastung plastische Formänderungen auf, die immer größer werden und schließlich nach Ablauf einer bestimmten Zeitdauer den Bruch herbeiführen. Mit steigender Belastung und Temperatur erhöht sich das Kriechverhalten der Stähle, und die Zeitspanne bis zum Bruch verringert sich. Die Warmstreckgrenze berücksichtigt diese Eigenschaft nicht, und auch die DVM-Kriechgrenze ist keine ausreichende Angabe über das Zeitverhalten. Die Festigkeitswerte für hohe Temperaturen werden im Langzeitversuch ermittelt und stets mit Zeitangaben versehen, aus denen die Dauer bis zum Bruch bzw. bis zu einer bestimmten bleibenden Verformung zu ersehen ist. Das Zeitverhalten wird wie folgt definiert:

Die Zeitstandsfestigkeit bei bestimmter Temperatur ist die auf den Anfangsquerschnitt der Probe bei Raumtemperatur bezogene ruhende Belastung, die nach Ablauf einer bestimmten Versuchszeit, z. B. 100000 h, den Bruch der Probe hervorruft ($\sigma_{B/100\,000}$).

Die Zeitdehngrenze bei bestimmter Temperatur ist diejenige auf den Anfangsquerschnitt der Probe bei Raumtemperatur bezogene ruhende Zugbeanspruchung, die nach Ablauf einer bestimmten Versuchszeit, z. B. 100000 h, eine bleibende Dehnung von z. B. 1% hervorruft ($\sigma_{1/100\,000}$).

[1] Siehe auch Zweiter Band, S. 66/69, „Stähle für hohe Drücke und Temperaturen".

Die Kennwerte für das Warmfestigkeitsverhalten der Stähle können den Werkstoffblättern der Stahlhersteller entnommen werden. Von den z. Z. gebräuchlichsten Werkstoffen für den Rohrleitungsbau sind die derzeit gültigen Werte in den Tabellen 35 und 36 aufgeführt. Da die Zeitdehngrenze und die Zeitstandsfestigkeit im Dauerversuch ermittelt werden, kann es besonders bei neuen Stählen vorkommen, daß an vorerst extrapolierten Kennwerten im Laufe der Jahre auf Grund der Versuchsergebnisse kleine Korrekturen vorgenommen werden. Während für die Warmstreckgrenzen von den Herstellern garantierte Mindestwerte angegeben werden, sind die Langfestigkeiten Mittelwerte aus einem Streuband, in dem Abweichungen von 20% nach oben und unten möglich sind. Die Rechnung mit den Mittelwerten ist zulässig, die Abweichung von 20% ist durch den nach DIN 2413 vorgeschriebenen Sicherheitsbeiwert von 1,5 erfaßt.

Tabelle 35. *Warmstreckgrenzen $\sigma_{0,2}$ für Röhrenstähle*

Werkstoff	Gewährleistete Mindestwerte in kg/mm² bei °C									
	20	200	250	300	350	400	450	500	550	600
Unlegierte Stähle										
St 35.8	24	19	17	14	12	11	9			
St 45.8	26	21	19	16	14	13	11			
Niedriglegierte Stähle										
15Mo3	29	26	24	21	19	18	17	15		
13CrMo44	30	28	26	24	22	21	20	18		
10CrMo910	27	25	24	23	22	21	20	19		
14MoV63	37	31	29	27	26	25	24	23		
17MnMoV64	43	38	37	36	35	32				
15NiCuMo5	44	38	38	37	36	34				
20MnMo45	45	40	38	37	35	32	28			
Hochlegierte Stähle										
X20CrMoV121	50	44		40		36		30		
X8CrNiNb1613	20	16		14		13		12	11,9	11,5
X8CrNiMoNb1616	22	18		16		15		14	13,9	13,5
X8CrNiMoVNb1613	26	20		18		17		16	15,5	15

b) Warmfestigkeit und Temperaturgrenze

Das Kriechverhalten und die Warmfestigkeit der Stähle hängt sehr stark von der Zusammensetzung und vom Gefügezustand des Werkstoffes ab. Bei den niedrig- und mittellegierten Stählen wird die Warmfestigkeit hauptsächlich durch Zusatz von Molybdän und Vanadium erreicht. Das in den meisten warmfesten Stählen enthaltene Chrom beeinflußt die Warmfestigkeit nicht wesentlich, ist aber als Legierungsbestandteil wegen der Wärmebehandlung zur Erzielung guter Warmfestigkeitseigenschaften notwendig. Durch die Wärmebehandlung darf keine Versprödung des Werkstoffes eintreten, die meist durch Ausscheidungsvorgänge bei einer Anlaßbehandlung hervorgerufen wird. Die Wärmebehandlung sollte so abgestimmt sein, daß einerseits keine unzulässige Versprödung des Werkstoffes eintritt, die späterhin den Betrieb gefährden kann, andererseits eine gute Warmfestigkeit erzielt wird.

Niedriglegierte Stähle mit ferritischen Kristallgefügen verlieren ihre Warmfestigkeit sehr bald im Temperaturbereich über 500 °C und lassen sich ab 580 °C kaum noch verwenden. Für höhere Temperaturen stehen austenitische Cr-Ni-Stähle zur Verfügung, die mit Mo, V, Nb und anderen Elementen legiert sind und ein flächenzentriertes Gamma-Mischkristallgefüge besitzen. Abb. 555 veranschaulicht die hohen Werte der Warmfestigkeit dieser Stähle gegenüber den Ferriten im Bereich über 580 °C.

Die Verwendungsmöglichkeit der Stähle wird in erster Linie durch die Warmfestigkeit bestimmt. Bei höheren Temperaturen ist auch das Verhalten gegen Oxidation maß-

Tabelle 36. *Zeitstandsfestigkeit*

Werkstoff	Mittelwerte in												
	400	410	420	430	440	450	460	470	480	490	500	510	520
Unlegierte Stähle													
St 35.8	12,5	10,8	9,4	8,3	7,3	6,5	5,7	5	4,4	3,8	3,3	2,9	2,6
St 45.8	12,5	10,8	9,4	8,3	7,3	6,5	5,7	5	4,4	3,8	3,3	2,9	2,6
Niedriglegierte Stähle													
15Mo3						25	20,5	17,0	14,0	11,5	9,5	7,6	6,0
13CrMo44						29	25,8	22,6	19,6	16,7	14,0	11,2	9,1
10CrMo910								21,0	18,6	16,5	14,5	12,6	10,9
14MoV63								23,1	20,9	18,9	17,0	15,3	13,6
Hochlegierte Stähle													
X20CrMoV121						35	32,5	30,5	28,3	26	24	22	20,2
X8CrNiNb1613											26		
X8CrNiMoNb1616											27		
X8CrNiMoVNb1613													

gebend. Die Verzunderung wird mehr durch den Luftsauerstoff als durch Dampf oder Wasser verursacht. Wiederholte Temperaturwechsel und Ausscheiden von Salzen beeinträchtigen die Bildung von schützenden Oxidschichten.

Die Zunderbeständigkeit kann wesentlich durch Chromanteile über 6% erhöht werden, kleinere Mengen an Legierungselementen bringen keine merkliche Verbesserung. Bei den unlegierten und niedriglegierten Stählen nimmt die Oxidbildung im Temperaturbereich über 500 °C stark zu. In Tabelle 37 sind die Höchsttemperaturen für den Einsatz ver-

Tabelle 37. *Temperaturbereich warmfester Röhrenstähle*

Werkstoff	Dauertemperatur zulässig bis [°C] (Zundergrenze)	Verwendung praktisch bis [°C]
St 35.8	520	450
15Mo3	530	510
13CrMo44	560	530
10CrMo910	590	530
14MoV63	560	550
X20CrMoV121	600	580
X8CrNiMoVNb1613	650	640
X8CrNiNb1613	850	700
X8CrNiMoNb1616 .	800	700

schiedener Werkstoffe aufgetragen. Bis zu diesen Werten werden die Stähle selten verwendet. In der Praxis wird eine ausreichende Warmfestigkeit ($>$ 10 kp/mm^2) zur Erzielung günstiger Rohrabmessungen benötigt, so daß der Anwendungsbereich durch die in der zweiten Spalte aufgeführten Temperaturen begrenzt ist.

Der Stahl X8CrNiMoVNb1613 hat die höchsten Festigkeitswerte im Hochtemperaturbereich, kann aber wegen seiner geringeren Zunderbeständigkeit nur bis maximal 650 °C eingesetzt werden.

c) Verwendungsbereich der Stähle

Für alle im Kraftwerksbereich vorkommenden Beanspruchungsverhältnisse stehen z. Z. Stähle für Rohrleitungen zur Verfügung:

1. Für mittlere Drücke und Temperaturen
   bis etwa 450 °C: St 35 (DIN 1629), St 35.8.

Bei stärkeren Wänden als Normalwand ist 15Mo3 oft wirtschaftlicher einzusetzen.

$\sigma_{B/100\,000}$ für Röhrenstähle

kp/mm² bei °C

530	540	550	560	570	580	590	600	610	620	630	640	650	660	670	680	690	700
7,4	6,1	5,0	3,9														
9,2	7,8	6,7	5,7	4,8	4,1	3,5											
12,0	10,5	9,0	7,6														
18,3	16,5	14,5	12,7	10,9	9,1	7,3	5,5										
		17	15,6	14,3	13,2	12	11	10	9,1	8,3	7,6	7	6,3	5,6	5,1	4,5	4
		19	17,6	16,3	15,2	14,1	13	12	10,9	10	9,3	8,5	7,8	7,2	6,5	6	5,5
		22	20,8	19,6	18,4	17,2	16	14,8	13,6	12,4	11,2	10					

2. Für mittlere Drücke und hohe Temperaturen
   bis etwa 510 °C: 15Mo3,
   bis etwa 530 °C: 13CrMo44, 10CrMo910,
   bis etwa 550 °C: 14MoV63.

Bei heißen Zwischenüberhitzerleitungen großer Durchmesser führt das teure Material mit höherer Festigkeit zu einer besseren technischen Lösung und kann außerdem insgesamt preisliche Vorteile bringen. Die dünnere Wand ergibt eine elastischere Leitung. Die Anschlußkräfte und -momente an Kessel und Turbine werden geringer, und unter Umständen kann auf einen Mehraufwand von Kompensationslängen verzichtet werden.

3. Für hohe Drücke und Temperaturen
   bis etwa 530 °C: 13CrMo44, 10CrMo910,
   bis etwa 550 °C: 14MoV63,
   bis etwa 580 °C: X20CrMoV121,
   bis etwa 640 °C: X8CrNiMoVNb1613,
   über etwa 640 °C: X8CrNiMoNb1616.

Für Frischdampfleitungen kann ebenfalls auf die Verwendung des hochwertigeren Werkstoffes zur Erzielung geringer Wandstärken hingewiesen werden. Etwas höhere Anlagekosten gegenüber einem dickwandigen Rohr aus einem preisgünstigeren Werkstoff können sich durch kürzere Anwärmzeiten und Druckverlustersparnis infolge entfallender Kompensationslängen ausgleichen.

4. Für hohe Drücke und niedrige Temperaturen
   bis etwa 300 °C: 15Mo3, 13CrMo44.

5. Für höchste Drücke und niedrige Temperaturen
   bis etwa 450 °C: 17MnMoV64, 15NiCuMo5, 20MnMo45.

Obgleich für die Temperaturen der Speisewasserdruckleitungen unlegierte Stähle ausreichend wären, ergeben die sehr hohen Drücke so starkwandige Rohre, daß sich legierte Stähle wirtschaftlicher einsetzen lassen.

Die unter 5. aufgeführten Werkstoffe zeichnen sich durch sehr hohe Warmstreckgrenzen aus.

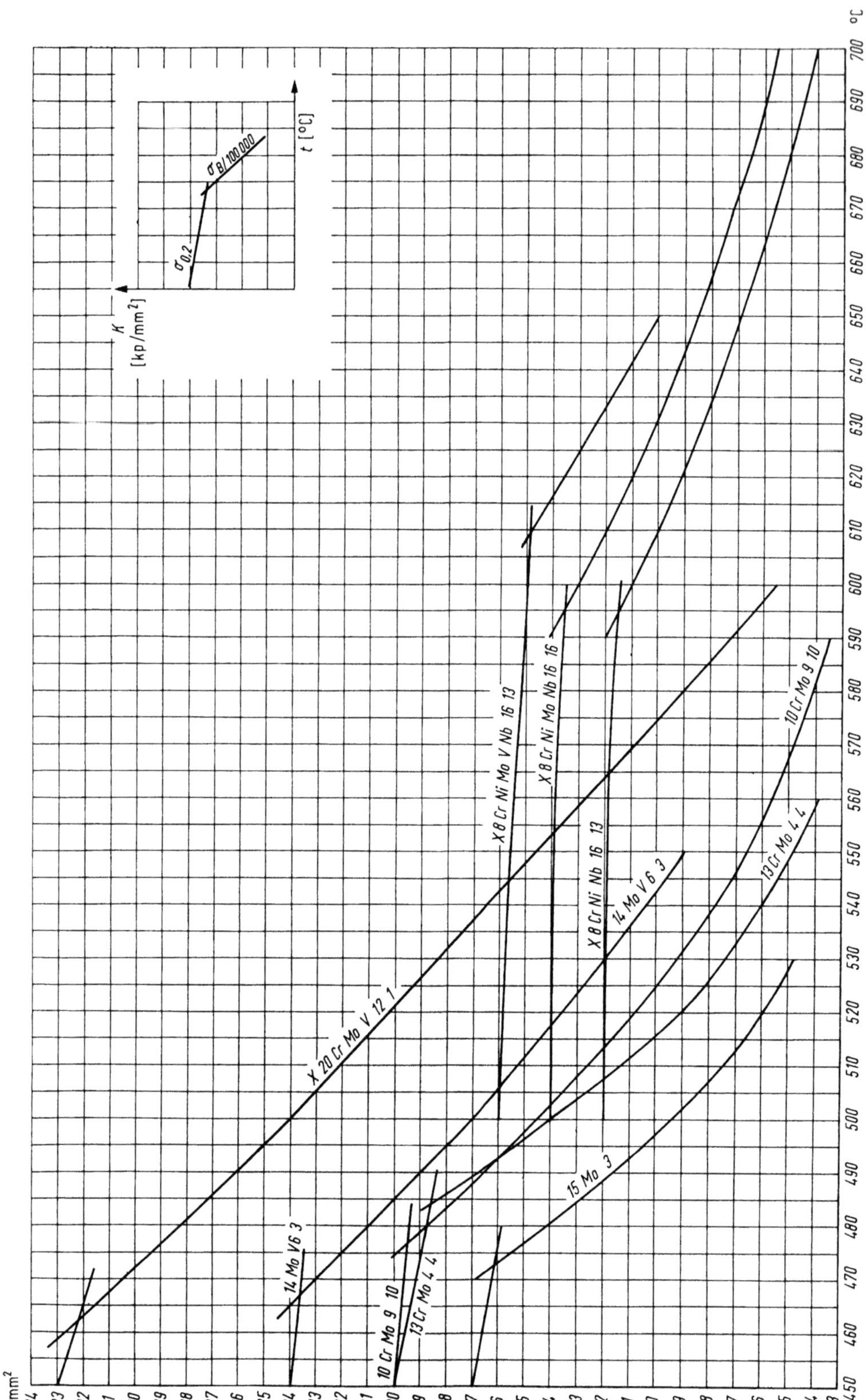

Abb. 555. Festigkeit warmfester Stähle

III. Druckverlustermittlung

a) Allgemeine Grundgleichungen[1]

Die allgemeine Beziehung für den Druckabfall in einer geraden Rohrleitung lautet:

$$P_1 - P_2 = \Delta p = \lambda \frac{l}{d} \cdot \frac{w^2}{2g} \cdot \gamma \text{ [kp/m}^2\text{]}, \tag{1}$$

wobei

P_1 Druck am Anfang der Leitung [kp/m²],
P_2 Druck am Ende der Leitung [kp/m²],
λ Rohrreibungsbeiwert (dimensionslos),
l Länge der Rohrleitung [m],
d lichter Durchmesser der Rohrleitung [m],
w Geschwindigkeit des Mediums [m/s],
g Erdbeschleunigung [m/s²],
γ spezifische Wichte des Mediums [kp/m³].

Die Gl. (1) gilt exakt nur für inkompressible Medien bei isothermer Strömung und waagerechten Leitungen. Für die meisten Druckverlustberechnungen der normalen Kraftwerksrohrleitungen liefert Gl. (1) auch bei Abweichungen von diesen Voraussetzungen ausreichend genaue Ergebnisse.

Höhendifferenzen zwischen Anfangs- und Endpunkt der Leitungen lassen sich durch ein Zusatzglied berücksichtigen, so daß dann die Beziehung gilt

$$P_1 - P_2 = \Delta p = \lambda \cdot \frac{l}{d} \cdot \frac{w^2}{2g} \cdot \gamma \pm h\,(\gamma - \gamma_L) \text{ [kp/m}^2\text{]}. \tag{2}$$

Unter γ_L ist die spezifische Wichte der Luft zu verstehen. Bei Flüssigkeiten kann es ohne großen Fehler vernachlässigt werden, und die geodätische Druckdifferenz kann mit $h \cdot \gamma$ errechnet werden.

Für kompressible Medien, die mit dem über die Leitungslänge abnehmenden Druck expandieren, läßt sich eine entsprechende Formel ableiten, indem Gl. (1) als Differentialgleichung angesetzt wird. Hierbei ist

$$\gamma = \frac{\gamma_1 \cdot P}{P_1}$$

und unter der Voraussetzung gleichen Durchmessers nach dem Kontinuitätsgesetz

$$w = \frac{w_1 \cdot P_1}{P},$$

$$\mathrm{d}p = \frac{\lambda}{d} \cdot \frac{w_1^2 \cdot P_1^2}{2g \cdot P^2} \cdot \frac{\gamma_1 \cdot P}{P_1} \cdot d_1\,. \tag{3}$$

Aus der Integration ergibt sich der Druckabfall

$$\Delta p = P_1 \left(1 - \sqrt{1 - \lambda \frac{l}{d} \cdot \frac{w_1^2}{g} \cdot \frac{\gamma_1}{P_1}}\right) \text{[kp/m}^2\text{]}. \tag{4}$$

Die Gl. (4) wird praktisch für solche Fälle angewendet, wo zwischen Anfangs- und Endpunkt der Rohrleitungen größere Druckdifferenzen bedingt durch die Länge oder hohe Geschwindigkeit auftreten. Ist der Druck am Ende der Leitung bekannt, kann die in gleicher Weise abgeleitete Gleichung

$$\Delta p = P_2 \left(\sqrt{1 + \lambda \frac{l}{d} \cdot \frac{w_2^2}{g} \cdot \frac{\gamma_2}{P_2}} - 1\right) \text{[kp/m}^2\text{]} \tag{5}$$

benutzt werden.

Ebenso läßt sich auch der Einfluß des Temperaturabfalls über der Leitungslänge auf den Druckverlust berücksichtigen. Genügend genau wird der Temperaturabfall aus der Beziehung ermittelt

$$\Delta t = \frac{q \cdot l}{c_p \cdot G} \text{ [°C]}.$$

[1] Siehe auch HERNING, F.: Stoffströme in Rohrleitungen, 2. Aufl., Düsseldorf: VDI-Verlag 1957.

Hierin bedeuten:

q Wärmeverlust [kcal/mh],
G Durchflußmenge [kg/h],
c_p spezifische Wärme [kcal/kg grd].

Wird für die Umrechnung der spezifischen Wichte die mittlere Temperatur

$$T_m = T_1 - \frac{\Delta t}{2} = T_1 - \frac{q \cdot l}{2G \cdot c_p} \, [°\mathrm{K}]$$

zugrunde gelegt, folgt für

$$\gamma = \frac{\gamma_1 \cdot P}{P_1} \cdot \frac{T_1}{T_m} = \frac{\gamma_1 - P}{P_1} \cdot \frac{T_1}{T_1 - \dfrac{q \cdot l}{2G \cdot c_p}} \, [\mathrm{kp/m^3}].$$

Eingesetzt in Gl. (3) und integriert ergibt sich für den Druckverlust einer expandierenden Strömung unter Berücksichtigung des Temperaturabfalls

$$\Delta p = P_1 \left[1 - \sqrt{1 - \left(\lambda \cdot \frac{l}{d} \cdot \frac{w_1^2}{g} \cdot \frac{\gamma_1}{P_1} \right) \cdot \left(1 - \frac{q \cdot l}{2 T_1 \cdot G \cdot c_p} \right)} \right] [\mathrm{kp/m^2}]. \quad (6)$$

Aus Gl. (1), die nach Einsetzen von

$$w^2 = \frac{16 \cdot G^2}{\pi^2 \cdot d^4 \cdot \gamma^2}$$

und Vereinfachen die Form

$$\Delta p = 0{,}083 \cdot \lambda \frac{G^2 \cdot l}{d^5 \cdot \gamma} \, [\mathrm{kp/m^2}]$$

annimmt, ist zu entnehmen, daß der Druckverlust im wesentlichen — wenn man von der Veränderlichkeit des Reibungsbeiwertes absieht — umgekehrt proportional der fünften Potenz des Durchmessers ist. Er ändert sich etwa nach der in Abb. 556 dargestellten Kurve, aus der hervorgeht, daß z. B. bei Änderung der Nennweite auf den 0,8fachen Wert der Druckverlust etwa dreimal so hoch wird. Geringe Durchmesserverringerungen durch Ablagerungen lassen also den Druckverlust sehr stark anwachsen.

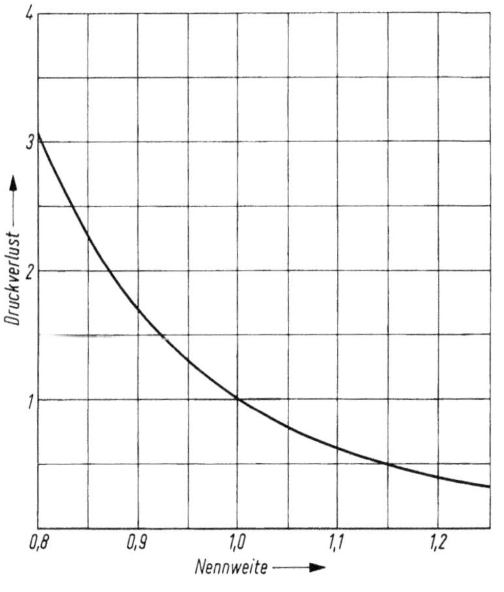

Abb. 556. Abhängigkeit des Druckverlustes von der Rohrnennweite

Ein Vergleich der Gl. (1) mit Gl. (4) zeigt, daß die Berücksichtigung der Expansion des strömenden Stoffes höhere Werte für den Druckverlust ergibt; der Einfluß des Temperaturabfalls nach Gl. (6) wirkt sich vermindernd aus. In den meisten Fällen genügt eine Berechnung nach Gl. (1), da die Genauigkeit jeder Druckverlustberechnung von der richtigen Erfassung der Rohrreibungszahl λ und der Widerstände für die Formstücke und Armaturen abhängt und diese sehr schwer zu ermitteln sind.

b) Ermittlung des Rohrreibungsbeiwertes

Je nach der Art der Strömung und dem Zustand der Rohrwand ergeben sich verschieden hohe Werte für den Rohrreibungswert λ. Maßgebend für die Art der Strömung ist zunächst die sich aus dem Ähnlichkeitsgesetz ergebende charakteristische Größe, die Reynoldszahl Re

$$Re = \frac{w \cdot d}{\nu}\ ; \text{ mit } \nu = \frac{\eta \cdot g}{\gamma} \quad Re = \frac{w \cdot d \cdot \gamma}{\eta \cdot g},$$

wobei

w Strömungsgeschwindigkeit [m/s],
d Rohrdurchmesser [m],
ν kinematische Zähigkeit [m^2/s],
η dynamische Zähigkeit [kp s/m^2],
g Erdbeschleunigung [m/s^2],
γ spezifische Wichte [kp/m^3].

Je nach der Art der zur Verfügung stehenden Tabellen für die Stoffwerte rechnet man vorteilhafter entweder mit der kinematischen oder der dynamischen Zähigkeit.

Unterhalb der durch Versuche ermittelten sog. kritischen Reynoldszahl $Re_{\text{Krit}} = 2320$ herrscht ein laminarer Strömungszustand. Hier wird der Druckverlust ausschließlich durch die Zähigkeit des strömenden Stoffes hervorgerufen. Dieser Strömungszustand stellt sich also bei sehr zähen Stoffen, wie z. B. Ölen, sowie in sehr engen Rohren und bei kleinen Geschwindigkeiten ein.

Bei *laminarer Strömung* ist die sekundliche Durchflußmenge nach dem Gesetz von Hagen-Poiseuille:

$$Q = \frac{\pi \cdot J \cdot g \cdot r^4}{8 \cdot \nu}\,[\text{m}^3/\text{s}], \tag{7}$$

wobei unter $J = \frac{P_1 - P_2}{\gamma \cdot l}$ das „Druckhöhengefälle" zu verstehen ist.

Setzt man $Q = w \cdot r^2 \cdot \pi$ und löst nach $P_1 - P_2$ auf, so erhält man für

$$\Delta p = P_1 - P_2 = 8 \cdot w \cdot \frac{\nu \cdot \gamma}{g} \cdot \frac{l}{r^2} = 32 \cdot w \cdot \frac{\nu \cdot \gamma}{g} \cdot \frac{l}{d^2}\,[\text{kp/m}^2]. \tag{8}$$

Andererseits gilt auch weiterhin die allgemeine Beziehung (1) für den Druckverlust einer Rohrleitung, so daß sich durch Gleichsetzen der Gln. (1) und (8) der Rohrreibungsbeiwert bei laminarer Strömung mit

$$\gamma = 64\,\frac{\nu}{w \cdot d} \quad \text{oder} \quad \lambda = \frac{64}{Re} \tag{9}$$

ergibt.

In Abb. 557 ist der Verlauf von λ_{laminar} eingezeichnet.

Bei *turbulenter Strömung* sind im Bereich der Reynoldszahlen über $Re_{\text{Krit}} = 2320$ drei Arten zu unterscheiden:

1. Turbulenz bei hydraulisch glattem Verhalten der Rohrwand,
2. Turbulenz bei hydraulisch rauhem Verhalten der Rohrwand,
3. Übergangsgebiet zwischen glatter und rauher turbulenter Strömung.

Bei hydraulisch glatten Rohrwänden, wie z. B. gezogenen Kupfer-, Messing- oder Aluminiumrohren, sind die Wandunebenheiten so klein, daß sie von der laminaren Grenzschicht eingehüllt werden. Der Rohrreibungsbeiwert wird von der Wandrauhigkeit nicht beeinflußt. Da außer den inneren Reibungskräften auch Wirbelwiderstände infolge der Turbulenz zu überwinden sind, liegt der Reibungsbeiwert höher als bei Laminarströmung. Er beträgt nach dem Gesetz von Prandtl-von Kármán im Bereich der glatten turbulenten Strömung

$$\frac{1}{\sqrt{\lambda}} = 2 \lg \frac{Re\sqrt{\lambda}}{2{,}51} = 2 \lg (Re \sqrt{\lambda}) - 0{,}8 \tag{10}$$

und ist danach nur abhängig von der Höhe der Reynoldszahl. Gl. (1) entspricht in Abb. 557 dem Verlauf der Kurve a. In der Praxis tritt die turbulente glatte Strömung selten auf, da die laminare Grenzschicht mit wachsender Reynoldszahl sehr schnell abnimmt.

Die rauhe turbulente Strömung tritt weitaus am häufigsten auf, da alle handelsüblichen Rohre eine bestimmte Wandrauhigkeit aufweisen, die sich während des Betriebes je nach

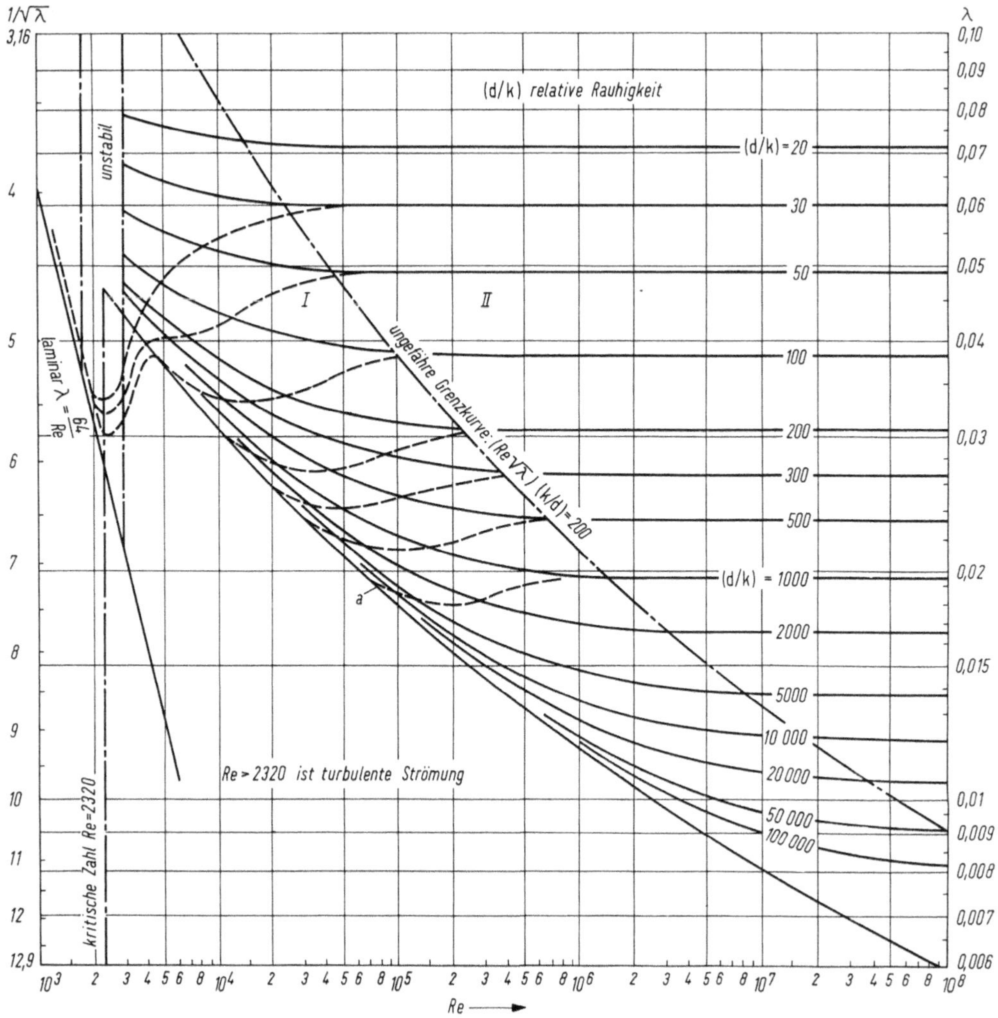

Abb. 557. Bestimmung des Reibungsbeiwertes in Rohrleitungen

Art des zu transportierenden Stoffes mehr oder weniger vergrößert, und zwar durch Korrosionen, Rostbildung, Ablagerungen usw. Nach NIKURADSE ergibt sich die Reibungszahl für die rauhe turbulente Strömung

$$\frac{1}{\sqrt{\lambda}} = 1{,}14 - 2 \lg \frac{k}{d} \cdot \tag{11}$$

Hierin bedeutet k die mittlere Wanderhebung; das sog. Rauhigkeitsmaß, bezogen auf den Rohrdurchmesser d, ist k/d, die relative Rauhigkeit. Der Reibungsbeiwert ist in diesem Falle unabhängig von der Reynoldszahl. Für verschiedene relative Rauhigkeiten k/d bzw. deren Kehrwerte d/k als Parameter ergeben sich für die Reibungsbeiwerte die in Abb. 557 eingetragenen Parallelen zur Abszisse im Bereich des mit II bezeichneten rauhen Verhaltens. Richtwerte für das Rauhigkeitsmaß können der Tabelle 38 entnommen werden. Obwohl die Abschätzung des Rauhigkeitsmaßes schwierig und unsicher ist, wird der hierdurch mögliche Fehler nicht sehr groß, da nicht die Rauhigkeit, sondern deren Logarithmus in die Rechnung eingeht.

Tabelle 38. *Rauhigkeitsmaß verschiedener Rohrwandungen (Richtwerte)*

Material	Zustand der Rohre	Absolute Rauhigkeit k [mm]
Gezogene Rohre aus Kupfer, Messing, Bronze, Aluminium, Kunststoffen u. dgl.	Neu, technisch glatt	0 bis 0,0015
Gezogene Stahlrohre	Neu, verschiedene Glätte	0,01 bis 0,05
Geschweißte Stahlrohre	Neu	0,05 bis 0,10
	Mäßig verrostet, leichte Verkrustung	0,15 bis 0,2
	Stärkere Verkrustung	Bis 3
Genietete Stahlrohre	Je nach Nietart und Ausführung	1 bis 5 (10)
Galvanisierte Eisenrohre	Neu	0,12 bis 0,15
Schmiedeeiserne Rohre	Neu	0,05
Rohre aus Gußeisen	Neu, innen mit Bitumen ausgekleidet	0 bis 0,12
	Neu, nicht ausgekleidet	0,20 bis 0,25
	Angerostet	Bis 1,5
	Stärkere Rostnarben, Verkrustung	Bis 3
Holzrohre	Neu, Glätte nimmt infolge Verschleimung im Laufe der Jahre im allgemeinen zu	0,2 bis 1,0
Asbest-Zement-Rohre (Eternit-, Toschi-Rohre u. a.)	Neu	0 bis 0,10
Betonrohre und Druckstollen aus Beton	Neu, Stahlbeton mit sorgfältig geglättetem Verputz	0 bis 0,15
	Neu, Schleuderbeton mit glattem Verputz	Bis 0,15
	Neu, ohne Verputz	0,2 bis 0,8
	Stahlbeton mit glattem Verputz, mehrere Jahre in Betrieb	0,2 bis 0,3

Für den in Abb. 557 mit *I* bezeichneten Übergangsbereich sind von NIKURADSE Versuche mit durch Sand angerauhten Rohren durchgeführt worden, wobei sich die den gestrichelten Linien entsprechenden Reibungswerte ergaben. Die Werte sind für die Praxis nicht verwendbar, weil bei gleicher mittlerer Wanderhebung die Sandrauhigkeit bedeutend gleichmäßiger ist als die Rauhigkeit technischer Rohre. Während bei Sandrauhigkeit infolge ihrer Gleichmäßigkeit die laminare Grenzschicht plötzlich durchstoßen wird, erfolgt dies bei technischer Rauhigkeit allmählich, da zunächst die höchsten Erhebungen turbulent umströmt werden und mit dünner werdender Laminarschicht erst nach und nach auch die kleineren. COLEBROOK untersuchte diese Vorgänge und entwickelte folgende Formel für das Übergangsgebiet zwischen glatter und rauher turbulenter Strömung

$$\frac{1}{\sqrt{\lambda}} = -2 \lg \left[\frac{2{,}51}{Re \sqrt{\lambda}} + \frac{k}{3{,}71\, d} \right]. \tag{12}$$

Die zugehörigen λ-Werte entsprechen dem Verlauf der ausgezogenen Linien des Bereiches *I* in Abb. 557.

Es sei noch hinzugefügt, daß die angegebenen Formeln in Abschn. a und b auch für unrunde Querschnitte — wie z. B. viereckige Betonschächte oder offene Kühlwasser-

Tabelle 39. *Widerstandsbeiwerte von Rohrleitungseinbauten*

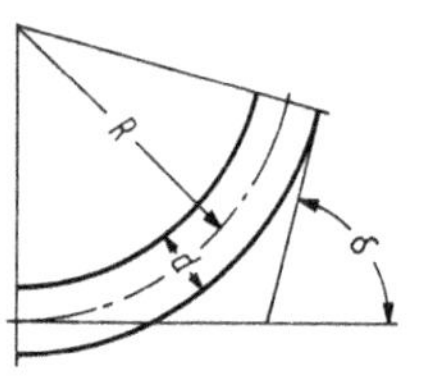

δ		glatt 15°	glatt 22,5°	glatt 45°	glatt 60°	glatt 90°	rauh 90°
R = d	ζ	0,03	0,045	0,14	0,19	0,21	0,51
R = 2 d	ζ	0,03	0,045	0,09	0,12	0,14	0,30
R = 4 d	ζ	0,03	0,045	0,08	0,10	0,11	0,23
R = 6 d	ζ	0,03	0,045	0,075	0,09	0,09	0,18
R = 10 d	ζ	0,03	0,045	0,07	0,07	0,11	0,20

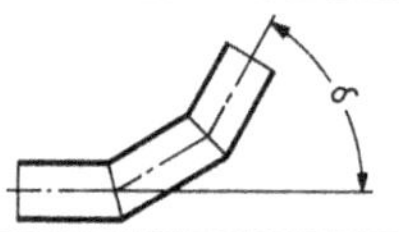

δ	15°	22,5°	30°	45°	60°	90°
Anzahl der Rundnähte	1	1	2	2	3	3
ζ	0,06	0,08	0,1	0,15	0,2	0,25

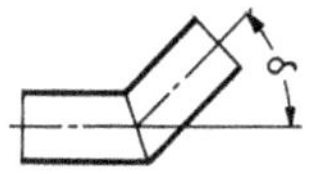

δ	22,5°	30°	45°	60°	90°
glatt ζ	0,07	0,11	0,24	0,47	1,13
rauh ζ	0,11	0,17	0,32	0,68	1,27

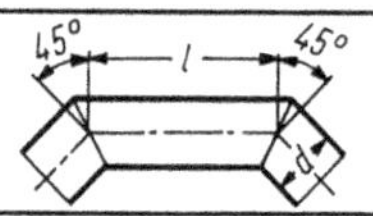

l/d	0,71	0,943	1,174	1,42	1,86	2,56	6,28
glatt ζ	0,51	0,35	0,33	0,28	0,29	0,36	0,40
rauh ζ	0,51	0,41	0,38	0,38	0,39	0,43	0,45

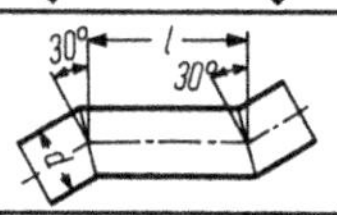

l/d	1,23	1,67	2,37	3,77
glatt ζ	0,16	0,16	0,14	0,16
rauh ζ	0,30	0,28	0,26	0,24

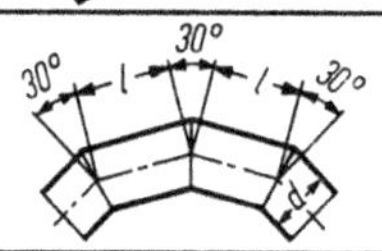

l/d = 1,7 bis 6,0 ζ glatt = 0,15 ÷ 0,2
ζ rauh = 0,3 ÷ 0,4

Faltenrohrbogen 90°
ζ = 0,4

Graugußkrümmer 90°

NW	50	100	200	300	400	500
ζ	1,3	1,5	1,8	2,1	2,2	2,2

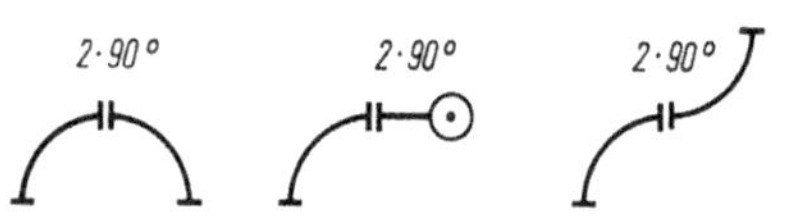

ζ = 2-fach ζ = 3-fach ζ = 4-fach
eines 90° Krümmers

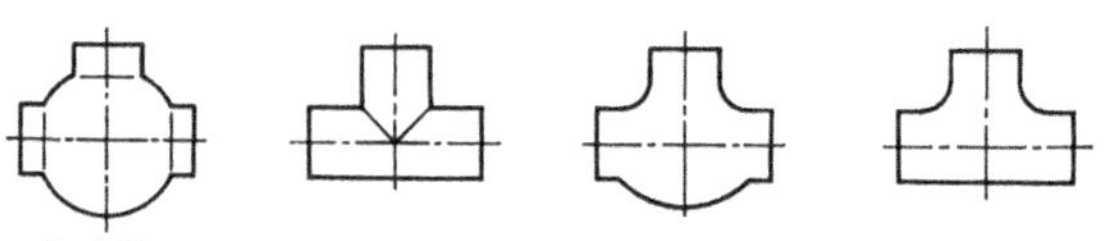

ζ = 4,87 ζ = 1,3 ζ = 0,87 ζ = 0,73

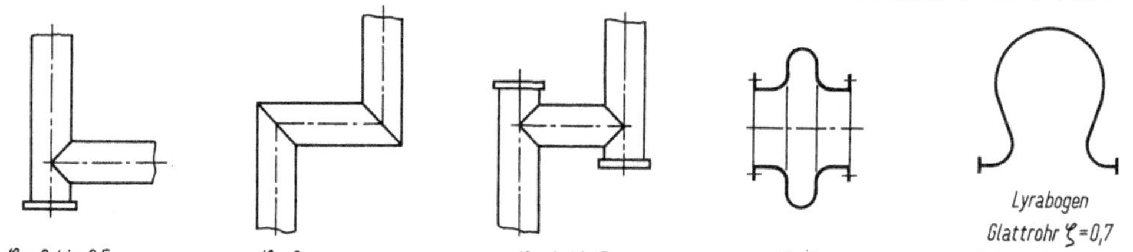

ζ = 2 bis 2,5 ζ = 3 ζ = 4 bis 5 ζ = 2

Lyrabogen
Glattrohr ζ = 0,7
Faltenrohr ζ = 1,4

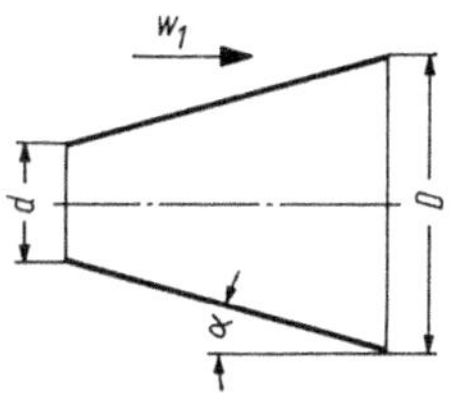

D/d	1,3	1,5	1,6	1,7	1,8	1,9	2
α	ζ						
4°	0,05	0,22	0,35	0,50	0,74	1,00	1,30
6°	0,10	0,35	0,55	0,80	1,15	1,55	2,00
8°	0,14	0,45	0,75	1,10	1,50	2,05	2,75
10°	0,18	0,65	1,00	1,50	2,10	2,75	3,70
12°	0,25	0,90	1,40	2,10	2,90	3,90	5,25

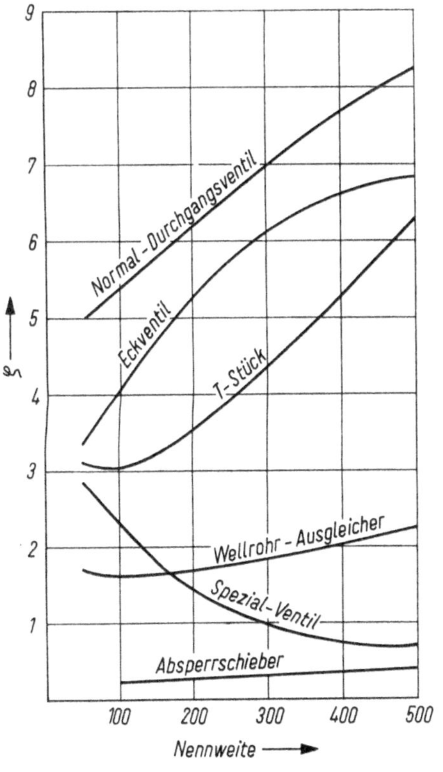

Abb. 558. Widerstandsbeiwerte von Armaturen und anderen Einbauteilen

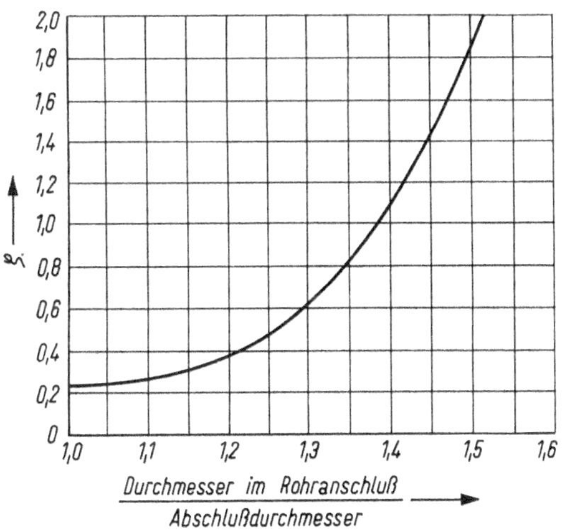

Abb. 559. Widerstandsbeiwerte eingezogener Absperrschieber

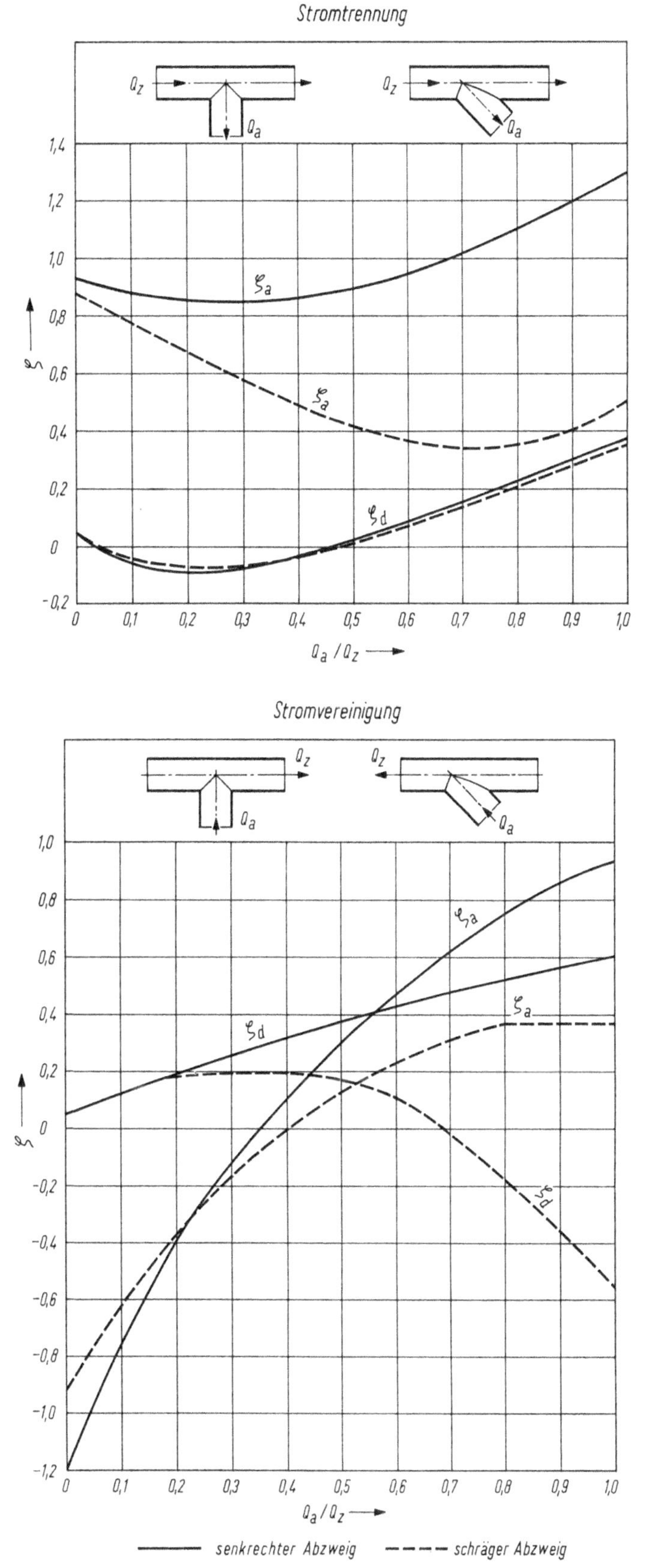

Abb. 560. Widerstandsbeiwerte von Abzweigstücken

kanäle — gelten, sofern darin $d = 4 \cdot r_h$ gesetzt wird, wobei unter dem hydraulischen Radius

$$r_h = \frac{F}{U} = \frac{\text{stofferfüllter Querschnitt}}{\text{benetzter Umfang}}$$

zu verstehen ist.

c) Widerstandsbeiwerte von Rohrformstücken und Armaturen[1]

Die durch Umlenkungen und Verwirbelungen in Armaturen und Einbauten entstehenden Verluste werden auf den Staudruck der Rohrgeschwindigkeit bezogen und durch die Widerstandszahl ζ berücksichtigt. Der Druckverlust beträgt danach:

$$\Delta p = \zeta \cdot \frac{w^2}{2g} \cdot \gamma \,[\mathrm{kp/m^2}]. \tag{13}$$

Hierbei ist die Widerstandszahl ζ gleichbedeutend mit dem Faktor $\lambda \cdot l/d$ in Gl. (1), woraus sich für die Praxis die Möglichkeit ergibt, aus der Widerstandszahl bzw. der Summe der Widerstandszahlen eine „gleichwertige" Rohrlänge zu errechnen:

$$l_g = \Sigma\, \zeta \cdot \frac{d}{\lambda} \,[\mathrm{m}] \tag{14}$$

und diese für die Druckverlustberechnung der natürlichen Rohrlänge l in Gl. (1) zuzuschlagen. Umgekehrt ist es möglich, den Leitungswiderstand der geraden Leitung $\zeta_L = \lambda \cdot l/d$ der Summe der Einzelwiderstände zuzuschlagen und auf diese Weise den Druckverlust der Leitung einschließlich aller Formstücke und Armaturen zu ermitteln.

In Tabelle 39 und Abb. 558 bis 561 sind für Einbauten und Armaturen die Widerstandszahlen ζ angegeben.

d) Beispiel

Inwieweit sich die Rohrleitungsführung im Zusammenhang mit der Betriebsweise auf die Höhe des Druckverlustes auswirken kann, soll am Beispiel der Zwischenüberhitzerleitungen eines Kraftwerksblocks gezeigt werden, und zwar an drei grundsätzlichen Schaltungsmöglichkeiten:

1. Ein Kessel je Block (Abb. 562a).
2. Zwei Kessel je Block, Trennung und Vereinigung der ZwÜ-Leitungen an der Turbine (Abb. 562b).
3. Zwei Kessel je Block, Trennung und Vereinigung der ZwÜ-Leitungen an den Kesseln, so daß nur je ein Leitungsstrang zur Turbine führt (Abb. 562c).

Es soll überschläglich ermittelt werden, wie sich der Druckverlust bei Halblast gegenüber dem bei Vollast ändert. Für die Umrechnung gilt folgende Beziehung, die sich aus den allgemeinen Beziehungen für den Druckverlust herleitet:

$$\Delta p_T = \left(\frac{G_T}{G}\right)^2 \cdot \frac{v_T}{v} \cdot \Delta p \;\; [\mathrm{at}].$$

G und v sind die Werte für Vollast, G_T und v_T für Teillast, in diesem Fall für Halblast. Bei den Schaltungen *2* und *3* wird vorausgesetzt, daß bei Halblast nur ein Kessel in Betrieb ist. Zur Vereinfachung der Rechnung wird von der etwa zutreffenden Annahme ausgegangen, daß bei Halblast der Turbine die Mengen (G) und Drücke (p) halb so groß sind wie bei Vollast und die spezifischen Volumina (v) auf etwa das Doppelte anwachsen. Außerdem bleibt die geringfügige Veränderlichkeit von λ unberücksichtigt.

Schaltung 1: Ein Kessel je Block.

$$G_T \approx \frac{1}{2} G \qquad \text{und} \qquad v_T \approx 2\,v,$$

$$\Delta p_T \approx \left(\frac{1}{2}\frac{G}{G}\right)^2 \cdot \frac{2v}{v} \cdot \Delta p \approx \frac{1}{2}\,\Delta p.$$

Der Druckverlust ändert sich etwa proportional der Last.

[1] Siehe auch HERNING, F.: Stoffströme in Rohrleitungen, 2. Aufl., Düsseldorf: VDI-Verlag 1957.

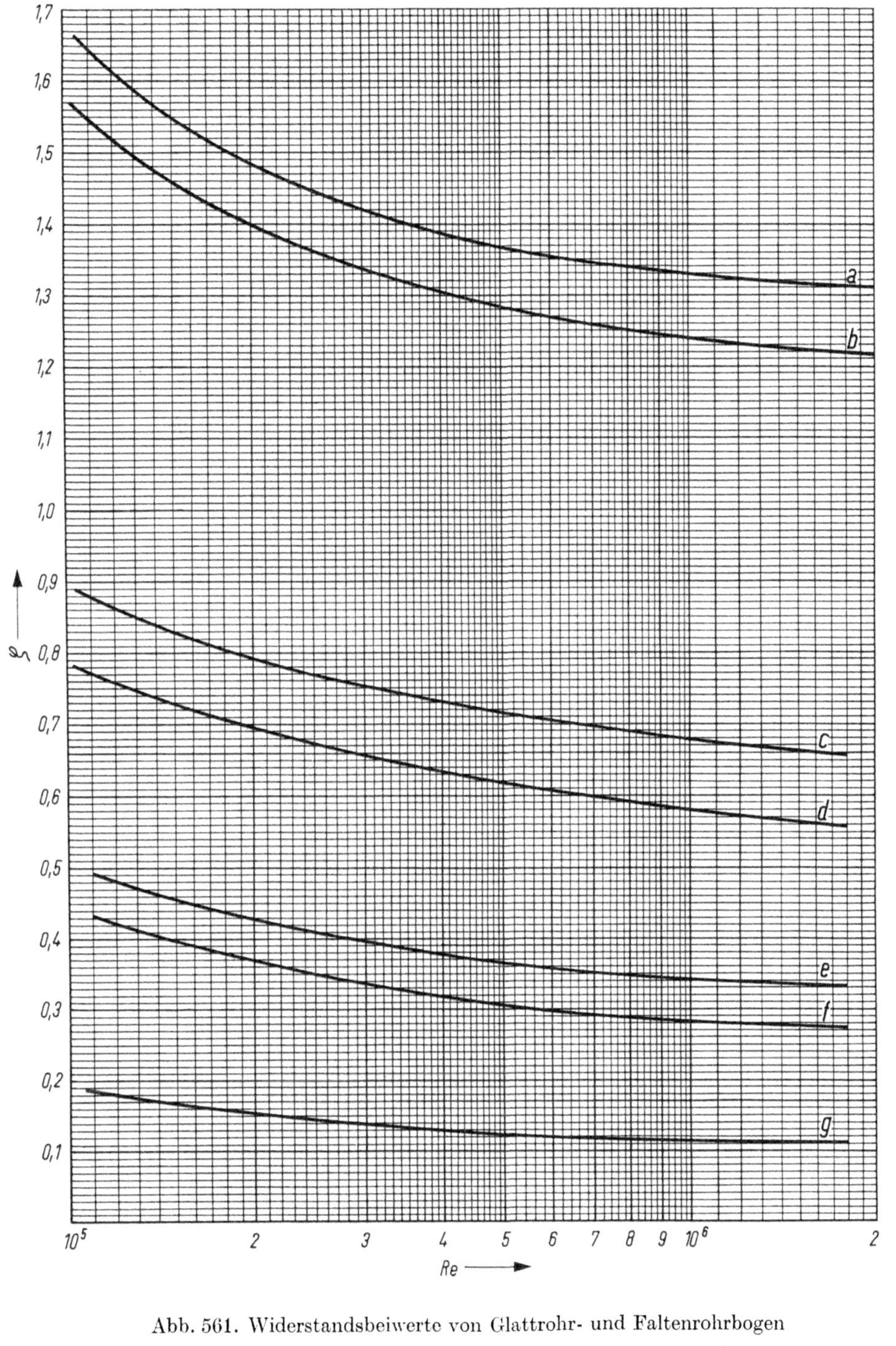

Abb. 561. Widerstandsbeiwerte von Glattrohr- und Faltenrohrbogen

a Faltenrohr-Lyrabogen
b Faltenrohr-U-Ausgleicher
c Metallschlauch mit zwei Krümmern
d Glattrohr-Lyrabogen ($R = 4d$)
e Faltenrohrbogen 90° ($R = 3{,}5d$)
f Krümmer 90° ($R = 1d$)
g Glattrohrbogen 90° ($R = 4d$)

Schaltung 2: Zwei Kessel je Block. Bei Halblast gibt ein Kessel seine Vollastmenge so daß

$$G_T \approx G \qquad \text{und} \qquad v_T \approx 2\,v,$$

$$\Delta p_T \approx \left(\frac{G}{G}\right)^2 \cdot \frac{2v}{v} \cdot \Delta p \approx 2\,\Delta p.$$

Der Druckverlust ist bei Halblast etwa doppelt so groß wie bei Vollast.

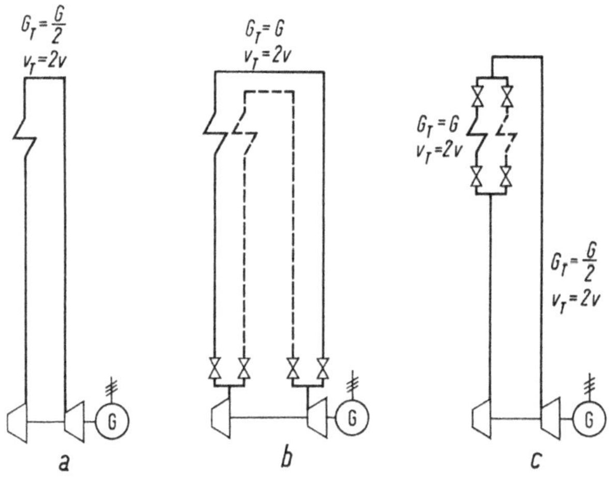

Abb. 562. Zwischenüberhitzerschaltungen

a Ein Kessel je Block.
b Zwei Kessel je Block mit getrennter Leitungsführung bis unmittelbar vor die Turbine.
c Zwei Kessel je Block mit Trennung und Vereinigung der zwei Leitungen unmittelbar an den Kesseln. Es führt nur je eine Leitung zur Turbine.

Schaltung 3: Zwei Kessel je Block. Bei Halblast ist nur ein Kessel in Betrieb; die Kessel sind über gemeinsame Rohrleitungen mit der Turbine verbunden.

Für den Zwischenüberhitzer des Kessels ist

$$G_{T_{Zw\ddot{U}}} \approx G \qquad \text{und} \qquad v_T \approx 2\,v,$$

$$\Delta p_{T_{Zw\ddot{U}}} \approx \left(\frac{G}{G}\right)^2 \cdot \frac{2v}{v} \cdot \Delta p_{Zw\ddot{U}} \approx 2\Delta p_{Zw\ddot{U}}\,.$$

Für die Verbindungsleitungen ist

$$G_{T_R} \approx \frac{1}{2}\,G \qquad \text{und} \qquad v_T \approx 2\,v,$$

$$\Delta p_{T_R} \approx \left(\frac{1}{2}\,\frac{G}{G}\right)^2 \cdot \frac{2v}{v} \cdot \Delta p_R \approx \frac{1}{2}\,\Delta p_R\,.$$

Der gesamte Druckverlust $\Delta p_{Zw\ddot{U}} + \Delta p_{T_R}$ wird im allgemeinen bei Halblast höher sein als bei Vollast, da der Anteil des Zwischenüberhitzers relativ hoch ist. Entfallen bei einer üblichen Auslegung 2 at auf den Zwischenüberhitzer und 1 at auf die Rohrleitungen, dann steigt der Druckverlust von 3 at bei Vollast auf 4,5 bei Halblast.

In den Fällen, in denen bei Zweikesselbetrieb auch bei Teillast beide Kessel in Betrieb bleiben, ändert sich der Druckverlust unabhängig von der Art der Schaltung entsprechend Beispiel 1, also etwa proportional der Last.

Vierter Teil

Die elektrotechnische Gruppe

Von Hans-Otto Fieguth und Bernhard Schmid

A. Ableitung und Aufspannung

Von Adolf von Brackel

I. Die einschlägigen elektrischen Größen

a) Nennspannung, Nennstrom

Die mit der Generatorspannung erzeugte Energie wird gewöhnlich mit Transformatoren auf die für die Übertragung jeweils in Frage kommende Oberspannung aufgespannt. Bei den großen Leistungen der Generatoren in Blockkraftwerken und den verhältnismäßig niedrigen Spannungen, mit denen sie arbeiten, müssen bei den Generatorwicklungen und den Verbindungen zu den Blocktransformatoren erhebliche Stromstärken beherrscht werden. In der nachstehenden Tabelle 40 sind für Generatoren von 100 bis 600 MW die Ströme angeführt, die bei den in Europa, den USA und der UdSSR angewandten oder in Aussicht genommenen Spannungen auftreten.

Tabelle 40. *Leistung, Spannung und Nennstrom großer Generatoren*

Generator-Wirk-Leistung [MW]	Leistungs-Faktor cos φ	Schein-Leistung [MVA]	Nennstrom bei 10,5 kV [A]	13,8 kV [A]	15,75 kV [A]	18,9 kV [A]	21 kV [A]
100	0,7	143	7850	6000	5250		
120	0,7	173	9500	7250	6350		
150	0,7	214	11750	8950	7850	6550	5900
200	0,7	286	15700	12000	10500	8750	7850
250	0,8	313		13100	11500	9550	8600
300	0,8	375			13800	11500	10300
600	0,9	667					18500

Der durch unterbrochene Linien begrenzte Bereich stellt etwa das Anwendungsgebiet in Deutschland, der durch durchgehende begrenzte denjenigen in den USA dar.

Allgemein ist man bestrebt, die Generatorspannung niedrig zu halten, jedoch wird sie möglichst so gewählt, daß der Nennstrom für die Maschinenwicklung und für die Ableitung nicht höher als etwa 12000 A ist. Mit steigender Stromstärke erfordert die Abführung der Verlustwärme, insbesondere bei gekapselten Generatorableitungen, und die Beherrschung der dynamischen Kräfte durch den Kurzschlußstrom besondere Maßnahmen. Außerdem wird auch die Beeinflussung benachbarter Eisenteile — Armierungseisen im Beton, Gerüsteisen, Gitter und dgl. — durch die Streufelder erheblich. Über 12000 A Nennstrom werden zusätzliche Maßnahmen zur Beherrschung dieser Einflüsse erforderlich (verstärkte Luftkühlung, Flüssigkeitskühlung, vergrößerte Phasenabstände).

b) Stoßkurzschlußstrom, dynamische Kräfte

Der bei einem Kurzschluß innerhalb der Generatorableitung auftretende Stoßkurzschlußstrom hat hohe dynamische Kräfte zur Folge, die von den Stützern und Durchführungen aufgenommen werden müssen.

Die dynamischen Kräfte F, die im zweipoligen Kurzschlußfall auftreten, errechnen sich aus der Beziehung

$$F = 2{,}04 \cdot I_s^2 \cdot \frac{l}{a} \ [10^{-8}\,\text{kp}].$$

Darin ist

I_s die Amplitude des Stoßkurzschlußstromes in A,
l die Länge der Parallelführung von Hin- und Rückleitung in cm,
a der Mittenabstand zwischen Hin- und Rückleitung in cm.

In Tabelle 41 sind zu den in Frage kommenden Generatorleistungen die innerhalb der Generatorableitung möglichen Stoßkurzschlußströme und Stoßkräfte bei einem Kurzschluß in Punkt *1*, Abb. 563, angegeben, mit denen bei den verschiedenen in Frage kommenden Spannungen für die Beanspruchung der Verbindung zwischen Generator und Transformator sowie etwa eingebauter Schaltgeräte zu rechnen ist. Die angegebenen Werte sind Mittelwerte, die je nach der Bauart der Generatoren über- oder unterschritten werden können.

Tabelle 41. *Auftretende Stoßkurzschlußströme I_s, Stoßkräfte F (für 1 m Mittenabstand und 1 m Parallelführung der Phasen) sowie erforderliche Abschaltleistung S_a von Generatorschaltern beim zweipoligen Kurzschluß (Abb. 563, Punkt 1).*

Generator-Schein-leistung [MVA]	S_a [MVA]	10,5 kV I_s [kA]	10,5 kV F [kp]	13,8 kV I_s [kA]	13,8 kV F [kp]	15,75 kV I_s [kA]	15,75 kV F [kp]	18,9 kV I_s [kA]	18,9 kV F [kp]	21 kV I_s [kA]	21 kV F [kp]
143	722	133	360	102	213	89	160	74	112	67	92
173	875	161	530	123	309	108	238	90	165	81	134
214	1080	199	810	152	472	133	360	111	246	100	204
286	1445	266	1440	204	850	178	646	149	454	133	360
313	1590			222	1088	195	776	162	535	146	435
375	1900					234	1120	195	775	175	626
667	2230									185	700

Die bei einem Kurzschluß in Punkt *2*, Abb. 563, in der Generatorableitung wirkenden Ströme und Kräfte können größer oder kleiner sein als die in der Tabelle genannten Werte, je nachdem, wie stark das angeschlossene Netz und wie hoch die Streuspannung

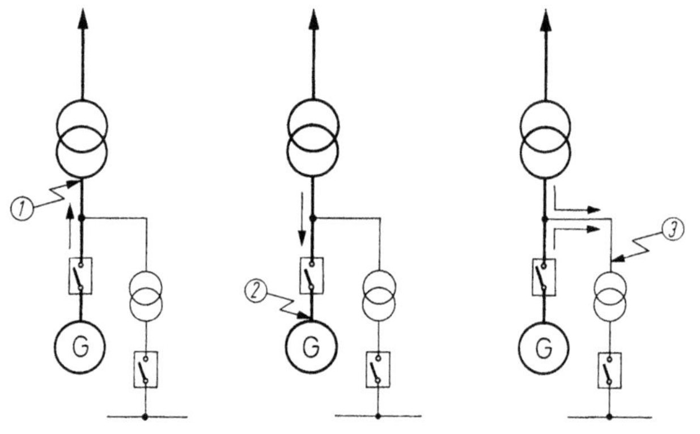

Abb. 563. Stoßkurzschlußströme in der Generatorableitung bei Blockschaltungen

des Aufspanntransformators ist. Hier ist in jedem Einzelfall eine Nachrechnung erforderlich. Generatorableitung und Generatorschalter sind für die höchsten vorkommenden Werte auszulegen.

Für die Kurzschlußstelle *3* in Abb. 563 addieren sich die vom Generator und vom Netz gelieferten Werte, wodurch die Ableitung zum Eigenbedarfstransformator der kurzschlußmäßig am höchsten beanspruchte Teil der Generatorableitung wird. Auf Grund dieser Verhältnisse ist anzustreben, daß

Generator- und Aufspanntransformator möglichst nahe beieinander aufgestellt werden, der Eigenbedarfs-Transformator unmittelbar unter der Generatorableitung angeordnet wird,

keine Schaltgeräte zwischen Generator und Aufspanntransformator, insbesondere in der Ableitung zum Eigenbedarfstransformator eingebaut werden.

II. Hochstrom- und Hochleistungsschalter

Bei der Blockbauweise werden in der Regel zwischen Generator und Transformator keine Schaltgeräte eingebaut. Die erforderlichen Leistungsschalter sind auf der Oberspannungsseite des Blockes und auf der Unterspannungsseite des Eigenbedarfsumspanners

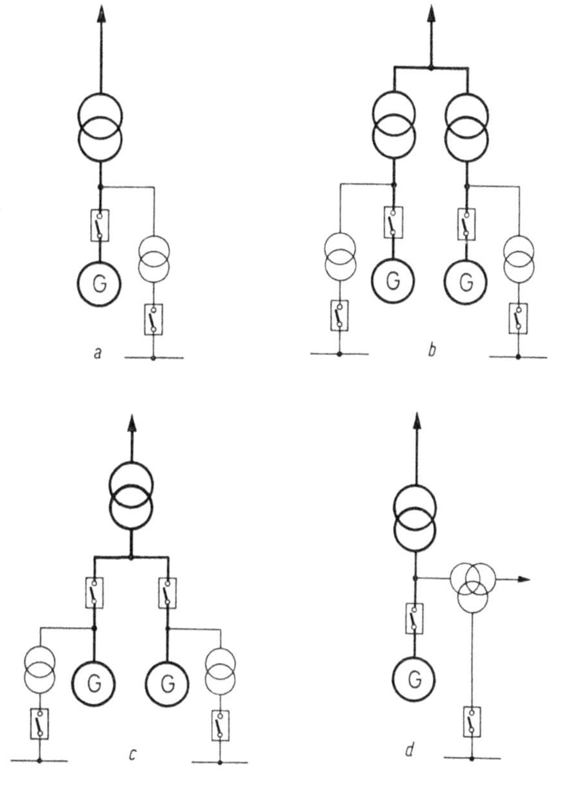

Abb. 564a—d. Einsatz von Generator-Leistungsschaltern bei großen Einheiten

angeordnet. Der oberspannungsseitige Schalter kann bei den hier in Frage kommenden Spannungen leicht für die erforderliche Schaltleistung, die im übrigen im größeren Maße von dem angeschlossenen Netz bestimmt wird, bemessen werden. Der Eigenbedarfsschalter wird durch den Eigenbedarfstransformator, dessen Größe sich etwa bei einem Zehntel der Blockleistung bewegt, gegen die hohen Kurzschlußbeanspruchungen geschützt. Es gibt jedoch einige Fälle, bei denen Schaltgeräte auf der Generatorseite nicht vermieden werden können:

Für das Anfahren aus dem Stillstand ist für jedes moderne Dampfkraftwerk eine Fremdeinspeisung erforderlich. Die zum Anfahren notwendige Energie wird im allgemeinen aus dem Verbundnetz entnommen. Steht hierfür keine geeignete Verbindungsleitung zur Verfügung, so kann, wie Abb. 564a zeigt, für das Anfahren der Blocktransformator verwendet werden, wenn zwischen Generator und Eigenbedarfsabzweig ein Leistungsschalter eingebaut ist.

In manchen Fällen ist es wünschenswert, für zwei oder mehrere Blocks, die alle mit einem Blocktransformator ausgerüstet sind, eine gemeinsame Freileitung zu verwenden (Abb. 564b). Bei der Schwierigkeit, in dicht besiedelten Industriegebieten die erforderlichen Freileitungs-Trassen zu finden, gewinnt dieses Problem an Bedeutung. Durch die Zusammenschaltung ergibt sich jedoch die Notwendigkeit, für jeden Generator einen eigenen Leistungsschalter vorzusehen, mit dem man jeden einzeln synchronisieren und parallel schalten kann. Des erforderlichen Platzes und der Kosten wegen kommen oberspannungsseitige Schalter meist nicht in Frage, sondern nur solche auf der Unterspannungsseite.

Verschiedentlich werden zwei Generatoren zusammengeschlossen und auf einen Blocktransformator geschaltet (Abb. 564 c). Auch hier sind meist Generatorschalter erforderlich. Ausnahmen bilden die Fälle, in denen es sich bei den beiden auf einen Blocktransformator arbeitenden Turbosätzen um zusammengehörige Vor- und Nachschalt- oder Crosscompound-Maschinen handelt, die stets zusammen hochgefahren und auch bei Störungen gleichzeitig abgesetzt werden können. Ähnlich werden Zwillings-Generatoren von Ljungström-Turbinen schon immer gefahren.

Abb. 565. BBC-Leistungsschalter, 12000 A, 1500 MVA, 10,5 kV. Werkbild BBC

Abb. 566. SSW-Leistungsschalter, 9000 A, 1200 MVA, 10,5 kV, Phase R. Werkbild Siemens

Der Einsatz eines Generatorschalters ist meist auch dann erwünscht, wenn außer der Einspeisung in ein Verbundnetz noch ein weiteres Netz (z. B. Industrienetz) versorgt werden soll (s. Abb. 564 d und Klöckner-Kraftwerk Castrop-Rauxel, Erster Band, S. 175). Bei einer Störung innerhalb des Kraftwerkes soll dieses durch den Generatorschalter abgetrennt und das zweite Netz und gegebenenfalls auch der Kraftwerks-Eigenbedarf möglichst ungestört aus dem Verbundnetz weiter versorgt werden können.

Geeignete Leistungsschalter sind in verschiedenen Kraftwerksanlagen bereits eingebaut worden. Abb. 565 und 566 zeigen zwei Ausführungen derartiger Schalter. Der Schalter nach Abb. 566 ist durch die Aufteilung in je einen Einzelschalter je Phase besonders für die Generatorableitungen mit Einzelkapselung jeder Phase geeignet.

III. Äußere Ausführung der Generatorableitung

Der Verbindung zwischen Generator und Blocktransformator kommt wegen der großen Leistungen der Blockeinheiten besondere Bedeutung zu.

Kabel sind für diesen Zweck wenig geeignet, da sie bei den hohen Strömen infolge der Anhäufung paralleler Kabel zu unwirtschaftlichen Querschnitten führen. Außerdem sind Kabel und Endverschlüsse durch die hohen Kurzschlußströme stark beansprucht. Zweckmäßigerweise geht man daher schon bei Leistungen von 30 bis 40 MVA auf die Verwendung blanker Leiter über. Je nach den örtlichen Gegebenheiten hat man die Möglichkeit, die blanken Leiter offen zu verlegen oder eine metallgekapselte Bauweise zu wählen.

Als Leitermaterial kommen Kupfer oder Aluminium in Frage. Für die Wahl zwischen diesen beiden Metallen spielen Beschaffungsmöglichkeiten und wirtschaftliche Vergleiche eine große Rolle. Die Technik der Aluminium-Verarbeitung ist derart entwickelt, daß seiner Verwendung nichts im Wege steht.

a) Mehrfach-V-Profile aus Aluminium in symmetrischer Anordnung, zusammengesetzt aus gleichen Einfach-V-Profilen

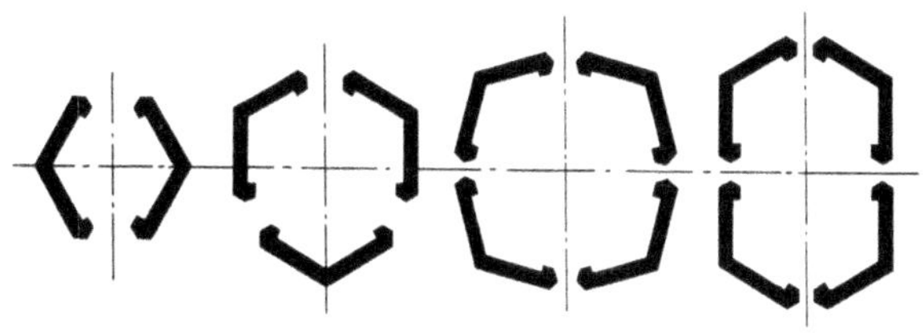

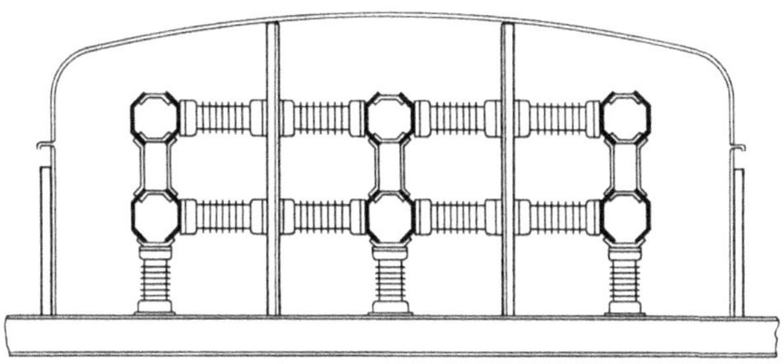

b) Dreiphasige Hochstromverbindung mit 2 Doppel-C-Profilen je Phase und Aluminiumblechkapselung mit Trennwänden zwischen den Phasen

c) Dreiphasige Hochstromverbindung mit Kastenprofilen und Aluminiumblechkapselung je Phase

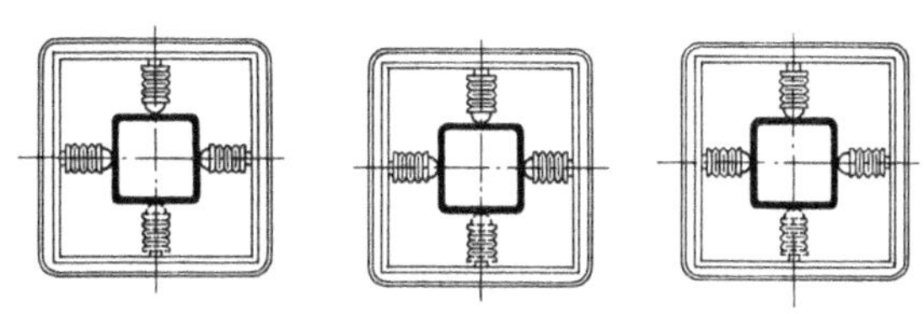

Abb. 567 a—c. Querschnittsformen von Stromleitern für Generatorableitungen

Der Leiterquerschnitt wird aus dem höchsten Betriebsstrom und den für gegebene Kühlverhältnisse bekannten zulässigen spezifischen Strombelastungen errechnet. Die Form des Leiterquerschnittes wird durch die im Kurzschluß auftretenden elektrodynamischen Kräfte und die Stromverdrängung beeinflußt, die sich bereits bei Nennstrom und den üblichen Frequenzen von 50 oder 60 Hz bemerkbar macht. Eine ideale Form ist der Hohlzylinder. Aus konstruktiven Gründen werden jedoch oft U- oder V-Profile, quadratische oder Sechskantrohre verwendet (Abb. 567).

Offen verlegte Leiter erfordern bei den hohen Kurzschlußströmen einen erheblichen Aufwand an Stützpunkten und Versteifungen. Die Isolatoren sind außerdem leicht der Verschmutzung ausgesetzt und neigen dadurch zu Erdschlüssen, die unter Umständen mehrpolige Kurzschlüsse einleiten können. Weiterhin sind Maßnahmen zum Schutz gegen Berührung erforderlich. Die Verlegung offener Leiter in gemauerten oder betonierten Kanälen vermindert zwar die Gefahren der Verschmutzung und Berührung, erfordert aber einen zusätzlichen baulichen Aufwand.

Man verwendet daher auch in Europa häufig für die Verbindung zwischen Generator und Blockumspanner trotz der höheren Kosten und des größeren Materialaufwandes den in Amerika zuerst entwickelten metallgekapselten Hochstromschienenkanal.

Die Kapselung kann auf verschiedene Weise ausgeführt werden (Abb. 568). Allen Möglichkeiten gemeinsam ist der einwandfreie Schutz gegen Berührung und Verschmutzung, dadurch gleichbleibender Isolationszustand und geringe Gefahr innerer Fehler. Diese Art der Generatorableitung eignet sich besonders für die Verwendung in Industriegebieten, wo mit einem starken Anfall von Flugasche, Staub oder sonstigen Verschmutzungen zu rechnen ist. Ähnliche Überlegungen sind auch bei Kraftwerken in Meeresnähe anzustellen, wenn durch den Wind große Mengen salzhaltiger Luft herangeführt werden können.

Man unterscheidet im wesentlichen drei Grundformen metallgekapselter Hochstromleiter. Abb. 568a zeigt die gemeinsame Verschalung aller drei Leiter. Dies ist die einfachste und billigste Ausführung. Der Nachteil der Lösung ist jedoch, daß einphasige Erdschlüsse sich durch Lichtbogenüberschläge ungehindert zu mehrphasigen Schäden ausweiten können.

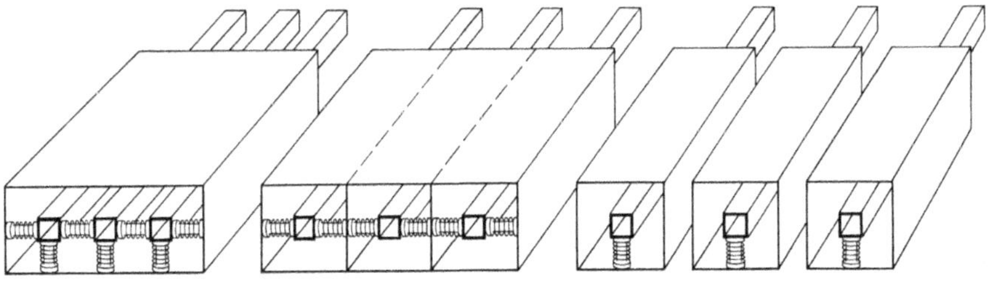

Abb. 568a—c. Grundformen metallgekapselter Hochstromleiter

a Gemeinsame Kapselung aller drei Phasen
b Gemeinsame Kapselung aller drei Phasen mit Trennwänden
c Getrennte Kapselung für die drei Phasen

Bei der gemeinsamen Verschalung aller drei Leiter mit Trennwänden (Abb. 568b) wird diese Gefahr weitgehend vermindert. Jedoch ist auch hier der Fall denkbar, daß durch den bei Erdschluß entstehenden Lichtbogen die Phasenwände zerstört werden und durch Ionisierung der Luft ein Zweiphasen-Kurzschluß eingeleitet wird. Der Materialaufwand ist gegenüber der ersten Lösung naturgemäß etwas höher. Die Abkühlungsverhältnisse für die mittlere Phase sind gegenüber denen der Außenphasen eingeschränkt.

Größte Sicherheit gegen die Ausweitung von Erdschlüssen zu zwei- oder dreiphasigen Kurzschlüssen bietet eine getrennte Kapselung der drei Leiter (Abb. 568c). Die Abkühlungsverhältnisse für die drei Phasen sind nahezu gleich. Allerdings erfordern diese Kanäle einen noch größeren Aufwand an Platz und Material als die vorherige Bauart. Aus Gründen der Betriebssicherheit wird trotzdem überwiegend die getrennte Kapselung der Phasen verwendet.

Nachteilig ist, daß durch die luftdichte Kapselung die Abkühlungsverhältnisse für die Leiter eingeschränkt sind, so daß größere Querschnitte erforderlich werden als bei offen verlegten Schienen. In den Umhüllungen aus Metall entstehen außerdem durch Wirbelströme Verluste, die bei der Ausführung nach Abb. 568a am niedrigsten sind. Bei den Kapselungen nach Abb. 568b und 568c und den bei Blockkraftwerken üblichen hohen Nennströmen können sie Werte erreichen, welche die Stromwärmeverluste der Leiter überschreiten. Diese Wirbelstromerwärmung wirkt dem Abfluß der Leiterwärme wie ein zusätzlicher Damm entgegen. Selbstkühlende Stromschienenkanäle lassen sich daher erfahrungsgemäß wirtschaftlich nur für Betriebsströme bis etwa 9000 A ausführen. Höhere Stromstärken erfordern zusätzliche Fremdbelüftung. Abb. 569 zeigt das Prinzip einer ausgeführten Generatorableitung mit Luftumlaufkühlung für einen 214 MVA-Generator. Der Nennstrom beträgt bei dieser Anlage 11,8 kA.

Die Höhe der Wirbelstromverluste je lfd. Meter steigt quadratisch mit der Leiterstromstärke, ist etwa dem Umfang der Hülle proportional und umgekehrt proportional der Leitfähigkeit und Stärke des Bleches. Die auftretenden Verluste sind daher stark abhängig von dem Hüllenmaterial. Eisenblech z. B., welches zusätzlich noch durch Hysterese-Verluste erwärmt wird, kann nur bis zu Leiterströmen von etwa 3000 A verwendet werden. Als besonders geeignet hat sich korrosionsbeständiges Aluminium hoher Leitfähigkeit erwiesen.

Die Wirbelströme haben zwar den Nachteil, unerwünschte Erwärmungen in den Blechkanälen zu erzeugen, halten aber andererseits durch Gegenfelder den größten Teil des magnetischen Feldes der Nachbarleiter fern. Bei Kurzschluß betragen hierdurch die dynamischen Kräfte auf den Leiter im Mittel nur etwa 30% der Kräfte, die bei freiverlegten

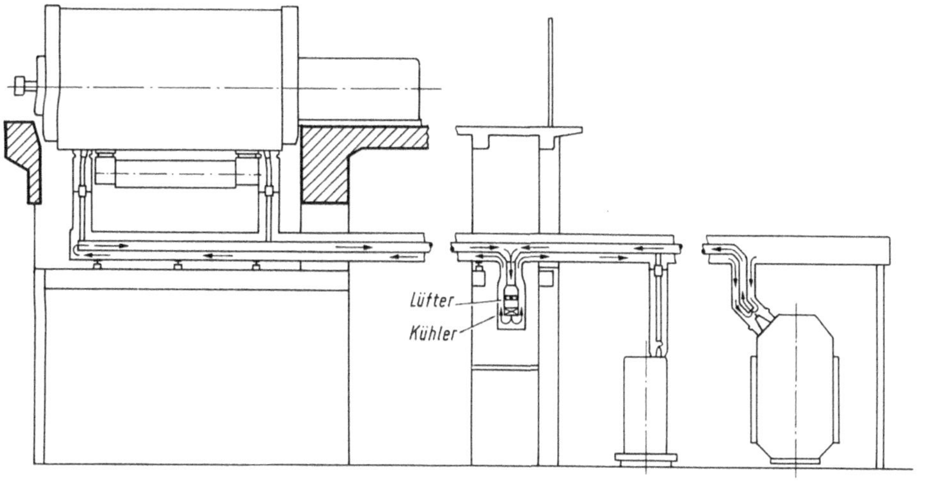

Abb. 569. Grundsätzliche Darstellung einer Generatorableitung mit metallgekapselten Leitern und Luftumlaufkühlung

Leitern auftreten. Im Metallkanal werden daher weniger Isolatoren zur Abstützung der Leiter benötigt. Die Kurzschlußkräfte sind allerdings nicht verschwunden, sondern verlagern sich von dem Leiter auf die Hülle. Infolge der großen geometrischen Ausdehnung und hohen Festigkeit der Hülle lassen sie sich jedoch dort leichter beherrschen.

Hohe Betriebssicherheit und geringe Wartung der Generatorableitung sind nur zu erreichen, wenn die Metallkapselungen vollkommen dicht gegen Staub und Wasser sind, also der Schutzart P 44 bzw. P 54 nach DIN 40050 entsprechen. Die Forderung nach ausreichender Dichtigkeit wird dadurch erschwert, daß während des Betriebes zwischen der Innenluft des Kanals und der Außenluft Druckunterschiede von mehreren hundert mm WS auftreten können. Bei unkontrolliertem Ausgleich des Druckunterschiedes könnte im Laufe der Zeit doch Staub und Feuchtigkeit in den Kanal eindringen und die Isolationsfähigkeit der Stützer mindern. Außerdem sind Schwitzwasserbildungen im Kanal möglich. Es werden daher an jedem Kanal Lufttrocknungsvorlagen mit Silicagelfüllung eingebaut — wie sie z. B. auch bei den Ausdehnungsgefäßen von Transformatoren Verwendung finden —, die einen kontrollierten Druckausgleich zwischen Innen- und Außenluft ermöglichen.

Um die zu Undichtigkeiten neigenden Stellen einzuschränken, sollten alle Verbindungsstellen geschweißt werden. Die wenigen zur Montage und Kontrolle unbedingt erforderlichen Montagedeckel und Schaugläser erhalten kräftige Dichtungen und Verschraubungen.

Die mit der Erwärmung zwangsläufig verbundene Längenänderung von Metallkapselung und Leiter ist durch gleitende Lagerung, elastische Bänder und Dehnungsfalten zu berücksichtigen.

Besondere Beachtung ist bei den wasserstoffgekühlten Generatoren den Anschlußstücken der Kanäle an den Generator zu widmen. Durch geeignete Konstruktionen muß verhindert werden, daß bei Undichtigkeiten an den Generatordurchführungen explosives Wasserstoff-Luft-Gemisch in den Stromschienenkanal eindringen kann.

Für metallgekapselte Generatorableitungen sind zwei Herstellungsarten möglich: Entweder werden die Stromschienenkanäle einzeln den jeweiligen Erfordernissen entsprechend hergestellt, wobei sie dann überwiegend freitragend ausgebildet werden, d. h. auch größere Entfernungen können ohne zusätzliche Tragkonstruktion überbrückt werden (Abb. 570);

Abb. 570. Gekapselte Generatorableitung für 10,5 kV zwischen Generator, Zusatzregelumspanner und 150 MVA-Maschinenumspanner. Werkbild Siemens

oder die metallgekapselten Ableitungen werden bereits weitgehend fabrikmäßig in bestimmten Längen vorgefertigt und erst im Bedarfsfall auf besonderen Traggerüsten zu den jeweils benötigten Kanallängen zusammengesetzt (Abb. 571). Der etwas höhere Aufwand hierfür wird teilweise durch die Typisierung aufgehoben.

Je nach den örtlichen Gegebenheiten, den technischen und wirtschaftlichen Überlegungen der planenden Ingenieure können die aufgezeigten Ausführungen der Generator-

Abb. 571. Metallgekapselte Generatorableitung. Bauart Westinghouse USA

ableitung auch in kombinierter Form ausgeführt werden; z. B. im Innenraum offen verlegte Leiter, im Freien Metallkapselung.

In neuester Zeit werden für die Generatorableitungen auch Rohrleiter verwendet, die direkt mit einer isolierenden Kunststoffmasse umspritzt wurden. Derartige Ausführungen wurden für Stromstärken bis 4000 A eingesetzt.

In den aufgezeigten Konstruktionen stehen auch für wesentlich größere Maschineneinheiten technisch einwandfreie Lösungen für die Hochstromverbindungen zur Verfügung.

IV. Überspannungsschutz auf der Generatorseite

Die Isolation der Generatorableitung sowie aller daran angeschlossenen Geräte muß nach der betriebsmäßig maximal möglichen Dauerspannung ausgelegt sein.

Zusätzlich sind Maßnahmen erforderlich, um die Anlage vor *Über*spannungen zu schützen, die durch gewollte oder ungewollte Schaltvorgänge, z. B. auch Erd- und Kurzschlüsse, durch Resonanzerscheinungen oder durch atmosphärische Störungen auftreten können.

Grundsätzlich soll zunächst durch vorbeugende Maßnahmen konstruktiver oder schaltungstechnischer Art das Entstehen solcher Überspannungen ganz vermieden oder so weit eingeschränkt werden, daß die Isolation der Anlagen keine unzulässig hohen Beanspruchungen erfährt. Dies ist jedoch nicht in allen Fällen möglich. Zum Schutz können auf der Generatorseite Überspannungsableiter und Schutzkondensatoren eingebaut werden.

Überspannungsableiter, z. B. in Form der Ventilableiter, begrenzen die Höhe der Überspannungen dadurch, daß sie nach dem Ansprechen über spannungsabhängige Widerstände eine Verbindung zur Erde herstellen, über die die unzulässig hohen Spannungen abgebaut werden können. Der nach dem Abklingen der Überspannungswelle durch die Betriebsspannung im Ableiter aufrechterhaltene Folgestrom wird durch die Widerstände so weit begrenzt, daß er durch die eingebaute Löschfunkenstrecke sicher unterbrochen werden kann. Ein merkliches Absinken der Netzspannung durch den Folgestrom tritt im allgemeinen nicht ein.

In der Regel sind Ventilableiter für die Absenkung von äußeren Überspannungen oder kurzzeitigen inneren Überspannungen bemessen. Beim Ansprechen infolge kurz aufeinanderfolgender innerer Überspannungen, wie z. B. beim aussetzenden Erdschluß, kann der Ventilableiter unter Umständen überlastet werden. Für diesen Fall sind Maßnahmen zu treffen, daß bei seiner Überlastung keine Gefährdung der Umgebung eintritt (z. B. Bruchsicherung).

Maßgebend für die Festlegung der Ableiter-Nennspannung ist die höchste betriebsfrequente Wechselspannung, die am Ableiter auftreten kann. Sie darf die 1,15-fache Nennspannung des Ableiters nicht überschreiten.

Grundsätzlich sollen die Ableiter möglichst nahe bei den zu schützenden Geräten eingebaut werden, da ihre Schutzwirkung mit der Entfernung von den Anlageteilen abnimmt. Zur Erzielung einer ausreichenden Schutzwirkung ist auf eine gute Erdung der Ableiter zu achten.

Elektrische Maschinen, die über Transformatoren an das Netz angeschlossen sind, können durch kapazitiv übertragene Stoß- bzw. betriebsfrequente Überspannungen gefährdet werden. Eine Abflachung und Absenkung dieser unzulässig hohen Spannungen ist durch Einbau von Schutzkondensatoren, gegebenenfalls parallel zu den Überspannungsableitern, auf der Generatorseite zu erzielen.

Bei größeren Generatoren, wie sie in Blockkraftwerken verwendet werden, sind derartige zusätzliche Kondensatoren meist nicht erforderlich, da die Kapazität der Generatorwicklung zusammen mit den Überspannungsableitern ausreicht, um gefährlich hohe Spannungen abzusenken. In den Fällen jedoch, wo durch einen Schalter der Generator vom Blocktransformator abgetrennt werden kann und der Umspanner selbst in Betrieb bleibt, ist zum Schutz der Umspanner der Einsatz von Kondensatoren erforderlich. Für die z. B. bei einem oberspannungsseitigen Erdschluß kapazitiv auf die Unterspannungsseite übertragene Überspannung gilt die Beziehung

$$U = \frac{C_1}{C_1 + C_2} U_0.$$

Hierbei bedeuten

C_1 die Kapazität zwischen Ober- und Unterspannungswicklung eines Stranges des Transformators [μF],

C_2 die resultierende Kapazität eines unterspannungsseitigen Stranges (Kapazität der Unterspannungsseite des Transformators gegen Erde + Kapazität des Schutzkondensators) [μF],

U_0 die Nullspannung auf der Oberspannungsseite [kV].

In Netzen mit freiem Sternpunkt ist die Nullspannung (U_0) gleich der Sternspannung. In Netzen mit starrer Sternpunkterdung beträgt im ungünstigsten Fall die Nullspannung zwei Drittel der Sternspannung.

Die kapazitiv übertragenen betriebsfrequenten Spannungen können insbesondere bei einem größeren Übersetzungsverhältnis der Umspanner (z. B. 10/220 kV) Werte bis zum Achtfachen der verketteten Spannung annehmen. Durch Anschluß geeigneter Kondensatoren, deren Größe sich aus der angeführten Beziehung errechnen läßt, lassen sich diese Überspannungen jedoch auf einen zulässigen Wert absenken.

Sind die Kapazitätswerte der eingesetzten Kondensatoren größer, als sie nach der Rechnung sein sollten, so ist dies kein Nachteil, da die Kondensatoren dann gleichzeitig die Lieferung eines Teiles der vom Umspanner benötigten Blindleistung übernehmen.

Die Nennspannung der zwischen Hauptleiter und Erde geschalteten Kondensatoren muß gleich der Reihenspannung des Netzes gewählt werden.

V. Behandlung des Generator-Nullpunktes

In der Sternpunktbehandlung von Generatoren unterscheidet man folgende Möglichkeiten:

a) Starre Erdung bzw. Erdung über einen relativ kleinen induktiven oder Ohmschen Widerstand,

b) Erdung des Sternpunktes über einen hochohmigen Widerstand bzw. über einen Nullpunkttransformator mit sekundärem Belastungswiderstand,

c) Der Generator-Sternpunkt bleibt frei. Für den Erdschlußschutz (s. Abschn. E III g, S. 729) wird mit einem Fünfschenkeltransformator (Erdungsdrossel) ein künstlicher Sternpunkt geschaffen.

a) Starre Erdung

Wird, wie dies in der englischen Praxis oft üblich ist, der Sternpunkt des Generators starr mit der Erde verbunden oder über einen relativ kleinen Widerstand geerdet, so fließt bei einem Erdschluß in einer der Phasen über die Fehlerstelle ein Erdstrom, der größer als der Nennstrom ist. Sofern der Fehler außerhalb des Generators liegt, wird ersterer durch den Kurzschlußschutz erfaßt und die schadhafte Leitung durch den Leistungsschalter abgeschaltet, ehe nennenswerter Schaden entsteht.

Erdschlüsse im Generator, insbesondere solche in Sternpunktnähe, haben sehr hohe Erdkurzschlußströme zur Folge, da der Gesamtwiderstand des Erdschlußkreises nur noch aus dem Widerstand weniger Windungen besteht. Durch schnellschaltende Schutzeinrichtungen können die zerstörenden Wirkungen derartig hoher Ströme zwar begrenzt werden, in jedem Fall muß aber mit einer Beschädigung des Ständereisenpaketes („Eisenbrand") gerechnet werden, wodurch langdauernde und kostspielige Reparaturen erforderlich sind. Versuche haben ergeben, daß schon Ströme von 100 bis 200 A auch bei kürzester Dauer (13 bis 20 ms) bereits Eisenverbrennungen verursachten. Derart kurze Zeiten sind aber allein infolge der heute noch wesentlich längeren Abschaltzeiten der Hochspannungsschalter — bzw. durch die Entregungsdauer — unerreichbar. Hierzu kommt, daß die Erdkurzschlußströme solcher Fehler gewöhnlich viel höher sind. Mit Rücksicht auf die im Generator wahrscheinlichen Zerstörungen bei Erdschluß sollte man daher auf starre oder annähernd starre Erdung verzichten. Bei Blockschaltungen dürfte dies grundsätzlich immer möglich sein, da der Generator nicht in galvanischer Verbindung mit dem übrigen Netz steht und daher bezüglich der Sternpunktbehandlung keine Rücksicht auf andere in der Anlage angewandte Ausführungen genommen werden muß.

Die Vorteile der starren Sternpunkterdung des Generators (einfacher Schutz, Vermeidung von Überspannungen) stehen in keinem Verhältnis zu den möglichen Zerstörungen im Generator.

b) Erdung über Widerstand oder Nullpunkttransformator

Zur Ausmessung eines Generator-Erdschlusses kann der Generator-Sternpunkt über einen hohen Ohmschen Widerstand bzw. Transformator oder, wie es in der deutschen Praxis sehr oft der Fall ist, über eine zwischen Generator und Transformator angeschlossene Erdungsdrossel (Fünfschenkeltransformator) geerdet werden.

Die dann bei Generatorerdschluß entstehenden maximalen Erdströme liegen in der Größenordnung von einigen Ampere. Bei rechtzeitiger Abschaltung des Generators im Erdschlußfall wird jede Eisenzerstörung vermieden, desgleichen der Übergang des einfachen Erdschlusses in einem Doppelerdschluß, so daß Reparaturkosten und Ausfallzeit auf ein Minimum beschränkt bleiben.

c) Freier Sternpunkt

In der deutschen Praxis wird meist mittels einer an die Generatorklemmen dreiphasig angeschlossenen Erdungsdrossel ein künstlicher Nullpunkt geschaffen. Einzelheiten hierüber sind dem Abschn. E III g (S. 729) zu entnehmen. Ob man den Sternpunkt über einen hohen Ohmschen Widerstand oder einen Nullpunkttransformator erdet oder ihn offen läßt und mit einer Drossel für den Erdschlußschutz einen künstlichen Nullpunkt schafft, hängt von der Frage ab, wie weit der Erdschlußschutz ausgebildet werden soll bzw. wie hoch der Aufwand sein darf. Die erste Methode ist zwar billiger, bietet aber keinen hochwertigen Erdschlußschutz; die zweite Methode ist aufwendiger, gewährt aber vollkommeneren Erdschlußschutz.

VI. Blockaufspanntransformatoren

Die Maschinentransformatoren haben die Aufgabe, die in den Generatoren erzeugte elektrische Energie auf eine für die Fortleitung geeignetere höhere Spannung von z. B. 110 bis 380 kV aufzuspannen. Je nach der gewählten Schaltung des Blockes und den Erfordernissen des angeschlossenen Netzes werden hierfür Zwei- oder Dreiwicklungstransformatoren verwendet.

Abb. 572. 660 MVA-Drehstromsatz 400/231 ± 18% kV in der RWE-Station Rommerskirchen
Werkbild Siemens

Transformatoren mit einer Leistung bis etwa 400 MVA bei 380 kV Oberspannung und Regelung können als Dreiphaseneinheiten gebaut werden. Die Grenze ist in diesem Fall durch die Transportmöglichkeiten für derartig große Einheiten gegeben. Für noch größere Maschinentransformatoren kommen Einphaseneinheiten in Betracht, die zu Drehstromsätzen („Banks") zusammengeschaltet werden. Abb. 572 zeigt einen derartigen Drehstromsatz als Netzkuppelumspanner 380/220 kV. Maschinentransformatoren sind ganz ähnlich aufgebaut.

Der Blocktransformator muß in Anlehnung an die Leistung des zugehörigen Generators bemessen werden. Die Leistungsabgabe auf der Sekundärseite des Transformators ist gleich der primär zugeführten Leistung, vermindert um die Wirkverluste (Eisen- und Wicklungsverluste) sowie um den Blindleistungsbedarf des Transformators (Magnetisierungs- und Streufeldleistung). Ein Blocktransformator ist dann ausreichend bemessen, wenn seine Nennleistung (in Deutschland Leistungsaufnahme!) gleich der vom Generator an ihn abgegebenen Leistung und seine generatorseitige Nennspannung gleich der Generatorspannung ist. Versteht man unter Nennleistung die vom Transformator abgegebene Leistung, wie dies z. B. bei einigen ausländischen Vorschriften der Fall ist, und würde man dann die Nennleistung des Umspanners entsprechend der vom Generator abgegebenen Leistung festlegen, so wäre der Transformator überdimensioniert.

Nach vorstehendem wird also die sekundärseitig abgegebene Scheinleistung gegenüber der aufgenommenen nicht nur erheblich reduziert, sondern sie kann auch nur bei einem höheren Leistungsfaktor als dem des Generators abgegeben werden. Speist z. B. ein 90 MVA-Generator mit einem $\cos \varphi = 0{,}7$ auf einen 90 MVA-Transformator mit einer Kurzschlußspannung von 14% und einem Ohmschen Spannungsabfall von 0,6%, so gibt dieser Umspanner auf der Sekundärseite eine Leistung von 81 MVA bei $\cos \varphi = 0{,}77$ ab.

Wird vor dem Transformator noch die Eigenbedarfsleistung abgezweigt, wie dies bei Blockschaltungen immer der Fall ist, so kann die Leistung des Blocktransformators um diesen Betrag verringert werden.

Wenn als Blocktransformator ein Dreiwicklungsumspanner für die Versorgung zweier Netze eingesetzt wird, könnte er so bemessen werden, daß die Summe der beiden Nennleistungen der Oberspannungswicklung gleich der Nennleistung der Unterspannungswicklung ist. Vielfach wählt man jedoch die Summe der Nennleistungen der beiden Oberspannungswicklungen größer als die Nennleistung der Unterspannungswicklung, um sich bei Auslastung des Generators dem zeitlich verschiedenartigen Leistungsbedarf der beiden Netze anpassen zu können.

Das Übersetzungsverhältnis eines Blocktransformators muß so gewählt werden, daß unter Berücksichtigung der Generatorspannungsregelung die für den Netzbetrieb notwendige Oberspannung erreicht wird.

Sofern der übliche Regelbereich der Generatoren von $\pm 5\%$ genügt, um Spannungs- und Blindleistungsschwankungen auszugleichen, kann der Blocktransformator als Zweiwickler mit festem Übersetzungsverhältnis gebaut werden. Vielfach wird jedoch zur Deckung des Spannungsabfalles im Transformator und zur Spannungshaltung des angeschlossenen Netzes ein größerer Einstellbereich der Oberspannung erforderlich sein. Man wird dann nur selten einfache Wicklungsanzapfungen vorsehen, sondern Regeleinrichtungen einbauen, die eine feinstufige Einstellung unter Last ermöglichen. Um den Vorteil kleiner Ströme auszunützen, wird bei nicht zu hoher Oberspannung oder bei sehr großer Oberspannung, aber gleichzeitiger Sternpunkterdung des Netzes die Regelung auf der Sternpunktseite der Oberspannungswicklung vorgenommen (Abb. 573). Die Regelwicklung wird bei dieser Anordnung im normalen Betrieb, besonders bei starrer Erdung des Sternpunktes, spannungsmäßig nur geringfügig beansprucht.

Lassen die Verhältnisse eine Regelung auf der Oberspannungsseite nicht zu, so wird ein getrennter Zusatzregler auf der Generatorseite eingebaut. Einer direkten Spannungsregelung auf der Unterspannungsseite steht jedoch der oft sehr hohe Strom entgegen. Man nimmt deshalb bei großen Leistungen die Spannungsregelung in einem Zwischenkreis vor (Abb. 574). Ein Regeltransformator, der nur von einem Bruchteil des Nennstromes durchflossen wird, drückt einem im Zuge der Leitung liegenden Umspanner verschiedene Erregerspannungen auf.

Ein Dreiwicklungsumspanner für die Versorgung zweier Netze muß sich hinsichtlich seiner Oberspannungen beiden Netzen anpassen können. Dies geschieht entweder dadurch, daß man nur einer Wicklung eine Regeleinrichtung gibt, wobei der Generator mit seiner Regelung den Spannungsanforderungen des zweiten Netzes genügt, oder man gibt beiden

Wicklungen je eine Regeleinrichtung. Bei großen Einheiten wird die zweite Lösung unwirtschaftlich. In solchen Fällen kann der Blocktransformator als Zweiwickler mit einer Regelwicklung ausgeführt und die regelbare Wicklung für das zweite Netz mit dem Eigenbedarfstransformator kombiniert werden. Dies hat noch den Vorteil, daß die Regeleinrichtung des Generators zur Spannungshaltung für das Eigenbedarfsnetz herangezogen werden kann.

In der Praxis haben sich für Maschinentransformatoren Regelbereiche bis $\pm$ 22% eingeführt.

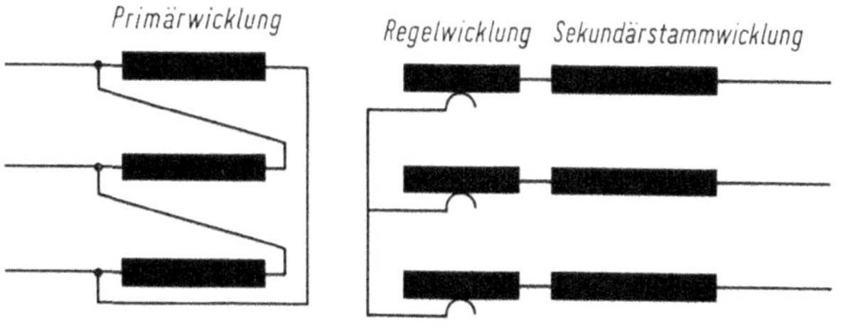

Abb. 573. Schaltschema für einen Leistungstransformator mit Regelung am Sternpunkt

Die Kühlart für die Transformatoren muß sich nach der Höhe der abzuführenden Verlustwärme, den Verhältnissen am Aufstellungsort und den Kosten für Anschaffung und Unterhalt der Kühlanlage richten.

Die Verwendung der Kühlarten Selbstkühlung (S) und Selbstkühlung mit Ölumlauf (SU) beschränkt sich auf den unteren Leistungsbereich der Großtransformatoren bis etwa 25 MVA. Für Leistungen bis maximal 100 MVA kann Fremdlüftung (F) angewendet werden.

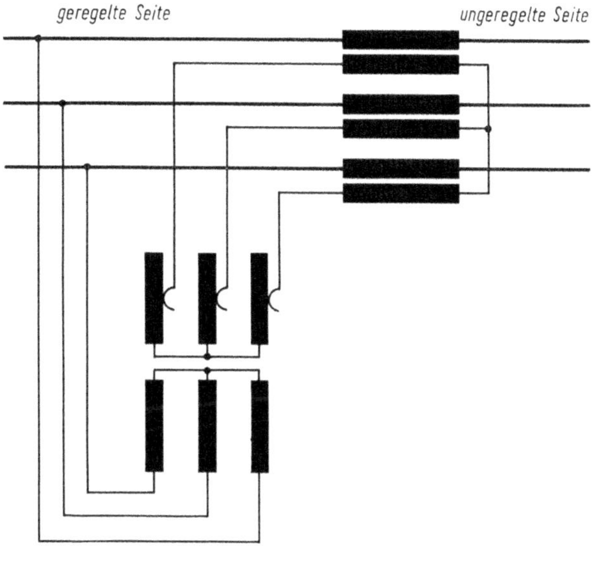

Abb. 574. Schaltschema für einen Zusatzregeltransformator mit Regelung im Zwischenkreis

Bei den großen Leistungen, wie sie bei den Maschinentransformatoren in Blockkraftwerken meist vorkommen, wird fast ausschließlich Ölumlauf-Kühlung verwendet, bei der das Öl durch Wasser-(WU) oder Luftkühler (FU) rückgekühlt wird.

Transformatoren mit Kühlart F oder FU können wirtschaftlich nur im Freien aufgestellt werden, wo Frischluft ungehindert angesaugt werden kann und die warme Luft leicht abströmt. In geschlossenen Transformatorzellen ist dies insbesondere für Umspanner großer Leistung nur schwierig zu erfüllen. Die Wahl zwischen F- und FU-Kühlung ist im allgemeinen eine Frage der Wirtschaftlichkeit. Bis zu Leistungen von etwa 60 MVA liegen die Kosten für F-Kühlung niedriger, darüber die für FU-Kühlung.

Die WU-Kühlung (Abb. 575 und 576) kann dagegen sowohl bei Innenraum als auch bei Freiluftaufstellung der Transformatoren Verwendung finden.

Da die WU-Kühlung bei Großtransformatoren im allgemeinen die niedrigsten Anlagekosten ergibt, ist sie überall da mit wirtschaftlichem Vorteil einzusetzen, wo ausreichend reines Kühlwasser billig bereitgestellt werden kann. Dies ist in Kraftwerken im Rahmen der Gesamtkühlwasserversorgung fast immer möglich.

Abb. 575. Drehstrom-Öltransformator. 70 MVA, 104/10,5 kV mit Wasserumlauf-Kühlung. Werkbild AEG

Soweit es die Verhältnisse zulassen, wird man die Kühlanlagen an den Transformator anbauen. Hierdurch wird an Platz und Kosten gespart, die Arbeiten zur Fertigmontage des Transformators am Aufstellungsort werden verkürzt, denn vielfach wird die Kühlanlage auch während des Transportes angebaut bleiben können.

Die Überwachung der Kühlmittel erfolgt durch Ölströmungswächter, Wasserlaufanzeiger oder Luftströmungsklappen und bei F-Kühlung durch Laufkontrolle der Lüftermotoren.

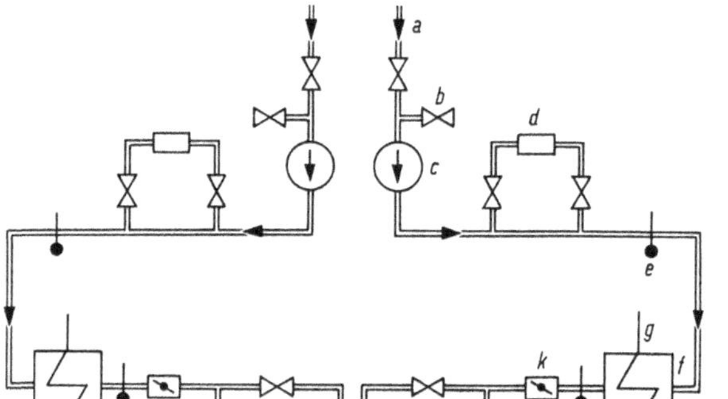

Abb. 576. Schema einer Wasserumlauf-Kühlanlage

a vom Kessel	*g* Wasseraustritt
b Ölablaß	*h* Wassereintritt
c Pumpe	*i* Thermometer
d Ölströmungsanzeiger	*k* Drosselklappe
e Thermometer	*l* Ölablaß
f Kühler	*m* zum Kessel

Bei Aufstellung von Großtransformatoren, vor allem in dichtbewohnten Gegenden, ist die Geräuschbildung der Transformatoren besonders zu beachten.

Maßnahmen zur Dämpfung der Geräusche, die durch die Magnetisierung des Kerns und durch die Belüftungseinrichtungen entstehen, können in der Bemessung und im Aufbau des Transformators selbst liegen, wie z. B. Herabsetzung der Induktion, Verminderung der Schwingungsübertragung vom Kern zum Kessel durch federnde Zwischenlagen, Herabsetzung der Kesselschwingungen durch steife Kesselkonstruktionen und angeschraubte Schallabsorber aus Gummi, Verwendung geräuscharmer Lüfter usw. Auch außerhalb des

Transformators kann man die Schwingungsübertragung herabsetzen, z. B. durch schwingungsdämpfende Mittel zwischen Transformator und Fundament (Schwingmetallschienen), schallhemmende Wände bei Freilufttransformatoren oder durch Auskleiden der Zellenräume und Kühlluftkanäle mit schallschluckenden Stoffen bei Innenraumaufstellung. Welche Maßnahmen zweckmäßig und erforderlich sind, muß von Fall zu Fall nach den gegebenen Umständen entschieden werden.

Der hohe Anlagenwert der Großtransformatoren erfordert Einrichtungen zu ihrem Schutz, die Gefahren aller Art so früh wie möglich erkennen lassen und durch selektive Abschaltung der Umspanner Schäden verhindern bzw. eingetretene Schäden auf geringsten Umfang begrenzen. Hierdurch werden kostspielige Reparaturen und lange Ausfallzeiten vermieden.

Bei den in Betracht kommenden Gefährdungen ist zwischen Fehlern zu unterscheiden, die im Innern und solche, die außerhalb der Transformatoren liegen.

Die universellste Einrichtung zum Erkennen innerer Fehler ist das nach seinem Erfinder benannte Buchholzrelais. Sein Prinzip beruht auf der Erscheinung, daß jeder elektrische Fehler an Wicklung und Eisenkern von einer Gasentwicklung im Öl begleitet ist. In der für Großtransformatoren verwendeten Zweistufenform erfaßt es die sich langsam entwickelnden Schäden mit kleinsten Fehlerströmen durch Gasblasenansammlung schon im Entstehen und betätigt bei einer bestimmten Gasmenge ein Warnsignal. Schlagartig auftretende innere Fehler (z. B. Kurzschluß) — die stets mit einer heftigen Gasentwicklung verbunden sind, wodurch das Öl stoßartig in das Ausdehnungsgefäß gepreßt wird — werden von der Strömungs- bzw. Schwallstufe mit einer Eigenzeit von 0,5 s erfaßt. Die hiermit verbundene Kontaktgabe löst unmittelbar die vor und hinter dem Umspanner befindlichen Leistungsschalter bzw. die Generator-Schnellentregung aus. Bei schweren Fehlern fällt der Fehlerstrom meist schon in den Bereich des schnellschaltenden Differentialschutzrelais, dessen untere Ansprechgrenze bei etwa 20% des Nennstromes liegt.

Der Differentialschutz kann in seiner normalen Ausführung für alle Arten von Transformatoren, also auch Mehrwickler und Regeltransformatoren, eingesetzt werden. Buchholzrelais und schnellschaltender Differentialschutz bilden daher in jedem Fall einen vollwertigen Schutz für Großtransformatoren bei inneren Fehlern.

Von besonderer Bedeutung für die Lebensdauer des Transformators ist die zeitliche Begrenzung starker äußerer Überlastungen und von Kurzschlußbeanspruchungen. Die Bauvorschriften für Transformatoren legen zwar im einzelnen fest, wie lange derartige Fehlerströme ausgehalten werden müssen (etwa 6 bis 20 s), jedoch sollte im Interesse einer hohen Lebensdauer der Umspanner unbedingt angestrebt werden, diese Zeiten soweit wie möglich abzukürzen. Durch den Einsatz neuzeitlicher Impedanz-Konduktanz-Schutzeinrichtungen lassen sich bei den gefährlichen Sammelschienenkurzschlüssen in der Nähe der Transformatoren Abschaltzeiten von 1,5 bis 0,5 s erreichen.

Entscheidend für die Lebensdauer der Transformatoren ist die Einhaltung der zulässigen Höchsttemperatur der Wicklung (105 °C nach VDE 0532). Nach den Untersuchungen von Montsinger ist zu erwarten, daß sich die Lebensdauer der Isolierstoffe für je 8 °C Temperatursteigerung etwa halbiert, für je 8 °C Temperatursenkung etwa verdoppelt. Für den Betriebsmann ist es daher wichtig, die Wicklungstemperatur möglichst genau messen zu können.

Direkte Meßverfahren scheiden wegen der hohen Spannungen aus. Zwangsläufig beschränkt man sich daher oft auf eine einfache Temperaturüberwachung des Öles durch Thermowächter und Kontaktthermometer, die in der Regel auf Warnung geschaltet werden. Die damit erhaltenen Meßwerte ergeben jedoch nur ein ungefähres Bild der tatsächlichen Temperaturverhältnisse in der Wicklung.

Für den Betriebsmann wesentlich nützlichere Werte gibt das indirekte Meßverfahren mit dem thermischen Abbild der Wicklung, das bei Großtransformatoren heute allgemein angewandt wird. Mit einer Thermo-Relaiseinrichtung wird die Erwärmung der Wicklung unter Berücksichtigung der Wärmezeitkonstante und in Abhängigkeit von der Höhe und Dauer der Strombelastung möglichst getreu den tatsächlichen Verhältnissen nachgebildet und gemessen. Zusätzliche Einflüsse wie Erwärmung durch Eisenverluste, Umgebungs- und Öltemperaturen werden als Korrekturfaktoren durch die Relaiseinrichtung berücksichtigt. Durch dieses thermische Abbild können vorhandene Wärmekapazitäten, z. B. durch geringe Vorbelastung des Transformators, betrieblich ausgenützt werden.

Je nach Ausführung der oberspannungsseitigen Ableitung können die Transformatoren mit Durchführungen oder Kabelendverschlüssen ausgestattet werden. Wo mit Isolationsminderung durch Flugasche, Kühlturmschwaden, salzhaltiges Seewasser usw. zu rechnen ist, wird man auch auf der Oberspannungsseite eine blanke Leitungsführung vermeiden. Abb. 570 zeigt eine derartige Ausführung, bei der der Anschluß mit 220 kV-Kabeln erfolgt, die direkt in die an den Umspanner angebauten Kabelendverschlüsse eingeführt werden.

Das Isoliervermögen der Transformatoren gegen Überspannungen durch atmosphärische Störungen oder Schaltvorgänge ist aus wirtschaftlichen Gründen begrenzt. Zum Schutz der Umspanner gegen derartige Überspannungen werden in zunehmendem Maße Ventilableiter eingesetzt, die die ankommende Überspannungswelle bis auf die sogenannte Restspannung herabsetzen, so daß der Isolationspegel der Wicklung nicht überschritten wird. Da der Schutzbereich der Ableiter begrenzt ist, sind die Ableiter in unmittelbarer Nähe der Transformatoren einzubauen. Bei Anschluß der Umspanner über Kabel an Freileitungen werden die Ableiter an der Übergangsstelle zwischen Kabel und Freileitung eingesetzt. Um direkte Blitzeinschläge in der Nähe der Transformatoren zu vermeiden, ist zu empfehlen, zumindest das Freileitungsende auf 1 bis 2 km vor dem Kraftwerk mit einem, besser mit zwei Erdseilen zu schützen.

Beim Einsatz von Maschinenumspannern in Netzen mit starrer Sternpunkterdung kann es vorkommen, daß zur Begrenzung der Erdkurzschlußströme nicht bei allen Transformatoren die Sternpunkte starr geerdet werden können. Sind die Transformatoren in diesem Fall mit einer zum Sternpunkt abgestuften Isolation ausgeführt, so muß dieser entweder über eine niederohmige Drossel geerdet werden, oder es muß durch geeignete Sternpunktableiter Gewähr gegeben sein, daß im Fehlerfall der Isolationspegel des Sternpunktes nicht überschritten wird. Vorzuziehen ist die Erdung der Sternpunkte über Erdschlußspulen, weil damit im Erdschlußfall die betriebsfrequenten Spannungen sowohl in den Eingangsklemmen als auch am Sternpunkt gegen Erde von vornherein niedrig gehalten werden können.

Der Transport der Großumspanner erfolgt in der Regel mit der Bahn, in Einzelfällen auch auf der Straße. Hinsichtlich Überwindung der Transportschwierigkeiten und -einschränkungen bildet die in Deutschland entwickelte „Wanderbauart" für Großtransformatoren eine ideale Lösung. Drehstromtransformatoren großer Leistung bis zu 220 kV Oberspannung lassen sich heute voll wanderfähig für die deutschen Bahnverhältnisse bauen. Der Transformator kann dann einschließlich Öl, Durchführungen, Ausdehnungsgefäß, Kühlanlage und sonstigen Hilfseinrichtungen praktisch betriebsfertig mit einem Spezialwagen verfahren werden. Für Transformatoren bis etwa 80 MVA werden hierfür Tiefladewagen verwendet. Für größere Umspanner wurden besondere 18- und 20-achsige Schnabelwagen mit einer Tragkraft bis 290 t entwickelt, bei denen der Transformatorkessel während des Transportes das Mittelstück eines Trägers bildet, der beiderseitig auf Drehgestellen gelagert ist (Abb. 577).

Die Vorteile der Wanderbauart gegenüber der stationären Ausführung liegen besonders in der kurzen Montagezeit bei Erstaufstellung und Auswechslung und in dem geringen Raumbedarf.

Allerdings bedingt die Wanderbauart bei großen Einheiten gegenüber dem stationären Transformator höhere Anschaffungskosten (z. B. Vollwandträger-Kesselkonstruktionen). Bei individuell angepaßten Maschinentransformatoren, bei denen der Gesichtspunkt der schnellen Auswechselbarkeit und Einsatzbereitschaft nicht so von Interesse ist, wird man aus Gründen der Wirtschaftlichkeit bei großen Einheiten daher oft den stationären Transformator vorziehen.

Selbstverständlich gibt es auch bei der Wanderbauart eine Leistungsgrenze, die durch Gewicht oder Abmessungen (Bahnprofil!) gegeben ist. Man muß dann auf die Vorteile dieser Bauart verzichten oder zumindest Einschränkungen in Kauf nehmen. Bei den 400 MVA-Einheiten für 380 kV mit Spannungsregeleinrichtung muß z. B. das Öl ganz

Abb. 577. 150 MVA-Umspanner 10,5/245 ± 11% kV, verladen auf Spezialtransportwagen. Werkbild Siemens

oder teilweise abgelassen und durch Stickstoff ersetzt werden. Zum Versand der 380 kV-Einphaseneinheiten werden die senkrecht angeordneten 380 kV-Durchführungen abgebaut. Die Umspanner werden auf ihren Spezialwagen soweit wie möglich an den vorgesehenen Aufstellungsort bzw. unter den Maschinenhaus-Kran gefahren, mit den am Schnabelwagen angebauten hydraulischen Hebeeinrichtungen oder mit dem Kran auf ihre eigenen Fahrrollen abgesetzt und über Gleisanlagen auf ihre endgültigen Fundamente verzogen.

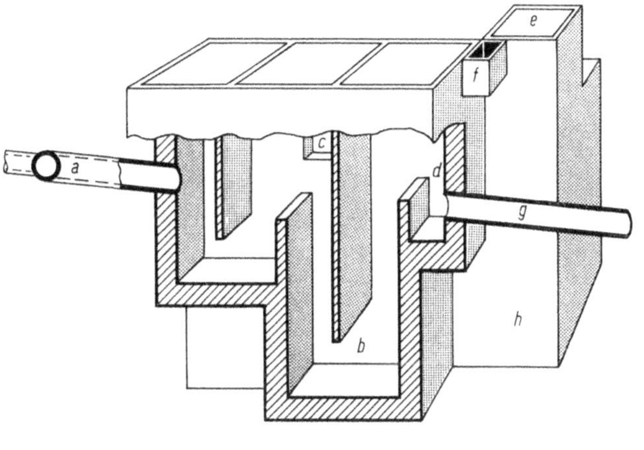

Abb. 578. Ölsammelgrube mit Wasserabscheider

a Öl- und Wasserzuflußrohr, 2-3% Gefälle
b Wasserabscheider
c Ölabfluß
d Wasserabfluß
e Einstiegöffnung zur Ölgrube
f Ölgrubenentlüftung
g Wasserabflußrohr zur Kanalisation
h Ölsammelgrube

Die aus Stahlbeton gebauten Fundamente müssen den statischen Erfordernissen (Gewicht des Umspanners, Flächenpressung zwischen Beton und Erdreich) entsprechen. Sie bestehen meist aus einer kräftigen Grundplatte und den aufgehenden, scheibenförmigen Tragkonstruktionen mit einbetonierten Schienen für das Aufstellen der Umspanner. Durch Hochziehen der Seitenwände des Fundamentes bis Schienenoberkante wird das Fundament gleichzeitig als Ölfanggrube für eventuell austretendes Öl verwendet. An der tiefsten Stelle erhält die Ölfanggrube einen mit grobem Schotter abgedeckten Abfluß zu einer Ölsammelgrube. Meist wird die Ölsammelgrube für mehrere Umspanner gemeinsam an geeigneter Stelle im Erdreich angeordnet. Sie ist in ihrer Größe so zu bemessen, daß die Ölfüllung des größten Transformators zuzüglich eines Zuschlages von etwa 30% unterhalb der Zuflußrohre aufgenommen werden kann. Bei Freiluftaufstellung der Umspanner wird zweckmäßigerweise eine Ölsammelgrube mit Wasserabscheider gebaut (Abb. 578). Durch Aufteilung in einzelne Kammern und Einbau von Überläufen wird in dem Wasserabscheider das leichtere Öl vom Wasser getrennt. Das Öl fließt dann in die eigentliche Ölsammelgrube, das Wasser in die Kanalisation ab.

Umspanner, die auf Tiefladewagen zum Versand kommen, werden auch auf Fundamente gestellt, die bis zur Plattformhöhe der Wagen hochgezogen sind. Die Umspanner können dann direkt von dem Tiefladewagen auf das Fundament verzogen werden.

Bei nahe zusammenstehenden Transformatoren im Freien sind Brandschutzmauern zweckmäßig, um das Übergreifen eines Brandes von einem Transformator auf andere zu vermeiden.

Um einen Brand schnell eindämmen zu können, setzen sich in zunehmendem Maße für Freiluft- und Innenraumtransformatoren stationär eingebaute Löschanlagen mit Wasser durch. Hierbei wird im Brandfalle Wasser mit einem Druck von 3 bis 5 atü durch Düsen zerstäubt auf den Transformator gespritzt. Durch Abkühlung des Öles unter seinen Flammpunkt und Verminderung der Sauerstoffzufuhr durch die großen Mengen sich bildenden Wasserdampfes wird das Feuer meist in wenigen Sekunden gelöscht. Die Anregung der Löschanlage kann durch Hand oder automatisch über Schmelzlotglieder erfolgen. In manchen Anlagen ist auch eine Auslösung der Löscheinrichtung durch den Transformatorschutz vorgesehen. Außer Wasser als Löschmittel werden auch Kohlensäureschnee oder andere Schaum- oder Trockenmittel verwendet.

VII. Ableitung auf der Oberspannungsseite

Die oberspannungsseitige Verteilung der Energie erfolgt über Schaltanlagen, die je nach den Gegebenheiten als Innenraum- (30 bis 110 kV) oder als Freiluftanlage (110 bis 380 kV) gebaut werden. In vielen Fällen wird die Verteilungsschaltanlage unmittelbar neben dem Kraftwerk errichtet (z. B. Mainz-Wiesbaden, Erster Band, S. 157, Heilbronn S. 127, Fenne S. 363, Gustav Knepper S. 273, Città di Roma S. 327, Porto Vesme S. 595, Tavazzano S. 185 und 403 und andere).

Oft macht es jedoch der beengte Raum auf dem Kraftwerksgelände oder die Verschmutzungsgefahr für die elektrischen Anlagenteile wünschenswert, die Verteilungs-Schaltanlagen für höhere Spannungen räumlich getrennt vom Kraftwerk anzuordnen. Für deutsche Verhältnisse kommt noch das Bestreben der großen Energieversorgungsunternehmen hinzu, für mehrere Kraftwerke eines Gebietes eine gemeinsame Verteilungs-Schaltanlage zu errichten (z. B. Rommerskirchen, Brauweiler, Pöppinghausen). Da diese Schaltanlagen meist nur einige Kilometer vom Kraftwerk entfernt sind, ist die Hintereinanderschaltung von teuren 110, 220 oder gar 380 kV-Schaltfeldern wirtschaftlich nicht zu vertreten.

Die Verbindung zwischen Kraftwerk und entfernt liegender Schaltanlage wird mit Freileitungen oder — wenn Verschmutzungsgefahr besteht — zumindest in dem gefährdeten Teil mit Höchstspannungskabeln vorgenommen. In einigen Fällen werden am kraftwerksseitigen Ende der Freileitungen Trennschalter mit Erder eingebaut, die bei offenem Trennschalter in der Schaltanlage eine sichere Spannungsfreimachung der Freileitungen ermöglichen.

Für die Fernsteuerung der Leistungsschalter sowie die Fernmessung wurden betriebssichere Verfahren entwickelt.

Schrifttum

[*1*] British Standard Specification BS 77 — 1958. Voltage for AC Transmission and Distribution Systems.
[*2*] American Standards Association Inc. EEI — ASA. Publ. No. 227 C 84.1 — 1954. Preferred Voltage Ratings for AC Systems and Equipment.
[*3*] International Electronical Commission IEC — 38 — 1954. IEC Standard System Voltages.
[*4*] Deutsche Normen DIN 43612 (Oktober 1959). Dreipolige Leistungsschalter, Reihe 10 — 380 E.
[*5*] Petitpierre, R., u. W. Reutercrona: Innenraum-Druckluftschnellschalter großer Ausschaltleistung. BBC-Mitt. Bd. 44 (1957), S. 539/57.
[*6*] Lehmann, W.: Metallgekapselte Stromleiter für Hochspannung. VDE-Fachber. 19 (1956) Teil I, S. 60/66.
[*7*] Schmid, B.: Generatorableitungen. ETZ A Bd. 18 (1957), S. 88/92.

[8] RUCKSTUHL, H.: Hochstromverbindungen in Kraftwerken. BBC-Mitt. Bd. 45 (1958), S. 187/94.
[9] ENGELHARDT, L.: V-Profil als Bauelement für Hochstrom-Verbindungen bis 30 kA. BBC-Nachr. Bd. 44 (1962), S. 295/304.
[10] KILLIAN, S. C.: Induced Currents in High-Capacity Bus Enclosures. Transaction of the American Institute of Electrical Engineers, Jg. 1950, Bd. II, S. 1388/95.
[11] WILSON, W. R., u. L. L. MANKOFF: Short-Circuit Forces in Isolated Phase Busses. Transaction of the American Institute of Electrical Engineers. Jg. 1954, Bd. 73, Teil II, S. 382/96.
[12] SKEATS, W. F., u. N. SWERDLOW: Minimizing the magnetic field surrounding isolated-phase bus by electrically continuous enclosures. Transactions of the Institute of Electrical and Electronic Engineers, Feb. 1963, Bd. III, S. 655/67.
[13] MANKOFF, L. L., N. SWERDLOW u. W. R. WILSON: An analogue method for determining losses in isolated-phase bus enclosures. Transactions of the Institute of Electrical and Electronic Engineers, August 1963, Bd. II, S. 535/42.
[14] WESTPHAL, B.: Ständererdschlußschutz von Generatoren. Siemens-Z. Bd. 27 (1953), S. 134/41.
[15] VDE 0675/9.57. Schutz elektrischer Anlagen gegen Überspannungen.
[16] WIENKEN, F.: Der Großtransformator in der Energieübertragung. Siemens-Z. Bd. 30 (1956), S. 286/305.
[17] DRABECK, J., u. A. WIENHARDT: Maschinentransformatoren. ETZ A Bd. 84 (1957), S. 92/98.
[18] ELSNER, R., J. DRABECK u. K. HURRLE: Die 380 kV-Transformatoren für die Übertragung Rommerskirchen-Hoheneck des RWE. Siemens-Z. Bd. 32 (1958), S. 447/64.
[19] KYSER, K. H.: Auslegung der Generatoren und Transformatoren bei Blockbetrieb. ETZ A Bd. 72 (1951), S. 44/47.
[20] ELSNER, R.: Der heutige Stand der Entwicklung im Großtransformatorenbau. Festschrift 50 Jahre VDE Bezirksverein Nordbayern, 1961, S. 25/33.
[21] VDE 0532/64. Regeln für Transformatoren.
[22] REIPLINGER, E.: Geräuschprobleme bei Großtransformatoren. Siemens-Z. Bd. 33 (1959), S. 69/76.
[23] REIPLINGER, E.: Die Möglichkeiten weiterer Geräuschbekämpfung bei Großtransformatoren. ETZ A Bd. 81 (1960), S. 102/05.
[24] Richtlinien für den Transformatorschutz. Elektrizitätswirtsch. Bd. 54 (1955), S. 101/03.
[25] GADEK, K.: Geräuscharme Großtransformatoren. Conti-Elektro-Ber., Heft 2, April/Juni 1959, S. 145/51.
[26] NIEDERHÖFER, K. H.: Kühlung von Transformatoren. AEG-Mitt. Bd. 47 (1957), S. 401/09.

B. Der Eigenbedarf

Von HANS-OTTO FIEGUTH, PETER LAGER und BERNHARD SCHMID

I. Stromart und Betriebsspannungen

Als Stromart kommt nach dem heutigen Stand der Technik für die Antriebe im allgemeinen Drehstrom mit 50 oder 60 Per/s, je nach der in dem betreffenden Lande üblichen Frequenz, und für die Steuerung im allgemeinen Gleichstrom in Frage. Gewisse Ausnahmen bestehen bei ausgesprochenen Notantrieben kleinerer Leistung, die bei Ausfall der Netzspannung von einer Batterie versorgt werden müssen, ferner bei der Steuerung, bei der es zum Teil aus Gründen der Steuertechnik erforderlich ist, Wechsel- oder Drehstrom anzuwenden.

a) Gleichstrom

Eine Reihe von Betätigungs-Einrichtungen und Antrieben im Kraftwerk (Einzelheiten s. Abschn. B V, S. 649) müssen unabhängig von etwaigen Störungen im versorgten Netz sicher funktionieren und gerade dann arbeiten, wenn auf der Drehstromseite die Spannung zusammengebrochen ist. Die hierzu notwendige Energie wird in Akkumulatoren-Batterien gespeichert, die von der Drehstromseite her geladen werden. Damit steht im Störungsfalle Gleichstrom entsprechend der Kapazität und dem Ladezustand der Batterie zur Verfügung.

Für die Wahl der Betriebsspannung für die Gleichstrom-Betätigung ist vor allem der Spannungsabfall wichtig. Wenn man für die Fernbetätigung von der Warte eines Großkraftwerkes aus als einfache mittlere Entfernung zu den zu steuernden Geräten 250 m, d. h. eine Gesamtlänge der Betätigungsadern für einen bestimmten Steuervorgang mit 500 m zugrunde legt, ferner berücksichtigt, daß der Leistungsverbrauch der Betätigungseinrichtungen, z. B. der Druckluftsteuerventile von großen Leistungsschaltern, in der Größenordnung bis zu 250 W liegt, so ergibt sich, daß man die Steuerenergie mit Einzeladern der Steuerkabel je nach Höhe der verwendeten Nennspannung mit Querschnitten zwischen 1 und 6 mm² übertragen kann. Wenn man nun für diese Leiterquerschnitte den Spannungsabfall bei Belastung mit 250 W und verschiedenen Spannungen untersucht, so ergeben sich die in Tabelle 42 zusammengestellten Werte. Zulässig ist zwar nach den

Tabelle 42. *Widerstand und Spannungsabfall von 500 m Kupferleitung bei Belastung mit 250 W bei verschiedenen Betriebs-Gleichspannungen*

Querschnitt in mm²	Widerstand pro 500 m in Ohm	Spannungsabfall U in % bei Betriebsspannung von		
		60	110	220 V
1	8,8	61,1	18,2	4,54
2,5	3,5	24,4	7,26	1,81
4	2,2	15,3	4,54	1,14
6	1,47	10,2	3,01	0,75

VDE-Vorschriften 0670 — ähnliche Vorschriften bestehen auch in anderen Ländern —, daß die elektrische Betätigung von Relais, Einschaltvorrichtungen usw. noch einwandfrei arbeiten muß, wenn die Betätigungsspannung um nicht mehr als + 10% bzw. — 15% von der Nennspannung abweicht; für die Auslösung, d. h. die Fernausschaltung von Schaltgeräten, ist sogar eine Abweichung der Betätigungsspannung nach unten um 25% zugelassen. Doch muß berücksichtigt werden, daß diese Bereiche zum großen Teil für die Spannungsschwankungen der Akkumulatoren-Batterien im Hinblick auf unterschiedlichen Ladezustand in Anspruch genommen werden, so daß größere Spannungsabfälle als etwa 5% in den Kabelverbindungen nicht statthaft sind.

Wenn man dies mit den Zahlen der Tabelle 42 vergleicht, so sieht man, daß die Spannung von 60 V für direkte Betätigung solcher Schalteinrichtungen ausscheidet, 110 V bei Kabelquerschnitten über 2,5 mm² noch ausreicht und 220 V, besonders bei einzelnen vielleicht noch größeren Entfernungen als 250 m, am günstigsten ist (vgl. auch Abb. 651 in Abschn. D, S. 689).

Diese Überlegungen gewinnen an Bedeutung, wenn man sich klar macht, welche Kupfergewichte und damit Werte in den Betätigungskabeln investiert werden müssen. Ein einziger Abzweig, der z. B. in einer nur 250 m entfernten Verteilungs-Schaltanlage von der Zentralwarte des Kraftwerks aus gesteuert werden muß, braucht, von Strom- und Spannungsmeßleitungen abgesehen, allein für Betätigung und Rückmeldung 7 bis 8 Adern. Acht Adern von je 2,5 mm² Querschnitt und 250 m Länge haben ein Gewicht von rd. 45 kg. Bei mindestens 100 Abzweigen für die Eigenbedarfsanlage zur Steuerung aller Hoch- und Niederspannungsmotoren eines modernen Kraftwerksblockes kommt also eine beachtliche Kupfermenge in der Größenordnung von mehreren Tonnen in Frage. Es hat sich daher in Europa fast allgemein die Spannung von 220 V als Betätigungsspannung eingebürgert, während man in den USA, wo das Kupfer nicht so teuer ist, meist mit 120 V arbeitet.

Die Kupfermengen in den Betätigungskabeln lassen sich noch erheblich weiter reduzieren, wenn man, besonders bei noch größeren Entfernungen zwischen Warte und Schaltanlage, von der direkten auf die indirekte Steuerung übergeht, d. h. in der Nähe der Hochspannungs-Schaltgeräte Übertrager-Relais mit geringem Eigenverbrauch und angemessener Schaltleistung, also Verstärker-Relais, verwendet. Die Betätigungsenergie für die Einschaltspulen selbst wird dann aus einer an die Schalterzellen herangeführten gemeinsamen kräftigen Gleichstrom-Zuleitung bezogen, während im Steuerkreis je Abzweig nur etwa 5 W für das Verstärker-Relais übertragen zu werden braucht. Damit gehen die Spannungsabfälle, die in der Tabelle 42 angegeben sind, auf ein Fünfzigstel zurück; es ist sogar möglich, mit noch kleineren Querschnitten als 1 mm², z. B. mit

Telephonadern von 0,8 mm Durchmesser, also mit einem Querschnitt von etwa 0,5 mm², und für die Übertragung der Steuer-Impulse mit einer der bei der Fernsprechtechnik üblichen Spannungen, z. B. 24 oder 60 V, zu arbeiten. Auf der Ausgangsseite der Verstärker-Relais wird man allerdings auch dann bei 220 oder 110 V bleiben.

Ein anderer wichtiger Gesichtspunkt bei der Wahl der Gleichspannung ist die Sicherheit der Kontaktgabe bei allen Steuerschaltern, Relais und Abhängigkeitskontakten an den Schaltgeräten usw., die bei Kleinspannungen unter 100 V durch Oxidierung und Staubablagerung auf den Kontakten nicht ohne weiteres gewährleistet ist. Die Erfahrungen, die diesbezüglich auf dem Gebiete der Selbstwähler-Telephonvermittlung gemacht wurden, werden auch auf die Relaistechnik in Kraftwerksanlagen angewandt, so daß heute Relais und Steuerschalter zur Verfügung stehen, die mit geeigneten hochwertigen Kontaktmaterialien ausgerüstet sind, hohen spezifischen Kontakt-Druck haben und so konstruiert sind, daß sich die Kontakte selbst reinigen. Für die Rückmeldeschalter an Hoch- und Niederspannungsschaltgeräten, insbesondere in Freiluftschaltanlagen, muß hierauf besonders geachtet werden.

Diese Schwierigkeiten können bei der kontaktlosen Steuerung mittels Transistoren nicht auftreten, die sich im Zuge der fortschreitenden Automation immer mehr einführt. Hier werden Gleichspannungen von 24 oder 60 V verwendet.

Die Notwendigkeit der besonderen Sicherheit der Stromversorgung gilt auch für Ventile und Schieber in Dampfleitungen. Bei den modernen Anlagen wird, wie aus anderen Kapiteln dieses Buches hervorgeht, mit Dampftemperaturen über 500 bis 600 °C gearbeitet. Außerdem ist in der Nähe dieser Ventile durch Stopfbuchsen-Dampf und andere Einflüsse stets mit einer hohen Luftfeuchtigkeit zu rechnen. Diese beiden Umstände stehen einer Verwendung von Gleichstrommotoren zum Antrieb von Heißdampfschiebern entgegen. Da viele dieser Schieber selten betätigt werden, kommt es leicht zu einer Korrosion der Oberfläche der Kupfer-Kommutatoren dieser kleinen Motoren, so daß die Betriebssicherheit erheblich herabgesetzt wird. Um nun die große Sicherheit der Betätigungsenergie aus Gleichstrom-Batterien und die hohe Betriebssicherheit von Drehstrom-Kurzschlußläufermotoren für solche Schieberantriebe zu vereinigen, empfiehlt es sich, den Gleichstrom mit geeigneten Umformeranlagen (s. auch Abschn. B VI „Notumformeranlagen", S. 658), die ständig in Betrieb sind, in Drehstrom umzuformen und in einem besonderen Netz, das unabhängig vom sonstigen Drehstromnetz ist, für die Betätigung solcher Schieber zur Verfügung zu halten. Man geht hier zweckmäßig auf eine Drehstromspannung, die auch sonst in der Eigenbedarfsanlage des betreffenden Kraftwerkes verwendet wird, z. B. 220 oder 380 V, damit man die normale Eigenbedarfsanlage als Reserve heranziehen kann.

Für die Gleichstrom-Antriebsmotoren dieser Umformer sowie für die der Hilfsölpumpen und Dichtölanlage der Turbosätze, die in der Größenordnung von 20 bis 30 kW Nennleistung liegen, kommt nur eine Gleichspannung von 110 oder 220 V in Frage, wobei Stromstärken von 150 bis 300 A übertragen werden müssen.

Für die Umlaufpumpen der Kernreaktoren in der Größe von einigen 100 kW wird man noch höhere Spannungen, z. B. 440 oder 750 V, in Betracht ziehen.

b) Drehstrom

Bei der öffentlichen und industriellen Versorgung durch Drehstrom richtet sich die gewählte Übertragungsspannung gewöhnlich nach der Entfernung des Verbrauchers von der Erzeugungsstelle und nach der Größe der zu übertragenden Leistung. Dabei muß ein Optimum gesucht werden, das beeinflußt wird durch die Höhe der Anlagekosten, die bis zu einem gewissen Maße mit der Spannung steigen, und der Übertragungsverluste, die mit steigender Spannung sinken, alles unter Berücksichtigung der technischen Ausführbarkeit und nicht zuletzt der Betriebssicherheit.

In den Eigenbedarfsanlagen von Dampfkraftwerken sind die Übertragungsentfernungen begrenzt, weil sich die einzelnen Stromverbraucher bis auf wenige im Kraftwerksgebäude selbst befinden und daher selten Entfernungen über 500 m zu überbrücken sind. Damit treten auch die Übertragungsverluste in ihrer Bedeutung zurück, und es bleiben als wesentliche Faktoren die technische Ausführbarkeit, die Betriebssicherheit und die Anlagekosten.

Um Größenordnungen zu nennen, sei an dieser Stelle gesagt, daß z. B. ein 200 MW-Block eines Steinkohlenkraftwerkes einen Eigenbedarf in der Größenordnung von 12 bis 15 MW benötigt und daß die zahlreichen Antriebsmotoren in der Größenordnung zwischen etwa 0,1 und 4000 bis 5000 kW liegen. Die zur Wahl stehenden Nennspannungen richten sich nach den geltenden Normen, von denen die der wichtigsten Länder in dem hier in Frage kommenden Bereich in der Tabelle 43 nebeneinandergestellt sind.

Tabelle 43. *Genormte Nennspannungen für Wechsel- und Drehstrom im Bereich bis 15 kV in Deutschland, den USA und England*

International Electrotechnical Commission IEC-38 1954		Verband Deutscher Elektrotechniker VDE 0176/7.53 DIN 40002	British Standard BS 77/1958	American Standard Association ASA C 84.1-1954
Serie I Europa 50 Hz	Serie II USA und Kanada 60 Hz			
				120
	120/208			120/208
		125		
127/220				
				120/240
220		220*		
220/380				
	240		240	240
380		380*		
	240/415		415	
	277/480			480
	480			
500		500		
	600			600
	2400			2400
3000		3000		
3300			3300	
	2400/4160			4160
	4800			
		5000		
6000		6000		
6600			6600	
	7200			7200
	4800/8320			
10000		10000*		
11000			11000*	
	12000			12000
	7200/12500			
	7600/13200			
	13200			13200
	14400			14400
15000		15000		

* Gehört nach den Normenvorschriften zu den zu bevorzugenden Spannungen.

Grundsätzlich wird man zur Verwendung einer möglichst niedrigen Betriebsspannung neigen. Da aber Stromstärke und Spannungshöhe bei einer bestimmten zu übertragenden Leistung einander umgekehrt proportional sind und Geräte, Kabel und Motoren aus technischen und Kostengründen nicht für beliebig hohe Stromstärken gebaut werden können, ist die Anwendung der niederen Normspannungen auf gewisse maximale Leistungswerte der Motoreinheiten beschränkt. Hinzu kommt, daß ein Niederspannungsnetz als zentrale Speisequelle mit den verfügbaren Schaltgeräten wegen der möglichen Kurzschlußbeanspruchung nur für eine begrenzte Summenleistung der speisenden Transformatoren — etwa 1600 bis 2000 kVA maximal — gebaut werden kann.

Von den in Tabelle 43 aufgeführten Spannungen kommen für die Eigenbedarfsanlagen in Kraftwerken solche zwischen 380 und 500 V für Niederspannungsmotoren und zwischen 3000 und 7200 V, vereinzelt auch 10000 V, für Hochspannungsmotoren in Frage. Außerdem kommen die Spannungswerte bis 220 V für Betätigungseinrichtungen und für Beleuchtungsanlagen zur Anwendung. Alle anderen Spannungen können hier zunächst außer Betracht bleiben.

Die oben bereits genannten Gesichtspunkte, nämlich technische Ausführbarkeit, Betriebssicherheit und Herstellungskosten, sollen nachstehend etwas näher betrachtet werden, um danach die richtige Betriebsspannung auswählen zu können.

Hinsichtlich der technischen Ausführbarkeit muß man zunächst von der zu übertragenden Stromstärke ausgehen, die von dem speisenden Transformator oder Generator zu der Eigenbedarfsanlage fließt, sowie von derjenigen, mit der von dieser Eigenbedarfsschaltanlage die einzelnen Verbraucher gespeist werden. Belastet werden Transformator-Wicklungen, Kabel, Schaltgeräte und Maschinenwicklungen.

Bei Transformatoren mit ihren ruhenden Wicklungen bildet die Stromstärke weder bei Nieder- noch bei Hochspannungs-Wicklungen praktisch eine Grenze, so daß sie hier außer Betracht bleiben können.

Kabel werden von der Industrie für Niederspannung und die hier in Frage kommenden Hochspannungen bis zu etwa 10 kV mit einem Querschnitt für die einzelnen Leiter bis zu 300 und 400 mm^2 hergestellt, jedoch kommen nach praktischen Erwägungen wegen der Verlegbarkeit selten größere Querschnitte als $3 \cdot 240/120$ mm^2 in Frage. Kabel dieses Querschnittes dürfen in Kabelkanälen bei einer gewissen Anhäufung, wie sie meist vorliegt, mit höchstens 400 A belastet werden. Wenn höhere Ströme übertragen werden müssen, ist es also erforderlich, mehrere Kabel parallel zu schalten.

Eine weitere Grenze bilden die Motoren selbst, weniger wegen ihrer Wicklungen als wegen ihrer Klemmenkästen. Die Klemmenkästen der größten normalen Niederspannungsmotoren sind für den Anschluß von Kabeln mit einem Querschnitt von maximal 300 mm^2 und mit Kontaktschrauben bis zu 600 A ausgelegt. Da sich so schwere Kabel, wie oben gesagt, schlecht verlegen lassen, können größere Motoren auch mit Klemmenkästen für zwei parallele Kabel ausgeführt werden. Die größten Niederspannungsmotoren werden sogar mit zwei solcher Doppel-Klemmenkästen ausgerüstet, so daß sie mit bis zu vier parallelen Kabeln gespeist werden können.

Bei Hochspannungsmaschinen gelten für den Kabelanschluß ähnliche Überlegungen wie für Niederspannungsmotoren, so daß man hier im allgemeinen nicht über einen Querschnitt des Anschlußkabels von $3 \cdot 240$ mm^2 hinausgeht. Hinsichtlich der Wicklung ist hier weniger eine obere Grenze des Leiterquerschnittes als vielmehr eine untere zu beachten. Diese liegt mit Rücksicht darauf, daß die Wicklung zwecks ausreichender mechanischer Festigkeit aus nicht zu dünnen Drähten aufgebaut werden muß, über 10 A und um so höher, je höher die Nennspannung ist.

Wenn man die obengenannten Stromstärken, unter Berücksichtigung der VDE-gemäßen Nennspannungen, in Leistungen umrechnet, so ergibt sich die Aufstellung nach Tabelle 44.

Wegen der technischen Ausführbarkeit kommt man danach für Niederspannungsmotoren bei 500 bis 800 kW an eine Grenze. Darüber hinaus muß man auf Hochspannungsmotoren übergehen. Diese wiederum haben eine Mindestgröße von etwa 90 kW bei 6 kV. Da für den Antrieb der zahlreichen Hilfsmaschinen des Kraftwerkes kleine, mittlere und große Motoren vorkommen, ist man meist gezwungen, wenigstens zwei verschiedene Spannungen, eine Niederspannung und eine Hochspannung, zu verwenden und die Motoren je nach Größe für die eine oder andere Spannung auszulegen. Abb. 579 gibt eine Übersicht über die übliche Ausführung von Drehstrommotoren von 10 bis 10000 kW

Nennleistung für verschiedene Nennspannungen bei einer Reihe von Herstellerfirmen in Europa, den USA und der UdSSR. Daraus ist zu entnehmen, daß man die Niederspannung aus dem Nennspannungsbereich 1 (380 bis 500 V) und die Hochspannung aus den

Tabelle 44. *Größte übliche technische Ausführung von Niederspannungs- und kleinste von Hochspannungsmotoren*

	Strom [A]	Erforderlicher Kabelanschluß [mm²]	Motorleistung [kW] rd.
Niederspannung			
Größter 380 V-Motor	980	3 · (3 · 240/120)	520
Größter 500 V-Motor	1100	4 · (3 · 185)	780
Hochspannung			
Kleinster 3 kV-Motor	16	Richtet sich nach	64
Kleinster 6 kV-Motor	12	dem möglichen	95
Kleinster 10 kV-Motor	34	Kurzschlußstrom	450

Bereichen 2 (2400 bis 3300 V) oder 3 (4160 bis 7200 V) auswählen sollte. Für Motoren mit einer Nennleistung in der Größe von einigen 1000 kW kann vielleicht noch eine dritte Spannung aus dem Bereich 4 in Frage kommen.

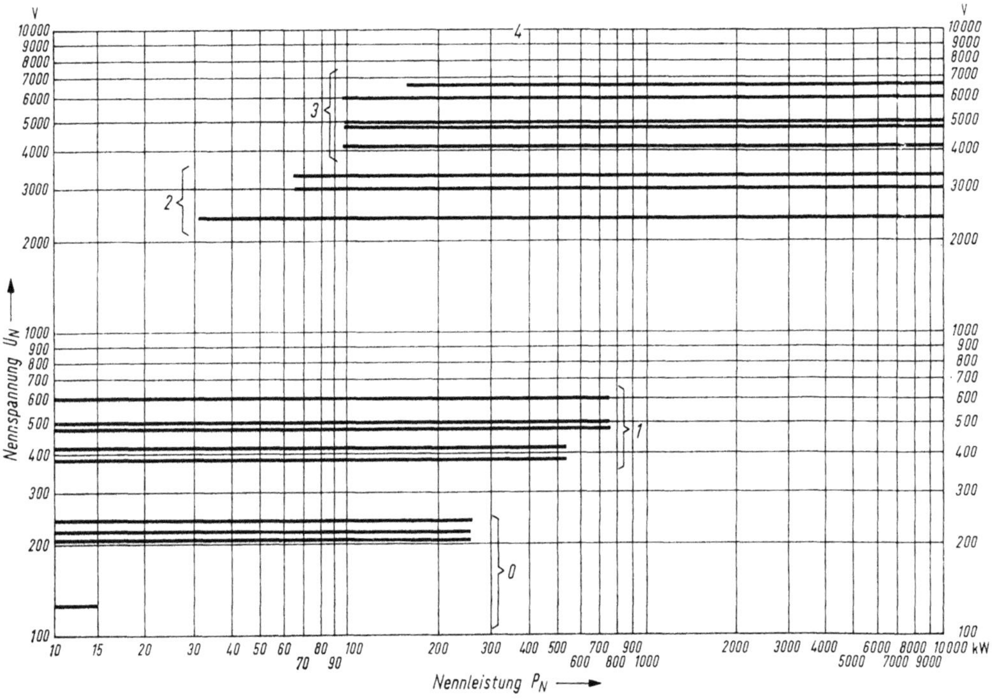

Abb. 579. Übliche Ausführung von Drehstrommotoren von 10 bis 10000 kW Nennleistung P_N für verschiedene Nennspannungen U_N aus Tabelle 40

Nennspannungsbereiche

Nr. 0	bis	240 V
Nr. 1	300 bis	500 V
Nr. 2	2 400 bis	3 300 V
Nr. 3	4 160 bis	7 200 V
Nr. 4	10 060 bis	12 000 V

Außer Unterlagen deutscher Firmen lagen folgende Listen zugrunde:

Belgien:	ACEC Charleroi
England:	GEC London
UdSSR:	Elektroimport
USA:	Westinghouse

Bei der Betrachtung der Schaltanlagen hinsichtlich ihrer technischen Ausführbarkeit mit möglichst gängigen Apparatetypen ist neben der Höhe des zu übertragenden Stromes in den einzelnen Abzweigen die Beherrschung der Kurzschlußleistung ausschlaggebend.

Die zu übertragenden Stromstärken werden um so niedriger, je höher die Spannung gewählt wird, während sich die Kurzschlußleistung vor allem nach der Größe des induktiven Widerstandes der einspeisenden Eigenbedarfstransformatoren — gegebenenfalls auch der Generatoren — unter Berücksichtigung der zusätzlichen Kurzschlußleistung, die von den Motoren selbst erzeugt wird, richtet. Für die Nennspannungen gelten auch die Werte in Tabelle 43.

Wir wollen uns noch kurz mit der Betriebssicherheit befassen. Wenn wir dazu wiederum die Darstellung in Abb. 579 zu Hilfe nehmen, so haben wir für den Nennspannungsbereich 1, also den Niederspannungsbereich, bereits festgestellt, daß die *obere* Grenze der Größe der Motoreinheiten nicht durch Erwägungen der Betriebssicherheit gesetzt ist, sondern durch die technische Ausführbarkeit des Kabelanschlusses. Bei den Bereichen 2, 3 und 4 dagegen sind die angegebenen *unteren* Grenzen ganz besonders auch durch die Notwendigkeit ausreichender Betriebssicherheit gegeben. Zwischen der oberen Grenze der Größe der Niederspannungsmotoren und der unteren für Hochspannungsmotoren zeigt sich eine breite Überlappung. Man ist also nicht gezwungen, sich bei Hochspannungsmotoren an die untere und bei Niederspannungsmotoren an die obere Grenze zu legen. Es ist ohne weiteres klar, daß die Wicklung eines Hochspannungsmotors, besonders auf die Wickelköpfe und den Nutenaustritt gesehen, um so sicherer gegen Verletzung und Überbeanspruchung der Isolation durch die dynamischen Kräfte der Einschaltströme sein wird, je größer der Leiterquerschnitt und damit die mechanische Festigkeit der Wicklung, insbesondere der Wickelköpfe ist.

Ein weiterer sehr wesentlicher Punkt für die Betriebssicherheit der Motoren, insbesondere der für Hochspannung, ist die elektrische Festigkeit des Isolierstoffes. Im Gegensatz zum Aufbau von Transformatoren und Kabeln können bei Motorwicklungen nur feste Isolierstoffe verwendet werden. Außerdem ist zwischen den isolierten Leitern, die in die Nut des Eisenpakets eingebettet sind, und zwischen diesen isolierten Leitern und dem Eisen die Anwesenheit von Luft nicht immer zu vermeiden. Der ungünstige Einfluß dieser Lufteinschlüsse muß beim Aufbau und bei der Bemessung der Isolation beachtet werden. Andererseits soll die Dicke der Isolationsschicht auf den Leitern so gering wie nur irgend zulässig gehalten werden, um die Abmessungen der Nut und damit der Maschine selbst möglichst zu beschränken und die Abführung der Verlustwärme der Wicklung möglichst wenig zu behindern. Die sich daraus ergebende Beanspruchung der Isolation durch Feldstärke, Erwärmung und dielektrische Verluste zwingt trotz Auswahl bester Isolierstoffe dazu, die Betriebsspannung der hier in Frage kommenden Motoren auf 6 kV, allerhöchstens 10 kV, zu beschränken.

Die technisch begründete Grenze zwischen Hoch- und Niederspannungsmotoren wird nach Abb. 579 zwischen etwa 100 und 500 kW liegen. Sie genauer zu bestimmen, bedarf es von Fall zu Fall anzustellender Untersuchungen der Wirtschaftlichkeit, also nach unserer Einleitung insbesondere der Anlagekosten nicht nur der Motoren selbst, sondern auch der Schaltanlagen, Transformatoren und Kabel. In dem Schaubild Abb. 580 sind die Kosten für Niederspannungsmotoren (380 oder 500 V) verschiedener Größen mit zugehörigen Kosten der Speisetransformatoren, Kabel, Schaltgeräte usw. dargestellt, im Vergleich dazu die Kosten für 6 kV-Motoren, ebenfalls einschließlich Kabel- und Schalterkosten, allerdings ohne Transformatorkosten, weil die Spannung von 6 kV bzw. einer entsprechenden Hochspannung im Sinne der vorhergehenden Ausführungen als gegeben angesehen werden kann, während für die Niederspannungsmotoren von dieser Spannung erst heruntertransformiert werden muß. Hieraus zeigt sich, daß nach wirtschaftlichen Erwägungen für Kraftwerksanlagen die Grenze zwischen Niederspannungs- und 6 kV-Motoren etwa innerhalb 110 bis 200 kW liegt, mehr nach unten, wenn 380 V, und mehr nach oben, wenn 500 V für die Niederspannungsmotoren gewählt wurde. Die wirtschaftlichen Grenzen sind also etwas enger gezogen als die der technischen Ausführbarkeit, eine Feststellung, die in der Technik wohl allgemein zutrifft. Will man das Optimum für eine einzelne bestimmte Anlage noch genauer feststellen, so muß man nicht nur die Herstellungskosten, sondern auch die Verluste berücksichtigen, die in Transformatoren, Kabeln und den Motoren selbst auftreten. Hierzu kann hier nur allgemein gesagt werden, daß in den Grenzgrößen zwischen Hoch- und Niederspannungsmotoren letztere etwas bessere Wirkungsgrade aufweisen, dagegen zusätzliche Transformatorenverluste verursachen.

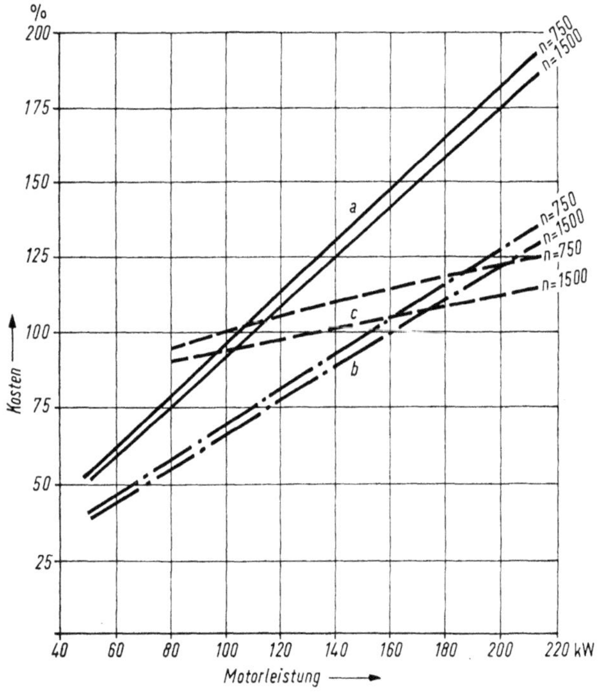

Abb. 580. Kostenvergleich zwischen Drehstromantrieben für Hoch- und Niederspannung. Kurzschlußläufer einschließlich Schalter, Kabel und Transformatoranteil 6000/380 bzw. 500 V

a Niederspannungsmotoren mit doppeltem Trafoanteil, davon ein Trafo als Reserve
b Niederspannungsmotoren mit einfachem Trafoanteil, ohne Traforeserve
c 6000 V-Motoren

Ob man im unteren Bereich 500 oder 380 V bzw. 600 oder 420 V wählt, ist weniger von den Kosten abhängig, obwohl eine kleine Ersparnis zugunsten der höheren Spannung ausgerechnet werden kann, als von der Frage, welche dieser Spannungen für das betreffende Unternehmen üblich ist, d. h. ob andere Betriebe des gleichen Unternehmens gegebenenfalls mit Reservemotoren, Transformatoren usw. aushelfen können, wie die Nullung bzw. Erdung durchgeführt wird, ob die Motorspannung auch mit als Steuerspannung für Motorschütze verwendet wird u. a. m.

II. Eigenbedarfsversorgung

Für die betriebsmäßige Versorgung der zahlreichen Hilfsantriebe der Kessel und Turbinen sowie für die Bekohlung, Entaschung, Wasseraufbereitung und sonstigen Hilfsantriebe muß die Energie vom Kraftwerk selbst geliefert werden. Im einfachsten Falle wird der Eigenbedarf in gleicher Weise wie die Speiseleitungen für das versorgte Netz an die Kraftwerks-Sammelschiene angeschlossen (Abb. 581 a). Die Eigenbedarfsversorgung unterliegt dann allen Spannungs- und Frequenzschwankungen, die im Netz auftreten. Der Einfluß schwerer Netzstörungen kann allerdings zeitlich auf einen sehr geringen Zeitraum beschränkt werden, wenn, wie heute meist üblich, schnell arbeitende Schutzeinrichtungen in die abgehenden Leitungen zur Netzversorgung eingebaut werden. Diese modernen Schutzeinrichtungen (s. auch Abschn. E, S. 702) arbeiten so schnell, daß insbesondere Nahkurzschlüsse innerhalb einiger Zehntelsekunden abgeschaltet werden und der übrige Betrieb weitergehen kann. Eine so kurze Spannungsabsenkung sogar bis auf Null braucht keinen Zusammenbruch der Eigenbedarfsversorgung nach sich zu ziehen, wenn Nullspannungsauslöser vermieden oder zeitlich verzögert werden und wenn auch, wenigstens in den lebenswichtigen Abzweigen, keine Schütze mit Wechselstromerregung, sondern statt dessen verklinkte Schalter oder Schütze mit Remanenz-Selbsthaltung verwendet werden. Die Schaltung nach Abb. 581a hat noch den Vorteil, daß die für das Anfahren des Kraftwerkes aus dem Stillstand erforderliche Anfahrenergie ohne besondere Schalthandlungen aus dem Netz bezogen werden kann.

Um allen Einflüssen aus dem Netz, nämlich Spannungs- und Frequenzstörungen, aus dem Wege zu gehen, hat man vielfach eigene Hausturbosätze (Abb. 581b) eingesetzt und betreibt das Eigenbedarfsnetz vollständig getrennt vom Versorgungsnetz. Bei Sammelschienen-Kraftwerken, die also auch eine Dampfsammelschiene besitzen, können diese

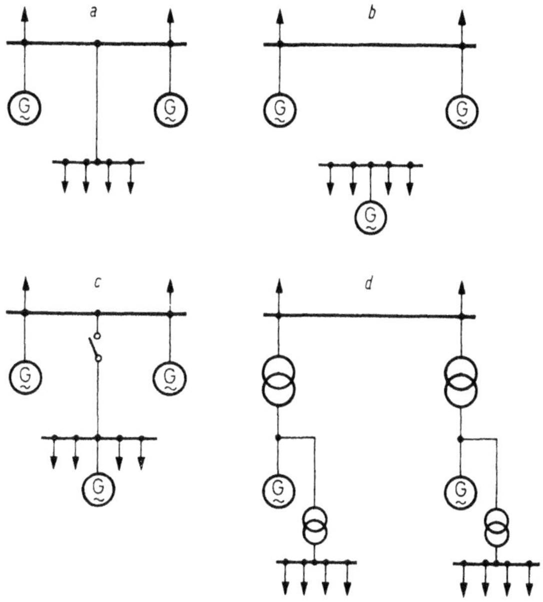

Abb. 581a—d. Verschiedene Schaltungen zur Versorgung des Eigenbedarfs

a von der Kraftwerks-Sammelschiene
b von einem Hausturbosatz
c von einem Hausturbosatz mit loser Kupplung zum Netz
d bei Blockschaltung vom Hauptturbosatz

Hausturbosätze von jedem der vorhandenen Kraftwerkskessel mit Dampf versorgt werden. Solche Schaltungen werden außer in Industrieanlagen vor allem dort angewandt, wo kein dichtes Verbundnetz besteht, also z. B. in Ländern, in denen die Großenergie-Versorgung erst aufgebaut wird. Weil solche Hausturbosätze bei Inselbetrieb des Eigenbedarfs nicht optimal belastet werden können und daher mit schlechtem Wirkungsgrad arbeiten, wird häufig eine Verbindung zwischen Eigenbedarf und Netz vorgesehen (Abb. 581c). Dadurch ist es möglich, daß auch der Eigenbedarfs-Turbosatz in das Außennetz speist und im Normalbetrieb mit Bestlast gefahren werden kann. Allerdings wird dann die Eigenbedarfsanlage wieder von Störungen im Außennetz beeinflußt. Um diese Störungen auf geringste Zeitdauer zu beschränken, wird der Kuppelschalter zwischen Hauptsammelschiene und Eigenbedarfsanlage bei einem Spannungszusammenbruch auf der Hauptsammelschiene oder im Versorgungsnetz und bei Energierichtung der Kurzschlußleistung von der Eigenbedarfsanlage zur Hauptanlage innerhalb weniger Zehntelsekunden ausgelöst. Nach Öffnen dieser sog. losen Kupplung kann die Eigenbedarfsanlage von dem Hausturbosatz ungestört weiter versorgt werden (vgl. Abschn. E V, S. 734). Nach Beheben der Störung in der Außenanlage kann wieder synchronisiert und mittels des Kuppelschalters zugeschaltet werden.

Bei den nach modernen Gesichtspunkten heute angewandten hohen Dampfdrücken und -temperaturen haben solche Hausturbosätze, wenn sie nur für die Versorgung des Eigenbedarfs bemessen werden, wegen ihrer relativ geringen Größe den Nachteil nicht ausreichender Wirtschaftlichkeit. Hinzu kommt noch, daß zur Berücksichtigung von Überholungszeiten und Störungen an einem Hausturbosatz ein zweiter solcher Maschinensatz als Reserve zur Verfügung stehen muß, so daß auch der Ausnutzungsfaktor gering ist. Eine günstigere Lösung für solche Sammelschienen-Kraftwerke wurde deshalb während des letzten Krieges in Deutschland bei den Einheitskraftwerken mit Einheitsturbosätzen von 40 und 64 MVA entwickelt. Hier wird als Hausturbosatz eine der Hauptmaschinen selbst verwendet (Abb. 582), die ähnlich wie bei Abb. 581c über eine lose Kupplung auch mit dem Hauptnetz verbunden ist. Diese lose Kupplung K ist hier aber zu einer eigenen Sammelschiene ES geschaltet, an die einerseits die Eigenbedarfs-Transformatoren angeschlossen sind und auf die andererseits zur Speisung wahlweise jeder der Turbosätze des Kraftwerkes geschaltet werden kann. Hier kann also auch, wie bei Abb. 581c, die als Hausturbosatz laufende Maschine auf Bestpunkt betrieben werden. Die Maschinenreserve kann dann für Eigenbedarfs-Versorgung und Netzbetrieb gemeinsam entweder im Kraftwerk selbst oder im Verbundnetz für den ganzen Kraftwerksverband vorgesehen werden.

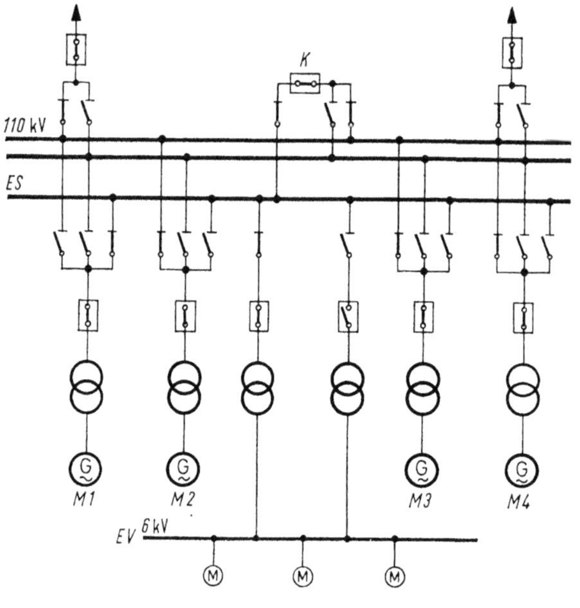

Abb. 582. Eigenbedarfsversorgung durch eine Hauptmaschine (z. B. M_1), über lose Kupplung mit dem Netz verbunden

ES Eigenbedarfs-Speiseschiene
K Lose Kupplung mit Schnellauslösung bei Rückleistung
EV Eigenbedarfs-Verteilung

Ein Nachteil der Zentralisierung des Eigenbedarfs ist, daß bei einer schweren Störung in einer solchen Eigenbedarfsanlage das ganze Kraftwerk zum Erliegen kommen kann, ein weiterer, daß mit wachsender Kraftwerksgröße die Kurzschlußleistung über die mit einfachen Schaltanlagen beherrschten Werte hinausgeht. Deshalb sind alle Schaltungen mit zentraler Eigenbedarfsanlage für die inzwischen entwickelten großen Turbosätze nicht mehr anwendbar. Einerseits wegen der Kurzschlußleistung, auf die im nächsten Abschnitt näher eingegangen wird, andererseits wegen der Betriebssicherheit mußte man bestrebt sein, die Eigenbedarfsanlage aufzuteilen. Diese Überlegungen, zusammen mit ähnlichen auf der Dampfseite, führten zwangsläufig dazu, den einzelnen Turbosatz mit einer eigenen Kesselanlage und einer eigenen Eigenbedarfsversorgung auszurüsten, also zu unserem modernen Blockkraftwerk.

Für diese Blockkraftwerke, mit denen wir uns hier weiterhin vorwiegend beschäftigen, hat sich die betriebsmäßige Versorgung des Eigenbedarfs jedes Blockes von diesem selbst fast allgemein durchgesetzt, wie schon im Zweiten Band näher ausgeführt. In einigen wenigen Fällen wird an den Turbosatz ein Hausgenerator angekuppelt, der die Hilfsantriebe des zugehörigen Blockes (Turbosatz, Kessel usw.) speist. Die am häufigsten angewendete Lösung ist die in Abb. 581d dargestellte, bei der der Eigenbedarf jedes einzelnen Blockes von den Klemmen des betreffenden Hauptgenerators versorgt wird. Bei dieser Schaltung wird der Eigenbedarf bei Fehlern im Außennetz zwar auch von Frequenz- und Spannungsschwankungen betroffen; da die Frequenzschwankungen im Verbundbetrieb aber gering sind, können sie erfahrungsgemäß in Kauf genommen werden. Spannungszusammenbrüche durch Kurzschlüsse im Außennetz können, wie schon erwähnt, in ihrer zeitlichen Dauer durch moderne schnellarbeitende Netzschutzeinrichtungen so begrenzt werden, daß der Eigenbedarf nicht unzulässig gestört wird. Außerdem ist die Spannung an dem Abnahmepunkt für die Speisung des Eigenbedarfs unmittelbar am Generator bei Annahme eines Kurzschlusses im Außennetz infolge des Spannungsabfalles im Blocktransformator und in der Leitungsstrecke bis zu der Kurzschlußstelle die höchste im ganzen Kurzschlußkreis. Dies wird noch unterstützt dadurch, daß die Erregung des Generators im Kurzschlußfalle durch eine schnellarbeitende selbsttätige Spannungs-Regelungseinrichtung kräftig verstärkt wird. Besonders wichtig aber ist, daß die einzelnen Eigenbedarfsanlagen verschiedener Blocks voneinander völlig unabhängig sind und innere Störungen von einem auf die anderen nicht übertragen werden können.

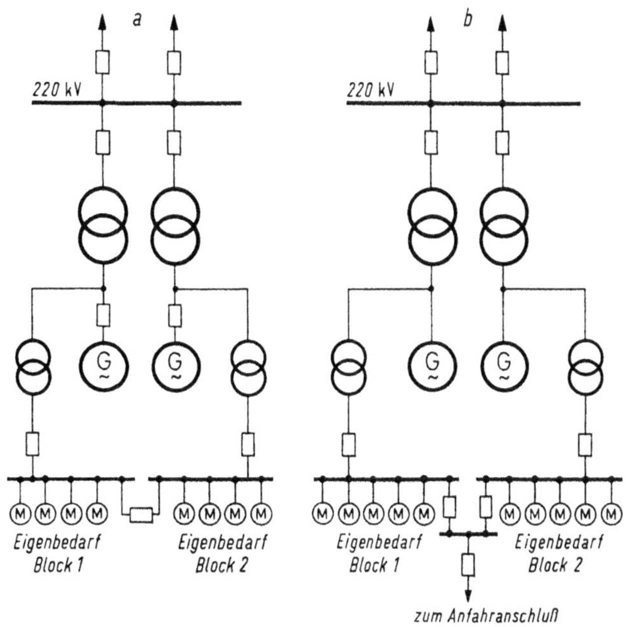

Abb. 583. Anfahrbetrieb des Blockkraftwerks

a Anfahrenergie über Blocktrafo, aus dem versorgten Netz bezogen
b Anfahrenergie, aus Fremd- oder Eigennetz, Anfahrdiesel oder anderer Hilfsstromquelle bezogen

Für das Anfahren aus dem Stillstand ist für jedes moderne Dampfkraftwerk eine Fremdversorgung erforderlich. Die zum Anfahren notwendige Energie wird im allgemeinen aus dem versorgten Verbundnetz entnommen. Wie in Abb. 583a gezeigt, kann hierzu der Blocktransformator verwendet werden, wenn zwischen Generator und Eigenbedarfs-Abzweig ein Schalter eingebaut wird. Mit diesem Schalter kann der Turbosatz nach erfolgtem Hochfahren des Kessels und der Turbine selbst synchronisiert und parallel geschaltet werden. Da man in der Generatorableitung aber Schaltgeräte nach Möglichkeit wegen der dort auftretenden hohen Nennströme und Kurzschlußleistungen vermeiden will, wird meist die Schaltung nach Abb. 583b verwendet, insbesondere dann, wenn ein Anschluß an ein Mittelspannungsnetz mit ausreichender Leistungsfähigkeit für den Anfahrbetrieb zur Verfügung steht. Häufig wird aber auch ein eigener Anfahrtransformator an die Oberspannungssammelschiene angeschlossen und von dort die Anfahrenergie bezogen.

Wenn die Anfahrenergie weder aus dem versorgten Netz noch aus einem Fremdstromanschluß mit ausreichender Leistungsfähigkeit und Sicherheit zur Verfügung steht, also insbesondere in Ländern, in denen noch kein Verbundnetz besteht, kann für die Erzeugung der Anfahrenergie z. B. ein Dieselsatz aufgestellt werden. Dabei ist zu beachten, daß der Dieselsatz in der Lage sein muß, die für den Anfahrbetrieb erforderlichen Antriebsmotoren, die meist Kurzschlußläufer haben und einen entsprechend hohen Anlaufstrom brauchen, hochzuziehen und außerdem den Eigenbedarf während der Anfahrperiode, wenigstens für einen Block, eine halbe bis eine Stunde lang zu speisen. Erfahrungsgemäß liegt die dafür erforderliche Leistung etwa bei der Hälfte der im Normalbetrieb benötigten Eigenbedarfsleistung. Zweckmäßig wird man eine besondere möglichst kleine Anfahrspeisepumpe mit entsprechendem Antriebsmotor vorsehen und den Dieselsatz so bemessen, daß er diesen Pumpensatz hochziehen kann. Die Hauptspeisepumpe kann dann erst nach dem Hochfahren des Block-Turbosatzes eingeschaltet werden, bevor dieser Last aufnimmt.

In englischen Kraftwerken tritt die Gasturbine als Anfahr- und Reserve-Energiequelle für Eigenbedarfsanlagen von großen Dampfturbosätzen in den Vordergrund. Zum Beispiel wurde in einem Kraftwerk, das aus vier Dampfturbosätzen je 500 MW besteht, jede Blockeigenbedarfsanlage der vier Sätze mit einem Gasturbosatz mit einer Leistung von 17,5 MW ausgerüstet. Nach dem Anfahren des Blockes mit Hilfe dieses Gasturbosatzes wird der Eigenbedarf auf die Versorgung durch den Hauptgenerator selbst umgeschaltet. Bei Störungen der Eigenbedarfsversorgung kann die Gasturbine sofort wieder eingesetzt werden [*17*].

Der grundsätzliche Aufbau der Eigenbedarfsanlagen kann nach vorstehenden Ausführungen bestimmt werden. Für die Einzelheiten sind aber noch weitere Überlegungen anzustellen, nämlich wie man auf der einen Seite die möglichen Kurzschlußleistungen beherrscht und wie auf der anderen Seite der Spannungsabfall sowohl beim Einschalten größerer Motoren als auch beim Umschalten von Motorengruppen in den zulässigen Grenzen gehalten werden kann. Zur Begrenzung der Kurzschlußleistung auf Werte, die mit normalen Leistungsschaltern von 250 MVA, in Einzelfällen auch 350 MVA Nennausschaltleistung beherrscht werden können, sind entsprechend hohe Induktivitäten der speisenden Transformatoren, zusätzliche Reaktanzdrosselspulen oder eine Aufteilung der Eigenbedarfsanlagen erforderlich; um den Spannungsabfall in den zulässigen Grenzen zu halten, sind wiederum möglichst kleine Induktivitäten notwendig. Da beide gegensätzlichen Bedingungen erfüllt werden sollen, muß ein Mittelweg gefunden werden.

a) Kurzschlußverhältnisse

Betrachten wir zunächst die Kurzschlußverhältnisse. Bei der Blockversorgung nach Abb. 581 d bewirkt der Block-Eigenbedarfstransformator, der die Eigenbedarfsenergie von der Generatorspannung auf die Eigenbedarfsspannung umspannt, eine beträchtliche Dämpfung der vom Netz und dem Block-Generator her anstehenden Kurzschlußleistung.

Es läßt sich leicht ausrechnen, wie groß dieser Transformator maximal werden darf bzw. wie er ausgelegt werden muß, um die obengenannten Leistungsschalter von 250 bzw. 350 MVA noch verwenden zu können. Wenn man die Kurzschlußleistung an den oberspannungsseitigen Klemmen des Block-Eigenbedarfstransformators als unendlich groß annimmt, so läßt dieser bei einem Kurzschluß auf der Unterspannungsseite einen Anfangs-Kurzschlußwechselstrom durch, der sich (nach VDE 0102 § 5) nach der Formel

$$I''_{K\,T} = \frac{1{,}1 \cdot U_N}{\sqrt{3} \cdot Z_T}$$

und

$$Z_T = \frac{u_K \cdot U_N^2}{100 \cdot S_T}$$

errechnen läßt. Darin bedeuten U_N die Nennspannung, S_T die Trafo-Scheinleistung, Z_T die Kurzschlußimpedanz des Transformators, wobei zur Vereinfachung der Darstellung der Widerstand der Kurzschlußbahn im hier betrachteten Grenzfall nur durch den Block-Eigenbedarfstransformator selbst gebildet wird.

Erfahrungsgemäß ist in Kraftwerks-Eigenbedarfsanlagen nicht der Ausschaltstrom und die Ausschaltleistung, sondern der Stoßstrom beim Einschalten auf einen Kurzschluß die schwerste Beanspruchung für die Leistungsschalter. Der Stoßstrom kommt zum Teil aus dem Netz und dem Blockgenerator über den Eigenbedarfstransformator, ein anderer Teil wird von den versorgten Motoren geliefert. Der Netz- und Generatoranteil des Stoßkurzschlußstromes errechnet sich aus dem Anfangs-Kurzschlußwechselstrom zu

$$I_{S_T} = \varkappa \cdot \sqrt{2} \cdot I''_{K_T} = \varkappa \cdot \sqrt{2}\, \frac{1{,}1 \cdot U_N}{\sqrt{3} \cdot Z_T}\,.$$

$\varkappa$ kann entsprechend VDE 0102 § 5 für die hier betrachteten Eigenbedarfsschaltanlagen mit einem Wert von 1,8 eingesetzt werden.

Abb. 584 zeigt in einer Schaulinie die nach obigem errechneten Werte für den Stoßkurzschlußstrom I_{S_T}, der hinter einem 10 MVA-Eigenbedarfstransformator mit der meist

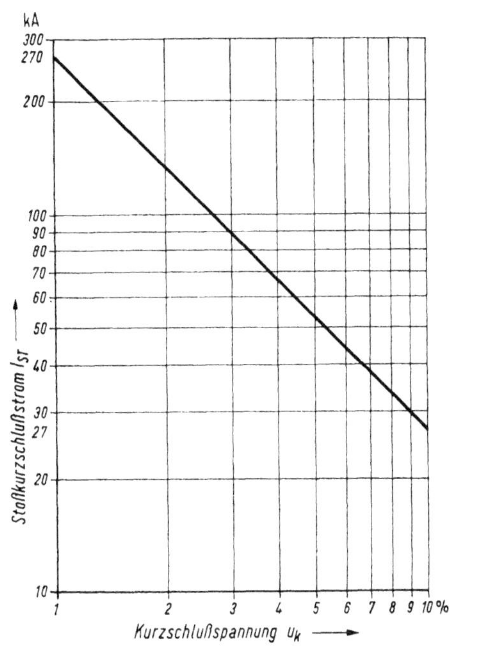

Abb. 584. Stoßkurzschlußstrom I_{S_T} hinter einem 10 MVA-Trafo verschiedener u_K, Sekundärspannung 6 kV, der primär an ein unendlich starkes Netz angeschlossen ist. Werte bei anderen Trafoleistungen können im Verhältnis der Nennleistung zu 10 MVA umgerechnet werden

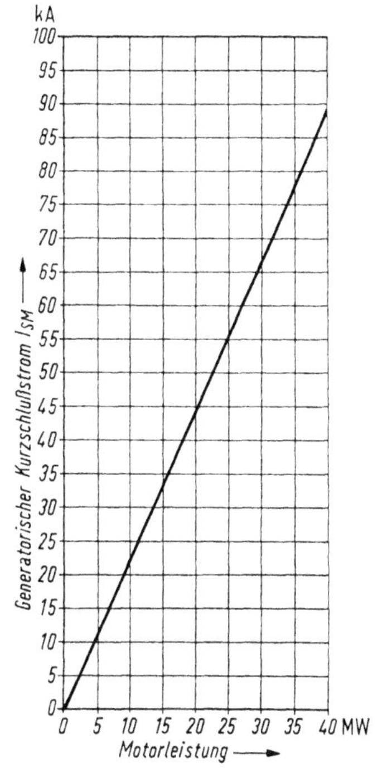

Abb. 585. Generatorischer Stoßkurzschlußstrom I_{S_M} einer Motorengruppe verschieden großer Summenleistung, bestehend aus Käfigläufermotoren mit einem durchschnittlichen Verhältnis S_M Anlaufstrom/Nennstrom $I_A/I_{NM} = 6$. Nennspannung $U_N = 6$ kV

verwendeten Sekundärspannung von 6 kV und verschiedenen Größen von u_K auftreten kann.

Der Anteil der Motoren kann nach VDE 0102 § 8 ermittelt werden. Der generatorische Anfangs-Kurzschlußwechselstrom errechnet sich danach zu

$$I''_{K_M} = \frac{C \cdot U_N}{\sqrt{3} \cdot Z_M}$$

und der Stoßkurzschlußstrom zu

$$I_{S_M} = \varkappa \cdot \sqrt{2} \cdot I''_{K_M} = \varkappa \cdot \sqrt{2} \cdot \frac{C \cdot U_N}{\sqrt{3} \cdot Z_M}\,.$$

Darin kann C mit einem Wert von 1,1 eingesetzt werden, $\varkappa$ mit 1,8. Die Impedanz Z_M wird aus dem Anlaufstrom I_A zu

$$Z_M = \frac{U_N}{\sqrt{3} \cdot I_A}$$

errechnet. Da der Anlaufstrom der hier in Frage kommenden Motoren mit Käfigläufern im allgemeinen zwischen dem Fünf- und Siebenfachen, im Mittel Sechsfachen des Nennstromes I_{N_M} liegt, kann meist

$$Z_M = \frac{U_N}{\sqrt{3} \cdot 6 \cdot I_{N_M}}$$

angenommen werden.

Abb. 585 zeigt in einer Schaulinie die nach obigem errechneten Werte für den von den Motoren gelieferten Stoßkurzschlußstrom I_{S_M}, abhängig von der Summe der Nennleistungen der in der Eigenbedarfsanlage zusammengefaßten Motoren.

I_{S_T}, aus der Schaulinie Abb. 584, und I_{S_M}, aus Abb. 585 entnommen und addiert, ergibt die Beanspruchung, der die Leistungsschalter in der Eigenbedarfsanlage nach Schaltbild Abb. 581 d beim Einschalten auf Kurzschluß unterworfen werden können.

Der für die Leistungsschalter zulässige Stoßstrom I_{S_L} wird von den Lieferfirmen angegeben. Der Mindestwert soll nach VDE 0670 § 18 beim 2,5fachen des Ausschaltstromes liegen. Das ergibt die Werte in Tabelle 45, die dort für verschiedene Schaltergrößen angegeben sind.

Tabelle 45. *Ausschaltstrom I_A und zulässiger Stoßkurzschlußstrom I_{S_L} für Leistungsschalter verschiedener Nennausschaltung S_A bei 6 kV-Nennspannung*

Nenn-Ausschalt-leitung S_A [MVA]	Ausschalt-Strom I_A [kA]	Zulässiger Einschalt-Stoßstrom I_{S_L} [kA ampl.]
250	24	60
350	33,7	84
500	48	120

Nach Abb. 584 und 585 sowie nach Tabelle 45 ist nun nach vorstehenden Ausführungen die Auswahl der Größe des Eigenbedarfstransformators und seiner Kurzschlußspannung sowie auch der Nennausschaltleistung der zu verwendenden Leistungsschalter mit Rücksicht auf die Kurzschluß-Beanspruchung möglich. Es ist dabei noch darauf hinzuweisen, daß bei dieser überschläglichen Methode noch einige Sicherheiten enthalten sind, u. a. dadurch, daß die Niederspannungsmotoren des Eigenbedarfs, die hier wie die Hochspannungsmotoren behandelt wurden, sich kaum an der Erzeugung des Stoßkurzschlußstromes in der Hochspannungsanlage beteiligen können. Eine exakte Berechnung kann nach Kenntnis der genauen technischen Daten aller Motoren, Transformatoren usw. durchgeführt werden.

b) Spannungsverhältnisse

Für die zweite Bedingung, nämlich die Einhaltung zulässiger Spannungsabfälle beim Ein- und Umschalten, gelten folgende Ausführungen:

Wenn durch ausreichende Reaktanzen entweder der Eigenbedarfstransformatoren selbst oder besonderer Reaktanzdrosselspulen dafür gesorgt wird, daß die Kurzschlußbeanspruchung der Eigenbedarfsschaltanlage in solchen Grenzen bleibt, daß sie mit serienmäßigen Leistungsschaltern beherrscht werden kann, so muß auf der anderen Seite beachtet werden, daß durch diese Reaktanzen Spannungsabfälle auftreten, die mit Rücksicht auf den Betrieb und den Anlauf der Motoren nur ein begrenztes Ausmaß annehmen dürfen. Gerade beim Anlauf nimmt der Käfigläufermotor, den wir ja fast allgemein verwenden, einen Strom auf, der um ein Mehrfaches höher ist als der Nennstrom und der

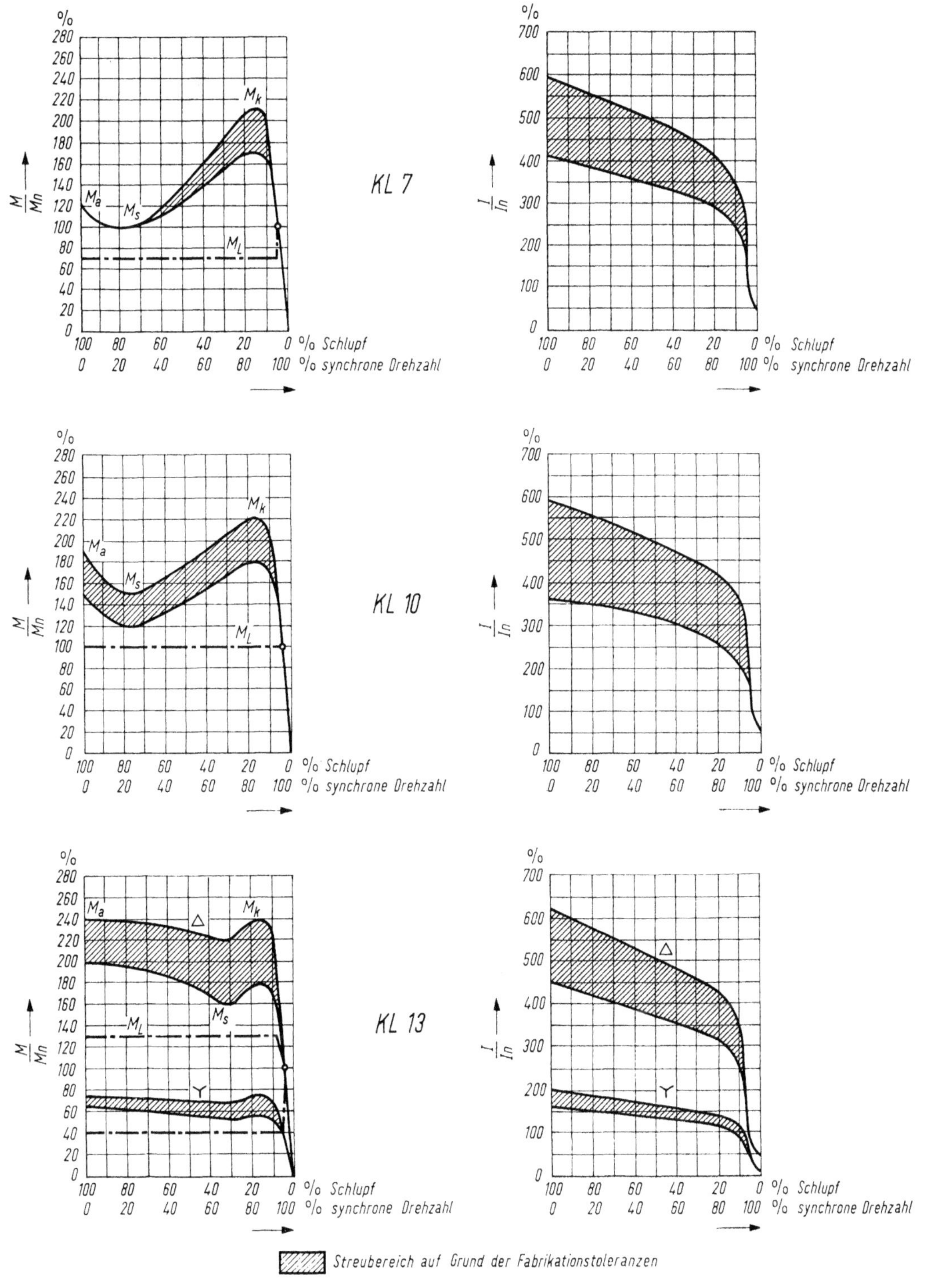

Abb. 586. Kennlinien von Anlaufmoment und Anlaufstrom verschiedener Käfigläufermotoren

M_a Anzugsmoment M_k Kippmoment
M_s Sattelmoment M_L höchstzulässiges Lastmoment
Kl 7, Kl 10, Kl 13 vom VDE genormte Läuferklassen mit 70 bzw. 100 bzw. 130% zulässigem höchstem Lastmoment

wiederum erhöhte Spannungsabfälle in den vorgeschalteten Reaktanzen hervorruft. Aus Abb. 586 ist die Momenten- und Stromcharakteristik verschiedener Drehstrommotoren beim Anlaufvorgang zu ersehen. Der eingezeichnete Streubereich ergibt sich auf Grund der zulässigen Toleranzen bei der Massenfabrikation; er gilt für konstante Spannung.

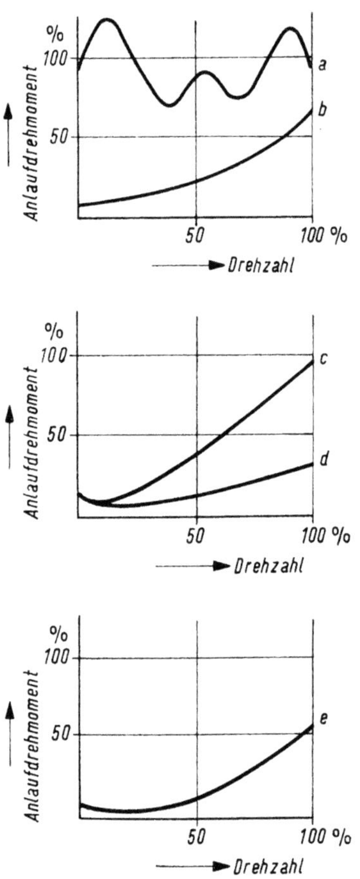

Abb. 587. Anlaufdrehmoment-Drehzahl-Kennlinien verschiedener Arbeitsmaschinen

a Rohrmühle, gefüllt
b Einblasemühle, leer
c Saugzug- oder Unterwindgebläse, Anlauf gegen offene Drosselklappe
d dgl. gegen geschlossene Drosselklappe
e Zentrifugalpumpe, Anlauf gegen geschlossenen Schieber

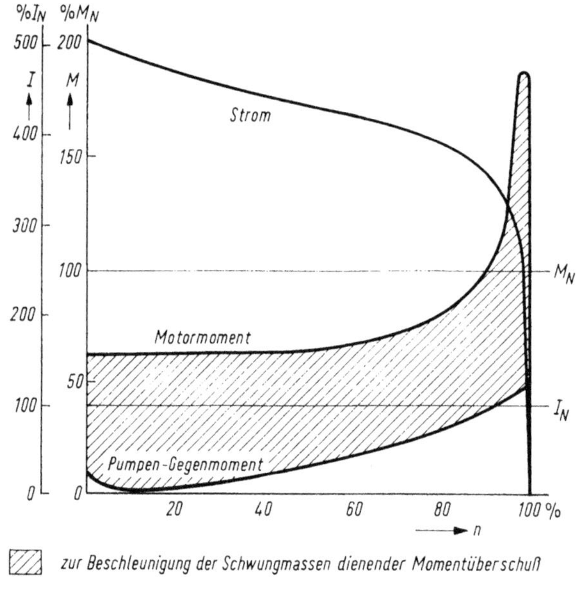

Abb. 588. Anlaufkennlinien einer Zentrifugal-Speisepumpe und des zugehörigen Antriebsmotors (Aus AEG-Mitt. Bd. 46 (1956), S. 95, Bild 6)

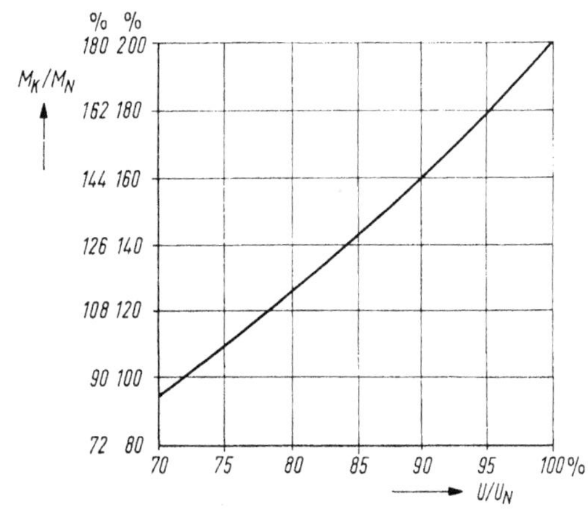

Abb. 589. Verhalten verschiedener Drehstrommotoren bei Spannungsrückgang. Motoren mit 1,8- und 2fachem Kippmoment

M_K Kippmoment
M_N Nennmoment
U_N Nennspannung
U Klemmenspannung

Strichpunktiert ist in den Momentencharakteristiken jeweils eine Begrenzungslinie M_L eingezeichnet, die das maximale Lastmoment der vom Motor angetriebenen Arbeitsmaschine darstellt, gegen welches er noch mit Sicherheit anlaufen kann. Die Lastmomentenkennlinie der im Kraftwerk verwendeten Arbeitsmaschinen ist allerdings nicht geradlinig, sondern hat sehr verschiedenen Verlauf, wie aus Abb. 587 für einzelne Beispiele ersichtlich. Aufgabe des projektierenden Ingenieurs ist es, für jede anzutreibende Arbeitsmaschine den Motor so auszuwählen, daß das Anlaufmoment des Motors stets mit genügendem Abstand größer ist als das Lastmoment der Arbeitsmaschine. In Abb. 588 sind die Kennlinien des Drehstrommotors und einer zugehörigen Arbeitsmaschine zusammen gezeichnet. Es handelt sich hier um den Antrieb einer Speisepumpe, die gegen geschlossenen Schieber anläuft. Die Momentenfläche unterhalb der Gegenmomentkurve stellt die von der Pumpe verlangte Arbeit dar. Innerhalb der schraffierten Fläche kann man den Überschuß des Anlaufmoments des Motors gegenüber dem Gegenmoment der Pumpe abgreifen, der zur Beschleunigung der Schwungmassen dient. Der Momenten-Überschuß gibt gleichzeitig einen Maßstab für die Anlaufzeit des Gesamtaggregates, die mit Rücksicht auf die zulässige Erwärmung des Motorläufers begrenzt sein muß.

Die Anlaufzeit t in s kann man überschläglich ermitteln aus

$$t = \frac{GD^2 \cdot n}{375 \cdot M_b},$$

worin GD^2 das Gesamtschwungmoment der umlaufenden Teile von Motor und angetriebener Maschine in kgm², M_b das mittlere Beschleunigungsmoment in mkp, ermittelt aus der schraffierten Fläche, und n die Betriebsdrehzahl in U/min bezeichnen. Ergeben sich längere Anlaufzeiten als 10 s, so ist eine Rückfrage beim Motorlieferanten zu empfehlen.

Alle dargestellten Anlaufverhältnisse gelten bei normaler Spannung an den Klemmen des Antriebmotors, d. h. also unter der Voraussetzung, daß kein Spannungsabfall eintritt. Im allgemeinen ist aber ein Spannungsabfall wenigstens während der Anlaufzeit unvermeidlich und muß berücksichtigt werden. Mit sinkender Spannung ändern sich alle Momentenwerte des Drehstrommotors, konstant bleibende Frequenz vorausgesetzt, im Verhältnis des Quadrates des Spannungswertes. In Abb. 589 ist der Rückgang des Kippmoments dargestellt. Man kann daraus entnehmen, daß z. B. bei nur 5% Spannungsabfall — das ist der vom VDE zugelassene Wert bei Dauerbetrieb — eine Minderung des Kippmoments und gleichzeitig ein Absinken der ganzen Momentenkurve um 10% eintritt. Tatsächlich müssen wir weit größere Spannungsabfälle während der Anlaufzeit der Motoren in Kauf nehmen, um auf der anderen Seite die im vorigen Abschnitt erwähnten Kurzschlußverhältnisse beherrschen zu können. Es bleibt jeweils zu untersuchen, welcher größte Spannungsabfall zugelassen werden darf. Aus Abb. 587 kann man ableiten, daß Antriebmotoren von Gebläsen und Pumpen einen größeren Spannungsrückgang vertragen, da das Anzugsmoment aus dem Stillstand heraus verhältnismäßig klein ist; dagegen müssen Arbeitsmaschinen, die ein hohes Anzugsmoment erfordern, wie z. B. die in Abb. 587a dargestellte Charakteristik einer Rohrmühle zeigt, besonders beachtet werden. Erfahrungsgemäß kann man vorübergehende Spannungsabsenkungen in der Größenordnung bis zu etwa 20% zulassen, wobei nach Abb. 589 das Kippmoment immer noch mit genügendem Abstand größer ist als das Nennmoment. Selbstverständlich dürfen solche Spannungsabsenkungen nur kurzzeitig, also während der Zeit des Anlaufs, auftreten. Sobald der Anlaufvorgang beendet ist und der hohe Anlaufstrom auf den Nennstrom absinkt, muß auch die Spannung wieder auf den normalen Wert, d. h. auf Nennspannung $\pm$ 5%, heraufgehen. Würde dies nicht der Fall sein, so muß mit einer Überlastung der Wicklung gerechnet werden. Wenn nämlich die von dem Motor an der Kupplung abgegebene mechanische Leistung festliegt, kann diese nur gedeckt werden, wenn bei verminderter Spannung ein entsprechend höherer Strom aus dem Netz bezogen wird. Da wiederum die Kupferverluste innerhalb der Wicklung mit zunehmender Stromstärke quadratisch steigen, ist bei längerer Dauer einer solchen Überlastung mit einer Gefährdung der Wicklungsisolation durch Übererwärmung zu rechnen.

Die Grenze nach oben über + 5% hinaus darf wegen des aufgenommenen Magnetisierungsstromes ebenfalls nur kurzzeitig überschritten werden. Der Magnetisierungsstrom als Hauptanteil des Leerlaufstromes ist ein Blindstrom, der zwar an der Wirkleistung nicht beteiligt ist, aber die Wicklung strommäßig beansprucht. Der Leerlaufstrom normaler Motoren beträgt bei Nennspannung etwa 30 bis 50% des Nennstromes und wächst bei steigender Spannung mehr als proportional an. Mit der höheren Magnetisierung treten verstärkte Wirbelstromverluste im aktiven Eisenpaket auf, die wiederum bei längerer Dauer schon bei Leerlauf des Motors eine unzulässige Erwärmung mit sich bringen können.

Die Bedeutung dieser Ausführungen soll an Hand der Abb. 590 noch näher erläutert werden. Hier ist ein in Block geschalteter 125 MVA-Generator mit seinem Blocktransformator dargestellt. Für die Versorgung der größeren Hilfsantriebe sind ein 12,5 MVA-

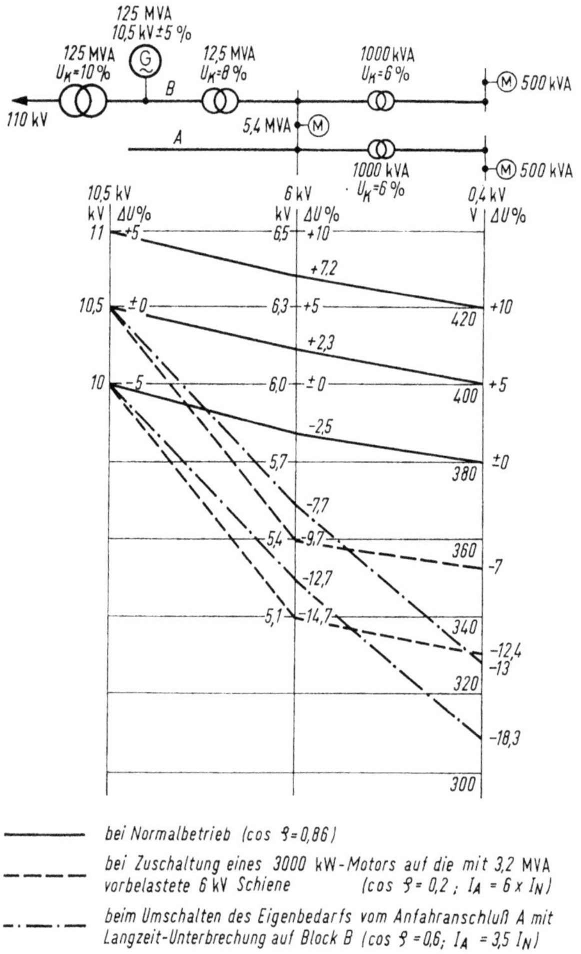

Abb. 590. 100 MW-Kraftwerksblock. Spannungsverhältnisse in der Eigenbedarfsanlage

Eigenbedarfstransformator zur Umspannung von Maschinenspannung auf 6 kV und für die Speisung der kleineren Hilfsantriebe zwei nachgeschaltete 1000 kVA-Transformatoren auf 380 V dargestellt. Bei den in diesem Beispiel gewählten Übersetzungsverhältnissen der Transformatoren würde sich bei Nennspannung des Generators von 10,5 kV und vollständigem Leerlauf eine Spannung von 6,3 kV = + 5% auf der Hochspannungsseite und von 420 V = + 10% auf der Niederspannungsseite der Eigenbedarfsanlage ergeben. Da vollständiger Leerlauf nicht denkbar ist, weil bei Betrieb des Generators auch die Hilfsantriebe des Turbosatzes laufen müssen, sind diese Verhältnisse zulässig, wie die weiteren Ausführungen zeigen. Man sieht aus dem Spannungsverlauf bei Belastung, daß sich auf der Hochspannungsseite bei normalem Betrieb ein Spannungsabfall auf 6,15 kV, d. h. + 2,3% gegenüber der Nennspannung, und auf der Niederspannungsseite auf 400 V, d. h.

+ 5% gegenüber der Nennspannung, ergibt. Eine weitere vom Punkt 10,5 kV der Generatorspannung ausgehende unterbrochene Linie zeigt den Spannungseinbruch beim Einschalten eines 3000 kW-Speisepumpenmotors; während dessen Anlaufzeit sinkt die Spannung auf der 6 kV-Seite auf einen Wert, der 9,7%, und auf der Niederspannungsseite auf einen Wert, der 7% unter der Nennspannung liegt. Die vierte, vom Punkt 10,5 kV ausgehende strichpunktierte Linie zeigt den Spannungseinbruch beim Umschalten des ganzen Blockeigenbedarfs vom Anfahrbetrieb mit Langzeit-Unterbrechung[1] auf den Block-Eigenbedarfstransformator. Hierbei sinkt die Spannung auf der 6 kV-Seite auf einen Wert von 7,7% und auf der Unterspannungsseite von 13% unterhalb der Nennspannung. Wird betriebsmäßig die Generatorspannung innerhalb des Regelbereichs auf — 5% gehalten, so ergeben sich sowohl für den Normalbetrieb als auch für das Umschalten noch zulässige Werte. Der tiefste Punkt beim Umschalten liegt bei — 18,3% gegenüber der Nennspannung, während wir in unseren früheren Überlegungen 20% zugelassen hatten. Wird allerdings die Generatorspannung auf den Wert + 5% eingestellt, so ergeben sich mit + 7,2% auf der 6 kV- und + 10% auf der 380 V-Seite für den Dauerbetrieb unzulässig hohe Werte.

Wenn es erforderlich ist, diesen Spannungsregelbereich des Generators mit Rücksicht auf den Betrieb des 110 kV-Versorgungsnetzes auszunutzen, muß man, um in der Eigenbedarfsanlage erträgliche Spannungsverhältnisse zu haben, den 12,5 MVA-Eigenbedarfstransformator mit einem Lastregelschalter ausrüsten, der, möglichst selbsttätig gesteuert, die Spannung auf der 6 kV-Seite auf einem konstanten Wert hält.

Überschreiten dagegen, wie es bei großen Verbundnetzen mit mehr als 110 kV-Betriebsspannung fast immer der Fall ist, die Spannungsschwankungen auf der Oberspannungsseite den möglichen Regelbereich der Generatoren, so wird eine Ausrüstung des Blocktransformators mit einem Lastregelschalter notwendig, der dann die Spannungsschwankungen des Versorgungsnetzes in einem weiten Bereich von z. B. ± 20% allein ausregeln kann; dann ist es wiederum möglich, auf den Lastregelschalter im Eigenbedarfstransformator zu verzichten, die Generatorspannung auf einen konstanten Wert einzustellen und damit auch die Eigenbedarfsspannung innerhalb der zulässigen Grenzen zu halten.

Bei der Ermittlung der Größe des Spannungsabfalls, dessen kritische Werte nach vorstehendem bei Anlauf- und Wiederhochlaufperioden einzelner Motoren oder von Motorengruppen auftreten, kann man davon ausgehen, daß der dabei auftretende Anlaufstrom im wesentlichen Blindstrom ist. Erfahrungsgemäß liegt der Leistungsfaktor bei Anlaufvorgängen aus dem Stillstand in der Größenordnung von $\cos\varphi = 0{,}2$, bei Wiederhochlaufvorgängen bei 0,2 bis 0,6, je nachdem, wie die Drehzahl vor dem Wiederzuschalten abgefallen war.

Es kann hier ferner davon ausgegangen werden, daß bei Nennspannung der Anlaufstrom der Käfigläufermotoren durchschnittlich sechsmal größer ist als der Nennstrom. Da wir aber während des Anlaufs Spannungsabfälle bis 20% zulassen wollen, reduziert sich auch der Anlaufstrom im gleichen Verhältnis. Aus Abb. 591 (nach Roeper) kann der Spannungsabfall eines Transformators bei Anlaufvorgängen von Motoren abgegriffen werden, wobei die auf Grund der Kurzschlußverhältnisse nach dem vorangehenden Abschnitt ermittelten Daten des Transformators hier zunächst zugrunde gelegt werden. S_T ist die Transformator-Nennleistung in MVA, S_M die Motor-Scheinleistung in MVA, errechnet aus den Motor-Nennleistungen P_M in kW zu

$$\Sigma S_M = \Sigma \frac{P_M}{\eta \cos\varphi},$$

worin η der Wirkungsgrad und $\cos\varphi$ der Leistungsfaktor der Motoren ist, für die Mittelwerte eingesetzt werden können. Ergeben sich für den Spannungsabfall ΔU für den ungünstigsten Belastungsfall, z. B. Wiederhochlauf der Motorengruppe nach Umschaltung

[1] Näheres siehe Abschn. C IIe „Eigenbedarfs-Umschaltautomatik", S. 671; ebenso [*1, 3, 5, 6, 7*].

mit Langzeit-Unterbrechung[1], höhere Werte als 20% und für den Normalbetrieb mehr als 5%, so wird man einen größeren Eigenbedarfstransformator wählen müssen, soweit dies wegen der Kurzschlußbeanspruchung noch zulässig ist. Sonst wird man zur Unterteilung der Eigenbedarfsanlage schreiten müssen.

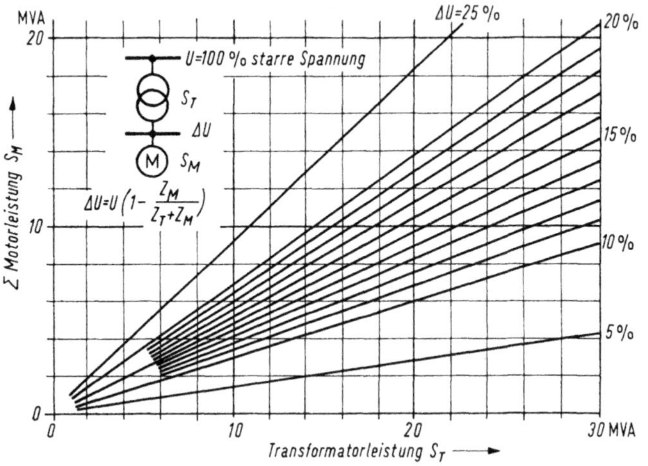

Abb. 591. Spannungseinbruch bei Motoranlauf. Für den Transformator ist eine Kurzschlußspannung von $u_K = 6\%$ und für den Motor ein Anlaufstrom von $I_A = 6 \cdot I_N$ in Rechnung gestellt. Bei anderen Kurzschlußspannungen des Transformators als 6% sind die Abszissenwerte im Verhältnis $x\%/6\%$ zu ändern. Die Motorscheinleistung S_M in MVA ergibt sich aus der Motornennleistung P_M in MW dividert durch den Leistungsfaktor cos φ und dem Wirkungsgrad η. Bei anderen Motoranlaufströmen als $6 \cdot I_N$ sind die Ordinatenwerte im Verhältnis $\frac{6 \cdot I_N}{x \cdot I_N}$ zu ändern.

c) Rückwirkung auf den Aufbau des Eigenbedarfs-Schaltbildes

Bei größeren Blocks als 200 MVA wird sich meist aus der Nachrechnung auf Kurzschlußbeanspruchung und Spannungsabfall ergeben, daß man die Eigenbedarfs-Sammelschiene unterteilen muß. Es bestehen dazu mehrere Möglichkeiten, die auch entsprechend angewendet werden.

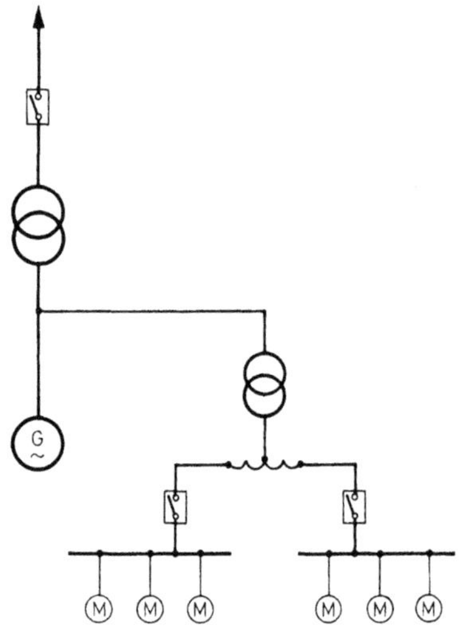

Abb. 592. Kraftwerksblock mit unterteilter Eigenbedarfsanlage, gespeist über angezapfte Reaktanzdrosselspule

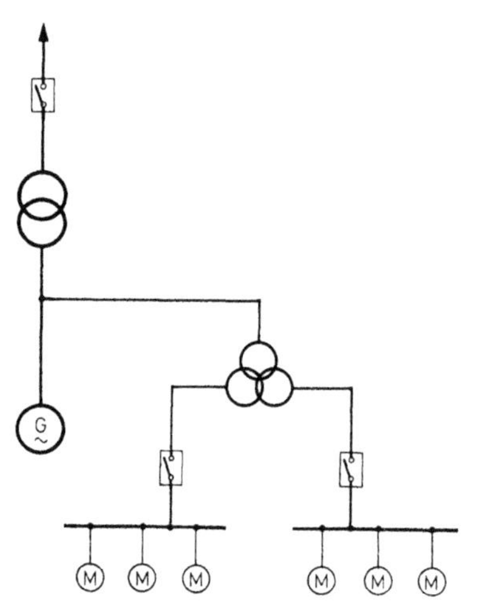

Abb. 593. Kraftwerksblock mit unterteilter Eigenbedarfsanlage, gespeist über Dreiwickeltrafo

Eine Möglichkeit ist in Abb. 592 dargestellt, bei der die Eigenbedarfs-Sammelschiene in zwei Teile geteilt und hinter dem Eigenbedarfstransformator eine Reaktanzdrosselspule eingebaut ist. Diese Reaktanzdrosselspule hat eine Mittelanzapfung, in die der Eigenbedarfstransformator einspeist, während die beiden Enden für die Versorgung je

[1] Siehe auch Abschn. C II e „Eigenbedarfs-Umschaltautomatik", S. 671.

eines Sammelschienen-Abschnittes der Eigenbedarfsanlage dienen. Im Normalbetrieb ist die Stromrichtung in den beiden Hälften der Reaktanzdrosselspule gegenläufig, so daß sich die erzeugten Felder bis auf den Streuanteil gegenseitig aufheben und der betriebsmäßige Spannungsabfall gering ist. Im Falle eines Kurzschlusses in einem Abschnitt kommt die Reaktanz des entsprechenden Spulenteils voll zur Wirkung; für den Kurzschlußstromanteil, der von den Motoren des nicht betroffenen Abschnittes geliefert wird, wird die Gesamtreaktanz der Drosselspule wirksam, da dann die Stromrichtung in beiden Teilen gleich ist und beide Teile in Reihe geschaltet sind.

Eine andere Möglichkeit ist in Abb. 593 gezeigt, die häufig angewendet wird. Hier wird die Eigenbedarfs-Sammelschiene in zwei oder mehr Abschnitte unterteilt und jeder Abschnitt von einer eigenen Unterspannungswicklung des Block-Eigenbedarfstransformators versorgt. Statt dessen kann auch jeder Abschnitt von einem eigenen entsprechend kleiner bemessenen Transformator gespeist werden. In jedem Abschnitt ist dann der Netzanteil an der Kurzschlußleistung im Verhältnis der Unterteilung des Transformators reduziert, d. h. bei Zweiteilung auf die Hälfte. Auch der Anteil des von den Antriebsmotoren selbst im Kurzschlußfalle gelieferten Stoßkurzschlußstromes reduziert sich zunächst anteilig, jedoch muß noch berücksichtigt werden, daß bei einem Kurzschluß in einem der Abschnitte die Motoren des oder der nicht betroffenen Abschnitte noch einen abgeschwächten Stoßkurzschluß-Anteil über die Transformatoren-Wicklungen liefern.

Auf die Abschnitte können die zu speisenden Antriebe symmetrisch verteilt werden, was besonders bei Zweiteilung vorteilhaft sein kann, da wichtige Antriebe, wie Kondensatpumpen, Speisepumpen, Kohlemühlen, meist doppelt oder mehrfach vorgesehen werden. Es können aber auch ungleiche Abschnitte gewählt werden, z. B. einer mit größerem Speisetransformator oder größerer Transformatorwicklung für die größten Motoren und ein weiterer mit kleinerem Transformator für die mittleren Motoren. Der eine Abschnitt versorgt dann z. B. die Speisepumpen, der andere Mühlen, Kondensatpumpen, Kühlwasserpumpen usw. Die Abschnitte können dann für unterschiedliche Kurzschlußleistung und sogar für unterschiedliche Spannung ausgelegt werden, z. B. 10 kV/350 MVA und 6 kV/250 MVA.

III. Antriebe

Alle Hilfsmaschinen im modernen Dampfkraftwerk werden, mit wenigen Ausnahmen, durch Elektromotoren angetrieben. Zum großen Teil handelt es sich dabei um Pumpen für die Förderung von Wasser und Öl, ferner um Gebläse zur Förderung von Luft oder Rauchgasen; schließlich um Transport- und Hebeeinrichtungen, wie Krane, Aufzüge, Elevatoren und Förderbänder. Einen zahlenmäßig immer größer werdenden Raum nehmen auch die Verstellmotoren für die Fernregelung und selbsttätige Einstellung von Fördermengen, Dampfmengen, Leistung, Frequenz, Temperaturen, Drehzahlen usw. ein.

Die Anforderungen an diese Antriebsmotoren hinsichtlich Leistung, Drehzahl und Anlaufmoment werden von den entsprechenden Eigenschaften der angetriebenen Hilfsmaschinen bestimmt, die notwendige Widerstandsfähigkeit, z. B. gegen hohe Umgebungstemperaturen, Nässe, Verschmutzung, Erschütterungen usw., von den Bedingungen an dem jeweiligen Aufstellungsort.

Die Energie für den Betrieb aller dieser Hilfsmaschinen steht im Kraftwerk im allgemeinen aus der Eigenbedarfsanlage als Drehstrom mit der normalen Frequenz 50 oder 60 Hz zur Verfügung. Hierüber und über die Betriebsspannung ist im Abschn. I „Stromart und Betriebsspannungen" (S. 605) bereits Näheres gesagt; desgleichen auch über die Anwendung von Gleichstrom.

a) Normale Drehstrommotoren mit praktisch konstanter Drehzahl

Der Drehstrommotor, der vorwiegend und für alle vorkommenden Leistungen verwendet wird, ist besonders in seiner Form als Käfigläufer die ideale Antriebsmaschine hinsichtlich Betriebssicherheit und Einfachheit des Aufbaues. Er benötigt keine besonderen Anlaßvorrichtungen, sondern wird mit Hilfe des Motorschalters ein- und ausgeschaltet.

Die dabei auftretenden Anzugsströme in der Größe des Fünf- bis Siebenfachen des Nennstromes nimmt man in Kauf und bemißt die Stromversorgungsanlage des Eigenbedarfs so, daß sie ohne unzulässigen Spannungsabfall aufgebracht werden können, wie im Abschn. II näher ausgeführt. Aus der dort gebrachten Abb. 587 sind die unterschiedlichen Anlaufmoment-Kennlinien verschiedener Arten von Hilfsmaschinen dargestellt, für die die geeigneten Läuferarten der Motoren nach Abb. 586 desselben Abschnitts ausgewählt werden können.

Die Drehstrommotoren mit Käfigläufer sind ihrer Natur nach wegen der konstanten Frequenz der Speisequelle für den Betrieb mit konstanter Drehzahl bestimmt. Bei fast allen Hilfsmaschinen soll aber deren Fördermenge geregelt werden können, z. B. bei dem modernen Kessel die Speisewassermenge und die Menge der Verbrennungsluft nach der jeweiligen Kesselbelastung usw. Meist werden die erforderlichen Änderungen auf mechanischem Wege durch Stellventile, Stellklappen und dgl. erzielt, zum anderen durch verstellbare Drehzahlwandler mechanischer oder hydraulischer Art.

b) Drehstrommotoren mit veränderbarer Drehzahl

Gelegentlich wird auch eine Drehzahländerung der Antriebsmotoren selbst angewendet. Dazu stehen verschiedene Möglichkeiten zur Verfügung, von denen einige nachstehend näher beschrieben werden.

1. Polumschaltbare Motoren

Der Drehstrom-Asynchronmotor hat je nach Anzahl p der Polpaare verschiedene Synchrondrehzahlen n, die in der Tabelle 46 für den üblichen Bereich und für die Netzfrequenzen $f = 50$ und 60 Hz aufgeführt sind und nach der Formel

$$n = \frac{p}{f \cdot 60}$$

errechnet werden. Die höchste erreichbare Synchrondrehzahl ergibt sich bei der zweipoligen Maschine mit $p = 1$. Durch Umschalten der Ständerwicklung auf andere Polzahlen oder durch Ausrüstung der Motoren mit mehreren getrennten Wicklungen kann

Tabelle 46. *Synchrone Drehzahlen (n) von Drehstrommotoren in Abhängigkeit von Polpaarzahl des Motors (p) und Frequenz des Netzes (f)*

p	n $f = 50$	$f = 60$
1	3000	3600
2	1500	1800
3	1000	1200
4	750	900
5	600	720
6	500	600
7	428,6	514,3
8	375	450

die gleiche Maschine auch mit verschiedenen Drehzahlen betrieben werden. Die Umschaltung der Wicklung verwendet man vorwiegend bei Niederspannung, während man bei Hochspannung mit Rücksicht auf die notwendigen Schaltgeräte getrennte Wicklungen vorsieht. Beides, nämlich die Herausführung der Anschlußleitungen für die einzelnen Wicklungsteile zum Umschalten sowie auch die Unterbringung getrennter Wicklungen, bedingt gegenüber dem Motor mit nur einer Nenndrehzahl eine geringere Ausnutzung des Motors und damit eine Vergrößerung seiner Abmessungen. Man kann daher aus praktischen Gründen höchstens 1 bis 2 zusätzliche Drehzahlen erzielen, die außerdem auch nicht beliebig gewählt werden können, sondern mit dem Motorlieferanten vereinbart werden müssen. Polumschaltbare Motoren werden daher nur in Sonderfällen angewendet. Hinsichtlich Betriebssicherheit können solche Motoren nicht die gleichen Bedingungen erfüllen wie der einfache Kurzschlußläufer, ferner muß bei Schäden mit längeren Reparatur- und Ausfallzeiten gerechnet werden. Eine gelegentlich für Saugzuggebläse verwendete bessere Lösung ist der Antrieb durch zwei Motoren verschiedener Drehzahl und Leistung, die wahlweise und gegenseitig untereinander verriegelt eingeschaltet werden können. Diese Lösung hat den Vorteil der Verwendung normaler robuster Motoren und gestattet, selbst bei Ausfall eines der beiden Motoren, den ungestörten Weiterbetrieb wenigstens mit einer Drehzahl.

Während hiermit keine stetige Drehzahlregelung, sondern nur Umschaltung in verhältnismäßig großen Stufen erreicht wird und der dazwischenliegende Bereich wiederum auf mechanischem Wege beherrscht werden muß, sind nachstehend noch Motoren für stetige Regelung aufgeführt.

2. Schlupfgeregelte Motoren

Der Schleifringläufermotor gestattet mit Hilfe eines verstellbaren Widerstandes im Läuferkreis eine Änderung der Drehzahl in Abhängigkeit vom Lastmoment. Während der Käfigläufermotor oder auch der Schleifringläufermotor mit kurzgeschlossenem Läufer eine nahezu konstante Drehzahl hat, die sich zwischen Leerlauf und Nennlast nur um den Nennschlupf in der Größenordnung von wenigen Prozent ändert (Nebenschluß-Charakteristik), kann beim Schleifringläufer mit der Größe des äußeren Widerstandes im Läuferkreis dieser Schlupf entsprechend dem gewünschten Drehzahlregelbereich vergrößert werden (Abb. 594). Im Leerlauf ist der Schlupf allerdings fast unabhängig von

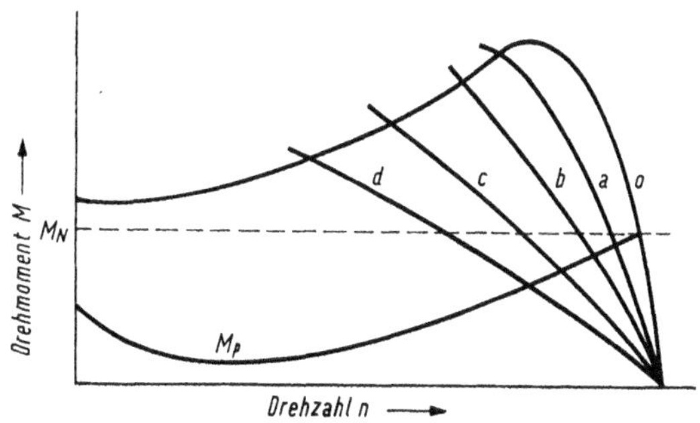

Abb. 594. Drehmoment-Drehzahl-Kennlinien. Asynchronmotor mit verschiedenen Widerstandsstufen o—d im Läuferkreis

M_p Momentenlinie einer Zentrifugalpumpe
M_N Nennmoment des Antriebsmotors

der Größe des Läuferwiderstandes, d. h. die Leerlauf-Drehzahl liegt immer nahe der synchronen Drehzahl; bei Belastung stellt sich die Drehzahl aber jeweils nach der Größe des Lastmoments und nach der Größe des eingestellten Läuferwiderstandes ein (Reihenschluß-Charakteristik).

Es handelt sich hier um eine Verlustregelung, da die Schlupfenergie im Widerstand des Läuferkreises vernichtet werden muß. Für die Abführung der Verlustwärme, insbesondere bei großen Leistungen, sind daher entsprechende Vorkehrungen zu treffen.

Es gibt noch andere Lösungen, bei denen wesentlich geringere Verluste auftreten, von denen einzelne nachstehend betrachtet werden sollen.

3. Schleifringläufer mit Rückgewinnung der Schlupfenergie

Die bekannten für verlustarme Drehzahlregelung geeigneten Maschinenkaskaden (nach Siemens-Lydall bzw. Scherbius) haben sich für den Antrieb von Kesselspeisepumpen nicht einführen können. Abgesehen von den hohen Herstellungskosten lag dies hauptsächlich an der Wartungsbedürftigkeit der Kollektoren und an dem Platzbedarf der Hilfsmaschinen.

Die Fortschritte auf dem Gebiete der Transistor- und der Stromrichtertechnik ermöglichen es heute, diese Lösung mit entsprechender Abwandlung der Apparatur anzuwenden. Die Schlupfenergie wird nunmehr in ruhenden Apparaten (s. Abb. 595) zunächst gleichgerichtet und mit Hilfe eines Wechselrichters auf die Frequenz des Netzes gebracht und diesem wieder zugeführt. Die Verstellung der Drehzahl erfolgt durch Beeinflussung des Wechselrichters. Gegenüber der Maschinenkaskade zeichnet sich die Gleichrichterkaskade durch verbesserte Betriebssicherheit und verbesserten Wirkungsgrad aus [*16*].

4. Drehstromreihenschluß- und Nebenschlußmotoren

Im Kraftwerksbau hatten diese Motoren eine Zeitlang eine gewisse Bedeutung, allerdings weniger für Kesselspeisepumpen als für den Antrieb der Kesselgebläse und der Brennstoffzuteiler. Für die Brennstoffzuteilung kamen vorwiegend Drehstromnebenschlußmotoren, für die anderen Antriebe auch Reihenschlußmotoren in Frage.

Da diese Motorenart im Kraftwerksbau z. Zt. kaum verwendet wird und in der Fachliteratur genügend Material zu finden ist, soll hier nicht näher darauf eingegangen werden.

5. Frequenzgeregelte Motoren

Bei kohlenstaubgefeuerten Kesseln, und zwar bei solchen mit Zwischenbunkerung des Mahlgutes, wird den Kohlenbrennern der Kohlenstaub über Förderschnecken zugeführt, die in ihrer Drehzahl entsprechend der verlangten Zuteilungsmenge regelbar sein müssen

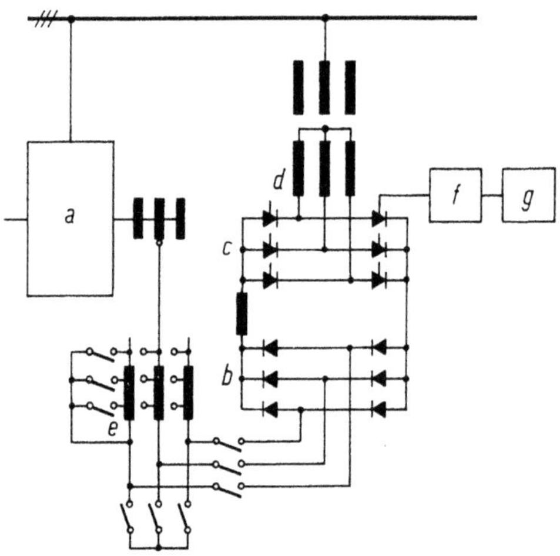

Abb. 595. Grundschaltung der untersynchronen Stromrichterkaskade

a Drehstrommotor mit Schleifringläufer
b Siliziumgleichrichter
c Wechselrichter
d Transformator
e Anlasser
f Transistorsteuersatz
g Regler

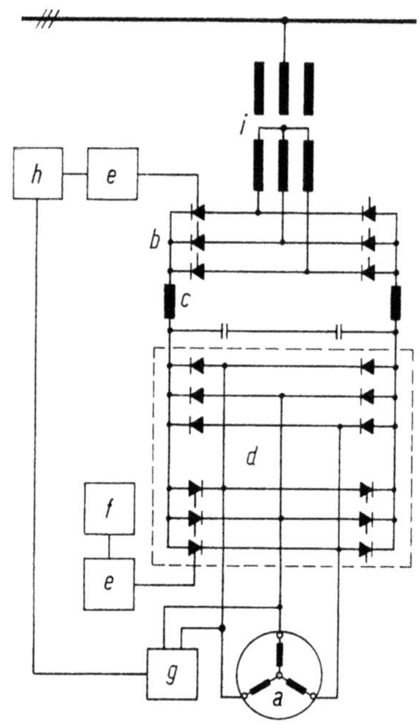

Abb. 596. Grundschaltung eines Drehstromantriebes mit Umrichter über Gleichstromzwischenkreis (Frequenzsteuerung)

a Drehstrommotor mit Käfigläufer
b Netzgeführter Gleichrichter
c Glättung
d Selbstgeführter Gleichstrom-Drehstrom-Umrichter
e Transistorsteuersatz
f Frequenzgeber
g Flußnachbildung
h Flußregler
i Transformator

(vgl. auch Erster Teil A II d 2, S. 31). Die Antriebsleistung der Schneckenantriebe liegt in der Größenordnung zwischen 1 und 10 kW je nach Kesselleistung und Zahl der Brenner. Die Zahl der Brenner liegt je nach Größe zwischen etwa 10 und 20, die alle gleichmäßig geregelt werden müssen. Mit Vorteil wird hier von einer gemeinsamen Frequenzregelung Gebrauch gemacht, wobei die Schnecken mit Kurzschlußläufermotoren angetrieben werden können. Eine mehrfach angewendete Lösung der Frequenzregelung sah einen Umformer vor, der aus einem Synchrongenerator oder Asynchrongenerator bestand, der von einem regelbaren Motor, z. B. einem Drehstromreihenschlußmotor, wie im vorhergehenden Abschnitt erwähnt, angetrieben wird. Durch Drehzahlverstellung dieses Antriebsmotors wird zugleich die Frequenz und damit auch die Drehzahl sämtlicher Schneckenantriebe im gewünschten Maß verstellt; die Spannung muß dabei etwa im gleichen Verhältnis wie die Frequenz verändert werden.

Auch hier bieten sich durch die Entwicklung auf dem Gleichrichtergebiet neue Lösungen an [*16*]. Eine ist in Abb. 596 dargestellt. Der oder die Antriebsmotoren der Kohlenaufgabevorrichtungen oder Schnecken werden vom Drehstromnetz über einen Umrichter mit Gleichstromzwischenkreis mit einer der gewünschten Drehzahl proportionalen Frequenz und Spannung gespeist.

Die Lösung nach Abb. 596 ist vielleicht in Zukunft auch für größere Antriebe im Dampfkraftwerk geeignet. Besonders für Speisepumpen hat sie den Vorteil, daß auch

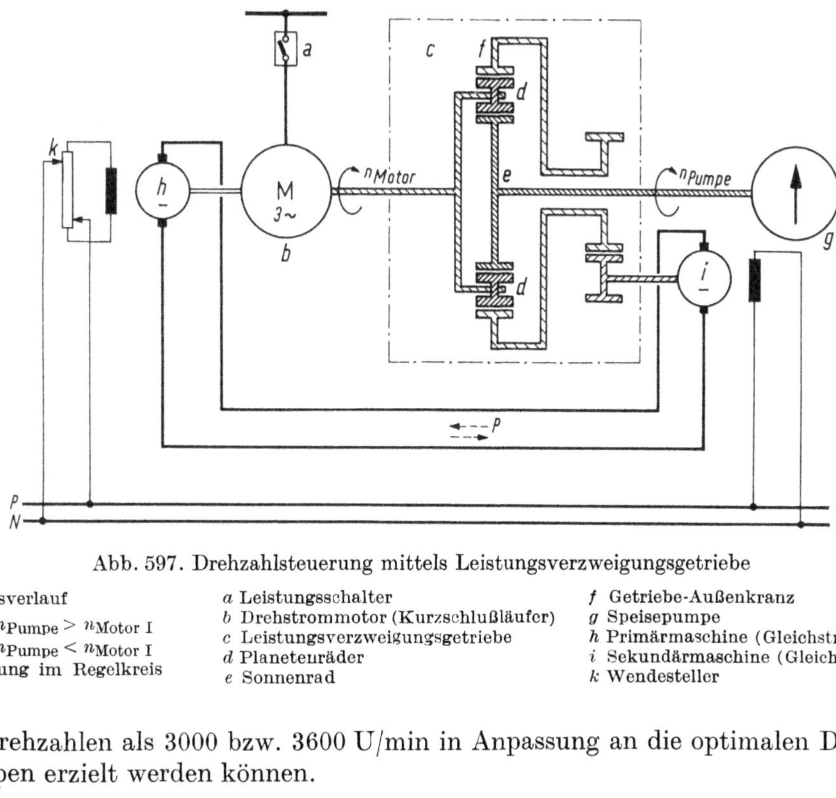

Abb. 597. Drehzahlsteuerung mittels Leistungsverzweigungsgetriebe

Leistungsverlauf
← bei $n_{Pumpe} > n_{Motor\ I}$
→ bei $n_{Pumpe} < n_{Motor\ I}$
P Leistung im Regelkreis

a Leistungsschalter
b Drehstrommotor (Kurzschlußläufer)
c Leistungsverzweigungsgetriebe
d Planetenräder
e Sonnenrad

f Getriebe-Außenkranz
g Speisepumpe
h Primärmaschine (Gleichstrom)
i Sekundärmaschine (Gleichstrom)
k Wendesteller

höhere Drehzahlen als 3000 bzw. 3600 U/min in Anpassung an die optimalen Drehzahlen der Pumpen erzielt werden können.

6. Ward-Leonard-Umformer

Der Ward-Leonard-Umformer, eine der ältesten und bekanntesten Kombinationen von Drehstrom- und Gleichstrommaschinen zur Erzielung großer Drehzahl-Verstellbereiche, ist wegen der Kollektoren in der Größe der Leistung und in der Betriebsdrehzahl nur begrenzt anwendbar und hat wegen der Verluste in drei Maschinen, jede für die volle Leistung der anzutreibenden Maschine bemessen, auch einen schlechten Gesamtwirkungsgrad.

Eine Kombination dieses Prinzips mit einem Leistungsverzweigungsgetriebe nach Abb. 597 ermöglicht es, nur die Zusatz- bzw. Absatzleistung über die Gleichstrommaschinen zu übertragen. Da z. B. der Betriebsdrehzahl-Verstellbereich der Kesselspeisepumpen von Durchlaufkesseln (Benson-Prinzip) nicht mehr als 30% der maximalen Drehzahl beträgt, genügt eine Zusatz- bzw. Rückleistung entsprechend einer Drehzahländerung von $\pm$ 15%, die bei Pumpencharakteristik kleiner als 15% der maximalen Antriebsleistung ist. Hauptmotor und Getriebe arbeiten mit sehr guten Wirkungsgraden, die Verluste in den vergleichsweise kleinen Gleichstrommaschinen sind entsprechend gering. Die

Drehzahländerung wird durch Verstellung der Feldregler einer oder beider Gleichstrommaschinen gesteuert. Zur Zeit sind erst wenige Anlagen mit dieser Ausrüstung versehen worden, die Bewährung im Betrieb bleibt noch abzuwarten.

7. Übersicht

Abb. 598 zeigt einen Vergleich des Leistungsbedarfs von verschiedenen Motorarten für den Antrieb von Kesselgebläsen. Der Käfigläufermotor (Schaulinie *b*) hat in Verbindung mit einer Drosselregelung des Lüfters den größten Leistungsbedarf, ist dafür in der Anschaffung am billigsten. Bei Drehzahlregelung geht der Leistungsbedarf erheblich zurück. Schaulinie *c* für den Schleifringläufermotor mit Vernichtung der Schlupf-

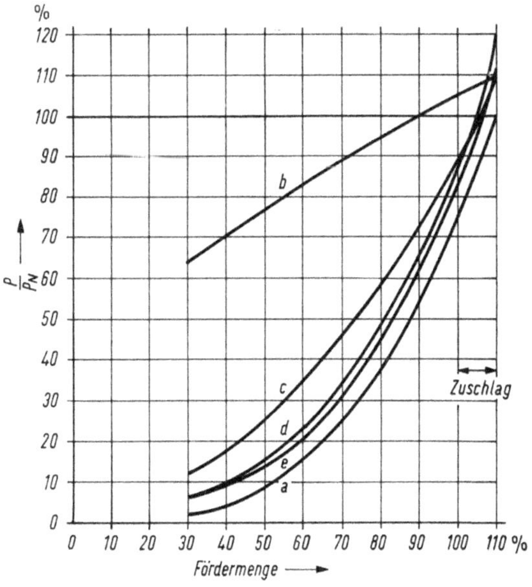

Abb. 598. Leistungsbedarf P von Gebläseantrieben

a Zugrunde gelegter Leistungsbedarf des Lüfters an der Kupplung

b Leistungsaufnahme eines Drehstrom-Käfigläufermotors bei annähernd konstanter Drehzahl. Regelung durch Drosselklappe auf der Druckseite des Gebläses

c Leistungsaufnahme eines Drehstrom-Schleifringläufermotors bei veränderter Drehzahl. Regelung durch Widerstandsverstellung im Läuferkreis

d, e Leistungsaufnahme bei verlustarmer Regelung mittels Drehstrom-Reihenschlußmotoren, Stromrichterkaskaden oder Frequenzsteuerung

verluste gilt in etwa auch für die hydraulisch-mechanische Drehzahlregelung mit Schlupfkupplung. Drehstrom-Kollektormotoren, Stromrichterkaskaden und Frequenzregelung (Schaulinien *d* und *e*) haben die geringsten Verluste, erfordern allerdings auch höhere Herstellungskosten.

c) Umschalten mit Unterbrechung

Beim Einschalten von Kurzschlußläufermotoren auf die Netzspannung treten, wie bekannt, Anzugsströme in der Größenordnung des Fünf- bis Siebenfachen des Nennstromes auf. Beim Umschalten mit Unterbrechung[1] kann der Einschaltstrom je nach Dauer der Unterbrechungszeit und der davon abhängigen Höhe der Restspannung der vorübergehend abgeschalteten Motoren sowie je nach zufälliger oder gesteuerter Phasenlage dieser Restspannung gegenüber der neuen Versorgungsspannung höhere Werte annehmen. Theoretisch könnte bei Zusammentreffen folgender Umstände:

Umschalten von einer Stromquelle auf eine andere ohne Unterbrechungszeit,
Phasenopposition zwischen den beiden Stromquellen,
Restspannung der Motoren gleich Netzspannung,
Netzspannung hart, d. h. kein Spannungsabfall durch den Anzugsstrom,

eine Erhöhung bis zum Doppelten der obengenannten Werte, also bis zum zehn- bis vierzehnfachen Nennstrom, auftreten. Praktisch kommen Werte in der Größe bis zum Zehnfachen vor. Dazu kommt noch eine im gleichen Maße verstärkte Höhe des Gleichstromgliedes. Dadurch werden die Wickelköpfe der Motoren mechanisch stark beansprucht. Bei Verwendung normaler Motoren, die keine besonderen Vorkehrungen hin-

[1] Siehe auch Abschn. C II e „Eigenbedarfs-Umschaltautomatik", S. 671.

sichtlich Absteifung der Wickelköpfe haben, ist im allgemeinen ein Wiedereinschalten nach Unterbrechung nur bei einer Restspannung bis maximal 20% zulässig. Kleine Niederspannungsmotoren vertragen auch etwas höhere Werte. Bei Versteifung der Wickelköpfe kann man bei etwa 30 bis 40% Restspannung wieder einschalten. Da diese nach Abschaltung der Motorengruppe vom Netz verhältnismäßig rasch abnimmt und nach etwa 1 bis 2 s den Wert Null erreicht, genügen Unterbrechungszeiten in dieser Größenordnung — die sich zum Teil sowieso durch die Eigenzeiten der Schaltgeräte ergeben —, um den zulässigen Wert des Einschaltstromstoßes nicht zu überschreiten.

d) Lager

Alle kleinen und mittleren Motoren werden von der Industrie normalerweise mit Wälzlagern ausgerüstet. Das Wälzlager hat den Vorteil einer sehr präzisen Führung der Welle und einer gewissen Anspruchslosigkeit hinsichtlich der Wartung. Bei gewöhnlichem Betrieb reicht eine Fettfüllung für viele tausend Betriebsstunden, bevor sie erneuert werden muß. Allerdings trifft das nicht ohne weiteres für Motoren hoher Drehzahl im ständigen Dauerbetrieb zu, da hier das Fett durch die Kugeln oder Rollen der Wälzlager aus der Lauffläche heraus beiseite gedrückt wird und nur dann zurückfließen kann, wenn wenigstens von Zeit zu Zeit einmal ein Stillstand eintritt. Für Dauerbetrieb werden daher Nachschmiervorrichtungen vorgesehen, die es gestatten, die Lager auch während des Betriebes mit neuem Fett zu versorgen, oder die Wälzlager werden mit Ölschmierung ausgerüstet. Für größere Motoren und hohe Drehzahlen, und zwar bei 3000 U/min etwa von 200 bis 250 kW aufwärts, verwendet man Gleitlager, zum Teil mit Ölringschmierung, für größere Einheiten auch mit Öl-Umlaufschmierung. Diese kommt insbesondere bei hochtourigen Kesselspeisepumpen zur Anwendung, wo dann die Lager von Pumpe und Motor eine gemeinsame Ölpumpe besitzen. Manche Pumpen- und Motorlieferanten schreiben vor, daß die Umlaufschmierung schon einsetzt, bevor das Aggregat aus dem kalten Zustand anläuft, so daß dann die Ölpumpe nicht mit der Hauptwelle gekuppelt werden darf, sondern von einem besonderen Motor angetrieben werden muß.

Bei verschiedenen Antrieben ist mit Axialkräften zu rechnen, die auf die Lager der Motoren einwirken. Dies trifft in erster Linie für senkrechte Anordnungen zu, bei denen stets ein Traglager vorgesehen werden muß, das wenigstens das Gewicht der umlaufenden Teile des Motors, gelegentlich aber auch zusätzlich das der umlaufenden Teile der angetriebenen Maschine und u. U. auch zusätzlich noch einen Pumpenschub aufnehmen muß. Aber auch bei waagerechten Motoren können Axialkräfte auftreten, z. B. durch Wärmedehnung der Wellen und Gehäuse von angetriebener Maschine und Motor selbst. Es gibt kaum eine Ausführung von Kupplungen, die im Betrieb elastisch genug ist, um eine Übertragung von Axialkräften von der angetriebenen Maschine auf den Motor zu verhindern. Von besonderer Bedeutung ist dies oft bei Speisepumpen. Der Motor, fast stets mit Gleitlagern mit einem kleinen Axialspiel nach beiden Seiten aus der Mittellage heraus ausgerüstet, kann an den Schultern der Gleitlager nur geringe Axialkräfte aufnehmen. Das Axialspiel der Motorwelle reicht nicht aus, das Anlaufen des Wellenbundes an der Lagerstirn zu verhindern, wenn nicht der Motor schon beim Anlaufen in der Mittellage des Axialspiels gehalten wird. Liegt er dagegen bereits im kalten Zustand beim Anlaufen mit dem Bund an der Lagerstirn an, so ergibt sich bei Erwärmung und starrer axialer Führung der Pumpenwelle eine unzulässige Beanspruchung. Eine Abhilfe kann dadurch geschaffen werden, daß entweder die Motorwelle bereits beim Auslauf durch ein sog. Federdrucklager in die Mittellage gedrückt wird oder dadurch, daß die Kupplung in ihrem Axialspiel begrenzt wird. Beide Wege haben sich bewährt.

Anzustreben ist, daß bei größeren direkt gekuppelten Aggregaten Motor und angetriebene Maschine mit der gleichen Lagerart ausgerüstet sind, also beide mit Gleitlagern oder beide mit Wälzlagern. Gelegentlich sind Schäden an den Lagern beobachtet worden, die darauf zurückgeführt wurden, daß durch das größere Lagerspiel oder durch Abnutzung ein Gleitlager entlastet und das benachbarte Wälzlager überlastet wird.

Größere Wälzlagermotoren sind im Stillstand empfindlich gegen ständige Erschütterungen, wie sie z. B. beim Bahntransport durch die Schienenstöße oder auch beim Schiffstransport durch Stampfen des Schiffes, ferner aber auch am Einbauort bei Motoren auftreten, die auf vibrierenden Fundamenten, elastischen Decken usw. montiert sind und stillstehen. Beim Transport lassen sich Lagerbeschädigungen vermeiden, indem entweder die Motorläufer ausgebaut und getrennt versandt oder mit einer besonderen Vorrichtung so gegen das Motorgehäuse verspannt werden, daß eine Bewegung der Welle durch Erschütterungen nicht möglich ist. Bei schwingenden Fundamenten müssen schwingungsdämpfende Einrichtungen eingebaut werden.

Bei großen Hilfsmaschinen treten gelegentlich Schwierigkeiten durch Eigenschwingungen auf. Es ist selbstverständlich, daß die Antriebsmotoren und auch die Hilfsmaschinen, jede für sich, so konstruiert werden, daß ihre Betriebsdrehzahl nicht im Bereich ihrer kritischen Eigenschwingung liegt. Das ist ganz besonders auch bei drehzahlgeregelten Maschinen zu beachten. Nach Kupplung eines Motors mit einer Arbeitsmaschine auf einem gemeinsamen Fundament ergibt sich eine neue Eigenschwingungszahl, die ebenfalls nicht in dem Betriebsdrehzahlbereich liegen darf. Bei größeren Maschinenaggregaten ist es daher zweckmäßig, auch diese resultierende Eigenschwingungszahl bei der Projektierung zu überprüfen.

e) Äußere Ausführung (Schutzart) und Kühlung

Motoren werden von der Industrie in offenen, geschützten und geschlossenen Typen angeboten. Offene und gegen Berührung der umlaufenden Teile und gegen Tropfwasser geschützte Motoren haben eine Durchzugskühlung, die von einem auf der Welle sitzenden Lüfterrad betrieben wird. Im rauhen Betrieb unvermeidlicher Schmutz, Staub und Wrasen gelangen so mit in das Motorinnere und können leicht zu Betriebsstörungen führen. Aus diesem Grunde wird im Kraftwerksbau seit einer Reihe von Jahren fast ausschließlich die geschlossene Motortype verwendet.

Bei den meisten geschlossenen Motortypen wird die Verlustwärme durch Oberflächenkühlung abgeführt. Ein auf der antriebsfreien Seite auf der Welle angebrachtes Lüfterrad treibt einen Luftstrom über die Oberfläche des Gehäuses, die zu diesem Zweck mit Kühlrippen versehen ist. Eine andere Ausführung mit glatter Außenhaut verwendet Rohre, die dicht bei dicht unterhalb dieser Außenhaut durch das Innere des Motors führen und durch die die Kühlluft geleitet wird. Im Motorinneren selbst wird durch ein zweites Lüfterrad für eine Luftumwälzung gesorgt. Bei den größeren Motoren wird Umlaufkühlung verwendet, ähnlich wie bei Turbogeneratoren. Die im Motorinneren befindliche Luft wird durch ein Lüfterrad durch einen außenliegenden wasserdurchströmten Luftkühler gedrückt und nach Abführung der Verlustwärme dem Motorinneren wieder zugeführt (Abb. 599).

Schnellaufende, insbesondere also zweipolige Motoren erzeugen oft störende Geräusche, die in der Hauptsache von den Lüfterrädern herrühren, zum Teil aber auch von den Wälzlagern, und schließlich zum kleinen Teil auch von der Ummagnetisierung des Ständerblechpakets. Ein Wert von 90 Phon, gemessen in 1 m Entfernung von der Maschine, sollte nicht überschritten werden.

f) Motorschutz

Die Erwärmung der Wicklung und des aktiven Eisens, sowohl des Ständers als auch des Läufers, darf gewisse in den Vorschriften des VDE bzw. anderer Länder angegebene Grenzen nicht überschreiten; andernfalls ist mit einer Zerstörung der Wicklungs-Isolation zu rechnen. Die üblichen Schutzeinrichtungen gegen Übererwärmung von Motoren arbeiten nach dem Prinzip, daß das Motorschaltgerät mit einem mehr oder minder genauen Wärmeabbild des Motors versehen wird — meist ein Bimetallstreifen — und den Motorschalter bei zu hoher Temperatur zur Auslösung bringt. Besonders gefährdet sind die

Motorwicklungen von Drehstrommotoren bei Unterbrechung einer Phase, da die Motoren dann noch mit voller Leistung und Drehzahl weiterlaufen können, der im Betrieb gebliebene Wicklungsteil aber stark überlastet wird. Die dabei auftretenden Übertemperaturen zu erfassen, ist für die nach dem Bimetallprinzip arbeitenden Schutzgeräte nicht ohne weiteres sicher gegeben. Noch schwieriger gestaltet sich der Schutz von Motoren mit veränderlicher Drehzahl, da sich der Einfluß der mit der Drehzahl stark abnehmenden Luftförderung und Kühlung des Motors auf das außenliegende, beim Motorschalter angebrachte Wärmeabbild nicht auswirken kann. Aus diesem Grunde sind in den letzten

Abb. 599. Asynchronmotor mit Wirbelstromläufer 3000 kW, 1491 U/min, 6 kV

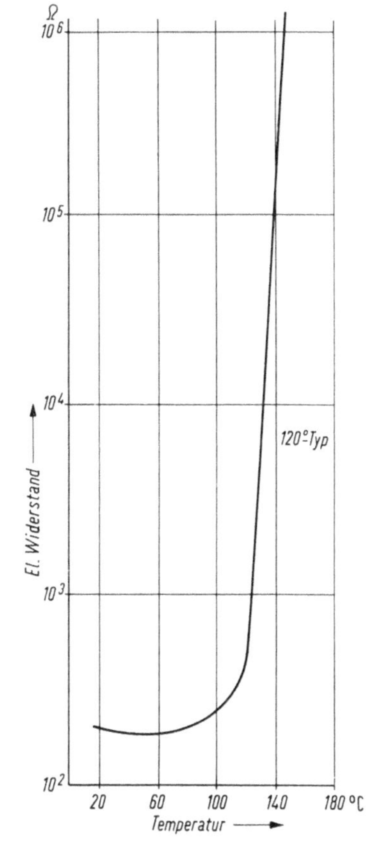

Abb. 600. Kennlinie eines Kaltleiters. Anwendung als Motorschutz gegen Übererwärmung

Jahren Temperaturfühler entwickelt worden, die mit möglichst gutem Wärmekontakt direkt an der Wicklung angebracht werden und bei Übererwärmung das Abschaltkommando geben.

Die neuesten Entwicklungen gehen in Richtung auf Anwendung von Halbleitern, die als Fühler in der Größe eines Streichholzkopfes zu mehreren gleichmäßig verteilt mit in die Wicklungsisolation eingebaut werden; die benutzten Elemente bestehen aus einer Sinterung verschiedener Oxide. Bei Temperaturerhöhung von 20 °C auf z.B. 120 °C verändern sie knickförmig (Abb. 600) ihren Widerstand entweder nach oben (Kaltleiter) oder nach unten (Heißleiter), so daß man in Ruhe- bzw. Arbeitsstrom-Schaltung eine Auslösung des Motorschalters bei Eintritt des Gefahrenpunktes herbeiführen kann. Da diese Schutzeinrichtung die Wicklungstemperatur unmittelbar erfaßt, kann mit deren Hilfe eine Gefährdung durch Übererwärmung aus beliebiger Ursache (z. B. Überlastung, Ausfall einer Phase, Ansteigen der Raumtemperatur, Behinderung der Wärmeabfuhr, zu häufiges Anlassen, Festbremsen usw.) auch bei polumschaltbaren und drehzahlregelbaren Motoren jeder Art verhindert werden.

Große Motoren schützt man nicht nur gegen Übererwärmung, sondern auch gegen die Auswirkung von inneren Kurzschlüssen insbesondere auf das aktive Eisenpaket. Hierfür sind einfache Differential-Schutzeinrichtungen entwickelt worden. Sie messen und vergleichen in der bei Generatoren bekannten Weise die Eingangs- und Ausgangsströme der drei Phasen und bringen den Motor zum Abschalten, sobald die Übereinstimmung gestört ist.

Schrifttum

[1] Power Engineering, Chicago: Bus Transfer Tests on 2300 V Auxiliary Systems 1950.
[2] ROGGENDORF, A.: Der Eigenbedarf mittlerer und großer Kraftwerke. Berlin/Göttingen/Heidelberg: Springer 1952.
[3] FIEGUTH, H.-O.: Umschaltvorgänge in Kraftwerks-Eigenbedarfs- und Industrieanlagen. Siemens-Z. Bd. 26 (1952), S. 163/66.
[4] WEYDANZ, G.: Eignung der verschiedenen Gebläse-Bauarten für Dampferzeuger. Brennstoff Wärme Kraft Bd. 4 (1952), S. 263/66.
[5] FIEGUTH, H.-O.: Schnellumschaltung in Kraftwerks-Eigenbedarfsanlagen. ETZ A Bd. 74 (1953), S. 647/50.
[6] BÖCKER, H.: Sicherheit der Energieversorgung von wichtigen Betrieben in Kraftwerken und Industrieanlagen durch Schnellumschaltung. VDE-Fachber., 1954, Heft II.
[7] HOFMANN, O., u. H. LEIBOLD: Selbsttätige Umschaltung in Eigenbedarfsanlagen. Siemens-Z. Bd. 28 (1954), S. 420/25.
[8] BACHL, H., u. E. WEISE: Dampfkraftwerk Fortuna bei Köln. Siemens-Z. Bd. 30 (1956), S. 214/32.
[9] KEIPER, K.: Eigenbedarfsschaltanlagen für Dampfkraftwerke. ETZ A Bd. 78 (1957), S. 122/26.
[10] SCHÖRGER, E.: Hilfsantriebe in Dampfkraftwerken. ETZ A Bd. 78 (1957), S. 127/31.
[11] LEISTE, H.: Stand und Entwicklungstendenzen im Dampfkraftwerksbau. ETZ A Bd. 78 (1957), S. 65/77.
[12] FIEGUTH, H.-O.: Elektrische Schaltung und räumliche Anordnung beim Dampfkraftwerk. ETZ A Bd. 78 (1957), S. 78/82.
[13] HARDING, W. R.: Recti Flow Drives. Westinghouse Engineer, Juli 1958, S. 120ff.
[14] KÜHN, E.: Die elektrischen Anlagen in Dampfkraftwerken mit Blockschaltung. BBC-Nachr. Bd. 41 (1959), S. 447/63.
[15] LEISTE, H.: Energietechnik, Teubner: München 1963.
[16] FISCHER, H.: Drehzahlveränderbare elektrische Antriebe in der chemischen Industrie. Siemens-Z. Bd. 38 (1964), S. 395/404.
[17] DALE, L. C. L., D. A. DEWISON u. A. W. PARFITT: Einsatz von Gasturbinen für die Erzeugung elektrischer Energie. Arch. Energiewirtsch. 1964, S. 153ff.

IV. Schaltanlagen

Für den Eigenbedarf von Dampfkraftwerken wird, wie aus Abschn. B I b (S. 607) zu ersehen ist, fast durchgehend für Großmotoren eine Spannung von etwa 3 bis 6 kV und für Motoren mittlerer und kleiner Leistung eine Spannung von 380 oder 500 V verwendet.

Grundsätzlich müssen dadurch für die Stromversorgung der Eigenbedarfsmotoren Schaltanlagen für Hoch- und Niederspannung vorgesehen werden. Wie aus den Schaltbildern ersichtlich, werden Schaltanlagen benötigt für den Anfahrbetrieb, für die Inbetriebhaltung aus eigener Kraft und für die Hilfsbetriebe wie Kräne usw. Außerdem können auch noch für die Energieverteilung Anlagen erforderlich werden. Die Schaltanlagen für den Eigenbedarf können in offener sowie auch gekapselter Ausführung erstellt werden. Wird für die Schaltanlagen die offene Bauform gewählt, so dürfen diese nur in abgeschlossenen elektrischen Betriebsräumen eingebaut werden. Werden gekapselte Bauformen verwendet, d. h. ein Zellenaufbau mit allseitigem Berührungsschutz, so können die Anlagen auch im Maschinen- oder Kesselhaus aufgebaut werden.

a) Hochspannungsschaltanlagen

Bei der Projektierung der Eigenbedarfsversorgung der Kraftwerke ist die Verwendung von Einfach-Sammelschienenanlagen anzustreben. Außerdem sollten bei etwa 6 kV Nennspannung 250 MVA, maximal 350 MVA Abschaltleistung nicht überschritten werden. Ob Einfach- oder Mehrfach-Sammelschienen erforderlich sind, wird durch die Art der Betriebsführung, der eventuellen Freischaltung der Anlage für Reinigungs- und Überholungszwecke sowie der Unterteilung zur Vermeidung zu hoher Abschaltleistung bestimmt. In reinen Blockkraftwerken werden praktisch nur die Kesselspeise- und Kondensatpumpen von zwei Energiequellen gespeist. In vielen Fällen reicht es aus, die Einfach-Sammelschienenanlage durch Längstrennschalter in Gruppen zu unterteilen und z. B. die Energieversorgung für die Kesselspeise- und Kondensatpumpen von zwei Sammelschienengruppen aus vorzunehmen. Für Abzweige dieser Art sollte die Zwei-Leistungsschalter-Methode vorgesehen werden. Beim Entwurf und Bau von Hochspannungsschaltanlagen müssen in Deutschland die VDE-Vorschriften 0101, 0103, 0111 und 0141 berücksichtigt werden, im Ausland die dort geltenden, soweit nicht auch nach VDE-Vorschriften gebaut werden kann. Alle Betriebsmittel mit den Anschlüssen und Verbindungsleitungen müssen den mechanischen, elektrischen und thermischen Beanspruchungen des am Einbauort auftretenden Kurzschlußstromes standhalten können.

Bei allen Hochspannungszellen-Bauformen sind die Sammelschienen, Schaltgeräte, Wandler und Verbindungsleitungen so übersichtlich anzuordnen, daß das Schaltpersonal schnell und eindeutig die Stellung der Schaltgeräte erkennen kann und bei Überholungs- bzw. Reinigungsarbeiten die Zugänglichkeit zu den freigeschalteten Teilen der Zellen gewährleistet ist.

Damit die Bildung von Störlichtbogen durch Ausschalten von Trennschaltern unter Last unterbunden wird, sollten alle Antriebe der Schaltgeräte mit Schaltfehlerschutz-Einrichtungen ausgestattet werden. Verriegelungen zwischen Leistungsschalter und Trennschalter innerhalb eines Abzweiges können mechanisch, elektrisch oder auch pneumatisch vorgenommen werden. Eine einwandfreie Verriegelung auch unter Einbeziehung von Sammelschienen-Längstrennschaltern und Kuppelschaltern wird mit dem elektro-pneumatischen Schaltfehlerschutz erreicht. Bedingung ist allerdings, daß alle Schaltgeräte mit Druckluftantrieben ausgerüstet werden. Bei Verwendung von Druckluft als Antriebsmittel können für die Steuerung vor Ort an der Zellenfront die Ventile und die Stellungsmeldung übersichtlich in einem Druckluftsteuergerät mit Blindschaltbild zusammengefaßt werden. Wenn außerdem für die Trennschalter Druckluftantriebe mit Doppelkolben verwendet werden und an den Ventilsätzen im Druckluftsteuergerät Rückmelder vorgesehen sind, können auch die Störstellungen der Trennschalter im Schaltfehlerschutz erfaßt werden und damit Fehlschaltungen von Schaltgeräten vollkommen unterbunden werden. Für Anlagen mit Einfach-Sammelschienen empfiehlt es sich, die trennerlose Bauform mit Schaltwagen zu verwenden, da bei dieser Bauform das Schalten von Trennschaltern unter Last ausgeschlossen ist und durch eine einfache mechanische Verriegelung verhindert wird, daß der Leistungsschalter im eingeschalteten Zustand verfahren werden kann.

Sämtliche Leistungsschalter dieser Anlagen werden von einer Warte (Näheres s. Abschn. D „Warten", S. 684) aus gesteuert. Der Hauptanteil der Schaltgeräte wird dadurch ohnehin mit Fernantrieb ausgerüstet. Die einzelnen Hilfsantriebe für Kessel und Turbosatz werden vom Steuerpult im Wärmeteil der Schaltwarte und die Einspeisung für die Eigenbedarfsversorgung vom Elektroteil aus geschaltet.

Der Aufbau der Hochspannungsschaltanlagen kann in folgenden verschiedenen Bauformen vorgesehen werden (Abb. 601 bis 609):

Offene Bauform, Einfach-Sammelschienenanlagen in abgeschlossenen elektrischen Betriebsräumen. Wandzelle mit festeingebauten Schaltgeräten; Wandzelle in trennerloser Bauform mit Schaltwagen.

Stahlblechgekapselte Bauform, Einfach-Sammelschienenanlagen. Wandzelle in trennerloser Bauform mit Schaltwagen, außerdem Berührungsschutz und Schottung der Spannungszonen-Abschnitte.

Stahlblechumkleidete Bauform, Einfach-Sammelschienenanlagen. Freistehende Zelle mit festeingebauten Schaltgeräten und äußerem Berührungsschutz.

Offene Bauform, Doppel-Sammelschienenanlagen in abgeschlossenen elektrischen Betriebsräumen. Freistehende Zelle, Eingeschoßbauform, Reihe 10, 250/350 MVA; freistehende Zelle, Eingeschoßbauform, Reihe 10, 500/750 MVA.

Stahlblechumkleidete Bauform, Doppel-Sammelschienenanlagen. Freistehende Zelle, Eingeschoßbauform mit Sammelschienen-Trennschalter.

Stahlblechgekapselte Bauform, Doppel-Sammelschienenanlagen. Wandzelle je Sammelschienensystem, Zwei-Leistungsschalter-Methode in trennerloser Ausführung.

1. Einfach-Sammelschienenanlagen

Offene Bauform. Abb. 601 a bis c zeigt den Schnitt einer Hochspannungszelle der Spannungsreihe 10, mit Einfach-Sammelschienen bis 350 MVA Abschaltleistung angebaut an die Wand in der Eingeschoßbauform mit etwa 500 mm tiefem Kabelboden. Die Zelle ist zur Begrenzung der Auswirkung und Verhinderung der Wanderung von eventuell auftretenden Störlichtbogen mit einer Sammelschienen-Lichtbogenschutzdecke ausgerüstet. Außerdem sind zum Schutz des Bedienungspersonals 2100 mm hohe druckfeste Vollblech-

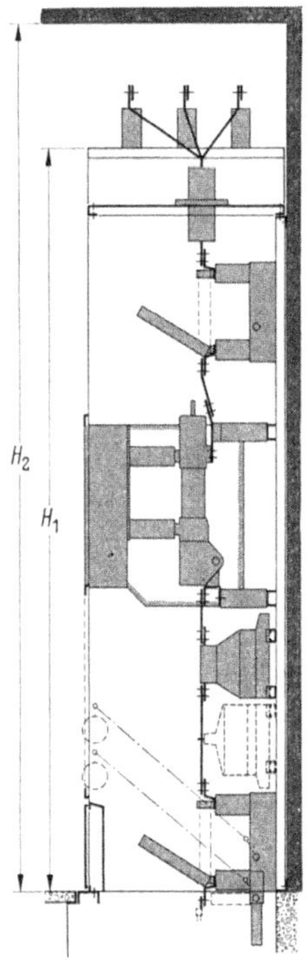

a) Kabelabzweig

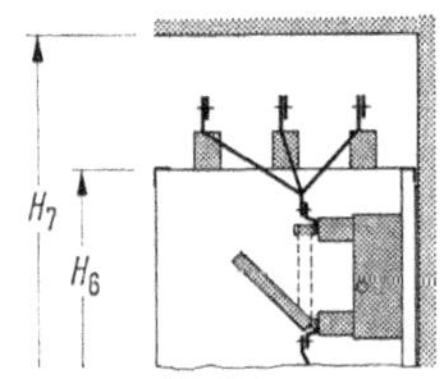

b) ohne Lichtbogenschutzdecke

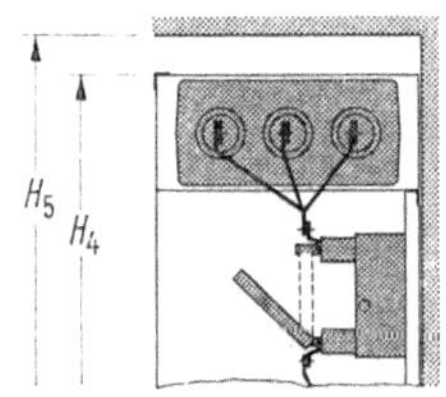

c) ohne Lichtbogenschutzdecke, jedoch mit Sammelschienen-Querschottung

Abb. 601 a—c. Offene Bauform. Wandzelle mit fest eingebauten Schaltgeräten, Reihe 10, 250/350 MVA

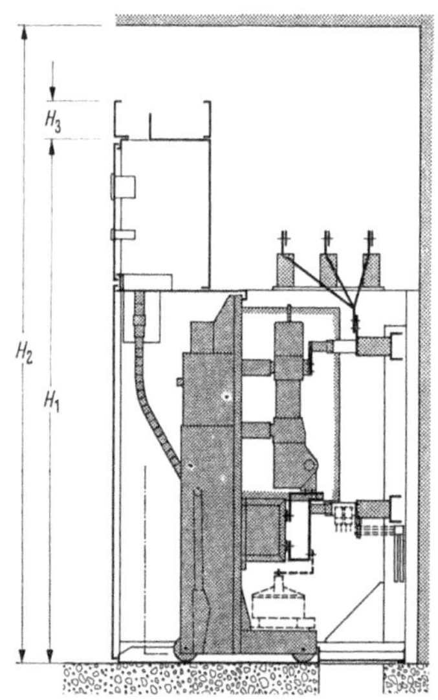

a) Kabelabzweig

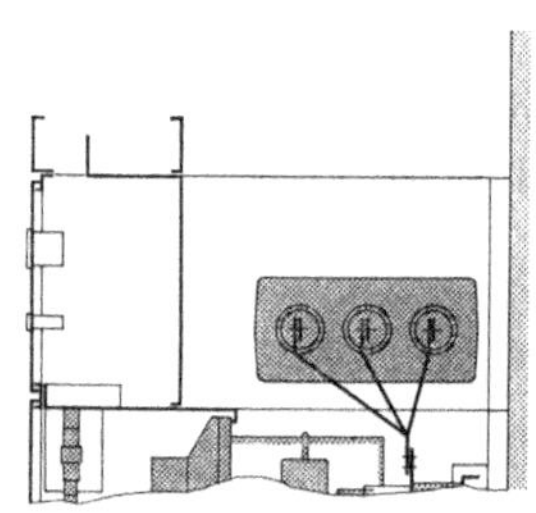

b) Sammelschienen-Querschottung

Abb. 602 a u. b. Offene Bauform. Wandzelle in trennerloser Bauform mit Schaltwagen, Reihe 10, 250/350 MVA

türen vorgesehen. Je nach der einzubauenden Anzahl der Meßinstrumente, Schutzrelais und Antriebsorgane können diese Zellen seitlich einen Schrank entsprechender Breite erhalten. Die Trennwände zwischen den Zellen wurden bisher aus Profileisenrahmen mit Hartgips-Ausführung hergestellt. Die Trennwände können jedoch auch aus Stahlblech-, Asbestschieferplatten oder anderen Kunststoffplatten gefertigt werden. Die Trennwände müssen jedoch den eventuell auftretenden Auswirkungen von Störlichtbogen usw. standhalten können.

Abb. 602a und b veranschaulicht eine Hochspannungszelle der Reihe 10 mit Einfach-Sammelschienen und Schaltwagen in trennerloser Bauform bis 350 MVA Abschaltleistung. Die Bedienungsseite ist von der Hochspannung völlig durch eine Schutzwand getrennt. Im Störlichtbogenfall ist bei diesem Zellenaufbau der Bedienende bestens geschützt.

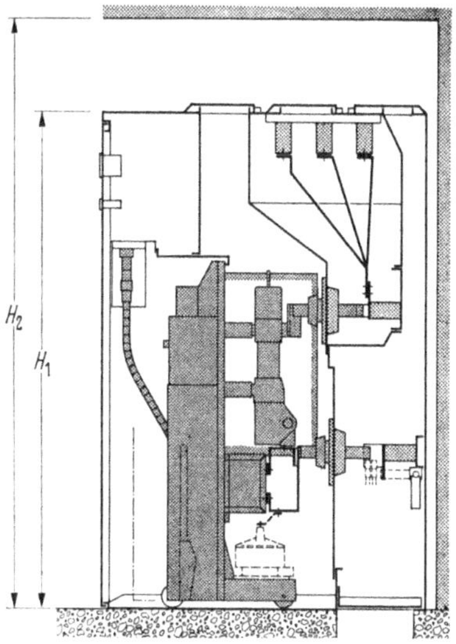

Abb. 603. Stahlblechgekapselte Bauform. Schalteinheit für Wandanbau und freistehende Anordnung in trennerloser Bauform mit Schaltwagen und Schottung der Spannungszonen-Abschnitte, Reihe 10, 250/350 MVA

Antriebsorgane, Meßinstrumente, Schutzrelais und Klemmen werden im Bedienungsschrank von der Hochspannung getrennt angeordnet, damit die Zugänglichkeit zu diesen Sekundärteilen der Abzweige auch während des Betriebes gewährleistet ist. Damit bei Überholungsarbeiten in den Zellen das Personal vor eventuell anstehender Rückspannung

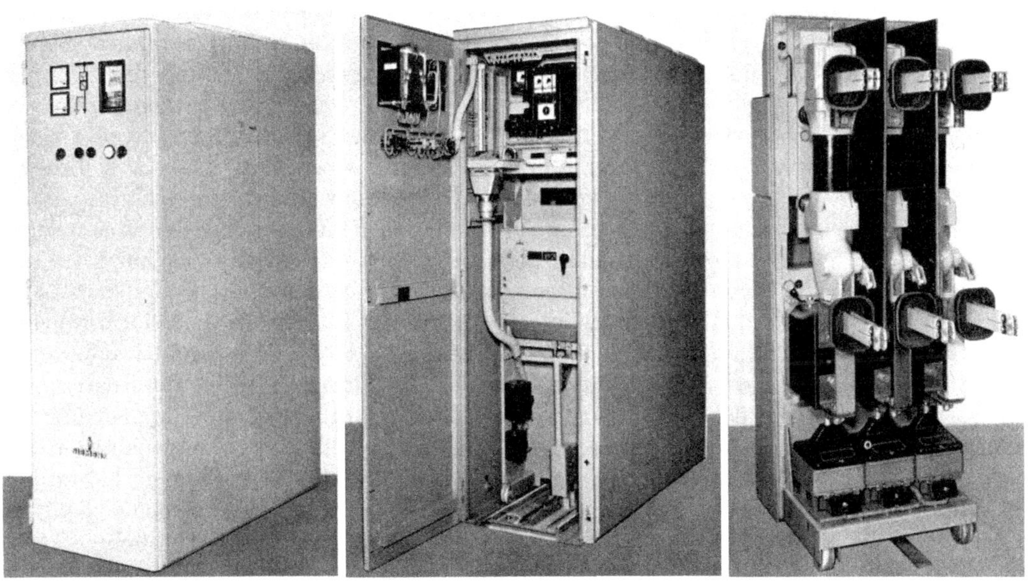

Abb. 604a—c. Stahlblechgekapselte Bauform. Schalteinheit entsprechend Abb. 603, Reihe 10, 250/350 MVA, Ansicht und Schaltwagen

am Kabel geschützt ist, kann bei ausgefahrenem Schaltwagen eine Schutzwand zwischen die Kontakte geschoben werden.

Stahlblechgekapselte Bauform. Abb. 603 und 604a bis c zeigen den Schnitt und Photos einer stahlblechgekapselten Schaltzelle mit Schaltwagen in trennerloser Bauform und zusätzlicher Schottung der Spannungszonen-Abschnitte. Fehlschaltungen mit Trennschaltern können auch bei dieser Bauform nicht vorkommen, da Trennschalter nicht eingebaut sind. Nach VDE 0101, § 17c, müssen jedoch Anlagen oder Anlagenteile nach den Betriebserfordernissen freigeschaltet werden können.

Für das Freischalten sind deshalb bei Schaltwagenanlagen Einrichtungen erforderlich, welche die Bedingungen für Trennstrecken nach VDE 0670 erfüllen. Bei der trennerlosen Bauform wird deshalb für den Leistungsschalterwagen außer der Betriebsstellung auch eine Trennstellung vorgesehen. Für Revisionsarbeiten am Leistungsschalter selbst muß der Schaltwagen vollständig ausgefahren werden. Er ist dann gefahrlos zugänglich. Für das Verfahren des Schaltwagens innerhalb der Zelle sind jedoch Maßnahmen vorzusehen, daß die Leistungsschalter im eingeschalteten Zustand weder aus- noch eingefahren werden können. In der in Abb. 603 und 604a bis c dargestellten Bauform wird dieses durch den Einbau von kräftigen mechanischen Verriegelungsgliedern zwischen Ausziehvorrichtung und Leistungsschalter erreicht. Sind am abgehenden oder ankommenden Hochspannungskabel außerhalb der Zelle Revisionsarbeiten oder dgl. nötig, so wird die erforderliche Trennstrecke durch das Fahren des Leistungsschalters aus der Betriebsstellung in die Trennstellung nachgebildet.

Die Schottung der Schalteinheit in Spannungszonen-Abschnitte hat den Vorteil, daß auch bei geöffneter Zellentür bzw. ausgefahrenem Schaltwagen die im feststehenden Teil der Zelle eingebauten Sammelschienen sowie auch die eventuell spannungsführenden Kabel erstens berührungssicher gegenüber den Bedienenden abgedeckt sind und zweitens eventuell auftretende Störlichtbogen auch bei vorübergehend geöffneter äußerer Zellentür den Bedienenden nicht gefährden können. Abb. 603 zeigt die spannungszonenmäßige Unterteilung eines Abzweiges einer Einfach-Sammelschienenanlage. Sie besteht aus dem Sammelschienenraum, dem Leistungsschalter-Wandler-Raum und dem Kabelanschluß-Raum. Auf den getrennten Kabelanschlußraum kann man jedoch bei den Abzweigen, welche keine Rückspannung führen können (Stich-Kabelabgänge), eventuell verzichten. Besser ist jedoch die Beibehaltung der Schottung des Kabelanschlußraumes, weil dadurch die Auswirkung eines eventuell am Kabelendverschluß auftretenden Störlichtbogens auf den Leistungsschalter- und Wandlerraum nicht übertragen wird. Durch die Schottung der einzelnen Spannungszonen-Abschnitte kann deshalb die Hochspannungszelle auch bei ausgefahrenem Schaltwagen gefahrlos betreten werden. In der Trennwand zwischen dem Leistungsschalterraum und dem Sammelschienen- sowie dem Kabelanschlußraum sind dreiphasige Gießharz-Durchführungsplatten eingebaut, durch deren Öffnungen die auf dem Schaltwagen aufgebauten Stromtragarme beim Einfahren durchgesteckt werden.

Damit die Öffnungen lichtbogensicher abgeschlossen sind, wurden auf den Stromtragarmen Gießharz-Lichtbogenbarrieren aufgebaut. Ist der Schaltwagen aus der Einheit ausgefahren bzw. in der Trennstellung, so sind die Öffnungen an der Gießharzdurchführungsplatte durch Gießharzklappen abgeschlossen. Ebenso wie bei den Schaltwagenanlagen der offenen Bauform sind auch bei den gekapselten Schalteinheiten die Instrumente, Relais, Antriebsmittel und Klemmen von der Hochspannung getrennt angeordnet. Bei Fehlern sowie Einlegen von Erdungsschaltern bei anstehender Spannung kann ein Störlichtbogen in den Hochspannungszellen auftreten. Die im Lichtbogenbereich befindlichen Betriebsmittel werden dabei, abhängig von der Brenndauer des Lichtbogens, mehr oder weniger zerstört. Damit das im Bereich der Hochspannungszellen befindliche Personal nicht gefährdet wird, müssen sämtliche Räume der gekapselten Hochspannungsschalteinheiten mit Druckentlastungsklappen ausgerüstet werden. Die im Störlichtbogenfall sich bildenden heißen Gase und der dadurch entstehende Überdruck können dann ohne Zerstörung der Schalteinheit in den freien Raum gelangen. Damit das Bedienungspersonal nicht gefährdet wird, empfiehlt es sich, die Druckentlastungsklappen nur oben auf der Schalteinheit anzuordnen.

Stahlblechumkleidete Bauform. Abb. 605 zeigt den Schnitt und die Abmessungen einer stahlblechumkleideten Zelle mit festeingebauten Schaltgeräten mit Einfach-Sammelschienen. Im Prinzip entspricht der Aufbau dieser Zellenbauform den Schaltzellen der offenen Bauform, jedoch mit äußerem zusätzlichem Berührungsschutz. Auch bei dieser Bauform ist der Sekundärteil des Abzweiges von der Hochspannung getrennt angeordnet und während des Betriebes zugänglich. Der Bedienungsschrank ist so ausgeführt, daß die Rückwand des Schrankes gleichzeitig die Abschlußtür zum Hochspannungsteil ist. Diese Tür läßt sich erst öffnen, wenn der Leistungsschalter spannungsfrei geschaltet ist. Auf der äußeren Tür des Schrankes sind die Meßinstrumente, Relais und Zähler aufgebaut. Die Reihenklemmen für die Meß- und Signalkabel sind in einer Nische auf der Frontseite eingebaut.

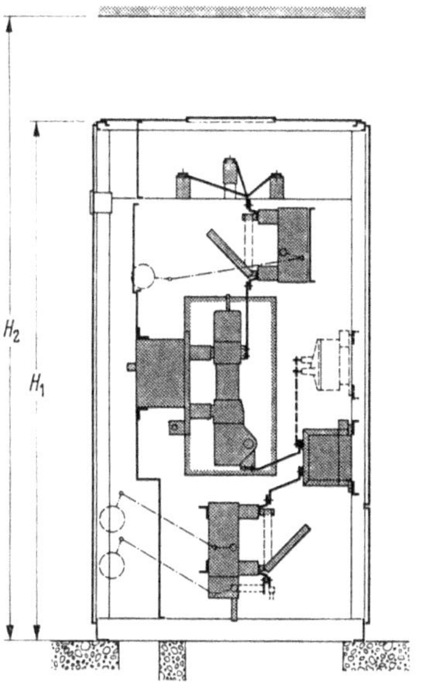

Abb. 605. Stahlblechumkleidete Schaltzelle mit fest eingebauten Schaltgeräten, Einfach-Sammelschiene, Reihe 10, 250/350 MVA

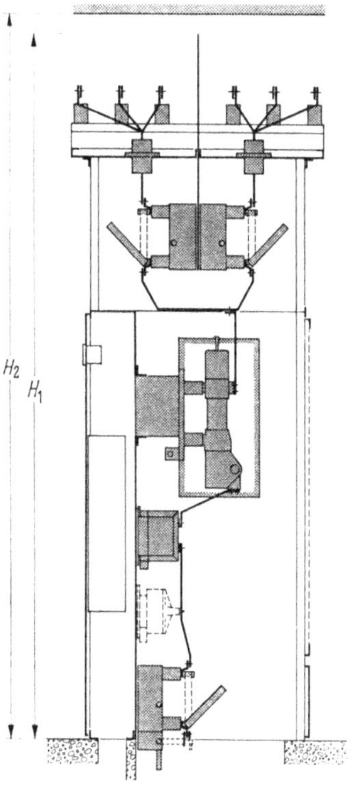

Abb. 606. Offene Bauform. Freistehende Zelle, Doppel-Sammelschiene, Eingeschoßbauform, Reihe 10, 250/350 MVA

2. Doppel-Sammelschienenanlagen

Offene Bauform. Offene Bauformen mit Doppel-Sammelschienen werden weniger für den blockgebundenen Eigenbedarf verwendet als vielmehr für Anfahranlagen und Verteilungsanlagen. Abb. 606 zeigt den Schnitt einer freistehenden Zelle in der Eingeschoß-Bauform der Reihe 10 bis 350 MVA Abschaltleistung. Auf der Bedienungsseite ist der Sekundärteil in einem Schrank von der Hochspannung getrennt angeordnet, damit auch bei dieser Anlagenbauart die Zugänglichkeit zu den Betätigungsorganen, Meßinstrumenten, Schutzrelais und Reihenklemmen während des Betriebes gewährleistet ist.

Der Gerüstbau und die Ausfachung der Profileisenumrahmung ist praktisch gleich dem bei Einfach-Sammelschienenanlagen entsprechend Abb. 601 a bis c.

Abb. 607 a und b zeigt ebenfalls den Aufbau einer Hochspannungszelle mit Doppel-Sammelschienen in der offenen Bauform. Die Ausführung ist ähnlich dieser nach Abb. 606. Beide Ausführungen dürfen nur in abgeschlossenen elektrischen Betriebsräumen aufgebaut werden. Die Abb. 607 a und b zeigt, daß auch Anlagen der Reihe 10 bis zu Abschaltleistungen von 750 MVA als Eingeschoß-Anlagen erstellt werden können. Nur für Abzweige mit mehr als drei parallel geschalteten Kabeln ist ein Kabelgeschoß erforderlich, sonst genügt ein etwa 500 mm tiefer Kabelboden.

Stahlblechumkleidete Bauform. Abb. 608 zeigt die Ausführung einer stahlblechumkleideten Schalteinheit mit Doppel-Sammelschienen der Spannungsreihe 10 bis 350 MVA Abschaltleistung. Ebenso wie die stahlblechumkleidete Schalteinheit nach Abb. 605 für Einfach-Sammelschienen ist auch die Schalteinheit für Doppel-Sammelschienenanlagen nach Abb. 608 berührungssicher geschlossen und der Niederspannungsteil vom Hochspannungsteil getrennt angeordnet. Die stahlblechumkleideten Schalteinheiten werden im Werk bzw. in Werkstätten zusammengebaut und geprüft; sie erfordern am Aufstellungsort nur eine kurze Montagezeit. Normal werden die Einheiten in der Schutzart P 32 geliefert. Bei verlangter Staubdichtigkeit erhalten sie die Schutzart P 42.

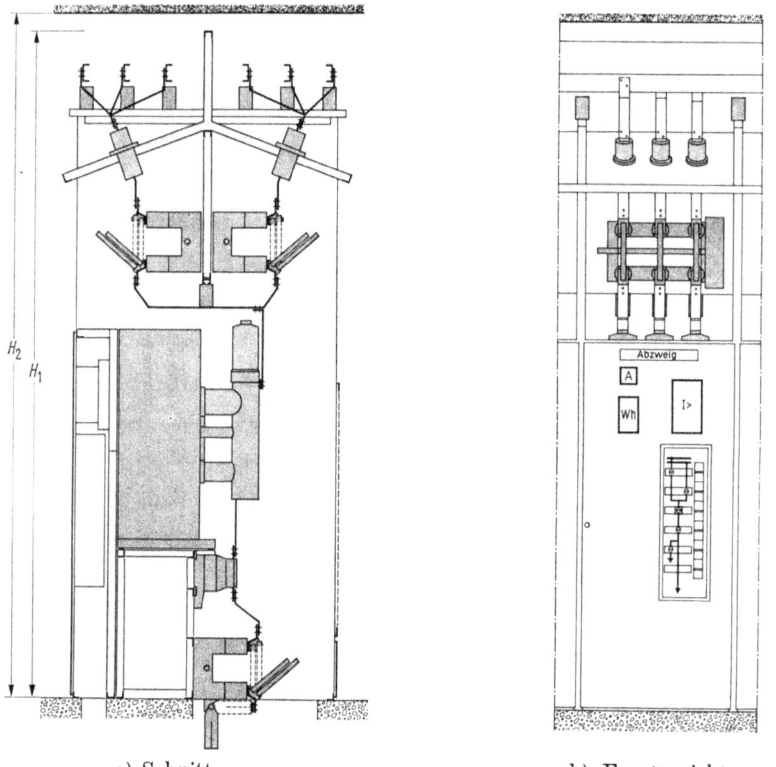

a) Schnitt b) Frontansicht

Abb. 607 a u. b. Offene Bauform. Freistehende Zelle, Doppel-Sammelschiene, Eingeschoßbauform, Reihe 10, 500/750 MVA

Stahlblechgekapselte Bauform. Die beste Lösung für die Vermeidung einer Trennschalterbetätigung unter Last ist die Unterbindung des Einbaues von Trennschaltern, wie sie mit Schaltwagen bei Einfach-Sammelschienenanlagen bzw. der Zwei-Leistungsschalter-Methode bei Doppel-Sammelschienenanlagen erreicht wird. Abb. 609 zeigt den Aufbau von Hochspannungsschalteinheiten für Doppel-Sammelschienen in der Zwei-Leistungsschalter-Methode. Im Prinzip ist der Aufbau der Zellen je Sammelschienensystem wie in Abb. 602 a und b dargestellt. Jeder Abzweig erhält je Sammelschienensystem einen Leistungsschalter. Je Sammelschienensystem sind die Zellen in einer Reihe angeordnet. Die beiden Zellenreihen werden entweder mit den Bedienungsfronten gegenüberliegend angeordnet, oder der Aufbau der Zellen erfolgt Rücken an Rücken. Bedienungstechnisch ist die Gegenüberanordnung besser, weil der Bedienende dabei während der Betätigung des Abzweiges vor Ort auch die Bedienungsfront des zum Abzweig gehörenden Leistungsschalters des zweiten Systems sehen kann. Die wirtschaftlichere Anordnung dagegen ist die Aufstellung Rücken an Rücken, weil der Anschluß des an- bzw. abgehenden

Kabels durch ein kurzes Verbindungsstück hergestellt werden kann. Damit im Bedarfsfall die Auswechselung der Schaltwagen nur von der Nennstromstärke der Leistungsschalter abhängig ist, empfiehlt es sich, die Wandler im festen Teil der Schalteinheit oder im Kabelboden anzuordnen. Ebenso wie die Ausführung nach Abb. 609 kann auch die vollkommen stahlblechgekapselte, geschottete Bauform nach Abb. 603 und 604a bis c für den Aufbau von Schaltanlagen in der Zwei-Leistungsschalter-Methode verwendet werden.

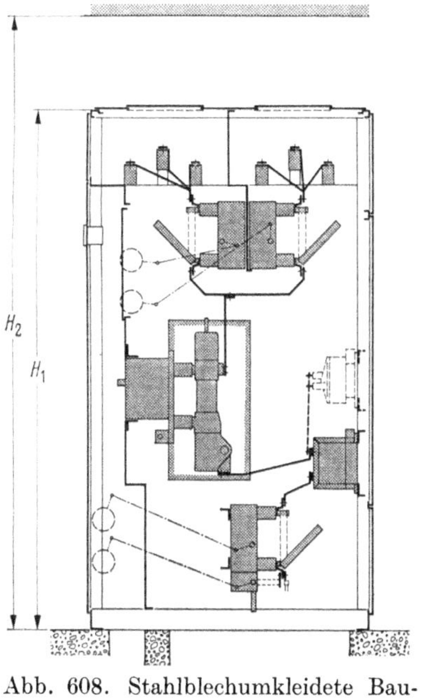

Abb. 608. Stahlblechumkleidete Bauform. Freistehende Zelle, Doppel-Sammelschiene, fest eingebaute Geräte, Reihe 10, 250/350 MVA

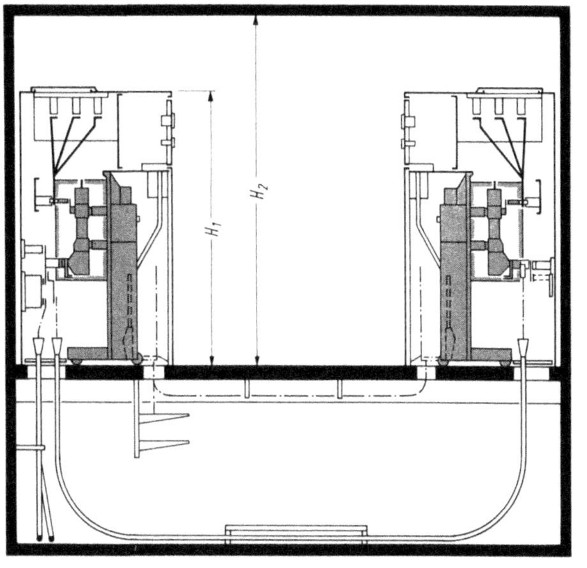

Abb. 609. Stahlblechgekapselte Bauform. Doppel-Sammelschiene, Zwei-Leistungsschalter-Methode, Reihe 10, 250/350 MVA

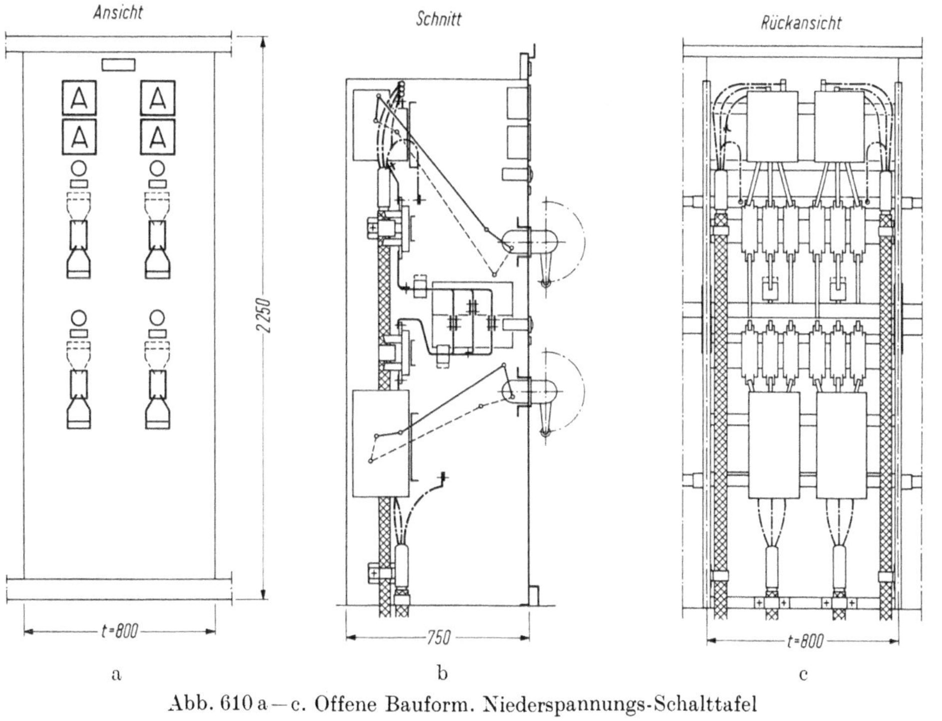

Abb. 610a–c. Offene Bauform. Niederspannungs-Schalttafel

b) Niederspannungsschaltanlagen

Niederspannungsverteilungsanlagen werden in den Kraftwerken an vielen Stellen benötigt. Die Hauptverteilung mit den Umspannern und der Hochspannungsanlage wird normalerweise in einem Schalthaus zwischen den Kesselhäusern der einzelnen Kraftwerks-

Abb. 611. Freistehendes Niederspannungs-Schaltgerüst mit auswechselbarer Gerätebestückung je Abzweig. Gesamtansicht. Werkbild Siemens

blocks angeordnet. Die zugehörigen Unterverteilungen werden entweder in dem Verbraucher-Schwerpunkt im Maschinen-, Kessel- und Pumpenhaus usw. aufgestellt oder zentral zusammengefaßt im Raum der Hauptanlage.

Abb. 612. Freistehendes Niederspannungs-Schaltgerüst mit auswechselbarer Gerätebestückung je Abzweig. Geöffnet. Werkbild Siemens

Die Zuleitungen von den Eigenbedarfsumspannern müssen praktisch immer mit Selbstschaltern ausgerüstet werden, zumindest dann, wenn von zwei oder mehr Stellen eingespeist wird. Je nach der Zusammenfassung der Antriebe usw. bzw. der Auslegung der

Umspannergröße können dabei Schaltgeräte mit Stromstärken bis zu 3000 A erforderlich werden. In den Kabelabgängen zu den Unterverteilungen genügt meist ein Kurzschlußschutz für die Kabel; die Abzweige brauchen deshalb nur mit Trennschalter und Hochleistungs-Sicherungen bzw. Trennsicherungsschalter ausgerüstet zu werden. Wenn die

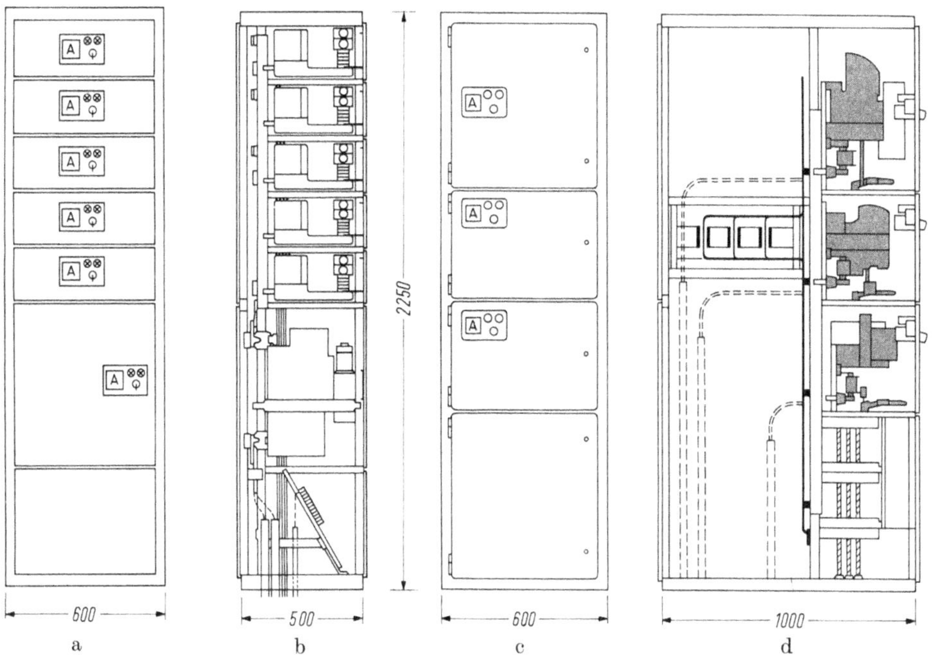

Abb. 613a—d. Stahlblechgekapselte Bauform. Niederspannungsverteilung mit ausziehbaren Geräteblöcken

Hauptverteilungen nicht in abgeschlossenen elektrischen Betriebsräumen aufgestellt werden, empfiehlt es sich, diese ebenso wie die Hochspannungsverteilungen mit äußerem Berührungsschutz zu versehen.

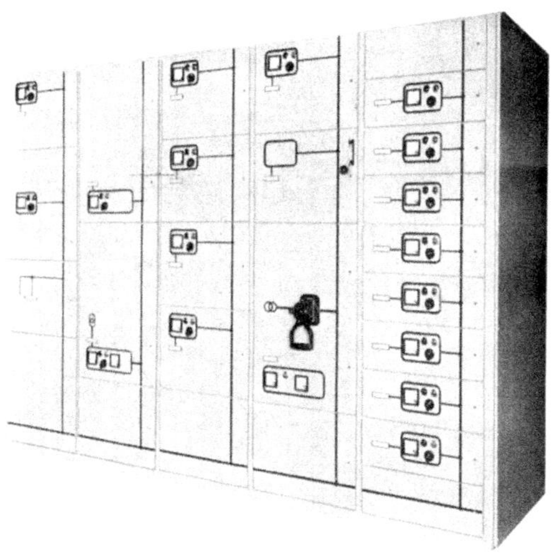

Abb. 614. Stahlblechgekapselte Bauform. Niederspannungsverteilung mit ausziehbaren Geräteblöcken. Vorderansicht. Werkbild Siemens

Beim Aufbau der Niederspannungsanlagen sind die VDE-Vorschriften 0100 und 0103 zu beachten. Die Anlagen können ebenso wie die Hochspannungsanlagen in offener sowie gekapselter Bauform ausgeführt werden.

Offene Bauform. Freistehende Schalttafel mit geschlossener, berührungssicherer Bedienungsfront: Abb. 610 a bis c. Freistehendes Schaltgerüst mit in der Bedienungsfront ein- bzw. aufgebauten Schaltgeräten und auswechselbarer Gerätebestückung je Abzweig: Abb. 611 und 612.

Abb. 615. Niederspannungsverteilung. Universalsystem in Gußstahlausführung. Werkbild Siemens

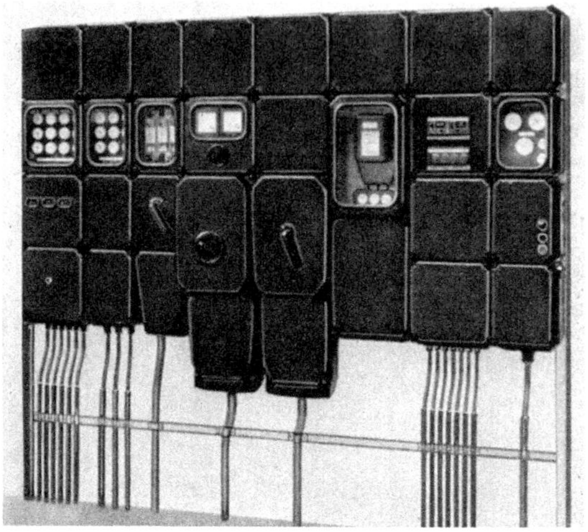

Abb. 616. Niederspannungsverteilung. Universalsystem in isolierstoffgekapselter Ausführung. Werkbild Siemens

Gekapselte Bauform. Schaltschrank mit ausziehbaren Geräteblöcken: Abb. 613a bis d und 614, Universalsystem in Gußstahlausführung: Abb. 615, Universalsystem in Isolierstoffausführung: Abb. 616, Universalsystem in Stahlblechausführung: Abb. 617.

Abb. 617. Einheits-Niederspannungsverteilung in Stahlblechausführung. Werkbild Siemens

1. Offene Bauform

Abb. 610a bis c zeigt die Bedienungsfront, den Schnitt und die Rückansicht einer Niederspannungsverteilung in der bis vor kurzer Zeit am meisten angewendeten Schalttafelbauform. Die Bedienungsfront ist zum Schutz des Bedienenden vollkommen geschlossen ausgeführt. Die Rückseite dagegen ist frei zugänglich, damit beim Kontrollgang alle spannungsführenden Kontakte und Isolierteile leicht überblickt werden können. Lediglich Schutzleisten sind im Abstand von 200 mm von den spannungsführenden Teilen nach den VDE-Vorschriften 0100 zusätzlich anzuordnen.

Abb. 611 und 612 zeigen ein freistehendes Niederspannungsschaltgerüst mit auswechselbarer Gerätebestückung je Abzweig. Die Geräte der Zuleitungsabzweige von den Umspannern 6/0,5 bzw. 6/0,38 kV sind wegen der größeren Abmessungen usw. fest in einem Schrank eingebaut, und die Geräte der Abzweige für die verschiedenen Motoren werden auf auswechselbaren Frontplatten aufgebaut. Diese Bauform der Niederspannungsverteilung hat den Vorteil, daß jederzeit eine Änderung in der Bestückung sowie Anordnung der Abzweige ohne Behinderung durch die unter Spannung stehenden Nebenabzweige vorgenommen werden kann. Außerdem erlaubt diese Bauform, daß alle Betriebsmittel auf der Bedienungsseite übersichtlich je Abzweig zusammengefaßt werden können. Auch die Reihenklemmen für den Anschluß der Steuer-, Meß- und Meldekabel sind in Klemmenvorsetzer (Abb. 612) auf der Bedienungsfront angeordnet.

2. Gekapselte Bauform

In den Abb. 613a bis d und 614 sind die Schnitte und die Vorderansichten einer stahlblechgekapselten Niederspannungs-Verteilungsanlage dargestellt. Ebenso wie bei den gekapselten Hochspannungs-Schalteinheiten ist auch bei dieser Niederspannungs-Bauform allseitige berührungssichere Verkleidung vorgesehen. Damit die Zugänglichkeit zu den Betriebsmitteln erreicht wird, werden die Schütze, Selbstschalter, Hebelschalter, NH-Sicherungen, Stromwandler, Relais sowie Befehls- und Meldegeräte eines Abzweiges in einem Geräteblock zusammengefaßt. Über Steckkontakte wird der als Einschub ausgebildete Geräteblock an die Sammelschienen sowie Kabelabgänge angeschlossen. Alle ausziehbaren Geräteblocks haben eine Sperrvorrichtung, die verhindert, daß Geräte im eingeschalteten Zustand herausgezogen bzw. eingeschoben werden können. Damit die Funktion der Geräte geprüft werden kann, ist auch bei dieser Bauform für die Einschübe eine Betriebs- und eine Trennstellung vorgesehen. Die völlige Stahlblechkapselung ergibt eine raumsparende Bauform und erlaubt eine Aufstellung derselben außer in abgeschlossenen elektrischen Betriebsräumen auch in Maschinen- und Kesselhäusern.

Die Bauform kann für Anlagen bis 500 V Nennspannung, 40 bis 60 Hz und einen Sammelschienen-Nennstrom von 3500 A gebaut werden. Beansprucht kann diese Bauform bis zu einem Stoßkurzschluß-Wechselstrom $I_k'' \leqq 50$ kA und einem dynamischen Grenzstrom von maximal $I_s = 100$ kA werden. Der größte Nennstrom für die Geräte der Abzweige kann 3000 A betragen. Die Gerüsthöhe dieser Niederspannungs-Verteilung beträgt 2250 mm. Die Feldteilung beträgt einheitlich 600 mm und die Gerüsttiefe 500 oder 1000 mm, je nach der Größe der einzubauenden Geräteblocks. Je nach der Ausrüstung der einzelnen Abzweige gibt es vier verschieden hohe Geräteblocks. Entsprechend dieser Unterteilung wird jedes Blockfeld vorderseitig mit einer Tür abgeschlossen. Zur Verhinderung der Lichtbogenwanderung zwischen den einzelnen Feldern sind Lichtbogenbarrieren eingebaut. Je nach Bedarf kann in dieser Bauform ein isolierter Mittelpunktsleiter oder ein nichtisolierter Schutz- bzw. Nulleiter eingebaut werden.

Außer dem vollständigen Berührungsschutz hat diese Bauform durch die Einschubtechnik noch den Vorteil, daß schnellste Auswechselung der Geräte ohne Betriebsunterbrechung der Sammelschienen gegeben ist und durch Lieferung fabrikfertiger, geprüfter Anlagen nur geringer Zeitaufwand für das Aufstellen und Anschließen am Verwendungsort erforderlich ist.

Abb. 615 zeigt eine in einem Kesselhaus eingebaute Niederspannungs-Verteilung nach dem Universalsystem in Gußstahlausführung. Die Bausteine werden auf freistehenden oder an der Wand angebauten Profileisengerüsten aufgebaut. Die Abmessungen der Gußkästen für die Sammelschienen, Abzweige und Kabel sind so aufeinander abgestimmt, daß diese lückenlos zusammengebaut werden können und bei geschickter Anordnung der Abzweige günstigste Flächenausnutzung erreicht wird. Die Gehäuse dieses Systems bieten ein Höchstmaß an Robustheit und Dichtigkeit; sie werden entsprechend Schutzart P 54 ausgeführt. Das System eignet sich für die Aufstellung im Innenraum und Freiluft.

Abb. 616 zeigt ebenfalls eine Niederspannungs-Verteilung nach dem Universalsystem, jedoch in isolierstoffgekapselter Ausführung. Auch bei diesem System wird ein lückenloser Aufbau der Verteilung nach dem Bausteinprinzip erreicht. Gegenüber der Gußstahlausführung haben die Isolierstoff-Bausteine ein geringes Gewicht und dadurch Vorteile beim Transport und bei der Montage am Verwendungsort. Sie besitzen vollkommenen Berührungsschutz gegenüber den Spannung führenden Teilen durch Rundum-Isolierung. Die hohe mechanische Festigkeit der Isolierstoff-Bausteine lassen die Verwendung des I-Systems in staubigen sowie feuchten Räumen zu. Sie können mit Schutzart P 43 bzw. P 44 geliefert und die Sammelschienen sowie Abzweige bis zu einem Nennstrom von 630 A ausgelegt werden.

Abb. 618. Stahlblechgekapselte Bauform. 6/0,4 kV. Eigenbedarfs-Verteilungen im Maschinenhauskeller. Werkbild Siemens

Abb. 617 zeigt eine weitere Bauform von stahlblechgekapselten Niederspannungs-Verteilungen nach dem Bausteinprinzip. Im Gegensatz zu den gekapselten Verteilungen mit ausziehbaren Geräteblocks bzw. dem Universalsystem in Gußstahl- oder Isolierstoffausführung wird bei dieser Bauform durch die Verwendung von in der Größenordnung zueinander abgestuften und vorgearbeiteten Geräte-Einbauplatten ein Bausteinsystem erreicht mit sehr großem Spielraum in der Bestückung der Abzweige und Auslegung der Stromstärke in Ampere. Der Zusammenbau der Einheits-Niederspannungs-Verteilung kann durch die vorgearbeiteten Einbauplatten und vorgeprägten Deckel und Kabelöffnungen in den Stahlblechgehäusen in den Werkstätten sowie auch beim Verbraucher vorgenommen werden. Diese Bauform kann in der Schutzart P 32 oder 54 nach DIN 40050 ausgeführt werden.

Abb. 618 zeigt stahlblechgekapselte Hoch- und Niederspannungs-Verteilungen in einem Maschinenhauskeller. Die Hochspannungs-Schalteinheit ist mit Schaltwagen ausgerüstet, die Niederspannungs-Verteilung mit ausziehbaren Geräteblocks.

c) Anordnung der Eigenbedarfs-Schaltanlagen und Kabelkanäle

1. Schaltanlagen

Gleichgültig, ob es sich um ein Blockkraftwerk oder Sammelschienen-Kraftwerk handelt, die Eigenbedarfsanlagen wird man möglichst im Schwerpunkt der Verbraucher anordnen. Sollen Schaltanlagen der offenen Bauform eingebaut werden, so müssen eigene elektrische Betriebsräume vorgesehen werden.

Abb. 647a und b in Abschn. D zeigt eine Anordnung der 6/0,4 kV-Anlagen, bei der für zwei Blocks die Eigenbedarfsanlagen und die Schaltwarte zusammengefaßt werden. Die Anordnung wird dann, wie im Bild gezeigt, am günstigsten zwischen den Kesselhäusern vorgenommen. Direkt am Maschinenhaus wird die Schaltwarte mit Ausblick zu den Turbosätzen eingebaut und hinter der Warte die blockgebundenen 6/0,4 kV-Eigenbedarfsanlagen, die Gleichstromverteilungen, die Batterie, die Nebenräume usw. Es ist anzustreben, die Eigenbedarfsumspanner 6/0,4 kV so anzuordnen, daß die Hoch- sowie Niederspannungs-Anschlußleitungen der Umspanner blank ausgeführt werden können.

Wenn Eigenbedarfsanlagen in gekapselter, berührungssicherer Bauform vorgesehen werden sollen, können die einzelnen Anlagengruppen auch direkt am Verbraucher im Maschinenhauskeller bzw. Kesselhaus aufgestellt werden, wie es Abb. 618 zeigt. Die gekapselte Ausführung der Eigenbedarfsverteilungen hat den Vorteil, daß eigene elektrische Betriebsräume entfallen und damit Bauvolumen eingespart wird.

2. Kabelkanäle

Auch die Anordnung und Ausführung der Kabelkanäle in den Kraftwerken ist stets sorgfältig zu planen, da davon die Betriebssicherheit des Kraftwerkes weitgehend abhängen kann. Empfehlenswert ist es, je Block einen begehbaren Kabelkanal zwischen den Eigenbedarfs-Hauptverteilungen, der Schaltwarte und den Generatoren sowie den Aufspannumspannern vorzusehen. Außerdem ist anzustreben, den Kabelkanal so zu unterteilen, daß die Leistungskabel getrennt von den Steuer-, Meß- und Meldekabeln verlegt werden können.

In den Kraftwerken werden außer den Kabeln auch viele Wasser-, Dampf- und Ölrohre verlegt; es müssen deshalb zumindest die Hauptkanäle bereits bei der Planung eindeutig festgelegt werden. Auf Gebäude- und Maschinenfundamente ist sorgfältig zu achten, damit die umfangreichen Kabelpakete einwandfrei verlegt, jederzeit Kabel nachgezogen und auch ausgewechselt werden können. Die Hauptkanäle müssen den baulich bedingten Abschnitten entsprechend feuerbeständig unterteilt werden. Übergänge zu Nebenkanälen sind qualmsicher abzuschließen. Für Nebenkanäle genügt in den meisten Fällen die Ausführung als Oberflächenkanal mit Abdeckplatten; sie sollten jedoch vermieden werden, da ein Eindringen von Wasser, Öl, Dampf und Schmutz in Maschinenhauskellern und Kesselhäusern nicht vollkommen unterbunden werden kann.

Grundsätzlich sind die Kabel zumindest in den Hauptkanälen auf Pritschen zu verlegen und die Leistungs- und Hilfskabel auf verschiedenen Pritschen anzuordnen. Als Kabelpritschen werden heute entsprechend geformte und genormte Eisenbleche verwendet, welche je nach Bedarf zusammengeschraubt werden können. Abb. 619 zeigt einen begehbaren Kabelkanal mit aus Eisenblech geformten Kabelpritschen. Im vorliegenden Fall sind zusätzlich auf den einzelnen Pritschen noch Asbestschieferplatten aufgelegt. Dadurch wird das Übergreifen von Störungen auf andere Pritschen weitgehend unterbunden.

Abb. 620 zeigt noch die Anordnung der Kabelpritschen und die Führung der Steuer-, Meß- und Meldekabel in einem Kabelboden unterhalb einer Schaltwarte.

Die verschiedenen Schaltanlagen der Kraftwerke, die Schaltwarte, die Motoren und Umspanner sind meist auf verschiedenen Ebenen angeordnet bzw. eingebaut. Außer den Haupt- und Nebenkanälen sowie Kabelböden unter der Schaltwarte und den Schaltanlagen sind deshalb auch Kabelschächte zur Überwindung der Höhenunterschiede erforderlich. In Abb. 621 ist die Kabelverlegung in einem Kabelschacht gezeigt. Bemerkenswert ist hier die Verwendung von Kabelschnellverlegern zur Befestigung der einzelnen Kabel an den Schachtwänden.

Viele Kabel müssen zwischen verschiedenen Gebäuden im Kraftwerksgelände verlegt werden. Auf die Einführung der Kabel in die Gebäude ist deshalb Rücksicht zu nehmen.

Abb. 619. Begehbarer Kabelkanal. Werkbild Siemens

Abb. 620. Kabelboden unterhalb einer Schaltwarte. Werkbild Siemens

Abb. 621. Kabelverlegung in einem Kabelschacht mit Kabelschnellverleger. Werkbild Siemens

Auf alle Fälle sind die erforderlichen Maueröffnungen nach der Kabelverlegung durch Lehm oder Asphalt usw. abzudichten. Zu empfehlen ist auch, die Kabel im Erdreich kurz vor der Einführung ins Gebäude schlangenförmig zu verlegen, damit bei etwaigen Gebäudesenkungen bzw. Erdverschiebungen keine mechanischen Zugbeanspruchungen die Kabel beschädigen können.

Schrifttum

[1] BÄUERLE, E.: Zweileistungsschalter im Mittelspannungs-Schaltanlagenbau. Elektrizitätswirtsch. Bd. 52 (1953), S. 5/9.
[2] BÄUERLE, E.: Eine abgeschottete Schaltwagenanlage. Elektrizitätswirtsch. Bd. 53 (1954), S. 355/56.
[3] OBERHÄUSER, R.: Stand und Entwicklung im Schaltanlagenbau. Siemens-Z. Bd. 30 (1956), S. 306/19.
[4] FLOERKE, H.: Stahlblechgekapselte Niederspannungs-Schaltanlagen. Siemens-Z. Bd. 30 (1956), S. 198/99.
[5] RUFF, H.: Die Bauelemente für industrielle Niederspannungsnetze. Siemens-Z. Bd. 31 (1957), S. 217/22.
[6] BECKER, K.: Stahlblechumkleidete und stahlblechgekapselte Hochspannungsschaltanlagen. Siemens-Z. Bd. 32 (1958), S. 200/04.
[7] WULF, H.: J-System-Isolierstoffgekapselte Verteilungen bis 500 V, 200 A. Siemens-Z. Bd. 32 (1958), S. 208/10.
[8] FLOERKE, H.: Siemens Systemtechnik bei Niederspannungsverteilungen und Steuerungstafeln. Siemens-Z. Bd. 32 (1958), S. 764/75.
[9] WARRELMANN, E.: Möglichkeiten und Grenzen einer Typenbeschränkung blechgekapselter Mittelspannungs-Schaltanlagen. Elektrizitätswirtsch. Bd. 57 (1958) S. 120/25.
[10] SCHRANK, E.: Neue Bauweise für Mittelspannungs-Schaltanlagen. Elektrizitätswirtsch. Bd. 57 (1958), S. 209/12.
[11] HEEGER, W.: Erfahrungen mit Schaltwagenanlagen in der Überlandversorgung. Elektrizitätswirtsch. Bd. 58 (1959), S. 361/65.
[12] FLOERKE, H.: Das Bausteinprinzip bei Niederspannungsverteilungen. ETZ B Bd. 11 (1959), S. 100/04.
[13] WULF, H.: EN-System-stahlblechgekapselte Verteilungen bis 500 Volt, 1000 Ampere. Siemens-Z. Bd. 33 (1959), S. 285/86.
[14] KLEMM, W.: Standard-Schaltwageneinheiten bis 30 kV mit Druckausgleichschaltern. Conti-Elektro-Ber. 1962, S. 11/22.

[15] FLECK, B., u. R. STRAUCH: Neue Offene Mittelspannungs-Schaltanlagen Reihe 10 . . . 30. Conti-Elektro-Ber. Jg. 6 (1961), Heft 3, S. 113/18.
[16] MEYER, F.: Die Beherrschung von Kurzschlußlichtbögen in offenen und gekapselten Mittelspannungs-Schaltanlagen. Siemens-Z. Bd. 34 (1960), S. 53/59.
[17] MEYER, F.: Zweistufige Lichtbogenlöschung in Mittelspannungs-Schaltanlagen. Siemens-Z. Bd. 39 (1960), S. 224/25.
[18] KOCK, H.: Einfahrbare Schaltgeräte in fabrikfertigen Niederspannungs-Verteilern. AEG-Mitt. 1960, Heft 5, S. 210.
[19] SPRIEGEL, H.: Hinweise zur Ausführung von stahlblechgekapselten Schaltanlagen nach der Zweileistungsschalter-Methode. Elektrowelt 1960, C 2, S. 30.
[20] LATZKO, J., u. E. KOHLER: Die Bedeutung des gekapselten Schaltfeldes für den Bau von Mittelspannungs-Schaltanlagen. BBC-Mitt. Bd. 49 (1962), Heft 9/10, S. 473/86.
[21] PARSCHALK, F.: Hochspannungsschaltanlagen bis 30kV der offenen Zellenbauweisen. ETZ A Bd. 83 (1962), S. 115/25.
[22] KLEMM, W.: Gießharzisolierte, trennerlose Mittelspannungs-Schaltanlagen. Conti-Elektro-Ber. 1964, S. 66/74.
[23] STOFFELS, J., u. E. WOLLSCHERD: Stahlblechgekapselte Schaltfelder für die Eigenbedarfsanlage eines Blockkraftwerkes. BBC-Nachr. Jan. 1965, S. 51/54.
[24] HERGERT, W., u. M. JANKER: Trennschalterlose Hochspannungsanlagen der Reihen 10 und 20 mit T-Schalter. Siemens-Z. Bd. 39 (1965), S.333/35.

V. Die Gleichstromanlage

Im Dampfkraftwerk gibt es eine Anzahl von Einrichtungen, deren Betriebsbereitschaft auch bei schweren Störungen unter allen Umständen aufrechterhalten werden muß. Hierzu zählen alle Betätigungs-, Schutz- und Meldeeinrichtungen sowie einige motorische Antriebe. Da bei schweren Störungen im Kraftwerk oder im Netz damit gerechnet werden muß, daß die Spannung in den Eigenbedarfsanlagen zusammenbricht, müssen die obengenannten Verbraucher aus einer unabhängigen und jederzeit mit voller Spannung zur Verfügung stehenden Stromquelle versorgt werden. Die Stromquelle, die derartigen Forderungen weitgehend entspricht, ist eine *Akkumulatorenbatterie*.

Da bei größeren Störungen im Eigenbedarf auch die Beleuchtung ausfallen kann, muß dafür gesorgt werden, daß der Teil der Beleuchtung in Betrieb bleibt, der für das Abfahren der Blocks und für die Behebung der Störung unbedingt erforderlich ist. Diese sog. Notbeleuchtung ist ebenfalls an die Gleichstromanlage anzuschließen.

Allgemein ist zu sagen, daß bei der Projektierung eine sehr sorgfältige Auswahl der Gleichstromverbraucher getroffen werden muß, damit die Gleichstrombatterie nicht zu groß und das Gleichstromnetz nicht auf Kosten der Betriebssicherheit zu umfangreich wird.

a) Wahl der Spannung

Mit Rücksicht auf die räumliche Ausdehnung moderner Großkraftwerke und die dadurch bedingten Spannungsabfälle ist eine Spannung von 220 V für die Gleichstromversorgung zu empfehlen. Bei Kraftwerken mit Relaissteuerung oder kontaktloser Steuerung (indirekter Steuerung) kommt neben der Spannung von 220 V noch eine Spannung für reine Steuerzwecke von 24 V oder 60 V in Frage. Diese Anlagen werden aber aus getrennten Batterien gespeist.

Die folgenden Ausführungen beschäftigen sich nur mit Gleichstromanlagen 220 V für Betätigung, Motoren und Notbeleuchtung.

b) Zahl der Batterien und Ladegeräte

Bei der Projektierung der Gleichstromanlage für ein Dampfkraftwerk muß die Tatsache berücksichtigt werden, daß die Gleichstromanlage nach Inbetriebsetzung des Kraftwerkes niemals mehr ganz abgeschaltet werden kann. Auch bei stillgesetzten Turbosätzen müssen die Betätigungs- und Notbeleuchtungskreise betriebsfähig bleiben. Weiterhin ist zu bedenken, daß nach einer Störung, bei der die Batterie völlig entladen worden ist, zur Wiederaufladung eine Spannung an die Batterie gelegt werden muß, welche die angeschlossenen Glühlampen, Relais und Motoren gefährdet.

Aus diesen Gründen werden in größeren Kraftwerken fast immer zwei Gleichstromsysteme vorgesehen, wobei jedem System eine Batterie und ein Ladegerät zugeordnet wird (Abb. 622). Die Verbraucher können wahlweise auf das eine oder das andere System geschaltet werden.

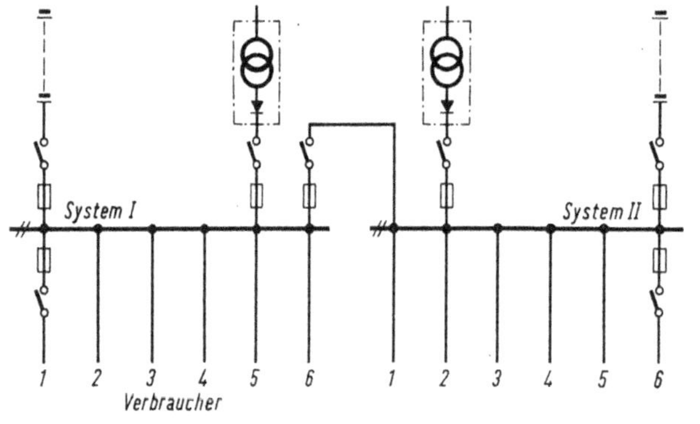

Abb. 622. Prinzipschaltplan einer Gleichstromanlage

Es ist im allgemeinen nicht damit zu rechnen, daß eine Batterie für längere Zeit ausfällt, da bei einem Defekt an einer Zelle diese schnell überbrückt werden kann. Bei Ladegeräten hingegen kann der Fall eintreten, daß ein Gerät infolge eines inneren Fehlers

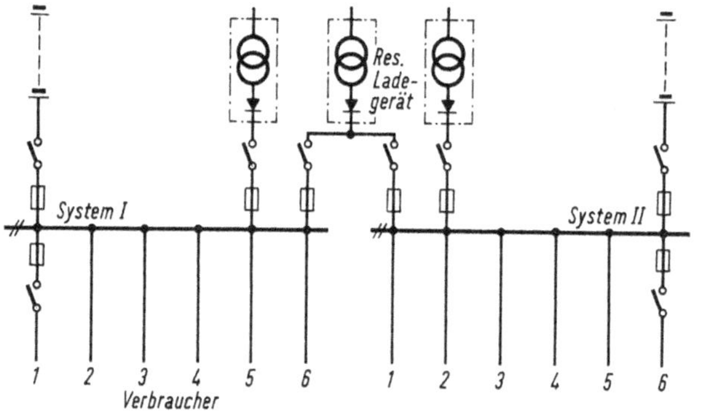

Abb. 623. Prinzipschaltplan einer Gleichstromanlage mit Reserve-Ladegerät

plötzlich ausfällt und nicht sofort instandgesetzt werden kann. Es empfiehlt sich deshalb, ein drittes Ladegerät als Reserve vorzusehen (Abb. 623).

Diese Überlegungen beziehen sich auf Kraftwerke mit zentraler Gleichstromversorgung, bei denen nicht mit wesentlichen Erweiterungen der Gleichstromanlage gerechnet

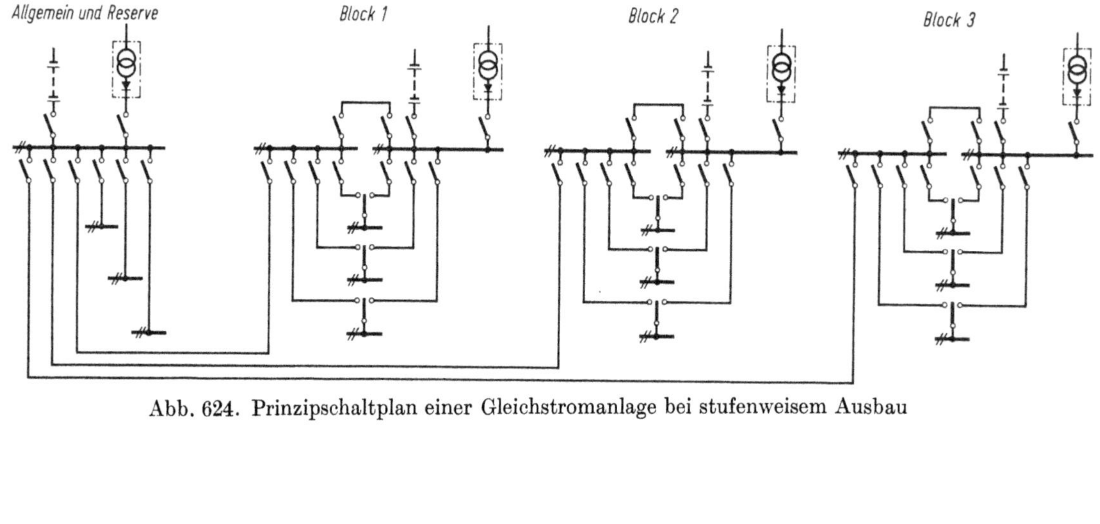

Abb. 624. Prinzipschaltplan einer Gleichstromanlage bei stufenweisem Ausbau

werden muß. Bei Kraftwerken, die zunächst nur mit einem Block ausgebaut und später auf mehrere Blocks erweitert werden sollen, muß sich auch die Gleichstromanlage dem stufenweisen Ausbau anpassen. Es ist dann zweckmäßig, für den ersten Ausbau bereits zwei Batterien mit entsprechenden Ladegeräten vorzusehen und beim Ausbau weiterer Blocks jeweils eine neue Batterie mit Ladegerät hinzuzufügen (Abb. 624).

c) Ladung und Entladung

Ist das Wechselstromnetz intakt und das Ladegerät eingeschaltet, so wird der gesamte Gleichstrombedarf vom Ladegerät gedeckt. Darüber hinaus liefert das Ladegerät einen Ladungserhaltungsstrom an die Batterie, der die volle Kapazität der Batterie aufrechterhält. Das Ladegerät hält hierbei die Zellenspannung der Batterie auf einem konstanten Wert. Bei Ausfall der Wechselspannung und damit des Ladegerätes sinkt die Zellenspannung sehr schnell auf einen Wert, der im wesentlichen der Anfangsentladespannung entspricht. Bei der nachfolgenden Entladung sinkt die Zellenspannung weiter bis auf einen Wert, bei dem die Batterie weitgehend entladen ist. In Tabelle 47 sind die entsprechenden Spannungen für Bleibatterien und für Nickel-Cadmium-Batterien bei Nennspannung 220 V angegeben.

Tabelle 47. *Spannungsverhältnisse bei Blei- und NiCd-Batterien*

	Bleibatterie (106 Zellen)		NiCd-Batterie (162 Zellen)		Bezogen auf 220 V
	Zellen-Spannung in V	Batterie-Spannung in V	Zellen-Spannung in V	Batterie-Spannung in V	in %
Bei eingeschaltetem Ladegerät (Ladungserhaltungsbetrieb)	2,22	235	1,45	235	+ 7
Bei ausgeschaltetem Ladegerät (ohne Belastung)	2,0	212	1,3	210	rd. − 4
Bei entladener Batterie (tiefste zulässige Spannung)	1,8	191	1,18	191	− 13

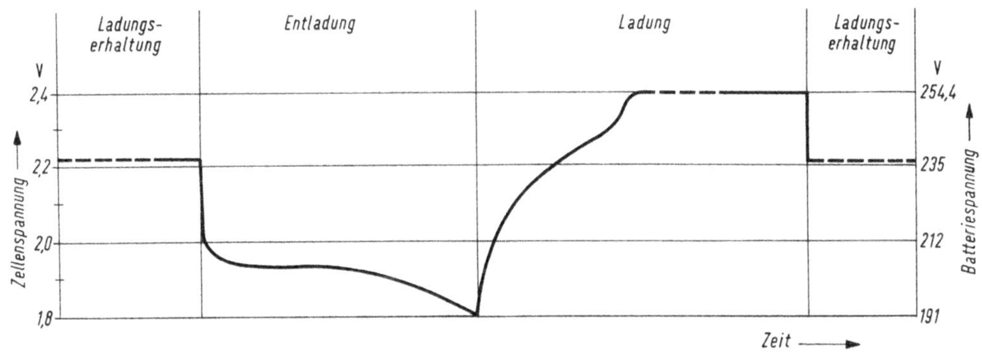

Abb. 625. Spannungsverhältnisse einer Bleibatterie 220 V

Bei den angegebenen Zahlen handelt es sich um ungefähre Werte. Für den Einzelfall sind diese Werte mit dem Batteriehersteller festzulegen. Bei den angegebenen Werten ist vorausgesetzt, daß Bleibatterien mit positiven Großoberflächenplatten (DIN-Bezeichnung Gro) bzw. hochwertige Nickel-Cadmium-Batterien mit kleinem innerem Widerstand (rd. 1 mΩ bei 100 Ah) verwendet werden. Bezogen auf 220 V liegt somit der Betriebsbereich zwischen + 7% und − 13%. Die meisten Verbraucher, wie Relais, Spulen von Schaltgeräten und Motoren sind arbeitsfähig bis zu Spannungen von − 15 bis − 25%, so daß ein Spannungsabfall von 13% ohne weiteres vertreten werden kann. Bezüglich der Betriebsspannung von + 7% ist zu sagen, daß Lampen innerhalb der Notbeleuchtung und Signallampen für eine Nennspannung von 230 V ausgelegt werden sollen.

Wenn nach einer längerdauernden Störung die Batterie weitgehend, z. B. bis auf 191 V, entladen worden ist, sollte sie innerhalb 5 bis 10 Stunden wieder auf volle Kapazität geladen werden. Dies muß mit einer entsprechend höheren Spannung erfolgen. Bei Ver-

Tabelle 48. *Auslegung einer Batterie (Beispiel: 250 MW-Block)*

Pos.	Verbraucher	Zeitabschnitt 1 0 bis 5 s	2 5 bis 10 s	3 10 bis 60 s	4 1 bis 5 min	5 5 bis 10 min	6 10 bis 60 min	
	A. Am Notumformer							
1	Anfahrstation Schnellantrieb	32	—	—	—	—	—	[kW]
2	Anfahrstation Druckregler	5,6	5,6	5,6	5,6	5,6	—	[kW]
3	Anfahrstation Einspritzung	1,5	1,5	1,5	1,5	1,5	—	[kW]
4	Steuerung und Überwachung	10	10	10	10	10	10	[kW]
5	Ablaufregler Anfahrentspanner	4,4	4,4	4,4	4,4	—	—	[kW]
6	Schornsteinbeleuchtung	2,4	2,4	2,4	2,4	2,4	2,4	[kW]
7	Frischdampfschieber	—	12	—	—	—	—	[kW]
8	Luvo-Antriebe	—	—	—	2,8	2,8	2,8	[kW]
9	Summe Pos. 1 bis 8	55,9	35,9	23,9	26,7	22,3	15,2	[kW]
10	Summe aufgerundet	56	36	24	27	22	15	[kW]
11	Leistung der Gleichstrommotoren $N_m = \frac{kW}{\eta_A \cdot \eta_G} = \frac{kW}{0,85 \cdot 0,85}$	78	50	33	37	30	21	[kW]
12	Batteriebelastung des Umformers $N_B = \frac{N_M}{\eta_M} = \frac{N_M}{0,85}$	92	59	39	44	35	25	[kW]
	B. Direkt an der Batterie							
13	Lagerölpumpe Hauptturbine	—	14	14	14	14	14	[kW]
14	Dichtölpumpe Generator	2,2	2,2	2,2	2,2	2,2	2,2	[kW]
15	Lagerölpumpe Speisepumpen-Turbine	—	2,8	2,8	2,8	2,8	2,8	[kW]
16	Notbeleuchtung	20	20	20	20	20	20	[kW]
17	Summe Pos. 12 bis 16	114,2	98	78	83	74	64	[kW]
18	Entladestrom bei 200 V	570	490	390	415	370	320	[A]
19	Entladezeit je Zeitabschnitt	0,0014	0,0014	0,0140	0,0664	0,0834	0,834	[h]
20	Strommenge je Zeitabschnitt Pos. 18 × Pos. 19	0,80	0,69	5,46	27,6	30,8	267	[Ah]
21	Strommenge gesamt Summe Ah aus Zeitabschnitt 1; 1 + 2; 1 + 2 + 3 usw.	0,80	1,49	6,95	34,55	65,35	332,35	[Ah]
22	Entladezeit je Zeitabschnitt Pos. 21 : Pos. 18	0,0014	0,0030	0,0178	0,083	0,177	1,04	[h]
23	Aufrundung auf Zahlen von 0,1 aufwärts zur Ablesung in Kurve Abb. 626	0,1	0,1	0,1	0,1	0,18	1,05	[h]
24	Kapazitätsfaktor aus Kurve *b* in Abb. 626	1,35	1,35	1,35	1,35	1,43	2,3	[h]
25	Erforderliche Nennkapazität Pos. 18 × Pos. 24	775	660	530	560	529	735	[Ah]

Wahl einer Batterie: Type 11 Gro 792
Nennkapazität 792 Ah bei zehnstündiger Entladung
N_M Leistung des Umformermotors (Gleichstrommotor)
N_B Leistungsentnahme des Umformermotors aus der Batterie
η_A Wirkungsgrad der Antriebe Pos. 1 bis 8
η_G Wirkungsgrad des Umformergenerators (Synchrongenerator)
η_M Wirkungsgrad des Umformermotors (Gleichstrommotor)

wendung geregelter Ladegeräte (s. Abschn. e, S. 654) sind folgende Ladespannungen zweckmäßig: 2,4 V/Zelle bei Bleibatterien, 1,65 V/Zelle bei NiCd-Batterien. Die hierbei auftretende überhöhte Spannung an der Batterie ist für die angeschlossenen Verbraucher nicht mehr tragbar. Bei Betrieb mit zwei Systemen kann aber ein System alle Verbraucher versorgen, während im zweiten System die Aufladung der Batterie erfolgt.

Abb. 625 zeigt die Spannungskurven bei den beschriebenen Betriebsverhältnissen für eine Bleibatterie mit 220 V Nennspannung.

d) Auslegung der Batterie

Für die Auslegung der Batterie ist es zweckmäßig, eine Leistungsbilanz aller Gleichstromverbraucher aufzustellen. Hierbei ist zu berücksichtigen, daß nach Ausfall der Drehstromversorgung die Belastung der Batterie nicht gleichmäßig verläuft, sondern daß in einzelnen Zeitabschnitten unterschiedliche Belastungen auftreten. In Tabelle 48 sind am Beispiel eines 250 MW-Blocks die Verbraucher aufgeführt, welche entweder über den Notumformer (s. Abschn. VI, S. 658) oder direkt die Gleichstrombatterie nach Ausfall des Drehstromnetzes belasten. Die zeitliche Reihenfolge der Belastung ist in den Spalten 1 bis 6 eingetragen.

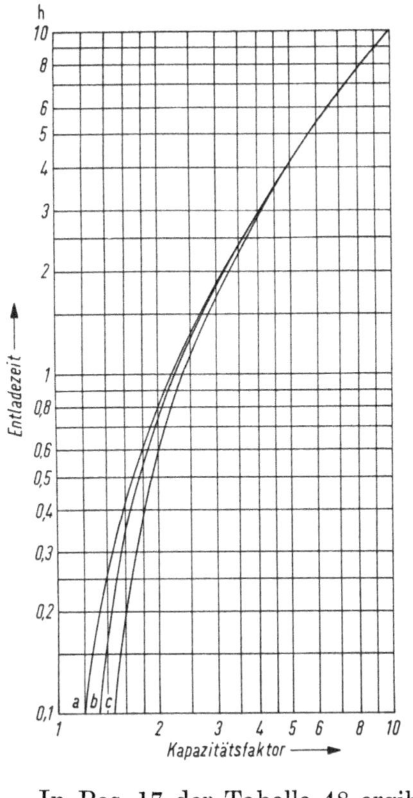

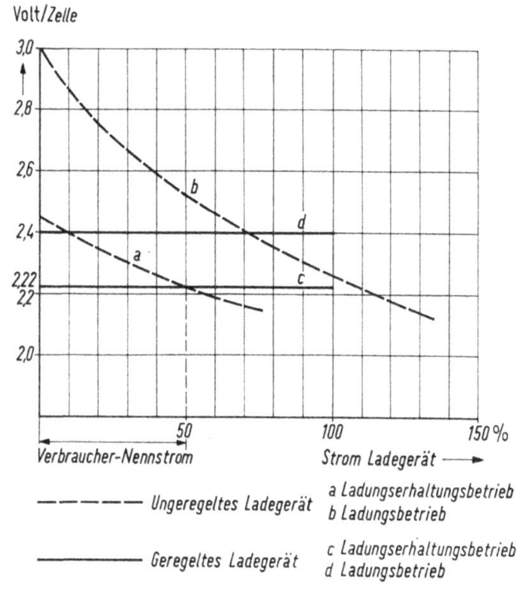

Abb. 627. Strom-Spannungskennlinien für Ladegeräte mit Halbleitergleichrichtern (Bleibatterie)

Abb. 626. Kapazitätsfaktor in Abhängigkeit von der Entladezeit für stationäre Bleibatterien mit positiven Großoberflächenplatten
a 72 – 216 Ah *b* 288 – 1008 Ah *c* 864 – 2304 Ah

In Pos. 17 der Tabelle 48 ergibt sich somit für jeden einzelnen Zeitabschnitt die jeweilige Batteriebelastung. In Pos. 18 ist der zugehörige Entladestrom bei einer mittleren Entladespannung von 200 V eingetragen und in Pos. 19 die zugehörigen Entladezeiten in h. Eine Multiplikation von Pos. 18 mit Pos. 19 ergibt die jeweils erforderliche Kapazität in Ah für jeden einzelnen Zeitabschnitt. Addiert man nun die Ah der Zeitabschnitte 1 bis 6, so erhält man die erforderliche Gesamtkapazität (Pos. 21).

Diese Rechnung berücksichtigt aber nicht die Forderung, daß die Zellenspannung in keinem Zeitabschnitt den Wert von 1,8 V/Zelle unterschreiten soll. Es ist deshalb notwendig, in die Rechnung noch einen sog. Kapazitätsfaktor einzuführen, der aus den Kurven in Abb. 626 entnommen werden kann.

Zunächst muß aber die Entladezeit je Zeitabschnitt ermittelt werden, indem man Pos. 21 durch Pos. 18 dividiert. Aus Abb. 626 wird der zugehörige Kapazitätsfaktor bestimmt und mit ihm die Pos. 18 multipliziert. Damit erhält man nun für jeden Zeitabschnitt eine bestimmte Kapazität, die so bemessen ist, daß in jedem Zeitpunkt die Zellenspannung von 1,8 V nicht unterschritten wird. In jedem Fall muß also die Batterie für die höchste unter Pos. 25 errechnete Nennkapazität ausgelegt werden. Unter Nennkapazität versteht man bei stationären Batterien die zehnstündige Kapazität.

Im vorliegenden Beispiel ist die Nennkapazität für den Zeitabschnitt 1, nämlich 0 bis 5 s, mit 775 Ah die höchste. In dieser kurzen Zeit ist zwar der Entzug an Ah verhältnismäßig klein. Die Forderung nach einer Mindestschlußspannung von 1,8 V/Zelle zwingt aber dazu, die Batterie so groß auszulegen, daß die Spannung auch bei einem derartigen Belastungsstoß nicht zu stark nachgibt. Die entsprechende Normtype hat eine Nennkapazität von 792 Ah. (Die jeweiligen Batteriedaten können den üblichen Preislisten der Batteriefirmen entnommen werden.)

In diesem Zusammenhang erhebt sich die Frage, wie lange die Batterie noch in der Lage sein muß, den unter Zeitabschnitt 6 aufgeführten Leistungsbedarf zu decken. Hier muß von der Überlegung ausgegangen werden, daß die Lagerölpumpen und die Dichtölpumpen auf alle Fälle so lange in Betrieb gehalten werden müssen, bis die Turbosätze zum Stillstand gekommen sind, d. h. die Drehzahl Null erreicht haben. Je nach Bauart liegt diese Zeit zwischen 20 und 45 min, sogar bei Aufrechterhaltung des Vakuums. Wenn man die Batterie also für 60 min auslegt, ist diese Auslaufzeit noch genügend hoch überstaffelt.

Die vorstehend ausgeführte Rechnung stellt natürlich nur ein Beispiel dar, bei dem Annahmen zugrunde gelegt sind, die keineswegs für alle Dampfkraftwerke zutreffen. Für den speziellen Fall müssen deshalb die einzelnen Verbraucher in Leistung und Zeitdauer genau ermittelt werden.

Mit Rücksicht auf die Austauschbarkeit ist es zweckmäßig, alle Batterien eines Kraftwerkes bzw. beide Batterien des ersten Ausbaues gleich groß vorzusehen.

Die Zellenzahlen bei 220 V sind für Bleibatterien und NiCd-Batterien in Tabelle 47 angegeben. Bei 110 V-Batterien sind die angegebenen Zahlen zu halbieren.

e) Ladegeräte

Bei eingeschaltetem Ladegerät wird eine Betriebsweise angestrebt, bei der das Ladegerät die gesamte Leistung liefert, welche gerade im Gleichstromnetz gefordert wird. Darüber hinaus hat das Ladegerät auch noch einen kleinen Strom zu liefern, der die Batterie auf voller Kapazität hält. Die Batterie selbst beteiligt sich nicht an der Energielieferung für das Gleichstromnetz. Man spricht deshalb von einem Ladungserhaltungsbetrieb.

Normale Gleichrichter mit Halbleitern (Selen oder Silizium) haben geneigte Kennlinien, wie sie aus Abb. 627 (*a* und *b*) zu ersehen sind. Dies bedeutet, daß das Ladegerät bei kleinem Strom eine höhere Spannung, bei großem Strom eine niedrige Spannung abgibt. Die Kennlinien lassen sich mit Hilfe von Anzapfungen am Transformator nach oben oder unten verschieben. Es ist erwünscht, bei Ladungserhaltungsbetrieb möglichst genau eine Spannung von 2,22 V/Zelle zu halten. Dies ist aber nur möglich, wenn die Gleichstrombelastung sehr konstant ist. In Dampfkraftwerken ist dieses aber keineswegs der Fall. Die Gleichstrombelastung geht im Normalbetrieb mitunter auf sehr kleine Werte zurück, was dann zur Folge hat, daß die Spannung an der Batterie auf einen hohen Wert ansteigt, wobei die angeschlossenen Verbraucher gefährdet sind.

Wenn man diese Schwierigkeiten vermeiden will, empfiehlt es sich, geregelte Ladegeräte einzusetzen. Die Regelung erfolgt meist mit Hilfe von Transistor-Reglern, auf deren Einzelheiten hier nicht näher eingegangen werden soll. Den Prinzipschaltplan eines geregelten Ladegerätes zeigt Abb. 628, die Kennlinie ist aus Abb. 627 zu ersehen. Unabhängig von der jeweiligen Belastung wird durch die Regelung eine konstante Spannung von 2,22 V gehalten. (Alle Zahlenangaben dieses Abschnittes beziehen sich auf Bleibatterien. Die entsprechenden Werte für NiCd-Batterien sind der Tabelle 47 zu entnehmen.) Eine Strombegrenzung (100%) sorgt dafür, daß der Ladestrom einen eingestellten Wert nicht überschreiten kann. Dies ist besonders wichtig für den Fall, daß das Ladegerät auf eine weitgehend entladene Batterie geschaltet wird. Infolge der geringen Gegenspannung der Batterie würde ohne Strombegrenzung der Ladestrom einen sehr hohen Wert erreichen, der zu einer Überstromauslösung führen würde.

Ist nach einer Störung die Batterie entladen und soll diese in einer annehmbaren Zeit wieder vollgeladen werden, so ist die Spannung von 2,22 V/Zelle nicht ausreichend. Das Ladegerät muß so ausgelegt sein, daß es für den Ladebetrieb über längere Zeit eine Spannung von 2,4 V/Zelle entsprechend Abb. 627 (*d*) abgeben kann. Nach erfolgter Aufladung wird über einen Umschalter oder Sollwerteinsteller am Ladegerät die Spannung wieder auf 2,22 V/Zelle zurückgenommen (Abb. 627 *e*).

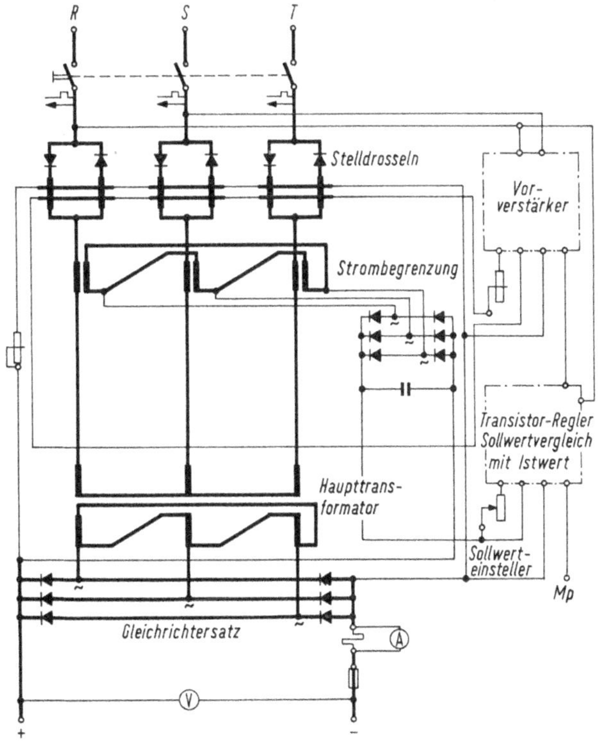

Abb. 628. Prinzipschaltplan eines Ladegerätes mit Halbleiter-Gleichrichter

In diesem Zusammenhang muß erwähnt werden, daß bei Ladungserhaltungsbetrieb mit Halbleitergleichrichtern die Verwendung von Zellenschaltern nicht in Frage kommt. Das Ladegerät wird für eine ganz bestimmte Zellenzahl bemessen, die nicht beliebig geändert werden kann. Bei der strommäßigen Auslegung der Ladegeräte ist zu unterscheiden zwischen nichtgeregelten und geregelten Ladegeräten:

1. Nichtgeregelte Ladegeräte mit fallender Kennlinie *b* in Abb. 627: Bis zum Beginn der Gasentwicklung, d. h. bis etwa 2,4 V/Zelle, kann mit jedem beliebigen Strom geladen werden. Von da ab beträgt der zulässige Ladestrom 12 A, bezogen auf je 100 Ah. Am Ende der Ladung soll dieser Wert auf 6 A, bezogen auf je 100 Ah abfallen. Bei der üblichen Auslegung derartiger Ladegeräte ergibt dies einen Nennstrom des Ladegerätes von 24 A für je 100 Ah Nennkapazität. Bei dem Beispiel aus Abschn. d (Tabelle 48) müßte das Ladegerät demnach wie folgt ausgelegt werden:

Nennkapazität der Batterie	792 Ah,
aufgerundet	800 Ah,
Nennstrom des Ladegerätes	$8 \cdot 24 = 192$ A.

Je nach Typengröße würde man für diese Batterie demnach ein Gerät für 150 oder 200 A Nennstrom wählen.

2. *Geregelte Ladegeräte* mit gerader Kennlinie *d* nach Abb. 627: Auch hier kann bis zum Beginn der Gasentwicklung mit jedem beliebigen Strom geladen werden. Danach beträgt der zulässige Ladestrom 8,5 A, bezogen auf je 100 Ah. Das geregelte Ladegerät begrenzt aber bereits selbsttätig den Strom bei Erreichen der Spannung von 2,4 V/Zelle, bei der die Gasentwicklung beginnt. Hier brauchte also bei der strommäßigen Auslegung keine Rücksicht auf die zulässigen Ladeströme genommen zu werden.

Als Richtwert ist zu empfehlen:

$$\text{Ladegerät Nennstrom} \approx \frac{\text{Batterie-Nennkapazität}}{3}.$$

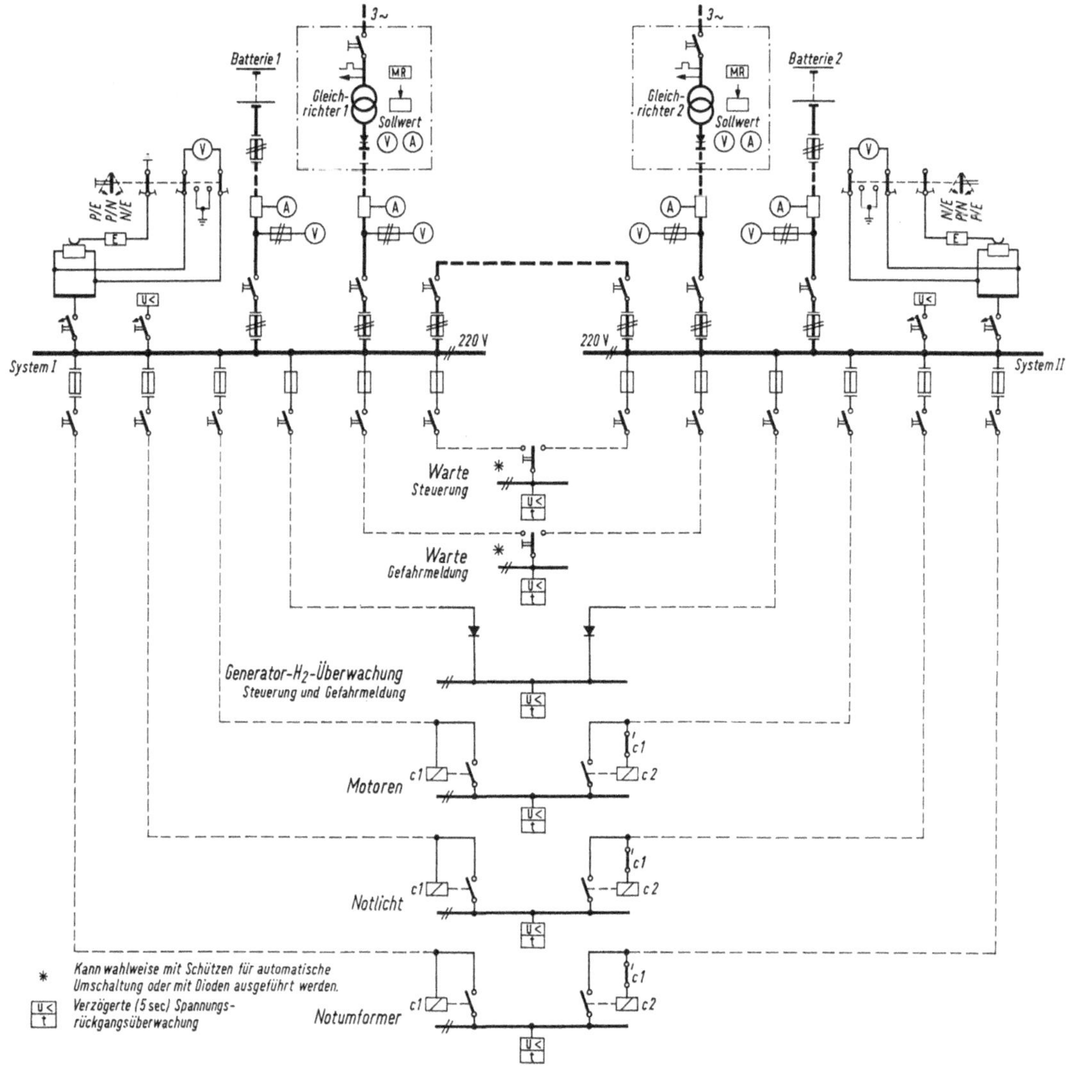

Abb. 629. Schaltplan einer Gleichstromverteilung für ein Dampfkraftwerk

Bei einer Batterie von 792 Ah ergibt dies eine Auslegung des Ladegerätes von 792 : 3 = 264 A. Bei Verwendung eines derartig bemessenen Ladegerätes kann die Batterie nach einer Entladung infolge einer Störung im Drehstromnetz in etwa 5 bis 8 Stunden wieder auf volle Kapazität geladen werden. Diese Angaben sind nur ungefähre Werte, da die Ladezeiten natürlich weitgehend von der Konstruktion der Batterie und dem Grad der vorausgegangenen Entladung abhängen.

f) Gleichstromverteilung

Zwischen Batterien und Ladegeräten einerseits und den Gleichstromverbrauchern andererseits ist eine Gleichstromverteilungsanlage vorzusehen. Abb. 629 zeigt den Schaltplan einer derartigen Anlage für ein Kraftwerk mit zwei Blocks. Es sind hierbei zwei voneinander unabhängige Sammelschienensysteme geschaffen. Jedem System ist eine Batterie und ein Ladegerät zugeordnet.

Die einzelnen Verbraucher sind über Sicherungen und Schalter angeschlossen, und zwar so, daß durch eine handbetätigte oder automatische Umschaltung beim Verbraucher (z. B. Blockwarte) das eine oder das andere System angewählt werden kann. Bei Störungen in einem System ist man somit in der Lage, unverzüglich vom gestörten auf das betriebsfähige System umzuschalten. Bei nicht zu großen Stromstärken (z. B. Warten, Überwachungstafeln) können an Stelle der Umschalter Dioden verwendet werden. Im normalen Betrieb ist die entsprechende Verbraucherschiene über zwei Dioden an beide Sammelschienensysteme angeschlossen. Bei einer Störung auf einem System sperrt die zugehörige Diode, und die Verbraucherschiene wird nur noch von einem System her gespeist.

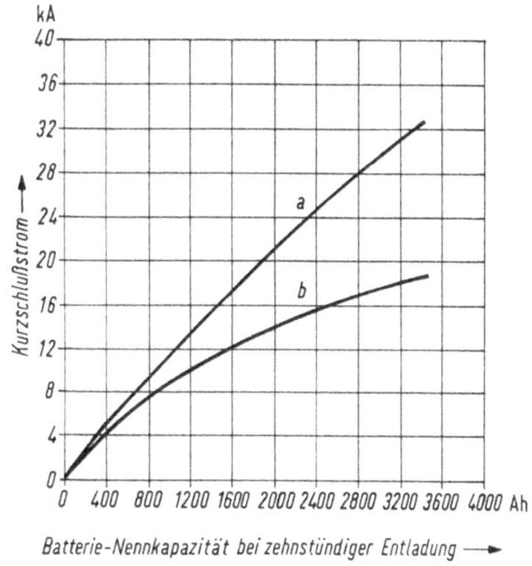

Abb. 630. Kurzschlußströme von Bleibatterien
a Großoberflächen-Platten (DIN 40 731)
b Panzerplatten (DIN 40 736)

Zwischen den beiden Sammelschienen ist eine Längskupplung vorgesehen, damit bei Ausfall eines Ladegerätes der Ladungserhaltungsbetrieb für beide Batterien mit dem verbleibenden Gerät aufrechterhalten werden kann. An eine Wiederaufladung einer entladenen Batterie ist aber bei Betrieb mit nur einem Ladegerät nicht zu denken. Wie bereits in Abschn. b erwähnt, ist deshalb der Einbau eines dritten Ladegerätes zu empfehlen (Abb. 623).

Bei größeren Batterien müssen die auftretenden Kurzschlußströme bei der Auslegung der Gleichstromanlage und der Kabel berücksichtigt werden. In Abb. 630 sind die Kurzschlußströme einer Batterie in Abhängigkeit von der Kapazität dargestellt. Es handelt sich hierbei um Mittelwerte; die tatsächlich auftretenden Werte hängen in geringem Maße von der Konstruktion der Platten und dem Entladezustand ab. Im übrigen treten diese hohen Ströme nur kurzzeitig auf und klingen infolge der stark absinkenden Plattenspannung schnell auf bedeutend geringere Werte ab.

Die Kurzschlußströme der Ladegeräte werden durch die eingebaute Strombegrenzung auf den Nennwert des Stromes begrenzt.

g) Überwachung

In Gleichstromanlagen mit Spannungen über 60 V muß damit gerechnet werden, daß Erdschlüsse vorzugsweise auf der Minusseite auftreten. Insbesondere, wenn die Leitungen mit Feuchtigkeit in Berührung kommen, was z. B. in tropischen Gebieten in erhöhtem

Maß der Fall ist, wird durch Elektro-Osmose Feuchtigkeit in die Isolation der Leitungen auf der Minusseite gedrückt und damit die Isolation vermindert. Neuerdings hat man viel Mühe auf die Entwicklung osmosefester Leitungen verwendet und dabei auch beachtliche Erfolge erzielt. Trotzdem ist aber in Gleichstromanlagen häufiger mit Erdschlüssen zu rechnen, und die Anlagen müssen deshalb laufend auf etwa auftretende Erdschlüsse überwacht werden. An den Sammelschienen beider Systeme ist eine Einrichtung vorgesehen, bei der ein künstlich durch Anzapfung eines Widerstandes geschaffener Nullpunkt über ein Stromrelais an Erde gelegt wird (s. Abb. 629). Falls sich der Minuspol im Laufe der Zeit selbst erdet, treten Unsymmetrien in der Brückenschaltung auf, das Relais spricht an und gibt eine entsprechende Gefahrmeldung. Es ist aber auch der Fall denkbar, daß nur eine schwache Unsymmetrie auftritt, bei der man noch keine Maßnahmen zur Beseitigung eines Erdschlusses ergreifen muß. Aus diesem Grund wird die Mittelpunktanzapfung an dem Widerstand veränderlich gemacht, wodurch Unsymmetrien, die für den Betrieb noch tragbar sind, ausgeglichen werden können.

Eventuell auftretende Erdschlüsse, bei denen die vorerwähnte Erdschluß-Überwachung anspricht, werden mit Hilfe von Meldelampen auch bei jeder Verbrauchergruppe, und zwar getrennt für beide Systeme, gemeldet. Diese Einrichtung erleichert die Suche von Erdschlüssen.

Falls durch irgendeine Störung die Spannung an einer Schiene gänzlich ausbleibt, wird ebenfalls ein entsprechendes Signal auf die Gefahrmeldeanlage gegeben. Zu diesem Zweck sind sowohl in den Sammelschienen als auch in den Verbraucherschienen Spannungs-Rückgangsrelais eingebaut. Die Spannungs-Rückgangsrelais in den Verbraucherschienen (z. B. Warte) erhalten eine Zeitverzögerung, um zu vermeiden, daß bei kurzzeitigen Umschaltvorgängen, z. B. von einem System auf das andere, die Einrichtung anspricht.

VI. Die Notumformeranlage

Es gibt eine Reihe von Verbrauchern, die nach Ausfall des Eigenbedarfs noch betriebstüchtig bleiben müssen, die man aber aus bestimmten Gründen nicht an Gleichstrom, sondern an Drehstrom anschließen möchte. In modernen Blockkraftwerken wird für diese Verbrauchergruppe eine Drehstrom-Notschiene geschaffen, die über Gleichstrom-Drehstrom-Umformer ihre Energie aus den Batterien der Gleichstromanlage bezieht.

Bei einer Reihe von Schieber- und Ventilantrieben werden infolge der erforderlichen Drehmomente beim Abheben vom Ventilsitz an die Robustheit der Antriebsmotoren sehr hohe Anforderungen gestellt. Zudem befinden sich derartige Antriebe vielfach an Stellen mit betriebsmäßig hohen Temperaturen. Diesen Anforderungen ist der Drehstrom-Kurzschlußläufermotor weitaus besser gewachsen als der empfindlichere Gleichstrommotor. Werden derartige Antriebe auch nach Ausfall des Eigenbedarfs benötigt, so müssen sie an die Notschiene angeschlossen werden.

Es handelt sich hierbei im allgemeinen um Verbraucher wie

Anfahrschieber,
Heißdampfschieber,
Schieber vor und hinter Zwischenüberhitzer,
Reduzierstationen,
Kesselmessung.

Diese Aufzählung erhebt keinen Anspruch auf Vollständigkeit. Auf jeden Fall aber muß der Kreis der Verbraucher möglichst klein gehalten werden, um die Dimensionen der Umformer in vernünftigen und wirtschaftlichen Grenzen zu halten. Die Berechnung der Umformerleistung ist dem Beispiel in Abschn. V, Tabelle 48 zu entnehmen.

In der Verbraucherliste ist neben einer Reihe von Stellantrieben die Kesselmessung aufgeführt. Die Erfahrung hat gezeigt, daß es unbedingt notwendig ist, die Messung in den Wärmekreisläufen funktionsfähig zu halten, damit das Personal den Überblick über den Ablauf der Störung nicht verliert und diejenigen Maßnahmen einleiten kann, welche mit Hilfe der Notschiene noch möglich sind.

Es hat aber keinen Zweck, die Kessel-*Regelung* an die Notschiene anzuschließen. Bei einem Ausfall des Eigenbedarfs kommen alle Hilfsantriebe des Kessels, wie Speisepumpen, Lüfter und Mühlen, zum Stillstand. Eine an die Notschiene angeschlossene Regelung würde funktionsfähig bleiben, ihre Funktion hat aber jeden Sinn verloren. Abgesehen davon würde eine an die Notschiene angeschlossene Regelung nach Ausfall der Hilfsantriebe sofort alle Stellglieder in eine undefinierte Stellung steuern. Bei derartigen Störungen ist es jedoch besser, wenn die Regelung in der Lage verharrt, in der sie gerade steht.

Die Regelung von Hilfsantrieben, welche auch nach Zusammenbruch des Eigenbedarfs noch funktionsfähig bleiben — z. B. Turbospeisepumpen —, sollte natürlich an die Notschiene geschaltet werden.

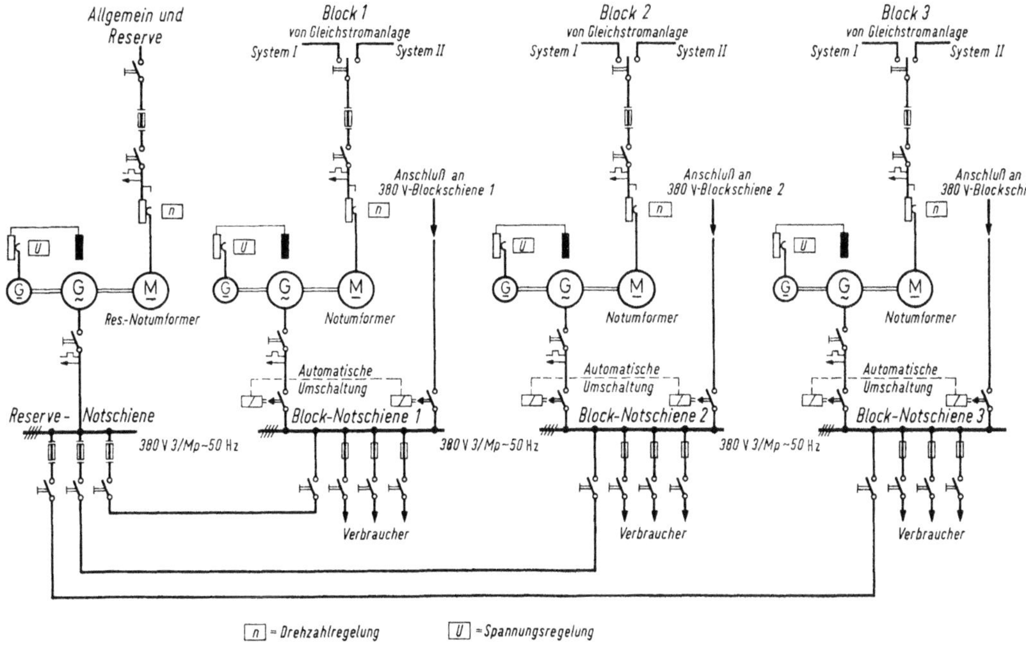

Abb. 631. Notumformeranlage für ein Kraftwerk mit drei Blocks. Stufenweiser Ausbau

Da die Gleichspannung für die Motoren der Umformer, wie in Abschn. V c erläutert, in größeren Grenzen schwankt und da auch die Belastung der Umformer größeren Schwankungen ausgesetzt ist, empfiehlt sich eine selbsttätige Drehzahlregelung, welche für die notwendige Frequenzkonstanz sorgt. Von den einzelnen Firmen werden heute wirtschaftliche, meist transistorgesteuerte Geräte angeboten, welche die Frequenz des Synchrongenerators mit einer Genauigkeit von $\pm$ 0,5% konstant halten.

Sollen an die Notschiene Synchronlaufwerke angeschlossen werden, deren jeweiliger Stand ein genaues Uhrzeit-Abbild darstellen soll, wie z. B. Schreiber mit Synchronuhrwerk, so kann zusätzlich eine Uhrzeitregelung vorgesehen werden.

Im allgemeinen werden mindestens zwei Notumformer vorgesehen, von denen einer den gesamten Notbedarf decken kann. Der zweite Umformer dient dann als 100%ige Reserve. Handelt es sich um ein großes Kraftwerk mit mehr als zwei Blocks, so kann man jedem Block einen Umformer zuordnen und einen weiteren Umformer als Reserve für alle vorsehen (Abb. 631). Im allgemeinen werden die Synchrongeneratoren der einzelnen Umformer dann nicht untereinander synchron betrieben.

Von entscheidender Bedeutung für die Einsatzbereitschaft und für die Sicherheit ist die Betriebsweise der Umformer.

Bei einem Ausfall der Eigenbedarfsanlage müssen die meisten der an die Notschiene angeschlossenen Verbraucher sofort oder innerhalb weniger Millisekunden in Funktion treten (s. Abschn. V, Tabelle 48). Es scheidet deshalb jede Lösung aus, bei der die Umformer erst angelassen werden müssen und bei der die Verbraucher nach dem Hochlaufen vom Eigenbedarf auf die Notschiene umgeschaltet werden.

Eine Lösung, bei der die Verbraucher normalerweise vom Eigenbedarf gespeist werden und im Störungsfall selbsttätig auf den bis dahin leerlaufenden Umformer umgeschaltet werden, ist ebenfalls unzweckmäßig, und zwar aus folgenden Gründen:

1. Der leerlaufende Umformer hat einen höheren Bürstenverschleiß als der belastete.

2. Die Umschaltung müßte zur Vermeidung unnötigen Ansprechens bei kurzzeitigen Spannungseinbrüchen eine Verzögerung von einigen Sekunden erhalten. Wie bereits oben erwähnt, müssen aber die meisten Verbraucher sofort oder innerhalb weniger Millisekunden funktionsfähig sein.

3. Gerade im äußersten Notfall, nämlich nach Ausfall des Eigenbedarfs, muß man sich noch auf eine Automatik verlassen. Ein Versagen der Notschiene hätte, da sie das letzte Glied in der Sicherheitskette darstellt, schwerwiegende Folgen.

Es ist deshalb zweckmäßiger und sicherer, die Verbraucher dauernd über die Notschiene zu versorgen und den betreffenden Notumformer mit der im normalen Betrieb gerade anstehenden Belastung laufen zu lassen.

Auch der Notumformer kann gelegentlich ausfallen. Es ist dann nicht notwendig, sofort und selbsttätig auf den Reserveumformer umzuschalten. Dies würde ja zur Voraussetzung haben, daß der Reserveumformer dauernd leer mitläuft, was zu den oben beschriebenen Unzuträglichkeiten führen würde. Es ist dann einfacher, die Verbraucher selbsttätig auf die Eigenbedarfsschiene umzuschalten. Danach kann der Reserve-Umformer von Hand angefahren werden und die Verbraucher auf den Notumformer zurückgeschaltet werden. Mit einem gleichzeitigen Ausfall der Eigenbedarfsanlage und der Notumformer-Anlage ist nicht zu rechnen.

C. Elektrotechnische Steuerung und Verriegelung

Von Alexander Borst

I. Steuerung

a) Aufgabenstellung

Die Praxis der elektrotechnischen Ausrüstung großer Dampfkraftwerke hat immer mehr dazu geführt, daß die wesentlichen Antriebe von Turbosatz und Kessel von einer zentralen Warte (s. Abschn. D, S. 684) gesteuert und überwacht werden. Die folgende Abhandlung über die Steuerungstechnik im Kraftwerk befaßt sich hauptsächlich mit dieser *Fernsteuerung von der Warte*.

Der Kraftwerksbetrieb stellt an die Steuerung spezielle Anforderungen, wodurch sich im Laufe der Zeit eine eigene Steuerungstechnik entwickelt hat, die charakteristische Unterschiede gegenüber der Steuerungstechnik in anderen verfahrenstechnischen Anlagen aufweist.

Kraftwerke für die Energieversorgung müssen im allgemeinen vorgeschriebene Programme fahren und einhalten. Der Ausfall einer großen Kraftwerkseinheit bedeutet dabei einen entsprechend großen Leistungsausfall für das Netz und finanzielle Verluste für den Kraftwerksbetreiber. Andererseits bedingt die weitverzweigte technologische Abhängigkeit der Antriebe (s. Abschn. C II „Verriegelung", S. 667), daß bereits der Ausfall eines relativ kleinen Antriebes den Ausfall der ganzen Kraftwerkseinheit nach sich ziehen kann. Besonders erschwerend ist hierbei, daß die Störung des Einzelantriebes durch eine nebensächliche Ursache hervorgerufen und nur kurzzeitig sein kann, der nachfolgende Ausfall des Kraftwerkes jedoch u. U. wesentlich länger dauert.

Aus dieser Überlegung folgt, daß besonderes Gewicht auf die Betriebssicherheit solcher „lebenswichtiger" Antriebe zu legen ist. Dies betrifft nicht nur die bekannten Forderungen nach ausreichender Dimensionierung, Wartung und Reservehaltung, sondern auch die elektrische Steuerung dieser Antriebe. Die Steuerung muß daher nach einem System erfolgen, das mit größtmöglicher Sicherheit arbeitet und vermeidet, daß kurzzeitige oder sekundäre Fehler eine Abschaltung der ganzen Kraftwerks-Einheit nach sich ziehen.

Aus dieser Aufgabenstellung werden zunächst die wesentlichen allgemeinen Grundsätze für die Steuerungstechnik entwickelt; anschließend werden technische Lösungen dargestellt, mit denen diese Forderungen erfüllt werden können.

b) Anforderungen an die Steuerungstechnik

Unabhängig von den verschiedenen technischen Lösungen gelten allgemeingültige Grundsatzforderungen für die Steuerungstechnik „lebenswichtiger" Antriebe.

1. Sichere Steuerspannungsversorgung

Die Spannungsversorgung für die Fernsteuerung soll von den Störungen des Eigenbedarfsnetzes, von Einschalt- und Umschaltvorgängen unabhängig sein und die Steuerbarkeit der Antriebe mit Sicherheit gewährleisten.

2. Abfallsichere Schaltgeräte

Die Schaltgeräte sollen sicherstellen, daß ferngesteuerte Antriebe bei kurzen Störungen der Steuerspannung weiterlaufen. Ebenso sollen kürzere Einbrüche der Betriebsspannung überbrückt werden, so daß alle „lebenswichtigen" Antriebe selbsttätig wieder hochlaufen.

3. Übersichtlicher und selektiver Steuerungsaufbau

Der Steuerungsaufbau soll eine Begrenzung von örtlichen Fehlern auf den betroffenen Abzweig sowie ein schnelles Finden und Beseitigen von Störungen ermöglichen.

4. Einheitliches Steuerungssystem

Die Vielzahl der Steuerstellen in einer Warte verlangt, unabhängig von der Art der Schaltgeräte (Hoch- oder Niederspannung), Einheitlichkeit im System der Fernsteuerung.

c) Ausführung der Steuerungstechnik

Im folgenden wird darauf eingegangen, wie die Steuerungstechnik den angegebenen Grundzügen gerecht werden kann. Natürlich gibt es verschiedene technische Lösungen, die je nach Hersteller und Wunsch des Kraftwerk-Betreibers mehr oder weniger voneinander abweichen. Es können nur die wesentlichsten und üblichen Ausführungsformen behandelt werden.

1. Steuerspannungsversorgung

Für eine sichere und vom Netz unabhängige Steuerspannungsversorgung eignet sich am besten eine Gleichstromanlage. Eine oder möglichst zwei Batterien geben die Unabhängigkeit von den Störungen des Netzbetriebes. Einzelheiten über die Ausführung solcher Gleichstromanlagen sind im Abschn. B V, S. 649, zu finden.

Bei Gleichspannungssteuerung wird immer wieder die Frage gestellt, ob einpolig geerdete oder nicht geerdete Batterien und ob einpolige oder zweipolige Steuerung richtiger ist. Dies ist im wesentlichen eine Frage der möglichen Fehlschaltungen und Schaltversager, die bei Erdschlüssen im Betätigungskreis auftreten können. Es sei hier auf die ausführlichen Untersuchungen im Schrifttum verwiesen [*1*] und lediglich das Ergebnis gebracht. Für Direktsteuerung mit 220 oder 110 V soll die Batterie vollisoliert betrieben und eine Erdschlußüberwachung vorgesehen werden [*2*]. Bei Relaissteuerung oder kontaktloser Steuerung mit 60 oder 24 V Gleichspannung gelten andere Gesichtspunkte, die auch zu einpolig geerdetem Betrieb führen können.

Die Steuerung von Hochspannungs-Trennschaltern und Erdungsschaltern ist nach VDE 0101/7.60 festgelegt und muß zweipolig erfolgen. Hierbei sind zwar Schaltversager, aber keine unbeabsichtigten Schaltungen möglich, die zu Kurzschlußzerstörungen führen. Für die Betätigung von Leistungsschaltern besteht keine entsprechende VDE-Vorschrift. Es ist jedoch für den Aus-Befehl die einpolige Steuerung zu bevorzugen, weil hier die Erdschlußüberwachung den ganzen Betätigungskreis erfaßt und somit Schaltversager durch einen weiteren Erdschluß vermieden werden können. Beim Ein-Befehl für Leistungsschalter ist die zweipolige Steuerung, insbesondere bei trennerlosen Schaltwageneinheiten zu bevorzugen, damit eine Fehlschaltung auf jeden Fall unmöglich ist.

Bei kleineren Antrieben kann die Wechselspannungssteuerung auf der Seite der Schaltgeräte Vereinfachungen und Kostenvorteile bringen. Eine gesicherte Steuer-Wechselspannung, z. B. aus von Batterien gespeisten Umformern, entspricht dabei noch der Sicherheit einer Gleichspannungsversorgung. Es ist jedoch auch möglich, die Steuerspannung vom normalen Eigenbedarfsnetz jeweils im Abzweig zu entnehmen. Hierbei sind zur Überbrückung der häufigeren kurzen Netzstörungen besondere Maßnahmen auf der Seite der Betätigung oder der Schaltgeräte erforderlich.

2. Schaltgeräte

Für die wesentlichen Antriebe von Turbosatz und Kessel erfüllen verklinkte Schaltgeräte am besten die Forderung, daß Spannungseinbrüche sowohl in der Steuerspannung als auch in der Betriebsspannung überbrückt werden. Bei den großen Antrieben ist dies im allgemeinen von selbst erfüllt, weil die Hochspannungs- und Niederspannungs-Leistungsschalter mechanisch verklinkte Schaltgeräte sind. Bei kleineren Antrieben, die jedoch für den Blockbetrieb lebenswichtig sind, können aus wirtschaftlichen Gründen die preisgünstigeren Remanenzschalter (magnetisch verklinkte Schaltgeräte, Schütze ohne Halteerregung) eingesetzt werden. Hierbei ist die Einheitlichkeit in der Art der Steuerung zwischen großen und kleineren Schaltgeräten (getrennte Ein- und Aus-Steuerung) gewahrt. Es können jedoch auch normale Schütze mit Wechselspannungserregung eingesetzt werden. Soweit diese Steuerspannung keinem gesicherten Netz entnommen wird, sollte die bei verklinkten Schaltgeräten gegebene Überbrückung von Spannungseinbrüchen durch andere Maßnahmen ersetzt werden. Dies kann z. B. mit Dauerkommandogabe durch gepolte Steuerrelais bzw. durch Schleppkontakt-Steuerschalter oder mit kondensatorerregter Abfallverzögerung erreicht werden.

Als selbstverständlich ist vorausgesetzt, daß die Auslösung der verklinkten Schaltgeräte nur mit Arbeitsstrom und über mit Arbeitsstrom betätigte Hilfsrelais (Verriegelungsrelais) erfolgen darf. Sonst würde bei Steuerspannungseinbrüchen trotz der Verklinkung eine Abschaltung erfolgen. Durch die Verklinkung wird außerdem die Forderung erfüllt, daß nach einer kurzen Unterbrechung der Betriebsspannung die wesentlichen Antriebe selbsttätig wieder hochlaufen, ohne daß ein Eingriff des zahlenmäßig geringen und im Störungsfall anderweitig beschäftigten Personals erforderlich ist. Nach einer längeren Unterbrechung ist unter Umständen ein selbsttätiger Wiederhochlauf nicht mehr erwünscht, er könnte sogar eine Gefährdung der Anlage bedeuten. Daher wird in manchen Anlagen eine sog. „spannungsabhängige Abschaltung" eingesetzt, welche bei längeren Unterbrechungen der Netzspannung (etwa über 4 bis 6 s) die verklinkten Schaltgeräte abschaltet. Diese Zeit muß höher als die Zeit für Eigenbedarfsumschaltungen und als die Auslösezeiten der Schutzeinrichtungen im speisenden Netz liegen.

3. Steuerungsaufbau

Im Kraftwerk ist die Steuerung einer großen Zahl von Antrieben in der Warte konzentriert. Damit der gesamte Komplex der Steuerung für Inbetriebsetzung, Betrieb, Prüfung und Störungssuche überschaubar bleibt, muß eine weitgehende Aufteilung in Steuerstromkreise vorgenommen werden.

In der Praxis bewährt es sich, für jeden von der Warte zu steuernden Antrieb bzw. Abzweig der Schaltanlagen einen eigenen Steuerstromkreis vorzusehen. Jeder Steuerstromkreis muß dabei selektiv gegenüber der Steuerspannungseinspeisung abgesichert werden, so daß bei einem Fehler in der Steuerung eines Abzweiges nur dieser Abzweig selbsttätig abschaltet. Die Auslösung der Steuerspannungsabsicherung wird dabei zur Warte gemeldet und dadurch für die Fehlersuche bereits der Abzweig oder zumindest der Anlagenbereich gekennzeichnet.

Für eine solche Steuerkreisabsicherung eines Abzweiges hat sich die Bezeichnung „Steuerkopf" eingeführt. In der einfachsten Ausführung werden dabei Sicherungen oder Automaten so eingesetzt, daß selektive Abtrennung bei Kurzschluß und gleichzeitige Weitergabe einer Meldung erfolgt. Besondere Ausführungen von Steuerkopfkombinationen (vor allem bei 220 V =) enthalten zusätzlich eine Spannungsglimmlampe und einen Ausschalter. Dabei kennzeichnet die Glimmlampe in einer Gruppe zusammengehöriger Steuerköpfe den „gefallenen" oder „abgeschalteten" Steuerkopf. Der Ausschalter unterbricht Steuer- und Meldekreis, damit bei Arbeiten im Abzweig die Einschaltmöglichkeit von sämtlichen Steuerstellen ausgeschlossen ist, gleichzeitig die Weitergabe einer Störmeldung unterbunden wird und die Steuer- und Meldestromkreise für die Arbeiten spannungslos sind. Bei Sammelmeldung mehrerer Steuerköpfe kann durch den Schalter ein gestörter Kreis herausgetrennt und die Meldung wieder funktionsbereit geschaltet werden.

Zum Steuerkreis eines wichtigen Abzweiges gehört der Steuerkopf, die Hauptsteuerstelle (Fernsteuerstelle in der Warte), gegebenenfalls die Nebensteuerstelle (z. B. Steuerstelle in der Schaltanlage) und die Ortssteuerstelle.

Ausführungsform und Bedingungen der Hauptsteuerstelle (Wartensteuerung) werden im folgenden Abschnitt näher behandelt. Hier soll noch kurz auf Bedeutung und Prinzip der Ortssteuerstelle eingegangen werden [*3*]. Für Notabschaltungen oder Probeläufe kann neben den wichtigen Antrieben eine Ortssteuerstelle vorgesehen werden. Ein Verriegelungsschalter mit den Stellungen „Fern" und „Ort" ermöglicht in der Stellung „Ort" die Ein-Steuerung vor Ort; dabei ist der Antrieb aus der Verriegelung gelöst. Gleichzeitig ist jede Fernsteuerung unterbrochen und damit eine Gefährdung des Personals ausgeschlossen. Die Aus-Taste ist für Notabschaltungen unabhängig von der Stellung des Verriegelungsschalters immer funktionsfähig.

4. Steuerungssysteme

Das Steuerungssystem soll vor allem in der zentralen Steuerstelle (Warte) einheitliche Betätigungselemente aufweisen, so daß die Antriebe unabhängig davon, ob sie durch Hochspannungs- oder Niederspannungsgeräte geschaltet werden, mit gleichen Betätigungselementen auf die gleiche Weise zu steuern sind. Das zahlenmäßig geringe Personal kann bei der Vielzahl der von der Warte eines großen Blocks fernzusteuernden Antriebe nicht mit Überlegungen belastet werden, um welche Art von Schaltgeräten es sich handelt. Ohne diese Einheitlichkeit ist ein schneller und sicherer Eingriff im Störungsfall nicht möglich. Diese grundsätzliche Forderung gilt für alle Steuerungssysteme.

Die wesentlichen Steuerungssysteme, die sich im Kraftwerksbau eingeführt haben, sind:

- die Starkstromsteuerung (oder Direktsteuerung) und
- die Schwachstromsteuerungen. Zu letzteren zählen
  - die Relaissteuerung (oder indirekte Steuerung) und
  - die Transistorsteuerung (oder kontaktlose Steuerung).

Die *Starkstromsteuerung* oder Direktsteuerung war bis vor wenigen Jahren noch das vorherrschende Steuerungssystem in Kraftwerken. Diese Steuerungsart ist gekennzeichnet durch eine Steuerspannung, die genügend hoch ist, um gleichzeitig zur direkten Betätigung der Leistungsschalter-Antriebe zu dienen. Bevorzugt ist hierbei in den inländischen Anlagen Gleichspannung 220 V (vgl. Abschn. 1 „Steuerspannungsversorgung").

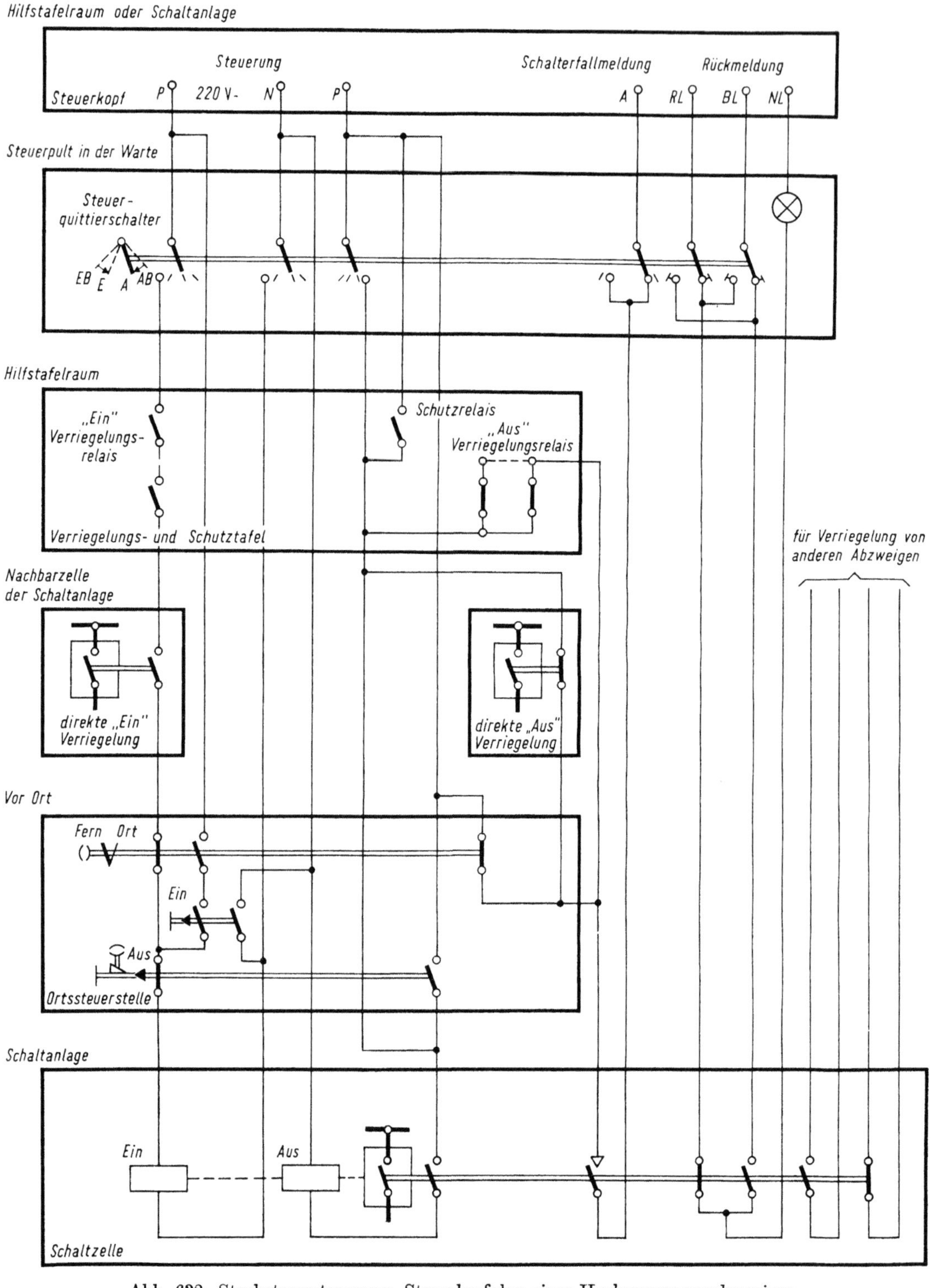

Abb. 632. Starkstromsteuerung, Stromlaufplan eines Hochspannungsabzweiges

Das kennzeichnende Steuergerät der Direktsteuerung ist der Steuerquittierschalter. Seine Ausführungsform und Funktion kann als bekannt vorausgesetzt werden. Im Sinne der eingangs gestellten Forderung nach Einheitlichkeit kann der gleiche Steuerquittierschalter für die Fernsteuerung von Hochspannungsschaltern, Niederspannungsschaltern und Schützen eingesetzt werden. Auch die Umkehrschaltung von Schieberantrieben läßt sich mit dem Steuerquittierschalter ausführen, wobei das Knebellicht als Laufanzeige eingesetzt wird. Abb. 632 zeigt als Beispiel den schematischen Stromlaufplan für die Starkstromsteuerung eines Hochspannungsabzweiges.

Die *Schwachstromsteuerung* tritt neuerdings immer mehr in den Vordergrund [*4*, *5*, *6*, *7*]. Bei der Zentralisierung aller Steuerungs-, Meß- und Überwachungsaufgaben wächst die Anzahl der in der Warte unterzubringenden Steuer- und Meßgeräte mit der Blockleistung. Ausgeführte Anlagen mit Starkstromsteuerung ergaben für 100 bis 150 MW-Kraftwerksblocks Steuerpulte von 7 bis 10 m Länge. Die unbedingt erforderliche Übersichtlichkeit und Einfachheit in der Bedienung wird bei derartigen Abmessungen unzulässig beeinträchtigt.

Dies führt zur Anwendung der Schwachstromsteuerung in Kraftwerkswarten. Die Geräte der Schwachstromsteuerung erlauben eine beträchtliche Einsparung an Bedienungsfläche für Steuertafeln und Steuerpulte (vgl. Abschn. D „Warten", S. 684).

Bei der Schwachstromsteuerung wird der Steuerquittierschalter ersetzt durch Kleinststeuerquittierschalter, Kleinstschwenktaster oder Druckknopftaster. Die üblichen Betriebsspannungen der Schwachstromsteuerung sind Gleichspannung 60, 24 oder 12 V.

Zwischen den Schwachstrom-Befehlsgeräten in der Warte und den 110 V- oder 220 V-Betätigungsspulen der Leistungsgeräte werden zur Spannungsumsetzung und Leistungsverstärkung Koppelrelais geschaltet, die vorwiegend in der Schaltanlage untergebracht sind. Dadurch ist die Verwendung von Schwachstromsteuerkabeln von der Warte bis zur Schaltanlage möglich. Der Starkstrom-Steuerkreis in der Schaltanlage wird durch einen eigenen Steuerkopf abgesichert.

Die Ortssteuerstelle arbeitet wie bei der Starkstromsteuerung (s. Abschn. c 3) mit einer Spannung von 220 oder 110 V und wirkt parallel zu den Koppelrelais direkt auf die Betätigungsspulen der Leistungsschaltgeräte.

Die kleinste und einfachste Ausführung des Steuergerätes in der Warte ist die des Druckknopftasters. Die Funktion des Steuerquittierschalters kann vom Druckknopftaster nicht erfüllt werden. Mit dem Druckknopftaster kann nur noch Signal gegeben werden, d. h. die Speicherung und die Umformung des Signals in definierte Aus-, Ein- oder Quittierbefehle und die Durchschaltung des Blinklichtes bei Schalterstellungsänderung muß in einem getrennten Gerät erfolgen.

Diese Befehlsverarbeitung kann von Relais oder Transistorbausteinen ausgeführt werden. Man spricht dann von Relaissteuerung oder Transistorsteuerung.

Verriegelungsbedingungen, Steuer- und Automatikbefehle lassen sich auf der Schwachstromseite sehr viel einfacher einfügen als auf der Starkstromseite.

Die Schwachstromsteuerung bietet nicht nur die Möglichkeit zu den raum- und personalsparenden Lösungen der Kleinwarte und Kompaktwarte, sondern enthält auch die Voraussetzungen für den Schritt zur teilweisen oder vollständigen Automatisierung [*8*].

Als Beispiel einer Schwachstromsteuerung ist in Abb. 633 der schematische Stromlaufplan mit der Transistorsteuerung eines Hochspannungsabzweiges gegeben. An Hand der Abb. 632 und 633 für die Starkstromsteuerung und die Schwachstromsteuerung lassen sich die wesentlichen Unterschiede der beiden Steuerungsarten leicht erklären.

Bei dieser Transistorsteuerung ersetzt die Betätigungstaste den Steuerquittierschalter; die Rückmeldung der Schalterstellung erfolgt durch eine rote und eine weiße Lampe. Durch Drücken der Taste wird ein Wechsel der Schalterstellung eingeleitet. Der Kommandoteil des Betätigungsbausteines entscheidet auf Grund der überwachten Schalterstellung, in welche Betätigungsrichtung der Tastendruck umgesetzt wird. Der Befehlsimpuls wird im Baustein bis zur Rückmeldung über die Ausführung gespeichert, so daß auch kurzzeitige Automatik- oder Handbefehle zulässig sind. Bei der Starkstromsteuerung muß dagegen der Steuerquittierschalter entsprechend der Befehlsmindestdauer des Schaltgerätes länger betätigt werden, bzw. für kurze Automatikbefehle muß ein besonderes Zeitglied zur Verlängerung der Befehlsdauer eingesetzt werden.

Das Einfügen von Verriegelungsbedingungen führt bei der Starkstromsteuerung dazu, daß die Betätigungskreise über Hilfsschalter von benachbarten Leistungsschaltern und über Hilfsrelais „geschleift“ werden und daß somit ein auch räumlich weit verzweigtes und verhältnismäßig schwer kontrollierbares System gebildet wird. Bei der gezeigten Transistorsteuerung werden dagegen die Verriegelungsbedingungen in getrennten Verriegelungsbausteinen verknüpft und lediglich die für den Abzweig resultierenden passiven Bedingungen oder aktiven Befehle an den Betätigungsbaustein angeschlossen. Eine Veränderung der Verriegelungsbedingungen bedeutet also nur eine Änderung innerhalb der Verriegelungsebene, aber keine Änderung in dem Steuerkreis des Abzweiges.

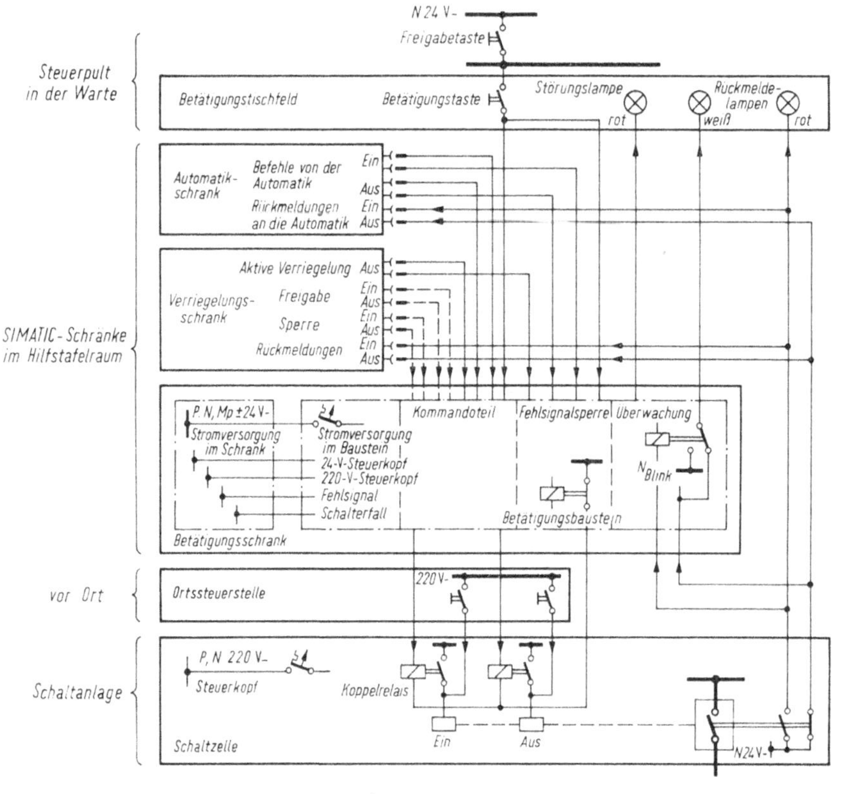

Abb. 633. Transistorsteuerung (SIMATIC), Stromlaufplan eines Hochspannungsabzweiges

Alle aktiven Befehle, die durch Handbetätigung oder Verriegelung oder Automatik gegeben werden, können auch bei der Transistorsteuerung so verarbeitet werden, daß eine Forderung nach zweipoliger Steuerung (z. B. von Hochspannungstrennern) erfüllt wird. Solche Befehle werden dem Betätigungsbaustein zweifach über eine am Befehlsausgangspunkt getrennte Befehlsader und Kontrollader zugeführt und müssen gleichzeitig am Kommandoteil und an der Fehlsignalsperre des Betätigungsbausteines eintreffen. Auch wichtige Verriegelungen können „zweikanalig“ ausgeführt werden, indem für Ein-Richtung oder für Aus-Richtung jeweils am Eingang „Freigabe“ und „Sperre“ gleichzeitig ein gegensätzliches Signal anstehen muß.

Während bei der Starkstromsteuerung für Leistungsschalter in Verriegelungskreisen meist zahlreiche Hilfsschalter benötigt werden, genügt bei der Transistorsteuerung für Rückmeldung und Verriegelung grundsätzlich ein einziges Paar von Hilfsschaltern. Diese werden mit dem Überwachungsteil des Bausteines, den Rückmeldeteilen des Verriegelungsbausteines und des Automatikbausteines verbunden. Der Überwachungsteil des Bausteines sorgt dabei noch für eine Kontrolle hinsichtlich Aderschluß und Aderbruch.

II. Verriegelungen und Automatiken

a) Aufgabenstellung

Die Vorgänge, die mit den verschiedenen Schalthandlungen und Steuerungseingriffen im Dampfkraftwerk verbunden sind, werden mit wachsender Blockleistung und fortschreitender Technik immer komplizierter. Damit wird die Gefahr von Bedienungsfehlern größer, insbesondere, wenn das Bedienungspersonal bei Störungen beunruhigt ist und in kurzer Zeit richtig reagieren muß. Gleichzeitig werden mit wachsender Blockleistung die wirtschaftlichen Verluste sowohl durch Schäden an einzelnen Anlagenteilen als auch durch Ausfall der erzeugten Energie schwerwiegender. Um das Risiko möglichst herabzusetzen, werden in zunehmendem Maße Verriegelungen und Automatiken eingesetzt. Verriegelungen werden dabei an Stellen vorgesehen, bei denen Fehlschaltungen großen Schaden verursachen könnten. Automatiken werden eingesetzt, wenn bei bestimmten Betriebszuständen oder Störungen ein richtiges und rechtzeitiges Eingreifen durch das Bedienungspersonal nicht mehr erwartet werden kann.

Im folgenden werden als Beispiel für den Einsatz von Verriegelungen und Automatiken im Kraftwerk vor allem die umfangreiche Kesselverriegelung und die im elektrischen Eigenbedarf eingesetzten Automatikeinrichtungen für Parallelschaltung und Eigenbedarfsumschaltung behandelt. Auch im maschinentechnischen Bereich konventioneller Kraftwerke werden begrenzte Aufgaben üblicherweise durch Automatiken gelöst. Hierzu gehören z. B. die automatische Umschaltung zwischen Kesselspeisepumpen oder die automatische Einschaltung der Hilfsölpumpe des Turbosatzes. Über solche Teilautomatiken wird im Rahmen einer anderen Abhandlung im Dritten Band Teil B berichtet werden.

In den folgenden Beispielen wird im wesentlichen auf die Aufgabenstellung selbst eingegangen. Die schaltungstechnischen Lösungen sind von einer ganzen Reihe von Randbedingungen abhängig und weichen im Einzelfall ganz wesentlich voneinander ab. Die Aufgabenstellung einer Verriegelung oder Automatik wird am besten in einem Symbolschema dargestellt, das in übersichtlicher und eindeutiger Form die technologisch und betrieblich bedingten Abhängigkeiten wiedergibt. Eine solche Darstellung ist wichtig, damit zwischen allen am Kraftwerksbau Beteiligten bei Planung und Ausführung eine verständliche Festlegung getroffen werden kann.

Die Abb. 634 und 635 sind Beispiele für eine Aufgabenstellung durch Symbole, deren Bedeutung die Tabelle auf S. 668 erläutert.

b) Verriegelungen in den elektrischen Schaltanlagen

Unter Verriegelungen in den elektrischen Schaltanlagen sei im wesentlichen der sog. Schaltfehlerschutz durch Verriegelung zwischen Leistungsschaltern und Trennschaltern verstanden. Da diese Probleme für das Dampfkraftwerk nicht typisch sind, sondern im ganzen Schaltanlagenbau auftreten, soll an dieser Stelle nur auf das einschlägige Schrifttum verwiesen werden [*9*, *10*, *11*].

Für Kraftwerke ist dagegen typisch die Verriegelung, die bei der Umschalteinrichtung des Eigenbedarfs berücksichtigt werden muß. Die Eigenbedarfseinspeisung vom Generator und die Reserveeinspeisung (Anfahr-Einspeisung) müssen gegeneinander so verriegelt werden, daß ein Parallellauf verhindert und die Kurzschlußbelastung nicht unwirtschaftlich hoch wird. Während des Umschaltvorganges kann nach VDE 0101/7.60 § 17 eine kurzzeitige Parallelschaltung zugelassen werden, wobei für die Auslegung der Anlage nur die Kurzschlußleistung einer Einspeisung berücksichtigt werden muß.

c) Kesselverriegelung (Kesselschutzeinrichtungen)

Der sog. „Kesselschutz" enthält die umfangreichste Verriegelung im wärmetechnischen Teil des Kraftwerkes. Hier liegt etwa folgende technologische Aufgabenstellung zugrunde:

Im Normalbetrieb eines Kessels müssen die Antriebe für die Förderung des Brennstoffes (Kohlemühlen und Kohlezuteiler) und die Antriebe für die richtige Führung der Verbrennungsluft (Frischlüfter und Saugzug) laufen. Bei Ausfall einer Kohlemühle muß die zubringende Kohleförderung unterbrochen werden, damit die Mühle nicht „zugefahren" wird. Die Gebläse werden so geregelt, daß der Kessel gegenüber der Außenatmosphäre einen geringen Unterdruck hat. Bei Ausfall des Saugzuggebläses muß der Frischlüfter abgeschaltet werden, damit der Kessel keinen Überdruck annehmen und heiße Gase ausblasen kann. Bei Ausfall des Frischlüfters erhält der Verbrennungsvorgang nicht mehr genügend Sauerstoff, so daß die Feuerung und die Kohlezufuhr abgestellt werden müssen. Um solche gefährlichen Zustände zu vermeiden, werden die Kesselantriebe gegeneinander so verriegelt, daß die Einschaltung nur in der Reihenfolge der Einschaltverriegelung möglich ist (passive Abfrage oder Freigabe), und daß bei Ausfall eines Antriebes die in Richtung der Ausschaltautomatik nachgeordneten Antriebe automatisch abgestellt werden (aktiver Befehl).

Symbol	Bedeutung
	Antrieb oder übergeordnete Ein- bzw. Ausschaltung (Abhängigkeit von Sekundärkriterien z.B. Hilfsschalterstellung des Leistungsschalters)
	Wächter oder Geber (Abhängigkeit von Primärkriterien z.B. Druck)
	Logische Verknüpfung zweier oder mehrerer Voraussetzungen als „Oder-Bedingung"
	Logische Verknüpfung zweier oder mehrerer Voraussetzungen als „Und-Bedingung"
	Verzweigung
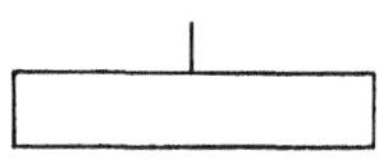	Freigabe (in Einschaltverriegelung) Aktiver Befehl (in Ausschaltautomatik)
———————	Elektrische Verbindung
- - - - - - - - - -	Mechanische, hydraulische oder pneumatische Verbindung
	Zeitverzögerung
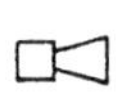	Meldung (akustisches Signal)

Abb. 634 zeigt das Grundprinzip der Kesselschutzeinrichtungen bei einer Kesselanlage mit Kohlefeuerung. Dieses Grundprinzip der Verriegelung zwischen den „Hauptantrieben" liegt jeder noch so komplizierten Verriegelung einer Großkesselanlage zugrunde.

Unter einem Hauptantrieb ist dann eine funktionsmäßig zusammengehörige Antriebsgruppe, eine sog. Funktionsgruppe, zu verstehen. In einer solchen Funktionsgruppe ist der eigentliche Hauptantrieb (z.B. Saugzug) mit den unmittelbar dazugehörenden Nebenaggregaten (z.B. Hilfsölpumpe, Drallverstellung, Rauchgasklappen) vereinigt. Für den Aufbau eines vollständigen Kesselschutzes ist es zweckmäßig, zunächst jede Funktionsgruppe mit ihren internen Abhängigkeiten als selbständigen, möglichst nicht abschaltbaren Schutzkreis aufzubauen. Dies gilt sowohl für die Erstellung des Kesselschutzschemas in der projektierenden Phase als auch für die nachfolgende gerätetechnische Verwirklichung. Auf diese Weise kommt man zu Lösungen, die eine größere Übersichtlichkeit und Sicherheit bieten als es die Gesamtdarstellung mit der Hintereinanderschaltung aller Verriegelungsbedingungen zuläßt.

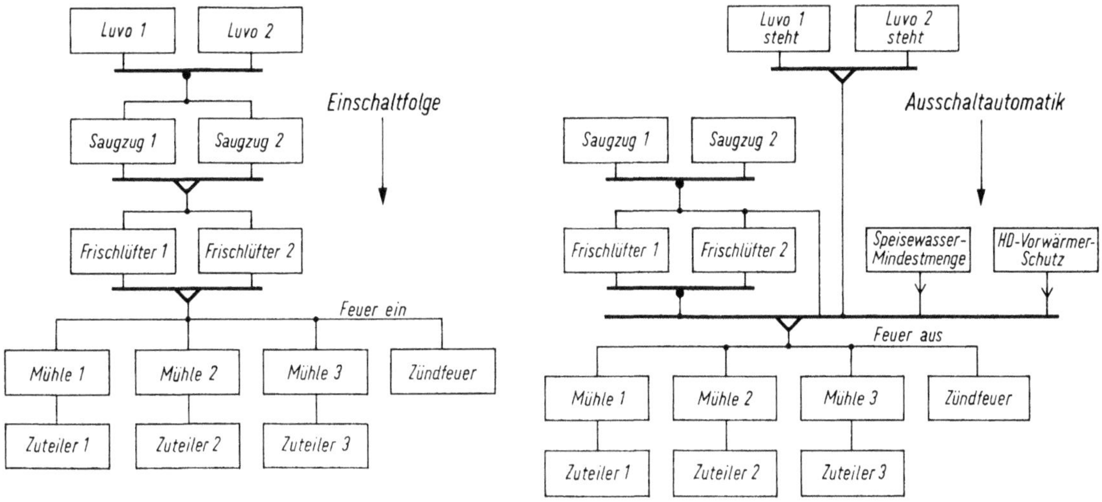

Abb. 634. Grundprinzip der Schutzeinrichtungen einer Kesselanlage mit Kohlefeuerung

Beim Aufbau der einzelnen Funktionsgruppen sind zahlreiche Nebenbedingungen zu beachten. Diese Bedingungen hängen weitgehend von der Kesselbauart und den Wünschen der Betriebsführung ab und sind daher von Anlage zu Anlage in gewissem Umfang unterschiedlich. Als Beispiel werden einige der Nebenbedingungen genannt:

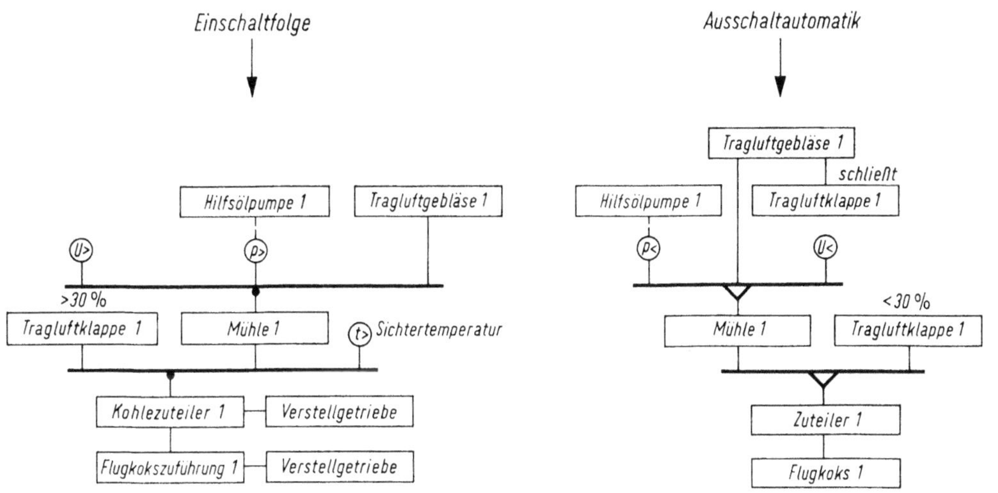

Abb. 635. Funktionsgruppe „Kohlemühle" einer Kesselschutzeinrichtung

Saugzug, Frischlüfter oder Kohlemühle haben häufig Lager mit Spülölkühlung und werden dann gegen den Öldruck der zugehörigen Hilfsölpumpen verriegelt.

Die Hauptgebläse sollen nur gegen geschlossene Regelorgane angefahren werden und können daher beim Einschalten gegen die Zustellung der zugehörigen Drallregler verriegelt werden.

Bei Kesselanlagen mit parallelen Luftwegen kann der Kessel bei Ausfall des Gebläses eines Luftweges mit den Gebläsen des anderen Stranges weiter in Betrieb gehalten werden. Hierzu wird der betroffene Luftweg durch automatisches Schließen der zugehörigen Klappen abgetrennt. Fallen jedoch gleichzeitig in beiden Luftwegen die Saugzüge oder Frischlüfter aus, dann muß der Kessel abgeschaltet werden. Damit in diesem Fall durch natürlichen Zug noch eine gewisse Nachkühlung erreicht wird, werden die entsprechenden Klappen automatisch geöffnet.

Eine Klappe wirkt sich in der Schließstellung auf die Luftwege ebenso aus, wie der Stillstand des zugehörigen Gebläses und ist daher in der Ausschaltautomatik gleichbedeutend eingefügt.

Regelgetriebe, die häufig bei Zuteilern von Kohle und Flugkoks eingesetzt werden, dürfen nur bei laufendem Zuteiler verstellt werden.

Luftvorwärmer sollen vor Einschalten der Feuerung in Betrieb sein, damit sie nicht unsymmetrisch belastet werden und sich verziehen.

Bei längerem Spannungsausfall muß damit gerechnet werden, daß mit dem Fehlen der Kohlezufuhr die Feuerung erlischt. Nach Wiederkehr der Spannung könnte ein automatischer Wiederanlauf aller Antriebe die Gefahr von Verpuffungen bringen. Daher werden in manchen Anlagen Antriebe, die mit verklinkten Schaltgeräten gesteuert werden, durch eine spannungsabhängige Abschaltung ausgeschaltet. Diese Spannungsüberwachung ist zeitlich so verzögert, daß kurze Spannungseinbrüche, die mit Eigenbedarfsumschaltungen oder Kurzschlußabschaltungen verbunden sein können, überbrückt werden.

In Abb. 635 ist als Beispiel einer vollständigen Funktionsgruppe das ausführliche Schema der Funktionsgruppe „Kohlemühle“ dargestellt.

d) Automatische Parallelschalteinrichtung

Bei jedem Anfahren eines Kraftwerkes muß die Zusammenschaltung des Generators mit dem Netz, die sog. Synchronisierung, vorgenommen werden. Auch bei betrieblichen Umschaltungen im Eigenbedarf kann eine Synchronisierung zwischen verschiedenen Eigenbedarfseinspeisungen erforderlich sein (s. Abschn. e). Bei solchen Synchronisiervorgängen ist zwischen der vorbereitenden Angleichung der beiden Spannungen nach Größe und Frequenz und dem nachfolgenden Parallelschalten durch Zuschaltung des verbindenden Leistungsschalters zu unterscheiden.

Die Vorbereitung zur Parallelschaltung durch Angleichen der Maschinenspannung an das Netz kann vom Wartenpersonal mit Hilfe eines Synchronisiermeßsatzes (Doppelspannungsmesser, Doppelfrequenzmesser und Synchronoskop) ohne Schwierigkeit von Hand durch entsprechende Einregulierung von Generatorerregung und Turbinendrehzahl durchgeführt werden. Bei vollautomatischen Kraftwerken muß auch diese Aufgabe durch eine Automatikeinrichtung übernommen werden.

Die eigentliche Parallelschaltung, das Zuschalten des Leistungsschalters, verlangt vom Personal etwas mehr Übung und Zuverlässigkeit. Hierbei kann erfahrungsgemäß [*12*] das Parallelschalten von Hand nur dann mit Sicherheit in der Nähe der Phasengleichheit gelingen, wenn der Schlupf kleiner als 0,2% ist. Die Einhaltung so geringer Frequenzunterschiede ist oft, z. B. bei unruhiger Maschine, sehr schwierig und zeitaufwendig. Auch ist hierbei die Gefahr einer schlechten Synchronisierung (Ausgleichströme, Leistungspendelungen) oder einer mißlungenen Synchronisierung (Außertrittfallen) gegeben. Daher wird heute in Kraftwerken grundsätzlich mit Hilfe von Automatikeinrichtungen parallel geschaltet und dadurch die Sicherheit der Synchronisierung wesentlich erhöht.

Bei Einsatz einer Parallelschaltautomatik kann die Zuschaltung bei wesentlich größerem Schlupf als bei Handsynchronisierung erfolgen. Hier wird der richtige Zeitpunkt unter Einrechnung der Schaltereigenzeit mit Sicherheit erfaßt und die Zeit für den Parallelschaltvorgang auf ein Mindestmaß herabgesetzt.

Für die Ausführung einer automatischen Parallelschaltvorrichtung liegt etwa folgende Aufgabenstellung vor: Bei der vorbereitenden Angleichung läßt sich eine vollkommene Gleichheit der beiden Frequenzen praktisch nicht erreichen. Es wird immer ein gewisser

Frequenzschlupf bestehenbleiben, welcher der Relativgeschwindigkeit zwischen den Zeigern der Netzspannung und der Generatorspannung entspricht und bis 1% betragen darf. Die Genauigkeit der Zuschaltung soll dabei innerhalb des für den Betrieb zulässigen Winkels zwischen den Polrädern von ± 5 elektrischen Graden liegen. Damit die Zuschaltung wirklich im Synchronpunkt geschieht, muß das Einschaltkommando um die Eigenzeit des Schalters früher gegeben werden. Das Parallelschaltgerät muß also für das Einschaltkommando einen Zeitpunkt ermitteln, der unabhängig vom veränderlichen Schlupf um die konstante Schaltereigenzeit vor dem Synchronpunkt der beiden Spannungen liegt. Der maximal zugelassene Schlupf darf dabei nicht überschritten werden.

Eine Geräteausführung (System Siemens) benützt ein rein elektrisches Meßverfahren [*12*]. Aus den früher üblichen Lampenschaltungen zur Synchronisierung ist bekannt, daß die Addition der beiden zu synchronisierenden Spannungen bei Frequenzunterschied eine Schwebungskurve ergibt, deren Nulldurchgang eindeutig die Phasengleichheit angibt. Bei diesem die Differenzspannung und den Differentialquotienten der Schwebungsspannung messenden Gerät wird durch geeignete Dimensionierung ein Schaltzeitpunkt gefunden, der innerhalb eines bestimmten Schlupfbereiches um eine außerordentlich konstante und vom Schlupf unabhängige Zeit vor dem Zeitpunkt der Phasengleichheit liegt. Diese Zeit kann als Vorgabezeit gleich der Eigenzeit des Schalters am Gerät eingestellt werden. Auch die Schlupfbegrenzung ist am Gerät bis zur oberen Grenze 1% einstellbar. Falls der eingestellte Schlupfwert überschritten wird, sperrt das Gerät die Parallelschaltung.

Bei einer anderen Lösung (System Brown Boveri) wird die Ermittlung des Einschaltaugenblickes unter Zuhilfenahme elektrischer und mechanischer Glieder vorgenommen. Die beiden zu synchronisierenden Spannungen treiben je einen kleinen selbstanlaufenden Synchronmotor. Beide Motoren arbeiten auf ein mechanisches Differential, das einen dem Schlupf proportionalen Ausschlag bildet und am Potentiometer des sog. Voreilreglers eine Phasenverschiebung der Generatorspannung herbeiführt, die dem jeweiligen Schlupf angepaßt ist. Die Netzspannung und die entsprechend dem Schlupf phasenverschobene Generatorspannung wird auf ein Phasenvergleichsrelais mit Ferrarisystem geschaltet, welches bei Phasengleichheit dieser beiden Meßspannungen den Einschaltimpuls gibt. Damit wird auch hier der Einschaltimpuls zu einem Zeitpunkt gegeben, der unabhängig vom jeweiligen Schlupf um die Eigenzeit des Schalters vor Phasengleichlage zwischen Netzspannung und tatsächlicher Generatorspannung liegt. Der Einschaltimpuls wird durch den Ausschlag des Differentials gesperrt, wenn der Schlupf einen eingestellten Maximalwert überschreitet.

e) Eigenbedarfs-Umschaltautomatik

Der Eigenbedarf des Kraftwerkes wird im Normalbetrieb über den Block-Eigenbedarfstransformator vom eigenen Generator bzw. vom Hauptnetz, beim An- und Abfahren über den Anfahrtransformator von einem möglichst unabhängigen Reservenetz versorgt. Umschaltungen zwischen den beiden Einspeisungen des Eigenbedarfs sollen, vor allem in Störungsfällen, mit genügender Sicherheit und Schnelligkeit erfolgen. Daher wird hierfür eine Umschaltautomatik eingesetzt. Die Aufgabenstellung dieser Automatik wird im folgenden an Hand der Grundschaltung des Eigenbedarfs in Abb. 636 erläutert.

Betriebliche Umschaltungen des Eigenbedarfes werden am Ende des Anfahrvorganges und bei Beginn des Abfahrvorganges von Hand eingeleitet. Hierbei wird beim Anfahren durch eine Umschaltung von Schalter *2* auf Schalter *1* der Eigenbedarf von dem auf volle Spannung erregten Generator übernommen; beim Abfahren des Blockes wird durch Umschaltung von Schalter *1* auf Schalter *2* der Eigenbedarf auf das Reservenetz zurückgeschaltet.

Umschaltungen im Störungsfall erfolgen bei fast allen schweren Fehlern im Bereich des Turbosatzes und der Blockschaltung von Generator und Maschinentransformator, da hier im allgemeinen auch die Eigenbedarfsversorgung betroffen wird. Die Anregung zu dieser Störumschaltung kommt vom Generatorschutz oder Transformatorschutz und erfolgt immer in Richtung von Schalter *1* nach Schalter *2*.

Zur Lösung der Umschaltaufgabe kann bei betrieblichen Umschaltungen eine überlappte Umschaltung mit kurzzeitiger Parallelschaltung beider Einspeisungen eingesetzt werden, wenn sichergestellt werden kann, daß diese — wenigstens für die Zeit des Umschaltvorganges — untereinander synchron sind. In Störungsfällen kann eine Langzeitumschaltung angewendet werden, bei welcher durch eine Umschaltpause ein ausreichendes Abklingen der Motorrestspannung abgewartet wird. Seit einigen Jahren haben sich Automatikeinrichtungen für Schnellumschaltung eingeführt, welche betriebliche Umschaltungen und Störungsumschaltungen bei kleinen Phasenunterschieden ohne nennenswerte Stromstöße ermöglichen. Die überlappte Umschaltung wird zwar nur noch in Sonderfällen eingesetzt, soll aber zum besseren Verständnis des Gesamtproblemes kurz erläutert werden. Die Funktion der Langzeitumschaltung wird ausführlich behandelt, da die Schnellumschaltautomatik bei zu großen Phasenunterschieden eine Langzeitumschaltung ausführt. Daher sind auch bei Einsatz einer Schnellumschaltautomatik für die Auslegung der einspeisenden Transformatoren die Verhältnisse der Langzeitumschaltung maßgebend.

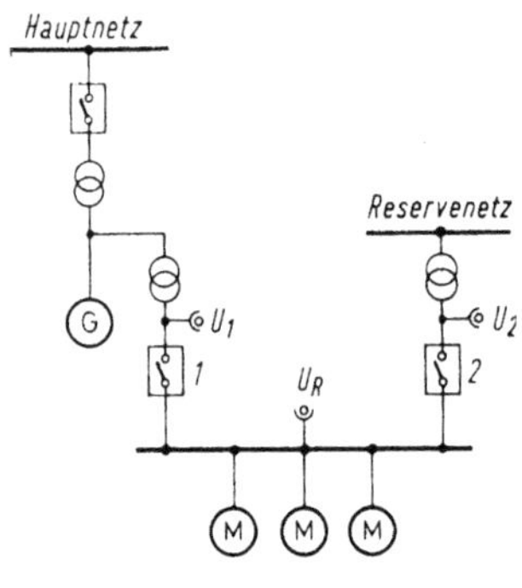

Abb. 636. Grundsätzliche Anordnung des Eigenbedarfs eines Kraftwerksblockes (Aufgabenstellung für Umschaltautomatik)

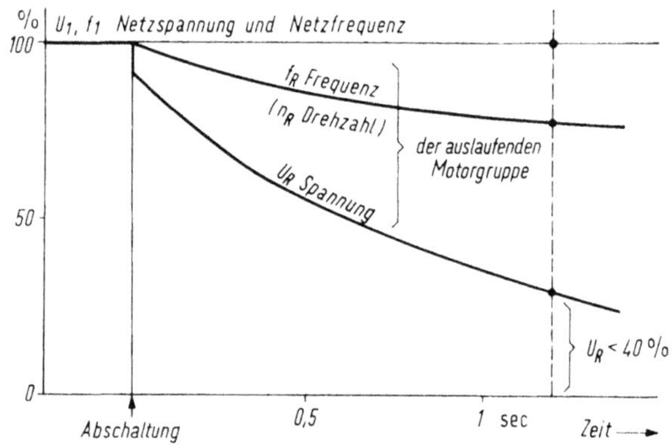

Abb. 637. Spannungs- und Drehzahlverlauf einer Gruppe von Asynchronmotoren nach dem Abschalten vom Netz

Überlappte Umschaltung. Für betriebliche Umschaltungen werden die beiden Einspeisungen mit Hilfe eines normalen Parallelschaltgerätes synchronisiert und kurzzeitig parallel geschaltet. Der Parallellauf der beiden Einspeisungen wird durch die Automatik auf kurze Zeit begrenzt. In der Kurzschlußrechnung braucht, gemäß VDE 0101/7.60 § 17, der kurze Parallellauf beider Einspeisungen nicht berücksichtigt zu werden, da die Wahrscheinlichkeit eines gleichzeitig eintretenden Fehlers äußerst gering ist. Die Spannung der Eigenbedarfs-Schiene bleibt während der Umschaltung erhalten, so daß auf die Verbraucher keine störenden Einflüsse kommen. Die überlappte Umschaltung ist jedoch für eine Störungsumschaltung nicht geeignet, weil die gestörte Spannungsquelle vielfach nicht mehr zur Synchronisierung herangezogen werden kann, der Synchronisierungsvorgang zu viel Zeit in Anspruch nimmt und außerdem der Fehler auf das Anfahrnetz verschleppt werden könnte.

Langzeitumschaltung und Schnellumschaltung. Bei diesen Umschaltarten wird zunächst der einspeisende Schalter geöffnet und die neue Netzeinspeisung erst nach einer gewissen Pause zugeschaltet. Bedingung für den Zuschaltzeitpunkt ist dabei, daß die Differenzspannung zwischen abklingender Motorrestspannung und zuzuschaltender Netzspannung, die bei Phasenopposition beider Stromquellen fast das Doppelte der Nennspannung erreichen kann, einen für die Motoren unbedenklichen Wert von etwa 140% der Nennspannung nicht überschreitet. Zur Einhaltung dieser Bedingung wird entweder bei der sog. Langzeitumschaltung eine so lange Umschaltpause eingelegt, daß der Absolutbetrag der

Restspannung und damit der Differenzspannung unabhängig von der Phasenlage entsprechend klein geworden ist, oder es wird bei der sog. Schnellumschaltung aus einem Vergleich der Vektorlage von Restspannung und Netzspannung ein sehr früher Zeitpunkt gesucht, bei dem die Phasenunterschiede gering sind und damit die Restspannung noch genügend klein ist.

Für das eingehende Verständnis dieser Umschaltarten ist es wesentlich, das Verhalten einer auslaufenden Motorgruppe an einer vom Netz abgeschalteten Schiene zu betrachten. Nach der Abschaltung der Netzeinspeisung bricht die Spannung an der Eigenbedarfsschiene nicht schlagartig zusammen, sondern wird durch die Remanenz der auslaufenden Motoren einige Zeit aufrechterhalten, wobei die Frequenz der Motorrestspannung entsprechend der fallenden Drehzahl gegenüber der Netzfrequenz zurückbleibt. Der grundsätzliche Verlauf von Spannung und Frequenz einer auslaufenden Gruppe von Asynchronmotoren ist im Diagramm Abb. 637 dargestellt [*13*]. Der Drehzahlabfall und Spannungsabbau eines einzelnen Motors an einer abgeschalteten Schiene ist im wesentlichen nur durch seine Belastung und das beteiligte Schwungmoment bestimmt. Die Literatur [*16*] gibt hierzu auch mathematische Zusammenhänge an oder berichtet [*17*] über Nachbildung der Vorgänge am Analogrechner. Während das Auslaufverhalten einzelner Antriebe sehr unterschiedlich sein kann, ist es innerhalb einer Motorengruppe nahezu gleich. Die Motoren halten sich gegenseitig etwa in Synchronismus, solange das Restfeld noch wirksam ist. Zwischen den nach der Abschaltung verbundenen Motoren treten Ausgleichsströme auf; die mit größeren Schwungmassen gekuppelten Motoren arbeiten generatorisch und speisen die anderen. Das bedingt gegenüber dem Einzelauslauf einen schnelleren Feld- und Spannungsabbau und eine stärkere Abbremsung der Motoren mit den größeren Schwungmassen. Eine Berechnung des Auslaufverhaltens einer Motorengruppe an einer Eigenbedarfssammelschiene im Kraftwerk ist kaum noch möglich, weil je nach den Betriebsverhältnissen andere Zusammenstellungen von Motoren und andere Belastungsverhältnisse vorliegen. Man ist bei der Planung auf Erfahrungswerte angewiesen. Bei der Inbetriebsetzung des Kraftwerkes werden durch Versuche die ungünstigsten Werte des Auslaufverhaltens bestimmt und für die Einstellung der Umschaltautomatiken zugrundegelegt. Als Erfahrungswert für Kohlekraftwerke bis etwa 150 MW kann ein Drehzahlabfall von etwa 15%/sec und ein Spannungsabbau auf 40% Restspannung in etwa 1 sec angenommen werden. Mit steigender Kraftwerksleistung und damit steigender Eigenbedarfsleistung muß jedoch mit ungünstigeren Werten gerechnet werden. Die Leistung der Einzelantriebe steigt, jedoch werden die Schwungmomente im Verhältnis zur Motorleistung kleiner. Werte des Drehzahlabfalls von 20 bis 25%/sec und Zeiten bis etwa 2 sec für den Spannungsabbau auf 40% können auftreten.

Für die Betrachtung der Umschaltvorgänge ist eine vektorielle Darstellung zweckmäßiger. Hierbei wird gemäß Abb. 638 die Restspannung U_R der auslaufenden Motorengruppe durch einen Spannungsvektor dargestellt, der eine Spirale durchläuft. Die Netzspannungen U_1 und U_2 werden hier zunächst als synchron und phasengleich angenommen. Der Vektor der zuzuschaltenden Spannung U_2 wird gegenüber dem Vektor der Restspannung U_R als feststehend betrachtet. Der Abklingvorgang der Restspannung (sich verkleinernde Amplitude und absinkende Frequenz) hängt wesentlich von den magnetischen Zeitkonstanten der Motoren, der Größe der gekuppelten Schwungmassen und dem Verlauf der Gegenmomente ab. Die in Abb. 638 gezeigte Kurve kann etwa als Mittelwert für Eigenbedarfsanlagen neuzeitlicher Blockkraftwerke angesehen werden.

Als Kriterium für die mögliche Beanspruchung der Motoren bei einer Netzzuschaltung wird die sog. Querspannung ΔU angegeben, welche als vektorielle Differenz zwischen der zuzuschaltenden Netzspannung U_2 und der Restspannung U_R aus der Kurve Abb. 638 abgelesen werden kann. Sie darf etwa 140% der Nennspannung nicht überschreiten. Diese Bedingung stellt sich im Diagramm als ein Kreisbogen $\Delta U_{max} = 140\%$ dar. Unterhalb dieses Kreises darf eine Umschaltung nicht vorgenommen werden. Tatsächlich ist nicht die Restspannung, sondern das Restfeld maßgeblich. In der Praxis der Umschaltautomatiken hat es sich jedoch allgemein eingeführt, die als direkte Meßgröße zur Verfügung stehende Restspannung als Kriterium zu verwenden. Diese Vereinfachung ist möglich, da einerseits die Restspannung vom Produkt aus Restfeld und Restdrehzahl gebildet wird und andererseits für die Restdrehzahl ein fester Minimalwert angenommen werden kann. Einer Restspannung von 40% entspricht z. B. ein Restfeld von 67%, wenn als minimale Restdrehzahl 60% (Drehzahlabfall 20%/sec bei Umschaltzeit 2 sec) angenommen wird.

Bei der *Langzeitumschaltung* wird die Zuschaltung der neuen Netzeinspeisung so lange verzögert, bis die Restspannung nur noch etwa 40% der Nennspannung beträgt. Damit ist gewährleistet, daß auch bei Phasenopposition die Differenzspannung nicht über dem zulässigen Wert 140% liegen kann. In der als Beispiel gezeigten Abklingkurve (Abb. 638) liegt der früheste Zeitpunkt für die Langzeitumschaltung bei etwa 740 ms.

Für die *Schnellumschaltung* ist aus Abb. 638 zu ersehen, daß ausgehend vom Moment der Netzabschaltung mit wachsendem Phasenunterschied zwischen Restspannung U_R und zuzuschaltender Netzspannung U_2 auch die Differenzspannung ΔU wächst und nach

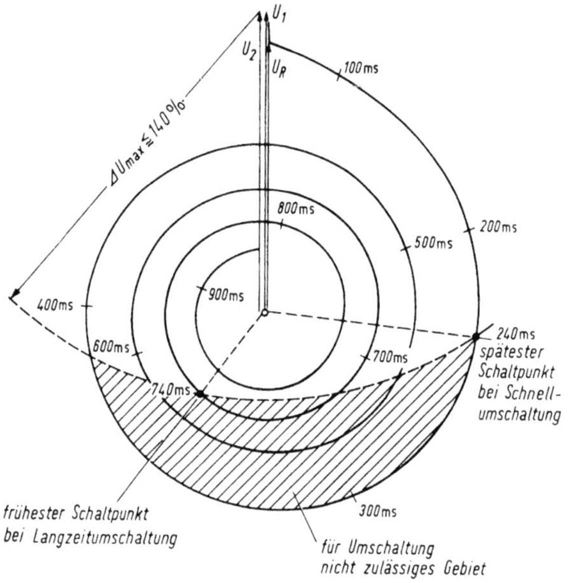

Abb. 638. Verlauf der Restspannung einer Motorengruppe und Bedingungen für Umschaltung

etwa 240 ms den Grenzwert 140% erreicht. Dies ist für den dargestellten Abklingvorgang der späteste Zeitpunkt für eine Schnellumschaltung. Bei anderer Zusammensetzung der Motorengruppe und anderen Belastungsverhältnissen ergeben sich Abweichungen in der Form der Spirale und damit Abweichungen hinsichtlich des spätesten Schaltzeitpunktes. Unter Einbeziehung von Sicherheiten sollte etwa angenommen werden, daß eine Schnellumschaltung innerhalb von 150 ms durchgeführt wird. Die Erfüllung dieser Bedingungen setzt voraus, daß die Einschalt- und Ausschaltzeiten der Schalter genügend kurz sind. Die Einschaltzeit soll nicht mehr als 90 ms, die Ausschaltzeit nicht mehr als 60 ms betragen.

Die Erfahrung hat gezeigt, daß es nicht erforderlich ist, vor dem Ein-Befehl die vollendete Kontakttrennung des ausschaltenden Schalters abzuwarten. Der Ein-Befehl kann durch die Automatik bereits kurz nach dem Aus-Befehl gegeben werden. Dabei wird durch voreilende Hilfsschalter am auszuschaltenden Schalter die Phasenvergleichsmessung und die Verriegelung freigegeben, so daß sofort nach Erfüllung der Umschaltbedingungen der Ein-Befehl erteilt wird. Hierbei werden kürzeste Umschaltzeiten unter 100 ms erreicht. Falls die beiden Netze im Augenblick des Umschaltkommandos synchron und in Phasendeckung sind, kann der Ein-Befehl sogar gleichzeitig mit dem Aus-Befehl gegeben werden, so daß die Umschaltzeit im wesentlichen nur noch die Differenz zwischen Einschalt- und Ausschaltzeit ist [*16*].

Das Diagramm Abb. 638 und die vorstehenden Ausführungen gehen von dem einfachen Fall aus, daß im Abschaltmoment die beiden Netzspannungen synchron und phasengleich sind. Eine genauere Untersuchung [*14*] zeigt, daß die abgeleitete Bedingung für die Schnellumschaltung grundsätzlich auch noch gilt, wenn im Ausgangspunkt die beiden Netzspannungen verschiedene Phasenlage haben, allerdings nicht zu große Frequenzunterschiede bestehen. In besonderen Fällen, z. B. bei zu großen Frequenzunterschieden oder zu großen Phasenunterschieden im Abschaltmoment, kann es vorkommen, daß eine Schnellumschaltung nicht mehr durchgeführt werden kann und durch entsprechende Kontrollglieder der Automatik gesperrt werden muß. Dann wird von einer Spannungsüberwachung nach dem Absinken der Restspannung auf mindestens 40% eine Langzeitumschaltung eingeleitet.

Bei einer Langzeitumschaltung fällt die Drehzahl der Motoren je nach Größe der Schwungmassen der auslaufenden Maschinen mehr oder weniger unter den Kippunkt ab. Nach der Wiederzuschaltung des Netzes müssen die Motoren auf Nenndrehzahl hochgezogen werden, wobei je nach dem vorher erfolgten Drehzahlabfall kleinere oder größere Anlaufströme etwa zwischen dem drei- bis fünffachen Nennstrom auftreten.

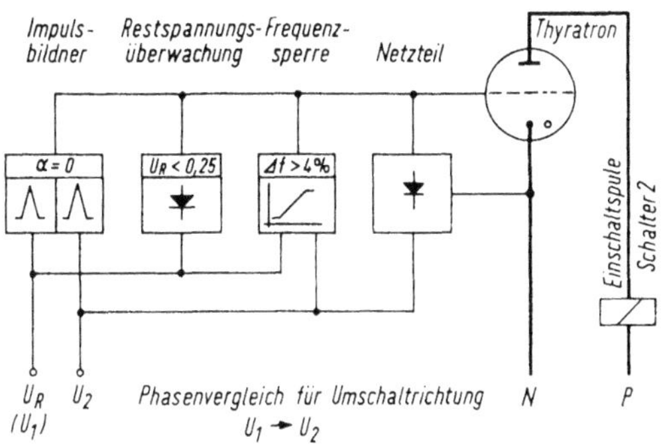

Abb. 639. Elektronisches Phasenvergleichsgerät (BBC), schematisch

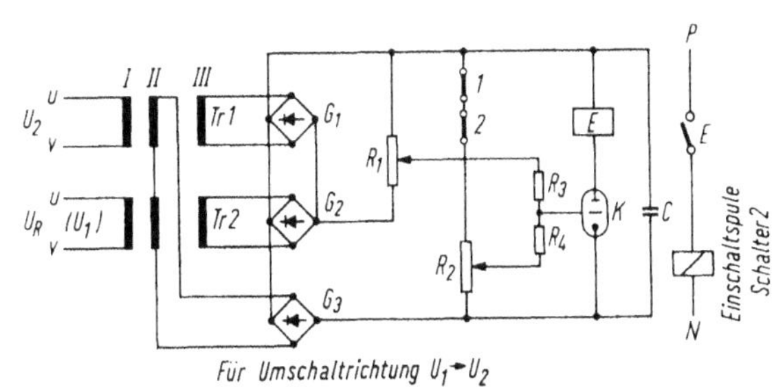

Abb. 640. Schnellumschalteinrichtung (SSW). Meßschaltung in vereinfachter Darstellung

Bei der Auslegung der einspeisenden Transformatoren muß beachtet werden, daß diese Anlaufströme keine zu hohen Spannungsabfälle (etwa maximal 25% wegen Rückgang des Kippmomentes) verursachen. Für genaue Überlegungen sollte hierbei berücksichtigt werden, daß der Anlaufstrom etwa proportional mit dem Spannungseinbruch beim Umschalten zurückgeht (s. Abschn. B II b „Eigenbedarf, Spannungsverhältnisse“, S. 618).

Bei einer Schnellumschaltung fällt die Motorendrehzahl während der kurzen Umschaltzeit nicht unter den Kippunkt ab, so daß ein Wiederhochlauf nicht erforderlich ist. Nach der Wiederzuschaltung des Netzes tritt eine geringe Stromspitze bis etwa zum 1,5fachen Nennstrom auf, die jedoch nur 1 bis 2 Perioden ansteht und für die Praxis ohne Bedeutung ist.

Für die Schnellumschaltung sind mehrere Automatikeinrichtungen auf dem Markt. Ein elektronisches Phasenvergleichsgerät (System BBC) arbeitet mit einer Thyratronschaltung nach Abb. 639. Die Phasenlage wird dadurch fortlaufend überwacht, daß in den Nulldurchgängen der beiden Spannungskurven U_2 und U_R jeweils Impulse erzeugt werden, deren Größe sich vervielfacht, sobald diese Impulse zeitlich zusammenfallen. Das Gitter des Thyratron wird aus dem Netzteil und aus der Restspannungssperre mit einem solchen negativen Potential beaufschlagt, daß die Einzelimpulse unwirksam bleiben. Fallen jedoch die Impulse beider Spannungen zusammen, dann wird das Gitter freigegeben. Das Thyratron zündet und leitet den Einschaltbefehl an den Leistungsschalter [*15*].

Eine andere Schnellumschalteinrichtung (System SSW) arbeitet mit einer Kaltkathodenröhrenschaltung nach dem in Abb. 640 dargestellten Prinzip. Die beiden zu vergleichenden Spannungen U_2 und U_R werden durch die Wicklungen *II* summiert, gleichgerichtet und dann der Kaltkathodenröhre K als Anodenspannung zugeführt. Bei genügend kleinem Winkel erreicht die Anodenspannung zur Zündung ausreichende Werte, wodurch eine grobe Bestimmung des zulässigen Schaltbereiches erfolgt. Außerdem werden die beiden Spannungen U_2 und U_R an den Wicklungen *III* entnommen, durch die Gleichrichter *1* und *2* zunächst gleichgerichtet, parallel geschaltet und dann dem Starter der Kaltkathodenröhre K als Gegenspannung zugeführt. An dem Starter der Kaltkathodenröhre liegt damit eine mittlere Gleichspannung, die von der Hüllkurve der beiden gleichgerichteten Spannungen U_2 und U_R abhängt. Die Hüllkurve und damit die Gegenspannung an dem Starter durchlaufen ein Minimum, wenn sich die beiden Spannungskurven U_2 und U_R decken, der Phasenwinkel also Null ist. Die beiden Einstellwiderstände R_1 und R_2 werden so eingestellt, daß die Kaltkathodenröhre bei einem zulässigen Winkelminimum zündet und über das Relais E das Einschalten für den Schalter *2* freigibt [*14*].

III. Gefahrmeldung

a) Aufgabenstellung

Zur Überwachung und Sicherstellung des Kraftwerksbetriebes ist es notwendig, daß Abweichungen vom normalen Betriebszustand und Störungen so rechtzeitig und eindeutig gemeldet werden, daß geeignete Gegenmaßnahmen eingeleitet werden können. Für diese Aufgabe wird ein sog. Gefahrmeldesystem (Prozeß-Signalsystem) eingesetzt, welches bei Über- oder Unterschreitung von Grenzwerten bestimmter Meßgrößen (Prozeß-Zuständen) das Betriebspersonal durch ein akustisches und optisches Signal aufmerksam macht.

Die Vergrößerung der Blockleistung und die zunehmende Abhängigkeit zwischen den Teilprozessen bedingt eine immer größere Zahl von Gefahrmeldungen. Bei einer modernen großen Blockeinheit muß damit gerechnet werden, daß die zentrale Meldeanlage in der Warte mehr als 200 Einzelmeldungen umfaßt. Noch umfangreicher und wichtiger wird diese „Grenzwert-Signalisierung" in Kernkraftwerken und automatisierten Kraftwerken; hier werden vielfach gleichzeitig mit der Signalisierung eines Grenzwertes selbsttätige Operationen eingeleitet. Die zunehmende Abhängigkeit bringt es immer häufiger mit sich, daß als Folge einer ursächlichen einzelnen Störung eine ganze Kette von Grenzwerten erreicht und gemeldet wird. Für das Betriebspersonal wird es dabei immer schwieriger, solche Störungsabläufe zu überschauen. An das Meldesystem wird daher häufig die zusätzliche Forderung gestellt, daß eine Rekonstruierung eines Störungsablaufes ermöglicht wird.

b) Gefahrmeldesysteme

Die früher fast ausschließlich verwendeten Fallklappenrelais werden zum Teil auch heute noch in der Kraftwerkstechnik eingesetzt. Zu jeder Einzelmeldung gehört ein Fallklappenrelais, das in einem Gehäuse das Schaltrelais und die mechanischen Schauzeichen (Fallklappen) sowie den Rückstellknopf vereinigt.

Für große Anlagen werden heute Gefahrmeldeanlagen mit Lichtsignalen bevorzugt. Die besondere Auffälligkeit von Lichtsignalen sowie die Unterscheidungsmöglichkeit von Schaltzuständen durch Ruhelicht und Blinklicht, gegebenenfalls verschiedener Frequenz, erleichtern die Erfassung der Gefahrenzustände. Bei diesem System ist in der Warte für jede Meldung nur ein kleines Leuchtfeld vorzusehen, während die zugehörigen Relais oder Transistorbausteine in einem Nebenraum untergebracht werden können. Eine Einordnung in die besonders raumsparenden Elemente der Kleinwartentechnik ist daher ohne weiteres möglich [*4*].

Für eine begrenzte Anzahl von Meldungen kann eine einfache Ausführung eingesetzt werden, die mit Ruhelicht und Blinklicht einer bestimmten Frequenz arbeitet und neu auftretende Grenzwerte hervorhebt (Letztwert-Signalisierung). Bei der Warte eines großen Blockes mit einer Vielzahl von Einzelmeldungen ist es jedoch zweckmäßig, ein erweitertes System einzusetzen, das nicht nur auf neu auftretende Grenzwerte aufmerksam macht, sondern auch auf verschwindende Grenzwerte (erweiterte Letztwert-Signalisierung). Hierzu dient ein unterschiedlicher Blinkrhythmus der Lichtsignale:

Schneller Blinkrhythmus für neu eintreffende, noch nicht quittierte Meldungen. Bei nur kurz anstehenden Grenzwerten wird das Signal gespeichert.

Ruhelicht für quittierte Meldungen noch bestehender Grenzwerte.

Langsamer Blinkrhythmus für quittierte Meldungen nicht mehr bestehender Grenzwerte. Diese Meldungen können gelöscht werden, wobei das Lichtsignal verschwindet.

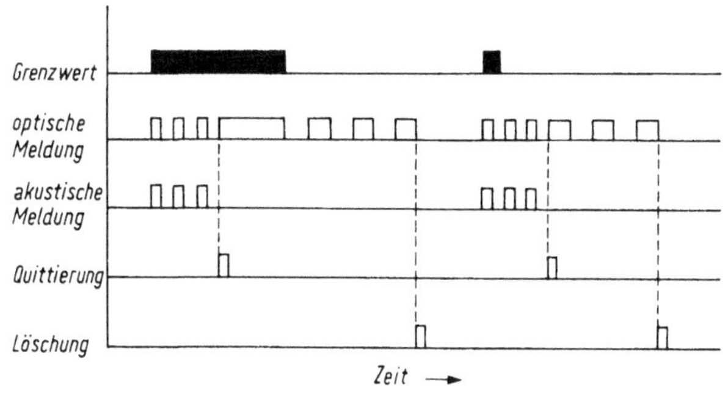

Abb. 641. Impuls-Zeitdiagramm für Gefahrmeldung mit Ruhelicht und Doppelblinklicht (erweiterte Letztwertsignalisierung)

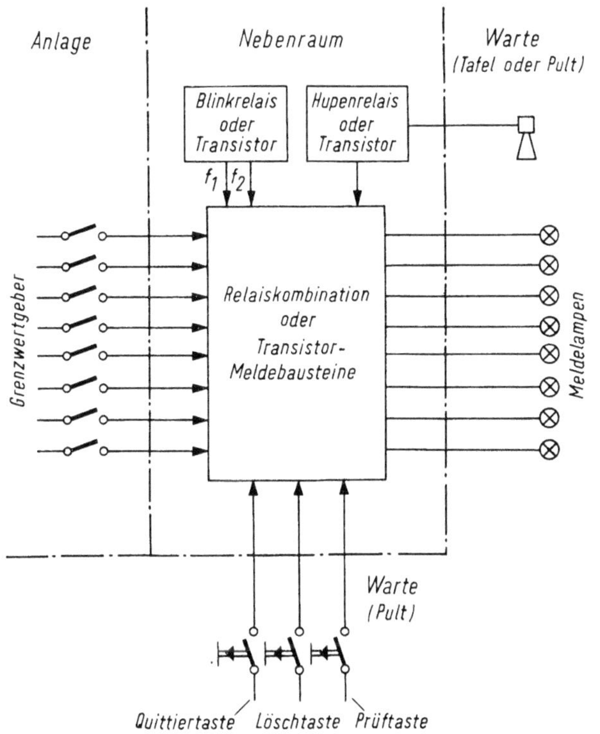

Abb. 642. Grundsätzlicher Aufbau einer Gefahrmeldeanlage mit Ruhelicht und Doppelblinklicht

Jede neu eintreffende Meldung wird durch ein akustisches Signal besonders hervorgehoben. Hierbei kann durch unterschiedlichen Ton, Klangfarbe oder Frequenz die Zugehörigkeit zu einem bestimmten Anlagenteil, z. B. Turbine oder Kessel, gekennzeichnet werden. Quittierung, Löschung und Prüfung wird ebenfalls am besten für größere Anlagengruppen durch gemeinsame Tasten vorgenommen. Eine weitere Erläuterung der Funktion dieses Gefahrmeldesystems mit Ruhelicht und Doppelblinklicht (erweiterte Letztwert-Signalisierung) bietet das Impuls-Zeitdiagramm der Abb. 641.

In der technischen Ausführung kann ein solches Gefahrmeldesystem bei grundsätzlich gleicher Wirkungsweise entweder aus Relais oder aus Transistorbausteinen aufgebaut werden. Abb. 642 zeigt in einem Schema die wesentlichen Grundelemente. Die Einzelheiten der technischen Ausführung sind in der einschlägigen Literatur zu finden [*18*, *19*, *20*, *21*]. Das moderne transistorisierte Gefahrmeldesystem liegt in den Herstellungskosten noch etwas höher als ein Relaissystem, weist jedoch eine Reihe von Vorzügen auf: geringerer Platzbedarf, größere Lebensdauer der Transistoren, sehr kurze Schaltzeiten, Möglichkeit des Anschlusses für kontaktlose Grenzwertgeber und des Überganges auf kontaktlose Steuerungen, leichte Einfügung von Zusatzbedingungen.

Da die Gefahrmeldeanlage gerade in Störungsfällen unbedingt funktionsbereit sein muß, wird sie meistens an die Gleichstromanlage angeschlossen (s. Abschn. B V, S. 649). Zur Sicherheit des Gefahrmeldesystems gehört es, daß die normale Stromversorgung der Gefahrmeldeanlage selbst wieder durch eine davon unabhängige Spannung überwacht wird.

Bei großen Kraftwerksanlagen mit vielen gegenseitigen Abhängigkeiten und Verriegelungen wird die primäre Störung eines einzelnen Anlagenteiles immer eine Folge von Betriebsvorfällen und Schalthandlungen auslösen. Da diese Schalthandlungen sehr rasch aufeinanderfolgen können und die zugehörigen Gefahrmeldesignale praktisch gleichzeitig

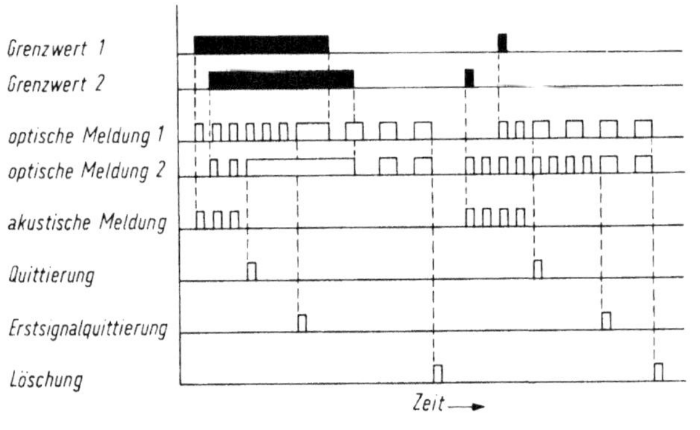

Abb. 643. Impuls-Zeitdiagramm für Gefahrmeldung mit Ruhelicht, Doppelblinklicht und Kennzeichnung der Erstmeldung (Letztwert- und Erstwertsignalisierung)

erscheinen, wird es dem Bedienungspersonal oft nicht möglich sein, die zeitliche Aufeinanderfolge zu erkennen und daraus auf den Verlauf der Störung zu schließen. Hieraus ergibt sich der Wunsch, eine Registrierung der Gefahrmeldungen vornehmen zu können [*22*].

Ein erster und noch einfacherer Schritt in dieser Richtung ist es, die zuerst einlaufende Meldung festzuhalten und gegenüber zeitlich später einlaufenden Meldungen zu kennzeichnen (Erstwert-Signalisierung). Bei der beschriebenen Gefahrmeldeeinrichtung mit Doppelblinklicht und Ruhelicht läßt sich durch eine entsprechende Erweiterung der Schaltung erreichen, daß bei der Quittierung die zuerst eingelaufene Meldung mit Schnellblinklicht bestehenbleibt und erst durch eine besondere Taste quittiert werden kann. Abb. 643 zeigt das zugehörige Impuls-Zeitdiagramm. Bei Verwendung der normalen Gefahrmelderelais wird die erste Meldung mit Sicherheit gekennzeichnet, wenn der zeitliche Abstand zur nachfolgenden Meldung mindestens 20 ms beträgt. Ein höheres „Auflösungsvermögen" von etwa 10 ms läßt sich bei Meldeanlagen erreichen, welche Transistorbausteine verwenden.

Ein bekanntes und in Dampfkraftwerken häufig eingesetztes Element für die registrierende Meldung einzelner Störungsvorgänge ist der Störungsschreiber. Gebräuchliche Ausführungen enthalten beispielsweise vier Meßwerke und sechs Zeitschreibwerke. Bei bestimmten Störungen wird der Schreiber angeregt und schaltet vom normalen Papiervorschub 20 mm/h auf den Schnellablauf 20 mm/s. Mit den Meßwerken kann während der Störung die Veränderung elektrischer Werte (z. B. Generatorspannungen und Läuferstrom) oder die Veränderung mechanischer Werte an der Turbine (z. B. Ventilöffnung, Öldrücke, Turbinendrehzahl) aufgezeichnet werden. Mit den Zeitschreibwerken können während der Störung eintretende Schaltvorgänge in ihrer zeitlichen Aufeinanderfolge erfaßt werden, z. B. Ansprechen des Generatorschutzes, Netzschutzes oder Turbinenschutzes sowie die dadurch gegebenenfalls erfolgte Auslösung des Schnellschlusses, Generatorschalters, Entregungsschalters oder die Einschaltung der Reserveeinspeisung. Für die reine Störungsaufzeichnung können solche Störschreiber auch ohne Meßwerke nur mit Zeitschreibwerken ausgerüstet werden und dann bis 40 Vorgänge auf einem Schreibstreifen erfassen.

Sollen wesentlich mehr Meldungen registriert werden, so müssen Einrichtungen eingesetzt werden, welche die Registrierung aller in einem Störfall auftretenden Meldungen auf einem einzigen Protokoll ermöglichen.

Dabei können die im Störungsfall sehr schnell aufeinanderfolgenden Einzelmeldungen von einer schreibenden Maschine nicht unmittelbar aufgezeichnet werden, sondern müssen zuerst auf einen Speicher gegeben werden. Als Speicher wurden bei den ersten Ausführungen Lochstreifen verwendet [*23*]. Die einzelnen Signale werden über Lochstreifensender auf einen Code-Umsetzer in der Reihenfolge des Eintreffens und unter Zugabe

Abb. 644. Elektronischer Meldedrucker für 300 Meldestellen

der entsprechenden Uhrzeit gegeben und von da auf eine normale Fernschreibmaschine übertragen, welche das Störungsprotokoll niederschreibt. Das zeitliche Auflösungsvermögen einer solchen Anordnung beträgt etwa 100 ms, d. h. der zeitliche Abstand beim Eintreffen mehrerer Meldungen muß mindestens 100 ms betragen, damit sie in der richtigen zeitlichen Reihenfolge niedergeschrieben werden können.

Moderne Ausführungen elektronischer Meldedrucker erreichen ein Auflösungsvermögen unter 25 ms [*24*]. Sie speichern die Eingangsimpulse über die Vormagnetisierung von Magnetringkernen, welche dann zyklisch von einem Ringzähler abgefragt werden. Gespeicherte Meldungen werden mit den binär codierten Meldenummern bei jedem Abfragezyklus von Relaisspeichern übernommen und dann mit den entsprechend dezimal entschlüsselten Meldenummern an einen Schnelldrucker weitergegeben. Dem Drucker wird gleichzeitig die zugehörige Uhrzeit zugeführt. Die Druckgeschwindigkeit liegt bei 2,5 bis 3 Zeilen je Sekunde. Abb. 644 zeigt einen solchen elektronischen Meldedrucker für 300 anschließbare Meldestellen.

Eine besondere Bedeutung kommt der registrierenden Gefahrmeldung in automatisierten Dampfkraftwerken und in Kernkraftwerken mit wesentlich umfangreicheren Kontrollsystemen und mit erhöhten Sicherheitsanforderungen zu. Vielfach erscheint die registrierende Gefahrmeldung dort als Grenzwert-Kontrolle bei der automatischen Meßwertverarbeitung.

IV. Messung und Zählung im elektrotechnischen Anlagenteil

a) Aufgabenstellung

Die Führung und Überwachung einer großen Kraftwerkseinheit ist ohne eine umfangreiche Messung und Zählung nicht möglich. Während die Stellungsmeldung, insbesondere im Blindschaltbild der Warte, dem Kraftwerkspersonal nur einen Überblick über den Schaltzustand der Anlage geben kann, muß der jeweils bestehende Betriebszustand mit den veränderlichen Größen wie Spannung, Strom, Leistung und Frequenz neben den wärmetechnischen Werten von Druck, Temperatur, Drehzahl usw. durch eine entsprechende Instrumentierung mit anzeigenden und registrierenden Geräten dargestellt werden. Besonders wesentlich wird die Aufgabe dieser Instrumentierung in den Zeiten des nichtstationären Betriebes wie beim Anfahren und Abfahren, bei Veränderung der Kraftwerksleistung und bei Störungen. Das schnelle und richtige Verhalten des Personals ist in allen diesen Fällen nicht zuletzt davon abhängig, daß die Instrumentierung ausreichend und übersichtlich ist. Dabei ist die Beschränkung auf die Darstellung der wesentlichen Größen besser als eine verwirrende Anzeige sämtlicher Möglichkeiten. Während die Messung vornehmlich für die laufende Betriebsführung bestimmt ist, wird die Zählung als Mittel für die zusammenfassende und verrechnende Betriebsführung eingesetzt. Im folgenden sollen die Meß- und Zähleinrichtungen für den elektrotechnischen Teil beschrieben werden. Die wärmetechnische Überwachung des Kraftwerkes wird im Dritten Band Teil B beschrieben.

b) Einsatz und Auswahl der Geräte

Für den *Einsatz der Geräte* kann ein allgemeingültiges Schema nicht aufgestellt werden, da dieses Problem bei jedem Kraftwerk durch andere Gesichtspunkte bestimmt wird. Vielfach erfolgt hier eine bis in Einzelheiten gehende Abstimmung zwischen den Möglichkeiten der Lieferfirma und den Wünschen der Kraftwerksführung, so daß sich entsprechend viele Variationen ergeben können. Abb. 645 zeigt, wie die Meß- und Zähleinrichtungen in einer großen Blockeinheit eingesetzt werden können. An Hand dieses Beispiels werden besondere Fragen erörtert.

Auf der Oberspannungsseite des Maschinentransformators und des Anfahrtransformators erfolgt im allgemeinen die Zählung der vom Kraftwerk ans Hauptnetz abgegebenen Arbeit und der aus dem Reservenetz aufgenommenen Arbeit. Soweit die Zählung als Grundlage für die Verrechnung dient, werden Präzisionszähler eingesetzt. Häufig sind die Verträge so abgefaßt, daß die abzurechnende Kilowattstundenzahl aus den Angaben zweier Präzisionszähler gemittelt wird. Betriebszähler und Kontrollzähler werden dabei an getrennte Stromwandlerkerne angeschlossen. Zu beachten ist, daß für Verrechnungszähler Wandler einer entsprechend hohen Genauigkeitsklasse, mindestens Klasse 0,5, vorzusehen sind.

Wenn der Kraftwerksblock einen Generatorschalter enthält und damit die Möglichkeit besteht, über den eigenen Block anzufahren, kommt Energieaustausch mit dem Netz in beiden Richtungen vor. In diesem Fall sind die Meßbereiche anzeigender und registrierender Leistungsmesser für Bezug und Lieferung auszulegen. Bei der Zählung sind für Bezug und Lieferung getrennte Zählsätze erforderlich.

Im vorliegenden Beispiel wird der Strom der Haupterregermaschine und die Spannung der Hilfserregermaschine gemessen. Wie bei vielen Anordnungen für Erregung und Spannungsregelung wird ein Abgleichinstrument eingesetzt, das einen stoßfreien Übergang von Handregelung auf automatische Regelung ermöglicht. Der Meßbereich für den Strommesser im Erregerkreis wird zweckmäßigerweise nicht nach den Nennwerten der stark überdimensionierten Erregermaschine, sondern nach dem tatsächlichen Erregerstrom gemäß Prüfprotokoll des Generators ausgewählt.

Bei der Synchronisierung, die im Beispiel der Abb. 645 zwischen Generatorspannung und Netzspannung vorgenommen wird, muß berücksichtigt werden, daß durch den Stufen-

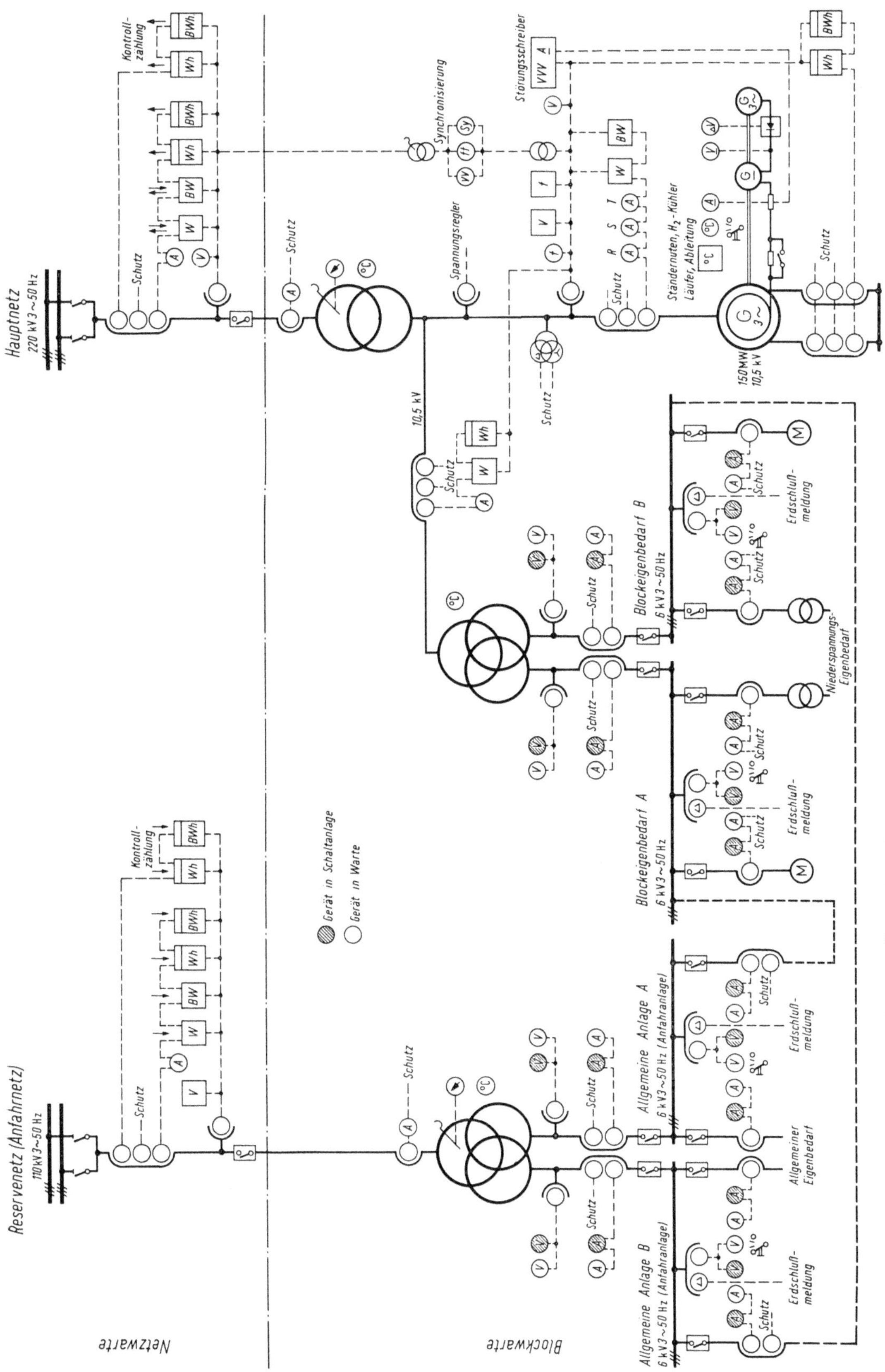

Abb. 645. Übersichtsschaltplan für Messung und Zählung in einem großen Block

schalter des Maschinentransformators die Übersetzung geändert werden kann. Die Zwischentransformatoren, die für den Ausgleich der verschiedenen Phasenlage vor dem Synchronisier-Meßsatz erforderlich sind, müssen daher Anzapfungen erhalten, die entsprechend der am Maschinentransformator eingestellten Lastschalterstufe angeschlossen werden können.

Falls ein Generatorschalter vorhanden ist, müssen für Schutz, Zählung und Synchronisierung zu beiden Seiten des Schalters getrennte Spannungswandlersätze vorgesehen werden. Die Synchronisierung geschieht dann auf der Generatorseite und ist von der Stufung des Maschinentrafos unabhängig.

In den 6 kV-Anlagen, die meist als isoliertes Netz betrieben werden, muß für die Erdschlußsuche eine Messung der Sammelschienenspannung je Phase möglich sein. Bei den Abzweigen wird der Strom gemessen, wobei es vielfach üblich ist, den robusten Dreheisenstrommesser mit dem Überstromschutz gemeinsam an einen Stromwandlerkern der Überstromziffer $n > 5$ oder $n > 10$ anzuschließen.

Von Gleichstromanlagen, Notumformer- und Dieselanlagen werden in der Warte im allgemeinen nur die wesentlichsten Werte, wie Sammelschienenspannungen, Generatorströme oder Batterieströme, angezeigt, um die Funktionsfähigkeit dieser Anlagen ersichtlich zu machen.

Ergänzend zu den rein elektrotechnischen Messungen sind Temperaturanzeigen für die Kühlmitteltemperaturen der Großtransformatoren, gegebenenfalls gemeinsam über einen Umschalter, vorzusehen. Für geregelte Transformatoren ist eine Stufenstellungsanzeige vorhanden.

Der Einsatz von Störungsschreibern ist im vorausgehenden Kapitel über Gefahrmeldungen beschrieben.

Über *Technik und Auswahl der Geräte* kann ein eingehender und umfassender Überblick nur im speziellen einschlägigen Schrifttum gefunden werden.

Die übliche Genauigkeit der Betriebsinstrumente von 1,5% vom Meßbereichendwert ist für Kraftwerkseinrichtungen im allgemeinen ausreichend. Bei der Festlegung der Meßbereiche sollte man darauf achten, daß die Messung im Endbereich erfolgt, da dann der Fehler am kleinsten ist.

Bei der Auswahl der Meßwerke wird man möglichst auf robuste und überlastungsfähige Ausführungen zurückgreifen. Besonders wichtig ist dies bei allen Strommessungen von Motoren oder Motorengruppen, bei welchen Anlaufströme auftreten. Hierfür ist das Dreheisenmeßwerk gut geeignet, das eine hohe thermische Überlastungsfähigkeit aufweist. Auch moderne Zähler sind thermisch und dynamisch hoch überlastbar.

Für die Zählung von Wirk- und Blindverbrauch im Hochspannungsteil genügen Zähler mit zwei Meßwerken, für die Zählung im Niederspannungsnetz mit Vierleitersystem wird man dagegen stets Zähler mit drei Meßwerken einsetzen. Für die innerbetriebliche Zählung bestimmter Abzweige, z. B. eines Motorabzweiges, kann auch ein Drehstromzähler mit einem Meßwerk eingesetzt werden, wobei dann nur ein Stromwandler erforderlich ist.

Als Zählwerk ist im Kraftwerksblock eine Ausführung zu empfehlen, die eine direkte Ablesung ohne Umrechnung mit Konstanten ermöglicht. Die Zähler sind fest eingebaut, und eine Veränderung von Nennspannung oder Nennstrom ist in der Anlage nicht zu erwarten.

Eine Absicherung von Spannungswandlerkreisen wird in VDE 0101/7.60 § 5 für die Primär- und Sekundärseite empfohlen. Hierbei müssen Spannungskreise von Meßgeräten und von Relais getrennt abgesichert werden, da diese verschieden starke Absicherungen verlangen und die Spannungskreise der Schutzrelais von Schalthandlungen in den Meßkreisen nicht gestört werden dürfen. Strommesser und Stromspulen von Meßwerken dürfen dagegen grundsätzlich nicht abgesichert werden, da an den Klemmen offener

Stromwandler gefährliche Spannungen auftreten können. Beim Abklemmen von Meßgeräten muß der Stromwandler aus diesem Grunde auf der Sekundärseite vorher kurzgeschlossen werden. Die zu Strommessern gehörenden Schalttafelklemmen erhalten zweckmäßigerweise entsprechende Kurzschließvorrichtungen, die gleichzeitig den Anschluß eines Prüfinstrumentes ermöglichen.

Bei Stromwandlern ist darauf zu achten, daß die Belastung durch die angeschlossenen Meßgeräte einschließlich des Verbrauchs der Zuleitungen etwa der Wandler-Nennbürde entspricht. Die Überstromziffer ändert sich etwa umgekehrt proportional mit der Bürde. Bei zu geringer Bürde ist daher eine Gefährdung der Meßgeräte durch Kurzschlußströme möglich. Auch die Genauigkeit der Wandler gilt nicht mehr bei zu geringer oder zu hoher Bürde. Daher dürfen beim Anschluß beglaubigter Zähler nach Vorschrift der PTB (Physikalisch-Technische Bundesanstalt) bestimmte Grenzen der Bürde von Stromwandlern bzw. der Belastung von Spannungswandlern nicht überschritten werden.

Bei der Dimensionierung der Verbindungsleitungen von Meßwandlern zu Meßgeräten und Zählern sind die Spannungspfade nach dem zulässigen Spannungsabfall, die Strompfade nach der tragbaren Verlustleistung auszulegen. Bei der Ermittlung der Querschnitte von sekundären Spannungswandlerleitungen wird für den Anschluß von Meßgeräten ein maximaler Spannungsfehler von 0,5% zugrunde gelegt. Für den Anschluß von beglaubigten Zählern darf der Spannungsabfall an der Verbindungsleitung nicht größer als 0,1% der sekundären Nennspannung des Wandlers sein. Bei Stromwandlern sind die Querschnitte der sekundären Wandlerzuleitungen so zu bemessen, daß der gesamte Eigenverbrauch der angeschlossenen Geräte und der Zuleitung selbst die Wandlernennleistung nicht überschreitet.

Bei Verwendung von Stromwandlern mit Sekundär-Nennstrom 5 A werden in großen Kraftwerken mit zunehmenden Entfernungen zwischen Wandlern und Meßgeräten größere Querschnitte erforderlich. Man geht deshalb vielfach dazu über, für die Messung und Zählung grundsätzlich Stromwandler mit Sekundär-Nennstrom 1 A zu verwenden. Dadurch kommt man mit Leitungsquerschnitten von maximal 1,5 mm^2 bis 2,5 mm^2 aus und kann Steuer- und Meßkreise in gemeinsamen Kabeln verlegen. Bei der Vielzahl von Meß- und Steuerkreisen in einem großen Kraftwerksblock bedeutet dies eine wesentliche Ersparnis bei der Verkabelung. Die gegenüber 5 A-Wandlern höhere Gefährdung bei sekundär offenem Stromwandlerkreis muß allerdings beachtet werden.

Schrifttum

[*1*] Schultheiss, F.: Ein- oder zweipolige Steuerung der Betätigungsstromkreise von Leistungs-, Trenn- und Erdungsschaltern. ETZ B Bd. 13 (1961), S. 25/29.

[*2*] Fälker, K. H.: Erdschlußüberwachung in Zweileiter-Batterienetzen. Siemens-Z. Bd. 31 (1957), S. 547/50.

[*3*] Eifert, G.: Ortssteuergeräte für Motorabzweige in Wärmekraftwerken. Siemens-Z. Bd. 37 (1963), S. 584/85.

[*4*] Friebel, M., H. Kaltenecker u. H. Siems: Kleinwartentechnik in Wärmewarten von Kraftwerken. Siemens-Z. Bd. 35 (1961), S. 323/33.

[*5*] Heilmann, H.: Elektronische Steuerung in Warten von Kraft- und Umspannwerken. AEG-Mitt. Bd. 53 (1963), S. 75/80.

[*6*] Hahn, R., E. Weiland, W. Ritter u. E. Kraushaar: Steuern und Messen in Schaltwarten. Siemens-Z. Bd. 35 (1959), S. 31/39; Bd. 34 (1960), S. 31/39; Bd. 34 (1960), S. 679/84.

[*7*] Lisner, H., H. Müller u. W. Hinsch: BBC-Elektronik, ein modernes Geräteprogramm für Steuerung und Regelung. BBC-Nachr. Bd. 43 (1961), S. 128/39.

[*8*] Freymeyer, P., u. M. Jung: Die SIMATIC-Betätigungsebene in Dampfkraftwerken als unterste Steuerebene für die Automatisierung. Siemens-Z. Bd. 38 (1964), S. 129/35.

[*9*] Eisert, I.: Schaltfehlerschutz. ETZ A Bd. 59 (1938), S. 13/16.

[*10*] Thompson, W. H.: Safety interlocking — Sicherheitsverriegelung. Electrical Review Bd. 165 (1959), S. 75/78.

[*11*] Strauch, R.: Der handbetätigte Steuerblock mit Schaltfehlerschutz in Hochspannungsanlagen. CEIG-Bericht (Conti-Electro) Bd. 4 (1958), S. 181/83.

[*12*] Neugebauer, H.: Das Siemens-Parallelschaltgerät. Siemens-Z. Bd. 28 (1954), S. 155/61.

[13] FIEGUTH, H. O.: Umschaltvorgänge in Kraftwerks-Eigenbedarfs- und Industrieanlagen. Siemens-Z. Bd. 26 (1952), S. 163/66.
[14] LEIBOLD, R.: Schnellumschaltgerät für Hochspannungsanlagen. Siemens-Z. Bd. 35 (1961), S.154/59.
[15] HOSEMANN, G.: Phasengerechte Schnellumschaltung wichtiger Antriebe in Kraftwerken und Industrieanlagen. Elektrizitätswirtsch. Bd. 56 (1957), S. 149/53.
[16] HARTMANN, A.: Neue Gesichtspunkte für die Schnellumschaltung von Eigenbedarfsanlagen in Kraftwerken. BBC-Nachr. Bd. 45 (1963), S. 475/82.
[17] ANDRESEN, E. C.: Drehstrom-Käfigläufermotoren großer Leistung. ETZ A Bd. 86 (1965), S. 213/20.
[18] LEIBOLD, R., u. K.-H. FÄLKER: Neuzeitliche Gefahrmeldeeinrichtungen. Siemens-Z. Bd. 29 (1955), S. 409/14.
[19] WOLLSCHEID, E.: Meldeeinrichtungen in Schaltanlagen. BBC-Nachr. Bd. 46 (1964). S. 77/87.
[20] KALTENECKER, H., u. A. PIROUZAN: Ein kontaktloses Prozeß-Signalsystem. ETZ B Bd. 12 (1960), S. 515/20.
[21] SCHINZE, G.: Betriebs- und Störwertmeldung nach dem System LOGISTAT. AEG-Mitt. Bd. 54, I (1964), S. 224/28.
[22] LATZEL, W.: Neue Wege der Störungsmeldung und Störungserkennung. Automatik Bd. 7 (1962), S. 300/03.
[23] CRAMER, G.: Eine schreibende Gefahrmeldeeinrichtung. Elektrizitätswirtsch. Bd. 58 (1959), S. 753/56.
[24] SCHMUDLACH, K.: Eine elektronische Einrichtung zur Registrierung von Prozeßmeldungen. BBC-Nachr. Bd. 45 (1963), S. 233/36.

D. Warten

Von PETER LAGER

I. Arten und Abgrenzung ihrer Aufgaben

In jedem Dampfkraftwerk sind für den wärmetechnischen sowie auch elektrotechnischen Teil Einrichtungen für die Steuerung, Regelung und Überwachung des Betriebes erforderlich. Damit das Bedienungspersonal des Kraftwerkes sich jederzeit einen Überblick über den Betriebszustand verschaffen und die erforderlichen Steuerungen und Regelungen vornehmen kann, werden die Geräte für die wesentlichsten Meßwerte, Meldungen und Betätigungen in einem Kommandoraum, der sog. Warte, zusammengefaßt. In Dampfkraftwerken wird zwischen folgenden Arten von Schaltwarten unterschieden:

Wärmewarte. In der Wärmewarte wird die Steuerung, Regelung und Überwachung der Kessel, der Vorwärmanlagen, der Turbinen und der Hilfsbetriebe vorgenommen.

Elektrowarte. In der Elektrowarte wird die Steuerung, Regelung und Überwachung der Generatoren, der Stromversorgung des Kraftwerks-Eigenbedarfs und der Energieverteilung vorgenommen.

Blockwarte bzw. kombinierte Wärme-Elektrowarte. In der Blockwarte, d. h. der kombinierten Wärme-Elektrowarte wird die Steuerung, Regelung und Überwachung des Wärme- und Elektroteiles eines oder mehrerer Blocks zusammengefaßt.

Netzwarte. In der Netzwarte wird nur die Steuerung und Überwachung der Energieverteilung bzw. Netzschaltanlage vorgenommen.

Je nachdem, ob der Kessel, die Vorwärmanlage, die Hilfsbetriebe und der Turbosatz eines Kraftwerkes im reinen Blockbetrieb oder von einer Dampf-Sammelschiene aus gefahren wird, sollte man den Aufbau der Warte entsprechend der vorgenannten Unterteilung wählen.

Getrennte Wärme- und Elektrowarten sind nur dann sinnvoll, wenn die Verantwortungsteilung zwischen Wärme- und Elektrobetrieb an der Kupplung zwischen Turbine und Generator vorgenommen wird. Auf alle Fälle empfiehlt sich diese Trennung bei Kraftwerken mit Dampf-Sammelschienen. Auch bei Industrie- und Heizkraftwerken können getrennte Warten Vorteile bieten, da bei diesen der Dampfverbrauch vorwiegend durch den Bedarf der Fertigung bzw. Heizung bestimmt wird.

In reinen Blockkraftwerken sollte die Verantwortungsteilung zwischen Wärme- und Elektrobetrieb am zweckmäßigsten zwischen Generator und Blockumspanner bzw. Netzsammelschienen vorgenommen werden, da bei dieser Art der Teilung die Steuerung und Überwachung des gesamten Kraftwerksblockes, d. h. vom Brennstoff bis zum Generator-

Leistungsschalter, von einer Stelle aus ermöglicht wird. Außerdem kann dann im Fall einer Störung die verantwortliche Betriebsleitung sich schnell und zuverlässig über den Zustand des gesamten Blockes orientieren und die erforderlichen Maßnahmen zur Behebung der Störung veranlassen.

Damit das Bauvolumen gut ausgenützt wird, werden bei Blockwarten in den meisten Fällen die Bedienung und Überwachung von zwei Blocks zusammengefaßt. Für mehrere Kraftwerksblocks gemeinsam wird dann häufig außer den Blockwarten, d. h. den kombinierten Wärme-Elektrowarten für zwei Blocks, noch zusätzlich für die Energieverteilung eine getrennte Netzwarte vorgesehen. Die Synchronisierung des Generators und die Betätigung des Generator-Leistungsschalters erfolgt in der Blockwarte. Die Auswahl der Sammelschiene sowie die Steuerung des Sammelschienen-Trennschalters dagegen ist von der Netzwarte aus vorzunehmen. Je nachdem, ob die Netzschaltanlage, d. h. die Energieverteilungsanlage, sich direkt am Kraftwerk oder mehrere Kilometer davon entfernt befindet, wird auch die Netzwarte aufzubauen sein. Die Netzwarte ist nicht an das Kraftwerk gebunden.

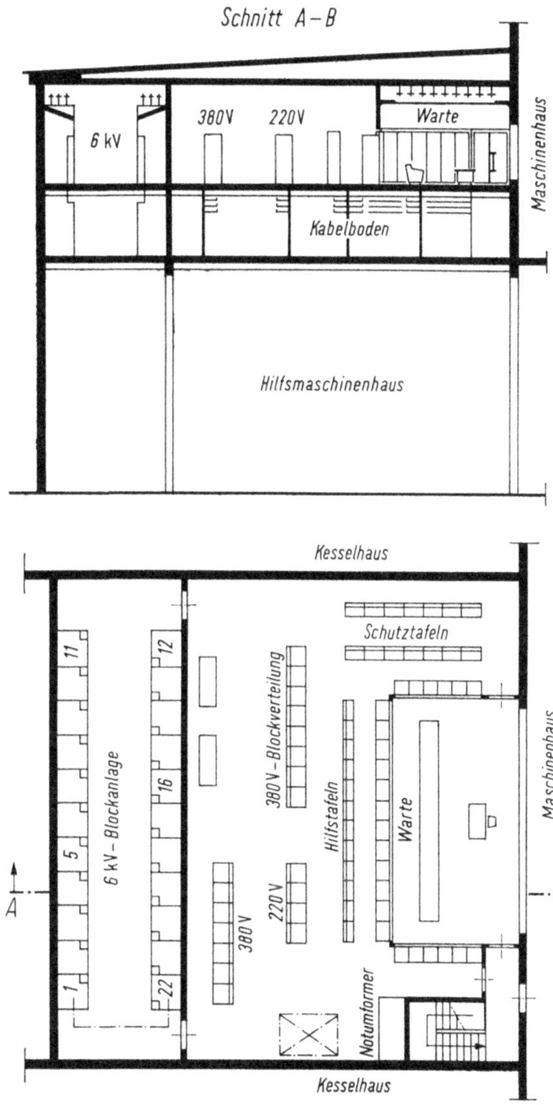

Abb. 646. Elektrowarte und 6/7, 38/0,22 kV-Anlagen für Industrie- bzw. Heizkraftwerke

II. Anordnung und Aufbau der Warten

Bei der Planung der Schaltwarten sind folgende Gesichtspunkte grundsätzlich zu berücksichtigen:

a) die Standortwahl,
b) das Steuerungssystem,
c) die Größe und Gestaltung der Warte,
d) die Beleuchtung,
e) die Akustik,
f) die Architektur,
g) die Belüftung und Heizung,
h) die Verdrahtungstechnik im Schaltanlagenbau.

a) Standortwahl

Bei der Standortwahl der Warten ist zu beachten, daß diese möglichst zentral zu den von ihr zu bedienenden und zu überwachenden Betriebsmitteln, wie Kesseln, Turbosätzen und Schaltanlagen, angeordnet wird, damit die Steuer-, Meß- und Meldekabel kurz ausgeführt werden können und außerdem im Störungsfall zu den einzelnen Betriebsmitteln nur kurze Wege benötigt werden. Werden getrennte Schaltwarten vorgesehen, so werden die Wärmewarte und auch die Eigenbedarfsumspanner mit den Niederspannungs-Verteilungen für die Kessel in den meisten Fällen zwischen Maschinen- und Kesselhaus oder in einem Anbau zwischen den Kesseln angeordnet. Die Elektrowarte mit der Hoch- und Niederspannungs-Hauptverteilung sowie den Gleichstromanlagen kann in einem Anbau am Maschinenhaus vorgesehen werden. Abb. 646 zeigt eine dieser Ausführungen für ein Industrie-Kraftwerk bzw. Sammelschienen- oder Heiz-Kraftwerk.

Bei Blockkraftwerken wird die kombinierte Wärme-Elektrowarte fast stets zwischen den Kesselhäusern am Maschinenhaus angeordnet sein, da die für die Kessel benötigte Feldteilung in der Regel kleiner ist als die für die Turbosätze. Wenn mehrere Turbosätze, d. h. mehrere Blocks aufgebaut werden, empfiehlt es sich, zur besseren Raumausnützung

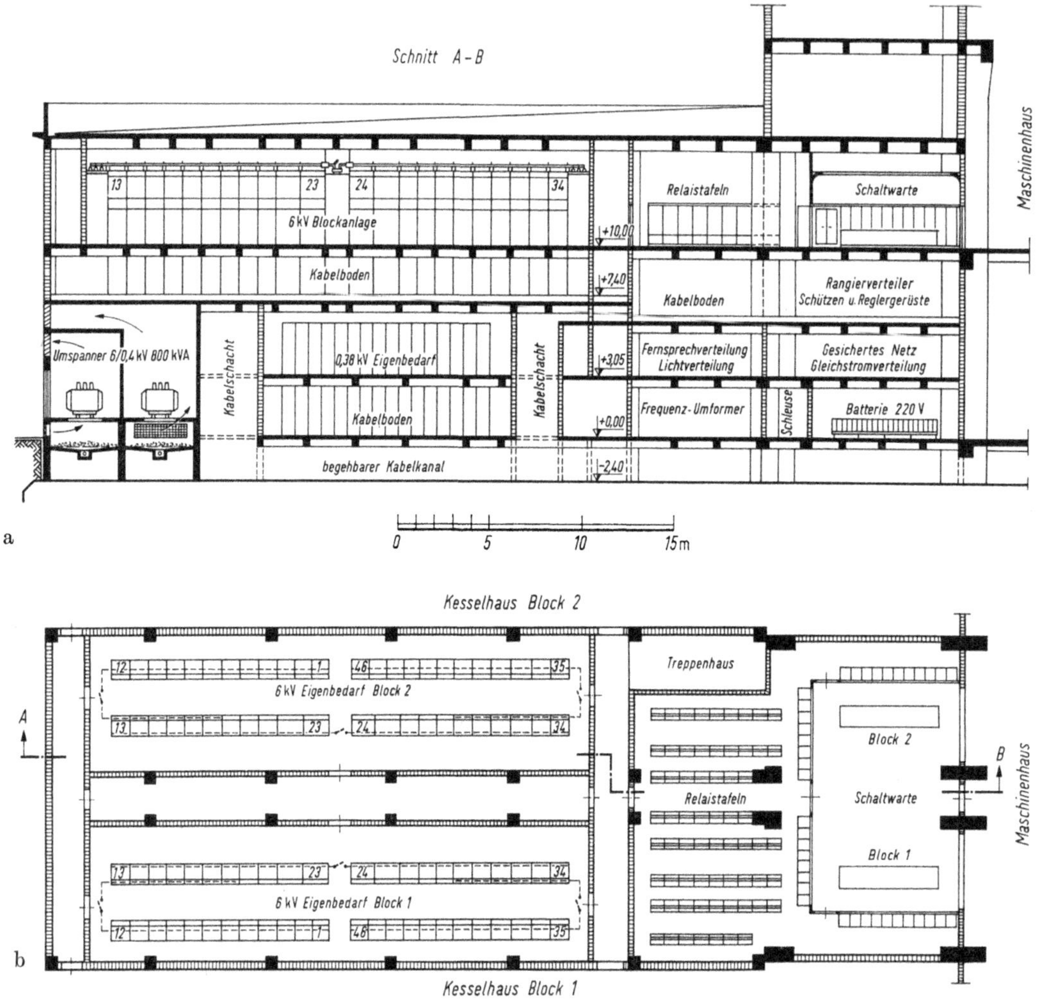

Abb. 647a u. b. Kombinierte Wärme-Elektrowarte und 6/0,38/0,22 kV-Anlagen für zwei Blocks, Grundriß und Schnitt

usw. zwischen den Kesselhäusern zwei Blocks in einer kombinierten Wärme- und Elektrowarte zusammenzufassen. Abb. 647a und b zeigt Schnitt und Grundriß einer Blockwarte mit den Eigenbedarfs-Schaltanlagen für zwei Blocks. In jedem Fall ist anzustreben, die Warte auf Höhe Maschinenhausflur anzuordnen. In vielen Kraftwerken wird von der Warte zum Maschinenhaus ein großer Durchblick vorgesehen. Erforderlich sind Ausblicke mit Sicht zu den Turbinen, Kesseln oder Schaltanlagen nicht, da heute durch die zur Verfügung stehenden Nachrichtenmittel — wie Ruf- und Sprechanlagen, Fernsehgeräte usw. — eine eindeutige Verständigungsmöglichkeit mit Registrierung der Mitteilungen von den einzelnen Stellen gegeben ist. Große Ausblicke von der Warte zum Turbinenraum erzielen in Blockkraftwerken allerdings architektonisch eine gute Wirkung.

Damit das Bedienungspersonal auch im Störungsfall keine Treppen benötigt, ist außerdem anzustreben, daß die Tafeln für den Generatorschutz sowie die Hilfstafeln für Gefahrmelderelais, Umschaltautomatik, Registrierinstrumente, Zähler, Steuerkreisüberwachungs-Einrichtungen und der blockgebundene Hoch- und Niederspannungs-Eigenbedarf auf der gleichen Flurhöhe und im Bereich der Warte gruppiert werden.

Unterhalb der Warte und der Nebentafeln ist ein reichlich bemessener Kabelboden vorteilhaft, so daß in diesem auch Rangierverteiler für Meß- und Steuerkabel sowie auch Regler usw. angeordnet werden können (s. Abb. 620, Abschn. B IV c 2, S. 648). Im Kabelboden werden die an- und abgehenden Steuer-, Meß- und Meldekabel sinnvoll entsprechend ihrer anlagenmäßigen Zusammengehörigkeit geordnet und über Kabelkanäle zu den zu regelnden, steuernden und überwachenden Betriebsmitteln geführt.

b) Steuerungssystem

In den Schaltwarten werden auf Grund der Entwicklung der allgemeinen Wartentechnik im vergangenen Jahrzehnt folgende grundsätzliche Steuerungsarten angewendet (s. auch Abschn. C, S. 663):

1. Direktsteuerung. Bei dieser werden die Magnetspulen der Schaltgeräteantriebe mit 110 oder 220 V Gleichstrom über Betätigungsorgane in der Warte direkt versorgt.

2. Indirektsteuerung. Auch bei dieser werden die Magnetspulen der Schaltgeräteantriebe wegen ihres hohen Leistungsbedarfes mit 110 oder 220 V Gleichstrom betätigt. Die 110- oder 220 V-Betätigungsspannung wird jedoch den Schaltgeräteantrieben über die Kontakte von Übersetzerrelais zugeführt, welche mit einer Kleinspannung (24 oder 60 V Gleichstrom) von den Befehlsgebern in der Warte gesteuert werden.

1. Direktsteuerung

In Abschn. C, S. 663, wurde bereits erwähnt, daß sich für die direkte Steuerung der Steuerquittierschalter als Befehlsgeber zur Fernbetätigung von der Warte aus durchgesetzt hat. In Abb. 648 ist für die direkte Steuerung mit 110 oder 220 V die grundsätzliche Schaltung der Steuer- und Meldestromkreise eines Abzweiges mit Doppelsammelschiene dargestellt, wie er im Blockkraftwerk, z. B. bei der Einspeisung in die Netzschaltanlage, vorkommt. Damit der Verwendungszweck der einzelnen Steuerschalter vom Bedienenden eindeutig erkannt wird, werden diese im Zuge eines Symbolschaltbildes angeordnet und je Abzweig zusammengefaßt. Das Symbolschaltbild kann dabei als Blindschaltbild oder auch als Leuchtschaltbild ausgeführt werden. Die Ausführung als Leuchtschaltbild ist nur in automatischen Anlagen mit selbsttätigen Anlaß- und Schaltvorgängen empfehlenswert.

Die Steuerung und Regelung von Kessel, Vorwärmanlage, Turbine und Generator wird bei einer Blockwarte am besten auf einem gemeinsamen Schaltpult vorgenommen, auf dem die verschiedenen Betriebsmittel in einem Blindschaltbild nach Gruppen zusammengefaßt sinngemäß dargestellt sind. Im Wärmeteil werden normalerweise die direkt zu den Steuerschaltern gehörenden Instrumente auf dem Pult untergebracht, da sich dort die Zugehörigkeit im Rahmen des Symbolschaltbildes am leichtesten kennzeichnen läßt. Abb. 649a zeigt für direkte Steuerung den Ausschnitt eines Wärmepultes, aus welchem die Anordnung der Steuerquittierschalter und Strommesser für die Eigenbedarfsmotoren zu ersehen ist. Hinter dem Pult ist in etwa 1 m Abstand noch eine Überwachungstafel angeordnet, auf welcher weitere Instrumente, Schreiber und die Gefahrmeldefelder eingebaut sind. Diese Anordnung hat den Vorteil, daß der Schaltwärter auch während der Bedienung vom Schaltpult aus eine gute Übersicht über die Instrumente auf der Überwachungstafel behält. Die Besetzung des gesamten Schaltpultes und der Überwachungstafel eines 150 MW-Blockes im Kraftwerk Fortuna III bei direkter Steuerung ist im Ersten Band in Abb. 73, S. 760, abgebildet.

Die stetige Zunahme der Abzweiganzahl, welche von der Warte aus gesteuert und überwacht werden müssen, hat bei der Ausführung der Steuergeräte mit einer Steuerspannung von 110 bzw. 220 V Wartenabmessungen ergeben, die vom Bedienenden nicht mehr überblickt werden konnten. Es mußten deshalb Lösungen gefunden werden, die auch bei einer großen Anzahl von Abzweigen die Steuer- und Überwachungsgeräte noch

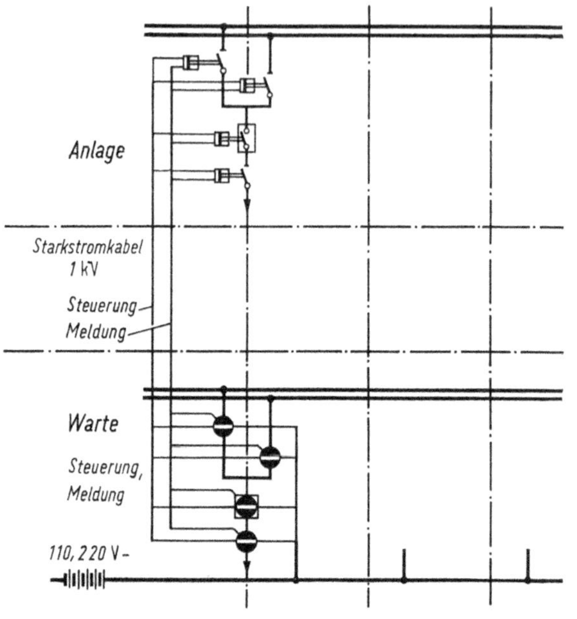

Abb. 648. Grundsätzliche Schaltung des Steuer- und Meldestromkreises eines Abzweiges bei Direktsteuerung

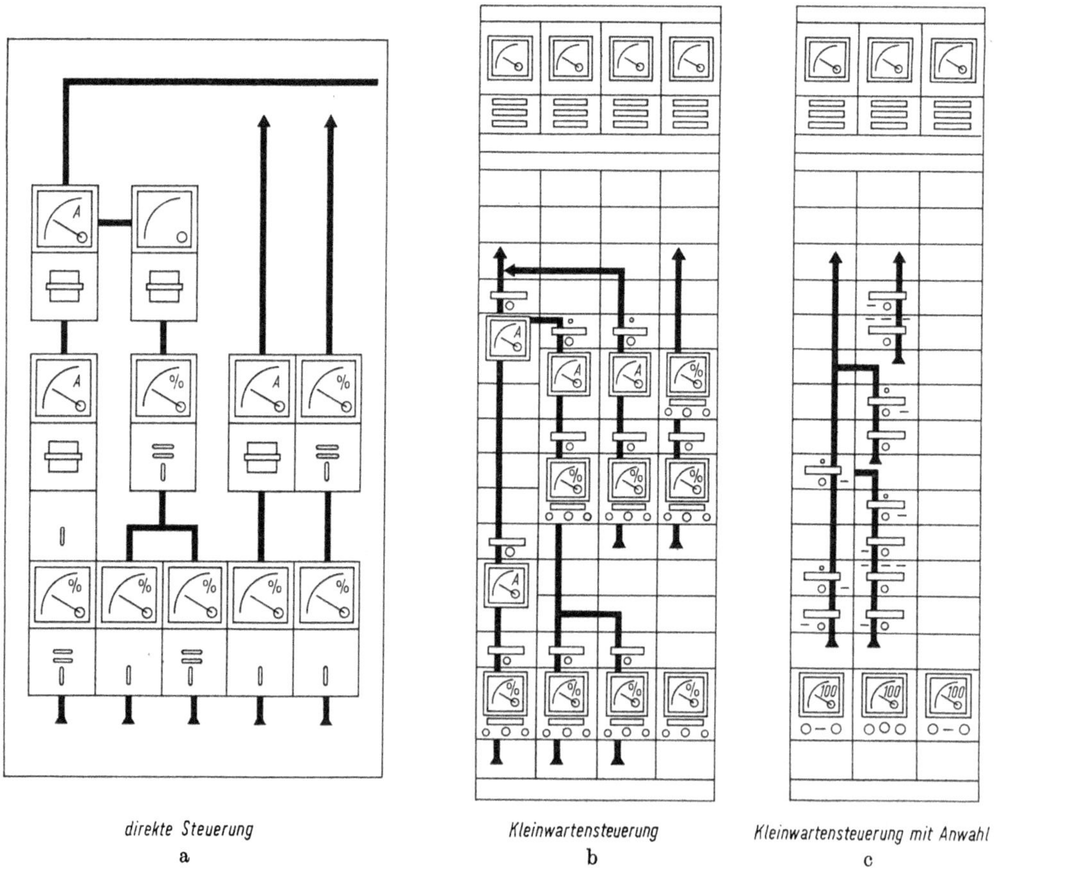

Abb. 649a—c. Steuerpult einer Blockwarte, Vergleich der verschiedenen Steuerungsarten

im Blickfeld des Schaltwärters aufzubauen erlauben. Auch bei Direktsteuerungen kann bereits bei Verwendung einer Anwahlschaltung dem Wärter der Überblick über sein Netzbild gegeben werden. Da aber die Anwahlschaltung zusätzlich Hilfsrelais usw. gegenüber der bisherigen klassischen Ausführung erfordert, empfiehlt es sich, aus Wirtschaftlichkeitsgründen die Kosten für die Anwahlrelais durch Verwendung von Schwachstromkabeln für die Steuerung und Meldung zu kompensieren. Schwachstromkabel dürfen jedoch nur bis zu einer Steuerspannung von 65 V verwendet werden.

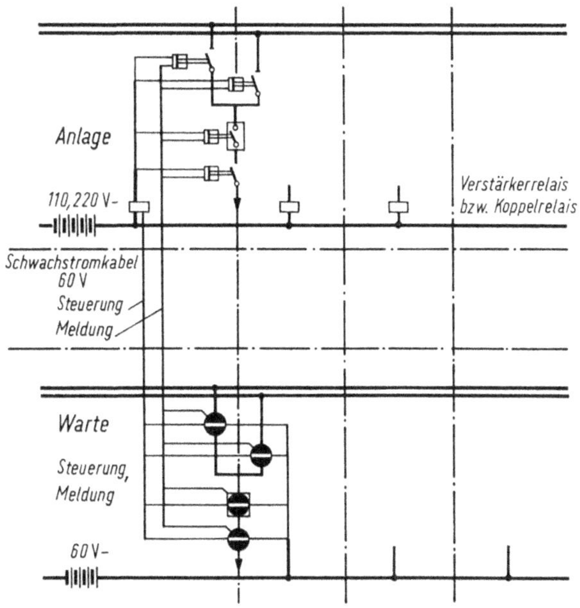

Abb. 650. Grundsätzliche Schaltung des Steuer- und Meldestromkreises eines Abzweiges bei Relaissteuerung mit Kleinspannung

2. Indirektsteuerung

Die indirekte Steuerung — entweder als Relais- oder als Transistor-Steuerung — erfordert für die Befehlsübermittlung zwei getrennte Steuer-Spannungskreise. Abb. 650 zeigt eine grundsätzliche Schaltung einer Relaissteuerung. Zwischen dem Steuerquittier-

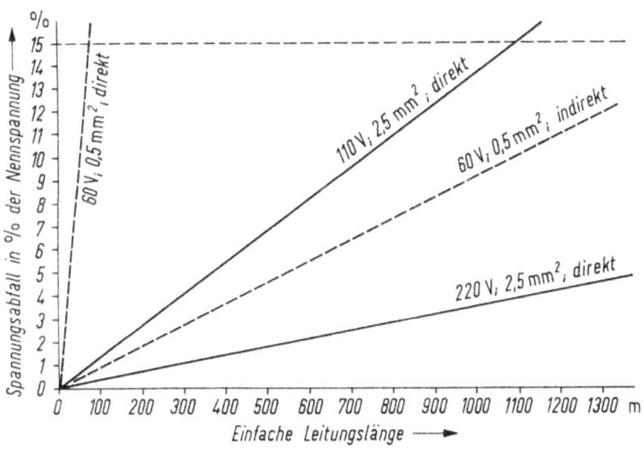

Abb. 651. Vergleich der Reichweiten für die verschiedenen Steuerspannungen

schalter bzw. Taster in der Warte und dem Antriebsglied am Schaltgerät wird ein Koppelrelais geschaltet. Diese Koppelrelais — auch Übersetzerrelais genannt — benötigen gegenüber den Magnetspulen der Schaltgeräteantriebe nur eine kleine Schaltleistung. Es können dadurch auch bei verhältnismäßig großen Entfernungen zwischen Warte und Anlage die Schaltbefehle usw. noch einwandfrei übertragen werden. Für Steuerspannungen bis maximal 65 V können lt. VDE 0100 und 0890 Schwachstromkabel und damit auch die vieladrigen normalen Telephonkabel verwendet werden. Abb. 651 zeigt den Vergleich der Reichweiten für verschiedene Steuerspannungen und Kabelquerschnitte.

Bei Verwendung einer Kleinspannung von 60 V gelten für die Steuerschalter die VDE-Vorschriften 0804 für Schwachstromgeräte. Da diese Kleinspannung geringere Abstände zwischen den spannungsführenden Kontakten und Anschlüssen zuläßt, können auch die Steuerschalter und Meldegeräte kleinere Abmessungen als die Starkstrom-Steuergeräte erhalten. Diese kleineren Steuerquittierschalter erfordern auf der Bedienungs-

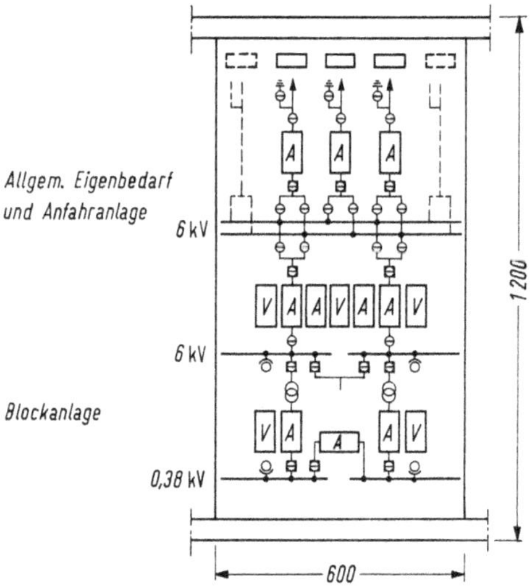

Abb. 652. Besetzung einer Schalttafel mit Relaissteuerung

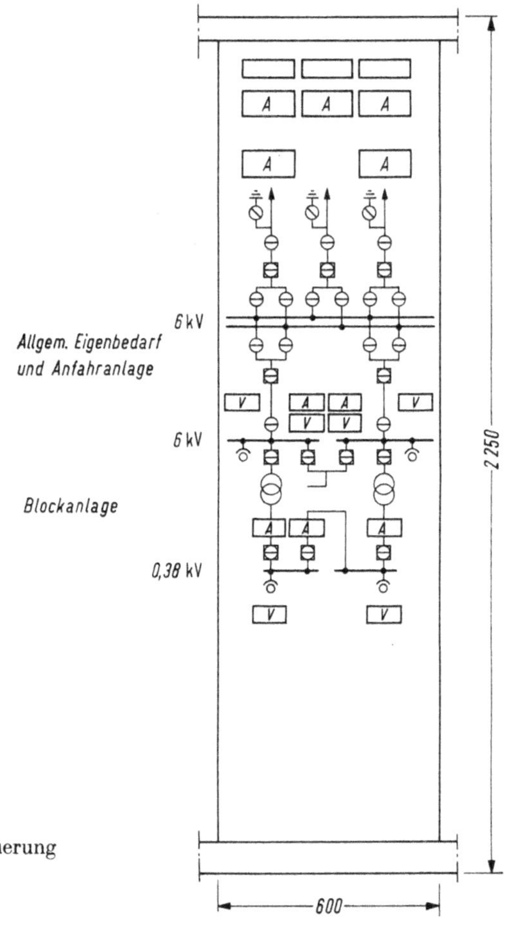

Abb. 653. Besetzung einer Schalttafel mit direkter Steuerung

front zwischen den Abzweigen nur eine Teilung von 100 bis 120 mm, je nachdem, ob die Anlagen mit Einfach- oder Doppelsammelschienen ausgeführt werden müssen. Außer den Abmessungen der Steuerschalter haben jedoch auch die zum Einbau vorgesehenen Meßinstrumente maßgebend Einfluß auf die Ausdehnung der Schaltfront.

Die Vorteile der Relaissteuerung kommen insbesondere bei Warten mit großen Entfernungen zur Schaltanlage zum Tragen. Die Relaissteuerung wurde deshalb vorerst vorwiegend in Netzwarten verwendet.

Abb. 652 zeigt die Besetzung eines Schalttafelfeldes mit Steuergeräten für eine Relaissteuerung und Abb. 653 eine entsprechende für direkte Steuerung mit 110 oder 220 V. Die erzielte Platzersparnis bei der Relaissteuerung ist ohne weiteres ersichtlich.

Wie bei der direkten Steuerung, so kann noch vielmehr bei der Relaissteuerung die Verwendung einer Anwahlschaltung empfohlen werden (Abb. 649c). Bei zu großer Abzweigzahl verliert der Bedienende die Übersicht über sein Netzbild, zumindest während der Betätigung an der Schaltfront. Damit dem Wärter die Übersicht erhalten bleibt, wird bei Verwendung einer Anwahlschaltung die Steuerung auf ein Schaltpult oder einen Schreibtisch verlegt, das vom Netzbild bzw. der Überwachungstafel einen entsprechenden Abstand hat.

Im Netzbild selbst werden dabei keine Schalthandlungen mehr ausgeführt, sondern nur die Schalterstellung durch Stellungsanzeiger oder Lampen kenntlich gemacht, d. h. das Netzbild wird zum Rückmeldebild. Das Netzbild kann als Blindschaltbild oder auch als Leuchtschaltbild ausgeführt werden.

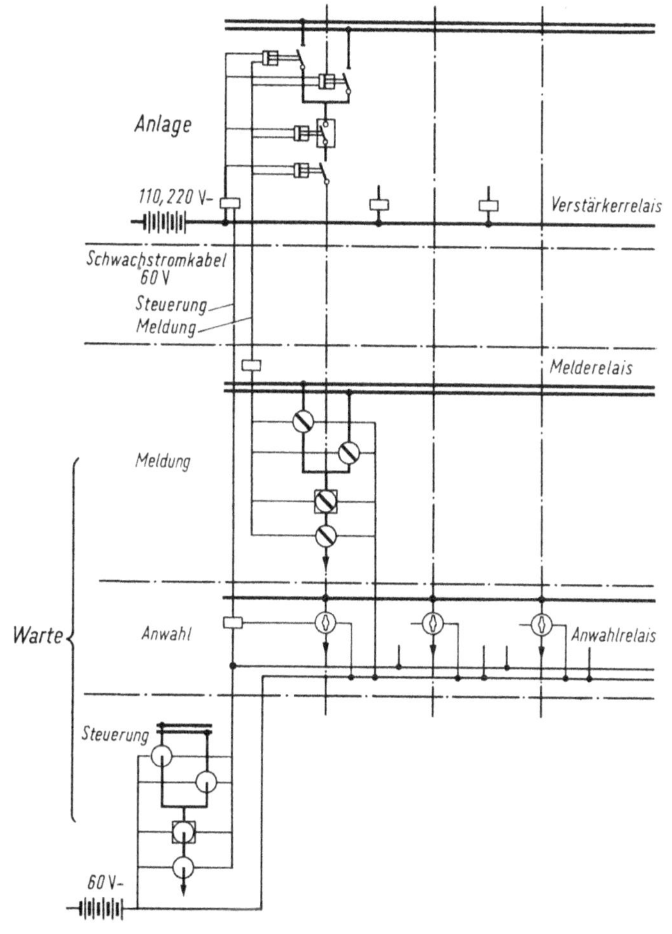

Abb. 654. Grundsätzliche Schaltung des Steuer- und Meldestromkreises bei Anwahl des Mutterabzweiges über Anwahlrelais

Damit der Schreibtisch oder das Schaltpult klein gehalten werden kann, wird nicht jeder Abzweig für sich in einem Blindschaltbild wiederholt, sondern für alle Abzweige gemeinsam ein Generalabzweig — auch Mutterabzweig genannt — vorgesehen. Seit einigen Jahren hat sich die Anwahlsteuerung gut eingeführt. In Abb. 654 ist die grundsätzliche Schaltung einer Anwahlsteuerung für den Abzweig einer Netzschaltanlage mit Doppelsammelschienen-System abgebildet.

Abb. 655 zeigt den Grundriß der Warte eines Dampfkraftwerkes, dessen Kessel sowohl Turbosätze für die öffentliche Stromversorgung als auch Einphasen-Turbosätze mit $16^2/_3$ Hz für die Bahn versorgen. Wegen der komplizierten Zuordnung des Eigenbedarfes auf die verschiedenen Turbosätze usw. wurde der elektrische Teil für Erzeugung und Verteilung in einer Elektrowarte zusammengefaßt, und es wurden für den Wärmeteil mehrere getrennte Wärmewarten vorgesehen. Auf dem Bogenstück ist die Rückmeldetafel mit dem Netzbild der 110, 25 und 5 kV-Anlagen dargestellt, und auf einem etwa 2 m vor der Tafel stehenden Anwahlpult sind die Mutterabzweige für die Steuerung eingebaut.

In Abb. 656 ist ein Feld der Rückmeldetafel dargestellt. Damit die Mutterabzweige einfach ausgeführt werden konnten, sind für die Netzanlagen und den Kraftwerkseigenbedarf je zwei Mutterabzweige vorgesehen worden. Gegenüber dem Netzbild sind die Schaltpulte und Meßinstrumententafeln für die Generatoren aufgebaut. Die Generatorabzweige wurden jedoch mit direkter Steuerung ausgeführt.

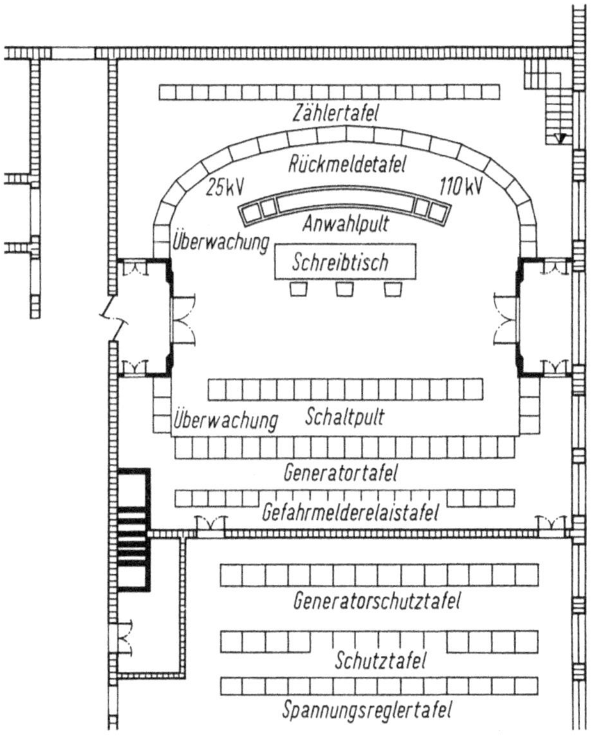

Abb. 655.
Schaltwarte mit Anwahlsteuerung in einem Großkraftwerk

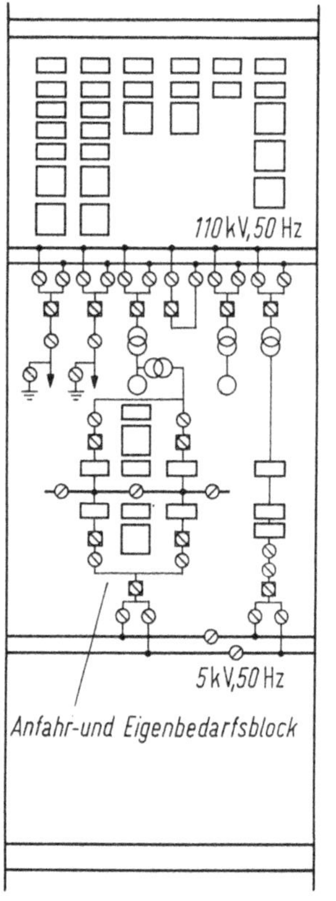

Abb. 656. Besetzung einer Rückmeldetafel

Auf der einen Seite der Elektrowarte wurde die Stromerzeugung zusammengefaßt, auf der anderen Seite die Stromverteilung. Die Leuchtfächer der Gefahrmeldung sind sinngemäß der Erzeugung und Verteilung zugeordnet.

Die Hilfstafeln für den Generatorschutz, die Gefahrmelderelais, Spannungsregler, Zähler, Registrierinstrumente und der 110 kV-Schutz sind auf der gleichen Flurhöhe in unmittelbarer Nähe der Warte angeordnet, damit der Schaltwärter nur kurze Wege zurücklegen muß.

Die Mutterabzweige für die Steuerung der Abzweige und die Anwahlschalter bzw. Anwahltasten für die Umschaltung der Steuerung auf die Mutterabzweige werden, wie bereits erwähnt, auf einem Schaltpult oder Schreibtisch aufgebaut. Abb. 657a zeigt den Platzbedarf eines Mutterabzweiges bei Verwendung von Anwahlschaltern für die Umschaltung und Abb. 657b den Platzbedarf bei Verwendung von Anwahltasten. Bei der Ausführung mit Anwahlschaltern wurde die Anordnung der Schalter in einem vereinfachten Symbolschaltbild entsprechend dem Netzbild vorgenommen. Die Betriebserfahrung hat gezeigt, daß dies nicht erforderlich ist. Es genügen Anwahltasten; diese sind wie die Abzweige bezeichnet, und im eingeschalteten Zustand leuchten sie auf. Damit Fehlschaltungen vermieden werden, sind sie außerdem elektrisch zu verriegeln.

Auch für den Wärmeteil der Blockwarte kommt die Verwendung der Anwahlsteuerung in Betracht. Insbesondere z. B. für die Meß- und Steuergeräte der Regelventile läßt sich hierdurch erheblich Platz einsparen. Der Grundgedanke ist hierbei der gleiche wie bei

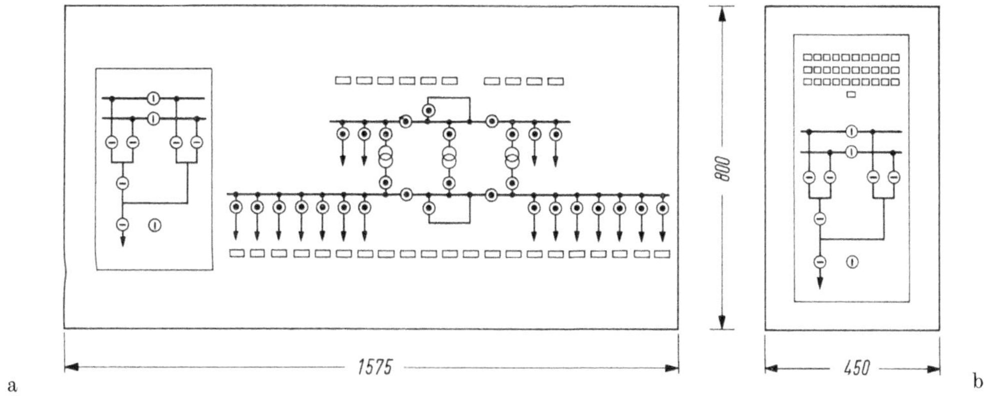

Mutterabzweig Wahlschalter im vereinfachten Symbolschaltbild *Tastenanwahl*

Abb. 657a u. b. Anwahl mit Anwahlschaltern und Tastenwahl

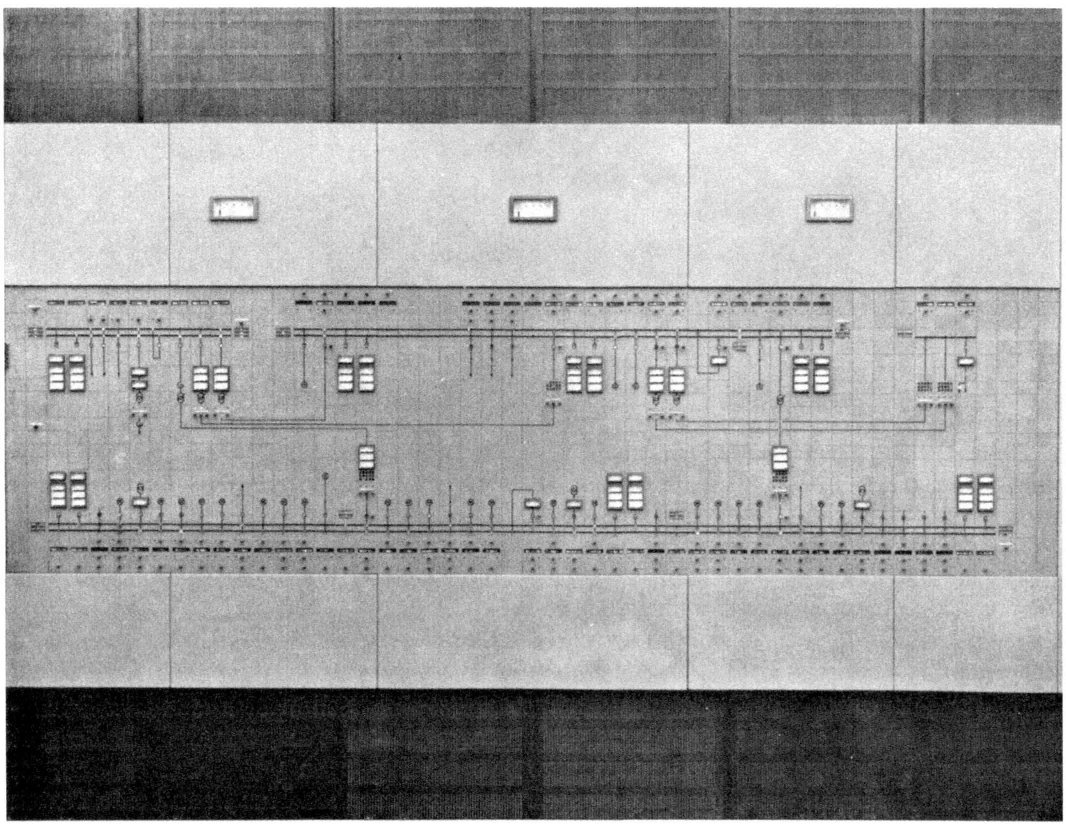

Abb. 658. Schaltwarte mit Anlagenbildsteuerung in Wandfriesausführung. Werkbild Siemens

der Netzwarte. Der Mutterabzweig für die Steuerung der Regelventile z. B. enthält Ventilstellungsanzeiger, Anzeiger für die Regelabweichungen, Sollwerteinsteller, Schalter ,,Hand — Automatik" und Taster ,,weniger — mehr". Auch hier geschieht die Anwahl der einzelnen Regelventile und zugehörigen Regler durch Anwahlschalter oder Taster.

Eine weitere Verkleinerung der Schaltfronten wurde auch bei der indirekten Steuerung durch die Verwendung von Tastern statt Steuerquittierschaltern erreicht (Abb. 649 b und c). Taster kann man erstens mit kleineren Abmessungen ausführen und zweitens auch im Schnittpunkt der Sammelschienen und Abzweigleitungen der Symbolschaltbilder anordnen. Vorbedingung ist allerdings, daß für das Ein- und Ausschalten der verschiedenen Schaltgeräte jeweils nur ein Taster vorgesehen wird. Die Betätigung sowie auch die Rückmeldung werden bei dieser Ausführung dann wieder im Netzbild, d. h. dem Anlagenbild vorgenommen. Die Drucktasten und die Meldelampen für die Stellungsmeldung werden am günstigsten in einem Gerät, dem Leuchtdrucktaster zusammengefaßt. Der Aufbau des Anlagenbildes kann in Baukastenform mit Tischfeldern von 63×38 mm sowie auch von 25×25 mm vorgenommen werden.

Die Tischfelder bestehen aus einem Trägerteil und der Deckplatte. Letztere nehmen das Blindschaltbild, die Ausleuchtungen und die Drucktasten auf. Die günstigste Lösung

Abb. 659. Schaltwarte mit Anlagenbildsteuerung in Schaltpultausführung. Werkbild Siemens

ist, das Anlagenbild mit dem Warten-Schreibtisch zu kombinieren oder in ein Schaltpult einzubauen.

Abb. 658 zeigt eine Schaltfront als Wandfries, ausgebaut mit einer Anlagenbildsteuerung. Ebenso wie in einem Wandfries können die Bausteine der Anlagenbildsteuerung auch in einem Schaltpult oder Schreibtisch eingebaut werden, wie es Abb. 659 zeigt. Je nach der Wichtigkeit der zu messenden Größe bzw. Meldung wird man die Meßinstrumente und Meldetafeln dem Abzweig direkt zuordnen oder auf der Umrahmung der Friestafel bzw. dem Schaltpultaufsatz anordnen.

Die Anlagenbildsteuerung kann als reine Relaissteuerung sowie auch als Transistorsteuerung ausgeführt werden. Für die Ein- und Ausschaltung der Schaltgeräte wird nur ein Taster verwendet. Jede Betätigung des Tasters löst eine Stellungsänderung der Schaltgeräte aus, d. h. ob das Schaltgerät ein- oder ausgeschaltet wird, der Bedienende gibt stets das gleiche Kommando. Damit ungewollte Betätigungen vermieden werden, ist jedem Abzweig eine zweite Taste, die Freigabetaste, zugeordnet. Nur wenn beide Tasten gleichzeitig betätigt werden, kann ein Kommando weitergeleitet werden. Die Freigabetaste kann auch nur einmal je Gruppe zusammengefaßter Abzweige oder auch für alle Abzweige gemeinsam vorgesehen werden. Außer der Raumeinsparung kann bei der Anlagenbildsteuerung noch ein weiterer wesentlicher Vorteil erreicht werden, wenn statt der Relaissteuerung die Transistorsteuerung angewendet wird. Letztere hat gegenüber allen anderen vorgenannten Steuerarten den Vorteil, daß sie ein elektrisches Verriegelungssystem einschließt, das einen Befehl nur dann ausführt, wenn die Freigabebedingungen des Schaltfehlerschutzes erfüllt sind. Des weiteren kann die Steuerung neben dem Schaltfehlerschutz noch zusätzlich mit einem Betriebsfehlerschutz ausgestattet werden, damit auch z. B. das versehentliche Abschalten von Speiseleitungen oder auch von Verbrauchern vermieden wird.

Damit die Transistorsteuerung für die verschiedenen Schaltanlagen wirtschaftlich verwendbar wird, ist der Aufbau nach dem System einheitlicher Bausteine ausgeführt. Abb. 660 zeigt ein vereinfachtes Schaltbild eines Abzweiges mit Simatic-Bausteinen für die Nahsteuerung einer Netzschaltanlage. Jedes Schaltgerät eines Hochspannungsabzweiges erhält einen „Betätigungsbaustein" zugeordnet. Dieser Baustein übernimmt von der Kommandotaste im Anlagenbild das Ein- bzw. Ausschalten, verhindert eine Doppel-

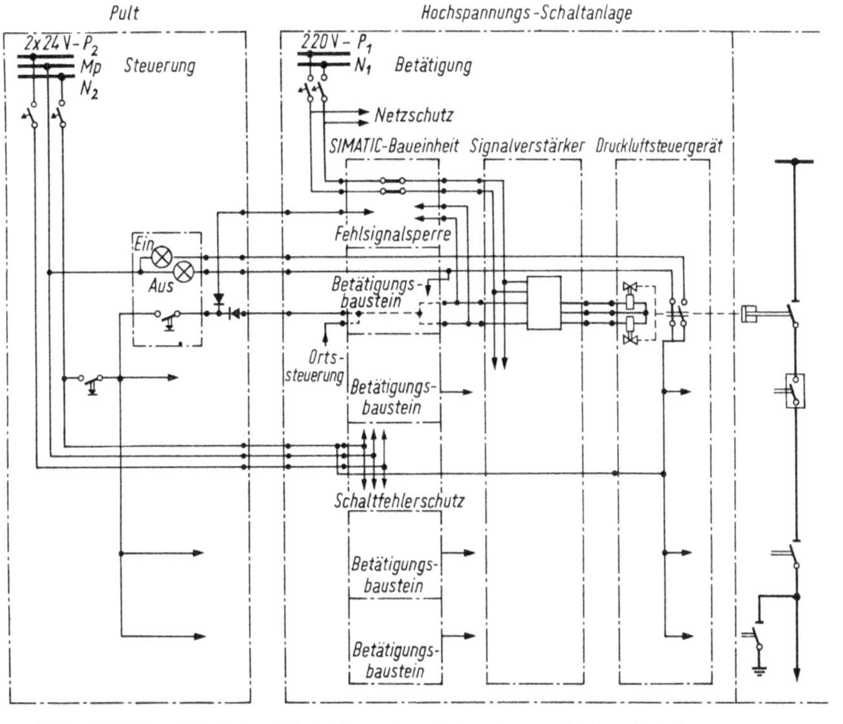

Abb. 660. Vereinfachter Schaltplan eines Abzweiges mit Simatic-Steuerung

betätigung von Schaltgeräten innerhalb eines Abzweiges und trifft selbsttätig die Auswahl, ob das Gerät ein- oder ausgeschaltet werden muß. Diese Auswahl ist erforderlich, da mit der Kommandotaste bei dieser Steuerart nur eine Änderung der Schalterstellung bewirkt wird. Als zweites wird der Baustein „Schaltfehlerschutz" benötigt. Dieser Baustein ist jedoch je Abzweig nur einmal erforderlich. Mit ihm werden die Verriegelungsbedingungen erfüllt, welche innerhalb eines Abzweiges gefordert sind. Als drittes wird der Baustein „Fehlsignalsperre" benötigt. Dieser dient zum Überwachen der Steuerung und verhindert, daß nichtgewünschte Schalthandlungen ausgeführt werden. Für jede Anlage wird noch der Baustein „Sicherheitsautomatik" erforderlich, wenn außer den normalen Abzweigverriegelungen noch Schaltfehlerschutzforderungen bestehen, welche die ganze Anlage betreffen.

In der kombinierten Blockwarte ist die Transistor-Steuerung zur Betätigung der Schaltgeräte für Motoren und die Eigenbedarfsanlagen unbedingt zu empfehlen, wenn komplizierte Verriegelungsbedingungen vorliegen oder eine umfangreiche Automatik eingesetzt werden muß. Die Spannung für die Steuerung ist 6 bis 24 V Gleichstrom.

Auch bei der Anlagenbildsteuerung kann die Relais- sowie Transistorsteuerung mit einer Anwahltechnik kombiniert werden. Diese Kombination ist vor allem dann empfehlenswert, wenn gewisse Abzweige aus betrieblichen Gründen sowieso zu Gruppen zusammengefaßt werden müssen oder die zu große Zahl der Abzweige zu lange Schaltfronten ergeben würde. Abb. 649c zeigt eine Anlagenbildsteuerung mit Anwahl für einen Mühlenstrang.

Mit indirekter Steuerung werden auch teil- oder vollautomatisch betriebene Kraftwerke ausgeführt. Wie bei der durch Handgriffe betätigten Steuerung sind auch bei einer selbsttätigen Steuerung der Kraftwerke die Meßwerte und Meldungen Ausgangspunkt für den Aufbau der Automatik. Grundbedingung für die Automatisierung eines Kraftwerkes ist deshalb das Erfassen, Registrieren und Auswerten von Meßdaten zur Betriebsüberwachung. Damit eine zuverlässige und wirtschaftliche Betriebsweise eines Kraftwerksblockes erreicht werden kann, ist eine selbsttätige Datenverarbeitungsanlage Vorbedingung.

c) Größe und Gestaltung der Warten

Die Größe und Gestaltung von Schaltwarten wird durch die Zahl der zu steuernden Abzweige, die Steuerungsart und durch die Abmessungen der Meßinstrumente sowie Betätigungs- und Überwachungsorgane bestimmt. Außerdem wird noch die Länge der erforderlichen Bedienungs- bzw. Überwachungstafeln sowie der Einbau von Schaltpulten, die Zugänge zur Warte und ein etwa vorzusehender Ausblick zur Aufspannanlage oder zum Maschinenhaus auf die Abmessungen der Warte Einfluß haben.

In Kraftwerkswarten sollten für die Bedienung der Kessel, Turbinen und Generatoren Schaltpulte und für die Überwachungsgeräte Schaltfelder vorgesehen werden, damit der Bedienende bei Steuerungs- oder Regelungsvorgängen die Überwachungsgeräte des kompletten Turbosatzes sowie auch des blockgebundenen Eigenbedarfes vom Bedienungsstandort aus überblicken kann. Die Schaltpulte werden deshalb etwa im Abstand von 1 m vor den Meßinstrumenten- bzw. Überwachungstafeln aufgestellt. Der Bedienende steht dadurch etwa 2 m vor den Tafeln, so daß er die Skalenwerte der Instrumente noch gut ablesen kann und auch etwaige Änderungen in den nebenliegenden Feldern im Blickfeld hat.

Für Blockkraftwerke ist stets die kombinierte Wärme-Elektro-Warte, d. h. die Blockwarte, zu empfehlen. Zur besseren Ausnutzung des anfallenden Platzes zwischen den Kesseln zweier Blockkraftwerke sollte allerdings für zwei Blocks nur eine Warte vorgesehen werden. Für die Ausführung der Schaltwarten in Blockkraftwerken wird meist die Rechteckform gewählt. Abb. 647b zeigt den Grundriß einer Blockwarte für zwei Blocks. Entsprechend der Lage der Turbosätze sind die Steuerpulte und Überwachungstafeln je Block zusammengefaßt angeordnet. Auf den Tafeln zwischen den Steuerpulten der beiden Blocks werden am vorteilhaftesten die Betätigungs- und Überwachungsorgane für die Eigenbedarfsversorgung, Gefahrmeldung sowie gegebenenfalls auch für die Aufspannanlage der beiden Blocks aufgebaut. Verbunden mit dem Zugang wird gern eine große Durchblicksöffnung von der Warte zum Maschinenhaus. Betrieblich erforderlich ist der Durchblick nicht, eine gute architektonische Wirkung wird jedoch dadurch für die Warte sowie auch für das Maschinenhaus erreicht. Ein Ausgang an der gegenüberliegenden Seite zum Kesselhaus muß noch berücksichtigt werden. Durch diesen sind auch auf kürzestem Wege die Kraftwerks-Eigenbedarfsanlagen zu erreichen.

Kombinierte Erzeuger- und Netzwarten erfordern meist durch die große Zahl der zu steuernden Abzweige als Grundrißlösung entweder eine U-Form oder die Anordnung der Tafeln und Pulte teilweise oder ganz im Bogen, wie z. B. in Abb. 661 dargestellt. Zur Erreichung harmonischer Grundriß-Abmessungen empfiehlt es sich, das Verhältnis der langen Schenkel zu den kurzen Schenkeln etwa 1,6 : 1 auszuführen. Maßgebenden Einfluß auf die Gestaltung der Warten-Grundrißform haben auch die zusammenhängenden Felder für den Wärmeteil, die Generatoren, die Gruppierung der Kraftwerks-Eigenbedarfsversorgung sowie die Anordnung der verschiedenen Netzanlagen.

Außerdem hat natürlich die zur Verwendung kommende Steuerungsart Einfluß auf die Länge der Bedienungsfronten und damit auch auf die Grundrißgestaltung.

Bei großen kombinierten Warten sollte man zwischen Wärme- und Elektroteil eine Art Geräuschschleuse vorsehen, wie es in einer Warte nach Abb. 661 ausgeführt wurde. In dieser Gemeinschaftswarte ist zwischen Wärme- und Elektroteil eine Einschnürung vorgesehen. Eine direkte Verständigung zwischen Maschinen- und Elektropersonal ist dadurch noch gegeben, bei etwaigen Störungen aber eine gegenseitige Behinderung vermieden.

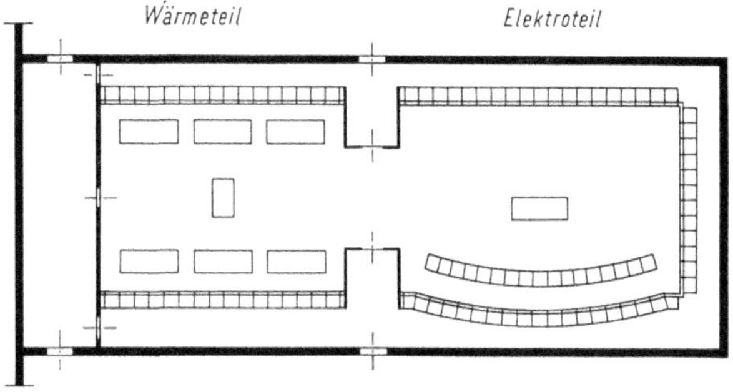

Abb. 661. Kombinierte Wärme-Elektrowarte mit Geräuschschleuse, Grundriß

d) Beleuchtung der Warten

Die Beleuchtung einer Warte ist grundsätzlich so auszuführen, daß die Meßwerte der Überwachungsgeräte gut ablesbar sind, die Schutzgläser nicht blenden und das Schaltpersonal durch die Aufhellung der Tafeln und Pulte nicht ermüdet. Durch die Einführung der Tageslicht-Leuchtstofflampen genügt meist eine allgemeine Raumaufhellung mittels einer größeren Zahl auf eine Fläche verteilter Leuchtröhren kleiner spezifischer Oberflächenhelligkeit. Es hat sich gezeigt, daß eine mittlere Beleuchtungsstärke von etwa 400 Lux am günstigsten ist. Wird eine getrennte Beleuchtung für die Schaltpulte, die Überwachungstafeln und den Wartenraum gewählt, so ist darauf zu achten, daß die Beleuchtungsstärken gut aufeinander abgestimmt sind. Nur eine richtige Abstimmung erleichtert das Ablesen der Meßinstrumente und vermeidet Blendungen.

Zusätzliche Abhilfemaßnahmen gegen die Spiegelung der Instrumentengläser sind Mattieren der Gläser, Neigung der Instrumente aus der senkrechten Ebene nach vorn und die Beleuchtung der Instrumentenskalen selbst. Vollkommen befriedigende Lösungen werden jedoch auch damit noch nicht erreicht, da die vorgenannten Abhilfemaßnahmen wieder Einbußen in architektonischer bzw. betrieblicher Hinsicht zur Folge haben.

Direkt gegenüber den Tafeln mit Instrumenten bzw. Relaisgehäusen mit Glaseinsätzen sollten keine Fenster angeordnet werden. Zumindest sollte man anstreben, diese Fenster ohne Unterteilungen auszuführen und, wenn möglich, nur auf der Nordseite vorzusehen.

Wie in allen Anlagen muß auch in den Schaltwarten außer der normalen Beleuchtung noch eine ausreichende Notbeleuchtung vorgesehen werden, damit auch bei Ausfall des gesamten Netzes die erforderlichen Maßnahmen für die Wiederinbetriebnahme der Eigenbedarfsanlagen, Turbosätze usw. gewährleistet wird. Die Versorgung der Notbeleuchtung sollte deshalb aus der Gleichstromanlage erfolgen (s. Abschn. B V, S. 649).

e) Akustik

Schaltwarten mit größerer Abzweigzahl sowie auch kombinierte Wärme-Elektrowarten erfordern meist mehr Schaltpersonal. Es ist deshalb wichtig, daß die Verständigung des Personals nicht durch zu große Nachhallzeiten erschwert wird. Türen und Glaseinsätze sowie Schalttafeln und Schaltpulte haben praktisch kein Schallschluckvermögen. Außerdem kann ein Schallstrahl außer auf direktem Wege auch durch ein- oder mehrfache Reflexion auf mehreren Wegen mit zeitlichen Unterschieden beim Hörer eintreffen. Es muß deshalb darauf geachtet werden, daß schallschluckende Wandverkleidungen (Abb. 662) usw. die Nachhallzeit auf mindestens 1,2 s herabsetzen. Zu beachten ist auch, daß die Grundrißformen und der Bodenbelag der Warten maßgebenden Einfluß auf die Schallverteilung und Reflexion des Schalles ausüben.

Abb. 662. Schaltwarte mit Wandfriestafeln. Werkbild Siemens

f) Architektur

Eine gute Raumwirkung bei den Schaltwarten ergibt zweifellos der Einbau von Rabitzschürzen zwischen Tafeloberkante und Decke. Eine sehr ansprechende Ausführung wird erreicht, wenn statt der üblichen etwa 2200 mm hohen Schalttafel die Bedienungsfronten als Wandfries ausgebildet werden. Abb. 662 zeigt eine solche Warte mit Wandfriestafeln und Verkleidung der Schürzen mit Holzstäbchen. Dominierend in den Warten sind die großen Flächen der Schalttafeln und Schaltpulte. Der Anstrich der Tafeln und Pulte muß deshalb besonders sorgfältig ausgewählt werden. Es ist zu beachten, daß die Wände, der Fußboden und die Decke mit dem Tafelanstrich abgestimmt werden müssen.

Der Farbton soll möglichst wenig Licht absorbieren. Bei natürlicher wie auch künstlicher Beleuchtung sollen die Tafeln als Ganzes gut erkennbar hervorgehoben werden. Außerdem soll der Anstrich lichtbeständig sein und unempfindlich gegen Fleckenbildung. Die Erfahrung hat gezeigt, daß alle grell wirkenden Farben vermieden werden sollten, da diese auf die Dauer als unruhig und damit vom Personal als störend empfunden werden.

g) Belüftung und Heizung

Die Raumtemperatur und Luftfeuchtigkeit in einer Warte sollte möglichst den Jahreszeiten angepaßt werden können. Bei fensterlosen Warten und bei Großwarten ist es deshalb empfehlenswert, Klimaanlagen vorzusehen. Frischluft sollte man über Luftfilter, Klimagerät und Leitungskanäle in die Warte oberhalb der Schalttafeln mit geringem Überdruck einblasen und am Wartenboden hinter den Schaltpulten oder dem Schreibtisch in die Abluftkanäle abführen. Es ist unbedingt darauf zu achten, daß Zugerscheinungen und Geräuschbelästigungen vom Wartenpersonal ferngehalten werden. Stündlich sollte etwa ein fünfmaliger Luftwechsel stattfinden.

h) Verdrahtungstechnik im Schalttafelbau

Die Abmessungen der Bedienungs- und Überwachungsschalttafeln sowie Schaltpulte in den Schaltwarten werden zwar im wesentlichen von der Besetzung der Bedienungsfront bestimmt, jedoch muß auch die erforderliche Besetzung auf der Rückseite der Schalttafeln und der innere Ausbau in den Schaltpulten bei der Ausarbeitung der Entwürfe der Schaltwarten berücksichtigt werden.

Bis vor einigen Jahren war praktisch nur die klassische Verdrahtungsmethode üblich. Bei dieser wurden die Verbindungsleitungen zwischen den in den Tafeln und Pulten eingebauten Geräten und den Reihenklemmen zum Anschluß der Steuer-, Meß- und

Meldekabel in geordneter Einzeldrahtverlegung oder systematisch zusammengefaßten Leitungssträngen verlegt. Auf gute Erkennbarkeit der einzelnen Leitungswege wurde dabei besonders geachtet. Abb. 663 zeigt die Rückansicht einer Schalttafel mit geordneter Einzeldrahtverlegung. Diese Leitungsverlegung erfordert im Konstruktionsbüro gewissenhafte, zeitraubende Vorarbeiten durch Anfertigung von Leitungsverlegungszeichnungen und außerdem in den Werkstätten darauf spezialisierte Arbeitskräfte. Die Verbindungsleitungen liegen praktisch niemals im Blickpunkt repräsentativer Frontseiten. Der ge-

Abb. 663. Schalttafel-Rückansicht mit Einzeldrahtverlegung. Werkbild Siemens

Abb. 664. Schalttafel-Rückansicht mit Kanalverdrahtung. Werkbild Siemens

ordnete sichtbare Drahtverlauf hat deshalb nur zweitrangige Bedeutung. Das wichtigste in der Verdrahtungstechnik ist dagegen die konsequent durchgeführte Leitungsbezeichnung mit Ziel- und Anschlußhinweisen an den Endpunkten oder die Verwendung von zuverlässigen Bauschaltplänen sowie die Zugänglichkeit zu allen Anschlüssen für Zwecke der Wartung und Prüfung.

Auf Grund dieser Erkenntnisse sind in den letzten Jahren verschiedene neue Verdrahtungsarten entwickelt und ausgeführt worden. Im wesentlichen haben sich drei Arten herausgebildet, die je nach dem Verwendungszweck der Schalttafeln und Schaltschränke angewendet werden:

Kanalverdrahtung,
freizügige Leitungsverlegung,
Stützpunktverdrahtung.

Bei Steuer-, Schreiber-, Zähler- und Schutztafeln wird zweckmäßig eine Kanalverdrahtung vorgesehen.

Abb. 664 zeigt die Rückansicht eines Wartenfeldes mit *Kanalverdrahtung*. Auf jedem Binder der Tafel ist ein Kunststoffkanal, in dem die Verbindungsleitungen eingelegt werden, angeordnet. Die Leitungen werden dabei auf kürzestem Weg an den Kanal herangeführt, dann eingelegt und an der Klemmenleistenreihe, entsprechend dem Kabelabgang, geordnet angeschlossen. Im Konstruktionsbüro sind dadurch außer den Schalt-

a

b

Abb. 665 a u. b. Relais-Schalttafel mit Klemmenvorsetzer und freizügiger Leitungsverlegung. Werkbild Siemens

plänen nur noch Klemmenleistenpläne, d. h. Bauschaltpläne, vorzubereiten für die Verdrahtungsarbeit in der Werkstatt.

Abb. 666. Schaltschrank mit Stützpunktverdrahtung. Werkbild Siemens

In Abb. 665a und b ist die Vorder- und Rückansicht einer Relaistafel mit *freizügiger Leitungsverlegung* dargestellt. Diese Verlegungsart kann angewendet werden bei allen Tafeln und Schränken, bei denen die Relais, Zähler oder Schreiber auf der Vorderfront der Tafeln aufgebaut werden. Für Schutz-Relaistafeln empfiehlt sich außerdem auch, die Reihenklemmen für den Anschluß der abgehenden bzw. ankommenden Kabel auf der Frontseite in Klemmenvorsetzern vorzusehen, wie es Abb. 665a zeigt. Für den Relaisprüfer ergibt sich daraus der Vorteil, daß er bei der Überprüfung des Schutzes nicht nur die Funktionsweise der Relais und Prüfgeräte, sondern auch die Anschlüsse der Relais und Kabel überblicken kann. Auf diesen Tafeln können die Leitungen auf der Rückseite auf kürzestem Wege frei verlegt werden vom Gerät zu den Reihenklemmen sowie auch von Gerät zu Gerät. In der Tafelfront werden Gummitüllen eingesetzt, auf der Rückseite sind Ordnungsleisten aus Isolierstoff angeordnet als Träger der Verbindungsleitungen. Auf der Frontseite sind dadurch die Anschlüsse an den Relais sowie auch diese an den Reihenklemmen geordnet, und außerdem sind durch die Tüllen und Ordnungsleisten die Leitungen noch zusätzlich gegenüber den geerdeten Bauteilen isoliert.

Die Abb. 666 zeigt noch ein Beispiel einer *Stützpunktverdrahtung*. Vorwiegend wird diese Art der Verdrahtung angewendet, wenn Leitungen mit verschiedenem Querschnitt verlegt werden müssen, wie z. B. in offenen Gerüsten von Niederspannungsverteilungen usw.

Die Abb. 666 läßt erkennen, wie die in Bündeln zusammengefaßten Leitungen von den Stützpunkten (Leitungshaltern) getragen werden. Die Stützpunkte bestehen aus Isoliermaterial. Das Bodenteil der Leitungshalter wird auf dem Binder oder der Rückseite der Tafel befestigt. Die Leitungsbündel werden in das Bodenteil eingelegt und durch Rändelmuttern festgehalten.

Schrifttum

[*1*] Reiske, K.: Die Gestaltung neuzeitlicher Schaltwarten. Siemens-Z. Bd. 25 (1951), S. 21/31.

[*2*] Meiners, G.: Wandlungen im Bau großer Kraftwerkswarten. Brennstoff Wärme Kraft Bd. 5 (1953), S. 190/95.

[*3*] Spanek, H.: Moderne Schaltwarten-Geräte, Einrichtung und Gestaltung. Die Elektro-Post Bd. 7 (1954), S. 121/25.

[*4*] Reiske, K.: Schaltwarten mit Anwahlsteuerung der Abzweige. Siemens-Z. Bd. 28 (1954), S. 121/25.

[*5*] Meiners, G.: Über den Bau von Kraftwerks- und Umspannwerkswarten. Elektrotechnik und Maschinenbau Bd. 72 (1955), S. 241/49.

[*6*] Haase, G.: Verdrahtungstechnik im Schaltanlagenbau. Siemens-Z. Bd. 29 (1955), S. 505/12.

[*7*] Pauer, St.: Anwahlsteuerung in modernen Großkraftwerken. VDE-Fachber. Bd. 19 (1956), S.166/73.

[*8*] Oberhäuser, R.: Stand und Entwicklung im Schaltanlagenbau. Siemens-Z. Bd. 30 (1956), S. 306/19.

[*9*] Schmitz, H.: Die Anwahlmessung in modernen Schaltwarten. ETZ B Bd. 9 (1957), S. 117/27.

[*10*] Körner, G., u. U. Sauerbeck: Kraftwerkswarten. ETZ A Bd. 78 (1957), S. 101/10.

[*11*] Meiners, G.: Zur Technik des neuzeitlichen Wartenbaues. Elektrizitätswirtsch. Bd. 57 (1958), S. 213/15.

[*12*] Sparig, F.: Anwahlsteuerung von Schaltwarten. Deutsche Elektrotechnik 13 (1959); Elektrofertigung S. 4/6.

[*13*] Hahn, R.: Verwendung von Simatic Bauteilen für die Nahsteuerung großer Schaltanlagen. Siemens-Z. Bd. 33 (1959), S. 619/21.

[*14*] Henning, W.: Die Anwendung der Anwahlsteuerung in der Fernsteuertechnik. Elektrizitätswirtsch. Bd. 58 (1959), S. 234/39.

[*15*] Hugentobler, E.: Tendenzen im Bau von Schaltwarten. Bulletin SEV Bd. 50 (1959), S. 504/08.

[*16*] Kühnel, S.: Moderne Schaltwarten. AEG-Mitt. Bd. 49 (1959), S. 286/91.

[*17*] Wollscheid, E.: Raumsparende Schaltwarten mit Kleingeräten. BBC-Nachr. (1959), S. 358.

[*18*] Weiland, E.: Anlagenbildsteuerung — ein neues Steuersystem für Schaltanlagen. Siemens-Z. Bd. 34 (1960), S. 31/39.

[*19*] Maier, K. H.: Beleuchtung von Schaltwarten und Schaltanlagen. Elektrizitätswirtsch. Bd. 59 (1960), S. 14/16.

[*20*] Pestel, H., E. Bartels u. G. Klos: Anwahlsteuerung für Kraftwerks- und Umspannwerks-Schaltwarten. Elektrie Bd. 14 (1960), S. 35/41.

[*21*] Reiske, K.: Das automatische Dampfkraftwerk. Siemens-Z. Bd. 38 (1964), S. 125/29.

[*22*] Friedewald, W.: Überwachung von Dampfkraftwerkblocks durch das Siemens-Prozeß-Leitsystem. Siemens-Z. Bd. 38 (1964), S. 3/7.

[*23*] Schmudlach, U.: Elektronische Einrichtung zur automatischen Steuerung von Dampfturbogruppen. BBC-Nachr. (1963), S. 233/36.

[*24*] Heilmann, H.: Elektronische Steuerung in Warten von Kraft- und Umspannwerken. AEG-Mitt. Bd. 53 (1963), S. 75/85.

E. Selektivschutzeinrichtungen

Von Bruno Westphal

I. Aufgabenstellung

In den vorhergehenden Abschnitten nimmt das Blockkraftwerk die führende Stellung ein. Es soll daher auch in schutztechnischen Fragen mit Vorrang behandelt werden. Sofern sich durch einen anderen elektrischen oder dampftechnischen Aufbau des Kraftwerkes abweichende Gesichtspunkte ergeben, werden diese am Schluß des Abschnittes behandelt.

Im Blockkraftwerk stellen Kessel, Turbine, Generator, Haupttransformator, Eigenbedarfs-Transformator und Eigenbedarfs-Versorgung eine betriebsmäßige Einheit dar.

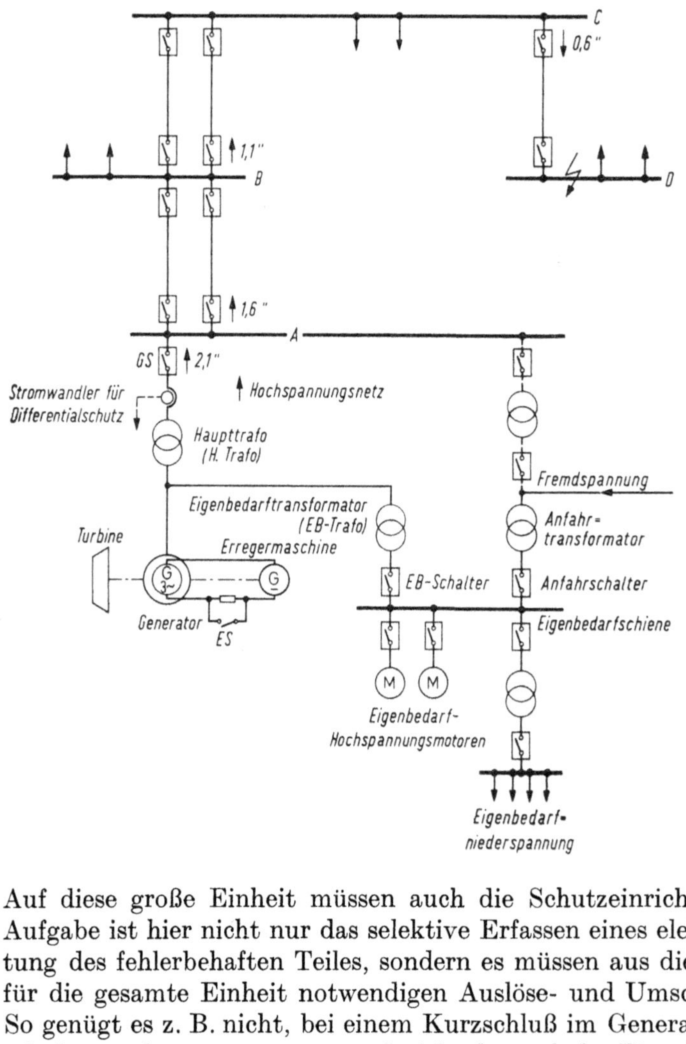

Abb. 667. Schema einer Blockeinheit mit Netz

Auf diese große Einheit müssen auch die Schutzeinrichtungen ausgerichtet sein. Ihre Aufgabe ist hier nicht nur das selektive Erfassen eines elektrischen Fehlers und Abschaltung des fehlerbehaften Teiles, sondern es müssen aus dieser Forderung heraus auch die für die gesamte Einheit notwendigen Auslöse- und Umschaltbefehle eingeleitet werden. So genügt es z. B. nicht, bei einem Kurzschluß im Generator diesen nur vom Netz abzuschalten und zu entregen; es muß vielmehr auch der Eigenbedarf auf eine von der Störung nicht betroffene Spannung umgeschaltet werden, um so das Weiterlaufen der Kesselhilfsantriebe zum langsamen Abfahren des Kessels sicherzustellen. Außerdem wird gleichzeitig auch der Turbinenschnellschluß elektrisch betätigt, um ein unnötiges Hochlaufen der bis zu diesem Augenblick u. U. vollbelasteten Turbine gegebenenfalls bis zur Schnellschlußdrehzahl nach Möglichkeit zu vermeiden. Auf welche Störungen im Netz und in der Blockeinheit muß jetzt ein sinnvoller Schutz eingreifen und Abschaltungen oder Signale einleiten?

Abb. 667 zeigt nochmals die häufigste Schaltung einer großen Blockeinheit im Zusammenhang mit einem Netzverband. An Hand dieses Schemas sollen die Auswirkungen der einzelnen Fehlerarten auf die Blockeinheit erörtert werden.

II. Fehlermöglichkeiten, ihre Auswirkungen auf den Block und Schutzmaßnahmen

a) Fehler im Hochspannungsnetz

Es sei ein dreipoliger Kurzschluß auf der Sammelschiene der entfernten Station *D* angenommen, welcher auch an der Kraftwerkssammelschiene *A* noch einen Spannungseinbruch von 10 bis 20% hervorrufen möge. Der Kurzschluß in *D* wird entweder kurzfristig (0,1 s) durch einen für Sammelschiene *D* eingebauten Differentialschutz oder aber durch den Zeitstaffelschutz (heute durchweg Distanzschutz) der auf Sammelschiene *D* speisenden Leitungen mit etwas größerer Verzögerung (rd. 0,5 bis 0,6 s) in Station *C* abgeschaltet. Während dieser Zeit liefert auch die betrachtete Blockeinheit Überstrom. In den Blockabzweig eingebaute Überstrom- oder Impedanzrelais werden durch ihre Überstromglieder angeregt. Ihre Auslösezeit wird so gewählt, daß sie gegenüber der sich in Richtung Kraftwerk staffelnden Netzreservezeiten die längste Auslösezeit haben und daher bei einem solchen Fehlerverlauf mit Sicherheit nicht zur Auslösung führen. Da die Schalter der Station *B* wieder um eine Zeitstaffelstufe (0,4 bis 0,6 s) gegenüber den Schaltern in *C* gestaffelt sind und in *A* gegenüber *B*, ergäbe sich für den Generatorüberstromschutz mit einer weiteren Zeitstaffelstufe gegenüber *A* eine Zeitverzögerung von 2,1 s. In den meisten praktischen Fällen mit größerer Netzausdehnung kommen so für den Generatorschalter Überstromauslösezeiten von 4 bis 10 s zustande. Während eines solchen Fehlers, der im allgemeinen in weniger als 1 s weggeschaltet ist, entsteht zwar auch an den Generatorklemmen, an die der Eigenbedarf angeschlossen ist, ein Spannungseinbruch. Dieser ist jedoch, bedingt durch die Kurzschlußspannung des Haupttransformators, prozentual kleiner als an der oberspannungsseitigen Sammelschiene. Günstig wirkt sich hierbei auch noch die Auferregung des Generators durch einen Spannungsschnellregler aus, so daß der Eigenbedarf noch mit annähernd voller Spannung (rd. 95 bis 85%) versorgt werden kann. Somit ist dieser hierbei wenig gefährdet.

Unangenehmer werden die Auswirkungen dann, wenn durch die ordnungsgemäße Abschaltung des Kurzschlusses in *D* eine Netzauftrennung erfolgt und das verbleibende Netz Blindstrommangel aufweist. Die nun das Restnetz speisenden Generatoren müssen diesen Blindstrombedarf decken, was häufig zu einem bleibenden Überstrom führt.

Hierbei kann der Überstromschutz seine Zeiteinstellung (4 bis 10 s) durchlaufen und die Auslösung des Generatorschalters hervorrufen. Eine Entregung des Generators und Umschaltung des Eigenbedarfs braucht nicht vorgenommen zu werden, da die Klemmenspannung des Generators im allgemeinen noch ausreichend hoch ist und damit für die Motoren des Eigenbedarfs keine Gefahr zum Abkippen gegeben ist. Zum anderen steht bei einer doch zu kleinen Eigenbedarfsspannung und einem dadurch bedingten kurzzeitigen Abkippen der Motoren nach Öffnung des Generatorschalters sofort die volle Generatorspannung und mehr als ausreichende Leistung zum Wiederhochfahren des Eigenbedarfs zur Verfügung. Ist die sog. Anfahrspannung über Transformatoren vom Oberspannungsnetz entnommen, so darf in diesem Fehlerfall unter keinen Umständen eine Umschaltung des Eigenbedarfs auf das bereits überlastete und in der Spannung zu niedrige Oberspannungsnetz vorgenommen werden.

Liegt im Netz ein Nahkurzschluß vor, beispielsweise zwischen Station *A* und *B*, so wird der Leitungsschutz diesen Fehler in Kurzzeit, entweder in der ersten Stufe mit rd. 0,1 s oder in der zweiten Stufe mit rd. 0,6 s abschalten. Der hierbei an der Sammelschiene A auftretende Spannungseinbruch ist zwar groß (u. U. verbleiben nur wenige Prozent Restspannung), aber nur kurzzeitig und bewirkt praktisch keine Beeinflussung der Eigenbedarfsversorgung. Günstig wirkt sich auch hier wieder die Impedanz des Transformators aus, die in Verbindung mit dem vom Generator gelieferten Stoßstrom im ersten Augenblick an den Generatorklemmen noch eine für den Eigenbedarf ausreichende Spannung hält. Diese sinkt zwar mit der transienten Kurzschlußzeitkonstanten des Generators schnell ab; andererseits wird der Kurzschluß aber auch schnell weggeschaltet.

Hierbei muß man auch den Fall betrachten, daß beispielsweise das die Leitung $A-B$ schützende Relais oder der Leistungsschalter versagen infolge fehlender Hilfsspannung oder meßtechnischer bzw. mechanischer Versager. Ein wie vor mit langer Zeit auslösender Generatorüberstromzeitschutz (4 bis 10 s) kann jetzt nicht mehr verhindern, daß der Eigenbedarf über mehrere Sekunden fast spannungslos wird und die Motoren in der Drehzahl stark abfallen bzw. sogar zum Stillstand kommen. Ein solcher Nahkurzschluß stellt, abgesehen vom ersten Augenblick, in dem der Stoßstrom noch einen hohen Wert hat, abhängig von dem relativ kleinen Ohmschen Widerstand der Kurzschlußbahn im allgemeinen eine nahezu völlige Entlastung der Turbine dar. Es besteht damit die Möglichkeit, daß die Turbine in der Drehzahl stark ansteigt und den Schnellschluß zum Ansprechen bringt. Nach Auslösung des oberspannungsseitigen Schalters kann dann die Turbine infolge des schnellen Absinkens ihrer Drehzahl den Eigenbedarf nicht mehr versorgen.

Eine frühzeitige Umschaltung des Eigenbedarfs in Abhängigkeit von der Spannung wäre nur dann möglich, wenn die Anfahrspannung nicht von dem im Augenblick mit einem Kurzschluß behafteten Hochspannungsnetz, sondern von einem völlig getrennten Netz entnommen wird. Hiermit würde aber auch in anderen Fällen eine unerwünschte und häufige Umschaltung der Eigenbedarfsversorgung eingeleitet werden. Letzten Endes bedeutet die Einleitung einer Eigenbedarfsumschaltung doch ein gewisses Risiko, welches man nur dann übernimmt, wenn es unbedingt notwendig ist. Von der spannungsabhängigen Umschaltung, die natürlich auch eine die oberspannungsseitige Netzstaffelung berücksichtigende Zeitverzögerung erhalten muß, ist man daher in den letzten Jahren vielfach abgegangen. Günstiger ist es, an Stelle des Überstromzeitschutzes einen geeigneten Impedanzschutz vorzusehen, der diesen Netzfehler in seiner Art erkennt und für den Fall eines Versagens der Netzschutzeinrichtung bzw. des Abgangsschalters den Generatorschalter kurzfristig nach rd. 0,6 bis 1 s auslöst. Ein derart gestaffelter Reserveschutz ist für Hochspannungsleitungen eine Selbstverständlichkeit und sollte bei dem hier wesentlich wertvolleren Objekt erst recht eingesetzt werden. Ein so kurzzeitiger Spannungseinbruch stört nicht, und der Eigenbedarf braucht dann nicht umgeschaltet zu werden. Als weiterer Vorteil kommt hinzu, daß nach der kurzfristigen Auslösung des oberspannungsseitigen Schalters die Turbine mit dem Eigenbedarf belastet bleibt und die Möglichkeit des unerwünschten Schnellschlußansprechens weiterhin verkleinert wird.

Ein Kurzschluß auf der Sammelschiene A ist in seinen Auswirkungen auf den Block gleichbedeutend mit dem nahen Leitungsfehler zwischen A und B, bei dem der Leitungsschalter in A durch irgendwelche Unzulänglichkeiten nicht auslöste.

Ist für die Sammelschiene ein Differentialschutz vorgesehen, so werden bei einem Sammelschienenkurzschluß alle Anschlüsse in rd. 0,1 s abgeschaltet; ein so kurzer Spannungseinbruch macht sich in der Eigenbedarfsversorgung überhaupt nicht bemerkbar.

Es soll nun auch noch der Kurzschluß zwischen Schalter GS und dem oberspannungsseitigen Stromwandlersatz für Differentialschutz betrachtet werden. Seine Auswirkungen auf den Block sind wieder die gleichen wie bei einem Sammelschienenfehler. Jedoch bleibt der Fehler bei Auslösung des Schalters GS bestehen; in diesem Fall muß man die Maschine auch entregen, und damit ergibt sich die weitere Notwendigkeit einer Umschaltung des Eigenbedarfs. Es ist jetzt ohne Bedeutung, ob die Anfahrspannung vom oberspannungsseitigen Netz oder von einem völlig getrennten Fremdnetz stammt, da ja auch im ersten Fall durch Öffnen des GS-Schalters das oberspannungsseitige Netz wieder ungestört

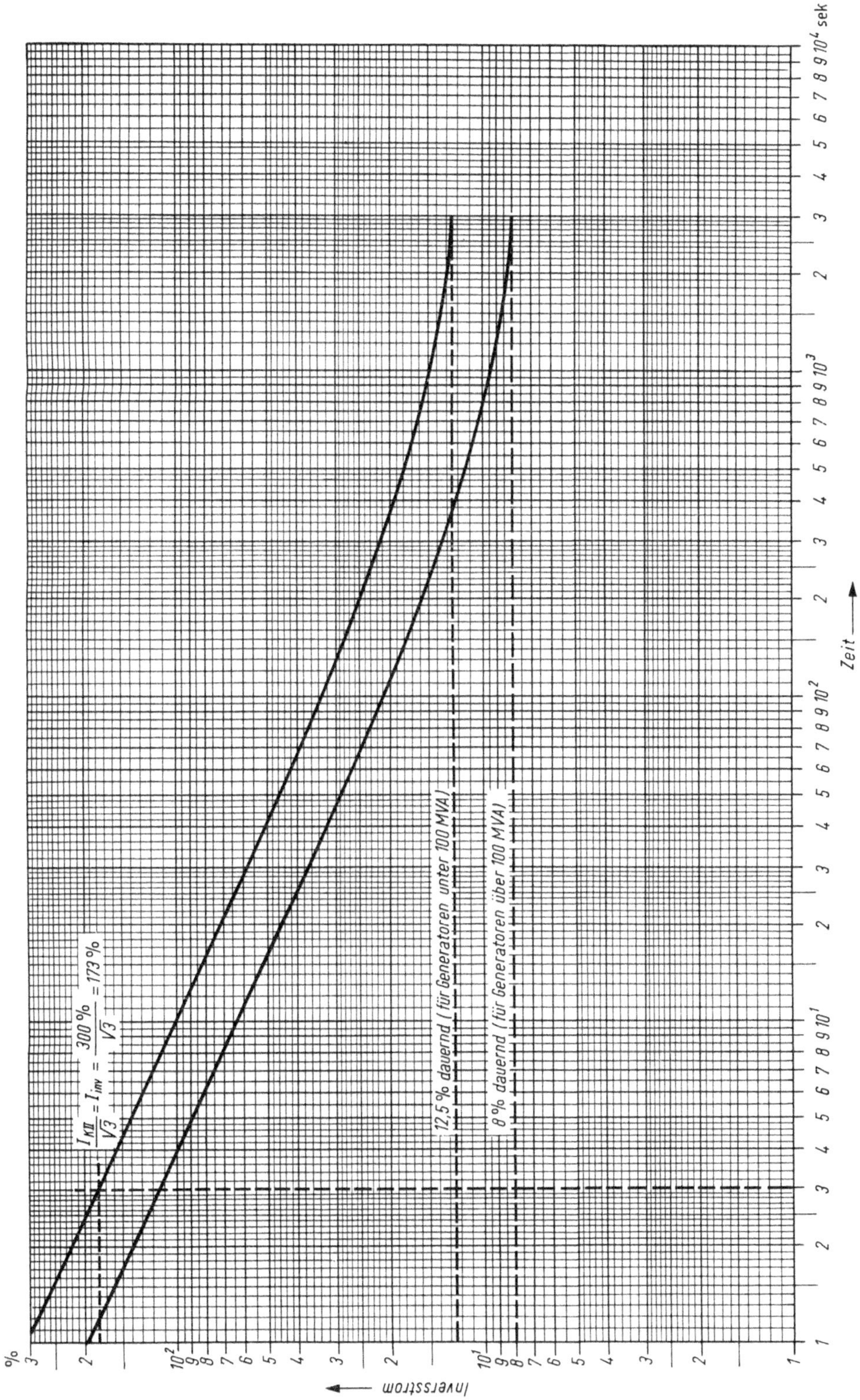

Abb. 668. Etwa zulässiger Inversstrom von Turbogeneratoren

bereitsteht. Meßtechnisch kann ein Impedanzschutz diesen Fehler vom Sammelschienenfehler nicht unterscheiden. Er wird mit dem bereits vorher erwähnten Impedanzschutz als Sammelschienenfehler ausgemessen und leitet, wie bei einem Sammelschienenfehler, die Auslösung des *GS*-Schalters nach rd. 0,6 bis 1 s ein. Da aber nach Auslösung dieses Schalters die Stromanregung des Schutzes durch die weitere Speisung des Fehlers vom Generator her bestehenbleibt, kann man jetzt mit einer Nachlaufzeit von rd. 0,5 s die Entregung, Umschaltung des Eigenbedarfs und Betätigung des Schnellschlusses einleiten [*1*].

Bisher war von dreipoligen oberspannungsseitigen Fehlern die Rede. Diese sind relativ selten. Die Mehrzahl der Kurzschlußfehler im isoliert betriebenen Netz sind zweipolig, vorwiegend Doppelerdschlüsse, und im starr geerdeten Netz ein- oder zweipolig. Für die meßtechnische Erfassung dieser Fehler und die daraus abzuleitenden Auslösefunktionen ergeben sich grundsätzlich dieselben Überlegungen wie für dreipolige Fehler. Infolge der meist üblichen Sterndreieckschaltung der Aufspanntransformatoren sind die Spannungsverhältnisse hierbei an den Generatorklemmen und damit auch für die Eigenbedarfs-Versorgung noch günstiger.

Wesentlich nachteiliger wirken sich aber ein- oder zweipolige Fehler durch ihr gegenläufiges Drehfeld auf den Generator aus. Es entsteht eine zusätzliche Erwärmung des Rotors. Abb. 668 zeigt zulässige Inversstromkurven als Funktion von der Zeit. Im allgemeinen sind Generatoren unter 100 MVA für einen dauernd zulässigen Inversstrom von 12,5%, solche über 100 MVA für 8% ausgelegt, sofern nicht Sondervereinbarungen getroffen werden. Nimmt man einen zweipoligen Sammelschienenfehler und einen Generator mit Stoßerregung an, der hierbei den dreifachen Nennstrom als Dauerkurzschlußstrom liefern möge, so ist aus den Kurven ersichtlich, daß dieser Fehler nach der 12,5%-Kurve in 3 s und nach der 8%-Inversstromkurve in rd. 1,3 s abgeschaltet sein muß, wenn der Generator nicht ernsthaft gefährdet werden soll. Ein Überstromschutz, wie eingangs ausgeführt, mit Laufzeiten zwischen 4 und 10 s würde den Generator infolge der zu langen, durch die Netzstaffelung bedingten Laufzeit nicht ausreichend schützen. Ein Impedanzschutz dagegen, der bei einem Sammelschienenfehler in weniger als 1 s den Generator vom Netz trennt, erfüllt auch hier die Schutzaufgabe. Allerdings ist mit dem Distanzschutz keinerlei Reserveschutz für diesen Fehler gegeben. Versagt beispielsweise der Impedanzschutz mit seiner Kurzzeitstufe und schaltet erst mit einer Endzeit von 8 s ab, so kann der ein- oder zweipolige Sammelschienenfehler zu einer ernsthaften Beschädigung des Generators führen. Außer größeren Reparaturkosten ist ein längerer Ausfall des gesamten Blockes zu erwarten. Zur Erfassung derartiger Fehler und als Reserveschutz sind aber geeignete Unsymmetrieschutzeinrichtungen mit stufenförmiger oder stetiger Stromzeitcharakteristik vorhanden.

Als weiterer Netzfehler, der sich auf die Generatoren auswirkt, ist ein Leiterbruch anzusehen. Generatoren, die erst über eine längere Oberspannungsverbindung an eine Sammelschiene geschaltet werden, sind hierbei besonders gefährdet, da sie bei einem Leiterbruch auf dieser Strecke den gesamten, ihrem Laststrom entsprechenden gegenläufigen Strom liefern müssen (Abb. 669a bis c). Tritt dagegen auf einer von der Sammelschiene abgehenden Stichleitung eine Unterbrechung ein, so entsteht nur ein der Belastung der Stichleitung entsprechender Inversstrom, der sich zudem noch auf die verschiedenen einspeisenden Generatoren aufteilt. Der Leiterbruch auf einer Ringleitung ist für die Generatoren ohne Bedeutung, da die Verbraucher über die nicht unterbrochene Seite des Ringes weiterversorgt werden. Der in diesen Fällen vom Generator gelieferte Inversstrom liegt immer unter Nennstrom und kann vom Generator gemäß Abb. 668 über eine mehr oder weniger lange Zeit ohne Herbeiführung eines Schadens geführt werden. Jedoch darf die zulässige Zeit nicht überschritten werden, was durch geeignete Unsymmetrierelais, die den *GS*-Schalter auslösen, überwacht wird. Zieht man auch noch das Versagen des oberspannungsseitigen Schalters *GS* bei einem hinter diesem in Richtung Netz liegenden zweipoligen Nahkurzschluß oder aber ein fehlerhaftes Arbeiten des Generator-Impedanzschutzes bei einem zweipoligen Kurzschluß zwischen Schalter und Stromwandlersatz für den Differentialschutz in Betracht, so müßte man dem Unsymmetrieschutz, ähnlich wie vorher beim Impedanzschutz erläutert, eine Nachlaufzeit zuordnen, die dann auch Entregung, Eigenbedarf-Umschaltung und Schnellschlußbetätigung einleitet.

In den Rahmen der äußeren Fehler fällt auch die Spannungssteigerung. Diese kommt zustande, wenn plötzlich große Netzteile abgeschaltet werden und damit eine starke, strommäßige Entlastung des Generators eintritt. Gefördert wird die Spannungssteigerung noch durch das Verbleiben langer, leerlaufender Leitungen am Generator, die eine mehr oder weniger hohe Selbsterregung hervorrufen. Die heute durchweg zum Einsatz kommenden Spannungsschnellregler sind in der Lage, solche Spannungsanstiege in ausreichend kurzer Zeit zurückzuregeln, so daß für den Generator im allgemeinen keine ernste Gefährdung entsteht. Andererseits birgt aber ein sehr hochwertiger und schneller Spannungsregler durch eine gewisse Kompliziertheit und in der Sicherheit seiner Anschlüsse eine Gefahr des Versagens in sich. Zudem ist es ja auch immer möglich, die Spannungsregelung von Hand durchzuführen. Diese Gesichtspunkte führen vielfach zum Einsatz eines Spannungssteigerungsschutzes, der außer Leistungs- und Entregungsschalter die Eigenbedarf-Umschaltung und den Schnellschluß betätigt.

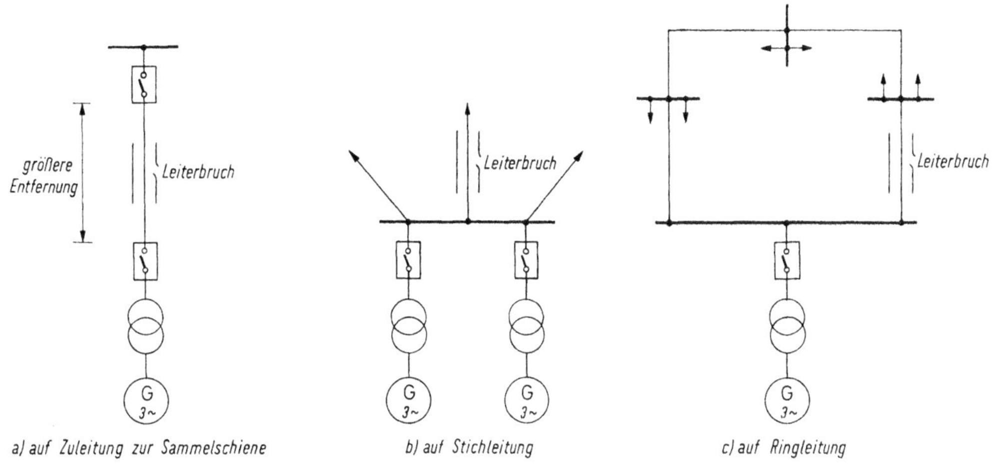

Abb. 669 a—c. Leiterbruch

Bei plötzlichen Entlastungen und elektrischer Heraustrennung des Blockes aus dem Verband mit anderen Maschinen (z. B. Öffnen des *GS*-Schalters Abb. 667) hat eine Turbine die Tendenz, in ihrer Drehzahl anzusteigen. Ob der Drehzahlanstieg mehr oder weniger groß ist, hängt von der Vorbelastung sowie dem Turbinenregler und weiterer turbinentechnischer Fragen ab, die an dieser Stelle aber nicht erörtert werden sollen. Bei einer solchen Entlastung von annähernd Vollast auf Leerlauf besteht zumindest die Gefahr, daß die Drehzahl bis zum Ansprechen des Turbinenschnellschlusses ansteigt. Dies ist in erster Linie darauf zurückzuführen, daß ein mechanischer Drehzahlregler nicht sofort bei Lastabwurf, sondern erst auf die Auswirkungen des Lastabwurfes, nämlich die Drehzahlerhöhung, reagiert. Abhängig von der Empfindlichkeit eines solchen Drehzahlreglers und der Statik muß die Drehzahl erst einen bestimmten Prozentsatz überschritten haben, damit ein Regelvorgang eingeleitet wird. Hinzu kommen weitere Verzögerungen durch unumgängliche mechanische Regelglieder. Mit Rücksicht auf die Eigenbedarfs-Versorgung ist ein Ansprechen des Schnellschlusses und damit verbunden ein Abfahren der Turbine unerwünscht. Ein in den letzten Jahren entwickeltes Leistungssprungrelais hat sich hierbei als sehr vorteilhaft erwiesen [*2*]. Dieses reagiert auf einen größeren negativen Leistungssprung (Rückgang der Leistung) in einer Zeiteinheit, also ein $\mathrm{d}P/\mathrm{d}t$-Relais. Beim Ansprechen wird sofort ein Befehl auf elektromagnetisch gesteuerte Zusatzventile im Turbinen-Reglerölkreis gegeben, die durch plötzliche Wegnahme des Regleröldruckes ein sehr schnelles Schließen der Reglerventile zur Folge haben. Die Dauer des anstehenden Befehls richtet sich nach der Höhe des negativen Leistungssprunges. Hierdurch wird es möglich, mit Sicherheit ein unerwünschtes Ansprechen des Turbinenschnellschlusses zu unterbinden.

Ein anderes Verfahren verwendet die Beschleunigung $\mathrm{d}n/\mathrm{d}t$ als Kriterium für den Eingriff in die Drehzahlsteuerung [*3*].

Durch Netzauftrennungen als Folge von Kurzschlüssen kommt es vor, daß ein Verband von verschiedenen Maschinen ein Inselnetz versorgt, wobei aber die bisher von den Generatoren abgegebene Leistung den Bedarf des Inselnetzes weit überschreitet. Bei dieser Entlastung haben die Turbinen die Tendenz, ihre Drehzahl zu erhöhen. Abhängig von der Statik der Turbinenregler, dem Belastungszustand und der Anlaufzeitkonstante verschiedener Turbinen kann es sich hierbei ereignen, daß eine Reihe von Turbinen eine höhere Drehzahl anstrebt und erreicht, während andere weitestgehend in ihrer Ausgangsdrehzahl verharren möchten. Letztere werden aber über das elektrische Netz in ihrer Drehzahl mit hochgezogen. Die Turbinenregler dieser Turbinen haben nun das Bestreben, die ursprüngliche Drehzahl zu halten und bewegen die Ventile in Richtung ,,Schließen". Die so völlig zur Entlastung kommenden Turbinen werden jetzt über den Generator, der hierbei zum Synchronmotor wird, vom Netz her in der Drehzahl hochgezogen, d. h. sie entnehmen ihre Antriebsleistung dem Netz. Diese Rückleistung, die vielfach als Schleppleistung bezeichnet wird, beträgt wenige Prozent der Nennleistung und entspricht den Leerlaufverlusten von Turbine und Generator. Für die Turbine ist dieser Zustand über längere Zeit unerwünscht (Überhitzung der Turbinenschaufeln) und erfordert eine Abschaltung vom Netz oder zumindest aber eine Signalisierung, die nunmehr einen Eingriff von Hand ermöglicht. Über die Zeitdauer, während der eine Turbine ohne Dampfdurchsatz vom Netz mitgezogen werden kann, ohne Schaden zu leiden, gehen die Meinungen oft auseinander. Zeiten zwischen 20 s und 1 min dürften aber im allgemeinen noch tragbar sein. Durch Rückleistungsrelais ($I \cdot U \cdot \cos \varphi$-Messung) mit entsprechender Zeitverzögerung kann ein solcher Turbinenzustand eindeutig erfaßt werden.

b) Fehler im Eigenbedarfsnetz

In die Kategorie der äußeren Fehler müssen auch solche im Eigenbedarf eingereiht werden. Von der Eigenbedarfs-Sammelschiene aus werden eine Reihe für den Kesselbetrieb wichtiger Motoren direkt mit Hochspannung, andere Hilfsantriebe über Transformatoren mit Niederspannung versorgt. Die an die Eigenbedarfsschiene direkt angeschalteten Motoren erhalten in erster Linie eine Kurzschluß-Schnellauslösung. Tritt in einem Motor in Klemmennähe oder in der Zuleitung ein Kurzschluß mit ausreichendem Kurzschlußstrom auf, so erfolgt unverzögert eine Auslösung des betreffenden Schalters (Ansprechzeit des Schutzes + Schalterauslösezeit etwa 0,1 s). Zusätzlich erhalten diese Motoren einen Überlastschutz in Form von Thermorelais oder auch abhängigen Überstromzeitrelais oder unabhängige Überstromzeitrelais mit mehreren Strom- und Zeitstufen. Bei großen und wichtigen Hochspannungsmotoren des Eigenbedarfs wird man auch überlegen, ob man diese zusätzlich mit einem Differential- und Erdschlußschutz ausrüstet. Zuvor wurde ausgeführt, daß bei einem Kurzschluß im Motor in Klemmennähe die Schutzschnellauslösung wirksam wird. Die Schnellauslöser müssen mit Rücksicht auf die beim Einschalten auftretenden Anlaufstromspitzen der Motoren auf den acht- bis zwölffachen Motornennstrom eingestellt werden. Ein Kurzschluß im Motor, beispielsweise von Mitte einer Wicklung gegen Mitte einer anderen Wicklung, ruft aber infolge der noch davorliegenden Motorimpedanz keinen so hohen Kurzschlußstrom hervor. Ein Schnellauslöser käme also nicht zum Ansprechen, und der Überlastungsschutz braucht bis zur Auslösung eine relativ lange Zeit. Der Motor kann so durch den Kurzschlußlichtbogen weitestgehend zerstört werden. Ein Differentialschutz dagegen, der den klemmenseitigen und sternpunktseitigen Motorstrom miteinander vergleicht und bereits bei einer Verschiedenheit beider Ströme um 20 bis 40% eine praktisch unverzögerte Abschaltung bewirkt, erfaßt derartige Fehler mit Sicherheit.

Der Ursprung für Kurzschlüsse im Motor ist vorwiegend ein Erdschluß. Man sollte daher einem Erdschlußschutz noch größere Bedeutung beimessen, da der einfache Erdschluß infolge des geringen kapazitiven Erdstromes der Block-Eigenbedarfsanlage (0,5 bis 2 A) keine wesentlichen Beschädigungen von Wicklung und Ständereisen hervorruft und leicht zu beheben ist. Bei sehr betriebswichtigen Motoren taucht die Frage auf, ob man den Erdschlußschutz auf Abschaltung oder Signal schalten soll. Die Abschaltung beispielsweise eines Kesselspeisepumpenmotors kann für den Kessel sehr unangenehme Folgen haben, sofern dadurch die gesamte Kesselspeisewasserversorgung ausfällt. In solchen Fällen gibt man bei Motorerdschluß sofort ein Signal, und erst nach einigen Minuten erfolgt über ein Zeitglied die Abschaltung. In der Zwischenzeit ist es möglich, Reservepumpen einzuschalten. Man nimmt hierbei zwar das Risiko in Kauf, daß der einfache Erdschluß in einen Doppelerdschluß und damit in einen Kurzschluß übergeht. Mit wesentlich größerer Wahrscheinlichkeit geht erfahrungsgemäß der einfache Erdschluß aber erst nach längerer Zeit (15 min und mehr) in den Doppelerdschluß über (hierzu s. auch die Ausführungen in Abschn. c 2 „Erdschlüsse“, S. 714). Für die von der Eigenbedarfs-Sammelschiene gespeisten Transformatoren wird außer einem Überstromzeitschutz auch wieder eine Kurzschluß-Schnellauslösung vorgesehen. Diese muß so hoch einstellbar sein, daß sie nicht mehr auf Kurzschlüsse in der Niederspannungsverteilung anspricht. Kurzschlüsse der Niederspannungsabgänge müssen von den vorgeschalteten Sicherungen abgetrennt werden, ein Sammelschienenkurzschluß der Niederspannungsseite vom davorliegenden Niederspannungsschalter. Zu beachten ist hier, daß die Sicherungen mit ihrer Ansprechcharakteristik gegenüber dem Niederspannungsschalter eine ausreichende Selektivität gewährleisten.

Hat der Hilfstransformator beispielsweise eine Kurzschlußspannung von 5%, so ergibt sich bei einem Kurzschluß der Sekundärseite und primär starrer Spannung, die angenommen werden kann, ein Primärkurzschlußstrom von $100/5 = 20 \cdot I_N$. Die Schnellauslösung der Primärseite ist auf einen darüberliegenden Wert von etwa $25 \cdot I_N$ einzustellen. Hier ist weiterhin darauf zu achten, daß die Stromwandler, an welche die Schnellauslöser angeschlossen sind, eine ausreichende Überstromziffer haben. Sind Stromwandler-Nennstrom und Transformator-Nennstrom etwa gleich und ist die angeschlossene Bürde gleich der Nennbürde, so müßte der Stromwandler eine Überstromziffer von $n > 25$ haben. In der Praxis wird aber das Stromwandlerübersetzungsverhältnis durchweg größer gewählt, als es dem Transformator-Nennstrom entspricht. Um dieses Verhältnis reduziert sich dann bereits die erforderliche Überstromziffer. Beträgt die Außenbürde des Wandlers dann auch nur etwa die Hälfte der Nennbürde, so erhöht sich dadurch die tatsächliche Überstromziffer des Wandlers nochmals auf annähernd den doppelten Wert; es genügen daher Wandler mit normalen Nennbürden und einer Überstromziffer von $n > 10$ [*4*].

Das ebenfalls an diese Wandler angeschlossene Überstrom-Zeitrelais dient als Reserveschutz für den Fall, daß bei einem Kurzschluß der Niederspannungs-Sammelschiene der Niederspannungsschalter versagen sollte oder aber zur Abschaltung von Fehlern, die zwischen Niederspannungsschalter und Transformator bzw. in der Nähe der Transformator-Sekundärklemmen liegen. Die Zeiteinstellung kann kurz gehalten werden (rd. 0,5 s), da sie nur gegenüber der Schnellauslösung des Niederspannungsschalters gestaffelt zu sein braucht.

Von einem Differentialschutz für diese Transformatoren sieht man durchweg ab, da Kurzschlüsse in ihnen mit großen Kurzschlußströmen von der Schnellauslösung und dem Buchholzschutz erfaßt werden, andere nur vom Buchholzschutz oder vom Überstrom-Zeitschutz.

Die soeben behandelten Fehler des Eigenbedarfs bringen immer nur einen kurzzeitigen Spannungseinbruch (rd. 0,1 s), wodurch die Eigenbedarfsversorgung nicht gestört wird und daher auch keine weiteren Folgeschaltungen abgeleitet werden müssen. Anders ist es dagegen bei einem Eigenbedarfs-Sammelschienenfehler. Dieser erfordert, daß der gesamte Block außer Betrieb gesetzt wird. Ein solcher Fehler wird durch einen auf der Primärseite des Eigenbedarfs-Transformators liegenden Überstrom-Zeitschutz erfaßt. Diesen Überstromschutz auf der Oberspannungsseite des Eigenbedarfs-Transformators anzuordnen bietet den Vorteil, daß derselbe für den Eigenbedarfs-Transformator-Differentialschutz zu einem zeitlich überlagerten Reserveschutz wird. Zu berücksichtigen ist hier, ähnlich wie beim Anfahrtransformator, daß nach Spannungseinbrüchen während der Wiederhochlaufzeit der Motoren u. U. der 4,5- bis 6fache gesamte Motorenstrom fließt. Im allgemeinen ist der Eigenbedarfs-Transformator mit Rücksicht auf Spannungsabfälle beim Anlaufvorgang großer Motoren überdimensioniert, so daß dem 4,5- bis 6-fachen Motoren-Nennstrom etwa der 3- bis 4-fache Transformator-Nennstrom entspricht. Der auf der Primärseite des Eigenbedarfs-Transformators angeordnete Überstromschutz soll nicht auf Anlaufvorgänge, sondern nur auf Kurzschlüsse im Hochspannungsteil des Eigenbedarfs ansprechen. Er muß daher entsprechend hoch, also auf etwa das 3,5- bis 5-fache

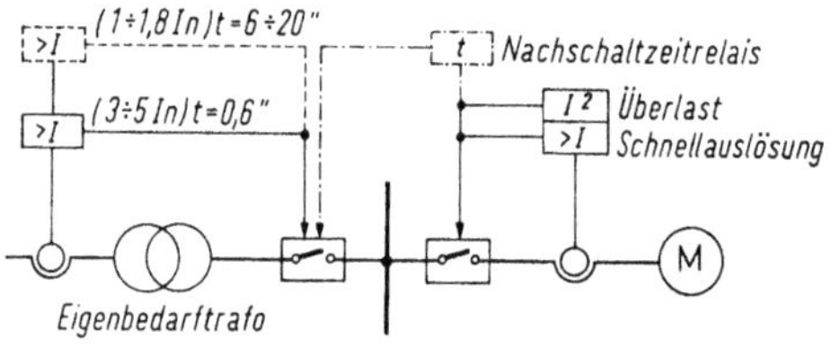

Abb. 670. Möglichkeiten einer Reservezeit-Staffelung mit zusätzlichem Eigenbedarfs - Transformator - Überstromschutz (— — —) oder zusätzlichem Nachschaltzeitrelais (— · — · —)

des Transformator-Nennstroms eingestellt werden. In der Zeitstaffelung brauchen nur die Überstrom-Schnellauslöser und Schalteröffnungszeiten der Eigenbedarfsabgänge berücksichtigt zu werden, so daß man auf Zeiteinstellungen um 0,6 s kommt. Die Auslösung durch diesen Überstromschutz muß nun zur Folge haben, daß der gesamte Block abgeschaltet und stillgesetzt wird. Um hierbei ein unnötiges Hochlaufen der Turbine zu unterbinden, läßt man unmittelbar vielfach nur den Eigenbedarfsschalter und den Turbinenschnellschluß auslösen. Nach einer gewissen Zeit erfolgt dann, sofern die Dampfzufuhr auch wirklich unterbunden ist, durch den Rückleistungsschutz die weitere Abschaltung des Blockes. Eine Umschaltung des Eigenbedarfs darf keinesfalls vorgenommen werden, da es sich ja um einen Eigenbedarfs-Sammelschienenfehler handelt bzw. um einen Abgangsfehler, der aber von dem vorgeschalteten Schalter aus irgendwelchen Gründen nicht abgetrennt wird.

Ein im Generatorsternpunkt angeordneter Überstrom-Zeitschutz kann nicht gleichzeitig den Überstromschutz des Eigenbedarfs übernehmen, da der Eigenbedarfs-Transformator mit einer Leistung von rd. 8 bis 12% der Generatorleistung und einer Kurzschlußspannung von rd. 10% bei einem sekundären Kurzschluß nur etwa Generator-Nennstrom durchläßt. Die Einstellung des Generator-Überstromschutzes muß aber wesentlich über Generator-Nennstrom liegen, und damit kann derselbe diese Schutzaufgabe nicht mitübernehmen. In diesem Zusammenhang sei auch noch die Frage eines Reserveüberstromschutzes vor dem Eigenbedarfs-Transformator gegenüber dem Überlastschutz beispielsweise eines Motorabganges erörtert (s. Abb. 670). Wie wir zuvor gesehen haben, stellt der Eigenbedarfs-Überstromschutz für Kurzschlüsse auf einem Hochspannungsabzweig trotz seiner hohen Einstellung einen Reserveschutz dar. Anders ist es aber bei einer Überlastung. Betrachten wir hierzu einen abgebremsten Motor, der eine Leistung von 20% des Eigenbedarfs-Transformators haben möge und jetzt seinen fünffachen Nennstrom aufnimmt. Für den Transformator würde dies Nennstrom bedeuten. Da noch weitere Antriebe eingeschaltet sind, würde der Transformator jetzt einen Strom zwischen dem 1- und 1,8-fachen des Nennstroms führen. Wird nun der betreffende Motorschalter aus irgendwelchen Gründen nicht ausgeschaltet, so wäre es vielleicht zweckmäßig, für den Eigenbedarfs-Transformator einen zweiten, in der Stromanregung tief eingestellten Überstromschutz zu haben, wobei die Zeiteinstellung aber länger als die längste Motoranlaufzeit gewählt werden müßte; denn der gleichzeitige Anlaufstrom einiger Motoren reicht bereits für die Anregung aus. In der Praxis wird hiervon durchweg Abstand genommen, da sowohl die Stromanregung als auch die Zeiteinstellung nicht recht definierbar sind. So können beispielsweise durch bereits abgesunkene Speisespannung infolge eines entfernten Kurzschlusses im Oberspannungsnetz oder bei einer Umschaltung des Eigenbedarfs auf den Anfahrtransformator zusätzliche Spannungsabfälle durch Reihenschaltung von Transformatoren eintreten, die den Wiederhochlauf wesentlich verlängern und den aufgenommenen Strom verkleinern. Von einer gestaffelten Auslösung des Motorschutzes derart, daß bei Erteilung seines Auslösekommandos an den betreffenden Motorschalter und nicht erfolgender Auslösung mit einer weiteren Zeitverzögerung der Eigenbedarfsschalter auslöst, sieht man in der Praxis auch ab und verläßt sich auf die Beobachtung der Schaltwärter, die in einem solchen Ausnahmefalle eine Ausschaltung von Hand versuchen werden.

c) Fehlermöglichkeiten in der Blockeinheit

1. Kurzschlüsse

Ein zwischen zwei oder noch seltener zwischen allen drei Leitern im Generator auftretender Kurzschluß gehört zwar zu den Seltenheiten, jedoch sind seine Auswirkungen gerade bei großen Einheiten mit einigen 100 kA Stoß- und einigen 10 kA Dauerkurzschlußstrom im allgemeinen sehr schwerer Art, so daß man mit einem langen Betriebsausfall und hohen Reparaturkosten rechnen muß. Um bei Eintritt eines solchen Fehlers die Zerstörungen auf ein Mindestmaß mit nur örtlicher Wirkung zu begrenzen, werden äußerst schnelle Differentialschutzeinrichtungen angestrebt, die nach einigen Perioden bereits die Abschaltung vom Netz und die Entregung eingeleitet haben. Setzt man schnelle Schalter mit Öffnungszeiten von rd. 100 ms voraus, so kann unter Hinzurechnung der Ansprechzeit eines schnellen Differentialschutzes mit rd. 50 ms Ansprechzeit einschließlich nachgeschalteter Auslösehilfsrelais der vom Netz gelieferte Kurzschlußstrom nach etwa 150 ms unterbrochen sein. Damit wird ein großer Anteil des Kurzschlußstromes abgeschaltet, und die Fehlerstelle im Generator wird nur noch von diesem selbst bis zu dessen völliger Entregung gespeist. Abhängig von der Lage des Kurzschlusses im Generator und der an der oberspannungsseitigen Sammelschiene anstehenden Scheinleistung überwiegt der vom Netz oder der vom Generator gelieferte Kurzschlußstromanteil. Bei Fehlern in Klemmennähe ist bei etwa starrem Oberspannungsnetz der Netzanteil, zumindest der des Dauerkurzschlußstromes, größer, bei Fehlern weiter in der Wicklung oder zum Sternpunkt hin der Generatoranteil. Kurzschlüsse in Sternpunktnähe können infolge der wenigen an der Ankerrückwirkung beteiligten Windungen einen vielfachen Wert des Klemmendauerkurzschlußstromes haben.

Es sollen hier auch verschiedene Ansichten über die Empfindlichkeit eines solchen Differentialschutzes erörtert werden. Sie gehen in der deutschen, amerikanischen und russischen Praxis zum Teil auseinander. In Deutschland ist es üblich, für den Generator-Differentialschutz eine Einstellung auf 20 bis 30% des Nennstromes zu wählen. In der amerikanischen Praxis werden oft empfindlichere Einstellungen verlangt, während die russische Praxis Einstellwerte um 100% und mehr bevorzugt. Bei den heute verwendeten Differentialrelais handelt es sich fast ausschließlich um solche, die nach dem Prozentrelaisprinzip stabilisiert sind, d. h. ihr Ansprechwert ändert sich in Abhängigkeit vom Durchgangsstrom nach einer geraden oder geknickten Kennlinie (s. Abschn. III „Ausführung", S. 728). Bei einem Vielfachen des Durchgangsstromes kann der Ansprechwert auf mehrfachen Nennstrom ansteigen. Der absolute Relaisansprechwert (Einstellwert), der sich auf den Durchgangsstrom Null bezieht, ist daher auch für den Kurzschlußfall keineswegs durch die Anfangseinstellung bei Durchgangsstrom Null gegeben. Zu berücksichtigen ist weiterhin, daß ein Kurzschluß immer mit einem Stoßkurzschlußstrom, der ein Vielfaches des Nennstromes beträgt, beginnt. Verwendet man jetzt schnelle Differentialrelais, die in ein bis zwei Perioden ansprechen, so steht als Ansprechwert annähernd noch der volle Stoßwert zur Verfügung. Dieser ist in jedem Fall ein Vielfaches vom Nennstrom, auch bei einem untererregten Generator. Es ist also keineswegs ein zwingender Grund für eine hohe Empfindlichkeitseinstellung gegeben. Eine Ansprechempfindlichkeit zwischen 50 und 150%, bezogen auf Nennstrom, ist bei sehr schnellen Differentialrelais vollkommen ausreichend. Die amerikanische Praxis verlangt gewöhnlich vom Differentialschutz, daß dieser auch auf Erdschlüsse mit relativ kleinem Kurzschlußstrom anspricht. Es handelt sich hierbei dann um Generatoren, deren Sternpunkt über Widerstand oder Drossel geerdet ist. Damit wird der einpolige Erdschluß zum einpoligen Kurzschluß mit Strombegrenzung durch Widerstand oder Drossel, wobei der Kurzschlußstrom wesentlich unter Nennstrom liegen kann und auch nicht mit einem Stoßstrom beginnt.

Die von den deutschen Betreibern von Generatoren verlangten Empfindlichkeiten mit 20 bis 30% berücksichtigen den untererregten Generator und den in einem solchen Fall möglichen Dauerkurzschlußstrom, der natürlich wesentlich unter Nennstrom liegen kann, in Verbindung mit verzögerten Differentialrelais (0,3 bis 0,8 s). Letztere kommen bei großen Einheiten heute aber praktisch nicht mehr zum Einsatz, so daß eine Empfindlichkeit von 20 bis 30% auch nicht mehr nötig erscheint. Eine unempfindlichere Einstellung im Bereich des Nennstromes stellt keine so hohen Anforderungen an die Relaistechnik und ergibt eine größere Sicherheit gegenüber Fehlauslösungen infolge sekundärer Leitungsunterbrechungen oder sonstiger sekundär möglicher Fehler.

Als schutztechnisch gleichartiger Fehler ist der zwei- oder dreipolige Kurzschluß auf den Verbindungsschienen zwischen Generator und Transformator anzusehen. Um die Möglichkeit solcher Fehler nahezu auszuschließen, werden übermäßig große Abstände der einzelnen Leiter gewählt, oder der einzelne Leiter wird in einem Rohr verlegt (s. Abschn. A III „Generatorableitungen", S. 591). An diese Verbindungsleitungen angeschlossen werden Spannungswandler für Messung, Zählung, Regelung und Schutz und zum Teil Sternpunktbildner für Erdschlußerfassung. Wählt man zweipolige Spannungswandler, die an die Leiterspannung gelegt werden, so ist zweckmäßigerweise primärseitig eine Absicherung durchzuführen, um bei einem Kurzschluß am oder im Spannungswandler die Ausbildung eines hohen Stoßkurzschlußstromes mit seinen oft explosionsartigen Wirkungen zu unterbinden. Dies gilt auch für einen dreipoligen Sternpunktbildner. Bei diesen Geräten entsprechen die Leiterabstände wohl den jeweiligen Sicherheitsvorschriften (VDE, BS, ASS usw.), jedoch sind die Abstände der Verbindungsleitungen Generator—Transformator wesentlich größer, so daß hier relativ schwache Punkte ausgebildet werden. Besondere Beachtung ist den zum Einsatz kommenden Hochspannungssicherungen zu widmen, denn diese müssen in der Lage sein, einen oft mit einer Steilheit von einigen hundert kA/s ansteigenden Kurzschlußstrom mit Sicherheit zu unterbrechen. Die Sicherungen dürfen also nicht nur nach der Stromstärke der angeschlossenen Apparate ausgelegt werden, sondern müssen den Kurzschlußstromverhältnissen gerecht werden. Bei sehr großen Einheiten bevorzugt man gegen Erde geschaltete einpolige Spannungswandler und Sternpunktbildner, zwischen denen dann auch der Hauptleiterabstand eingehalten werden kann. Ein Kurzschluß am Gerät selbst ist so nicht mehr möglich, höchstens ein Erdschluß, der durch den Generatorerdschlußschutz erfaßt wird. Eine Absicherung dieser Wandler ist nicht erforderlich.

Kurzschlüsse im Haupttransformator wirken sich, für den Block gesehen, ähnlich wie solche im Generator und auf den Verbindungsleitungen aus, Kurzschlüsse im Eigenbedarfs-Transformator ebenso, abgesehen davon, daß diese abhängig von der Lage, beispielsweise in der Nähe der Sekundärklemmen, durch die vorgeschaltete Eigenbedarfs-Transformatorimpedanz einen wesentlich kleineren Kurzschlußstrom führen können. Alle diese Kurzschlüsse werden durch einen oder besser durch mehrere Differentialschutzeinrichtungen selektiv erfaßt und bewirken eine Stillsetzung der Blockeinheit.

2. Erdschlüsse

Tritt in der Wicklung eines Generators ein Durchbruch der Isolation nach Erde oder dem nur gering gegen Erde isolierten Ständereisen auf, so spricht man von einem Erd- oder Gestellschluß. Ist der Generatorsternpunkt nicht geerdet und auch kein weiterer geerdeter Sternpunkt vorhanden, so würde über diese Fehlerstelle nur der kapazitive Erdstrom des Generators und des galvanisch mit diesem in Verbindung stehenden Anlagenteiles, hier also Verbindungsleitungen zu den Transformatoren und deren Unterspannungswicklung, fließen. Die Kapazität der Unterspannungswicklungen der Transformatoren (in der Größenordnung von 0,01 bis 0,03 μF) und blanker Verbindungsleitungen (rd. 0,001 bis 0,002 μF) können gegenüber der Generatorkapazität (rd. 0,5 bis 2 μF) vernachlässigt werden. Für einen 125 MVA-Generator, 10,5 kV, betrug die gemessene Gesamtkapazität gegen Erde bei rd. 35 °C Wicklungstemperatur 1,35 μF und der bei Klemmenerdschluß fließende kapazitive Strom:

$$I_c = \frac{U_v}{\sqrt{3}}\,\omega\,C = \frac{10500 \cdot 1{,}35 \cdot 10^{-6} \cdot 314}{\sqrt{3}} = 2{,}58\ \text{A}\ (f = 50\ \text{Hz}).$$

Erdschlüsse, die in den Wicklungen auftreten, rufen eine Teilverlagerungsspannung des Sternpunktes gegen Erde hervor, die in ihrer Größe der Spannung des betreffenden Wicklungspunktes gegen den Sternpunkt entspricht.

Klemmenerdschluß = 100% Grundwellen-Verlagerungsspannung,
Erdschluß in Wicklungsmitte = 50% Grundwellen-Verlagerungsspannung,
Erdschluß im Sternpunkt = 0% Grundwellen-Verlagerungsspannung.

Die beiden erdschlußfreien Leiter nehmen bei Klemmenerdschluß des dritten Leiters die verkettete Spannung gegen Erde an, bei Wicklungserdschluß einen Wert, der sich aus der Differenz der Sternspannung und der dem Sternpunkt überlagerten Verlagerungsspannung ergibt (s. Abb. 671). Je weiter der Erdschluß sich also dem Sternpunkt nähert,

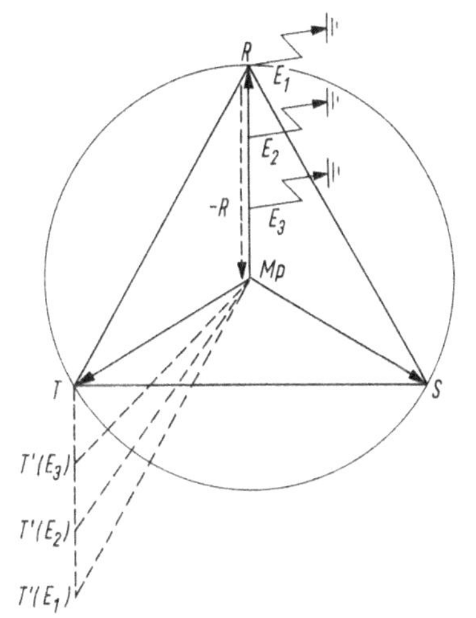

Abb. 671. Spannungsdiagramm bei Erdschluß

desto kleiner wird die Verlagerungsspannung und, da die Kapazität gegen Erde konstant ist, um so kleiner auch der von der Verlagerungsspannung getriebene kapazitive Erdstrom. Auch die Erhöhung der Spannung der beiden erdschlußfreien Leiter wird geringer, bis schließlich bei einem Sternpunkterdschluß weder eine Grundwellen-Verlagerungsspannung auftritt noch eine Spannungserhöhung der nichtbetroffenen Leiter gegen Erde erfolgt.

Wir haben gesehen, daß auch bei einem Erdschluß in unmittelbarer Klemmennähe nur einige Ampere Erdstrom fließen. Diese Überlegung führt häufig zu der Ansicht, daß ein Erdschlußschutz diesen Fehler nur zu signalisieren braucht und man die Abschaltung und Stillsetzung eines großen Blockes zur Behebung des Fehlers auf einen für den Betrieb günstigen Zeitpunkt verschieben kann. Versuche an Wicklungen und Blechpaketen haben zwar ergeben, daß diese geringen Erdströme auch über eine längere Zeit keine tiefergehenden Beschädigungen und Verschmelzungen des Blechpaketes verursachen. Andererseits lehrt aber die Erfahrung von mehr als 20 Jahren, daß nur signalisierte Generatorerdschlüsse, die in der ersten Hälfte der Wicklungen liegen, fast immer in relativ kurzer Zeit (15 bis 20 min, seltener in längerer Zeit) zu einem Doppelerdschluß im Generator und damit zu ernsthafter Beschädigung führten.

Dies ist hauptsächlich darauf zurückzuführen, daß der Erdschlußlichtbogen die benachbarten Windungen, gewöhnlich sogar eines anderen Leiters, stark ionisiert und damit die Isolation wesentlich schwächt. In Verbindung mit der Spannungserhöhung des nicht vom Erdschluß betroffenen Leiters erfolgt dann der Überschlag. Man läßt daher den Erdschlußschutz einer Blockeinheit grundsätzlich auf Abschaltung und Entregung sowie Stillsetzung des Blockes wirken.

Es soll nun auch noch die Frage des Schutzbereiches eines Erdschlußschutzes erörtert werden. Unter Schutzbereich versteht man den Bereich der Wicklungen, in dem ein Erdschluß gerade noch zum Ansprechen des Erdschlußschutzes führt. Die ganze Länge der Wicklung eines Leiters sei mit 100% eingesetzt, wobei an der Klemme mit 0% begonnen wird und der Sternpunkt 100% darstellt. Ein Erdschlußschutz, der also die ganze Wicklung schützt, erfaßt auch Erdschlüsse im Sternpunkt. Die Isolation der Wicklungen ist gewöhnlich vom Anfang (Klemmen) bis zum Ende (Sternpunkt) gleichartig ausgeführt. Ein elektrischer Isolationsdurchbruch ist daher nur vom Anfang bis Mitte, vielleicht auch noch etwas weiter, denkbar. Im letzten Teil der Wicklungen und in Sternpunktnähe ist die Isolation so gering beaufschlagt, daß ohne vorhergehende mechanische Beschädigung der Isolation kein Durchschlag möglich erscheint. Solche Beschädigungen können während der Montage sowie bei äußeren Kurzschlüssen eintreten, bei denen die Leiter infolge der großen Stoßkurzschlußströme starken Biegebeanspruchungen ausgesetzt sind oder aber auch durch das Ausdehnen und Schrumpfen der Wicklungen bei Temperaturveränderungen. Dementsprechend ist die Tendenz vorhanden, gerade für große Generatoren nach Möglichkeit einen die ganze Wicklung umfassenden Erdschlußschutz vorzusehen. Erdschlüsse in Sternpunktnähe haben entsprechend der relativ kleinen Verlagerungsspannung auch nur einen kleinen Erdstrom zur Folge. Die Ionisation der Umgebung ist entsprechend schwach, und da die Spannung der nicht betroffenen Leiter gegen Erde ebenfalls nur wenig ansteigt, ist bei diesen Fehlern nicht mit einem zweiten Durchschlag auf einem anderen Leiter zu rechnen. Man wählt daher oft eine Anordnung des Erdschlußschutzes derart, daß Erdschlüsse im Bereich von den Klemmen bis zu etwa 80% der Wicklungslänge eine Abschaltung und Entregung sowie Stillsetzung des Blockes zur Folge haben, Erdschlüsse in den letzten 20% der Wicklung bis zum Sternpunkt dagegen nur eine Signalisierung hervorrufen [*5*].

3. Windungsschlüsse

Große Generatoren erhalten fast immer Stabwicklungen. Sind in einer Nut zwei Stäbe angeordnet, so gehören diese gewöhnlich auch noch zu verschiedenen Leitern. Ein zwischen beide Stäbe geschobener Isolationssteg erhöht die Sicherheit gegen Durchschläge weiterhin. Windungsschlüsse innerhalb der Nuten sind daher praktisch ausgeschlossen. Lediglich am Wickelkopf können sich Überkreuzungen des gleichen Leiters ergeben. Hier ist man dann aber bemüht, diese so zu legen, daß ihr Spannungspotential gegeneinander möglichst gering ist und somit die Wahrscheinlichkeit von Windungsschlüssen auch äußerst klein ist. Abhängig von der Einstellung des Betreibers der Generatoren und der Lieferfirma sowie der Höhe der sich an den Überkreuzungen im Wickelkopf ergebenden Spannungspotentiale von Windungen des gleichen Leiters wird ein Windungsschlußschutz vorgesehen oder auch nicht. Es ist eine gewisse Risikofrage, ob ein solcher Schutz notwendig ist oder nicht. Ein Windungsschluß, der sich nur über eine oder auch wenige Windungen erstreckt, führt einen sehr hohen Kurzschlußstrom, da infolge der einen oder wenigen Windungen die Ankerrückwirkung relativ schwach ist. Entsprechend groß können daher die Kurzschlußauswirkungen eines solchen Fehlers sein. Ein wirkungsvoller Windungsschlußschutz muß daher zur örtlichen Begrenzung des einmal eingetretenen Fehlers sehr schnell sein und zum anderen so empfindlich, daß er auf jeden möglichen Windungsschluß zum Ansprechen kommt. Schnellstmögliche Abschaltung und Entregung mit anschließender Stillsetzung des Blockes müssen eingeleitet werden. Die gelegentlich vertretene Ansicht, daß ein Längsdifferentialschutz auch Windungsschlüsse erfaßt, trifft nicht zu, da der Kurzschlußstrom nur innerhalb der kurzgeschlossenen Windungen fließt und nach außen nicht in Erscheinung tritt. Anders dagegen ist es bei Transformatoren. Windungsschlüsse in einem Transformator werden, sofern ihr Umfang ausreichend ist, vom Transformator-Differentialschutz erfaßt. Dies wird dadurch verständlich, daß der Transformator-Differentialschutz die durch das Übersetzungsverhältnis gegebenen Ströme der Primär- und Sekundärseite vergleicht, die im gesunden Zustand ein bestimmtes, durch Haupt- oder Zwischenwandler ausgleichbares Verhältnis zueinander besitzen. Beim Windungsschluß einer beliebigen Seite ändert sich das Übersetzungsverhältnis, wobei die reine Windungszahländerung durch die Kurzschlußwindung stark vergrößert wird. Der Differenzstrom von der Ober- und Unterspannungsseite (nicht der Kurzschlußstrom der kurzgeschlossenen Windungen) wird dem Differentialrelais zugeführt. Hier ist also im Gegensatz zum Generator-Differentialschutz eine möglichst empfindliche Einstellung notwendig (in der Praxis 20 bis 40%, bezogen auf Nennstrom). Als weiterer Fehler im Ständer eines Generators muß die Unterbrechung eines Leiters angesehen werden. Solche Fehler treten allerdings äußerst selten auf. Sie können durch örtliche Übererwärmung einer schlechten Lötstelle am Wickelkopf oder als Erschütterungsbruch zustande kommen. Durch die starke Erwärmung wird die Isolation der betreffenden sowie der benachbarten Leitung in Mitleidenschaft gezogen, und bei der völligen Unterbrechung entsteht gewöhnlich ein Lichtbogen, der einen Erd- oder Kurzschluß einleitet. Ein Windungsschlußschutz erfaßt auch diese Fehler.

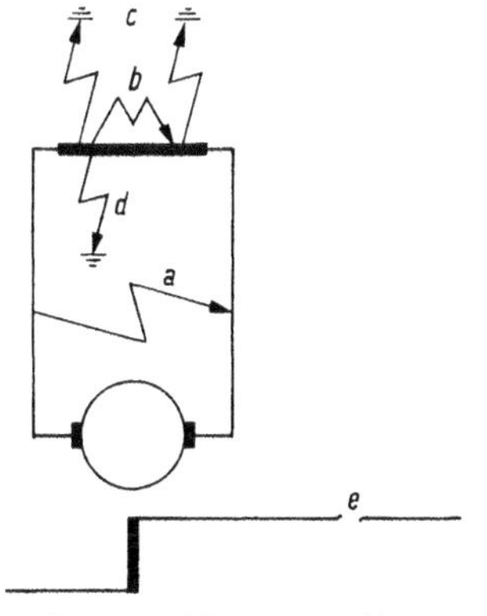

Abb. 672. Fehlermöglichkeiten im Erregerkreis

a Kurzschluß
b Windungsschluß
c Doppelerdschluß
d Erdschluß
e Unterbrechung

4. Rotorfehler und Untererregung

Die im Rotor eines Generators möglichen Fehler werden oft als harmlos angesehen, da es sich ja um einen Niederspannungskreis ohne hohe Kurzschlußleistungen handelt. Solche Fehler können aber trotzdem den Ausfall des Generators zur Folge haben und auch hohe Reparaturkosten hervorrufen, so daß man ihnen doch eine erhöhte Aufmerksamkeit widmen sollte. Es handelt sich hierbei um folgende Fehlermöglichkeiten:

Kurzschluß,
Windungsschluß (Doppelerdschluß),
Erdschluß,
Unterbrechung (s. Abb. 672).

Kurzschlüsse treten in dem nur einige 100 V Gleichspannung führenden Kreis praktisch nicht auf, da stets die Isolation der Hauptverbindungskabel stark überdimensioniert ist und auch die Verlegung so vorgenommen werden kann, daß Berührungspunkte der beiden Polaritäten nicht zustande kommen. Auch reine Windungsschlüsse sind unwahrscheinlich, da die Spannung zwischen benachbarten Windungen naturgemäß sehr klein ist. Dagegen ist der Windungsschluß als Doppelerdschluß schon wahrscheinlicher. Erdschlüsse in diesem Kreis können leicht an den Bürstenhaltern des Kommutators der Erregermaschine oder an den Schleifringen bzw. auf den Hilfsleitungen für Messung, Regelung und Entregung auftreten. Das Ausdehnen und Schrumpfen der Wicklungen bei Temperaturänderungen sowie die Zentrifugalkraft fördern die Entstehung von Erdschlüssen. Der erste Erdschluß in einem solchen Kreis ist harmlos und hat keinerlei direkte Auswirkungen, da über eine derartige Fehlerstelle eines sonst nicht geerdeten Gleichstromkreises auch kein Fehlerstrom fließt. Tritt dann aber ein weiterer Erdschluß in diesem Kreis auf, so entsteht, abhängig von der Lage der beiden Erdschlüsse, ein Kurz- oder Windungsschluß. Ein direkter Kurzschluß ist in seinen Auswirkungen weniger gefährlich, da er, bedingt durch die Anordnung und Ausführung der Hauptzuleitungen, eigentlich nur auf Hilfsleitungen zustande kommen kann und mit einem Abbrennen der Hilfsleitung endet. Der als Doppelerdschluß entstandene Windungsschluß dagegen hat zumindest einen Fußpunkt, wenn nicht sogar beide Fußpunkte, in der Wicklung des Rotors. Es kann hierdurch ein Lichtbogen entstehen, der u. U. auch den Ständer beschädigen kann. Des weiteren wird durch den Ausfall der kurzgeschlossenen Windungen die Erwärmung des Rotors ungleichmäßig. Dadurch entsteht eine Unwucht, die einen anwachsenden unruhigen Lauf zur Folge hat und dadurch die ganze Einheit gefährdet. Eine magnetische Unwucht entsteht nur bei mehrpoligen Läufern, die aber für große Turbogeneratoren nicht in Frage kommen. Die meßtechnische Erfassung von Windungsschlüssen während des Betriebes ist sehr schwierig. Man begnügt sich daher vorwiegend mit der Erfassung von einfachen Erdschlüssen, da diese meistens den Ausgang zu einem Windungsschluß bilden. Ein Rotorerdschlußschutz meldet den Fehler, ohne die Maschine abzuschalten. Seitens des Betriebes sollte ein solcher Fehler, sobald es die Belastungsverhältnisse des Kraftwerkes zulassen, im Stillstand der Maschine beseitigt werden. Liegt der Fehler in den Läuferwindungen selbst und erfordert er eine teilweise Neuwicklung des Rotors, so wird man diese längeren und oft auch kostspieligen Arbeiten auf einen Zeitpunkt verschieben, in dem die gesamte Netzbelastung die Herausnahme einer großen Einheit zuläßt. Während der weiteren Betriebszeit mit Erdschluß im Rotor ist das Risiko für einen Betriebsausfall durch Windungsschluß natürlich größer. In einzelnen Fällen wurde eine Brückenschaltung eingesetzt, die bei Eintritt eines zweiten Erdschlusses eine Abschaltung des Aggregates hervorruft. Während in Deutschland nur sehr selten Schutzeinrichtungen zur Erfassung des Doppelerdschlusses eingesetzt werden, ist dies in der russischen Praxis weit häufiger üblich. Die amerikanische Praxis empfiehlt Schwingungsmesser, die auf den unruhiger werdenden Lauf des Aggregates bei einem solchen Fehler die Abschaltung vornehmen. Allerdings ist diese Einrichtung nicht selektiv, denn stärker werdende Schwingungen können auch eine andere Ursache haben.

Eine Unterbrechung des Haupterregerkreises ist weitestgehend unwahrscheinlich. In diesem Kreis liegt zwar der Entregungsschalter, dessen unbeabsichtigtes Öffnen für den Generatorbetrieb eine ähnliche Auswirkung wie eine Unterbrechung hätte. Die heute durchweg zur Anwendung kommenden Entregungsschalter sind in ihren Verklinkungen aber so sicher gebaut, daß ein Herausfallen durch betriebsmäßige Erschütterungen nicht möglich ist. Die elektrische Auslösung des Entregungsschalters wird vorwiegend so ausgeführt, daß sie nur in Verbindung mit einer gleichzeitigen Auslösung des Leistungsschalters erfolgen kann. Im Hilfserregerkreis der Erregermaschinen ist eine Unterbrechung schon eher möglich, da dieser über Klemmen und Spannungsregler geführt ist. Eine Unterbrechung des Hilfserregerkreises hat zur Folge, daß die Haupterregermaschine keinen Erregerstrom mehr liefert. Das im Generator vorhandene Feld kann hierbei zwar nicht plötzlich abgebaut werden, aber abhängig von den Zeitkonstanten des Erregerkreises erlischt es nach mehreren Sekunden. Damit hat der Generator keine Erregung mehr. Der zusammen mit anderen Generatoren ein Netz speisende Generator bezieht nun für den Aufbau seines Feldes einen Blindstrom aus dem Netz, der in Verbindung mit dem abgegebenen Wirkstrom Werte zwischen etwa dem 1,0- bis 1,8fachen Nennstrom erreichen kann.

Abhängig von der Bauweise und der Wirkleistungsabgabe kann der Generator hierbei übersynchron werden und zu pendeln beginnen. Seine Wirkleistungsabgabe reduziert sich, da der Turbinenregler versucht, die Drehzahl herunterzuregeln. Durch den so eingeleiteten Schlupf entstehen im Rotor Wirbelströme, die in diesem zusätzliche Wärme erzeugen. Ein solcher Zustand ist sowohl für das Netz infolge des Blindstrombezuges als auch für den Generator störend, der durch die zusätzliche Erwärmung des Rotors gefährdet wird. Dieser Zustand ist für einen Generator über 1 bis 2 min nicht unmittelbar gefährdend. Gutgeschultes Bedienungspersonal wird in einem solchen Falle die Wirkleistungsabgabe zurücknehmen, wobei sich der Generator dann bald wieder fängt, oder aber den Generator ganz vom Netz abschalten. Eine gleiche Gefährdung kann aber auch dann entstehen, wenn der Generator betriebsmäßig kapazitiv, d. h. untererregt, betrieben werden soll und dabei seine statische Stabilitätsgrenze überschritten wird. Während bis vor kurzem Schutzeinrichtungen zur Erfassung einer unzulässigen Untererregung vorwiegend in Amerika eingesetzt wurden, ist man neuerdings auch in Deutschland dazu übergegangen.

III. Ausführung der Schutzeinrichtungen

a) Überstrom- und Impedanzschutz

Als Überstromzeitschutz werden in Deutschland fast ausschließlich Überstromrelais mit nachgeschalteten gleich- oder wechselstromangetriebenen Zeitgliedern verwendet. Hierbei ist der Stromansprechwert stetig im Verhältnis 1 : 2 oder 1 : 4, ja bis 1 : 5 veränderlich einstellbar, die Zeit im Bereich von 0,25 bis 2,5, 0,5 bis 5 oder 1 bis 8 bzw.

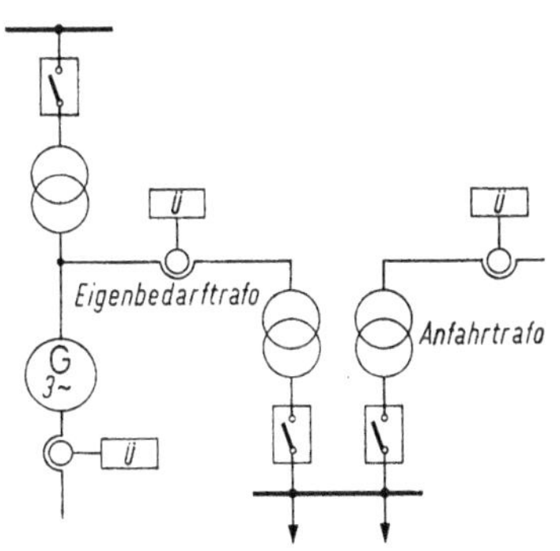

Abb. 673 a. Überstromschutz für Generator, Eigenbedarfs- und Anfahrtransformator

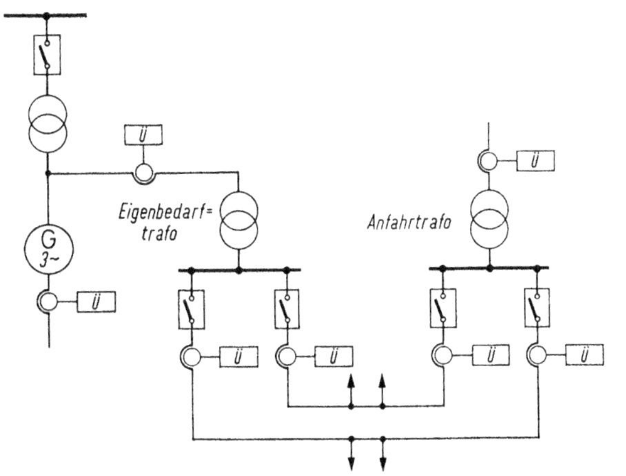

Abb. 673 b. Überstromschutz für Generator, Eigenbedarfs- und Anfahrtransformator, Eigenbedarf auf zwei Halbblöcke aufgeteilt

10 oder 12 s. Kleinere und größere Zeitbereiche sind verfügbar. Es handelt sich also um sog. unabhängige Überstromzeitrelais im Gegensatz zu den vorwiegend in der amerikanisch-englischen Praxis verwendeten abhängigen Relais, die in Abhängigkeit von der Stromhöhe eine veränderliche Abschaltzeit aufweisen. Für große Generatoren werden in Deutschland eigentlich nur Überstromzeitrelais mit Gleichstromantrieb verwendet. Diese haben den Vorteil des wesentlich kleineren Verbrauchs, so daß man an einen Stromwandlerkern noch weitere Schutzeinrichtungen anschließen kann. Die Abb. 673a und 673b zeigen die bei einem Block zum Einsatz kommenden Überstromzeitrelais. Aus Sicherheitsgründen verwendet man vorwiegend dreipolige Ausführungen, die an Stromwandler im Generatorsternpunkt und auf der Oberspannungsseite des Eigenbedarfs- und Anfahr-

transformators angeschlossen werden. Den Generatorüberstromschutz läßt man bei einer solchen Blockschaltung auf den oberspannungsseitigen Leistungsschalter wirken. Ist damit der Generatorüberstrom noch nicht beseitigt, so liegt entweder ein Fehler in der Blockeinheit vor, oder aber der oberspannungsseitige Schalter kam nicht zur Auslösung. Über ein Nachlaufzeitrelais wird nunmehr die Entregung und Umschaltung des Eigenbedarfs sowie Schnellschlußbetätigung eingeleitet. Der im Eigenbedarfsabzweig liegende Überstrom-Zeitschutz ruft zweckmäßigerweise Auslösung des Eigenbedarfsschalters, des oberspannungsseitigen Schalters, des Entregungsschalters und des Schnellschlusses hervor. Eine Umschaltung des Eigenbedarfs darf auf keinen Fall vorgenommen werden, da größte Wahrscheinlichkeit für einen Sammelschienen-Kurzschluß der Eigenbedarfsschiene besteht. Zum Teil wird auch die Ansicht vertreten, daß dieser Überstromschutz nur den Eigenbedarfsschalter und den Schnellschluß auslöst und über den Rückleistungsschutz nach erfolgter Dampfabsperrung die Auslösung der weiteren Schalter erfolgen sollte. Diese Ansicht will in erster Linie das plötzliche Abschalten der gesamten Einheit vom Netz und ein gegebenenfalls damit verbundenes Hochlaufen der Turbine verhindern, berücksichtigt aber weniger, daß der Überstromzeitschutz gegenüber dem Eigenbedarfs-Transformator-Differentialschutz einen Reserveschutz darstellt und die gleichen Auslösefunktionen wie dieser haben müßte. Ist der Eigenbedarf auf zwei Halbblock-Eigenbedarfsschienen aufgeteilt, so ergibt sich ein Einsatz von Überstrom-Zeitrelais gemäß Abb. 673b. Die in die Halbblockspeisungen eingeschalteten Überstromrelais bewirken nur die Auslösung des betreffenden Halbblockschalters. Eine Umschaltung der Halbblock-Eigenbedarfsschiene auf die Anfahrspannung darf nicht erfolgen, da es sich um einen Sammelschienenfehler handelt. Der Block bleibt mit der fehlerfreien Eigenbedarfsschiene in Betrieb, wobei sich gegebenenfalls eine Verminderung der Last ergibt.

Spricht dagegen der in der Abzweigung zum Eigenbedarfs-Transformator liegende Überstrom-Zeitschutz an, der gegenüber den in den Eigenbedarfs-Halbblöcken liegenden eine längere Zeiteinstellung erhalten muß, so handelt es sich um einen Fehler zwischen Eigenbedarfsschalter und Transformator bzw. auch um Transformatorenfehler, die aber durch den Differentialschutz nicht abgeschaltet wurden. Dieser Überstromschutz muß im Gegensatz zu dem in Abb. 673a gezeigten den Generator auf jeden Fall abschalten und entregen und auch die Eigenbedarfsumschaltung einleiten und den Schnellschluß betätigen. Bei den Eingangsbetrachtungen haben wir gesehen, daß ein Generator-Überstromzeitschutz, der nur den Strom zur Anregung verwendet, meßtechnisch nicht unterscheiden kann, ob es sich um einen Fern- bzw. Nah- oder Sammelschienenkurzschluß handelt. Es wäre also naheliegend, statt dessen einen Impedanzschutz zu verwenden, der mit seinen Strompfaden an Sternpunkt-Stromwandler und mit seinem Spannungspfad an Spannungswandler der Generatorableitungen angeschlossen ist (Abb. 674).

Diese gelegentlich zur Anwendung kommende Anordnung hat einige Nachteile: Die von der Hochspannungssammelschiene abgehenden Leitungen haben ebenfalls einen Distanzschutz, der Fehler auf den ersten 85%, höchstens 90% der Leitung in seiner Schnellzeitstufe (rd. 0,1 s) erfaßt. Auf dem restlichen Leitungsende liegende Fehler werden von dem in der Station A befindlichen Schutz erst in der zweiten Stufe (rd. 0,6 s) abgeschaltet. Nun stellt aber die Impedanz dieser Strecke bis zum Relaiskippunkt, der auf rd. 85% der Leitungsstrecke liegt, zusammen mit der Transformator-Impedanz 100% der ersten Meßstrecke eines Generator-Impedanzschutzes dar. Das Verhältnis von Transformator-Impedanz zu Leitungsimpedanz ist gewöhnlich sehr groß, so daß die Kippunkte des so angeschlossenen Generator-Impedanzschutzes noch im Transformator statt etwa auf halber Leitungsstrecke A—B liegen. In Abb. 675 ist ein Beispiel gezeigt. Die von A nach B führende Leitung möge mit rd. 15 km eine Schleifenimpedanz von 6 Ω/Leiter haben und der Transformator von 100 MVA, 220 kV, $e_k = 11\%$ eine Transformator-Impedanz von 53 Ω/Leiter. Vom Generatordistanzschutz aus gesehen, stellt die Strecke G—K_1 100% der Meßstrecke dar, also $53 + 5{,}2 = 58{,}2\ \Omega$. Der am Impedanzschutz einzustellende Kippunkt darf höchstens auf $85\% = 58{,}2 \cdot 0{,}85 = 49{,}5\ \Omega$ gelegt werden und liegt damit im Transformator. Unter Inkaufnahme einer sich für den Sammelschienenfehler ergebenden längeren Zeit, die durch die Netzstaffelung gegeben ist, zieht man jetzt Station C heran. Die Strecke $G-C$ beträgt hier $53 + 6 + 8 = 67\,\Omega$. Der Impedanzkippunkt K_3 liegt entsprechend der üblichen Netzstaffelung um 15% der Strecke $B-C$ + rd. 20% der Strecke $A-C$, also um $8 \cdot 0{,}15 + 0{,}2 \cdot (6 + 8) = 4\,\Omega$ vor C. Der Kipp-

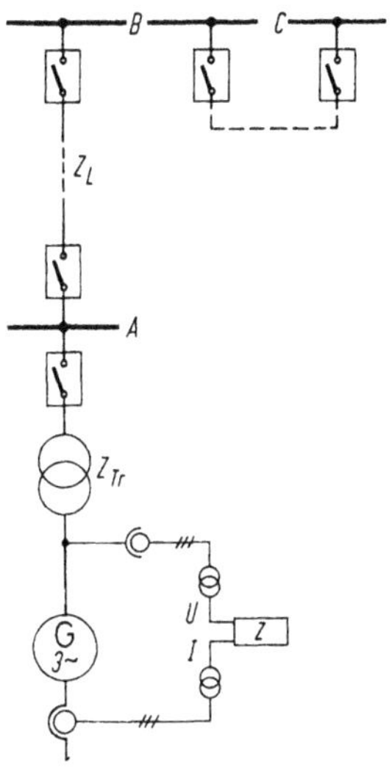

Abb. 674. Generator-Impedanzschutz, unterspannungsseitig angeschlossen

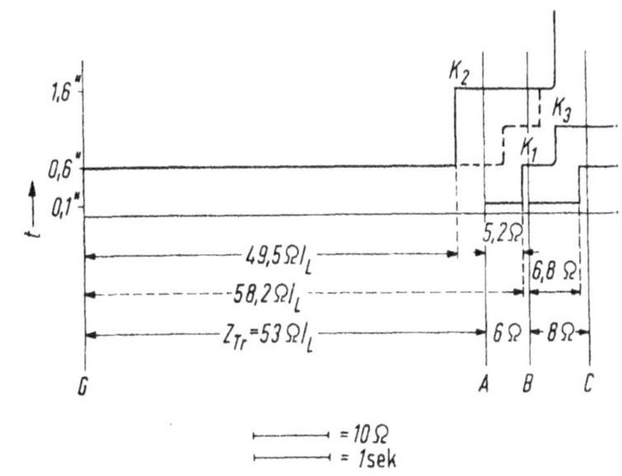

Abb. 675. Staffelplan

punkt des Generator-Impedanzschutzes wäre jetzt auf 80% der verbleibenden Strecke, nämlich $(67 - 4) \cdot 0{,}8 = 50\,\Omega$ einzustellen und liegt damit immer noch im Transformator. Die Erfassung eines Sammelschienenfehlers in einer Kurzzeit, die nur um eine Zeitstaffelstufe gegenüber der Leitungsschutz-Schnellauslösung gestaffelt ist, wäre mit den hier vorausgesetzten Leitungslängen nicht möglich. Hierzu muß das Verhältnis Transformator-Impedanz zu anschließender Leitungsimpedanz etwa 2 : 1 oder kleiner sein, d. h. es müssen sehr lange Leitungen vorhanden sein. Daher ist die Anwendung dieser Schaltung auf wenige Fälle beschränkt. Im vorliegenden Falle ergäbe sich für den Generator-Impedanzschutz eine Arbeitskennlinie nach Abb. 675, die etwa bei K_2 ihren ersten Kippunkt hat (statt nach der gestrichelten Linie) und Sammelschienenfehler erst nach rd. 1,6 s abschalten würde. In Abb. 674 sind sowohl dem Spannungspfad als auch dem Strompfad des Impedanzrelais Zwischenwandler vorgeschaltet. Diese sind erforderlich, da durch die übliche Sterndreieckschaltung der Maschinentransformatoren der zweipolige oberspannungsseitige Kurzschluß auf der Unterspannungsseite auf allen drei Leitern einen Kurzschlußstrom hervorruft und man für eine richtige und phasengerechte Messung dem Distanzrelais oberspannungsgetreue Ströme und Spannungen zuführen muß. Wesentlich günstiger und am häufigsten ausgeführt wird die in Abb. 676 gezeigte Schaltung. Der Impedanzschutz wird an Stromwandler im Sternpunkt und Spannungswandler der Oberspannungsseite angeschlossen. Durch den sternpunktseitigen Stromanschluß ergibt sich ein echter Reserveschutz, durch den oberspannungsseitigen Spannungsanschluß ein Impedanzschutz, der die Transformator-Impedanz nicht mehr erfaßt. Hiermit läßt sich fast immer, sofern auch die abgehenden Leitungen einen Impedanzschutz erhalten, eine Kurzzeit-Staf-

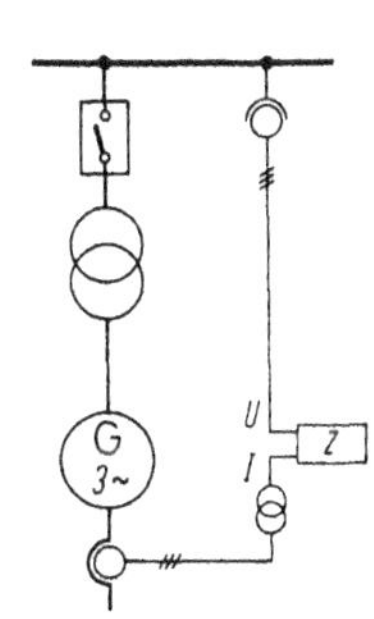

Abb. 676. Generator-Impedanzschutz, Strompfad unterspannungsseitig, Spannungspfad oberspannungsseitig angeschlossen

felung ausführen, die für Sammelschienenfehler eine Auslösezeit von rd. 0,6 s ergibt. Auch hier muß dem Strompfad mit Rücksicht auf zweipolige Kurzschlüsse und eine Sterndreieckschaltung des Transformators ein oberspannungsgetreuer Strom zugeführt werden, was wieder durch einen dem Impedanzrelais vorgeschalteten Dreieckstern-Zwischenwandlersatz erzielt wird. Gewisse Schwierigkeiten in der Staffelung können auch hier entstehen, wenn oberspannungsseitig mehrere parallele Leitungen abgehen und

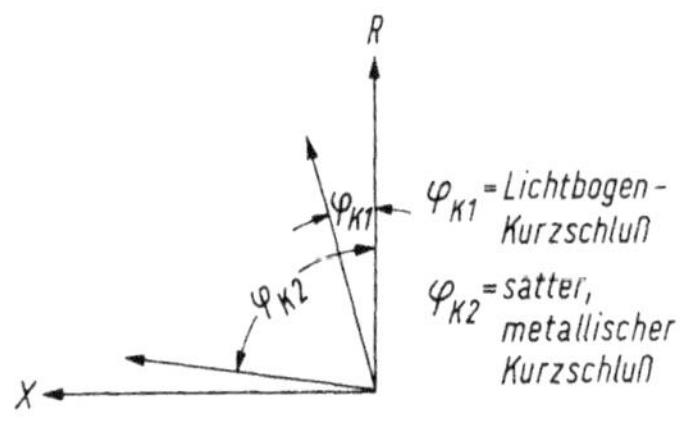

Abb. 677. Kurzschlußwinkel φ_K bei Sammelschienenkurzschluß

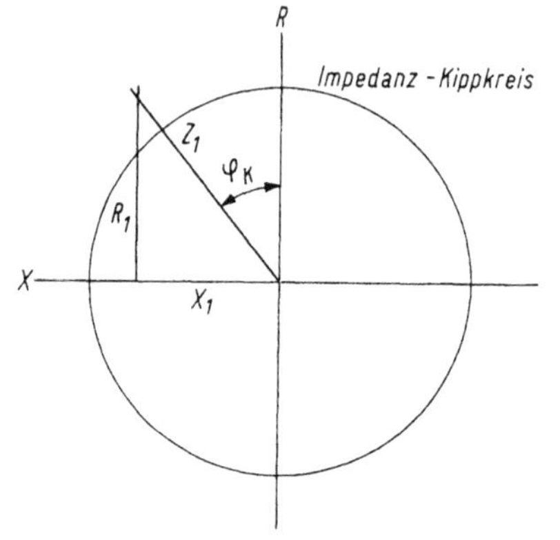

Abb. 678. Impedanzmessung: Kurzschluß mit Lichtbogen

deren Parallelwiderstand für eine Impedanzmessung zu klein wird. Auch ein Regeltransformator muß berücksichtigt werden, da der Impedanzrelais-Strompfad unterspannungsseitig angeschlossen ist und bei einer Änderung des Transformator-Übersetzungsverhältnisses auch ein anderes Stromverhältnis zustande kommt, welches in die Impedanzmessung eingeht. Den letzten Punkt kann man ausschließen, wenn der Strompfad auch oberspan-

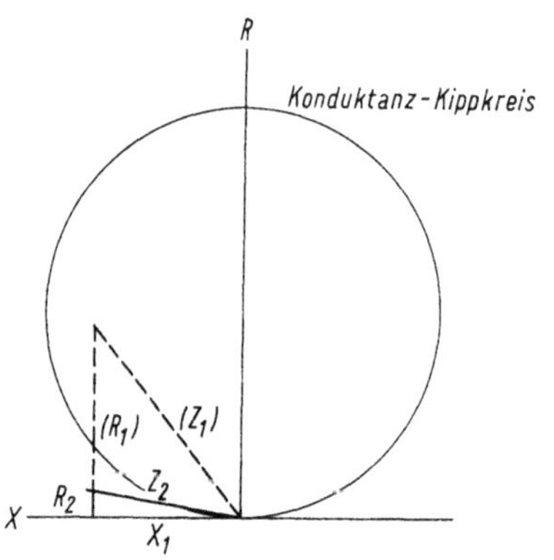

Abb. 679. Konduktanzmessung: Metallischer Kurzschluß (gestrichelt: Lichtbogenkurzschluß)

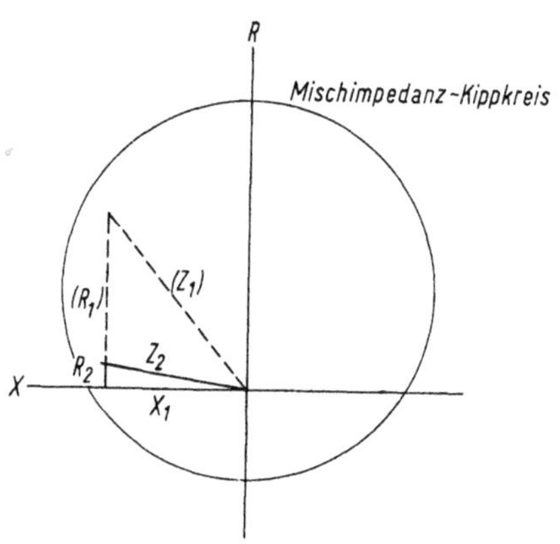

Abb. 680. Mischimpedanzmessung

nungsseitig angeschlossen wird. Dann ist es allerdings zweckmäßig, für den Generatorsternpunkt einen zusätzlichen Überstrom-Zeitschutz als letzte Reserve einzusetzen.

Es sei hier auch kurz die Frage erörtert, ob man für einen derartigen Distanzschutz eine reine Impedanz-, Konduktanz- oder Mischimpedanzmessung wählen soll. Ein Fehler auf der Sammelschiene oder einer abgehenden Leitung kann ein satter metallischer Kurzschluß oder ein solcher über Lichtbogen oder über Erde sein, d. h. in einem X/R-Diagramm kann entweder der induktive oder der Ohmsche Widerstand überwiegen (Abb. 677). Wählt man eine reine Impedanzmessung, so kann bei einem Nahfehler durch den zusätzlichen Lichtbogenwiderstand ein entfernter Fehler vorgetäuscht werden. Der Impedanzmeßwert liegt dann, insbesondere bei kurzen Leitungen, außerhalb des ersten Kippunktes, und damit kommt die zweite oder dritte Kippstufe zum Tragen, wodurch sich entsprechend lange Auslösezeiten ergeben (s. Abb. 678). In eine Konduktanzmessung geht der zusätzliche Ohmsche Lichtbogenwiderstand nur wenig ein, dagegen würde ein satter Kurzschluß mit großem Kurzschlußwinkel, wie er sich bei den hier gewöhnlich vorliegenden großen Leiterquerschnitten ergibt, ebenfalls außerhalb des ersten Kippunktes liegen (s. Abb. 679). Am günstigsten ist die Mischimpedanzmessung, die bei der angenommenen Kurzschlußentfernung eindeutig in der ersten Stufe zum Tragen kommt (Abb. 680) [*6*].

b) Unsymmetrieschutz

Dieser besteht aus einem Stromdrehfeldscheider mit nachgeschaltetem Stromrelais und wird an Stromwandler im Sternpunkt oder auf der Klemmenseite des Generators angeschlossen. Bei großen Einheiten wird vorwiegend ein zweistufiger Schutz oder neuerdings auch ein solcher mit stromzeitabhängiger Kennlinie verwandt. Das Stromrelais der ersten Stufe wird auf einen Inversstrom eingestellt, der gerade nicht mehr dauernd zulässig ist, also rd. 8 bis 12,5%, und gewöhnlich über ein Zeitglied, welches auf eine etwas längere Zeit als ein Überstrom- oder Impedanzschutz eingestellt ist, auf Signal geschaltet. Die zweite Stufe wird höher (rd. 20 bis 40%) eingestellt und bewirkt über ein Zeitglied die Abschaltung des Generators vom Netz. Erfolgte nur eine Signalisierung, so muß das Bedienungspersonal entscheiden, wie lange der Generator noch am Netz bleiben kann. Die zulässige Zeit ist, wie wir in Abb. 668 gesehen haben, abhängig vom Inversstrom. Um dem Personal einen weiteren Anhaltspunkt zu geben, legt man gern in Reihe mit dem Relais ein Meßinstrument, welches den Inversstrom in Prozenten oder Ampere zeigt. Abb. 681 zeigt nochmals eine zulässige Inversstromcharakteristik mit einem Relaisansprechwert von 40% und einer Zeitverzögerung von 5 s. Man schließt hierbei einen Kompromiß, indem man die Zeit der zweiten Stufe so kurz wählt, daß auch höhere Inversströme (hier rd. 140%) noch in einer ausreichenden Zeit zur Abschaltung gebracht werden. Liegt aber ein zweipoliger Nahkurzschluß vor, so erreichen die Inversströme Werte, für die die gewählte Zeit zu lang ist, und wenn nicht durch andere Schutzeinrichtungen eine Abschaltung erfolgt, würde der Generator ernsthaft gefährdet werden. Dies trifft insbesondere für Maschinen mit einem hohen Übererregungsfaktor und Stoßerregung zu. Man muß sich bei dieser Anordnung dann auf das einwandfreie Arbeiten der sonstigen Schutzeinrichtungen, in erster Linie eines Impedanzschutzes, verlassen. Andererseits erfolgt bei einem Inversstrom von beispielsweise 40% bereits nach 5 s eine Auslösung, obgleich dieser Zustand laut Kurve über eine wesentlich längere Zeit, nämlich 65 s, bestehen kann, ohne die Maschine zu gefährden. Bei Werten unterhalb von 40% ist man auf die Reaktionsfähigkeit und Zuverlässigkeit des Personals angewiesen. Neuerdings wird auch in Deutschland ein Unsymmetrieschutz eingesetzt, der in Abhängigkeit von der Inversstromhöhe Auslösezeiten ergibt, die noch keine Gefährdung des Generators darstellen, andererseits aber die für den jeweiligen Zustand zulässige Zeit ausnutzen (s. Abb. 682). Man verwendet hierfür I^2-Ferrarisysteme, die wieder an einen Drehfeldscheider angeschlossen werden. Der Rücklauf dieser Systeme erfolgt für den Fall, daß der einmal aufgetretene Inversstrom nur über eine kürzere Zeit als zulässig bestand und damit keine Abschaltung erfolgte, ebenfalls über eine der Rückkühlung des Läufers etwa entsprechende Zeit. Bei einem erneuten Auftreten eines Inversstromes noch während der Rücklaufzeit wird somit eine kürzere Laufzeit erzielt, was unter Berücksichtigung der noch im Rotor gestauten Zusatzwärme notwendig ist. Die amerikanische Praxis verwendet bei großen Einheiten fast immer einen Unsymmetrieschutz. Dieser ist in der Auslösezeit ebenfalls abhängig von der Inversstromhöhe, wobei allerdings auf die Erfassung von wesentlich unter Nennstrom liegenden Inversströmen kein Gewicht gelegt wird.

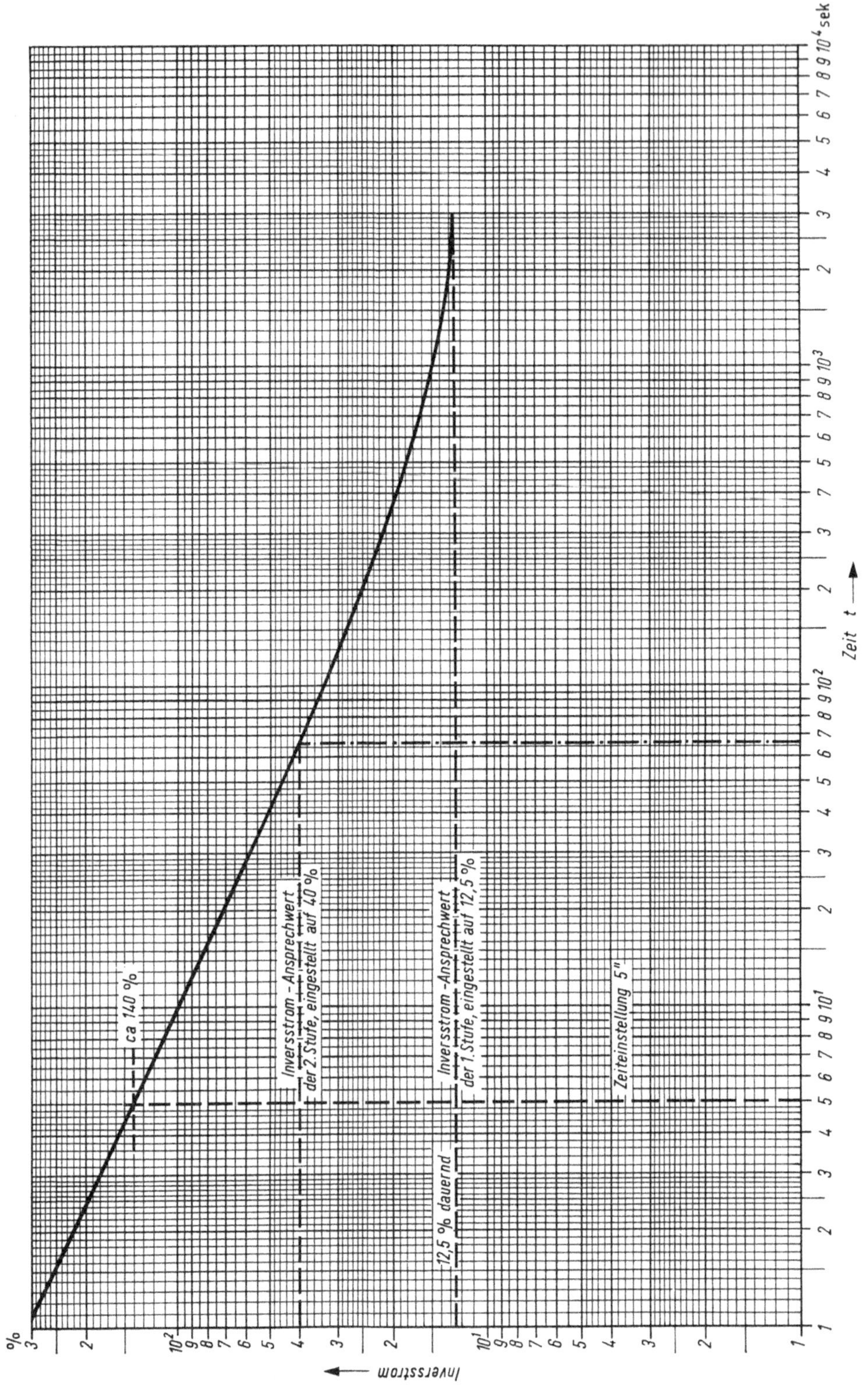

Abb. 681. Einstellbeispiel für zweistufigen Unsymmetrieschutz

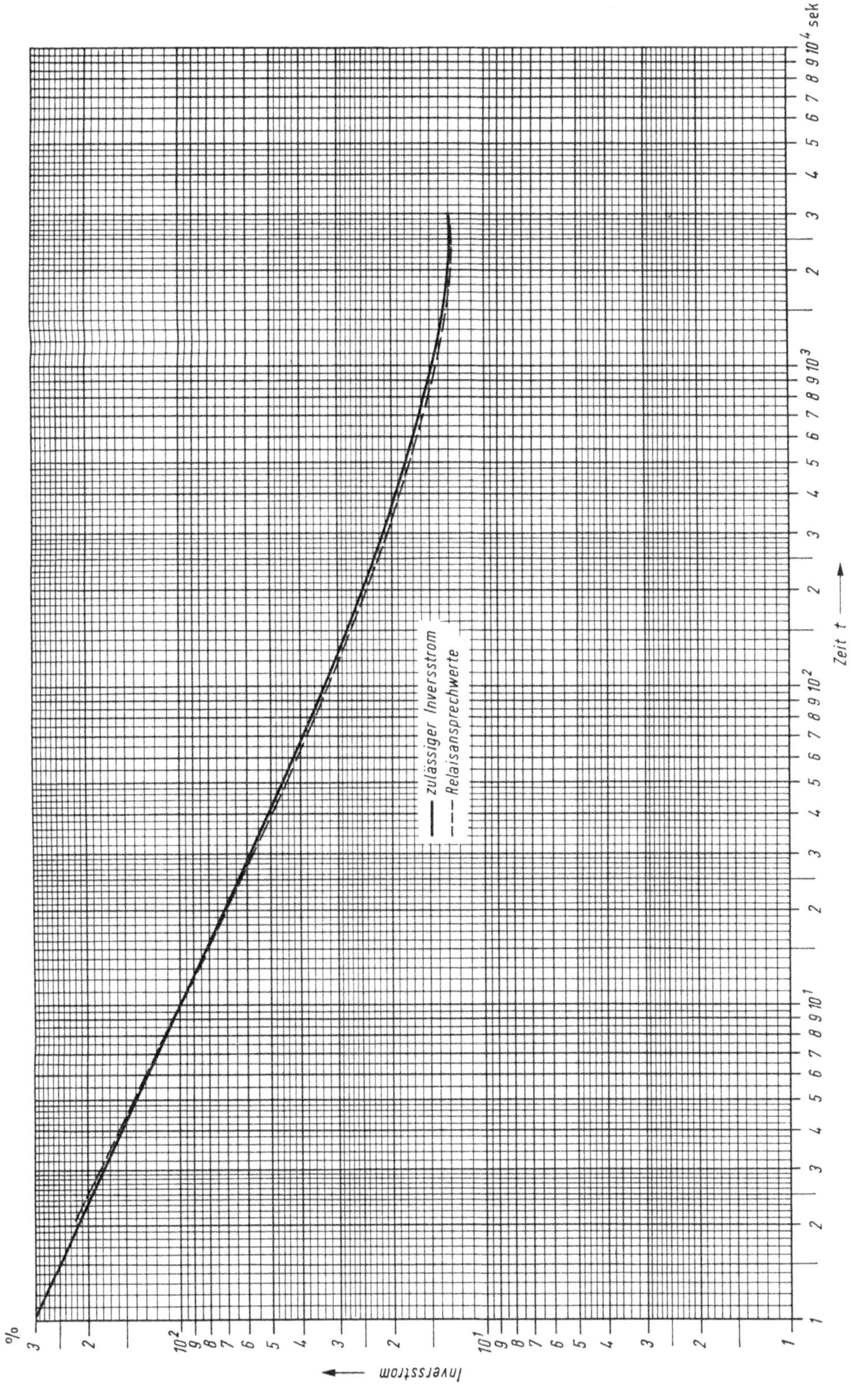

Abb. 682. Relaischarakteristik eines stromzeitabhängigen Unsymmetrieschutzes

c) Spannungssteigerungsschutz

Als Spannungssteigerungsschutz werden Spannungssteigerungsrelais mit nachgeschaltetem Zeitrelais oder seltener auch abhängige Relais verwandt, die an Spannungswandler für Messung oder Sternpunktbildner für Erdschlußerfassung mit zusätzlicher Meßwicklung angeschlossen werden. Der Ansprechwert wird bei Turbogeneratoren gewöhnlich recht hoch gelegt (rd. $1{,}4 \cdot U_N$), die Zeitverzögerung auf Werte zwischen 0,5 und 2,5 s.

d) Leistungssprungrelais

In Abschn. II a (S. 707) wurde dargelegt, daß eine plötzliche Entlastung der Turbine von annähernd Vollast auf Leerlauf, verbunden mit einer elektrischen Heraustrennung der Blockeinheit aus einem Maschinenverband, zu einer unerwünschten Drehzahlsteigerung und damit gegebenenfalls zu einem Ansprechen des Turbinenschnellschlusses führen kann. Das als Schutzrelais in letzter Zeit in der deutschen Praxis häufig eingesetzte Leistungssprungrelais ist ein dreipoliges Leistungsrelais, welches gewöhnlich an Strom- und Spannungswandler der Unterspannungsseite angeschlossen wird.

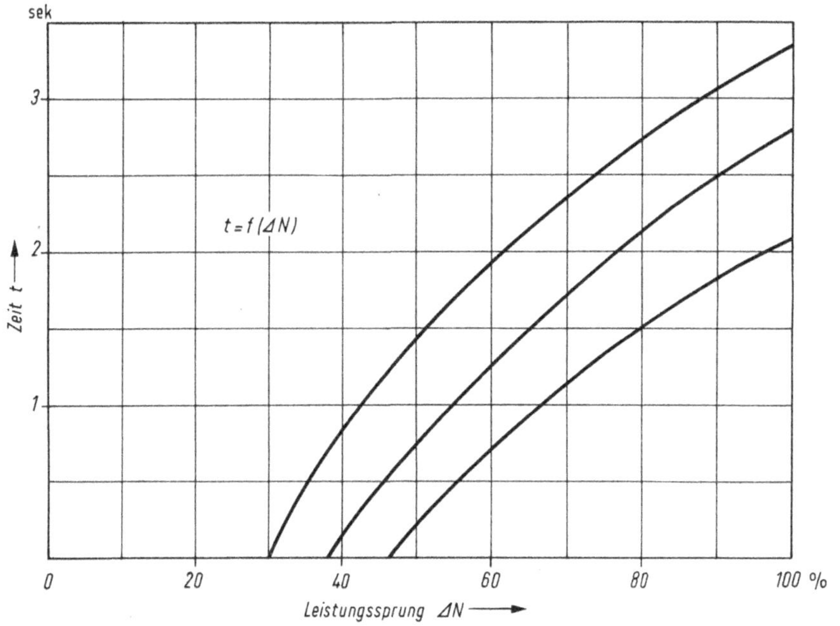

Abb. 683. Ansprechdauer eines Leistungssprungrelais als Funktion des negativen Leistungssprunges für drei verschiedene Einstellungen

Eine einstellbare große negative Leistungsänderung (Leistungsrückgang) in einer Zeiteinheit ruft ein Ansprechen hervor, wobei die Ansprechdauer in Abhängigkeit von der Größe des Leistungssprunges auch noch einstellbar ist (s. Abb. 683). Der vom Relais gegebene Impuls wird vom Turbinenregler derart ausgewertet, daß ein Hochlaufen der Turbine bis zur Schnellschlußdrehzahl unterbunden wird. Nachdem die Turbine abgefangen ist, übernimmt der Turbinenregler wieder seine normale Funktion. Die Turbine kann somit in Betrieb erhalten werden, was für den Eigenbedarf und für einen weiteren, schnellen Betriebseinsatz von wesentlicher Bedeutung ist.

e) Rückleistungsrelais

Wir hatten bereits festgestellt, daß Netzentlastungen für einen größeren Maschinenverband zur Aufnahme von Rückleistung bei einzelnen Maschinen führen können. Als Rückleistungsrelais werden wattmetrische Relais verwandt, die ein-, zwei- oder dreipolig ausgeführt sein können. Bevorzugt werden zwei- und dreipolige Relais, die gewöhnlich an Strom- und Spannungswandler der Unterseite angeschlossen werden. Als nachgeschaltete Zeitrelais finden in der Hauptsache Wechselspannungsrelais Verwendung. Obgleich in diesem Rahmen der eigentliche Turbinenschutz nicht behandelt werden soll, muß doch der Rückleistungsschutz noch näher erörtert werden, da er allgemein in Verbindung mit dem Generatorschutz zusammengebaut wird. Der Rückleistungsschutz hat außer der angeführten noch eine weitere Aufgabe zu erfüllen: Spricht infolge eines Turbinenfehlers der Schnellschluß an, so muß schnellstmöglich auch der Generator vom Netz getrennt werden, da trotz der Dampfabsperrung durch das Schnellschlußventil die Turbine von dem jetzt als Synchronmotor weiterlaufenden Generator angetrieben wird und dadurch u. U. weitere Turbinenschäden entstehen können. Das Schnellschlußventil ist zur Anbringung von Steuerkontakten nicht geeignet, weil damit zu rechnen ist, daß es infolge Ansatzes von Fremdkörpern oder Rost nicht völlig dicht schließt und daher noch so viel Dampf durchläßt, daß der ganze Turbosatz bei gleichzeitiger Abtrennung des Generators vom Netz auf eine unzulässig hohe Drehzahl hochfahren würde. Ein eindeutiges Kriterium dafür, daß wirklich kein bzw. ein nur für weniger als für die Nenndrehzahl erforderlicher Dampfdurchsatz vorhanden ist, bietet die aufgenommene Rückleistung, die mit dem Rückleistungsrelais gemessen wird. Abb. 684 zeigt die am meisten angewendete Schaltung: das Rückleistungsrelais arbeitet über ein Langzeitrelais (rd. 20 s) auf Abschaltung, in einzelnen Fällen auf Wunsch der Betreiber auch nur auf Signal.

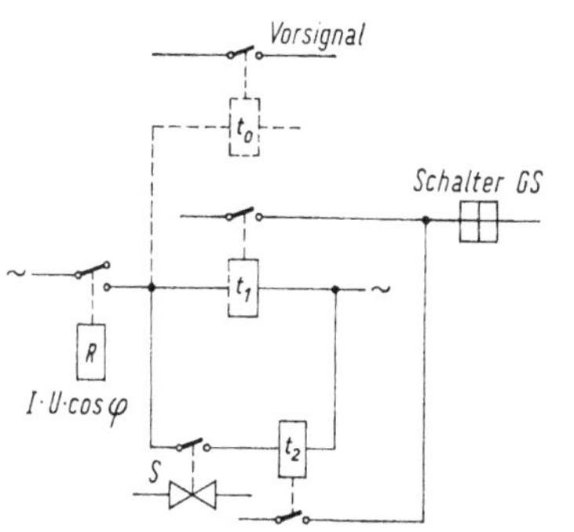

Abb. 684. Häufigste Schaltung des Rückleistungsschutzes

R Rückleistungsrelais rd. 0,5 bis 3% einstellbar, t_0, t_1, t_2 Zeitrelais, $t_0 = 0{,}5$ bis 5 s, $t_1 = 20$ s, $t_2 = 0{,}5$ bis 5 s
S Kontakt am Schnellschluß

Zusätzlich kann man auch nach Ansprechen des Rückleistungsrelais mit einer kurzen Zeitverzögerung von 1 bis 2 s ein Vorsignal einleiten, um das Betriebspersonal frühzeitig auf diesen Zustand aufmerksam zu machen. Ein zweiter Stromkreis ist über einen Kontakt am Schnellschlußventil geführt. Dieser, der entweder als mechanischer Kontakt mit dem Schnellschluß gekuppelt oder als Öldruckwächter im Schnellschluß-Druckölkreis ausgeführt ist, schließt, wenn das Schnellschlußventil arbeitet, ohne aber feststellen zu können, ob auch tatsächlich eine völlige Dampfabsperrung erfolgte. Haben die beiden in Reihe liegenden Kontakte vom Rückleistungsrelais und Schnellschluß geschlossen, so wird ein auf wenige Sekunden eingestelltes Zeitrelais angeregt, welches dann die Abschaltung übernimmt. Nunmehr ist mit Sicherheit die Möglichkeit eines Durchgehens der Turbine unterbunden. Eine unverzögerte Abschaltung ist auch in diesem Falle nicht ratsam, da bei einer gleichzeitig eingetretenen Netzpendelung eine Rückleistung vorgetäuscht werden und zu einer unberechtigten Abschaltung und damit zur Gefährdung der Turbine führen könnte.

f) Differentialschutz

Es wäre naheliegend, für die elektrische Blockeinheit, bestehend aus Generator, Haupttransformator und Eigenbedarfs-Transformator sowie Verbindungsschienen einen gemeinsamen Differentialschutz nach Abb. 685 auszuführen. Hierbei müßten allerdings einige Nachteile in Kauf genommen werden. Man hätte keine selektive Anzeige, d. h. es kann von vornherein nicht unterschieden werden, ob der Kurzschluß im Generator, Haupt- oder Eigenbedarfs-Transformator liegt. Des weiteren ist die Ansprechempfindlichkeit für Kurzschlüsse im bzw. hinter dem Eigenbedarfs-Transformator innerhalb des Differentialwandlerschutzbereiches wesentlich reduziert. Die Ansprechempfindlichkeit des Differentialschutzes muß auf die größte Einheit, nämlich den Generator, abgestimmt werden und wird beispielsweise mit 30% des Generator-Nennstromes gewählt. Hat der Generator einen Nennstrom von 8000 A, so würde der Ansprechstrom für den Differentialschutz

2400 A primär betragen. Der für diese Einheit benötigte Eigenbedarfs-Transformator möge einen Nennstrom von 800 A haben. Bei einem Fehler an den Sekundärklemmen des Eigenbedarfs-Transformators muß also mindestens der 2,5fache Nennstrom dieses Transformators fließen, um gerade ein Ansprechen des Differentialschutzes zu erreichen. Die heute zum Einsatz kommenden Differentialrelais sind zur Erzielung schneller Abschaltzeiten praktisch sämtlich stabilisiert. Hierdurch wird der Ansprechwert in Abhängigkeit

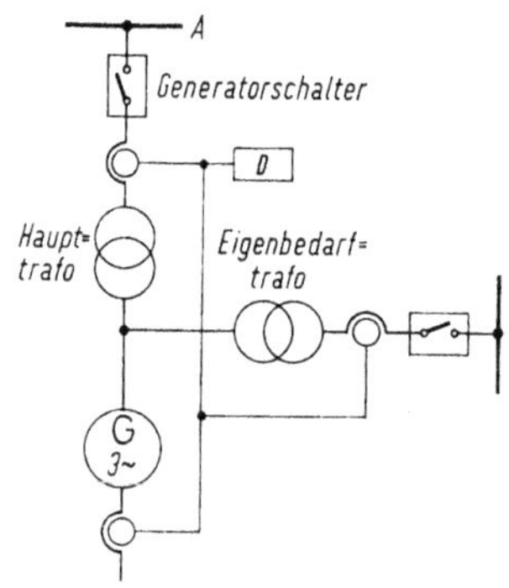

Abb. 685. Gemeinsamer Differentialschutz für Blockeinheit

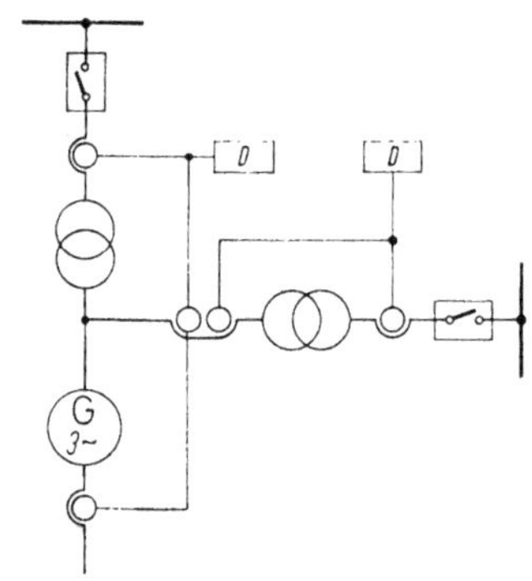

Abb. 686. Differentialschutz für Blockeinheit, aufgeteilt in zwei Bereiche

vom Durchgangsstrom noch weiter heraufgesetzt, so daß in Wirklichkeit der etwa 3- bis 3,5fache Transformator-Nennstrom erforderlich wäre, um das Differentialrelais zum Ansprechen zu bringen. Des weiteren ist die Ansprechzeit eines Differentialrelais abhängig vom Ansprechstrom, d. h. je höher der Überschuß über dem Ansprechwert ist, desto schneller wird das Relais. Handelte es sich bei dem soeben betrachteten Klemmenkurz-

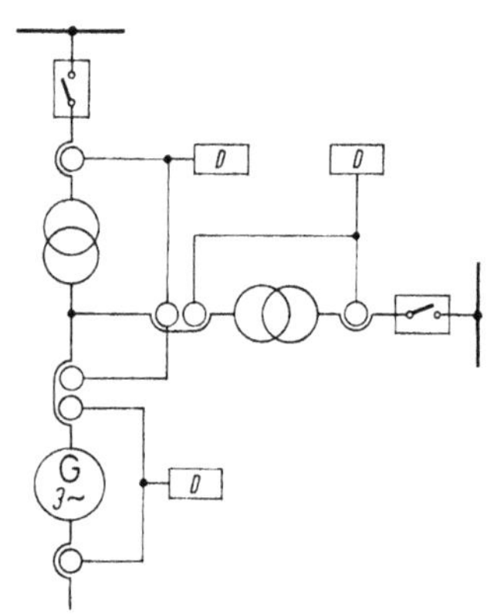

Abb. 687. Differentialschutz für Blockeinheit, aufgeteilt in drei Bereiche

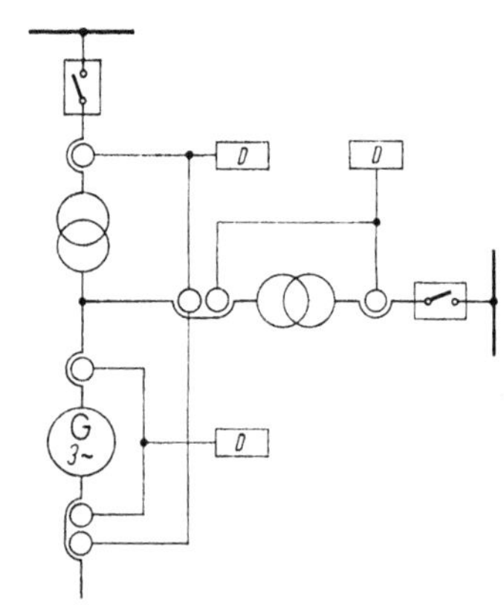

Abb. 688. Differentialschutz für Blockeinheit, aufgeteilt in drei Bereiche, von denen sich zwei überlappen.

schluß um einen Lichtbogenfehler, so kommt u. U. kein ausreichender Ansprechstrom zustande. Aus diesen Gründen sieht man zumindest für den Eigenbedarfs-Transformator einen getrennten Differentialschutz vor. Die in Abb. 686 gezeigte Schaltung enthält für Haupttransformator und Generator einen gemeinsamen Differentialschutz und für den Eigenbedarfs-Transformator einen getrennten. Diese Anordnung wird für mittlere Maschinengrößen bis etwa 50 MVA häufiger angewendet. Für große Einheiten geht man in der

Unterteilung noch einen Schritt weiter. Die hierfür üblichste Anordnung zeigt Abb. 687. Danach erhält der Generator und jeder Transformator einen eigenen Differentialschutz, wobei der Knotenpunkt zum Eigenbedarfs-Transformator gewöhnlich in den Differentialschutz des Haupttransformators mit einbezogen wird. Die ausländische Praxis wählt für große Einheiten etwa die gleiche Anordnung, wobei allerdings der Haupttransformator-Differentialschutz sich auch noch über den Generator erstreckt (s. Abb. 688). Diese Anordnung ergibt für den Generator einen doppelten Differentialschutz. Die Anzeige ist allerdings nicht ganz selektiv, da der Haupttransformator-Differentialschutz auf Kurz-

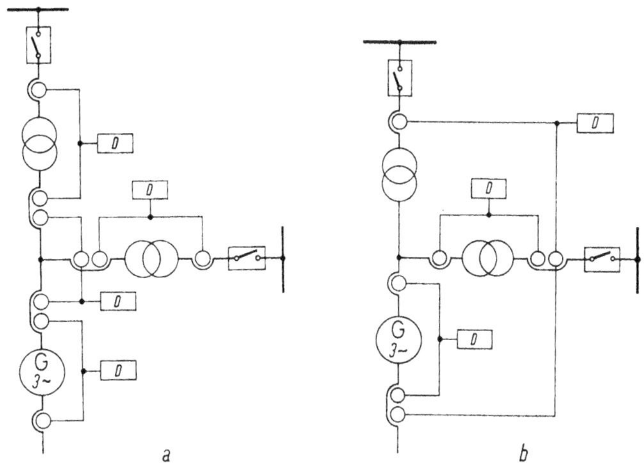

Abb. 689 a u. b. Weniger angewandte Bereichsaufteilung für Differentialschutz von Blockeinheiten

schlüsse im Generator als auch im Transformator und den Verbindungsleitungen zum Ansprechen kommt. Weitere, weniger häufige Anordnungen zeigen die Abb. 689a und 689b.

Die Differentialschutzeinrichtungen haben sämtlich die gleichen Auslösefunktionen, nämlich Auslösung des oberspannungsseitigen Schalters, des Entregungs- und Eigenbedarfsschalters sowie Umschaltung des Eigenbedarfs und Betätigung des Schnellschlußventils.

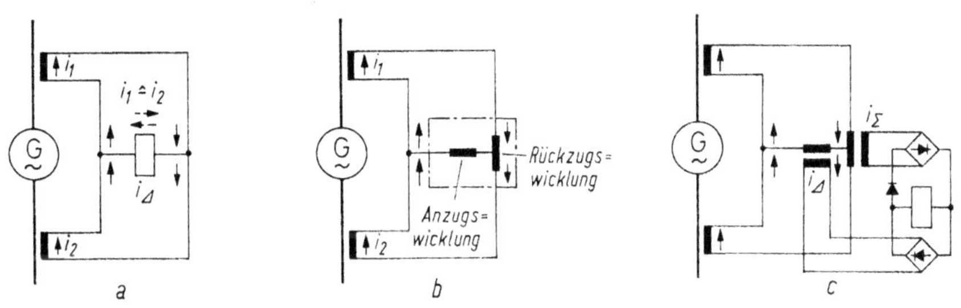

Abb. 690 a—c. Differentialschutz

a Prinzip
b mit elektromagnetischem Prozentrelais stabilisiert
c Prozentrelais mit Gleichstrombrücke und Drehspulrelais

Der Vollständigkeit halber sei das Prinzip des heute allgemein angewandten Differentialschutzes kurz erläutert [7]. Zu beiden Seiten des zu schützenden Gerätes bzw. einer Strecke sind Stromwandler angeordnet, die wie in Abb. 690 zusammengeschaltet werden. In die Diagonale eingeschaltet ist ein Differentialrelais. Ist der beide Stromwandler in der gleichen Richtung durchfließende Primärstrom gleich groß, so liegt innerhalb des Stromwandlerbereiches kein Kurzschluß vor. Die Sekundärströme sind ebenfalls gleich groß, und über das Differentialrelais fließt kein bzw. nur ein verschwindend kleiner Strom, der auf Stromwandlerungenauigkeiten zurückzuführen ist. Bei einem Fehler innerhalb der geschützten Strecke und einseitiger Speisung des Fehlers führt nur ein Wandler Strom, der sekundärseitig praktisch ganz über das Differentialrelais fließt. Der parallelliegende Stromwandler nimmt nur einen verschwindend kleinen Magnetisierungsstrom von der Sekundärseite her auf, der aber gegenüber dem über das Differentialrelais fließenden Strom nicht ins Gewicht fällt. Liegt eine beidseitige Speisung des Fehlers vor, so führen beide Stromwandler einen entgegengesetzten Strom, der in der Summe über das Differentialrelais fließt. Dieses einfache Prinzip bedarf mit Rücksicht auf außenliegende Fehler einer Ergänzung. Bei einem außerhalb liegenden Kurzschluß kann der beide Stromwandler durchfließende Strom ein Vielfaches vom Nennstrom betragen (Stoßstromwert der Speisestelle). Nun haben die Stromwandler entsprechend ihrer Genauigkeit und ihrer Überstromziffer bereits bei Nennstrom und erst recht im Überstromgebiet Stromfehler, die sich gegebenenfalls addieren und damit bereits Differenzströme erzeugen, die ein Mehrfaches vom Nennstrom ausmachen. Damit wäre eine Einstellmöglichkeit des Differentialschutzes auf Nennstrom oder noch niedrigere Werte unmöglich. Als weiterer ungünstiger Faktor tritt das von einem Generator bei einem Kurzschluß gelieferte Gleichstromglied in Erscheinung. Dieses bewirkt eine frühzeitige Sättigung der Stromwandler, wodurch weitere Falschströme ausgebildet werden. Um trotzdem einen empfindlichen und schnellen Differentialschutz anwenden zu können, wurden Stabilisierungsmaßnahmen gegen außenliegende Kurzschlüsse getroffen. Heute wird fast allgemein eine Stabilisierung nach dem Prozentrelaisprinzip durchgeführt. Dieses besagt, daß in Abhängigkeit von dem beide Wandler eines Differentialschutzes durchfließenden Durchgangsstromes die Ansprechempfindlichkeit prozentual heraufgesetzt wird. Abb. 691, Kurve *a*, zeigt eine derartige Kennlinie, wobei der zum Ansprechen notwendige Differenzstrom als Funktion vom Durchgangsstrom aufgetragen ist. Es handelt sich hierbei um eine gebrochene Kennlinie, die gegenüber einer geradlinigen den Vorteil bietet, daß trotz gleicher Steilheit und gleicher Empfindlichkeit bei Summenstrom Null der Relaisansprechwert im praktischen Kurzschlußfalle niedriger erhalten bleibt und somit ein größerer Überschuß über dem Ansprechwert vorhanden ist. Abb. 691, Kurve *b*, veranschaulicht die Ansprechkennlinie eines stabilisierten Differentialschutzes bei einem innenliegenden Fehler mit einseitiger Speisung, während die waagerechte Linie *c* das Verhalten des Differentialschutzes bei einem innenliegenden Kurzschluß mit beidseitiger, gleich großer Speisung kennzeichnet. Transformator-Differentialschutzeinrichtungen erhalten Stabilisierungskurven, die bereits im Bereiche des Nennstromes eine etwas größere Steilheit aufweisen. Dadurch werden Regelstufen im Bereich bis $\pm$ 25% ausgeglichen.

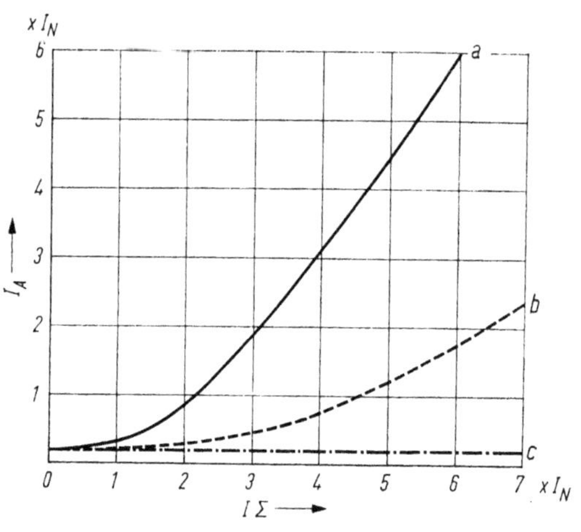

Abb. 691.
Ansprechkurve eines stabilisierten Differentialschutzes
a bei außenliegenden Kurzschlüssen
b bei innenliegenden Kurzschlüssen und einseitiger Speisung
c bei innenliegenden Kurzschlüssen und beiderseitiger Speisung

Neuerdings werden für Transformatoren zum Teil kaltgewalzte Bleche verwendet, die wesentlich geringere Eisenverluste ergeben. Andererseits ist der Einschaltstrom (Rush) aber wesentlich größer, und da dieser Rushstrom kein Durchgangsstrom ist, bereitet seine Beherrschung bei einem schnellen Differentialrelais trotz der Stabilisierung Schwierigkeiten. Hier sind aber in den letzten Jahren zusätzliche Stabilisierungsmaßnahmen getroffen, die in Abhängigkeit von dem im Rush enthaltenen Gleichstromglied eine Zusatzstabilisierung ergeben [*8*, *9*].

g) Erdschlußschutz

Für die Erfassung von Erdschlüssen im Generator und dem damit verbundenen Unterspannungskreis werden in der Hauptsache die in den Abb. 692, 693 und 695 angegebenen Schaltungen verwandt, die kurz erläutert werden sollen.

In Abb. 692 ist an die Generatorabgangsklemmen ein Fünfschenkel-Sternpunktbildner *F* angeschlossen, dessen Sekundärwicklung im offenen Dreieck geschaltet ist und mit einem Ohmschen Widerstand *R* belastet wird. Parallel zum Widerstand wird ein hoch-

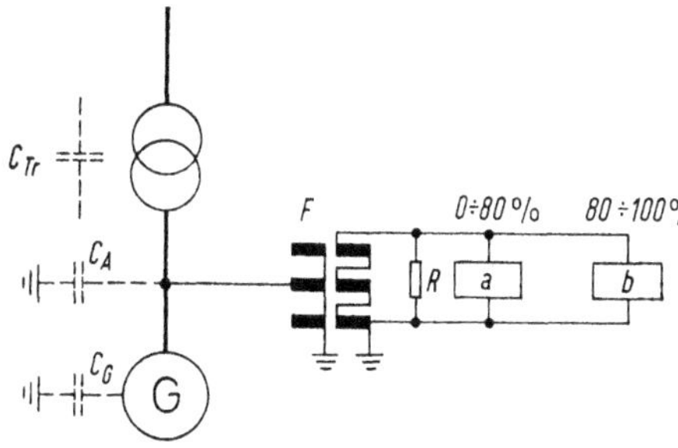

Abb. 692. Generatorerdschlußschutz mit Fünfschenkeltransformator für 100% Schutzbereich

F Fünfschenkeltransformator
R Belastungswiderstand
C Kopplungs- und Erdkapazitäten
a Grundwellenerdschlußrelais für Schutzbereich 0 bis 80%
b Oberwellenerdschlußrelais für Schutzbereich 80 bis 100%

überlastbares Spannungssteigerungsrelais als Erdschlußrelais angeschlossen. Im erdschlußfreien Zustand führt die Dreieckwicklung an den herausgeführten Klemmen keine Grundwellenspannung. Erst im Erdschlußfalle entsteht an dieser Dreieckwicklung, abhängig von der Lage des Erdschlusses im Generator, eine mehr oder weniger große Spannung, die zum Ansprechen des Relais führt.

Nun übertragen aber auch oberspannungsseitige Erdschlüsse in einem nicht starr geerdeten Netz über die Kopplungskapazität des Haupttransformators (Oberspannungswicklung gegen Unterspannungswicklung) eine gewisse Verlagerungsspannung auf die Unterspannungsseite. Diese ist abhängig von dem Verhältnis des kapazitiven Kopplungswiderstandes des Transformators C_{Tr} zu dem gesamten unterspannungsseitigen Widerstand gegen Erde, der aus der Ableitkapazität des Generators gegen Erde und dem Widerstand des Sternpunktbildners besteht. Dieses Verhältnis wird durch den sekundärseitigen Belastungswiderstand der offenen Dreieckwicklung so gewählt, daß der bei einem oberspannungsseitigen Erdschluß auf die Unterspannungsseite übertragene Spannungsabfall kleiner ist als der Relaisansprechwert. Hat man beispielsweise einen Schutzbereich von 90% vorgesehen, so muß das Erdschlußrelais auf 10% der maximal bei Klemmenerdschluß möglichen Verlagerungsspannung bereits ansprechen. Andererseits bedeutet dies, daß bei einem oberspannungsseitigen Erdschluß nur weniger als 10% der unterspannungsseitigen Sternspannung zustande kommen dürfen, um ein Fehlansprechen zu vermeiden. Mit Rücksicht auf mögliche Überspannungen wählt man hier eine große Sicherheit und würde nicht mehr als etwa 5% Fehlerspannung zulassen. Ein höherer Schutzbereich erfordert eine Spannungsteilung, die unterspannungsseitig einen noch kleineren Spannungsabfall hat, d. h. der Belastungswiderstand *R* muß weiterhin verkleinert werden. Damit steigt andererseits aber bei einem unterspannungsseitigen Fehler die Leistung des Fünfschenkeltransformators an. Spannungswandler können infolge ihrer kleinen Leistung für diese Aufgabe nicht verwandt werden. Umgekehrt wird aber der Fünfschenkeltransformator immer mit einer weiteren Wicklung für Meßzwecke ausgerüstet und ersetzt damit zum Teil Spannungswandler.

Ist der Haupttransformator oberspannungsseitig starr geerdet, so stellt jeder Erdschluß dieser Seite einen Kurzschluß dar und wird von Schutzeinrichtungen des Hochvoltnetzes schnell abgeschaltet. Die auf die Unterspannungsseite übertragene Spannung ist hierbei gering. Andere starr geerdet betriebene Netze haben aber nicht die Blocktransformatoren, sondern Netztransformatoren geerdet. Hier ist es nun bei einem Erdschluß im Hochvoltnetz durchaus möglich, daß am Blocktransformator-Sternpunkt eine Verlagerungsspannung bis zu 60% der Sternspannung entsteht, die jetzt ebenso wie bei einem isoliert betriebenen Netz eine Spannung über die Kopplungskapazität auf die Unterspannungsseite überträgt.

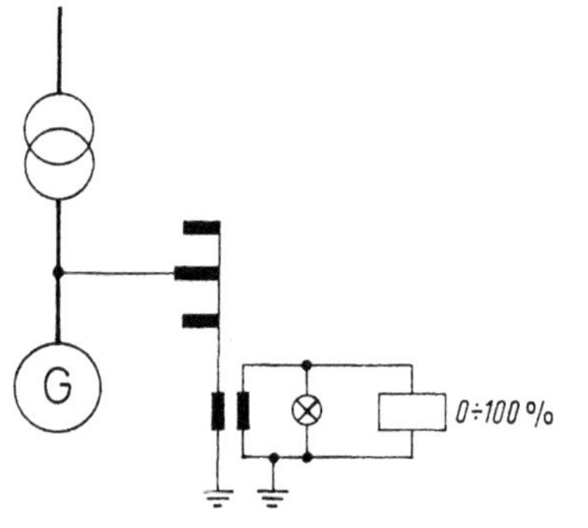

Abb. 693. Generatorerdschlußschutz mit künstlicher Wechselspannungsverspannung für 100% Schutzbereich

Mit der vorbeschriebenen Schutzanordnung ist nie ein voller Schutzbereich erzielbar. Weiteres Absenken der bei oberspannungsseitigem Erdschluß übertragenen Spannung zur Erzielung eines vergrößerten Schutzbereiches bedeutet weitere Verkleinerung des Belastungswiderstandes und damit noch größere Fünfschenkeltransformator-Leistungen. Hiermit verbunden ist bei unterspannungsseitigem Erdschluß die Größe des über die Fehlerstelle fließenden Erdstromes, der proportional mit der Verkleinerung des Widerstandes R ansteigt und schließlich Werte annimmt, die ihrerseits die einmal entstandene Fehlerstelle noch vergrößern.

Nun besteht aber die Möglichkeit, entweder die natürliche Oberwellenverlagerungsspannung oder aber eine künstliche Spannungsverlagerung des Sternpunktes zur Erzielung eines vollen Schutzes heranzuziehen. Damit braucht die Spannungsabsenkung

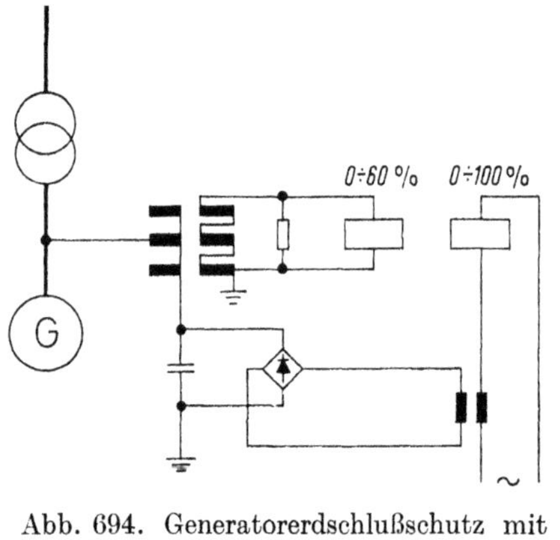

Abb. 694. Generatorerdschlußschutz mit künstlicher Gleichspannungsverspannung für 100% Schutzbereich

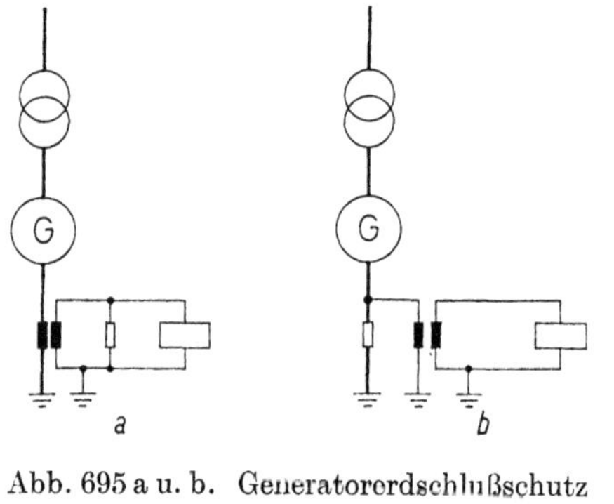

Abb. 695 a u. b. Generatorerdschlußschutz mit Sternpunkttransformator bzw. Sternpunktwiderstand

beim oberspannungsseitigen Erdschluß durch die Widerstandsbelastung nicht so weit getrieben zu werden, so daß sowohl Fünfschenkeltransformator als auch Erdstrom in ihrer Größe in vernünftigen Grenzen gehalten werden können.

Das ebenfalls an der offenen Dreieckwicklung liegende Relais b ist ein sehr empfindliches, hochüberlastbares Spannungssteigerungsrelais, dem ein Hochpaß vorgeschaltet ist. Dieser sperrt die Grundwellenspannung und läßt nur dritte und höhere Oberwellen durch. Auf Grundwellen-Verlagerungsspannungen, sei es durch Erdschluß auf der Unter- oder Oberspannungsseite, spricht das Relais also nicht an. Ein Erdschluß im Sternpunkt oder Sternpunktnähe gibt für die dort immer anstehende dritte Oberwellenspannung (1 bis 5% der Sternspannung) einen Rückschluß über den Fünfschenkeltransformator. Dieser bildet die Oberwellenspannung auch sekundärseitig ab und bringt das Relais *b* zum Ansprechen. Relais *a* kommt infolge seiner wesentlich höheren Einstellung, die durch den oberspannungsseitigen Erdschluß bedingt ist, nicht zum Arbeiten.

Während der auf die Grundwellenverlagerungsspannung reagierende Schutz *a* mit einem Bereich von rd. 80% auf Abschaltung, Entregung, Eigenbedarfsumschaltung und Schnellschlußventil wirkt, läßt man durch den auf Oberwellen ansprechenden Schutz *b* für den restlichen Bereich bis 100% nur ein Signal geben.

Bei der in Abb. 693 gezeigten Anordnung wird dem Spannungssternpunkt eine durch unsymmetrische Wicklungsanordnung erzeugte Grundwellenverlagerungsspannung aufgedrückt. Diese hat auch bei einem Erdschluß im Generatorsternpunkt über den zwischen Sternpunktbildner und Erde liegenden Transformator einen Strom zur Folge, der als Ansprechkriterium dient.

Ähnlich arbeitet die Anordnung nach Abb. 694, die zur Verspannung eine Gleichspannung verwendet. Letztere Schaltung wird heute fast nicht mehr ausgeführt.

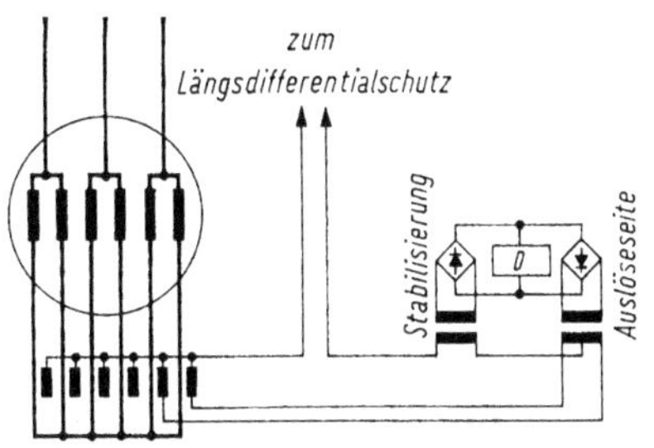

Abb. 696. Windungsschlußschutz durch Querdifferentialschutz

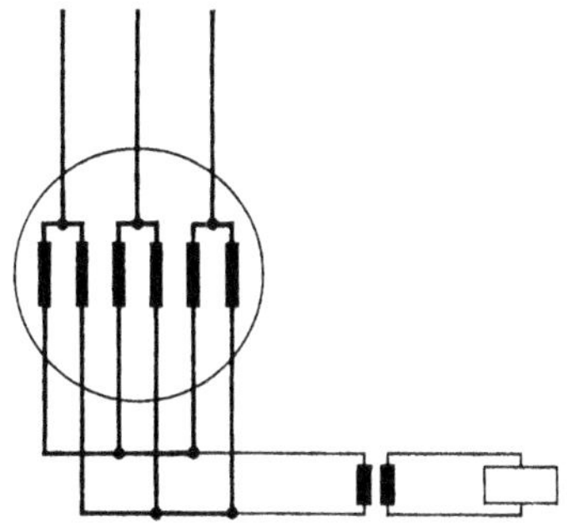
Abb. 697. Windungsschlußschutz durch Sternpunktvergleich

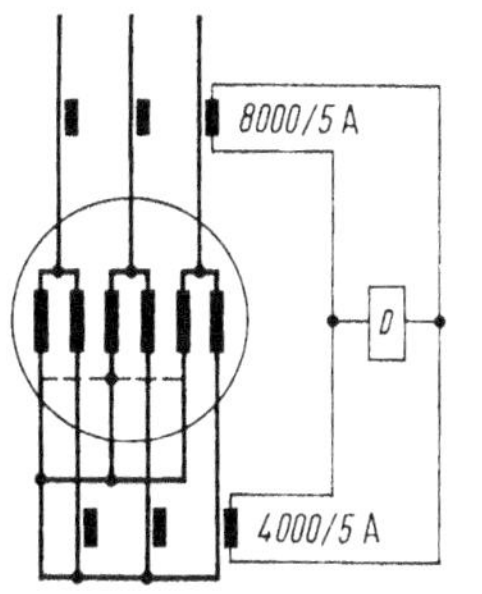

Abb. 698. Windungsschlußschutz, gleichzeitig Längsdifferentialschutz

Die Anordnungen nach Abb. 695a und b verwenden den Generatorsternpunkt zum Anschluß eines Transformators mit sekundärem Belastungswiderstand bzw. eines Primärbelastungswiderstandes mit parallel liegendem Spannungswandler. Ihre Wirkungsweise ist dieselbe wie für Abb. 692 beschrieben, jedoch ist es hiermit grundsätzlich nicht möglich, einen vollen Schutzbereich zu erzielen. Störend wirken sich hier die Oberwellen aus, die bei einem verlangten hohen Schutzbereich durch Tiefpässe vom Relais ferngehalten werden.

h) Windungsschlußschutz

Große Generatoren haben mindestens zwei parallele Wicklungszweige. Für einen empfindlichen Windungsschlußschutz müssen beide Zweige eines Stranges einseitig getrennt aus dem Generator herausgeführt werden. Üblicherweise wählt man hierfür den Sternpunkt (s. Abb. 696). Ein stabilisierter Querdifferentialschutz vergleicht die in jedem Zweig eines Stranges fließenden Ströme, die im windungsschlußfreien Zustand nahezu völlig gleich sind. Kleine Differenzen sind durch die Wicklungsanordnung möglich. Tritt in einem der parallelen Zweige ein Windungsschluß auf, so fließt als Folge der nunmehr kleineren Spannung des betroffenen Zweiges gegenüber dem nichtbetroffenen ein von diesem getriebener Kreisstrom über beide Zweige. Dieser ergibt auf der Auslöseseite des Relais einen Ansprechstrom, während der Laststrom zu Null wird. Der noch über die Stabilisierungsseite fließende Summenstrom wird weiter für den Längsdifferentialschutz verwendet. Das Ansprechen des Windungsschlußschutzes leitet möglichst unverzögert Abschaltung, Entregung, Eigenbedarfsumschaltung und Betätigung des Schnellschlusses ein.

Weitere, vereinfachte, aber weniger empfindliche Anordnungen zeigen die Abb. 697 und 698. Die Schaltung nach Abb. 698 ist insofern interessant, als es gelingt, den Längsdifferentialschutz gleichzeitig als Windungsschlußschutz auszunutzen und hierbei noch drei Stromwandler einzusparen. Die in jeweils nur einen Zweig eingebauten Sternpunktwandler erhalten ein Übersetzungsverhältnis, welches nur halb so groß wie das der Gegenwandler ist, z. B. 4000/5 A im Sternpunkt und 8000/5 A auf der Gegenseite. Im kurzschluß- und windungsschlußfreien Betrieb sind die Sekundärströme gleich groß und ergeben keinen Differenzstrom, abgesehen von dem durch Wandlerungenauigkeiten und Wicklungsungleichheiten der beiden Zweige hervorgerufenen. Bei einem Windungsschluß fließt der Kreisstrom des parallelen Zweiges über den Sternpunktwandler und addiert oder subtrahiert sich vom Laststrom. Damit entsteht gegenüber dem klemmenseitigen Wandler ein Differenzstrom. Die erzielbare Empfindlichkeit ist allerdings wesentlich geringer als nach Schaltung Abb. 696. Sämtliche Schaltungen (Abb. 696 bis 698) bringen auch ein Ansprechen bei Unterbrechung eines Zweiges. Erhält ein Generator vier parallele Zweige je Strang, so werden jeweils zwei innerhalb des Generators zusammengefaßt und je Strang sternpunktseitig wieder zwei Ausführungen vorgesehen.

i) Rotorschutz und Untererregungsschutz

Ein Schutz für Kurzschluß- und Windungsschlußerfassung wird selten ausgeführt. Zum betriebsmäßigen Feststellen von Erdschlüssen im Erregerkreis wird dieser nach Abb. 699 mit einer kleinen Wechselspannung (25 bis 50 V) gegen Erde verspannt. Als

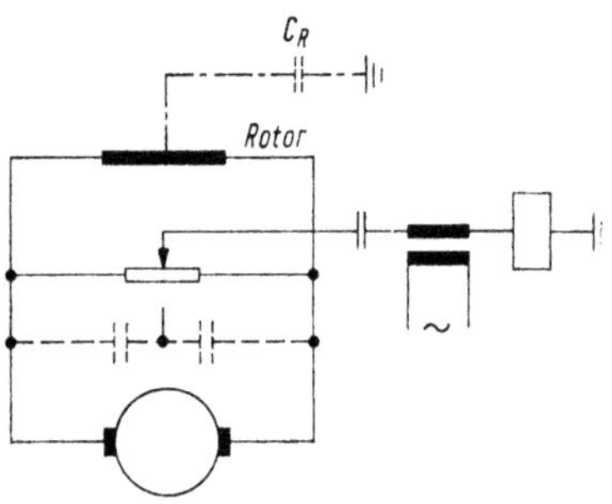

Abb. 699. Rotorerdschlußschutz

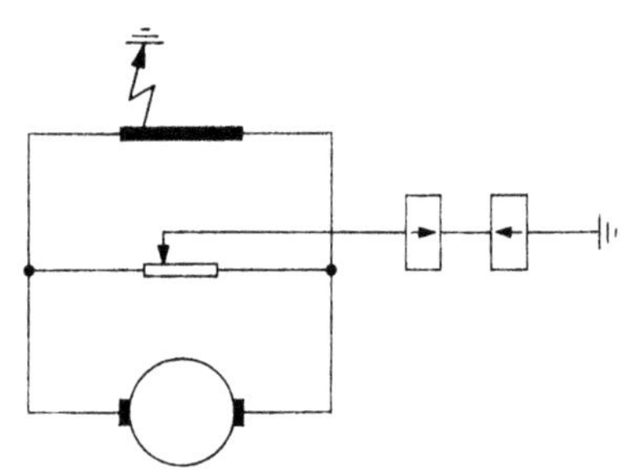

Abb. 700. Brückenschaltung mit zwei Drehspulrelais zur Erfassung von Doppelerdschlüssen

Anschlußpunkt wird häufig der Mittelpunkt eines zwischen beide Polaritäten gelegten Widerstandes oder zweier Kondensatoren gewählt. Ein in Reihe mit dem Verspannungstransformator liegender Kondensator hält die Gleichspannung vom Relaiskreis fern. Betriebsmäßig fließt nur ein kleiner Vorstrom, der durch die Rotorkapazität (0,5 bis 2 μF) gegen Erde bedingt ist. Bei Erdschluß vergrößert sich der über das Relais fließende Strom zum Ansprechwert. Dieser Schutz arbeitet nur auf Signalisierung. Muß ein mit Läufererdschluß behafteter Generator aus energiewirtschaftlichen Gründen noch über eine längere Zeit im Betrieb bleiben, so wurde in einzelnen Fällen eine Brückenschaltung eingesetzt, die bei Auftreten eines zweiten Erdschlusses und damit eines Windungsschlusses über Erde eine Abschaltung der Einheit vornimmt. Abb. 700 zeigt die prinzipielle Schaltung. An dem zwischen beiden Polaritäten liegenden Widerstand wird der Punkt gesucht, der kein Potential gegen Erde hat und damit der Lage des Läuferfehlers entspricht. Bei Auftreten eines zweiten Erdschlusses ist die Brücke verstimmt, und das Relais erhält Spannung. Abhängig von der Lage des zweiten Erdschlusses zum ersten kann die Polarität der am Relais liegenden Spannung wechseln. Man verwendet daher ein polarisiertes Relais mit Mittellage oder besser zwei Relais mit entgegengesetztem Polaritätsanschluß. Da ein solcher Schutz nach Möglichkeit schon beim Doppelerdschluß über nur eine Windung ansprechen soll, muß die Einrichtung sehr empfindlich sein. Andererseits gehen aber die sich abhängig von der Erregerstromhöhe und der Laufzeit ändernden Bürstenübergangswiderstände auch in die Messung ein und verstimmen die Brücke. Durch zusätzlichen Einbau von nichtlinearen Widerständen kann man diese störenden Einflüsse bis zu einem gewissen Grade ausgleichen. Jedoch bedarf eine solche Einrichtung einer sorgfältigen Einjustierung und laufenden Überwachung, wobei ein Fehlansprechen auch dann noch nicht ganz ausgeschlossen ist.

Eine Untererregung kann durch eine Unterbrechung im Erregerkreis oder aber bei Generatoren, die betriebsmäßig kapazitiv (d. h. untererregt) betrieben werden, durch eine eingeregelte Untererregung zustande kommen. Erstere kann durch ein an einem Shunt im Haupterregerkreis angeschlossenes stark überlastbares Relais, zweckmäßigerweise Drehspulrelais, erfaßt werden. Unterschreitet der Erregerstrom einen wesentlich unter Leerlauferregung liegenden Wert, so spricht das Relais an und leitet über ein nachgeschaltetes Zeitrelais mit einigen Sekunden Verzögerung die Abschaltung ein.

Eine unverzögerte Abschaltung ist nicht erforderlich, da der Abbau des Läuferfeldes auch mehrere Sekunden dauert. Zudem würde die unverzögerte Abschaltung bei kurzzeitigem, starkem Erregerstromrückgang, wie er nach Kurzschlußabschaltungen möglich ist, zu unerwünschten Auslösungen führen. Wenn schon eine unverzögerte Abschaltung angestrebt wird, so ist es zweckmäßig, diese in Reihe mit einem Überstromrelais zu legen. Man gewinnt so als Zusatzkriterium den erhöhten Generatorstrom, der durch den Blindstrombezug hervorgerufen wird.

In der amerikanischen und neuerdings auch in der deutschen Praxis wird zur Erfassung einer Untererregung, unabhängig von der Ursache, ein Untererregungsschutz eingesetzt, der erst dann zum Ansprechen kommt, wenn die statische Stabilitätsgrenze des Generators erreicht ist. Hierzu wird ständerseitig eine Impedanzmessung über nichtlineare Widerstände durchgeführt, deren Ansprechkennlinie einstellbar ist und in weiten Grenzen der Stabilitätskennlinie der Maschine angepaßt werden kann. Eine Auslösung dieses Schutzes macht man zusätzlich noch abhängig vom Unterschreiten der Erregerspannung unter einen gewissen Wert oder aber von der Spannungsabsenkung auf der Unterspannungsseite des Blocktransformators gegenüber Normalbetrieb. Die Spannungsabsenkung auf der Unterspannungsseite tritt infolge des Blindstrombezuges bei Untererregung auf.

IV. Prüfeinrichtung

Die Schutzeinrichtungen für eine Blockeinheit werden zweckmäßigerweise auf einer Relaistafel zusammengefaßt. Es wird damit eine gute Übersicht erzielt und die Möglichkeit geschaffen, eine gemeinsame Prüfeinrichtung fest einbauen zu können. Eine solche Prüfeinrichtung hat nicht die Aufgabe, den genauen Ansprechwert eines Schutzrelais zu ermitteln. Erfahrungsgemäß verändern sich die Ansprechwerte recht wenig und wenn doch, so wird das Relais etwas unempfindlicher. Im Fehlerfalle ist aber immer so viel Überschuß über dem Ansprechwert vorhanden, daß eine kleine Ansprechwertänderung ohne Bedeutung ist. Wichtig ist aber, daß ein Relais, welches betriebsmäßig oft jahrelang nicht zu arbeiten braucht, zwischendurch öfter angeregt und zum Ablauf bis zur Erteilung der verschiedenen Auslösekommandos gebracht wird. Einmal wird dadurch ein Festsetzen mechanischer Glieder, sei es durch verharztes Öl, Korrosionserscheinungen oder sonstige Haftungen, vermieden; zum anderen ergibt sich so auch eine Kontrolle der gesamten Relaistafelverdrahtung bis zu den Auslöseklemmen.

Als Prüfeinrichtungen werden heute in Deutschland vorwiegend halbautomatische eingesetzt, deren Wirkungsweise etwa die folgende ist: Über einen Auswahlschalter wird der zu prüfende Schutz angewählt. Mit einem Anwurftaster wird anschließend die Prüfeinrichtung angeworfen. Diese hält sich selbst und führt, nachdem die Auslöseleitungen unterbrochen wurden, über Vorwiderstände und Hilfsrelais dem zu prüfenden Schutzrelais einen ausreichenden Ansprechstrom zu. Das so angeregte Relais betätigt jetzt die nachgeschalteten Hilfs- oder Zeitrelais, die ihrerseits nun das Auslösekommando erteilen. Die Prüfeinrichtung hatte aber die Auslösekommandos bei Beginn der Prüfung unterbrochen und auf Hilfsrelais umgeschaltet. Kommen alle Auslösekommandos bis in die Prüfeinrichtung, so gibt diese ein Lampensignal und schaltet sich selbsttätig zurück. Nunmehr kann die Prüfung einer anderen Schutzeinrichtung vorgenommen werden. Die Prüfung kann bei den meisten Einrichtungen sowohl im Lastbetrieb als auch im Leerlauf durchgeführt werden [*10*].

Die amerikanische Praxis verwendet in der Hauptsache Relais mit eingebauten Prüfklemmen. Durch das Umlegen von Messerkontakten im Relais werden die zugeführten Strompfade überbrückt, die Spannungspfade abgeschaltet und die Auslöseleitung unterbrochen. Nunmehr kann dem Relais ein geeigneter Prüfstrom zugeführt werden. Nach dieser Methode ist der jeweils zu prüfende Schutz länger außer Betrieb als bei den vorbeschriebenen Prüfeinrichtungen.

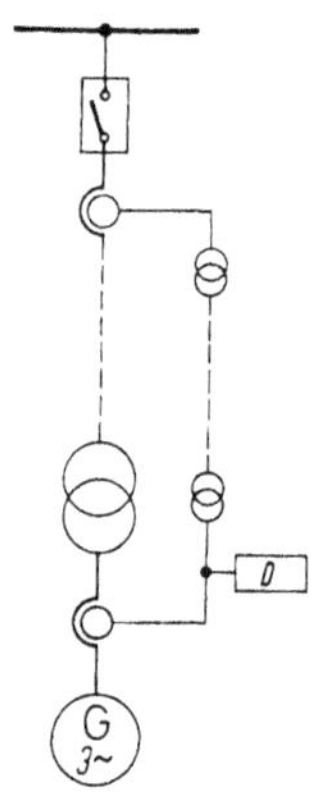

Abb. 701. Transformatordifferentialschutz über einige Kilometer Hochspannungsleitung erweitert

V. Schutztechnische Gesichtspunkte für von der normalen Blockschaltung abweichende Ausführungen

Bei unseren bisherigen Betrachtungen schloß sich oberspannungsseitig an den Blocktransformator unmittelbar der Schalter mit Schaltanlage an. Häufig steht aber die oberspannungsseitige Schaltanlage mehrere Kilometer entfernt, manchmal sogar 20 bis 50 km. Bei einigen Kilometern Abstand zieht man den Transformator-Differentialschutz über die ganze Strecke (Abb. 701). Handelt es sich um ein durch Bergschäden gefährdetes oder stark industrialisiertes Gebiet, in dem mit häufigen Rohr- und Kabelverlegungen gerechnet werden muß, so sieht man nach Möglichkeit von der Verlegung eines durch Beschädigungen gefährdeten Erdkabels für Differentialschutz ab und verwendet als Schutz für die Leitungsstrecke einen oberspannungsseitig angeschlossenen Distanzschutz. Um oberspannungsseitig Freiluftstromwandler zu sparen, versieht man die Trans-

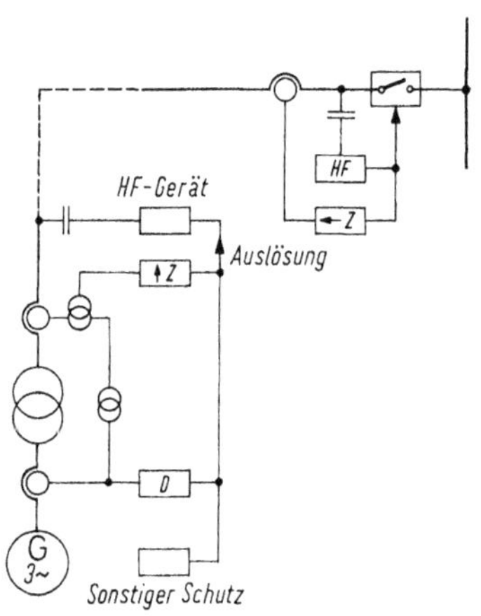

Abb. 702. Schnellauslösung eines entfernten Schalters über Hochfrequenz-Verbindung auf der Oberspannungsleitung mit zusätzlichem Impedanzschutz am Leitungsende

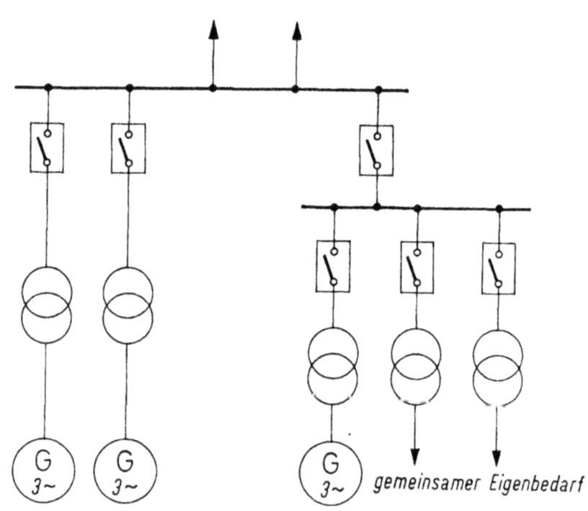

Abb. 703. Eigenbedarfs-Versorgung mit Generator und loser Kupplung

formatordurchführungen mit Ringkernwandlern. Diese sind leistungsschwach. Will man außer einem Differentialschutz noch einen Impedanzschutz anschließen, so muß man darauf bedacht sein, Distanzschutzrelais mit sehr kleinem Eigenverbrauch zu verwenden.

Bei größeren Entfernungen zwischen Kraftwerk und Schaltanlage und nur einem oberspannungsseitigen Schalter in der Schaltstation bereitet die Auslösung des entfernten Schalters bei Fehlern im Block Schwierigkeiten. Ein über so große Entfernungen ver-

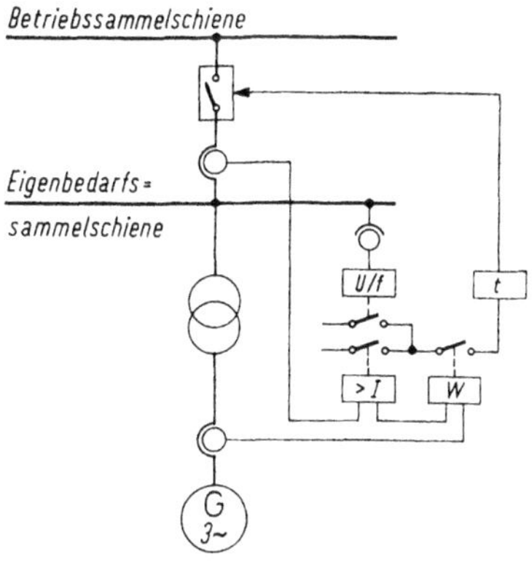

Abb. 704. Schutz einer losen Kupplung

J Überstromrelais
W Richtungsrelais
U/f Spannungs/Frequenz-Rückgangsrelais
t Zeitglied

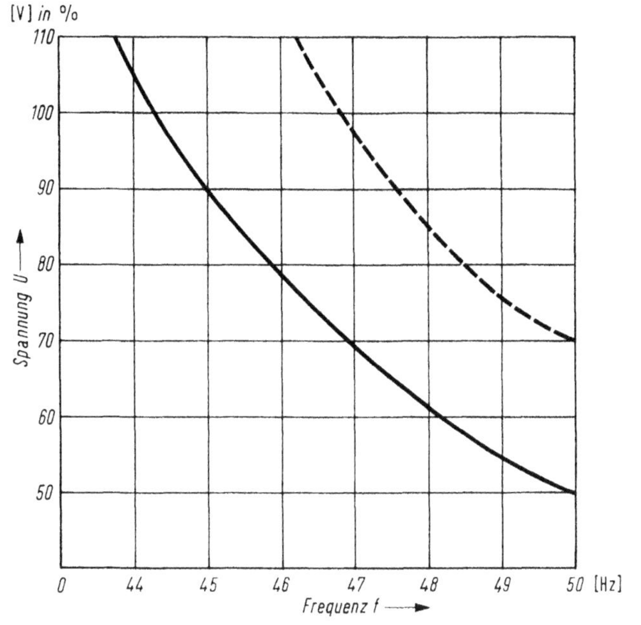

Abb. 705. Ansprechkurve eines Spannungs-Frequenzrückgangsrelais

legtes Kabel kann leicht beschädigt und unterbrochen werden. Hinzu kommt, daß bei einem oberspannungsseitigen Doppelerdschluß eines isoliert betriebenen Netzes bzw. eines einpoligen Erdschlusses bei einem starr geerdeten Netz eine häufig viele Kilovolt be-

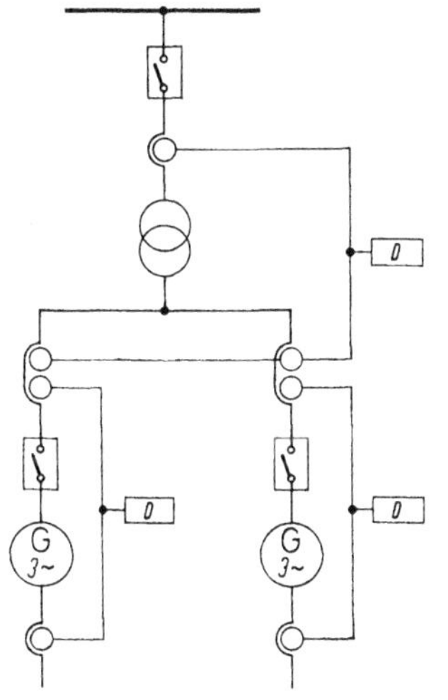

Abb. 706. Zwei Generatoren speisen auf einen Transformator

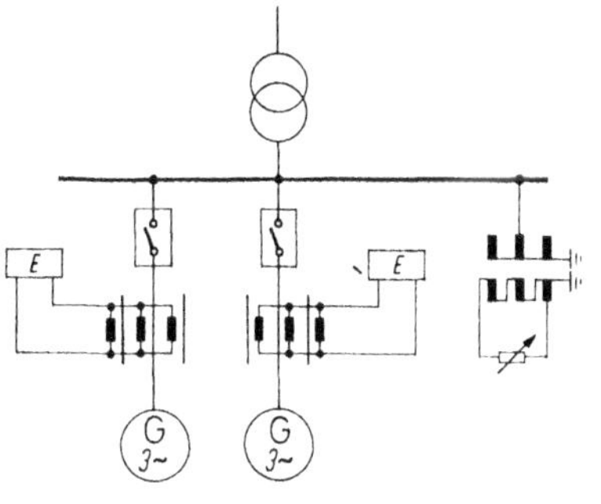

Abb. 707. Prinzip des Ständererdschluß-schutzes für direkt auf Sammel-schienen arbeitende Generatoren

tragende Spannung im Hilfskabel induziert wird. Dieses muß entsprechend isoliert sein und durch Übertrager unterteilt werden. Damit entfällt die Gleichspannungsübertragung, die durch eine Wechselspannungsübertragung ersetzt werden muß. Die Bereitstellung einer unabhängigen Wechselspannung erfordert einen größeren Aufwand.

Man verwendet vereinzelt bereits eine Schnellauslösung über Hochfrequenz auf der Hochspannungsleitung nach dem Frequenzshiftverfahren, wobei allerdings noch besondere Vorkehrungen gegen Fehlauslösen als Folge von Hochfrequenzstörern getroffen werden müssen [*11*]. Auch schutztechnisch trifft man Zusatzmaßnahmen für den Fall eines Versagens der Hochfrequenz-Schnellauslösung durch Einbau eines weiteren Impedanzschutzes am Leitungsende, der bei Kurzschlüssen auf der Leitung, im Transformator und Generator den oberspannungsseitigen Schalter zusätzlich auslöst (s. Abb. 702), während die im Kraftwerk liegenden Schutzeinrichtungen den dortigen Schaltern und über Hochfrequenz auch noch dem entfernten Schalter ein Auslösekommando erteilen.

Dampftechnische und elektrische Gesichtspunkte führen bei mittleren Maschineneinheiten manchmal zu einer Schaltung nach Abb. 703. Hiernach speist eine große Einheit

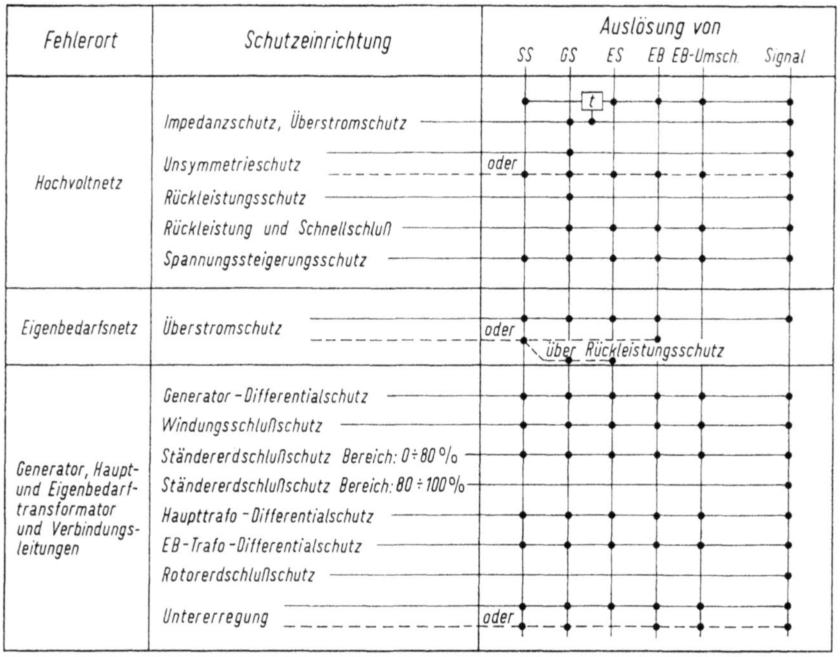

Abb. 708. Auslöseschema für den Schutz eines Blockes nach Abb. 667

SS elektrische Schnellschlußauslösung
GS Generatorschalter
ES Entregungsschalter
EB Eigenbedarfsschalter
EB-Umsch. Eigenbedarfs-Umschaltung

eine oberspannungsseitige Eigenbedarfsschiene, die über einen Kuppelschalter mit der Betriebsschiene verbunden ist. Störungen im oberspannungsseitigen Netz sollen nach Möglichkeit die Eigenbedarfsversorgung nicht beeinflussen; andererseits soll bei einer Störung im Eigenbedarf das Oberspannungsnetz stützend wirken. Schutztechnisch bedeutet dies, bei Kurzschlüssen, Überlastungen und Spannungsabsenkungen des Betriebsnetzes den Kuppelschalter schnellstens zu öffnen, ihn andererseits aber bei Störungen im Eigenbedarf zur Aufrechterhaltung der Spannung solange wie möglich eingeschaltet zu belassen. Außer einem Impedanzschutz, der bei Fehlern im Betriebsnetz mit einer angepaßten Staffelung kurzzeitig und bei Fehlern im Eigenbedarf mit Endzeit auslöst, verwendet man Richtungsrelais in Verbindung mit tief eingestellten Überstromrelais sowie Spannungs- und Frequenzrückgangsrelais (s. Abb. 704). Vielfach wird ein kombiniertes Spannungs-Frequenz-Relais verwendet mit einer Charakteristik nach Abb. 705. Mit diesen kombinierten Schutzeinrichtungen wird der Kuppelschalter bei Netzstörungen

Abb. 709. AEG-Schutzeinrichtung für große Blockeinheit. Werkbild AEG

a Generatordifferentialschutz, Differentialschutz für Block- und Eigenbedarfs-Transformator, Ständererdschlußschutz, Läufererdschlußschutz, Schieflastschutz

b Spannungssteigerungsschutz, Rückleistungsschutz, Schnelldistanzrelais

c Überstromrelais, Zeitrelais

Rechte Tafel neben *b* und *c*: Prüfeinrichtung

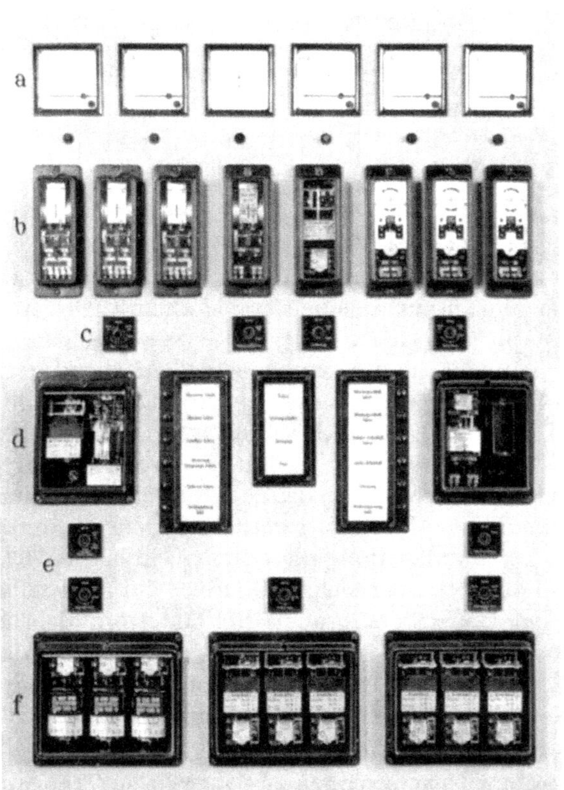

Abb. 710. BBC-Schutzeinrichtung für einen Turbo-Generator 214 MVA; 10,5 kV; 11770 A. Werkbild BBC

a Meßinstrumente für die Schutzprüfung

b 3 Überstrom-Zeitrelais; 1 Spannungs-Steigerungsrelais; 1 Schieflast-Relais; 3 Überlast-Relais

c 4 Prüfschalter zu obigen Relais

d 1 Rückleistungs-Relais; 3 Sammelleuchtmelder; 1 Läufer-Erdschluß-Relais

e 5 Prüfschalter

f 1 Wicklungsschluß-Relais; 1 Windungsschluß-Relais; 1 Ständer-Erdschluß-Relais rechtzeitig zur Auslösung gebracht. Diese Betriebsweise wird als lose Kupplung bezeichnet. Interessant ist der in Abb. 704 gezeigte Anschluß des Richtungsgliedes an einen Stromwandlersatz des Kuppelschalters und des Generators. Die sonst üblichen Richtungsglieder verwenden Strom und Spannung. Eine eindeutige Richtungsanzeige erfordert bei diesen Relais eine Umschaltung der Spannungspfade und Kunstschaltungen zur Erzielung eines Ansprechmomentes. Bei metallischen Nahkurzschlüssen fällt die Spannung ganz aus. Das hier angedeutete Richtungsrelais verwendet zwei Ströme, deren Lage zueinander die Stromrichtung über den Kuppelschalter definiert. Ein solcher Stromrichtungsentscheid ist allerdings nur dann möglich, wenn eine Stromrichtung, hier die des Generators, immer gleich ist.

Abb. 711. Siemens-Schutzeinrichtung für große Blockeinheit. Werkbild Siemens

a Differential- und Erdschlußrelais, Windungsschlußschutz, Unsymmetrierelais, Transformator-Differentialschutz

b Erdschlußrelais für Erfassung sternpunktnaher Erdschlüsse, Rückleistungsrelais, Läufererdschlußrelais, Überstrom- und Impedanzrelais

c Wechselstromzeitrelais für Unsymmetrie- und Rückleistungsrelais und Nachlaufzeitrelais für Überstromschutz

d Prüftaster und Lampen

Gelegentlich kommt auch eine Primärschaltung nach Abb. 706 zur Ausführung. Zwei Generatoren arbeiten über je einen Schalter gemeinsam auf einen Transformator. Den Aufbau des Differentialschutzes zeigt ebenfalls Abb. 706. Soll ein für jeden Generator selektiver Erdschlußschutz vorgesehen werden, so kann die in den vorhergehenden Abschnitten behandelte spannungsmäßige Erfassung nicht mehr angewendet werden. Ein Erdschluß in einem der Generatoren würde auch am anderen dieselbe Spannungsverlagerung gegen Erde hervorrufen und damit zur Abschaltung beider führen. Für eine selektive Ausmessung ist ein ausreichender Erdstrom erforderlich, welcher, da die natürliche Kapazität der Unterspannungsseite und damit auch der kapazitive Erdstrom relativ klein ist, durch eine sekundäre Widerstandsbelastung eines Sternpunktbildners gewonnen wird (Abb. 707). Während sich der Laststrom in der gezeigten Summenschaltung dreier Stromwandler zu Null ergänzt, wird der bei Erdschluß eines Generators in allen drei Leitern in gleicher Richtung fließende Erdstrom entsprechend dem Wandlerübersetzungsverhältnis auf das Erdschlußrelais übertragen. Auf der Sekundärseite der Wandlersummenschaltung des erdschlußfreien Generators bildet sich kein Strom aus, so daß also eine selektive Ausmessung ermöglicht wird.

Eine Reihe weiterer Primärschaltungen (ein Generator mit zwei parallelen Transformatoren, ein Generator mit Dreiwickler-Aufspanntransformator, zwei Generatoren mit einem Dreiwickler-Aufspanntransformator usw.) wird ausgeführt. Die dafür in Frage kommenden Schutzeinrichtungen lassen sich aus den vorstehenden Ausführungen ableiten.

Abb. 708 zeigt ein Auslöse-Übersichtsschema, die Abb. 709, 710 und 711 zeigen die vollständigen Schutzeinrichtungen verschiedener Herstellerfirmen für einen Block.

Schrifttum

[1] SCHMID, B.: Zur Frage des Schutzes von Turbosätzen in Blockkraftwerken. Elektrizitätswirtsch. Bd. 56 (1957), S. 411/17.

[2] PETOW, W.: Wirkungsweise neuzeitlicher Dampfturbinenregelungen und Regelverhalten bei Vollastabschaltung. Elektrizitätswirtsch. Bd. 60 (1961), S. 592/605.

[3] RAAB, A.: Verfahren zum Abfangen von Turbosätzen bei Netztrennung. AEG-Mitt. Bd. 52 (1962), S. 181/89.

[4] BAUER, R.: Die Meßwandler, Berlin/Göttingen/Heidelberg: Springer 1953, S. 16/24.

[5] WESTPHAL, B.: Ständererdschlußschutz von Generatoren. Siemens-Z. Bd. 27 (1953), S. 134/39.

[6] NEUGEBAUER, H.: Selektivschutz, Berlin/Göttingen/Heidelberg: Springer 1958.

[7] NEUGEBAUER, H.: Meßtechnische Grundlagen des neuen Siemens-Differentialschutzes. Siemens-Z. Bd. 26 (1952), S. 219/24.

[8] GUTMANN, H.: Ein neues einschaltsicheres Schnelldifferentialrelais. AEG-Mitt. Bd. 48 (1958), S. 97/99.

[9] GRASL, H.: Transformator-Differentialschutz mit Grund- und Oberwellenstabilisierung. WSW-Wien, Technische Berichte Jg. 10 (März 1958).

[10] ZUROWSKI, E.: Stationäre Prüfeinrichtung für Maschinenschutz. Siemens-Z. Bd. 30 (1956), S. 511/15.

[11] BERGMANN, G., u. B. WESTPHAL: Fernbedienung von Leistungsschaltern mit Trägerfrequenz-Schnellschaltgeräten. Siemens-Z. Bd. 33 (1959), S. 12/17.

Sachverzeichnis

Berichtigung

S. 145, Abb. 143:	**ergänze** Abszissenmaßstab h/a
S. 210/211, Abb. 209:	**ergänze:** Sämtliche Abscheidegradangaben beziehen sich auf den gleichen Staub der Dichte 2,6 g/cm³ mit 12 Gew.% aller Teilchen unter 12 μm, 8 Gew.% zwischen 2,5 und 5 μm sowie 10 Gew.% zwischen 5 und 10 μm. Im übrigen läßt sich mit Elektrofiltern theoretisch jeder beliebige Abscheidegrad erreichen. Sehr gute Kraftwerkselektrofilter besitzen heute bereits Abscheidegrade über 99%.
S. 259, 13. Z. v. u.:	statt 400 °C **lies** 370 °C
S. 339, 16. Z. v. o.:	**ergänze** j hinter Teilstromeintritt **streiche** j hinter Apparates

GPSR Compliance

The European Union's (EU) General Product Safety Regulation (GPSR) is a set of rules that requires consumer products to be safe and our obligations to ensure this.

If you have any concerns about our products, you can contact us on ProductSafety@springernature.com

In case Publisher is established outside the EU, the EU authorized representative is:

Springer Nature Customer Service Center GmbH
Europaplatz 3
69115 Heidelberg, Germany

Batch number: 10621778

Printed by Printforce, the Netherlands